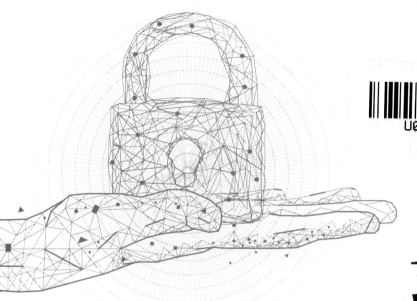

U0214219

系统可靠性理论

模型、统计方法及应用

System Reliability Theory:
Models, Statistical Methods, and Applications

[挪] 马文·拉桑德（Marvin Rausand）
[法] 安·巴罗斯（Anne Barros）著
[挪] 阿尤·霍兰（Arnljot Hoyland）

刘一骝 译

第3版
3rd Edition

清華大學出版社
北京

北京市版权局著作权合同登记号　图字：01-2021-5977

图书在版编目（CIP）数据

系统可靠性理论：模型、统计方法及应用：第 3 版 /(挪) 马文·拉桑德 (Marvin Rausand) , (法) 安·巴罗斯 (Anne Barros) , (挪) 阿尤·霍兰(Arnljot Hoyland) 著；刘一骢译. —北京：清华大学出版社，2023.5

书名原文: System Reliability Theory: Models, Statistical Methods, and Applications

ISBN 978-7-302-62124-9

Ⅰ．①系…　Ⅱ．①马…　②安…　③阿…　④刘…　Ⅲ．①系统可靠性　Ⅳ．①N945.17

中国版本图书馆 CIP 数据核字（2022）第 200202 号

责任编辑：冯　昕　赵从棉
封面设计：傅瑞学
责任校对：薄军霞
责任印制：朱雨萌

出版发行：清华大学出版社
　　网　　　址：http://www.tup.com.cn, http://www.wqbook.com
　　地　　　址：北京清华大学学研大厦 A 座　　　　邮　　编：100084
　　社 总 机：010-83470000　　　　　　　　　　邮　　购：010-62786544
　　投稿与读者服务：010-62776969，c-service@tup.tsinghua.edu.cn
　　质量反馈：010-62772015，zhiliang@tup.tsinghua.edu.cn
印 装 者：三河市龙大印装有限公司
经　销：全国新华书店
开　本：185mm×260mm　　　　印　张：41.75　　　　字　数：935 千字
版　次：2023 年 6 月第 1 版　　　　　　　　　印　次：2023 年 6 月第 1 次印刷
定　价：118.00 元

产品编号：089737-01

前 言

本书介绍基础而且全面的系统可靠性理论，以及可靠性分析中的主要方法。系统可靠性理论在很多领域都有应用。我们在书中也会给出很多案例和问题。

 ## 与第 2 版的主要区别

熟悉本书第 2 版 [252] 的读者可能会发现第 3 版实际上有大幅度的更新，绝大多数章节重新进行了编写。其中主要的变化包括：

（1） 全新的第 2 章，定义研究对象、功能及其运行环境。第 2 章还介绍了如何使用可靠性框图进行系统建模，并讨论了复杂性的概念。

（2） 全新的第 3 章，定义并讨论了失效和故障的概念，并介绍了一些相关的概念。本章还介绍了两种失效分析技术。

（3） 加入了新的零件重要度量度。

（4） 有关依赖性失效的篇幅大量增加。

（5） 将关于复杂系统的小节从马尔可夫分析一章中删除，同时加入了几个新的马尔可夫模型。

（6） 全新的关于预防性维修的第 12 章。本章涵盖了以前的版本以及新的模型和方法，并辅以大量 Python 代码，读者可以在图书配套网站中找到。

（7） 可靠性数据分析和贝叶斯可靠性分析这两章几乎是完全重写的，我们在介绍相关知识的时候大量使用了统计程序 R 。

（8） 删除了之前关于加速寿命测试的章节，但是其中的一部分内容移至可靠性数据分析一章。

（9） 修改了课后习题，并加入了很多新问题。

（10） 删除了绝大部分附录，并将对应的内容放在正文当中。还有一些内容因为使用 R 而显得过时，所以删除了。

 ## 互联网上的补充信息

现在互联网上有海量信息，本书的很多主题都可以在其他图书、报告、文章或者很多不同大学的讲义中找到。这些信息的质量良莠不齐，方法论也不尽相同，所以要使用这些互联网资源有时会有些挑战。我们鼓励读者搜索互联网寻找一些不同的说法，并与本书进行对比，这样才可以碰撞出新的火花。

由于互联网的免费资源众多，很难确定这样一本传统的教科书价值到底在哪里，然而我们坚信书籍可以提供更连贯的知识，也努力在编写本书时牢记这一点。

目标受众

本书的受众主要是工程师和工程专业的学生，因此案例和应用都集中于技术系统。我们的主要读者可以分为三类。

（1）本书最初用作特隆赫姆挪威科技大学（NTNU）系统可靠性课程的教科书。因此目前的第 3 版基于前两版的经验，也基于来自 NTNU 和其他很多大学的反馈。同时，本书也可用于一些行业短期课程。

（2）第二类是实际分析技术系统可靠性的工程师和咨询人员。

（3）第三类是那些可靠性对其而言比较重要的领域的工程师和咨询人员。这些领域包括风险评估、系统工程、维修计划和优化、物流、保修工程和管理、生命周期成本估算、质量工程等。另外需要注意的是，本书也涉及人工智能和机器学习中使用的若干方法。

本书的读者需要学习过基本的概率理论课程。如果没有的话，那么在阅读的同时，应该持有一本概率和统计的入门教材。互联网上有很多相关的讲义、报告和文章。读者在图书配套网站上也可以找到寻找相关资源的简要指南。

目标和范围

本书旨在全面介绍系统可靠性，详细的目标和范围见 1.7 节。我们的研究对象的范围包括单个零件到相当复杂的技术系统，但主要关注的对象是基于机械、电气或电子技术的元件。现在越来越多的产品包含很多嵌入式软件，很多早期由机械和机电技术执行的功能如今已成为软件的功能。比如，本书第 2 版出版时的家用汽车与现在的汽车有很大不同。现在的汽车有时可以看作"车轮上的计算机"。软件可靠性在许多方面不同于硬件可靠性，所以我们将纯软件可靠性排除在本书的范围之外。然而，我们在这里介绍的很多方法都可以处理软件问题。

许多现代系统都在变得越来越复杂。我们在第 2 章会介绍三类系统：简单系统、烦琐系统和复杂系统。我们将那些无法满足牛顿-笛卡儿范式的所有要求的系统都看作复杂系统，对于这些系统我们不能用传统方法进行充分分析。因此，复杂性理论和研究复杂系统的方法也不在本书的范围之内。

本书的目标是让读者理解系统可靠性的基本理论，并熟悉最常用的分析方法。我们专注于通过手工计算产生可靠性结果，有时也辅以简单的 R 和 Python 程序。在对大型系统进行实际可靠性分析时，通常需要一些特殊的计算机程序，例如故障树分析程序和仿真程序。尽管现在市场上有大量程序可用，但我们在本书中没有介绍任何一个特定程序，而是在图书配套网站给出了相关程序的主要供应商列表。要使用特定程序，读者需要学习用户手册。而本书可以帮助读者理解此类手册的内容以及所产生结果的不确定性来源。

世界各地的学者已经为系统可靠性分析开发了广泛的理论和方法，我们不可能在一本书中涵盖所有的知识。本书的目的是介绍对可靠性分析人员有用的理论、方法和知识。在选择要介绍的内容时，我们专注于具有以下特征的方法：

（1）　在工业或者其他相关应用领域常用的方法；

（2）　能够增强分析人员对系统理解力的方法（这样就能够在分析早期识别系统缺陷）；

（3）　帮助分析人员洞察系统行为的方法；

（4）　（至少对于小规模系统）可以手工计算的方法；

（5）　容易解释，能够为非可靠性工程师和管理层理解的方法。

本书的作者长期从事与海洋石油行业有关的研究，因此书中的很多案例都来自这个领域。当然，我们描述的方法和案例也适用于其他行业和应用领域。

 ## 作者

本书第 1 版[130]由阿尤·霍兰（Arnljot Høyland）和马文·拉桑德（Marvin Rausand）共同撰写。阿尤于 2002 年不幸去世，所以第 2 版是由马文独自完成的，并在第 1 版基础上进行了大量更新。2015 年，马文从 NTNU 的教授位置退休，这时 Wiley 出版社希望能够编写新版教科书，于是马文就请求安·巴胡斯（Anne Barros）帮助准备第 3 版。因为一些无法预见的现实原因，安并没有像她希望的那样在这个项目上投入太多的时间，她的主要贡献集中在第 11 章、第 12 章以及课后习题上面。当然她也阅读了其他章节，并提出了改进意见。

 ## 致谢

首先，我们向阿尤·霍兰教授致以我们最深切的谢意。霍兰教授于 2002 年 12 月去世，享年 78 岁，所以他无法参与本书后续版本的编写。我们希望他会认可并且喜欢我们所作的改动和补充。

作者还诚挚地感谢很多 NTNU 的学生，以及全世界其他很多大学的教师和学生为以前版本所提出的建议和改进意见。我们尽了最大努力去实现他们的建议。

书中的很多概念受到了国际电工技术词汇（IEV）的启发。我们感谢国际电工技术委员会（IEC）让我们免费使用这些词汇。我们在文中使用相关词汇的时候，都会提及相应的参考编号（比如可靠性这个词汇的编号是 IEV 192-01-24）。

最后，我们非常感谢 John Wiley & Sons 出版社的编辑和工作人员认真、高效和专业的工作。

目　录

第<big>1</big>章

概　述

 1.1　可靠性的含义

当今社会，几乎所有人的日常生活都依赖于各种技术产品和服务。我们希望自己的家用电器、汽车、电脑、手机等在需要的时候能够运转良好，并且长期可靠。我们还希望诸如供电、计算机联网和交通这些服务能够永不间断、没有延迟。如果有的产品、机器或者服务失效，有时候会产生灾难性的后果。而更为常见的情况是，产品瑕疵或者服务中断引起了客户不满，以至于需要供应商支付质保费用或者召回产品，从而增加了企业的成本。对于很多供应商而言，可靠性（reliability）就是它们的生存之本。

关于技术产品的可靠性，现在并没有一个通用的定义。对于不同的行业和不同的用户而言，这个词汇的含义和解释千差万别。因此，我们在这里为技术产品（元件）的可靠性选用一个相当宽泛的定义。

定义 1.1（可靠性）　一个元件在特定的运行条件下，在特定时间内能够按要求执行其功能的能力。

在这里我们使用元件（item）来指代任何技术系统、子系统或者零部件。本书所研究的元件既包括硬件，也包括各种软件。有时候，用户界面也是元件的一部分，但是操作员和其他人员并不包括在我们所研究的元件之内。

图 1.1 对可靠性的概念进行了解释。所谓需要的性能是由法律、规则和标准，客户需求和期待，以及供应商的要求决定的，通常会在产品的规范文件中进行描述，并且伴随着运行环境方面的约束。在文件中规定的时间和相同的运行条件下，如果元件的预测性能至少能够满足需要，那么这个元件就是可靠的。

运行条件在这里指的是元件使用的环境、使用模式、元件承担的载荷，以及如何对元件进行修理和维护。

定义 1.1 并不是我们新创的，至少从 20 世纪 80 年代开始，很多作者和机构就使用相同或者非常类似的可靠性定义。我们会在 1.3 节中对可靠性及其相关的定义进行更加全面的讨论。

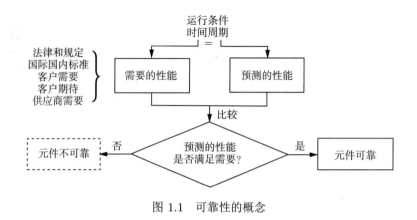

图 1.1　可靠性的概念

1.1.1　服务可靠性

服务是由人员、组织或者技术系统提供给人员或者技术元件的。我们将提供服务的实体称作服务供应商，而将接受服务的实体称作客户。服务可以连续地提供（比如电力和计算机网络），可以根据时间表提供（比如公交车、铁路和航空运输），也可以按照需求提供（比如通过借记卡付账）。

很多服务的模式都是一家服务供应商为很多客户服务。如果一个客户可以接受到质量稳定且不间断的服务（比如电力），他（她）就会认为该服务是可靠的。我们可以将服务可靠性定义为：

定义 1.2（服务可靠性）　一项服务在特定的条件下，在特定时间内，能够按照要求的质量满足功能需求的能力。

现在研究人员已经定义出多种服务可靠性的定量衡量指标，但是针对不同的服务类型，指标也不尽相同。

1.1.2　过去和未来的可靠性

在我们的日常用语中，可靠性这个词可以用来同时描述过去和未来的情况。比如，我们可以说"我之前那辆车非常可靠"，也可以说"我相信我的新车会非常可靠"。第一个描述是根据过去一段时间的行车经验，而第二个描述则是对于未来的预测。在这里我们需要对二者进行区分。

可靠性 (单一词汇) 通常用来描述一个元件未来的表现。因为不能确定地预测未来，所以我们在评估可靠性的时候需要采用概率性的描述方法。

实际可靠性用来描述元件过去的表现，我们可以假定分析人员对其已经有所了解，因此不需要使用概率方法描述。实际可靠性也可以称为观测可靠性。

本书的重点是可靠性和未来的表现。实际可靠性主要在第 14 章介绍，它与观测到的失效数据有关。

1.2 可靠性的意义

很多技术供应商都受困于产品的缺陷和失效。企业要构建产品可靠性的口碑，需要经历一个漫长的过程，但是声名扫地却只需要几天的时间。图 1.2 中给出了促使企业提升自身产品可靠性的动因。

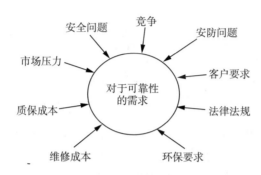

图 1.2 高可靠性的主要驱动力

时至今日，很多产品的可靠性都已经大幅提高了，但是与此同时，客户对于他们购买的新产品的可靠性的期待也越来越高。现在的客户还会期待可能的失效都发生在质保期内，这样他们就无须负担任何修理的费用。为了让自家的产品在市场上更有吸引力，供应商们不得不提供越来越长的产品质保期限。

如果产品的缺陷影响了安全，那么各国的安全法规就会要求供应商召回所有的缺陷产品进行修理或者更换。我们在汽车行业经常会看到这种召回的案例，但是在其他领域还不多见。除了高昂的质保成本和召回损失之外，缺陷产品也会降低客户的满意度并造成客户流失。

可靠性的应用场景

考虑和研究可靠性对于很多应用场景都很有意义。其中一些场景已经在采用可靠性的术语，比如：

(1) 风险分析。定量风险分析 (quantitative risk analysis, QRA) 的主要步骤包括：① 识别并描述可能会导致意外后果的初始事件；② 识别每一个初始事件的主要成因，并对初始事件的频率进行量化；③ 识别初始事件的可能后果，并量化每一个后果的可能性。图 1.3 中的领结图模型就显示了上述三个步骤，并列出了每个步骤主要使用的方法，其中星号（*）标注出的方法会在本书当中介绍。

(2) 维修计划。维修 (maintenance) 与可靠性紧密相连。高质量的维修可以提升运营可靠性，而高可靠性则会使失效更少从而降低维修成本。二者的密切关系也反映在以可靠性为中心的维修 (RCM) 这种广受关注的方法上面。本书将在第 9 章讨论这种方法。

(3) 质量。受 ISO 9000 [157] 系列标准的影响，质量管理正在得到越来越多的关注。质量（quality）和可靠性在概念上密切相关，有时候可靠性甚至会被认为是一种质量属性。

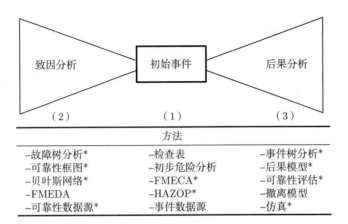

图 1.3　风险分析的主要步骤和主要方法（* 标注的是本书将要介绍的方法）

（4）生命周期成本。生命周期成本（life cycle cost，LCC）可以分为三种类型：资本支出 (CAPEX)、运营支出 (OPEX) 和风险支出 (RISKEX)。其中第二类和第三类成本都与可靠性相关。OPEX 会受到功能/服务是否正常以及维修成本的影响，而 RISKEX 则覆盖了与事故、系统失效和保险相关的成本。LCC 也可以称为总拥有成本。

（5）生产保障。生产系统的失效会导致停机和减产。为了保证正常生产，生产系统必须高度可靠。国际标准 ISO 20815 提出了生产保障的概念，我们将会在第 6 章中进行讨论。

（6）质保计划。质保（warranty）是一份提供可靠产品的正式承诺。如果在特定的质保期限内产品被检测到失效或者出现故障，这对供应商而言就意味着高昂的成本。

（7）系统工程。可靠性是很多技术系统最为关键的质量特性，因此确保系统的可靠性也就成为系统工程的重要议题。这一点在核电、航空、航天、汽车和流程行业尤为突出。

（8）环境保护。可靠性研究可以用来提升很多种环境保护系统设计和运行的有效性。很多行业已经认识到自身工厂的大部分污染是由于生产不规律造成的，因此工厂的可靠性是降低污染的重要因素。图 1.3 给出的实际上也是进行环境风险分析的主要过程。

（9）技术验证。很多客户都需要技术产品的生产商证实其产品能够满足协议要求。我们通常会采用一个基于分析和测试的技术验证程序 (technology qualification program，TQP)来完成验证工作，尤其是在航天、国防和石油行业 [79]。

图 1.4 列举了一些与可靠性相关的应用。

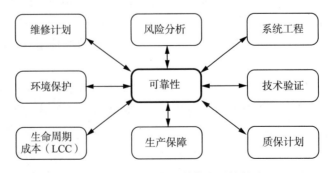

图 1.4　可靠性是很多其他应用的基础

1.3 基本可靠性概念

我们已经在定义 1.1 中给出了本书中最重要的概念——可靠性,本节将讨论并且明确这个定义,同时界定一些其他相关的词汇,比如可维修性和维修、可用性、质量以及可信性。

将所有的这些词汇定义清楚非常重要,正如 Kaplan[164] 所指出的:"如果用词随意,概念就会模糊,思维就会混乱,沟通就会出现分歧,而决策和行动也会事倍功半。"

1.3.1 可靠性

定义 1.1 声称可靠性描述了 "元件在特定的运行条件下,在特定时间内能够按要求执行其功能的能力",我们首先要做的就是明确该定义中的一些重要词汇。

(1) 可靠性被定义为一种能力,这意味着它不能被直接测量。对于元件执行能力的定量评价必须依赖于一个或者更多的量度,我们称之为可靠性量度。我们将在 1.4 节中定义并且讨论几种概率可靠性量度。

(2) 一些作者使用 capability 而不是 ability 表示能力,他们认为 capability 包含了能力和容量两方面的意思,因此与可靠性更匹配。绝大多数英文词典都把 ability 和 capability 视为同义词①,我们在本书中所说的能力对应的都是 ability 这个词,因为它使用更加普遍。

(3) 按要求执行这个表达,意味着元件必须能够按照针对一项或者多项功能的绩效准则实现这些特定功能。我们将在 2.5 节讨论功能和绩效准则的含义。

(4) 很多元件需要执行相当多的功能。为了衡量其(比如汽车)可靠性,我们必须明确在分析中考虑的到底是哪一项或者哪些功能。

(5) 元件须要满足出厂性能或者质量规范,才能被称为可靠。也就是说,它必须在实际工况下,在规定的时间内能够持续地按照令人满意的方式运行。

(6) 规定的时间可以是特定的时间段,比如任务时间、持有时间等。

(7) 所谓的时间可以采用不同的概念衡量,比如日历时间、运行时间(工龄)、工作周期数等。对于汽车来说,我们通常使用的测量指标是行驶里程。而对于那些并不会在同一模式下持续运行的元件来说,时间的概念就更为复杂。

1. 内在和实际可靠性

在对元件可靠性进行量化之前,讨论一下它是内在还是实际可靠性可能会有些意义。我们将内在可靠性定义为:

定义 1.3(内在可靠性) 元件的设计和制造可靠性,排除掉运行、环境和维修这些在元件需求和规范中没有进行设定和描述的因素的影响。

因此,内在可靠性是一个全新元件在假定状态下,或者完全按照元件规范文件使用和维修的情况下,能够具备的可靠性。内在可靠性有时候也称为元件的内置可靠性或者固有可靠性。

---

① 译者注:汉语中也很难找到两个词表达。

设计和开发团队通常会努力让元件适应实际的运行环境，但是考虑到实际使用的方方面面非常困难。因此，实际可靠性可能会与元件投入使用之前确定的内在可靠性不尽相同。我们将实际可靠性定义为：

定义 1.4（实际可靠性）　元件在真实运行条件下的可靠性。

实际可靠性有时候也称为运行可靠性或者功能可靠性。

2. 软件可靠性

软件可靠性与硬件可靠性不同。硬件产品一般都会因为磨损或者其他机制出现退化现象，失效的发生是一个随机的过程。而软件并不会退化，它的故障或者缺陷会一直处于潜伏状态，直到软件修改、遭遇特殊条件或者触发缺陷导致元件失效的时候才会被发现。软件缺陷是在规范、设计和/或实现中所犯的错误造成的，所有软件程序的可靠性分析主要都是根据特定规则检测代码语法以及使用各种输入数据测试（调试）软件。本书不会涉及这部分内容，感兴趣的读者可以参考国际标准 ISO 25010。

1.3.2　可维修性和维修

很多元件需要维修才能执行所需的功能。可维修性和维修这两个概念非常重要。可维修性（maintainability）是元件的设计特征，表示接触到需要维修元件的容易程度，以及某一特定的维修任务可以在多长时间内完成。而维修（maintenance）描述的则是修理保养元件的实际工作。我们将可维修性定义为：

定义 1.5（可维修性）　一个元件在特定的使用状况下，在特定的条件下使用规定的程序和资源，能够维持或者恢复到能够按要求执行其功能的状态的能力。

我们将在第 9 章进一步讨论可维修性。接下来，维修可以定义为：

定义 1.6（维修）　在元件的生命周期当中，试图将其维持或者恢复到能够按要求执行其功能的状态的各种技术和管理措施的总和（IEV 192-06-01）。

我们将在第 9 章和第 12 章详细讨论硬件维修的问题，但是本书不涉及软件维护的内容。

1.3.3　可用性

可用性（availability）衡量的是一个元件在未来的某个时间点 t 或者一段时间 (t_1, t_2) 内到底在多大程度上能够运行，本书中可以将其看作可靠性的一个量度。元件的可用性取决于其可靠性、可复原性、可维修性，以及维修支持的绩效。这里，可复原性指的是在不需要修理的前提下元件能够从失效中恢复的能力。维修支持是可以用来进行维修的资源，包括车间、合格的人员和工具。我们将在第 6 章、第 11 章和第 13 章讨论可用性的问题。

1.3.4　质量

质量这个词与可靠性密切相关，在这里我们将其定义为：

定义 1.7（质量） 产品或者服务能够满足明示或者暗示需求的特征和属性的集合。

质量有时候会被定义为合规或者遵循规范，那么不合规的时候就会产生所谓的质量缺陷。在一般的场景下，质量表示的是元件对于制造规范的合规程度，而可靠性指的是在其有效寿命期限内持续遵循规范的能力。根据这个解释，可以认为可靠性是质量在时域上的延伸。

1.3.5 可信性

可信性（dependability[①]）是一个更为新近的概念，它涵盖了可靠性、可维修性和可用性，有时候它的含义甚至包括了安全性和防护性。IEC 60300 系列标准《可信性管理》尤为强调可信性的概念，IEV 将可信性定义为：

定义 1.8（可信性） （元件）按照要求的方式和时间执行功能的能力 (IEV 192-01-01)。

另外一个经常用到的可信性定义是："对于一个系统能够合理可靠地提供服务的信任程度。"[174]

注释 1.1（可信性的翻译） 很多语言，比如挪威语和汉语，都没有专门的词汇区分 reliability 和 dependability，二者经常会采用相同的译法。

1.3.6 安全性和防护性

公共安全并不是本书的关注内容，我们在这里只考虑特定技术系统的安全，因此将安全性（safety）定义为：

定义 1.9（安全性） 技术系统的风险可以接受（不会不可接受）。

上述定义只是对 IEV 351-57-05 定义的重新组织。安全性的概念主要用于随机危险，而防护性（security）的概念则与蓄意的敌对活动相关。我们将防护性定义为：

定义 1.10（防护性） 对于能够防止蓄意敌对行为的可信度。

蓄意的敌对行为可以是物理攻击（比如纵火、捣乱和盗窃），也可以是网络攻击。攻击总体上可以被称作威胁，而使用威胁的实体被称作威胁制造者、威胁代理人或者敌对方。因此，纵火是一种威胁，而纵火犯则是威胁制造者。威胁制造者可能是被开除的前雇员、罪犯、竞争对手、敌对团体，甚至某一个国家。在威胁制造者实施攻击的时候，他会找寻系统的弱点。而这些弱点就被称为系统的脆弱处或者薄弱环节（vulnerability）。

注释 1.2（自然威胁） 威胁这个词也可以用于自然事件，比如雪崩、地震、洪水、山体滑坡、雷电、海啸和火山爆发。例如，我们说地震是对我们的威胁。而这类威胁并没有威胁制造者存在。

1.3.7 RAM 和 RAMS

RAM 是可靠性、可用性和可维修性的缩写，使用很常见，比如美国的年度 RAM 论

---

① 或译作依赖性。

坛。① RAM 有时候可以拓展为 RAMS，其中加入的 S 表示安全性和/或防护性。举例来说，铁路国际标准 IEC 62278 使用的就是 RAMS 这个简写。

注释 1.3（可靠性的广义解释） 在本书中，可靠性这个词的使用范围非常广，几乎涵盖了上面定义的 RAM 三个方面。另一本知名的可靠性教科书[35] 也采用相同的解释。

1.4 可靠性量度

在本书中，我们都假设元件的失效时间（time-to-failure）和修理时间（repair time）是随机变量，其概率分布可以描述元件未来的行为。我们可以使用一个或者多个可靠性量度来评价这些未来的行为。可靠性量度是一个"量值"，不能直接观测，而是通过可靠性模型求得。如果有元件的绩效数据，我们就可以估计或者预测每一个可靠性量度的数值。

单一的可靠性量度可能无法反映全部的情况，所以，有时候我们需要借助多个可靠性量度，才能对一个元件是否可靠有一个足够清晰的概念。

1.4.1 技术元件的可靠性量度

技术元件的可靠性量度通常包括：

（1） 平均失效时间 (MTTF)；

（2） 单位时间失效数量 (失效频率)；

（3） 元件在区间 $(0, t]$ 内没有失效的概率 (存续概率)；

（4） 元件在时间点 t 可以运行的概率 (在时间点 t 的可用性)。

我们将在第 5 章为上述以及其他可靠性量度给出精确的数学定义，并在后续章节中讨论一些案例。

案例 1.1（平均可靠性和故障时间） 考虑一个电源的例子，我们期待它随时可用。该电源的实际平均可用性 A_{av} 可以表示为

$$A_{\text{av}} = \frac{\text{可用时间}}{\text{总时间}} = 1 - \frac{\text{故障时间}}{\text{总时间}}$$

如果我们以一年为周期，那么总时间大约为 8760h。故障时间是指服务不可用的特定时间段，那么平均可用性与故障时间长度的关系如下表所示：

可用性	故障时间 (每年)
90%	36.5d
99%	3.65d
99.9%	8.76h
99.99%	52min
99.999%	5min

---

① RAM Symposium，原文此处有误，RAM 论坛中的 RAM 是可靠性和可维修性的意思。

1.4.2　服务的可靠性量度

研究人员已经定义了很多服务可靠性的量度，但是它们在不同的应用领域之间存在巨大的差异，其中电力行业使用的量度最为详细[146]。

案例 1.2（民航可靠性和可用性）　民航乘客主要关心的问题就是他们的旅行是否安全，以及他们的航班是否会按照计划的时间起落。航空公司可以将第二种担心描述为出航可靠性，其定义为在计划离港之后一段特定时间内按照计划离港的可能性。很多航空公司都规定：计划离港和实际离港时间相差在 15min 以内的，都可以算作准点航班。在（过去）一段时间内的实际出航可靠性指标，就是报告的按时离港比例。

$$出航可靠性 = \frac{按时离港航班的数量}{离港和取消航班的总数量}$$

如果将民航客机当作技术产品，那么它主要使用的则是 1.4.1 节中列出的那些可靠性量度。

1.5　可靠性分析方法

可靠性主要可以分为三个分支：
- 硬件可靠性
- 软件可靠性
- 人员可靠性

本书主要关注（现有或者设计中的）硬件产品，它们可能包含或者不包含嵌入式软件。对于硬件可靠性，我们主要使用两种方法进行分析：物理方法和系统方法。

1.5.1　物理可靠性方法

根据物理方法，技术元件的强度可以被定义为随机变量 S，该元件暴露在同样是随机变量的载荷 L 当中。在某个特定时间 t，强度和载荷的分布如图 1.5 所示。一旦载荷大于强度，失效就会发生。元件的存续概率 R 可以定义为其强度大于载荷的概率，即

$$R = \Pr(S > L)$$

其中 $\Pr(A)$ 为事件 A 的发生概率。

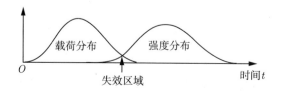

图 1.5　特定时间点 t 的载荷和强度分布

载荷可以随着时间变化，设定为依赖于时间的函数 $L(t)$。元件则可能因为某种失效机制，比如腐蚀、侵蚀和疲劳，其性能随着时间下降，因此它的强度也是时间的函数 $S(t)$。实际的 $S(t)$ 和 $L(t)$ 变化趋势如图 1.6 所示。

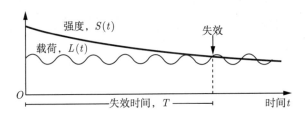

图 1.6　元件载荷和强度的实际可能变化趋势

元件的失效时间 T 就是出现 $S(t) < L(t)$ 的（最短）时间：

$$T = \min\{t; S(t) < L(t)\}$$

元件的存续概率 $R(t)$ 可以定义为

$$R(t) = \Pr(T > t)$$

物理方法主要用于结构工程中的可靠性分析，比如横梁或者桥墩的可靠性。这种方法也因此称为结构可靠性分析[198]。结构元件，比如海洋钻井平台的支脚需要承受来自波浪、洋流和海风的载荷。这些载荷的方向不同，因此可以采用向量 $\boldsymbol{L}(t)$ 建模。同样的道理，元件的强度也与方向有关，可以建模为向量 $\boldsymbol{S}(t)$。随着模型变得复杂，分析也自然更加复杂。我们在本书中不继续探讨这一类物理方法。

1.5.2　系统可靠性方法

我们将所有关于运行载荷以及元件强度的信息都整合到关于失效时间 T 的概率分布函数当中。我们并不会对载荷和强度采用显式建模的方法，而是根据概率分布函数 $F(t)$ 直接推导得到可靠性量度，比如存续概率和平均失效时间。我们可以用多种方法对包含多个元件的系统可靠性建模，还可以考虑元件的维修和更换。如果分析的系统包括多个元件，那么我们就称这项工作为系统可靠性分析。

如果需要定量的系统结果，就要借助元件的可靠性信息，而这些信息来自过去相同或者相似元件的统计数据、实验室测试或者专家判断。这种方法与保险精算评估有一些相似之处，所以有时候系统方法也被称为精算方法。我们在本书中主要关注的就是这类系统方法。

系统模型

在技术系统的可靠性研究中，通常必须分析系统的模型。这些模型可能是图形化的（比如不同类型的网络），也可能是数学的。如果需要考虑数据，就需要使用数学模型，使用数学和统计方法估计可靠性参数。然而人们对于这类模型总有一些自相矛盾的需求：

一方面，模型应该足够简单，使用现有的数学和统计方法就可以应付；另一方面，模型又应该足够"真实"，这样推导结果才有实际意义。

所以应该牢记，我们正在使用的是理想化的简化系统模型。严格来说，我们所得到的结果其实只适用于模型，也就是说模型只是在一定程度上是"正确的"。

图 1.7 描述了建模的过程。在开发一个模型之前，我们应该清晰地理解我们的分析结果是为怎样的决策提供输入信息，以及该决策到底需要什么形式的输入信息。如果要使用模型估计系统可靠性，我们就需要输入数据。数据可能来自通用数据源（在第 16 章讨论），但有时通用数据可能无法完全与我们分析的系统匹配，这时就需要借助专家判断进行调整。在我们引入新技术的时候，这个问题尤其突出。有些数据可能来自某个特定的系统，在建立系统模型的时候，我们须考虑可用输入数据的类型、数量和质量。如果无法找到需要的输入数据，为系统建立一个详细的模型就没什么意义。

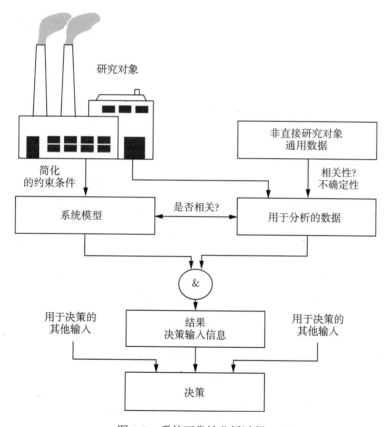

图 1.7　系统可靠性分析过程

1.6　可靠性工程

工程处理的是技术元件的设计、建造和使用问题。可靠性工程是一个工程门类，可以为上述工程过程提供支持。因此，可靠性工程必须整合到工程过程当中，而可靠性工程师必须是工程团队的一部分。

产品开发可以分为多个阶段，阶段的数量和名称在不同行业有所区别，即便在同一行业的不同公司也不太一样。然而，一个典型的开发项目总会包括如图 1.8 所示的几个阶段。

图 1.8　系统开发项目的不同阶段 (举例)

图 1.8 中的各个阶段按照时间轴上的先后顺序排列，但是总会出现一些返工的情况，比如在后续阶段发现缺陷之后就要返回设计阶段重新设计。每个阶段又可以分为几个步骤，很多制造商都有一个详细的流程来说明在每个步骤应该进行哪些可靠性分析，这样可以为数据流管理提供相应的需求。

可靠性工程在图 1.8 中的前三个阶段最为重要，但是在每个阶段中也都应加以考虑。

1.6.1　可靠性工程师的角色

可靠性工程的目标是在元件生命周期的各个阶段识别、分析并缓解失效和运行问题。可靠性工程师在每个阶段的角色都很重要。接下来，我们简要介绍可靠性工程师在设计开发阶段以及运营阶段的角色。

1. 在设计开发中的角色

可靠性工程师在新产品定型、设计和开发阶段尤为重要。在这些阶段，可靠性工程师会帮助研发团队：

（1）识别建议的零件和模块概念的潜在问题，以在设计中排除这些问题。

（2）量化系统概念的可靠性。

（3）为有关模块化、码放、系统布局方面的决策提供输入。

（4）在诸如成本、功能、性能、可靠性、上市时间、安全性和防护性等目标之间寻求平衡。

（5）识别系统设计的弱点，以便在系统制造或者交付给客户之前进行修正。

（6）明确与元件和模块冗余相关的优点和缺点。

（7）识别可能失效模式的成因和影响。

（8）比较不同设计方案的生命周期成本。

（9）估算建议的质保政策的成本。

（10）计算各个系统选项的可靠性，为选择提供输入信息。

（11）计划并执行可靠性验收或者鉴定测试（比如在全面质量管理的框架下）。

2. 在正常运行中的角色

可靠性工程师在系统正常运行的过程中，其主要工作是跟踪那些引起高额维修费用、生产损失或者服务中断的元件，并找到能够减少损失或者降低成本的方法。在不同企业，可靠性工程师的作用也有所不同，但是总体的目标基本一致，那就是：在不干扰系统运行的前提下尽可能降低维护成本。

在此阶段，可靠性工程师的另外一个主要作用是收集、分析并描绘可靠性数据，我们将在第 14 章详细讨论这个问题。

可靠性必须通过设计和制造融入产品当中，如果等到产品已经生产出来才考虑可靠性的问题，就会于事无补。可靠性工作需要整合到开发过程的每一个步骤当中。本书主要介绍可靠性工程的主要理论以及所需的大量方法和工具，但是可靠性工程还需要很多本书没有涉及的方法。比如，在运营阶段可以获得哪些数据，以及如何更新并使用这些数据的分析结果，也属于可靠性工程的重要问题，但是本书没有涉及这部分内容。

1.6.2 可靠性研究的时效性

可靠性研究的目的是为与产品相关的决策制定工作提供输入信息，分析的目标和范围自然取决于决策的类型。在开始可靠性研究之前，我们有必要清晰理解决策的含义，以及决策制定所需要的数据。比如，为质保决策提供信息进行的可靠性研究与为风险评估中安全屏障相关决策所进行的可靠性研究就非常不同。

可靠性研究需要进行计划，并按照计划执行，这样才能保证在进行决策之前就已经把研究工作准备妥当。

 ## 1.7 本书的目标和范围

本书的总体目标，是介绍如何通过系统可靠性方法进行元件和系统可靠性分析。而具体的目标则包括：

（1）介绍并讨论系统可靠性研究中的术语和主要模型。

（2）介绍可靠性工程和管理中使用的主要分析方法。

（3）介绍并讨论维修和预防性维修建模的基础理论，并描述这些理论如何应用。

（4）介绍可靠性数据分析的主要理论和部分方法，这部分内容也被称为存续度分析。

（5）介绍贝叶斯可靠性和贝叶斯数据分析。

本书并不会专门介绍如何设计制造或者管理一个可靠的元件，我们的主要关注点是如何定义和量化可靠性量度，以及预测一个系统的可靠性。我们的目标是让这本书成为：

（1）高等教育系统可靠性课程的教材。

（2）工业和咨询公司可靠性工程使用的手册。

（3）相关领域科研人员和工程师的参考书。

本书涉及的范围界定如下：

（1）研究对象是使用机械、电气或者电子技术的硬件产品，它们可能包含或者不包含嵌入式软件，也可能与外部有通信联系。大多数情况下，研究对象拥有人机/操作员界面，但是操作员和第三方人员并不在本书的关注范围内。这也就意味着我们的重点是硬件产品，不会讨论人因可靠性。

（2） 纯软件产品的可靠性问题不在本书讨论范围之内。

（3） 结构可靠性问题也不在本书讨论范围之内。

（4） 本书的重点是元件和非常简单的系统。我们介绍的理论和方法可以用来分析复杂系统，但是我们必须承认，如果仅仅依靠这些方法可能还不够。

（5） 本书对于蓄意破坏活动导致的失效涉猎非常有限。

（6） 在本书的大部分章节，我们都假设每个元件只有两种状态：运行或者失效。我们没有详细讨论多状态可靠性的问题。

（7） 本书对维修理论并没有进行全面阐述，只涉及与系统可靠性直接相关的维修的某些方面。

（8） 本书对系统可靠性分析有一个全面的介绍，但是对于可靠性工程和可靠性管理着墨不多。

 ## 1.8 趋势和挑战

系统可靠性诞生于 20 世纪 40 年代，而在最近几年，我们可以看到，越来越多的趋势和挑战使得对于可靠性研究的需求越来越高。在本节中，我们会简单讨论一些趋势和挑战。简单来说，社会发展的总体趋势就是客户在产品更新换代的过程中，对于新产品的期待是更快、更好、更便宜。而与之相关的挑战则包括：

（1） 产品越来越复杂，带有很多嵌入式软件。硬件功能越来越多地被软件所替代。因为软件实现功能的成本相对较低，很多具有"装上也不错"功能的产品也更容易失效。

（2） 很多制造商都在面临激烈的国际竞争。为了能够生存下去，企业必须降低研发成本，缩短产品上市周期，并减少在分析和测试方面花费的时间。新产品必须从概念版开始就要很可靠。

（3） 消费者对所购买的产品的需求越来越多，比如功能、质量和可靠性。而这些需求在不断地快速变化，图 1.9 给出了能够影响这些需求的因素。

（4） 对于安全和环境友好性的日益重视。如果产品有安全缺陷，则被召回的风险会增加。

（5） 新产品正在越来越多地采用来自不同国家不同二级供应商的元件，主生产商对于元件可靠性的把控越来越难。

（6） 对于一些产品而言，高速运行会降低对偏差的容忍度，使得失效的后果更加严重。

（7） 消费者对于质保的关注越来越高，甚至有企业因为质保费用过高而破产。

（8） 很多产品都已经连接互联网，容易受到网络攻击。随着智能家居、智能城市、智能交通系统、物联网（IoT）、网络物理系统、系统的系统以及工业 4.0 的发展，越来越多的新挑战出现。近年来，我们还会看到更多的新技术、新应用，这些都会为可靠性分析带来更多挑战。

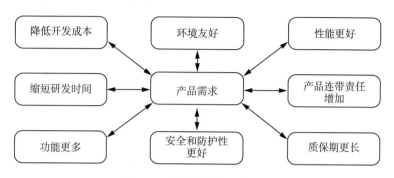

图 1.9 产品需求的影响因素

1.9 标准和指南

现在有很多界定可靠性和安全要求的标准和指南。每一个可靠性工程师都需要了解其所在领域使用的标准和指南。

1.10 系统可靠性的历史

本节将介绍系统可靠性从 20 世纪 30 年代以来的发展历程，当然介绍过程中肯定会存在一些偏见，因为我们把大部分注意力放在了欧洲和美国。此外，我们会谈及一些影响我们自己学习和理解系统可靠性的重要事件和书籍。可靠性理论的发展受到了一系列事故和灾难性故障的极大影响，我们会在这里提到其中的一些，但也只是沧海一粟。

读者在现阶段可能对于本节提到的一些可靠性进展还难以理解，所以可能在对这个主题有了更深的了解之后再阅读这部分内容，会更有趣味。

1. 20 世纪 30 年代

在 20 世纪 30 年代早期，沃特·休哈特（Walter Shewhart）、Harold F. Dodge 和 Harry G. Romig 奠定了工业产品质量控制中使用的统计方法的理论基础，但是这些方法直到第二次世界大战初期才开始得到比较广泛的使用。人们发现，如果产品包含了很多零件，即便这些零件自身的质量水平很高，产品也会经常出现失效。

20 世纪 30 年代的一个重要成就，是瑞典教授 Waloddi Weibull (1887—1979) 在研究材料强度的时候取得的。在文献 [293] 中，作者总结出了可靠性理论中最为重要的一种概率分布——威布尔分布（Weibull distribution）。

2. 20 世纪 40 年代

人们一般认为，德国工程师和飞机设计师罗伯特·卢塞尔（Robert Lusser）（1899—1969）率先提出了进行定量系统可靠性分析的方法。卢塞尔曾经在第二次世界大战时参加了著名的梅塞施密特和海因克尔战斗机设计。战争期间，沃纳·冯·布劳恩领导的一个德国团队试图开发 V-1 导弹，但是第一款 V-1 导弹全部失败。尽管工程师尽力提供高质量的零部件，并对每一个细节都做了精心检查，然而所有第一批次的导弹都会在发射台上爆炸或者着陆 "太快"。随后卢塞尔被招入团队，他的任务是分析导弹系统。很快他便推导出了串联元件的产品概率法则：任务串联系统的可靠性等于构成系统的所有元件的可靠性的乘积。如果系统中包含大量元件，那么系统可靠性就会比较低，即便单个元件的可靠性很高。当时，一个年轻的数学家 Erich Pieruschka 正在协助冯·布劳恩，他被认为在推导卢塞尔法则的时候起到了同样重要的作用。因此，也有些学者将卢塞尔法则称为 Pieruschka 法则。

可靠性理论接下来的一个重要成就，来自俄罗斯数学家 Boris V. Gnedenko (1912—1995) 在 1943 年发表的文章《随机序列最大值的极限分布》。[①] 在文章中，Gnedenko 对三类极限分布进行了界定和严格的证明，其中的一类分布就是威布尔分布。Gnedenko 并不是第一个将极限分布分为三类的人，但是他首先给出了证明。实际上，Fisher[101] 和 Tippett 等人都在更早的时候提出了这种分类方法，因此 Gnedenko 所证明的极值定理也被称为 Fisher-Tippett-Gnedenko 定理。

在美国，人们也曾经试图通过提高个别元件的质量来补偿系统可靠性，因此产品会需要更好的原料和更好的设计。这样做确实在一定程度上提升了系统可靠性，但是那个时候可能还没有对问题进行系统化的分析。

在战争期间，测试和量化电子产品可靠性的尝试就已经开始了。来自战场的信息显示，电子（真空）管是电子系统中最容易发生失效的元件 [77]。各国有多个团队都在努力寻找方法来提高电子系统的可靠性，其中的一个方案是在全面生产之前对于元件的可靠性进行验证。"二战"结束之后，整个世界都在继续开发更加复杂的产品，包括越来越多的零件（比如电视机和电子计算机）。随着自动化的兴起，对于复杂控制和安全系统的需求也逐渐加大。

1945 年，Milton A. Miner 归纳出了疲劳失效领域重要的 Miner 法则[208]。瑞典工程师 Nils Arvid Palmgren (1890—1971) 曾经在 1924 年研究滚珠轴承寿命长度的时候提出过类似的法则，因此这条法则也被称为 Palmgren-Miner 法则或者 Miner-Palmgren 法则。

1949 年，电气与电子工程师协会（IEEE）成立了一个面向质量控制的专业社团，它是无线电工程师协会的一部分。这个社团越来越关注可靠性方面的问题，并几经易名。到了 1979 年，社团拥有了现在的名字，即 IEEE 可靠性协会。

第一份关于失效模式和影响分析 (FMEA) 的指南文件同样发布于 1949 年[204]。这份指南后来发展成为美国军方标准《MIL-STD-1629A》[205]。

---

① 要了解 Gnedenko 的贡献，请参阅文献 [270]。

3. 20 世纪 50 年代

电子设备可靠性顾问团队 (AGREE)成立于 1950 年，致力于现场调研、寻找并且推动能够提升电子设备可靠性的方法。他们的工作将系统可靠性的研究向前推进了一大步 [4]。

可靠性领域很多开创性的工作都始于 20 世纪 50 年代。在经过准确定义之后，威布尔分布 [292]的使用迅速普及，有多部美国军用手册出版。可靠性理论的统计分支，也随着论文《寿命测试》[94]的发表，以及几年之后 Kaplan-Meier 估值方法的提出 [163]，得到了大大加强。

为了提高核能产业的竞争力，英国原子能管理局（UKAEA）在 1954 年成立，并迅速开始为各类机构提供安全和可靠性评估工作。

50 年代中期，贝尔实验室开始开发故障树方法，使用布尔代数来描述意外事件的各种可能成因。

4. 20 世纪 60 年代

可靠性理论在 20 世纪 60 年代有了极大的发展，多本重要著作出版，其中就包括参考文献 [23, 25, 186, 267]。

1960 年，美国军方手册《MIL-HDBK-217F》[201]的第 1 版出版，它提出了电子设备可靠性预测的框架。

1962 年，贝尔实验室发表了使用故障树分析的民兵洲际弹道导弹发射控制系统安全性的报告。该报告标志着故障树分析的诞生。在同一年，David R. Cox 出版了关于更新理论的经典著作 [65]。

1964 年，美国航空无线电公司（ARINC）出版了《可靠性工程》手册，这本书 [13] 是第一本介绍可靠性理论工程应用的书籍。文献 [150] 则是稍后出版的另外一本可靠性工程著作。

1968 年，航空运输协会（ATA）发布了一份名为《维修评价和程序开发》的文件。这份文件提出了 "维修促进小组"（MSG）方法，它的第 1 版也就是 MSG-1，用来确保全新的波音 747-100 型飞机的安全性。MSG-1 的实施过程会使用 FMECA 作为决策逻辑来制订维修计划。后来，MSG-1 又发展为 MSG-2 和 MSG-3，后者就是当前航空业正在使用的版本。

可靠性分析中心（RAC）也诞生于 1968 年，它是美国国防部的一个技术信息中心，后来很快就在可靠性理论和实践的发展方面扮演了重要角色。RAC 期刊曾经发行量很大，它提供了当时最新的技术进展信息。

美国军方标准《系统和设备可靠性程序》（MIL-STD-785A）发布于 1969 年 [206]。

而 20 世纪 60 年代对可靠性理论领域影响力最大的研究人员，还要数 Zygmunt Wilhelm Birnbaum (1903—2000)。他创建了元件可靠性重要度的全新测量方法 [32]，开发出 Miner 疲劳寿命法则的概率版本，还做出很多重大贡献。

5. 20 世纪 70 年代

可靠性研究在 70 年代的一个最重要的事件，就是 1975 年《核安全研究》报告的发表。这项报告由麻省理工学院 Norman Rasmussen 教授领导的专家团队完成。很多重要的理论方法都是在这项研究中开发出来的，或者受到了该研究的启发。

美国核标准委员会（NRC）成立于同一年（1975 年），随即开始制定 NRC 法规，即NUREG。

三哩岛核电事故于 1979 年发生在美国宾夕法尼亚州哈里斯堡附近。与刚刚发布的《核安全研究》报告相呼应，这起事故对系统可靠性理论产生了重大影响。

在 70 年代早期，俄罗斯发表了多项网络可靠性的重要成果（比如文献 [187]）。很多关于系统可靠性理论的新书也在这段时间出版，其中就包括文献 [24, 119, 165]。

可靠性和寿命数据的分析也日益重要，一些新书，比如文献 [193] 提供了新的理论和方法。而 David R. Cox 的文章《回归模型和寿命表格（及讨论）》[64] 则经常被视作这个时期更为关键性的著作。

根据 MSG 方法（见 60 年代的可靠性历史）中提到的观点，一种全新的称为 "以可靠性为中心的维护"（RCM）方法在 1978 年诞生 [227]。RCM 方法最初出现在国防领域，但是现在在各行各业都有广泛的应用，也有很多相关的标准和指南。

在挪威，海洋油气行业的第一起重大事故发生在 1977 年，即北海艾科菲斯克油田的 Bravo 平台井喷事故。这对挪威工业界和挪威政府都是一个巨大的震撼。作为该事故的一个后果，挪威科研理事会启动了名为 "安全离岸" 的大型研究项目，此外油气行业也资助了很多安全和可靠性方面的项目。本书的第一作者就是从 1978 年开始在挪威科技大学（NTNU）教授系统可靠性的课程。

英国原子能管理局安全与可靠性管委会（SRD）成立于 1977 年，该机构对于可靠性理论的发展（尤其是在欧洲）起到了巨大的推进作用。

6. 20 世纪 80 年代

20 世纪 80 年代，一种新的期刊《可靠性工程》开始出版发行，它对于可靠性理论的进一步发展影响深远。期刊的首位编辑 Frank R. Farmer (1914—2001) 在风险和可靠性方面都颇有建树，而这种期刊的名称后来改成了《可靠性工程与系统安全》（Reliability Engineering and System Safety）。

离岸及在岸可靠性数据（OREDA）项目启动于 1981 年，而第 1 版 OREDA 手册则出版于 1984 年。另一本重要的可靠性数据手册《IEEE 500》[148] 也在同一年面世。

可靠性数据分析受到了更多的关注，在 80 年代早期有多本相关著作出版，其中最有影响的包括文献 [69, 162, 175, 222]。

随着美国科研理事会在 1981 年出版了《故障树手册》[230]，故障树分析方法变得日益规范。而文献 [195] 的出版则推动贝叶斯概率进入了可靠性研究的领域。

为了强化美国半导体工业，半导体制造技术联盟（SEMATECH）在 1987 年成立。SEMATECH 准备并发布了各种高质量的可靠性指南，其覆盖的范围也远超半导体行业。

有多家大学在 20 世纪 80 年代开设了安全与可靠性的教育项目，其中最具声望的就是美国马里兰大学的风险与可靠性中心，以及挪威科技大学。

80 年代初期世界上发生了多起灾难性的事故，它们更加凸显了风险和可靠性的重要。这些事故包括 1980 年发生的亚历山大·基兰号钻井平台倾覆、1984 年发生的印度博帕尔毒气事故、1986 年瑞士巴塞尔桑德斯仓库的化学品爆炸事故、1986 年的挑战者号航天飞机事故、1988 年发生的派尔·阿尔法号钻井平台爆炸，等等。这些事故进一步推动了立法的变更，对风险和可靠性分析提出了全新要求，并且催生了很多新的科研项目。

7. 20 世纪 90 年代后

90 年代之后，上述发展还在继续并且得到了不断强化。关于系统可靠性的主题越来越受欢迎，很多新期刊、新书、新的教育项目、新的计算机程序、新的机构和各种可靠性会议不断涌现。基于在挪威科技大学可靠性课程上的经验，本书的第 1 版也诞生于 1994 年。

而工业界开始将可靠性整合到他们的系统开发过程中，通常将其作为系统工程框架的一部分。可靠性验证和技术成熟度的课题越来越重要，甚至进入了一些特定产品的合约之中。

重要的国际标准 IEC 61508《电气/电子/可编程电子安全相关系统的功能安全》在 1997年首次出版，该标准要求安全仪表系统（SIS）的生产商和用户都要进行周密的可靠性评估。

在这一时期，所有类型的系统都开始装备越来越多的软件。软件质量和可靠性开始成为绝大多数系统可靠性评估的重要组成部分。近年来，安防问题也进入了可靠性研究人员的视线。

本节只对系统可靠性历史中的几个片段进行了简单的回顾。如果读者想了解更加全面的信息，请参阅文献 [63, 77, 168] 和文献 [220] 的附录 D。当然，现在在互联网上也可以找到很多有价值的内容。

 ## 1.11　课后习题

1.1 讨论质量和可靠性这两个概念的相似和不同之处。

1.2 请列举你在日常生活中使用到的一些服务。对于其中每一项服务的可靠性，你认为有哪些相关的影响因素？

1.3 我们在 1.2 节中给出了可靠性理论术语使用的一些领域。你是否能够给出更多的不同领域的应用案例？

1.4 请讨论硬件可靠性和软件可靠性之间的主要差异。你是否认为 "软件质量" 一词比 "软件可靠性" 更贴切？

1.5 利益相关方（stakeholder）可以被定义为 "能够对某项决策或者活动施加影响，或者受到其影响，抑或是感觉受到决策或者活动影响的人员或者组织"。请选择某一特定元素或者系统（比如一座危险的设施），列举该元素/系统可靠性分析主要的利益相关方。

1.6 评价一部手机的可维修性。你能否给出一些设计方面的改进建议，以提升其可维修性？

1.7 请列举一些你认为可以使用物理方法（即负载-强度分析）进行可靠性分析的技术元件。

第 **2** 章

研究对象及其功能

 ## 2.1　概述

　　我们的研究对象通常是技术系统，但有时候也可以是单独的技术元件。元件在这里指的是进行可靠性分析的时候无法再分解成更小元素的研究对象。而技术系统恰恰相反，它总是可以分解为各种组成元素，比如子系统、模块或者元件。

　　本章将会对研究对象进行定义、区分和分类，并定义系统的边界和运行环境。还将定义并讨论系统功能的概念、绩效标准和进行功能建模及分析的一些简单方法。接下来介绍牛顿-笛卡儿范式以及其在系统分析中的应用方法。系统包括简单、烦琐和复杂系统，本章中将说明本书不详细介绍复杂系统的原因。本章的最后将会介绍如何使用可靠性框图对系统的结构进行建模。

 ## 2.2　系统和系统元素

　　(技术) 系统可以定义为：

　　定义 2.1（系统）　　组织起来的一系列相关元素，可以实现一项或者多项规定的功能。

　　系统这个词，来自希腊语的 systema，意思是功能元件之间有组织的关系。文献 [16] 认为，系统是由三个相关集合组成的：① 元素 $\mathcal{E}$ 的集合；② 元素之间内部交互的集合 $\mathcal{R}_I$；③ 一个或者多个元素与外部的交互集合 $\mathcal{R}_E$（即从系统外部观察到的交互）。

　　出于可靠性研究的目的，系统元素通常可以分为子系统、子-子系统等，一直到零件层。系统中的元素可以通过图 2.1 中所示的系统分解结构组织起来。这个结构中的层级被称为约定层（indenture level），其中结构中的最高级被称为约定层 1，接下来是约定层 2，以此类推。①研究中需要层级的数量，取决于系统的规模以及可靠性研究的目的。不同的子系

---

　　① IEV 将约定层定义为"系统层级中子类的级别" (IEV 192-01-05)。

统可能会有不同数量的层级。

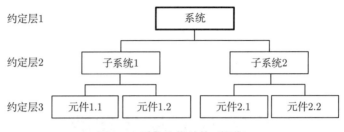

图 2.1 系统分解结构 (简化)

在可靠性研究中，系统分解结构的最底层被称为元件。元件可能自身就是具有很多部件的系统，但是在研究中被视作黑箱。所谓黑箱，是指我们只考虑其输入和输出，并不关心其内部结构和功能。在分析元件的失效原因时，我们有时需要研究元件内部各种部件（part）的状态和状况。

子系统也可以称为模块（module）。在系统维修工作中，我们还会用到诸如可维修组件和最小可置换单元（least replaceable unit）（LRU）等词汇，而可维修组件就位于为维修工作而指定的系统层级中的最底层。在相关的文献中，我们会看到很多词汇，比如装备、零件、元素、设备、仪器、组件、模块、部件、产品、系统和子系统。

2.2.1 元件

出于简化的目的，我们将研究的元素统称为元件（item），而不管它是一个系统、子系统还是零件。元件可以定义为：

定义 2.2（元件） 在特定的运行和环境条件下，在所需能源和控制兼备的情况下，能够独自完成至少一项功能的实体。

我们在本书的后续部分都会使用元件这个词汇，除非需要重点强调，我们研究的是一个由子系统、孙（子-子）系统等组成的系统。

2.2.2 嵌入式元件

嵌入式软件是用来控制技术元件的计算机软件。嵌入式元件是硬件和软件的组合，作为更大元件的一部分。嵌入式元件的一个例子，就是控制汽车发动机的微处理器。嵌入式软件根据设计可以自动运行，无须人员干预，还可以实时地对一些事件做出反应。今天，我们几乎可以在所有家用电器中（比如冰箱、洗衣机、烤箱等）找到嵌入式元件。

2.3 边界条件

可靠性研究总要基于一系列假设和边界条件。其中最值得注意的是系统边界，它规定了哪些元件涵盖在研究对象当中，而哪些没有。所有的系统都是在某种环境下使用的，而环境可能会影响系统，也可能会受到系统的影响。为了界定研究对象，我们会在研究对象和环境之间绘制系统边界，同时也会描述研究对象的输入和输出，如图 2.2 所示。

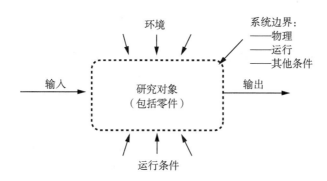

图 2.2　研究对象（系统）及其边界

对于系统边界更为详细的定义是：

定义 2.3（系统边界）　系统边界，是将系统的内部零件和流程与外部实体分离的界限。在边界之内，系统具有一定的集成性，即各个部件一同工作。而这种集成性让系统具备了一定程度的自主性。

在可靠性研究的文档中，应该清晰地描述所有的假设和边界条件。比如，需要说明下列问题：

（1）研究的对象是什么？

（2）需要什么样的详细程度？

（3）系统的环境条件是什么样的？

（4）系统如何运行？

（5）研究将会包括哪些运行阶段（比如启动、稳定状态、维修、报废）？

（6）需要考虑哪些外部压力（比如地震、雷击、蓄意破坏）？

封闭系统和开放系统

研究对象可以是封闭或者开放系统。其中，封闭系统可以定义为：

定义 2.4（封闭系统）　与环境的交互界面稳定，并且总是基于特定假设的系统。

封闭系统所需要的输入总是可以获得的，环境中可以影响到研究对象的随机扰动并不存在。实际上，本书所考虑的绝大多数研究对象都是封闭系统。由此可以给出开放系统的定义：

定义 2.5（开放系统）　环境中存在扰动可能会影响研究对象，系统所需要的输入和输出可能会出现波动甚至被阻断的系统。

一般来说，开放系统比封闭系统更难以分析。有些开放系统甚至允许用户来修改系统结构。

2.4　运行环境

基本上，元件是面向预期的运行环境设计和制造的，而这个环境需要在元件规范和用户文档中清晰地描述出来。运行环境确定了元件应该如何使用，进行维护，输入、使用和载荷的限制，以及元件假定和可以容忍的工作环境条件。举个例子来说，洗衣机的用户手册会规定所用的电源和频率区间、水压和水温、放置到机器中的衣物（比如衣服和毛毯）的类型和重量、洗衣机所处房间的温度，以及放置洗衣机的地面要求。元件的运行环境可以定义为：

定义 2.6（运行环境）　元件正在运行（或者预期运行）的外部环境和使用条件。

有时候，制造商会提供运行概念（concept of operations，CONOPS）文档描述元件的运行环境。

 ## 2.5　功能和绩效要求

为了识别出所有可能的元件失效，可靠性工程师需要全面了解元件的各种功能，以及与每一项功能相关的绩效标准。

2.5.1　功能

功能（function）是某一元件被设计来执行的任务或者动作。功能需要一项或者多项输入，以产生输出。功能需要使用技术和其他资源，通常还需要某种控制（比如启动信号）。图 2.3 描述了功能及其输入/输出，案例 2.1 则对某一功能及其相关的元素进行了说明。

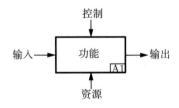

图 2.3　采用功能模块描述功能

案例 2.1（闪光灯）　考虑一个简易的闪光灯，它的主要功能是发光，需要的输入是电池的电力，资源是闪光灯电池。而这项功能会受到闪光灯开关的控制。

功能可以定义为：

定义 2.7（功能）　使用一个动词和一个名词来描述的必须要完成的活动、流程或者转换。

功能是一个元件的预期效用，因此在描述的时候每一项功能应该都有一个明确的目的。我们建议使用声明式的结构来为功能命名，即要"做什么"而不是"怎么做"。功能最好采用动词加名词的方式来描述，比如提供光源、停止液流、容纳液体、为液体加压、变换信号等。在实际工作的时候，可能很难仅仅使用两个单词来界定一个功能，而需要更多的词汇。

2.5.2 绩效要求

人们会开发新的产品和系统来满足一系列的需求或者要求。这些要求通常都要写在一个需求文档中。这些要求可能来自：① 识别出的用户需求；② 制造商让产品更具竞争力的想法；③ 标准、法律、法规的要求。IEV 将要求（requirement）定义为：

定义 2.8（要求） 明示、强烈暗示或者强制性的需求或者期望 (IEV 192-01-13)。

绩效要求是与一项功能相关的绩效准则的规范。举例来说，如果功能是"泵送自来水"，那么绩效要求可能就是每分钟的送水量必须介于 100 ～ 110L 之间。有些功能可能会存在多项绩效要求。绩效要求有时候也称为功能要求或者绩效标准。

2.5.3 功能分类

给定一个繁杂的元件，它可能需要实现很多功能。并不是所有的功能都同样重要，因此需要对其进行分类，辅助功能识别和分析工作。其中一种功能分类方法如下。

（1）必要功能：实现元件预期目的所需要的功能。必要功能是安装或使用该元件的直接原因，有时候必要功能会反映在元件的名称上，比如泵的必要功能，就是"泵送流体"。

（2）辅助功能：用来支持必要功能的功能。辅助功能通常不像必要功能那么明显，但是很多时候它和必要功能同等重要。辅助功能的失效有时甚至比必要功能的失效更危险。比如，泵的辅助功能就是"盛放流体"。

（3）保护功能：这些功能用来保护人员、设备和环境免受伤害。保护功能可以进一步分为：

① 安全功能（即预防危险事件，和/或减轻事件对人员、物料和环境的后果）；

② 安防功能（即预防薄弱环节出现，防止物理和网络攻击）；

③ 环境功能（比如防污染功能）；

④ 卫生功能（比如食品生产或者医院中需要使用的一些元件）。

（4）信息功能：包括状态监控、各种测量和警报、通信监控等。

（5）接口功能：这些功能是指研究元件和其他元件之间的接口。接口可能是主动的，也可能是被动的。比如，当元件用于支持其他元件或者作为其他元件的基础的时候，它所使用的就是被动接口。

（6）多余功能：这些功能基本不会使用，但是我们可以在电子设备中发现很多类似的功能，也就是那些"装上也不错"但是并不必要的功能。在那些经过多次修改的系统中，我们也会找到多余功能。如果系统设计时的目标使用环境和实际使用环境有出入，那么就可能出现多余功能。有时候，多余功能的失效也会导致其他功能的失效。

一些功能可能属于不止一个类别。在一些场景下，我们还可以进一步将功能分为：

（1）在线功能（on-line functions）：这些功能持续运行，或者经常使用，用户对它们的状态了如指掌。在线功能的终止，可以称为事件性或者检测到的失效。

（2）离线功能（off-line functions）：这些功能是间歇性的，或者使用并不频繁，因此用户在没有进行特别检查或测试的情况下并不知晓其是否可用。有些离线功能如果不将元件破坏就无法进行检测。比如，汽车的气囊就是一个必要的离线功能。离线功能的终止，被称为隐性或者未检测到的失效。

2.5.4 功能建模和分析

进行功能分析的目的包括：

（1）　识别元件的所有功能；

（2）　识别该元件在不同运行模式下所需要的功能；

（3）　建立元件功能的层级化分解结构 (见 2.5.5 节)；

（4）　描述每一个功能的实现方式，提供相应的绩效要求；

（5）　识别功能之间的相关联系；

（6）　识别元件与其他系统以及环境的接口。

功能分析是系统工程（systems engineering）的重要一步 [37]，现在已经有多项相关分析技术可供使用。下面简要介绍其中的两项技术：功能树以及 SADT / IDEF 0。

2.5.5 功能树

对于烦琐的系统而言，有时可以采用一个树形的结构来描述其各种功能，我们称这种模型为功能树 (function tree)。功能树是一种起始于系统功能或者系统任务的层级化功能分解结构，可以在更低的约定层上描述相应的功能。功能树的建立方式，是询问某一个特定功能是如何实现的。这项工作需要重复进行，直到达到树的底层功能。模型也可以通过询问某一个功能为什么是必要的来构建。如果这样做的话，那么询问也需要重复进行，直到系统层级。功能树的表达方式很多，图 2.4 给出了其中的一个例子。

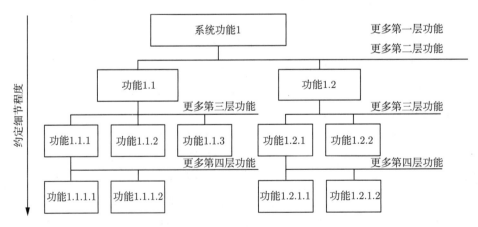

图 2.4　功能树（通用型）

某个较低层级的功能可能会被多个主要功能所需要，因此它可能会出现在功能树的多个位置上。

2.5.6　SADT 和 IDEF 0

Sof Tech 公司的 Douglas T. Ross 在 1973 年开发的结构分析与设计技术 (SADT) 是一种广泛使用的功能建模方法。我们可以在很多文献中找到对 SADT 方法的描述，比如文献 [172, 194]。在 SADT 图中，每一个功能块都包含图 2.3 所示的五种主要元素。

（1）功能：对于需要执行的功能的描述。

（2）输入：执行该功能必需的能源、物料和信息。

（3）控制：约束或者管理功能实现方式的控制命令或者其他元素。

（4）资源：执行功能所需要的人员、系统、设施或者设备。

（5）输出：功能的结果。输出有时可以分为两类：功能的期望输出，意外输出。

一个功能块的输出可能是另一个功能块的输入，或其他功能块的控制角色。通过这种方式，功能块可以彼此连接，构成一个功能框图。图 2.5 描述的就是一个海底油气增产操作的 SADT 图，这张图来自 NTNU 的学生作业[239]。

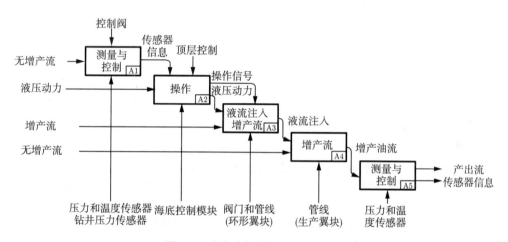

图 2.5　海底油气增产的 SADT 图

在构建 SADT 模型时，我们可以采用图 2.6 所示的自上而下的方法。模型的顶层表示系统功能，实现系统功能所需的功能列在 SADT 图的下一层。这一层级上的每一个功能还可以继续分解为更低层级的功能，以此类推，直到达到理想的细节程度。然后，我们可以采用父子图的编号方式描述这个层级架构。

图 2.3 中的功能块也可以用于集成定义语言（integrated definition language，IDEF）中，这是由美国空军根据 SADT 编写的一种语言。IDEF 分为几个模块，其中用于系统功能建模的模块称为 IDEF 0（可参阅文献 [194, 281, 282]）。

对于新系统而言，SADT 和 IDEF 0 可以用来定义需求并明确功能，我们可以以此为基础提出方案让系统满足需求并且执行相应的功能。而对于现有系统而言，SADT 和 IDEF 0 可以用来分析系统执行的功能，记录功能实现的机制（或者方法）。

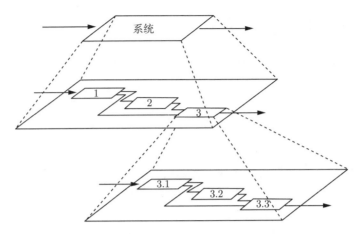

图 2.6　采用自上而下的方法构建 SADT 模型

2.6　系统分析

分析这个词，意味着将一个系统或者问题分解，或者拆解成它的组成零件，以便对研究对象有一个更好的理解。在系统分析中，我们需要研究所有的组成元件。分析这个词来自于古希腊语，意思就是"分拆"。一个系统必须遵循牛顿-笛卡儿范式，才能被分析。

牛顿-笛卡儿范式

所谓范式，是科学理论和方法论背后的世界观。对于系统可靠性而言，一直以来，牛顿-笛卡儿范式都被认为是最为重要的观念。该范式的基础源自法国哲学家和科学家勒内·笛卡儿 (1596—1650 年)，以及英国数学和物理学家伊萨克·牛顿爵士。

该范式基于牛顿的三大力学和运动定律，万有引力定律，以及被称为牛顿力学的统一理论。范式的另外一个重要基础，是笛卡儿的归纳主义 (reductionism) 理论以及他对于精神和物质、心理和物理过程的划分。归纳主义意味着理解任何系统 (或者问题)，都可以通过对其解构、拆分成一系列组成元件，并对每一个元件分别进行详细的研究来完成。如果最低层级的所有元件都已经得到了认真的研究，那么就可以开始一个合成过程。将关于所有元件的知识合并在一起，就可以构成上一级模块的知识。该范式意味着，这个模块的所有重要属性都可以由组成元件的属性推导得到。这种归纳工作可以一直持续到系统层级 (图 2.7)。

牛顿-笛卡儿范式将世界看作空白空间中的很多离散的、不变的物体，这些物体按照线性、因果的模式互动。时间是线性和统一的，不会受到速度或者重力的影响。系统行为确定，因此一个特定的原因就会导致唯一的结果。该范式支持对由有限数量 (主要是) 的独立部件组成的系统进行分析，这些部件以定义明确的方式进行交互，互连相对较少。

牛顿-笛卡儿范式也被称为牛顿范式和机械论范式。

牛顿-笛卡儿范式曾经获得了巨大的成功，实际上今天我们关于物理系统的知识都是基于这个范式。有兴趣的读者可以去图书馆或者互联网了解牛顿-笛卡儿范式更多的内容。

合成

合成是分析的反向过程，是指将零件以及它们的属性组合起来，形成一个连接的整体（即系统）。

在系统可靠性研究中，我们通常需要同时使用分析和合成方法，才能对系统及其可靠性有一个充分的了解。

图 2.7 描述了系统分析和合成的过程。

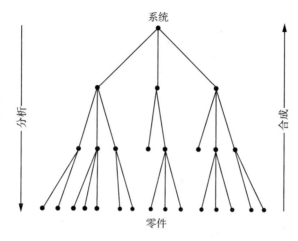

图 2.7　系统分析与合成

2.7　简单、烦琐和复杂系统

现在很多关于可靠性理论和分析的书籍的作者都喜欢标注自己在研究"复杂系统"，但是实际上（几乎）没有人去定义什么叫作复杂（complex）。按照我们的理解，可以将系统分为三类：

（1）简单系统。简单系统容易理解，并且可以采用既定的步骤或者算法进行分析。绝大多数简单系统的零件数量都很少，一般来说，在可靠性研究中，简单系统都可以采用串-并联可靠性框图来进行建模（见 2.8 节）。

（2）烦琐系统。烦琐（complicated）系统中有很多零件，并且它们之间存在着一定程度的相互连接和关联性。通过使用现有的知识（比如引入相关的专家），我们能够理解相关的系统属性，并进行分析。

（3）复杂系统。在一个复杂系统中，至少有一些零件的行为，或者零件之间的交互不遵循牛顿-笛卡儿范式的要求。采用传统方法，我们无法充分理解和分析复杂系统，因为系统并不是其零件的简单相加。

比如，涌现属性（emergent property）就是一种无法通过系统零件的性质推导出的系统属性。很多时候，涌现属性会导致出人意料并且可能会造成危险的系统行为。复杂一般来说并不是系统设计或者构造的目的，但是因为存在一些变更、耦合和紧急状况，系统就会变得复杂。

人们对于如何界定涌现这个概念存在非常不同的看法。一些作者采用非常宽泛的概念来解释涌现的含义，他们认为诸如可靠性、质量和安全性这些 "属性" 都属于系统的涌现属性。

对于简单和烦琐系统，我们可以基于牛顿-笛卡儿范式进行研究，而这个范式对于复杂系统则收效甚微。因此，人们正在探索一种新的世界观，我们可以称之为复杂性范式。

本书的所有案例都属于简单系统，但是相关的理论和方法也可以应用于烦琐系统，甚至是复杂系统的很多方面。然而复杂系统本身并不在本书的研究范围之内。

注释 2.1（经典方法 $\Longrightarrow$ 浪费时间?） 最终，你会想知道，如果你的研究对象很复杂，那么学习本书介绍的理论和方法是否在浪费时间。正如爱因斯坦说的那样[90]，新理论的发展就好像登山，当你到达一定高度的时候，就会有一览众山小的感觉。然而同时你也会意识到，还需要其他的策略才能够攀登到顶峰。到达现在的高度，实际上就已经有了相当大的成就，它也会帮助你理解还需要付出哪些努力。

2.8 系统结构建模

系统可靠性分析的开始，是建立系统结构模型。这个模型应该定义系统边界、系统的元素（即边界内部）以及这些元素之间的交互。我们还需要针对系统如何运行，以及环境条件和约束如何影响系统元素和它们的行为，作出相应的假设。我们会在后续的章节中介绍多种系统建模技术，下面首先介绍一种相当简单的方法——可靠性框图（reliability block diagram），用于一些必要的描述性工作。

2.8.1 可靠性框图

本节将讲述如何使用可靠性框图（RBD）对系统功能进行建模。可靠性框图是一个以成功为导向的模型，包括一个起点（a）和一个终点（b）。可靠性框图中的节点称为模块或者功能块。每一个模块表示一个零件功能（或者是两个甚至更多工作的组合）。为方便起见，我们假设这些模块编码为 $1, 2, \cdots, n$，其中 n 已知。在实际应用中，也可以使用字母和数字的组合来标注零件功能。包含 n 个模块的可靠性框图称为 n 阶框图。

每一个模块都可以处于可运行（functioning）或者已失效（failed）状态，我们也可以使用 up（工作）和 down（故障）来标注模块状态。可靠性框图不允许出现中间状态。对于模块 i $(i = 1, 2, \cdots, n)$，它会关联一个二元状态变量 x_i，其定义为

$$x_i = \begin{cases} 1, & \text{模块 } i \text{ 能够运行 (up)} \\ 0, & \text{模块 } i \text{ 有故障 (down)} \end{cases} \tag{2.1}$$

注意 $x_i = 1$ 表示模块 i 的指定功能处于可运行状态，但是这并不意味着与模块 i 关联的零

件的所有功能都在正常运行状态。

如图 2.8 所示，我们可以采用正方形或者长方形表示零件功能 i 所对应的模块。

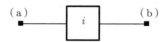

图 2.8　将零件功能 i 表示成一个模块

图 2.8 中的两个端点 (a) 和 (b) 连通，表示该模块 i 能够运行（即 $x_i = 1$）。我们也可以在模块中输入更多信息，比如简要描述零件必需的功能，如图 2.9 所示，这个零件是一个安装在管道上的安全关断阀。我们还可以使用标签来标识模块。

图 2.9　图 2.8 中模块的另一种表示方法

如图 2.10 所示，我们可以使用一个包含三个模块的可靠性框图来表示系统功能。如果模块 1 可运行，同时模块 2 和模块 3 中至少一个或者都可运行，则系统功能就可以正常实现。

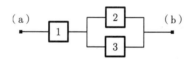

图 2.10　包含三个模块的简单可靠性框图

图 2.10 中的模块通过弧相互连接，有时弧也被称为边。这些弧是没有方向的，但是有时研究人员也可以使用有向弧来标注系统的某种逻辑。如果在端点 (a) 和 (b) 之间存在一条路径通过能够运行的模块，那么系统功能就可以实现，否则系统就处于故障状态。图 2.10 中的可靠性框图包括两条路径 $\{1,2\}$ 和 $\{1,3\}$。

1. 系统结构

可靠性框图不是系统的物理布局，它是一个有关系统功能如何以及何时实现的逻辑图。失效的次序在这类模型中并不重要，因此图 2.10 中的框图实际上等效于图 2.11 中的框图。

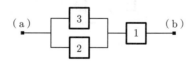

图 2.11　图 2.10 中可靠性框图的另一种等效的表示方法

可靠性框图表示针对某一个特定的系统功能的系统结构。在讨论可靠性框图时，我们讨论的是结构而不是系统。我们需要为每一个系统功能分别构建可靠性框图。

2. 布尔表达法

在同一条路径上布置多个零件，意味着它们之间存在着 AND（与）逻辑。而将多个零件布置在并联的路径当中，则意味着它们之间存在着 OR（或）逻辑。从根本上说，可靠性框图是布尔表达式的图形化形式。4.6 节中将进一步讨论布尔表达法。简单来说，图 2.10 中的系统功能，在模块 1 可运行 AND 模块 2 OR 模块 3 可运行时，处于可运行状态。

2.8.2 串联结构

当且仅当结构中的 n 个模块全部可运行时，串联结构才能处于可运行状态。这意味着，如果有一个模块失效，结构就会失效。具有 n 个模块的串联结构的可靠性框图如图 2.12 所示。可以看到，在端点 (a) 和 (b) 之间只存在一条路径，也就是说，当且仅当所有 n 个模块都可运行的时候，系统才可运行。这个系统功能可以采用布尔表达法表示为：如果模块 1 AND 模块 2 AND $\cdots$ AND 模块 n，全部可运行，则串联结构可运行。如上所述，图 2.12 中的模块顺序并不重要，我们可以采用任何顺序绘制包含 n 个模块的可靠性框图。

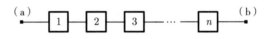

图 2.12 串联结构的可靠性框图

2.8.3 并联结构

如果结构中的 n 个模块至少有一个可运行，并联结构就可以运行。具有 n 个模块的并联结构的可靠性框图如图 2.13 所示。可以看到，在端点 (a) 和 (b) 之间存在 n 条路径，也就是说只要 n 条路径中的任意一条可运行，这个结构就可以运行。并联结构的系统功能可以采用布尔表达法表示为：如果模块 1 OR 模块 2 OR $\cdots$ OR 模块 n 有一个可运行，则并联结构可运行。

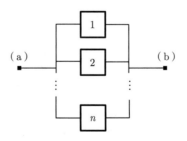

图 2.13 并联结构的可靠性框图

2.8.4 冗余

冗余（redundancy）是一种提升结构可靠性的方法，它可以定义如下：

定义 2.9（冗余）　在一个结构中提供多于一种方式或者并行的路径执行指定功能，这样只有全部方式都失败的时候系统才会失效。

图 2.13 所示的并联结构就是一种冗余，因为只有全部 n 个模块失效才能引起指定系统的失效。因为需要有 n 个模块失效，那么这个系统可以称为具有 n 阶冗余。

针对单独的模块、模块组或者整个系统功能，可以采用并联或者冗余路径。

对于硬件系统来说，冗余通常都是通过在初始元件的平行架构上安装一个或者更多硬件元件来实现的。冗余元件可以与初始元件一致，也可以不同。增加冗余会增加成本，使系统变得更加烦琐，但是如果失效的成本很高，那么冗余就是一个具有吸引力的方案。

2.8.5　表决结构

k 中取 n（k-out-of-n，或 $koon$）表决结构包含 n 个模块，其中至少有 k 个模块能够运行 $(k \leqslant n)$，结构才能运行。需要注意的是，$noon$ 表决结构实际上就是一个串联结构，而 $1oon$ 结构就是一个并联结构。

图 2.14 给出的是一个 $2oo3$ 的表决结构。图中包括两个模型，左边的部分是表示 $2oo3$ 逻辑的物理模型，而右边的可靠性框图则是一个串并联结构。在可靠性框图中，我们可以看到，当模块 1 AND 模块 2 能够运行 OR 模块 1 AND 模块 3 能够运行 OR 模块 2 AND 模块 3 能够运行的时候，系统可以实现其功能。需要注意的是，在这个可靠性框图中，每一个模块都出现在了两个不同的位置，这表明可靠性框图并不是一个物理布局图，而是描述系统特定功能的逻辑图。

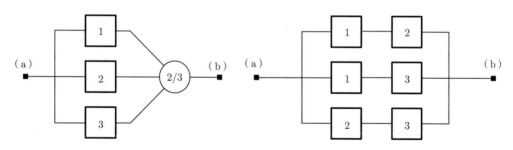

图 2.14　$2oo3$ 表决结构

2.8.6　备用结构

冗余可以采用活跃冗余（active redundancy），即冗余元件同时运行，执行相同的功能（比如并联结构）；也可以采用备用冗余（standby redundancy），也就是只有首选元件失效时冗余元件才会被激活。在备用冗余中，备用元件可以处于冷备份状态或者处于部分加载的备份状态。所谓冷备份，是指冗余元件完全没有投入运行，它在被激活的时候可以看作是完好如初的。而部分加载备份[①]，冗余元件在激活的时候可能已经出现了部分磨损甚至已经发生了故障。

图 2.15 给出的是一个包含两个模块的简单备份结构。最初，模块 1 能够运行，当模块 1 失效时，会有信号发送到开关 S，来激活模块 2，随后就可以进行模块 1 的修复工作。开关 S 可以是自动的，或由人工操作，来连接并启动模块 2。我们可以选择不同的运行规则，比如在修复完成之后立刻重新激活模块 1，或者一直让模块 2 运行直到其出现故障。

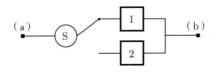

图 2.15 备用结构

2.8.7 更为烦琐的结构

本书中介绍的很多结构都可以采用串并联可靠性框图来表示，比如图 2.16 就是一个例子。

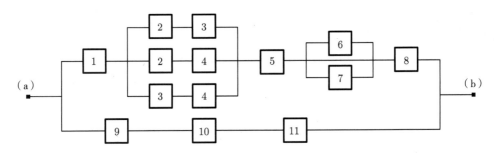

图 2.16 一个串并联结构的可靠性框图

注释 2.2（串并联结构） 并不是所有的作者都按照同样的方式使用串并联结构这个词汇。有些作者用串并联来表示带有一组或者几组冗余模块（即并联路径）的串联结构，用并串联结构来描述那些至少有一条并行路径包含两个或者更多模块的并联结构。但在本书中，我们使用串并联结构描述任何串联和并联结构的组合方式（图 2.16）。

2.8.8 两个不同的系统功能

案例 2.2 表明，不同的系统功能会产生不同的可靠性框图。

案例 2.2（装备安全阀的管道） 我们考虑一条装备有两个独立安全阀 V_1 和 V_2 的管道。如图 2.17(a) 所示，这两个安全阀在物理上是串联安装的。阀门由一个弹簧式故障-安全-关闭液压执行器控制。阀门由液压开启并保持开启状态，如果液压撤销或者消失，弹簧

---

① 译者注：即温备份。

就会自动关闭阀门。在正常的运行过程中，两个阀门都保持开启。这个阀门系统的主要功能是作为安全屏障，也就是在出现紧急状况的时候"停止液流"。

图 2.17(b) 中的两个模块分别表示阀门 1 和 2 的安全功能"停止液流"，这意味着任何一个阀门都可以关闭并停止管道中的液流。为了实现系统功能"停止液流"，有一个阀门能够正常工作就可以了，因此与该功能相关的可靠性框图就是一个并联结构①。

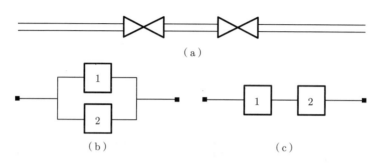

图 2.17　管道上安装的两个安全阀

(a) 物理布局；(b) 安全屏障功能的可靠性框图；(c) 保持液流的可靠性框图

然而有时阀门会在没有控制信号的状况下错误启动，关闭管道并停止液流。图 2.17(c) 中的两个模块分别表示阀门 1 和 2 在管道中"保持液流"的功能。因为一旦任何一个阀门关闭，液流都会停止，因而"保持液流"这个功能只有两个阀门都能够运行的时候才能实现②。因此，与"保持液流"功能相关的可靠性框图是一个串联结构。

案例 2.2 说明同一系统的两种不同功能会催生出两个不同的可靠性框图。我们也应注意到 (b) 和 (c) 两个框图中的模块分别代表不同的零件功能。

注释 2.3（术语的问题）　很多作者使用零件这个术语而不是模块。这个术语本身没什么问题，本书后续部分有时候也会这样用。但是，如果我们使用类似"零件 i 能够运行"这类描述的时候，必须特别小心。在这种情况下，尽管没有明确说明，实际上我们说的是"对于某一个特定功能零件 i 能够运行"。

2.8.9　构建可靠性框图

一个特定的系统功能，通常会需要一系列子功能。比如，为了实现汽车的基本功能，需要发动机的功能、刹车的功能、方向盘的功能、通风系统的功能，等等。因此，系统功能的可靠性框图可能会是所有需要的子系统功能的冗长的串联结构，如图 2.18 所示。接下来，每一个需要的子功能还会需要更多自己的子-子功能。

在分析的时候到底需要多少层级，取决于系统功能的烦琐程度以及分析的目标。我们将在第 4 章继续讨论可靠性框图，并在第 6 章介绍基于可靠性框图的定量可靠性分析。

---

① 译者注：在这里，阀门在需要的时候能够关闭表示可运行。

② 译者注：在这里，阀门一直保持开启表示可运行。

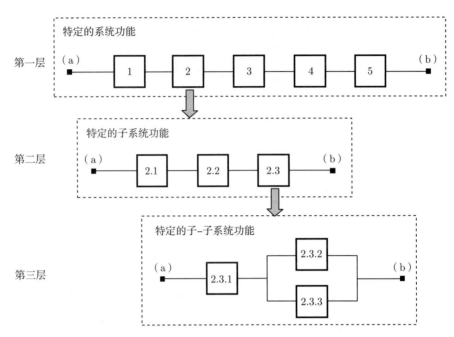

图 2.18　在不同层级上构建可靠性框图

 ## 2.9　课后习题

2.1 识别并简要描述一辆家用轿车的主要子系统，并建立这辆汽车的系统分解结构。

2.2 构建一台家用冰箱的功能树。

2.3 列举在定义一辆家用轿车的运行条件时需要考虑的环境、操作、维修方面的因素。

2.4 列举家用轿车中的一些信息功能。

2.5 识别家用轿车的主要功能，并构建功能树。

2.6 列举家用轿车的安全功能，并指出它们属于在线功能还是离线功能。

2.7 识别并描述房屋前门的功能。

2.8 描述保温瓶的功能，并给出一些相关的绩效标准。

2.9 简要描述一个可以被认为是复杂的系统。

2.10 根据 SADT 功能模块（见图 2.3），列举烤披萨（译者注：可以考虑包饺子）这项工作（功能）全部的输入、控制和所需资源。该功能的输出是新烤好的披萨（新出锅的饺子）。你是否能为你的披萨（饺子）建立一套绩效标准？

2.11 使用互联网搜索，解释 CONOPS 的含义并列出它的主要元素。

2.12 使用互联网搜索，列举系统需求文件（或者系统需求规范）中通常包含的主要元素。

2.13 建立家用轿车刹车系统的可靠性框图。①

2.14 考虑一个 *koon* 表决结构，表决可以按照两种不同的方式进行：

---

① 读者可以在网上搜索刹车系统的技术信息。

（1）　n 个零件中至少有 k 个能够运行，系统才能执行功能；

（2）　n 个零件中至少有 k 个发生失效，才能引起系统失效。

针对第一种情况，我们通常将其写作 $koon$:G（即 good）。对第二种情况，我们会写作 $koon$:F（即 failed）。

（1）　确定 x 的数量，使得 2oo4:G 结构能够等效于 $x$oo4:F 结构。

（2）　确定 x 的数量，使得 $koon$:G 结构能够等效于 $x$oon:F 结构。

2.15 能否给出一些家用轿车中的备用冗余的例子？并进行解释。

第 **3** 章

失效和故障

 ## 3.1 概述

失效（failure）在任何可靠性研究中都是最重要的概念。对于失效，我们可能需要解答如下问题：

（1）平均来说，元件可以在第一次失效发生之前运行多长时间？

（2）失效的频率如何？我们预期每年会发生多少次失效？

（3）在一个特定的时间段内，元件能够运行而不发生失效的概率是多少？

（4）如果需要使用一个元件，那么该元件无法按照要求运行的概率是多少？

如果我们没有清晰理解什么是失效，可靠性研究的价值就会大打折扣。失效这个词汇在日常生活中使用也很广泛，但是含义不尽相同。人们也会使用其他不同的词汇来表述与失效类似的意思，比如失误、停机、漏洞、崩溃、缺陷、不足、误差、故障、缺陷、过失、损害、不幸、错误、不合格，等等[①]。

失效这个词在不同专业领域的解释也不一样。关注质量、维修、质保、安全和可靠性的工程师，对于一个具体的事件是否应该定义为失效，可能会有非常不同的见解。

在进行可靠性研究的时候，我们需要在可靠性的框架内全面理解失效的含义。现在有多个有关失效的定义，其中 IEV 192-03-01 将失效定义为"丧失按要求执行的能力"。

本章只关心单个元件失效的问题，系统中多元件交互的问题将在第 4 章介绍。在讨论失效之前，我们还需要先明确状态、转移、运行模式等概念。

3.1.1 状态和转移

元件在某个状态执行的功能可能与在其他状态执行的功能不同。我们将元件变换状态

---

① 译者注：上述词汇分别来自英文 blunder、breakdown、bug、collapse、defect、deficiency、error、fault、flaw、impairment、malfunction、mishap、mistake、nonconformance，读者可以自行理解和翻译。

称为转移（transition），转移可能是自动的，也可能通过人工操作完成；可能是随机发生的，也可能是根据某个指令进行的。

　　案例 3.1（安全阀）　考虑一个安全阀，装备有液压驱动的故障-安全关闭执行元件。在其正常运行期间，阀门通过液压保持打开状态。如果有特定的危急情况发生，传感器会向安全阀发送关闭信号，阀门在故障安全执行器的作用下关闭。因此，阀门有两种工作状态：打开和关闭。执行器推动了这两种状态之间的转移。阀门的状态和转移如图 3.1 所示。阀门处于"打开"状态的基本功能是使介质/流体通过阀门，而它处于"关闭"状态的基本功能是不让介质/流体流经阀门。两种状态都包含一个辅助功能，即对流体进行控制，防止其泄漏到环境中。

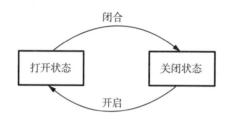

图 3.1　安全阀的状态和转移

　　注释 3.1（状态和转移）　对于很多元件来说，状态和转移之间的差别都一目了然，但是对有的元件则会存在一些混淆。因此，对状态和转移这两个词语要谨慎使用。

3.1.2　运行模式

　　一些相对复杂的元件可能会有很多运行模式，而每一个模式会执行一项甚至多项功能。运行模式包括正常运行模式、测试模式、转移模式以及由失效或操作员错误引起的应急模式。识别不同的运行模式，主要出于以下两个原因：

　　（1）　可以兼顾那些在过度关注必要功能时被忽略的功能。

　　（2）　可以提供结构化的基础信息，以识别那些与特定运行模式相关，或者依赖于特定运行模式的失效模式。

　　因此，运行模式可以帮助识别功能和失效模式。我们将在 3.4 节讨论失效模式。

 ## 3.2　失效

　　即便我们能够识别出元件所有需要的功能，可能也无法识别出它所有可能的失效，这是因为每一个功能可能都会有多种不同的失效模式。似乎现在并没有正式的程序帮助我们识别所有的潜在失效并进行分类。

　　在本节中，我们将分析在其边界内和预期运行环境下的特定元件。在很多情况下，失效都是一个复杂并且让人困惑的概念。我们只能尽力去阐明这个概念。首先将元件失效定义为：

定义 3.1（元件失效）　元件按要求执行的能力停止。

关于定义 3.1，我们可以给出一些注释：

（1）定义 3.1 是对 IEV 定义"丧失按要求执行的能力"（IEV 192-03-01）的重新组织，但是将"丧失"替换为"停止"，更加明确了失效是一个发生在特定时刻（比如 t_0）的事件。

（2）在可靠性的字典里，"按要求执行"并不意味着元件在各个方面都完美无缺，它只是说明元件必须能够执行实现特定目的所需要的功能。

（3）元件可能存在缓慢的退化过程。一旦它在执行所需功能时无法满足对其性能的要求，失效就会发生。如案例 3.2 所示，在退化达到阈值的时候，可能元件的性能并没有明显的变化。

（4）用户对于"按要求"含义的解释可能各不相同。比如，从产品质保的角度看，某一个失效可能非常关键（成本高昂），但是从风险评估的角度来看，它则无关紧要。

在元件的规范文件中，有时在用户手册中，都包含对元件的性能要求，但是实际上，用户很少会真正阅读规范或者完整的用户手册。

（5）我们使用动词 fail 表达失效发生[1]如果失效发生在 t_0 时刻，那么这个元件就在 t_0 时刻 fail。

如图 3.2 所示，失效可以解释为从可运行状态到已失效状态的转移。案例 3.2 则说明，在失效发生的时刻 t_0，我们并不一定总会观察到失效这个事件。

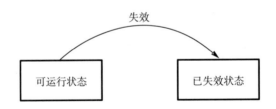

图 3.2　失效是从可运行状态到已失效状态的转移

案例 3.2（汽车轮胎）　在汽车行驶的时候，轮胎不断磨损，轮胎上的纹理持续变浅，因此轮胎的性能不断下降。如果纹理的深度小于法定值 d_0（这个值在不同国家可能不一样），那么就必须更换轮胎。在纹理深度变得比 d_0 小时，失效可能会发生。然而，在实际生活中我们不大可能确定这个失效发生的具体时间，因为在失效发生时轮胎的性能并没有明显的改变。但是根据法律规定，一旦纹理深度小于 d_0，汽车出现打滑和轮胎发生破漏的风险就不可接受了。

3.2.1　状态中失效

有时候，我们需要区分发生在状态之中的失效和发生在转移过程中的失效。案例 3.3、3.4 和 3.5 给出的就是发生在某一个状态中的失效类型。

---

[1] 译著注：fail 在本书其他部分中同样翻译为失效，因为在汉语中失效既可以是名词也可以是动词。

案例 3.3（水泵） 考虑一个电动水泵。泵的基本功能是按照一定的速度抽水。假设目标速率是 100L/min，性能规范要求速率为 95 ~ 105L/min。如果水泵内部结垢，泵速可能会降低，不再满足性能标准。当速率低于下限（95L/min）时，可以认为水泵发生故障并且必须关停，进行修理。水泵会保持工作状态，直到清洁或者修理。水泵的运行过程如图 3.3 所示。

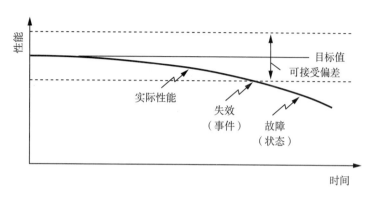

图 3.3 正在退化的零件失效和故障之间的区别

案例 3.4（灯泡一直"亮"） 考虑一个电灯泡一直处于开启的状态。灯泡的功能是照明，当灯泡坏掉的时候，失效就发生在运行状态中。如果有人在现场，他就会看到灯灭了这个事件，可以记录失效的具体时间。

案例 3.5（灯泡按要求"点亮"） 再考虑一个与案例 3.4 类似的电灯泡，但是假设这个灯泡很少使用，而且每次只点亮很短的一段时间。灯泡可能会在待命的状态下损坏（比如因为振动）。待命状态下的损坏观测不到，会造成一个隐藏故障。隐藏故障直到下一次需要点亮灯泡的时候才会发现，而失效时间 t_0 是无法知晓的。当我们试图打开灯并发现它已经失效的时候，我们只知道失效发生在自上次使用灯泡以来的时间间隔内（在本例中，假设开关一直可运行，没有失效）。

3.2.2 转移期间失效

因为已经存在的隐藏失效，或者是错误的转移方式，失效也会发生在转移过程当中，如案例 3.6 和案例 3.7 所示。

案例 3.6（割草机） 在本例中我们考虑使用汽油发动机的割草机，发动机通过拉绳启动。启动割草机涉及割草机从备用到使用的状态转移。在此转移期间的失效可能是由内部缺陷（例如腐蚀或汽油污染）引起的，但也可能是由于不正确的启动程序造成的。

案例 3.7（安全阀） 重新考虑案例 3.1 中的安全阀，假设阀门下游发生紧急情况时阀门处于全开状态。在收到关闭信号后，阀门启动状态转移。由于阀腔内有杂物，阀门会在达到关闭状态之前就停下来。

3.3　故障

我们在前面的章节中已经提到了故障（fault）这个词，但是还没有给出具体的定义。这里将故障定义为：

定义 3.2（元件的故障）　元件无法按要求执行的状态。

故障的持续时间可能短到可以忽略不计，也可能是永久性的。我们主要考虑两类主要的故障。

第一类故障是失效的一个后果。失效使元件从可运行状态转移到了故障状态，或者称为已失效状态。在案例 3.4 中，灯泡的失效会导致灯泡处于一个无法照明的状态。在这个例子中，必须替换掉损坏的灯泡才能让房间重获光明。

第二类故障是在元件技术要求、设计、制造、运输、安装、运行或者维修的过程中，由人为错误或者判断失误导致的。这类故障无须任何先前的失效就已经存在于元件当中，它是一种休眠型的故障，一直处于隐藏状态，直到使用或者检测元件的时候才会发现。第二类故障也称为系统性故障。软件漏洞就是典型的系统性故障，由设计错误或者安全错误引起的故障也属于此类。

3.4　失效模式

我们将元件的失效模式定义为：

定义 3.3（失效模式）　失效发生的方式，与失效原因无关。

失效模式所描述的，是失效如何发生，但是它并没有涉及任何有关失效为什么发生的问题。案例 3.8 可以告诉我们应该如何解释失效模式这个概念。

案例 3.8（水龙头的失效模式）　在本例中我们考虑卫生间中使用的水龙头。水龙头的主要功能是开/关水流、保持水流，以及调节水温和流速。在这里我们只关注水龙头本身（元件），并假设冷、热水都供应正常。

水龙头可能存在多种失效模式，其中包括：

（1）无法（按要求）打开并供水；

（2）无法（按要求）关闭并停止供水；

（3）水龙头内部漏水（即滴水）；

（4）（水龙头密封件）向外部泄漏；

（5）无法调节水流大小；

（6）无法调节水温。

水龙头主要有两个运行状态：关闭和打开。前两个失效模式（1 和 2）就是在这两个状态的转移期间发生的。而接下来的两个失效模式（3 和 4）则是发生在某一个状态，对于这二者而言，水龙头处于泄漏而无法按要求执行其功能的状态。而后两个失效模式（5 和 6）

则可以理解为介于上述两类之间①。

在案例 3.9 中，我们可以看到，一个失效模式有时可以描述 "失效发生的方式"，有时则可以描述 "故障显示的方式"。

案例 3.9（电子门铃） 图 3.4 给出的是一个简单的门铃系统。门铃上的按钮会激活电路中的开关，开关可以让从电池到电磁线圈阀的电路闭合，然后线圈激活一个拍板，并通过敲击钟声来发出声音。当人的手指离开按钮时，开关应打开，切断电路，从而使门铃停止发声。我们可以定义以下的失效模式：

（1）（用手指）按门铃按钮时没有响声；

（2） 手指从按钮移开时响声不停；

（3） 在没有按按钮时门铃响起。

文献 [217]也分析过一个类似的门铃系统。

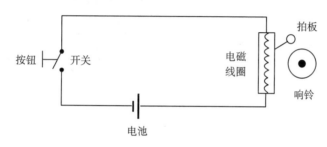

图 3.4 门铃及其附属电路

 ## 3.5 失效原因和影响

如图 3.5 所示，一个失效模式可能会由一个或者多个失效原因引起，并且一般会产生一个失效影响。

图 3.5 失效原因、失效模式和失效影响之间的关系

3.5.1 失效原因

所有的失效都至少有一个原因。我们将失效原因定义为：

定义 3.4（失效原因） 导致失效的各种情况的集合。

失效可能产生在元件的技术要求、设计、制造、安装、操作或维修的某一个步骤当中 (IEV 192-03-11)。失效原因可能是一个动作、一个事件、一个条件、一个因素、一个状态

---

① 译者注：既可以在某一状态，也可以发生在转移期间。

或一个过程，它至少部分地对失效的发生负责。要对失效负责，这个原因必须在失效发生之前就已经存在，并且原因的存在应该会增加发生失效的可能性。

在研究一些类似的失效时，我们应该看到原因存在和失败发生之间存在正相关关系，但正相关并不说明某个情况是失效原因的充分条件。我们可以很容易地找到完全没有影响的相关因素。例如，相关性可以是两个因素都由同一个第三因素引起。因果关系是一个复杂的哲学课题。读者可以在互联网上找到更多相关信息。作者特别推荐文献 [244]。

科研人员已经开发了若干种失效分析技术，以识别一个已经发生的失效的原因。这些技术就包括我们将在 3.7 节介绍的因果分析和本因分析。

3.5.2　近因和本因

在分析已经发生的失效时，我们经常会使用根本原因（root cause，或简称本因）这个词，有很多标准都对其进行了定义，但是定义似乎不尽相同。在给出我们自己的定义之前，还需要定义近因（proximate cause），也就是失效的直接和（通常）容易看到的原因。

定义 3.5（近因）　恰好在发生失效之前出现的事件或者存在的条件，如果能够终结或者修正，就可以避免失效。

近因也被称为直接原因。正如案例 3.10 所给出的，近因一般并不是失效的真正（或者根本）原因。

案例 3.10（手电筒）　手电筒是工厂安全装备的一部分。在紧急情况下需要打开手电筒，但是有时候它根本不亮。近因（或者直接原因）可能就是电池没电了。如果我们在紧急状况结束后再检查手电筒和电池，就很容易发现这到底是不是真正的失效原因。

任何电池迟早都会耗尽，但是如果手电筒是必不可少的安全设备，维修职责的一部分就是要定期测试并在必要时更换电池。因此，"在规定的期限内没有测试/更换电池"是近因出现的原因。通过多次询问"为什么"，我们可能会找到失效的根本原因。

在本书中，我们将根本原因定义为：

定义 3.6（根本原因）　促成或造成近因和后续失效的多种因素（事件、条件或组织因素）之一，如果能够消除或修正，就可以避免失效。

对于一些失效模式，也许可以找到一个单独的根本原因，但是大多数失效模式都可能由若干因素导致。我们都太习惯于把失效归咎于一个近因，比如人为错误或者技术失效，但是这些通常只是症状（symptom），并不是失效的根本原因。在很多时候，实际上存在着更多的根本原因，例如：① 流程或计划缺陷；② 系统或组织缺陷；③ 工作指导不充分或不明确；④ 培训不足等。

识别出根本原因并对其修正，对于任何处于运行阶段的系统来说都非常重要。仅仅在失效发生之后修正近因（比如在案例 3.10 中更换手电筒中的电池）并没有作用，相同的失效以后还会发生。但是，如果修正了根本原因，那么失效就再也不会出现了。我们会在 3.7 节中简要讨论根本原因分析。

3.5.3　原因的层级

系统的功能一般都会分解为子功能,而在这一层级架构中某一级别上的失效模式,可能是由更低级别上的失效模式导致的。因此分析中重要的一点,是将较低级别的失效模式与主要的顶级响应联系起来,以便在功能结构完善时提供对基本系统响应的可追溯性。图 3.6 描述的就是一个硬件结构分解架构。

我们将在 3.6.5 节继续讨论图 3.6。

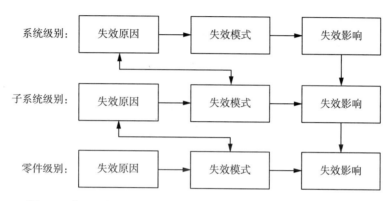

图 3.6　在层级架构中失效原因、失效模式和失效影响之间的关系

3.6　失效和失效模式分类

我们须知道,失效模式是从外部看失效的表现,即一个或多个功能的未实现。所以“内部泄漏”是闭合阀的一种失效模式,因为阀门失去了“关闭液流”的功能。而阀门密封件的磨损表示失效的原因,因此并不是闭合阀的失效模式。

根据多个不同的准则,失效和失效模式可以有若干种分类方法。下面将简要介绍其中的一些分类方法。

3.6.1　根据局部影响分类

文献 [36] 根据失效程度对失效进行了分类,具体如下。

（1）间歇性失效：仅在很短的时间内导致所需功能丧失的失效。元件在发生失效后立即完全恢复到其操作标准。

（2）延续性失效：失效会导致需要的功能丧失,并一直会持续到元件的一部分被替换或者得到修理。

延续性失效可以进一步分为：

（1）完全失效：失效引起所需功能的完全丧失。

（2）部分失效：失效引起元件性能出现偏差,但是没有引起所需功能的完全丧失。

无论是完全失效还是部分失效,都可以进一步分为：

（1）突然失效：在先前的测试或者检查中没有预料到的失效。

（2）渐变失效：通过测试或者检查可以预料的失效。渐变失效表示元件的性能表现逐渐"漂移"出指定的范围。了解渐变失效，需要对比性能要求和实际的元件性能，有时候这是一项很困难的任务。

根据上述两种分类，延续性失效可以分成四小类，其中两类有特定的名称：

（1）灾难性失效：失效既突然又完全。

（2）退化性失效：失效是部分的并且是渐变的（比如汽车轮胎的磨损）。

图 3.7 描述了失效分类，该图改编自文献 [36]。

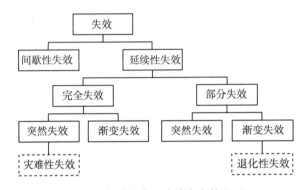

图 3.7　失效分类（改编自文献 [36]）

3.6.2　根据原因分类

失效还可以根据其成因进行分类。

1. 原发失效

原发失效（primary failure）也称为随机硬件失效（见 IEC 61508），它是在元件的预期运行环境中发生的。很多时候，原发失效会引起元件故障，需要修理才能让元件恢复到能够运行的状态。原发失效一般来自随机失效，失效的原因可以归结为老化或者是元件自身的属性。图 3.8 描述的就是原发失效。原发失效也是产品质保条款中唯一一类用户可以合理要求赔偿的失效。原发失效和软件无关。

图 3.8　导致元件故障的原发失效

2. 继发失效

继发失效（secondary failure）也称为过压失效或者过载失效，它是由元件预期运行环境之外的超大压力导致的。典型的压力包括来自热、机械、电、化学、磁力或者放射性等能源方面的冲击，也可能源自错误的操作流程。压力可能是由邻近物品、环境或用户/系统操作员/工厂人员引起的。环境压力，如闪电、地震和坠落物体，有时被称为威胁。例如，我们可以说闪电是对计算机系统的威胁，而大雪和暴风雨是对电网的威胁。超压事件导致继发失效的概率为 p，它的取值由施加到元件的压力水平和元件自身的脆弱性（vulnerability）共同决定。软件系统的过载也可归类为继发失效。

继发失效一般也会引起元件故障，经常需要修理才能让元件恢复到可运行的状态。图 3.9 描述了继发失效的结构。继发失效一般都是随机事件，但是这种随机性主要是由超压事件引起的。

图 3.9　由超压事件引起的继发失效，导致元件故障

3. 系统性失效

系统性失效是由于系统原因引起的失效，该失效可能归咎于人为错误或者对元件的技术要求、设计、制造、安装、操作或维修的误判。软件漏洞就是典型的系统性失效。在犯错误之后，这些系统性原因仍然处于休眠状态并隐藏在元件中。案例 3.12 就给出了一些系统性原因的例子。

如果有触发事件（trigger）或者激活情况出现，系统性失效就会发生。如案例 3.14 所示，触发事件可能是一个能够激活系统性原因的瞬时事件，也可能是一个持续很久的状态，比如环境条件。触发事件很多时候是随机事件，但也可能是确定性的事件。

从理论上来说，可以通过故意使用相同的触发事件来重现系统性失效。系统性这一术语意味着只要存在已识别的触发或激活条件，那么所有与初始元件相同的元件都会发生相同的失效。系统原因只能通过修改设计或制造过程、操作程序或其他相关因素来消除[138]。如图 3.10 所示，系统性故障是在触发事件的"帮助"之下导致的系统性失效。系统性失效通常但不总是随机事件，但触发因素是随机的，尽管元件失效是触发事件的后果。

图 3.10　系统性故障导致系统性失效

案例 3.11（汽车中的气囊系统）　在一款新型汽车投放市场之后不久，一个驾驶这款车的人撞上了另一辆车。发生事故时安全气囊未弹出，驾驶员受重伤。事故发生后，调查人员发现安全气囊系统安装不正确。后来他们又发现所有同类型的车都存在同样的问题。安全气囊失效是系统性原因造成的，所有同类型的汽车都有相同的系统性故障。所有这些汽车都必须召回进行维修和改装。安全气囊系统本身没有任何问题，不能将事故归咎于安全气囊系统制造商（除非安装说明具有误导性或含糊不清）。汽车制造商必须承担失效的后

果。而对于司机和乘客来说，失效的原因并不重要。系统性失效与原发（随机硬件）失效的后果同样严重。

案例 3.12（气体探测系统的失效原因） 假设在某个化工流程中使用密度较大（即比空气重）并且危险的气体。如果发生气体泄漏，报警并尽快关闭流程非常重要。为此，工厂安装了安全仪表系统 (SIS)，以及一个或多个气体探测器。SIS 由三个主要部分组成：① 气体检测器；② 接收、解释和传输信号的逻辑运算器；③ 一组执行元件（例如，警报器、关闭阀、关门机构）。SIS 的作用是对气体泄漏作出自动和快速响应。本书第 13 章将给出关于 SIS 的更多细节。

假设气体泄漏并且 SIS 没有作出任何反应，那么这个失效的可能原因包括：

（1） SIS 的原发失效（即随机硬件失效）；

（2） 安装的气体探测器对于特定类型气体不敏感，或者校准有错误；

（3） 气体探测器安装在墙面较高处或者棚顶（然而本例中的气体比空气重，此种情况下气体探测器不起作用）；

（4） 气体探测器的安装位置距风扇太近（没有气体可以接近探测器）；

（5） 气体探测器在维修期间被禁用了（禁用在维修结束后没有取消）；

（6） 气体探测器因为软件问题没有发出警报（现在绝大多数的气体探测器都具有基于软件的自我检测功能）；

（7） 气体探测器被损坏，比如因为喷砂（这种情况在海洋石油工业中经常出现）。

4. 防护失效

防护失效指的是由人为蓄意行动引起的失效。很多系统都会受到大量的威胁（threat），而这些威胁可能是物理行为，也可能是网络攻击。物理威胁包括纵火、破坏、偷盗等，而网络攻击则与那些连接到网络（比如互联网或者手机网络）的系统相关。威胁制造者使用威胁来攻击系统。而系统可能存在很多薄弱环节（即弱点或者脆弱性），会被威胁制造者利用以实施"成功的"攻击。

随着新技术的发展，比如信息物理系统、物联网（IoT）、智能电网、智能城市、远程操控和维修等，网络攻击也变得越来越频繁，甚至我们都很难发现哪期报纸没有谈到网络攻击的问题。很多攻击都直接指向关键性基础设施、工业控制和安全系统。

防护失效的结构如图 3.11 所示。威胁、威胁制造者和薄弱环节是防护失效需要的"输入"。威胁制造者使用威胁来攻击系统，而威胁则会启发威胁制造者。如果系统存在一个或者多个薄弱环节，攻击就会成功。

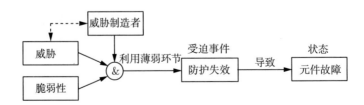

图 3.11　防护失效的结构

防护失效并不是随机事件，而是威胁制造者所采取的蓄意行为的后果。为了降低防护出现失效的可能性，我们需要在系统设计阶段识别并且去除那些薄弱环节。

5. 更多类型的失效

如果一个元件失效，那么这个失效也可能是由对元件的控制、元件的输入/输出或者元件误用引起的。这些原因一般不是元件本身的原因，并不属于元件制造者能够负责的部分。

（1）控制失效。控制失效是由不合理的控制信号或者噪声引起的元件失效，受到元件以外的因素影响。可能需要进行维修，也可能不需要维修，元件就会恢复到可运行的状态。因为没有遵循操作流程或者未完全遵循流程而带来的失效，也可以归为控制失效。

（2）输入/输出失效。输入/输出失效是元件的输入/输出不足或者缺乏引起的，受到元件以外的因素影响。比如，对于一台洗衣机而言，供电、供水或者洗涤剂供应不够，或者排水系统容量不够，都会导致清洗服务停止。输入/输出失效会使元件所提供的服务停止，但是并不一定导致元件故障。在输入/输出失效之后，可能不需要任何维修。因此，输入/输出失效和元件的可靠性关系不大。

（3）误用/误操作失效。误用/误操作失效的发生，是因为元件用于设计之外的用途，或者操作有误。误操作可能是因为人为错误，也可能是由诸如蓄意破坏之类的行为引起的。一些法律和标准（比如文献 [1]）要求在元件的设计和开发阶段考虑在运行环境下可以预见到的误用，并进行相应的调整。

以上给出的各种失效类别并不是互斥的，比如有一些控制失效可能是由系统性原因引起的。

注释 3.2（功能不可用）　美国核管理委员会（NRC）提出了功能不可用这个术语。它指的是，元件可以运行，但是因为缺乏合适的输入，缺乏来自元件外部源（即动力、驱动信号）的支持功能，缺乏维修和测试，以及人员的不当干扰等，元件应该正常提供的功能不可用。

NRC 的术语似乎覆盖了上面关于失效/故障的几个类别，尤其是输入/输出和维修失效。

6. 根据失效原因命名的失效

失效有时候还可以按照下列方式命名：① 主要失效原因，比如腐蚀失效、疲劳失效、老化失效、校准失效、系统性失效等；② 失效的技术类别，比如机械失效、电气失效、接口失效和软件漏洞；③ 失效原因出现的生命周期阶段，比如设计失效、制造失效和维修失效。

在使用这一类名称的时候，我们应该牢记，这些对于失效的描述并不会告诉我们失效是如何展现的，或者是发生了哪一种失效模式。同一失效模式可能会由很多不同的失效原因导致。

3.6.3　失效机理

失效机理是指可以导致失效的物理、化学、逻辑或者其他过程和机制。失效机理的例子包括磨损、腐蚀、疲劳、硬化、膨胀、点蚀和氧化等。如图 3.12 所示，失效机理就是一些特定的失效原因。

图 3.12　失效原因和机理（失效机理是一些特定的失效原因）

每一种机理都在元件生命周期的不同阶段有着其根本原因。比如说磨损，可能是材料选型错误（设计失效）、在规定范围之外使用（误用失效）、缺少维修、润滑不够（误操作失效）等。

失效机理可以看作一个通向失效原因的过程。

3.6.4　软件故障

现在越来越多的元件功能都由软件功能所取代，所以相当比例的元件失效是由软件漏洞（software bug）引起的。IEV 将软件故障/漏洞定义为：

定义 3.7（软件故障/漏洞）　阻止软件按要求执行的软件状态 (IEV 192-04-02)。

在特别的需求或者触发事件出现的时候，软件漏洞可能会导致元件失效。这种失效属于系统性失效，有时也称为软件失效（见图 3.10）。如果触发事件是随机发生的，那么软件失效也是随机的。软件漏洞一般难以发现，因此软件开发项目一般都会包括寻找并修改漏洞的环节。这个环节称作调试（debugging）。

软件并不会退化，软件漏洞也不会在运行期间随机出现。它们被设计在软件当中，在软件修改之前一直存在。我们经常会看到新软件发布补丁或者新版本，目的就是消除那些已知的漏洞。同样的软件失效会在每一次相同激活条件或者触发事件发生的时候出现。如果相关的激活条件或者触发事件没有发生，那么这个漏洞可能一直都不会为人察觉，因为失效频率只和激活条件或者触发事件的发生频率成正比。

3.6.5　失效影响

失效影响是指一个失效模式的意外后果。失效影响可以分为：
（1）　对于人员或者公众的伤害；
（2）　环境损害；
（3）　对于发生失效的系统的损害；
（4）　物料和财务损失；

（5）　系统运行中断（比如生产损失、交通延误或者取消、供电/供水中断、计算机/电话服务网络中断等）。

失效模式可能会造成多个失效影响，影响发生失效的元件，甚至影响其他元件。失效影响可以分为局部影响、扩大影响和最终影响。案例 3.13 描述了这些影响。

案例 3.13（刹车片失效的失效影响）　考虑一辆汽车左前轮的刹车片因为磨损（完全）失效。这个失效的局部影响是对左前轮的制动作用大大降低，可能损坏刹车盘；扩大影响是汽车的刹车不平衡甚至刹车效果大打折扣；最终影响是汽车无法提供安全驾驶功能，必须要停下来。

如图 3.6 所示，因果关系一般可以描述为，每种失效模式都可能由多种不同的失效原因引起，从而导致多种不同的失效影响。为了更深入地理解这些术语之间的关系，应考虑它们之间的层级关系。

图 3.6 表明，最低级别的失效模式是稍高级别的失效原因之一，最低级别的失效影响等同于稍高级别的失效模式。比如，密封元件的失效模式“密封泄漏”是水泵的失效模式“内泄漏”可能的失效原因之一，而由“密封泄漏”造成的失效影响“内泄漏”则是上一级的失效模式。

我们将在第 4 章讨论按照关键程度划分失效影响的方法。

3.7　失效/故障分析

失效或者故障分析是对于已经发生的失效或者故障的系统性调查，目的是识别失效/故障的根本原因，提出在未来预防相同或者类似失效/故障的整改方案。

本节将介绍两种广泛使用的失效/故障分析技术：① 因果分析；② 根本原因分析。这两种技术都可以用来分析已经发生的真实失效/故障，也可以用来分析潜在失效或者故障。

3.7.1　因果分析

因果分析经常用在质量工程领域，用以识别和描述质量问题的可能原因。这种方法也可以用于可靠性工程，去探寻系统失效或者故障的潜在原因。因果分析的结果可以归纳在因果图当中。

因果图也称为石川图 [151]，最早是由日本教授石川薰 (Kaoru Ishikawa, 1915—1989) 在 1943 年提出的。因果图可以识别并描述所有可能会导致某一特定失效的原因，一般使用一个树状图列出各种原因，类似于鱼的骨架。主要的因果类别绘制成附着在鱼脊上的鱼骨，所以因果图也称为鱼骨图。

为了构建因果图，需要从元件失效开始。首先我们应该简要描述元件失效，把它封装在一个盒子里，放在因果图的右侧，作为“鱼头”。因果图分析需要一个团队完成，使用一些可以使人产生想法的技术，比如头脑风暴法。分析团队提出失效的原因，并且按照标题进行组织，例如：

（1） 人员（manpower）；

（2） 方法（methods）；

（3） 物料（materials）；

（4） 机器（machinery）；

（5） 环境（milieu）。

这是失效/故障分析中常见的一种分类形式，也称为 5M 方法。当然也可使用其他的分类方法。图 3.13 所示为一个 5M 因果图的主要结构。

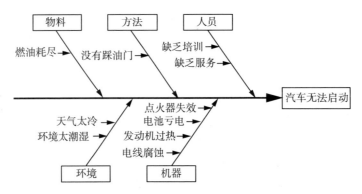

图 3.13　事件"汽车无法启动"的因果图

如果团队全体成员认为在每个主要类别下都已经有足够的细节信息，他们就可以对因果图进行分析，将原因分组。分析的一个重要部分，就是根据因果图消除那些不相关的原因，让图形更加整洁。分析人员尤其需要关注那些出现在不止一个类别里的原因。对于那些被识别为"最可能的原因"，团队应该达成一致意见，将这些原因按照可能性从高到低排序。

一些因果分析也包括对图中每个已识别原因进行验证的难易程度的评估。验证难度可以分为三个等级：非常容易、比较容易和不容易。分析的最后一步，是提出纠正已识别原因的方案，但是有些分析也可以不包括这一步。

因果图无法用于定量分析，它一般被当作解决问题的理想辅助工具，可以描绘元件失效/故障的潜在成因。因果分析也是更全面的根本原因分析（见下一节）的推荐步骤。

案例 3.14（汽车无法启动）　考虑一辆汽车在闲置了一段时间后无法启动，我们在图 3.13 所示的因果图中提出了一些可能的原因。有兴趣的读者还可以在互联网上找到很多类似的因果图。

3.7.2　根本原因分析

根本原因分析可以定义为：

定义 3.8（根本原因分析）　对于失效或者故障的系统性调研，目的是识别可能的根本原因，并通过设计、流程或者步骤变更消除这些因素。

根本原因分析是一种反应性方法，它的起点可以是已经发生的失效，也可以是已经识别出的潜在失效。根本原因分析应该一直持续到识别出组织因素，或者数据耗尽为止。根本原因分析可以用来调查大量各种类型的意外事件，而不仅局限于故障。本书主要将其应用于失效/故障分析。

根本原因（失效）分析的主要步骤包括：

（1）清晰定义失效或者故障。清楚解释到底发生了什么错误。

（2）收集数据和证据。证据应该能够提供以下问题的答案：

① 失效何时发生？

② 失效在哪里发生？

③ 失效发生前的条件是怎样的？

④ 有哪些可以阻止失效发生的控制手段或者安全屏障没有发挥作用？

⑤ 可能的原因是什么？（列出可能原因的初步清单）

⑥ 哪些行动可以阻止失效再次发生？

（3）问一问为什么，识别与所定义失效/故障相关的真实根本原因。

（4）检查逻辑，去除那些不是原因的项目。

（5）识别可以阻止失效/故障再次发生的整改方案，既包括解决近因的方案，也包括解决本因的方案。

（6）实施整改方案。

（7）分析整改方案，确保其有效。

（8）如有必要，重新审视根本原因分析的过程。

根本原因分析同样需要一个团队完成，并且借助一些可以使人产生想法的技术，比如头脑风暴法。进行根本原因分析通常从因果分析开始（见上一节）。为了识别出根本原因，我们一般建议对于每一个识别出的主要原因，都要至少询问五次"为什么"，如图 3.14 所示。

图 3.14　重复询问为什么

在提出整改方案之前，必须对根本原因有深刻的理解。通过修正根本原因，可以期望失效再次发生的可能性会被降到最低。

案例 3.15（汽车无法启动）　再次考虑案例 3.14 中汽车无法启动的情况。接下来的五个问题和答案可以展现根本原因分析的过程。

（1）为什么不能启动？

原因：发动机不运转。

（2）为什么发动机不运转？

原因：电池没电了。

（3）为什么电池会没电？

原因：交流发电机不工作。

（4）　为什么交流发电机不工作？

原因：皮带断裂了。

（5）　为什么皮带会断裂？

原因：没有根据制造商的维修计划更换皮带。

这个案例受到了 David S. Korcal 撰写的《修正方案和根本原因分析》（"Corrective action and root cause analysis"）一文的较大影响，读者可以在互联网上找到这篇文章。

对于已发生失效的认真研究会增加我们的"经验教训"，因此我们通过引用亨利·福特（1863—1947）的话结束本章：

失败（失效）为更加明智地重新开始提供了机会。

 # 3.8　课后习题

3.1 考虑房屋的大门，可以使用标准的钥匙锁住和打开。

　　（1）　列出门（包括锁）的所有相关功能。

　　（2）　列出门的所有相关失效模式。

　　（3）　使用本章给出的分类方法为失效模式分类。

　　（4）　你认为应该考虑误用失效吗？如果"是"，请给出例子。

3.2 考虑你熟悉的过滤式咖啡机/热水器。

　　（1）　列出咖啡机所有潜在的失效模式。

　　（2）　列出每一个失效模式的可能原因。

　　（3）　列出每一个失效模式的可能影响。

3.3 识别并描述家用冰箱的可能失效模式。

3.4 假设你的手机死机了，请使用因果图列出这个故障的可能原因。

3.5 考虑民宅中使用的烟雾探测器，并列出这个探测器系统性失效的可能原因。

3.6 列出术语失效和故障之间的区别，并用实际的例子说明。

3.7 考虑一台家用洗衣机。

　　（1）　尽可能多地识别洗衣机失效的可能原因。

　　（2）　回顾失效原因的类别。

　　（3）　将识别出的失效原因按照上述类别分类。

3.8 给出一个可以分为若干层级的技术系统。如果你找不到更好的案例，也可以使用家用汽车。假设系统中的某一个零件失效模式发生了，请用你的例子解释图 3.6 中的关系。

3.9 重新考虑课后习题 3.2 中的咖啡机。当你按下开关的时候，没有咖啡流出。

　　（1）　使用因果图分析这个"失效"。

　　（2）　使用根本原因分析方法分析这个"失效"。

第**4**章

系统可靠性的定性分析

 4.1　概述

本章将介绍系统可靠性定性分析中使用的五种方法。

（1）失效模式、效用与临界状态分析（failure modes, effects, and criticality analysis, FMECA）。这是识别系统零件和子系统潜在失效模式、识别每一种失效模式的原因以及研究失效模式对于系统可能影响的常用方法。FMECA 起初是一种设计工具，后来也经常用作详细可靠性分析和制订维修计划的基础。

（2）故障树分析（fault tree analysis, FTA）。故障树可以描述引起特定系统失效的潜在失效和事件的所有可能的组合方式。建立故障树是一个演绎过程，从特定的系统失效开始，并提出问题"这个失效的原因是什么？"，失效和事件通过一种二项方法组合起来。如果我们使用事件的概率估计值，那么故障树就可以用于定量分析。第 6 章将讨论故障树的定量分析方法。

（3）事件树分析（event tree analysis）。事件树是一种归纳方法，从系统偏差开始，识别这个偏差如何发展。偏差出现之后的各种可能事件发生与否，一般取决于系统中的各种屏障和安全功能会不会发挥作用。第 6 章也将简要讨论事件树的定量分析问题。

（4）可靠性框图（reliability block diagrams）。2.8 节已经介绍了可靠性框图（RBD）。在本章中，我们将采用数学方式，用结构方程来描述可靠性框图的结构。接下来，结构方程也会在后续的章节中出现，用来计算系统可靠性的指标。第 6 章将继续讨论可靠性框图的定量分析方法。

（5）贝叶斯网络（Bayesian networks, BN）。贝叶斯网络是一种有向无环图，可以替换传统的故障树和事件树，或者对它们的功能进行扩展，研究元件之间的因果关联关系。在第 6 章也将讨论贝叶斯网络的定量分析。

归纳分析和演绎分析

本章所介绍的方法，都始于研究对象已定义的故障或者偏差。从这一点出发，我们可以回溯去识别故障或者偏差的成因，这种方法称为演绎分析（deductive analysis），即向前推演故障或者偏差是如何形成的。另一方面，我们可以从同一个故障或者偏差开始，展望并且探讨该故障或偏差的可能后果，这种方法称为归纳分析（inductive analysis），即引导事件发展为后果。图 4.1 示出了这两种方法之间的联系。

图 4.1　研究对象故障或者偏差的归纳和演绎分析

如表 4.1 所示，上述的五种方法有些属于演绎分析，有些属于归纳分析，甚至二者兼有。

模型/方法	演绎	归纳
表 4.1　归纳和演绎方法		
FMECA	△	△
故障树分析	X	—
事件树分析	—	X
可靠性框图	X	—
贝叶斯网络	X	X

注：△ 表示使用；X 表示未使用。

4.2　FMEA / FMECA

早在 1949 年，第一部关于失效模式与影响分析（FMEA）的指南就已经发布了（参见 1.10 节），到现在为止 FMEA 仍然是潜在失效分析最常用的方法。FMEA 可以检测零件、装配体和子系统，以识别潜在的失效模式、它们的成因和影响。对于每一个零件来说，它的失效模式以及对系统其他部分的影响都会记录在特定的 FMEA 工作表中。现在有很多这类的工作表，比如图 4.4 给出的就是一个典型的例子。

在考虑每一种失效模式的关键性或者优先级别之后，FMEA 就成为失效模式、效用与临界状态分析 (FMECA)。在后续的章节中，我们不考虑 FMEA 和 FMECA 之间的区别，统一使用 FMECA 这个词语。关于如何进行 FMECA 分析，现在已经有多项标准，例如 IEC 60812、MIL-STD-1629A、SAE ARP 5580、SAE J1739 等。

4.2.1　FMECA 的类型

根据研究对象及其所处生命周期位置的不同，FMECA 有很多种类型。比如，汽车行业中常使用下列四种（SAE J1739）：

（1）概念 FMECA，在可行性研究和早期设计阶段分析新产品的概念。

（2）设计 FMECA，在产品投入生产之前对其进行分析。

（3）设备 FMECA，分析特定机器（设备和工具），比如客户所需的零部件、机械结构、刀具、轴承、冷却液等。

（4）过程 FMECA，分析制造和装配过程。

1. FMECA 的更多衍生类型

人们还面向特定应用开发出更多的 FMECA 衍生类型：

（1）接口 FMECA，分析与零件或者子系统之间接口有关的潜在问题。

（2）软件 FMECA，识别并且预防软件中的潜在错误，可参阅文献 [121]。

（3）FMEDA，分析具有内置诊断测试功能的系统，尤其是安全仪表系统，可参阅文献 [115]。

（4）FMVEA（失效模式、脆弱性和效用分析），识别并预防系统可能会被威胁制造者利用的弱点，可参阅文献 [263]。

（5）网络 FMECA，与 FMVEA 的作用类似。

图 4.2 给出了 FMECA 各种衍生类型的发展历程。

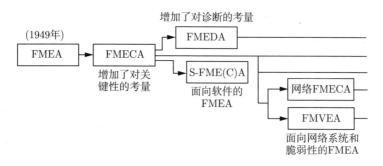

图 4.2　FMECA 各种衍生类型的发展历程（非严格时间尺度）

2. 硬件方法和功能方法

对于技术元件的 FMECA，主要有两种分析方法，分别为：

（1）硬件 FMECA，用来分析现有的系统和系统概念。首先将系统层级中最底层的零件作为研究对象，识别它的潜在失效模式、失效的原因和影响。在底层零件分析完成后，开始分析倒数第二层，以此类推。因此，我们称硬件 FMECA 采用的是由下至上的方法。

（2）功能 FMECA，主要在系统的早期设计阶段使用。分析开始于系统的顶层功能，我们可以提出以下问题：这个功能可能会怎样失效？原因会是什么？失效的后果又会是什么？对于每一个功能失效我们都采用相同的步骤进行分析。因此，功能 FMECA 采用的是由上至下的方法。

本章的后续部分主要关注设计分析中使用的硬件 FMECA，其他的应用与此类似，读者可以自行调整。

4.2.2　FMECA 的目标

硬件 FMECA 在设计阶段的目标包括（IEEE Std.352）：

（1）　在早期设计阶段，帮助选择可靠性高和安全性高的设计方案。

（2）　确保对所有可以想象到的失效模式以及它们对于系统运行的影响都有所考虑。

（3）　列举出所有的可能失效，并辨别它们的影响程度。

（4）　提出测试计划的初步方案，设计测试和检查系统。

（5）　为定量可靠性和可用性分析奠定基础。

（6）　提供建档文件，以便在未来分析现场失效和进行设计变更时参考。

（7）　为折中研究提供数据。

（8）　提供基础信息，帮助确定修正工作的优先级。

（9）　协助评价相关的设计需求，例如冗余、失效检测系统、失效-安全特性以及自动和人工接管功能。

FMECA 主要采用定性分析，由设计人员在系统的设计阶段进行，目标是识别出需要改进才能满足可靠性要求的领域。FMECA 经过更新，可以作为设计检查和检测，以及制订维修计划的基础。

4.2.3　FMECA 的步骤

FMECA 不需要精深的分析技巧，但是需要分析人员熟悉研究对象，理解其功能和运行的限定条件。FMECA 一般按照 7 个主要步骤进行，如图 4.3 所示。步骤的数量和内容取决于应用情况和分析的范围。读者可以在文献 [108] 中找到在汽车业进行 FMECA 的更多细节信息。

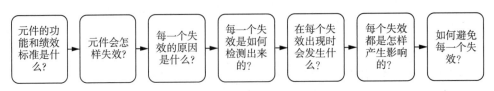

图 4.3　FMECA 的主要步骤

我们以图 4.4 中的 FMECA 表格作为例子，对方法中每一列的输入逐一进行说明。

（1）　编号：元件的名称和标签，或者对应的图纸，标记在第一列。

（2）　功能：本列中描述的是元件的功能。

（3）运行模式：一个元件可能具有多种运行模式，比如工作和待机。例如，飞机的运行模式包括滑行、起飞、爬升、巡航、拉直、转向、下降、着陆等。在应用中，如果不需要区分不同的运行模式，这一列就可以省略。

（4）失效模式：需要逐一为每个零件的功能和运行模式找出相关的失效模式，并记录下来。在这里，失效模式定义为无法满足第二列中特定功能的功能要求。

（5）失效原因或机理：对于每一种识别出的失效模式，都需要在这一列记录可能的失效机理（比如腐蚀、锈蚀、疲劳等），还需要记录其他的失效原因。为了能够识别出所有的失效原因，有必要在工作的时候牢记图 2.2 中的界面。

（6）失效检测：接下来记录每一种失效模式的检测方法，包括报警、测试、人员感知等，有时还需要对某一种失效模式的检测能力打分。

（7）对子系统的影响：记录已识别失效模式对于同一子系统中其他零件的所有重要影响。

（8）对系统功能的影响：记录已识别失效模式对于系统功能的所有重要影响，以及失效发生后系统的运行状态，即系统是否还能正常工作，或者是否会切换到其他运行模式。

系统：　　　　　　　　　　　　　　　　　制作人：

图纸编号：　　　　　　　　　　　　　　　日期：　　　　　　　　　　第　页

单元描述			失效描述			失效影响		失效率	严重度排序	风险降低措施	备注
编号	功能	运行模式	失效模式	失效原因或机理	失效检测	对子系统的影响	对系统功能的影响				
(1)	(2)	(3)	(4)	(5)	(6)	(7)	(8)	(9)	(10)	(11)	(12)

图 4.4　FMECA 工作表示例

注释 4.1（安全和可用性） 有时候，也可以用"对于安全的影响"和"对于可用性的影响"来替换第七列和第八列。

（9）失效率：接下来记录每一种失效模式的失效率。很多时候，将失效率分为不同等级比较合适，如表 4.2 所示。

需要注意的是，与某一种失效模式对应的失效率可能会因为运行状态的不同而不同。比如阀门的失效模式"向外部泄漏"，有很大可能发生在阀门关闭或者加压的情况下，而在阀门开启的情况下发生概率则比较低。

（10）严重度：失效模式的严重度指的是该失效的可能后果，由伤亡情况、对环境的破坏情况以及对系统最终的破坏情况决定。比如，有时可以使用表 4.3 给出的排序。

表 4.2 发生频率（示例）

相当频繁	每月一次或者更多
有时发生	每年一次
可能发生	十年一遇
很少发生	百年一遇
非常罕见	千年一遇或更少见

表 4.3 严重度排序（示例）

灾难性的	任何导致伤亡，或者妨碍既定目标达成的失效
重大的	任何将系统的性能降低到容忍限度以下，产生危险（如果没有立刻采取措施加以纠正，也会导致伤亡）的失效
严重的	任何将系统的性能降低到容忍限度以下，但是采取相应措施可以从容应对和控制的失效
轻微的	任何不会导致系统的总体性能降低到容忍限度以下的失效（或者说只是一种干扰）

（11）风险降低措施：这一列记录修正失效、恢复功能或者避免严重后果可能采用的措施，同时还需要记录可能降低失效模式频率的措施。

（12）备注：这一列记录那些没有包括在其他列中的相关信息。

综合考虑失效率（第九列）和严重度（第十列），我们就可以对不同失效模式进行排序。排序可以利用图 4.5 所示的风险矩阵表示。在本例中，失效率分为五个等级，而严重度则分为四个等级。最为关键性的失效模式用 (X) 标记在矩阵的右上角，而最不重要的失效模式则用 (X) 标记在矩阵的左下角。在实际的分析中，也可以采用具体失效模式的缩写来替代 (X)。

失效率	严重度			
	轻微的	严重的	重大的	灾难性的
相当频繁				
有时发生				
可能发生	(X)			
很少发生		(X)		
非常罕见	(X)		(X)	

图 4.5 包含不同失效模式的风险矩阵

风险优先级

在一些应用中，比如在汽车行业，人们经常将与某一失效模式相关的"风险"表示为风险优先级（risk priority number，RPN）。RPN 由严重度（S）、发生率（O）和检测能力（D）相乘得到：

$$RPN = S \times O \times D \tag{4.1}$$

因此，在排序的时候需要考虑：

（1）严重度，S。严重度是一个数值，是根据人的主观想法在 $1 \sim 10$ 之间选择的一个整数，它表示客户感知到的失效影响的严重程度。

（2）发生率，O。发生率是一个数值，是根据人的主观想法在 $1 \sim 10$ 之间选择的一个整数，它表示在元件的生命周期中该失效模式发生的概率估值。

（3）检测能力，D。检测能力打分也是一个数值，是根据人的主观想法在 $1 \sim 10$ 之间选择的一个整数，它评估的是在失效影响客户之前能够阻止或者检测到该失效的控制有效性。

可见 RPN 并没有任何具体的含义，但是 RPN（介于 $1 \sim 1000$）可以用来对设计中所有可能出现的状况打分。然而，在很多应用场景中，人们还是更倾向于使用严重度。RPN 的作用只是用来对可能的设计缺陷进行排序，考虑采用哪些设计手段去减少缺陷的影响，或者降低设计对于制造偏差的敏感度。

4.2.4　FMECA 的应用

很多行业都将 FMECA 视为技术系统设计过程的一部分，也将 FMECA 工作表包含在系统文件当中。国防、航天和汽车行业的供应商都是如此，而海洋油气行业也逐渐推广这种做法。

FMECA 在系统设计阶段的价值最大。分析的主要目标是在早期阶段发现弱点和可能的失效，以使设计人员能够将修正方案和安全屏障集成到设计之中。FMECA 的结果在系统变更和制订维修计划的过程中也很有意义。设计人员在学习过程中，学习到的都是从功能的角度思考问题，即如何设计系统满足特定的功能需求。而通过 FMECA，设计人员会"被迫"考虑可能的失效问题。FMECA 的初衷就是在早期发现潜在的失效，这样很多系统失效就可以从设计的角度规避掉。

很多行业都在制订维修计划时引入了以可靠性为中心进行维修（reliability-centered maintenance，RCM）的项目，而 FMECA 就是 RCM 的基本工具，对此将在第 9 章具体进行讨论。

因为所有的失效模式、失效机理和特征都已经在 FMECA 中建档，这就构成了故障诊断程序的坚实基础，为维修人员提供了一份清单。如果绝大多数的系统失效都可以归结为单个零件失效的结果，则 FMECA 就是一种非常有效的方法。在分析的过程中，每一个失效都被看作是独立发生的，和系统中的其他失效无关。FMECA 不太适用于具有相当程度冗余的系统分析。对于这样的系统来说，故障树分析可能是一种更好的方法。4.3 节将介绍故障树分析。除此之外，FMECA 也不适用于共因失效会成为重大问题的系统，第 8 章将讨论共因失效。

FMECA 的另一个局限性，是对人因错误的关注不够，这主要是因为这种方法聚焦在硬件失效上面。

当然，FMECA 最为人所诟病的，是需要对所有的零件失效都进行检查和建档，甚至对那些不会产生任何重要影响的失效同样如此。对于大型系统，尤其是那些冗余程度很高的系统来说，FMECA 会带来大量不必要的建档工作。

4.3 故障树分析

故障树分析（FTA）最早于 1962 年在美国贝尔实验室诞生（见 1.10 节）。现在 FTA 已经成为风险和可靠性分析最常用的一种方法，该方法在分析核电站安全系统时曾经发挥过重要作用（见《核安全报告》[231]）。

故障树是一种能够表示潜在系统故障与故障原因之间关系的逻辑图。在风险和可靠性分析中，系统失效一般会导致事故发生，而故障的原因可以是环境条件、人为错误、常规事件（即在系统的生命周期内可以预计到会发生的事件）以及某些零件失效。需要注意的是，潜在的系统故障可能会在未来的某个时间发生，也可能不发生。

FTA 可以是定性的，也可以是定量的，或者二者兼而有之，这取决于分析的目标。故障树分析的可能结果包括：

（1） 能够导致系统故障的环境因素、人因错误、常规事件和零件失效的可能组合的列表。

（2） 在某一特定时刻或者某一特定时间段内系统发生故障的概率。

本章只介绍定性故障树分析，第 6 章将讨论定量 FTA。很多标准和指南都对 FTA 有非常全面的介绍（比如文献 [137, 217, 230]）。

4.3.1 故障树的符号和元素

故障树分析是一种由上至下的演绎推理方法。分析首先从某一系统性失效开始，这一事件被称为故障树的顶（TOP）事件。分析首先假定一个可能的系统故障已经发生（即已经存在），一些直接原因事件 $A_1, A_2, \cdots$ 可以单独或者共同导致顶事件发生，在模型中这些事件通过逻辑门与顶事件连接。接下来，又有潜在的原因事件 $A_{i,1}, A_{i,2}, \cdots$ 可能会导致事件 A_i（$i = 1, 2, \cdots$）发生，它们同样通过逻辑门与事件 A_i 连接。这个演绎过程（即在因果链条中回溯）可以一直持续，直到某个层级上能够获得足够多的细节信息。而在这个层级上的事件就是故障树的基本事件。基本事件可以包括零件故障、人为错误、环境条件和常规事件。图 4.6 示出了一棵简单的故障树，其中的主要符号在表 4.4 有说明和解释。

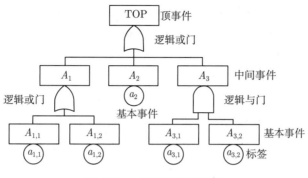

图 4.6 一棵简单的故障树

类别	符号	描述
逻辑门	或门 A E_1 E_2 E_3	或门表示如果输入事件 E_i 中的任何一个发生，则输出事件 A 发生
	与门 A E_1 E_2 E_3	与门表示只有输入事件 E_i 一起发生，输出事件 A 才会发生
输入事件	基本事件	基本事件表示不需要进一步分析失效原因的基本设备失效
	未展开事件	未展开事件表示，因为信息不充分或者事件后果影响较小，所以没有进一步展开进行分析检查的事件
描述	备注框	备注框用来补充信息
传递符号	传出 传入	传出符号表示，在相应的传入符号出现的时候，故障树可在此处进一步展开分析

表 4.4　故障树符号

图 4.6 中的故障树表示，当事件 A_1、A_2 或者 A_3 发生，顶事件就会发生。这三个事件通过一个逻辑或门与顶事件连接。我们也可以将这个关系写作"如果事件 A_1，或（OR）事件 A_2，或事件 A_3 发生，顶事件就会发生"。在这里，事件 A_1 和 A_3 被称为中间事件，因为它们还可以通过逻辑门继续进行追溯分解。而事件 A_2 是一个基本事件，图中的圆圈

是一个标签，用来标注故障树中每一个具体的基本事件。事件 A_1 和它的成因事件 $A_{1,1}$ 以及 $A_{1,2}$ 通过一个或门连接，我们可以说"如果事件 $A_{1,1}$ 发生，或事件 $A_{1,2}$ 发生，事件 A_1 就会发生"。事件 A_3 也与它的成因，即事件 $A_{3,1}$ 和事件 $A_{3,2}$ 通过一个与门连接，我们可以说"如果事件 $A_{3,1}$ 和（AND）事件 $A_{3,2}$ 同时发生，事件 A_3 就会发生"。

注释 4.2（术语） 可以看到，我们在这里使用的术语是故障树分析，而不是失效树分析。回顾第 3 章，我们就会知道故障指的是一个状态，而失效则是一个事件。另外一个需要注意的问题是，构建故障树的起点，是一个已经发生了的我们想象中的潜在（即未来）系统失效，这意味着在开始面对系统故障的时候，我们的问题是"可能导致该状态存在的原因是什么？"，这个故障状态存在，所以原因也是状态，即便我们使用事件这个词汇来进行描述（顶事件、中间事件和基本事件）。

FTA 是一种二项分析法，也就是假设所有的事件要么发生，要么不发生，没有中间状态。在故障树的基本版本中，树是静态的，不能反映任何动态的效果。

故障树符号采用何种布局方式，取决于我们遵循哪一个标准。表 4.4 给出的就是最为常见的故障树符号，以及对每种符号的解释。另外还有一些更加高级的故障树符号，本书并未加以介绍。有兴趣的读者可以阅读相关文献（比如文献 [217, 230]）了解更加全面的信息。

国际标准 IEC 61025 中采用的故障树符号与表 4.4 中的不尽相同，但是其中元素的含义是一致的。

FTA 一般包括下列五个步骤：[①]
(1) 定义问题和边界条件；
(2) 构建故障树；
(3) 识别最小割集和/或路集；
(4) 定性分析故障树；
(5) 定量分析故障树。

我们将在本章讨论前四个步骤，在第 6 章讨论第五步。

4.3.2 定义问题和边界条件

FTA 的第一步包含两个子步骤：
(1) 定义需要分析的顶事件。
(2) 定义分析的边界条件（见第 2 章）。

顶事件清晰且没有任何含糊的定义这一点至关重要，否则就会使分析的价值大打折扣。举例来说，将事件定义为"系统崩溃"就太过宽泛和含糊了。对顶事件的描述，应该回答发生的是什么、在哪里发生以及何时发生这几个方面的问题：

什么：描述将要研究的潜在系统失效，以及清晰的系统失效模式。

哪里：描述该失效模式可能会在哪里发生。

---

① 这些步骤受到了文献 [47] 的启发。

何时：描述该失效会在何时发生（比如在正常运行期间）。

为了保证分析的一致性，我们还需要小心地定义边界条件。本书第 2 章中曾经讨论过边界条件的问题，在构建故障树时需要考虑的具体的边界条件包括：

（1）初始条件：在顶事件发生时系统的运行状态是怎样的？系统在全力运行还是性能已经出现了下降？哪些阀门处于开启或者关闭的状态？哪些泵正在工作？等等。

（2）对于外部压力的边界条件：分析中已经考虑了哪些类型的外部压力？这里的外部压力指的是来自战争、破坏、地震、雷电等各类事件的压力。

（3）解析度：在识别失效状态的可能原因时，到底需要怎样的细节程度？比如，当我们发现原因是"阀门无法关闭"时，是就此打住，还是继续探讨在阀体、阀杆、启动器等装置中存在的失效？在确定理想的解析度的时候，我们应该牢记，故障树的细节程度应该与可用信息的细节程度匹配。

4.3.3　构建故障树

构建故障树通常都是从顶事件开始，接下来是识别那些作为顶事件的直接、必要和充分原因的所有故障事件。这些原因通过逻辑门与顶事件连接，将这些顶事件的第一层原因按照结构化的方式列举出来，对于故障树非常重要，因为这第一层构成了故障树的顶层结构。顶层结构故障的原因一般为系统主要模块失效，或者是系统主要功能无法执行。我们继续一层一层延伸故障树，直到所有的故障事件都已经展开到预设的解析度。换句话说，这个分析是演绎性的，是通过询问"这个事件的原因是什么？"来完成的。

故障树构建规则

我们用故障事件表示故障树中的任意事件，无论它是基本事件还是处于树的高层。

（1）描述故障事件：在"备注框"中仔细描述每一个基本事件（是什么，何时何地发生）。

（2）评价故障事件：造成故障的事件可以是不同的类型，比如技术失效、人为错误或者环境压力。应该认真评价每一个事件。正如我们在 3.6.2 节中所分析的，技术失效还可以进一步分组，比如原发失效和继发失效。零件的原发失效一般可以被当作基本事件，而继发失效则会被当作中间事件，需要进一步调查确定主要原因。

在评价一个故障事件的时候，我们会问："这个故障是一个原发失效吗？"如果答案是肯定的，我们就将这个故障事件视作"常规"基本事件；如果答案是否定的，我们就会将其视作"继发"基本事件。所谓"次级"基本事件一般也称作未展开事件，表示因为信息不足或者后果不严重，对这个故障事件还没有进行进一步调查。

（3）完善逻辑门：必须定义出每一个逻辑门的所有输入，并在转向下一个门之前完善相关的描述。建立完善的故障树，需要在开始下一个层级之前完善现有的层级。

案例 4.1（火灾探测系统）　考虑一个安装在生产车间的简单的火灾探测系统（该系统并不算真正的火灾探测系统）。

该火灾探测系统可以分为两个部分：热探测和烟雾探测。此外，还装有一个人为操作的报警按钮。系统结构和布局如图 4.7 和图 4.8 所示。

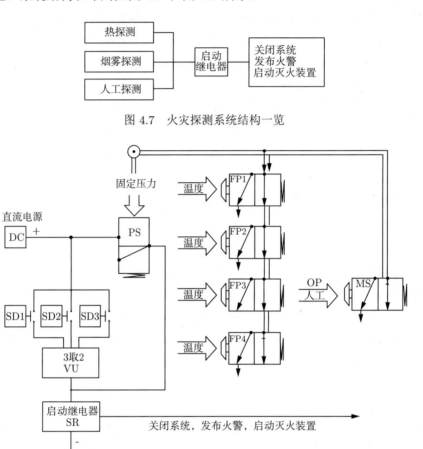

图 4.7　火灾探测系统结构一览

图 4.8　火灾探测系统的布局

（1）　热探测。在生产车间中有一条带有四个相同保险丝插头（FP1、FP2、FP3、FP4）的封闭式气动管道回路。如果这些插头暴露在温度高于 72℃ 的环境中，它们就会将空气排出回路。气动系统的压力是 300kPa，并且与压力开关（恒压器）PS 连接。如果有一个或者多个插头被高温激活，开关也会激活，将发送一个电信号到继电器，以发布火警并关闭回路。为了发送电信号，直流电源 DC 必须完好无损。

（2）　烟雾探测。烟雾探测系统包括三个相互独立，并且各自使用自身电池供电的光学烟雾探测器 SD1、SD2 和 SD3。这些探测器敏感性很高，能够在火焰出现的早期就报警。为了避免误报警，三个烟雾探测器与一个 2oo3:G 逻辑表决器 VU 连接。这意味着，至少需要有两台探测器发送火焰信号，才会激发火警。也就是说，如果至少有两台探测器激活，这个 2oo3:G 表决器就会发送电信号给启动继电器 SR，以发布火警并关闭系统。同样，直流电源 DC 须处于可运行的状态，才能保证发送电信号。

（3）　人工探测。对于和启动管道回路一起工作的四个保险丝插头，也可以采用人工切换（MS）的方式，释放管道回路中的压力。理论上操作员（OR）应该一直在现场，如果他发现火焰，就会用手动开关释放管道中的压力，接下来压力开关 PS 会激活，发送电信号给启动继电器 SR。同样，在这个场景中，DC 也应处于可运行的状态。

（4）启动继电器。一旦启动继电器 SR 接收到来自探测系统的电信号，它就会被激活，发送信号关闭回路，发布火警，并启动灭火装置。

假设有火灾发生，火灾探测系统应该能够检测到，并且发布警报。设顶事件为"在起火时，启动器 SR 没有发出信号"，那么其对应的故障树如图 4.9 所示。

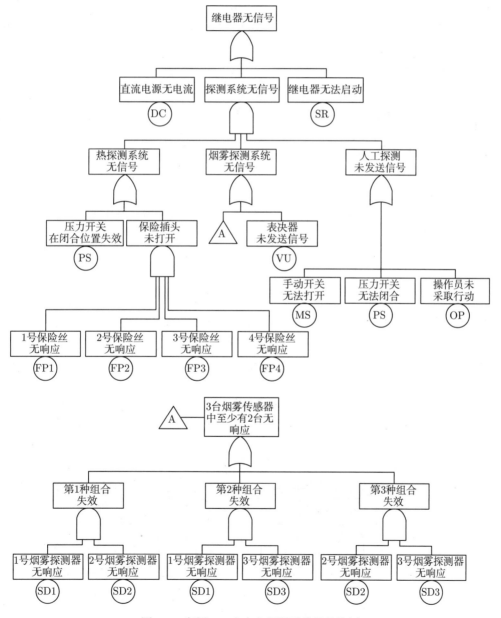

图 4.9　案例 4.1 中火灾探测系统的故障树

注释 4.3（故障树并不是唯一的） 注意，一棵故障树并不会显示系统所有的故障，它只是给出一个特定故障，即顶事件的原因。故障树的构建方式一般取决于分析人员，很多时候，两个人对同一故障建立的树模型可能不尽相同。

4.3.4　识别最小割集和路集

故障树可以提供许多有价值的信息，比如能够导致顶事件发生的故障事件的组合。我们称这种故障事件组合为割集（cut set）。在故障树的术语中，割集的定义如下：

定义 4.1（故障树中的最小割集） 故障树中的割集是一系列基本事件，这些事件（同时）发生会导致顶事件发生。如果一个割集继续分解就不再是割集的话，那么这个割集就是最小割集。

最小割集中不同基本事件的数量称为这个割集的阶。对于小型简单的故障树，我们不需要借助任何正式的步骤或者算法，就能够发现它的最小割集。而对于大型或者复杂的故障树，需要使用更加高效的算法来完成上述工作。

4.3.5　MOCUS

MOCUS（割集获取方法）是一种简单的算法，可以用来在故障树中找到最小割集。我们可以通过一个例子来说明这个方法。比如图 4.10 中的故障树，其中的逻辑门编号从 G_0 到 G_6，这个故障树案例来自文献 [21]。

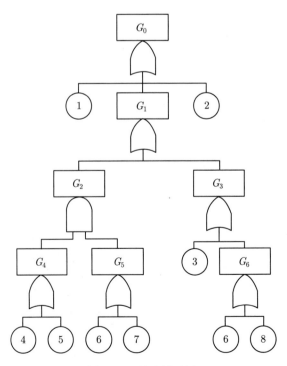

图 4.10　故障树示例

算法从代表顶事件的逻辑门 G_0 开始。如果这是一个或门，门的每一个输入都需要单独写成一行（输入也可以是新的逻辑门）。类似地，如果 G_0 是一个与门，则需要将门的每一个输入单独写成一列。

在我们的例子中，G_0 是一个或门，因此有

$$
\begin{array}{c}
1 \\
G_1 \\
2
\end{array}
$$

因为 1、G_1 和 2 这三个输入每一个都可以导致顶事件发生，因此它们中的任何一个都可以自己构成一个割集。

我们继续使用输入（基本事件和新的逻辑门）代替每一个门，直到整个故障树中所有的门都被基本事件所替代。在这个过程完成之后，我们所建立矩阵中的各行即为故障树的割集。

因为 G_1 是一个或门，有：

$$
\begin{array}{l}
1 \\
G_2 \\
G_3 \\
2
\end{array}
$$

因为 G_2 是一个与门，有：

$$
\begin{array}{l}
1 \\
G_4, G_5 \\
G_3 \\
2
\end{array}
$$

因为 G_3 是一个或门，有：

$$
\begin{array}{l}
1 \\
G_4, G_5 \\
3 \\
G_6 \\
2
\end{array}
$$

因为 G_4 是一个或门，有：

$$
\begin{array}{l}
1 \\
4, G_5 \\
5, G_5 \\
3 \\
G_6 \\
2
\end{array}
$$

因为 G_5 是一个或门，有：

$$
\begin{array}{l}
1 \\
4,6 \\
4,7 \\
5,6 \\
5,7 \\
3 \\
G_6 \\
2
\end{array}
$$

因为 G_6 是一个或门，有：

$$
\begin{array}{l}
1 \\
4,6 \\
4,7 \\
5,6 \\
5,7 \\
3 \\
6 \\
8 \\
2
\end{array}
$$

最终我们得到以下 9 个割集：

{1}	{4,6}
{2}	{4,7}
{3}	{5,6}
{6}	{5,7}
{8}	

因为 {6} 是一个割集，所以 {4,6} 和 {5,6} 就不是最小割集。因此，系统的最小割集包括：

$$\{1\}, \{2\}, \{3\}, \{6\}, \{8\}, \{4,7\}, \{5,7\}$$

换句话说，这棵故障树有五个 1 阶最小割集，和两个 2 阶最小割集。本例中算法的处理方式，可以避免因为事件 6 出现在故障树中的不同位置而带来的混淆。

有时候，我们还会有兴趣去寻找系统能够运行所需的可运行零件的组合。这样的零件（基本事件）组合称为路集。在故障树术语中，路集的定义如下：

定义 4.2（故障树中的最小路集）　故障树中的路集是一系列基本事件，事件（同时）不发生会确保顶事件不会发生。如果一个路集继续分解就不再是路集的话，那么这个路集就是最小路集。

最小割集中不同基本事件的数量称为这个割集的阶。为了寻找故障树中的最小路集，我们可以采用一种叫作双重故障树的方法：用逻辑或门替换初始故障树中所有的与门，或者用与门替换初始故障树中所有的或门。此外，还可以将双重故障树中的事件设定为初始故障树中对应事件的互补数，然后使用上述寻找最小割集的方法，就可以得到最小路集。

对于相对"简单"的故障树来说，可以使用 MOCUS 手算求解。而对于更加复杂的故障树，就需要借助计算机。现在市场上已经有很多计算机程序可以用来识别最小割集和路集，其中一些程序的原理就是基于 MOCUS 算法，但也有一些更加快速的算法。

4.3.6　故障树的定性评价

我们可以根据最小割集，对故障树进行定性评价[①]。割集的关键程度显然取决于基本事件的数量（即割集的阶数）。一阶割集（只有一个基本事件）通常比二阶或者高阶割集更为重要。如果我们发现了一阶割集，那么就意味着只要相应的基本事件发生，顶事件就会发生。如果一个割集中有两个基本事件，这两个事件必须同时发生才能导致顶事件发生。

另外一个重要的因素是最小割集中基本事件的类型。我们可以按照下列不同的基本事件类型对不同割集的关键程度排序：

（1）　人为错误；

（2）　活跃型设备的失效；

---

① 本节受到文献 [47] 的启发。

（3）　被动型设备的失效。

这种排序方法假设人为错误发生的频率比活跃型设备失效更加频繁，而活跃型设备比被动型设备更加容易失效（比如，主动型或者一直运行的油泵，比被动使用的应急泵发生故障的机会更多）。根据这个排序，表 4.5 列出了不同类型二阶最小割集的关键程度（排序为 1 表示最为关键）。

表 4.5　二阶最小割集关键程度排序

排序	基本事件 1（类型）	基本事件 2（类型）
1	人为错误	人为错误
2	人为错误	活跃型设备的失效
3	人为错误	被动型设备的失效
4	活跃型设备的失效	活跃型设备的失效
5	活跃型设备的失效	被动型设备的失效
6	被动型设备的失效	被动型设备的失效

案例 4.2（离岸油气分离器）　考虑离岸油气生产设施的加工单元中的分离器。井口管汇中汇集了来自不同油井的油、气、水混合物，它们被导入两条相同的工艺链中，然后油、气、水会在几个分离器中分离。接下来，工艺链中分离的气体会进入压缩机，并通过压缩机进入输气管道，而油则装载到邮轮上，水则经清洁处理后重新注入储层里。

图 4.11 给出了其中一条工艺链的部分简化草图。井口管汇中的油、气和水进入分离器，然后（部分）气体会从液体中分离出来。这个过程由流程控制系统控制，图中没有给出。如果流程控制系统失效，那么流程安全系统会启动，以避免重大事故发生。本例的后续部分聚焦在流程安全系统，这个系统具有三个保护层：

（1）　在管道入口处，串联安装了两个切断阀门（PSD）PSD_1 和 PSD_2。阀门采用失效-安全关闭的工作模式，由液压（或者气压）驱动，平时保持开启状态。一旦液压（或者气压）中断，阀门就会受预充电执行元件的力推动切断流程。图 4.11 中并没有给出为阀门执行元件提供液压（或者气压）的系统。

两个压力开关 PS_1 和 PS_2 安装在分离器中。如果分离器中的压力增加到预设值，压力开关就会发送信号给逻辑单元（LU）。当 LU 接收到来自至少一个压力开关的信号后，它会发送信号给 PSD 阀门切断流程。

（2）　分离器中安装了两个压力安全阀（PSV），在压力增加到超过特定高压时释放压力。两个阀门 PSV_1 和 PSV_2 都装有弹簧执行元件，可以调整到设定的压力。

（3）　防爆片（RD）安装在分离器的顶部，构成最后一道安全屏障。如果其他的安全系统失效，防爆片会打开，防止分离器爆裂或者爆炸。如果防爆片打开，气体就会从分离器顶部逸出，可能会进入一个放空系统。

可以采用不同的方法分析流程安全系统的可靠性，下面分析故障树的工作原理。

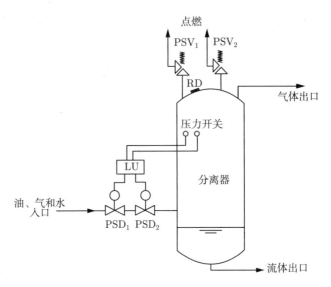

图 4.11   油气分离器草图

故障树分析

如果管道 A 的出气口突然堵塞，就会出现最为致命的状况。分离器中的压力会快速增加，如果流程安全系统不能发挥作用，很短时间内压力就能达到超压临界值。因此，故障树的顶事件可以是"第一阶段分离器内压力过大"。我们假设临界状况是在正常运行过程中发生的，当时分离器中的液位正常，所以我们在 FTA 中可以忽略掉管道出口的部分。针对这个顶事件构建的故障树如图 4.12 所示。本书的第 6 章将在故障树中引入失效率和其他可靠性参数，并计算在气体出口突然堵塞时顶事件的发生概率 $Q_0(t)$。

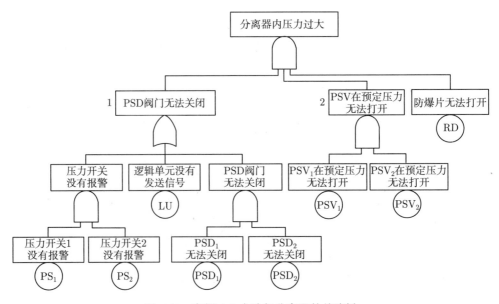

图 4.12   案例 4.2 中油气分离器的故障树

在构建图 4.12 中的故障树之前，我们做了大量的假设。应该在单独的文件中记录这些假设，并将其集成在分析报告中。图 4.12 中故障树的最低层级解析度是技术元件失效。然而这里的元件有些可能相当复杂，需继续拆分为子元件，并进一步探寻失效成因，比如阀门就可以继续分解为阀体和执行器。有时候，我们甚至还可以再将子元件拆分为子-子元件。压力开关没有发送信号这个失效可以分成两个部分：个体失效和共因失效，后者可以引起两个压力开关同时失效。压力开关的失效原因可能是零件自身失效，也可能是维修人员在校准时犯了错误。我们到底要分析到何种程度，最终取决于分析的目标。然而不管怎样，都应该把假设记录下来。

4.3.7　动态故障树

动态故障树（DFT）是对传统故障树的扩展，它引入了动态影响。逻辑门输出事件的动态影响，不仅取决于输入事件的逻辑组合，还取决于输入事件的发生顺序。为了反映这些动态效果，我们可以在与门和或门之外再引入一些新的逻辑门。比如，当特定事件（我们称之为触发事件）发生，并导致其他独立事件（几乎）同时发生时，就会出现这种效果。这里的触发事件可能是控制系统失效，或者是供电出现问题。

DFT 的分析相当复杂，不在本书的讨论范围之内。对此感兴趣的读者可以阅读文献 [217] 的第 8 章。在进行定量 DFT 分析的时候，可以将 DFT 转化为马尔可夫模型（见第 11 章），或者借助于蒙特卡罗仿真（见 6.10.1 节）。要了解更多信息，可以阅读文献 [88,296]，本书不再讨论 DFT 方法。

4.4　事件树分析

在很多事故场景中，类似管道破裂这样的初始事件，会有很多可能的结果，可能没什么不良后果，也可能是一场巨大的灾难。在大多数设计完善的系统中，都装备有很多安全功能或者安全屏障，可以阻止潜在的初始事件发生，或者减轻事件发生之后的后果。安全功能可能包括技术设备、人为介入、紧急程序以及各种方式的组合。技术安全功能的例子包括火焰和气体检测系统、紧急停机（ESD）系统、列车自动停车系统、消防系统、防火墙、逃生系统等。初始事件的后果取决于这些安全功能的后续失效或操作、应对初始事件时的人为错误以及天气条件和时间等各种因素对事故进展的影响。

对于事故进展，最好采用归纳分析方法，其中最常见的就是事件树分析（ETA）。事件树是一种逻辑树图，从初始事件出发，可以系统性地描述事件传播的时间序列，直到其潜在的结果或者后果。在事件树的开发过程中，我们会假定安全功能受到事故传播的影响后可能正常工作或者失效，从而跟踪事件的每一个可能的发展序列。树中的每一个事件都取决于事件链条中之前事件的发生情况。一般来说，我们会假设每一个事件都是二元的（即真或假，是或否），但是事件也可以包括多个结果（比如完全是、部分是和完全否）。

ETA 是大多数风险分析的重要组成部分，但是也可以用作设计工具，来反映工厂中保护系统的有效性。事件树分析也用于人因可靠性评估，比如，这种方法就是 THERP 技术（NUREG/CR-1278）的一部分。

根据分析的目标，ETA 可以是定性的、定量的，也可以二者兼而有之。在定量风险评估应用中，事件树可以单独构建，也可以以故障树分析为基础进行开发。

事件树分析一般分为下列 6 个步骤[47]：

（1） 识别可能会引起意外后果的相关初始（危险）事件；

（2） 识别设计用来应对初始事件的安全功能；

（3） 构建事件树；

（4） 描述由此产生的事故事件序列；

（5） 计算识别出的后果出现的概率/频率；

（6） 汇集并展示分析结果。

图 4.13 所示为关于（粉尘）爆炸的简单事件树模型。

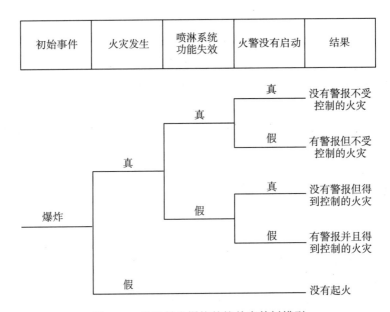

图 4.13　关于粉尘爆炸的简单事件树模型

在图 4.13 中的初始事件爆炸发生之后，火灾有可能发生，也可能不会发生。工厂中已经安装了喷淋和报警系统，它们可能正常运行，也可能已经失效。我们会在 6.8 节中讨论事件树的定量分析问题。

4.4.1　初始事件

选择相关的初始事件，对于事件树分析至关重要。初始事件一般定义为正常状况的第一个明显的偏差，它可能会导致系统失效或者事故。初始事件可以是一个技术失效或者某个人为错误，能够利用某些技术识别出来，比如 FMECA。为了使得后续的分析有意义，初

始事件必须能够产生很多后果序列。如果初始事件只能产生一个后果序列的话，那么 FTA
更适合分析这个问题。

初始事件经常是在设计阶段就已经被识别和预测为可能的关键事件。在这些情况下，屏
障和安全功能一般已经被引入来应对这些事件了。

不同的分析人员对于初始事件的定义会有些差别。比如对于氧化反应炉的安全分析来
说，有的分析人员可能将"反应堆冷却水减少"作为初始事件，而有的分析人员则会将"冷
水管破裂"作为初始事件。这两种方法都是正确的。

4.4.2　安全功能

针对初始事件做出反应的安全功能（比如屏障、安全系统、程序和操作员操作），可以
被认为是系统在初始事件发生时的防御。安全功能可以分为以下几类 [47]：

（1）能够自动对初始事件做出响应的安全系统（比如自动停机系统）；

（2）在初始事件发生时警告操作员的警报（比如火警系统）；

（3）接到警报之后的操作程序；

（4）用来限制初始事件影响的屏障或者遏制措施。

分析人员须识别出所有能够对初始事件后果产生影响的屏障和安全功能，并在事件序
列中假定它们可以激活。

事件链条甚至安全功能有时会受到各种危险因素（事件或者状态）的影响，比如：

（1）泄漏气体是否被点燃；

（2）是否有爆炸；

（3）一天中的哪个时刻；

（4）风向是否朝向社区；

（5）气象条件如何；

（6）泄漏是否包含气体/液体。

4.4.3　构建事件树

事件树可以展示事件链条的时间发展次序，从初始事件开始，依次通过那些标识响应
初始事件的安全功能是否运行的节点。事件树中的后果同样是清晰定义的事件，它们是由
初始事件导致的。

事件树图一般都是从左向右绘制，初始事件是模型的起点。每一个安全功能或者危险
因素都称为事件树的一个节点，由事件描述或者由问题表述出来。事件的结果或者问题的
答案一般有两个（真或假，是或否）。在每一个节点处，事件树枝干都会分裂为两条新的分
支：上分支表示节点对应的事件描述为真，下分支则表示对应的事件描述为假。按照这种
方法，最严重的结果会逐渐发展到事件树图最顶部的位置，而所有的后果一般就会按照降
幂方式排列。

一个事件的输出可能会导致其他事件，逐渐发展到后果。如果事件树图太大超过了一页，也可以把一些分支拿出来，画在不同页面上，然后这些页面可以通过传输符号与主模型关联。如果序列上有 n 个事件，那么这个树模型就有 2^n 个分支。很多时候，我们需要去除那些不可能的分支，以减小模型规模。

4.4.4　描述结果事件序列

定性分析的最后一步是描述由初始事件引发的不同事件序列，比如我们可以用一个或者多个序列表示安全恢复到可运行状态，或者有计划的停机操作。从安全的角度看，重要的序列就是那些会导致事故发生的序列。

分析人员应尽量以清晰明确的方式描述事件的后果。在描述后果时，分析人员可以根据其严重程度对它们进行排序。事件树图的结构可以清楚地显示事故的进展，有助于分析人员确定在哪些方面增加程序或安全系统才能最有效地防止这些事故。

有时，我们可能会发现需要将 ETA 的最终后果（结果）划分为多个不同的后果类别，如图 4.14 所示。在本例中，我们使用下列几个类别：

（1）　人员伤亡；

（2）　物料损坏；

（3）　环境破坏。

图 4.14　ETA 的结果展示

在每个类别中，我们都可以对后果进行排序。比如对于"人员伤亡"这个类别，我们可以使用伤亡人员划分子类别：0、$1 \sim 2$、$3 \sim 5$、$6 \sim 20$ 和 $\geqslant 21$。对于"物料损坏"和"环境破坏"类别，子类别包括：可忽略的 (N)、低 (L)、中 (M) 和高 (H)。我们需要对这些类别的含义在每个特定情况下进行定义。如果无法简单地将后果归到一个组，那么我们就需要给出各个子类别的概率分布。比如，事件链条的结果可能是：无人死亡的概率是 50%，$1 \sim 2$ 人死亡的概率是 40%，$3 \sim 5$ 人死亡的概率是 10%。如果我们还能够估计结果的频率（见下文），就可以直接估计致命事故率 (FAR)[1] 与特定初始事件之间的联系。

---

[1] FAR 是衡量人员风险的常用指标，定义为每 10^8 暴露小时的预期死亡人数。

　　案例 4.3（离岸油气分离器——事件树）　再次考虑案例 4.2 中的离岸分离器，分离器中流程安全系统三个保护层的激活压力如图 4.15 所示。根据这三个保护层能否发挥作用，初始事件可能会导致不同的后果，因此 ETA 也适用于这个系统。我们可以将初始事件定义为"管道出气口堵塞"，并以此构建事件树模型，如图 4.16 所示。模型的四种结果会造成非常不同的影响。最关键的结果是"分离器破裂或爆炸"，如果气体被点燃，这种情况可能会导致装置完全损坏。然而，发生这种结果的可能性非常低，因为防爆片是一种非常简单和可靠的产品。第二关键的结果是"气体从防爆片逸出"，这个结果的严重程度取决于系统的设计，但如果气体被点燃，对于某些设施来说可能非常危险。下一个结果"气体逸出并被点燃"，这一般并不是什么关键性的事件，但会导致经济损失（二氧化碳税）和生产停顿。最后一个结果是受控停机，这只会损失一些生产时间。

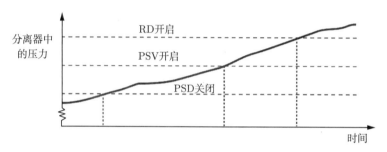

图 4.15　流程安全系统三个保护层的激活压力

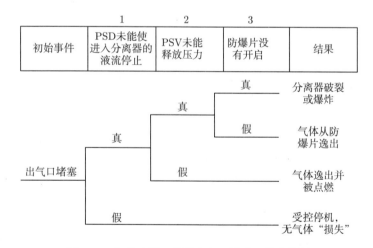

图 4.16　初始事件"管道出气口堵塞"的事件树

　　在本例中，ETA 能够比 FTA 提供更多的细节结果。我们可以综合使用这两种方法。比如，我们可以在图 4.12 所示故障树的分支 1 中找到第一道安全屏障的失效（PSD 阀门无法关闭）原因，在图 4.12 所示故障树的分支 2 中找到第二道屏障的失效（PSV 未能释放压力）原因。

4.5　故障树和可靠性框图

我们在第 2 章中已经介绍了可靠性框图（RBD）方法，并简单说明了一些与故障树相同的信息。在一些实际应用中，我们可以选择是用故障树还是用可靠性框图对系统结构建模。如果故障树只包含与门和或门的话，这两种方法完全等效。我们可以将故障树转化为可靠性框图，反之亦然。

注释 4.4（术语）　在可靠性框图中，如果模块 i 能够运行，这就表示与之相对应的零件的特定功能 i 起作用，$i = 1, 2, \cdots, n$。我们从现在开始不说"模块 i 能够运行"，而是说"零件 i 能够运行"。即便这种说法不一定准确，但是它可以简化表达，并且与其他大多数系统可靠性教材的表述一致。

在可靠性框图中，如果可以从功能模块的一端到达另一端，就意味着与之对应的零件可运行。这也说明，零件的特定失效模式甚至一组失效模式都没有发生。在故障树中，我们可以令基本事件表示某一个零件同一个失效模式的发生，或者同一组失效模式的发生。如果故障树的顶事件表示"系统"失效，并以此定义基本事件，那么我们可以很容易地发现，可靠性框图中的串联结构就对应着一棵只有或门的故障树。如果零件 1 或零件 2 或零件 3 或 …… 或零件 n 中的任何一个失效，该串联结构就会失效，顶事件发生。

按照同样的方法，并联结构可以表示为一个所有基本事件都通过一个与门连接的故障树。只有零件 1 和零件 2 和零件 3 和 …… 和零件 n 都失效，并联结构才会失效，顶事件发生。图 4.17 就示出了一些简单可靠性框图和故障树之间的关系。

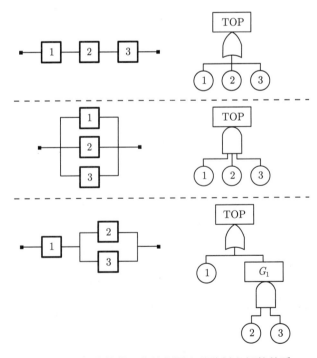

图 4.17　一些简单可靠性框图和故障树之间的关系

案例 4.4（案例 4.1（续）） 将故障树转换为可靠性框图并不难，图 4.18 给出的就是与图 4.8 中火灾探测系统故障树对应的可靠性框图。在转换过程中，我们首先从顶事件开始，然后依次替换逻辑门：或门由其正下方的"零件"串联结构替换，而与门则由其正下方的"零件"并联结构替换。

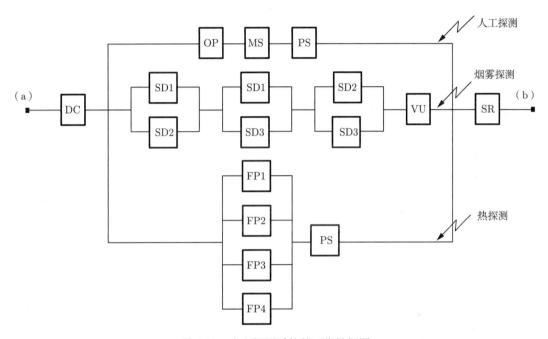

图 4.18 火灾探测系统的可靠性框图

由图 4.18 可知，一些元件可以出现在框图中的不同位置。需要强调的是，RBD 并不是系统的物理布局，而是一个逻辑图，描述的是系统功能。

关于使用故障树和可靠性框图的建议

对于大多数实际应用，我们建议首先构建故障树，而不是可靠性框图。在构建故障树时，可以搜索顶事件和所有中间事件的可能原因。我们从故障的角度考虑，并且通常会比从功能的角度考虑发现更多的潜在故障原因。因此，在故障树的开发过程中，分析人员能够更好地了解故障的潜在原因。如果分析是在设计阶段进行的，分析人员可能会重新考虑系统的设计和操作，并采取措施消除潜在的危险。

当建立可靠性框图时，我们会从功能的角度考虑，因此经常会忽略为保护设备、人员和/或环境而安装（或应该安装）的辅助功能和设备。

为了进一步进行评估，人们通常更自然地基于可靠性框图考虑问题。因此，有时需要将故障树转换为可靠性框图以进行定性和定量分析。

4.6 结构函数

考虑一个包含 n 个零件的结构。[①]我们称该结构为 n 阶结构，零件编号从 1 到 n。[②]

假设每一个元件都有两种状态：可运行状态（functioning state）和已失效状态（failed state）[③]，对于结构的假设也是同样。因此，可以采用二元状态变量 x_i[④]描述零件 i（$i = 1, 2, \cdots, n$）的状态，有

$$x_i = \begin{cases} 1, & \text{零件 } i \text{ 能够运行} \\ 0, & \text{零件 } i \text{ 已经失效} \end{cases} \tag{4.2}$$

$\boldsymbol{x} = (x_1, x_2, \cdots, x_n)$ 被称为该结构的状态向量。并且，假设在知道所有 n 个零件的状态时，我们也可以知道结构是否能够运行。

类似地，结构状态也可采用二元函数描述：

$$\phi(\boldsymbol{x}) = \phi(x_1, x_2, \cdots, x_n)$$

其中

$$\phi(\boldsymbol{x}) = \begin{cases} 1, & \text{该结构能够运行} \\ 0, & \text{该结构已经失效} \end{cases} \tag{4.3}$$

$\phi(\boldsymbol{x})$ 称为结构函数或者简称结构。我们会在后续章节中给出一些简单结构示例。

4.6.1 串联结构

当且仅当结构中的所有 n 个零件能够运行，串联结构才能运行。其结构函数为

$$\phi(\boldsymbol{x}) = x_1 \cdot x_2 \cdots \cdot x_n = \prod_{i=1}^{n} x_i \tag{4.4}$$

其中 $\prod$ 为乘积符号。n 阶串联结构的可靠性框图如图 2.12 所示。串联结构的结构函数可以写为

$$\phi(\boldsymbol{x}) = \prod_{i=1}^{n} x_i = \min_{1 \leqslant i \leqslant n} x_i$$

---

① 注意，这里用到的零件这个词，实际上表示的是该元件的特定功能。

② 本章剩余内容受到了文献 [24] 的启发。

③ 译者注：functioning 在本书中译为能够运行或者可运行。实际上更加准确的意思是元件正在或者有能力发挥它的作用或者功能。也有文献将其译为正常或者功能正常，本书没有采用这种翻译的原因是，元件能够发挥其功能并不一定表示它的功能处于完全正常或者完好的状态，有时处于退化状态的元件也可以发挥功能。

④ 在这里，二元变量（函数）是一个只能取值为 0 或者 1 的变量（函数）。

4.6.2　并联结构

如果结构中的 n 个零件至少有一个可运行，并联结构就可运行。其结构函数为

$$\phi(\boldsymbol{x}) = 1 - (1 - x_1)(1 - x_2) \cdots (1 - x_n) = 1 - \prod_{i=1}^{n}(1 - x_i) \tag{4.5}$$

n 阶并联结构的可靠性框图如图 2.13 所示。

式 (4.5) 右边的表达式经常写为 $\coprod_{i=1}^{n} x_i$，其中 $\coprod$ 这个符号读作 "ip"。因此，2 阶并联结构的结构函数为

$$\phi(x_1, x_2) = 1 - (1 - x_1)(1 - x_2) = \coprod_{i=1}^{2} x_i$$

上式的右边也可以写为 $x_1 \coprod x_2$，其中 $\coprod$ 是或逻辑的标识。我们可以看到

$$\phi(x_1, x_2) = x_1 + x_2 - x_1 x_2 \tag{4.6}$$

因为 x_1 和 x_2 是二元变量，$x_1 \coprod x_2$ 就等于 x_i 的最大值。类似地有

$$\phi(\boldsymbol{x}) = \coprod_{i=1}^{n} x_i = \max_{1 \leqslant i \leqslant n} x_i$$

布尔代数

　　布尔代数是一个数学分支，用来处理值为真或假的变量，一般我们将上述两个变量值分别写为 1 和 0。布尔代数是由英国数学家乔治·布尔 (1815—1864) 提出的。布尔代数的基本运算是和 (AND) 及或 (OR)。在可靠性分析中，符号和可以简单地写作乘积，而符号或则写为 ⅱ。

$$\text{AND}: x_1 \cdot x_2 = \min\{x, y\} = x_1 x_2$$

$$\text{OR}: x_1 \amalg x_2 = \max\{x, y\} = x_1 + x_2 - x_1 x_2$$

我们还可使用贝尔代数来描述事件 (在样本空间 $\mathcal{S}$ 中的集合)，其中符号和写作 ∩，而符号或写作 ∪。布尔代数的运算法则如下：

$$
\begin{array}{ll}
A \cup B = B \cup A & A \cup A = A \\
A \cap B = B \cap A & A \cap A = A \\
A \cap (B \cup C) = (A \cap B) \cup (A \cap C) & \varnothing \cap A = \varnothing \\
A \cup (A \cap B) = A & \varnothing \cup A = A \\
\overline{A} \cap A = \varnothing & A \cup (\overline{A} \cap B) = A \cup B \\
\overline{A} \cup A = \mathcal{S} & A \cap (\overline{A} \cup B) = A \cap B \\
\overline{A \cup B} = \overline{A} \cap \overline{B} & \overline{A \cap B} = \overline{A} \cup \overline{B}
\end{array}
$$

其中 $\overline{A}$ 是事件 A 的补集 (即 $\overline{A} = \mathcal{S} - A$)。布尔代数在电子系统中使用非常广泛。

4.6.3　*koon*:G 结构

koon:G 结构，是指当且仅当结构的 n 个零件中至少有 k 个可运行（即 "good"）时，结构才可运行。所以，串联结构实际上就是 *noon*:G 结构，而并联结构则是 1*oon*:G 结构。

> 在本章的后续部分，将所有的 *koon* 结构都当作 *koon*:G 结构。为了简化表达式，我们会省略掉表示元件可运行的明显标注（即 "good"），只是简单写作 *koon*。

koon 结构的结构函数可以写为

$$\phi(\boldsymbol{x}) = \begin{cases} 1, & \sum_{i=1}^{n} x_i \geqslant k \\ 0, & \sum_{i=1}^{n} x_i < k \end{cases} \tag{4.7}$$

其中 $\sum$ 是一个求和符号。例如图 2.14 中的 2oo3 结构，在本例中就可以容许一个零件失效，但是如果有两个或者更多零件失效的话，系统就会失效。

对于三引擎飞机来说，当且仅当至少有两台发动机可运行的时候，飞机才能飞行，这就是一个 2oo3 结构。

图 2.14 中 2oo3 结构的结构函数可以写为

$$\begin{aligned} \phi(\boldsymbol{x}) &= x_1 x_2 \sqcup x_1 x_3 \sqcup x_2 x_3 \\ &= 1 - (1 - x_1 x_2)(1 - x_1 x_3)(1 - x_2 x_3) \\ &= x_1 x_2 + x_1 x_3 + x_2 x_3 - x_1^2 x_2 x_3 - x_1 x_2^2 x_3 - x_1 x_2 x_3^2 + x_1^2 x_2^2 x_3^2 \\ &= x_1 x_2 + x_1 x_3 + x_2 x_3 - 2 x_1 x_2 x_3 \end{aligned} \tag{4.8}$$

(注意，因为 x_i 是一个二元变量，所以对于所有 i 和 k，都有 $x_i^k = x_i$。)

安全系统中的表决结构

2oo3 结构经常用于安全系统，例如气体检测器，在这种情况下，至少两个气体检测器必须发出有气体存在的信号，才能发出警报并关闭流程。误报通常是这类系统的一个问题，过多的误报可能会影响人们对系统的信心。对于 2oo3 结构来说，至少需要有两个气体探测器同时发出错误警报才会发出系统警报并关闭过程，而这个可能性相对来说要小很多。因此，2oo3 结构很少发生误报，并且这种结构也具有足够的可靠性，所以 2oo3 结构通常是气体探测器的首选配置。图 2.14 中的 2/3 单元是一个逻辑单元（例如电子控制器），它对传入信号的数量进行计数，并且只有在至少有两个传入信号时才会发出信号。这被称为 2oo3 表决极值，而气体检测系统也因此被称为 2oo3 表决结构。我们将在第 13 章详细讨论表决结构。

4.6.4　真值表

真值表是列出状态变量 $\boldsymbol{x} = (x_1, x_2, \cdots, x_n)$ 所有可能值，以及布尔函数 $\phi(\boldsymbol{x})$ 结果值的表格。表 4.6 所示的就是一个 2oo3 结构的真值表。

可以看到，表 4.6 中后面四种状态组合可以保证这个 2oo3 结构可运行（状态 1），而前面的四种组合则会让结构失效（状态 0）。

表 4.6　2oo3 结构的真值表

x_1	x_2	x_3	$\phi(\boldsymbol{x})$
0	0	0	0
0	0	1	0
0	1	0	0
1	0	0	0
0	1	1	1
1	0	1	1
1	1	0	1
1	1	1	1

4.7　系统结构分析

本节介绍系统结构的一些基本属性。

4.7.1　单点失效

对于任何系统，首先需要提出的问题之一就是：“系统中是否存在任何单点失效？”我们将单点失效定义为：

定义 4.3（单点失效）　一个元件的失效会导致系统失效。

在构建一个简单可靠性框图时，我们可以很容易地指出模型（面向系统特定功能构建）中的单点失效。而对于包含很多系统功能的复杂系统，要找到所有单点失效就不那么容易了。

4.7.2　内聚结构

在建立系统结构时，我们有理由排除那些对于系统功能毫无影响的零件，将剩下的零件称为相关零件，而被排除的那些就是不相关零件。

如果零件 i 是不相关的，那么有

$$\phi(1_i, \boldsymbol{x}) = \phi(0_i, \boldsymbol{x}), \qquad \text{对于所有 } (\bullet_i, \boldsymbol{x}) \tag{4.9}$$

其中 $(1_i, \boldsymbol{x})$ 表示第 i 个零件状态 $= 1$ 的系统状态向量，$(0_i, \boldsymbol{x})$ 表示第 i 个零件状态 $= 0$ 的系统状态向量，而 $(\bullet_i, \boldsymbol{x})$ 则表示第 i 个零件状态 $= 0$ 或者 1 的状态向量。更具体地，有

$$(1_i, \boldsymbol{x}) = (x_1, \cdots, x_{i-1}, 1, x_{i+1}, \cdots, x_n)$$

$$(0_i, \boldsymbol{x}) = (x_1, \cdots, x_{i-1}, 0, x_{i+1}, \cdots, x_n)$$

$$(\bullet_i, \boldsymbol{x}) = (x_1, \cdots, x_{i-1}, \bullet, x_{i+1}, \cdots, x_n)$$

图 4.19 所示的就是一个 2 阶系统，其中 2 号零件不相关。

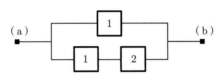

图 4.19　2 号零件不相关

注释 4.5（相关零件和不相关零件）　"相关/不相关" 这个说法有时候会造成误解，因为我们很容易发现一些例子，某些对于系统非常重要的零件，按照上面的定义不存在什么相关性。比如，我们可以建立案例 4.2 中特定系统功能 "从油水混合液中分离气体" 的可靠性框图和结构函数。为了实现这个系统功能，我们需要使用很多零件，按照上面的定义它们都是相关零件。然而，保护系统的停机功能与前面所提到的系统功能并不相关，因为在正常情况下，系统生产并不会受到保护系统在出现紧急状况时保护力不足的影响。

如果我们说一个零件不相关，那么通常都是针对某一特定功能，也许对于其他功能，这个零件就是高度相关的。

还需要注意的是，x_i 表示的是一个零件的特定功能（或者功能的特定子集）。如果我们说零件 i 不相关，实际上是在说物理零件的特定功能 i 不相关。在案例 4.2 中，保护功能的 "错误关停" 就与系统功能 "从油水混合液中分离气体" 相关，然而同一套保护系统的关停功能就不相关。

现在假设如果我们使用一个可运行的零件替换掉一个已失效的零件，系统状况不会变得更糟。很显然，这要求结构函数对于每个变量来说都是非递减函数。我们称具有这种特点的结构为内聚结构（coherent structure）。

定义 4.4（内聚结构）　所有零件都相关，并且结构函数对于每个变量都为非递减的结构。

到目前为止，我们分析的所有系统都是内聚结构（图 4.19 中的结构例外）。我们可能会认为所有感兴趣的系统都是内聚的，但这是不正确的。比如，在一些系统中，某个零件的失效会让其他零件免于失效。我们会在稍后讨论这些复杂的情况。

4.7.3　内聚结构的基本属性

本节介绍内聚系统具有的三个属性。

1. 属性 1

内聚结构的结构函数 $\phi(\boldsymbol{x})$ 是一个二元函数，取值只能是 0 和 1。如果 $\phi(\boldsymbol{0}) = 1$，则必有 $\phi(\boldsymbol{0}) = \phi(\boldsymbol{1}) = 1$，因为内聚结构对于每一个变量都是非递减的。这意味着，该结构中所有的零件都是不相关的，这与结构内聚的假设矛盾。因此

$$\phi(\boldsymbol{0}) = 0 \tag{4.10}$$

类似地，$\phi(\boldsymbol{1}) = 0$ 表明 $\phi(\boldsymbol{0}) = 0$，也就是说，所有的零件都不相关。这同样与假设相悖。因此

$$\phi(\boldsymbol{1}) = 1 \tag{4.11}$$

式 (4.10) 和式 (4.11) 说明：

- 如果内聚结构中所有的零件都能够运行，结构就能够运行。
- 如果内聚结构中所有的零件都已经失效，结构就会失效。

2. 属性 2

$\prod_{i=1}^{n} x_i$ 和 $\coprod_{i=1}^{n} x_i$ 都是二元的，那么我们假设 $\prod_{i=1}^{n} x_i = 0$。因为我们已经知道 $\phi(\boldsymbol{x}) \geqslant 0$，就可以得知 $\prod_{i=1}^{n} x_i \leqslant \phi(\boldsymbol{x})$。进一步假设 $\coprod_{i=1}^{n} x_i = 0$，这说明 $\boldsymbol{x} = \boldsymbol{0}$。根据式 (4.10)，有 $\phi(\boldsymbol{x}) = 0$，以及 $\phi(\boldsymbol{x}) \leqslant \coprod_{i=1}^{n} x_i$。最后，假设 $\coprod_{i=1}^{n} x_i = 1$，因为已知 $\phi(\boldsymbol{x}) \leqslant 1$，所以可以得到

$$\prod_{i=1}^{n} x_i \leqslant \phi(\boldsymbol{x}) \leqslant \coprod_{i=1}^{n} x_i \tag{4.12}$$

属性 2 说明，任何内聚结构的功能性，至少与所有 n 个零件都采用串联的结构持平，而最多能达到所有 n 个零件都采用并联的结构的功能性。

3. 属性 3

因为 ϕ 代表内聚结构，则 ϕ 对于每一个变量都是非减函数，所以有 $\phi(\boldsymbol{x} \coprod \boldsymbol{y}) \geqslant \phi(\boldsymbol{x})$。按照同样的思路，可以得到 $\phi(\boldsymbol{x} \coprod \boldsymbol{y}) \geqslant \phi(\boldsymbol{y})$。因为 $\phi(\boldsymbol{x})$ 和 $\phi(\boldsymbol{y})$ 都是二元函数，则有

$$\phi(\boldsymbol{x} \amalg \boldsymbol{y}) \geqslant \phi(\boldsymbol{x}) \amalg \phi(\boldsymbol{y}) \tag{4.13}$$

类似地，我们知道对于所有零件 i，都有 $x_i y_i \leqslant x_i$。因为 ϕ 是内聚的，所以 $\phi(\boldsymbol{x} \cdot \boldsymbol{y}) \leqslant \phi(\boldsymbol{x})$，并且 $\phi(\boldsymbol{x} \cdot \boldsymbol{y}) \leqslant \phi(\boldsymbol{y})$。因为 $\phi(\boldsymbol{x})$ 和 $\phi(\boldsymbol{y})$ 都是二元函数，所以

$$\phi(\boldsymbol{x} \cdot \boldsymbol{y}) \leqslant \phi(\boldsymbol{x}) \phi(\boldsymbol{y}) \tag{4.14}$$

我们可以使用常用语言解释属性 3。考虑图 4.20 中的结构，其结构函数为 $\phi(\boldsymbol{x})$。假设有一个同样的结构 $\phi(\boldsymbol{y})$，状态向量为 $\boldsymbol{y}$。图 4.21 示出了一个在系统层面冗余的结构。该结构的结构函数是 $\phi(\boldsymbol{x}) \amalg \phi(\boldsymbol{y})$。

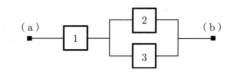

图 4.20 结构示例

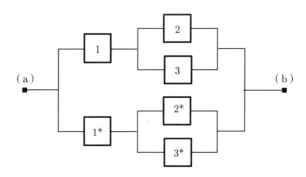

图 4.21 系统层面的冗余

接下来，考虑将图 4.20 中结构的每一对 x_i, y_i 并联，可以得到图 4.22 中的新结构。此图给出的是在零件层面冗余的结构。该结构的结构函数是 $\phi(\boldsymbol{x} \sqcup \boldsymbol{y})$。

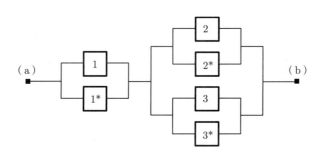

图 4.22 零件层面的冗余

根据式 (4.13)，有 $\phi(\boldsymbol{x} \sqcup \boldsymbol{y}) \geqslant \phi(\boldsymbol{x}) \sqcup \phi(\boldsymbol{y})$。这意味着：使用零件层面冗余，我们可以得到一个比系统层面冗余 "更好" 的结构。

设计人员都应该知晓这个原理，文献 [267]（第 281 ~ 289 页）还就此进行过专门讨论。然而，如果系统有两个或者更多个失效模式，比如火灾探测系统会出现 "无法启用" 和 "错误报警" 的问题，这时上述原理就不再适用了。

4.7.4 用割集和路集表征结构

考虑包含 n 个零件（编号从 $1 \sim n$）的 n 阶结构，它的零件集合可以表示为

$$C = \{1, 2, \cdots, n\}$$

最小路集和最小割集可以定义如下：

定义 4.5（最小路集）　路集 P 是 C 中的一个零件集合，这些零件可运行（即成为一条可靠性框图中的通路）可以保证结构可运行。如果它不能在保持其路集状态的情况下继续缩减，那么这个集合就是最小路集。

定义 4.6（最小割集）　割集 K 是 C 中的一个零件集合，这些零件的共同失效可以引起结构失效。如果它不能在保持其割集状态的情况下继续缩减，那么这个集合就是最小割集。

下面通过一些简单案例来说明最小路集和最小割集的含义。

案例 4.5　考虑图 4.20 中的可靠性框图模型。结构的零件集合是 $C = \{1, 2, 3\}$，该结构有如下的路集和割集：

路集：	割集：
{1,2}∗	{1}∗
{1,3}∗	{2,3}∗
{1,2,3}	{1,2}
	{1,3}
	{1,2,3}

其中带有 ∗ 的集合是最小割集和最小路集。

在本例中，最小路集包括

$$P_1 = \{1, 2\}, \quad P_2 = \{1, 3\}$$

而最小割集包括

$$K_1 = \{1\}, \quad K_2 = \{2, 3\}$$

案例 4.6（桥联结构）　考虑图 4.23 中物理网络构成的桥联结构。其最小路集包括

$$P_1 = \{1, 4\}, \quad P_2 = \{2, 5\}, \quad P_3 = \{1, 3, 5\}, \quad P_4 = \{2, 3, 4\}$$

最小割集包括

$$K_1 = \{1, 2\}, \quad K_2 = \{4, 5\}, \quad K_3 = \{1, 3, 5\}, \quad K_4 = \{2, 3, 4\}$$

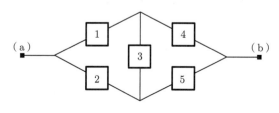

图 4.23　桥联结构

案例 4.7（2oo3 结构）　考虑图 2.14 中的 2oo3 结构，其最小路集包括

$$P_1 = \{1, 2\}, \quad P_2 = \{1, 3\}, \quad P_3 = \{2, 3\}$$

最小割集包括

$$K_1 = \{1, 2\}, \quad K_2 = \{1, 3\}, \quad K_3 = \{2, 3\}$$

因此，这个 2oo3 结构可以转换为图 4.24 所示的将最小割集并联结构串联在一起的系统。

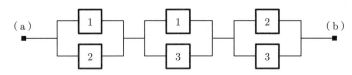

图 4.24　将 2oo3 结构的最小割集并联结构串联在一起

在这些例子中，最小割集与最小路集的数量恰好相同，但是这并不是普遍情况。

考虑下面的两个视角：

懒惰的设计师视角：考虑一个设计师，他希望用最低的成本来确保结构可运行，那么他就需要一份最小路集的清单，以供设计选择。

懒惰的破坏者视角：接下来考虑一个犯罪分子，他希望结构失效，并且希望用最小的代价实现，那么他就需要一份最小割集的清单，在进行破坏的时候使用。

考虑一个最小路集为 $P_1, P_2, \cdots, P_p$，最小割集为 $K_1, K_2, \cdots, K_k$ 的任意结构。对于最小路集 P_j 来说，有二元函数

$$\rho_j(\boldsymbol{x}) = \prod_{i \in P_j} x_i, \quad j = 1, 2, \cdots, s \tag{4.15}$$

$\rho_j(\boldsymbol{x})$ 表示集合 P_j 中零件组成的串联结构的结构函数，因此 $\rho_j(\boldsymbol{x})$ 被称为第 j 个最小通路串联结构。

因为我们知道当且仅当至少有一个最小通路串联结构工作时，总体结构可运行，因此有

$$\phi(x) = \coprod_{j=1}^{p} \rho_j(\boldsymbol{x}) = 1 - \prod_{j=1}^{p} [1 - \rho_j(\boldsymbol{x})] \tag{4.16}$$

这个结构可以被解释为将若干个最小通路串联结构并联在一起。

由式 (4.15) 和式 (4.16)，可得

$$\phi(\boldsymbol{x}) = \coprod_{j=1}^{p} \prod_{i \in P_j} x_i \tag{4.17}$$

案例 4.8（案例 4.7（续））　在图 4.23 所示的桥联结构中，最小路集是 $P_1 = \{1, 4\}$，$P_2 = \{2, 5\}$，$P_3 = \{1, 3, 5\}$ 和 $P_4 = \{2, 3, 4\}$。相应的最小通路串联结构为

$$\rho_1(\boldsymbol{x}) = x_1 x_4$$

$$\rho_2(\boldsymbol{x}) = x_2 x_5$$

$$\rho_3(\boldsymbol{x}) = x_1 x_3 x_5$$

$$\rho_4(\boldsymbol{x}) = x_2 x_3 x_4$$

这个结构函数可以写为

$$\phi(\boldsymbol{x}) = \coprod_{j=1}^{4} \rho_j(\boldsymbol{x}) = 1 - \prod_{j=1}^{4} (1 - \rho_j(\boldsymbol{x}))$$

$$= 1 - (1 - \rho_1(\boldsymbol{x}))(1 - \rho_2(\boldsymbol{x}))(1 - \rho_3(\boldsymbol{x}))(1 - \rho_4(\boldsymbol{x}))$$

$$= 1 - (1 - x_1 x_4)(1 - x_2 x_5)(1 - x_1 x_3 x_5)(1 - x_2 x_3 x_4)$$

$$= x_1 x_4 + x_2 x_5 + x_1 x_3 x_5 + x_2 x_3 x_4 - x_1 x_3 x_4 x_5 - x_1 x_2 x_3 x_5 -$$

$$x_1 x_2 x_3 x_4 - x_2 x_3 x_4 x_5 - x_1 x_2 x_4 x_5 + 2 x_1 x_2 x_3 x_4 x_5$$

（注意，因为 x_i 是二元变量，所以对于所有的 i 和 k，都有 $x_i^k = x_i$。）

因此，该桥联结构可以表示为图 4.25 所示的可靠性框图。

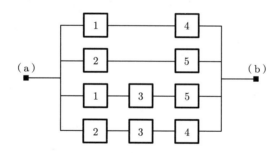

图 4.25　将桥联结构表示为最小通路串联结构的并联形式

类似地，也可以得到最小割集 K_j 的二元函数

$$\kappa_j(\boldsymbol{x}) = \coprod_{i \in K_j} x_i = 1 - \prod_{i \in K_j} (1 - x_i), \quad j = 1, 2, \cdots, k \tag{4.18}$$

可以看到，$\kappa_j(\boldsymbol{x})$ 表示的是集合 K_j 中的零件组成的并联结构的结构函数。因此，$\kappa_j(\boldsymbol{x})$ 被称为第 j 个最小切割并联结构。

我们知道，当且仅当至少有一个最小切割并联结构失效的时候，总体结构就会失效，因此有

$$\phi(\boldsymbol{x}) = \prod_{j=1}^{k} \kappa_j(\boldsymbol{x}) \tag{4.19}$$

因此,我们称这个结构是将若干个最小切割并联结构串联在一起的。由式 (4.18) 和式 (4.19),可得

$$\phi(\boldsymbol{x}) = \prod_{j=1}^{k} \coprod_{i \in K_j} x_i \tag{4.20}$$

案例 4.9（案例 4.8（续）） 在桥联结构中,最小割集是 $K_1 = \{1, 2\}$, $K_2 = \{4, 5\}$, $K_3 = \{1, 3, 5\}$ 和 $K_4 = \{2, 3, 4\}$,相应的最小切割并联结构为

$$\kappa_1(\boldsymbol{x}) = x_1 \sqcup x_2 = 1 - (1 - x_1)(1 - x_2)$$

$$\kappa_2(\boldsymbol{x}) = x_4 \sqcup x_5 = 1 - (1 - x_4)(1 - x_5)$$

$$\kappa_3(\boldsymbol{x}) = x_1 \sqcup x_3 \sqcup x_5 = 1 - (1 - x_1)(1 - x_3)(1 - x_5)$$

$$\kappa_4(\boldsymbol{x}) = x_2 \sqcup x_3 \sqcup x_4 = 1 - (1 - x_2)(1 - x_3)(1 - x_4)$$

将这些表达式代入式 (4.19),就可以确定桥联结构的结构函数。因此,桥联结构也可以表示为图 4.26 所示的可靠性框图。

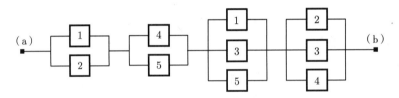

图 4.26　将桥联结构表示为最小切割并联结构的串联形式

4.7.5　中枢分解

任何结构函数 $\phi(\boldsymbol{x})$ 都可以表示为

$$\phi(\boldsymbol{x}) \equiv x_i \phi(1_i, \boldsymbol{x}) + (1 - x_i) \phi(0_i, \boldsymbol{x}), \quad \text{对所有 } \boldsymbol{x} \tag{4.21}$$

这个恒等式正确,是因为

$$x_i = 1 \Rightarrow \phi(\boldsymbol{x}) = \phi(1_i, \boldsymbol{x}) \quad \text{并且} \quad x_i = 0 \Rightarrow \phi(\boldsymbol{x}) = \phi(0_i, \boldsymbol{x})$$

中枢分解（pivotal decomposition）也称为香农展开。[①]在第 6 章中,我们将介绍不同状态的概率,从概率的角度来说,式 (4.21) 的中枢分解实际上就是概率论中的全概率公式（见 6.2.4 节）。

案例 4.10（桥联结构） 考虑图 4.23 中的桥联结构,它的结构函数 $\phi(\boldsymbol{x})$ 可以看作对零件 3 进行中枢分解:

$$\phi(\boldsymbol{x}) = x_3 \phi(1_3, \boldsymbol{x}) + (1 - x_3) \phi(0_3, \boldsymbol{x})$$

[①] 以美国数学家克劳德·艾尔伍德·香农（Claude E. Shannon, 1916—2001）的名字命名,他被称为 "信息论之父"。

其中，$\phi(1_3, \boldsymbol{x})$ 为图 4.27 所示结构的结构函数；$\phi(0_3, \boldsymbol{x})$ 为图 4.28 所示结构的结构函数。

$$\phi(1_3, \boldsymbol{x}) = (x_1 \sqcup x_2)(x_4 \sqcup x_5) = (x_1 + x_2 - x_1 x_2)(x_4 + x_5 - x_4 x_5)$$

$$\phi(0_3, \boldsymbol{x}) = x_1 x_4 \sqcup x_2 x_5 = x_1 x_4 + x_2 x_5 - x_1 x_2 x_4 x_5$$

因此，桥联结构的结构函数可以表示为

$$\phi(\boldsymbol{x}) = x_3(x_1 + x_2 - x_1 x_2)(x_4 + x_5 - x_4 x_5) +$$

$$(1 - x_3)(x_1 x_4 + x_2 x_5 - x_1 x_2 x_4 x_5)$$

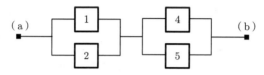

图 4.27　3 号零件一直工作时的桥联结构，即 $\phi(1_3, \boldsymbol{x})$ 的结构

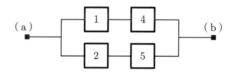

图 4.28　3 号零件一直失效时的桥联结构，即 $\phi(0_3, \boldsymbol{x})$ 的结构

4.7.6　内聚结构中的模块

考虑图 4.29 所示可靠性框图表示的结构。该结构可以分成图 4.30 所示的三个模块，图 4.31 对这三个模块 Ⅰ、Ⅱ 和 Ⅲ 分别进行了定义。我们可以分别分析 Ⅰ、Ⅱ 和 Ⅲ，然后将结果在逻辑上汇总。考虑到逻辑连接，我们在划分子系统时需要注意，任何一个零件都不应该出现在多个模块之中。

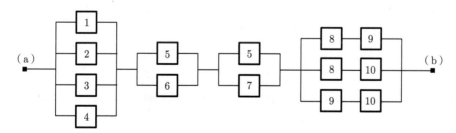

图 4.29　可靠性框图

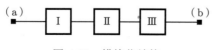

图 4.30　模块化结构

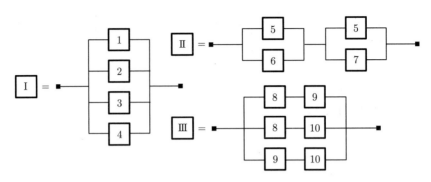

图 4.31　三个子结构

内聚模块这个词汇定义为：

定义 4.7（内聚模块（1））　系统的内聚模块（或者子系统）是由系统基本零件组成的子集，它自身同样具有内聚结构，并且仅通过其零件的性能影响系统。换言之，内聚模块是一个零件的集合，它本身可以被视为系统的一个零件。[①]

稍后我们会在定义 4.8 中给出内聚模块更为正式的定义。在划分子系统时，我们都会采用一种特殊的方式，这个步骤就叫作系统的模块化分解。我们用 (C, ϕ) 表示一个系统，其中 C 是一个零件集合，ϕ 是结构函数。令 A 代表 C 的一个子集，

$$A \subseteq C$$

令 A^c 表示 A 在集合 C 中的补集，即

$$A^c = C - A$$

我们用 $i_1, i_2, \cdots, i_\nu$ 表示 A 中的元素，其中 $i_1 < i_2 < \cdots < i_\nu$。令 $\boldsymbol{x}^A$ 表示与 A 重元素对应的状态变量：

$$\boldsymbol{x}^A = (x_{i_1}, x_{i_2}, \cdots, x_{i_\nu})$$

然后，令

$$\chi(\boldsymbol{x}^A) = \chi(x_{i_1}, x_{i_2}, \cdots, x_{i_\nu})$$

为 $\boldsymbol{x}^A$ 的二元函数。显然 (A, χ) 可以表示一个结构。

在本例中，$C = \{1, 2, \cdots, 10\}$。如果我们选择 $A = \{5, 6, 7\}$，并且 $\chi(\boldsymbol{x}^A) = (x_5 \sqcup x_6)(x_5 \sqcup x_7)$，那么 (A, χ) 就表示子结构 Ⅱ。有了这个注释，我们就可以对内聚模块进行更准确的定义：

定义 4.8（内聚模块（2））　已知内聚结构 (C, ϕ)，令 $A \subseteq C$。如果 $\phi(\boldsymbol{x})$ 可以写作 $\chi(\boldsymbol{x}^A)$ 和 $\boldsymbol{x}^{A^c}$ 的函数 $\psi(\chi(\boldsymbol{x}^A), \boldsymbol{x}^{A^c})$，那么 (A, χ) 就是 (C, ϕ) 的内聚模块，其中 ψ 是内聚结构的结构函数。

---

① 摘自文献 [33]。

A 被称为 (C, ϕ) 的模块集，并且如果有 $A \subset C$，则称 (A, χ) 为 (C, ϕ) 的严格模块。

实际上这里的做法是，将所有属于 A 的零件都看作一个 "大零件"，其状态变量为 $\chi(\boldsymbol{x}^A)$。如果我们用这种方式解释结构，则得到结构函数

$$\psi(\chi(\boldsymbol{x}^A), \boldsymbol{x}^{A^c})$$

在本例中，我们选择 $A = \{5, 6, 7\}$。因此有

$$\psi(\chi(\boldsymbol{x}^A), \boldsymbol{x}^{A^c}) = \chi(x_5, x_6, x_7) \left(\coprod_{i=1}^{4} x_i \right) (x_8 x_9 \amalg x_8 x_{10} \amalg x_9 x_{10})$$

因为 $A \subset C$，所以 (A, χ) 是 (C, ϕ) 的一个模块。

下面定义模块化分解的概念。

定义 4.9（模块化分解）　内聚结构 (C, ϕ) 的模块化分解是一个不相交模块集合 (A_i, χ_i), $i = 1, 2, \cdots, r$，以及一个组织结构 ω，使得

（1）　$C = \cup_{i=1}^{r} A_i$；　其中　$A_i \cap A_j = \varnothing, i \neq j$

（2）　$\phi(\boldsymbol{x}) = \omega[\chi_1(\boldsymbol{x}^{A_1}), \chi_2(\boldsymbol{x}^{A_2}), \cdots, \chi_r(\boldsymbol{x}^{A_r})]$

模块化分解最 "精细" 的方式，自然是将每一个单独的零件都看作一个模块，而最 "粗糙" 的方式，就是将整个系统看作一个模块。在实际使用中，模块化分解一般都会介于这两者之间。对于一个模块而言，除非让其中每一个零件都代表一个小模块，否则无法继续对其进行分解，我们可以称这样的模块为质模块（prime module）。

在本例中，$\boxed{\text{III}}$ 就是一个质模块，而 $\boxed{\text{II}}$ 不属于质模块，因为后者可以按照图 4.32 的方式表示，也可以按照 4.33 所示分解为两个模块 IIa 和 IIb。

图 4.32　模块 II

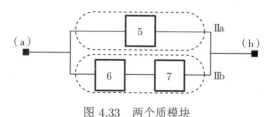

图 4.33　两个质模块

如何在系统中确定质模块并没有一个具体的标准，但是现在有些算法对此有所帮助，比如利用文献 [52] 中的方法可以在故障树或者可靠性框图中找到所有的质模块。

在第 6 章中，我们将说明可以将状态变量视为随机变量。根据概率论中的惯例，我们使用大写字母表示状态变量，比如 $X_1, X_2, \cdots, X_n$。有时候，可能会有两个甚至更多变量是随机相关的，我们建议将这些状态变量都"聚集"到模块当中，这样关联性就只发生在模块内部。如果能够成功做到这一点，模块之间都可以视为相互独立，这会使分析更加简单。第 6 章将深入讨论这个问题。

4.8 贝叶斯网络

贝叶斯网络（Bayesian network，BN）是一个图像化的建模工具，在经济、医疗和机器学习等很多领域都有广泛应用。贝叶斯方法也可以替代可靠性框图和故障树，在系统可靠性分析中发挥作用。贝叶斯网络这个词汇由 Judea Pearl 在 1985 年首先使用，原因是这个方法的定量分析深度依赖贝叶斯公式。对贝叶斯公式不了解的读者可以阅读本书的第 15 章。

贝叶斯网络是一个有向无环图（directed acyclic graph，DAG）。有向无环图的意思是，贝叶斯网络不能包含任何回路，一旦离开就无法返回先前的位置。网络是由一系列节点和有向弧构成的，弧有时候也被称为边。节点表示一个状态或者条件，而弧（或边）则表示一种直接影响。弧是有向的，它们可以表示因果关系。在本书中，我们用圆圈表示节点，用带有箭头的弧线表示有向弧，当然在其他一些文献和计算机程序中也可使用不同的符号。

作为一种系统可靠性建模工具，贝叶斯网络的节点表示元件的状态，而弧则描述了这些状态会如何影响其他元件的状态。图 4.34 给出的就是一个包括节点和一个弧的最简单的贝叶斯网络。由 A 到 B 的有向弧表示 A 对于 B 有直接影响，或者说 B 受到 A 的直接影响。由 A 到 B 的弧可以写作 $\langle A, B \rangle$，表示 B 的状态依赖于 A 的状态。

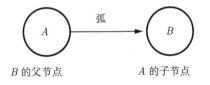

B 的父节点   A 的子节点

图 4.34   贝叶斯网络的主要符号

在图 4.34 中，节点 A 被称为节点 B 的父节点，而节点 B 则被称为节点 A 的子节点。没有父节点的节点叫作根节点，因此图中的 A 就是一个根节点。而没有子节点（没有后继）的节点则叫作叶节点，图 4.34 中的 B 就是一个叶节点。如图 4.35 所示，贝叶斯网络（或者网络模块）可以是线性、收敛或发散的。节点 X 的父节点可以写作 $\mathrm{pa}(X)$，因此，图 4.35 所示收敛贝叶斯网络中节点 C 的父节点表示为 $\mathrm{pa}(C) = \{A, B\}$。

本节主要介绍贝叶斯网络的图形属性，其概率属性在 6.9 节中介绍。

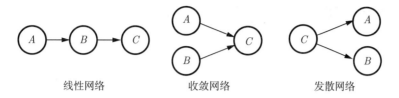

图 4.35　包含三个节点的线性、收敛和发散贝叶斯网络

贝叶斯网络示例

下面通过三个简单的例子（两个零件的串联结构、两个零件的并联结构和 2oo3 结构）来说明如何使用贝叶斯网络。每个节点都有两个可能的状态：1（表示能够运行）和 0（表示已经失效）。图 4.36 给出的就是一个由两个零件组成的系统的贝叶斯网络，该网络对于串联和并联结构都是相同的。父节点 A 和 B 的状态会影响子节点 S 的状态。我们使用一个真值表来描述影响的情况，它对于串联和并联结构来说是不同的。因此，贝叶斯网络中系统的结构实际上是由这个真值表决定的。

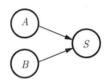

图 4.36　由两个零件 A 和 B 组成的系统的贝叶斯网络

案例 4.11（串联结构的贝叶斯网络）　考虑一个包括两个独立零件 A 和 B 的串联结构，可以采用如图 4.36 所示的贝叶斯网络建模。系统 S 的状态直接受到零件 A 和零件 B 的状态的影响。这两个零件相互独立，并不会直接影响对方。

我们在真值表 4.7 中规定了这个串联结构的属性。表 4.7 说明，当且仅当零件 A 和 B 全部可运行的时候（即处于状态 1），系统可运行（$S = 1$）。

表 4.7　包括两个零件的串联结构的真值表		
零件		系统状态
A	B	S
0	0	0
0	1	0
1	0	0
1	1	1

案例 4.12（并联结构的贝叶斯网络）　考虑一个包括两个独立零件 A 和 B 的并联结构，可以采用如图 4.36 所示的贝叶斯网络建模。我们在真值表 4.8 中规定了这个并联结构的属性。表 4.8 说明，如果零件 A 和 B 中至少有一个可运行，则系统可运行（$S = 1$）。

表 4.8　包括两个零件的并联结构的真值表		
零件		系统状态
A	B	S
0	0	0
0	1	1
1	0	1
1	1	1

　　案例 4.13（2oo3 结构）　考虑一个包括三个零件 A、B 和 C 的 2oo3 结构，可以采用如图 4.37 所示的贝叶斯网络建模。我们在真值表 4.9 中规定了这个 2oo3 结构的属性。表 4.8 说明，如果三个零件中至少有两个可运行，系统可运行（$S=1$）。

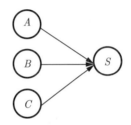

图 4.37　考虑一个包括三个零件 A、B 和 C 的 2oo3 结构

表 4.9　2oo3 结构的真值表			
零件			系统状态
A	B	C	S
0	0	0	0
0	0	1	0
1	0	0	0
0	1	0	0
0	1	1	1
1	0	1	1
1	1	0	1
1	1	1	1

　　如图 4.38 所示，故障树可以直接表示贝叶斯网络。

　　贝叶斯网络可以取代故障树或者可靠性框图，它的建模很简单，并且可以涵盖很多可靠性框图和故障树中的特征。和后两个模型一样，烦琐系统的贝叶斯网络可以通过合并各个简单部件的贝叶斯网络来构建，这样产生的网络图比较直观，利用它与那些非可靠性专业人士进行沟通也比较方便。

　　无论是可靠性框图还是故障树，都可以表示为通过与和或关系组合在一起的输入事件的纯布尔逻辑，而贝叶斯网络则更加灵活，因为它的每一个节点都可以有超过两个状态，来自父节点的直接影响可以用更加普遍的方式进行组合。因此，贝叶斯网络可以看作可靠性框图和故障树在可靠性分析中的扩展。

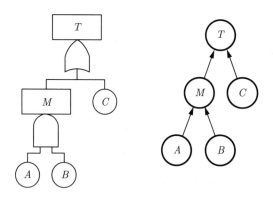

图 4.38　一棵简单故障树及其对应的贝叶斯网络

另外一项扩展，是贝叶斯网络可以用来对除了零件状态之外的很多其他影响建模。比如，利用它可以模拟机床是如何受到维修 M、湿度 H、润滑类型 L 等因素影响的。为了评价这些影响，应为这些影响因素（M、H、L 等）赋予一些有限值。

概率评价

和可靠性框图以及故障树一样，我们需要在贝叶斯网络中输入节点概率，这样才能计算系统失效或者工作的概率。第 6 章将讨论贝叶斯的概率评价。

4.9　课后习题

4.1 假设你有一辆自行车，在一年中的大部分时间都需要使用。根据第 2 章和第 4 章介绍的分析步骤，为自行车作一个定性系统分析：

（1）熟悉系统，包括假设和图示，对系统、系统边界和接口进行定义；

（2）使用第 2 章介绍的一种技术手段对系统进行功能分析；

（3）根据 4.2.3 节的内容，使用 FMECA 进行失效分析；

（4）根据 4.3.3 节的内容，使用故障树方法进行失效分析；

（5）在故障树方法中，识别最小割集，并简要描述在检测和维修过程中应该优先收集哪些信息；

（6）讨论使用 FMECA 获得的信息/见解的价值（同故障树方法获取的信息比较）。

4.2 考虑图 4.39 所示的水下闭合阀。这是一个采用弹簧式结构的故障-安全闭合闸阀，由液压控制，平时处于打开状态。闸板是一个实心体，带有一个与管道直径相同的圆柱孔。为了开启阀门，需要在活塞顶部施加液压，压力推动活塞、活塞杆和闸板向下移动，直到闸板上的孔与管道完全重合。在压力撤销的时候，弹簧力会推动活塞向上，直到闸板上的孔与管道完全不相交。闸板的实心部分现在压在阀座密封件上，阀门关闭。

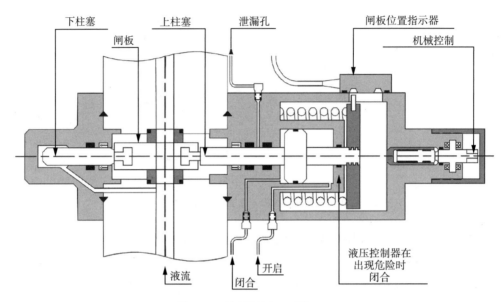

图 4.39　液压闸阀（习题 4.2)

根据 4.2.3 节中描述的步骤对这个闭合阀进行 FMECA 分析。

4.3 冷却液损失事故（LOCA）是核电站中的严重事故，须安装多个保护系统以防止和/或缓解此类事故。其中的一个保护系统是紧急堆芯冷却系统（ECCS），该系统的作用是在正常反应堆冷却系统发生故障时从反应堆燃料棒中吸收余热。紧急堆芯冷却系统有多个子系统，其中包括低压冷却剂喷射（LPCI）系统，它由以下主要模块构成：三个压力变送器（PT）、一个逻辑求解器（LS）、四个低压喷射泵（LPIP）、一个加油水储罐（RWST）、管道和一个集水槽。每台泵（LPIP）都由专用的柴油发电机（EDG）驱动。

如果发生冷却液损失事故，反应堆冷却系统将减压并迅速排空。此时反应堆核心暴露在外，如果不采取任何行动，核心就会熔化。在这种情况下，喷射低压冷却剂的目的是将水注入反应堆容器以淹没和冷却堆芯。重新填充需要几分钟时间。系统中的三个压力变送器（PT）用来检测反应堆冷却系统中的低压。当三个 PT 中有两个检测到低压时，逻辑运算器（LS）会向 LPIP 和 EDG 发送启动信号。如果 LPCI 未能重新将新的冷却液注入储罐，则会发生严重事故（熔毁）。在四个 LPIP 中，至少需要两个工作才能成功地重新填充冷却液。在本例中，我们不需要分析管道和集水槽。

（1）　针对 LPCI 作为安全屏障的主要功能，构建该系统的可靠性框图。

（2）　列出系统的最小割集。最小割集的阶的含义是什么？

（3）　考虑 LPCI 作为安全屏障的主要功能失效，并以此建立相应的贝叶斯网络。

4.4 考虑图 4.40 中的可靠性框图。

（1）　使用中枢分解方法确定该结构的结构函数。

（2）　确定该模型所表示结构的所有最小路集和所有最小割集。

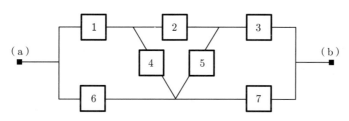

图 4.40　习题 4.4 的可靠性框图

4.5　某一结构具有以下最小路集：$P_1 = \{1, 4\}, P_2 = \{2, 3\}, P_3 = \{2, 4\}$。

（1）　绘制相应的可靠性框图。

（2）　写出该结构的最小割集。

（3）　构建该结构的结构函数。

4.6　在一座化工厂中，几种化合物在化学反应器中混合。考虑将其中的一种化合物送入反应器的管道。如果进入反应器的这种化合物过多，混合物将失去平衡，反应器中的压力会增加。这是一个非常关键的事件，对此事件可以采用如图 4.41 所示的安全仪表系统 (SIS) 进行控制。在管道中安装了三个流量传感器，如果至少有两个传感器检测到 "流量过大" 并发出警报，它们就会发送信号给主逻辑运算器，后者会发送指令关闭管道中的两个切断阀。此外，反应器中还安装了三个压力变送器。如果至少有两个压力变送器检测到 "压力过高" 并发出警报时，就会有信号进入主逻辑运算器，然后主逻辑运算器再发送指令关闭管道中的两个切断阀，从而阻止化合物继续流入反应器。

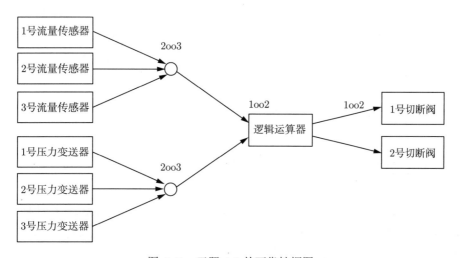

图 4.41　习题 4.6 的可靠性框图

反应器的任何计划外停机也可能导致危险情况，因此应避免（由误报引起的）错误切断的情况。已知三个流量传感器属于同一类型，如图 4.41 所示，它们采用 2oo3 结构配置。同样，三个压力变送器型号相同，也采用 2oo3 结构配置。如果逻辑运算器接收到来自流量传感器或压力变送器的信号，它会向阀门发送关闭指令。因此，主逻辑运算器采用的是 1oo2 配置。两个切断阀（类型相同）中的任何一个都能够独立切断液流，以阻止化合物流入反应器，所以阀门采用的也是 1oo2 结构。流量和压力变送器的 2oo3 表决机制使用逻辑运算器的物理模块实现，但是它们在图 4.41 中被绘制为单独的实体。

两个切断阀在正常运行时保持打开状态，当变送器"检测"到大流量或者高压的时候，阀门会关闭管道切断液流。

（1）　针对系统作为安全屏障的主要功能，构建整个系统的可靠性框图。

（2）　确定所有的最小割集。

（3）　分析系统作为安全屏障的主要功能失效，并以此建立相应的贝叶斯网络。

4.7 图 4.42 所示为轮船发动机润滑系统的草图。图中的分离器将水和润滑油分离。只有当润滑油加热到指定温度时，分离器的性能才会达到令人满意的水平。如果润滑油中的水分过高，润滑的质量就会很低，从而导致发动机磨损甚至损坏。

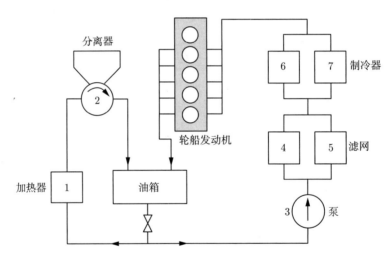

图 4.42　轮船发动机的润滑系统

一般来说，发动机需要：

- 充足的润滑油。
- 高质量的润滑油。

如果至少有一台制冷器工作，至少有一个滤网打开（即没有堵塞），并且泵工作正常，就可以保证发动机中的润滑油流量充足。此外，还应使所有的必要管道都处于开启状态，没有任何阀门在不需要的时候关闭，发动机中的润滑通道必须打开（没有堵塞），润滑系统不存在泄漏。当然，我们假设这些"额外"事件的概率非常低，因此可以忽略这些事件。

要保证润滑油质量，需满足以下条件：

- 两台制冷器同时（满负荷）工作，这样油温才能足够低。
- 滤网没有任何堵塞，也没有大孔存在。
- 分离系统能够运行。

（1）　考虑顶事件"润滑油流量过低"，构建故障树。

（2）　考虑顶事件"润滑油质量太差"，构建故障树。

4.8 使用 MOCUS 方法识别图 4.9 中故障树的所有最小割集。

4.9 证明：

（1）　如果 ϕ 表示一个并联结构，那么有

$$\phi(\boldsymbol{x} \amalg \boldsymbol{y}) = \phi(\boldsymbol{x}) \amalg \phi(\boldsymbol{y})$$

（2）　如果 ϕ 表示一个串联结构，那么有

$$\phi(\boldsymbol{x} \cdot \boldsymbol{y}) = \phi(\boldsymbol{x}) \cdot \phi(\boldsymbol{y})$$

4.10 对于指定结构 $\phi(\boldsymbol{x})$ 来说，其对偶结构 $\phi^D(\boldsymbol{x})$ 可以定义为

$$\phi^D(\boldsymbol{x}) = 1 - \phi(\boldsymbol{1} - \boldsymbol{x})$$

其中

$$(\boldsymbol{1} - \boldsymbol{x}) = (1 - x_1, 1 - x_2, \cdots, 1 - x_n)$$

（1）　证明 $koon$ 结构的对偶结构是一个 $(n - k + 1)oon$ 结构。

（2）　证明 ϕ 的最小割集即为 ϕ^D 的最小路集，反之亦然。

4.11 使用合适的模块化分解方法，确定图 4.43 中结构的结构函数。

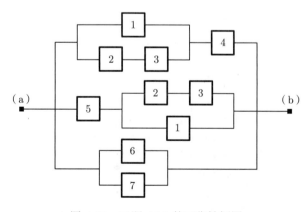

图 4.43　习题 4.11 的可靠性框图

4.12 考虑图 4.44 中的故障树。

（1）　使用 MOCUS 方法识别故障树的所有路集。

（2）　证明该故障树可以用图 4.45 中的可靠性框图表示。

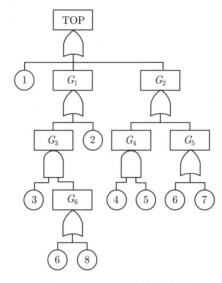

图 4.44　习题 4.12 的故障树

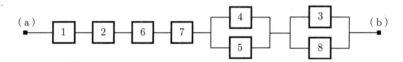

图 4.45　习题 4.12 的可靠性框图

4.13 使用中枢分解方法确定图 4.46 中结构的结构函数。

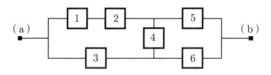

图 4.46　习题 4.13 的可靠性框图

4.14 确定图 4.47 中结构的结构函数。

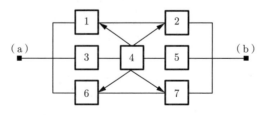

图 4.47　习题 4.14 的可靠性框图

4.15 构建与图 4.44 中故障树对应的贝叶斯网络模型，在建模时记录需用到的假设。

4.16 我们可以使用故障树或者结构的最小割集列表来确定与之对应的最小路集。使用图 4.12 中的故障树作为案例描述你所使用方法的流程。

第 **5** 章

可靠性分析中的概率分布

 ## 5.1 概述

本章将介绍主要的失效时间分布以及不可维修元件可靠性的主要概率性量度。有时，所谓的不可维修只是在字面上有意义，也就是说该元件第一次失效后就会被舍弃。事实上，我们也许可以修理这个元件，但是对于第一次失效后产生的后果却不再感兴趣。

首先介绍五种不可维修元件的可靠性量度，并使用概率理论说明应该如何理解这些量度。这五种量度分别是：

- 存续度函数（survivor function）$R(t)$
- 失效率函数（failure rate function）$z(t)$
- 平均失效时间（mean time-to-failure, MTTF）
- 条件存续度函数（conditional survivor function）
- 平均剩余寿命（mean residual lifetime, MRL）

接着介绍多种用来对不可维修元件失效时间建模的概率分布：

- 指数分布（exponential distribution）
- 伽马分布（gamma distribution）
- 威布尔分布（Weibull distribution）
- 正态分布（normal distribution）
- 对数正态分布（lognormal distribution）
- 三种不同的极值分布（extreme value distribution）
- 带有协变量的失效时间分布

然后介绍三种离散分布：二项分布（binomial distribution）、几何分布（geometric distribution）和泊松分布（Poisson distributions）。本章最后介绍类别更加宽泛的失效时间分布。

5.1.1　状态变量

元件在 t 时刻的状态可以描述为一个状态函数 $X(t)$，其中

$$X(t) = \begin{cases} 1, & \text{元件在 } t \text{ 时刻可运行} \\ 0, & \text{元件在 } t \text{ 时刻不能运行} \end{cases}$$

不可维修元件的状态变量如图 5.1 所示，它是一个随机变量。

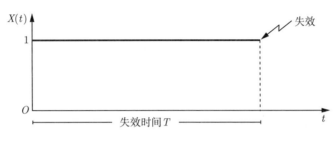

图 5.1　元件的状态变量和失效时间

5.1.2　失效时间

　　元件的失效时间或者寿命（lifetime）是指从该元件投入运行开始直至它第一次失效所持续的时间。至少在某种程度上，失效时间会受到一些变化的影响，因此我们可以很自然地将失效时间理解成一个随机变量 T。我们主要使用失效时间这个词汇，但是有时候也会使用寿命一词。状态变量 $X(t)$ 和失效时间 T 的关系如图 5.1 所示。除非另有说明，否则在本书中，我们均假设元件在时刻 $t = 0$ 开始投入运行的时候是全新并且可运行的。

　　需要注意的是，失效时间 T 不一定总是使用日历时间来衡量，有时也可以使用更为间接的时间概念，比如

- 开关使用的次数
- 车辆行驶的里程
- 轴承旋转的圈数
- 做周期性工作元件的工作次数等

在这些例子中，失效时间一般是一个离散变量。然而离散变量可以近似成连续变量。在本书中，除非特别说明，我们都假设失效时间 T 是一个连续变量。

5.2　数据集

　　考虑一个实验，有 n 个相同且独立的元件在时刻 $t = 0$ 投入运行。我们对这 n 个元件没有任何干扰，只是观察每一个元件的失效时间。实验的结果就是一个数据集 $\{t_1, t_2, \cdots, t_n\}$。

这样的数据集也可以称为历史数据集，因为所有的数据都来自元件过去的运行状况，所有的失效时间都被记录下来并且是已知的。

在概率和可靠性理论中，我们可以接受无法知晓未来某一个实验能够得到的结果，因此我们会根据历史数据尽量去预测每一种可能结果的发生概率。如果满足以下条件，那么这些概率就是有意义的：

（1）过去和未来的实验是相同并且独立的（即按照同样的方式、在相同的条件下进行，结果之间没有任何关联）。

（2）过去的实验已经重复进行了很多次。

我们一般都可以识别出历史数据库中的相同趋势和差异，这使得我们能够对未来的实验进行有效的预测（会存在一些可处理的不确定性）。总体来说，根据历史来预测未来需要三个步骤：①分析数据，找出相关的趋势和差异；②建模，将相关信息纳入一定的格式当中，可以对新元件进行概率计算；③进行量化和概率计算。

本章要讨论的实际上是最后一步的工作，我们将在第 14 章讨论数据分析的问题。对于单一不可维修元件的建模问题本章也有所涉及，但是对这个问题的讨论主要放在后续与系统（即多元件互动）相关的章节中。我们在这里做一个简要的介绍，主要是为了让读者理解概率计算的输入信息来自数据分析以及单一不可维修元件的模型。我们会给出一些可以计算的数据，并展示计算是如何进行的。比如，可以考虑表 5.1 中的数据集，其中包括 60 个观测到的失效时间。

表 5.1　历史数据集					
23	114	125	459	468	472
520	558	577	616	668	678
696	700	724	742	748	761
768	784	785	786	792	811
818	845	854	868	870	871
878	881	889	892	912	935
964	965	970	971	976	1001
1006	1013	1020	1041	1048	1049
1065	1084	1102	1103	1139	1224
1232	1304	1310	1491	1567	1577

5.2.1　相对频率分布

根据表 5.1 中的数据集，我们可以绘制一个表示特定时间间隔内失效数据的直方图（histogram）。直方图也称为记录失效时间的频率分布。将每个区间内发生失效的次数除以总的失效次数，就可以得到发生在这些区间内的相对失效次数。这样绘制的直方图称为相对频率分布，每一根立柱的面积都等于在其对应的区间内发生的失效次数占总体失效次数的百分比，而直方图所有立柱的总面积就是 100% (= 1)。

相对频率分布可以用来估计并描述一些可靠性量值，比如经验均值、经验标准差以及在给定时间内的存续概率。图 5.2 (a) 就给出了（实际）均值。

直方图一般会有一个或者多个最大值，并且围绕这些最大值有一些合理的偏差。不同的失效模式和/或不同的失效原因可能会导致出现多个最大值。图 5.2 的直方图就显示，失效时间分布在均值附近，但是有一些早期失效发生在开始运行之后很短的时间内。

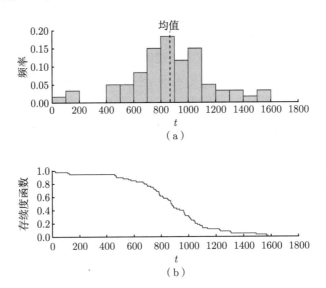

图 5.2　表 5.1 中数据集的相对频率分布（直方图）(a) 和经验存续度函数 (b)

5.2.2　经验均值和存续度函数

另一种分析表 5.1 中数据集的方法，是构建经验存续度函数。绘制该函数的时候，我们需要将失效时间排序，从最短的开始一直到最长的失效时间结束。对于每一个失效时间，当时仍然存续的元件比例（即百分比）会被记录下来，这样我们得到的函数就从 1 开始逐渐下降到 0。在时刻 t_i 存续元件的比例，可以用来预测在未来的实验中一个元件能够在同样时刻存续的概率。图 5.2 (b) 给出的就是表 5.1 中数据集的经验存续度函数。

经验存续度函数可以用来估计未来实验中关注事件的概率，但是更为常见的做法是用一个连续函数去拟合这个经验函数，然后在后续的可靠性研究中使用该连续函数。

 ## 5.3　失效时间分布的一般特性

假设失效时间 T 是一个连续分布随机变量，概率密度函数（probability density function）为 $f(t)$，概率分布函数（probability distribution function）为 $F(t)$。[1]有

---

[1] $F(t)$ 也可以称为累计分布函数（cumulative distribution function）。

$$F(t) = \Pr(T \leqslant t) = \int_0^t f(u)\,\mathrm{d}u, t > 0 \ ^{①} \tag{5.1}$$

如果元件在 t 时刻前失效，则事件 $T \leqslant t$ 发生，因此 $F(t)$ 就是元件在时间区间 $(0,t]$ 内失效的概率。概率密度函数 $f(t)$ 通过对式 (5.1) 中的 $F(t)$ 求导得到：

$$f(t) = \frac{\mathrm{d}}{\mathrm{d}t} F(t) = \lim_{\Delta t \to 0} \frac{F(t + \Delta t) - F(t)}{\Delta t} = \lim_{\Delta t \to 0} \frac{\Pr(t < T \leqslant t + \Delta t)}{\Delta t}$$

这意味着，如果 Δt 的值很小，则有

$$\Pr(t < T \leqslant t + \Delta t) \approx f(t)\Delta t \tag{5.2}$$

如果我们在 $t = 0$ 的时刻进行预测，可由 $\Pr(t < T \leqslant t + \Delta t)$ 得知元件在一个很短的时间区间 $(t, t + \Delta t]$ 内发生失效的概率。如果这个概率较高（或者较低），那么概率密度 $f(t)$ 就会较高（或者较低），这就是 $f(t)$ 也可以被称为失效密度函数的原因。

举例来说，图 5.3 描述的就是一个概率密度函数。图 5.3 没有给出任何时间单位，所以单位可能是一年或者 1 万小时。

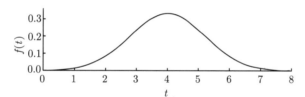

图 5.3　失效时间 T 的概率密度函数 $f(t)$

$f(t)$ 须满足以下两个条件才能称作标准的概率密度函数：

（1）$f(t) \geqslant 0, \ t \geqslant 0$；

（2）$\int_0^\infty f(t)\,\mathrm{d}t = 1$。

一旦概率密度函数确定，我们通常所说的都是它的非零部分。在默认情况下，概率密度函数在指定区域之外的取值都为零。因为失效时间 T 不可能是负值，所以 $f(t)$ 仅在 t 非负的情况下有意义。

对于一个连续随机变量来说，T 精确等于 t 的概率始终为零，这也就是说 t 取任何值，都有 $\Pr(T = t) = 0$。这也意味着 $\Pr(T \leqslant t) = \Pr(T < t)$ 和 $\Pr(T \geqslant t) = \Pr(T > t)$。

因为对于任何 t 值都有 $f(t) \geqslant 0$，因此概率分布函数必须满足：

（1）$0 \leqslant F(t) \leqslant 1$，因为 $F(t)$ 是一个概率；

（2）$\lim_{t \to 0} F(t) = 0$；

（3）$\lim_{t \to \infty} F(t) = 1$；

（4）$F(t_1) \geqslant F(t_2)$, $t_1 > t_2$, $F(t)$ 是 t 的非递减函数。

---

① 因为本书为翻译版，很多符号采用了原版书中的形式，并没有遵循国内的习惯用法，特此说明。

图 5.4 示出了同一个分布的概率分布函数 $F(t)$ 和概率密度函数 $f(t)$，其中概率密度函数（虚线）与图 5.3 中的相同，但是 y 轴的尺度有所变化。

综上所述，在区间 $(t_1, t_2]$ 内发生失效的概率是

$$\Pr(t_1 < T \leqslant t_2) = F(t_2) - F(t_1) = \int_{t_1}^{t_2} f(u)\,\mathrm{d}u \tag{5.3}$$

如果 $t_1 = 5$ 个时间单位，$t_2 = 5.7$ 个时间单位，则上述计算对应的是图 5.5 中 $f(t)$ 曲线下方的灰色区域。t_1、t_2 以及 $f(t)$ 在 $(t_1, t_2]$ 区间内的取值不同，灰色区域的面积会发生变化，元件在 $(t_1, t_2]$ 区间内发生失效的概率也会随之变化。

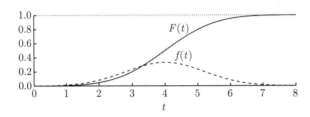

图 5.4　分布函数 $F(t)$（实线）及其对应的概率密度函数 $f(t)$（虚线）

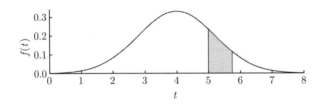

图 5.5　失效发生在 $(t_1, t_2] = (5.0, 5.7]$ 区间内概率的积分计算

5.3.1　存续度函数

一个元件的存续度函数可以定义为

$$R(t) = 1 - F(t) = \Pr(T > t) \tag{5.4}$$

它等效于

$$R(t) = 1 - \int_0^t f(u)\,\mathrm{d}u = \int_t^\infty f(u)\,\mathrm{d}u \tag{5.5}$$

因此，$R(t)$ 是该元件在时间区间 $(0, t]$ 内没有失效的概率，或者换句话说，它是元件在区间 $(0, t]$ 内存续，并且在 t 时刻依旧存续的概率。

存续度函数也可以称为存续概率函数。有些学者用 $R(t)$ 来定义可靠性，因此也将其称为可靠性函数，这也是我们使用符号 $R(t)$ 的原因。与图 5.3 中的概率密度函数相对应的存续度函数如图 5.6 所示。

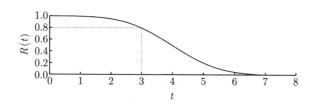

图 5.6　存续度函数 $R(t)$

在图 5.6 中，虚线表示元件能够存续到 3 个时间单位的概率大约为 0.80（即 80%）。我们也可以这样理解这幅图：与 80% 的存续率相对应的时间是 3 个时间单位。

5.3.2　失效率函数

当我们已知一个元件在 t 时刻可运行的时候，这个元件在区间 $(t, t + \Delta t]$ 内失效的概率是

$$\Pr(t < T \leqslant t + \Delta t \mid T > t) = \frac{\Pr(t < T \leqslant t + \Delta t)}{\Pr(T > t)} = \frac{F(t + \Delta t) - F(t)}{R(t)}$$

用这个概率除以区间的长度 Δt，并令 $\Delta t \to 0$，就可以得到该元件的失效率函数 $z(t)$：

$$
\begin{aligned}
z(t) &= \lim_{\Delta t \to 0} \frac{\Pr(t < T \leqslant (t + \Delta t) \mid T > t)}{\Delta t} \\
&= \lim_{\Delta t \to 0} \frac{F(t + \Delta t) - F(t)}{\Delta t} \frac{1}{R(t)} = \frac{f(t)}{R(t)}
\end{aligned}
\tag{5.6}
$$

这意味着，如果 Δt 很小，则有

$$\Pr(t < T \leqslant t + \Delta t \mid T > t) \approx z(t)\Delta t$$

因为 $R(t)$ 本身是一个概率，对于 t 的任何取值都有 $R(t) \leqslant 1$，则式 (5.6) 就表示对于一切 $t \geqslant 0$ 的情况，都有 $z(t) \geqslant f(t)$。

注释 5.1（$f(t)$ **与** $z(t)$ **的区别**）　我们需要注意概率密度函数 $f(t)$ 和失效率函数 $z(t)$ 之间的异同：

$$\Pr(t < T \leqslant t + \Delta t) \approx f(t)\Delta t \tag{5.7}$$

$$\Pr(t < T \leqslant t + \Delta t \mid T > t) \approx z(t)\Delta t \tag{5.8}$$

假设在 $t = 0$ 时开始运行新的元件，同时我们思考一下："这个元件在时间区间 $(t, t + \Delta t]$ 内失效的概率是多少？" 根据式 (5.7)，这个概率大概等于在 t 时刻的概率密度函数 $f(t)$ 乘以区间长度 Δt。然后，我们考虑这个元件已经存续到了 t 时刻，则在 t 时刻思考："在接下来的区间 $(t, t + \Delta t]$ 内，元件的失效概率是多少？" 这个（条件）概率要根据式 (5.8) 计算，它等于 t 时刻的失效率函数 $z(t)$ 乘以区间长度 Δt。

　　如果我们在 $t = 0$ 的时刻同时启用了大量相同的元件，那么 $z(t)\Delta t$ 基本上就可以表示这些元件在 t 时刻仍然可运行，而在 $(t, t + \Delta t]$ 区间内失效的概率。

　　因为

$$f(t) = \frac{\mathrm{d}}{\mathrm{d}t} F(t) = \frac{\mathrm{d}}{\mathrm{d}t} [1 - R(t)] = -R'(t)$$

则有

$$z(t) = -\frac{R'(t)}{R(t)} = -\frac{\mathrm{d}}{\mathrm{d}t} \ln R(t) \tag{5.9}$$

因为 $R(0) = 1$, 则有

$$\int_0^t z(u)\,\mathrm{d}u = -\ln R(t) \tag{5.10}$$

并且

$$R(t) = \mathrm{e}^{-\int_0^t z(u)\,\mathrm{d}u} \tag{5.11}$$

由此可知存续度函数 $R(t)$ 和分布函数 $F(t) = 1 - R(t)$ 是由失效率函数 $z(t)$ 唯一确定的。根据式 (5.6) 和式 (5.11), 概率密度函数 $f(t)$ 可以写作

$$f(t) = z(t)\,\mathrm{e}^{-\int_0^t z(u)\,\mathrm{d}u}, \quad t > 0 \tag{5.12}$$

　　一些学者倾向于使用危害率（hazard rate）而不是失效率，但是因为失效率这个词已经在可靠性的应用领域中广泛使用，因此本书中仍使用后者，尽管这可能会带来一些混淆。

　　注释 5.2（失效率函数和 ROCOF）　在保险精算学中，失效率函数被称作死亡力（force of mortality, FOM）。这个词也被其他一些作者在他们的可靠性著作中使用，以避免和失效率函数以及可维修元件的失效发生速率（rate of occurrence of failures, ROCOF）发生混淆。失效率函数（FOM）是单个元件的失效时间分布函数，表示在已经运行时间 t 之后"对发生失效的倾向性"。而 ROCOF 则是一个随机过程的失效发生速率（可参阅第 10 章）。简单来说，ROCOF 与一个计数过程 $N(t)$ 相关，它给出从 $0 \sim t$ 的失效累计次数，表达的是就平均而言这个次数以何种速度在增加或者减少。

$$\mathrm{ROCOF} = \frac{\mathrm{d}}{\mathrm{d}t} E[N(t)] \tag{5.13}$$

想要了解更多信息，请参阅文献 [15]。

　　函数 $F(t)$、$f(t)$、$R(t)$ 和 $z(t)$ 之间的关系如表 5.2 所示。

5.3.2.1　浴盆曲线

　　由式 (5.11) 可知，存续度函数 $R(t)$ 是由失效率函数 $z(t)$ 唯一确定的。对于给定类型的元件，要确定 $z(t)$ 的形式，就需要进行下面的实验：

　　取 n 个相同的不可维修元件，在 $t = 0$ 的时候开始运行，并记录每个元件的失效时间。假设最后一个失效发生在时刻 $t_{\max}$，将时间轴分为长度为 Δt 的不相交区间。从 $t = 0$ 开

表达式	$F(t)$	$f(t)$	$R(t)$	$z(t)$
$F(t) =$	$-$	$\displaystyle\int_0^t f(u)\,\mathrm{d}u$	$1 - R(t)$	$1 - \mathrm{e}^{-\int_0^t z(u)\,\mathrm{d}u}$
$f(t) =$	$\dfrac{\mathrm{d}}{\mathrm{d}t}F(t)$	$-$	$-\dfrac{\mathrm{d}}{\mathrm{d}t}R(t)$	$z(t)\,\mathrm{e}^{-\int_0^t z(u)\,\mathrm{d}u}$
$R(t) =$	$1 - F(t)$	$\displaystyle\int_t^\infty f(u)\,\mathrm{d}u$	$-$	$\mathrm{e}^{-\int_0^t z(u)\,\mathrm{d}u}$
$z(t) =$	$\dfrac{\mathrm{d}F(t)/\mathrm{d}t}{1 - F(t)}$	$\dfrac{f(t)}{\displaystyle\int_t^\infty f(u)\,\mathrm{d}u}$	$-\dfrac{\mathrm{d}}{\mathrm{d}t}\log R(t)$	$-$

表 5.2　函数 $F(t)$、$f(t)$、$R(t)$ 和 $z(t)$ 之间的关系

始，为这些区间标号为 $j = 1, 2, \cdots$。对于每一个区间，需要记录：

（1）在区间 j 内失效的元件数量 $n(j)$。

（2）在区间 j 内观测到的各个元件可运行的时间 $t_{1j}, t_{2j}, \cdots, t_{nj}$，其中 t_{ij} 为元件 i 在区间 j 内已经运行的时间。因此，如果元件 i 在区间 j 开始之前就已经失效，则 t_{ij} 等于 0，其中 $j = 1, 2, \cdots, m$。

因此 $\sum_{i=1}^{n} t_{ij}$ 是元件在区间 j 内总的可运行时间。可得

$$z(i) = \frac{n(j)}{\displaystyle\sum_{i=1}^{n} t_{ij}}$$

这是区间 j 内每单位正常工作时间的失效数量，是对于在区间开始时可运行的元件在该区间 j 内"失效率"的自然估计。

令 $\nu(i)$ 表示在区间 i 开始时可运行元件的数量，则元件在区间 i 内的失效率近似等于

$$z(i) \approx \frac{n(i)}{\nu(i)\Delta t}$$

因此

$$z(i)\Delta t \approx \frac{n(i)}{\nu(i)}$$

图 5.7 所示为 $z(i)$ 关于 i 的函数的直方图。

如果 n 足够大，我们就可以使用较小的时间区间。如果令 $\Delta t \to 0$，直方图中的阶跃函数 $z(i)$ 就可以趋近于一个"平滑"的曲线，如图 5.8 所示，即失效率函数 $z(t)$ 的估计值。

因为它的形状特征，这个曲线经常被称作浴盆曲线。元件的失效率在初始阶段通常比较高，这是因为元件中可能存在未被发现的缺陷。这些缺陷在元件开始使用之后会迅速地

显现出来，而与之相对应的失效被称作"早期失效"。如果元件从"早期失效"中幸存下来，那么它的失效率就会在一段相当长的时期内维持在一个固定的水平，直到开始出现磨损之后再度上升。根据浴盆曲线，一个元件的失效时间可以分为三个典型区间：早期失效期或者预烧期（burn-in period）、正常使用期和磨损期。正常使用期也称为偶发失效期。有时候，元件会在交付给用户之前进行工厂测试，这样就可以在使用之前解决大多数的"早期失效"问题。对于绝大多数的机械元件来说，它们在正常使用期内的失效率会呈现略微增加的趋势。

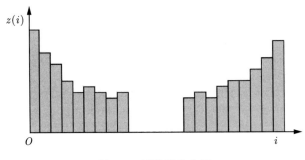

图 5.7　经验浴盆曲线

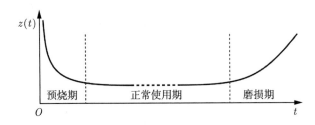

图 5.8　浴盆曲线

5.3.2.2　累计失效率

元件在 $(0, t]$ 内的累计失效率为

$$Z(t) = \int_0^t z(u)\, \mathrm{d}u \tag{5.14}$$

等式 (5.11) 给出了存续度函数 $R(t)$ 和 $Z(t)$ 之间的关系：[①]

$$R(t) = \mathrm{e}^{-Z(t)}, \quad Z(t) = -\log R(t) \tag{5.15}$$

累计失效率 $Z(t)$ 必须满足以下条件：

（1）$Z(0) = 0$；

（2）$\lim_{t \to \infty} Z(t) = \infty$；

（3）$Z(t)$ 是时间 t 的非减函数。

---

① 本书中的 log 函数是以 e 为底的，为与原版书保持一致，仍采用了 log 这样的写法。

5.3.2.3　平均失效率

元件在时间区间 (t_1, t_2) 内的平均失效率为

$$\bar{z}(t_1, t_2) = \frac{1}{t_2 - t_1} \int_{t_1}^{t_2} z(u)\, \mathrm{d}u = \frac{\log R(t_1) - \log R(t_2)}{t_2 - t_1} \tag{5.16}$$

如果时间区间是 $(0, t)$，则平均失效率可以表示为

$$\bar{z}(0, t) = \frac{1}{t} \int_0^t z(u)\, du = \frac{-\log R(t)}{t} \tag{5.17}$$

可以得到

$$R(t) = \mathrm{e}^{-\bar{z}(0,t)t} \tag{5.18}$$

5.3.2.4　$z(t)$ 的性质

因为 $z(t) = -\dfrac{\mathrm{d}}{\mathrm{d}t} \log R(t)$，则有

$$\int_0^\infty z(t)\, \mathrm{d}t = -\int_0^\infty \frac{\mathrm{d}\,[\log R(t)]}{\mathrm{d}t}\, \mathrm{d}t = -\int_0^\infty \mathrm{d} \log R(t)$$

$$= -\log R(t)\big|_0^\infty = \log R(0) - \log R(\infty) = \log 1 - \log 0 = \infty \tag{5.19}$$

因此，失效率曲线下方的区域是无限大的。

5.3.3　条件存续度函数

引入存续度函数 $R(t) = \Pr(T > t)$ 的前提，是假设元件在时刻 $t = 0$ 时可运行。为了让这个假设更加明了，可以将 $R(t)$ 写作

$$R(t \mid 0) = \Pr(T > t \mid T > 0)$$

假设一个元件在时刻 0 投入使用，在时刻 x 仍然可运行，那么这个元件在 x 的基础上继续存续额外的时间长度 t 的概率是

$$R(t \mid x) = \Pr(T > t + x \mid T > x) = \frac{\Pr(T > t + x)}{\Pr(T > x)}$$

$$= \frac{R(t + x)}{R(x)}, \quad 0 < x < t \tag{5.20}$$

$R(t \mid x)$ 称为元件在寿命 x 时的条件存续函数。

根据式 (5.12)，$R(t \mid x)$ 可以写作

$$R(t \mid x) = \frac{R(t + x)}{R(x)} = \frac{\mathrm{e}^{-\int_0^{t+x} z(u)\, \mathrm{d}u}}{\mathrm{e}^{-\int_0^x z(u)\, \mathrm{d}u}} = \mathrm{e}^{-\int_x^{t+x} z(u)\, \mathrm{d}u} \tag{5.21}$$

元件在时刻 x 仍然可运行的概率密度函数 $f(t\mid x)$ 为

$$f(t\mid x) = -\frac{\mathrm{d}}{\mathrm{d}t}R(t\mid x) = -\frac{R'(t+x)}{R(t)} = \frac{f(t+x)}{R(t)}$$

相应的失效率函数是

$$z(t\mid x) = \frac{f(t\mid x)}{R(t\mid x)} = \frac{f(t+x)}{R(t+x)} = z(t+x) \tag{5.22}$$

这个结果非常明显，因为失效率函数本身就是条件速率，即该元件已经存续到了评价速率的时刻。这表明，如果我们已知失效率函数 $z(t)$，比如图 5.8 中的浴盆曲线，在考虑已用元件在其寿命 x 的失效率函数时，就不再需要有关 $z(t)$ 形式的信息（$t \leqslant x$）。

5.3.4 平均失效时间

对于表 5.1 中的数据集，可用平均失效时间衡量失效时间的中心位置。可以采用经验方法计算，用观察到的失效时间的和除以失效元件的数量 n 得到：

$$\bar{t} = \frac{1}{n}\sum_{i=1}^{n} t_i \tag{5.23}$$

在概率论中，大数定律指的是如果 n 趋近于无穷，那么经验均值 $\bar{t}$ 就会稳定在一个固定值，与 n 的数量无关。这个值称为 T 的期望值，或者均值，表示为 $E(T)$。在可靠性理论中，它称为平均失效时间（mean time-to-failure，MTTF）。

$$\mathrm{MTTF} = E(T) = \lim_{n\to\infty}\frac{1}{n}\sum_{i=1}^{n} t_i \tag{5.24}$$

大数定律

令 $X_1, X_2, \cdots$ 表示具有相同分布的一系列独立随机变量，令 $E(X_i) = \mu$。那么必然有

$$\overline{X} = \frac{X_1 + X_2 + \cdots + X_n}{n} \to \mu, n \to \infty \tag{5.25}$$

这个定义与式 (5.26) 等效，后者可以解释为经验均值极限在连续时间中的情况：每一个可能的失效时间 t 乘以它的发生频率 $f(t)\mathrm{d}t$，它们的和可以由一个积分代替。

$$\mathrm{MTTF} = E(T) = \int_0^{\infty} tf(t)\,\mathrm{d}t \tag{5.26}$$

MTTF 只能给出失效时间中间位置的信息，并不能说明失效时间是如何围绕着均值（mean）散布的。因此，MTTF 能够提供的信息比图 5.2 中的直方图少得多，但是它对于工程项目早期的基础研究是一个很有用的输入，因此在可靠性工程中广泛使用。

MTTF 可以通过其他可靠性量度推导得到。因为 $f(t) = -R'(t)$，所以有

$$\mathrm{MTTF} = -\int_0^\infty tR'(t)\,\mathrm{d}t$$

进行分部积分：

$$\mathrm{MTTF} = -\left[tR(t)\right]_0^\infty + \int_0^\infty R(t)\,\mathrm{d}t$$

如果 $\mathrm{MTTF} < \infty$，可以得到 $[tR(t)]_0^\infty = 0$。因此

$$\mathrm{MTTF} = \int_0^\infty R(t)\,\mathrm{d}t \tag{5.27}$$

可以看出，使用式 (5.27) 计算 MTTF 比使用式 (5.26) 简单。

注释 5.3（通过拉普拉斯变换推导 MTTF）　我们还可以使用拉普拉斯变换推导一个元件的 MTTF。元件存续度函数的拉普拉斯变换为（见附录 B）

$$R^*(s) = \int_0^\infty R(t)\,\mathrm{e}^{-st}\,\mathrm{d}t \tag{5.28}$$

当 $s = 0$ 时，有

$$R^*(0) = \int_0^\infty R(t)\,\mathrm{d}t = \mathrm{MTTF} \tag{5.29}$$

因此，当设定 $s = 0$ 时，我们可以通过存续度函数 $R(t)$ 的拉普拉斯变换形式 $R^*(s)$ 推导出 MTTF。

5.3.5　其他概率量度

本节将定义其他几个可以用来描述概率分布的量度。

5.3.5.1　方差

方差（variance）所描述的，是可见寿命围绕其均值的分散程度（见第 12 章）。经验方差的计算方法为

$$s^2 = \frac{1}{n-1}\sum_{i=1}^n \left(t_i - \bar{t}\right)^2 \tag{5.30}$$

经验标准差（standard deviation）是方差的平方根：

$$s = \sqrt{\frac{1}{n-1}\sum_{i=1}^n \left(t_i - \bar{t}\right)^2} \tag{5.31}$$

经验方差表示数据集中个体寿命与数据集均值距离的平方的平均值。如果 n 趋近于无穷，这个值就可以收敛于一个常数，我们称之为方差。它的计算方法是

$$\text{var}(T) = \int_0^\infty [t - E(T)]^2 f(t) \, \mathrm{d}t = E(T^2) - [E(T)]^2 \tag{5.32}$$

相应的标准差 (SD) 定义为

$$\text{SD}(T) = \sqrt{\text{var}(T)}$$

方差和标准差在可靠性分析中使用并不多，但是它们经常会隐含在概率密度函数当中。我们会在介绍具体分布的章节中继续讨论方差和标准差。如果读者要了解更多的细节，也可以阅读第 12 章。

5.3.5.2 矩

寿命 T 的第 k 个矩（moment）定义为

$$\mu_k = E(T^k) = \int_0^\infty t^k f(t) \, \mathrm{d}t = k \int_0^\infty t^{k-1} R(t) \, \mathrm{d}t \tag{5.33}$$

T 的第一个矩 (即 $k=1$) 可以看作 T 的均值。

5.3.5.3 百分位函数

因为 $F(t)$ 是非减函数，则它的反函数 $F^{-1}(\cdot)$ 存在，我们称之为百分位函数。

$$F(t_p) = p \ \Rightarrow \ t_p = F^{-1}(p), \quad 0 < p < 1 \tag{5.34}$$

其中 t_p 称为该分布的 p 百分位数。

5.3.5.4 中位寿命

MTTF 只是描述寿命分布 "中心" 的几个量度之一，另一个量度是中位寿命 t_{m}，它的定义是

$$R(t_{\mathrm{m}}) = 0.50 \tag{5.35}$$

中位数将分布分为两部分，元件在中位寿命 t_{m} 之前失效的概率是 50%，在 t_{m} 之后失效的概率也是 50%。换句话说，中位寿命就是该分布的 0.50 百分位数。

5.3.5.5 众数

寿命分布的众数（mode）指的是最可能的寿命，也就是概率密度函数 $f(t)$ 达到最大值时所对应的时间 t_{mode}。

$$f(t_{\mathrm{mode}}) = \max_{0 \leqslant t < \infty} f(t) \tag{5.36}$$

图 5.9 描述了在一个向右倾斜分布当中，MTTF、中位寿命 t_{m} 和众数 t_{mode} 各自的位置。

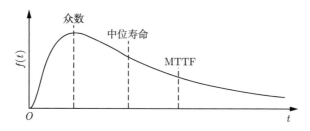

图 5.9 分布中 MTTF、中位寿命和众数的位置

案例 5.1 考虑一个元件的存续度函数

$$R(t) = \frac{1}{(0.2\,t+1)^2}, \quad t \geqslant 0$$

其中时间 t 的单位为月。概率密度函数为

$$f(t) = -R'(t) = \frac{0.4}{(0.2\,t+1)^3}$$

失效率函数可以由式 (5.6) 得到：

$$z(t) = \frac{f(t)}{R(t)} = \frac{0.4}{0.2\,t+1}$$

MTTF 由式 (5.27) 计算得到：

$$\mathrm{MTTF} = \int_0^\infty R(t)\,\mathrm{d}t = 5 \text{ 个月}$$

函数 $R(t)$、$f(t)$ 和 $z(t)$ 如图 5.10 所示。

我们将在第 14 章讨论更多的量度。

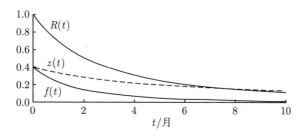

图 5.10 案例 5.1 中的存续度函数 $R(t)$、概率密度函数 $f(t)$ 和失效率函数 $z(t)$(虚线)

5.3.6 平均剩余寿命

假设一个元件在时刻 $t = 0$ 投入使用，在时刻 x 仍然可运行。元件的失效时间是随机数 T。则已知该元件在时刻 x 仍然可运行的情况下，它的剩余寿命是 $T - x$，如图 5.11 所示。

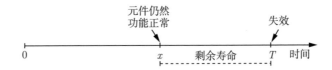

图 5.11　在时刻 x 仍然可运行的元件的剩余寿命

元件在时刻 x 的平均剩余 (或者残余) 寿命（mean residual life）MRL(x) 是

$$\mathrm{MRL}(x) = E\,(T - x \mid T > x)$$

这个计算结果是在已知 $T > x$ 的情况下随机变量 $T - x$ 的平均值。这个平均值可以由式 (5.27) 中的条件存续度函数确定：

$$\mathrm{MRL}(x) = \mu(x) = \int_x^\infty R(t \mid x)\,\mathrm{d}t = \frac{1}{R(x)} \int_x^\infty R(t)\,\mathrm{d}t \tag{5.37}$$

可以注意到，MRL(x) 表示的是额外的平均失效时间，也就是元件在已经达到寿命 x 之后的平均剩余寿命。这意味着，在元件达到寿命 x 之后，它在失效时的平均寿命是 $x +$ MRL(x)。

MRL(x) 适用于寿命已经达到 x 的一般元件。我们无法得到具体元件的信息，或者它在区间 $(0, x)$ 内的历史信息。在元件寿命达到 x 的时候，我们对其退化状况的了解程度与它在 $t = 0$ 投入使用时是一样的。

在 $t = 0$ 时，元件是全新的，有 $\mu(0) = \mu = \mathrm{MTTF}$。有时，研究以下函数很有意义：

$$g(x) = \frac{\mathrm{MRL}(x)}{\mathrm{MTTF}} = \frac{\mu(x)}{\mu} \tag{5.38}$$

如果一个元件在时刻 x 仍然可运行，则 $g(x)$ 给出的是 MRL(x) 占初始 MTTF 的百分比。比如，如果 $g(x) = 0.60$，那么在时刻 x 的平均剩余寿命 MRL(x) 就是元件在初始时刻的平均剩余寿命的 60%。

注释 5.4（剩余有效寿命）　与 MRL(x) 类似的一个概念是元件在时刻 x 的剩余有效寿命（remaining useful lifetime, RUL）。二者的主要区别在于，RUL(x) 适用于那些我们能够收集到 $(0, x)$ 区间内的性能和维修数据，以及在未来的运行条件下可能出现的变化信息的元件。我们将在第 12 章进一步讨论剩余有效寿命。

案例 5.2（平均剩余寿命）　设一个元件的失效率函数为 $z(t) = t/(t+1)$，这是一个递增函数，在 $t \to \infty$ 时趋近于 1。其对应的存续度函数为

$$R(t) = \mathrm{e}^{-\int_0^t u/(u+1)\,\mathrm{d}u} = (t+1)\,\mathrm{e}^{-t}$$

MTTF 为

$$\mathrm{MTTF} = \int_0^\infty (t+1)\,\mathrm{e}^{-t}\,\mathrm{d}t = 2$$

条件存续函数为

$$R(t \mid x) = \Pr(T > t \mid T > x) = \frac{(t+1)\,\mathrm{e}^{-t}}{(x+1)\,\mathrm{e}^{-x}} = \frac{t+1}{x+1}\,\mathrm{e}^{-(t-x)}$$

平均剩余寿命为

$$\begin{aligned}
\mathrm{MRL}(t) &= \int_x^\infty R(x \mid t)\,\mathrm{d}x = \int_x^\infty \frac{t+1}{x+1}\,\mathrm{e}^{-(t-x)}\,\mathrm{d}t = \int_x^\infty \left(1 + \frac{t-x}{x+1}\right)\mathrm{e}^{-(t-x)}\,\mathrm{d}t \\
&= \int_x^\infty \mathrm{e}^{-(t-x)}\,\mathrm{d}t + \frac{1}{x+1}\int_x^\infty (t-x)\mathrm{e}^{-(t-x)}\,\mathrm{d}t \\
&= 1 + \frac{1}{x+1}
\end{aligned}$$

可以发现，当 $x = 0$ 时，$\mathrm{MRL}(x)$ 等于 2 $(= \mathrm{MTTF})$，$\mathrm{MRL}(x)$ 是 x 的减函数，而当 $x \to \infty$ 时，$\mathrm{MRL}(x) \to 1$。这意味着，当 x 增加时，式 (5.38) 中的函数 $g(x)$ 会趋近于 0.5。图 5.12 示出了该元件的存续度函数和 $\mathrm{MRL}(x)$，图 5.13 则给出了函数 $g(x)$。

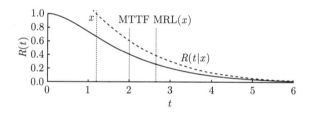

图 5.12　案例 5.2 中的存续度函数 $R(t)$（实线）、$x = 1.2$ 时的条件存续函数 $R(t \mid x)$（虚线）以及 MTTF 和 $\mathrm{MRL}(x)$ 的值

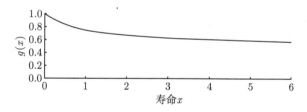

图 5.13　案例 5.2 中的函数 $g(x)$

5.3.7　混合失效时间分布

假设两个不同的工厂生产相同类型的元件，这些元件是互相独立的，失效率函数分别为 $z_1(t)$ 和 $z_2(t)$。两座工厂的生产过程略微不同，因此产出元件的失效率也有差异。令 $R_1(t)$ 和 $R_2(t)$ 分别表示与 $z_1(t)$ 和 $z_2(t)$ 相对应的存续度函数。两个工厂的产品在销售之前混合在一起，来自 1 号工厂的产品占比为 p，来自 2 号工厂的产品占比则为 $1 - p$。

如果我们随机抽取一个元件，该元件的存续度函数为

$$R(t) = p\,R_1(t) + (1-p)\,R_2(t) \tag{5.39}$$

其寿命分布的概率密度函数为

$$f(t) = -R'(t) = p\,f_1(t) + (1-p)\,f_2(t) \tag{5.40}$$

元件的失效率函数为

$$
\begin{aligned}
z(t) = \frac{f(t)}{R(t)} &= \frac{p\,f_1(t) + (1-p)\,f_2(t)}{p\,R_1(t) + (1-p)\,R_2(t)} \\
&= \frac{p\,R_1(t)}{p\,R_1(t) + (1-p)\,R_2(t)}\frac{f_1(t)}{R_1(t)} + \frac{(1-p)\,R_2(t)}{p\,R_1(t) + (1-p)\,R_2(t)}\frac{f_2(t)}{R_2(t)}
\end{aligned}
$$

引入一个因子

$$a_p(t) = \frac{p\,R_1(t)}{p\,R_1(t) + (1-p)\,R_2(t)} \tag{5.41}$$

我们可以将失效率函数写作（注意对于 $i = 1, 2$，有 $z_i(t) = f_i(t)/R_i(t)$）

$$z(t) = a_p(t)\,z_1(t) + [1 - a_p(t)]\,z_2(t) \tag{5.42}$$

因此，随机抽取的元件的失效率是两个失效率 $z_1(t)$ 和 $z_2(t)$ 的加权平均，但是这个权重因子会随着时间 t 变化。

在文献 [238, 253] 中，有关于寿命分布更多的介绍。

5.4 一些失效时间分布

本节将介绍下列参数化的失效时间分布：

（1）指数分布；

（2）伽马分布；

（3）威布尔分布；

（4）正态（高斯）分布；

（5）对数正态分布。

后面各节，将介绍带有协变量的分布和极值分布。

5.4.1 指数分布

设一个元件在 $t = 0$ 时投入使用，其失效时间的概率密度函数为

$$f(t) = \begin{cases} \lambda \mathrm{e}^{-\lambda t}, & t > 0,\, \lambda > 0 \\ 0, & \text{其他情况} \end{cases} \tag{5.43}$$

这个分布称为参数 λ 的指数分布（exponential distribution），可以写作 $T \sim \exp(\lambda)$。

5.4.1.1　存续度函数

该元件的存续度函数为

$$R(t) = \Pr(T > t) = \int_t^\infty f(u)\,\mathrm{d}u = \mathrm{e}^{-\lambda t}, \quad t > 0 \tag{5.44}$$

指数分布的概率密度函数 $f(t)$ 和存续度函数 $R(t)$ 如图 5.14 所示。

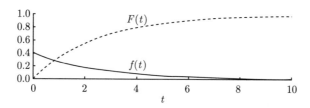

图 5.14　参数为 $\lambda = 0.4$ 的指数分布的概率密度函数 $f(t)$（实线）和概率分布函数 $F(t)$（虚线）

5.4.1.2　MTTF

元件的 MTTF 为

$$\mathrm{MTTF} = \int_0^\infty R(t)\,\mathrm{d}t = \int_0^\infty \mathrm{e}^{-\lambda t}\,\mathrm{d}t = \frac{1}{\lambda} \tag{5.45}$$

T 的方差为

$$\mathrm{var}(T) = \frac{1}{\lambda^2} \tag{5.46}$$

可以发现，当 MTTF 增加或者减少时，方差的变化相同。这是指数分布的一个局限性，因此这种分布无法用来拟合均值和方差互相独立的数据集。

元件在其平均失效时间时的存续概率为

$$R(\mathrm{MTTF}) = R\left(\frac{1}{\lambda}\right) = \mathrm{e}^{-1} \approx 0.3679, \quad \text{对于所有的 } \lambda$$

这意味着，失效时间满足指数分布的元件，在其平均失效时间点仍然可运行的概率是 36.8%。

5.4.1.3　失效率函数

元件的失效率函数为

$$z(t) = \frac{f(t)}{R(t)} = \frac{\lambda \mathrm{e}^{-\lambda t}}{\mathrm{e}^{-\lambda t}} = \lambda \tag{5.47}$$

因此，失效时间满足指数分布的元件，其失效率函数是一个常数，与时间无关。因为在概率分布和失效率函数之间存在着一一对应的关系，任何具有固定失效率的元件其失效时间都满足指数分布。

如图 5.8 所示，至少对于一些类型的元件而言，指数分布能够表示出在它们的有效寿命期间内的失效时间分布方式。

式 (5.45) 和式 (5.47) 的结果，采用日常用语就可以很好地描述出来：如果平均来说一个元件每年会失效 4 次（$\lambda = 4/$年），那么该元件的 MTTF 就是 1/4 年。

与之相对应的累计失效函数为 $Z(t) = \lambda t$，在图中是一条斜率为 λ 的直线。

5.4.1.4　中位失效时间

指数分布的中位失效时间根据 $R(t_{\mathrm{m}}) = 0.50$ 计算得到：

$$t_{\mathrm{m}} = \frac{\log 2}{\lambda} \approx \frac{0.693}{\lambda} = 0.693\,\mathrm{MTTF} \tag{5.48}$$

这意味着对于一个具有固定失效率的元件，有 50% 的概率，它的失效时间小于平均失效时间的 69.3%。

5.4.1.5　变换时间尺度

假设一个元件的失效时间 $T \sim \exp(\lambda)$，改变 T 的单位，比如用天数替代小时数，这个变换可以用 $T_1 = aT$ 来表示，其中 a 是一个常数。那么，失效时间 T_1 在新的时间尺度上的存续度函数为

$$R_1(t) = \Pr(T_1 > t) = \Pr(aT > t) = \Pr(T > t/a) = \mathrm{e}^{-\lambda t/a}$$

这意味着 $T_1 \sim \exp(\lambda/a)$ 的平均失效时间为

$$\mathrm{MTTF}_1 = \frac{a}{\lambda} = a\,\mathrm{MTTF}$$

这个结果很明显，它表明指数分布在尺度变化的时候是闭合的，也就是说

$$T \sim \exp(\lambda) \quad \Longrightarrow \quad aT \sim \exp(\lambda/a), \quad a > 0 \tag{5.49}$$

5.4.1.6　极短时间间隔内的失效概率

指数函数的麦克劳林级数[①]是

$$\mathrm{e}^{-\lambda t} = \sum_{x=0}^{\infty} \frac{(-\lambda t)^x}{x!} = 1 - \lambda t + \frac{(\lambda t)^2}{2} - \frac{(\lambda t)^3}{6} + \cdots$$

如果 λt 很小，$x = 2, 3, \cdots$ 这些项的 $(\lambda t)^x$ 值就可以忽略不计，可以近似得到

$$\mathrm{e}^{-\lambda t} \approx 1 - \lambda t, \quad \text{当 } \lambda t \text{ 很小时} \tag{5.50}$$

考虑一个极短的时间间隔 $(t, t + \Delta t]$，失效时间 $T \sim \exp(\lambda)$ 的元件在这个区间内失效的概率为

$$\Pr(t < T \leqslant t + \Delta t) = \Pr(T \leqslant t + \Delta t) - \Pr(T \leqslant t)$$

---

① 以苏格兰数学家科林·麦克劳林（1698—1746 年）的名字命名。麦克劳林级数是泰勒级数的一个特殊情况。

$$= 1 - \mathrm{e}^{-\lambda(t+\Delta t)} - \left(1 - \mathrm{e}^{-\lambda t}\right) \qquad (5.51)$$

$$= \mathrm{e}^{-\lambda t} - \mathrm{e}^{-\lambda(t+\Delta t)} \approx \lambda \Delta t$$

失效率为 λ 的元件，在一个长度为 Δt 的极短时间间隔内失效的概率近似为 $\lambda \Delta t$。如果 Δt 非常小，这个近似计算的准确度就足够高。

5.4.1.7　独立零件的串联结构

考虑一个具有 n 个独立零件的串联结构，零件的失效率分别为 $\lambda_1, \lambda_2, \cdots, \lambda_n$。当第一个零件失效时，这个串联结构就会失效，因此串联结构的失效时间 T_S 为

$$T_S = \min \{T_1, T_2, \cdots, T_n\} = \min_{i=1,2,\cdots,n} T_i$$

串联结构的存续度函数为

$$R_S(t) = \Pr(T_S > t) = \Pr\left(\min_{i=1,2,\cdots,n} T_i > t\right) = \Pr\left(\bigcap_{i=1}^{n} T_i > t\right)$$

$$= \Pr\left[(T_1 > t) \cap (T_2 > t) \cap \cdots \cap (T_n > t)\right] = \prod_{i=1}^{n} \Pr(T_i > t)$$

$$= \prod_{i=1}^{n} \mathrm{e}^{-\lambda_i t} = \mathrm{e}^{-\left(\sum\limits_{i=1}^{n} \lambda_i\right) t} = \mathrm{e}^{-\lambda_S t} \qquad (5.52)$$

其中 $\lambda_S = \sum\limits_{i=1}^{n} \lambda_i$，这表明串联结构的失效时间 T_S 遵循失效率为 $\lambda_S = \sum\limits_{i=1}^{n} \lambda_i$ 的指数分布。

如果这 n 个独立元件相同，那么对于 $i = 1, 2, \cdots, n$，有 $\lambda_i = \lambda$，串联结构遵循失效率为 $\lambda_S = n\lambda$ 的指数分布。这个串联结构的 MTTF 为

$$\mathrm{MTTF} = \frac{1}{\lambda_S} = \frac{1}{n}\frac{1}{\lambda}$$

这就是说，该串联结构的 MTTF 等于单个零件的 MTTF 除以结构中的零件数量。

5.4.1.8　条件存续函数和平均剩余寿命

失效时间 $T \sim \exp(\lambda)$ 的元件的条件存续度函数为

$$R(x \mid t) = \Pr(T > t + x \mid T > t) = \frac{\Pr(T > t + x)}{\Pr(T > t)}$$

$$= \frac{\mathrm{e}^{-\lambda(t+x)}}{\mathrm{e}^{-\lambda t}} = \mathrm{e}^{-\lambda x} = \Pr(T > x) = R(x) \qquad (5.53)$$

可以看到，一个已经工作了 t 个时间单位的元件的存续度函数，等于一个全新元件的存续度函数。换句话说，全新元件和既有元件（仍然可运行）在长度为 t 的区间内能够存续的

概率是相同的。那么，指数分布的平均剩余寿命（MRL）为

$$\mathrm{MRL}(t) = \int_0^\infty R(x \mid t)\,\mathrm{d}x = \int_0^\infty R(x)\,\mathrm{d}x = \mathrm{MTTF}$$

因此，失效时间遵循指数分布的元件的平均剩余寿命 $\mathrm{MRL}(t)$ 与 MTTF 相等，而与该元件已经使用的时间 t 无关。所以，我们可以说遵循指数分布的元件只要还能实现其所需功能，它就是完好如初的，也可以说指数分布具有无记忆属性。

如果我们假设失效时间满足指数分布，那就意味着：

（1）已经使用的元件在随机过程中是完好如初的，因此没有理由替换仍然能够执行其功能的元件。

（2）如果需要估计存续度函数、MTTF 等，仅知道有关运行时长和失效数量的数据就可以了。不需要考证元件的新旧程度。

指数分布是可靠性分析中最为常见的失效分布类型，原因在于它的数学形式非常简单，而且适用于一些特定类型元件的失效时间模型。

随机变量与参数之间的区别

进行随机实验的目的，通常是观察并测量一个或者多个随机变量，比如失效时间 T。通过观察 T，我们会得到一个数量，比如 5000h。相同的实验会产生不同的数量，这种数量上的偏差或者不确定性可以称为随机分布 $F(t)$。作为实验的基础，分布的具体信息并不会在事先完全知晓，但是分布会依赖于一个或者多个变量，我们称其为参数（parameter）。分布中的参数经常采用希腊字母表示，比如指数分布中的参数 λ。

统计中的参数是在实验中无法直接测量的变量，它需要根据随机变量的观测值（数量）进行估计。在完成实验之后，就可以测量随机变量，并估计参数。不同的实验可能会造成略微不同的参数估计值。用于参数估计的规则或者公式被称为参数的估计量（estimator，估值算子，或简称算子），可以采用均值和标准差进行评估。我们将会在第 14 章继续讨论算子的问题。

案例 5.3（回转泵） 一台回转泵的固定失效率 $\lambda = 4.28 \times 10^{-4}$，那么这台泵能够连续工作一个月（$t = 730\mathrm{h}$）无失效的概率为

$$R(t) = \mathrm{e}^{-\lambda t} = \mathrm{e}^{-4.28 \times 10^{-4} \times 730} \approx 0.732$$

MTTF 为

$$\mathrm{MTTF} = \frac{1}{\lambda} = \frac{1}{4.28 \times 10^{-4}}\mathrm{h} \approx 2336\mathrm{h} \approx 3.2 \ \text{个月}$$

假设这台泵在其开始工作的前两个月（$t_1 = 1460\mathrm{h}$）一直可运行没有失效，那么它在接下来的一个月（$t_2 = 730\mathrm{h}$）中发生失效的概率为

$$\Pr(T \leqslant t_1 + t_2 \mid T > t_1) = \Pr(T \leqslant t_2) = 1 - \mathrm{e}^{-4.28 \times 10^{-4} \times 730} \approx 0.268$$

因为当我们知道这台泵在时刻 t_1 仍然工作的时候，它的状态完好如初。

案例 5.4（一个元件先于另一个失效的概率） 考虑失效率分别为 λ_1 和 λ_2 的两个独立零件组成的结构，零件 1 先于零件 2 发生失效的概率为

$$\Pr(T_2 > T_1) = \int_0^\infty \Pr(T_2 > t \mid T_1 = t) f_{T_1}(t) \, dt$$

$$= \int_0^\infty e^{-\lambda_2 t} \lambda_1 e^{-\lambda_1 t} \, dt$$

$$= \lambda_1 \int_0^\infty e^{-(\lambda_1 + \lambda_2)t} \, dt = \frac{\lambda_1}{\lambda_1 + \lambda_2}$$

这个结果可以推广到由 n 个独立零件组成的结构，它们的失效率分别为 $\lambda_1, \lambda_2, \cdots, \lambda_n$。零件 j 先发生失效的概率是

$$\Pr(\text{零件 } j \text{ 先失效}) = \frac{\lambda_j}{\sum\limits_{i=1}^{n} \lambda_i} \tag{5.54}$$

5.4.1.9 混合指数分布

假设两个工厂生产同一类型的元件，这些元件独立并且具有固定的失效率。两个工厂的生产过程略有不同，因此产出元件的失效率也有差异。令 λ_i 表示来自 i 号工厂的元件的失效率，$i = 1, 2$。这些元件在销售之前混合在一起，来自 1 号工厂的元件占比为 p，剩下的占比为 $1 - p$ 的元件来自 2 号工厂。如果我们随机抽取一个元件，那么这个元件的存续度函数为

$$R(t) = p R_1(t) + (1 - p) R_2(t) = p e^{-\lambda_1 t} + (1 - p) e^{-\lambda_2 t}$$

元件的 MTTF 为

$$\text{MTTF} = \frac{p}{\lambda_1} + \frac{1 - p}{\lambda_2}$$

失效率函数为

$$z(t) = \frac{p \lambda_1 e^{-\lambda_1 t} + (1 - p) \lambda_2 e^{-\lambda_2 t}}{p e^{-\lambda_1 t} + (1 - p) e^{-\lambda_2 t}} \tag{5.55}$$

如图 5.15 所示，失效率函数是一个减函数。

如果我们假设 $\lambda_1 > \lambda_2$，早期失效的速率应该接近 λ_1。接下来，所有"脆弱"的零件都会失效，就只剩下具有较低失效率 λ_2 的零件。

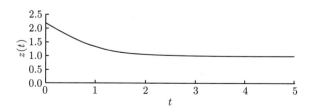

图 5.15 两个指数分布的混合失效率函数（$\lambda_1 = 1$，$\lambda_2 = 3$，$p = 0.4$）

5.4.1.10　阶梯式失效率

考虑一个元件只在某些区间内运行。在不需要运行的时候，元件处于备用状态，可能通电也可能不通电。比如，房屋中的电暖气或者空调就属于这种情况。[①]如果室内的温度较低，电暖气就会根据恒温器的要求启动，而如果室温足够高，电暖气就会停止工作，进入备用模式。该设备无法（按要求）启动的概率是 p，在运行过程中的失效率常数为 λ_r，而在备用模式下的失效率常数为 λ_s。该设备的失效率函数 $z(t)$ 如图 5.16 所示。

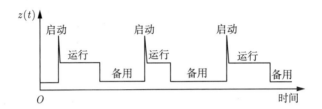

图 5.16　具有阶梯式失效率和启动问题的元件的失效率函数

如果我们记录每个单位时间（比如每周）内需求的启动次数 n，以及该元件运行的时间比例 ν，就可以计算元件的平均失效率 λ_t：

$$\lambda_t = \lambda_d + \nu\lambda_r + (1 - \nu)\lambda_s \tag{5.56}$$

其中 $\lambda_d = np$ 为每单位时间启动失效的次数。

5.4.2　伽马分布

如果一个元件的失效时间 T 具有下列概率密度函数，我们就认为它遵循伽马分布（gamma distribution）：

$$f(t) = \frac{\lambda}{\Gamma(\alpha)}(\lambda t)^{\alpha-1}\,\mathrm{e}^{-\lambda t}, \quad t > 0 \tag{5.57}$$

其中 $\Gamma(\cdot)$ 表示伽马函数，$\alpha(>0)$ 和 $\lambda(>0)$ 是分布的参数，t 表示时间。伽马分布通常写作 $T \sim \mathrm{gamma}(\alpha, \lambda)$。图 5.17 示出了几个特定 α 值的伽马分布概率密度函数 $f(t)$。伽马分布并不是一个常用的失效时间分布，但是在一些存在部分失效，或者在元件失效之前必须有一定数量的部分失效的情况下，这种分布就非常有意义。尽管应用场景有限，伽马分布对于可靠性仍很重要，比如它会用在本书后续章节将会介绍的一些其他的情况当中（参见第 15 章）。

在 R 语言中，可以通过命令gamma(x)调用伽马函数，比如gamma(2.7)= 1.544 686。在 R 语言中，参数 α 称为形状（shape）参数，而 λ 称为速率（rate）。我们还可以使用参数 $\theta = 1/\lambda$，它在 R 语言中称为尺度（scale）参数。例如，我们可以使用 R 程序脚本绘制 $\alpha = 2$，$\lambda = 1$ 的伽马分布的概率密度函数：

---

① 这个例子受到网上的一个类似案例的启发，但遗憾的是，该案例没有给出作者及与引用相关的信息。

```
t<-seq(0,6,length=300)  # Set time axis
# Set the parameters
a<-2    # shape
rate<-1   # rate
# Calculate the gamma density (y) for each t
y<-dgamma(t,a,rate,log=F)
plot(t,y,type="l")
```

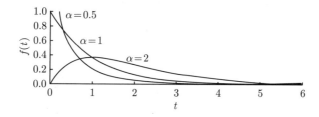

图 5.17   在 $\lambda = 1.0$ 的情况，α 不同取值的伽马概率密度

可以看到，在脚本中必须输入"rate="来指定 λ 的值，也可以输入"scale="来指定尺度参数 $\theta(=1/\lambda)$。在 R 语言中，尺度是默认参数，表示如果我们只写一个数字的话，它就会被当作尺度。

由式 (5.57)，可得

$$\text{MTTF} = \frac{\alpha}{\lambda} = \alpha\theta \tag{5.58}$$

$$\text{var(T)} = \frac{\alpha}{\lambda^2} = \alpha\theta^2 \tag{5.59}$$

参数 α 是一个没有维度的数量，但是 θ 则采用时间单位衡量（比如小时）。对于特定的 α，元件的 MTTF 与 θ 成比例。

R 语言中也包含分布函数 $F(t)$，命令是pgamma，而 $R(t)$ 需要使用1-pgamma得到。比如，使用 R 语言绘制 $\alpha = 2$，$\lambda = 1$ 的存续度函数 $R(t)$：

```
t<-seq(0,6,length=300)    # Set time axis
# Set the parameter
a<-2    # shape
rate <- 1 #rate
# Calculate the survivor function (y) for each t
y<-1-pgamma(t,a,rate,log=F)
plot(t,y,type="l")
```

图 5.18 所示为 α 取不同值时的 $R(t)$ 曲线。

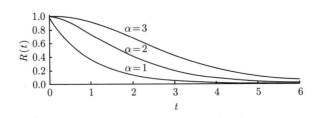

图 5.18　当 $\lambda = 1.0$ 时，不同 α 值所对应的伽马分布的存续度函数

我们还可以利用 R 程序计算并绘制失效率函数（比如 $\alpha = 2$，$\lambda = 1$）：

```
t<-seq(0, 6, length=300)  # Set time axis
# Set the parameter
a<-2    # shape
rate <- 1
# Calculate the failure rate function (y) for each t
y<-dgamma(t,a,rate,log=F)/(1-pgamma(t,a,rate,log=F))
plot(t,y,type="l")
```

现在可以针对不同的 α 值运行上述脚本分析失效率函数的 "行为"。注意：

$$对于 \ 0 < \alpha < 1, \quad z(t) \to \infty, \quad 当 \ t \to 0 \ 时$$
$$对于 \ \alpha > 1, \qquad z(t) \to 0, \quad 当 \ t \to 0 \ 时$$

因此，函数 $z(t)$ 在形状参数 $\alpha = 1$ 时，并不是一个连续函数。在指定与 1 接近的 α 值时，我们需要加倍小心。

图 5.19 所示为当 α 取一些整数值时的失效率函数 $z(t)$。

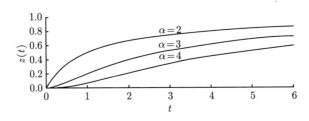

图 5.19　当 $\lambda = 1$ 时，不同 α 值所对应的伽马分布的失效率函数

假设 T_1 和 T_2 相互独立，并遵循伽马分布（参数分别为 (α_1, λ) 和 (α_2, λ)）。很容易发现（见习题 5.13）$T_1 + T_2$ 遵循参数为 $(\alpha_1 + \alpha_2, \lambda)$ 的伽马分布。对此性质，我们称之为具有通用参数 λ 的伽马分布在加法规则中闭合。

当 α 为整数值时，伽马分布可以由齐次泊松过程推导得到，见 5.8.5 节。

5.4.2.1　特殊情况

当 α 和 λ 取一些特殊值时，伽马分布与一些其他的分布相同：

（1）当 $\alpha = 1$ 时，伽马分布为失效率为 λ 的指数分布。

（2）当 $\alpha = n/2$，n 为整数，并且 $\lambda = 1/2$ 时，伽马分布恰好与著名的 χ^2 分布一致，分布的自由度为 n。

（3）当 α 为整数时，伽马分布可以称为参数为 α 和 λ 的厄兰分布（Erlangian distribution）。

5.4.2.2 χ^2 分布

χ^2 分布（chi-square distribution）对很多统计学分支而言都是一种重要的分布，它的主要优势在于与标准正态分布 $\mathcal{N}(0,1)$ 相关联。例如，如果 $U_1, U_2, \cdots, U_n$ 是 n 个独立的标准正态分布，$X = \sum_{i=1}^{n} U_i^2$ 就遵循自由度为 n 的 χ^2 分布，其概率密度函数为

$$f_n(x) = \frac{1}{\Gamma(n/2)\, 2^{n/2}} x^{n/2-1} \mathrm{e}^{-x/2}, \; x > 0$$

其均值 $E(X) = n$，方差 $\mathrm{var}(X) = 2n$。χ^2 分布并不是依赖于时间的分布，但是它对于一些数据分析很有意义。在 R 语言中也可以计算 χ^2 分布，比如自由度为 df 的 χ^2 分布的密度，可以使用命令 dchisq(x,df,log=F) 计算得到。

案例 5.5（混合指数分布）   本案例将介绍伽马分布的另一个应用。假设生产某一特定类型元件的工厂其生产过程并不稳定，因此元件的失效率 λ 会随着时间变化。如果我们随机抽取一个元件，则在给定 λ 的前提下，该元件失效时间的条件概率密度为

$$f(t \mid \lambda) = \lambda \mathrm{e}^{-\lambda t}, \; t > 0$$

我们可以对 λ 之间的差异建模，假设失效率是一个随机变量 Λ，它遵循参数为 k 和 α 的伽马分布，那么 Λ 的概率密度函数为

$$\pi(\lambda) = \frac{\alpha^k}{\Gamma(k)} \lambda^{k-1} \mathrm{e}^{-\alpha\lambda}, \quad \text{其中 } \lambda > 0, \; \alpha > 0, \; k > 0$$

因此，T 的无条件概率密度为

$$f(t) = \int_0^\infty f(t \mid \lambda)\pi(\lambda)\,\mathrm{d}\lambda = \frac{k\alpha^k}{(\alpha + t)^{k+1}} \tag{5.60}$$

存续度函数为

$$R(t) = \Pr(T > t) = \int_t^\infty f(u)\,\mathrm{d}u = \frac{\alpha^k}{(\alpha + t)^k} = \left(1 + \frac{t}{\alpha}\right)^{-k} \tag{5.61}$$

MTTF 为

$$\mathrm{MTTF} = \int_0^\infty R(t)\,\mathrm{d}t = \frac{\alpha}{k - 1}, \quad k > 1$$

由上面公式可知，当 $0 < k \leqslant 1$ 时，不存在 MTTF。失效率函数为

$$z(t) = \frac{f(t)}{R(t)} = \frac{k}{\alpha + t} \tag{5.62}$$

因此，它是一个关于 t 的单调递减函数，我们可以通过下面的例子进行说明。

一家工厂生产某种类型的气体探测器，经验显示探测器的失效率均值为 $\lambda_m = 1.15 \times 10^{-5}/\mathrm{h}$，相对应的 MTTF 为 $1/\lambda_m \approx 9.93\mathrm{a}$。但是因为生产不稳定，所以失效率的估计值为 $4 \times 10^{-6}/\mathrm{h}$。根据以上信息，我们假设失效率是一个遵循伽马分布 (k, α) 的随机函数 Λ。根据式 (5.59)，可得 $E(\Lambda) = k/\alpha = 1.15 \times 10^{-5}$，$\mathrm{var}(\Lambda) = k/\alpha^2 = (4 \times 10^{-6})^2$。现在可以求解 k 和 α，得到

$$k \approx 8.27, \quad \alpha \approx 7.19 \times 10^6$$

则 MTTF 为

$$\mathrm{MTTF} = \frac{\alpha}{k-1} \approx 9.9 \times 10^5 \mathrm{h} \approx 11.3\mathrm{a}$$

相应的失效率函数 $z(t)$ 可以由式 (5.62) 得到。第 15 章也会讨论类似的案例。

注释 5.5（混合分布） 案例 5.5 与图 5.15 中描述的情况类似。通过混合两个不同的指数分布，得到一个递减的失效率函数。这些案例的结果对于收集和分析现场数据很有意义。假定某种元件的失效率等于 λ，当我们在不同设施、不同运行环境中收集数据的时候，失效率 λ 会存在差异。如果我们将这些数据放到一个单一的数据集中进行分析，就会得到结论，即失效率函数是一个减函数。

5.4.3　威布尔分布

威布尔分布是可靠性分析中最常用的一种描述失效时间的分布，该分布以瑞典教授 Waloddi Weibull (1887—1979) 的名字命名，他提出了这种分布来对材料强度进行建模。威布尔分布非常灵活，可以通过合理地选择参数，描述不同的失效行为。

5.4.3.1　双参数威布尔分布

如果一个元件的失效时间 T 具有下列参数为 $\alpha(> 0)$ 和 $\theta(> 0)$ 的分布函数，我们就称其遵循威布尔分布（Weibull distribution）：

$$F(t) = \Pr(T \leqslant t) = \begin{cases} 1 - \mathrm{e}^{-\left(\frac{t}{\theta}\right)^\alpha}, & t > 0 \\ 0, & t \leqslant 0 \end{cases} \tag{5.63}$$

双参数威布尔分布经常可以写作 $T \sim \mathrm{Weibull}(\alpha, \theta)$，其对应的概率密度为

$$f(t) = \frac{\mathrm{d}}{\mathrm{d}t} F(t) = \frac{\alpha}{\theta} \left(\frac{t}{\theta}\right)^{\alpha-1} \mathrm{e}^{-\left(\frac{t}{\theta}\right)^\alpha}, \quad t > 0 \tag{5.64}$$

其中 θ 为采用时间单位测量的尺度参数；α 是一个没有维度的常数，称为形状参数。可以看到，如果 $\alpha = 1$，威布尔分布就等同于 $\lambda = 1/\theta$ 的指数分布。

注释 5.6（参数选择） 我们选择式 (5.64) 中的参数，是因为它们是 R 语言的默认参数形式。很多学者喜欢采用 α 和 λ ($= 1/\theta$)，这时分布函数应写作 $F(t) = 1 - \mathrm{e}^{-(\lambda t)^{\alpha}}$。如果采用这种写法，$\alpha = 1$ 的威布尔分布就直接变成指数分布 $\exp(\lambda)$。两种参数化形式的结果相同，因此我们可以采用任何一种符合自己习惯的方法。本书的后续章节将介绍这两种方法，希望读者不要混淆。θ 和 λ 都可以称为威布尔分布的尺度参数。

举例来说，我们可以用下列 R 程序脚本绘制形状参数 $\alpha = 2.5$、尺度参数 $\theta = 300$ 的威布尔分布的概率密度函数 (dweibull)。

```
t<-seq(0,1000,length=300)  # Set time axis
# Set the parameters
a<-2.5  # shape parameter (alpha)
th<-200  # scale parameter (theta)
# Calculate the Weibull density (y) for each t
y<-dweibull(t,a,th,log=F)
plot(t, y, type="l")
```

图 5.20 给出了对应特定 α 值的威布尔分布的概率密度函数 $f(t)$。

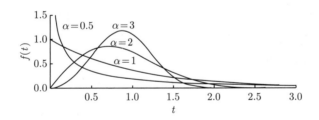

图 5.20　形状参数 α 取不同值时的威布尔分布概率密度函数 ($\theta = 1$)

5.4.3.2　存续度函数

$T \sim \mathrm{Weibull}(\alpha, \theta)$ 的存续度函数为

$$R(t) = \Pr(T > 0) = \mathrm{e}^{-\left(\frac{t}{\theta}\right)^{\alpha}}, \quad t > 0 \tag{5.65}$$

5.4.3.3　失效率函数

$T \sim \mathrm{Weibull}(\alpha, \theta)$ 的失效率函数为

$$z(t) = \frac{f(t)}{R(t)} = \frac{\alpha}{\theta} \left(\frac{t}{\theta}\right)^{\alpha - 1}, \quad t > 0 \tag{5.66}$$

上式可以写作

$$z(t) = \alpha\,\theta^{-\alpha}\,t^{\alpha-1}, \quad t > 0$$

当 $\alpha = 1$ 时，失效率是一个常数；当 $\alpha > 1$ 时，失效率函数递增；而当 $0 < \alpha < 1$ 时，$z(t)$ 是一个减函数。当 $\alpha = 2$ 时（这时失效率函数呈线性递增，如图 5.21 所示），这个分布也被称为瑞利分布（Rayleigh distribution）。图 5.21 给出了 α 取不同值时的威布尔分布失效率函数。可以看到，威布尔分布非常灵活，可以用来对各种失效时间分布进行建模，无论失效率是在增加、减少还是保持不变。

可以发现：

$$\alpha < 1 \quad \Rightarrow \quad z(t)\ \text{为关于时间的减函数}$$
$$\alpha = 1 \quad \Rightarrow \quad z(t)\ \text{为常数}$$
$$\alpha > 1 \quad \Rightarrow \quad z(t)\ \text{为关于时间的增函数}$$

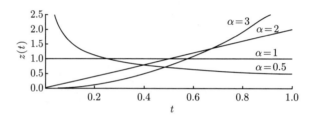

图 5.21　当 $\theta = 1$ 时，形状参数 (α) 取不同的四个值时的威布尔分布失效率函数

注释 5.7（注意）　在 $\alpha = 1$ 时，失效率函数作为形状参数 α 的函数，看起来是不连续的。在数值计算中，我们必须注意这个不连续性，例如，$\alpha = 0.999$，$\alpha = 1.000$ 和 $\alpha = 1.001$，即便 t 取值很小，这些参数也会给出截然不同的失效率函数。

假设 $T \sim \text{Weibull}(\alpha, \theta)$，并考虑变量 T^α，那么 T^α 的存续度函数是

$$\Pr(T^\alpha > t) = \Pr(T > t^{1/\alpha}) = \exp\left(-\frac{t}{\theta^\alpha}\right)$$

这意味着 T^α 遵循失效率为 $\lambda = 1/\theta^\alpha$ 的指数分布。

参数 θ 称为威布尔分布的特征寿命。根据式 (5.65)，可以得到

$$R(\theta) = \mathrm{e}^{-1} = \frac{1}{\mathrm{e}} \approx 0.368, \quad \alpha > 0$$

这说明无论选择怎样的形状参数 α，元件的存续时间达到 θ 的概率都是 36.8%。

5.4.3.4　MTTF

双参数威布尔分布的 MTTF 为

$$\text{MTTF} = \int_0^\infty R(t)\,\mathrm{d}t = \theta\,\Gamma\left(1 + \frac{1}{\alpha}\right) \tag{5.67}$$

MTTF 的值等于特征寿命 θ 乘以一个依赖于形状参数 α 的因子。如图 5.22 所示，这个因子 $\Gamma(1 + 1/\alpha)$ 会随着 α 变化而变化，且当 $\alpha \geqslant 1$ 时，MTTF 会略微小于 θ。

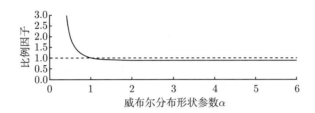

图 5.22　MTTF 的比例因子是 α 的函数

威布尔分布的中位寿命 t_{m} 为

$$R(t_{\mathrm{m}}) = 0.50 \quad \Rightarrow \quad t_{\mathrm{m}} = \theta(\log 2)^{1/\alpha} \tag{5.68}$$

T 的方差为

$$\mathrm{var}(T) = \theta^2 \left[\Gamma\left(1 + \frac{2}{\alpha}\right) - \Gamma^2\left(1 + \frac{1}{\alpha}\right) \right] \tag{5.69}$$

可以看出，$\mathrm{MTTF}/\sqrt{\mathrm{var}(T)}$ 独立于 θ。

威布尔分布也可作为大量独立同分布非负随机变量中最小的一个的极限分布。因此，威布尔分布经常被称作最弱连接分布。我们将在 5.5.3 节中继续讨论这个问题。

威布尔分布在半导体、滚动轴承、发动机、点焊甚至生物有机体的可靠性分析中有着广泛的应用。有关威布尔分布的更多信息，读者可以参见文献 [213] 和 [196]。

威布尔分布也是 R 语言中的基本分布，多个 R 语言程序包都将其作为内置函数。有兴趣的读者可以查看程序包 Weibull-R。

案例 5.6（节流阀）　我们假设一个可变节流阀的失效时间 T 遵循形状参数 $\alpha = 2.25$、尺度参数 $\theta = 8695\mathrm{h}$ 的威布尔分布。该阀门可以连续运行 6 个月（$t = 4380\mathrm{h}$）无失效的概率为

$$R(t) = \exp\left[-\left(\frac{t}{\theta}\right)^{\alpha}\right] = \exp\left[-\left(\frac{4380}{8695}\right)^{2.25}\right] \approx 0.808$$

MTTF 为

$$\mathrm{MTTF} = \theta\,\Gamma\left(1 + \frac{1}{\alpha}\right) = 8695\,\Gamma(1.44)\mathrm{h} \approx 7701\mathrm{h}$$

阀门的中位寿命为

$$t_{\mathrm{m}} = \theta\,(\log 2)^{1/\alpha} \approx 7387\mathrm{h}$$

假定阀门在最初的 6 个月（$t_1 = 4380\mathrm{h}$）中可运行，那么它在接下来的 6 个月中仍然可以运行（$t_2 = 4380\mathrm{h}$）的概率为

$$R((t_1 + t_2)\mid t_1) = \frac{R(t_1 + t_2)}{R(t_1)} = \frac{\exp\left[-\left(\frac{t_1 + t_2}{\theta}\right)^{\alpha}\right]}{\exp\left[-\left(\frac{t_1}{\theta}\right)^{\alpha}\right]} \approx 0.448$$

这个概率大大低于新阀门在投入运行前 6 个月可靠的概率。

在阀门已经正常工作 6 个月 $(x = 4380\text{h})$ 之后，它的平均剩余寿命为

$$\text{MRL}(x) = \frac{1}{R(x)} \int_0^\infty R(t+x)\,\mathrm{d}x \approx 4448\text{h}$$

本例中的 $\text{MRL}(x)$ 无法给出一个简单的闭合形式，因此需要利用计算机程序求解。图 5.23 示出了函数 $g(x) = \text{MRL}(x)/\text{MTTF}$ 的曲线。

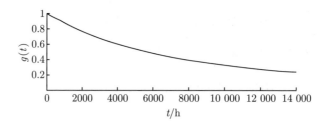

图 5.23　参数为 $\alpha = 2.25$，$\theta = 8760\text{h}$ 的威布尔分布经过刻度修正的平均剩余寿命函数 $g(t) = \text{MRL}(x)/\text{MTTF}$

5.4.3.5　独立零件的串联结构

考虑一个包含 n 个零件的串联结构，假设这 n 个零件彼此独立，全部遵循威布尔分布，失效时间分布为 $T_1, T_2, \cdots, T_n$：

$$T_i \sim \text{Weibull}\,(\alpha, \theta_i), \quad i = 1, 2, \cdots, n$$

当第一个零件失效时，该串联结构失效。因此，串联结构的失效时间 T_S 为

$$T_\text{S} = \min\{T_1, T_2, \cdots, T_n\}$$

该串联结构的存续度函数为

$$R_\text{S}(t) = \Pr(T > t) = \Pr\left(\min_{1 \leqslant i \leqslant n} T_i > t\right) = \prod_{i=1}^n \Pr(T_i > t)$$

$$= \prod_{i=1}^n \exp\left[-\left(\frac{t}{\theta_i}\right)^\alpha\right] = \exp\left[-\sum_{i=1}^n \left(\frac{t}{\theta_i}\right)^\alpha\right] = \exp\left[-\sum_{i=1}^n \left(\frac{1}{\theta_i}\right)^\alpha t^\alpha\right]$$

这个由独立零件组成的串联结构的失效时间同样遵循威布尔分布，分布的尺度参数 $\theta_\text{S} = 1/\sum\limits_{i=1}^n (1/\theta_i)^{1/\alpha}$，而形状参数保持不变，仍然是 α。

5.4.3.6　同质零件

如果所有的 n 个零件都具有相同的分布，即对于 $i = 1, 2, \cdots, n$，有 $\theta_i = \theta$，则串联结构失效时间的威布尔分布的尺度参数为 $\theta/(n^{1/\alpha})$，形状参数仍然为 α。

案例 5.7（一个算例）　考虑一个串联系统，包含 n 个独立同质都遵循与案例 5.6 中元件相同失效时间分布的零件，即 $\alpha = 2.25$，$\theta = 8695\text{h}$。该串联结构的 MTTF 为

$$\text{MTTF} = \theta_S \Gamma \left(1 + \frac{1}{\alpha} \right)$$

其中

$$\theta_S = \frac{\theta}{n^{1/\alpha}}$$

对于一个包含 $n = 5$ 个零件的串联结构，平均失效时间为

$$\text{MTTF} = \frac{8695}{5^{1/2.25}} \Gamma \left(1 + \frac{1}{2.25} \right) \text{h} = 3766.3\text{h}$$

如图 5.24 所示，MTTF 是串联结构中同质零件数量 n 的函数。

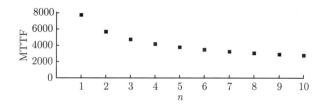

图 5.24　MTTF 为串联结构 (案例 5.7) 中独立同质零件数量 n 的函数

5.4.3.7　三参数威布尔分布

目前为止，我们讨论的威布尔分布都是形状参数为 $\alpha > 0$、尺度参数为 $\theta > 0$ 的双参数分布。这种分布可以自然推广到三参数分布 (α, θ, ξ)，其分布函数为

$$F(t) = \Pr(T \leqslant t) = \begin{cases} 1 - \mathrm{e}^{-\left(\frac{t-\xi}{\theta}\right)^\alpha}, & t > \xi \\ 0, & t \leqslant \xi \end{cases} \tag{5.70}$$

相应的密度函数为

$$f(t) = \frac{\mathrm{d}}{\mathrm{d}t} F(t) = \frac{\alpha}{\theta} \left(\frac{t-\xi}{\theta} \right)^{\alpha-1} \mathrm{e}^{-\left(\frac{t-\xi}{\theta}\right)^\alpha}, \quad t > \xi$$

第三个参数 ξ 有时被称作保证或者阈值参数，这是因为元件在时刻 ξ 之前发生失效的概率为 0。

很显然 $T - \xi$ 是一个双参数威布尔分布 (α, θ)，根据式 (5.67) 和式 (5.69)，可得三参数威布尔分布 (α, θ, ξ) 的均值和方差分别为

$$\text{MTTF} = \xi + \theta \Gamma \left(1 + \frac{1}{\alpha} \right)$$

$$\text{var}(T) = \theta^2 \left[\Gamma \left(1 + \frac{2}{\alpha} \right) - \Gamma^2 \left(1 + \frac{1}{\alpha} \right) \right]$$

在可靠性分析中，除非特别指出，提到威布尔分布的时候一般都是指双参数分布。

5.4.4 正态分布

统计学中最常见的分布是正态分布（normal distribution），也称为高斯分布[①]。如果一个随机变量 T 具有以下概率密度函数，就可以认为 T 遵循均值为 ν、标准差为 τ 的正态分布：

$$f(t) = \frac{1}{\sqrt{2\pi}\tau}e^{-(t-\nu)^2/2\tau^2}, \quad -\infty < t < \infty \tag{5.71}$$

可以采用如下的 R 程序脚本绘制 $\mathcal{N}(\nu,\tau)$ 的概率密度函数：

```
t<-seq(0,20,length=300)  # Set the time axis
# Set the parameters
nu<-10
tau<-2
# Calculate the normal density y for each t
y<-dnorm(t,nu,tau,log=F)
plot(t,y,type="l")
```

函数曲线如图 5.25 所示。分布 $\mathcal{N}(0,1)$ 称为标准正态分布，我们一般使用符号 $\Phi(\cdot)$ 表示标准正态分布的分布函数。标准正态分布的概率密度为

$$\phi(t) = \frac{1}{\sqrt{2\pi}}e^{-t^2/2} \tag{5.72}$$

$T \sim \mathcal{N}(\nu,\tau)$ 的分布函数可以写作

$$F(t) = \Pr(T \leqslant t) = \Phi\left(\frac{t-\nu}{\tau}\right) \tag{5.73}$$

正态分布有时可以用作失效时间分布，即便它允许负值的概率也可能存在。

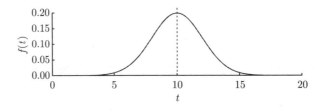

图 5.25　均值 $\mu = 10$、标准差 $\tau = 2$ 的正态分布

5.4.4.1 存续度函数

$T \sim \mathcal{N}(\nu,\tau)$ 的存续度函数为

$$R(t) = 1 - \Phi\left(\frac{t-\nu}{\tau}\right) \tag{5.74}$$

[①] 以德国数学家约翰·卡尔·高斯（1777—1855）的名字命名。

5.4.4.2　失效率函数

$T \sim \mathcal{N}(\nu, \tau)$ 的失效率函数为

$$z(t) = -\frac{R'(t)}{R(t)} = \frac{1}{\tau} \frac{\phi\left[(t-\nu)/\tau\right]}{1 - \Phi\left[(t-\nu)/\tau\right]} \tag{5.75}$$

可以编译 R 程序脚本绘制失效率函数:

```
t<-seq(-2,10,length=300)  # Set the time axis
# Set the parameters
nu<-10
tau<-2
# Calculate the failure rate function for each t
y<-dnorm(t,nu,tau,log=F)/(1-pnorm(t,nu,tau,log=F))
plot(t,y,type="l")
```

若令 $z_\Phi(t)$ 为标准正态分布的失效率函数,则 $\mathcal{N}(\nu, \tau)$ 的失效率函数为

$$z(t) = \frac{1}{\tau} z_\Phi\left(\frac{t-\nu}{\tau}\right)$$

图 5.26 所示为标准正态分布 $\mathcal{N}(0, 1)$ 的失效率函数,该函数在任何时刻 t 都是增函数,当 $t \to \infty$ 时,$z(t) = t$。

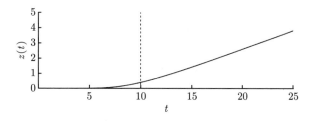

图 5.26　标准正态分布的失效率函数

如果一个随机变量遵循正态分布,但是变量的取值有上下限,那么它的分布就称为截断正态分布。如果变量只存在下限,则分布为左侧截断;如果变量只存在上限,则分布为右侧截断;而如果上下限同时存在,则分布为双侧截断。

在 0 处左侧截断的正态分布,有时可以用作失效时间分布。这个左侧截断正态分布的存续度函数为

$$R(t) = \Pr(T > t \mid T > 0) = \frac{\Phi\left[(\nu - t)/\tau\right]}{\Phi\left(\nu/\tau\right)}, \quad t \geqslant 0 \tag{5.76}$$

与之对应的失效率函数为

$$z(t) = \frac{-R'(t)}{R(t)} = \frac{1}{\tau} \frac{\phi\left[(t-\nu)/\tau\right]}{1 - \Phi\left[(t-\nu)/\tau\right]}, \quad t \geqslant 0$$

可见，左侧截断正态分布的失效率函数在 $t \geqslant 0$ 时，与（无截断）正态分布的失效率函数是一致的。

案例 5.8（汽车轮胎磨损） 某一型号汽车轮胎的平均磨损时间 T 为 $50\,000 \text{km}$，有 5% 的轮胎可以行驶超过 $70\,000 \text{km}$。我们假设 T 遵循均值为 $\nu = 50\,000 \text{km}$ 的正态分布，并且 $\Pr(T > 70\,000) = 0.05$。令 τ 表示 T 的标准差，变量 $(T - 50\,000)/\tau$ 则遵循标准正态分布。经过标准化得

$$\Pr(T > 70\,000) = 1 - \Pr\left(\frac{T - 50\,000}{\tau} \leqslant \frac{70\,000 - 50\,000}{\tau}\right) = 0.05$$

因此有

$$\Phi\left(\frac{20\,000}{\tau}\right) = 0.95 \approx \Phi(1.645)$$

以及

$$\frac{20\,000}{\tau} \approx 1.645 \quad \Rightarrow \quad \tau \approx 12\,158$$

可以行驶超过 $60\,000 \text{km}$ 的轮胎的概率为

$$\Pr(T > 60\,000) = 1 - \Pr\left(\frac{T - 50\,000}{12\,158} \leqslant \frac{60\,000 - 50\,000}{12\,158}\right)$$

$$\approx 1 - \Phi(0.795) \approx 0.205$$

在本例中，出现"负"的失效时间的概率为

$$\Pr(T < 0) = \Pr\left(\frac{T - 50\,000}{12\,158} < \frac{-50\,000}{12\,158}\right) \approx \Phi(-4.11) \approx 0$$

因此，使用截断正态分布而不是正态分布的影响在这里可以忽略不计。

5.4.5 对数正态分布

考虑一个元件的失效时间 T，如果 $Y = \log T$ 遵循均值为 ν、标准差为 τ 的正态分布（即 $Y \sim \mathcal{N}(\nu, \tau)$），那么变量 T 就遵循参数为 ν 和 τ 的对数正态分布（lognormal distribution），即 $T \sim \text{lognorm}(\nu, \tau)$。$T$ 的概率密度函数为

$$f(t) = \begin{cases} \dfrac{1}{\sqrt{2\pi}\,\tau\, t}\, \mathrm{e}^{-\frac{1}{2\tau^2}(\log t - \nu)^2}, & t > 0 \\ 0, & t \leqslant 0 \end{cases} \tag{5.77}$$

可以编辑 R 程序脚本绘制对数正态分布的概率密度函数：

```
t<-seq(0,10,length=300) # Set the time axis
# Set the parameters:
nu<-5
tau<-2
# Calculate the lognormal density y for each t
y<-dlnorm(t,nu,tau,log=F)
plot(t,y,type="l")
```

我们建议读者绘制不同 ν 值和 τ 值的曲线，分析密度函数的形状随参数值变化的情况。图 5.27 就是这样的一个对数正态概率密度函数。

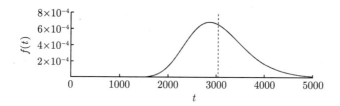

图 5.27　$\nu = 8$、$\tau = 0.2$ 的对数正态分布概率密度（均值用虚线表示）

MTTF 为

$$\text{MTTF} = e^{\nu + \tau^2/2} \tag{5.78}$$

中位寿命（即满足 $R(t_{\mathrm{m}}) = 0.5$）为

$$t_{\mathrm{m}} = e^{\nu} \tag{5.79}$$

分布的众数为

$$t_{\mathrm{mode}} = e^{\nu - \tau^2}$$

MTTF 还可以写作

$$\text{MTTF} = t_{\mathrm{m}} \, e^{\tau^2/2}$$

而众数可以写作

$$t_{\mathrm{mode}} = t_{\mathrm{m}} \, e^{-\tau^2}$$

可见

$$t_{\mathrm{mode}} < t_{\mathrm{m}} < \text{MTTF}, \quad \tau > 0$$

变量 T 的方差是

$$\text{var}(T) = e^{2\nu} \left(e^{2\tau^2} - e^{\tau^2} \right) \tag{5.80}$$

5.4.5.1 存续度函数

$T \sim \text{lognorm}(\nu, \tau)$ 的存续度函数为

$$R(t) = \Pr(T > t) = \Pr(\log T > \log t)$$

$$= \Pr\left(\frac{\log T - \nu}{\tau} > \frac{\log t - \nu}{\tau}\right) = \Phi\left(\frac{\nu - \log t}{\tau}\right) \tag{5.81}$$

其中，$\Phi(\cdot)$ 是标准正态分布的分布函数。

5.4.5.2 失效率函数

$T \sim \text{lognorm}(\nu, \tau)$ 的失效率函数为

$$z(t) = -\frac{\mathrm{d}}{\mathrm{d}t}\left[\log \Phi\left(\frac{\nu - \log t}{\tau}\right)\right] = \frac{\phi\left[(\nu - \log t)/\tau\right]/\tau t}{\Phi\left[(\nu - \log t)/\tau\right]/\tau} \tag{5.82}$$

其中 $\phi(t)$ 是标准正态分布的概率密度。

可以编辑 R 程序脚本绘制对数正态分布的失效率函数：

```
t<-seq(0,12000,1)  # Set the time axis
# Set the parameters:
nu<-8
tau<-0.2
# Calculate the failure rate y for each t:
y<-dlnorm(t,nu,tau)/(1-plnorm(t,nu,tau)
plot(x,y,type="l")
```

在文献 [276] 中，对于 $z(t)$ 的形状有更加详细的讨论，作者用一个迭代过程计算失效率函数达到最大值的时间 t。作者还证明，当 $t \to \infty$ 时，$z(t) \to 0$。

令 $T_1, T_2, \cdots, T_n$ 遵循参数为 ν_i 和 τ_i^2 的独立对数正态分布，$i = 1, 2, \cdots, n$。那么这些变量的乘积 $T = \prod_{i=1}^{n} T_i$ 也遵循对数正态分布，参数为 $\sum_{i=1}^{n} \nu_i$ 和 $\sum_{i=1}^{n} \tau_i^2$。

5.4.5.3 修理时间分布

对数正态分布经常用于描述修理时间，我们可以用与失效率类似的方法定义修理速率（或修复率, repair rate）。在对修理时间建模的时候，很自然地可以假设修复率是递增的，至少在初始阶段是这样。这意味着，随着修理时间的增加，在接下来一个较短的区间内修复的概率也在提升。如果修理已经进行了相当长的时间，那么说明可能存在严重的问题，比如现场没有备件可以使用了。因此，我们相信在一段时间之后，修复率会开始下降，所以修理速率函数的形状和图 5.28 所示的遵循对数正态分布的失效率函数相同。

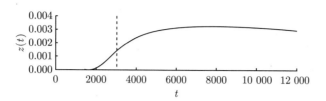

图 5.28　$\nu = 8$、$\tau = 0.2$ 的对数正态分布的失效率函数，MTTF 采用虚线表示

5.4.5.4　中值和误差因子

有时候，我们想找到一个区间 $(t_{\mathrm{L}}, t_{\mathrm{U}})$，比如可以满足 $\mathrm{Pr}(t_{\mathrm{L}} < T \leqslant t_{\mathrm{U}}) = 1 - 2\alpha$。如果这个区间是对称的，那么有 $\mathrm{Pr}(T \leqslant t_{\mathrm{L}}) = \alpha$，$\mathrm{Pr}(T > t_{\mathrm{U}}) = \alpha$。很容易验证 $t_{\mathrm{L}} = \mathrm{e}^{-u_\alpha \tau}$，$t_{\mathrm{U}} = \mathrm{e}^{u_\alpha \tau}$，其中 u_α 是标准正态分布（即 $\Phi(u_\alpha) = 1 - \alpha$）的上 α 百分位数。引入中值 $t_{\mathrm{m}} = \mathrm{e}^\nu$ 和 $k = \mathrm{e}^{u_\alpha \tau}$，下限 t_{L} 和上限 t_{U} 可以写作

$$t_{\mathrm{L}} = \frac{t_{\mathrm{m}}}{k}, \quad t_{\mathrm{U}} = k\, t_{\mathrm{m}} \tag{5.83}$$

因子 k 可以称为 $1 - 2\alpha$ 的误差因子，α 通常取 0.05。

5.4.5.5　失效率估计中的不确定性

很多时候，失效率（常数）λ 的数值需要根据情况而定。在《核安全研究报告》[231] 中，λ 中的偏差（不确定性）就采用对数正态分布进行建模，这时，失效率 λ 被看作一个遵循对数正态分布的随机变量 Λ。

在《核安全研究报告》中，对数正态分布由中值 λ_{m} 和 90% 的误差因子 k 确定，因此有

$$P\left(\frac{\lambda_{\mathrm{m}}}{k} < \Lambda < k\lambda_{\mathrm{m}}\right) = 0.90$$

比如，如果我们选择中值为 $\lambda_{\mathrm{m}} = 6.0 \times 10^{-5}$ 次失效 /h，误差因子 $k = 3$，那么 90% 的区间为 $(2.0 \times 10^{-5}, 1.8 \times 10^{-4})$。可以根据式 (5.79) 和式 (5.83) 确定对数正态分布的参数 ν 和 τ：

$$\nu = \log \lambda_{\mathrm{m}} = \log 6.0 \times 10^{-5} \approx -9.721$$

$$\tau = \frac{1}{1.645} \log k = \frac{1}{1.645} \log 3 \approx 0.668$$

此时，MTTF 等于

$$\mathrm{MTTF} = \mathrm{e}^{\nu + \tau^2/2} \approx 1.47 \times 10^{-4} \mathrm{h}$$

案例 5.9（疲劳分析）　对数正态分布在疲劳失效分析中的应用十分普遍。考虑下面一个简单的场景：一根光滑、经过抛光的钢制金属棒暴露在给定应力范围 s（双振幅）的正弦应力循环中。我们希望估计金属棒的失效时间（即在断裂发生之前的应力循环次数 N）。这时，一般我们都会假设 N 服从对数正态分布，这样做一部分基于物理因素，一部分是

因为在数学表达上比较方便。疲劳裂纹一般首先发生在局部屈服的区域，多数是由于材料中存在杂质引起的。我们可以认为失效率函数在开始阶段随着应力循环次数的增加而增加。如果金属棒已经经历了很多次应力循环还没有失效，就说明材料中的杂质含量很低。因此，我们可以认为材料中存在杂质的可能性下降的时候，失效率函数也随之下降。

已知在一定的应力范围 s 内，失效周期的数量 N 基本上可以满足下列等式：

$$Ns^b = c \tag{5.84}$$

其中 b 和 c 为常数，取决于测试金属棒的材料和几何性质，也可能取决于表面处理工艺和金属棒的使用环境。

对式 (5.84) 的两边取对数，得

$$\log N = \log c - b \log s \tag{5.85}$$

如果令 $Y = \log N, \alpha = \log c, \beta = -b, x = \log s$，根据式 (5.85)，$Y$ 大致可以表示为如下关系式：

$$Y = \alpha + \beta x + 随机误差$$

如果假设 N 服从对数正态分布，那么 $Y = \log N$ 就服从正态分布，这时就可以采用一般的线性回归模型，估计在给定的应力范围 s 内的期望失效周期数。式 (5.84) 表示的就是该测试金属棒的 s-N 曲线图或者称为韦勒图[1]，如图 5.29 所示。

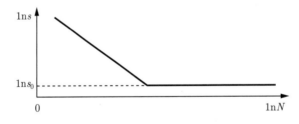

图 5.29　韦勒图或 s-N 曲线图

只要应力范围始终低于特定值 s_0，则无论经历多少次压力循环，金属棒都不会断裂。因此，式 (5.84) 只在压力值高于 s_0 时才有效。

应力范围 s_0 称为疲劳极限。对于特定的材料，比如铝而言，韦勒曲线不存在水平渐近线，因此这些材料就没有疲劳极限。在腐蚀环境中，比如在海水中，钢也没有疲劳极限。

5.4.6　其他的失效时间分布

本节已经介绍了实际可靠性分析中最常用的失效时间分布，还有一些失效时间分布没有介绍，其中两个最为重要的是：

---

① 以德国工程师 August Wöhler (1819—1914) 的名字命名。

伯恩鲍姆-桑德斯分布（Birnbaum-Saunders distribution）：这个分布是有关飞机疲劳的失效时间分布（可参见文献 [34]）。如果读者有兴趣了解该分布的主要特性，请访问维基百科。

反高斯分布：这个分布有时被作为疲劳失效的失效时间分布（可参见文献 [54]）。反高斯分布与对数正态分布类似，但是它的失效率并不会随着时间增加而趋近于 0。如果读者有兴趣了解反高斯分布的主要特性，请访问维基百科。

5.5 极值分布

极值分布在可靠性分析中扮演着重要角色。比如，在分析由 n 个同质元件组成的串联结构工程系统时，或者在研究金属腐蚀、材料强度、电解质击穿等问题时，人们很自然地会考虑一些极端情况。

令 $T_1, T_2, \cdots, T_n$ 表示独立同分布的随机变量（它们不一定是失效时间），服从连续分布函数 $F_T(t)$，出于简化的目的，假设 $F_T^{-1}(0) < t < F_T^{-1}(1)$ 严格递增。然后令

$$T_{(1)} = \min\{T_1, T_2, \cdots, T_n\} = U_n \tag{5.86}$$

$$T_{(n)} = \max\{T_1, T_2, \cdots, T_n\} = V_n \tag{5.87}$$

称 $T_{(1)}, T_{(n)}$ 为极值。

我们可以采用 $F_T(\cdot)$ 以下面的方式简单地表示 U_n 和 V_n 的分布函数（可参阅文献 [70, 193]）：

$$F_{U_n}(u) = 1 - [1 - F_T(u)]^n = L_n(u) \tag{5.88}$$

$$F_{V_n}(v) = F_T(v)^n = H_n(v) \tag{5.89}$$

尽管对式 (5.88) 和式 (5.89) 已经进行了优化，但这些算式仍然不容易操作。比如，如果 $F_T(t)$ 是一个正态分布，我们就需要计算 $F_T(t)$ 的多次幂，这可能很麻烦。

在很多实际的可靠性工作中，n 值可能非常大，因此，我们需要使用渐进技术，它能够在使用 $F_T(t)$ 的一般形式的情况下，得到 $F_{U_n}(u)$ 和 $F_{V_n}(v)$ 比较简单的表达式。

文献 [70] 建议使用下列方法：令

$$Y_n = nF_T(U_n)$$

其中 U_n 由式 (5.86) 定义。接下来，当 $y \geqslant 0$ 时，有

$$\Pr(Y_n \leqslant y) = P\left(F_T(U_n) \leqslant \frac{y}{n}\right)$$

$$= P\left[U_n \leqslant F_T^{-1}\left(\frac{y}{n}\right)\right]$$

$$= F_{U_n} \left[F_T^{-1} \left(\frac{y}{n} \right) \right]$$

$$= 1 - \left[1 - F_T \left(F_T^{-1} \left(\frac{y}{n} \right) \right) \right]$$

$$= 1 - \left(1 - \frac{y}{n} \right)^n \tag{5.90}$$

当 $n \to 0$ 时，

$$\Pr(Y_n \leqslant y) \to 1 - \mathrm{e}^{-y}, \quad y > 0 \tag{5.91}$$

因为式 (5.91) 的右边是参数为 $\lambda = 1$ 的指数分布的分布函数，它在 $y > 0$ 的时候是连续的，这表明 Y_n 会在分布中收敛于一个随机变量 Y。其分布函数为

$$F_Y(y) = 1 - \mathrm{e}^{-y}, \quad y > 0 \tag{5.92}$$

参考式 (5.88)，可以看到，当 n 增加的时候，U_n 的分布会变得与随机变量 $F_T^{-1}(Y/n)$ 的分布越来越类似。因此

$$\Pr(U_n \leqslant x) \approx \Pr \left[F_T^{-1} \left(\frac{Y}{n} \right) \leqslant x \right], \quad \text{当 } n \text{ “很大” 时} \tag{5.93}$$

类似地，令

$$Z_n = n \left[1 - F_T(V_n) \right] \tag{5.94}$$

其中 V_n 由式 (5.87) 确定。通过类似的论证，我们可以证明，当 $z > 0$ 时，有

$$\Pr(Z_n \leqslant z) = 1 - \left(1 - \frac{z}{n} \right)^n \tag{5.95}$$

这表明，随着 n 增加，V_n 的分布与随机变量 $F_T^{-1}(1 - Z/n)$ 的分布越来越类似。因此

$$\Pr(V_n \leqslant x) \approx \Pr \left[F_T^{-1} \left(1 - \frac{Z}{n} \right) \leqslant x \right], \quad \text{当 } n \text{ “很大” 时} \tag{5.96}$$

其中 Z 的分布函数为

$$\Pr(Z \leqslant z) = 1 - \mathrm{e}^{-z}, \quad z > 0 \tag{5.97}$$

可以看出，U_n 和 V_n 的极限分布取决于 $F_T(\cdot)$ 的分布类型，但是这也证明了对于极小值 U_n 只有三种可能的极限分布类型，而对于极大值 V_n 也只有三种可能的极限分布类型。

关于如何在可靠性分析中应用极值理论，文献 [160, 175, 193] 已经进行了详细讨论。这里，我们只简单介绍三种可能的极限分布类型，并说明它们的应用领域。

5.5.1　极小值的甘贝尔分布

考虑 $t \to \infty$ 的情况，如果变量 T_i 的概率密度 $f_T(t)$ 以指数形式趋近于 0，那么 $U_n = T_{(1)} = \min\{T_1, T_2, \cdots, T_n\}$ 极限分布的形式为

$$F_{T_{(1)}}(t) = 1 - \exp \left(-\mathrm{e}^{(t-\theta)/\alpha} \right), \quad -\infty < t < \infty \tag{5.98}$$

其中 $\alpha(\alpha > 0)$ 和 θ 为常数，α 称为模式参数，θ 为尺度参数。

相应的"存续度"函数为

$$R_{T_{(1)}}(t) = 1 - F_{T_{(1)}}(t) = \exp\left(-e^{(t-\theta)/\alpha}\right), \quad -\infty < t < \infty \tag{5.99}$$

文献 [120] 称这种分布为极小值的第 I 类渐进分布，它也被称为极小值的甘贝尔分布[①]。如果引入标准化变量

$$Y = \frac{T - \theta}{\alpha} \tag{5.100}$$

那么分布函数的形式变为

$$F_{Y_{(1)}}(y) = 1 - \exp\left(-e^y\right), \quad -\infty < y < \infty$$

其概率密度为

$$f_{Y_{(1)}}(y) = e^y \exp\left(-e^y\right), \quad -\infty < y < \infty \tag{5.101}$$

相应的"失效率"为

$$z_{Y_{(1)}}(y) = \frac{f_{Y_{(1)}}(y)}{1 - F_{Y_{(1)}}(y)} = e^y, \quad -\infty < y < \infty \tag{5.102}$$

$T_{(1)}$ 的均值为（见文献 [175] 第 19 页）

$$E(T_{(1)}) = \theta - \alpha\gamma$$

其中 $\gamma = 0.5772\cdots$ 称为欧拉常数。

因为 $T_{(1)}$ 可以取负值，因而式 (5.101) 就不是一个有效的失效时间分布，但是我们可以通过在 $t = 0$ 点对式 (5.101) 做左侧截断，使其成为有效的失效时间分布。采用这种方式，可以得到极小值截断甘贝尔分布，其存续度函数为

$$R_{T_{(1)}}^0(t) = \Pr(T_{(1)} > t \mid T > 0) = \frac{\Pr(T_{(1)} > t)}{\Pr(T_{(1)} > 0)}$$

$$= \frac{\exp\left(-e^{(t-\theta)/\alpha}\right)}{\exp\left(-e^{\theta/\alpha}\right)} = \exp\left(-e^{-(\theta/\alpha)(e^{t/\alpha}-1)}\right), \quad t > 0 \tag{5.103}$$

通过引入新的参数 $\beta = e^{-\theta/\alpha}$ 和 $\rho = 1/\alpha$，极小值截断甘贝尔分布的存续度函数可以表示为

$$R_{T_{(1)}}^0(t) = \exp\left[-\beta(e^{\rho t} - 1)\right], \quad t > 0 \tag{5.104}$$

该截断分布的失效率函数为

$$z_{T_{(1)}}^0(t) = -\frac{d}{dt}\log R_{T_{(1)}}^0(t) = \frac{d}{dt}\beta(e^{\rho t} - 1) = \beta\rho e^{\rho t}, \quad t \geqslant 0 \tag{5.105}$$

[①] 以德国数学家 Emil Julius Gumbel (1891—1966) 的名字命名。

5.5.2　极大值的甘贝尔分布

当 $t \to \infty$ 时，如果概率密度 $f_T(t)$ 以指数形式趋近于 0，那么 $V_n = T_{(n)} = \max\{T_1,$ $T_2, \cdots, T_n\}$ 极限分布的形式为

$$F_{T_{(n)}}(t) = \mathrm{e}^{-\mathrm{e}^{-(t-\theta)/\alpha}}, \quad -\infty < t < \infty$$

其中 $\alpha(>0)$ 和 θ 为常数。文献 [120] 称之为极大值的第 I 类渐进分布，也称为极大值的甘贝尔分布。

如果引入标准化变量，那么分布的形式变为

$$F_{Y_{(n)}}(y) = \exp\left(-\mathrm{e}^{-y}\right), \quad -\infty < y < \infty \tag{5.106}$$

概率密度为

$$f_{Y_{(n)}}(y) = \mathrm{e}^{-y} \exp\left(-\mathrm{e}^{-y}\right), \quad -\infty < y < \infty \tag{5.107}$$

5.5.3　极小值的威布尔分布

另一个极小值的极限分布是威布尔分布：

$$F_{T_{(1)}}(t) = 1 - \exp\left(-[(t-\theta)/\eta]^\beta\right), \quad t \geqslant \theta \tag{5.108}$$

其中 $\beta(\beta > 0)$、$\eta(\eta > 0)$ 和 $\theta(\theta > 0)$ 都是常数。

引入标准化变量 [见式 (5.100)]

$$F_{Y_{(1)}}(y) = 1 - \exp\left(-y^\beta\right), \quad y > 0, \quad \beta > 0 \tag{5.109}$$

这个分布称为极小值的第 III 类渐进分布。

案例 5.10（点蚀分析）　假设一根壁厚为 θ 的钢管暴露在腐蚀环境中会发生点蚀。具体的过程为，起初钢管表面有 n 个微小的凹槽，凹槽 i 的深度为 D_i，$i = 1, 2, \cdots, n$。因为受到腐蚀，每个凹槽的深度都会随着时间增加，当第一个凹槽穿透表面时，失效就会发生，即 $\max\{D_1, D_2, \cdots, D_n\} = \theta$。

令 T_i 表示凹槽 i 穿透表面所需的时间，$i = 1, 2, \cdots, n$。那么对于这根钢管来说，它的失效时间 T 为

$$T = \min\{T_1, T_2, \cdots, T_n\}$$

假设穿透时间 T_i 与钢管剩余的壁厚成比例，即 $T_i = k(\theta - D_i)$。我们还可以假设 k 与时间无关，也就是说腐蚀率是一个常数。

接下来，我们假设凹槽 $D_1, D_2, \cdots, D_n$ 的初始深度相互独立同分布，都服从右侧截取指数分布，那么 D_i 的分布函数为

$$F_{D_i}(d) = \Pr(D_i \leqslant d \mid D_i \leqslant \theta) = \frac{\Pr(D_i \leqslant d)}{\Pr(D_i \leqslant \theta)}$$

$$= \frac{1 - \mathrm{e}^{-\eta d}}{1 - \mathrm{e}^{-\eta \theta}}, \quad 0 \leqslant d \leqslant \theta$$

因此，穿透时间 T_i 的分布函数为

$$F_{T_i}(t) = \Pr(T_i \leqslant t) = \Pr[k(\theta - D_i) \leqslant t] = P\left(D_i \geqslant \theta - \frac{t}{k}\right)$$

$$= 1 - F_{D_i}\left(\theta - \frac{t}{k}\right) = \frac{\mathrm{e}^{\eta t/k} - 1}{\mathrm{e}^{\eta \theta} - 1}, \quad 0 \leqslant t \leqslant k\theta \tag{5.110}$$

钢管的存续度函数 $R(t)$ 可以表示为

$$R(t) = \Pr(T > t) = [1 - F_{T_i}(t)]^n, \quad t \geqslant 0$$

假设凹槽的数量 n 很大，则当 $n \to \infty$ 时，可以得到

$$R(t) = [1 - F_{T_i}(t)]^n \approx \mathrm{e}^{-nF_{T_i}(t)}, \quad t \geqslant 0$$

将式 (5.110) 代入上式得

$$R(t) \approx \exp\left(-n\frac{\mathrm{e}^{\eta t/k} - 1}{\mathrm{e}^{\eta \theta}}\right), \quad t \geqslant 0$$

引入新的参数 $\beta = n/(\mathrm{e}^{\eta \theta} - 1)$，$\rho = \eta/k$，得

$$R(t) \approx \exp\left[-\beta(\mathrm{e}^{\rho t} - 1)\right], \quad t \geqslant 0$$

该式与式 (5.104) 相同，也就是说由点蚀引起的失效时间近似服从极小值的截断甘贝尔分布。

文献 [165, 186, 193] 也讨论了类似的例子。

5.6　带有协变量的失效时间模型

元件的可靠性经常受到一个或者多个协变量（covariates）的影响。协变量可以是一个变量、条件或者属性，能够影响元件的失效时间 T，这可能是因为它与失效时间之间存在直接的因果关系，也可能是因为它能够以原因不明的方式影响元件的存续时间。能够影响 T 的协变量的例子，包括温度、湿度、电源和振动。这些协变量可能是连续或者离散变量。有时候，可以使用二元变量去区分两种类型的元件或者两种类型的运行模式（比如启动和备用）。协变量也可以称为伴随变量、解释变量或者压力因子。

在大多数情况下，元件会暴露在多个协变量当中，即 $s = (s_1, s_2, \cdots, s_k)$，其中 s 称为协变向量。每一个协变量可能会有多个不同的水平，比如在一个失效时间的样本中，每一个失效时间可能都会对应 k 个协变量的一个特定值集。

到目前为止，我们只是简单地假设所有的协变量都保持恒定。实际上很多情况都需要我们考虑元件在不同运行条件下的可靠性，而元件会受到多个协变量的影响。比如在下列场景中，考虑不同协变量的影响对可靠性研究很有意义：

（1）我们充分了解元件在协变量已知并且恒定的基准条件下的可靠性，但是想知道如果一些协变量（比如温度和电压）发生改变时，可靠性会如何变化。

（2）我们数据库中的数据来自多个只有略微差别的应用条件（即协变向量），但是我们想知道如何使用所有的数据集评估针对某一个特定协变向量的可靠性。

（3）我们拥有在不同条件下使用的同质元件，希望识别对于可靠性具有最大影响的协变量（即需要控制的协变量）。

为了识别相关的协变量，我们需要彻底理解元件可能的失效模式，以及哪些因素可能会影响失效的发生。在案例 5.11 中，我们列举了影响（流程行业中使用的）切断阀可靠性的主要协变量。

案例 5.11（切断阀的协变量） 在化工厂中使用的切断阀的典型协变量包括：

- （流经阀门的）流体的腐蚀性
- 流体的侵蚀性（即流体中颗粒物的类型和数量）
- 流体的流速
- 流体的压力
- 对阀门进行验证性测试时的测试原则
- 验证性测试的频率

关于协变向量对可靠性的影响，有多种建模方式。本节主要介绍其中的三个模型：

- 加速失效时间模型
- 阿伦纽斯模型
- 比例风险模型

5.6.1　加速失效时间模型

考虑一个元件，它在基准应用条件下的可靠性已知。现在我们设计一个新的应用场景，该场景的协变向量为 $\boldsymbol{s} = (s_1, s_2, \cdots, s_k)$，其中 s_i 是根据新旧场景的差异测量得到的，$i = 1, 2, \cdots, k$。我们的目标是描述该元件的可靠性如何受到新的协变向量 $\boldsymbol{s}$ 的影响。元件在基准协变向量影响下的失效时间为 T_0，相对应的存续度函数为 $R_0(t)$，失效率函数为 $z_0(t)$。

加速失效时间（AFT）模型假设协变向量 $\boldsymbol{s}$ 可以采用能够直接调整失效时间的因子 $h(\boldsymbol{s}) > 0$ 来建模，这样 T 与 $T_0/h(\boldsymbol{s})$ 服从相同的分布。

因此，元件退化可以通过增加 $h(\boldsymbol{s})$ 来加速。如果 $h(\boldsymbol{s}) < 1$，带有协变向量 $\boldsymbol{s}$ 的元件退化速度就会比基准元件慢；而如果 $h(\boldsymbol{s}) > 1$，带有协变向量 $\boldsymbol{s}$ 的元件退化速度就会比基准元件快。

带有协变向量 s 的失效时间 T 的存续度函数为

$$R(t \mid s) = \Pr(T > t \mid s) = \Pr\left(\frac{T_0}{h(s)} > t\right)$$

$$= \Pr(T_0 > h(s)\,t) = R_0\,[h(s)\,t] \tag{5.111}$$

带有协变向量 s 的失效时间 T 的概率密度函数为

$$f(t \mid s) = \frac{\mathrm{d}}{\mathrm{d}t} R(t \mid s) = h(s)\,f_0\,[h(s)\,t] \tag{5.112}$$

失效率函数为

$$z(t \mid s) = h(s)\,z_0\,[h(s)\,t] \tag{5.113}$$

因为 T 与 $T_0/h(s)$ 同分布，显然可以得到

$$\mathrm{MTTF}_s = \frac{\mathrm{MTTF}_0}{h(s)} \tag{5.114}$$

案例 5.12（固定失效率） 考虑具有固定失效率的同质元件，在特定的压力（协变量）范围内，这种假设是很实际的。我们根据基准压力估计的元件失效率为 λ_0。这些元件在压力水平（协变量）s 下使用，s 可以通过与基准压力水平的差异测量。我们希望确定在此压力水平下的失效率 λ_s。如果调整因子 $h(s)$ 已知，就可以根据式 (5.114) 计算 λ_s，因为 $\mathrm{MTTF}_s = \frac{1}{\lambda_s}$，所以有

$$\lambda_s = h(s)\,\lambda_0$$

对于具有固定失效率的元件，AFT 模型表明，处于一定压力水平下的失效率可以由正常压力下的失效率乘以一个常数得到（该常数由压力增加值决定）。

对于两个在不同协变向量（s_1 和 s_2）下运行的同质元件，它们的失效时间之比为

$$\mathrm{AF}(s_1, s_2) = \frac{\mathrm{MTTF}_1}{\mathrm{MTTF}_2} = \frac{g(s_2)}{g(s_1)} \tag{5.115}$$

这个比例称为协变量 s_1 对于协变量 s_2 的加速因子。

5.6.2 阿伦纽斯模型

阿伦纽斯模型[①]是最早的一种加速模型。起初，阿伦纽斯在研究化学反应速率与温度 τ 变化之间的关系时，发现了如下关系：

$$\nu(\tau) = A_0 \exp\left[-\frac{E_a}{k\tau}\right] \tag{5.116}$$

---

① 以瑞典科学家 Svante Arrhenius (1859—1927) 的名字命名。

其中：τ 为开式温度（摄氏度加上 273.15℃）；$\nu(\tau)$ 为在温度 τ 时的化学反应速度，也就是每单位时间反应物的反应量；A_0 为常数调整因子（针对每一个化学反应）；E_a 为反应活化能；k 为通用气体常数，其数值与玻耳兹曼常数相同，但是单位不同。

对式 (5.116) 取自然对数得

$$\log \nu(\tau) = \log A_0 - \frac{E_a}{k}\frac{1}{\tau}$$

重排得

$$\log \nu(\tau) = \frac{-E_a}{k}\frac{1}{\tau} + \log A_0 \tag{5.117}$$

这样就得到了一个线性表达式 $y = ax + b$，其中 x 等于 $1/\tau$，直线的斜率和截距可以用来确定 E_a 和 A_0。

失效时间的阿伦纽斯模型

阿伦纽斯模型适用于对电子产品，尤其是半导体零件（以及其他一些元件）对于温度的加速失效时间建模。阿伦纽斯失效时间模型与式 (5.116) 中的阿伦纽斯化学反应模型类似，其表达式为

$$L(\tau) = A \exp\left[\frac{E_a}{k\tau}\right] \tag{5.118}$$

这个模型与式 (5.116) 的主要区别在于：

（1）A 是一个由元件材料性质决定的常数（而 A_0 由化学反应的性质决定）。

（2）$L(\tau)$ 是元件在温度 τ 下的失效时间表达式。比如，$L(\tau)$ 可以是失效时间 T 的一部分。对于固定失效率的情况，常见的一个选择就是设定 $L(\tau)$ 为 MTTF(τ)。

（3）k 为玻耳兹曼常数（8.617×10^{-5} eV/K）。

（4）式 (5.116) 中的反应速率是反应物在单位时间内的反应量。假定该反应已经达到一个临界水平，跨越临界值这个事件可以看作反应的"失效"，那么在温度 τ 下从开始观测到反应发生的平均时间就是反应速率 $\nu(\tau)$ 的倒数。这同样也适用于失效时间，式 (5.118) 中的 $L(\tau)$ 可以认为是失效率的倒数，因此将之前公式指数中的负号去掉。

考虑一个半导体元件在两个不同温度水平 τ_1、$\tau_2(\tau_1 < \tau_2)$ 下进行测试，因为温度变化而产生的加速因子是

$$A(\tau_1, \tau_2) = \frac{L(\tau_1)}{L(\tau_2)} = \exp\left[\frac{E_a}{k}\left(\frac{1}{\tau_1} - \frac{1}{\tau_2}\right)\right] \tag{5.119}$$

当 $\tau_1 = \tau_2$ 时，加速因子等于 1；当 $\tau_1 < \tau_2$ 时，加速因子大于 1；当 $\tau_1 > \tau_2$ 时，加速因子小于 1。可以看到，在这个比例计算中没有出现常数 A。

案例 5.13（固定失效率）　重新考虑案例 5.12 中的情况，具有固定失效率的同质元件在温度 τ 下运行。对于固定失效率的元件，我们推荐使用 MTTF(τ) 作为失效时间 $L(\tau)$

的量度。因为 MTTF $= 1/\lambda$，元件在温度 τ 下的存续度函数可以根据式 (5.116) 写为

$$R(t\mid\tau) = \exp\left(-\lambda t\right) = \exp\left(-\frac{t}{\text{MTTF}(\tau)}\right) = \exp\left(-\frac{t}{A\exp\left(\frac{E_a}{k\tau}\right)}\right)$$

如果能够确定 A 和 E_a，就可以将存续度函数写为一个关于温度 τ 的函数。

考虑两个不同的温度 τ_1、$\tau_2(\tau_1 < \tau_2)$，式 (5.119) 中的加速因子可以写作

$$A(\tau_1, \tau_2) = \frac{\text{MTTF}(\tau_1)}{\text{MTTF}(\tau_2)} = \frac{1/\lambda_1}{1/\lambda_2} = \frac{\lambda_2}{\lambda_1}$$

因此有

$$\lambda_2 = A(\tau_1, \tau_2)\lambda_1$$

对于具有固定失效率的元件，阿伦纽斯模型可以给出和比例风险模型相同的结果：更高压力下的失效率等于初始压力下的失效率乘以一个常数。

案例 5.14（威布尔分布） 考虑失效时间服从威布尔分布的同质元件在两个不同温度 τ_1、$\tau_2(\tau_1 < \tau_2)$ 下运行。对于威布尔分布，我们通常推荐使用中位寿命作为失效时间 $L(\tau)$ 的量度。在温度 τ_1 下，韦伯参数是 α_1 和 θ_1；而在温度 τ_2 下，韦伯参数是 α_2 和 θ_2。式 (5.119) 中的加速因子可以写为

$$A(\tau_1, \tau_2) = \frac{\text{中位寿命}(\tau_1)}{\text{中位寿命}(\tau_2)} = \frac{\theta_1(\log 2)^{\frac{1}{\alpha_1}}}{\theta_2(\log 2)^{\frac{1}{\alpha_2}}} = \frac{\theta_1}{\theta_2}(\log 2)^{\left(\frac{1}{\alpha_1} - \frac{1}{\alpha_2}\right)}$$

假设形状参数不变，即 $\alpha_1 = \alpha_2$，则加速因子可以简化为

$$A(\tau_1, \tau_2) = \frac{\theta_1}{\theta_2}$$

5.6.3 比例风险模型

比例风险（proportional hazards，PH）模型是处理协变量问题最常用的模型。简单来说，PH 模型将一个元件的失效率 $z(t\mid\boldsymbol{s})$ 分为两个部分：①时间 t 的函数 $z_0(t)$，不考虑压力；②依赖于压力向量 $\boldsymbol{s} = (s_1, s_2, \cdots, s_k)$ 的函数 $g(\boldsymbol{s})$，不考虑时间。PH 模型可以写为

$$z(t\mid\boldsymbol{s}) = z_0(t)\, g(\boldsymbol{s})$$

我们将在 14.8 节继续讨论 PH 模型。

5.7 其他连续分布

本节将介绍两种连续分布：均匀分布和贝塔分布。它们在失效时间分析中并不常用，但是可以用于可靠性分析的其他方面。

5.7.1　均匀分布

在满足以下条件时，随机变量 X 在区间 $[a,b]$ 上服从均匀分布（uniform distribution）：

$$f_X(x) = \begin{cases} \dfrac{1}{b-a}, & a \leqslant x \leqslant b \\ 0, & \text{其他情况} \end{cases} \tag{5.120}$$

变量 X 服从均匀分布一般写作 $X \sim \mathrm{unif}(a,b)$，其中 $a < b$。R 语言中有均匀分布函数，比如可以使用命令 `dunif(x,min=a,max=b,log=F)` 计算均匀密度。$X \sim \mathrm{unif}(0,1)$ 的概率密度函数如图 5.30 所示。$X \sim \mathrm{unif}(a,b)$ 的均值为

$$E(X) = \int_a^b x f_X(x)\,\mathrm{d}x = \frac{a+b}{2} \tag{5.121}$$

X 的方差为

$$\mathrm{var}(X) = \frac{(b-a)^2}{12} \tag{5.122}$$

读者可以自行推导。在很多应用中，区间 $[a,b]$ 取 $[0,1]$。

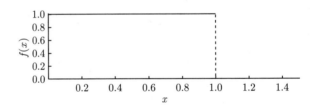

图 5.30　$X \sim \mathrm{unif}(0,1)$ 的概率密度函数

5.7.2　贝塔分布

在满足以下条件时，随机变量 X 在区间 $[0,1]$ 内遵循参数为 α 和 β 的贝塔分布（beta distribution）：

$$f_X(x) = \begin{cases} \dfrac{\Gamma(\alpha+\beta)}{\Gamma(\alpha)\Gamma(\beta)} x^{\alpha-1}(1-x)^{\beta-1}, & 0 \leqslant x \leqslant 1 \\ 0, & \text{其他} \end{cases} \tag{5.123}$$

其中 $\alpha > 0$，$\beta > 0$。

变量 X 服从参数为 α 和 β 的贝塔分布，一般可以写为 $X \sim \mathrm{beta}(\alpha,\beta)$。R 语言中有贝塔分布函数，比如可以使用命令 `dbeta(x,shape1,shape2,log=F)` 计算贝塔密度。图 5.31 示出了在 α 和 β 取某些特定值时的贝塔分布概率密度函数。

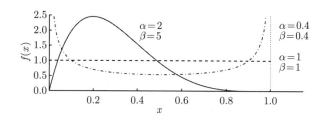

图 5.31　α 和 β 取某些特定值时 $X \sim \mathrm{beta}(\alpha, \beta)$ 的概率密度函数

可以采用如下的简单 R 程序脚本绘制贝塔分布的密度：

```
x<-seq(0,1,length=300) # Set the values for the x-axis
# Set the parameters a (=alpha) and b (=beta)
a<-2
b<-5
# Calculate the beta density y for each x
y<-dbeta(x,a,b,log=F)
plot(x,y,type="l",xlab="x",ylab="f(x)")
```

我们建议读者设定不同参数值运行这段代码，这样可以对贝塔密度函数的可能形状有全面的了解。

$X \sim \mathrm{beta}(\alpha, \beta)$ 的均值为

$$E(X) = \frac{\alpha}{\alpha + \beta} \tag{5.124}$$

方差为

$$\mathrm{var}(X) = \frac{\alpha\beta}{(\alpha + \beta)^2(\alpha + \beta + 1)} \tag{5.125}$$

贝塔分布在可靠性分析中有多种用途。在第 15 章中将看到，贝塔分布对于参数的先验分布非常重要。我们可以看到，如果 $\alpha = \beta = 1$，贝塔分布就等同于在 $[0,1]$ 区间上的均匀分布，即 $\mathrm{beta}(1,1) = \mathrm{unif}(0,1)$。

 ## 5.8　离散分布

本节将介绍三种离散分布：二项分布（binomial distribution）、几何分布（geometric distribution）和负二项分布（negative binomial distribution）。这些分布在可靠性建模中都会经常用到，并且与失效时间模型相关。而这三种分布也都是基于二项式情况。此外，本节还将介绍齐次泊松过程（HPP）。

5.8.1　二项式情况

所谓二项式情况，是指试验满足下列三个条件：

（1）进行 n 次独立试验；

（2）每次试验都有两个可能的结果 A 和 A^*；

（3）对于所有 n 次试验来说，概率 $\Pr(A) = p$ 都是相同的。

这 n 次试验有时被称作伯努利试验。例如，试验可以是启动消防泵（或者其他引擎装置），结果 A 是启动成功，而结果 A^* 是消防泵没有启动。每次试验必须是独立的且具有相同的概率 $\Pr(A)$，这意味着参与试验的消防泵必须是同一类型，每次试验中的启动程序也必须是一样的。

5.8.2 二项分布

考虑一个二项式情况，令 X 表示在 n 次试验中得到结果 A 的数量。那么，X 就是一个离散随机变量，其概率质量函数为

$$\Pr(X = x) = \binom{n}{x} p^x (1-p)^{n-x}, \quad x = 0, 1, \cdots, n \tag{5.126}$$

其中 $\binom{n}{x}$ 是二项式系数：

$$\binom{n}{x} = \frac{n!}{x!(n-x)!}$$

分布 (5.126) 称为二项分布 (n, p)。图 5.32 所示为一个模拟二项分布 $n = 20$，$p = 0.3$ 的数据集。二项分布经常写作 $X \sim \mathrm{bin}(n, p)$。变量 X 的均值和方差分别为

$$E(X) = np \tag{5.127}$$

$$\mathrm{var}(X) = np(1-p) \tag{5.128}$$

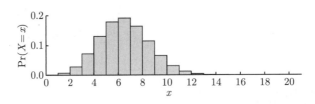

图 5.32 二项分布 $(20, 0.3)$

5.8.3 几何分布

假设我们进行一系列的伯努利试验，希望得到在第一次出现结果 A 时已经进行的试验次数 Z。如果 $Z = z$，则意味着在前 $z - 1$ 次试验中，我们得到的结果都是 A^*，或者说结果 A 在第 z 次试验中首次出现。变量 Z 的概率质量函数为

$$\Pr(Z = z) = (1-p)^{z-1} p, \quad z = 1, 2, \cdots \tag{5.129}$$

分布 (5.129) 称为参数为 p 的几何分布, 通常写作 $Z \sim \mathrm{geom}(p)$。另外有

$$\Pr(Z > z) = (1-p)^z$$

变量 Z 的均值和方差分别为

$$E(Z) = \frac{1}{p} \tag{5.130}$$

$$\mathrm{var}(Z) = \frac{1-p}{p^2} \tag{5.131}$$

5.8.4 负二项分布

仍假设进行一系列独立伯努利试验（见 5.8.1 节），令 Z_r 表示结果 A 已经出现了预先设定的数量 r 次时累计进行的试验次数。如果 $Z_r = z$, 则意味着在前 $z-1$ 次试验中, 我们得到了 $r-1$ 次结果 A, 然后在第 z 次试验中, 出现了第 r 次结果 A。

变量 Z_r 的概率质量函数为

$$\Pr(Z_r = z) = \binom{z-1}{r-1} p^{r-1}(1-p)^{z-r} \cdot p$$

$$= \binom{z-1}{r-1} p^r (1-p)^{z-r}, \quad z = r, r+1, r+2, \cdots \tag{5.132}$$

当 $r = 1$ 时, 负二项分布就变成了几何分布。

负二项分布有时也由随机变量 Y_r 定义, Y_r 为在结果 A 第 r 次出现之前结果 A^* 出现的次数。由等式 $Y_r = Z_r - r$, 我们进行一个简单的变量转换, 就可以得到 Y 的概率质量函数

$$\Pr(Y_r = y) = \binom{r+y-1}{y} p^r (1-p)^y, \quad y = 0, 1, 2, \cdots \tag{5.133}$$

注释 5.8（分布的名称） 负二项分布的名称源于下面这个等式:

$$\binom{r+y-1}{y} = (-1)^y \binom{-r}{y} = (-1)^y \frac{(-r)(-r-1)\cdots(-r-y-1)}{y(y-1)\cdots 2 \cdot 1}$$

该等式用负整数定义了二项式系数。

变量 Y_r 的均值为（见习题 5.32）

$$E(Y_r) = \sum_{y=0}^{\infty} y \binom{r+y-1}{y} p^r (1-p)^y = \frac{r(1-p)}{p} \tag{5.134}$$

因为 $Y_r = Z_r - r$, 则 Z_r 的均值为

$$E(Z_r) = E(Y_r) + r = \frac{r}{p} \tag{5.135}$$

5.8.5　齐次泊松过程

齐次泊松过程（HPP）[1]是一个随机过程，可以描述特定事件 E 在给定时间段内的发生情况。事件 E 可以是一个失效或者一起事故。我们将在第 10 章详细讨论齐次泊松过程。齐次泊松过程需要满足下列假设：

（1）事件 E 可能发生在给定时间段内的任意时刻，而 E 在时间段 $(t, t + \Delta t]$ 内的发生概率与时间 t 无关，可以写作 $\lambda \Delta t + o(\Delta t)$[2]，其中 λ 是一个大于 0 的常数。

（2）在时间段 $(t, t + \Delta t]$ 内事件 E 发生的次数多于一次的概率是 $o(\Delta t)$。

（3）令 $(t_{11}, t_{12}], (t_{21}, t_{22}], \cdots$ 表示在所研究时间段内的任意不相交区间。事件"E 发生在区间 $(t_{j1}, t_{j2}]$ 内（$j = 1, 2, \cdots$）"与事件"E 发生在区间 $(t_{i1}, t_{i2}]$ 内（$i = 1, 2, \cdots$ 且 $i \neq j$）"是相互独立的。

在不失一般性的前提下，我们可以设定 $t = 0$ 为过程的起点。

令 $N(t)$ 表示事件 E 在时间段 $(0, t]$ 内的发生次数，那么随机过程 $\{N(t), t \geqslant 0\}$ 就是一个速率为 λ 的齐次泊松过程，而 λ 可以称为过程的密度或者事件 E 的频率。上述第一条假设的结果是，事件 E 的速率是固定的，并不会随着时间变化。因此，HPP 无法用来描述事件发生速率随时间变化的过程，比如具有长期趋势的过程或者存在季节性波动的过程。

时间 t 可以是日历时间，也可以是运行时间。很多时候会有多个子过程并行发展，这时时间 t 必须能够表示服务时间的总和或者累计值。比如，我们在观察一组可维修元件的失效的时候，就存在多个子过程。

事件 E 在时间段 $(0, t]$ 内恰好发生 n 次的概率为

$$\Pr[N(t) = n] = \frac{(\lambda t)^n}{n!} \, \mathrm{e}^{-\lambda t}, \quad n = 0, 1, 2, \cdots \tag{5.136}$$

分布 (5.136) 称为泊松分布，有时可以写为 $N(t) \sim \mathrm{Poisson}(\lambda t)$（或者 $\mathrm{Po}(\lambda t)$）。如果我们观察到事件 E 在区间 $(s, s + t]$ 内发生，那么 E 在这个区间 $(s, s + t]$ 内恰好发生 n 次的概率为

$$\Pr[N(s + t) - N(s) = n] = \frac{(\lambda t)^n}{n!} \, \mathrm{e}^{-\lambda t}, \quad n = 0, 1, 2, \cdots$$

利用式 (5.132) 也可以进行同样的概率计算。因此，我们在分析齐次泊松过程时，最重要的量是时间段的长度 t，而不是这个时间段是何时开始的。

考虑一个非常短的区间 $(t, t + \Delta t]$，最多可以有一个事件 E 在这段时间内发生。因为 $\lambda \Delta t$ 非常小，因此当 $x = 2, 3, \cdots$ 时，$(\lambda \Delta t)^x$ 都可以忽略不计，在此区间内观测到一个事件 E 的概率近似为

$$\Pr[N(\Delta t) = 1] = \lambda \Delta t \, \mathrm{e}^{-\lambda \Delta t} \approx \lambda \Delta t \, (1 - \lambda \Delta t) \approx \lambda \Delta t \tag{5.137}$$

---

[1] 以法国数学家 Siméon Denis Poisson (1781—1840) 的名字命名。

[2] $o(\Delta t)$ 表示 Δt 的函数，且有 $\lim\limits_{\Delta t \to 0} \frac{o(\Delta t)}{\Delta t} = 0$。

这与 HPP 的第一条假设一致。

区间 $(0,t]$ 内事件的平均数量为

$$E[N(t)] = \sum_{n=0}^{\infty} n \Pr[N(t) = n] = \lambda t \tag{5.138}$$

方差为

$$\mathrm{var}[N(t)] = \lambda t \tag{5.139}$$

根据式 (5.138)，参数 λ 可以写作 $\lambda = E[N(t)]/t$，即每单位时间的平均事件数量，这也是 λ 被称为齐次泊松过程的速率的原因。如果事件 E 是一个失效，那么 λ 就可以称为该泊松过程的失效发生速率 （rate of occurrence of failures，ROCOF）。

λ 的自然无偏估计为

$$\hat{\lambda} = \frac{N(t)}{t} = \frac{\text{在长度为 } t \text{ 的区间内观测到事件数量}}{\text{区间的长度 } t} \tag{5.140}$$

令 T_1 表示事件 E 第一次发生的时间，$F_{T_1}(t)$ 表示 T_1 的分布函数，因为事件 $(T_1 > t)$ 意味着在区间 $(0,t]$ 内没有事件发生，则有

$$F_{T_1}(t) = \Pr(T_1 \leqslant t) = 1 - \Pr(T_1 > t)$$

$$= 1 - \Pr[N(t) = 0] = 1 - \mathrm{e}^{-\lambda t}, \quad t \geqslant 0 \tag{5.141}$$

从开始观测到第一起事件 E 发生的时间 T_1，可以视作服从参数为 λ 的指数分布。我们在第 10 章中也将说明，事件之间的间隔 $T_1, T_2, \cdots$ 是相互独立的并且满足参数为 λ 的指数分布。而 $T_1, T_2, \cdots$ 就称为过程的事件间隔时间。

案例 5.15（可维修元件） 假设一个可维修元件在时刻 $t = 0$ 投入运行，第一次失效（事件 E）发生在时刻 T_1，一旦元件失效，可以用一个相同类型的新元件将其替换。替换时间很短，可以忽略。第二次失效发生在时刻 T_2，以此类推。因此，可以得到一个失效时间序列 $T_1, T_2, \cdots$。我们假设在时间段 $(0,t]$ 内的失效数量 $N(t)$ 服从速率（ROCOF）为 λ 的泊松过程，事件间隔时间 $T_1, T_2, \cdots$ 互相独立，且都服从失效率为 λ 的指数分布。请分析两个概念"失效率"和 ROCOF 的区别。

考虑速率为 λ 的齐次泊松分布，假设我们希望研究事件 E 第 k 次发生的时间分布 S_k（因此 k 是一个整数）。t 为正实轴上任意选择的时间点，那么事件 $(T_k > t)$ 的含义显然与时间 E 在时间段 $(0,t]$ 内最多只能发生 $k-1$ 次是相同的。则有

$$\Pr(S_k > t) = \Pr[N(t) \leqslant k - 1] = \sum_{j=0}^{k-1} \frac{(\lambda t)^j}{j!} \mathrm{e}^{-\lambda t}$$

所以

$$F_{S_k}(t) = 1 - \sum_{j=0}^{k-1} \frac{(\lambda t)^j}{j!} \mathrm{e}^{-\lambda t} \tag{5.142}$$

其中 $F_{S_k}(t)$ 是变量 S_k 的分布函数。对 $F_{S_k}(t)$ 求关于 t 的微分，可以得到概率密度函数 $f_{S_k}(t)$：

$$
\begin{aligned}
f_{S_k}(t) &= -\sum_{j=1}^{k-1} \frac{j\lambda(\lambda t)^{j-1}}{j!}\, \mathrm{e}^{-\lambda t} + \lambda \sum_{j=0}^{k-1} \frac{(\lambda t)^j}{j!}\, \mathrm{e}^{-\lambda t} \\
&= \lambda \mathrm{e}^{-\lambda t} \left[\sum_{j=0}^{k-1} \frac{(\lambda t)^j}{j!} - \sum_{j=1}^{k-1} \frac{(\lambda t)^{j-1}}{(j-1)!} \right] \\
&= \lambda \mathrm{e}^{-\lambda t} \left[\sum_{j=0}^{k-1} \frac{(\lambda t)^j}{j!} - \sum_{j=0}^{k-2} \frac{(\lambda t)^j}{j!} \right] \\
&= \frac{\lambda}{(k-1)!} (\lambda t)^{k-1}\, \mathrm{e}^{-\lambda t},\ t \geqslant 0,\ \lambda > 0
\end{aligned}
\tag{5.143}
$$

其中 k 是一个正整数。这个分布是一个参数为 k 和 λ 的伽马分布。5.4.2 节已经介绍了伽马分布，所以我们可以得到结论：在速率为 λ 的齐次泊松过程中，从开始到事件 E 发生第 k 次的时间服从伽马分布 (k, λ)。第 10 章将详细讨论齐次泊松过程。

5.9 失效时间分布的分类

我们可以将失效时间分为四类或者四组。

5.9.1 IFR 分布和 DFR 分布

如果一个分布 $F(t)$ 的失效率函数是时间 $t\,(t > 0)$ 的增函数，则称该分布为失效率递增（IFR）分布。[①]

更为通俗的定义是，如果 $-\log R(t)$ 是时间 t 的凸函数，那么 $F(t)$ 就服从 IFR 分布，这是因为可微凸函数的导数递增。

类似地，如果一个分布 $F(t)$ 的失效率函数是时间 $t\,(t > 0)$ 的减函数，则称该分布为失效率递减（DFR）分布。或者，如果 $-\log R(t)$ 是时间 t 的凹函数，那么 $F(t)$ 就服从 DFR 分布，这是因为可微凹函数的导数递增。

在下面的例子中，我们给出一些常见的失效时间分布，并分析它们是服从 IFR 还是 DFR 分布，或者两者皆非。

案例 5.16（**区间 $[0,b]$ 上的均匀分布**）　令 T 在区间 $[0,b]$ 上服从均匀分布，则有

$$
F(t) = \frac{t}{b}, \quad 0 \leqslant t \leqslant b
$$

$$
f(t) = \frac{1}{b}, \quad 0 \leqslant t \leqslant b
$$

---

① 在本节中，我们使用"增加"和"减少"分别代替"非减"和"非增"。

因此

$$z(t) = \frac{1/b}{1 - t/b} = \frac{1}{b - t}, \quad 0 \leqslant t \leqslant b \tag{5.144}$$

在 $0 \leqslant t \leqslant b$ 内是严格递增的，因此这个均匀分布属于 IFR 分布。

如果考虑 $-\log R(t)$ 的话，得到的结论也一样。在本例中 $-\log R(t)$ 可以变换为 $-\log(1 - t/b)$，它在 $0 \leqslant t \leqslant b$ 区间内是凸函数。

案例 5.17（指数分布）　令变量 T 服从指数分布，概率密度为

$$f(t) = \lambda e^{-\lambda t}, \quad t > 0$$

有

$$z(t) = \lambda, \quad t > 0$$

因此 $z(t)$ 是一个常数，非增非减。

所以指数分布同属于 IFR 分布和 DFR 分布，换句话说，我们可以说 $-\log R(t) = \lambda t$ 既是凸函数也是凹函数。

因此，IFR 分布和 DFR 分布并不是没有重合，指数分布是仅有的一种同属于两类的连续分布（见文献 [24] 第 73 页）。

案例 5.18（威布尔分布）　参数为 $\alpha(\alpha > 0)$ 和 $\theta(\theta > 0)$ 的威布尔分布的分布函数为

$$F(t) = 1 - \exp\left[-\left(\frac{t}{\theta}\right)^{\alpha}\right], \quad t \geqslant 0$$

可以推导得到

$$-\log R(t) = -\log\left(\exp\left[-\left(\frac{t}{\theta}\right)^{\alpha}\right]\right) = \left(\frac{t}{\theta}\right)^{\alpha} \tag{5.145}$$

因为 $(t/\theta)^{\alpha}$ 在 $\alpha > 1$ 时是时间 t 的凸函数，在 $\alpha < 1$ 时是时间 t 的凹函数，因此威布尔分布在 $\alpha > 1$ 时属于 IFR 分布，在 $\alpha < 1$ 时属于 DFR 分布。当 $\alpha = 1$ 时，分布"缩减"成一个失效率为 $\lambda = 1/\theta$ 的指数分布，同时属于 IFR 和 DFR 分布。

案例 5.19（伽马分布）　伽马分布的概率密度为

$$f(t) = \frac{\lambda}{\Gamma(\alpha)}(\lambda t)^{\alpha-1} e^{-\lambda t}, \quad t > 0$$

其中 $\alpha > 0$，$\lambda > 0$。为了确定伽马分布 (α, λ) 是否属于 IFR、DFR 或者都不属于，我们需要考虑其失效率函数

$$z(t) = \frac{[\lambda(\lambda t)^{\alpha-1} e^{-\lambda t}]/\Gamma(\alpha)}{\displaystyle\int_t^{\infty} [\lambda(\lambda u)^{\alpha-1} e^{-\lambda u}]/\Gamma(\alpha)\, du}$$

用分母除以分子可以得到

$$z(t)^{-1} = \int_t^{\infty} \left(\frac{u}{t}\right)^{\alpha-1} e^{-\lambda(u-t)}\, du$$

令 $v = u - t$ 为积分中的新变量，得

$$z(t)^{-1} = \int_0^\infty \left(1 + \frac{v}{t}\right)^{a-1} e^{-\lambda v} \, dv \tag{5.146}$$

假设 $\alpha \geqslant 1$，且 $[1 + (v/t)]^{a-1}$ 是 t 的非增函数，则被积函数是 t 的减函数。因此，$z(t)^{-1}$ 对于 t 也是减函数。如果 $\alpha \geqslant 1$，换句话说 $z(t)$ 随着 t 递增，那么伽马分布 (α, λ) 就属于 IFR 分布。当 α 为整数时（即厄兰分布），情况也是一样。

接下来，假设 $\alpha \leqslant 1$，采用类似的论证过程可知，当 $z(t)$ 随着 t 递减时，伽马分布 (α, λ) 属于 DFR 分布。

当 $\alpha = 1$ 时，伽马分布 (α, λ) 也缩减成参数为 λ 的指数分布。

图 5.28 所示对数正态分布的失效率函数曲线说明，该分布既不是 IFR 分布也不是 DFR 分布。

如果失效时间分布属于 DFR 分布并且是连续的，那么 $z(t) = f(t)/[1 - F(t)]$ 必定是一个减函数。已知 $1 - F(t)$ 随着 t 递减，那么 $f(t)$ 必须至少减少 $1 - F(t)$，才能保证 $z(t)$ 减少。这些论证可以得到一个有用的结论：如果一个连续失效时间分布属于 DFR 分布，它的概率密度 $f(t)$ 一定是非增函数。

5.9.2   IFRA 分布和 DFRA 分布

第 6 章中将说明，即便系统中所有的零件都服从 IFR 分布，系统的失效时间也不一定服从 IFR 分布。因此，我们可以引入一个要求相对宽松的分布类别：如果一个分布 $F(t)$ 的失效率函数 $z(t)$ 的平均值增加，那么该分布就属于平均失效率递增（IFRA）分布。其中，平均值的计算如下：

$$\frac{1}{t} \int_0^t z(u) \, du, \quad \text{是 } t \text{ 的增函数}$$

更为通俗的定义是，如果满足

$$-\frac{1}{t} \log R(t)$$

在 $t \geqslant 0$ 时是增函数，$F(t)$ 就属于 IFRA 分布。

类似地，如果一个分布 $F(t)$ 的失效率函数 $z(t)$ 的平均值减少，或者说，$[-\log R(t)]/t$ 是 t 的增函数，那么该分布就属于平均失效率递减（DFRA）分布。

令 $t_1 \leqslant t_2$，并假设 $F(t)$ 属于 IFR 分布，则 $-\log R(t)$ 是 t 的凸函数。当 $t = 0$ 时，有 $R(0) = 1$，因此 $-\log R(0) = 0$。如果我们绘制凸函数曲线 $-\log R(t)$，很容易就会发现

$$-\log R(t_1) \leqslant \frac{t_1}{t_2} \left[-\log R(t_2)\right]$$

这意味着

$$\frac{1}{t_1} \int_0^{t_1} z(u) \, du \leqslant \frac{1}{t_2} \int_0^{t_2} z(u) \, du$$

我们已经证明，如果 $F(t)$ 属于 IFR 分布，那么它也属于 IFRA 分布。利用类似的方法也可以证明，如果 $F(t)$ 属于 DFR 分布，那么它也属于 DFRA 分布。

5.9.3 NBU 分布和 NWU 分布

如果

$$R(t \mid x) \leqslant R(t), \quad t \geqslant 0, \ x \geqslant 0 \tag{5.147}$$

分布 $F(t)$ 就是一个新优于旧（new better than used，NBU）分布，其中 $R(t \mid x) = \Pr(T > t + x \mid T > x)$ 为 5.3.3 节介绍的条件存续函数。式 (5.147) 还可以写为

$$\Pr(T > t + x \mid T > x) = \frac{\Pr(T > t)}{\Pr(T > x)} \leqslant \Pr(T > t)$$

这意味着

$$\Pr(T > t + x) \leqslant \Pr(T > t)\Pr(T > x) \tag{5.148}$$

考虑服从 NBU 分布的元件工作时长为 $t + x$，那么如果我们在此区间内的某一时刻 x 替换掉这个元件，可靠性就会增加。

类似地，如果

$$R(t \mid x) \geqslant R(t), \quad t \geqslant 0, \ x \geqslant 0$$

分布 $F(t)$ 就是一个新不如旧（new worse than used，NWU）分布。考虑服从 NWU 分布的元件工作时长为 $t + x$，在此区间内用新元件替换掉这个旧元件会是很愚蠢的做法。

5.9.4 NBUE 分布和 NWUE 分布

5.3.6 节中定义的元件在使用时间 x 时的平均剩余寿命为

$$\mathrm{MRL}(x) = \int_0^\infty R(t \mid x)\,\mathrm{d}t \tag{5.149}$$

当 $x = 0$ 时，我们开始使用一个新元件，所以 $\mathrm{MRL}(0) = \mathrm{MTTF}$。

定义 5.1（预期新优于旧和预期新不如旧） 如果

（1）F 存在一个有限均值 μ；

（2）$\mathrm{MRL}(x) \leqslant \mu$，$x \geqslant 0$；

失效时间分布 $F(t)$ 就属于预期新优于旧（new better than used in expectation，NBUE）分布。

如果

（1）F 存在一个有限均值 μ；

（2）$\mathrm{MRL}(x) \geqslant \mu$，$x \geqslant 0$；

失效时间分布 $F(t)$ 就属于预期新不如旧（new worse than used in expectation，NWUE）分布。

5.9.5 从属关系

文献 [24,113] 对上述失效时间分布类别有更加深入的讨论，并且给出了如下的从属关系顺序：

$$\text{IFR} \implies \text{IFRA} \implies \text{NBU} \implies \text{NBUE}$$
$$\text{DFR} \implies \text{DFRA} \implies \text{NWU} \implies \text{NWUE}$$

 ## 5.10　失效时间分布一览

本章介绍了若干个失效时间分布，表 5.3 对它们的主要特点进行了总结，以供读者参考。

表 5.3　失效时间分布及其参数一览

分布类型	概率密度 $f(t)$	存续度函数 $R(t)$	失效率 $z(t)$	MTTF
指数分布	$\lambda e^{-\lambda t}$	$e^{-\lambda t}$	λ	$1/\lambda$
伽马分布	$\dfrac{\lambda}{\Gamma(k)}(\lambda t)^{k-1}e^{-\lambda t}$	$\displaystyle\sum_{x=0}^{k-1}\dfrac{(\lambda t)^x}{x!}e^{-\lambda t}$	$\dfrac{f(t)}{R(t)}$	k/λ
威布尔分布	$\alpha\lambda(\lambda t)^{\alpha-1}e^{-(\lambda t)^\alpha}$	$e^{-(\lambda t)^\alpha}$	$\alpha\lambda(\lambda t)^{\alpha-1}$	$\dfrac{1}{\lambda}\Gamma\left(\dfrac{1}{\alpha}+1\right)$
对数正态分布	$\dfrac{1}{\sqrt{2\pi}}\dfrac{1}{\tau}\dfrac{1}{t}e^{-(\log t-\nu)^2/2\tau^2}$	$\Phi\left(\dfrac{\nu-\log t}{\tau}\right)$	$\dfrac{f(t)}{R(t)}$	$e^{\nu+\tau^2/2}$

 ## 5.11　课后习题

5.1 解释为什么"元件失效率是常数"和"元件的失效时间服从指数分布"这两种说法是等效的。

5.2 设一个元件的失效时间 T 有固定失效率

$$z(t) = \lambda = 3.5 \times 10^{-6}/\text{h}$$

（1）　给出该元件连续运行 6 个月没有失效的概率。

（2）　计算该元件的 MTTF。

（3）　计算该元件在区间 (t_1, t_2) 内的失效概率，其中 $t_1 = 16$ 个月，$t_2 = 17$ 个月。

5.3 一台机器的失效率为常数 λ，它连续工作 4000h 没有失效的概率是 0.95。

（1）　确定失效率 λ 的值。

（2）　计算这台机器无失效工作 5000h 的概率。

（3）　如果已知这台机器在前 3500h 可运行，计算它在 5000h 内失效的概率。

5.4 假设一个安全阀的所有失效模式都具有固定的失效率。研究表明，该阀门的总体 MT-TF 为 2450 天。安全阀处于连续工作的模式，各个失效模式的发生相互独立。

（1）　确定该安全阀的总体失效率。

（2）　确定该安全阀在三个月内没有任何失效的概率。

（3）　假定所有失效中的 48% 属于关键失效模式，计算出现关键失效的平均时间 $\text{MTTF}_{\text{crit}}$。

5.5 一个元件的失效时间 T 服从失效率为 λ 的指数分布，证明 T 的第 r 个矩为

$$E(T^r) = \frac{\Gamma(r+1)}{\lambda^r}$$

5.6 设 T_1 和 T_2 分别表示固定失效率为 λ_1 和 λ_2 的独立失效时间，令 $T = T_1 + T_2$。

（1）　证明 T 的存续度函数为

$$R(t) = \Pr(T > t) = \frac{1}{\lambda_2 - \lambda_1}\left(\lambda_2\,\mathrm{e}^{-\lambda_1 t} - \lambda_1\,\mathrm{e}^{-\lambda_2 t}\right), \quad \lambda_1 \neq \lambda_2$$

（2）　推导相应的失效率函数 $z(t)$，给定 λ_1 和 λ_2 一些具体数值，绘制 $z(t)$ 对于 t 的函数曲线。

5.7 证明对于所有 $t \geqslant 0$ 的情况和所有分布，都有 $f(t) \leqslant z(t)$。

5.8 令 X 表示一个随机变量，服从参数为 (n, p) 的二项分布。计算 $E(X)$ 和 $\text{var}(X)$。

5.9 令 N 表示一个随机变量，取值为 $0, 1, \cdots$。证明：

$$E(N) = \sum_{n=1}^{\infty} \Pr(N \geqslant n)$$

5.10 考虑失效时间 T 的累计失效率函数 $Z(t)$，证明转换变量 $Z(T) \sim \exp(1)$。

5.11 假定 Z 服从参数为 p 的几何分布，计算：

（1）　均值 $E(Z)$。

（2）　方差 $\text{var}(Z)$。

（3）　条件概率 $\Pr(Z > z + x \mid Z > x)$。用文字描述你得到的结果。

5.12 假定 N_1 和 N_2 为独立泊松随机变量，且有 $E(N_1) = \lambda_1$，$E(N_2) = \lambda_2$。

（1）　确定 $N_1 + N_2$ 的分布。

（2）　给定 $N_1 + N_2 = n$ 时，确定 N_1 的条件分布。

5.13 令 T_1 和 T_2 分别表示参数为 (k_1, λ) 和 (k_1, λ) 的独立伽马分布。证明 $T_1 + T_2$ 服从参数为 $(k_1 + k_2, \lambda)$ 的伽马分布。解释为什么我们有时候会说伽马分布"在加法规则下闭合"。

5.14 一个零件的失效时间 T 满足如下失效率函数：

$$z(t) = kt, \quad t > 0, \quad k > 0$$

（1） 当 $k = 2.0 \times 10^{-6}/\mathrm{h}$ 时，计算该元件可运行 200h 的概率。

（2） 当 $k = 2.0 \times 10^{-6}/\mathrm{h}$ 时，计算该元件的 MTTF。

（3） 当 $k = 2.0 \times 10^{-6}/\mathrm{h}$ 时，计算该元件在已经运行 200h 之后，在 400h 时还能运行的概率。

（4） 这个分布是否属于本章中描述的某一种分布类别？

（5） 确定该分布的众数和中位值。

5.15 一个零件的失效时间 T 满足如下失效率函数：

$$z(t) = \lambda_0 + \alpha t, \quad t > 0, \ \lambda_0 > 0, \ \alpha > 0$$

（1） 确定该零件的存续度函数 $R(t)$。

（2） 确定该元件的 MTTF。

（3） 如果已知该元件在其 MTTF 的时间内可运行，那么它可以存续到 2MTTF 的概率是多少？

（4） 给出该模型的一个物理解释。

5.16 一个零件的失效时间 T 满足如下失效率函数：

$$z(t) = \frac{t}{1+t}, \quad t > 0$$

（1） 绘制这个失效率函数的曲线。

（2） 确定相应的概率密度函数 $f(t)$。

（3） 确定该元件的 MTTF。

（4） 这个分布是否属于本章中描述的某一种分布类别？

5.17 一个元件的失效率函数为 $z(t) = t^{-\frac{1}{2}}$，推导：

（1） 概率密度函数 $f(t)$；

（2） 存续度函数 $R(t)$；

（3） 平均失效时间 MTTF；

（4） 失效时间 T 的方差 $\mathrm{var}(T)$。

5.18 假设一个零件的失效时间 T 在区间 (a, b) 内服从均匀分布，即 $T \sim \mathrm{unif}(a, b)$。那么，其概率密度为

$$f(t) = \frac{1}{b-a}, \quad a < t < b$$

推导相应的存续度函数 $R(t)$ 和失效率函数 $z(t)$，绘制 $z(t)$ 的曲线。

5.19 一个零件失效时间 T 的概率密度 $f(t)$ 如图 5.33 所示。

（1） 确定 c 的数值，使得 $f(t)$ 有一个合理的概率密度。

（2） 推导相应的存续度函数 $R(t)$。

（3） 推导相应的失效率函数 $z(t)$，绘制 $z(t)$ 的曲线。

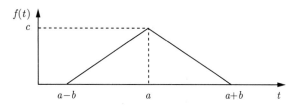

图 5.33　习题 5.19 中变量的概率密度

5.20 令 T 表示一个元件的失效时间，假设已知 MTTF= 10 000h，标准差为 SD = 2500h。

（1）假设 T 服从参数为 θ 和 α 的威布尔分布，确定 θ 和 α 的值。

（2）假设 T 服从参数为 ν 和 τ 的对数正态分布，确定参数值。

（3）针对上述两个分布，分别确定在使用时间 $t = 9000$h 时，元件的平均剩余寿命 MRL(t)，说明两个 MRL 值的差别。

5.21 假定变量 T 服从形状参数为 α、尺度参数为 λ 的威布尔分布，证明 $(\lambda T)^\alpha$ 是速率为 1 的指数分布。

5.22 假定一个元件的失效时间 T 服从尺度参数为 λ、形状参数为 α 的威布尔分布，证明 T 的 r 阶矩是

$$E(T^r) = \frac{1}{\lambda^r}\, \Gamma\left(\frac{r}{\alpha} + 1\right)$$

5.23 假定一个元件的失效时间 T 服从尺度参数为 $\lambda = 5.0 \times 10^{-5}$/h、形状参数为 $\alpha = 1.5$ 的威布尔分布，计算 MTTF 和 var(T)。

5.24 假定 T 服从三参数威布尔分布 (α, λ, ξ)，其概率密度为

$$f(t) = \frac{\mathrm{d}}{\mathrm{d}t} F(t) = \alpha\lambda[\lambda(t - \xi)]^{\alpha-1}\, \mathrm{e}^{-[\lambda(t-\xi)]^\alpha}, \quad t > \xi$$

（1）证明：如果 $\alpha > 1$，分布的密度曲线是单峰的；如果 $\alpha < 1$，密度曲线随着 t 增加而单调递减。

（2）证明：$t > \xi$ 时，失效率函数为 $\alpha\lambda[\lambda(t - \xi)]^{\alpha-1}$，该函数在 $\alpha > 1$，$\alpha = 1$ 和 $\alpha < 1$ 的时候，分别是随着 t 递增、常数和随着 t 递减。

5.25 假定 T 服从参数为 λ 和 α 的威布尔分布，证明 $Y = \log T$ 服从极小值的第 I 类渐近分布，并确定该分布的众数和尺度参数。

5.26 假定失效时间 T 服从对数正态分布，那么 $Y = \log T \sim \mathcal{N}(\nu, \tau^2)$。证明：

$$E(T) = \mathrm{e}^{\nu + \tau^2/2}$$

$$\mathrm{var}(T) = \mathrm{e}^{2\nu}\left(\mathrm{e}^{2\tau^2} - \mathrm{e}^{\tau^2}\right)$$

方差还可以写为

$$\mathrm{var}(T) = [E(T)]^2\left(\mathrm{e}^{\tau^2} - 1\right)$$

5.27 假定 $z(t)$ 是对数正态分布的失效率函数，证明 $z(0) = 0$，$z(t)$ 会先达到最大值，然后开始下降，当 $t \to \infty$ 时，$z(t) \to 0$。

5.28 假定 T 服从参数为 ν 和 τ^2 的对数正态分布，证明 $1/T$ 服从参数为 $-\nu$ 和 τ^2 的对数正态分布。

5.29 证明对数正态分布的中位数 t_{med} 是 e^ν，计算满足等式 $\Pr(t_{\text{med}}/k \leqslant T \leqslant kt_{\text{med}}) = 0.90$ 的 k 值。

5.30 重新考虑案例 5.1 中的元件，它的存续度函数为

$$R(t) = \frac{1}{(0.2t+1)^2}, \quad t \geqslant 0$$

时间 t 的单位是月。

（1） 确定元件在使用时间 $t=3$ 个月时的平均剩余寿命 MRL。

（2） 绘制 $\mathrm{MRL}(t)$ 作为使用时间 (t) 的函数曲线。

5.31 设一个元件的存续度函数是 $R(t)$，证明该元件的 MTTF 可以表示为

$$\mathrm{MTTF} = \int_0^t R(u)\,\mathrm{d}u + R(t)\mathrm{MRL}(t)$$

解释这个公式的含义。

5.32 推算式 (5.133) 中负二项分布变量 Y 的平均值，说明并验证推导 $E(Y)$ 时的所有步骤。

5.33 令 $N(t)$ 表示速率为 $\lambda > 0$ 的齐次泊松过程，假定在特定的区间长度 t 内已经观测到了 $n \geqslant 1$ 起事件。

（1） 确定在 $k = 0, 1, \cdots, n, 0 < t^* < t$ 的情况下的条件分布 $\Pr[N(t^*) = k \mid N(t) = n]$。

（2） 确定该分布的均值和方差。

5.34 失效时间 T 的存续度函数是 $R(t)$，证明如果 $E(T^r) < \infty$，那么

$$E(T^r) = \int_0^\infty rt^{r-1}R(t)\,\mathrm{d}t, \quad r = 1, 2, \cdots$$

5.35 设一个元件的失效时间是 T，失效率函数是 $z(t)$，证明

$$\Pr(T > t_2 \mid T > t_1) = \mathrm{e}^{-\int_{t_1}^{t_2} z(u)\,\mathrm{d}u}, \quad t_2 > t_1$$

5.36 设一个元件的失效时间 T 服从失效率递增（IFR）分布，并且 $\mathrm{MTTF} = \mu$，证明：

$$R(t) \geqslant \mathrm{e}^{-t/\mu}, \quad 0 < t < \mu$$

5.37 对失效率为 λ 的指数分布的存续度函数 $R(t)$ 进行拉普拉斯变换，利用拉普拉斯变换确定该分布的 MTTF。

5.38 令 $F(T)$ 表示失效时间 T 的分布函数，假定 $F(T)$ 严格递增，证明：

（1） $F(T)$ 在 $[0,1]$ 上均匀分布。

（2）　如果有随机变量 $U \sim \text{unif}(0, 1)$，那么 $F^{-1}(U)$ 服从分布 F，其中 $F^{-1}(y)$ 是 x 的值，使得 $F(x) = y$。

5.39 证明：

$$\int_0^{t_0} z(t)\,\mathrm{d}t \to \infty, \quad t_0 \to \infty$$

5.40 考虑一个包括 n 个独立零件的结构，零件的失效率分别为 $\lambda_1, \lambda_2, \cdots, \lambda_n$。证明零件 i 率先失效的概率是

$$\frac{\lambda_i}{\displaystyle\sum_{j=1}^{n} \lambda_j}$$

5.41 一个零件可能会因为两个不同的原因（压力过大和老化）失效。我们测试了很多个这种类型的零件，结果显示因为压力过大导致的失效时间 T_1 服从指数分布，其密度函数为

$$f_1(t) = \lambda_1 \mathrm{e}^{-\lambda_1 t}, \quad t \geqslant 0$$

而由于老化导致的失效时间 T_2 的密度函数为

$$f_2(t) = \frac{1}{\Gamma(k)} \lambda_2 (\lambda_2 t)^{k-1} \mathrm{e}^{-\lambda_2 t}, \quad t \geqslant 0$$

（1）　如果用

$$f(t) = p f_1(t) + (1-p) f_2(t), \quad t \geqslant 0$$

作为该零件失效时间 T 的概率密度函数，是基于什么原理？

（2）　解释上述模型中 p 的含义。

（3）　令 $p = 0.1$，$\lambda_1 = \lambda_2$，$k = 5$，确定与 T 相对应的失效率函数 $z(t)$。对于 t 的特定值，比如 $t = 0, \frac{1}{2}, 1, 2, \cdots$，计算 $z(t)$，并绘制 $z(t)$ 的曲线。

5.42 一个零件可能会因为两个不同的原因（A 和 B）失效。现在已经发现由 A 引起的失效时间 T_A 服从指数分布，其密度函数为

$$f_A(t) = \lambda_A \mathrm{e}^{-\lambda_A t}, \quad t \geqslant 0$$

由 B 引起的失效时间 T_B 的密度函数为

$$f_B(t) = \lambda_B \mathrm{e}^{-\lambda_B t}, \quad t \geqslant 0$$

（1）　如果用

$$f(t) = p f_A(t) + (1-p) f_B(t), \quad t \geqslant 0$$

作为该零件失效时间 T 的概率密度函数，是基于什么原理？

（2）　解释上述模型中 p 的含义。

（3） 证明该零件的概率密度 $f(t)$ 是一个失效率递减（DFR）函数。

5.43 令 T_1 和 T_2 表示两个独立失效时间，失效率函数分别是 $z_1(t)$ 和 $z_2(t)$。证明

$$\Pr(T_1 < T_2 \mid \min\{T_1, T_2\} = t) = \frac{z_1(t)}{z_1(t) + z_2(t)}$$

5.44 假设 Z_r 是负二项分布，其概率质量函数根据式 (5.131) 由特定的 p 值和 r 值给定。当 $r = 1$ 时，有 $Z_r = Z_1$。

（1） 确定 $E(Z_r)$ 和 $\text{var}(Z_r)$ 的表达式。

（2） 验证 $E(Z_r) = rE(Z_1)$，$\text{var}(Z_r) = r\,\text{var}(Z_1)$，并说明为什么这一结果是合理的。

5.45 证明：

（1） 如果 $X_1, X_2, \cdots, X_r$ 相互独立且服从参数为 p 的几何分布，那么 $Z_r = \sum\limits_{i=1}^{r} X_i$ 服从参数为 (p, r) 的负二项分布。

（2） 如果 $Z_1, Z_2, \cdots, Z_n$ 相互独立且服从参数为 (p, r_i) 的负二项分布，其中 $i = 1, 2, \cdots, n$，那么 $Z = \sum\limits_{i=1}^{n} Z_{r_i}$ 服从参数为 $(p, \sum\limits_{i=1}^{n} r_i)$ 的负二项分布。

5.46 令 X 表示一个服从均匀分布的随机变量，即 $X \sim \text{unif}(0, 1)$。证明随机变量 $T = \dfrac{1}{\lambda} \log(1 - X)$ 服从分布 $\exp(\lambda)$。

第 **6** 章

系统可靠性分析

 ## 6.1 概述

第 4 章说明了系统与其零件之间的结构关系，并且介绍了如何使用可靠性框图（RBD）或者故障树（FT）构建结构的确定性模型。然而，对于一个给定零件在 t 个时间单位之后是否处于已失效状态，我们无法进行确定的预测。在研究这些失效的发生时，我们能做的就是寻找统计规律。因此，将 n 个零件在时刻 t 的状态变量视作随机变量是很合理的。我们使用 $X_1(t), X_2(t), \cdots, X_n(t)$ 来表示这些随机变量，而状态向量和结构函数则分别表示为 $\boldsymbol{X}(t) = [X_1(t), X_2(t), \cdots, X_n(t)]$ 和 $\phi[\boldsymbol{X}(t)]$。那么，以下概率值得关注：

$$\Pr[X_i(t) = 1] = p_i(t), \qquad i = 1, 2, \cdots, n \tag{6.1}$$

$$\Pr(\phi[\boldsymbol{X}(t)] = 1) = p_{\mathrm{S}}(t) \tag{6.2}$$

其中，$p_i(t)$ 称为元件 i 的可靠性；$p_{\mathrm{S}}(t)$ 是在时刻 t 的系统可靠性。

在本章关注的系统中，个体零件的失效被视作独立事件，这意味着在时刻 t，状态变量 $X_1(t), X_2(t), \cdots, X_n(t)$ 是随机独立的。然而，独立性假设通常只是用来"简化"分析，在实际当中很难实现。我们将会在第 8 章继续讨论这个问题。

在本章的第一部分，我们考虑不可修（nonrepairable）零件和系统，也就是说它们会在第一次失效之后就被舍弃。在这种情况下，式 (6.1) 和式 (6.2) 分别对应零件 i 和系统的存续度函数。

可修（repairable）系统则是其中至少有一个零件在失效后可以修理或者更换的系统。可修零件和可修系统在第一次失效之前，也可以被认为是不可修的。6.5 节将介绍可修系统的主要可靠性量度，后续章节将介绍一些可修系统可靠性分析的简单方法。本书的第 9 章将对可修（受维修）系统有一个更加全面的介绍，第 12 章将介绍预防性维修。

本章使用的假设

注意，下列假设在本章始终适用：

(1) 所有结构都是内聚的（4.7 节介绍过内聚系统）。

(2) 每个元件（零件、子系统和系统）都有两种可能的状态：1 或者 0。根据系统和分析类型的不同，这些状态可以表示为可运行或者已失效，工作或者宕机，真或者假，等等。

(3) 系统在时刻 $t = 0$ 投入运行，此时所有的零件都处于可运行的状态。

(4) 在我们进行分析的时间区间内，系统的运行环境不变。

(5) 无论是对失效还是修理而言，所有的零件都是独立的。

(6) 没有进行预防性维修。在本章中，维修只是在失效发生之后的修理。在修理之后，零件就会完好如初。

(7) 零件（或者基本事件）的失效和修理数据已知，并且有足够的准确性。

(8) 系统有时可以指结构，反之亦然。

 ## 6.2　系统可靠性

因为状态变量 $X_i(t)$ $(i = 1, 2, \cdots, n)$ 都是二元的，所以有

$$E\left[X_i(t)\right] = 0 \times \Pr[X_i(t) = 0] + 1 \times \Pr[X_i(t) = 1]$$

$$= p_i(t), \quad i = 1, 2, \cdots, n \tag{6.3}$$

该式既适用于不可修系统，也适用于可修系统。

类似地，在时刻 t 的系统可靠性为

$$p_\mathrm{S}(t) = E\left(\phi[\boldsymbol{X}(t)]\right) \tag{6.4}$$

可以证明（见习题 6.1），如果零件是独立的，那么系统可靠性 $p_\mathrm{S}(t)$ 就只是 $p_i(t)$ 的函数，因此有

$$p_\mathrm{S}(t) = h\left[p_1(t), p_2(t), \cdots, p_n(t)\right] = h\left[\boldsymbol{p}(t)\right] \tag{6.5}$$

除非特别声明，我们都使用 $h(\cdot)$ 来表示零件独立时的系统可靠性。下面分析一些简单结构的可靠性。

6.2.1　串联结构的可靠性

由式 (4.4) 可得 n 阶串联结构的结构函数为

$$\phi[\boldsymbol{X}(t)] = \prod_{i=1}^{n} X_i(t)$$

因为 $X_1(t), X_2(t), \cdots, X_n(t)$ 是独立的，因此系统可靠性为

$$h\left[\boldsymbol{p}(t)\right] = E(\phi[\boldsymbol{X}(t)]) = E\left(\prod_{i=1}^{n} X_i(t)\right) = \prod_{i=1}^{n} E[X_i(t)] = \prod_{i=1}^{n} p_i(t) \tag{6.6}$$

可以发现

$$h\left[\boldsymbol{p}(t)\right] \leqslant \min_i \{p_i(t)\}$$

换句话说，串联结构最多能够与其中最薄弱的零件同样可靠。

　　案例 6.1（串联结构）　　考虑一个由三个独立零件组成的串联结构。在某一特定时刻 t，三个零件的可靠性分别为 $p_1 = 0.95$，$p_2 = 0.97$，$p_3 = 0,94$。则由式 (6.6)，可得在时刻 t 该结构的系统可靠性为

$$p_{\mathrm{S}} = h(\boldsymbol{p}) = p_1 p_2 p_3 = 0.95 \times 0.97 \times 0.94 \approx 0.866$$

　　如果所有的零件都具有相同的可靠性 $p(t)$，则可得 n 阶串联结构的系统可靠性为

$$p_{\mathrm{S}}(t) = p(t)^n$$

比如，如果 $n = 10$ 并且 $p(t) = 0.950$，那么

$$p_{\mathrm{S}}(t) = 0.950^{10} \approx 0.599$$

当 $n = 10$ 时，即便每个零件的可靠性都高达 0.950，串联结构的系统可靠性也已经相当低了。

　　串联结构的可靠性 $h[\boldsymbol{p}(t)]$ 也可以采用更加直接的方法确定，而不需要借助于结构函数。令 $E_i(t)$ 表示零件 i 在时刻 t 可运行，那么这个事件的概率就是 $\Pr[E_i(t)] = p_i(t)$。因为当且仅当串联结构中所有零件都可运行，结构才可运行，而且零件是独立的，所以串联结构的可靠性就是

$$h[\boldsymbol{p}(t)] = \Pr\left[E_1(t) \cap E_2(t) \cap \cdots \cap E_n(t)\right]$$

$$= \Pr\left[E_1(t)\right] \Pr\left[E_2(t)\right] \cdots \Pr\left[E_n(t)\right] = \prod_{i=1}^{n} p_i(t)$$

这和我们使用式 (6.6) 中的结构函数得到的结果相同。

6.2.2　并联结构的可靠性

由式 (4.5) 可得 n 阶并联结构的结构函数为

$$\phi\left[\boldsymbol{X}(t)\right] = \coprod_{i=1}^{n} X_i(t) = 1 - \prod_{i=1}^{n}[1 - X_i(t)]$$

因此

$$h\left[\boldsymbol{p}(t)\right] = E(\phi[\boldsymbol{X}(t)]) = 1 - \prod_{i=1}^{n}(1 - E[X_i(t)]) = 1 - \prod_{i=1}^{n}[1 - p_i(t)] \tag{6.7}$$

这个表达式还可以写为

$$h\left[\boldsymbol{p}(t)\right] = \prod_{i=1}^{n} p_i(t)$$

可以发现

$$h\left[\boldsymbol{p}(t)\right] \geqslant \max_i\{p_i(t)\}$$

案例 6.2（并联结构）   考虑一个由三个独立零件组成的并联结构。在某一特定时刻 t，三个零件的可靠性分别为 $p_1 = 0.95$，$p_2 = 0.97$，$p_3 = 0,94$。则由式 (6.7)，可得在时刻 t 该结构的系统可靠性为

$$p_{\mathrm{S}} = h(\boldsymbol{p}) = 1 - (1 - p_1)(1 - p_2)(1 - p_3) = 1 - 0.05 \times 0.03 \times 0.06 \approx 0.999\ 91$$

如果所有的零件都具有相同的可靠性 $p(t)$，那么 n 阶并联结构的系统可靠性为

$$p_{\mathrm{S}}(t) = 1 - [1 - p(t)]^n$$

和串联结构一样，并联结构的可靠性 $h[\boldsymbol{p}(t)]$ 也可以采用更加直接的方法确定，而不需要借助于结构函数。令 $E_i^*(t)$ 表示零件 i 在时刻 t 已经失效，那么这个事件的概率就是 $\Pr\left[E_i^*(t)\right] = 1 - p_i(t)$。因为当且仅当并联结构中所有零件都已经失效时，结构才能失效，而且零件是独立的，所以并联结构的可靠性就是

$$1 - h[\boldsymbol{p}(t)] = \Pr\left[E_1^*(t) \cap E_2^*(t) \cap \cdots \cap E_n^*(t)\right]$$

$$= \Pr\left[E_1^*(t)\right] \Pr[(E_2^*(t)] \cdots \Pr[E_n^*(t)] = \prod_{i=1}^{n}[1 - p_i(t)]$$

因此，根据式 (6.7) 得

$$h[\boldsymbol{p}(t)] = 1 - \prod_{i=1}^{n}[1 - p_i(t)]$$

这种直接方法既适用于串联结构，也适用于并联结构。但是对于复杂结构该法有些烦琐，使用结构函数更加合适。

6.2.3 n 中取 k 结构的可靠性

n 中取 k（$koon$:G）结构的结构函数为（参见式 (4.7)）

$$\phi\left[\boldsymbol{X}(t)\right] = \begin{cases} 1, & \sum_{i=1}^{n} X_i(t) \geqslant k \\ 0, & \sum_{i=1}^{n} X_i(t) < k \end{cases} \tag{6.8}$$

为了简化表达，在本章我们可以省略符号 G（good），将 $koon:G$ 写成 $koon$。当然，在描述 $koon:F$ 结构的时候，字母 F（failed）不会省略。

考虑一个 $koon$ 结构，其中所有的 n 个零件都有相同的可靠性 $p_i(t) = p(t)$，$i = 1, 2, \cdots, n$。因为我们假设单个零件的失效是独立事件，因此在给定的时刻 t，$Y(t) = \sum_{i=1}^{n} X_i(t)$ 服从二项分布 $[n, p(t)]$：

$$\Pr[Y(t) = y] = C_n^y p(t)^y [1 - p(t)]^{n-y}, \ y = 0, 1, \cdots, n$$

因此，零件可靠性相同的 $koon$ 结构的可靠性为

$$p_S(t) = \Pr[Y(t) \geqslant k] = \sum_{y=k}^{n} C_n^y p(t)^y [1 - p(t)]^{n-y} \tag{6.9}$$

案例 6.3（3 中取 2 结构） 3 中取 2（2oo3）结构如图 2.14 所示，它的结构函数可以根据式 (4.8) 得到：

$$\phi[\boldsymbol{X}(t)] = X_1(t)X_2(t) + X_1(t)X_3(t) + X_2(t)X_3(t) - 2X_1(t)X_2(t)X_3(t)$$

如果三个零件是独立的，那么这个 2oo3 结构的可靠性为

$$p_S(t) = p_1(t)p_2(t) + p_1(t)p_3(t) + p_2(t)p_3(t) - 2p_1(t)p_2(t)p_3(t)$$

如果三个零件的可靠性都相同，即 $p_i(t) = p(t)$，$i = 1, 2, 3$，则有

$$p_S(t) = 3p(t)^2 - 2p(t)^3$$

在本例中，我们使用结构函数确定 2oo3 结构的可靠性 $p_S(t)$，利用式 (6.9) 也可以得到同样的结果。

下面通过案例说明一个比较烦琐的系统的可靠性是如何确定的。

案例 6.4（气体泄漏报警系统） 图 6.1 所示为一个简化的气体泄漏报警系统可靠性框图。在出现气体泄漏时，（a）和（b）会"连接"起来，这样 7 号和 8 号零件中至少有一个警铃会响起。该系统有三个独立的气体探测器（1、2、3），组成了一个 2oo3 表决单元（4），也就是说至少要有两台探测器指示气体泄漏才会发出警报。另外，5 号零件是电源，6 号零件是继电器。

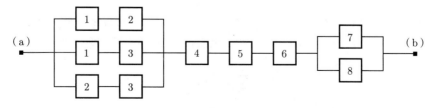

图 6.1 简化的气体泄漏报警系统可靠性框图

在特定时刻 t 分析系统。为了简化表达，我们可以忽略掉参考时间 t。系统的结构函数为

$$\phi(\boldsymbol{X}) = (X_1 X_2 + X_1 X_3 + X_2 X_3 - 2X_1 X_2 X_3)(X_4 X_5 X_6)(X_7 + X_8 - X_7 X_8)$$

在时刻 t，如果我们用 $p_i(i = 1, 2, \cdots, 8)$ 表示零件 i 的可靠性，并且 $X_1, X_2, \cdots, X_8$ 是独立的，那么在这个时刻的系统可靠性为

$$p_S = (p_1 p_2 + p_1 p_3 + p_2 p_3 - 2p_1 p_2 p_3) p_4 p_5 p_6 (p_7 + p_8 - p_7 p_8)$$

6.2.4 中枢分解

根据中枢（或者香农）分解，在时刻 t 的结构函数 $\phi[\boldsymbol{X}(t)]$ 可以写为（见式（4.21））

$$\phi[\boldsymbol{X}(t)] = X_i(t)\phi[1_i, \boldsymbol{X}(t)] + [1 - X_i(t)]\phi[0_i, \boldsymbol{X}(t)]$$

$$= X_i(t)(\phi[1_i, \boldsymbol{X}(t)] - \phi[0_i, \boldsymbol{X}(t)]) + \phi[0_i, \boldsymbol{X}(t)]$$

如果零件都是独立的，那么系统可靠性为

$$h[\boldsymbol{p}(t)] = p_i(t)E(\phi[(1_i, \boldsymbol{X}(t)]) + [1 - p_i(t)]E(\phi[0_i, \boldsymbol{X}(t)])$$

令 $h[1_i, \boldsymbol{p}(t)] = E(\phi[1_i, \boldsymbol{X}(t)])$，$h[0_i, \boldsymbol{p}(t)] = E(\phi[0_i, \boldsymbol{X}(t)])$，这意味着

$$h[\boldsymbol{p}(t)] = p_i(t)h[1_i, \boldsymbol{p}(t)] + [1 - p_i(t)]h[0_i, \boldsymbol{p}(t)]$$

$$= p_i(t)(h[1_i, \boldsymbol{p}(t)] - h[0_i, \boldsymbol{p}(t)]) + h[0_i, \boldsymbol{p}(t)] \tag{6.10}$$

可以看出，如果所有其他零件的可靠性都为常数，则系统可靠性 $h[\boldsymbol{p}(t)]$ 是 $p_i(t)$ 的线性函数。还可以发现，式 (6.10) 实际上可以根据基本概率论中全概率公式直接得到（见下面的注释）：

全概率公式

令 $\mathcal{S}$ 表示实验的样本空间，并令 $C_1, C_2, \cdots, C_n$ 表示 $\mathcal{S}$ 的各个分区，因此对于所有 $i \neq j$ 的情况，有 $\mathcal{S} = \bigcup\limits_{i=1}^{n} C_i$ 以及 $C_i \cap C_j = \varnothing$。令 A 表示 $\mathcal{S}$ 中的一个事件，可得 A 的概率为

$$\Pr(A) = \Pr(A \cap \mathcal{S}) = \Pr\left(A \cap \bigcup_{i=1}^{n} C_i\right) = \Pr\left(\bigcup_{i=1}^{n} A \cap C_i\right) = \sum_{i=1}^{n} \Pr(A \cap C_i)$$

因为 $C_i, C_2, \cdots, C_n$ 互斥，所以 $(A \cap C_1), (A \cap C_2), \cdots, (A \cap C_n)$ 也是互斥的，因此上述等式成立。利用条件概率的定义式 $\Pr(A \cap C_i) = \Pr(A \mid C_i)\Pr(C_i)$，就可以得到全概率公式

$$\Pr(A) = \sum_{i=1}^{n} \Pr(A \mid C_i)\Pr(C_i) \tag{6.11}$$

6.2.5　关键零件

对于一个（内聚）系统而言，如果零件 i 可运行的时候系统可运行，零件 i 失效的时候系统失效，那么零件 i 就被称为系统的关键零件。这意味着系统其他部分的状态函数是 $[\cdot_i, \boldsymbol{X}(t)]$，使得 $\phi[1_i, \boldsymbol{X}(t)] = 1$ 并且 $\phi[0_i, \boldsymbol{X}(t)] = 0$。因为系统是内聚的并且只有两个状态，因此在满足以下条件时 i 是关键零件：

$$\phi[1_i, \boldsymbol{X}(t)] - \phi[0_i, \boldsymbol{X}(t)] = 1$$

因为 $\phi[1_i, \boldsymbol{X}(t)] - \phi[0_i, \boldsymbol{X}(t)]$ 只能取 0 和 1 两个值，因此系统进入到零件 i 成为关键零件的状态的概率是

$$
\begin{aligned}
\Pr(\text{零件 } i \text{ 是关键零件}) &= \Pr\left(\phi[1_i, \boldsymbol{X}(t)] - \phi[0_i, \boldsymbol{X}(t)] = 1\right) \\
&= E\left(\phi[1_i, \boldsymbol{X}(t)] - \phi[0_i, \boldsymbol{X}(t)]\right) \\
&= h[1_i, \boldsymbol{p}(t)] - h[0_i, \boldsymbol{p}(t)]
\end{aligned}
\tag{6.12}
$$

如果零件 i 是关键零件，它的失效就会引起系统失效。我们将在第 7 章继续讨论关键零件的问题。

6.3　不可修系统

本节专门讨论不可修系统。按照 6.1 节中的解释，对于不可修零件来说，它的可靠性函数和存续度函数是相同的：

$$p_i(t) = R_i(t), \ i = 1, 2, \cdots, n$$

6.3.1　不可修串联结构

由式 (6.6) 可得包含独立零件的不可修串联结构的结构函数为

$$R_{\mathrm{S}}(t) = \prod_{i=1}^{n} R_i(t) \tag{6.13}$$

根据式 (5.11) 得

$$R_i(t) = \mathrm{e}^{-\int_0^t z_i(u)\,\mathrm{d}u} \tag{6.14}$$

其中 $z_i(t)$ 是零件 i 在时刻 t 的失效率函数。

将式 (6.14) 代入式 (6.13) 可得

$$R_{\mathrm{S}}(t) = \prod_{i=1}^{n} \mathrm{e}^{-\int_0^t z_i(u)\,\mathrm{d}u} = \mathrm{e}^{-\int_0^t \sum_{i=1}^{n} z_i(u)\,\mathrm{d}u} = \mathrm{e}^{-\int_0^t z_{\mathrm{S}}(u)\,\mathrm{d}u}$$

因此，（包含独立零件的）串联结构的失效率函数 $z_S(t)$ 就等于单个零件失效率函数的和：

$$z_S(t) = \sum_{i=1}^{n} z_i(t) \tag{6.15}$$

该串联结构的平均失效时间为

$$\mathrm{MTTF} = \int_0^\infty R_S(t)\,\mathrm{d}t = \int_0^\infty \mathrm{e}^{-\int_0^t \sum\limits_{i=1}^{n} z_i(u)\,\mathrm{d}u}\,\mathrm{d}t \tag{6.16}$$

案例 6.5（失效率为常数的串联结构） 考虑一个包含 n 个（独立）零件的串联结构，零件的失效率为常数 λ_i，$i = 1, 2, \cdots, n$。该串联结构的存续度函数为

$$R_S(t) = \mathrm{e}^{-\left(\sum\limits_{i=1}^{n} \lambda_i \right) t} \tag{6.17}$$

该串联结构的失效率也是常数，为

$$\lambda_S = \sum_{i=1}^{n} \lambda_i \tag{6.18}$$

其平均失效时间为

$$\mathrm{MTTF} = \int_0^\infty R_S(t)\,\mathrm{d}t = \frac{1}{\sum\limits_{i=1}^{n} \lambda_i} \tag{6.19}$$

如果零件的失效率相等，即有 $\lambda_i = \lambda$，$i = 1, 2, \cdots, n$，那么该串联结构的失效率为 $\lambda_S = n\lambda$，它的平均失效时间 $\mathrm{MTTF} = 1/(n\lambda)$。

案例 6.6（失效时间服从威布尔分布的串联结构） 考虑一个包含 n 个独立零件的串联结构。零件 i 的失效时间服从形状参数为 α、尺度参数为 θ_i 的威布尔分布，$i = 1, 2, \cdots, n$。根据式 (6.16)，可得该串联结构的存续度函数为

$$R_S(t) = \prod_{i=1}^{n} \mathrm{e}^{-\left(\frac{t}{\theta_i} \right)^\alpha} = \mathrm{e}^{-\left[\left(\sum\limits_{i=1}^{n} \left(\frac{1}{\theta_i} \right)^\alpha \right)^{1/\alpha} t \right]^\alpha}$$

令 $\theta_0 = \left(\sum\limits_{i=1}^{n} \theta_i^{-\alpha} \right)^{-1/\alpha}$，则存续度函数可以写为

$$R_S(t) = \mathrm{e}^{-\left(\frac{t}{\theta_0} \right)^\alpha} \tag{6.20}$$

因此，该串联结构的失效时间服从形状参数为 α、尺度参数为 $\theta_0 = \left(\sum\limits_{i=1}^{n} \theta_i^{-\alpha} \right)^{-1/\alpha}$ 的威布尔分布。

案例 6.7（由三个威布尔分布得到的浴盆曲线） 考虑包含 $n = 3$ 个独立零件的串联结构。1 号零件的失效率递减，比如失效时间服从形状参数 $\alpha < 1$ 的威布尔分布。2 号零件的失效率为常数。3 号零件的失效率递增，比如服从形状参数 $\alpha > 2$ 的威布尔分布。图 6.2 示出了这三个零件的失效率。

根据式 (6.15) 可知，串联结构的失效率函数等于三个单独失效率函数的和，如图 6.2 中的实线所示。该串联结构的失效率函数的形状类似浴盆的边缘。所以说，一个失效率满足浴盆曲线的零件，实际上可以由三个独立的串联虚拟零件替换：一个失效率函数递减，一个失效率恒定，一个失效率函数递增。

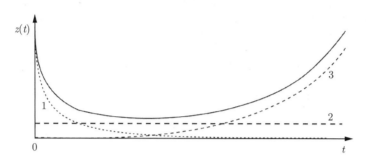

图 6.2　包含三个独立零件的串联结构的失效率函数（其中 1 号零件失效率递减，2 号零件失效率恒定，3 号零件失效率递增）

6.3.2　不可修并联结构

根据式 (6.7)，可得包含独立零件的不可修并联结构的存续度函数为

$$R_{\mathrm{S}}(t) = 1 - \prod_{i=1}^{n}[1 - R_i(t)] \tag{6.21}$$

确定这个存续度函数的失效时间分布比较复杂，因此我们需要假设所有零件的失效率都是常数。如果零件的失效率 $z_i(t) = \lambda_i$，$i = 1, 2, \cdots, n$，那么

$$R_{\mathrm{S}}(t) = 1 - \prod_{i=1}^{n}\left(1 - \mathrm{e}^{-\lambda_i t}\right) \tag{6.22}$$

包含同质零件的并联结构

考虑一个包含 n 个同类型独立零件的并联结构，每个零件的失效率都是常数 λ。该并联结构的存续度函数为

$$R_{\mathrm{S}}(t) = 1 - \left(1 - \mathrm{e}^{-\lambda t}\right)^n \tag{6.23}$$

我们可以采用图 6.3 所示的转移图描述这个并联结构[①]。在系统运行的第一阶段（即图中的第一个圆圈），所有的 n 个零件都可运行。在第一次失效发生的时候，结构总体的失效率为 $n\lambda$，结构就会移动到第二阶段，有 $n-1$ 个零件可运行。又过了一段时间，$n-1$ 个零件中的某一个失效，即结构以失效率 $(n-1)\lambda$ 移动到下一个有 $n-2$ 个零件可运行的状态，以此类推，直到所有的 n 个零件全部失效，结构失效。从结构运行开始到第一次失

---

① 第 11 章将详细介绍转移图。

效发生的平均时间是 $1/n\lambda$，从第一次失效到第二次转移发生的平均时间是 $1/(n-1)\lambda$，从第二次失效到第三次失效的平均时间是 $1/(n-2)\lambda$，以此类推。

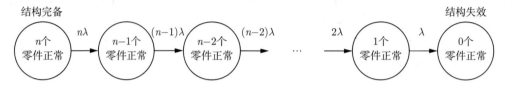

图 6.3　由 n 个独立、固定失效率均为 λ 的零件组成的并联结构的状态转移图

因此，结构的平均失效时间为

$$\mathrm{MTTF} = \frac{1}{n\lambda} + \frac{1}{(n-1)\lambda} + \cdots + \frac{1}{2\lambda} + \frac{1}{\lambda}$$

$$= \frac{1}{\lambda}\left(1 + \frac{1}{2} + \cdots + \frac{1}{n-1} + \frac{1}{n}\right) = \frac{1}{\lambda}\sum_{x=1}^{n}\frac{1}{x} \tag{6.24}$$

注释 6.1（另一种推导方法）　6.3.5 节将针对包含 n 个独立同质且失效率均为常数 λ 的零件的 *koon* 结构，推导式 (6.24)。在表 6.2 中，我们给出了一些特定 n 值和 k 值情况下的 *koon* 结构平均失效时间 MTTF。

案例 6.8（包含两个同质零件的并联结构）　考虑包含两个独立同质且失效率均为常数 λ 的零件的并联结构，其存续度函数为

$$R_{\mathrm{S}}(t) = 2\mathrm{e}^{-\lambda t} - \mathrm{e}^{-2\lambda t} \tag{6.25}$$

这个并联结构失效时间的概率密度函数为

$$f_{\mathrm{S}}(t) = -R'_{\mathrm{S}}(t) = 2\lambda\mathrm{e}^{-\lambda t} - 2\lambda\mathrm{e}^{-2\lambda t}$$

分布的众数就是使得 $f_{\mathrm{S}}(t)$ 最大的 t 值：

$$t_{\mathrm{mode}} = \frac{\ln 2}{\lambda}$$

并联结构的中位寿命为

$$t_{\mathrm{med}} = R_{\mathrm{S}}^{-1}(0.5) \approx \frac{1.228}{\lambda}$$

平均失效时间为

$$\mathrm{MTTF} = \int_0^\infty R_{\mathrm{S}}(t)\,\mathrm{d}t = \frac{3}{2\lambda} \tag{6.26}$$

可以看出，对于包含两个独立零件的并联结构，它的平均失效时间要比单个零件的平均失效时间长 50%。

图 6.4 示出了并联结构的概率密度 $f_{\mathrm{S}}(t)$，以及众数寿命、中位寿命和 MTTF。

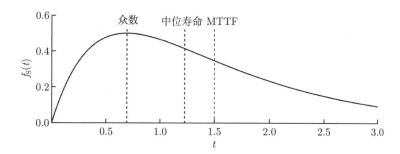

图 6.4　包含两个独立同质、失效率均为 $\lambda = 1$ 的零件的并联结构的概率密度函数、众数、中位寿命和 MTTF

该并联结构在时刻 t 的平均剩余寿命为

$$\mathrm{MRL_S}(t) = \frac{1}{R_\mathrm{S}(t)} \int_t^\infty R_\mathrm{S}(x)\,\mathrm{d}x = \frac{1}{2\lambda}\frac{4 - \mathrm{e}^{-\lambda t}}{2 - \mathrm{e}^{-\lambda t}}$$

可以看到，$\lim\limits_{t\to\infty} \mathrm{MRL_S}(t) = 1/\lambda$。因为两个零件都是不可修的，并且总会有一个先失效，所以迟早会出现只有一个零件可运行的情况。如果一个零件失效，那么结构的平均剩余寿命就等于另一个零件的平均剩余寿命。如果失效率是常数，那么剩下的这个零件的平均剩余寿命等于它的平均失效时间，即 $\mathrm{MTTF} = 1/\lambda$。

案例 6.9 说明，即便结构中所有零件的失效时间都服从指数分布，并联结构的失效时间 T_S 也不服从指数分布。

案例 6.9（包含两个不同零件的并联结构）　考虑包含两个不可修零件的并联结构。两个零件的固定失效率分别为 λ_1 和 λ_2。

该结构的存续度函数为

$$\begin{aligned}
R_\mathrm{S}(t) &= 1 - \left(1 - \mathrm{e}^{-\lambda_1 t}\right)\left(1 - \mathrm{e}^{-\lambda_2 t}\right) \\
&= \mathrm{e}^{-\lambda_1 t} + \mathrm{e}^{-\lambda_2 t} - \mathrm{e}^{-(\lambda_1 + \lambda_2)t}
\end{aligned} \tag{6.27}$$

并联结构的平均失效时间为

$$\mathrm{MTTF} = \int_0^\infty R_\mathrm{S}(t)\,\mathrm{d}t = \frac{1}{\lambda_1} + \frac{1}{\lambda_2} - \frac{1}{\lambda_1 + \lambda_2} \tag{6.28}$$

对应的失效率函数为

$$z_\mathrm{S}(t) = -\frac{R_\mathrm{S}'(t)}{R_\mathrm{S}(t)}$$

因此有

$$z_\mathrm{S}(t) = \frac{\lambda_1 \mathrm{e}^{-\lambda_1 t} + \lambda_2 \mathrm{e}^{-\lambda_2 t} - (\lambda_1 + \lambda_2)\mathrm{e}^{-(\lambda_1 + \lambda_2)t}}{\mathrm{e}^{-\lambda_1 t} + \mathrm{e}^{-\lambda_2 t} - \mathrm{e}^{-(\lambda_1 + \lambda_2)t}} \tag{6.29}$$

图 6.5 示出了特定 λ_1 和 λ_2 组合下的 $z_\mathrm{S}(t)$，其中 $\lambda_1 + \lambda_2 = 1$。可以看出，当 $\lambda_1 \neq \lambda_2$ 时，失效率函数 $z_\mathrm{S}(t)$ 会在时刻 t_0 达到最大值，然后在 $t \geqslant t_0$ 时开始下降，直到 $\min\{\lambda_1, \lambda_2\}$。

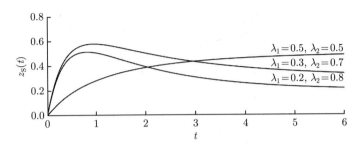

图 6.5 对于特定 λ_1 和 λ_2 取值（$\lambda_1 + \lambda_2 = 1$）的包含两个独立零件的并联结构的失效率

案例 6.10（包含威布尔分布零件的并联结构） 考虑包含两个独立同质零件的并联结构，零件服从威布尔分布 (α, θ)。该结构的结构函数为

$$R_{\mathrm{S}}(t) = 2\mathrm{e}^{-\left(\frac{t}{\theta}\right)^\alpha} - \mathrm{e}^{-2\left(\frac{t}{\theta}\right)^\alpha}$$

表达式中的最后一项可以写作

$$\mathrm{e}^{-2\left(\frac{t}{\theta}\right)^\alpha} = \mathrm{e}^{-\left(\frac{t}{2^{-1/\alpha}\theta}\right)^\alpha}$$

这是威布尔分布 (α, θ_1) 的存续度函数，其中尺度参数 $\theta_1 = 2^{-1/\alpha}\theta$。

现在可以确定并联结构的平均失效时间：

$$\mathrm{MTTF} = 2\theta\,\Gamma\left(1 + \frac{1}{\alpha}\right) - \theta_1\Gamma\left(1 + \frac{1}{\alpha}\right) = (2\theta - \theta_1)\,\Gamma\left(1 + \frac{1}{\alpha}\right)$$

接下来计算并联结构的失效率函数：

$$z_{\mathrm{S}}(t) = \frac{f_{\mathrm{S}}(t)}{R_{\mathrm{S}}(t)} = \frac{-R_{\mathrm{S}}'(t)}{R_{\mathrm{S}}(t)}$$

图 6.6 示出当 $\alpha = 1.8$，$\theta = 1$ 时该并联结构的失效率函数，相应的 R 脚本为

```
t <- seq(0, 3, length=300)  # time axis
a <- 1.8   # the Weibull shape parameter
th  <- 1  # the Weibull scale parameter
th1  <- 2^(-1/a)*th # the transformed scale parameter
m <- (2*th-th1)*gamma(1+1/a) # the MTTF
x <- 2*dweibull(t,a,th, log=FALSE) - dweibull(t,a,th1, log=FALSE)
y <- 1+ pweibull(t,a,th1, log=FALSE) - 2*pweibull(t,a,th, log=FALSE)
z <-x/y
plot(t, z, type="l")
segments(m,0,m,2.1)
text(m,2.6, expression(MTTF[S]))
```

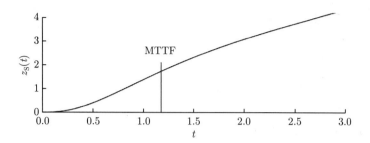

图 6.6　包含两个独立同质服从威布尔分布零件的并联结构的失效率函数（$\alpha = 1.8$，$\theta = 1$）

6.3.3　不可修 2oo3 结构

按照案例 6.2所示，包含独立零件的 2oo3 结构的存续度函数可以写为

$$R_S(t) = R_1(t)R_2(t) + R_1(t)R_3(t) + R_2(t)R_3(t) - 2R_1(t)R_2(t)R_3(t)$$

如果三个零件都有相同的固定失效率 λ，则有

$$R_S(t) = 3\,\mathrm{e}^{-2\lambda t} - 2\,\mathrm{e}^{-3\lambda t} \tag{6.30}$$

这个 2oo3 结构的失效率函数为

$$z_S(t) = \frac{-R_S'(t)}{R_S(t)} = \frac{6\lambda\left(\mathrm{e}^{-2\lambda t} - \mathrm{e}^{-3\lambda t}\right)}{3\mathrm{e}^{-2\lambda t} - 2\mathrm{e}^{-3\lambda t}} \tag{6.31}$$

失效率函数 $z_S(t)$ 如图 6.7 所示。

可以看出，$\lim\limits_{t\to\infty} z_C(t) = 2\lambda$（见习题 6.9）。这个 2oo3 结构的平均失效时间为

$$\mathrm{MTTF} = \int_0^\infty R_S(t)\,\mathrm{d}t = \frac{3}{2\lambda} - \frac{2}{3\lambda} = \frac{5}{6}\frac{1}{\lambda} \tag{6.32}$$

可以看出，2oo3 结构的平均失效时间比单独一个零件的平均失效时间更短。

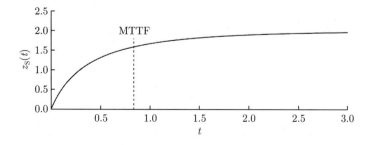

图 6.7　由独立同质零件组成的 2oo3 结构的失效率函数 $z_S(t)$，F（三个零件的失效率均为 $\lambda = 1$）

6.3.4 一组简单对比

下面比较三个简单结构：

（1）单独一个零件；

（2）包含两个同质零件的并联结构；

（3）包括同质零件的 2oo3 结构。

假设所有的零件都是独立的，且固定失效率都为 λ。如表 6.1 所示，我们对这三个结构做了一个简单的比较。可以看到，单独零件的 MTTF 值比 2oo3 结构的大。图 6.8 示出了这三个简单结构的存续度函数，2oo3 结构的 MTTF 比单独零件的对应值低 16%，但是这个 2oo3 结构在区间 $(0,t]$ 内（$t < \ln 2/\lambda$）的存续概率显然要高出很多。

表 6.1 三个结构的简单对比

系统	存续度函数 $R_S(t)$	平均失效时间（MTTF）
1oo1	$e^{-\lambda t}$	$\dfrac{1}{\lambda}$
1oo2	$2e^{-\lambda t} - e^{-2\lambda t}$	$\dfrac{3}{2}\dfrac{1}{\lambda}$
2oo3	$3e^{-2\lambda t} - 2e^{-3\lambda t}$	$\dfrac{5}{6}\dfrac{1}{\lambda}$

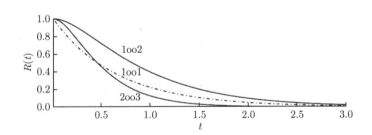

图 6.8 表 6.1 中三个结构的存续度函数（$\lambda = 5$）

6.3.5 不可修 n 中取 k 结构

考虑一个 $koon$ 结构，其中的 n 个零件独立同质，并且其固定失效率均为 λ。根据式 (6.8)，可得这个 $koon$ 结构的存续度函数为

$$R_{\mathrm{S}}(t) = \sum_{x=k}^{n} \binom{n}{x} \mathrm{e}^{-\lambda t x}(1 - \mathrm{e}^{-\lambda t})^{n-x} \tag{6.33}$$

平均失效时间为

$$\mathrm{MTTF} = \int_0^{\infty} R_{\mathrm{S}}(t)\,\mathrm{d}t = \sum_{x=k}^{n} \binom{n}{x} \int_0^{\infty} \mathrm{e}^{-\lambda t x}(1 - \mathrm{e}^{-\lambda t})^{n-x}\,\mathrm{d}t \tag{6.34}$$

令 $v = \mathrm{e}^{-\lambda t}$，使用贝塔函数，可以得到

$$\mathrm{MTTF} = \sum_{x=k}^{n} \binom{n}{x} \frac{1}{\lambda} \int_0^1 v^{x-1}(1-v)^{n-x}\,\mathrm{d}v$$

$$= \sum_{x=k}^{n} \binom{n}{x} \frac{1}{\lambda} \frac{\Gamma(x)\Gamma(n-x+1)}{\Gamma(n+1)}$$

$$= \frac{1}{\lambda} \sum_{x=k}^{n} \binom{n}{x} \frac{(x-1)!(n-x)!}{n!} = \frac{1}{\lambda} \sum_{x=k}^{n} \frac{1}{x} \tag{6.35}$$

我们可以使用式 (6.35) 计算一些简单 *koon* 结构的 MTTF，如表 6.2 所示。可以看到，$1oon$ 结构实际上就是并联结构，而 $noon$ 结构就是串联结构。

表 6.2　一些包含独立同质、固定失效率为 λ 的元件的 *koon* 结构的 MTTF 值					
k	n				
	1	2	3	4	5
1	$\dfrac{1}{\lambda}$	$\dfrac{3}{2\lambda}$	$\dfrac{11}{6\lambda}$	$\dfrac{25}{12\lambda}$	$\dfrac{137}{60\lambda}$
2	—	$\dfrac{1}{2\lambda}$	$\dfrac{5}{6\lambda}$	$\dfrac{13}{12\lambda}$	$\dfrac{77}{60\lambda}$
3	—	—	$\dfrac{1}{3\lambda}$	$\dfrac{7}{12\lambda}$	$\dfrac{47}{60\lambda}$
4	—	—	—	$\dfrac{1}{4\lambda}$	$\dfrac{9}{20\lambda}$
5	—	—	—	—	$\dfrac{1}{5\lambda}$

6.4　被动冗余

在一些结构中，某一个元件（零件或者子系统）对于系统功能的重要性可能比其他元件重要得多。例如，如果某一单个元件与系统的其余部分串联运行，那么这个元件的失效

就会导致系统失效。在这种情况下有两种方法可以确保获得更高的系统可靠性：① 在系统中的这些关键位置使用可靠性非常高的元件；② 在这些地方引入冗余（即引入一个或更多备用元件）。通过用两个或多个并联运行的元件替换重要元件而获得的冗余类型称为活跃冗余（active redundancy）。这些元件从一开始就会分担载荷，直到其中一个失效。

我们还可以采用另一种方法，即使一些元件处于备用状态。当常规元件失效的时候激活第一个备用元件，第一个备用零件失效再激活第二个，以此类推。如果备用元件不承担任何载荷，则它们在激活前的等待期间不会出现退化（因此在此期间也不会失效），我们称这种冗余方式为被动冗余（passive redundancy）。在等待期间，这些元件处于冷待机状态。如果备用元件在等待期间承担较小的载荷，或者出现一定程度的退化（因此在此期间可能会失效），则称这种方式为部分加载冗余。在后续章节中，我们会通过一些简单的例子来说明这些冗余类型。

6.4.1　被动冗余，完美切换，没有修理

考虑图 6.9 中的备用系统。该系统按照以下方式运行：1 号元件在 $t = 0$ 时刻投入运行，一旦它失效，2 号元件就会被激活。当 2 号元件失效的时候，3 号元件被激活，以此类推。我们称运行中的元件为活跃元件，而那些处于待机状态准备开始工作的元件称为备用或者被动元件。如果 n 号元件失效，则系统失效。

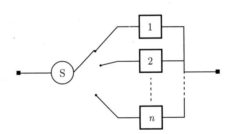

图 6.9　包含 n 个元件的备用系统

我们假设切换开关 S 功能正常，处于备用状态的元件也不会失效。令 T_i 表示元件 i 的失效时间，$i = 1, 2, \cdots, n$。则整个备用系统的失效时间 T_{S} 为

$$T_{\mathrm{S}} = \sum_{i=1}^{n} T_i$$

显然，系统的平均失效时间 MTTF 为

$$\mathrm{MTTF} = \sum_{i=1}^{n} \mathrm{MTTF}_i$$

其中 MTTF_i 是第 i 号元件的平均失效时间，$i = 1, 2, \cdots, n$。

只有在一些特定情况下，即 $T_1, T_2, \cdots, T_n$ 相互独立，并且都服从失效率为 λ 的指数分布时，我们才能精确地确定寿命分布 T_{S}。根据式 (5.142) 可知，T_{S} 是一个参数为 n 和 λ 的伽马分布。所以系统的存续度函数为

$$R_{\mathrm{S}}(t) = \sum_{k=0}^{n-1} \frac{(\lambda t)^k}{k!} \mathrm{e}^{-\lambda t} \tag{6.36}$$

如果只有一个备用元件，即 $n = 2$，那么存续度函数为

$$R_{\mathrm{S}}(t) = \mathrm{e}^{-\lambda t} + \frac{\lambda t}{1!} \mathrm{e}^{-\lambda t} = (1 + \lambda t)\, \mathrm{e}^{-\lambda t} \tag{6.37}$$

如果有两个备用元件，即 $n = 3$，那么存续度函数是

$$R_{\mathrm{S}}(t) = \mathrm{e}^{-\lambda t} + \frac{\lambda t}{1!} \mathrm{e}^{-\lambda t} + \frac{(\lambda t)^2}{2!} \mathrm{e}^{-\lambda t} = \left[1 + \lambda t + \frac{(\lambda t)^2}{2} \right] \mathrm{e}^{-\lambda t} \tag{6.38}$$

如果我们无法确定 T_{S} 的精确分布，那么就要借助分布的近似表达。比如，假设寿命 $T_1, T_2, \cdots, T_n$ 是平均失效时间为 μ、方差为 σ^2 的独立同分布变量，根据中心极限定理（见注释），当 $n \to \infty$ 时，T_{S} 服从均值为 $n\mu$、方差为 $n\sigma^2$ 的渐近正态分布。

中心极限定理

令 $X_1, X_2, \cdots, X_n$ 表示一系列均值为 $E(X_i) = \mu$、方差为 $\mathrm{var}(X_i) = \sigma^2 < \infty$ 的独立同分布随机变量，$i = 1, 2, \cdots, n$，考虑变量的和 $\sum\limits_{i=1}^{n} X_i$。已知 $E\left(\sum\limits_{i=1}^{n} X_i \right) = n\mu$ 并且 $\mathrm{var}\left(\sum\limits_{i=1}^{n} X_i \right) = n\sigma^2$，那么中心极限定理就是：当 $n \to \infty$ 时，变量和 $\sum\limits_{i=1}^{n} X_i$ 收敛于一个正态分布，即

$$\frac{\sum\limits_{i=1}^{n} X_i - n\mu}{\sigma \sqrt{n}} \xrightarrow{d} \mathcal{N}(0,1) \tag{6.39}$$

这意味着，如果 n 值足够大，则有

$$\mathrm{Pr}\left(\sum_{i=1}^{n} X_i \leqslant x \right) = \mathrm{Pr}\left(\frac{\sum\limits_{i=1}^{n} X_i - n\mu}{\sigma \sqrt{n}} \leqslant \frac{x - n\mu}{\sigma \sqrt{n}} \right) = \Phi\left(\frac{x - n\mu}{\sigma \sqrt{n}} \right)$$

其中 $\Phi(\cdot)$ 是标准正态分布 $\mathcal{N}(0,1)$ 的累计分布函数。

根据中心极限定理，系统的存续度函数可以近似为

$$R_{\mathrm{S}}(t) = \mathrm{Pr}\left(\sum_{i=1}^{n} T_i > t \right) = 1 - \mathrm{Pr}\left(\sum_{i=1}^{n} T_i \leqslant t \right)$$

$$= 1 - \mathrm{Pr}\left(\frac{\sum\limits_{i=1}^{n} T_i - n\mu}{\sigma \sqrt{n}} \leqslant \frac{t - n\mu}{\sigma \sqrt{n}} \right) \approx \Phi\left(\frac{n\mu - t}{\sigma \sqrt{n}} \right)$$

6.4.2　冷备份，不完美切换，没有修理

现在，我们考虑最简单的情况，即包括 $n = 2$ 个元件的结构。图 6.10 所示的备用系统有一个活跃元件（1 号元件）和一个处于冷备份状态的元件（2 号元件）。切换开关会监控活跃元件的状况，一旦出现失效就会激活备用元件。

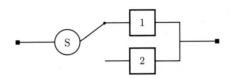

图 6.10　包含两个元件的备用系统

接下来可以假设活跃元件的固定失效率为 λ_1，一旦该元件失效，开关会激活备用元件，而能够成功实现切换的概率为 $1-p$。假设 2 号元件处于备用时的失效率可以忽略不计，一旦该元件被激活，那么它的失效率就变成 λ_2。系统中的三个部分独立运行，出现任何失效都不会进行修理。此外，我们还假设开关 S 的唯一失效方式就是在活跃元件失效时无法激活备用元件。在很多真实应用中，这个切换操作可能是人工进行的。无法激活备用元件的概率 p 实际上还包括备用元件自身无法启动的概率。

系统在区间 $(0, t]$ 内能够以两种不同（disjoint）的方式工作：

（1）1 号元件在区间 $(0, t]$ 内没有失效（即 $T_1 > t$）。

（2）1 号元件在区间 $(\tau, \tau + \mathrm{d}\tau]$ 内失效，其中 $0 < \tau < t$。开关 S 能够激活 2 号元件，2 号元件在时刻 τ 被激活并且在区间 $(\tau, t]$ 内没有失效。

令 T_S 表示系统失效时间。事件 1 和事件 2 显然是不相交事件，因此系统的存续度函数 $R_S(t) = \Pr(T_S > t)$ 是这两个事件概率的和。

事件 1 的概率为

$$\Pr(T_1 > t) = \mathrm{e}^{-\lambda_1 t}$$

接下来，考虑事件 2：1 号元件在 $(\tau, \tau + \mathrm{d}\tau]$ 区间内失效的概率为 $f_1(\tau)\,\mathrm{d}\tau = \lambda_1 \mathrm{e}^{-\lambda_1 \tau}\,\mathrm{d}\tau$，开关 S 能够激活 2 号元件的概率为 $1-p$。

2 号元件在区间 $(\tau, t]$ 内没有失效的概率为 $\mathrm{e}^{-\lambda_2(t-\tau)}$。因为 1 号元件可能在区间 $(0, \tau]$ 内的任意时刻 t 失效，则当 $\lambda_1 \neq \lambda_2$ 时，系统的存续度函数为

$$\begin{aligned}
R_S(t) &= \mathrm{e}^{-\lambda_1 t} + \int_0^t (1-p)\,\mathrm{e}^{-\lambda_2(t-\tau)} \lambda_1 \mathrm{e}^{-\lambda_1 \tau}\,\mathrm{d}\tau \\
&= \mathrm{e}^{-\lambda_1 t} + (1-p)\lambda_1 \mathrm{e}^{-\lambda_2 t} \int_0^t \mathrm{e}^{-(\lambda_1 - \lambda_2)\tau}\,\mathrm{d}\tau \\
&= \mathrm{e}^{-\lambda_1 t} + \frac{(1-p)\lambda_1}{\lambda_1 - \lambda_2} \mathrm{e}^{-\lambda_2 t} - \frac{(1-p)\lambda_1}{\lambda_1 - \lambda_2} \mathrm{e}^{-\lambda_1 t}
\end{aligned} \tag{6.40}$$

当 $\lambda_1 = \lambda_2 = \lambda$ 时，可得

$$\begin{aligned}
R_S(t) &= \mathrm{e}^{-\lambda t} + \int_0^t (1-p)\mathrm{e}^{-\lambda(t-\tau)}\lambda \mathrm{e}^{-\lambda \tau}\,\mathrm{d}\tau \\
&= \mathrm{e}^{-\lambda t} + (1-p)\lambda \mathrm{e}^{-\lambda t} \int_0^t \mathrm{d}\tau \\
&= \mathrm{e}^{-\lambda t} + (1-p)\lambda t \mathrm{e}^{-\lambda t}
\end{aligned} \tag{6.41}$$

系统的 MTTF 为

$$\text{MTTF} = \int_0^\infty R_S(t)\,\mathrm{d}t = \frac{1}{\lambda_1} + \frac{(1-p)\lambda_1}{\lambda_1 - \lambda_2}\left(\frac{1}{\lambda_2} - \frac{1}{\lambda_1}\right)$$

$$= \frac{1}{\lambda_1} + (1-p)\frac{1}{\lambda_2} \tag{6.42}$$

当 λ_1 和 λ_2 取任意值时这个结果都适用。

案例 6.11（备用水泵）　考虑图 6.10 中的备用系统，其中有两台相同的水泵，每台泵都有 $\lambda = 10^{-3}$ 次失效/h 的固定失效率。开关 S 无法激活（切换并启动）备用泵的概率 p 预估为 1.5%（即 $p = 0.015$）。

根据式 (6.38)，这个水泵系统在 $t = 1000\text{h}$ 时的存续度函数为

$$R_S(1000) = 0.7302$$

可以由式 (6.42) 计算出系统的平均失效时间为

$$\text{MTTF} = \frac{1}{\lambda}\left[1 + (1-p)\right] = 1985\text{h}$$

6.4.3　部分载荷冗余，不完美切换，没有修理

考虑与图 6.10 所示相同的备用系统，但是我们改变假设，设 2 号元件在激活之前会承担一定的载荷。令 λ_0 表示 1 号元件处于备用状态但是有部分载荷时的失效率，那么系统在区间 $(0, t)$ 内也会有两种不同的工作方式：

（1）1 号元件在区间 $(0, t)$ 内没有失效（即 $T_1 > t$）。

（2）1 号元件在区间 $(\tau, \tau + \mathrm{d}\tau)$ 内失效，其中 $0 < \tau < t$。开关 S 能够激活 2 号元件，2 号元件在区间 $(0, \tau)$ 内没有失效，在时刻 τ 被激活，并且在区间 (τ, t) 内也没有失效。

令 T_S 表示系统失效时间，则系统的存续度函数 $R_S(t) = \Pr(T_S > t)$ 就是上述两个不相交事件发生概率的和。

考虑事件 2：1 号元件在 $(\tau, \tau + \mathrm{d}\tau]$ 区间内失效的概率为 $f_1(\tau)\,\mathrm{d}\tau = \lambda_1 e^{-\lambda_1 \tau}\,\mathrm{d}\tau$，开关 S 能够激活 2 号元件的概率为 $1 - p$，在部分载荷备用状态下，2 号元件在区间 $(0, \tau]$ 内没有失效的概率为 $e^{-\lambda_0 \tau}$，2 号元件在活跃状态区间 $(\tau, t]$ 内没有失效的概率为 $e^{-\lambda_2(t-\tau)}$。

因为 1 号元件可能会在区间 $(0, \tau]$ 内的任意时刻 t 失效，则系统的存续度函数变为

$$R_S(t) = e^{-\lambda_1 t} + \int_0^t (1-p)e^{-\lambda_0 \tau}e^{-\lambda_2(t-\tau)}\lambda_1 e^{-\lambda_1 \tau}\,\mathrm{d}\tau$$

$$= e^{-\lambda_1 t} + \frac{(1-p)\lambda_1}{\lambda_0 + \lambda_1 - \lambda_2}\left(e^{-\lambda_2 t} - e^{-(\lambda_0 + \lambda_1)t}\right) \tag{6.43}$$

其中 $\lambda_1 + \lambda_0 - \lambda_2 \neq 0$。

当 $\lambda_1 + \lambda_0 - \lambda_2 = 0$ 时，存续度函数为

$$R_S(t) = e^{-\lambda_1 t} + (1-p)\lambda_1 t e^{-\lambda_2 t} \tag{6.44}$$

系统的平均失效时间为

$$
\begin{aligned}
\mathrm{MTTF} &= \frac{1}{\lambda_1} + \frac{(1-p)\lambda_1}{\lambda_1 + \lambda_0 - \lambda_2}\left(\frac{1}{\lambda_2} - \frac{1}{\lambda_1 + \lambda_0}\right) \\
&= \frac{1}{\lambda_1} + (1-p)\frac{\lambda_1}{\lambda_2(\lambda_1 + \lambda_0)}
\end{aligned} \tag{6.45}
$$

这一结果适用于 λ_0、λ_1 和 λ_2 取任意值的情况。在本节中，我们还技巧性地对独立性进行了一些假设，这里就不一一讨论了。

第 11 章将继续讨论冗余的概念，并使用马尔可夫模型研究可修和不可修备用系统。

6.5　单一可修元件

本节将介绍一些对单一可修元件进行可靠性评估的比较简单的方法。所谓可修元件，是指在失效发生后，还可以被修复的元件。这里不考虑其他的维修方式，第 9 章将介绍更多的修理和维修策略。

6.5.1　可用性

正如我们在第 1 章中所介绍的，可修元件的主要可靠性量度是元件的可用性（availability）。

定义 6.1（可用性）　可修元件在时刻 t 的可用性 $A(t)$ 是该元件在时刻 t 可运行的概率：

$$A(t) = \mathrm{Pr}(\text{元件在时刻}t\text{可运行}) = \mathrm{Pr}[X(t) = 1] \tag{6.46}$$

可用性 $A(t)$ 也称为瞬时可用性，或者随时间变化的可用性。如果该元件没有得到修理，就有 $A(t) = R(t)$（存续度函数）。

定义 6.2（不可用性）　可修元件在时刻 t 的不可用性 $\overline{A}(t)$（$\overline{A}(t) = 1 - A(t)$）是该元件在时刻 t 功能丧失，即已经失效的概率：

$$\overline{A}(t) = \mathrm{Pr}(\text{元件在时刻}t\text{已经失效}) = \mathrm{Pr}[X(t) = 0] \tag{6.47}$$

有时，我们会关注在时间段 (t_1, t_2) 内的区间可用性或者任务可用性，它的定义如下：

定义 6.3（区间可用性）　在时间段 (t_1, t_2) 内的（平均）区间可用性或者任务可用性 $A_{\mathrm{avg}}(t_1, t_2)$ 为

$$A_{\mathrm{avg}}(t_1, t_2) = \frac{1}{t_2 - t_1}\int_{t_1}^{t_2} A(t)\,\mathrm{d}t \tag{6.48}$$

$A_{\mathrm{avg}}(t_1, t_2)$ 是瞬时可用性 $A(t)$ 在一个特定区间 (t_1, t_2) 内的平均值。

在一些应用中，我们关注从启动到特定时刻的时间段 $(0, \tau)$ 内的区间或者任务可用性，它的定义为

$$A_{\mathrm{avg}}(0, \tau) = \frac{1}{\tau} \int_0^\tau A(t)\, \mathrm{d}t \qquad (6.49)$$

平均可用性（$A_{\mathrm{avg}}(t_1, t_2)$ 或者 $A_{\mathrm{avg}}(0, \tau)$），可以解释为该元件在此区间内可运行的时间比例均值。

当 $\tau \to \infty$ 时，式 (6.49) 中的平均区间可用性就会趋近于一个极限，我们称之为元件的长期平均可用性。

定义 6.4（平均可用性） 元件的（长期）平均可用性为

$$A_{\mathrm{avg}} = \lim_{\tau \to \infty} A_{\mathrm{avg}}(\tau) = \lim_{\tau \to \infty} \frac{1}{\tau} \int_0^\tau A(t)\, \mathrm{d}t \qquad (6.50)$$

（长期）平均可用性可以解释为元件在长时间内可运行的平均比例。可用性取决于可能发生的失效数量，以及故障的排除速度（即可维修性和维修保障能力）。

在一些场合（比如发电行业），（长期）平均不可用性 $\overline{A}_{\mathrm{avg}} = 1 - A_{\mathrm{avg}}$ 被称作强迫停机率。

案例 6.12（平均可用性） 考虑一个连续工作的元件，该元件的平均可用性为 0.95。也就是说，在一年的时间里（即 8760h），我们期待这个元件能够在 $8760 \times 0.95\mathrm{h} = 8322\mathrm{h}$ 中可运行，在 $8760 \times 0.05\mathrm{h} = 438\mathrm{h}$ 中无法工作。可以发现，平均可用性并没有涉及元件在此区间的失效次数。

很多时候，当 $t \to \infty$ 时，瞬时可用性 $A(t)$ 就会趋近于一个极限值，该极限 A 就称为元件的极限可用性。

定义 6.5（极限可用性） 如果极限存在，那么极限可用性为

$$A = \lim_{t \to \infty} A(t) \qquad (6.51)$$

极限可用性有时也称为稳态可用性。如果极限可用性存在，那么它就等于长期平均可用性，即 $A_{\mathrm{avg}} = A$。

6.5.2 完美维修时的平均可用性

假设一个元件在时刻 $t = 0$ 投入使用并且可运行。无论元件在什么时候失效，它都会被一个全新的、同类型的元件替换，或者被修理得完好如初。我们考虑元件的寿命序列或者工作时间序列 $T_1, T_2, \cdots$，假设 $T_1, T_2, \cdots$ 独立同分布，分布函数为 $F_T(t) = \Pr(T_i \leqslant t)$，$i = 1, 2, \cdots$，平均工作时间为 MUT。

接下来，我们假设故障时间 $D_1, D_2, \cdots$ 同样也是独立同分布的，分布函数为 $F_D(t) = \Pr(D_i \leqslant t)$，$i = 1, 2, \cdots$，平均故障时间为 MDT。最后，我们假设所有的 T_i 和 D_i 相互独立，这意味着修理时间不会受到工作时间长短的影响。该元件的状态变量 $X(t)$ 如图 6.11 所示。

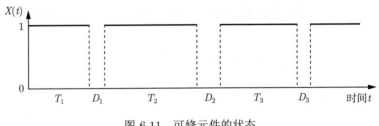

图 6.11 可修元件的状态

假定我们观察元件直到它被修理了 n 次，则观察到的工作时间为 $T_1, T_2, \cdots, T_n$，故障时间为 $D_1, D_2, \cdots, D_n$。根据大数定律和一些基本假设，可以得到

$$\frac{1}{n}\sum_{i=1}^{n}T_i \;\to\; E(T) = \mathrm{MUT}, \;\; n \to \infty$$

$$\frac{1}{n}\sum_{i=1}^{n}D_i \;\to\; E(D) = \mathrm{MDT}, \;\; n \to \infty$$

该元件处于可运行状态的时间比例是

$$\frac{\sum\limits_{i=1}^{n}T_i}{\sum\limits_{i=1}^{n}T_i + \sum\limits_{i=1}^{n}D_i} = \frac{(1/n)\sum\limits_{i=1}^{n}T_i}{(1/n)\sum\limits_{i=1}^{n}T_i + (1/n)\sum\limits_{i=1}^{n}D_i} \tag{6.52}$$

根据大数定律，式 (6.52) 的右侧可以整理为

$$\frac{E(T)}{E(T) + E(D)} = \frac{\mathrm{MUT}}{\mathrm{MUT} + \mathrm{MDT}}, \;\; n \to \infty$$

这个结果就是元件可运行时间的平均比例。如果我们考虑一个相当长的区间，就能确定元件的长期平均可用性：

$$A_{\mathrm{avg}} = \frac{\mathrm{MUT}}{\mathrm{MUT} + \mathrm{MDT}} \tag{6.53}$$

相应的平均不可用性为

$$\overline{A}_{\mathrm{avg}} = \frac{\mathrm{MDT}}{\mathrm{MUT} + \mathrm{MDT}} \tag{6.54}$$

这个结果是在考虑一个相当长区间的时候，元件无法工作的平均时间比例。

案例 6.13（完美维修时的平均可用性） 一台机器的 MTTF $= 1000\mathrm{h}$，MDT$= 5\mathrm{h}$。我们假设维修是完美的，也就意味着 MTTF $=$ MUT（见注释 6.2）。这说明机器的平均可用性为

$$A_{\mathrm{avg}} = \frac{\mathrm{MUT}}{\mathrm{MUT} + \mathrm{MDT}} = \frac{1000}{1000 + 5} = 0.995$$

平均来说，这台机器在 99.5% 的时间里可运行。与之对应的平均不可用性是 0.5%，也就是说，如果假设机器连续运行，它每年大约有 44h 处于故障状态。

注释 6.2（MTTF 和 MUT） 元件的 MTTF 定义为在时刻 $t = 0$ 处于完全运行状态的元件的平均失效时间。对于可修元件来说，即使我们假设每个零件都满足此要求，该元件在发生失效时也并不一定总会被修复到完好如初的状态。例如，假设一个元件是由三个零件组成的并联结构。当且仅当所有三个零件都失效的时候，该元件失效。这意味着元件失效涉及三个零件的故障。对于一些元件而言，尽快将元件恢复到运行状态很重要。因此，我们可以容忍结构中一个或两个零件工作，另一个零件失效，这样也能够重启整个结构。很显然，对于这个结构来说，它的平均工作时间 MUT 可能与 MTTF 不同。

6.5.3 失效率和修复率都恒定的单一元件的可用性

考虑一个可修元件，它的工作时间是独立的并服从指数分布，失效率为 λ。另一方面，它的故障时间也是独立的，服从参数为 μ 的指数分布。我们假设所有的修理都是完美的，那么该元件的平均故障时间为

$$\mathrm{MDT} = \frac{1}{\mu}$$

参数 μ 称为修复率。我们将在第 11 章证明，可以得到完美维修的元件在时刻 t 的可用性为

$$A(t) = \frac{\mu}{\lambda + \mu} + \frac{\lambda}{\lambda + \mu}\, \mathrm{e}^{-(\lambda + \mu)t} \tag{6.55}$$

图 6.12 示出了元件的可用性 $A(t)$。当 $t \to \infty$ 时，对于这样的工作时间和故障时间分布，元件的可用性 $A(t)$ 趋近于一个常数 A：

$$A = \lim_{t \to \infty} A(t) = \frac{\mu}{\lambda + \mu} = \frac{1/\lambda}{1/\lambda + 1/\mu} = \frac{\mathrm{MUT}}{\mathrm{MUT} + \mathrm{MDT}} \tag{6.56}$$

A 是极限可用性，在本例中就等于元件的平均可用性。如果元件失效后无法修复，即 $\mu = 0$，那么可用性 $A(t)$ 就等同于存续度函数 $R(t)$。

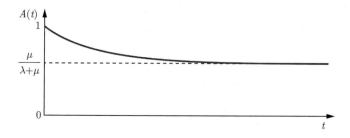

图 6.12 失效率为 λ、维修速率为 μ 的元件的可用性 $A(t)$

在绝大多数情况下，$\mathrm{MDT} \ll \mathrm{MUT}$，因此元件的平均不可用性可以近似为

$$\overline{A}_{\mathrm{av}} = \frac{\mathrm{MDT}}{\mathrm{MUT} + \mathrm{MDT}} = \frac{\lambda\,\mathrm{MDT}}{1 + \lambda\,\mathrm{MDT}} \approx \lambda\,\mathrm{MDT} \tag{6.57}$$

这个近似公式经常用于手工计算。

在做备件供应计划的时候，我们需要了解在一个特定时间段内预计会有多少失效发生。令 $W(t)$ 表示在时间段 $(0, t)$ 内执行的平均修理次数，它取决于工作时间和故障时间的分布情况。通常很难给出 $W(t)$ 的精确表达式（见第 10 章），但是如果 t 足够大，我们可以进行下面的近似计算：

$$W(t) \approx \frac{t}{\text{MTTF} + \text{MDT}} \tag{6.58}$$

6.5.4 运行可用性

一个元件的运行可用性（operational availability）A_{OP} 可以定义为该元件在一个任务区间内能够执行其指定功能的时间比例。为了确定 A_{OP}，我们必须确定任务时间，并且估计总体计划故障时间均值以及任务区间内的总体计划外故障时间均值。运行不可用性 $\overline{A}_{\text{OP}}(\overline{A}_{\text{OP}} = 1 - A_{\text{OP}})$ 可以根据下式得到：

$$\overline{A}_{\text{OP}} = \frac{\text{总体计划故障时间均值} + \text{总体计划外故障时间均值}}{\text{任务周期}}$$

在使用可用性和运行可用性的时候，我们只考虑两个状态：能够运行和已经失效。然而，生产系统的输出可能多种多样，所以可用性有时并不足以衡量系统的性能。ISO 20815 中提出了多个量度选择，比如可以用生产保障能力衡量油气生产系统的运行情况。我们也可以使用生产可用性来描述生产系统满足交付需求或者性能要求的能力。ISO 20815 最早是针对油气行业制定的标准，但也可以用于其他行业。文献 [166] 对于生产可用性评估有更加详细的讨论。

6.5.5 生产可用性

有多个量度可以用来衡量运行绩效，其中包括以下量度。

在 ISO 20815 中，交付能力（deliverability）被定义为在一个特定时间段内，实际交付量与计划/协议交付量的比值，它会受到其他生产者的替代能力和下游缓冲储存等补偿要素的影响。

$$\text{交付能力} = \frac{\text{实际交付量}}{\text{计划/协议交付量}}$$

交付能力衡量的是系统根据协议满足客户需求的能力。如果生产系统出现失效或者其他问题，那么我们可以使用库存产品，或者从其他供应商处采购来进行弥补。比如，北海上的油气公司通过海底管道为欧洲供应天然气，它们的交付能力会在海底管道和某国（比如德国）天然气网之间的接口处衡量。在生产系统停机的时候，如果时间相对较短，它并不会对管道的输出有什么影响，这是因为在管道中高压储存着大量的天然气。即便是较长时间停机造成的损失，也会由连接到相同管道上的其他供应商增加产量来补偿。

在线可用性（on-stream availability，OA）可以定义为，在一个特定的时间段内，生产（交付）量大于零的平均时间占比。而 $1-\text{OA}$ 则表示系统完全无法生产的平均时间占比。

在时间段 (t_1, t_2) 内 100% 的生产可用性（A_{100}），含义是在此区间内系统进行满负荷生产的平均时间比例（以小时为单位衡量），即

$$A_{100} = \frac{\text{在区间 } (t_1, t_2) \text{ 内满负荷生产的小时数}}{t_2 - t_1}$$

使用 A_{100}，我们实际上只关心满负荷生产的情况，不会区分生产率是 90% 还是根本没有产出。

当然，我们也可以定义在一个较低产能水平上的生产可用性，比如 80%：

$$A_{80} = \frac{\text{系统 } (t_1, t_2) \text{ 生产力} \geqslant 80\% \text{ 设计产能的小时数}}{t_2 - t_1}$$

6.5.6　准时率/准点率

如果一项服务能够"按时"启动或者完成，那么我们可以说这项服务是准时的。在交通运输部门，准时率或者准点率（punctuality）是一种常用的可靠性量度。当时，对于准时的定义因交通方式和国家而异。在民航业，是否准时与离开和到达航站楼的时间有关，也可能用飞机起飞或步入跑道上的时间衡量。准时出发或到达的标准一般被确定为在预定出发或到达时间之后延迟的分钟数。一些国家民航业可接受的偏差是 15min，另一些国家则可能有些区别。民用航空的准点率定义为

$$\text{准点率} = \frac{\text{航班按时的数量}}{\text{计划航班的总数量}}$$

准点率一般用百分比表示。铁路、轮渡、公交系统也都使用相同的准点率定义。

6.5.7　可维修系统的失效率

假设一个元件在时刻 $t=0$ 投入使用时可运行，即 $X(0) = 1$。

1. 失效率函数

我们在第 5 章中将不可修元件的失效率函数定义为

$$z(t) = \lim_{\Delta t \to 0} \frac{\Pr(t < T \leqslant t + \Delta t \mid T > t)}{\Delta t} = \frac{f(t)}{R(t)}$$

其中 $f(t)$ 是失效时间 T 的概率密度函数，$R(t) = \Pr(T > t)$ 是存续度函数。当 Δt 很小时，可以进行近似计算：

$$\Pr(t < T \leqslant t + \Delta t \mid T > t) \approx z(t)\Delta t$$

因为这个元件不可修，所以事件 $T > t$ 和 $X(t) = 1$ 所表达的信息是一致的。事件 $(t < T \leqslant t + \Delta t)$ 和在时间段 $(t, t + \Delta t]$ 内失效，同样表达了一样的信息。如果已知元件不可修，那么失效率函数的定义还可以表示为

$$z(t) = \lim_{\Delta t \to 0} \frac{\Pr\left(\text{在区间}[t, t + \Delta t]\text{发生失效} \mid X(t) = 1\right)}{\Delta t} \tag{6.59}$$

2. ROCOF

在第 5 章中简要提及的另一种"失效率"量度是失效发生速率（rate of occurrence of failures，ROCOF）。要定义 ROCOF，我们首先要知道变量 $N(t)$ 是时间段 $(0, t]$ 失效发生的次数，并且它的均值是 $W(t) = E[N(t)]$。

在时刻 t 的 ROCOF 可以定义为

$$w(t) = \lim_{\Delta t \to 0} \frac{E[N(t + \Delta t) - N(t)]}{\Delta t} = \lim_{\Delta t \to 0} \frac{W(t + \Delta t) - W(t)}{\Delta t} = \frac{\mathrm{d}}{\mathrm{d}t} W(t)$$

因为时间段 $(t, t + \Delta t]$ 非常短，在此区间内最多可以发生一个失效，因此，在此区间内的失效数量均值就接近于 1 乘以失效在 $(t, t + \Delta t]$ 区间发生的概率。所以，ROCOF 可以写成

$$w(t) = \lim_{\Delta t \to 0} \frac{\Pr(\text{在区间}[t, t + \Delta t]\text{发生失效})}{\Delta t} \tag{6.60}$$

如果 Δt 很小，可以进行近似计算：

$$\Pr(\text{在区间}[t, t + \Delta t]\text{发生失效}) \approx w(t)\Delta t \tag{6.61}$$

在特定时间段 $(t_1, t_2]$ 内的平均失效数量为

$$W(t_1, t_2) = \int_{t_1}^{t_2} w(t)\,\mathrm{d}t = W(t_2) - W(t_1) \tag{6.62}$$

第 10 章将更加详细地讨论 ROCOF。

3. ROCOF 的近似公式

考虑一个可修元件，它总是可以被修理到完好如初的状态（即完美维修），这样，该元件就会有一系列工作时间（U）和故障时间（D）。假设我们观察这个元件，直到第 n 个失效已经被修好。我们可以建立两个序列，表示工作时间 $u_1, u_2, \cdots, u_n$ 和故障时间 $d_1, d_2, \cdots, d_n$。在观察期间 $\sum_{i=1}^{n}(u_i + d_i)$ 内，有 n 个失效发生。那么这个过程的 ROCOF 就可以确定：

$$w = \frac{n}{\sum_{i=1}^{n}(u_i + d_i)} = \frac{1}{\dfrac{1}{n}\sum_{i=1}^{n} u_i + \dfrac{1}{n}\sum_{i=1}^{n} d_i} \xrightarrow[n \to \infty]{} \frac{1}{\mathrm{MUT} + \mathrm{MDT}}$$

对于未来的某个时间点 t，我们可以近似计算 ROCOF：

$$w(t) \approx \frac{1}{\mathrm{MUT} + \mathrm{MDT}} \tag{6.63}$$

这个结果非常直观，因为平均来说，我们就是预计每个 MUT + MDT 单位时间会发生一次失效。

案例 **6.14（固定失效率和固定维修率）** 考虑单独一个可修元件，它有固定失效率 λ 和固定维修率 μ。一旦出现失效，这个元件可以得到完美维修。元件的平均失效间隔（MTBF）是 $\text{MUT} + \text{MDT} = 1/\lambda + 1/\mu = (\lambda + \mu)/\lambda\mu$。在一段时间之后，元件的 ROCOF 变为

$$w = \frac{1}{\text{MUT} + \text{MDT}} = \frac{\lambda\mu}{\lambda + \mu} \tag{6.64}$$

如果该元件在时刻 $t = 0$ 投入使用并且可运行，在 $t = 0$ 刚过的时候 ROCOF 会有一点不同，但是很快就会逼近式 (6.64) 的计算值。一般来说，在经过 3 个 MDT，即 $t \geqslant 3\text{MDT}$ 之后，数值就相当接近了。

4. 韦斯利失效率

第三种"失效率"，即 $z^{\text{V}}(t)$ 可以定义为

$$z^{\text{V}}(t) = \lim_{\Delta t \to 0} \frac{\Pr(\text{在区间 } (t, t + \Delta t] \text{ 内发生失效} \mid X(t) = 1)}{\Delta t} \tag{6.65}$$

这个针对可修（和不可修）元件的失效率量度是由 William E. Vesely[288] 提出的，因此称为韦斯利失效率。如果元件不可修，$z^{\text{V}}(t)$ 就与式 (6.59) 中的失效率函数 $z(t)$ 一致。对于可修元件而言，$X(t) = 1$ 意味着该元件在时刻 t 可运行，但是并没有说明从前一次修理（或者启动）开始到该时刻，这个元件到底有多长时间可运行。

如果 Δt 非常小，我们可以进行近似计算：

$$\Pr(\text{在区间 } (t, t + \Delta t] \text{ 内发生失效} \mid X(t) = 1) \approx z^{\text{V}}(t)\Delta t \tag{6.66}$$

令 $E_t^{\Delta t}$ 表示事件 "在区间 $(t, t + \Delta t]$ 内发生失效"。在这个失效发生的时候，元件在时刻 t 的状态要么满足 $X(t) = 1$，要么满足 $X(t) = 0$。这意味着

$$\Pr(E_t^{\Delta t}) = \Pr[E_t^{\Delta t} \cap X(t) = 1] + \Pr[E_t^{\Delta t} \cap X(t) = 0]$$

事件 $E_t^{\Delta t} \cap X(t) = 0$ 表示元件在时刻 t 已经失效，并且必须在 Δt 这段时间内被修复然后再次失效。因为 Δt 非常短，这两个事件很难在 $(t, t + \Delta t]$ 这个区间内先后发生，因此 $\Pr\left(E_t^{\Delta t} \cap X(t) = 0\right) = 0$。所以可以得到

$$\Pr(E_t^{\Delta t}) = \Pr[E_t^{\Delta t} \cap X(t) = 1] = \Pr[E_t^{\Delta t} \mid X(t) = 1]\Pr[X(t) = 1]$$

因此有

$$\Pr[E_t^{\Delta t} \mid X(t) = 1] = \frac{\Pr(E_t^{\Delta t})}{\Pr[X(t) = 1]}$$

因为 $\Pr[X(t) = 1] = A(t)$ 是元件在时刻 t 的可用性，等式两边都除以 Δt 并且取极限，可得

$$z^{\text{V}}(t) = \frac{w(t)}{A(t)} \tag{6.67}$$

对于不可修元件，有 $w(t) = f(t)$（概率密度函数），以及 $A(t) = R(t)$（存续度函数），这表示对不可修元件，实际上有 $z^{\text{V}}(t) = z(t)$。

案例 6.15（固定失效率和固定维修率 – 续）　重新分析案例 6.14 中固定失效率为 λ、固定维修率为 μ 的可修元件。根据式 (6.67)，该元件的韦斯利失效率为

$$z^{\mathrm{V}}(t) = \frac{w(t)}{A(t)} = \frac{\lambda\mu/(\lambda+\mu)}{\mu/(\lambda+\mu)} = \lambda$$

这个结果很明显。固定失效率为 λ 的元件，在其可运行期间一直都完好如初。对于在时刻 t 可运行的不可修元件，有 $X(t) = 1$，因此它的属性和一直可以保持可运行状态到时刻 t 的元件一样，即 $T > t$。

6.6　可修系统的可用性

可修系统包括 n 个零件，其中至少有一个在失效之后可以进行修理重新使用。设一个可修系统的结构函数为 $\phi[\boldsymbol{X}(t)]$，因为我们已经假设状态变量 $X_1(t), X_2(t), \cdots, X_n(t)$ 是独立随机变量，那么就可以根据 6.2 节中给出的方法求解系统可用性 $A_{\mathrm{S}}(t)$：

$$A_{\mathrm{S}}(t) = E\left(\phi[\boldsymbol{X}(t)]\right) = h\left[\boldsymbol{A}(t)\right] \tag{6.68}$$

其中 $\boldsymbol{A}(t)$ 是零件可用性 $A_1(t), A_2(t), \cdots, A_n(t)$ 的向量。如果我们要研究平均可用性，就可以忽略掉时间，直接写作 $A_{\mathrm{S}} = h(\boldsymbol{A})$。这个系统可以看作一个平均工作时间为 $\mathrm{MUT_S}$、平均故障时间为 $\mathrm{MDT_S}$ 的元件，那么系统的平均可用性就可以写作

$$A_{\mathrm{S}} = h(\boldsymbol{A}) = \frac{\text{平均工作时间}}{\text{总时间}} = \frac{\mathrm{MUT_S}}{\mathrm{MUT_S} + \mathrm{MDT_S}} \tag{6.69}$$

案例 6.16 采用的就是这种方法。

案例 6.16（系统可用性计算）　考虑图 6.13 中所示的包含三个独立零件的可修系统。我们只关注它的平均不可用性，因此忽略掉时间 t。系统的结构函数为

$$\phi(\boldsymbol{X}) = X_1\left(X_2 + X_3 - X_2 X_3\right) \tag{6.70}$$

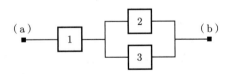

图 6.13　案例 6.16 的可靠性框图

下表中给出了三个零件的 MUT 和 MDT，以及计算得到的平均零件可用性。

$$A_{\mathrm{avg},i} = \frac{\mathrm{MUT}_i}{\mathrm{MUT}_i + \mathrm{MDT}_i}, \qquad i = 1, 2, 3 \tag{6.71}$$

为了简化标注，我们省略了平均字样，将 $A_{\mathrm{avg},i}$ 简写为 A_i。

i	MUT_i/h	MDT_i/h	A_i
1	1000	20	0.980
2	500	5	0.990
3	500	12	0.977

系统的平均可用性为

$$A_\text{S} = A_1 \left(A_2 + A_3 - A_2 A_3 \right) \approx 0.980$$

因此，系统的平均不可用性为 $\overline{A}_\text{S} \approx 0.02$，也就是如果系统连续运行，即每年运行 8760h 的话，其中的故障时间大约为 175h。

案例 6.16 的方法假设系统的失效和修复都是独立的，这意味着当一个零件停止工作进行修理的时候，其他的零件如果没有额外事件的话还在继续运行。这个假设一般并不符合实际情况，但是尽管如此，因为这种方法使用简便，仍在实际分析中深受欢迎。绝大多数可修系统故障树分析的计算机程序就是基于这种简单的方法。

6.6.1　可修系统的 MUT 和 MDT

考虑一个内聚可修系统，它包括 n 个失效率和修复率分别为 (λ_i, μ_i) 的独立零件，其中 $i = 1, 2, \cdots, n$。

根据式 (6.12)，可得零件 i 是关键零件的概率为

$$\Pr(\text{零件 } i \text{ 是关键零件}) = h(1_i, \boldsymbol{A}) - h(0_i, \boldsymbol{A})$$

其中 $\boldsymbol{A}$ 是零件可用性的向量。

如果零件 i 失效会引起系统失效，那么这个零件就是关键零件。由零件 i 引起的系统失效的频率写作 $w_\text{S}^{(i)}$，它等于零件 i 失效的频率乘以零件 i 是关键零件的概率。根据式 (6.64) 可得由零件 i 引起的系统失效频率为

$$w_\text{S}^{(i)} = \frac{\lambda_i \mu_i}{\lambda_i + \mu_i} \left[h(1_i, \boldsymbol{A}) - h(0_i, \boldsymbol{A}) \right], \qquad i = 1, 2, \cdots, n \tag{6.72}$$

系统失效的总体频率，即系统的 ROCOF w_S 是加入了 n 个零件的贡献得到的：

$$w_\text{S} = \sum_{i=1}^{n} \frac{\lambda_i \mu_i}{\lambda_i + \mu_i} \left[h(1_i, \boldsymbol{A}) - h(0_i, \boldsymbol{A}) \right] \tag{6.73}$$

根据式 (6.64)，系统 ROCOF 可以写作

$$w_\text{S} = \frac{1}{\text{MUT}_\text{S} + \text{MDT}_\text{S}} \tag{6.74}$$

将式 (6.64) 和式 (6.74) 合并，得

$$\text{MUT}_\text{S} = \frac{A_\text{S}}{w_\text{S}} \tag{6.75}$$

$$\mathrm{MDT_S} = \frac{(1 - A_\mathrm{S})\, \mathrm{MUT_S}}{A_\mathrm{S}} \tag{6.76}$$

其中 w_S 由式 (6.74) 得到。

注释 6.3（伯恩鲍姆重要性量度） 在第 7 章中，给出了伯恩鲍姆零件重要性量度 $I^\mathrm{B}(i)$ 的定义：

$$I^\mathrm{B}(i) = h(1_i, \boldsymbol{A}) - h(0_i, \boldsymbol{A})$$

这意味着，由零件 i 引起的系统失效频率可以写作

$$w_\mathrm{S}^{(i)} = \frac{\lambda_i \mu_i}{\lambda_i + \mu_i} I^\mathrm{B}(i) \tag{6.77}$$

而系统失效频率（即系统 ROCOF）w_S 可以写作

$$w_\mathrm{S} = \sum_{i=1}^{n} \frac{\lambda_i \mu_i}{\lambda_i + \mu_i} I^\mathrm{B}(i) \tag{6.78}$$

案例 6.17（串联可修系统） 考虑一个包含 n 个独立零件的串联可修系统，零件相互独立并且维修完美。零件 i 有固定失效率 λ_i 和固定修复率 μ_i，$i = 1, 2, \cdots, n$。零件 i 的平均可用性为

$$A_i = \frac{\mathrm{MUT}_i}{\mathrm{MUT}_i + \mathrm{MDT}_i} = \frac{\mu_i}{\lambda_i + \mu_i}, \qquad i = 1, 2, \cdots, n$$

串联结构的平均可用性为

$$A_\mathrm{S} = \prod_{i=1}^{n} \frac{\mu_i}{\lambda_i + \mu_i}$$

根据式 (6.77) 可得由零件 i 引起的系统失效频率为

$$w_\mathrm{S}^{(i)} = \frac{1}{\mathrm{MUT}_i + \mathrm{MDT}_i} \left[h(1_i, \boldsymbol{A}) - h(0_i, \boldsymbol{A}) \right] = \frac{1}{\mathrm{MUT}_i + \mathrm{MDT}_i} \prod_{\substack{j=1 \\ j \neq i}}^{n} A_j$$

$$= \frac{\lambda_i \mu_i}{\lambda_i + \mu_i} \prod_{\substack{j=1 \\ j \neq i}}^{n} \frac{\mu_j}{\lambda_j + \mu_j} = \lambda_i \prod_{j=1}^{n} \frac{\mu_j}{\lambda_j + \mu_j} = A_\mathrm{S} \lambda_i \tag{6.79}$$

这对串联系统是显然的结果。如果零件 i 能够引起系统失效，就意味着系统必须可运行（以概率 A_S），然后零件 i 必须失效（以速率 λ_i）。

系统失效的频率为

$$w_\mathrm{S} = A_\mathrm{S} \sum_{i=1}^{n} \lambda_i \tag{6.80}$$

根据式 (6.80) 可得平均系统工作时间 $\mathrm{MUT_S}$ 是

$$\mathrm{MUT_S} = \frac{A_\mathrm{S}}{w_\mathrm{S}} = \frac{1}{\sum\limits_{i=1}^{n} \lambda_i} \tag{6.81}$$

这对串联系统是显然的结果。只有系统中的所有零件都可运行的时候，系统才可运行。直到第一个零件失效以速率 $\sum_{i=1}^{n} \lambda_i$ 发生，系统都会一直保持为可运行状态。

根据式 (6.81) 可得平均系统故障时间 $\mathrm{MDT_S}$ 为

$$\mathrm{MDT_S} = \frac{(1 - A_S) \, \mathrm{MUT_S}}{A_S} = \frac{1 - A_S}{A_S} \frac{1}{\sum_{i=1}^{n} \lambda_i} \tag{6.82}$$

算例

一个串联结构包含 4 个独立零件，它们的平均工作时间和平均故障时间分别为：

i	$\mathrm{MUT}_i/\mathrm{h}$	$\mathrm{MDT}_i/\mathrm{h}$
1	1000	20
2	500	5
3	600	12
4	1200	30

系统可用性为

$$A_S = \prod_{i=1}^{4} A_i \approx 0.9284$$

根据以上公式，可以得到

i	A_i	$w_S^{(i)}$	百分比
1	0.980	0.000 928	18.2%
2	0.990	0.001 857	36.4%
3	0.977	0.001 547	30.3%
4	0.976	0.000 774	36.4%
S	0.928	0.005 106	100%

在表的"百分比"列，我们给出了由零件 i 引起的系统失效的比例（以百分比为单位），$i = 1, 2, 3, 4$。系统的平均工作时间和故障时间分别为

$$\mathrm{MUT_S} = 181.8\mathrm{h}$$

$$\mathrm{MDT_S} = 14.0\mathrm{h}$$

案例 6.18（并联可修系统） 考虑一个包含 n 个独立零件的并联可修系统，零件相互独立并且维修完美。零件 i 有固定失效率 λ_i 和固定维修率 μ_i，$i = 1, 2, \cdots, n$。零件 i 的平均不可用性为

$$\overline{A}_i = \frac{\mathrm{MDT}_i}{\mathrm{MUT}_i + \mathrm{MDT}_i} = \frac{\lambda_i}{\lambda_i + \mu_i}, \qquad i = 1, 2, \cdots, n$$

因此，这个并联结构的平均不可用性为

$$\overline{A}_S = \prod_{i=1}^{n} \overline{A}_i = \prod_{i=1}^{n} \frac{\lambda_i}{\lambda_i + \mu_i} \tag{6.83}$$

而系统可用性为

$$A_S = 1 - \prod_{i=1}^{n} \overline{A}_i$$

由零件 i 引起的系统失效的频率为

$$w_S^{(i)} = \frac{1}{\mathrm{MUT}_i + \mathrm{MDT}_i} [h(1_i, \boldsymbol{A}) - h(0_i, \boldsymbol{A})]$$

如果至少有一个零件可运行，并联系统就可运行。系统只有在所有零件都失效时才失效，所以有

$$h(1_i, \boldsymbol{A}) = 1$$

$$h(0_i, \boldsymbol{A}) = 1 - \prod_{j \neq i} \overline{A}_j$$

并且

$$w_S^{(i)} = \frac{1}{\mathrm{MUT}_i + \mathrm{MDT}_i} \prod_{j \neq i} \overline{A}_j = \frac{\lambda_i \mu_i}{\lambda_i + \mu_i} \prod_{j \neq i} \frac{\lambda_j}{\lambda_j + \mu_j}$$

$$= \mu_i \prod_{j=1}^{n} \frac{\lambda_j}{\lambda_j + \mu_j} = \overline{A}_S \mu_i \tag{6.84}$$

系统失效的频率为

$$w_S = \overline{A}_S \sum_{i=1}^{n} \mu_i \tag{6.85}$$

系统平均工作时间 MUT_S 为

$$\mathrm{MUT}_S = \frac{1 - \overline{A}_S}{w_S} = \frac{1 - \overline{A}_S}{\overline{A}_S} \frac{1}{\sum_{i=1}^{n} \mu_i} \tag{6.86}$$

系统平均故障时间 MDT_S 为

$$\mathrm{MDT}_S = \frac{\overline{A}_S \mathrm{MUT}_S}{1 - \overline{A}_S} = \frac{1}{\sum_{i=1}^{n} \mu_i} \tag{6.87}$$

算例

　　一个并联结构包含 4 个独立零件，它们的平均工作时间和平均故障时间在案例 6.18 中已经给出。系统的不可用性为

$$\overline{A}_S = 9.284 \times 10^{-8}$$

包含 4 个独立零件的可修并联系统一般来说都是非常可靠的，很少会出现失效，即便是其中的零件失效率很高时也是如此。

　　使用上面的公式，可以得到：

i	$\overline{A}_i$	$w_S^{(i)}$	百分比
1	0.019 61	4.64×10^{-9}	13.6%
2	0.009 90	1.86×10^{-8}	54.5%
3	0.019 61	7.74×10^{-9}	22.7%
4	0.024 39	3.09×10^{-9}	9.1%
S	9.284×10^{-8}	3.40×10^{-8}	100%

系统平均工作时间和故障时间分别是

$$\mathrm{MUT_S} \approx 293\,750\,00\mathrm{h} \approx 3353\mathrm{a}$$

$$\mathrm{MDT_S} = 14.0\mathrm{h}$$

注释 6.4（假设和局限） 6.6.1 节中提及的方法需要基于多个假设，而其中的一些可能会受到质疑。比如，我们假设所有的零件工作时间和故障时间都是独立的，这说明已失效零件会得到在线修理，也就是说其他的零件还正常工作，修理活动不会对它们有任何影响。上述假设的另一个推论就是不存在维修资源短缺的情况。如果有一个零件失效，总会有一个维修团队可以开展维修工作。

6.6.1 节中的公式对于特定时刻的独立零件是正确的，但是它们对于一个长期区间的平均可用性就不一定完全无误了。6.3.2 节已说明，即便所有零件的失效率都是固定的，并联结构的失效率也并不是常数。类似的情况也发生在并联可修系统中（此处未给出证明）。因此，系统失效的频率 w_S 并不是我们在上述计算中假设的常数。

6.6.2 根据最小割集进行计算

考虑一个包含 n 个独立零件的可修系统。我们已经确定出结构所有的最小割集 C_1，$C_2, \cdots, C_k$，结构可以表示为将 k 个最小割集并联结构（MCPS）串联在一起，因此系统可靠性属性就由案例 6.17 和案例 6.18 中的串并联结构的结果确定。该方法如案例 6.19 所示。

案例 6.19（3 中取 2 可修结构） 如图 6.14所示的 2oo3 可修结构，有下面三个最小割集：

$$C_1 = \{1, 2\}, \quad C_2 = \{1, 3\}, \quad C_3 = \{2, 3\}$$

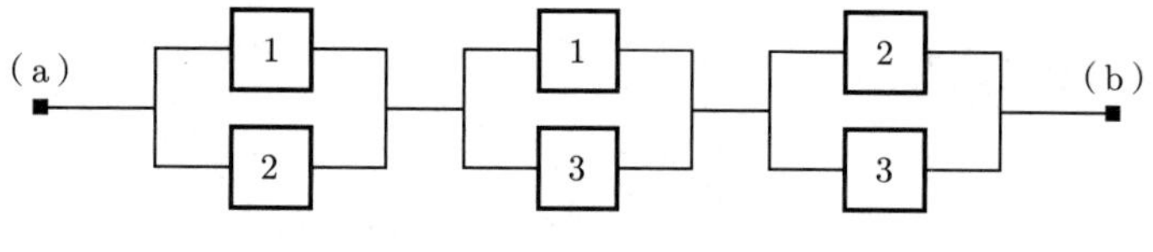

图 6.14 案例 6.19 的可靠性框图，将系统描绘为三个 MCPS 的串联结构

假设这三个零件完全相同，失效率为 λ，维修率为 μ，这样三个 MCPS 结构就有同样的概率属性。考虑其中的一个 MCPS，根据案例 6.18 中的结果，可知一个零件的平均不可用性为

$$\overline{A} = \frac{\text{MDT}}{\text{MUT} + \text{MDT}} = \frac{\lambda}{\lambda + \mu}$$

一个 MCPS 结构的平均不可用性为

$$\overline{A}_{\text{MCPS}} = \overline{A}^2 = \left(\frac{\lambda}{\lambda + \mu} \right)^2$$

根据式 (6.84) 可得由特定零件 i 引起的 MCPS 结构的失效频率为

$$w_{\text{MCPS}}^{(i)} = \overline{A}_{\text{MCPS}} \mu = \frac{\lambda^2 \mu}{(\lambda + \mu)^2}$$

因为每个 MCPS 有两个零件，所以 MCPS 的失效频率为

$$w_{\text{MCPS}} = \frac{2\lambda^2 \mu}{(\lambda + \mu)^2}$$

MCPS 的平均工作时间 MUT_{MCPS} 为

$$\text{MUT}_{\text{MCPS}} = \frac{1 - \overline{A}_{\text{MCPS}}}{w_{\text{MCPS}}} = \frac{1}{\lambda} + \frac{\mu}{2\lambda^2}$$

MCPS 的平均故障时间 MDT_{MCPS} 为

$$\text{MDT}_{\text{MCPS}} = \frac{1}{2\mu}$$

将三个 MCPS 当作串联结构中的三个零件，利用案例 6.17 的结果，就可以计算系统可用性：

$$A_{\text{S}} = \left(1 - \overline{A}_{\text{MCPS}} \right)^3$$

根据式 (6.84) 可得由特定 MCPS 结构 j 引起的系统失效频率为

$$w_{\text{S}}^{(j)} = A_{\text{S}} \frac{2\lambda^2 \mu}{(\lambda + \mu)^2}$$

系统的失效频率为

$$w_{\text{S}} = 3 A_{\text{S}} \frac{2\lambda^2 \mu}{(\lambda + \mu)^2} = A_{\text{S}} \frac{6\lambda^2 \mu}{(\lambda + \mu)^2}$$

系统平均工作时间 MUT_{S} 为

$$\text{MUT}_{\text{S}} = \frac{1}{3 w_{\text{MCPS}}} = \frac{(\lambda + \mu)^2}{6\lambda^2 \mu}$$

系统平均故障时间 MDT_{S} 为

$$\text{MDT}_{\text{S}} = \frac{1 - A_{\text{S}}}{A_{\text{S}}} \frac{1}{3 w_{\text{MCPS}}}$$

算例

一个 2oo3 可修系统包含三个独立同质零件，零件的失效率为 $\lambda = 7.2 \times 10^{-5}/\text{h}$，平均维修时间 $\text{MDT} = 24\text{h}$，维修率 $\mu = 1/\text{MDT}$。利用上面的公式，可以得到：

（1）系统不可用性为 $\overline{A}_{\text{S}} = 2.976 \times 10^{-6}$。

（2）特定 MCPS 的失效频率为 $w_{\mathrm{MCPS}} = 2.480 \times 10^{-7}/\mathrm{h}$（对应的每 153 年发生一次失效）。

（3）MCPS 的平均工作时间 $\mathrm{MUT}_{\mathrm{MCPS}} = 4.033 \times 10^{6}\mathrm{h}$。

（4）MCPS 的平均故障时间 $\mathrm{MDT}_{\mathrm{MCPS}} = 12\mathrm{h}$。

（5）系统失效的频率为 $w_{\mathrm{S}} = 7.439 \times 10^{-7}/\mathrm{h}$。

（6）系统平均工作时间 $\mathrm{MUT}_{\mathrm{S}} = 1.344 \times 10^{6}\mathrm{h}$。

（7）系统平均故障时间 $\mathrm{MDT}_{\mathrm{S}} = 12\mathrm{h}$。

注释 6.5（不完全正确的结果） 案例 6.19中得到的系统结果并不完全正确。因为每一个零件都出现在两个 MCPS 当中，所以 MCPS 之间并不是独立的。这个问题可能在所有存在重合元件的 MCPS 结构中都存在，但是在大多数情况下，上述的结果近似正确。

6.6.3 可修系统的工作时间和故障时间

基本上，可修系统的工作时间和故障时间分布形式是不同的，它们取决于维修策略和每一次维修的完成度。案例 6.20中分析的就是包含三个独立同质零件的并联系统的情况。

案例 6.20（包含三个零件的并联结构） 考虑一个包含三个独立同质零件的并联可修结构，零件的固定失效率为 λ。假设有三个独立维修团队，如果结构失效（即三个零件全部已经失效），这些团队会各自开始修理结构中的一个零件。每个零件的维修时间 T_{r} 都有固定维修率 μ。使用如下的维修策略：

（1）如果至少有一个零件处于修理状态，那么该结构会在一个特定的故障时刻 t_{r} 小时之后再次投入运行。

（2）如果三个零件的修理工作都在 t_{r} 时刻之前完成，那么一旦所有的修理工作结束，系统就会立即重新投入运行。

（3）如果在 t_{r} 时刻没有任何一个零件的修理完成，那么修理会一直持续到第一个零件被修好。接下来，系统会在只有一个零件可运行的情况下重新投入运行。

修理工作在 t_{r} 时刻已经结束的概率为 $p_{\mathrm{r}} = 1 - \mathrm{e}^{-\mu t_{\mathrm{r}}}$。令 N 表示在 t_{r} 时刻之前完成修理工作的零件的数量，那么 N 取 $0,1,2,3$ 这几个数值的概率分别为

$$\Pr(N = 0) = (1 - p_{\mathrm{r}})^3$$

$$\Pr(N = 1) = \binom{3}{1}(1 - p_{\mathrm{r}})^2 p_{\mathrm{r}}$$

$$\Pr(N = 2) = \binom{3}{2}(1 - p_{\mathrm{r}})p_{\mathrm{r}}^2$$

$$\Pr(N = 3) = p_{\mathrm{r}}^3$$

对于这四种结果，平均故障时间 MDT 分别为

$$\mathrm{MDT}_0 = t_{\mathrm{r}} + \frac{1}{3\mu}$$

$$\text{MDT}_1 = t_r$$

$$\text{MDT}_2 = t_r$$

$$\text{MDT}_3 = t_r - \frac{1}{(1-e^{-\mu t_r})^3}\left[t_r - \frac{3}{\mu}\left(1-e^{-\mu t_r}\right) + \right.$$
$$\left. \frac{3}{2\mu}\left(1-e^{-2\mu t_r}\right) - \frac{1}{3\mu}\left(1-e^{3\mu t_r}\right)\right]$$

利用表 6.2 中维修的三种可能结果，可得平均工作时间分别为

$$\text{MUT}_0 = \text{MTTF}_{1oo1} = \frac{1}{\lambda}$$

$$\text{MUT}_1 = \text{MTTF}_{1oo1} = \frac{1}{\lambda}$$

$$\text{MUT}_2 = \text{MTTF}_{1oo2} = \frac{3}{2\lambda}$$

$$\text{MUT}_3 = \text{MTTF}_{1oo3} = \frac{11}{6\lambda}$$

当 $N = 1$ 和 $N = 2$ 时，故障时间为 t_r。$N = 0$ 意味着截至 t_r 时刻，没有任何一个修理团队完成了自己的工作。因为指数分布具有无记忆特性，我们可以在 t_r 时刻开始一个新的修理过程，到第一个零件修理完成的平均时间是 $1/3\lambda$。当 $N = 3$ 时，我们知道所有的三份修理工作都在 t_r 之前完成了。所有三个零件的修理时间 T_3 比 t 长的概率，等于条件"存续"概率：

$$R(t \mid t_r) = \Pr(T_3 > t \mid T_3 \leqslant t_r)$$

求解积分 $\int_0^{t_r} R(t \mid t_r)\,\mathrm{d}t$，可以得到 MDT_3。单一循环（一次停机一次工作）的平均可用性 A 就等于 $\text{MUT}/(\text{MUT}+\text{MDT})$。

算例

令 $t_r = 8\text{h}$，$\mu = 0.10/\text{h}$，也就是每个零件的 MTTR 为 10h。并令 $\lambda = 0.001/\text{h}$，也就是零件的 MTTF 为 1000h。根据这些输入值，我们可以得到以下结果：

$N = n$	$\Pr(N = n)$	MDT_n/h	MUT_n/h	A_n
0	0.0907	11.33	1000	0.9888
1	0.3335	8.00	1000	0.9921
2	0.4088	8.00	1500	0.9947
3	0.1670	5.48	1833	0.9970
均值	–	7.88	1344	0.9937

可以计算得到在此循环中的总体平均故障时间，$\text{MDT}_{av} = \sum\limits_{n=0}^{3} \text{MDT}_n \Pr(N = n)$。类似地，也可以计算平均工作时间和可用性。

平均首次失效时间（即到第一次系统失效发生的时间，MTTFF）总大于平均工作时间。这是因为我们假设所有零件在 $t = 0$ 时刻都处于可运行的状态，但是在零件修复的时候就不是这样了。

6.7 故障树定量分析

4.3 节中已经介绍了如何构建故障树，并对其进行定性分析，本节我们将讨论故障树定量分析的问题。故障树定量分析可以是近似的，也可以是 "精确的"。本节主要介绍近似方法，因为这对于手算来说更加可行，并且这种方法对于大多数情况可以提供足够准确的结果。

因为任何静态故障树（即只包含与门和或门）都可以转化为可靠性框图，因此我们可以采用可靠性框图中的结果函数分析故障树。图 6.15 给出的就是与门和或门的布尔函数。在可靠性框图中使用的算法也可以用来确定故障树的结果函数。本书中对这个主题不再进行更多讨论，因为实际的故障树经常非常庞大，这种方法难以胜任。在互联网上可以找到很多故障树分析的指南和手册，其中两个比较全面的参考文献是 [217, 230]。

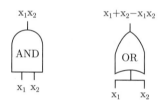

图 6.15　故障树与门和或门的状态变量

6.7.1 术语和符号

故障树定量分析中常用的符号包括：

$q_i(t)$：　基本事件 B_i 在时刻 t 发生（即出现）的概率，即 $q_i(t) = \Pr[B_i(t)]$。这个概率可以解释为相对应的零件/元件的不可用性。

$Q_0(t)$：　顶事件在时刻 t 发生（即出现）的概率。$Q_0(t)$ 称为顶事件概率，可以解释为系统的不可用性。

$\check{Q}_j(t)$：　故障树中最小割集并联结构 j（MCPS_j）在时刻 t 的失效概率（E_j），即 $\check{Q}_j(t) = \Pr[E_j(t)]$。当且仅当最小割集中全部的基本事件同时发生（即出现），MCPS 才会失效。

6.7.2 范围和假设

本节的讨论范围限定为只包含与门、或门和表决门的静态故障树。我们还需要进行下列假设：

（1）所有基本事件都是二元的，即出现或者不出现。

（2）所有基本事件在统计上都是独立的。

（3）在 $t = 0$ 时，没有任何基本事件出现（即没有零件已经失效）。

（4）无论对失效还是维修，故障树逻辑都是内聚的。

（5）基本事件（二元）状态之间的转移是瞬时的。基本事件不可能处于中间状态，即便是非常短的时间也没有。

（6）一旦零件被修复，就回到完好如初的状态。

（7）所有的修理都在线进行，对于其他零件的性能没有影响。

注释 6.6（基本事件即为状态） "基本事件 i 在时刻 t 发生"，这样的描述可能会造成误导。故障树中的基本事件和顶事件是现实中的状态，如果我们说某个基本事件（或者顶事件）在时刻 t 发生，实际是指相对应的状态在时刻 t 出现。

按照和可靠性框图同样的方式，我们可以证明，如果基本事件（在统计上）是独立的，那么 $Q_0(t)$ 只是 $q_i(t)$ 的函数 $g(\cdot)$，其中 $i = 1, 2, \cdots, n$，n 是故障树中不同基本事件的数量。因此，$Q_0(t)$ 可以写作

$$Q_0(t) = g\left[q_1(t), q_2(t), \cdots, q_n(t)\right] = g\left[\boldsymbol{q}(t)\right] \tag{6.88}$$

6.7.3　只包含一个与门的故障树

考虑如图 6.16(a) 所示只包含一个单独与门的故障树。当且仅当所有的基本事件 B_1，$B_2, \cdots, B_n$ 同时发生时，顶事件发生。

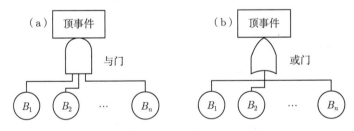

图 6.16　只包含一个与门和一个或门的故障树

利用可靠性框图中使用的布尔推理方式，顶事件概率可以写作

$$Q_0(t) = q_1(t)q_2(t)\cdots q_n(t) = \prod_{i=1}^{n} q_i(t) \tag{6.89}$$

$Q_0(t)$ 也可以由集合理论（也是布尔代数）直接确定，如下所述：令 $B_i(t)$ 表示基本事件 B_i 在时刻 t 发生，$i = 1, 2, \cdots, n$，则有

$$Q_0(t) = \Pr\left[B_1(t) \cap B_2(t) \cap \cdots \cap B_n(t)\right]$$

$$= \Pr\left[B_1(t)\right]\Pr\left[B_2(t)\right]\cdots\Pr\left[B_n(t)\right]$$

$$= q_1(t)q_2(t)\cdots q_n(t) = \prod_{i=1}^{n} q_i(t)$$

6.7.4　只包含一个或门的故障树

考虑如图 6.16(b) 所示只包含一个单独或门的故障树。如果基本事件 $B_1, B_2, \cdots, B_n$ 中至少有一个发生，顶事件发生。

利用可靠性框图中使用的布尔推理方式可以得到顶事件概率

$$Q_0(t) = 1 - \prod_{i=1}^{n} [1 - q_i(t)] \tag{6.90}$$

和与门一样，$Q_0(t)$ 也可以按照下面的方式确定：令 $B_i^*(t)$ 表示基本事件 B_i 没有在时刻 t 发生，则有

$$\Pr\left[B_i^*(t)\right] = 1 - \Pr\left(B_i(t)\right) = 1 - q_i(t), \qquad i = 1, 2, \cdots, n$$

$$\begin{aligned}
Q_0(t) &= \Pr\left[B_1(t) \cup B_2(t) \cup \cdots \cup B_n(t)\right] \\
&= 1 - \Pr\left[B_1^*(t) \cap B_2^*(t) \cap \cdots \cap B_n^*(t)\right] \\
&= 1 - \Pr\left[B_1^*(t)\right] \Pr\left[B_2^*(t)\right] \cdots \Pr\left[B_n^*(t)\right] \\
&= 1 - \prod_{i=1}^{n} [1 - q_i(t)]
\end{aligned}$$

6.7.5　$Q_0(t)$ 的上限近似公式

通过结构函数的方式确定顶事件概率，很多时候可能非常费时费力，因此，有必要采用近似计算公式。

考虑一个包含 k 个最小割集 $C_1, C_2, \cdots, C_k$ 的系统（故障树）。该系统可以表示为由 k 个最小割集并联结构（MCPS）组成的串联结构，如图 6.17所示。

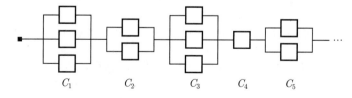

图 6.17　由最小割集并联结构（MCPS）组成的串联结构

如果 k 个 MCPS 中至少有一个失效，那么顶事件发生。MCPS 失效意味着该最小割集中的所有基本事件同时发生，我们可以看到相同的基本事件可以出现在多个不同的最小割集当中。

若最小割集并联结构 j 中的基本事件是相互独立的，那么该结构在时刻 t 的失效概率为

$$\check{Q}_j(t) = \prod_{i \in C_j} q_i(t) \tag{6.91}$$

如果所有 k 个最小割集并联结构都是相互独立的，那么顶事件的发生概率为

$$Q_0(t) = \coprod_{j=1}^{k} \check{Q}_j(t) = 1 - \prod_{j=1}^{k} \left[1 - \check{Q}_j(t)\right] \tag{6.92}$$

因为同一基本事件可能会出现在多个最小割集中，显然最小割集结构直接存在着正相关，但是下列不等式依旧成立（可参阅文献 [24]）：

$$Q_0(t) \leqslant 1 - \prod_{j=1}^{k} \left[1 - \check{Q}_j(t)\right] \tag{6.93}$$

因此，式 (6.93) 右侧可以作为顶事件概率的上限（保守估值）。

当所有的 $q_i(t)$ 都非常小时，就可以近似得到

$$Q_0(t) \approx 1 - \prod_{j=1}^{k} \left[1 - \check{Q}_j(t)\right] \tag{6.94}$$

这个近似称为上限近似，在很多故障树分析的计算机程序中应用。但是如果至少有一个 $q_i(t)$ 为 10^{-2} 或者更大的数量级，在使用式 (6.94) 进行近似计算时就需要加倍小心。

假设所有的 $\check{Q}_j(t)$ 都很小，就可以忽略掉它们的乘积。因此，式 (6.94) 可以近似为

$$Q_0(t) \approx 1 - \prod_{j=1}^{k} \left[1 - \check{Q}_j(t)\right] \approx \sum_{j=1}^{k} \check{Q}_j(t) \tag{6.95}$$

很显然，最后一个近似计算要比第一个更加保守：

$$Q_0(t) \leqslant 1 - \prod_{j=1}^{k} \left[1 - \check{Q}_j(t)\right] \leqslant \sum_{j=1}^{k} \check{Q}_j(t) \tag{6.96}$$

注释 6.7（罕见事件近似分析）　式 (6.95) 中的近似计算称为罕见事件近似。用最简单的形式，如果我们考虑两个事件 A 和 B，那么有

$$\Pr(A \cup B) = \Pr(A) + \Pr(B) - \Pr(A \cap B) \approx \Pr(A) + \Pr(B)$$

近似会将结果限制在只考虑一阶项。如果 $\Pr(A \cap B)$ 足够小，或者说两个事件几乎不太可能同时发生，那么近似基本上就很充分。

6.7.6　包含-排除原则

顶事件概率也可以采用包含-排除原则（inclusion-exclusion principle）确定，这和确定系统可靠性的方法一样。

假定一棵包含 n 个不同独立事件的故障树有 k 个最小割集 $C_1, C_2, \cdots, C_k$。令 E_j 表示事件最小割集并联结构 j 在时刻 t 失效。为了简化表达，我们在后面的算式中忽略时间 t。

因为一旦有一个 MCPS 失效，顶事件就会发生，则顶事件的概率可以表示为

$$Q_0 = \Pr\left(\bigcup_{j=1}^{k} E_j\right) \tag{6.97}$$

基本上，单个事件 E_j $(j=1,2,\cdots,k)$ 并不一定是不相交的。因此，概率 $\Pr(\bigcup_{j=1}^{k} E_j)$ 可以使用概率论中的一般加法定理来确定：

$$Q_0 = \sum_{j=1}^{k} \Pr(E_j) - \sum_{i<j} \Pr(E_i \cap E_j) + \cdots +$$

$$(-1)^{j+1} \Pr(E_1 \cap E_2 \cap \cdots \cap E_k) \tag{6.98}$$

令

$$W_1 = \sum_{j=1}^{k} \Pr(E_j)$$

$$W_2 = \sum_{i<j} \Pr(E_i \cap E_j)$$

$$\vdots$$

$$W_k = \Pr(E_1 \cap E_2 \cap \cdots \cap E_k)$$

则式 (6.98) 可以写作

$$Q_0 = W_1 - W_2 + W_3 - \cdots + (-1)^{k+1} W_k$$

$$= \sum_{j=1}^{k} (-1)^{j+1} W_j \tag{6.99}$$

案例 6.21（桥联结构） 考虑图 6.18 所示的桥联结构，该结构的最小割集包括

$$C_1 = \{1,2\}, \quad C_2 = \{4,5\}, \quad C_3 = \{1,3,5\}, \quad C_4 = \{2,3,4\}$$

根据这些最小割集，我们可以建立桥联结构的故障树。和前文一样，我们令 B_i 表示基本事件零件 i 已经失效，$i = 1,2,3,4,5$。

由式 (6.99) 可得桥联结构故障树顶事件概率 Q_0 为

$$Q_0 = W_1 - W_2 + W_3 - W_4$$

其中

$$W_1 = \sum_{j=1}^{4} \text{Pr}(E_j)$$

$$= \text{Pr}(B_1 \cap B_2) + \text{Pr}(B_4 \cap B_5) + \text{Pr}(B_1 \cap B_3 \cap B_5) + \text{Pr}(B_2 \cap B_3 \cap B_4)$$

$$= q_1 q_2 + q_4 q_5 + q_1 q_3 q_5 + q_2 q_3 q_4$$

$$W_2 = \sum_{i<j} \text{Pr}(E_i \cap E_j) = \text{Pr}(E_1 \cap E_2) + \text{Pr}(E_1 \cap E_3) + \text{Pr}(E_1 \cap E_4) +$$

$$\text{Pr}(E_2 \cap E_3) + \text{Pr}(E_2 \cap E_4) + \text{Pr}(E_3 \cap E_4)$$

$$= \text{Pr}(B_1 \cap B_2 \cap B_4 \cap B_5) +$$

$$\text{Pr}(B_1 \cap B_2 \cap B_1 \cap B_3 \cap B_5) +$$

$$\text{Pr}(B_1 \cap B_2 \cap B_2 \cap B_3 \cap B_4) +$$

$$\text{Pr}(B_4 \cap B_5 \cap B_1 \cap B_3 \cap B_5) +$$

$$\text{Pr}(B_4 \cap B_5 \cap B_2 \cap B_3 \cap B_4) +$$

$$\text{Pr}(B_1 \cap B_3 \cap B_5 \cap B_2 \cap B_3 \cap B_4)$$

$$= q_1 q_2 q_4 q_5 + q_1 q_2 q_3 q_5 + q_1 q_2 q_3 q_4 + q_1 q_3 q_4 q_5 +$$

$$q_2 q_3 q_4 q_5 + q_1 q_2 q_3 q_4 q_5$$

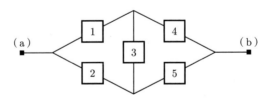

图 6.18　桥联结构的可靠性框图

类似地，有

$$W_3 = 4 q_1 q_2 q_3 q_4 q_5$$

$$W_4 = q_1 q_2 q_3 q_4 q_5$$

因此，顶事件概率，即系统不可用性为

$$Q_0 = W_1 - W_2 + W_3 - W_4$$

$$= q_1q_2 + q_4q_5 + q_1q_3q_5 + q_2q_3q_4 - q_1q_2q_4q_5 - q_1q_2q_3q_5 - q_1q_2q_3q_4 -$$

$$q_1q_3q_4q_5 - q_2q_3q_4q_5 + 2q_1q_2q_3q_4q_5$$

案例 6.21表明，在使用式 (6.99) 所示的一般加法定理时，必须计算大量后面会忽略的项目。文献 [261] 提出了一种替代方案，即借助图论，将这些后面会忽略的项在早期就识别出来，而不需要再进行计算。

利用式 (6.98) 计算系统不可用性的精确值，即便是对于相对简单的系统，也非常烦琐并且需要花费大量时间。在这种情况下，可以用近似值表示顶事件。

包含-排除原则的近似公式

一种确定顶事件概率（或者系统不可用性）Q_0 近似值的方法，是利用包含-排除原则的结果：

$$\begin{cases} Q_0 \leqslant W_1 \\ W_1 - W_2 \leqslant Q_0 \\ Q_0 \leqslant W_1 - W_2 + W_3 \\ \vdots \end{cases} \tag{6.100}$$

可以证明

$$(-1)^{j-1}Q_0 \leqslant (-1)^{j-1} \sum_{v=1}^{j} (-1)^{v-1}W_v, \qquad j = 1, 2, \cdots, k \tag{6.101}$$

式 (6.100) 给人感觉相邻上限和下限之间的差距是单调递减的，但是实际上并不总是如此。

式 (6.100) 的实际使用方式是：逐行确定式 (6.100) 中 Q_0 的上限和下限，直到发现两个界限非常接近为止。

案例 6.22（桥联结构 – 续）　再次考虑案例 6.21 中的桥联结构，假设所有的基本事件概率 q_i 都等于 0.05。将这些 q_i 值代入案例 6.21 中 W_i 的表达式，可以得到

$$W_1 = 5250 \times 10^{-6}$$

$$W_2 = 3156 \times 10^{-6}$$

$$W_3 = 1.25 \times 10^{-6}$$

$$W_4 = 0.31 \times 10^{-6}$$

根据式 (6.100) 得

$$Q_0 \leqslant W_1 \approx 5250 \times 10^{-6} = 0.5250\%$$

$$Q_0 \geqslant W_1 - W_2 \approx 5218.4 \times 10^{-6} = 0.5218\%$$

根据式 (6.100) 中的前两个不等式，可得

$$0.5218\% \leqslant Q_0 \leqslant 0.5250\%$$

对于很多应用来说，这个结果的精确度已经足够了。如果还不够，可以继续计算下一个不等式：

$$Q_0 \leqslant W_1 - W_2 + W_3 \approx 5219.69 \times 10^{-6} = 0.5220\%$$

现在得到 Q_0 的范围为

$$0.5218\% \leqslant Q_0 \leqslant 0.5220\%$$

精确值为

$$Q_0 = W_1 - W_2 + W_3 - W_4 = 5219.38 \times 10^{-6} \approx 0.5219\%$$

通过比较，由式 (6.93) 得到的上限为

$$1 - \prod_{j=1}^{k}(1 - Q_j) = 0.005\ 242\ 49 \approx 0.5242\%$$

6.7.7　最小割集并联结构的 ROCOF

考虑一个包括 1 号和 2 号两个独立可修零件（基本事件）的最小割集并联结构 MCPS，令 $Q^{(1)}(t)$ 表示事件 MCPS 在时刻 t 因为 1 号零件的失效而失效。这个事情发生的前提是 2 号零件在时刻 t 一定处于停机状态。如果 2 号零件可运行的话，那么这个并联结构并不会因为 1 号零件的失效而失效。因此，由于 1 号零件失效引起的 MCPS 失效的 ROCOF 为

$$w^{(1)}(t) = w_1(t)\, q_2(t)$$

其中 $w_1(t)$ 为 1 号零件的 ROCOF。由 2 号零件引起的 MCPS 失效的 ROCOF 采用同样的方法确定，则该结构总体的 ROCOF 为

$$w(t) = w^{(1)}(t) + w^{(2)}(t) = w_1(t)q_2(t) + w_2(t)q_1(t)$$

考虑一个任意高阶（大于等于 2 阶）最小割集 C_κ，如果 1 号零件引起 MCPS 失效，则所有在最小割集 C_κ 中的其他零件都必须处于已失效状态，所以我们可以计算结构 κ 的 ROCOF：

$$w_\kappa(t) = \sum_{i \in C_\kappa} w_i(t) \prod_{l \in C_\kappa, l \neq i} q_l(t) \tag{6.102}$$

6.7.8　顶事件频率

本节介绍一些根据 6.6 节中的公式计算顶事件频率的简单公式。顶事件频率指的是在每个单位时间（比如每年）内顶事件的预计发生次数。

内聚系统通常都可以采用它的 MCPS 串联结构描述。在结构 κ 引起系统失效（即顶事件发生）时，没有其他 MCPS 已经处于失效状态。由 κ 引起的顶事件频率因此可以近似为

$$w_{\text{TOP}}^{(\kappa)} \approx \check{w}_\kappa(t) \prod_{j=1, j \neq \kappa}^{k} \left(1 - \check{Q}_j(t)\right) \tag{6.103}$$

近似的原因是同一基本事件可以出现在多个最小割集中，所以最小割集之间并不是相互独立的。

顶事件发生的总体频率近似为

$$w_{\text{TOP}}(t) \approx \sum_{\kappa=1}^{k} w_{\text{TOP}}^{(\kappa)} = \sum_{\kappa=1}^{k} \check{w}_\kappa(t) \prod_{j=1, j \neq \kappa}^{k} \left(1 - \check{Q}_j(t)\right) \tag{6.104}$$

案例 6.23（桥联结构）　再次考虑案例 6.21 中的桥联结构，假设我们已经根据最小割集 $C_1 = \{1, 2\}$, $C_2 = \{4, 5\}$, $C_3 = \{1, 3, 5\}$ 和 $C_4 = \{2, 3, 4\}$ 建立了相应的故障树。结构中的五个零件相互独立并且可修。我们每次只修理单个零件（即在线修理），修理之后零件会恢复到完好如初的状态。零件的失效率和维修率都是常数，故障时间独立于工作时间。每个零件的相应速率（每小时）如下表所示：

零件 i	λ_i	μ_i
1	0.001	0.10
2	0.002	0.08
3	0.005	0.03
4	0.003	0.10
5	0.002	0.12

零件 i 的基本事件概率为

$$q_i = \frac{\text{MDT}_i}{\text{MUT}_i + \text{MDT}_i} = \frac{\lambda_i}{\lambda_i + \mu_i}$$

零件 i 的平均失效间隔为

$$\text{MUT}_i + \text{MDT}_i = \frac{1}{\lambda_i} + \frac{1}{\mu_i}$$

零件 i 失效的频率是

$$w_i = \frac{1}{\text{MUT}_i + \text{MDT}_i} = \frac{\lambda_i \mu_i}{\lambda_i + \mu_i} \tag{6.105}$$

通过给定的数据，我们可以得到以下数值（时间单位为小时）[①]：

---

① 译者注：原著中下表第四列有遗漏，w_i 值为译者计算得到。

零件 i	q_i	MTBF_i	$w_i/10^{-3}$
1	0.0099	1010.0	0.9901
2	0.0244	512.5	1.9512
3	0.1429	233.3	4.2863
4	0.0291	343.3	2.9129
5	0.0164	508.3	1.9673

以上两小节和 6.6 节的内容，受到了动力树理论的很大影响（见备注）。

动力树理论

动力树理论（kinetic tree theory，KTT）是由 William E. Vesely 在 20 世纪 60 年代后期开发的一种故障树定量分析方法。我们在 6.7 节中介绍的方法就是源于动力树理论，但是该理论涉及的范围比我们所介绍的宽泛得多。有兴趣的读者可以阅读 Vesely 的原著[288]。本书作者十分认可 Vesely 对于可靠性和风险分析的发展所做出的巨大贡献。

尽管有学者指出了动力树理论的一些缺点，但我们仍然认为它是一项巨大的成就。

6.7.9　二元决策图

二元决策图（binary decision diagram，BDD）是另一种可以对故障树进行定性和定量分析的方法，也可以说是上述分析的扩展。二元决策图是一种有向无环图（DAG），只有一个根节点。BDD 算法可以在不借助最小割集的情况下得到顶事件概率的精确解。

我们在 4.3 节曾经介绍过真值表的概念，它可以替代只包括与门和或门的故障树。如案例 6.24所示，真值表可以转化为一个二元决策图。

案例 6.24（由真值表推导二元决策图）　假设一棵故障树包括两个通过逻辑或门连接的基本事件 A 和 B，这意味着无论 A 发生、B 发生抑或是二者同时发生，顶事件都会发生。我们用 0 表示事件没有发生，1 表示事件发生，可得与该故障树对应的真值表以及二元决策图如图 6.19所示。可以看到，顶事件不发生（即状态 0）的唯一可能，就是基本事件 A 和 B 都处于状态 0。我们还可以看到，二元决策图实际上是利用逐步中枢分解（即香农分解）建立的。

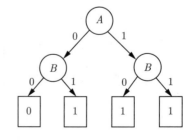

真值表		
A	B	TOP
0	0	0
0	1	0
1	0	0
1	1	1

图 6.19　由真值表推导二元决策图

布尔代数可以用二元决策图表示，而二元决策图中的节点顺序可以与布尔表达式中的变量顺序不同。在案例 6.24 中，我们从节点 A 开始，也可以从节点 B 开始。二元决策图需要满足以下条件：

（1）所有枝叶都用 0 或者 1 标注。

（2）所有节点都标记有名称（字符或者数字），并且正好有两个子节点：子节点 0 和子节点 1。很常见的做法是，将连接这两个子节点的边也分别标记为 0 和 1（一些学者使用不同类型的线标记边（或者箭头）的类型）。

（3）树根（即顶节点）没有父节点。

从 20 世纪 90 年代以来，人们就常使用二元决策图计算大型故障树。这种方法很适合数值存储和算法处理。通过重复使用以下两条压缩规则就可以得到二元决策图：

（1）共享相同的枝叶；

（2）去除子节点 0 和子节点 1 重合的节点（即冗余节点）。

需要重复使用这两条规则，直到所有的枝叶都不同，没有重复节点。这样，我们得到的二元决策图就是已经压缩和整理过的决策图，有时称之为"压缩整理过的二元决策图"（ROBDD）。使用上述两条压缩规则实际上还需要一些其他的概念，但是本书不再进行更多的介绍。BDD 的数值评估就是反复使用二元分解（香农分解），有几种算法都可以进行相应的操作。现在，有多个故障树分析的计算机程序都是基于二元决策图的原理进行定量评估的。

在按照 4.3 节给出的步骤建立故障树的时候，我们可以采用由下至上的方式由故障树推导二元决策图。每一个基本事件都对应 BDD 中有两个子节点的单一节点。我们从故障树底部开始，为每一个基本事件构建二元决策图，然后再根据逻辑门进行组合，将或逻辑和与逻辑应用于二元决策图方法中。NASA 制定的《故障树手册》推荐将二元决策图作为故障树分析的一部分，该手册还将二元决策图法和本章前面介绍的最小割集法进行了对比，并列出了二者的优劣（可参阅文献 [217] 第 78-82 页）。

我们可以在互联网上找到很多有关二元决策图的讲义、报告和文章。很多文献的质量相当高，其中文献 [10, 295] 的介绍都非常全面。

 ## 6.8　事件树分析

我们已经在 4.4 节中介绍过事件树的基础理论和构建过程，本节主要通过一个案例来讨论事件树的量化问题。

如果我们可以获取初始事件、所有相关安全功能以及危险贡献因素的数据，那么就可以进行事件树的定量分析，给出事件相关结果的出现频率或者概率。

一般可以采用频率为 λ 的齐次泊松过程对初始事件的发生建模，它衡量的是该事件在每年（或者其他时间单位）的预计发生次数。我们将在第 10 章继续讨论齐次泊松过程。

对于每一项安全功能，我们都必须估计它在相应环境中能够发挥作用的条件概率，也就是在事件链条之前的事件已经发生时的表现。有一些安全功能，比如海洋油气平台上的紧急切断（ESD）系统，可能非常复杂，需要进行详细的可靠性分析。

安全功能的（条件）可靠性取决于很多环境和运行因素，比如来自事件链条上先前事件的压力、从上一次测试到目前的时间，等等。很多时候，甚至很难区分"可运行"和"功能丧失"。比如，一台消防泵可以正常开启，但是它在火焰还没有被扑灭之前就停止工作了。

在大多数情况下，我们都可以采用 FTA 或者基于可靠性框图的方法对安全功能进行可靠性评估。如果使用计算机分析，就需要在可靠性评估与事件树合适的节点之间建立连接，这样可以自动更新输出频率并且进行敏感性分析。比如，我们可以用这种方法分析改变安全阀测试周期时各种后果的出现频率会如何变化。在图形表达上，连接可以用节点输出枝条上的转移符号表示。

输入到事件树中的各类危险贡献因素（事件/状态）的概率，需要在相应的条件下进行估算。有些因素可能与事件链条上的先前事件无关，而有一些因素则会受到其影响。

我们应该知道，事件树上的绝大多数概率都是条件概率，比如图 4.11 中水喷淋系统能够正常发挥作用的概率，并不等于它在正常条件下进行测试时预估的概率。我们必须意识到在粉尘爆炸和火灾发生的开始阶段（也就是水喷淋系统打开之前），喷淋系统可能会受到损坏。

考虑图 4.11 中的事件树，令 λ_A 表示初始事件 A "爆炸"的频率。在本例中，我们假设 λ_A 等于 $10^{-2}/a$，意味着爆炸会平均每 100 年发生一次。令 B 表示事件"开始起火"，并设定 $\Pr(B) = 0.8$ 为在粉尘爆炸已经发生后起火事件的条件概率。实际上更加准确的表达应该是 $\Pr(B \mid A)$，这样可以清晰地表示在事件 A 已经发生后才考虑事件 B。

按照同样的方式，令 C 表示事件"在粉尘爆炸和起火后喷淋系统没有工作"。C 的条件概率假定为 $\Pr(C) = 0.01$。

火警没有启动（事件 D）的概率是 $\Pr(D) = 0.001$。这个案例假设无论喷淋系统工作与否，事件 D 的概率都是相同的。但是在大多数实际情况下，这个事件的概率会依赖于前一事件的结果。

令 B^*、C^* 和 D^* 分别表示事件 B、C 和 D 的对立事件（即没有发生），有 $\Pr(B^*) = 1 - \Pr(B)$，以此类推。

最终后果的频率（a^{-1}）计算如下：

（1）火灾不受控制且没有火警：

$$\lambda_4 = \lambda_A \Pr(B) \Pr(C) \Pr(D) = 10^{-2} \times 0.8 \times 0.01 \times 0.001/a \approx 8.0 \times 10^{-8}/a$$

（2）火灾不受控制但有火警：

$$\lambda_3 = \lambda_A \Pr(B) \Pr(C^*) \Pr(D) = 10^{-2} \times 0.8 \times 0.01 \times 0.999/a \approx 8.0 \times 10^{-5}/a$$

（3）火灾受控但没有火警：

$$\lambda_2 = \lambda_A \Pr(B) \Pr(C^*) \Pr(D) = 10^{-2} \times 0.8 \times 0.99 \times 0.001/a \approx 7.9 \times 10^{-6}/a$$

（4）火灾受控且有火警：

$$\lambda_1 = \lambda_A \Pr(B) \Pr(C^*) \Pr(D^*) = 10^{-2} \times 0.8 \times 0.99 \times 0.999/\text{a} \approx 7.9 \times 10^{-3}/\text{a}$$

（5）没有火灾发生：

$$\lambda_5 = \lambda_A \Pr(B^*) = 10^{-2} \times 0.2/\text{a} \approx 2.0 \times 10^{-3}/\text{a}$$

可以看到，具体结果（后果）的频率是将初始事件的频率乘以导致该结果的事件序列的发生概率得到的。

如果我们假设初始事件的发生可以描述为一个齐次泊松过程，所有的安全功能和危险贡献因素的概率都是常数，且与时间无关，那么每个结果的发生也都是齐次泊松过程。

和故障树分析一样，事件树也可以转换为二元决策图进行分析（可参阅文献 [9]）。

6.9　贝叶斯网络

我们在 4.8 节中进行了贝叶斯网络（BN）的定性分析，本节简要介绍这种模型的概率评估方法。假设所有的节点都表示元件的状态，而每一个元件只有两种状态：1（表示能够运行）和 0（表示已经失效）。另外，假设每个节点都对应一个随机变量，并且用与节点相同的符号表示，例如，随机变量 A 即表示节点 A。可以发现，这与我们在可靠性框图中用状态变量 X_i 表示元件 i 有异曲同工之处。

图 6.20　包含两个节点的简单贝叶斯网络

考虑图 6.20中的简单贝叶斯网络，节点（变量）A 可以影响节点（变量）B。随机变量 A 表示根节点 A，节点 A 称为节点 B 的父节点，而节点 B 则称为节点 A 的子节点。在贝叶斯网络中，我们可以在如表 6.3 所示的表格中用概率值表示出 A 的分布情况。

表 6.3　根节点 A 的先验概率	
A	$\Pr(A)$
0	0.1
1	0.9

在贝叶斯网络中，我们将贝叶斯概率解释为"置信度"。$\Pr(A=1) = p_A$ 是根据我们对于 A 的了解程度确定的。第 15 章将继续讨论概率的解释问题。贝叶斯网络提供了一种对随机变量（节点）之间概率关系的结构化、图形化表达方法。

6.9.1　影响和原因

在图 6.20 中，由节点 A 到节点 B 的弧意味着节点 B 直接受到节点 A 的影响。这种影响有时是一种因果影响，虽然统计学家一般不太喜欢使用因果这个词。如果我们说 A 是 B 的原因，那么就需要满足下列三个条件：

（1）A 和 B 之间存在关联；

（2）存在时间不对称性（先后位次），即一个发生在另一个之前；

（3）没有隐藏变量解释这种关联。

非常常见的一种情况是，我们发现元件 A 和 B 是相关的，但是经全面分析可知它们只是受到一个共同原因的影响，然而这种影响并不容易发现。关联性并不一定意味着因果关系，文献 [244] 对此有更加全面的讨论。

6.9.2　独立假设

对于两个随机变量 A 和 B 而言，如果对于任意 a, b 有

$$\Pr(A = a \mid B = b) = \Pr(A = a)$$

$$\Pr(B = b \mid A = a) = \Pr(B = b)$$

那么，它们是相互独立的。如果条件概率 $\Pr(A = a \mid B = b) \neq \Pr(A = a)$ 或者 $\Pr(B = b \mid A = a) \neq \Pr(B = b)$，则这两个变量是关联的。我们将在第 8 章继续讨论关联性的问题。

贝叶斯网络假设节点的状态 X 只受其父节点状态的影响，这说明，在给定 X 父节点状态的情况下，X 的状态和其他非 X 后代的节点没有关联。因此，我们可以说贝叶斯网络的每个节点都具有局部马尔可夫特性（见第 11 章）。在图 6.21 中，上述假设意味着如果节点 B 已知，那么节点 C 独立于节点 A。因此，变量 A、B、C 的联合分布可以写为

$$\Pr(A = a \cap B = b \cap C = c)$$

$$= \Pr(C = c \mid B = b) \Pr(B = b \mid A = a) \Pr(A = a) \tag{6.106}$$

其中 A、B、C 的取值都是 $\{0, 1\}$。

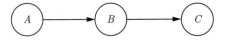

图 6.21　包含三个节点的线性贝叶斯网络

6.9.3　条件概率表

贝叶斯网络用于描述一个节点如何直接影响其他节点。贝叶斯网络的节点（和变量）一般并不是独立的，因此须使用条件概率。考虑如图 6.20 所示的简单贝叶斯网络，其中

根节点 A 直接影响节点 B。具体影响方式可以在表 6.4 所示的条件概率表（conditional probability table，CPT）中体现出来。我们需要重申，这里的概率值只是用来进行解释说明。

表 6.4　两节点的条件概率		
A	B	$\Pr(B \mid A)$
0	0	0.7
0	1	0.3
1	0	0.1
1	1	0.9

如果零件 A 已经失效（$A=0$），则表 6.4 所示的条件概率表显示，零件 B 将会失效的概率是 0.7，可运行的概率是 0.3。可以看到，给定 A 的状态，B 的条件概率之和必等于 1。

如果我们观察到零件 B 已经失效，即 $B=0$，我们可以分析 B 的失效由零件 A 失效引发（即影响）的概率，可以写为 $\Pr(A=0 \mid B=0)$，它的值可以根据贝叶斯公式确定：

$$\Pr(A=0 \mid B=0) = \frac{\Pr(B=0 \mid A=0)\Pr(A=0)}{\Pr(B=0)} \tag{6.107}$$

其中 $\Pr(B=0)$ 由全概率公式确定：

$$\Pr(B=0) = \Pr(B=0 \mid A=0)\Pr(A=0) + \Pr(B=0 \mid A=1)\Pr(A=1)$$

根据表 6.3 和表 6.4 中的概率值，得

$$\Pr(A=0 \mid B=0) = \frac{0.7 \times 0.1}{0.7 \times 0.1 + 0.1 \times 0.9} \approx 0.44$$

6.9.4　条件性独立

正如前文所述，贝叶斯网络中的很多变量都不是独立的。如果网络有很多节点，研究各种关联性就会非常繁杂，因此我们一般都会假设一些有限的关联。因此，贝叶斯网络的分析也就限定在条件性独立的随机变量（节点）当中（见备注）。

条件性独立

如果对于变量 C 的给定值 c，对于变量 A 和 B 的所有取值 a、b，都有

$$\Pr(A=a \cap B=b \mid C=c) = \Pr(A=a \mid C=c)\Pr(B=b \mid C=c)$$

那么，称变量 A 和 B 对于给定变量 C 条件性独立。

式 (6.106) 具有通用性，它可以表述为：考虑一个包含节点 $X_1, X_2, \cdots, X_n$ 的贝叶斯网络，$X_1, X_2, \cdots, X_n$ 的联合分布为

$$\Pr(X_1 = x_1 \cap X_2 = x_2 \cap \cdots \cap X_n = x_n)$$
$$= \prod_{i=1}^{n} \Pr\left(X_i = x_i \mid X_i \text{父节点的状态}\right) \tag{6.108}$$

在图 6.22 所示的贝叶斯网络中，C 对于 A 和 B 都有直接影响。因为后两者都受到同一变量 C 的影响，显然它们是有关联的，但是当 C 的状态已知时，我们假设 A 和 B 是条件性独立的（见备注）。

如果称变量 A 和 B 对于给定的变量 C 是条件性独立的，那么有（对于所有 a 和 b 以及给定值 c）

$$\Pr(A = a \mid B = b \cap C = c) = \frac{\Pr(A = a \cap B = b \mid C = c)}{\Pr(B = b \mid C = c)}$$
$$= \frac{\Pr(A = a \mid C = c)\Pr(B = b \mid C = c)}{\Pr(B = b \mid C = c)}$$
$$= \Pr(A = a \mid C = c)$$

这意味着 $B = b$ 这个条件对于 $\Pr(A = a \mid C = c)$ 没有影响。

根据这个假设，贝叶斯网络中的任意一个节点在其父节点数值确定的情况下，与所有不是它后代的节点都是条件性独立的。可以看到，即便在节点 X 的父节点已知的情况下，该节点与它自己的后代之间也不是相互独立的。还可以发现，那些没有连接的节点（即从一个节点到另一个没有弧相连）之间是条件性独立的。

案例 6.25（两台水泵组成的系统） 如图 6.22 所示，我们考虑由两台相同的水泵 A 和 B 以及电源 C 共同构成的贝叶斯网络。

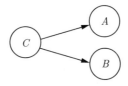

图 6.22　包含三个节点的贝叶斯网络

当电源正常工作的时候（即 $C = 1$），我们假设两台水泵彼此独立运行。如果一台水泵失效，它对于另一台水泵的功能没有任何影响。这就意味着，在 $C = 1$ 的时候，两台水泵条件性独立。则有

$$\Pr(A = 1 \cap B = 1 \mid C = 1) = \Pr(A = 1 \mid C = 1)\Pr(B = 1 \mid C = 1)$$

接下来分析条件性独立是否意味着这两台水泵相互独立。

电源可运行的概率是 $\Pr(C=1)=0.95$。如果电源可运行，那么水泵可运行的概率就是 $\Pr(A=1 \mid C=1)=0.90$，以及 $\Pr(B=1 \mid C=1)=0.90$。如果电源失效，那么水泵都不能运行。根据全概率公式，可得

$$\Pr(A=1) = \Pr(A=1 \cap B=1 \mid C=1)\Pr(C=1)+$$

$$\Pr(A=1 \cap B=1 \mid C=0)\Pr(C=0)$$

$$= 0.9 \times 0.9 \times 0.95 + 0 \approx 0.77$$

按照同样的方法，可以得到 $\Pr(B=1) \approx 0.77$。再使用全概率公式，有

$$\Pr(A=1 \cap B=1) = \Pr(A=1 \cap B=1 \mid C=1)\Pr(C=1)+$$

$$\Pr(A=1 \cap B=1 \mid C=0)\Pr(C=0)$$

$$= 0.9 \times 0.9 \times 0.95 + 0 \approx 0.77$$

可以发现 $\Pr(A=1)\Pr(B=1) \approx 0.77 \times 0.77 \approx 0.59$，而 $\Pr(A=1 \cap B=1) \approx 0.77$，即 $\Pr(A=1 \cap B=1) \neq \Pr(A=1)\Pr(B=1)$，所以我们可以得到结论：这两台水泵并不是相互独立的。

这个结论可以直接验证。如果我们发现水泵 A 不能工作，这意味着或者水泵 A 自身失效，或者电源失效。因此，$A=0$ 这一信息增加了水泵 B 不能工作的条件概率，所以 A 和 B 不是独立的。

6.9.5　推理和学习

如果我们在使用贝叶斯网络时得到的信息是专家判断和观测数据，也可以用这些信息进行推理。本书第 14 章和第 15 章将继续讨论推理的问题。推理包括条件概率计算、参数估计以及确定后验概率分布。

根据数据的贝叶斯网络学习，意味着获取以下知识：① 图形化模型的结构；② 条件概率分布。后面一条的含义，是根据证据（即已有数据）更新之前的置信度。这项工作通过贝叶斯公式完成，我们将在第 15 章详细讨论。贝叶斯网络结构的学习包括学习因果关系，并验证结构的正确性和一致性。学习还可能包括识别元件失效最可能的原因，这可以进一步确定对系统进行干预（比如维修或者更换零件）的效果。

精准的推理和学习只适用于中小规模的贝叶斯网络。对于大型网络而言，我们需要借助于一般以蒙特卡罗仿真为基础的近似方法，这样更加高效，也可以得到相对不错的结果。

6.9.6　贝叶斯网络和故障树

因为本章只涉及包含独立零件的系统，所以贝叶斯网络的很多重要性质都没有介绍。比如，我们将在第 8 章讨论关联性零件的问题。现在考虑一个包含两个独立零件 A 和 B

的系统 S，系统的贝叶斯网络如图 6.23 所示。为了将贝叶斯网络分析和故障树分析进行比较，我们令 $A = 1$ 表示基本事件 A 发生，$B = 1$ 表示基本事件 B 发生，$S = 1$ 表示顶事件发生。我们希望在指定基本事件概率 q_A 和 q_B 的情况下，计算顶事件的发生概率。

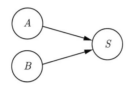

图 6.23　包含两个零件的简单系统的贝叶斯网络

基本事件 A 和 B 的信息（概率分布）在表 6.5 中给出，可知 A 和 B 都是根节点。

表 6.5　根节点 A 和 B 的先验概率			
A	B	$\Pr(A)$	$\Pr(B)$
0	0	0.99	0.96
1	1	0.01	0.04

对于一个与门（即并联结构）来说，只有 $A = 1$ 与 $B = 1$ 同时成立的时候，顶事件发生，因此有

$$Q_0 = \Pr(A = 1 \cap B = 1) = \Pr(A = 1)\Pr(B = 1) = 0.01 \times 0.04 = 4.0 \times 10^{-4}$$

对于一个或门（即串联结构）来说，如果 $A = 1$ 或 $B = 1$，则顶事件发生，因此有

$$Q_0 = \Pr(A = 1 \cup B = 1) = \Pr(A = 1) + \Pr(B = 1) - \Pr(A = 1 \cap B = 1)$$

$$= \Pr(A = 1) + \Pr(B = 1) - \Pr(A = 1)\Pr(B = 1)$$

$$= 0.01 + 0.04 - 0.01 \times 0.04 = 4.96 \times 10^{-2}$$

当基本事件不独立并且相互影响，或者基本事件不只有两个状态时，贝叶斯网络的长处就体现出来了。

我们利用图 4.38 中的简单贝叶斯网络描述计算过程。这个网络有三个根节点 A、B、C，每个节点都有两个状态，其中状态 1 表示基本事件发生，状态 0 表示没有发生。我们可以在条件概率表中指定根节点概率，见下表：

A	B	C	$\Pr(A)$	$\Pr(B)$	$\Pr(C)$
0	0	0	$1 - q_A$	$1 - q_B$	$1 - q_C$
1	1	1	q_A	q_B	q_C

其中 q_i 为基本事件 i 发生的概率，$i = A, B, C$。

节点 M 是父节点 A 和 B 的子节点，它的真值表如下：

A	B	M
0	0	0
0	1	1
1	0	1
1	1	1

可得 M 的概率分布为

$$\Pr(M = 0) = \Pr\left[(A = 0) \cap (B = 0)\right] = (1 - q_A)(1 - q_B)$$

$$\Pr(M = 1) = 1 - \Pr(M = 0) = 1 - (1 - q_A)(1 - q_B)$$

这和使用故障树分析得到的结果一样。设 $q_M = \Pr(M = 1)$，我们可以重复上述过程，得到父节点是 M 和 C 的子节点 T 的概率分布：

$$\Pr(T = 0) = \Pr\left[(M = 0) \cap (C = 0)\right] = (1 - q_M)(1 - q_C)$$

$$= (1 - q_A)(1 - q_B)(1 - q_C)$$

$$\Pr(T = 1) = 1 - \Pr(T = 0) = 1 - (1 - q_A)(1 - q_B)(1 - q_C)$$

本书中不再更多地讨论有关贝叶斯网络定量分析的问题。如果读者想要了解更多信息，可以参阅文献 [39, 159, 167, 264]。 我们还可以使用多个用于贝叶斯网络分析的 R 程序包，比如 bnlearn。市面上有很多免费的和商用贝叶斯网络分析计算机软件，有兴趣的读者可以在互联网上搜索。

6.10 蒙特卡罗仿真

蒙特卡罗仿真的名称来自位于摩纳哥的欧洲赌城蒙特卡罗，这是一种计算机化的数学技术，可以生成用来获取数值结果的随机数。为了说明这种方法，我们考虑一个包含 n 个独立不可修零件的可靠性框图，并假设零件 i 的失效时间服从参数为 α_i 和 θ_i 的威布尔分布，$i = 1, 2, \cdots, n$。假设所有的参数已知，我们希望确定系统失效时间 T_S 的分布 $F_S(t)$。对于复杂系统来说，这可能是一项很困难的任务。

通过蒙特卡罗仿真，计算机可以根据给定的分布为这 n 个零件生成一系列失效时间 $t_1, t_2, \cdots, t_n$。接下来，可以用结构函数确定系统相应的失效时间 t_S。

如果重复仿真很多次（比如 1000 次），我们就能使用第 14 章中描述的方法获取一个实证存续度函数，并将数据拟合成一个连续分布。利用这种方式，无须烦琐的计算，我们就可以得到 $R_S(t)$ 的估值。如果已经得到了系统失效函数 $F_S(t)$，根据第 5 章的方法，我们可以得到系统失效率函数 $z_S(t)$ 以及系统平均失效时间 MTTF_S 的估值。

为了进行更加详细的论述，我们首先需要说明什么是随机数，以及如何获取一系列随机数。

6.10.1 生成随机数

我们可以使用计算机中的随机数生成器获取一系列在区间 $(0,1)$ 之间的随机数。在生成数字序列时，我们假设区间中的每一个数出现的概率相同，并且与其他的数是否出现在序列中无关。因此，生成随机数类似于在一个均匀分布 $u(0,1)$ 中取样，其概率密度分布为

$$f_Y(y) = \begin{cases} 1, & 0 < y < 1 \\ 0, & \text{其他} \end{cases}$$

使用计算机按照这个过程得到的数 (y) 实际上并不是真正随机的，它由程序的初始值（称为种子）确定。因此，我们称这种数为伪随机数。现在有很多伪随机数生成器（作为统计分析程序（比如 R）或者电子表格程序的一部分），其中绝大多数都能够生成近似随机、在区间 $[0,1]$ 上均匀分布的变量 $Y_1, Y_2, \cdots$。在 R 程序中，指令runif(n)就用来生成 n 个伪随机数。重复执行这个指令，我们就能够获得另一组 n 个随机数。

在可靠性分析的蒙特卡罗仿真中，我们需要生成伪随机数的领域主要包括寿命分布，比如指数或者威布尔分布，和一些停机/维修分布，比如对数正态分布。下文将说明这是如何实现的。

1. 生成具有特定分布的随机变量

令 T 表示一个随机变量（不一定是失效时间），分布函数为 $F_T(t)$，随着时间 t 严格递增，这样对于任何 $y \in (0,1)$ 都有唯一对应的 $F_T^{-1}(y)$。然后令 $Y = F_T(T)$，则 Y 的分布函数 $F_Y(y)$ 为

$$F_Y(y) = \Pr(Y \leqslant y) = \Pr[F_T(T) \leqslant y]$$
$$= \Pr[T \leqslant F_T^{-1}(y)] = F_T[F_T^{-1}(y)] = y, \ 0 < y < 1$$

因此，$Y = F_T(T)$ 在区间 $[0,1]$ 上服从均匀分布，这意味着如果随机变量 Y 在 $[0,1]$ 上均匀分布，那么 $T = F_T^{-1}(Y)$ 的分布函数就是 $F_T(t)$。

这个结果可以用来在计算机上生成具有特定分布函数 $F_T(t)$ 的随机变量 $T_1, T_2, \cdots$。在 $[0,1]$ 区间上服从均匀分布的变量 $Y_1, Y_2, \cdots$ 也可以采用伪随机数生成器生成。变量 $T_i = F_T^{-1}(Y_i)$ 的分布函数为 $F_Y(t)$，$i = 1, 2, \cdots$。随机变量的生成过程如图 6.24所示。

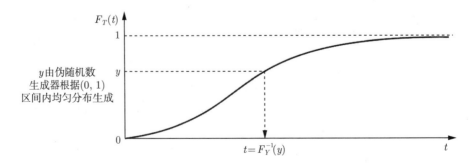

图 6.24　生成分布为 $F_T(t)$ 的随机变量

在 R 程序中,我们可以使用命令rweibull(n, shape, scale)生成服从形状参数为 α、尺度参数为 θ 的威布尔分布的 n 个伪随机数。

2. 可修零件生命过程仿真

考虑一个可修零件,每次修理都会将其恢复至完好如初的状态。如果没有明显的外部影响,则零件的生命周期如图 6.11所示。通过指定失效时间分布和故障时间分布,我们可以对该零件的整个使用寿命期间(比如 $\tau = 20$ 年)进行模拟。单一生命周期的仿真可以给出一系列结果 $\{t_1, d_1, t_2, d_2, \cdots\}$(其中 t_i 为工作时间, d_i 为故障时间, $i = 1, 2, \cdots$),直到达到总体寿命 τ。根据这个数据集,我们可以利用式 $\sum_i t_i / \tau$ 计算可用性、计算总体失效次数以及总体故障时间。如果重复这个过程很多次并取平均值,我们就能得到对于可用性和相关量度的准确估值。对于单个零件而言,这样做可能看起来有点浪费时间,因为我们用手算就可以得到准确值。

然而随着系统复杂性提升,系统包含的零件越来越多,而这些零件的工作时间和故障时间分布也不同,这时蒙特卡罗仿真的优势就会凸显出来。因此,很多用于系统可靠性评估的计算机程序都是基于蒙特卡罗仿真。

6.10.2　蒙特卡罗下次事件仿真

蒙特卡罗下次事件仿真,是通过在计算机上模拟系统的“典型”寿命或任务场景来进行的。我们开始需要建立系统模型,例如可靠性框图。在计算机模型中生成随机事件(即与元件失效相关的事件),以及计划事件(例如,验证测试和服务)和条件事件(即由其他事件的发生引发的事件),这样才能模拟尽可能接近现实生活场景的任务场景。

仿真可能需要不同类型的输入数据。在油气行业,工程师经常会在设计阶段使用仿真,确定各个设计方案的生产可用性。油气行业的生产可用性可以用每天的产量(对于原油,单位为桶;对于天然气,单位为立方米)来衡量,还可能需要与预定的销售量进行比较,后者在一年中会随时间发生变化。

大多数情况下,仿真要用到下列输入数据:

(1)基于流程图、控制图和零件信息的系统描述。

(2)零件失效模式、失效影响和失效后果方面的知识,通常以 FMECA 表格呈现。

(3)零件失效和维修数据(与特定失效模式相关的工作时间和故障时间分布,以及相关参数的估值)。

(4)维修策略。预防性维修/服务的频率,以及每一类维修行动需要的时间。

(5)资源数据(比如备件可用性、维修资源等)。

(6)决策规则——如果某一零件失效模式发生,应该做什么?

(7)产能数据,系统/零件容量(如果相关)。

在计算机上模拟了一个“典型”生命周期场景之后,这个场景就可以被当作一次真实实验,我们可以计算一些性能参数,比如:

（1）系统在仿真时间段内观测到的可用性（比如观测到的工作时间除以仿真长度）；

（2）系统失效的次数；

（3）每个零件失效的次数；

（4）每个零件对于系统不可用性的影响；

（5）维修资源的利用率；

（6）作为时间函数的系统输出（产能），等等。

重复进行仿真，就可以生成很多"独立的"生命周期场景。从这些场景中，可以推导出那些我们认为重要的性能参数估值。

只有一种失效模式的单个元件

我们通过一个非常简单的例子介绍下次事件仿真技术：只有一种失效模式的单个元件。该元件的生命周期场景可以模拟为：

（1）仿真从时刻 $t = 0$ 开始（对应特定的日期，将模拟器时钟设定为 0）。假设元件在时刻 $t = 0$ 可运行。

（2）根据分析人员选定的寿命分布 $F_{T_1}(t)$ 生成到第一次失效的时间 t_1，模拟器时钟现在设定为 t_1。

（3）根据分析人员选定的维修时间分布 $F_{D_1}(d)$，生成故障时间 d_1。维修时间可能取决于失效发生的季节（日期）或者是一天当中的时刻，比如在夜间发生的失效可能比在工作时段发生的失效造成的故障时间更长。现在，将模拟器时间设定为 $t_1 + d_1$。

（4）根据寿命分布 $F_{T_2}(t)$ 生成第二次失效发生前的工作时间 t_2。这个元件在维修之后可能并不会恢复到完好如初的状态，因此寿命分布 $F_{T_2}(t)$ 与 $F_{T_1}(t)$ 可能不同。接下来，将模拟器时钟设定为 $t_1 + d_1 + t_2$。

（5）再根据选定的维修时间分布 $F_{D_2}(d)$ 生成故障时间 d_2。

（6）重复上述过程。

仿真一直会持续到模拟器时钟达到预设值，比如 10 年。计算机会创造出一个按时间顺序的日志文件，其中会记录所有的事件（失效、修复）以及每个事件的（模拟器）时间。根据这份日志文件，我们可以计算出在仿真周期内，在特定的生命周期场景中发生的失效次数、维修资源和维修设施的累计使用量、观察到的可用性等。比如，观察到的可用性 A_1，就是用元件的累计工作时间除以仿真周期总长度得到的。

上述的仿真过程可以（使用不同的种子值）重复 n 次，每一次都计算我们感兴趣的参数。令 A_i 表示第 i 次仿真中观察到的可用性，$i = 1, 2, \cdots, n$，可以用样本标准差来衡量 A 的不确定性。也可以将仿真周期分为若干段，计算每个时间段的平均可用性。比如，记录每年的可用性。还可以用很多方法减少估值中的偏差。文献 [256] 对蒙特卡罗仿真有一个非常全面的介绍。

在计算机上进行仿真，理论上可以考虑到一个问题的几乎所有方面，甚至突发事件，比如：

（1）季节性偏差和每日偏差；

（2）负载和输出中出现的偏差；

（3）对于元件的周期性测试和干预；

（4）分阶段任务计划；

（5）计划中的故障时间；

（6）与其他零件和系统的交互；

（7）工作时间与故障时间之间的关联。

6.10.3　多零件系统的仿真

对包含很多零件的系统的一个任务场景进行仿真，需要很多输入数据。除此之外，还必须建立一套决策规则，处理不同事件和事件组合。这些规则应指出针对每一个事件的各种后果应采取的措施。下面的一些例子，就需要确定相应的决策规则：

（1）在维修资源有限的时候，设定对各个同时失效的维修行动的优先级；

（2）备用元件之间的切换策略；

（3）在一个零件失效时，相同子系统中其他零件是否需要更换或者翻新；

（4）在一个零件失效时，是否需要关闭整个系统直到该元件修理完成。

为了达到令人满意的估算精度，需进行相当多次的系统寿命周期仿真。重复仿真的数量取决于系统有多少零件以及各种系统零件的可靠性。可靠性高的系统通常比可靠性低的系统需要更多的重复模拟。当模型涉及具有极端后果的极其罕见的事件时，仿真时间将特别长。对于包含多个零件的系统，可能需要数千次仿真。即使使用高速计算机，仿真时间也总是会很长，日志文件也可能会变得非常庞大。

对于简单系统的下次事件仿真，使用电子表格程序和 Visual Basic 代码就可以实现。大多数电子表格程序都装备有随机数生成器和统计分布数据库，因此很容易就可以针对某一特定分布生成随机数。然后，对这些仿真值可以根据指定规则，使用标准的表格操作进行合并。如果使用 R 语言，那么选择方法还会更多。

现在有很多仿真程序可以用来对特定系统进行可用性评估，有兴趣的读者可以在图书配套网站上找到相关程序供应商的列表。

案例 6.26（生产可用性仿真）　我们现在考虑一个包含两个生产元件的系统，如图 6.25 所示。当两个元件都可运行时，60% 的系统输出来自 1 号元件，40% 的输出来自 2 号元件。系统在特定日期（比如 2020 年 1 月 1 日）启动。我们假设两个元件的失效时间独立且服从已知参数 (α_i, λ_i) 的威布尔分布，$i = 1, 2$。仿真的开始是要生成两个威布尔分布失效时间 t_1 和 t_2。假设 $t_1 < t_2$，从时刻 t_1 开始，1 号元件停止工作，它的随机故障时间服从已知参数为 (ν_1, τ_1) 的对数正态分布，该分布依赖于 1 号元件失效的日期。此时，2 号元件的产能会被提升到 60%，用来部分弥补 1 号元件停机造成的损失。2 号元件在 60% 产能时的失效时间服从参数为 (α_2, λ_2^1) 的威布尔分布（我们在此可以选择条件威布尔分布）。仿真的下一步是生成 1 号元件的修理时间 d_1，以及 2 号元件在产能增加时的失效时间 t_2^1。假设 $d_1 < t_2^1$，经过时间 d_1，1 号元件再次投入运行，产能为 60%，而 2 号元件的负载重

新降低到 40%。

图 6.25 包含两个生产元件的系统

为两个元件分配失效时间分布，比如可以采用在给定运行时间的条件分布。按照与上述相同的步骤，可以生成新的失效时间。此外，用来进行调试、清洗、润滑等工作的周期性停机，也可以纳入仿真当中。如果 2 号零件失效，那么 1 号零件的负载就会上升到 80%。仿真过程和仿真生产的结果如图 6.26 所示。我们还可以记录若干其他的量度，比如元件总故障时间、维修资源和备件使用量等。针对不同的失效模式，失效时间仿真还可以进一步细化。无论如何，我们需要重复很多次仿真，最终给出平均值。

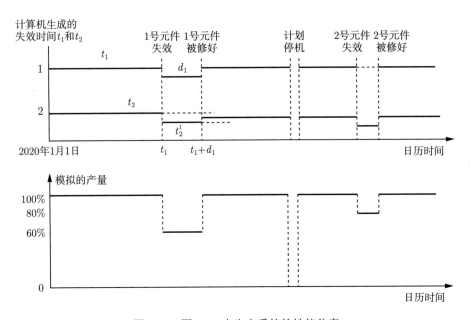

图 6.26 图 6.25 中生产系统的性能仿真

 # 6.11 课后习题

6.1 证明：当零件相互独立时，系统可靠性 $p_S(t)$ 可以写为式 (6.5) 的形式，即只是零件可靠性 $p_i(t)$（$i = 1, 2, \cdots, n$）的函数。

6.2 一串老式的圣诞树灯采用 10 个灯泡串联。我们假设这 10 个相同的灯泡具有独立的寿命分布，固定失效率都为 λ。确定 λ 的值，以使得这串圣诞树灯能够使用三周的概率至少达到 99%。

6.3 假设三个同质独立元件并联。当每个元件的可靠性都是 98% 时，系统可靠性是多少？

6.4 一个系统包括 5 个并联的独立相同零件。确定这些零件的可靠性，以使得系统可靠性达到 99%。

6.5 考虑一个 2oo3 结构，它包含三个独立同质零件，且都具有固定失效率 λ。证明 $\lim\limits_{t\to\infty} z_S(t) = 2\lambda$，并在物理上解释为什么这是一个现实的极限。

6.6 考虑一个包含 n 个独立零件的内聚结构，其系统存续度函数为 $R_S(t) = h[R_1(t), R_2(t), \cdots, R_n(t)]$。假设所有 n 个零件的寿命分布都有失效率递增（IFR）的属性，并且零件 i 的平均失效时间为 $\mathrm{MTTF}_i = \mu_i$，$i = 1, 2, \cdots, n$。证明

$$R_S(t) \geqslant h\left(\mathrm{e}^{-t/\mu_1}, \mathrm{e}^{-t/\mu_2}, \cdots, \mathrm{e}^{-t/\mu_n}\right),\ 0 < t < \min\{\mu_1, \mu_2, \cdots, \mu_n\}$$

6.7 考虑图 6.27 中的可靠性框图。

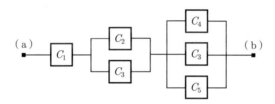

图 6.27　习题 6.7的可靠性框图

（1）　识别结构的最小割集。

（2）　当零件独立不可修，零件 C_1 的固定失效率为 λ，且零件 C_i 有固定失效概率 q_i（$i = 2, 3, 4, 5$）时，确定系统的可用性。

（3）　设定 $\lambda = 0.01$ 次失效/h，$q_i = 0.1$，计算在 $t = 5000\mathrm{h}$ 时系统的可用性。

6.8 元件 A 在每 10^6h 当中的平均失效次数是 100 次，元件 B 的平均首次失效时间是 100 天。令 MTTF_A 和 MTTF_B 分别表示元件 A 和 B 的平均失效时间。

当且仅当串联结构中元件 A 和元件 B 全部可运行时，系统 S 可运行。

（1）　系统 S 在时刻 $t = \mathrm{MTTF}_A$ 和 $t = \mathrm{MTTF}_B$ 的可靠性分别是多少？对结果进行说明。

（2）　系统 S 的平均失效时间 MTTF_S 是多少？

（3）　当系统 S 达到 MTTF_S 时，它的存续概率是多少？对结果进行说明。

（4）　为了增加系统 S 的可靠性，我们希望重新设计结构，并分析下列两个选项哪一个效果更好：① 为元件 A 增加一个冗余结构；②为元件 B 增加一个冗余结构。说明哪个选项比较可靠，并确定该选项在时刻 $t = \mathrm{MTTF}_A$ 和时刻 $t = \mathrm{MTTF}_B$ 的存续度函数。

6.9 假设你正在为一台海上风力发电机进行定量可靠性分析。这台发电机可将机械能转化为电能，并将能量传输给电网。图 6.28 中给出了这个系统的一棵简化版故障树（所有元件都视为不可修）。基本事件以及它们的固定发生率如图 6.28 所示。

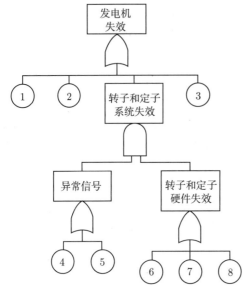

事件	编码	失效率/（次/h）
参数偏差	1	1×10^{-5}
线缆故障	2	1×10^{-7}
外部设施介质泄漏	3	8×10^{-5}
异常震动	4	2×10^{-6}
仪表读数异常	5	2×10^{-6}
同步失败	6	3×10^{-6}
连杆折断	7	2×10^{-7}
没有按要求启动	8	3×10^{-6}

图 6.28　习题 6.9 的可靠性框图

（1）　建立相应的可靠性框图。

（2）　确定结构函数。

（3）　识别最小割集。

（4）　确定发电机在 $t=10\,000$h 时的不可靠性。是否需要进行近似计算？

6.10　考虑一个水箱，它的功能是在发生火灾时供水。水箱中安装了一个传感器用来监测水位，如果水位低于某个临界值，传感器就会给控制单元发送信号，然后控制单元会进行蓄水。该功能由两台电动水泵完成，每一台水泵都能够提供水箱需要的水量。平时只需要启动一台水泵，如果它失效了，再去启动第二台。如果第二台水泵也出现失效，那么蓄水功能就无法继续。我们假定切换开关是完美的（即不存在启动失效）。在蓄水过程中，一般还会使用一些阀门，但是这里不予考虑。传感器和控制单元都采用一个低功率电路（12V）供电，而水泵则采用大功率电路（240V）供电。

我们考虑表 6.6 中所列出的失效模式。假定两台水泵之间的切换开关完美，并且所有的失效模式都是相互独立的。

表 6.6　习题 6.10 的表格			
元件	符号	失效模式	失效率/（次/h）
传感器	S	没有检测到低水位	2×10^{-7}
控制单元	C	没有工作	1×10^{-8}
水泵	P_1, P_2	没有工作	2×10^{-6}
低功率电源	L	断电	1×10^{-3}
大功率电源	H	断电	1×10^{-5}

（1）　对该系统进行功能分析。

（2） 绘制可靠性框图。

（3） 确定最小割集。

6.11 假定你需要评价一台用于海洋油气行业平台端的热交换器的可靠性。根据文献 [241]，我们可以得到所有失效模式的相关信息：

- 每 10^6h 的平均失效数量： 96.93
- 每 10^6h 失效数量的标准差： 35.81

（1） 假设热交换器的总体失效率是常数。

　① 使用平均失效数量来估计失效率。

　② 证明失效时间为指数分布，并绘制相应的密度函数。

　③ 计算 MTTF。

　④ 确定作为时间函数的存续度函数，并绘制该函数。

（2） 在设计期间，设计师希望了解使用两台热交换器会有哪些好处。需要量化两台交换器带来的额外系统寿命，用来比较成本。我们可以针对问题（1）进行假设，即两台热交换器都有相同的固定失效率：

　① 第一种方案（主动冗余，无修理）：两台交换器同时使用，这样当两台机器同时处于已失效状态时，系统失效。确定整个系统在不同时间的存续度函数，并绘图。

　② 第二种方案（被动冗余，完美切换，无修理）：首先使用一台交换器，另一台只有在第一台失效时才投入使用。两台交换器都失效时，系统失效。确定整个系统在不同时间的存续度函数，并绘图。可以使用 6.4.1 节中的分析公式或者蒙特卡罗仿真。

　③ 讨论并比较两种方案的存续度函数。

（3） "每 10^6h 失效数量的标准差"是什么意思？在回答上述问题时，我们应该如何考虑这个标准差？

6.12 考虑一座核电站内的主冷却系统，它包括一个锂回路，该回路进行循环并带走来自氚核的热量。锂的流量由流量控制器（FC1）调节，该控制器由电源电力（EP）驱动的泵（P）组成。锂回路还包含一个用于保持锂的高纯度的系统（SHP），这样可以避免堵塞、腐蚀和泄漏。此外，冷却系统中还有一个由电源电力（EP）驱动的保温系统（STH），以保证整个回路的温度始终保持在锂的熔点以上。如果出现电力中断的情况，核电站会使用一台发电机（EG）临时供应电力。

（1） 建立顶事件"主冷却系统失效"的故障树。如果需要的话，请增加相应的假设。如果回路中的锂流量不足，就意味着顶事件发生。你可以考虑 FC1、P、EP、EG、SHP、STH 这些设备的失效。

（2） 假设没有任何元件可修，FC1、P、SHP、STH 的失效率等于 10^{-5} 次失效/h，EP 的失效率是 10^{-4} 次失效/h，而 EG 的失效率是 10^{-3} 次失效/h。

　① 使用我们在第 6 章介绍的任意一种方法，确定顶事件的概率函数（变量

为时间）。

② 确定系统在 1000h 和 10 万 h 的存续度函数值。

（3）假定 EP 和 EG 可修，二者的维修率都是 10^{-1} 次/h。在维修之后，元件会恢复到完好如初的状态。

① 使用式 (6.55) 计算 EP 和 EG 的可用性，并确定顶事件的概率函数（变量为时间）。

② 使用蒙特卡罗仿真，确定在 1000h 和 10 万 h 时顶事件的概率，并与问题（2）的结果进行比较。

第 **7** 章

可靠性重要度

 ## 7.1 概述

在之前的章节中，我们可以发现，很明显有些系统零件要比其他零件对于系统可靠性更加重要。与系统其他部分串联的零件本身就是一个一阶最小割集，因此它通常比那些只是高阶最小割集的一部分的零件更加重要。本章将定义并解释 9 个零件重要度衡量指标，这些衡量指标（量度）可以用来将零件按照其重要性降幂排列，还可以根据一些预设规则将零件分组。重要度衡量指标主要用于确定对哪些零件和模块应该优先提升其可靠性，以及在维修当中优先考虑。

对于绝大多数重要度衡量指标，我们都基于可靠性框图和故障树方法进行介绍。第 4 章和第 6 章已经介绍过，只有逻辑或门和与门的故障树可以与可靠性框图相互转换，而不丢失任何信息。如果故障树中增加了更多种类的逻辑门，它就无法轻易转化成可靠性框图，我们也就不能按照相同的方式定义重要度衡量指标。因此在本章中，我们假设可靠性框图与其相应的故障树之间存在一一对应的关系。

在风险评估中，我们经常基于故障树进行因果分析，所以风险评估中的重要度衡量主要采用故障树进行介绍。在这些场景中，重要度衡量指标也被称为基本事件重要度衡量指标或者风险重要度衡量指标。

7.1.1 衡量可靠性重要度的目标

衡量可靠性重要度的主要目标包括：

（1）在设计阶段确定最值得进行额外研究和开发的元件，以最低成本或付出提高整体系统可靠性。

提高系统可靠性的方法很多，比如使用高质量元件、引入冗余元件、减轻运营和环境对于元件的压力、提高元件的可维修性等。

（2）识别最容易引起系统失效的元件，以优先对其进行检测和维修。

（3）识别最可能引起系统现有故障的元件，为维修清单提供输入信息，以尽快恢复系统功能。

（4）识别那些我们需要在安全或者可靠性分析中收集高质量数据的零件。

重要度较低的零件对于系统可靠性的影响较小，花费大量人力、物力和时间收集这类零件的精确数据得不偿失。因此，我们可以首先计算系统可靠性，并根据近似的（猜测的）输入参数得到一个相对重要度量表，这样就可以把人力、物力和时间集中在那些最重要的零件上，以收集它们的信息。

（5）确定在系统运行时停止某一元件的服务（比如进行维修）增加的风险或降低的系统可靠性。这种做法在核电站这类工业应用中很常见。

7.1.2　本章考虑的可靠性重要度衡量指标

我们在本章将定义和讨论下列 9 个可靠性重要度衡量指标。

（1）伯恩鲍姆结构重要度；

（2）伯恩鲍姆零件重要度（及一些变体）；

（3）提升潜力（及一些变体）；

（4）关键重要度；

（5）福赛尔-维塞利量度；

（6）微分重要性量度；

（7）风险增加值；

（8）风险降低值；

（9）巴罗–普罗尚零件重要度。

很多重要度衡量指标都产生于核电行业安全和可靠性评估工作中，然后再被推广到其他领域。文献 [42] 介绍了核电站概率风险评估（PRA）中使用的各种重要度衡量指标，有兴趣的读者也可以阅读文献 [290]，后者总结了重要度方法在维修优化中的应用。

7.1.3　假设和注释

本章中作出如下假设：

（1）$\phi[\boldsymbol{X}(t)]$ 是包含 n 个零件的内聚结构。

（2）所有的零件、子系统和系统都只有两个状态：能够运行（1）和已经失效（0）。

（3）零件分为可修和不可修两种。

（4）所有的失效时间和维修时间都是连续分布函数。

（5）无论是对于失效还是修理，所有的零件都是相互独立的。

（6）零件 i 在时刻 t 的可靠性表示为 $p_i(t)$。对于一个不可修零件，$p_i(t)$ 即为存续度函数 $R_i(t)$；对于可修零件，$p_i(t)$ 是其可用性 $A_i(t)$。

（7）针对某一特定系统功能的系统可靠性，在时刻 t 表示为 $p_S(t) = h_S[p_1(t), p_2(t), \cdots, p_n(t)]$。对于不可修系统，$p_S(t)$ 是系统存续度函数 $R_S(t)$；对于可修系统，$p_S(t)$ 是系统可用性 $A_S(t)$。

（8）相应的不可靠性表示为

$$p_i^*(t) = 1 - p_i(t)$$

$$p_S^*(t) = 1 - p_S(t)$$

（9）结构有已经确定并且存在的 k 个最小割集 $K_1, K_2, \cdots, K_k$。

（10）可修元件 i 的失效发生速率（ROCOF）表示为 $w_i(t)$。故障树与对应的可靠性框图具有一致的逻辑结构。

（11）故障树只有逻辑或门和与门。

（12）所有的基本事件都对应系统结构中的零件失效。

（13）我们使用下列标注和符号：

$q_i(t)$：基本事件 E_i 在时刻 t 的发生概率。

$Q_0(t)$：顶事件在时刻 t 的发生概率。

$Q_0(t \mid E_i)$：已知基本事件 E_i 在时刻 t 发生，顶事件在时刻 t 的发生概率。

$Q_0(t \mid E_i^*)$：已知基本事件 E_i 在时刻 t 没有发生，顶事件在时刻 t 的发生概率。

$\check{Q}_j(t)$：最小割集 j 在时刻 t 已经失效的概率。

（14）结构可靠性与故障树事件概率的关系如下：

$$p_i(t) = 1 - q_i(t) = q_i^*(t)$$

$$h[\boldsymbol{p}(t)] = 1 - Q_0(t) = Q_S^*(t)$$

在需要的时候，我们会在文中作出更多的假设。上述假设（4）和假设（5）的结果，就是失效（基本事件）会在不同时刻发生，而系统失效（顶事件）总会和一个零件（比如零件 i）的失效同时出现。因此，我们说零件 i 已经引起了系统失效，或者基本事件 i 已经引起了顶事件发生。

在讨论零件重要度时，重要度一般都与特定系统功能相关。很多系统有多种不同的功能，一个零件可能对某一个系统功能至关重要，对其他功能无关紧要。

决定一个零件在系统中重要性的因素主要有两个：

- 系统的结构以及零件在系统中的位置；
- 零件自身的可靠性。

具体哪个因素更重要，取决于使用哪一种衡量指标。有兴趣的读者可以阅读一些相关文献，比如文献 [169, 170, 218, 287]，以了解重要度衡量的更多信息。

注释 7.1（给读者的建议） 本章将介绍许多重要度衡量指标的定义以及各种指标之间的关系，一些推导可能看起来相当乏味，但如果你能坚持下去，你将对可靠性分析的许多其他方面有更深入的了解。

7.2 关键性零件

关键性零件是很多重要度衡量指标的基础，因此我们首先要在可靠性框图和故障树中给出关键性零件的定义。

定义 7.1（关键性零件/基本事件） （1）对于其他 $n-1$ 个零件来说，当且仅当零件 i 能够运行时系统才能运行，那么零件 i 就是系统的关键性零件。

（2）对于其他 $n-1$ 个基本事件来说，当且仅当基本事件 E_i 发生时顶事件才发生，那么基本事件 E_i 就是关键性事件。

如果我们说零件 i 是关键性的，实际上并不是在描述零件 i，而是在描述系统中其他 $n-1$ 个零件的状态。如果其他 $n-1$ 个零件处于状态 $(\cdot_i, \boldsymbol{x})$，使得 $\phi(1_i, \boldsymbol{x}) = 1$ 并且 $\phi(0_i, \boldsymbol{x}) = 0$，那么零件 i 对于系统来说就是关键性的，这个性质也可以写作

$$\phi(1_i, \boldsymbol{x}) - \phi(0_i, \boldsymbol{x}) = 1$$

使得零件 i 成为关键性零件的状态向量 $(\cdot_i, \boldsymbol{x})$ 称为零件 i 的关键状态向量。零件 i 不同关键状态向量的数量为

$$\eta_\phi(i) = \sum_{(\cdot_i, \boldsymbol{x})} \left[\phi(1_i, \boldsymbol{x}) - \phi(0_i, \boldsymbol{x})\right] \tag{7.1}$$

该式是对所有可能状态向量 $(\cdot_i, \boldsymbol{x})$ 的求和。因为每个状态变量 x_j 都可以取两个值，那么不同状态向量 $(\cdot_i, \boldsymbol{x})$ 数量的总和就是 2^{n-1}。给定系统和零件在时刻 t 的状态是随机变量，$\boldsymbol{X}(t) = [X_1(t), X_2(t), \cdots, X_n(t)]$，当

$$\phi[1_i, \boldsymbol{X}(t)] - \phi[0_i, \boldsymbol{X}(t)] = 1 \tag{7.2}$$

时，零件 i 是关键性零件，其概率为

$$\mathrm{Pr}\left(\text{零件 } i \text{ 在时刻} t \text{是关键性零件}\right) = \mathrm{Pr}\left(\phi\left[1_i, \boldsymbol{X}(t)\right] - \phi\left[0_i, \boldsymbol{X}(t)\right] = 1\right) \tag{7.3}$$

案例 7.1（关键性零件） 考虑如图 7.1 所示包含三个零件的简单系统。如果 2 号零件和 3 号零件使得可靠性框图中的下方路径失效，那么 1 号零件就会被视作关键性零件。在本例中，如果 2 号零件失效，或者 3 号零件失效，或者二者都失效，都会造成前面的情况。因此，2 号零件和 3 号零件使 1 号零件成为关键性零件的状态为

$$(\cdot_1, \boldsymbol{x}) = (\cdot, 0, 1), \quad (\cdot_1, \boldsymbol{x}) = (\cdot, 1, 0), \quad (\cdot_1, \boldsymbol{x}) = (\cdot, 0, 0)$$

这意味着 1 号零件有 $\eta_\phi(1) = 3$ 个关键状态向量，如表 7.1 所示。

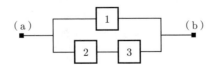

图 7.1 包含三个零件的简单系统

表 7.1 1 号零件的关键状态向量		
x_1	x_2	x_3
·	0	1
·	1	0
·	0	0

如果 2 号零件要成为关键性零件，1 号零件必须已经失效，而 3 号零件必须能够运行。那么使得 2 号零件成为关键性零件的 1 号零件和 3 号零件的状态为

$$(\cdot_2, \boldsymbol{x}) = (0, \cdot, 1)$$

这意味着，2 号零件只有 $\eta_\phi(2) = 1$ 个关键状态向量。3 号零件也是如此。

 ## 7.3 伯恩鲍姆结构重要度

伯恩鲍姆（Birnbaum）[32]提出了零件 i 的结构重要度衡量指标。

定义 7.2（伯恩鲍姆结构重要度） 伯恩鲍姆结构重要度为关键状态向量 $\eta_\phi(i)$ 的数量与所有可能状态向量总数量 2^{n-1} 的比值：

$$I_\phi^{\mathrm{B}}(i) = \frac{\eta_\phi(i)}{2^{n-1}} \tag{7.4}$$

案例 7.2（伯恩鲍姆结构重要度） 再次考虑图 7.1中可靠性框图描述的简单系统，对于 1 号零件，有

$(\cdot, x_2, x_3)$	$\phi(1, x_2, x_3) - \phi(0, x_2, x_3)$
$(\cdot, 0, 0)$	1
$(\cdot, 0, 1)$	1
$(\cdot, 1, 0)$	1
$(\cdot, 1, 1)$	0

在本例中，1 号零件的关键状态向量数量为 3：

$$\eta_\phi(1) = 3$$

而全部状态向量的总量为 $2^{3-1} = 4$，因此 1 号零件的伯恩鲍姆结构重要度是

$$I_\phi^{\mathrm{B}}(1) = \frac{3}{4}$$

2 号零件只有一个关键状态向量 $(0, \cdot, 1)$，因此它的伯恩鲍姆结构重要度是

$$I_\phi^{\mathrm{B}}(2) = \frac{1}{4}$$

同理有

$$I_\phi^{\mathrm{B}}(3) = \frac{1}{4}$$

7.4　伯恩鲍姆可靠性重要度

伯恩鲍姆[32]提出，重要度可以按照三种方式进行定义。第一种定义是：

定义 7.3（伯恩鲍姆可靠性重要度 1）　在时刻 t，零件 i 或者基本事件 E_i 的伯恩鲍姆可靠性重要度为[①]

$$(1)\quad I^{\mathrm{B}}(i \mid t) = \frac{\partial h[\boldsymbol{p}(t)]}{\partial p_i(t)}, \quad i = 1, 2, \cdots, n. \tag{7.5}$$

$$(2)\quad I^{\mathrm{B}}(i \mid t) = \frac{\partial Q_0(t)}{\partial q_i(t)}, \quad i = 1, 2, \cdots, n. \tag{7.6}$$

伯恩鲍姆可靠性重要度由系统可靠性对 $p_i(t)$（或者 $Q_0(t)$ 对 $q_i(t)$）进行偏微分计算得到。这种方法源自经典的敏感性分析方法。如果 $I^{\mathrm{B}}(i \mid t)$ 较大，零件 i 可靠性的微小变化就会引起系统可靠性在时刻 t 的较大变化。

如果零件 i 的可靠性重要度确定，假设所有其他的 $n-1$ 个零件都有固定概率能够运行。在进行偏微分计算时，所有其他 $n-1$ 个概率值 p_j（$j \neq i$）都被视为常数。我们可以用一个串联结构和一个并联结构来进行说明。

假设在给定的（未来）时刻 t，零件重要度是确定的，为了简化表达，我们忽略掉时间，只写作 $p_i(t) = p_i$，$1, 2, \cdots, n$。

案例 7.3（串联结构）　考虑一个包含 n 个独立零件的串联结构，零件可靠性为 $\boldsymbol{p} = (p_1, p_2, \cdots, p_n)$。该串联结构的系统可靠性为

$$h(\boldsymbol{p}) = \prod_{j=1}^{n} p_j = p_i \prod_{j \neq i} p_j \tag{7.7}$$

在这里，系统可靠性可以看作 p_i 乘以一个常数，求微分可以得到

$$I^{\mathrm{B}}(i) = \frac{\partial h(\boldsymbol{p})}{\partial p_i} = \prod_{j \neq i} p_j \tag{7.8}$$

考虑一个包含两个独立零件的串联结构，假设 $p_1 = 0.90$，$p_2 = 0.70$。那么这两个零件的伯恩鲍姆可靠性重要度为

$$I^{\mathrm{B}}(1) = p_2 = 0.70$$

$$I^{\mathrm{B}}(2) = p_1 = 0.90$$

对于这个串联结构而言，可靠性最低的零件（即 2 号零件）最为重要。很显然，这个结论适用于所有包含独立零件的串联结构。因此，为了提高串联结构的可靠性，我们需要关注其中最薄弱的零件。

---

① 以匈牙利裔美国教授 William Birnbaum (1903—2000) 的名字命名。

案例 7.4（并联结构）　考虑一个包含 n 个独立零件的并联结构，零件可靠性为 $\boldsymbol{p} = (p_1, p_2, \cdots, p_n)$。该并联结构的系统可靠性为

$$h(\boldsymbol{p}) = 1 - \prod_{j=1}^{n} (1 - p_j) = 1 - (1 - p_i) \prod_{j \neq i} (1 - p_j) \tag{7.9}$$

因为在 $j \neq i$ 时，p_j 被视作常数，则求微分可以得到

$$I^{\mathrm{B}}(i) = \frac{\partial h(\boldsymbol{p})}{\partial p_i} = \prod_{j \neq i} (1 - p_j) \tag{7.10}$$

考虑一个包含两个独立零件的并联结构，假设 $p_1 = 0.90$，$p_2 = 0.70$。那么这两个零件的伯恩鲍姆可靠性重要度为

$$I^{\mathrm{B}}(1) = 1 - p_2 = 0.30$$

$$I^{\mathrm{B}}(2) = 1 - p_1 = 0.10$$

对于这个并联结构而言，可靠性最高的零件（即 1 号零件）最为重要。很显然，这个结论适用于所有包含独立零件的并联结构。因此，根据伯恩鲍姆重要度，为了提高并联结构的可靠性，我们需要关注其中最可靠的零件。

案例 7.3 和 7.4 还说明，串联结构中的零件一般要比并联结构中的零件更加重要。

7.4.1　故障树分析中的伯恩鲍姆量度

在故障树中，推导基本事件的伯恩鲍姆可靠性重要度的方式，与可靠性框图中零件重要度的推导方式类似。

我们在第 4 章已经证明，串联结构对应故障树中或门，而并联结构对应与门。案例 7.5 和 7.6 分别给出了单一与门和单一或门的推导方法。

案例 7.5（只有单一与门的故障树）　考虑一棵故障树只有单独一个与门，与门连接 n 个独立基本事件 $E_1, E_2, \cdots, E_n$，基本事件的发生概率为 $q_1, q_2, \cdots, q_n$（在给定时刻 t）。则顶事件的概率为

$$Q_0 = \prod_{j=1}^{n} q_j = q_i \prod_{j \neq i} q_j \tag{7.11}$$

基本事件 E_i 的伯恩鲍姆可靠性重要度为

$$I^{\mathrm{B}}(i) = \frac{\partial Q_0}{\partial q_i} = \prod_{j \neq i} q_j \tag{7.12}$$

应注意的是，在推导伯恩鲍姆可靠性重要度时都会将 q_j（$j \neq i$）作为常数。在与门下方的输入事件中，发生概率最低的基本事件具有最高的伯恩鲍姆可靠性重要度。对于与门来说，

顶事件（即该与门的输出）只有在所有输入事件都发生的时候才会发生。如果只有一个基本事件没有发生，顶事件就不会发生。因此，伯恩鲍姆可靠性重要度告诉我们，应该将注意力放在发生概率最低的基本事件上面。

案例 7.6（只有单一或门的故障树） 考虑一棵故障树只有单独一个或门，或门连接 n 个独立基本事件 $E_1, E_2, \cdots, E_n$，基本事件的发生概率为 $q_1, q_2, \cdots, q_n$（在给定时刻 t）。则顶事件的概率为

$$Q_0 = 1 - \prod_{j=1}^{n}(1-q_j) = 1 - (1-q_i)\prod_{j \neq i}(1-q_j) \tag{7.13}$$

基本事件 E_i 的伯恩鲍姆可靠性重要度为

$$I^{\mathrm{B}}(i) = \frac{\partial Q_0}{\partial q_i} = \prod_{j \neq i}(1-q_j) \tag{7.14}$$

再次重申，在推导伯恩鲍姆可靠性重要度时都会将 q_j（$j \neq i$）作为常数。在或门下方的输入事件中，发生概率最高的基本事件具有最高的伯恩鲍姆可靠性重要度。对于或门来说，当任意一个输入事件发生时，顶事件（即该或门的输出）就会发生。只有在没有基本事件发生的时候，顶事件才不会发生。因此，伯恩鲍姆可靠性重要度告诉我们，应该将注意力放在发生概率最高的基本事件上面。

与结构中的零件类似，根据伯恩鲍姆可靠性重要度，或门下方的基本事件通常比与门下方的事件更加重要。

7.4.2 伯恩鲍姆可靠性重要度的第二个定义

我们在 6.2.4 节中使用中枢分解的方法证明，如果结构中的 n 零件相互独立，则系统可靠性 $h(\boldsymbol{p})$ 可以写作 p_i（$i = 1, 2, \cdots, n$）的线性函数：

$$h(\boldsymbol{p}) = p_i h(1_i, \boldsymbol{p}) + (1-p_i)h(0_i, \boldsymbol{p})$$
$$= p_i\left[h(1_i, \boldsymbol{p}) - h(0_i, \boldsymbol{p})\right] - h(0_i, \boldsymbol{p}) \tag{7.15}$$

其中 $h(1_i, \boldsymbol{p})$ 是系统在已知零件 i（在时刻 t）可运行的情况下也能够运行的（条件）概率，而 $h(0_i, \boldsymbol{p})$ 则是系统在已知零件 i（在时刻 t）已经失效的情况下能够运行的（条件）概率。根据式 (7.15) 可得伯恩鲍姆可靠性重要度为

$$I^{\mathrm{B}}(i) = \frac{\partial h(\boldsymbol{p})}{\partial p_i} = h(1_i, \boldsymbol{p}) - h(0_i, \boldsymbol{p}) \tag{7.16}$$

注释 7.2（直线） 式 (7.15) 表明，当其他零件的可靠性被看作常数时，系统可靠性 $h(\boldsymbol{p})$ 是 p_i 的线性函数。如图 7.2所示，直线的斜率是一个常数，可以根据其在整个区间 $[0,1]$ 之间的变化计算得到：

$$I^{\mathrm{B}}(i) = \frac{h(1_i, \boldsymbol{p}) - h(0_i, \boldsymbol{p})}{1} = h(1_i, \boldsymbol{p}) - h(0_i, \boldsymbol{p})$$

式 (7.16) 的结果可以由定义 7.3 根据推导得到，但是有些标准和指南倾向于使用式 (7.16) 来定义伯恩鲍姆可靠性重要度。因此，我们可以给出伯恩鲍姆可靠性重要度的第二个定义。

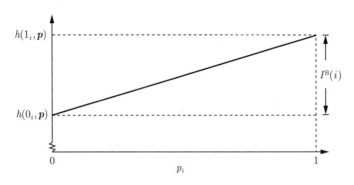

图 7.2　伯恩鲍姆可靠性重要度的说明

定义 7.4（伯恩鲍姆可靠性重要度 2）　在时刻 t，零件 i 或者基本事件 E_i 的伯恩鲍姆可靠性重要度为

(1)　$I^{\mathrm{B}}(i \mid t) = h[1_i, \boldsymbol{p}(t)] - h[0_i, \boldsymbol{p}(t)]$ 　　　　　　　　　　　　　(7.17)

(2)　$I^{\mathrm{B}}(i \mid t) = Q_0(t \mid E_i^*) - Q_0(t \mid E_i)$ 　　　　　　　　　　　　　(7.18)

定义 7.4 说明，零件 i 的伯恩鲍姆可靠性重要度 $I^{\mathrm{B}}(i \mid t)$ 仅取决于系统结构和其他零件的可靠性，而与零件 i 自身的可靠性无关，这可以说是伯恩鲍姆衡量指标的一个弱点。

一些标准和指南倾向于定义 7.4 的原因主要有两个：

（1）根据定义 7.4，不需要求微分，因此伯恩鲍姆可靠性重要度更加容易计算。很多故障树程序都使用这种方法。首先，通过设定 $q_i(t) = 0$ 计算 $Q_0(t \mid E^*)$。然后，设定 $q_i(t) = 1$ 来计算 $Q_0(t \mid E_i)$。最后，用简单的减法就可以得到 $I^{\mathrm{B}}(i \mid t)$。这也意味着，对于每个基本事件 E_i（$i = 1, 2, \cdots, n$），顶事件都需要两次计算才能确定伯恩鲍姆可靠性重要度。

（2）定义 7.4 适用于非内聚结构，以及存在关联性零件（基本事件）的系统（故障树）。

案例 7.7 和 7.8 介绍了根据定义 7.4 计算串联结构和并联结构的伯恩鲍姆可靠性重要度的方法。在计算中仍忽略掉时间 t。

案例 7.7（串联结构）　再次考虑案例 7.3 中的串联结构。当且仅当所有其他 $n-1$ 个零件能够运行时，如果零件 i 能够运行（即 $p_i = 1$），则该串联结构能够运行。其可靠性为

$$h(1_i, \boldsymbol{p}) = \prod_{j \neq i} p_j$$

如果零件 i 不能运行（即 $p_i = 0$），串联结构也不能运行，$h(0_i, \boldsymbol{p}) = 0$，那么零件 i 在这个串联结构中的伯恩鲍姆可靠性重要度为

$$I^{\mathrm{B}}(i) = h(1_i, \boldsymbol{p}) - h(0_i, \boldsymbol{p}) = \prod_{j \neq i} p_j$$

案例 7.8（并联结构）　再次考虑案例 7.4 中的并联结构。如果零件 i 可运行（即 $p_i = 1$），系统总是可运行，即 $h(1_i, \boldsymbol{p}) = 1$。如果零件 i 处于已失效状态（即 $p_i = 0$），那么系统就成为由其他 $n-1$ 个零件组成的并联结构，其可靠性为

$$h(1_i, \boldsymbol{p}) = 1 - \prod_{j \neq i}(1 - p_j)$$

零件 i 在并联结构中的伯恩鲍姆可靠性重要度为

$$I^{\mathrm{B}}(i) = h(1_i, \boldsymbol{p}) - h(0_i, \boldsymbol{p}) = 1 - \left[1 - \prod_{j \neq i}(1 - p_j)\right] = \prod_{j \neq i}(1 - p_j)$$

无论是对于串联结构还是并联结构，伯恩鲍姆可靠性重要度的推导都十分直接，不需要进行微分计算。

7.4.3　伯恩鲍姆可靠性重要度的第三个定义

6.2.4 节已证明 $h[\cdot_i, \boldsymbol{p}(t)] = E[\phi(\cdot_i, \boldsymbol{X}(t))]$，因此式 (7.17) 可以写为

$$
\begin{aligned}
I^{\mathrm{B}}(i \mid t) &= h[1_i, \boldsymbol{p}(t)] - h[0_i, \boldsymbol{p}(t)] \\
&= E[\phi(1_i, \boldsymbol{X}(t))] - E[\phi(0_i, \boldsymbol{X}(t))] \\
&= E[\phi(1_i, \boldsymbol{X}(t)) - \phi(0_i, \boldsymbol{X}(t))]
\end{aligned}
$$

当 $\phi[\boldsymbol{X}(t)]$ 是一个内聚结构时，$\phi[1_i, \boldsymbol{X}(t)] - \phi[0_i, \boldsymbol{X}(t)]$ 的结果只能是 0 和 1。因此，式 (7.6) 中的伯恩鲍姆可靠性重要度可以写为

$$I^{\mathrm{B}}(i \mid t) = \Pr\left(\phi[1_i, \boldsymbol{X}(t)] - \phi[0_i, \boldsymbol{X}(t)] = 1\right) \tag{7.19}$$

这意味着，$I^{\mathrm{B}}(i \mid t)$ 等于在时刻 t 零件 i 对于系统是关键性零件的概率（见定义 7.1）。因此，伯恩鲍姆可靠性重要度的第三个定义为：

定义 7.5（伯恩鲍姆可靠性重要度 3）　零件 i 在时刻 t 的伯恩鲍姆可靠性重要度，等于系统在时刻 t 处于零件 i 是其关键性零件这个状态的概率。

定义 7.5 没有给出故障树说明，这是因为该定义很少见，甚至可能从来没有用于故障树分析。我们再次使用前面两个定义中的相同案例说明第三个定义，仍忽略掉时间 t。

案例 7.9（串联结构）　再次考虑案例 7.3 中包含 n 个独立零件的串联结构。如果零件 i 对于该串联结构是关键性零件，所有其他 $n-1$ 个零件都应该处于可运行的状态。因此，伯恩鲍姆可靠性重要度为

$$I^{\mathrm{B}}(i) = \Pr\left(零件\ i\ 是系统的关键零件\right) = \prod_{j \neq i} p_j$$

这和伯恩鲍姆可靠性重要度前两个定义得到的结果一致。

案例 7.10（并联结构）　　再次考虑案例 7.4中包含 n 个独立零件的并联结构。如果零件 i 对于该串联结构是关键性零件，所有其他 $n-1$ 个零件都应该处于已失效的状态。因此，伯恩鲍姆可靠性重要度为

$$I^{\mathrm{B}}(i) = \mathrm{Pr}\left(\text{零件 } i \text{ 是系统的关键零件}\right) = \prod_{j \neq i}(1 - p_j)$$

这和伯恩鲍姆可靠性重要度前两个定义得到的结果一致。

对于更加复杂的结构，可能很难找到所有能够使零件 i 成为关键性零件的系统状态，所以第三种方法并不是一种高效的方法。

7.4.4　伯恩鲍姆结构重要度的计算

定义 7.2中的伯恩鲍姆可靠性重要度 $I_\phi^{\mathrm{B}}(i)$，可以按照以下步骤由伯恩鲍姆可靠性重要度衡量方法确定：假设对于所有零件 j（$j \neq i$），其可靠性都为 $p_j(t) = 1/2$。我们忽略时间，随机向量 $(\cdot_i, \boldsymbol{X}) = (X_1, \cdots, X_{i-1}, \cdot, X_{i+1}, \cdots, X_n)$ 的不同实现方式的概率均为 $1/2^{n-1}$，这是因为假设所有的状态变量都是独立的。所以

$$
\begin{aligned}
I^{\mathrm{B}}(t) &= E\left[\phi\left(1_i, \boldsymbol{X}\right) - \phi\left(0_i, \boldsymbol{X}\right)\right] \\
&= \sum_{(\cdot_i, \boldsymbol{x})} \left[\phi(1_i, \boldsymbol{x}) - \phi(0_i, \boldsymbol{x})\right] \mathrm{Pr}\left[(\cdot_i, \boldsymbol{X}) = (\cdot_i, \boldsymbol{x})\right] \\
&= \frac{1}{2^{n-1}} \sum_{(\cdot_i, \boldsymbol{x})} \left[\phi(1_i, \boldsymbol{x}) - \phi(0_i, \boldsymbol{x})\right] = \frac{\eta_\phi}{2^{n-1}} = I_\phi^{\mathrm{B}}(i)
\end{aligned}
\tag{7.20}
$$

其中 $\eta_\phi(i)$ 在定义 7.1 中定义。

这表明，如果对于所有 $j \neq i$ 的零件其可靠性都为 $p_j(t) = 1/2$，则零件 i 的伯恩鲍姆可靠性重要度与该零件的结构重要度相同：

$$I_\phi^{\mathrm{B}}(i) = I^{\mathrm{B}}(i)\Big|_{p_j = \frac{1}{2},\, j \neq i} = \frac{\partial h\left[\boldsymbol{p}\right]}{\partial p_i}\bigg|_{p_j = \frac{1}{2},\, j \neq i} \tag{7.21}$$

因此，式 (7.21) 是一种比较简单的计算结构重要度的方法。

7.4.5　伯恩鲍姆可靠性重要度的变体

（1）假设零件 i 的失效率是 λ_i。有时候，我们可能会关注在失效率 λ_i 发生一些微小变化时系统可靠性会如何随之变化。系统可靠性对于 λ_i 变化的敏感性，可以通过链条法则计算得到：

$$\frac{\partial h\left[\boldsymbol{p}(t)\right]}{\partial \lambda_i} = \frac{\partial h\left[\boldsymbol{p}(t)\right]}{\partial p_i(t)} \frac{\partial p_i(t)}{\partial \lambda_i} = I^{\mathrm{B}}(i \mid t) \frac{\partial p_i(t)}{\partial \lambda_i} \tag{7.22}$$

（2）考虑一个系统，其中零件 i 的可靠性是 $p_i(t)$，它是一个关于参数 θ_i 的函数。参数 θ_i 可能是零件 i 失效率、维修率或者检测频率。为了提升系统可靠性，我们可能需要改变参数 θ_i（比如采购更高质量的零件或者变更维修策略）。假设我们能够确定可靠性提升成本是 θ_i 的函数，即 $c_i = c(\theta_i)$，那么这个函数严格递增或者递减，所以我们也能够找到它的反函数。在零件 i 身上追加投资的影响可以用下式衡量：

$$\frac{\partial h\left[\boldsymbol{p}(t)\right]}{\partial c_i} = \frac{\partial h\left[\boldsymbol{p}(t)\right]}{\partial \theta_i}\frac{\partial \theta_i}{\partial c_i} = I^{\mathrm{B}}(i\mid t)\frac{\partial p_i(t)}{\partial \theta_i}\frac{\partial \theta_i}{\partial c_i}$$

（3）在复杂系统的实际可靠性研究中，估计输入参数（比如失效率和维修率）可能是一项最耗时的工作。有时候，我们开始会进行初步估计，计算不同零件的伯恩鲍姆可靠性重要度，或者参数敏感度，然后再用最多的时间收集最重要零件的高质量数据。那些伯恩鲍姆可靠性重要度非常低的零件，对于系统可靠性的影响可以忽略不计，收集这些零件的高质量数据可能只是在浪费时间。

 ## 7.5 提升潜力

考虑一个在时刻 t 可靠性为 $h[\boldsymbol{p}(t)]$ 的系统。在一些情况下，我们可能会关注如果零件 i $(i = 1, 2, \cdots, n)$ 被一个完美的零件（即 $p_i(t) = 1$）替换，那么系统可靠性会有多大的提升。$h[1_i, \boldsymbol{p}(t)]$ 与 $h[\boldsymbol{p}(t)]$ 之间的差值，就称为零件 i 的提升潜力（improvement potential），表示为 $I^{\mathrm{IP}}(i\mid t)$。

定义 7.6（提升潜力） 零件 i 在时刻 t 的提升潜力为

$$I^{\mathrm{IP}}(i\mid t) = h[1_i, \boldsymbol{p}(t)] - h[\boldsymbol{p}(t)], \quad i = 1, 2, \cdots, n \tag{7.23}$$

如果时刻 t 给定，就可以在公式中忽略掉 t，以简化表达，那么提升潜力可以写作

$$I^{\mathrm{IP}}(i) = h(1_i, \boldsymbol{p}) - h(\boldsymbol{p})$$

如果我们已经建立了系统的可靠性框图，并且所有输入参数（即 $\boldsymbol{p}$）可知，通常就可以计算基础系统可靠性 $h(\boldsymbol{p})$。在此时刻设定 $p_i = 1$，也就是零件 i 完美无缺不会失效，那么我们就可以简单地重新计算系统可靠性，得到零件 i 的提升潜力。

使用故障树的符号，提升潜力也可以写作

$$I^{\mathrm{IP}}(i\mid t) = Q_0 - Q_0(E_i^*) \tag{7.24}$$

和可靠性计算一样，首先我们计算基础顶事件概率 Q_0，然后假设基本事件 E_i 不会发生，重新计算顶事件概率 $Q_0(E_i^*)$，就可以得到基本事件 E_i 的提升潜力。

可以令 E_i 表示安全屏障的故障，那么提升潜力就可以告诉我们，如果将当前的屏障替换为一个 100% 可靠的屏障，顶事件概率会降低多少。

7.5.1 提升潜力与伯恩鲍姆可靠性重要度的联系

伯恩鲍姆可靠性重要度 $I^{\mathrm{B}}(i) = h(1_i, \boldsymbol{p}) - h(\boldsymbol{p})$ 可以表示为图 7.2 中直线的斜率, 还可以表示为

$$I^{\mathrm{B}}(i) = \frac{h(1_i, \boldsymbol{p}) - h(\boldsymbol{p})}{1 - p_i}, \qquad i = 1, 2, \cdots, n \tag{7.25}$$

因此, 零件 i 的提升潜力可以用伯恩鲍姆可靠性重要度表示:

$$I^{\mathrm{IP}}(i) = I^{\mathrm{B}}(i)\,(1 - p_i) \tag{7.26}$$

而伯恩鲍姆可靠性重要度也可以用提升潜力表示:

$$I^{\mathrm{B}}(i) = \frac{I^{\mathrm{IP}}(i)}{1 - p_i} \tag{7.27}$$

使用故障树符号, 可以得到

$$I^{\mathrm{IP}}(i) = I^{\mathrm{B}}(i)\,q_i \tag{7.28}$$

以及

$$I^{\mathrm{B}}(i) = \frac{I^{\mathrm{IP}}(i)}{q_i} = \frac{Q_0 - Q_0(E_i^*)}{q_i} \tag{7.29}$$

对于大型故障树而言, 要确定基本事件 E_i 的伯恩鲍姆可靠性重要度, 使用式 (7.29) 比使用式 (7.18) 更快捷。因为前者只需要对每个基本事件计算一次, 就可以得到顶事件的发生概率。

7.5.2 提升潜力的变体

零件 i 的提升潜力, 是系统在包含完美的零件 i 和包含实际的零件 i 时可靠性的差异。在实践中, 不可能将零件 i 的可靠性提升到 100%。但是, 可以假设将 p_i 提升到新的数值 $p_i^{(n)}$, 即使用最先进的此类零件。这样, 我们的计算结果就会更加实际, 或者说我们可以计算零件 i 的合理提升潜力（credible improvement potential, CIP）, 它的定义是

$$I^{\mathrm{CIP}}(i) = h(p_i^{(n)}, \boldsymbol{p}) - h(\boldsymbol{p}) \tag{7.30}$$

其中 $h(p_i^{(n)}, \boldsymbol{p})$ 是零件 i 被一个可靠性为 $p_i^{(n)}$ 的新零件替换后的系统可靠性。因为系统可靠性 $h(\boldsymbol{p})$ 是 p_i 的线性函数, 并且伯恩鲍姆可靠性重要度等于图 7.2 中直线的斜率, 因此可以将式 (7.30) 写为

$$I^{\mathrm{CIP}}(i) = I^{\mathrm{B}}(i)\,(p_i^{(n)} - p_i) \tag{7.31}$$

7.6 关键重要度

关键重要度（criticality importance, CR）是一个零件重要度指标, 特别适用于确定维修任务的优先级。关键重要度与伯恩鲍姆可靠性重要度相关。之所以要定义关键重要度,

是因为 7.2 节对关键性的描述：如果系统的其他零件处于特定状态，能够使得系统只有在当且仅当零件 i 可运行时才可运行，那么零件 i 就是关键性零件。所以说，这里所谓的关键针对的是系统中的其他零件，而不是零件 i。

我们再一次假设时间 t 已经给定，所以在公式中忽略掉 t。令 $C(1_i, \boldsymbol{X})$ 表示以下事件：系统在时刻 t 处于某一状态，在该状态下零件 i 是关键性零件。根据式 (7.19)，可得这个事件的概率等于零件 i 在时刻 t 的伯恩鲍姆可靠性重要度：

$$\Pr\left[C(1_i, \boldsymbol{X})\right] = I^B(i) \tag{7.32}$$

因为我们假设零件相互独立，因此它们会在不同时刻失效。我们还假设系统失效与某一零件失效同时发生。如果在零件 i 失效时系统失效，我们就说零件 i 引起系统失效。对于在时刻 t 引起系统失效的零件 i 而言，它必须在时刻 t 前的瞬间是系统的关键零件，并且在时刻 t 失效。

因为系统中的零件相互独立，所以事件 $C(1_i, \boldsymbol{X})$ 独立于零件 i 在时刻 t 的状态。因此，零件 i 在时刻 t 前的瞬时是系统关键性零件并且在时刻 t 失效的概率为

$$\Pr\left[C(1_i, \boldsymbol{X}) \cap (X_i = 0)\right] = I^B(i)\,(1 - p_i) \tag{7.33}$$

假设我们已知系统失效，即 $\phi(\boldsymbol{X}) = 0$，则在我们已经知道系统失效时，该失效是由零件 i 引起的条件概率为

$$\Pr(\text{零件 } i \text{ 引起了系统失效} \mid \text{系统已经失效})$$

$$= \Pr\left[C(1_i, \boldsymbol{X}) \cap (X_i = 0) \mid \phi(\boldsymbol{X}) = 0\right] \tag{7.34}$$

因为 $C(1_i, \boldsymbol{X}) \cap (X_i = 0)$ 相当于 $\phi(\boldsymbol{X}) = 0$，因此由式 (7.33) 得

$$\frac{\Pr\left[C(1_i, \boldsymbol{X}) \cap (X_i = 0)\right]}{\Pr(\phi(\boldsymbol{X}) = 0)} = \frac{I^B(i)\,(1 - p_i)}{1 - h(\boldsymbol{p})} \tag{7.35}$$

这个结果称为关键性重要度，我们还可以给出一个它在时刻 t 的正式定义：

定义 7.7（关键重要度 1） 分别对零件 i 和基本事件 E_i 给出相应的定义。

（1）零件 i 在时刻 t 的关键重要度 $I^{CR}(i \mid t)$，是我们知道系统在时刻 t 已经处于失效状态时，该失效是零件 i 在时刻 t 引起的概率：

$$I^{CR}(i \mid t) = \frac{I^B(i \mid t)\,[1 - p_i(t)]}{1 - h[\boldsymbol{p}(t)]} \tag{7.36}$$

（2）故障树中基本事件 E_i 在时刻 t 的关键重要度 $I^{CR}(i \mid t)$，是我们知道顶事件在时刻 t 已经发生的情况下，顶事件发生是由基本事件 E_i 在时刻 t 引起的概率：

$$I^{CR}(i \mid t) = \frac{I^B(i \mid t)\,q_i(t)}{Q_0(t)} \tag{7.37}$$

当引起系统失效的零件被修好时，系统会再次启动。这就是关键重要度方法可以用于为复杂系统的维修任务排序的原因。

式 (7.37) 说明，伯恩鲍姆可靠性重要度可以用关键重要度表示：

$$I^{\mathrm{B}}(i) = \frac{Q_0}{q_i} I^{\mathrm{CR}}(i) \tag{7.38}$$

根据式 (7.28)，$I^{\mathrm{IP}}(i) = I^{\mathrm{B}}(i) q_i$，关键重要度可以写为

$$I^{\mathrm{CR}}(i) = \frac{I^{\mathrm{B}}(i)\, q_i}{Q_0} = \frac{I^{\mathrm{IP}}(i)}{Q_0}$$

因此，关键重要度还可以定义如下：

定义 7.8（关键重要度 2）　分别对零件 i 和基本事件 E_i 给出相应的定义。

（1）零件 i 在时刻 t 的关键重要度 $I^{\mathrm{CR}}(i \mid t)$，是我们知道系统会失效，该失效是零件 i 引起的概率：

$$I^{\mathrm{CR}}(i) = \frac{h(1_i, \boldsymbol{p}) - h(\boldsymbol{p})}{1 - h(\boldsymbol{p})} \tag{7.39}$$

（2）故障树中基本事件 E_i 在时刻 t 的关键重要度 $I^{\mathrm{CR}}(i \mid t)$，是我们知道顶事件会发生，顶事件是由基本事件 E_i 引起的概率：

$$I^{\mathrm{CR}}(i) = \frac{Q_0 - Q_0(E_i^*)}{Q_0} \tag{7.40}$$

定义 7.8 可以用于存在关键性基本事件的故障树。如果我们能够计算顶事件概率，也就能计算关键重要度。这个定义的另外一个优点，是更加容易计算，因为对于每个基本事件，只需要重新计算一下顶事件概率就可以了。

将式 (7.6) 和式 (7.37) 合并，零件 i 的关键重要度 $I^{\mathrm{CR}}(i \mid t)$ 可以写为

$$I^{\mathrm{CR}}(i) = \frac{\partial Q_0}{\partial q_i} \frac{q_i}{Q_0} = \frac{\partial Q_0 / Q_0}{\partial q_i / q_i}$$

这个公式还可以表示为

$$\frac{\partial Q_0}{Q_0} = I^{\mathrm{CR}}(i) \frac{\partial q_i}{q_i} \tag{7.41}$$

式 (7.38) 可以回答这样的问题：“如果我们对基本事件 $q_i(t)$ 做了一些改进（比如将发生概率降低 5%），这些工作会对顶事件的发生概率 $Q_0(t)$ 产生什么样的影响？”

7.7　福赛尔-维塞利量度

J. B. Fussell 和 W. Vesely 建议使用如下方法测量零件 i 的重要度[110]：

定义 7.9（福赛尔-维塞利（Fussell-Vesely）量度 1） 福赛尔-维塞利（FV）量度 $I^{\mathrm{FV}}(i \mid t)$，是给定系统在时刻 t，至少有一个包括零件 i 的最小割集在此时刻失效的概率。

本节稍后将介绍该重要度量度的另一个定义。我们说在最小割集中所有基本事件发生时最小割集失效，或者更正式的说法是，相关的最小割集并联结构失效。

FV 量度考虑到，即便一个零件不是关键性零件，它也可能会对系统失效起作用。当包含该零件的最小割集失效时，零件就对相应的系统失效发挥了作用[1]。

7.7.1 福赛尔-维塞利量度的公式推导

考虑一棵包含 n 个不同基本事件的故障树，它有 k 个最小割集 $K_1, K_2, \cdots, K_k$。令 F_j 表示最小割集 j 失效，$j = 1, 2, \cdots, k$。因为基本事件都是独立的，因此 F_j 的概率为

$$\check{Q}_j = \Pr(F_j) = \prod_{l \in K_j} q_l \tag{7.42}$$

对于任何内聚的故障树结构，基本事件 E_i 都从属至少一个最小割集。包含 E_i 的最小割集的数量 n_i，取值范围为 1~n。令 K_j^i 表示包含 E_i 的其中一个最小割集，F_j^i 表示最小割集 K_j^i 失效，那么这个事件的概率为

$$\check{Q}_j^i = \Pr(F_j^i) = \prod_{l \in K_j^i} q_l \tag{7.43}$$

如果要使顶事件发生，至少需要一个最小割集失效。因此，顶事件（即系统失效）可以写作 $\mathrm{TOP} = \bigcup_{j=1}^{k} F_j$。

使用这个符号，FV 量度可以写成条件概率的形式：

$$I^{\mathrm{FV}}(i) = \Pr\left(\bigcup_{\nu=1}^{n_i} F_\nu^i \mid \bigcup_{j=1}^{k} F_j\right) = \frac{\Pr\left(\bigcup_{\nu=1}^{n_i} F_\nu^i\right)}{\Pr\left(\bigcup_{j=1}^{k} F_j\right)} = \frac{\Pr\left(\bigcup_{\nu=1}^{n_i} F_\nu^i\right)}{Q_0} \tag{7.44}$$

因为一个失效最小割集总会导致顶事件发生。

下面使用式 (6.93) 中的上限近似确定式 (7.44) 的分子和分母[2]：

$$\Pr\left(\bigcup_{j=1}^{n_i} F_j^i\right) \lesssim 1 - \prod_{j=1}^{n_i} \left(1 - \check{Q}_j^i\right)$$

在上式中用 j 替换了计数变量 ν。

由于基本事件 E_i 的重要性，所以 FV 量度可以通过计算得

$$I^{\mathrm{FV}}(i) \approx \frac{1 - \prod_{j=1}^{n_i} \left(1 - \check{Q}_j^i\right)}{Q_0} \tag{7.45}$$

---

[1] 译者注：因此 FV 量度有时也称为割集重要度量度。

[2] 下式中的 "$\lesssim$" 符号表示大约等于或者小于。

还可以采用更为粗略的估算：$1 - \prod\limits_{j=1}^{n_i} \left(1 - \check{Q}_j^i\right) \lesssim \sum\limits_{j=1}^{n_i} \check{Q}_j^i$。利用这个近似，可以计算得到 FV 量度

$$I^{\mathrm{FV}}(i) \approx \frac{\sum\limits_{j=1}^{n_i} \check{Q}_j^i}{Q_0} \tag{7.46}$$

我们在第 4 章曾经讨论过，任何内聚的故障树都可以表示为通过一个或门将顶事件（输出事件）和最小割集（输入事件）连接的结构。假设我们删除所有不包含基本事件 E_i 的最小割集，保留包含 E_i 的 n_i 的最小割集。然后令 Q_0^i 表示这个修改之后的故障树的顶事件概率，那么 Q_0^i 可以近似为

$$Q_0^i \lesssim 1 - \prod\limits_{j=1}^{n_i} \left(1 - \check{Q}_j^i\right) \lesssim \sum\limits_{j=1}^{n_i} \check{Q}_j^i$$

这里的 Q_0^i 可以解释为包含基本事件 E_i 的最小割集对于顶事件概率的贡献，然后，我们可以将 FV 量度表示为

$$I^{\mathrm{FV}}(i) \approx \frac{Q_0^i}{Q_0} \tag{7.47}$$

这也就是说，该量度是包含基本事件 E_i 的最小割集对于顶事件概率的相对贡献量。

对于复杂系统来说，FV 量度比伯恩鲍姆重要度和关键重要度的计算迅速和容易得多（即便是手算）。如果手算 FV 量度，一般都使用式 (7.46)。该公式简单易用，如果基本事件概率较小，可以在相同时间内进行足够精确的近似。

案例 7.11（桥联结构）　考虑图 6.18 中的桥联结构。如案例 4.5 所示，该结构的最小割集包括 $K_1 = \{1,2\}$，$K_2 = \{4,5\}$，$K_3 = \{1,3,5\}$ 和 $K_4 = \{2,3,4\}$。假设零件可靠性如下表所示：

零件 i	p_i	$q_i = 1 - p_i$
1	0.99	0.01
2	0.98	0.02
3	0.95	0.05
4	0.97	0.03
5	0.98	0.02

最小割集失效的概率分别为

$$
\begin{aligned}
\check{Q}_1 &= q_1 q_2 = 0.01 \times 0.02 & = 2 \times 10^{-4} \\
\check{Q}_2 &= q_4 q_5 = 0.03 \times 0.02 & = 6 \times 10^{-4} \\
\check{Q}_3 &= q_1 q_3 q_5 = 0.01 \times 0.05 \times 0.02 & = 1 \times 10^{-5} \\
\check{Q}_4 &= q_2 q_3 q_4 = 0.02 \times 0.05 \times 0.03 & = 3 \times 10^{-5}
\end{aligned}
$$

如果我们绘制顶事件为"系统失效"的故障树，那么顶事件概率为

$$Q_0 \approx 1 - \prod\limits_{j=1}^{4} \left(1 - \check{Q}_j\right) = 8.4 \times 10^{-4}$$

对于这个例子，即便用更加粗略的估算 $Q_0 \approx \sum_{j=1}^{4} \check{Q}_j$，结果也相当准确。如果不进行四舍五入的话，两次估算之间的差值大约为 1.52×10^{-7}。

举例来说，如果要确定基本事件 E_2（即 2 号零件）的 FV 量度，我们可以发现 2 号零件从属于最小割集 K_1 和 K_4。那么这两个割集对于顶事件概率的贡献为

$$Q_0^2 \approx 1 - (1 - \check{Q}_1)(1 - \check{Q}_4) = 2.3 \times 10^{-4}$$

因此，2 号零件的 FV 量度为

$$I^{\text{FV}}(2) \approx \frac{1 - (1 - \check{Q}_1)(1 - \check{Q}_4)}{Q_0} \approx 0.274 \tag{7.48}$$

其他基本事件（零件）的 FV 量度也可以采用相同的方法确定：

零件 i	$I^{\text{FV}}(i)$
1	0.250
2	0.274
3	0.048
4	0.750
5	0.726

3 号零件的 FV 量度比其他四个零件更低，这是因为该零件只属于三阶最小割集，而其他零件同时也是二阶最小割集的元素。基本上，我们可以发现那些属于最低阶最小割集的零件（和基本事件）是最重要的。

7.7.2　FV 量度与其他重要度衡量指标的关系

在式 (7.46) 中，$\check{Q}_j^i$ 是包含零件 i 的最小割集 j 的失效概率。根据式 (7.42)，有 $\check{Q}_j^i = \prod_{l \in K_j^i} q_l$，可以将 $q_i(t)$ 放在乘式以外得到

$$\check{Q}_j^i = q_i \Big(\prod_{l \in K_j^i, l \neq i} q_l \Big) = q_i \check{Q}_j^{i-} \tag{7.49}$$

式中，$\check{Q}_j^{i-}$ 是考虑本来包含基本事件 E_i 的最小割集 j，但是已经将 E_i 移除后该割集会失效的概率。现在可将式 (7.46) 写为

$$I^{\text{FV}}(i) \approx \frac{q_i}{Q_0} \sum_{j=1}^{m_i} \check{Q}_j^{i-} \tag{7.50}$$

根据式 (6.95)，顶事件的发生概率 $Q_0(t)$ 可以近似为

$$Q_0 \approx \sum_{j=1}^{k} \check{Q}_j \tag{7.51}$$

式 (7.47) 可以用来计算基本事件 E_i 伯恩鲍姆量度的近似值。因此，我们应对 Q_0 求 q_i 的偏导数。对于所有不包含 E_i 的最小割集，$\check{Q}_j$ 的偏导数都等于 0，而对于包含 E_i 的最小割集，$\check{Q}_j^i$ 的偏导数为

$$I^{\mathrm{B}}(i) = \frac{\partial Q_0}{\partial q_i} \approx \sum_{j=1}^{m_i} \check{Q}_j^{i-}$$

这样就可以得到关键重要度

$$I^{\mathrm{CR}}(i) = \frac{q_i}{Q_0} I^{\mathrm{B}}(i) \approx \frac{q_i}{Q_0(t)} \sum_{j=1}^{m_i} \check{Q}_j^{i-} \tag{7.52}$$

将上式和式 (7.50) 比较，可知对于那些可以采用式 (7.51) 近似的系统来说，有

$$I^{\mathrm{FV}}(i) \approx I^{\mathrm{CR}}(i) \tag{7.53}$$

我们还可以使用福赛尔-维塞利量度的另外一个定义。

定义 7.10（福赛尔-维塞利量度 2） 福赛尔-维塞利量度 $I^{\mathrm{FV}}(i)$ 可以通过下式近似得到：

$$I^{\mathrm{FV}}(i) \approx \frac{Q_0 - Q_0(E_i^*)}{Q_0}$$

这个定义也可以用于包含关联性基本事件的故障树。

伯恩鲍姆可靠性重要度可以通过 FV 量度（近似）表达为

$$I^{\mathrm{B}}(i) \approx \frac{q_i}{Q_0} I^{\mathrm{FV}}(i) \tag{7.54}$$

有若干指南文件都是使用这种方法确定的伯恩鲍姆可靠性重要度。

注释 7.3 考虑一个最小割集为 $K_1, K_2, \cdots, K_k$ 的系统。我们认为零件 i 是关键零件的必要条件是除了 i 以外的那些从属于至少一个包含零件 i 的最小割集的零件都处于失效状态。然而这并不是零件 i 是关键零件的充分条件，因为还需要所有其他的最小割集都能够运行。这说明了关键重要度 $I^{\mathrm{CR}}(i)$ 和 FV 重要度 $I^{\mathrm{FV}}(i)$ 之间的相似性和差异。我们需要认识到，经常有

$$I^{\mathrm{CR}}(i) \lesssim I^{\mathrm{FV}}(i) \tag{7.55}$$

案例 7.12（案例 7.11 （续）） 重新考虑案例 7.11 中的桥联结构，它的顶事件的发生概率可以表示为

$$Q_0 = q_1 q_2 + q_4 q_5 + q_1 q_3 q_5 + q_2 q_3 q_4 - q_1 q_2 q_4 q_5 - q_1 q_2 q_3 q_5 -$$

$$q_1 q_2 q_3 q_4 - q_1 q_3 q_4 q_5 - q_2 q_3 q_4 q_5 + 2 q_1 q_2 q_3 q_4 q_5 \tag{7.56}$$

使用与案例 7.12 相同的输入数据，可以得到 $Q_0 = 8.38 \times 10^{-4}$，这个结果要比采用上限近似得到的略小。

通过求微分可以计算伯恩鲍姆重要度，比如

$$I^{\mathrm{B}}(1) = \frac{\partial Q_0}{\partial q_1} = q_2 + q_3 q_5 - q_2 q_4 q_5 - q_2 q_3 q_5 - q_2 q_3 q_4 - q_3 q_4 q_5 + 2 q_2 q_3 q_4 q_5$$

其他基本事件的求法类似。基本事件 E_i 的关键重要度可以计算得到：

$$I^{\mathrm{CR}}(i) = \frac{q_i}{Q_0} I^{\mathrm{B}}(i)$$

将案例 7.11 中的 FV 量度加入进来，就可以得到下列结果：

零件 i	$I^{\mathrm{B}}(i)$	$I^{\mathrm{CR}}(i)$	$I^{\mathrm{VF}}(i)$
1	0.020	0.249	0.250
2	0.011	0.273	0.274
3	7.72×10^{-4}	0.046	0.048
4	0.020	0.750	0.750
5	0.030	0.726	0.726

可以看到，在本例中，FV 量度是对关键重要度的精确近似。

7.8 微分重要度量度

微分重要度量度（differential importance metric，DIM）是由 Emanuele Borgonovo 和 George E. Apostolakis 在文献 [41] 中提出的。基本事件 E_i 表示为 DIM(i)。DIM(i) 的意义在于比较基本事件概率 q_i 的微小变化 (Δq_i) 和顶事件概率 Q_0 的变化。DIM(i) 定义如下：

定义 7.11（微分重要度量度） 微分重要度量度（DIM）由下式给出：

$$\mathrm{DIM}(i) = \frac{\dfrac{\partial Q_0}{\partial q_i} \Delta q_i}{\displaystyle\sum_{j=1}^{n} \dfrac{\partial Q_0}{\partial q_j} \Delta q_j} \tag{7.57}$$

DIM(i) 的数值取决于 Δq_j 如何变化（$j = 1, 2, \cdots, n$）。文献 [41] 对此提出了两个不同的选项：

（1）对于所有 j、k 有 $\Delta q_j = \Delta q_k$。这是最简单的选项，如果所有的 q_j 处于同一数量级，就可以使用。

（2）对于所有 j、k 有 $\dfrac{\Delta q_j}{q_j} = \dfrac{\Delta q_k}{q_k}$。根据这个选项，所有的基本事件概率都以相同的比例变化。该选项适用于 q_j 非常不同的情况，比如一个基本事件是操作员失误，概率为 0.10，而另一个基本事件是安全元件故障，概率为 10^{-5}。

7.8.1　选项 1

对于选项 1，Δq_j（$j = 1, 2, \cdots, n$）取相同的值，所以可以在表达式中忽略。$\mathrm{DIM}_1(i)$ 可以写作

$$\mathrm{DIM}_1(i) = \frac{\dfrac{\partial Q_0}{\partial q_i} \Delta q_i}{\displaystyle\sum_{j=1}^{n} \dfrac{\partial Q_0}{\partial q_j} \Delta q_j} = \frac{\dfrac{\partial Q_0}{\partial q_i}}{\displaystyle\sum_{j=1}^{n} \dfrac{\partial Q_0}{\partial q_j}}$$

因为伯恩鲍姆可靠性重要度 $I^{\mathrm{B}}(j)$ 定义为

$$I^{\mathrm{B}}(j) = \frac{\partial Q_0}{\partial q_j}, \quad j = 1, 2, \cdots, n$$

$\mathrm{DIM}_1(j)$ 可以表示为 n 个基本事件伯恩鲍姆量度的函数：

$$\mathrm{DIM}_1(j) = \frac{I^{\mathrm{B}}(i)}{\displaystyle\sum_{j=1}^{n} I^{\mathrm{B}}(j)} \tag{7.58}$$

因此，DIM_1 可以对基本事件给出和伯恩鲍姆量度相同的重要度排序，但是 DIM_1 的数值是单个事件的伯恩鲍姆量度对所有 n 个基本事件的伯恩鲍姆量度之和的比值，所以有

$$\sum_{j=1}^{n} \mathrm{DIM}_1(j) = 1$$

7.8.2　选项 2

对于选项 2，$\Delta q_j / q_j$（$j = 1, 2, \cdots, n$）有相同的值，所以我们可以在表达式中去掉所有 $\Delta q_j / q_j$。如果将选项 1 除以 Q_0，$\mathrm{DIM}_2(i)$ 就可以表示为

$$\mathrm{DIM}_2(i) = \frac{\dfrac{\partial Q_0}{\partial q_i} \Delta q_i}{\displaystyle\sum_{j=1}^{n} \dfrac{\partial Q_0}{\partial q_j} \Delta q_j} = \frac{\dfrac{\partial Q_0}{\partial q_i} q_i}{\displaystyle\sum_{j=1}^{n} \dfrac{\partial Q_0}{\partial q_j} q_j} = \frac{\dfrac{\partial Q_0}{\partial q_i} \dfrac{q_i}{Q_0}}{\displaystyle\sum_{j=1}^{n} \dfrac{\partial Q_0}{\partial q_j} \dfrac{q_j}{Q_0}}$$

因为关键重要度 $I^{\mathrm{CR}}(i)$ 可以表示为

$$I^{\mathrm{CR}}(j) = \frac{\partial Q_0}{\partial q_j} \frac{q_j}{Q_0}$$

$\mathrm{DIM}_2(j)$ 就可以视为不同基本事件关键重要度的函数：

$$\mathrm{DIM}_2(j) = \frac{I^{\mathrm{CR}}(i)}{\displaystyle\sum_{j=1}^{n} I^{\mathrm{CR}}(j)} \tag{7.59}$$

$\mathrm{DIM_2}$ 会给出和关键重要度方法相同的重要度排序，但是 $\mathrm{DIM_2}$ 的数值是单个事件的关键重要度对所有 n 个基本事件的关键重要度之和的比值，所以有

$$\sum_{i=1}^{n} \mathrm{DIM_2}(i) = 1$$

因为 $I^{\mathrm{CR}}(i) \approx I^{\mathrm{FV}}(i)$，所以可得到

$$\mathrm{DIM_2}(j) \approx \frac{I^{\mathrm{FV}}(i)}{\sum\limits_{j=1}^{n} I^{\mathrm{FV}}(j)} \tag{7.60}$$

这比使用式 (7.59) 计算更容易。

DIM 的一个主要优势就是它使用加法，这样一组若干基本事件的 DIM 就可以通过个体 DIM 累加得到。这意味着，对于大型模块（比如设备或者子系统），我们可以对其组成零件（或者基本事件）的 DIM 求和，得到模块的 DIM。

案例 7.13（简单结构）　考虑一个包含三个独立零件的结构，如图 7.3 中的可靠性框图所示。1 号零件的可靠性为 $p_1 = 0.99$，2 号零件的可靠性为 $p_2 = 0.95$，3 号零件的可靠性为 $p_3 = 0.93$。图 7.3 也给出了该结构对应的故障树，其中包括基本事件 E_1、E_2 和 E_3，发生概率分别是 $q_1 = 0.01$，$q_2 = 0.05$ 和 $q_3 = 0.07$。

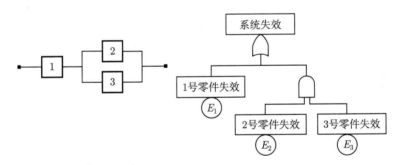

图 7.3　包含三个零件的结构：可靠性框图和故障树模型

该故障树顶事件的发生概率为

$$Q_0 = q_1 + q_2 q_3 - q_1 q_2 q_3 = 0.0135$$

三个基本事件（和零件）的伯恩鲍姆量度分别为

$$I^{\mathrm{B}}(1) = \frac{\partial Q_0}{\partial q_1} = 1 - q_2 q_3 = 0.9965$$

$$I^{\mathrm{B}}(2) = \frac{\partial Q_0}{\partial q_2} = q_3 - q_1 q_3 = 0.0693$$

$$I^{\mathrm{B}}(3) = \frac{\partial Q_0}{\partial q_3} = q_2 - q_1 q_2 = 0.0495$$

三个基本事件（和零件）的 DIM_1 分别为

$$\mathrm{DIM}_1(1) = \frac{I^{\mathrm{B}}(1)}{I^{\mathrm{B}}(1) + I^{\mathrm{B}}(2) + I^{\mathrm{B}}(3)} = 0.8935 = 89.35\%$$

$$\mathrm{DIM}_1(2) = \frac{I^{\mathrm{B}}(2)}{I^{\mathrm{B}}(1) + I^{\mathrm{B}}(2) + I^{\mathrm{B}}(3)} = 0.0621 = 6.21\%$$

$$\mathrm{DIM}_1(3) = \frac{I^{\mathrm{B}}(3)}{I^{\mathrm{B}}(1) + I^{\mathrm{B}}(2) + I^{\mathrm{B}}(3)} = 0.0444 = 4.44\%$$

因此有 $\mathrm{DIM}_1(1) + \mathrm{DIM}_1(2) + \mathrm{DIM}_1(3) = 1$。

这些基本事件（和零件）的关键重要度为

$$I^{\mathrm{CR}}(1) = \frac{\partial Q_0}{\partial q_1}\frac{q_1}{Q_0} = 0.7401$$

$$I^{\mathrm{CR}}(2) = \frac{\partial Q_0}{\partial q_2}\frac{q_2}{Q_0} = 0.2573$$

$$I^{\mathrm{CR}}(3) = \frac{\partial Q_0}{\partial q_3}\frac{q_3}{Q_0} = 0.2573$$

基本事件（和零件）的 DIM_2 为

$$\mathrm{DIM}_2(1) = \frac{I^{\mathrm{CR}}(1)}{I^{\mathrm{CR}}(1) + I^{\mathrm{CR}}(2) + I^{\mathrm{CR}}(3)} = 0.5898 = 58.98\%$$

$$\mathrm{DIM}_2(2) = \frac{I^{\mathrm{CR}}(2)}{I^{\mathrm{CR}}(1) + I^{\mathrm{CR}}(2) + I^{\mathrm{CR}}(3)} = 0.2051 = 20.51\%$$

$$\mathrm{DIM}_2(3) = \frac{I^{\mathrm{CR}}(3)}{I^{\mathrm{CR}}(1) + I^{\mathrm{CR}}(2) + I^{\mathrm{CR}}(3)} = 0.2051 = 20.51\%$$

因此有 $\mathrm{DIM}_2(1) + \mathrm{DIM}_2(2) + \mathrm{DIM}_2(3) = 1$。

读者可以阅读文献 [81, 82]，了解在存在元件关联、功能关联的动态系统中（或者更一般的情况，是用马尔可夫模型在稳态下描述的系统），如何使用 DIM。

7.9　安全特征的重要性量度

在本节中，我们将介绍面向系统安全特征的两个重要性量度。假设安全特征 i 可以表示为故障树中的事件 E_i，E_i 可以是基本事件或者中间事件。在后面的例子里，E_i 可能是某一子故障树的顶事件，有时也可能是复杂的安全系统。安全特征的含义很宽泛，可以是技术元件或者人员行动，事实上每一个故障树事件都可以表示一个保护特征。

其重要性量度是：

- 风险增加值（RAW）

- 风险降低值（RRW）

这两个量度诞生于核电行业（参见文献 [233]），现在仍然在核电设施中广泛使用。这两个重要性量度的主要作用是辅助进行与下列问题有关的决策：

（1）通过安装安全特征 i，能够降低多少风险？

（2）如果安全特征 i 失效，会增加多少风险？

（3）应该（在若干候选方案中）设置哪些安全特征，在哪里设置？

（4）在系统运行的时候，如果删除或者忽略安全特征 i，是否还足够安全？

这两个量度原则上都依赖于时间，但是我们可以忽略掉时间 t，以简化表达。我们只用故障树来说明这些量度。

风险这个术语，通常可以定义为事故场景后果以及事故场景概率或者频率的函数。在本例中，我们舍弃对后果的研究（或者说假设所有的后果都是一样的），因此风险就是用顶事件概率（或者频率）测量的。在本节中，风险降低就意味着降低顶事件概率（或者频率）。

7.9.1 风险增加值

重要度衡量指标风险增加值（risk achievement worth，RAW）定义如下（可参阅文献 [53]）。

定义 7.12（风险增加值） 基本事件 i 的 RAW 定义如下：

$$I^{\mathrm{RAW}}(i) = \frac{Q_0(E_i)}{Q_0}, \quad i = 1, 2, \cdots, n \tag{7.61}$$

其中 $Q_0(E_i)$ 为当我们知道基本事件 E_i（以概率 1）发生时，顶事件的概率。这里的基本事件可以是安全特征 i 停止或者失效。

如果我们假设安全特征对系统的安全性有正面的影响，那就一定有 $Q_0(E_i) \geqslant Q_0$。因此，对于所有内聚故障树来说，都有 $I^{\mathrm{RAW}}(i) \geqslant 1$。[①]

我们可以为基本事件 E_i 引入风险增加的概念：

$$\mathrm{RA}(i) = Q_0(E_i) - Q_0 \tag{7.62}$$

$\mathrm{RA}(i)$ 表示的是如果安全特征 i（自身也有可靠性）停止之后风险增加了多少（即顶事件的概率）。

式 (7.61) 可以改写为

$$I^{\mathrm{RAW}}(i) - 1 = \frac{Q_0(E_i) - Q_0}{Q_0} = \frac{\mathrm{RA}(i)}{Q_0}$$

因此

$$\mathrm{RA}(i) = \left[I^{\mathrm{RAW}}(i) - 1 \right] Q_0 \tag{7.63}$$

---

① 在与风险相关的文献中，风险增加值经常表示为 RAW 或者 RAW(i)，而不是 $I^{\mathrm{RAW}}(i)$。

案例 7.14（一个算例） 假设我们知道安全特征 i 的 RAW 重要度为 $I^{\mathrm{RAW}}(i) = 1.25$，这意味着根据式 (7.58)，$i$ 的风险增加值是

$$\mathrm{RA}(i) = 0.25\, Q_0$$

该式表明，如果安全特征 i 没有起作用，顶事件概率会增加 25%。

案例 7.15（抵御冲击的屏障） 我们考虑这样一个安全特征 i：在流程系统中安装一个屏障，抵御特定类型并且以频率 ν_0 随机发生的冲击。我们进一步假设，如果在冲击发生时顶事件存在，就会发生事故。因此，事故的发生频率为 $\nu_{\mathrm{acc}} = \nu_0 Q_0$（9.2 节会有更详细的解释）。

令 $Q_0(E_i)$ 表示安全特征 i 没有发挥作用时的顶事件概率，Q_0 表示安全特征（自身有可靠性）能够运行时的顶事件概率，那么安全特征 i 停止导致的风险增加值就是 $Q_0(E_i) - Q_0$。因此事故频率可以表示为

安全特征 i 正常：$\quad \nu_{\mathrm{acc}}^+ = \nu_0 Q_0$

安全特征 i 缺失：$\quad \nu_{\mathrm{acc}}^- = \nu_0 Q(E_i)$

这意味着

$$\nu_{\mathrm{acc}}^- = \frac{Q_0(E_i)}{Q_0}\, \nu_{\mathrm{acc}}^+ = I^{\mathrm{RAW}}(i)\, \nu_{\mathrm{acc}}^+ \tag{7.64}$$

比如，如果我们发现安全特征 i 的 RAW 重要度为 $I^{\mathrm{RAW}}(i) = 1.25$，这就意味着如果该安全特征停止（比如暂时移除进行维修），事故频率就会变为 $\nu_{\mathrm{acc}}^- = 1.25\nu_{\mathrm{acc}}^+$，或者说比安全特征正常时增加 25%。

在核电行业，管理者主要关心的是堆芯损坏频率（CDF）。CDF 就是堆芯损坏事故的频率 ν_{acc}。

如果安全特征 i 与主系统失联，那么堆芯损坏频率就会变为

$$\mathrm{CDF}_i = I^{\mathrm{RAW}}(i)\, \mathrm{CDF}_0$$

其中 CDF_0 为基础堆芯损坏频率，而 CDF_i 为安全特征 i 不起作用时的堆芯损坏频率。

7.9.2 风险降低值

重要度衡量指标风险降低值（risk reduction worth，RRW）的定义如下：

定义 7.13（风险降低值） 基本事件 E_i 的 RRW 可以定义为

$$I^{\mathrm{RRW}}(i) = \frac{Q_0}{Q_0(E_i^*)}, \quad i = 1, 2, \cdots, n \tag{7.65}$$

如果假设某一安全特征对于系统的安全性有正面作用，即 $Q_0 \geqslant Q_0(E_i^*)$，就会有 $I^{\mathrm{RRW}}(i) \geqslant 1$。$Q_0(E_i^*)$ 是安全特征 i 设置完成并且 100% 可靠（即一直可以按照要求发挥功能）时的

顶事件条件概率，Q_0 则是考虑到安全特征 i 实际可靠性的顶事件概率。下面的两种情况可以帮助我们理解条件概率的含义：

（1）当前的安全特征被一个永远不会失效的安全特征所替换。

（2）在系统变更的时候，将与操作员失误或者外部事件相关的事件 E_i 移除，避免操作员干预并且使系统免受外界压力。

我们为基本事件 E_i 引入风险降低的概念：

$$\text{RR}(i) = Q_0 - Q_0(E_i^*) \tag{7.66}$$

风险降低值 $\text{RR}(i)$，可以说明如果用具有相同功能的完美特征替换当前的安全特征 i，或者将现有安全功能问题全部排除，顶事件概率会降低多少。

式 (7.65) 可以重写为

$$I^{\text{RRW}}(i) - 1 = \frac{Q_0 - Q_0(E_i^*)}{Q_0(E_i^*)} = \frac{\text{RR}(i)}{Q_0(E_i^*)}$$

因此有

$$\text{RR}(i) = \left[I^{\text{RRW}}(i) - 1 \right] Q_0(E_i^*) \tag{7.67}$$

案例 7.16（一个算例） 假设我们知道安全特征 i 的 RRW 重要度为 $I^{\text{RRW}}(i) = 1.25$，这意味着 i 的风险降低值为

$$\text{RR}(i) = 0.25\, Q_0(E_i^*)$$

上式表示，通过设置一个功能相同 100% 可靠的安全特征替换安全特征 i（自身具有实际可靠性），顶事件概率会降低 25%，从而降低了风险。

7.9.3　RRW 与提升潜力之间的关系

假设我们只在时刻 t 考虑一个系统，那么可以在算式中省略 t，简化表达式。

回想提升潜力的定义：

$$I^{\text{IP}}(i) = Q_0 - Q_0(E_i^*) \tag{7.68}$$

这和 RRW 的定义相同。从数学上来说，提升潜力和 RRW 是一样的：

$$I^{\text{IP}}(i) = I^{\text{RRW}}(i) \tag{7.69}$$

但是两个量度的作用不同。$I^{\text{IP}}(i)$ 主要用来在系统设计阶段避免潜在的零件失效，而 $I^{\text{RRW}}(i)$ 用来支持与安装或者移除安全特征相关的决策。

案例 7.17 再次考虑案例 7.15 中的流程安全系统，其可靠性为 $h(\boldsymbol{p})$。我们假设可以将零件 i 替换为一个可靠性为 $p_i = 1$ 的完美零件，这样可以看一看最大的提升潜力是多少。这样的话，系统（条件）可靠性就是 $1 - h(1_i, \boldsymbol{p})$，我们还可以使用式 (7.65) 来表达：

$$1 - h(1_i, \boldsymbol{p}) = \frac{1 - h(\boldsymbol{p})}{I^{\text{RRW}}(i)}$$

比如，如果我们知道 $I^{\mathrm{RRW}}(i) = 2$，这就是说，用一个完美零件替换零件 i，可以让系统不可靠性变为初始不可靠性 $1 - h(\boldsymbol{p})$ 的 50%。

注释 7.4 由式 (7.52) 可见，至少对于高冗余度的系统来说，关键重要度 $I^{\mathrm{CR}}(i \mid t)$ 大致是 $q_i(t)$ 的线性函数。这是因为伯恩鲍姆量度并不是 $q_i(t)$ 的函数，而 $q_i(t)$ 对于高冗余系统的 $Q_0(t)$ 影响很小。然而，对于只包含两个零件的非常简单的系统来说，二者不一定存在明显的线性关系。

7.10 巴罗-普罗尚量度

Richard E. Barlow 和 Frank Proschan [22]注意到，伯恩鲍姆量度给出的是固定时间点的重要度，而分析人员需要自行确定哪些时刻比较重要。为了弥补这个缺点，这两位学者提出一种新的量度，也就是我们现在所知道的零件 i 的巴罗-普罗尚（Barlow-Proschan）量度（BP 量度）$I^{\mathrm{BP}}(i)$。在定义 BP 量度之前，我们需要考虑一些中间结果。

令 $S^*(t, t+\mathrm{d}t)$ 表示事件系统失效在区间 $(t, t+\mathrm{d}t)$ 内发生，$B_i^*(t, t+\mathrm{d}t)$ 表示事件零件 i 失效在区间 $(t, t+\mathrm{d}t)$ 内发生。如果零件 i 在时刻 t 是系统的关键性零件，那么上述两个事件就是同时发生的，也可以说零件 t 引起系统失效。

给定系统失效发生在区间 $(t, t+\mathrm{d}t)$ 内，那么系统失效是由零件 i 引起的条件概率为

$$\Pr\left[B_i^*(t, t+\mathrm{d}t) \mid S^*(t, t+\mathrm{d}t)\right] = \frac{\Pr\left[B_i^*(t, t+\Delta t) \cap S^*(t, t+\mathrm{d}t)\right]}{\Pr\left[S^*(t, t+\mathrm{d}t)\right]} \tag{7.70}$$

根据伯恩鲍姆可靠性重要度的第三个定义，$I^{\mathrm{B}}(i \mid t)$ 为零件 i 在时刻 t 是关键性零件 l 的概率。如果我们知道系统在区间 $(t, t+\mathrm{d}t)$ 内已经失效，也就是事件 $S^*(t, t+\mathrm{d}t)$ 已经发生，$B_i^*(t, t+\mathrm{d}t)$ 的同时发生就与事件"零件 i 在时刻 t 引起了系统失效"相同。

如果零件 i 不可修，那么零件在时刻 t 引起系统失效的概率一定是 $I^{\mathrm{B}}(i \mid t)f_i(t)\mathrm{d}t$，其中 $f_i(t)$ 是零件 i 失效时间的概率密度函数。

因为任何系统失效都必须是由其中的一个零件失效引起（即一同发生）的，$S^*(t, t+\mathrm{d}t)$ 的概率可以写为

$$\Pr\left[S^*(t, t+\mathrm{d}t)\right] = \sum_{i=1}^{n} I^{\mathrm{B}}(i \mid t)f(t)\,\mathrm{d}t \tag{7.71}$$

因此，式 (7.70) 中的条件概率可以写为

$$\frac{I^{\mathrm{B}}(i \mid t)f(t)\,\mathrm{d}t}{\sum\limits_{i=1}^{n} I^{\mathrm{B}}(i \mid t)f(t)\,\mathrm{d}t} \tag{7.72}$$

在区间 $(0, t_0)$ 内的系统失效是由零件 i 引起的条件概率为

$$\frac{\int_0^{t_0} I^{\mathrm{B}}(i \mid t)f(t)\,\mathrm{d}t}{\sum\limits_{i=1}^{n}\int_0^{t_0} I^{\mathrm{B}}(i \mid t)f(t)\,\mathrm{d}t} \tag{7.73}$$

令 $t_0 \to \infty$，因为系统迟早会失效，所以上式的分母会趋近于 1。现在我们可以定义 BP 量度：

定义 7.14（不可修零件的巴罗-普罗尚重要度） 不可修零件 i 的巴罗-普罗尚重要度为

$$I^{\mathrm{BP}}(i) = \int_0^\infty I^{\mathrm{B}}(i \mid t) f_i(t)\,\mathrm{d}t, \quad i = 1, 2, \cdots, n \tag{7.74}$$

类似地，如果零件 i 可修，那么零件 i 在区间 $(t, t+\mathrm{d}t)$ 内失效的概率为 $w_i(t)\mathrm{d}t$，其中 $w_i(t)$ 为零件 i 在时刻 t 的 ROCOF。因此，可修零件 i 的巴罗-普罗尚重要度如下：

定义 7.15（可修零件的巴罗-普罗尚重要度） 可修零件 i 的巴罗-普罗尚重要度为

$$I^{\mathrm{BP}}(i) = \int_0^\infty I^{\mathrm{B}}(i \mid t)\, w_i(t)\,\mathrm{d}t \tag{7.75}$$

可以看到，根据式 (7.72) 很明显有

$$\sum_{i=1}^n I^{\mathrm{BP}}(i) = 1$$

这意味着，$I^{\mathrm{BP}}(i)$ 为系统失效（在各种失效中）是由零件 i 引起的比例。

案例 7.18（串联结构） 再次考虑案例 7.3 中包含 n 个独立不可修零件的串联结构。假设所有零件都有固定失效率 λ_i，$i = 1, 2, \cdots, n$。根据案例 7.9 中的计算，零件 i 的伯恩鲍姆量度为

$$I^{\mathrm{B}}(i \mid t) = \prod_{j \neq i} \mathrm{e}^{-\lambda_j t}$$

零件 i 失效时间的概率密度为 $f_i(t) = \lambda_i \mathrm{e}^{-\lambda_i t}$，该零件的巴罗-普罗尚重要度为

$$I^{\mathrm{BP}}(i) = \int_0^\infty I^{\mathrm{B}}(i \mid t) f_i(t)\,\mathrm{d}t = \int_0^\infty \prod_{j \neq i} \mathrm{e}^{-\lambda_j t} \lambda_i \mathrm{e}^{-\lambda_i t}\,\mathrm{d}t$$

$$= \lambda_i \int_0^\infty \prod_{j=1}^n \mathrm{e}^{-\lambda_j t}\,\mathrm{d}t = \lambda_i \int_0^\infty \mathrm{e}^{-\sum\limits_{j=1}^n \lambda_j t}\,\mathrm{d}t = \frac{\lambda_i}{\sum\limits_{j=1}^n \lambda_j}$$

这表明，对于串联结构，巴罗-普罗尚重要度是由零件 i 引起的系统失效占总体失效的百分比。可以看到，当所有的零件都有相同的失效率 λ 时，每个零件的巴罗-普罗尚重要度都是 $1/n$。

案例 7.19（并联结构） 再次考虑案例 7.4 中包含 n 个独立不可修零件的并联结构。假设所有零件都有固定失效率 λ_i，$i = 1, 2, \cdots, n$。根据案例 7.10 中的计算，零件 i 的伯恩鲍姆量度为

$$I^{\mathrm{B}}(i \mid t) = \prod_{j \neq i} \left(1 - \mathrm{e}^{-\lambda_j t} \right)$$

零件 i 失效时间的概率密度为 $f_i(t) = \lambda_i \mathrm{e}^{-\lambda_i t}$，该零件的巴罗-普罗尚重要度为

$$I^{\mathrm{BP}}(i) = \int_0^\infty I^{\mathrm{B}}(i \mid t) f_i(t)\,\mathrm{d}t = \int_0^\infty \prod_{j \neq i} \left(1 - \mathrm{e}^{-\lambda_j t} \right) \lambda_i \mathrm{e}^{-\lambda_i t}\,\mathrm{d}t$$

求积分是一个非常耗时的过程，我们无法得到 $I^{\mathrm{BP}}(i)$ 的一个整洁收敛的算式。

案例 7.19 中无法得到整洁收敛算式的问题，实际上在绝大多数非纯串联系统中都存在，这是巴罗-普罗尚重要度的一个局限。有兴趣的读者可以阅读文献 [95]，其中介绍了如何计算由相同零件组成的系统的巴罗-普罗尚重要度。

7.11　课后习题

7.1 证明由可靠性分别为 p_1、p_2、p_3（$p_1 \geqslant p_2 \geqslant p_3$）的三个独立零件组成的 2oo3:G 结构具有以下性质：

（1）　如果 $p_1 \geqslant 0.5$, 则 $I^{\mathrm{B}}(1) \geqslant I^{\mathrm{B}}(2) \geqslant I^{\mathrm{B}}(3)$;

（2）　如果 $p_1 \leqslant 0.5$, 则 $I^{\mathrm{B}}(1) \leqslant I^{\mathrm{B}}(2) \leqslant I^{\mathrm{B}}(3)$。

7.2 令 $p_{\mathrm{S}}(t) = 1 - Q_0(t)$ 表示系统可靠性，令 $p_i(t) = 1 - q_i(t)$ 表示零件 i 的可靠性，$i = 1, 2, \cdots, n$。证明

$$\frac{\mathrm{d}p_{\mathrm{S}}(t)}{\mathrm{d}p_i(t)} = \frac{\mathrm{d}Q_0(t)}{\mathrm{d}q_i(t)}$$

7.3 考虑图 7.4 中的不可修结构

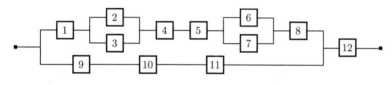

图 7.4　习题 7.3 的可靠性框图

（1）　证明图中模型对应的结构方程为

$$\phi(X) = [X_1(X_2 + X_3 - X_2X_3)X_4X_5(X_6 + X_7 - X_6X_7)X_8 +$$
$$X_9X_{10}X_{11} - X_1(X_2 + X_3 - X_2X_3)X_4X_5(X_6 + X_7 - X_6X_7) \cdot$$
$$X_8X_9X_{10}X_{11}]X_{12}$$

（2）　若零件可靠性如下所示，确定系统可靠性：

$$p_1 = 0.970, \quad p_5 = 0.920, \quad p_9 = 0.910$$

$$p_2 = 0.960, \quad p_6 = 0.950, \quad p_{10} = 0.930$$

$$p_3 = 0.960, \quad p_7 = 0.959, \quad p_{11} = 0.940$$

$$p_4 = 0.940, \quad p_8 = 0.900, \quad p_{12} = 0.990$$

（3）　使用伯恩鲍姆量度和关键重要度确定 8 号零件的可靠性重要度。

（4）　使用与问题（3）中相同的量度，确定 11 号零件的可靠性重要度。对两个结果进行比较并讨论。

7.4　确定图 7.4 中 7 号零件的伯恩鲍姆可靠性重要度和结构重要度。

7.5　使用 FV 量度确定图 7.4 所示结构中 7 号零件的可靠性重要度。

7.6　考虑图 7.5 所示的不可修结构。

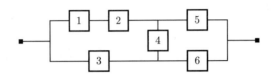

图 7.5　习题 7.6 的可靠性框图

（1）　确定结构函数。

（2）　假设零件独立，根据伯恩鲍姆量度，确定 2 号零件和 4 号零件的可靠性重要度，设 $p_i = 0.99$，$i = 1, 2, \cdots, 6$。

7.7　考虑图 7.5 所示的不可修结构。假设 6 个零件彼此独立，并令零件 i 在时刻 t 的可靠性为 $p_i(t)$，$i = 1, 2, \cdots, 6$。

（1）　确定 3 号零件的伯恩鲍姆可靠性重要度。

（2）　确定 3 号零件的关键重要度。

（3）　确定 3 号零件的 FV 量度。

（4）　为零件可靠性选择合理的取值，讨论对于这个特殊系统来说，关键重要度和 FV 量度之间的区别。证明可以满足式 (7.55) 中的关系。

7.8　令 (C, ϕ) 表示一个由 n 个独立零件组成的内聚结构，零件的状态变量分别为 X_1，$X_2, \cdots, X_n$。考虑 (C, ϕ) 的如下模块化分解方式：

（1）　$C = \bigcup_{j=1}^{r} A_j$，其中 $A_i \cap A_j = \varnothing$，$i \neq j$；

（2）　$\phi(x) = \omega\left(\chi_1(x^{A_1}), \chi_2(x^{A_2}), \cdots, \chi_r(x^{A_r})\right)$。

假定 $k \in A_j$，给出

（1）　零件 k 的伯恩鲍姆可靠性重要度；

（2）　模块 j 对于系统的伯恩鲍姆可靠性重要度；

（3）　零件 k 对于模块 j 的伯恩鲍姆可靠性重要度。

这种关系在其他重要度衡量方法中也存在吗？

第 **8** 章

依赖性失效

 ## 8.1 概述

我们在第 6 章讨论的系统假设都包含 n 个相互独立的零件，但是这个假设并一定总是成立。本章首先重复给出统计独立、依赖性和相关性的定义。有两种依赖性失效与系统可靠性有关：级联失效和共因失效。其中，对级联失效的说明非常简单，但将详细地讨论共因失效的处理方法，以及共因失效最常用的模型。

8.1.1 关联性事件和变量

对于两个事件 E_1 和 E_2 而言，如果有

$$\Pr(E_1 \mid E_2) = \Pr(E_1) \quad \text{及} \quad \Pr(E_2 \mid E_1) = \Pr(E_2)$$

那么这两个事件（在统计上）相互独立，这意味着

$$\Pr(E_1 \cap E_2) = \Pr(E_1)\Pr(E_2) \tag{8.1}$$

从条件概率的角度，独立意味着已知事件 E_2 发生，并不会改变 E_1 的概率，反之亦然。

考虑 1 号和 2 号两个独立零件，令 E_1 表示 1 号零件可运行，E_2 表示 2 号零件可运行。然后，令 E_i^* 表示零件 i 处于已失效状态，$i = 1, 2$。如果事件 E_1 和 E_2 相互独立，那么 E_1 和 E_2^* 也相互独立。[①] 这意味着，如果 2 号零件失效（E_2^*），1 号零件的状态不会受到这个失效的影响。在实际中，这个假设不一定总是成立。

如果两个零件不相互独立，它们就是关联的或者有依赖关系的[②]，这种依赖性可以有很多种形式。基本上，如果 $\Pr(E_1 \cap E_2) \neq \Pr(E_1)\Pr(E_2)$，我们就说两个事件 E_1 和 E_2 关

---

① 将证明作为习题 8.1 留给读者。

② 译者注：在本书中，dependent 和 dependence 多数情况下译为依赖和依赖性，少数情况出于句子流畅的考虑译为关联，比如关联零件。

联，这意味着

$$\Pr(E_1 \mid E_2) \neq \Pr(E_1) \quad \text{及} \quad \Pr(E_2 \mid E_1) \neq \Pr(E_2)$$

$\Pr(E_2 \mid E_1) \neq \Pr(E_2)$，可分为两种情况：

- $\Pr(E_2 \mid E_1) > \Pr(E_2)$。这意味着，当 E_1 已经发生时，E_2 的发生概率会增加，我们说 E_2 正向依赖于 E_1。
- $\Pr(E_2 \mid E_1) < \Pr(E_2)$。这意味着，当 E_1 已经发生时，E_2 的发生概率会降低，我们说 E_2 反向依赖于 E_1。

和事件一样，对于两个（离散）随机变量 X_1 和 X_2 而言，如果

$$\Pr(X_1 = x_1 \cap X_2 = x_2) = \Pr(X_1 = x_1)\Pr(X_2 = x_2)$$

那么这两个变量就相互独立。而如果对于至少一组 x_1 和 x_2 有

$$\Pr(X_1 = x_1 \cap X_2 = x_2) \neq \Pr(X_1 = x_1)\Pr(X_2 = x_2)$$

那么 X_1 和 X_2 就有依赖关系或者说是关联的。

注释 8.1（互斥和独立）　如果两个事件 $E_1 \cap E_2 = \varnothing$，那么这两个事件是互斥的，即 $\Pr(E_1 \mid E_2) = 0$。观察式 (8.1)，我们会发现两个事件 E_1 和 E_2 不能既是相互独立的，又是互斥的。独立和互斥这两个概念容易混淆，读者一定要注意它们之间的区别。

8.1.2　相关变量

两个随机变量 X_1 和 X_2 之间的相关度可以用它们之间的协方差来衡量。协方差的定义为

$$\mathrm{cov}(X_1, X_2) = E\left([X_1 - E(X_1)]\,[X_2 - E(X_2)]\right) \tag{8.2}$$

用两个变量的标准差（SD）来测量协方差，就可以得到皮尔森相关系数[①]$\rho(X_1, X_2)$：

$$\rho(X_1, X_2) = \frac{\mathrm{cov}(X_1, X_2)}{\mathrm{SD}(X_1)\mathrm{SD}(X_2)} \tag{8.3}$$

其中 $\mathrm{SD}(X_i) = E\left([X_i - E(X_i)]^2\right),\ i = 1, 2$。

相关系数 $\rho(X_1, X_2)$ 的取值范围介于 $[-1, 1]$ 之间。如果 $\rho(X_1, X_2) = 0$，那么这两个变量不相关；如果 $\rho(X_1, X_2) = \pm 1$，二者完全相关。正相关意味着一个变量取值较大，会对应另一个变量取值也较大；负相关则意味着一个变量取值较大，那么另一个变量取值就会较小。

不相关和独立并不等同，二者的关系如下：

$$\text{独立变量} \implies \text{不相关变量}$$

---

① 以英国数学家 Karl Pearson（1857—1936）的名字命名。

$$不相关变量 \;\not\Rightarrow\; 独立变量$$

假设一个结构包含两个相关的零件，这两个零件会在同一个非常短的时间区间失效。然而，这并不一定意味着两个零件关联，即一个失效引起了另一个零件失效。可能的情况是外部压力因素导致两个零件都失效。我们应该了解，这种相关性并不一定意味着因果关系，即

$$相关 \;\not\Rightarrow\; 存在因果关系$$

独立的定义还可以扩展到 n 个随机变量：

$$\Pr\left(\bigcap_{i=1}^{n} X_i = x_i\right) = \prod_{i=1}^{n} \Pr(X_i = x_i), \qquad 对于所有 \; x_1, x_2, \cdots, x_n \qquad (8.4)$$

如果 $x_1, x_2, \cdots, x_n$ 不能全部满足式 (8.4)，那么随机变量 $X_1, X_2, \cdots, X_n$ 就是存在依赖关系的。

超过两个随机变量的相关系数可以组成一个相关性矩阵，矩阵的输入是上面定义的成对相关系数。

注释 8.2（依赖和相依）　依赖（dependence）和相依（interdependence）这两个词在很多文献中经常被混用。按照我们的观点，当事件 A 影响事件 B 的时候，事件 B 就依赖于事件 A，即 $A \to B$。反过来说，在此情况下，事件 B 可能在物理层面上无法影响 A。而如果事件 A 影响事件 B，事件 B 也影响事件 A，我们就说这两个事件相互依赖或者相依，即 $A \leftrightarrow B$。

我们在之前的章节中简要介绍过几种类型的依赖，比如事件树中事件之间的依赖关系，以及贝叶斯网络中的影响特性。

8.2　依赖的类型

考虑一个包含 n 个关联零件的结构，该结构在时刻 t_0 能够运行。那么，可能存在如下几种（统计上的）依赖关系。

（1）如果零件 i 失效，这个失效会增加另一个零件 j 未来的失效概率，即 $\Pr(X_j = 0 \mid X_i = 0) > \Pr(X_j = 0 \mid X_i = 1)$。这种情况经常出现在两个或者更多零件共同承担同一载荷的时候。一旦有一个零件失效，剩余的零件不得不承受更高的载荷，因此它们的失效概率就会增加。在一些系统中，尤其是一些网络系统中，这类依赖关系会导致一系列的失效。这个过程通常被称作多米诺效应，而失效则被称为级联失效（cascading failure）。

（2）多个零件可能会因为一次冲击或者某些共同的压力出现同时失效，或者在有限时间段内失效。所谓共同的压力可能是潮湿的环境、维修失误、安装错误等。冲击可能会导致多个失效在同一时刻发生，而压力，比如湿度增大，可能会让失效在时间上非常接近。这一类的关联失效称为共因失效（common-cause failures）。

（3）结构中的多个零件按照相同的方式失效，这类失效称为共模失效（common mode failure）。共模失效是一种特殊类型的共因失效，即多个子系统以相同方式和相同原因失效。这些失效可能发生在不同时间，而它们的共同原因可能是设计缺陷或者是某一重复发生的事件。

（4）有时候，一个零件的失效可能会为另一个零件创造出更加优越的运行环境。比如一个会产生高温或者重大震动的零件失效，在失效发生后，邻近零件的运行环境实际上得到了改善，所以它们的失效概率反而降低了。这种依赖关系有时候也称为负向依赖或者负相关，本书对此不进行更多的讨论。

本章后续将会首先简单介绍级联失效，然后再详细讨论共因失效。对于其他的几种依赖类型，读者可以在文献 [297–299, 301] 中找到一些案例。

8.3　级联失效

级联失效可以定义为：

定义 8.1（级联失效）　包含互联元件的结构中出现的失控过程，一个或者多个零件的失效触发了其他零件的失效，等等。

级联失效的过程通常被称为多米诺效应。级联失效可能发生在很多类型的系统中，比如电力传输系统、计算机网络、交通系统等。其中电力系统中的问题尤其严重，很多严重的停电事故都是由级联失效引起的。当然，也有很多级联失效发生在计算机网络，比如互联网当中。

级联失效可能源于一个随机失效或事件，也可能来自某个威胁制造者的蓄意行动。对于电力传输系统来说，级联失效称为多阶断电，它的初始事件可能是：

- 强风
- 暴雪或者冻雨
- 雷击
- 其他自然灾害，比如火山爆发和洪水
- 机械失效，比如中继器或者线缆接头问题

- 导线和植被间发生接触
- 维修，因为受维修元件被隔离或者因为维修失误
- 人为错误
- 蓄意破坏
- …

文献 [275] 对电力传输系统的多阶断电问题有非常全面的讨论，有兴趣的读者可以进行延伸阅读。

在多阶断电发生时，我们可以对其进行详细分析，并且有多种方法和工具可以使用。然而，识别电力传输系统中潜在的（即未来的）级联失效，是一项非常困难的工作。首先初始事件就具有多重性，它们如何发生以及在哪里发生会极大地影响事件的后续发展。级联效应可以遵循许多不同的轨迹，并且传播速度极快。一些分析人员认为级联失效是复杂传

输系统的涌现属性（emergent properties），这些系统不符合牛顿-笛卡儿范式（参见第 2 章），因此无法对其进行正确分析[245]。

简单网络系统中的潜在级联失效可以部分采用马尔可夫方法进行研究（见第 11 章）。对于电力传输系统，目前已经有多个马尔可夫仿真程序可以研究级联失效或者失效的给定轨迹。

一些分析人员将电力系统容易发生级联失效归咎于保护策略，比如：

（1）为很多种元件分配高低不同的阈值；

（2）使用很多不同的中继器在元件参数接近阈值时移除元件；

（3）为追求利润，系统在接近阈值的条件下运行。

案例 8.1（福岛核灾难）　2011 年 3 月 11 日发生的福岛核电站事故，就是一起典型的级联失效。事故的起因是日本东海岸发生了 9.0 级强烈地震，地震引发了海啸，使得洪水进入核电站，并几乎摧毁了整个核电站。在地震发生时，核电站中所有的六个反应堆都按照设计应激关闭，但是海啸时涌入的海水破坏了核电站中的海水冷却泵和紧急发电机。因此，核电站就没有办法冷却反应堆，以及存放在现场的核废料。高温导致的爆炸和火灾向空气和土地中释放出高浓度放射性污染物。要了解更多关于福岛核事故的信息，可以阅读报告 [184] 或者在互联网上搜索相关信息。

紧耦合

查尔斯·佩罗（Charles Perrow）在其开创性著作[245]中将系统分为松耦合系统和紧耦合系统。根据佩罗的描述，紧耦合系统对于重大失效或者事故更加脆弱。

紧耦合系统的主要特征包括：

（1）流程依赖于时间且无法等待；

（2）流程严格有序（序列 A 必须跟在 B 之后），零件之间存在直接和即时的连接和交互；

（3）流程快速并依赖于时间，无法关闭或者隔离；

（4）只有一条成功路径；

（5）很少或者没有松弛（若要成功运行，对于特定资源的需求量相当精确）；

（6）一旦发生初始扰动或者故障，几乎没有机会缓解或者防御；

（7）快速响应；

（8）扰动快速传播，操作人员没有时间或者不能确定发生了什么问题；

（9）替代方案有限。

上面的这些特征可能存在一些重叠，但是我们可以看到，这些特征在那些对于级联失效很脆弱的系统中非常普遍。

8.4 共因失效

共因失效（CCF）分析是 20 世纪 70 年代在核电行业率先提出的。核电行业一直都非常关注 CCF，并且已经开发出多个 CCF 模型，同时也在收集与 CCF 相关的数据进行分析。航天领域也对这一类失效给予了极大的关注，而海工领域至少在 20 世纪 90 年代就开始研究安全系统可靠性评估中的共因失效问题。国标 IEC 61508 已经强制要求分析安全仪表系统的共因失效（见第 13 章）。

CCF 主要与冗余结构相关，并且经常出现在表决组当中，即 n 个零件被配置为 $koon$:G 结构，其中 $k < n$。根据案例 8.5 的说明，CCF 并不是串联结构的主要问题（即 $k = n$ 时）。在表决结构中，最小路径一般被称作通道。一条通道就是能够独立执行所需功能的一个或者多个零件组成的一个结构。

在本章剩余部分，我们的研究对象都是配置为 $koon$:G 结构的 n 个零件组成的表决组。与 CCF 分析最相关的是安全保护系统，比如安全仪表系统（见第 13 章）。CCF 可以定义为：

定义 8.2（共因失效） 作为共有原因直接结果的失效，失效发生后，多零件结构中的两个或者更多零件同时处于故障状态。

这个定义要求 CCF 能够导致结构失效。对于一个 2oo4:G 结构而言，如果至少有两个零件能够运行，结构就能工作。如果恰好有两个零件同时处于已失效状态，这就是一个由共有原因导致的多重故障，但是它还算不上一个共因失效，因为结构仍然还能工作。

CCF 的定义并不要求零件恰好在同一时刻失效。我们需要真正关心的，是已失效零件在同一时间处于故障状态。有时候，我们可以在下一个失效发生之前检出非同步失效，并避免 CCF。

图 8.1 示出了在一个包含两个零件的结构中，独立（或者个体）失效和共因失效之间的关系。因为共有原因失效的零件的数量，称为 CCF 的重数（multiplicity）。

图 8.1　在包含两个零件的结构中，独立失效和共因失效之间的关系

注释 8.3（压力增大） 压力增大不仅会导致共因失效，还会增加受影响零件的独立失效率。有时候，压力增大还意味着固定失效率的假设不再适用，零件的失效率会变成一个递增函数。

8.4.1 未构成共因失效的多重失效

如上所述，由共有原因导致的多重失效未必会成为共因失效。所以我们需要用一个新的术语来描述这种情况：

定义 8.3（具有共有原因的多重失效，MFSC）　由一个共有原因直接导致的失效，会有两个甚至更多的元件同时处于已失效状态。

MFSC 也可以称为一个共因失效事件，但是本书作者还是倾向于使用 MFSC，因为共因失效事件容易和共因失效发生混淆。注意，当一个 MFSC 导致系统失效时，它就成为系统的共因失效。共因失效主要关注那些致死性事故风险较高的系统，在航天和核电行业的安全分析中，人们已经开发了多种控制和预防此类失效的方法。

8.4.2　共因失效的成因

共因失效的成因可以分为共有原因和耦合因素两部分。共有原因（shared cause）是一个零件失效的缘由（比如湿度大），而耦合因素（coupling factor）可以说明为什么多个零件会受到同一个原因的影响。图 8.2 中示出了一个特定结构中共因失效、共有原因和耦合元素之间的关系。我们采用包含两个零件的并联结构作为示例，它属于一个包含两个单独零件的表决组。

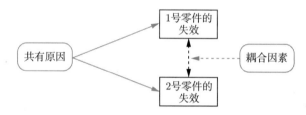

图 8.2　导致双零件并联结构共因失效的共有原因及耦合因素

（1）共有原因。很多研究都聚焦于共因失效事件的共有原因上面，还有一些方法专门对这些事件进行分类。很多关于共因失效的研究都显示，绝大多数根本原因都与人员行为和流程缺陷相关。比如核电站中使用的离心机，在其所有的共因失效中，大约有 70% 的原因可以归为以上类别[207]。

（2）耦合因素。耦合因素是令多条通道都因为一个共有原因出现失效的属性。这些属性包括：

- 相同的设计
- 相同的硬件
- 相同的软件
- 连接相同的网络（比如互联网）
- 相同的安装人员

- 相同的维修或运营人员
- 相同的流程
- 相同的环境
- 相同的位置

读者还可以在文献 [55, 221, 235] 中找到更多的耦合因素分类方法。在核电行业的共因失效研究显示，绝大多数对 CCF 有意义的耦合因素都和运行方面相关[207]。

为了节约费用，简化运营和维修，很多行业的技术方案都越来越标准化。硬件和软件都在进行标准化，但是这意味着增加了更多的耦合因素。挪威研究机构 SINTEF（挪威工业技术研究院）曾经研究过在挪威离岸油气设施中进行标准化的影响，实际上油气行业新的运营理念和人员配备减少都在加剧这一趋势[123]。

在研究容易发生共因失效的结构时，很有必要去识别那些具有类似弱点的零件。这样的一组零件可以称为共因零件组（CCCG），它的定义是：

定义 8.4（共因零件组） 一组共有一个或者多个耦合因素的零件，因此它们容易发生共因失效。

挪威国标 NUREG/CR-5485[235] 对共因零件组的问题有全面的讨论，有兴趣的读者可以阅读相关的内容。

8.4.3 共因失效的防止措施

人们提出了很多防止共因失效的措施，其中包括：

（1）分离或者隔离。在物理以及逻辑上的隔离，会加强零件相互之间的独立性，降低它们对于共因失效和级联失效的易感性。

（2）多样化。不同的零件和不同的技术会降低耦合因素存在的可能，因此可以降低零件对共因失效的敏感性。

（3）鲁棒性。鲁棒设计（稳健设计）抵御环境压力的能力更强[83]。

（4）零件可靠性。零件可靠性高会减少独立失效和关联失效的数量，以及维修和人为干预（CCF 的重要原因）的次数。

（5）简约设计。简单的设计更容易理解和维修，可以减少干预错误的数量。

（6）分析。FMECA 和其他可靠性分析方法可以识别共因失效的成因，并提出措施降低共因失效的可能性。

（7）流程和人机界面。清晰的步骤和充足明晰的人机界面，可以减少人为错误的可能性。

（8）竞争和培训。如果设计师、操作员和维修人员能够理解共同原因和耦合因素，他们就能够减少共因失效。

（9）环境控制。通过对恶劣气候情况进行充分了解，可以减少共因失效。

（10）诊断覆盖率。覆盖率较高的诊断系统可以揭示非同时发生共因失效中的初始失效，并在下一个失效发生前将系统置于安全状态。

注释 8.4（状态监测和软件） 状态监测在很多技术系统中的应用越来越普遍。状态监测设备需要连接计算机网络，而且连接互联网也越来越普遍。通过这种方式，项目专家可以远程了解元件状况，推荐相应的维修措施并决定何时执行。即便元件各不相同，状态监测设备和/或相关软件也可能是相似的，因此会产生耦合因素。目的明确的网络攻击也可能同时让多个元件瘫痪，也会使那些与互联网连接的软件功能瘫痪。

8.5 共因失效模型和分析

针对下列两种类型的共因失效，我们可以分别使用两种方法建模，分别为显式法和隐式法。

（1）因为清晰确定的原因导致的共因失效；

（2）因为找不到清晰确定的原因，无法理解其如何发生，或者无法获取相关可靠性数据，因此在系统模型（比如故障树）中无法明确考虑的共因失效。

其中第一类失效可以采用显式法建模。

文献 [237] 中提出了一系列隐式共因失效模型，作者将这些模型分成了三类：

（1）直接方法——基本参数模型；

（2）比例模型；

（3）冲击模型。

8.5.1 显式建模

假设我们已经识别并且确定了一个共因失效的特定成因，通过显式法，可以在系统逻辑模型中体现这种依赖性。图 8.3 所示为安装在一个压力容器上的包含两个压力开关的 1oo2:G 结构模型。该 1oo2:G 结构有两种失效形式：① 出现两个独立失效；② 因为某种固体堵塞了公用管道而出现的共因失效。

可以采用显式法建模的原因包括：

（1）人为错误；

（2）公用设备故障（比如供电、制冷和加热）；

（3）环境事件（比如地震、雷击）。

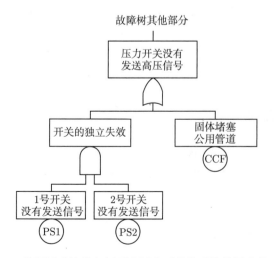

图 8.3 使用显式法为包括两个压力开关的系统共因失效建模

8.5.2 隐式建模

一些依赖产生的原因很难甚至无法识别，所以也就无法采用显式建模的方法。这些被称为剩余原因的因素，就只能纳入隐式模型当中。剩余原因可能会涵盖不同的共同原因和耦合因素，比如共同的制造商、共同的环境和维修失误。实际上，有很多原因都是在故障树或者事件树中无法直接表达的。

在建立隐式模型的时候，我们需要记住哪些原因已经被涵盖到显式模型当中，以避免重复建模。

8.5.3 分析过程

共因失效的建模和分析是可靠性研究的重要组成部分，一般至少需要包括如下几个步骤：

（1）构建系统逻辑模型。这个步骤包括熟悉系统、进行系统功能失效分析和构建系统逻辑模型（比如故障树和可靠性框图）。

（2）识别共因零件组。识别对共因失效具有类似弱点的零件组。

（3）识别共同原因和耦合因素。针对每一个共因零件组，识别并描述其中元件失效的共同原因和耦合因素。可以使用检查表和根本原因分析作为工具。

（4）评估防御措施。考虑针对上一步中识别出的根本原因的防御措施，以此评价共因零件组。

（5）显式建模。为每个共因零件组识别明显的共因失效原因，并将其纳入系统逻辑模型当中。

（6）隐式建模。将前一步中没有涵盖的剩余共因失效原因纳入本章稍后讨论的隐式模型当中。根据检查表（见文献 [138] 第六部分）或者可用数据估计这类模型的参数值。

（7）量化并解释结果。综合上述步骤中的结果，对系统进行全面评估。

大多数情况下，我们无法找到 CCF 显式建模所需要的高质量数据。然而，即便是输入数据质量较低，或者仅凭猜测，显式建模的结果一般仍比在明显原因放在隐式模型中得到的更准确。

本章后续部分讨论的 CCF 模型都只包含隐性原因。

8.5.4 模型假设

在本章后续部分使用共因失效模型都基于以下假设[①]：

（1）研究对象是 n 个同质零件组成的表决组。表决组写作 $koon:G$ 功能结构，或者 $koon:F$ 失效结构。

（2）n 个零件完全对称，每个零件都有相同的固定失效率。

---

① 以下对于 CCF 建模的处理，可以看作文献 [129] 的重构和升级版本。

（3）对于任何 k 个零件失效，$n-k$ 个零件没有失效的组合，概率都是相同的。

（4）将 n 个零件中的 j 个移除，对于其他 $n-j$ 个零件的失效概率没有任何影响。

这些假设意味着，我们不需要为每一个 n 值设置全新的参数，处理 $n=2$ 个零件的共因失效所用的参数也适用于 $n=3$ 甚至更多的情况。

8.6　基本参数模型

基本参数模型（basic parameter model，BPM）是由文献 [106] 提出的，可以应用于同质零件组成的 $koon$:F 表决组。已经失效的零件可以是一个单独（个体）故障，也可能是多个故障中的一个。BPM 模型中的关键变量是故障的重数（multiplicity）及其分布。

为了说明这种方法，我们考虑一个包含 $n=3$ 个同质零件（比如气体探测器）的表决组，零件可能存在只在验证性测试（见第 13 章）中才能发现的隐藏失效。假设所有的 n 个零件都在时刻 t 进行了验证性测试，令 E_i^* 表示发现零件 i 可运行，E_i 表示发现该零件处于失效状态，$i=1,2,3$。比如我们就用 1 号零件举例，它可能处在四种彼此不相交的故障场景中：

（1）1 号零件失效，是一个个体（单独）故障，即 $E_1 \cap E_2^* \cap E_3^*$；

（2）1 号零件和 2 号零件都处于一个双重故障之中，即 $E_1 \cap E_2 \cap E_3^*$；

（3）1 号零件和 3 号零件都处于一个双重故障之中，即 $E_1 \cap E_2^* \cap E_3$；

（4）1 号、2 号零件和 3 号零件都处于一个三重故障之中，即 $E_1 \cap E_2 \cap E_3$。

对于 2 号和 3 号零件，也可以进行类似的描述。

8.6.1　特定重数的概率

令 $g_{i,n}$ 表示能够运行和已经失效零件组合的特定概率，即正好有 i 个零件处于故障状态，而有 $n-i$ 个零件能够运行。那么同质三零件表决组中一个特定个体（单独）故障的概率为

$$g_{1,3} = \Pr(E_1 \cap E_2^* \cap E_3^*) = \Pr(E_1^* \cap E_2 \cap E_3^*) = \Pr(E_1^* \cap E_2^* \cap E_3) \tag{8.5}$$

特定双重故障的概率为

$$g_{2,3} = \Pr(E_1 \cap E_2 \cap E_3^*) = \Pr(E_1 \cap E_2^* \cap E_3) = \Pr(E_1^* \cap E_2 \cap E_3) \tag{8.6}$$

三重故障的概率为

$$g_{3,3} = \Pr(E_1 \cap E_2 \cap E_3) \tag{8.7}$$

图 8.4 所示为这些概率的韦恩图。令 $Q_{k:3}$ 表示同质三零件表决组的（非特定）故障为

k 重的概率，$k = 1, 2, 3$。这些概率为

$$\begin{cases} Q_{1:3} = \begin{pmatrix} 3 \\ 1 \end{pmatrix} g_{1,3} = 3g_{1,3} \\[2mm] Q_{2:3} = \begin{pmatrix} 3 \\ 2 \end{pmatrix} g_{2,3} = 3g_{2,3} \\[2mm] Q_{3:3} = \begin{pmatrix} 3 \\ 3 \end{pmatrix} g_{3,3} = g_{3,3} \end{cases} \tag{8.8}$$

根据图 8.4 我们也可以推导出上述的概率。

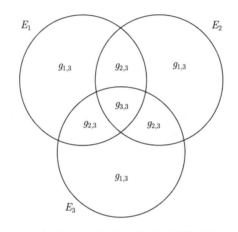

图 8.4　同质三通道表决组不同重数的概率

当三个零件中至少有一个失效时，1oo3:F 表决组失效。那么，该 1oo3:F 表决组的失效概率为

$$Q_{1\text{oo}3:\text{F}} = Q_{1:3} + Q_{2:3} + Q_{3:3} = 3g_{1,3} + 3g_{2,3} + g_{3,3}$$

类似地，当三个零件中至少有两个失效时，2oo3:F 表决组失效。那么 2oo3:F 表决组的失效概率为

$$Q_{2\text{oo}3:\text{F}} = Q_{2:3} + Q_{3:3} = 3g_{2,3} + g_{3,3}$$

当三个零件全部失效时，3oo3:F 表决组失效。那么 3oo3:F 表决组的失效概率为

$$Q_{3\text{oo}3:\text{F}} = Q_{3:3} = g_{3,3}$$

在对同质三零件表决组进行验证性测试时，发现某个零件（比如 1 号零件）已经失效的概率为

$$Q = g_{1,3} + 2g_{2,3} + g_{3,3} \tag{8.9}$$

其中 Q 为发现特定零件已经失效的总体概率，既包括个体故障，也包括多重故障。

这个概率可以写为

$$Q = \sum_{i=1}^{3} \begin{pmatrix} 3-1 \\ i-1 \end{pmatrix} g_{i,3} \tag{8.10}$$

对于包含 n 个零件的表决组来说，上述表达式可以转化为

$$Q = \sum_{i=1}^{n} \binom{n-1}{i-1} g_{i,n} \tag{8.11}$$

8.6.2 特定重数的条件概率

假设在时刻 t 对特定零件进行验证性测试，发现其在一个同质三零件的表决组中处于已失效状态。在不失一般性的前提下，我们可以假设这个零件是 1 号零件，令 Q 表示该事件的概率。如果我们观测到这样的故障，那么该故障可能是一重、双重或者三重故障。令 $f_{i,3}$ 表示在我们知道特定零件已经失效的情况下，该故障重数为 i 的条件概率，$i = 1, 2, 3$。对于三重故障来说，1 号零件的故障就包含在这三重故障之后，并且有

$$f_{3,3} = \Pr(E_1 \cap E_2 \cap E_3 \mid E_1) = \frac{\Pr(E_1 \cap E_2 \cap E_3)}{\Pr(E_1)} = \frac{g_{3,3}}{Q} \tag{8.12}$$

对于双重故障而言，1 号零件的故障可以包含在式 (8.8) 所示三种故障组合中的两个里面。根据同样的论证，包含 1 号和 2 号零件的双重故障条件概率为

$$f_{2,3}^{(1,2)} = \frac{g_{2,3}}{Q}$$

包含 1 号和 3 号零件的双重故障条件概率为

$$f_{2,3}^{(1,3)} = \frac{g_{2,3}}{Q}$$

$f_{2,3}^{(1,2)}$ 和 $f_{2,3}^{(1,3)}$ 中的上角标表示包含在相应故障中的零件。包含 1 号零件和另外一个零件的双重故障的条件概率为

$$f_{2,3} = f_{2,3}^{(1,2)} + f_{2,3}^{(1,3)} = \frac{2g_{2,3}}{Q} \tag{8.13}$$

对于一个单独故障，1 号零件的故障只出现在式 (8.8) 的一个故障组合之中。则 1 号零件的故障是一个单独故障的条件概率为

$$f_{1,3} = \frac{g_{1,3}}{Q} \tag{8.14}$$

根据图 8.4，很容易得到这些概率。比如，如果已知 1 号零件处于已失效状态，就可以查看表示 1 号零件故障（即 E_1）的圆圈中的概率。

如果有充足的数据，我们就可以根据既有数据估计上述事件的概率：

$$Q_{n:i} = \frac{m_i}{m_{\text{tot}}} \tag{8.15}$$

其中 m_i 为观测到的 i 重故障的数量，m_{tot} 为对表决组进行验证性测试的总数量。我们假设每次对表决组进行测试时，所有 n 个零件都会测试到。

如果没有数据，采用 BPM 方法就不能估计表决组的共因失效，因此这种方法也很少直接使用。在文献 [129, 235] 中，读者可以找到对 BPM 方法更加详细的讨论。

8.7　β 因子模型

β 因子（beta-factor）模型是由 Fleming（1975）提出的，它是共因失效分析中最简单和最常用的模型。该模型适用于包含 n 个同质零件的表决组，模型只需要两个参数，是国际标准 IEC 61508 主要使用的共因失效模型。

β 因子模型的理念，是将一个零件的固定失效率 λ 分为两个部分：涵盖零件个体失效率的 $\lambda^{(i)}$，以及涵盖共因失效率的 $\lambda^{(c)}$。表示为

$$\lambda = \lambda^{(i)} + \lambda^{(c)} \tag{8.16}$$

模型引入了 β 因子 β：

$$\beta = \frac{\lambda^{(c)}}{\lambda} \tag{8.17}$$

它是共因失效在零件全部失效中所占的比例。

案例 8.2（β 因子的解释）　假设一个固定失效率为 λ 的系统零件已经失效了 100 次。如果它的 β 因子为 $\beta = 0.10$，就是说这些失效中大约 90 次属于个体（即独立）失效，而 10 次属于包含了系统中其他零件的共因失效。

参数 β 可以解释为零件的失效实际上是一个共因失效的条件概率：

$$\beta = \Pr(\text{共因失效} \mid \text{零件失效})$$

个体失效和共因失效可以用零件总失效率 λ 和因子 β 表示：

$$\lambda^{(c)} = \beta\lambda$$

$$\lambda^{(i)} = (1 - \beta)\lambda$$

β 因子模型的假设是，当共因失效发生时，它会影响表决组中的所有零件，因此我们观测到的要么是个体失效，要么是影响所有零件的总体失效。

β 因子模型需要的输入数据包括总失效率 λ 和 β 因子 β。如果 λ 保持恒定，我们可以调整系统设计，减少 β 的值，这样即便个体失效率 $(1 - \beta)\lambda$ 增加，CCF 的失效率 $\beta\lambda$ 却会降低。

β 因子模型可以看作一个冲击模型，冲击按照速率为 $\lambda^{(c)}$ 的齐次泊松过程随机发生。每一次出现冲击，所有的系统零件无论其之前的状态如何，都会在同时失效。因此，每个零件都有两个独立的失效原因：冲击和具体的零件（个体）原因。我们可以针对不同的零件失效模式选择不同的 β 因子。

8.7.1　β 因子模型与 BPM 的关系

假设表决组中的某个零件在验证性测试中被发现已经失效，在 BPM 方法中这个事件的概率表示为 Q。这个故障可能是一个个体故障，也可能是包括系统中所有 n 个零件的总

体故障。个体失效的发生概率是 $g_{1,n}$，而总体共因失效的概率是 $g_{n,n} = Q_{n:n}$，因此有

$$Q = g_{1,n} + Q_{n:n} \tag{8.18}$$

我们将参数 β 定义为依赖失效性对于总体失效概率贡献的比例，因此

$$\beta = \frac{Q_{n:n}}{Q} = \frac{Q_{n:n}}{Q_{n:n} + g_{1,n}}$$

并且有

$$\begin{cases} g_{1,n} = (1 - \beta)Q \\ g_{i,n} = 0, \quad i = 2, 3, \cdots, n - 1 \\ g_{n,n} = \beta Q \end{cases} \tag{8.19}$$

给定某个零件的故障，特定故障重数的条件概率为

$$\begin{cases} f_{1,n} = 1 - \beta \\ f_{i,n} = 0, \quad i = 2, 3, \cdots, n - 1 \\ f_{n,n} = \beta \end{cases} \tag{8.20}$$

注释 8.5（不可靠零件的 β 因子更大）　　对于固定的 β，β 因子模型中的共因失效率 $\lambda^{(c)} = \beta\lambda$ 就可以认为随着失效率 λ 增加。因此，有很多失效的系统也会有很多共因失效。由于修理和维护经常被发现是共因失效的主要原因，因此可以认为需要很多修理的系统也就会有很多共因失效。

8.7.2　系统分析中的 β 因子模型

根据式 (8.16)，图 8.5 所示的可靠性框图可以将一个零件表示为包含两个模块的串联结构，第一个模块 $1_{(i)}$ 表示零件受个体失效影响，而模块 C 则表示零件受共因失效影响。

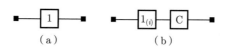

图 8.5　一个零件可以表示为包含两个模块的串联结构

下面的例子将说明如何在系统分析中使用 β 因子模型。

案例 8.3（两个同质零件组成的并联系统）　　如图 8.6 所示，考虑由两个同质零件组成的并联系统（即 1oo2:G 表决组），零件的固定失效率为 λ。该结构会受共因失效影响，我们使用 β 因子建模。图 8.6（a）所示为一个并联结构的传统可靠性框图。在图 8.6（b）中，每一个零件都被拆解为图 8.5 所示的两个模块，因为模块 C 表示一个零件暴露在共因失效

中，所以它对于两个零件是一样的。图 8.6（b）所示的可靠性框图还可以表示为图 8.6（c）的形式，因此结构的共因失效实际上在可靠性框图中可以建模为与结构其他部分串联的模块 C。

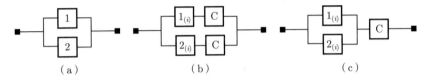

（a）　　　　　　　（b）　　　　　　　（c）

图 8.6　采用 β 因子模型建模的并联结构

该 1oo2:G 结构的存续度函数为

$$R_{\mathrm{S}}(t) = \left[2\mathrm{e}^{-(1-\beta)\lambda t} - \mathrm{e}^{-2(1-\beta)\lambda t}\right]\mathrm{e}^{-\beta\lambda t} = 2\mathrm{e}^{-\lambda t} - \mathrm{e}^{-(2-\beta)\lambda t} \tag{8.21}$$

该 1oo2:G 结构的平均失效时间为

$$\mathrm{MTTF}_{1\mathrm{oo}2:\mathrm{G}} = \frac{2}{\lambda} - \frac{1}{(2-\beta)\lambda} \tag{8.22}$$

该结构中个体（独立）失效和共因失效的比例如图 8.7 所示。因为失效率固定，因此在一个时间段 t 内失效发生的数量由齐次泊松过程（HPP）确定。如果在一个较长的时间段 $(0, t)$ 观察一个并联结构，那么观察到的失效数量为

个体失效的平均数量：　　　　　　$2(1-\beta)\lambda t$

双重（即共因）失效的平均数量：$\beta\lambda t$

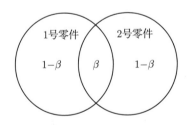

图 8.7　在使用 β 因子模型时，双零件结构不同失效类型的比例

案例 8.4（同质零件的 2oo3:G 结构）　考虑一个由同质零件组成的 2oo3:G 结构，零件的固定失效率为 λ，β 因子为 β。该结构可以采用图 8.8 中的可靠性框图表示。该 2oo3:G 结构的存续度函数为

$$R(t) = \left[3\mathrm{e}^{-2(1-\beta)\lambda t} - 2\mathrm{e}^{-3(1-\beta\lambda t}\right]\mathrm{e}^{-\beta\lambda t}$$

$$= 3\mathrm{e}^{-(2-\beta)\lambda t} - 2\mathrm{e}^{-(3-2\beta)\lambda t} \tag{8.23}$$

该 2oo3:G 结构的平均失效时间为

$$\text{MTTF}_{\text{2oo3:G}} = \frac{3}{(2-\beta)\lambda} - \frac{2}{(3-2\beta)\lambda} \tag{8.24}$$

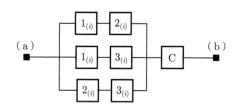

图 8.8 使用 β 因子模型的 2oo3:G 结构可靠性框图

在图 8.9 中 MTTF 被描述为 β 的函数，由图可知：

（1）如果三个零件是相互独立的（即 $\beta = 0$），则 $\text{MTTF}_{\text{2oo3:G}}$ 比单个零件的 MTTF_1 更短，可得 $\text{MTTF}_{\text{2oo3:G}} = \frac{5}{6}\text{MTTF}_1 \approx 0.833\,\text{MTTF}_1$。

（2）如果 $\beta = 1$，则只要有一个零件失效，所有三个零件全都失效，有 $\text{MTTF}_{\text{2oo3:G}} = \text{MTTF}_1$。

（3）设式 (8.24) 中的 MTTF 等于 1，求解 β 值，得到 $\beta = 0.5$。这意味着，当 $\beta = 0.5$ 时，该 2oo3:G 结构的 MTTF 等于单个零件的 MTTF。

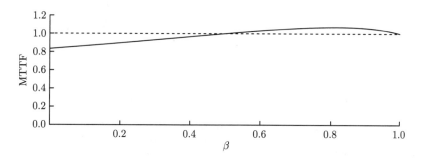

图 8.9 当 $\lambda = 1$ 时，2oo3:G 结构的 MTTF 可以建模为 β 因子 β 的函数

图 8.10 示出了该结构中个体（独立）失效和共因失效的比例。因为失效率固定，则在一个时间段 t 内失效发生的数量由齐次泊松过程（HPP）确定。如果在一个较长的区间 $(0,t)$ 观察一个并联结构，那么观察到的失效数量为

个体失效的数量：	$3(1-\beta)\lambda t$
双重失效的数量：	0
三重（即共因）失效的数量：	$\beta\lambda t$

可以看到，这种 β 因子模型中不会存在双重失效。

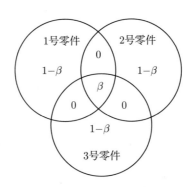

图 8.10 在使用 β 因子模型时，三零件系统中不同失效类型的比例

案例 8.5（由 n 个同质零件组成的串联结构） 考虑由 n 个同质零件组成的串联结构，零件的固定失效率为 λ。该结构受共因失效影响，我们使用参数为 β 的 β 因子模型建模。该串联结构的存续度函数为

$$R_{\mathrm{S}}(t) = \mathrm{e}^{-n(1-\beta)\lambda t}\mathrm{e}^{-\beta\lambda t} = \mathrm{e}^{-[n-(n-1)\beta]\lambda t} \tag{8.25}$$

该串联结构的平均失效时间为

$$\mathrm{MTTF}_{1\mathrm{oon:G}} = \frac{1}{[n-(n-1)\beta]\lambda} = \frac{n}{n-(n-1)\beta}\frac{1}{n\lambda} \tag{8.26}$$

可以看到，如果零件相互独立（即 $\beta = 0$），则串联结构的 $\mathrm{MTTF}^{(i)}$ 为 $1/n\lambda$。考虑 β 因子，那么可以用 $\mathrm{MTTF}^{(i)}$ 乘以一个尺度因子 sf 得到该串联结构的 MTTF：

$$\mathrm{sf} = \frac{n}{n-(n-1)\beta}$$

算例：令 $n = 10$，对于一些给定的 β 值，可以计算尺度因子 sf：

$\beta =$	0	0.05	0.10	0.15	0.50	1.00
sf $=$	1.000	1.047	1.098	1.156	1.818	10

可以看到，MTTF 随着 β 的增加而增加。当 $\beta = 1$ 时，串联结构就如同一个失效率为 λ，$\mathrm{MTTF} = 1/\lambda$ 的单个零件。在使用 β 模型时，我们发现串联结构的可靠性随着 β 的增加而增加。这对于 β 模型来说是一个明显的结论，但是一些读者可能会感到有些奇怪。

β 因子模型很简单，参数 β 的实际含义也容易解释，然而这个模型的一个重要局限，是它不允许只有一部分零件失效的情况。模型看起来足以描述双零件的并联结构，但是对于更加复杂的结构则无能为力。NUREG/CR-4780 对此描述到：

> 尽管核电站运营的历史数据显示共因失效事件并不总是出现在所有冗余零件上，使用这个简单模型（β 因子模型）的经验告诉我们，大多数时候模型对于三重甚至四重冗余的计算结果还是足够准确（或者有一点点保守）的。然而，如果冗余水平更高的话，这个模型的结果就偏保守了。

本书第 13 章的很多案例还会继续讨论 β 因子模型，第 16 章将介绍模型的输入数据问题。

8.7.3　非同质零件的 β 因子模型

上面介绍的 β 因子模型都是针对同质零件的，但是很多系统会用到不完全相同的零件。在这种情况下，定义并解释 β 因子就会更加困难。有时，可以将 β 定义为结构中不同零件失效率几何平均数（见备注）的一个比例[125]。

算数平均数和几何平均数

考虑一个数据集 $\{a_1, a_2, \cdots, a_n\}$。

该数据集的算数平均数（arithmetic average）为

$$\bar{a} = \frac{1}{n} \sum_{i=1}^{n} a_i$$

该数据集的几何平均数（geometric average）为

$$a^* = \left(\prod_{i=1}^{n} a_i \right)^{1/n} = \sqrt[n]{a_1 a_2 \cdots a_n}$$

假设有一个只包含两个数据的数据集：$a_1 = 1$ 和 $a_2 = 10$，则有

$$\bar{a} = (1+10)/2 = 5.5, \quad a^* = \sqrt{1 \times 10} = \sqrt{10} \approx 3.16$$

案例 8.6（n 个非同质零件组成的并联结构）　考虑一个由 n 个非同质零件组成的并联结构，该结构受共因失效影响。我们假设可以使用 β 因子模型，令 λ_i 表示零件 i 的（总体）失效率，$i = 1, 2, \cdots, n$。那么，n 个失效率的几何平均数为

$$\lambda = \left(\prod_{i=1}^{n} \lambda_i \right)^{1/n} \tag{8.27}$$

β 可以定义为这个平均失效率 λ 的一个比例，那么零件 i 的个体失效率就变为

$$\lambda_i^{(i)} = \lambda_i - \beta \lambda \tag{8.28}$$

该结构的存续度函数为

$$R_S(t) = \left[1 - \prod_{i=1}^{n} \left(1 - e^{-(\lambda_i - \beta\lambda) t} \right) \right] e^{-\beta\lambda t}$$

如果所有零件的失效率都为同一数量级，那么就可以采用案例 8.6 的结论。如果失效率差别巨大，则如案例 8.7 所示，使用上述的方法就会得到不切实际的结果。

案例 8.7（失效率差异巨大时的 β 因子）　考虑包含两个零件的并联结构，1 号零件的失效率为 $\lambda_1 = 10^{-4}$/h，2 号零件的失效率为 $\lambda_2 = 10^{-8}$/h。这两个零件都受共因失效影响，我们采用 β 因子模型，则根据式 (8.27)，两个零件失效率的几何平均数为

$$\lambda = (\lambda_1\lambda_2)^{1/2} = \sqrt{10^{-4} \times 10^{-8}} = 10^{-6}/\text{h}$$

如果 β 取 10%，那么共因失效率就是 $\lambda^{(c)} = \beta\lambda = 10^{-7}$/h。这显然不可能，因为最可靠零件的总体失效率仅为 $\lambda_2 = 10^{-8}$/h，共因失效率不可能超过总体失效率。

这个例子说明，如果零件的失效率差别巨大，上述的方法就不再适用。

案例 8.8 说明的则是该方法的另外一个问题。

案例 8.8（失效率不同的 **2oo3:G** 表决组）　考虑一个 2oo3:G 结构，其中 1 号和 2 号零件同质，失效率为 $\lambda_{12} = 5 \times 10^{-7}$/h，3 号零件不同，其失效率为 $\lambda_3 = 2 \times 10^{-6}$/h（比如，包括两个烟雾探测器和一个火焰探测器的探测系统就属于这类系统）。

如果 3 号零件和 1 号、2 号零件同属一类，那么我们就可以使用 $\beta_{12} = 0.10$ 的 β 因子模型。然而，因为 3 号零件和另外两个不同，包含三个零件的共因失效的可能性很低，这样可能需要使用 $\beta_{\text{all}} = 0.01$ 的 β 因子。

因为这是一个 2oo3:G 结构，因此两个零件失效就足以导致结构失效。如果共因失效包括了 1 号和 2 号零件，那么整个结构已经失效，所以结构共因失效率为

$$\lambda_S^{(c)} \geqslant \lambda_{12}^{(c)} \beta_{12} = 5 \times 10^{-8}/\text{h}$$

对于本例中的情况，显然不能直接使用之前介绍的方法。

8.7.4　C 因子模型

文献 [97] 提出了 C 因子模型，它基于 β 因子模型，但是用不同的方式定义共因失效的比例。在 C 因子模型中，共因失效率定义为 $\lambda^{(c)} = C\lambda^{(i)}$，也就是个体失效率 $\lambda^{(i)}$ 的一个比例。那么总体失效率可以写为 $\lambda = \lambda^{(i)} + C\lambda^{(i)}$。在本例中，个体失效率 $\lambda^{(i)}$ 保持恒定，而共因失效率加上个体失效率才等于总体失效率。

8.8　多因子模型

在 β 因子模型中，除了零件失效率 λ 之外就只有一个因子 β，因此称其为单因子模型。本节将简要介绍四种包含一个以上因子的模型，这些模型可以统称为多因子模型。这四种模型分别是：

- 二项失效率模型
- 多希腊字母模型
- 阿尔法因子模型
- 多 β 因子模型

8.8.1　二项失效率模型

二项失效率模型在文献 [285] 中提出，它是根据 8.5.4 节的假设得到的。二项失效率模型认为共因失效来自对表决组的冲击[97]。冲击按照速率为 v 的齐次泊松过程随机发生。一旦有冲击发生，则假设每个单独的零件都会以概率 p 失效，并且与其他零件的状态无关。那么，作为冲击的结果，失效零件的数量 Z 就服从二项分布 (n, p)。一次冲击导致的失效数量 Z 等于 z 的概率为

$$\Pr(Z = z) = \binom{n}{z} p^z (1-p)^{n-z}, \quad z = 0, 1, \cdots, n \tag{8.29}$$

一次冲击中失效零件的平均数量为 $E(Z) = np$。我们假设下列两个条件：

- 冲击和个体失效相互独立；
- 所有的失效都可以被立即发现并修复，修理时间可以忽略不计。

因此，在没有冲击的情况下，独立零件失效之间的时间间隔服从失效率为 $\lambda^{(i)}$ 的指数分布，而冲击之间的时间间隔服从速率为 v 的指数分布。所以，在任意时间长度 t 内，独立失效零件的数量都遵循参数为 $\lambda^{(i)}t$ 的泊松分布，而任意时间长度 t 内冲击的次数遵循参数为 vt 的泊松分布。

由冲击引起的零件失效率等于 pv，而一个零件的总体失效率等于

$$\lambda = \lambda^{(i)} + pv \tag{8.30}$$

使用这个模型，我们须估计独立失效率 $\lambda^{(i)}$ 和其他两个参数 v 以及 p。参数 v 与结构上的"压力"程度相关，而 p 则是内置零件抵御外部冲击能力的函数。注意，在表决组只包含两个零件时，二项失效率模型和 β 因子模型一致。

在有冲击发生的时候零件独立失效，这个假设有很严重的问题，在实际中经常不能成立。当然，这个问题可以在一定程度上通过将冲击视为"致命"冲击进行弥补，也就是说冲击会引起所有零件失效，即 $p = 1$。如果所有的冲击都是"致命"的，二项失效率模型就变成了 β 因子模型。可以看到，$p = 1$ 的情况对应的就是对于外部冲击没有内置保护措施。

实际的情况通常是，致命冲击和非致命冲击都会与独立失效一同发生。然而，即便我们假设致命冲击和非致命冲击相互独立，这样的模型也会相当复杂。

案例 8.9（同质零件组成的 2oo3:G 结构）　考虑一个包含同质零件的 2oo3:G 结构，零件个体失效率为 $\lambda^{(i)} = 5.0 \times 10^{-6}/\mathrm{h}$。

这个结构会受到随机冲击，冲击按照速率为 v 的齐次泊松过程发生，v 的估计值为 $1.0 \times 10^{-5}/\mathrm{h}$。一旦有冲击发生，则每个零件的失效概率为 $p = 0.20$。假设冲击发生时零件独立失效，这样，因为冲击导致的零件失效数量 Z 就服从二项分布：

$$\Pr(Z = 0) = \binom{3}{0} p^0 (1-p)^{3-0} = (1-p)^3 = 0.5120$$

$$\Pr(Z=1) = \binom{3}{1}p^1(1-p)^{3-1} = 3p(1-p)^2 = 0.3840$$

$$\Pr(Z=2) = \binom{3}{2}p^2(1-p)^{3-2} = 3p^2(1-p) = 0.0960$$

$$\Pr(Z=3) = \binom{3}{3}p^3(1-p)^0 = p^3 = 0.0080$$

只有在 $Z=2$ 或者 $Z=3$ 时，结构才会失效。这意味着，冲击导致结构失效的概率为 $p_S = \Pr(Z=2) + \Pr(Z=3) = 0.1040$。因此，导致结构失效的随机冲击实际上是速率为 $v_S = vp_S = 1.04 \times 10^{-6}/\mathrm{h}$ 的齐次泊松过程。

可以看到，冲击也可能不会导致任何失效（即 $Z=0$）。这使得根据失效数据直接估计 v 值变得很困难，因为有时候如果没有零件失效，我们就注意不到冲击。

8.8.2　多希腊字母模型

多希腊字母（MGL）模型是 β 因子模型的泛化形式，可以应用于高度冗余的结构，计算结果也不特别保守[105,234]。MGL 模型的假设和 8.5.4 节中的一样。

考虑一个包含 n 个同质零件并且在时刻 t 接受验证性测试的表决结构，我们假设可能出现的故障都是隐藏故障。令 E_1 表示事件发现特定零件（比如 1 号零件）失效，Z 表示故障的重数。这样就可以定义新的参数（希腊字母）：

$$\beta = \Pr[Z \geqslant 2 \mid E_1 \cap (Z \geqslant 1)] = \Pr[Z \geqslant 2 \mid E_1]$$

$$\gamma = \Pr[Z \geqslant 3 \mid E_1 \cap (Z \geqslant 2)]$$

$$\delta = \Pr[Z \geqslant 4 \mid E_1 \cap (Z \geqslant 3)]$$

如果有更多重失效，则可以使用更多希腊字母。

文字解释如下：

（1）如果我们在结构中已经发现了一个故障，β 就是至少还有不止一个故障的概率。

（2）如果我们在结构中已经发现了两个故障，γ 就是至少还有不止一个故障的概率。

（3）如果我们在结构中已经发现了三个故障，δ 就是至少还有不止一个故障的概率。

更多的参数用于表示：

（1）更高的零件冗余度；

（2）大于 1 小于 n 的故障重数。

可以看出，β 因子模型实际上就是 MGL 模型在 $n=2$ 时的特殊形式，或者说模型中除了 β 以外的所有参数都等于 1。

在 MGL 模型中，概率 $Q_{k:n}$ 可以用总零件失效概率 Q 表示，后者包括了这个零件失效的各种情况（独立或者共因）。在一个零件已经失效的前提下，零件共因失效所有方式的条件概率集合，与同一组中其他零件的集合相同。

下面不再讨论 MGL 的更多细节，只是通过一个包含三个同质零件的案例来介绍这种方法。有兴趣的读者可以阅读文献 [234] 了解更多信息。

三个同质零件组成的系统

考虑一个由三个同质零件组成的结构，不同重数失效的概率 $g_{k,3}$ 如图 8.11 所示，$k = 1, 2, 3$。不失一般性，我们可以考虑 1 号零件，这样事件 E_1 就表示 1 号零件的故障被检测到了。则事件 E_1 的概率为

$$Q = \Pr(E_1) = g_{1,3} + 2g_{2,3} + g_{3,3} \tag{8.31}$$

三个零件有相同的失效概率。

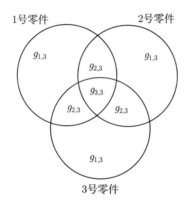

图 8.11 不同重数失效的概率

分析的第一步，我们主要关注图 8.11 中表示 1 号零件的圆圈。参数 β 可以表示为

$$\beta = \Pr(Z \geqslant 2 \mid Z \geqslant 1) = \frac{\Pr(Z \geqslant 2)}{\Pr(Z \geqslant 1)} = \frac{2g_{2,3} + g_{3,3}}{Q} \tag{8.32}$$

对于包含三个零件的结构，$Z \geqslant 3$ 与 $Z = 3$ 一致，那么参数 γ 可以表示为

$$\gamma = \Pr(Z = 3 \mid Z \geqslant 2) = \frac{\Pr(Z = 3)}{\Pr(Z \geqslant 2)} = \frac{g_{3,3}}{2g_{2,3} + g_{3,3}} \tag{8.33}$$

将式 (8.32) 与式 (8.33) 合并得

$$g_{3,3} = \beta \gamma Q \tag{8.34}$$

将这个结果代入式 (8.32) 得

$$g_{2,3} = \frac{1}{2} \beta (1 - \gamma) Q \tag{8.35}$$

E_1 是一个个体（单独）故障的概率为

$$g_{1,3} = Q - 2g_{2,3} - G_{3,3} = Q \left[1 - \beta(1 - \gamma) - \beta\gamma \right] = (1 - \beta)Q \tag{8.36}$$

那么这个包含三个零件的结构有单独、双重和三重故障的概率分别为

$$\begin{cases} Q_{1:3} = \binom{3}{1}g_{1,3} = 3(1-\beta)Q \\[2mm] Q_{2:3} = \binom{3}{2}g_{2,3} = \dfrac{3}{2}\beta(1-\gamma)Q \\[2mm] Q_{3:3} = \binom{3}{3}g_{3,3} = \beta\gamma Q \end{cases} \tag{8.37}$$

因此，2oo3:F 结构的失效概率为

$$Q_{2oo3:F} = Q_{2:3} + Q_{3:3} = [3\beta(1-\gamma) + \beta\gamma]Q = (3\beta - 2\beta\gamma)Q \tag{8.38}$$

8.8.3 α 因子模型

α 因子模型是 Ali Mosleh 等人在文献 [212] 中提出的，针对的是包含 n 个同质零件的结构。假设我们在时刻 t 观察到一起失效事件，它可能是单独或者是多重失效。令 Q_{tot} 表示该事件的概率，使用 8.6 节中的符号，这个概率可以表示为

$$Q_{tot} = 3g_{1,3} + 3g_{2,3} + g_{3,3}$$

α 模型会使用到一系列 n 个参数，$\alpha_1, \alpha_2, \cdots, \alpha_n$，其定义为

$$\alpha_k = \Pr(恰好有 \ k \ 个零件失效 \mid 发生失效事件), \quad k = 1, 2, \cdots, n \tag{8.39}$$

这意味着 $\sum\limits_{k=1}^{n} \alpha_k = 1$。可以看出，对于所有 $i = 2, 3, \cdots, n-1$，当 $\alpha_1 = 1 - \beta$，$\alpha_n = \beta$ 并且 $\alpha_i = 0$ 时，α 因子模型就转化为 β 因子模型。

α 模型中的算式取决于测试的类型是同时测试还是延时测试。有兴趣的读者可以在文献 [212] 中找到相应的合适公式。

在 NASA[218] 以及美国核标准委员会的文件中，都推荐在共因失效分析中使用 α 因子模型。

包含三个同质零件的结构

我们用一个包含三个同质零件的结构说明 α 因子模型。建模始于结构中的一个失效事件 E，失效可能是个体失效，也可能是任何（可能）重数的多重故障。在只有三个零件的例子中，E 的概率由 8.6 节中的结果得到：

$$\Pr(E) = Q_{tot} = 3Q_{1:3} + 3Q_{2:3} + Q_{3:3}$$

从图 8.11 中可以很容易地看到这个结果。同样，在这幅图中，还可以发现

$$
\begin{cases}
\alpha_1 = \dfrac{3Q_{1:3}}{Q_{\text{tot}}} & \implies Q_{1:3} = \dfrac{\alpha_1}{3}Q_{\text{tot}} \\[3mm]
\alpha_2 = \dfrac{3Q_{2:3}}{Q_{\text{tot}}} & \implies Q_{2:3} = \dfrac{\alpha_2}{3}Q_{\text{tot}} \\[3mm]
\alpha_3 = \dfrac{Q_{3:3}}{Q_{\text{tot}}} & \implies Q_{3:3} = \alpha_3 Q_{\text{tot}}
\end{cases}
\tag{8.40}
$$

可以看出，我们必须单独估计 Q_{tot}，而不能使用 α 模型的结果。在失效事件 E 发生时，α 模型只能给出失效重复的分布情况。

由此可得 2oo3:F 结构失效的概率为

$$
Q_{2\text{oo}3:\text{F}} = Q_{2:3} + Q_{3:3} = \left(\frac{\alpha_2}{3} + \alpha_3\right)Q_{\text{tot}}
$$

8.8.4　多 β 因子模型

多 β 因子（MBF）模型是由挪威研究机构 SINTEF 开发的，在文献 [129] 中有完整描述。MBF 主要用于安全仪表系统，与 MGL 模型类似。

考虑一个包含三个同质零件的 2oo3:G 结构，如前所述，该结构的失效概率为

$$
Q_{2\text{oo}3} = 3g_{2,3} + g_{3,3}
$$

与 MGL 模型相对应（当 $\gamma = \beta_2$ 时），这个概率可以写成

$$
Q_{2\text{oo}3} = (3 - 2\beta_2)\beta Q
\tag{8.41}
$$

在 MBF 模型中，βQ 前面的系数可以看作一个修正因子 $C_{2\text{oo}3}$，因此有

$$
Q_{2\text{oo}3} = C_{2\text{oo}3}\beta Q
\tag{8.42}
$$

对于所有的 $koon$:G 结构，我们都可以基于同样的方法，并根据 k 和 n 值，在列表中查找修正因子 C_{koon} 对应的数值。现在有多份 SINTEF 报告 [124,125] 介绍该模型的理论背景以及如何使用这个模型。

文献 [129] 回顾了各种共因失效模型，还包括一些本书没有涵盖的模型，以及预测模型参数的方法。有兴趣的读者也可以阅读文献 [218] 的第 10 章。

8.9　课后习题

8.1 令 E_i 表示零件 i 可运行，并令 E_i^* 表示零件 i 已经失效，$i = 1, 2$。假设事件 E_1 和 E_2 相互独立，证明这意味着事件 E_1 和 E_2^* 也相互独立。

8.2 考虑两个独立事件 A 和 B 都有发生概率，证明如果 $\Pr(A \mid B) = \Pr(A)$，那么有 $\Pr(B \mid A) = \Pr(B)$。

8.3 掷三次硬币。确定当出现下列事件时，恰好有两次正面朝上的概率：

    （1）　第一次正面朝上。

    （2）　第一次背面朝上。

    （3）　前两次均正面朝上。

8.4 如果事件 A 的发生会令事件 B 更可能发生，那么事件 B 的发生是否会令事件 A 更可能发生？请证明你的结论。

8.5 如果 $\Pr(A^*) = 0.35$ 并且 $\Pr(B \mid A) = 0.55$，那么 $\Pr(A \cap B)$ 的值是多少？

8.6 讨论共因失效的基本概念。

    （1）　仔细阅读定义 8.2中共因失效的定义，对于这个定义可以提出哪些质疑？你是否有一些改进的建议？

    （2）　什么是根本原因和耦合因素？为什么这两个术语在解释共因失效发生的原因时有意义？

    （3）　是否可以说共因失效有时是系统失效，有时是随机失效？为什么会有这种情况？

8.7 考虑 1oo4:G、2oo4:G 和 3oo4:G 结构。

    （1）　比较并讨论这三个结构对于共因失效和错误动作的脆弱性。

    （2）　假设我们使用 β 因子分析共因失效。确定因子 β 时，我们一般会对所有这三个结构采用相同的 β。讨论这种方法以及 β 因子模型到底在何种程度上符合实际情况。

8.8 考虑包含同质零件的 2oo3:G 结构，零件具有固定失效率 λ。系统受共因失效影响，我们可以采用 β 因子模型进行分析。如图 8.9 所示，系统的 MTTF 在 $\beta = 0$ 时最小。确定 MTTF 达到最大时 β 的数值，并解释 MTTF 对于 β 的函数具有这样特殊形状的原因。

8.9 考虑包含 5 个零件的桥联结构。假设这 5 个零件都是同质的，并且有固定失效率 λ。系统暴露在共因失效当中，我们可以采用 β 因子模型进行分析。证明该桥联结构的 MTTF 是 β 的函数，并绘制当 $\lambda = 5 \times 10^{-4}$ 次失效/h 时 MTTF 作为 β 的曲线，在这里我们不考虑维修的情况。

8.10 对于 C 因子模型，

    （1）　描述并讨论 β 因子模型和 C 因子模型的主要区别。

    （2）　有时，我们可以认为 C 因子模型比 β 因子模型更接近实际情况，为什么会这样？

8.11 考虑一个包含同质零件的 2oo3:G 结构，系统受共因失效影响，我们可以采用二项失效率（BFR）模型分析。零件的"个体"失效率是 $\lambda^{(i)} = 5 \times 10^{-5}$ 次/h，非致命冲击的发生频率是 $\nu = 10^{-5}$ 次/h。当非致命冲击发生时，零件失效以 $p = 0.20$ 的概率独立发生。致命冲击的发生频率是 $\omega = 10^{-7}$ 次/h，当致命冲击发生时，所有的三个零件同时失效。我们假设非致命冲击和致命冲击之间是相互独立的。

(1)　假设只有在系统失效发生之后才进行维修，确定由"个体"零件失效导致的系统失效的平均间隔时间 $\text{MTBF}^{(i)}$。在本例中，我们假设维修会使系统恢复到完好如初的状态。

(2)　假设失效都是由非致命冲击引起的，确定系统失效的平均间隔时间 MTBF_{NL}。

(3)　假设系统失效都是由致命冲击引起的，确定系统失效的平均间隔时间 MTBF_{L}。

(4)　请界定系统失效的总体平均间隔时间。讨论在回答这个问题时遇到的困难。

第 **9** 章

维修与维修策略

9.1 概述

很多技术系统都需要维修，以保证其在有效寿命内的运行可靠性。维修的作用在第 6 章中已经描述得非常清楚，一些关于维修的量度，比如平均故障时间（MDT）和平均修理时间（MTTR）可以直接在公式中使用，以确定可靠性指标。还有些与维修相关的因素尽管对于可靠性没有直接和显而易见的影响，但是会强烈影响失效率和其他系统可靠性指标。

本章将介绍影响运行可靠性的维修的一些因素，但不会对维修问题进行全面的讨论。我们会详细阐述两种通行的维修策略：可靠性为中心的维修（RCM）和全面生产性维修（TPM），但是不会涉及维修管理和财务方面的问题。

首先，需要引入一些新的术语。我们假设系统中至少有一些元件需要某种形式的维修，并称最小的维修或者更换单元为可维修元件。分配维修作业时，这些元件处于系统层级架构的最底层。维修元件也可以称为最小可更换组件/单位。各公司或者各个行业对于可维修元件的定义可能会有所不同，但是可维修元件通常都是特定系统的一部分，而系统则是我们之前提到的研究对象。

计划、执行维修作业，并建档整理的人称为维修人员或者保全组。现在通常会使用计算机维修管理系统（CMMS）进行维修管理并建档。

在很多行业，维修作业都被整理制作成维修工单，维修工单需要写明需求，列出具体维修工作的日期和时间。工单的作用还包括：

（1）对需要开展的工作进行说明；

（2）为维修人员提供工作细节说明以及需要使用哪些工具和其他资源；

（3）为维修工作需要使用的人员、物料和资源建档；

（4）最终在每一个可维修元件上进行所有维护和修理工作。

绝大多数计算机维修管理系统都包含制作和管理维修工单的模块。

维修的含义

我们在第 1 章中已经给出了维修这个术语的定义："旨在将元件维持或者恢复到能够按要求执行功能的各种技术和管理措施的总和。"（IEV 192-06-01）

有多个国际标准对维修的各个主要方面进行了定义和总结，其中包括：

（1）EN 13306《维修术语学》；

（2）ISO 55000《资产管理——总览、原则和术语》；

（3）IEC 60300-3-14《依赖性管理——应用指南——维修与维修支持》；

（4）ISO 17359《机器状态监控与诊断——通用指南》。

此外，还有很多关于特定系统维修的标准。

本书中，维修与元件功能需要达到的绩效有关。维修也可以用于其他目的，比如保持外表美观等，但是书中不会涉及这些方面的内容。在本书中维修的目标包括：

- 防止系统崩溃
- 减少故障时间
- 削减总体成本
- 提高安全性
- 提升设备效率

- 提高产能
- 节约能源
- 防止/降低环境污染
- 延长设备有效寿命

9.2　可维修性

第 1 章也定义了可维修性这个词汇，它是一种关于元件设计和安全的属性，可以确定使用既定的方式和步骤完成维修作业的难度和速度。元件的可维修性对于不同的失效模式可能会有所不同，有些学者还将可维修性分为两类：可服务性和可修理性。

研究对象在维修期间无法运行的平均小时数，是其运行可靠性的决定性因素，因此我们需要尽力实现最优的可维修性。

维修性工程关心的是如何设计一个元件（系统或者设备），使其所有的维修工作都能轻松、快速、低成本地进行。可维修性是设备设计、安装、所需技术人员就位情况、维修步骤、测试设备、备件的充足性，以及进行维修作业时的物理环境的函数。现在有多个针对维修性工程的标准和指南，比如 IEC 60706、SAEJA1010、MIL-HDBK470A。可维修性会受到如下因素的影响（读者还可参阅 IEC TR62278-3）：

（1）设计的简约程度以及标准化，可更换元件和模块的使用量；

（2）服务和修理元件是否方便（比如是否需要搭建脚手架）；

（3）进行相关工作需要的技术；

（4）用于识别并且区分故障的诊断质量和诊断可用性；

（5）模块化和布局，失效率高的模块是否容易触及；

（6）工具的标准化和可用性；

（7）易失效元件的冗余度以及切换开关是否合理；

（8）维修文件及其可用性和完整性；

（9）备件的可用性和质量；

（10）软件代码的质量（即根据公认的软件质量原则开发、记录和维护的程度）；

（11）是否容易进行清理和测试。

一般来说，高可维修性会提升系统的运行可靠性，但是对于某些类型的系统，高可维修性可能会有负面影响，使系统的失效率提高。举例来说，将系统分解为更小也更容易处理的模块需要更多的连接器，而连接器也可能发生失效。

案例 9.1（海底油气生产系统）　海底油气生产系统由大量控制和安全阀、传感器以及电气和液压控制系统组成。新型系统可能还有泵、压缩机和其他设备。生产系统位于海床上，经常在海平面以下 2000 多米的地方工作。最大的海底生产系统可能有足球场大小，并被分成大量模块，这些模块需要被拉/抬到地面进行维护/修理。每个模块通过多个远程操作的电气、液压和流量连接器连接到主结构和/或其他模块。许多模块堆叠在其他模块的顶部。为了避免因为模块下方的元件发生故障而不得不拉出模块，将最容易发生故障的模块放在顶层非常重要。排列模块以避免必须拉出功能良好的模块的过程称为堆叠。对于大型系统来说，堆叠是一个非常费力、费时的过程，需要进行许多详细的可靠性分析。

维修工程可以预测在可维修元件失效时需要的修理时间。根据这些预测结果，我们需要对设计进行分析，识别出那些可以减少执行维修所需时间的可能变更。我们可以使用多种可维修性量度，其中包括：

- 平均修理时间（mean time to repair，MTTR）
- 主动修理时间均值/中值和元件平均停机时长
- 系统平均停机时长
- 最长主动修复性维修时间
- 预防性维修平均时长
- 每次维修的平均人·小时
- 每小时运行需要的维修时间
- 系统恢复平均时长

可维修性量度都是概率性量度，与其他可靠性量度的确定方法类似。系统的实际可用性一般会通过对典型维修作业的可维修性验证过程确定。

9.3　维修的类别

维修作业可以按照很多不同的方法分类，如图 9.1 所示的分类就源自很多标准（比如EN 13306）。一般来说，维修作业可以分为以下几类：

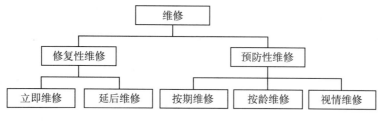

图 9.1 维修的类别

（1）修复性维修（corrective maintenance，CM）。修复性维修表示，所有的工作都因为检测到的元件失效或者出现故障才进行，目的是将元件恢复到指定状态。CM 的目标是将元件尽快重置到能够运行的状态，可以采用修理的方式或者更换失效元件。CM 可以在发现故障之后立即执行，或者在机会出现的时候执行。在后一种情况中，CM 称为延迟维修。CM 也称为修理（repair）、反应式维修（reactive maintenance）、损后维修（run-to-failure maintenance）或者故障维修（breakdown maintenance），一般包括以下几个步骤：定位、隔离、更换、重新组装、校准和检查（读者可参阅美国军用指南 MIL-HDBK338B）。对于 CM 的理解，可以参考一句老话"没坏，就不用修"。

（2）预防性维修（preventive maintenance，PM）。预防性维修是一种计划中的维修，"用来延缓退化，降低失效概率"（IEV 192-06-05）。PM 的任务包括检测、调整、润滑、更换部件、修理已经开始出现磨损的元件。传统上，PM 采用周期性的方式，不考虑元件的功能或者性能下降的情况。随着现在可以收集的数据不断增多，很多企业开始采用根据退化情况进行预防性维修的方法。

预防性维修包括如下几类：

① 按龄维修（age-based maintenance）。按龄维修在元件达到特定寿命（工龄）时进行。这个寿命可以采用运行时间来衡量，也可以采用其他的时间概念衡量，比如汽车行驶的里程数或者飞机起降的次数。我们在 12.3 节中讨论的按龄更换的策略就是一个按工龄进行预防性维修的例子。

② 按期维修（clock-based maintenance）。按期维修在特定日历时间进行。我们在 12.3 节中讨论的模块更换策略就是一个按期进行预防性维修的例子。因为维修作业可以在预定时刻进行，因此按期维修比按龄维修策略更加容易管理。

③ 视情维修（condition-based maintenance）。视情维修基于对元件一个或者多个状态变量的测量。一旦状态变量（或者包含多个状态变量的功能）达到或者超过了阈值，就会启动预防性维修。状态变量的例子包括：振动、温度、润滑油中的颗粒数量等。状态变量可以持续监控，也可以根据固定时间间隔进行检测。

④ 伺机维修（opportunity-based maintenance）。伺机维修在对其他元件进行维修时进行，也可以在系统因为其他原因停机时进行。一些维修标准并没有把基于机会的维修归于单独的一类。

⑤ 大修。大修是全面的预防性维修，以保持系统性能。很常见的情况是，大修发生在对系统服务需求较少的时间。在海洋油气行业，一般会在夏天将整个平台关闭数周对设备

进行大修，优化其功能，以保证在需求量较大的时期生产正常。

（3）预测性维修（predictive maintenance）。预测性维修在视情维修的基础上加入了预测元件失效时间的理论和方法。这样，在可维修元件失效之前可以安排一个合适的时间开展维修工作。

还可以按照其他的方法对维修进行分类，比如备注中所示的德国分类法[78]。

另外一种维修分类法

德国标准 DIN 31051将维修分为下列四类：

服务——用来降低磨损量的工作，比如润滑、清洗、调整、校准。
检测——用来确定和评估元件状态的工作，包括评估状态的成因以及继续使用的后果。
修理——用来恢复已失效元件功能的工作，也称为修复性维修。
改进——在不改变原有功能的情况下用来提升元件可靠性/可维修性的工作。这类工作包括更换磨损的部件。

案例 9.2（汽车服务）　汽车服务包括在特定时间或是车辆行驶一定距离后的一系列维修工作。服务间隔以及每次服务的内容由汽车制造商确定。有些新型汽车还可以在仪表盘上显示距下一次服务的时间，并根据其他的使用参数（比如启动次数）调整服务时间。服务的内容可能包括更换机油、更换滤芯、检查/重装刹车油、检查润滑脂和润滑组件、检查车灯和雨刷等。

案例 9.3（验证性测试）　考虑化工厂管道中安装的自动安全闭合阀。阀门平时处于开启状态，只在出现安全关键性情况时才闭合，切断管道中的液流。因为阀门极少关闭，它可能会存在一些隐藏的关键性故障而阻止其实现安全功能。由于这个原因，阀门需要定期进行验证性测试。验证性测试不只是测试阀门是否能够闭合，还需要尽可能模拟真实闭合情况下的压力和流速。

注释 9.1（修改）　修改在这里指的是变更、改变系统一项或者多项功能的一系列工作。在修改之后，系统与之前执行的功能会不尽相同。修改或者变更并不是一种维修，但是通常由维修人员进行。

9.3.1　修理工作的完成度

在对一个可维修元件进行修理时，修理工作可能是以下几种：

（1）完美修理。修理工作会将元件恢复到完好如初（as-good-as-new）的状态，对应的是用相同类型的全新元件更换现有元件。

（2）不完美修理。修理工作会将元件恢复到能发挥功能的状态，但是不如新元件的状态好。大多数情况下，恢复之后的状态会比失效发生前的状态好，但是有时候可能会更糟（比如在修理过程中引入了新的故障）。

（3）老样子（as-bad-as-old）。修理工作会将元件恢复到失效发生前的状态。比如，修理一些大型系统之后，维修人员只修理一个很小的零件，而不去碰系统其他的部分。

10.5 节将继续讨论修理工作完成度的问题。

9.3.2 状态监控

状态监控可以定义为：

定义 9.1（状态监控） 系统性收集和评价数据的过程，以识别可维修元件或者系统的性能或状态，从而以高性价比的方式计划补偿性工作以维持可靠性。

机械系统状态监控的常用技术包括[99]：

- 目视检测；
- 性能监控；
- 噪声和振动监控；
- 磨屑监控；
- 温度监控。

 # 9.4 维修的停机时间

与维修工作相关的系统停机时间主要有两类。

（1）计划外停机时间，是由元件失效或者内部和外部（随机）事件引起的停机时间。这些事件可能包括人为错误、环境影响、供电供水中断、罢工、蓄意破坏等。有时（比如在发电行业），计划外停机时间被称为受迫停运（断电）时间。

（2）计划停机时间，是由计划中的预防性维修、计划中的操作（比如更换工具）和计划中的休息日及假期引起的停机时间。具体哪些内容包括在计划停机时间当中，取决于如何定义作业区间。比如，我们可以将作业区间定义为一年（8760h），也可以将其定义为一年中系统计划运行的净时间，把假期和休息日以及所有计划中的操作中断都刨除。在一些情况下，我们还可以进一步将计划停机时间分成两类：

① 预定停机时间（scheduled downtime），是事先计划的长期停机（比如计划中的预防性维修、节假日等）。

② 非预定计划停机时间（unscheduled planned downtime），是由状态监控、初始失效检测以及那些需要预防性工作以提升或者维持系统功能质量或者减少失效概率的事件触发的。相应的补救措施有时可以推迟（在一些限制范围内），并在运营时机合适的时候启动。

预定停机时间一般认为是确定性的，可以根据运行计划预测。而非预定计划停机时间会受到随机波动的影响，但是通常很容易估计其平均值。

计划外停机的时间很大程度上依赖于停机的原因。假设我们已经识别出计划外停机的 n 个独立原因，并令 D_i 表示与原因 i 相关的随机停机时间，$i = 1, 2, \cdots, n$。令 $F_{D_i}(d)$ 表示 D_i 的分布函数，p_i 表示特定停机时间受原因 i 影响的概率。那么，停机时间 D 的分布就是 $F_D(d) = \sum_{i=1}^{n} p_i F_{D_i}(d)$，平均停机时间为

$$\mathrm{MDT} \approx \sum_{i=1}^{n} p_i \mathrm{MDT}_i$$

其中 $\mathrm{MDT}_i = E(D_i)$ 表示与原因 i 有关的平均停机时间，$i = 1, 2, \cdots, n$。

9.4.1 由失效引起的停机时间

接下来，我们主要讨论由元件失效引起的停机时间，并假设由其他原因引起的计划停机和非计划停机可以分别处理。在后续部分中，当使用停机时间这个词汇的时候，我们默认停机是由元件失效引起的。

元件的停机时间一般可以看作一系列要素的和，包括接入时间、诊断时间、主动修理时间和检查时间。文献 [269] 对这些要素有更加深入的讨论。各种要素的长短会受到很多系统特定因素的影响，比如接入难度、可维修性、维修人员、工具和备件的可用性等。因此，与特定失效相关的停机时间须在掌握上述知识的基础上才能进行预测。

MDT 是元件在失效之后处于无法发挥其功能的状态的平均时间。MDT 一般比 MTTR 长很多，包括检测和诊断出失效所需要的时间、物流时间、测试和启动时间。一旦元件重新投入运行，它就可以被当作是完好如初的。元件的平均工作时间（mean uptime，MUT）等于它的 MTTF，这两个概念都可以应用，但 MUT 在维修应用中更常见。连续两次失效发生的平均间隔记作 MTBF，而状态变量和不同时间的概念如图 9.2 所示。

在详细的可靠性评估中，选择合理的停机时间分布作为预测的基础非常重要。有三种分布比较常见：指数分布、正态分布和对数正态分布[89]。下面简要讨论这三种分布的合理性。

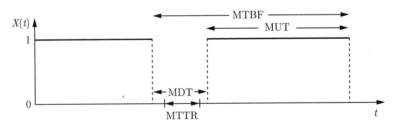

图 9.2　可维修元件的平均"行为"及其主要的与时间相关的概念

1. 指数分布

指数分布是我们可以选择的最为简单的停机时间分布，因为它只有一个参数，即修复率（维修速率）μ。我们在 5.4 节中曾经详细讨论过指数分布，这里只介绍它的一些主要特征。

指数分布的平均停机时间是 $\mathrm{MDT} = 1/\mu$，停机时间 D 长于某个值 d 的概率为 $\Pr(D > d) = \mathrm{e}^{-\mu d}$。指数分布具有无记忆性，这意味着如果停机已经持续了时间 d，那么剩余的平均停机时间是 $1/\mu$，与 d 的数值毫无关系。这个特征对于大多数停机时间都不太现实，除了一些个别情况，比如主要的停机时间都花费在搜寻故障上面，而发现故障或多或少是随机的。

在很多时候, 人们选择指数分布作为停机时间分布, 不是因为它贴近现实, 只是因为它容易使用。

案例 9.4（指数分布的停机时间） 设一个可修元件的停机时间 D 与一种特定类型的失效相关。假设停机时间服从修复速率（修复率）为 μ 的指数分布, 这种类型失效引起的 MDT 估计为 5h。那么修复率就是 $\mu = 1/\text{MDT} = 0.20$ 次修复/h。停机时间 D 超过 7h 的概率为 $\Pr(D > 7) = \mathrm{e}^{-7\mu} \approx 0.247 = 24.7\%$。

2. 正态分布

选择正态（高斯）停机时间分布的原因, 在于停机时间可以看作很多独立要素的和。5.4 节讨论过正态分布, 在正态模型中预测 MDT 和标准差都非常直接。如果使用正态分布, 那么修复率函数 $\mu(d)$ 可以看作已经经过的停机时间 d 的函数, 并近似为一条直线。因此, 在下一个较短时间段内完成现有修理工作的概率会随着时间增长而增加。

3. 对数正态分布

对数正态分布经常用于修理时间分布的建模, 5.4 节也讨论过这种分布。在使用对数正态分布的时候, 修复率 $\mu(d)$ 也是已停机时间 d 的函数, 它会先随着时间上升到最大值, 然后对称式地下降到 0。如果一个元件已经处于故障状态很久, 这说明可能存在严重的问题, 比如现场没有备件, 或者维修人员无法接触到故障或者无法修复失效。因此, 我们可以很自然地相信修复率在一段时间之后会开始下降。

9.4.2 串联结构的停机时间

考虑一个包含 n 个独立零件的串联结构。元件 i 具有固定失效率 λ_i。在元件 i 失效的时候, 其平均停机时间为 MDT_i, $i = 1, 2, \cdots, n$。该结构的失效是由元件 i 引起的概率是 $\lambda_i / \sum_{j=1}^{n} \lambda_j$, 那么一个未指定失效造成的系统平均停机时间为

$$\text{MDT} \approx \frac{\sum\limits_{i=1}^{n} \lambda_i \text{MDT}_i}{\sum\limits_{j=1}^{n} \lambda_j} \tag{9.1}$$

事实上, 只有零件相互独立时, 上式才成立。但是大多数情况下, 式 (9.1) 都是一个很好的近似。

案例 9.5（具有独立失效模式的元件） 假设一个元件有 n 种独立失效模式, 失效模式 i 有固定失效率 λ_i, 从失效模式 i 重启元件需要的平均停机时间是 MDT_i, $i = 1, 2, \cdots, n$。该元件可以看作由 n 个独立虚拟零件组成的串联结构, 其中零件 i 的失效就是失效模式 i。因此, 这个元件的平均失效时间可以根据式 (9.1) 得到。

式 (9.1) 可以用来近似计算由独立元件组成的非串联结构中非特定元件失效引起的平均停机时间。在本例中, 我们需要注意到 MDT_i 表示的是由元件 i（$i = 1, 2, \cdots, n$）引起

的系统停机时间。

9.4.3　并联结构的停机时间

考虑一个包含 n 个独立零件的并联结构，只有全部 n 个元件都处于已失效状态的时候，结构才失效。根据不同的维修策略，系统平均停机时间 $\mathrm{MDT_S}$ 可能会有巨大差别。比如，我们可以采用的维修策略包括：

（1）在采取任何维修措施之前一直等待直到整个结构失效，然后可以同时修复所有的元件，或者修复平均失效时间 MDT_i 最短的元件，此时有 $\mathrm{MDT_S} = \min\{\mathrm{MDT}_i\}$，$i = 1, 2, \cdots, n$。

（2）一旦有元件失效，或者失效元件达到一定数量，我们就开始修理。如果最后一个元件在至少有一个已失效元件被修复之前失效，那么系统就会有停机时间。

系统停机时间是一个随机变量，但是因为场景有限，我们很难根据描述直接推导确定其分布和均值。我们需要使用随机过程描述系统可能的状态，比如，如果失效时间和维修时间都服从指数分布，就可以使用马尔可夫过程建模（见第11章）。

9.4.4　一般结构的停机时间

对于更加复杂的结构，并没有通用分析公式可以计算结构的平均停机时间 $\mathrm{MDT_S}$。结构的停机时间很大程度上依赖于失效发生时的维修正常（类似我们在并联结构中阐述的）。但是，我们可以采用蒙特卡罗仿真估算停机时间。

 ## 9.5　以可靠性为中心的维修

正如很多现代维修工作一样，以可靠性为中心的维修（RCM）的概念源于航空工业。在最近40多年的时间里，RCM已经先后在航空工业、军工领域、核电行业、海洋油气行业以及其他很多行业中取得了巨大的成功。来自上述行业的经验显示，这种理念可以显著降低预防性维修的成本，甚至还可以提高系统可用性。

定义 9.2（以可靠性为中心的维修，RCM）　对于系统功能、系统失效方式的系统性思考，并优先考虑安全性和经济性，以识别可行并且有效的预防性维修作业[①]。

RCM 的重点在于系统功能，而不是系统硬件，而 RCM 的主要目标则是降低维修成本，并关注系统最重要的功能，避免或者减少不必要的维修工作。如果已经存在既有的维修程序，RCM 分析的结果通常会是消除那些低效的预防性维修作业。

RCM 的概念在多个标准、报告和教科书中都有体现，其中就包括文献 [132, 219, 227, 260]。各种文献的主要观点都比较类似，但是具体的实施步骤可能千差万别。

RCM 方法中考虑的维修作业主要与失效和功能退化有关。比如，用来提升系统观感

---

① 该定义是基于电力研究院（EPRI）给出的定义。

的喷涂或者清洁工作就不在 RCM 的范围内，或者至少可以说如果这些工作对系统功能没有直接影响，RCM 就不会考虑它们。然而，上述作业的计划工作需要与 RCM 相关作业的计划协调进行。

9.5.1　RCM 的含义

RCM 实际上是一项用于开展预防性维修项目的技术，它假设设备的内在可靠性是设计和制造质量的函数。有效的预防性维修项目应该能够维持内在可靠性。我们需要认识到，RCM 并不是低劣设计、制造能力不足或者低水平维修的替代方案。RCM 也不能提高系统的内在可靠性。可靠性的提高只能依赖于重新设计和设计修改。

预防性维修经常遭到人们的误解。人们很容易错误地相信一旦元件得到了更加频繁的维修，它就会更加可靠。然而事实经常是相反的，因为维修也会引发失效。RCM 的设计是为了平衡成本和收益，以实现性价比最高的预防性维修。为了做到这一点，我们需要确定理想的系统绩效标准。预防性维修并不会阻止所有的失效，因此必须要识别出每一个失效的潜在后果以及失效的可能性。被选定的 PM 作业应该能够基于一定的应用性和有效性原则处理每一个失效。要保证有效性，PM 作业就必须降低与人员伤亡、环境破坏、生产损失和物料损失有关的成本。

RCM 分析主要是为了回答以下 7 个问题：

（1）在当前的运行环境下，设备的功能及相应的绩效标准是什么？

（2）元件会以何种方式失效而不能实现其功能？

（3）每一个功能失效的原因是什么？

（4）每一个失效出现时会发生什么？

（5）失效会怎样产生影响？

（6）对于每一个失效，可以做什么来防止其发生？

（7）如果找不到合适的预防措施，应该做什么？

经验显示，RCM 分析中大约有 30% 的工作是定义功能和绩效标准，也就是回答第一个问题。

9.5.2　RCM 分析的主要步骤

RCM 分析包括一系列行动或者步骤，其中一些可能在时间上有重复，具体如下：

（1）研究准备；

（2）系统选择和定义；

（3）功能故障分析（FFA）；

（4）选择关键性元件；

（5）数据收集和分析；

（6）FMECA；

（7）选择维修作业；

（8）确定维修间隔；

（9）预防性维修比较分析；

（10）处理非关键性元件；

（11）实施；

（12）服务数据收集和更新。

下面将讨论这几个步骤。

1. 第一步：研究准备

首先需要建立 RCM 团队。项目团队须定义并且明确分析的目标和范围。团队还需要明确与安全和环境保护相关的需求、政策和接受准则，作为 RCM 分析的边界条件。

RCM 团队需要设计总图和流程图，比如管道和仪表图，并且要明确现有文档和工厂实际情况之间的差别。分析能够使用的资源总是有限的，因此 RCM 团队应该对要研究的内容保持清醒，意识到分析成本不应该成为项目潜在收益的阻碍。

2. 第二步：系统选择和定义

在决定对选定的工厂进行 RCM 分析之前，需要考虑下列两个问题：

（1）相比传统的维修计划方式，RCM 分析会使哪些系统受益？

（2）分析应该在哪个装配层级（工厂、系统还是子系统）上进行？

所有的系统理论上都可以从 RCM 分析中受益。但是因为资源有限，至少在将 RCM 用于一家新工厂时，必须进行优先排序。我们应该从那些假定可以从分析中受益最多的系统开始。绝大多数在运工厂都具有层级架构，比如在海洋油气行业，这种架构就被称为标签系统。我们可能会用下列词汇表示架构的各个层级：

（1）工厂。工厂是一系列在一起发挥功能的系统的集合，可以提供某种产出。比如，离岸油气生产平台就可以认为是一座工厂。

（2）系统。系统是在工厂中执行一项主要功能（比如生产电力、供应蒸汽）的子系统的集合。比如，离岸油气生产平台上的气体压缩装置就可以被看作一个系统。可以发现，压缩系统包括多台高度冗余的压缩机。执行相同主要功能的冗余元件应该包含在同一个系统当中。

我们推荐在系统层级开始 RCM 分析。这意味着，在海洋油气平台上进行 RCM 分析的起点可以是气体压缩系统，而不是整个平台。

系统可以进一步分为子系统，甚至子-子系统等。在 RCM 分析中，最低的层级称为可维修元件。

（3）可维修元件。可维修元件是至少能够执行一项重要功能的单独元件（比如泵、阀门、电机等）。根据这个定义，闭合阀就可以是一个可维修元件，而阀门执行器就不是。阀门执行器是闭合阀的支持设备，它的功能只是阀门的一部分。我们可以在第六步中的 FMECA 中看到区分可维修元件和支持设备的重要性。如果我们发现一个可维修元件没有什么重要的失效模式，那么其支持设备的失效模式和原因就无关紧要，因此也就无须特别关注。类似地，如果一个可维修元件有一个重要的失效模式，那么我们就需要分析它的支持设备是否存在一些失效原因导致了特定的失效模式。在第六步的 FMECA 表格中，只需要分析可维修元件的失效模式和影响。

使用 RCM 方法，我们可以确定对可维修元件所有的维修作业和维修间隔。可维修元件的特定维修作业，一般包括修理、更换、测试元件或者元件的一部分的测试。这些零件/部件需要在第六步的 FMECA 表格中列出。RCM 分析人员应始终尝试将分析保持在合同实际规定的最高层级。级别越低，定义绩效标准就越困难。

选择可维修元件并在 RCM 分析的初始阶段进行清晰无误的定义非常重要，因为后续的分析步骤都依赖这项工作。

3. 第三步：功能故障分析

根据第二步中选定的系统，第三步的目标包括：
（1）识别并且描述系统需要的功能和绩效准则；
（2）描述系统运行需要的输入接口；
（3）识别系统可能出现功能失效的方式。

4. 步骤 3（1）：系统功能识别

选定的系统可能会有很多不同的功能，因此 RCM 分析有必要识别出所有重要的系统功能。分析人员可以使用本书第 2 章中介绍的方法。

5. 步骤 3（2）：接口识别

可以采用功能框图描述不同的系统功能，以及功能的输入接口。有时候，我们可能会将系统功能分解为子功能，一直到可维修元件的功能，这样就能够分析更多的细节。这项工作可以使用功能框图或者可靠性框图来完成。

6. 步骤 3（3）：功能失效

这一步是进行功能失效分析（FFA），识别并描述可能的系统失效模式。在大多数 RCM 参考文献中，系统的失效模式都被表示成功能失效。我们在第 3 章中曾经讨论过失效模式的分类，可以用这些分类方法确保所有的功能失效都已经被发现了。

功能失效可以记录在特定的 FFA 表格中，它与标准的 FMECA 表格相当类似。图 9.3 给出的就是一个 FFA 工作表示例。

工作表的第一列需要记录系统的各种运行模式。对于每种运行模式，所有相关的系统功能记录在第二列，而每项功能的性能要求，比如目标值和可接受偏差记录在第三列。（第二列中）每一项系统功能所有相关的功能失效则记录在第四列。从第五列到第八列，需要给出特定运行模式下每一个功能失效的关键性排序，在工作表中列出关键性排序的目的是限制深入分析的范围，避免把精力浪费在不重要的功能失效上。对于复杂系统来说，这样的筛选过程尤为重要，可以节约时间和成本。

必须在工厂级别判断失效的关键程度，并根据失效的四类可能后果进行排序：

S：人员安全

E：环境影响

A：生产可用性

C：物料损失

系统： 图号：	分析人员： 日期：							第 页
运行模式	系统功能	功能要求	功能失效	关键性				频率
				S	E	A	C	

图 9.3　功能失效分析（FFA）工作表

针对每一类后果都需要进行排序，比如可以采用高（H）、中（M）、低（L）和可以忽略（N）的顺序，其中类别的定义取决于特定的应用场景。如果四类中至少有一类的结果是中（M）或者高（H），那么该功能失效的关键性就会被视为重要，需要进行进一步分析。

功能失效的频率也可以划分为四个等级，我们可以使用频率分类对重要的功能失效进一步排序。如果某一功能失效所有四个关键性类别打分都是低或者可忽略，它的频率也比较低，那么这个失效就视为不重要，可以从进一步分析的名单中剔除。

7. 第四步：选择关键性元件

第四步的目标是识别那些对于步骤 3（3）中发现的功能失效可能比较关键的可维修元件。这些可维修元件可以称为功能重要的元件（FSI）。我们可以看到，一些不是非常重要的功能失效已经在这一步分析中被移除了。

对于简单系统来说，不需要进行任何正式分析就可以识别出 FSI。很多时候，哪些可维修元件会非常明显地影响系统功能。

而对于包含大量冗余或者缓冲的复杂系统而言，可能就需要系统性方法来识别出 FSI。根据系统的复杂程度，我们可能需要采用基于故障树分析、可靠性框图或者蒙特卡罗仿真的重要度排序。比如在一家石油生产工厂，就会存在很多缓冲区和不同的生产路径，对于这样的系统，也许蒙特卡罗下次事件仿真是唯一的可行方法。

除了 FSI 之外，我们还应该识别那些失效率高、维修成本高、可维修性差、备件订货时间长、需要外部维修人员的元件。这些可维修元件可以称为对于维修成本重要的元件（MCSI）。FSI 和 MCSI 的组合则称为对维修重要的元件（MSI）。

在第六步的 FMECA 表格中，我们需要分析每一个 MSI，识别其潜在的失效模式和影响。

8. 第五步：数据收集和分析

RCM 分析的各个步骤需要很多输入数据，比如设计数据、运行数据和可靠性数据。我们将在第 16 章讨论可靠性数据的来源。我们需要可靠性数据来确定元件的关键度，用数学方法描述失效过程，并且优化预防性维修的间隔时间。

在一些情况下，可能完全没有可靠性数据，比如在为新系统开发维修项目时。维修项目的开发可能在设备开始使用之前很久就启动了，这时有用的信息源可能就是类似设备的经验数据、制造商的建议以及专家判断。然而，即便在这样的情况下，RCM 仍会提供一些有用信息。

9. 第六步：失效模式、效用与临界分析（FMECA）

第六步的目标是识别第四步中确定的 MSI 的主要失效模式。各种 RCM 的参考文献中列举了各式各样的 FMECA 工作表，我们使用的工作表如图 9.4 所示，它比大多数 RCM 参考文献中的 FMECA 表格更加详细。在这个 FMECA 工作表中，各列的用途如下：

- MSI。在本列中记录装配层级架构中可维修元件的编号（标签码），当然也可以采用文字描述的方式。
- 运行模式。MSI 可能会有很多不同的运行模式，比如使用和备用。我们需要逐个列出所有的运行模式。
- 功能。列出 MSI 每种运行模式的各项功能。
- 失效模式。列出每项功能的失效模式。
- 失效影响/后果类别。针对最坏情况的结果，我们根据步骤 3（3）中介绍的 S、E、A、C 四个类别描述失效的影响，并根据步骤 3（3）中列举的四个等级或者其他严重度衡量指标确定失效的关键度。因为存在冗余、缓冲等措施，一个 MSI 的某一次失效不一定会导致最坏的情况发生。因此，还需要一列来描述条件可能性。
- "最坏情况"概率。最坏情况概率的定义是设备失效导致了最差结果的概率。有时，我们需要利用系统模型才能得到一个概率值。也许在这一步分析中得到数值还不现实，所以也可以在这里采用文字描述的方式。
- MTTF。记录每个失效模式的平均失效时间，可以采用数值，也可以使用某个可能性级别。

到目前为止，我们已经输入所有与失效模式相关的信息。这时可以检查一下，因为表格只需要记录最主要的失效模式，也就是关键度高的元件和失效。

- 关键性。关键性（criticality，也译为临界性）是根据一些关键性指标来标注主要的失效模式。关键性指标可以是失效影响、最坏情况概率或者 MTTF。我们可以用"是"来标注出主要失效模式。

对于主要失效模式，还需要记录以下信息：

系统：
图号：

分析人员：
日期：

页码：第　页

元件描述		失效模式	失效影响								MTTF	关键性	失效原因	失效机理	MTTF 百分比	失效特征	维修方式	失效特征量度	推荐维修间隔
			后果类型				最坏情况概率												
MSI	运行模式	功能	S	E	A	C	S	E	A	C									

图 9.4　RCM-FMECA 工作表

- 失效原因。每个失效模式可能都会有多个失效原因。每一个 MSI 的失效可能是由一个或者多个零件失效引起的。我们在这一步首次考虑将 MSI 的支持设备输入 FMECA 表格中。这时，失效原因也可能是支持设备的失效模式，比如，安全阀的失效 "无法闭合" 可能就是由失效安全执行器中弹簧折断引起的。
- 失效机理。每个失效原因都对应一个或者多个失效机理。失效机理的例子包括疲劳、腐蚀、磨损等。
- MTTF 百分比。我们已经在 MSI 失效模式层级输入了 MTTF，但是可能还需要了解对于每一种失效机理的（边际）MTTF。出于简化的考虑，我们可以估计每种失效机理所造成的（边际）MTTF 占总体的百分比。MTTF 百分比显然只是一个近似值，因为各种失效模式的影响通常都是强相关的。
- 失效特征。失效特征可以分为三种类型：
  （1）失效传播过程可以用一个或者多个（状态监控）指标测量。这种失效称为渐变失效。
  （2）失效概率取决于使用时间，也就存在可以预测的磨损极限。这种失效称为老化失效。
  （3）完全随机。这种失效无论是采用状态监控指标还是测量元件的使用时间都无法预测，失效时间只能描述为指数分布。这种失效称为突发失效。
- 维修作业。对于每一个失效机理，我们都希望能够通过图 9.5（在第七步中介绍）中的决策逻辑找到合适的维修方式。我们直到第七步才会完成这部分内容。
- 失效特征量度。对于渐变失效，我们需要根据名称列出状态监控指标。对于老化失效，需要使用老化参数来描述，即威布尔分布中的形状参数 (α)。
- 推荐维修间隔。在这一列中，我们需要给出连续两次维修作业之间的间隔，间隔长度会在第八步中决定。

10. 第七步：选择维修作业

相比传统的维修计划技术，这一步是最具创新性的。我们使用一个问答过程来指导决策。RCM 决策逻辑的输入是第六步中 FMECA 表格中列举的主要失效模式。我们的主要思路，是针对每个主要失效模式，确定某一项预防性维修作业是否合适和有效，或者是否应该小心使用元件直到其失效再进行修复性维修。通常，如果我们选择预防性维修的目的主要有三个：

（1）避免失效；
（2）探测失效的开端；
（3）发现隐藏故障。
那么就可以考虑下列基本的维修作业：
（1）预定视情维修；
（2）预定大修；
（3）预定更换；

（4）预定功能测试；

（5）运行直至失效。

预定视情维修是指确定元件的状态，比如可以通过状态监控的方式。当满足下列三个条件时，进行视情维修才比较可行：

（1）对于特定失效模式，必须能够检测到失效防御能力下降。

（2）必须能够定义通过明确作业能够检测的可能失效条件。

（3）在潜在失效（P）时间和功能失效（F）发生时间之间必须存在合理的间隔。

从使用现有的监控技术发现潜在失效（P）到功能失效（F）发生之间的时间间隔称为P-F 间隔。P-F 间隔可以看作在功能失效发生之前的警告时间。P-F 间隔时间长，我们就有更长的时间做出正确的决定，计划维修作业。12.3.3 节中将继续讨论 P-F 间隔的问题。

预定大修在元件达到特定年限时或者达到某一极限之前进行，经常被称为最后限期维修。只有在满足下列条件的时候，我们才考虑进行大修：

（1）一定能够识别出元件失效率开始快速增长的使用时间。

（2）大部分的元件必须能够存续到这个时间。

（3）通过大修，元件对于失效的抵御能力必须能够恢复到初始状态。

预定更换是在元件特定寿命或者使用年限之前进行的更换（或者其中的一些部件）。只有在满足下列条件的时候，才应该进行预定更换：

（1）元件必须能够发生关键性失效。

（2）元件必须能够发生可能具有非常严重后果的失效。

（3）必须能够识别出元件失效率开始快速增长的使用寿命。

（4）大部分的元件都能够存续到这个时间。

预定功能测试是计划好的用来发现失效或者检测隐藏功能以识别失效的作业。如果发现失效后能够避免隐藏功能失效所带来的意外冲击，这项工作才是有意义的。只有在满足下列条件的时候，才应该进行预定功能测试：

（1）元件必须能够发生一些在日常工作中操作人员无法观测到的失效。这项作业须使用的信息包括失效率函数、失效的可能后果、与维修能够预防的失效相关的可能损失，预防性维修工作自身的成本和风险等。

（2）其他方法不适合或者对于该元件无效。

运行直至失效是在其他方式无法实现或者不经济的情况下的权宜之计。

预防性维修并不会防止所有的失效，因此如果对于明确的失效模式无法采用可行有效的维修将其概率降低到可以接受的水平，就需要对元件进行重新设计或者修改。如果失效的后果与安全或者环境相关，那么一般都会强制进行重新设计。如果只是运行或者经济方面的后果，就需要进行成本-收益分析来确定是否进行预防性维修。我们在不同维修作业中给出的原则可以作为选择具体方法的指南，如果有一些原则无法遵循，那么相对应的方法可能就是不合适的。

在主要的 RCM 文献中，学者们使用各种不同的 RCM 决策逻辑图，有些甚至非常复杂。图 9.5 中给出了一个非常简单的决策逻辑图示例，它可能对于很多应用来说过于简单，但是据此确定的维修方法很多时候可能都是一样的。需要强调的是，一套决策逻辑不可能适用于所有的情况。在既有隐藏功能又存在老化失效的情况下，就需要采用预定更换和功能测试这两种方法的组合。

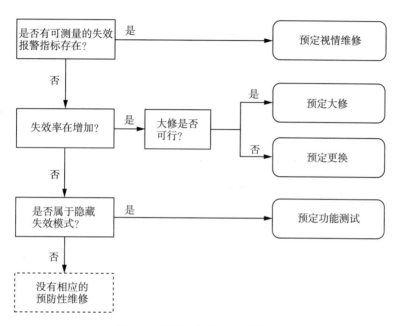

图 9.5　维修作业分配/决策逻辑

11. 第八步：确定维修间隔

一些预防性维修作业按照固定周期进行。我们很难确定最优的间隔周期，因为它须基于失效率函数的信息、可能的后果、假定维修工作可以防止的失效所带来的成本、预防性维修自身的成本和风险，等等。第 12 章将讨论几种相关的模型。

在实践当中，不同的维修作业需要分成几个可以同时进行或者按照特定顺序进行的工作包。因此，优化维修间隔并不是以单个元件作为对象。而在一定程度上，整个维修工作包（内含多个元件）也可以看作一个实体。

12. 第九步：预防性维修比较分析

在 RCM 中选择维修作业有两个最主要的原则，每项入选的作业都应满足这两项要求：
（1）必须可行；
（2）必须有效。

可行性意味着该作业对于我们的可靠性知识来说，对于失效的后果来说，都是可行的。如果作业需要基于之前的分析，它就应该满足可行性准则。如果预防性维修作业能够防止某个失效、至少能够将失效概率降低到一个可以接受的水平，或者能够减轻失效的后果，那么它就是可行的。

成本-有效性，即性价比，意味着作业成本不能超过相关失效可能带来的损失。

可以利用预防性维修作业的有效性衡量该作业在多大程度上实现了目标，以及是否值得。很明显，在评价作业有效性时，需要在执行维修作业的成本和不进行维修的成本之间进行平衡。预防性维修作业的成本可能包括：

（1）由维修引发的失效所带来的风险/成本；

（2）在维修工作中维修人员的暴露风险；

（3）一旦一个元件停止工作，另一个元件失效可能性增加的风险；

（4）物理资源的使用和成本；

（5）在进行维修工作时，其他地方无法使用相关的物理资源；

（6）维修期间的停产损失；

（7）维修期间保护功能中止。

与之相对应的是失效的成本，它可能包括：

（1）失效发生的后果（生产损失、违反法规、工厂或者人员安全影响，或者对其他设备的破坏）；

（2）即便失效没有发生，没有进行预防性维修的后果（比如违反质保合同）；

（3）紧急修理的保费增加（比如超时、加急费用以及更换作业中高昂的能源费用）。

13. 第十步：处理非关键性元件

在第四步中，我们已经选择了关键性元件（MSI）进行深入分析，下一个问题就是如何处理那些没有分析的元件。对于具有维修程序的工厂而言，需要简单进行一个成本评价。如果与非关键性元件相关的现有维修成本不高，那就可以继续这个程序。读者可以阅读文献 [243]，其中有更详细的讨论。

14. 第十一步：实施

进行 RCM 分析后，它能够成功实施的前提是在组织上和技术上都能保证维修支持功能。因此，一个主要的问题就是如何保证这些支持功能得到落实。经验显示，很多事故是在维修期间发生的，或者是因为维修不足导致的。因此在实施维修的时候，考虑与各项维修作业相关的风险就尤为重要。对于复杂的维修工作，我们可能需要进行工作安全分析以及人因 HAZOP 分析，来识别与维修作业相关的危险和人因错误[251]。

15. 第十二步：服务数据收集和更新

我们在分析开始时获得的可靠性数据可能很少，甚至屈指可数。我们认为，RCM 最重要的一个优点就是可以系统性地分析并建档，作为决策的基础，然后我们就能够更好地利用运行经验，在更多运行数据可以使用的情况下调整决策。因此，只有在将运行和维修经验反馈到分析过程之后，RCM 才能充分发挥它的效力。

更新过程应该关注三个主要时间相关问题：

（1）短期的间隔调整；

（2）中期的作业评价；

（3）长期的初始策略修订。

对于系统中发生的每一个重大失效，其失效特征都应该与 FMECA 中的数据进行比较。如果 FMECA 没有涵盖这一失效，必要的话，就应该修改 RCM 分析中相关的部分。

短期更新可以看作是对先前分析结果的修正。这项分析的输入是更新的失效信息和可靠性估值。如果分析的架构已经搭建完成，那么分析应该不需要很多资源。在 RCM 过程中，只有第五步到第八步会受到短期更新的影响。

中期更新应该仔细检查第七步中维修作业选择的基础。维修经验分析能够识别出在初始分析中没有考虑到的重大失效原因，这时就需要更新第六步中的 FMECA 表格。

长期修正应该考虑分析中所有的步骤。仅仅考虑分析中的系统是不够的，我们还需要考虑整个工厂以及它和外部世界的联系，比如合同、新的环保法规等。

9.6　全面生产性维修

全面生产性维修（total productive maintenance，TPM）是在日本出现的一种维修管理方法[215]，用来支持准时生产，并提升产品质量。TPM 的工作关注避免六大损失：

1. 可用性损失

（1）设备失效（损坏）损失，指与故障时间、人力和备件相关的成本。

（2）启动和调试损失，发生在产品变更、换班或其他操作条件变化期间。

2. 绩效（速度）损失

（1）闲置和短期停工，一般指 10min 以内的停滞。这些包括机器堵塞和其他难以记录的短时停机，因此通常不出现在效率报告当中。但是如果综合考虑很多此类情况，它们就可能会造成大量的设备故障时间。

（2）减速损失，在设备必须减缓速度以避免质量缺陷或者短期停工时发生。在大多数情况下，因为设备还在持续运行，尽管速度偏低，但工厂也不会记录这类损失。速度损失一般会对生产率和资产利用率有负面影响。

3. 质量损失

（1）流程缺陷和返工损失，是由那些必须进行返工或者报废的有缺陷或者不合格产品导致的。这些损失包括与不规范生产有关的人力和物料损失（如果出现报废的情况）。

（2）产量损失，反映了与因启动、转换、设备限制、不良产品设计等导致的废品和废料数量相关的原材料浪费。它不包括正常生产过程中导致的第（5）类缺陷损失。

上述六大生产损失决定了整体设备效率（overall equipment effectiveness，OEE），它是设备可用性损失（（1）和（2））、设备绩效损失（（3）和（4））以及质量损失（（5）和（6））的多重组合。TPM 中使用的时间概念如图 9.6 所示，确定 OEE 的因素包括：

运行可用性：　$A_O = t_F/t_R$

执行率：　　　$R_P = t_N/t_F$

合格率：　　　$R_Q = t_U/t_F$

其中合格率可以用下列方式衡量：

$$合格率 = R_Q = \frac{加工品数量 - 报废品数量}{加工品数量}$$

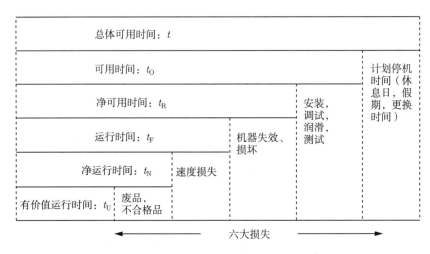

图 9.6　全面生产性维修中使用的时间概念

OEE 可以定义为

$$OEE = A_O R_P R_Q \tag{9.2}$$

OEE 是反映机器、生产性，以及流程在可用性、绩效和质量方面的指标。如果 OEE 达到 85%，就可以认为工厂管理水平达到了"世界级"。

　　TPM 经常被认为是一种基于合作的维修方法。在 TPM 框架下，小组或团队会在维修和生产之间建立合作关系。生产工人会参与维修工作，他们能够在设备监控和维修中发挥作用。这提高了生产工人的技能，并使他们能够更有效地将设备保持在良好状态。团队活动在 TPM 中发挥着重要作用，它包含来自维修、生产和工程部门的团队。工程师的技术技能以及维修工人和设备操作人员的经验经过这些团队活动交流。团队活动的目标是通过更好地沟通当前和潜在的设备问题，来提高设备性能。可维修性改进和维修预防是最重要的两项基于团队的 TPM 活动。

　　TPM 有几个好处。维修改进团队的努力应该使设备可用性提高并使维修成本降低。可维修性的提升应该使维修效率提高和修理时间减少。TPM 在几个方面类似于全面质量管理（TQM），例如：① 需要高级管理层对计划的全面支持；② 员工有权纠正错误；③ 必须接受 TPM 是一项长期的工作，可能需要一年或更长时间才能实施并且是一个持续的过程。

9.7 课后习题

9.1 讨论自己自行车的可维修性，并提出一些可维修性提升建议。

9.2 举一个实例，说明修理成老样子是一个实际的假设。

9.3 假设你正在开车,汽车突然出现故障,你必须把它停在原地。解释在这个案例中 MDT 的含义，并列举 MDP 中的主要元素。

9.4 列举并讨论 RCM 和 TPM 的主要区别。这两种方法是否相对立的？它们是否能够融合？它们的目的是否完全不同？请解释你的答案（可以搜索互联网了解 RCM 和 TPM 的更多信息）。

第 **10** 章

计 数 过 程

 ## 10.1 概述

本章将单独可维修元件的可靠性视为时间的函数，研究的目标是确定相关的可靠性量度，比如元件的可用性、在特定时间段内的平均失效次数、元件第一次失效的平均发生时间、元件失效的平均间隔时间等。因此，我们将使用随机过程（stochastic process）来研究元件。

随机过程 $\{X(t), t \in \Theta\}$ 是一组随机变量（random variables），其中集合 Θ 被称为该过程的指标集。对于 Θ 中每一个指标 t 来说，$X(t)$ 是随机变量。指标 t 在本章中可以解释为时间或者时刻，那么 $X(t)$ 就是过程在时刻 t 的状态。如果指标集 Θ 是可数的，这个过程就是一个离散时间随机过程。如果 Θ 是连续的，我们就说这个过程是连续时间随机过程。本书对不同类型过程的介绍比较简短，将重点放在实际中使用得到的结果，而不是数学证明上面。有兴趣的读者可以查看一些有关随机过程的教科书，了解更多细节，比如文献 [50, 59, 255] 对随机过程都有很好的讲解。

10.1.1 计数过程

假设一个可维修元件在时刻 $t = 0$ 投入运行，该元件的第一次失效在时刻 S_1 发生，这是一个随机变量。在元件失效之后，它会被替换或者重置到可运行的状态。假定维修时间很短，可以忽略不计。元件的第二次失效在时刻 S_2 发生，以此类推。按照这种方式，我们可以得到一个失效时间序列 $S_1, S_2, \cdots$。令 T_i 表示从第 $i-1$ 次失效到第 i 次失效的时间，$i = 1, 2, \cdots$，其中 S_0 取为 0。我们称 T_i 为第 i 次间隔时间（interoccurrence time），$i = 1, 2, \cdots$，有时 T_i 也称为失效间隔时间和互现时间（interarrival time）。

在本章中，t 表示的是特定时间点，但是它既可能是日历时间（即 S_i）也可能是局部时间（即两个事件之间的间隔区间 T_i）。图 10.1 表示出了上述两个时间概念，希望读者不会感到困惑。

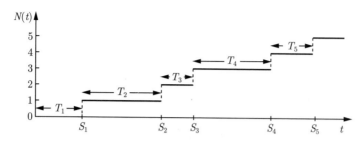

图 10.1 事件数量 $N(t)$、间隔时间 (T_i) 和日历时间 (S_i) 之间的关系

除非元件在失效的时候被更换，或者被重置到完好如初的状态，同时运行环境在整个周期内保持恒定，否则间隔时间 $T_1, T_2, \cdots$ 一般并不是独立同分布的。

计数过程是一种特殊的随机过程，它可以定义为：

定义 10.1（计数过程） 随机过程 $\{N(t), t \geqslant 0\}$ 满足：

（1）$N(t) \geqslant 0$；

（2）$N(t)$ 是取整数值；

（3）如果 $s < t$，那么有 $N(s) \leqslant N(t)$；

（4）对于 $s < t$，$N(t) - N(s)$ 表示在时间段 $(s, t]$ 内失效发生的次数；

那么这个随机过程可以看作一个计数过程。定义 10.1 改编自文献 [255]。计数过程 $\{N(t), t \geqslant 0\}$ 可以采用（日历）时间序列 $S_1, S_2, \cdots$ 或者间隔时间序列 $T_1, T_2, \cdots$ 描述。我们在案例 10.1 和 10.2 中会介绍一些计数过程的主要特征，也会提到一些新概念。

案例 10.1（悲伤元件和快乐元件） 本例中的失效时间（以天计的日历时间）来自文献 [15]。这个数据集从时刻 $t = 0$ 开始记录，直到在总计时间 410（天）内记录到了 7 个失效。数据反映的是一个元件的情况，假设它的维修时间可以忽略，这说明元件在遭遇到一个失效之后会立即恢复到可运行的状态。

失效数量 $N(t)$	日历时间 S_j/d	间隔时间 T_j/d
0	0	0
1	177	177
2	242	65
3	293	51
4	336	43
5	368	32
6	395	27
7	410	15

图 10.2 描述了这个数据集。其中随着日历时间增加间隔时间越来越短，所以元件看起来在退化，失效越来越频繁。在文献 [15] 中，具有这种性质的元件称为悲伤元件。而具有相反性质的元件，即失效随着时间变得稀疏的元件，被称为快乐元件。

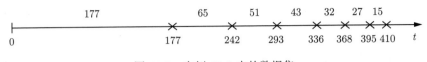

图 10.2 案例 10.1 中的数据集

如图 10.3 所示，失效数量 $N(t)$ 是（日历）时间的函数。可以看到根据定义，$N(t)$ 在失效之前是固定值，然后在失效发生时 S_i $(i = 1, 2, \cdots)$ 会跳跃到下一个值（增加 1 个元件高度）。因此，我们可以绘制出一个跳跃点图 $(S_i, N(S_i))$，其中 $i = 1, 2, \cdots$。这张图叫作 $N(t)$ 图，或者尼尔森-阿伦（Nelson-Aalen）图（见第 14 章）。

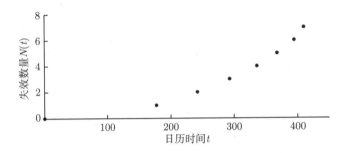

图 10.3 对于案例 10.1 中的数据，失效数量 $N(t)$ 是时间的函数

可以看出，如果元件是悲伤的，则 $N(t)$ 是 t 的凸函数。同样的道理，如果元件是快乐的，则 $N(t)$ 是 t 的凹函数。[①]如果 $N(t)$ 是（近似）线性的，那么元件就是稳定的，也就是说预计失效间隔时间的长度保持一致。图 10.3 中，很明显 $N(t)$ 是一个凸函数，因此它对应的元件是悲伤的。

案例 10.2（压缩机失效数据） 在挪威科技大学的一篇学生论文中，作者收集了一家挪威流程工厂中某种压缩机的失效时间数据。所有 1968 年到 1989 年的压缩机失效都记录在内。在此期间，总共发生了 321 次失效，其中 90 次失效是关键性的，231 次失效是非关键性的。在本例中，关键性失效是指能够导致压缩机停机的失效，而非关键性失效在不停止压缩机工作的情况下就可以修复。主要的非关键性失效是仪表失效，以及与密封油系统和润滑油系统相关的失效。

同上面的例子一样，我们令 $N(t)$ 表示在时间段 $(0, t]$ 内的压缩机失效数量。从生产的角度看，关键性失效最为重要，因为它们会使流程中断。表 10.1 给出了 90 次关键性失效发生时的运行时间（天）。其中，时间 t 表示运行时间，由压缩机失效引起的故障时间和流程中止时间没有包括在内。图 10.4 示出了 90 次关键失效的 $N(t)$ 图。

在本例中，$N(t)$ 图略微显示凹的形状，说明元件是"快乐"的。关键失效之间的间隔随着运行时间增加，我们还可以看到有一些失效是在较短的间隔内发生的，这表明这些失效可能存在关联，或者可能是维修人员不能在第一次修理工作中就解决所有的问题。

对于可维修元件寿命数据的分析一般都要从 $N(t)$ 图开始。如果 $N(t)$ 是时间 t 的非线

---

① 这里使用凸和凹的方式非常不精确。我们的意思是，观测点 $\{t_i, N(t_i)\}$ 近似遵循凸/凹曲线，$i = 1, 2, \cdots$。

性函数，那么那些假设失效间隔是独立同分布的方法显然是不合适的。然而，并没有特定的标准判断如果 $N(t)$ 非常接近一条直线时是否应该采用这些方法。失效间隔时间可能彼此强烈相关。文献 [15,26] 深入探讨了与判断间隔时间相关的方法。本书 10.4 节将继续深入讨论 $N(t)$ 图的问题。

表 10.1 按照时序排列的失效时间（运行天数）					
1.0	4.0	4.5	92.0	252.0	277.0
277.5	284.5	374.0	440.0	444.0	475.0
536.0	568.0	744.0	884.0	904.0	1017.5
1288.0	1337.0	1338.0	1351.0	1393.0	1412.0
1413.0	1414.0	1546.0	1546.5	1575.0	1576.0
1666.0	1752.0	1884.0	1884.2	1884.4	1884.6
1884.8	1887.0	1894.0	1907.0	1939.0	1998.0
2178.0	2179.0	2188.5	2195.5	2826.0	2847.0
2914.0	3156.0	3156.5	3159.0	3211.0	3268.0
3276.0	3277.0	3321.0	3566.5	3573.0	3594.0
3640.0	3663.0	3740.0	3806.0	3806.5	3809.0
3886.0	3886.5	3892.0	3962.0	4004.0	4187.0
4191.0	4719.0	4843.0	4942.0	4946.0	5084.0
5084.5	5355.0	5503.0	5545.0	5545.2	5545.5
5671.0	5939.0	6077.0	6206.0	6206.5	6305.0

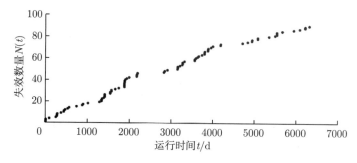

图 10.4　压缩机关键性失效数量 $N(t)$ 作为时间的函数（天），总计 90 次失效

10.1.2　基本概念

在本节中，我们假设发生的事件就是失效，然而在本章后续部分事件可能属于其他类型，比如修理。因此，我们需要对一些概念重新进行定义，希望不会给读者造成困扰。

- 独立增量。在计数过程 $\{N(t), t \geqslant 0\}$ 中，对于 $0 < t_1 < \cdots < t_k$，$k = 2, 3, \cdots$，$[N(t_1) - N(0)], [N(t_2) - N(t_1)], \cdots, [N(t_k) - N(t_{k-1})]$ 都是独立的，那么我们就说这个过程有独立增量。在此情况下，一个区间内失效的数量不会受到之前任意区间

内失效数量的影响（即没有重合）。这意味着，即便一个元件在某一特定时间段内曾经发生过异常多的失效，也不会影响未来的失效分布。

- 平稳增量。如果对于任意两个不相交时间点 $t > s \geqslant 0$ 和任意常数 $c > 0$, $N(t) - N(s)$ 和 $N(t + c) - N(s + c)$ 都是同分布的，那么我们就说该计数过程有平稳增量。这意味着，在一个区间内失效数量的分布只取决于区间的长度，而与该区间到起点的距离无关。

- 平稳过程。如果一个计数过程有平稳增量，那么这个过程就是平稳（或者齐次）过程。

- 非平稳过程。如果一个计数过程没有平稳增量也不会变平稳，那么这个过程就是非平稳（或者非齐次）过程。

- 常规过程。如果一个计数过程满足

$$\Pr\left[N(t + \Delta t) - N(t) \geqslant 2\right] = o(\Delta t) \tag{10.1}$$

那么它就是一个常规（或者有序）过程。如果 Δt 很小，$o(\Delta t)$ 是 Δt 的函数，并且有 $\lim\limits_{\Delta t \to 0} o(\Delta t)/\Delta t = 0$，这就意味着该元件并不会同时出现两个或者更多失效。

- 过程速率。我们将计数过程在时间点 t 的速率定义为

$$w(t) = W'(t) = \frac{\mathrm{d}}{\mathrm{d}t} E\left[N(t)\right] \tag{10.2}$$

其中 $W(t) = E\left[N(t)\right]$ 是区间 $(0, t]$ 中的平均失效（事件）数量。因此有

$$w(t) = W'(t) = \lim_{\Delta t \to 0} \frac{E\left[N(t + \Delta t) - N(t)\right]}{\Delta t} \tag{10.3}$$

如果 Δt 很小，则有

$$w(t) \approx \frac{E\left[N(t + \Delta t) - N(t)\right]}{\Delta t}$$

$$= \frac{(t, t + \Delta t]中的平均失效数量}{\Delta t}$$

对于一些合适的 Δt，$w(t)$ 的自然估计值为

$$\hat{w}(t) = \frac{(t, t + \Delta t]中的失效数量}{\Delta t} \tag{10.4}$$

因此，计数过程的速率 $w(t)$ 可以看作在 t 时刻每个时间单位的平均失效（事件）数量。

我们在分析常规过程时，如果 Δt 很小，在区间 $(t, t + \Delta t]$ 内发生两个或者更多失效的概率都是可以忽略的，可以假设

$$N(t + \Delta t) - N(t) = 0 \ \text{或} \ 1$$

因此在区间 $(t, t + \Delta t]$ 内的平均失效数量近似等于 $(t, t + \Delta t]$ 内的失效概率，并且

$$w(t) \approx \frac{(t, t + \Delta t] \text{中的失效概率}}{\Delta t} \tag{10.5}$$

因此，$w(t) \Delta t$ 可以解释为在区间 $(t, t + \Delta t]$ 内的失效概率，有一些学者将式 (10.5) 写作下式，并作为过程速率的定义：

$$w(t) = \lim_{\Delta t \to 0} \frac{\Pr\left[N(t + \Delta t) - N(t) = 1\right]}{\Delta t}$$

并且有

$$E\left[N(t_0)\right] = W(t_0) = \int_0^{t_0} w(t) \, \mathrm{d}t \tag{10.6}$$

- 失效发生速率（ROCOF）。如果计数过程的事件是失效，过程的速率 $w(t)$ 一般就可以称作失效发生速率。
- 失效间隔。我们将第 $i - 1$ 次失效和第 i 次失效之间的时间记作间隔时间 T_i，$i = 1, 2, \cdots$。对于一个一般的计数过程，间隔时间既不是同分布的，也不是独立的，因此，平均失效间隔 $\mathrm{MTBF}_i = E(T_i)$ 通常就只是 i 的函数，$T_1, T_2, \cdots, T_{i-1}$。
- 向前递推时间。向前递推时间（forward recurrence time）$Y(t)$ 是从任意时间点 t 测量到下一次失效的时间，因此有 $Y(t) = S_{N(t)+1} - t$。向前递推时间也称为剩余寿命、残余寿命或者多余寿命。图 10.5 表示出了向前递推时间。

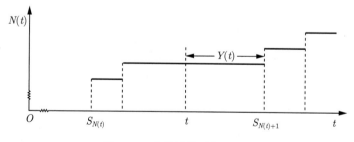

图 10.5　向前递推时间 $Y(t)$

本章中的许多结果仅适用于非晶格分布。而晶格分布（lattice distribution）定义为：

定义 10.2（晶格分布）　如果存在一个数 $d \geqslant 0$，满足

$$\sum_{n=0}^{\infty} \Pr(X = nd) = 1$$

那么这个非负变量就服从晶格（或者周期性）分布。

简单来说，如果 X 只能是某个非负数 d 的整数倍，那么 X 就服从晶格分布。

10.1.3　马丁格尔理论

马丁格尔理论（Martingale theory）可以用于计数过程，记录该过程的历史。令 $\mathcal{H}_t$ 表示过程到某一时刻 t 但是不包含这个时刻的历史，我们一般会使用 $\{N(s), 0 \leqslant s < t\}$ 表示 $\mathcal{H}_t$，即在时刻 t 之前所有失效的记录。当然，$\mathcal{H}_t$ 还可以包含每一个失效的更多具体信息。

失效的条件速率可以定义为

$$w_C(t \mid \mathcal{H}_t) = \lim_{\Delta t \to \infty} \frac{\Pr\left[N(t + \Delta t) - N(t) = 1 \mid \mathcal{H}_t\right]}{\Delta t} \tag{10.7}$$

因此，$w_C(t \mid \mathcal{H}_t)\Delta t$ 近似等于在考虑之前失效历史的情况下区间 $[t, t + \Delta t)$ 内的失效概率（注意，没有包含时刻 t）。可以看到，式 (10.2) 中定义的过程速率（ROCOF）对应的是失效的无条件速率。

通常，计数过程通过任意变量联系它的历史，而 $w_C(t \mid \mathcal{H}_t)$ 也因此是随机的（stochastic）。可以看到，$w_C(t \mid \mathcal{H}_t)$ 只是对于其历史是随机的：对于固定的历史（即恰好在时刻 t 前的状态给定），$w_C(t \mid \mathcal{H}_t)$ 并不是随机的。为了简化表达，我们在后面会省略对历史 $\mathcal{H}_t$ 的明确引用，令 $w_C(t)$ 表示条件 ROCOF。

马丁格尔的计数过程建模方法需要相当复杂的数学技巧，因此我们在本章的大部分内容中不使用这种方法，但是在 10.5 节讨论不完美修理模型的时候会涉及。有兴趣的读者可以在文献 [126] 中找到关于计数过程马丁格尔方法的简洁但清晰的介绍，如果还想了解更多内容，也可以阅读文献 [8]。

10.1.4　四类计数过程

本章将会介绍四种类型的计数过程。
（1）齐次泊松过程（HPP）；
（2）更新过程；
（3）非齐次泊松过程（NHPP）；
（4）不完美修理过程。

5.5 节中已经介绍过齐次泊松过程。在 HPP 模型中，所有的间隔时间都是独立的，并且服从同参数（失效率）λ 的指数分布。

更新过程和非齐次泊松过程是对 HPP 的泛化，HPP 对二者而言都是一种特殊情况。更新过程是间隔时间独立同分布，但是失效时间分布任意的过程。在失效发生的时候，元件会被更换或者被重置到完好如初的状态。这个过程一般被称为完美修理。我们将在第 14 章详细讨论有关在更新过程中观测到的间隔时间的统计分析。

非齐次泊松过程与齐次泊松过程的区别，在于前者的 ROCOF 不是固定的，而是会随着时间变化。这意味着，NHPP 模型中的间隔时间既不是独立的，也不是同分布的。NHPP 一般用来对那些采用最低限度修理策略，并且修理时间可忽略不计的可维修元件建模。最低限度修理表示失效元件只是恰好恢复到能够发挥功能的状态。在最低限度修理之后，元件可以继续运行，好像没有过失效，但是它再次发生失效的可能性与上一次失效前后是一样的。因此，最低限度修理就是将元件重置到失效前千疮百孔的使用状态。有些文献，比如 [6,15] 讨论了最低限度修理策略，并给出了相关主题的详细参考文献列表。

更新过程和非齐次泊松过程表示两种极端的修理类型：更换并达到完好如初的状态，以及修理到失效前千疮百孔的使用状态。而大多数介于两者之间的修理工作，称为不完美修理或者正常修理。人们已经为不完美修理提出了很多不同的模型，10.5 节中就列举了一些此类模型，本书涉及的修理类型和模型如图 10.6 所示。

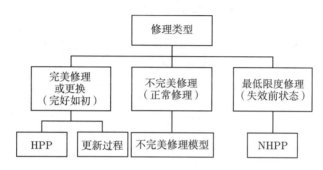

图 10.6 本书涉及的修理类型和随机过程

10.2 齐次泊松过程

我们在 5.8.5 节介绍过齐次泊松过程（HPP）。HPP 可以用多种方式定义，下面介绍三种不同的定义，以说明 HPP 的不同特征。前两种定义来自文献 [255]。

定义 10.3（齐次泊松过程 1） 如果计数过程 $\{N(t), t \geqslant 0\}$ 满足以下条件：

（1）$N(0) = 0$；

（2）过程具有独立增量；

（3）任意长度为 t 的区间内的事件数量，都服从均值为 λt 的泊松分布。这也就是说，对于所有 $s, t > 0$，都有

$$\Pr[N(t+s) - N(s) = n] = \frac{(\lambda t)^n}{n!} e^{-\lambda t}, \quad n = 0, 1, 2, \cdots \tag{10.8}$$

那么该过程就是一个速率为 λ（$\lambda > 0$）的齐次泊松过程。

可以发现，根据第（3）条性质，齐次泊松过程有平稳增量，并且 $E[N(t)] = \lambda t$，这也解释了 λ 被称为过程速率的原因。

定义 10.4（齐次泊松过程 2） 如果计数过程 $\{N(t), t \geqslant 0\}$ 满足以下条件：

（1）$N(0) = 0$；

（2）过程有平稳且独立的增量；

（3）$\Pr[N(\Delta t) = 1] = \lambda \Delta t + o(\Delta t)$；

（4）$\Pr[N(\Delta t) \geqslant 2] = o(\Delta t)$；

那么该过程就是一个速率为 λ（$\lambda > 0$）的齐次泊松过程。

这两个 HPP 的定义可以和 10.4 节中的 NHPP 定义进行类比。而关于齐次泊松过程的第三个定义则来自文献 [59]。

定义 10.5（齐次泊松过程 3） 对于计数过程 $\{N(t), t \geqslant 0\}$，如果 $N(0) = 0$，并且间隔时间 $T_1, T_2, \cdots$ 独立而且服从参数为 λ 的指数分布，那么这个过程就是速率为 $\lambda > 0$ 的齐次泊松过程（HPP）。

10.2.1 齐次泊松过程的主要特征

根据上述三个定义，我们很容易推导出 HPP 的主要特征如下：

（1）HPP 是具有独立平稳增量的常规计数过程。

（2）HPP 的失效发生速率（ROCOF）是常数，且独立于时间，即

$$w(t) = \lambda, \quad t \geqslant 0 \tag{10.9}$$

（3）在区间 $(t, t+v]$ 内的失效数量服从均值为 λv 的泊松分布：

$$\Pr[N(t+v) - N(t) = n] = \frac{(\lambda v)^n}{n!} \mathrm{e}^{-\lambda v}, \quad t \geqslant 0, \ v > 0 \tag{10.10}$$

（4）在时间区间 $(t, t+v]$ 内的平均失效数量为

$$W(t+v) - W(t) = E[N(t+v) - N(t)] = \lambda v \tag{10.11}$$

尤其需要注意，$E[N(t)] = \lambda t$ 和 $\mathrm{var}[N(t)] = \lambda t$。

（5）间隔时间 $T_1, T_2, \cdots$ 是独立同指数分布的随机变量，均值为 $1/\lambda$。

（6）第 n 个失效的时间 $S_n = \sum_{i=1}^{n} T_i$ 服从参数为 (n, λ) 的伽马分布，它的概率密度函数为

$$f_{S_n}(t) = \frac{\lambda}{(n-1)!} (\lambda t)^{n-1} \mathrm{e}^{-\lambda t}, \quad t \geqslant 0 \tag{10.12}$$

文献 [15, 255] 还介绍并讨论了 HPP 的更多特征。

注释 10.1（齐次泊松过程定义比较） 考虑定义 10.5 的 HPP 定义，其中间隔时间 T_1，$T_2, \cdots$ 独立，并且都服从参数为 λ 的指数分布。那么根据式 (10.12)，到达时间 S_n 服从参数为 (n, λ) 的伽马分布。因为当且仅当 $S_n \leqslant t < S_{n+1}$ 时才有 $N(t) = n$，并且间隔时间 $T_{n+1} = S_{n+1} - S_n$，则利用全概率公式（见 6.2.4 节），得

$$\Pr[N(t) = n] = \Pr(S_n \leqslant t < S_{n+1})$$

$$= \int_0^t \Pr(T_{n+1} > t - s \mid S_n = s) \, f_{S_n}(s) \, \mathrm{d}s$$

$$= \int_0^t \mathrm{e}^{-\lambda(t-s)} \frac{\lambda}{(n-1)!} (\lambda s)^{n-1} \mathrm{e}^{-\lambda s} \, \mathrm{d}s$$

$$= \frac{(\lambda t)^n}{n!} \, \mathrm{e}^{-\lambda t} \tag{10.13}$$

根据定义 10.5，上式表明 $\{N(t), t \geqslant 0\}$ 是一个均值为 λt 的齐次泊松过程。

10.2.2　渐近属性

齐次泊松过程具有下列渐近属性：

$$\frac{N(t)}{t} \to \lambda, \qquad \text{当 } t \to \infty \text{ 时概率为 } 1$$

以及

$$\frac{N(t) - \lambda t}{\sqrt{\lambda t}} \to \mathcal{N}(0, 1)$$

因此有

$$P\left(\frac{N(t) - \lambda t}{\sqrt{\lambda t}} \leqslant t\right) \approx \Phi(t), \qquad t \to \infty \tag{10.14}$$

其中 $\Phi(t)$ 是标准正态分布 $\mathcal{N}(0, 1)$ 的分布函数。

10.2.3　估计和置信区间

本书第 14 章介绍了关于估计和置信区间的基本内容，如果读者对估计理论不了解，可先阅读第 14 章。在本节中，我们只是总结一些主要的公式。

很显然，λ 的估值可以采用下式计算：

$$\widehat{\lambda} = \frac{N(t)}{t} \tag{10.15}$$

这个估值属于无偏估计，$E(\widehat{\lambda}) = \lambda$，而方差 $\mathrm{var}(\widehat{\lambda}) = \lambda / t$。

如果在长度为 t 的区间内观测到了 $N(t) = n$ 个事件（失效），那么 λ 估计的 $1 - \varepsilon$ 置信区间为（见文献 [59] 第 63 页）

$$\left(\frac{1}{2t} z_{1-\varepsilon/2, \, 2n}, \, \frac{1}{2t} z_{\varepsilon/2, \, 2(n+1)}\right) \tag{10.16}$$

其中 $z_{\varepsilon, \nu}$ 是自由度为 ν 的卡方（χ^2）分布的上 $100\varepsilon\%$ 百分位数。在 R 语言中，计算自由度为 n 的卡方分布的百分位数（比如 95%）的命令是 qchisq(0.95, df=n)。

有时，我们需要给出 λ 的 $1 - \varepsilon$ 置信上限。这个上限可以通过单边置信区间得到：

$$\left(0, \, \frac{1}{2t} z_{\varepsilon, \, 2(n+1)}\right) \tag{10.17}$$

可以看到，如果在区间 $(0, t)$ 内没有观测到失效（即 $N(t) = 0$），那么这个区间也是适用的。

10.2.4 齐次泊松过程的求和及分解

令 $\{N_1(t), t \geqslant 0\}$ 和 $\{N_2(t), t \geqslant 0\}$ 表示速率分别为 λ_1 和 λ_2 的两个齐次泊松过程。并且，令 $N(t) = N_1(t) + N_2(t)$。很容易验证（见习题 10.4），$\{N(t), t \geqslant 0\}$ 是一个速率为 $\lambda = \lambda_1 + \lambda_2$ 的齐次泊松过程。

假定在一个齐次泊松过程 $\{N(t), t \geqslant 0\}$ 中，我们可以将每一个失效分为第 1 类和第 2 类，其发生频率分别为 p 和 $1-p$。这种情况就好像有两种不同失效模式（1 和 2）的失效序列，p 等于第 1 种失效模式的占比。接下来，在区间 $(0, t]$ 内，第 1 类失效的数量 $N_1(t)$ 和第 2 类失效的数量 $N_2(t)$ 都分别服从速率为 $p\lambda$ 以及 $(1-p)\lambda$ 的齐次泊松过程 $\{N_1(t), t \geqslant 0\}$ 和 $\{N_2(t), t \geqslant 0\}$。并且，这两个过程是独立的。有兴趣的读者可以阅读文献 [255]（第 69 页）查看正式的证明过程。上述的结果也可以推广到超过两类失效的情况。

案例 10.3（一类特殊失效） 令 $\{N(t), t \geqslant 0\}$ 表示速率为 λ 的齐次泊松过程。一些失效会发展为后果 C，而另一些则不会。最终会发展为后果 C 的失效，我们标记为 C-失效。这样，就可以把 C-失效作为一类特殊的失效模式。失效发展到后果 C 的概率为 p，它对每一个失效都是常数。我们进一步假设失效的后果相互独立，令 $N_C(t)$ 表示在区间 $(0, t]$ 内 C-失效的数量。当 $N(t)$ 等于 n 时，$N_C(t)$ 服从二项分布：

$$\Pr[N_C(t) = y \mid N(t) = n] = \binom{n}{y} p^y (1-p)^{n-y}, \qquad y = 0, 1, 2, \cdots, n$$

$N_C(t)$ 的边际分布为

$$
\begin{aligned}
\Pr[N_C(t) = y] &= \sum_{n=y}^{\infty} \binom{n}{y} p^y (1-p)^{n-y} \frac{(\lambda t)^n}{n!} \, \mathrm{e}^{-\lambda t} \\
&= \frac{p^y \mathrm{e}^{-\lambda t}}{y!} (\lambda t)^y \sum_{n=y}^{\infty} \frac{[\lambda t (1-p)]^{n-y}}{(n-y)!} \\
&= \frac{(p\lambda t)^y \mathrm{e}^{-\lambda t}}{y!} \sum_{x=0}^{\infty} \frac{[\lambda t (1-p)]^x}{x!} \\
&= \frac{(p\lambda t)^y \mathrm{e}^{-\lambda t}}{y!} \, \mathrm{e}^{\lambda t (1-p)} \\
&= \frac{(p\lambda t)^y}{y!} \, \mathrm{e}^{-p\lambda t}
\end{aligned}
\tag{10.18}
$$

它表示 $\{N_C(t), t \geqslant 0\}$ 是一个速率为 $p\lambda$ 的齐次泊松过程。在区间 $(0, t]$ 内 C-失效的平均数量为

$$E[N_C(t)] = p\lambda t$$

10.2.5　失效时间的条件分布

假设在区间 $(0, t_0]$ 内，速率为 λ 的齐次泊松过程正好在某一时刻发生一次（隐藏）失效，我们希望确定失效发生时刻 T_1 的分布。有

$$
\begin{aligned}
\Pr\left[T_1 \leqslant t \mid N(t_0) = 1\right] &= \frac{\Pr\left[T_1 \leqslant t \cap N(t_0) = 1\right]}{\Pr\left(N(t_0) = 1\right)} \\
&= \frac{\Pr\left[\text{在区间 } (0,t] \text{ 有一个失效} \cap \text{在区间 } (t,t_0] \text{ 没有失效}\right]}{\Pr\left(N(t_0) = 1\right)} \\
&= \frac{\Pr[N(t) = 1]\Pr[N(t_0) - N(t) = 0]}{\Pr(N(t_0) = 1)} \\
&= \frac{\lambda t e^{-\lambda t} e^{-\lambda(t_0 - t)}}{\lambda t_0 e^{-\lambda t_0}} \\
&= \frac{t}{t_0}, \qquad 0 < t \leqslant t_0
\end{aligned}
\tag{10.19}
$$

若已知在区间 $(0, t_0]$ 内只发生了一次失效（事件），那么该失效的发生时间在 $(0, t_0]$ 内就是均匀分布的。因此，对于 $(0, t_0]$ 内长度相等的每个区间，包含该失效的概率都是相同的。那么这个发生的期望时间为

$$
E(T_1 \mid N(t_0) = 1) = \frac{t_0}{2}
\tag{10.20}
$$

这个结果对于我们在第 13 章中进行的安全仪表系统分析非常重要。

10.2.6　复合齐次泊松过程

考虑一个速率为 λ 的齐次泊松过程 $\{N(t), t \geqslant 0\}$，任意变量 X_i 与失效事件 i 关联，$i = 1, 2, \cdots$。比如，变量 X_i 可以是失效 i 导致的后果（经济损失）。假设变量 $X_1, X_2, \cdots$ 独立，并且都有相同的分布函数

$$
F_X(x) = \Pr(X \leqslant x)
$$

进一步假设变量 $X_1, X_2, \cdots$ 独立于 $N(t)$，那么在 t 的累计后果为

$$
Z(t) = \sum_{i=1}^{N(t)} X_i \qquad t \geqslant 0
\tag{10.21}
$$

过程 $\{Z(t), t \geqslant 0\}$ 称为复合泊松过程（compound Poisson process）。文献 [255] 讨论过这个过程，而文献 [24] 将其称为累计破坏模型。为了确定 $Z(t)$ 的均值，我们可以使用瓦尔德方程（见备注）[1]。有兴趣的读者可以在文献 [255] 中找到瓦尔德等式的证明。$\sum_{i=1}^{N} X_i$ 的

---

[1] 以匈牙利数学家 Abraham Wald （1902—1950）的名字命名。

瓦尔德等式

令 $X_1, X_2, X_3, \cdots$ 表示独立同分布的任意变量，并存在有限均值 $E(X)$。下面令 N 表示一个随机整数变量，这样对于所有 $n = 1, 2, \cdots$，事件 $(N = n)$ 都独立于 $X_{n+1}, X_{n+2}, \cdots$。则有

$$E\left(\sum_{i=1}^{N} X_i\right) = E(N)\,E(X) \tag{10.22}$$

方差为[255]

$$\mathrm{var}\left(\sum_{i=1}^{N} X_i\right) = E(N)\mathrm{var}(X_i) + [E(X_i)]^2\mathrm{var}(N) \tag{10.23}$$

令 $E(V_i) = \nu$，$\mathrm{var}(V_i) = \tau^2$。根据式 (10.22) 和式 (10.23)，可得

$$E[Z(t)] = \nu\lambda t, \qquad \mathrm{var}[Z(t)] = \lambda(\nu^2 + \tau^2)t$$

现在假设后果 V_i 全是整数，即对于所有 i 都有 $\Pr(V_i > 0) = 1$。对于一些特殊的临界值 c，一旦 $Z(t) > c$，就会发生全部元件失效。令 T_c 表示元件的失效时间，可以发现当且仅当 $Z(t) \leqslant c$ 时，有 $T_c > t$。令 $V_0 = 0$，则有

$$\Pr(T_c > t) = \Pr[Z(t) \leqslant c] = \Pr\left(\sum_{i=0}^{N(t)} V_i \leqslant c\right)$$

$$= \sum_{n=0}^{\infty} \Pr\left[\sum_{i=0}^{n} V_i \leqslant c \mid N(t) = n\right] \frac{(\lambda t)^n}{n!}\,\mathrm{e}^{-\lambda t}$$

$$= \sum_{n=0}^{\infty} \frac{(\lambda t)^n}{n!}\,\mathrm{e}^{-\lambda t}\, F_V^{(n)}(c) \tag{10.24}$$

其中 $F_V^{(n)}(v)$ 为 $\sum_{i=0}^{n} V_i$ 的分布函数，最后一个等式是因为 $N(t)$ 独立于 $V_1, V_2, \cdots$。

因此，直至全部零件失效的平均时间为

$$E(T_c) = \int_0^{\infty} \Pr(T_c > t)\,\mathrm{d}t$$

$$= \sum_{n=0}^{\infty} \left(\int_0^{\infty} \frac{(\lambda t)^n}{n!}\,\mathrm{e}^{-\lambda t}\,\mathrm{d}t\right) F_V^{(n)}(c)$$

$$= \frac{1}{\lambda} \sum_{n=0}^{\infty} F_V^{(n)}(c) \tag{10.25}$$

案例 10.4（指数分布的后果）　考虑一系列失效事件，它们可以描述为速率为 λ 的齐次泊松过程 $\{N(t), t \geqslant 0\}$。失效 i 的后果是 V_i，$V_1, V_2, \cdots$ 相互独立，并服从参数为 ρ 的

指数分布。因此，后果的和 $\sum_{i=1}^{n} V_i$ 服从参数为 (n, ρ) 的伽马分布（见 5.4 节）：

$$F_V^{(n)}(v) = 1 - \sum_{k=0}^{n-1} \frac{(\rho v)^k}{k!} e^{-\rho v} = \sum_{k=n}^{\infty} \frac{(\rho v)^k}{k!} e^{-\rho v}$$

一旦 $Z(t) = \sum_{i=1}^{N(t)} V_i > c$，就会发生全部零件失效。从投入运行开始到全部零件失效的平均时间由式 (10.15) 给出，其中

$$\sum_{n=0}^{\infty} F_V^{(n)}(c) = \sum_{n=0}^{\infty} \sum_{k=n}^{\infty} \frac{(\rho c)^k}{k!} e^{-\rho c} = \sum_{k=0}^{\infty} \sum_{n=0}^{k} \frac{(\rho c)^k}{k!} e^{-\rho c}$$

$$= \sum_{k=0}^{\infty} (1+k) \frac{(\rho c)^k}{k!} e^{-\rho c} = 1 + \rho c$$

因此，如果后果 $V_1, V_2, \cdots$ 服从参数为 ρ 的指数分布，则到全部元件失效的平均时间是

$$E(T_c) = \frac{1 + \rho c}{\lambda} \tag{10.26}$$

根据文献 [24] 的第 94 页，从投入运行开始直至全部元件失效的时间 T_c 对于任何分布 $F_V(v)$ 都服从 IFRA 分布（5.9 节曾经讨论过 IFRA 分布）。

10.3　更新过程

更新理论源于对技术元件替换策略的研究，后来它被发展为随机过程中的通用理论。正如该过程的名称所示，它用于对更新或元件替换进行建模。本节将总结更新理论的一些主要内容，它们与可靠性分析密切相关，其中包括用于计算给定区间内的准确可用性和平均故障数量的公式，比如后者可用于确定备件的最佳分配方式。

案例 10.5（一个更新过程）　假设一个元件在时刻 $t = 0$ 投入运行并且可运行。如果该元件在时刻 T_1 失效，它会被一个同型号的新元件替换，或者被恢复到完好如初的状态。若这个元件在时刻 $T_1 + T_2$ 失效，它会再次被更换，如此反复。我们假设更换时间可以忽略不计，失效时间 $T_1, T_2, \cdots$ 相互独立且同分布。那么，在一个区间 $(0, t]$ 内失效和更新的数量就可以表示为 $N(t)$。

10.3.1　基本概念

更新过程（renewal process）是一个计数过程 $\{N(t), t \geqslant 0\}$，其中间隔时间 $T_1, T_2, \cdots$ 是独立同分布的，分布函数为 $F_T(t) = \Pr(T_i \leqslant t)$，其中 $t \geqslant 0$，$i = 1, 2, \cdots$。

这些观测到的事件称为更新，而 $F_T(t)$ 则称为该更新过程的基础分布（underlying distribution）。我们假设对于 $i = 1, 2, \cdots$，有 $E(T_i) = \mu$，以及 $\mathrm{var}(T_i) = \sigma^2 < \infty$。可见 10.2

节中讨论的齐次泊松过程也是一种更新过程，其基础分布是参数为 λ 的指数分布。因此，更新过程可以看作齐次泊松过程的一种泛化形式。

我们在 10.1.2 节中介绍的用于一般计数过程的概念也适用于更新过程。但是更新过程理论已经发展为一种专门理论，所以很多概念都有相应的专有名词。因此，我们需要列出更新过程的主要概念，并介绍一些术语。

（1）直到第 n 次更新的时间（即第 n 次更新的到达时间）S_n：

$$S_n = T_1 + T_2 + \cdots + T_n = \sum_{i=1}^{n} T_i \tag{10.27}$$

（2）区间 $(0, t]$ 内的更新次数

$$N(t) = \max\{n; \, S_n \leqslant t\} \tag{10.28}$$

（3）更新方程

$$W(t) = E[N(t)] \tag{10.29}$$

因此在区间 $(0, t]$ 内的平均更新数量为 $W(t)$。

（4）更新密度

$$w(t) = \frac{\mathrm{d}}{\mathrm{d}t} W(t) \tag{10.30}$$

可以看到，如果更新就是失效的话，则更新密度和式 (10.2) 中定义的过程速率（即失效发生速率，ROCOF）是吻合的。在区间 $(t_1, t_2]$ 内的平均更新次数为

$$W(t_2) - W(t_1) = \int_{t_1}^{t_2} w(t) \, \mathrm{d}t \tag{10.31}$$

图 10.1 示出了在一个更新过程中，更新间隔 T_i 和更新次数 $N(t)$ 之间的关系。文献 [50, 59, 65, 255] 对更新过程的性质有更加全面的讨论。

10.3.2 S_n 的分布

对于到达第 n 次更新 S_n 的时间，要确定其准确分布通常是一项复杂的工作。我们简单介绍一种至少能够在一些场合下使用的方法。令 $F^{(n)}(t)$ 表示 $S_n = \sum_{i=1}^{n} T_i$ 的分布函数。

因为 S_n 可以写作 $S_n = S_{n-1} + T_n$，而 S_{n-1} 和 T_n 相互独立，那么 S_n 的分布函数就是 S_{n-1} 的分布函数与 T_n 的卷积[①]：

$$F^{(n)}(t) = \int_0^t F^{(n-1)}(t-x) \, \mathrm{d}F_T(x) \tag{10.32}$$

---

① 了解卷积的更多信息，可以参考维基百科。

两个（失效时间）分布 F 和 G 的卷积，一般表示为 $F*G$，意味着 $F*G(t) = \int_0^t G(t-x)\,\mathrm{d}F(x)$。因此式 (10.32) 可以写作 $F^{(n)} = F_T * F^{(n-1)}$。

当 $F_T(t)$ 绝对连续[①]，且概率密度函数为 $f_T(t)$ 时，S_n 的概率密度函数 $f^{(n)}(t)$ 可以根据下式得到：

$$f^{(n)}(t) = \int_0^t f^{(n-1)}(t-x)f_T(x)\,\mathrm{d}x \tag{10.33}$$

当 $n = 2, 3, 4, \cdots$ 时，对式 (10.33) 进行连续积分，理论上就可以得到在 n 值指定的情况下 S_n 的概率密度。

有时我们还可以使用拉普拉斯变换确定 S_n 的分布。式 (10.33) 的拉普拉斯变换（见附录拉普拉斯变换）为

$$f^{*(n)}(s) = [f_T^*(s)]^n \tag{10.34}$$

现在，至少在理论上我们可以通式 (10.34) 的反拉普拉斯变换确定 S_n 的概率密度函数。

在实际工作中，使用式 (10.33) 和式 (10.34) 确定 S_n 的准确分布非常耗时耗力，所以一般情况下，我们得到 S_n 的近似分布就足够了。

根据强大数定律，下列关系成立的概率为 1：

$$\frac{S_n}{n} \to \mu, \qquad n \to \infty \tag{10.35}$$

根据中心极限定律 (见式 (6.39))，$S_n = \sum_{i=1}^{n} T_i$ 服从渐近正态分布：

$$\frac{S_n - n\mu}{\sigma\sqrt{n}} \xrightarrow{\mathcal{L}} \mathcal{N}(0, 1)$$

并且有

$$F^{(n)}(t) = \Pr(S_n \leqslant t) \approx \Phi\left(\frac{t - n\mu}{\sigma\sqrt{n}}\right) \tag{10.36}$$

其中 $\Phi(\cdot)$ 是标准正态分布 $\mathcal{N}(0,1)$ 的分布函数。

案例 10.6（IFR 间隔时间） 考虑一个间隔时间服从 IFR 分布 $F_T(t)$ 的更新过程（见 5.6 节），其平均失效时间为 μ。在本例中，文献 [23]（第 27 页）显示，其存续度函数 $R_T(t) = 1 - F_T(t)$ 满足

$$R_T(t) \geqslant \mathrm{e}^{-t/\mu}, \qquad t < \mu \tag{10.37}$$

式 (10.37) 的右侧是服从失效率为 $1/\mu$ 的指数分布的任意变量 U_j 的存续度函数。假设有 n 个独立的同分布任意变量 $U_1, U_2, \cdots, U_n$，$\sum_{j=1}^{n} U_j$ 的分布就是一个参数为 $(n, 1/\mu)$ 的伽马分布（见 5.4.2 节），因此得到

$$1 - F^{(n)}(t) = \Pr(S_n > t) = \Pr(T_1 + T_2 + \cdots + T_n > t)$$

---

① 了解术语绝对连续的含义，也可以参考维基百科。

$$\geqslant \Pr\left(U_1 + U_2 + \cdots + U_n > t\right) = \sum_{j=0}^{n-1} \frac{(t/\mu)^j}{j!}\, \mathrm{e}^{-t/\mu}$$

所以

$$F^n(t) \leqslant 1 - \sum_{j=0}^{n-1} \frac{(t/\mu)^j}{j!}\, \mathrm{e}^{-t/\mu}, \qquad t < \mu \tag{10.38}$$

对于间隔时间服从均值为 μ 的 IFR 分布的更新（失效）过程，式 (10.38) 可以给出一个关于第 n 次失效在时间 t 之前发生概率的保守边界（其中 $t < \mu$）。

10.3.3 $N(t)$ 的分布

根据强大数定律，下列关系成立的概率为 1：

$$\frac{N(t)}{t} \to \frac{1}{\mu}, \qquad t \to \infty \tag{10.39}$$

当 t 很大时，$N(t) \approx t/\mu$，这意味着在 t 很大时 $N(t)$ 近似为 t 的线性函数。在图 10.7 中，更新次数 $N(t)$ 被绘制为 t 的函数以模拟更新过程，其中基础分布是参数为 $\lambda = 1$ 以及 $\alpha = 3$ 的威布尔分布。

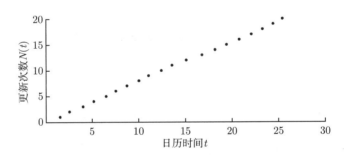

图 10.7 更新次数 $N(t)$ 作为 t 的函数模拟更新过程（其中基础分布是参数为 $\lambda = 1$ 以及 $\alpha = 3$ 的威布尔分布）

根据 $N(t)$ 和 S_n 的定义，可以得到

$$\Pr[N(t) \geqslant n] = \Pr(S_n \leqslant t) = F^{(n)}(t)$$

以及

$$\Pr[N(t) = n] = \Pr[N(t) \geqslant n] - \Pr[N(t) \geqslant n+1]$$

$$= F^{(n)}(t) - F^{(n+1)}(t) \tag{10.40}$$

对于 n 值较大的情况，我们可以使用式 (10.36) 得到

$$\Pr[N(t) \leqslant n] \approx \Phi\left(\frac{(n+1)\mu - t}{\sigma}\right) \tag{10.41}$$

以及

$$\Pr[N(t) = n] \approx \Phi\left(\frac{t - n\mu}{\sigma\sqrt{n}}\right) - \Phi\left(\frac{t - (n+1)\mu}{\sigma\sqrt{n+1}}\right) \tag{10.42}$$

文献 [277] 推导了下列近似公式, 它在 t 较大的时候有效:

$$\Pr[N(t) \leqslant n] \approx \Phi\left(\frac{n - t/\mu}{\sigma\sqrt{t/\mu^3}}\right) \tag{10.43}$$

文献 [255]（第 109 页）有对式 (10.43) 的完整证明。

10.3.4 更新函数

因为当且仅当 $S_n \leqslant t$ 时, 有 $N(t) \geqslant n$, 可以得到（见习题 10.5）

$$W(t) = E[N(t)] = \sum_{n=1}^{\infty} \Pr[N(t) \geqslant n] = \sum_{n=1}^{\infty} \Pr(S_n \leqslant t) = \sum_{n=1}^{\infty} F^{(n)}(t) \tag{10.44}$$

合并式 (10.44) 和式 (10.32), 可以得到 $W(t)$ 的积分表达式:

$$\begin{aligned}
W(t) &= F_T(t) + \sum_{r=2}^{\infty} F^{(r)}(t) = F_T(t) + \sum_{r=1}^{\infty} F^{(r+1)}(t) \\
&= F_T(t) + \sum_{r=1}^{\infty} \int_0^t F^{(r)}(t-x)\,\mathrm{d}F_T(x) \\
&= F_T(t) + \int_0^t \sum_{r=1}^{\infty} F^{(r)}(t-x)\,\mathrm{d}F_T(x) \\
&= F_T(t) + \int_0^t W(t-x)\,\mathrm{d}F_T(x)
\end{aligned} \tag{10.45}$$

这个等式称为基础更新方程（fundamental renewal equation）, 有时可以用来求解 $W(t)$。

还可以采用更加直接的方式推导式 (10.44)。将第一次更新的时间 T_1 作为条件, 得

$$\begin{aligned}
W(t) = E[N(t)] &= E\left[E\left(N(t) \mid T_1\right)\right] \\
&= \int_0^{\infty} E(N(t) \mid T_1 = x)\,\mathrm{d}F_{T_1}(x)
\end{aligned} \tag{10.46}$$

其中

$$E(N(t) \mid T_1 = x) = \begin{cases} 0, & t < x \\ 1 + W(t-x), & t \geqslant x \end{cases} \tag{10.47}$$

如果第一次更新发生在时刻 x, 并且有 $x \leqslant t$, 这个过程就会从该时刻重新启动。因此, 在区间 $(0, t]$ 内的平均更新次数为 1, 而区间 $(x, t]$ 内的平均更新次数为 $W(t-x)$。

合并式 (10.46) 和式 (10.47) 得

$$W(t) = \int_0^t [1 + W(t-x)]\, \mathrm{d}F_T(x) = F_T(t) + \int_0^t W(t-x)\, \mathrm{d}F_T(x)$$

这样就得到了式 (10.44) 的另一种形式。

根据式 (10.44) 一般很难确定更新函数 $W(t)$ 的精确表达式，所以我们需要使用近似公式和近似边界。

因为 $W(t)$ 是区间 $(0, t)$ 内更新的期望数量，每一次更新的平均长度 μ 就近似等于 $t/W(t)$。因此，在 $t \to \infty$ 时，我们期望可以得到

$$\lim_{t \to \infty} \frac{W(t)}{t} = \frac{1}{\mu} \tag{10.48}$$

这个结果被称为基本更新方程（elementary renewal equation），对于一般的更新过程都适用，其证明过程见文献 [255] 的第 107 页。

如果更新就是元件失效，那么在区间 $(0, t)$ 内的平均失效数量近似为

$$E[N(t)] = W(t) \approx \frac{t}{\mu} = \frac{t}{\mathrm{MTBF}}, \qquad \text{当 } t \text{ 很大时}$$

其中 $\mu = \mathrm{MTBF}$，为平均失效间隔。

根据式 (10.48) 中的基本更新函数，在区间 $(0, t)$ 内的平均更新数量为

$$W(t) \approx \frac{t}{\mu}, \qquad \text{当 } t \text{ 很大时}$$

在区间 $(t, t+u]$ 内的平均更新数量为

$$W(t+u) - W(t) \approx \frac{u}{\mu}, \qquad t \text{ 很大}, \ u > 0 \tag{10.49}$$

其基础分布 $F_T(t)$ 是非晶格分布。这个结果称为布莱克韦定理（Blackwell's theorem），它的证明见文献 [100]。

文献 [271] 对式 (10.49) 所示的布莱克韦定理进行了泛化，并证明如果基础分布 $F_T(t)$ 是非晶格分布，那么有

$$\lim_{t \to \infty} \int_0^t Q(t-x)\, \mathrm{d}W(x) = \frac{1}{\mu} \int_0^\infty Q(u)\, \mathrm{d}u \tag{10.50}$$

其中 $Q(t)$ 在 $(0, \infty)$ 区间内是一个非负、非增函数，并且是黎曼可积的[①]。这个结果称为关键更新方程（key renewal equation）。

---

① 可以查阅维基百科，了解黎曼可积函数的更多信息。黎曼可积以德国数学家波恩哈德·黎曼（Georg Friedrich Bernhard Riemann，1826—1866）的名字命名。

在式 (10.50) 中考虑到在 $0 < t \leqslant \alpha$ 时有 $Q(t) = \alpha^{-1}$, 在其他情况有 $Q(t) = 0$, 就能得到式 (10.49) 所示的布莱克韦定理。

令

$$F_e(t) = \frac{1}{\mu} \int_0^t [1 - F_T(u)] \, \mathrm{d}u \tag{10.51}$$

其中 $F_e(t)$ 是一个分布函数, 它可以用定义 10.6 进行解释。在式 (10.50) 中令 $Q(t) = 1 - F_e(t)$, 如果有 $E(T_i^2) = \sigma^2 + \mu^2 < \infty$, 则得

$$\lim_{t \to \infty} \left(W(t) - \frac{t}{\mu} \right) = \frac{E(T_i^2)}{2\mu^2} - 1 = \frac{\sigma^2 + \mu^2}{2\mu^2} - 1 = \frac{1}{2} \left(\frac{\sigma^2}{\mu^2} - 1 \right)$$

因此, 在 t 很大时, 我们可以得到下列近似表达式:

$$W(t) \approx \frac{t}{\mu} + \frac{1}{2} \left(\frac{\sigma^2}{\mu^2} - 1 \right) \tag{10.52}$$

更新函数的上下边界会在 10.3.7 节中给出。

10.3.5　更新密度

如果 $F_T(t)$ 有密度函数 $f_T(t)$, 就可以对式 (10.45) 求微分, 得

$$w(t) = \frac{\mathrm{d}}{\mathrm{d}t} W(t) = \frac{\mathrm{d}}{\mathrm{d}t} \sum_{n=1}^{\infty} F_T^{(n)}(t) = \sum_{n=1}^{\infty} f_T^{(n)}(t) \tag{10.53}$$

式 (10.53) 有时可以用来确定更新密度 $w(t)$。另外一种方法则是对式 (10.46) 对于时间 t 求微分:

$$w(t) = f_T(t) + \int_0^t w(t - x) f_T(x) \, \mathrm{d}x \tag{10.54}$$

当然也可以采用拉普拉斯变换的方法。根据附录 B, 式 (10.54) 的拉普拉斯变换为

$$w^*(s) = f_T^*(s) + w^*(s) f_T^*(s)$$

因此

$$w^*(s) = \frac{f_T^*(s)}{1 - f_T^*(s)} \tag{10.55}$$

注释 10.2　根据式 (10.5), 较短区间 $(t, t + \Delta t]$ 内失效（更新）的概率近似为 $w(t)\Delta t$。因为第一次失效发生在区间 $(t, t+\Delta t]$ 内的概率近似为 $f_T(t)\Delta t$, 因此可以使用式 (10.54) 总结得到,"稍后"的失效（即不是第一次）发生在区间 $(t, t+\Delta t]$ 内的概率近似等于 $\left(\int_0^t w(t - x) f_T(x) \, \mathrm{d}x \right) \Delta t$。

根据式 (10.53)～ 式 (10.55) 一般很难确定更新密度 $w(t)$ 的精确表达式。更新函数的情况也类似，所以必须使用近似方程和边界。

根据式 (10.48)，我们可以期望

$$\lim_{t \to \infty} w(t) = \frac{1}{\mu} \tag{10.56}$$

文献 [271] 证明，如果存在 $p > 1$ 使得 $|f_T(t)|^p$ 黎曼可积，那么式 (10.56) 适用于基础概率密度函数为 $f_T(t)$ 的更新过程。因此，当 t 很大时，更新密度 $w(t)$ 也就接近常数 $1/\mu$。

假定一个更新过程中的更新就是元件失效，那么间隔时间 $T_1, T_2, \cdots$ 就是失效时间，而 $S_1, S_2, \cdots$ 则是失效发生的时刻。令 $z(t)$ 表示在第一次失效（在 T_1 发生）发生之前的失效率（FOM）函数，那么在区间 $(0, T_1)$ 内条件更新密度（ROCOF）$w_C(t)$ 就一定等于 $z(t)$。在第一次失效发生后，元件被更新或者更换，然后再次启动时的失效率（FOM）和初始状况一样。那么，它的条件更新速率（ROCOF）可以表示为

$$w_C(t) = z\left(t - S_{N(t-)}\right)$$

其中 $t - S_{N(t-)}$ 是从上一次失效发生以来的时间，必定在时刻 t 之前。图 10.8 所示为间隔时间服从尺度参数 $\lambda = 1$、形状参数 $\alpha = 3$ 的威布尔分布的条件 ROCOF，并根据该分布的模拟间隔时间描点。

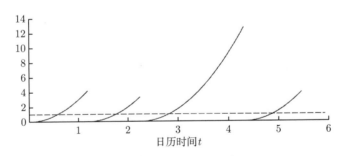

图 10.8　服从参数 $\alpha = 3$ 和 $\lambda = 1$ 的威布尔分布的仿真数据的条件 ROCOF（实线），以及与之对应的渐近更新密度（虚线）

案例 10.7（伽马分布更新周期）　考虑一个更新周期 $T_1, T_2, \cdots$ 相互独立并且服从参数为 $(2, \lambda)$ 的伽马分布的更新过程，它的概率密度函数为

$$f_T(t) = \lambda^2 t \, e^{-\lambda t}, \qquad t > 0, \ \lambda > 0$$

其平均更新周期为 $E(T_i) = \mu = 2/\lambda$，方差为 $\text{var}(T_i) = \sigma^2 = 2/\lambda^2$。过程到达第 n 次更新的时间 S_n，服从伽马分布（见 5.4.2 节），概率密度函数为

$$f^{(n)}(t) = \frac{\lambda}{(2n-1)!} (\lambda t)^{2n-1} \, e^{-\lambda t}, \qquad t > 0$$

根据式 (10.54)，更新密度为

$$w(t) = \sum_{n=1}^{\infty} f^{(n)}(t) = \lambda e^{-\lambda t} \sum_{n=1}^{\infty} \frac{(\lambda t)^{2n-1}}{(2n-1)!}$$

$$= \lambda e^{-\lambda t} \frac{e^{\lambda t} - e^{-\lambda t}}{2} = \frac{\lambda}{2} \left(1 - e^{-2\lambda t}\right)$$

更新函数为

$$W(t) = \int_0^t w(x)\, \mathrm{d}x = \frac{\lambda}{2} \int_0^t (1 - e^{-2\lambda x})\, \mathrm{d}x = \frac{\lambda t}{2} - \frac{1}{4} \left(1 - e^{-2\lambda t}\right) \tag{10.57}$$

更新密度 $w(t)$ 和更新函数 $W(t)$ 如图 10.9 所示，其中设定 $\lambda = 1$。可以看到，当 $t \to \infty$ 时，有

$$W(t) \to \frac{\lambda t}{2} = \frac{t}{\mu}$$

$$w(t) \to \frac{\lambda}{2} = \frac{1}{\mu}$$

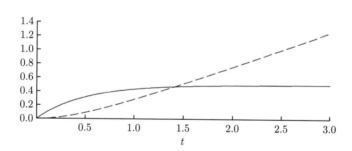

图 10.9　案例 10.7 的更新密度 $w(t)$（实线）和更新函数 $W(t)$（虚线），设 $\lambda = 1$

上式分别对应式 (10.48) 和式 (10.56)。我们可以进一步使用式 (10.52)，确定更新函数 $W(t)$ 一个更好的近似表达式。根据式 (10.56)，式 (10.52) 的左侧可以表示为

$$W(t) - \frac{t}{\mu} = W(t) - \frac{\lambda t}{2} \to -\frac{1}{4}, \qquad t \to \infty$$

式 (10.52) 的右侧为（其中 $\mu = 2/\mu$，$\sigma^2 = 2/\lambda^2$）

$$\frac{t}{\mu} + \frac{1}{2} \left(\frac{\sigma^2}{2\mu^2} - 1 \right) = \frac{t}{\mu} - \frac{1}{4}$$

这是因为我们可以使用下列近似计算式：

$$W(t) \approx \frac{\lambda t}{2} - \frac{1}{4}, \qquad \text{当 } t \text{ 很大时}$$

案例 10.8（威布尔分布更新周期） 考虑一个更新过程，其中更新周期 $T_1, T_2, \cdots$ 相互独立，并且服从形状参数为 α 和尺度参数为 λ 的威布尔分布。在本例中，更新函数 $W(t)$ 无法由式 (10.45) 直接推导得到。文献 [272] 证明，$W(t)$ 可以表示为一个无限的、绝对收敛的级数，其中的项可以通过一个简单的递归程序求得。该文献还证明，$W(t)$ 可以写作

$$W(t) = \sum_{k=1}^{\infty} \frac{(-1)^{k-1} A_k (\lambda t)^{k\alpha}}{\Gamma(k\alpha + 1)} \tag{10.58}$$

用这个表达式替换基础更新方程中的 $W(t)$，就可以确定约束 A_k，$k = 1, 2, \cdots$。这个计算相当烦琐，最终可以得到下列递归公式：

$$
\begin{cases}
A_1 = \gamma_1 \\
A_2 = \gamma_2 - \gamma_1 A_1 \\
A_3 = \gamma_3 - \gamma_1 A_2 - \gamma_2 A_1 \\
\quad \vdots \\
A_n = \gamma_n - \sum_{j=1}^{n-1} \gamma_j A_{n-j} \\
\quad \vdots
\end{cases}
\tag{10.59}
$$

其中

$$\gamma_n = \frac{\Gamma(n\alpha + 1)}{n!}, \qquad n = 1, 2, \cdots$$

在 $\alpha = 1$ 时，威布尔分布就转化为参数为 λ 的指数分布。在本例中

$$\gamma_n = \frac{\Gamma(n + 1)}{n!} = 1 \qquad n = 1, 2, \cdots$$

则可以得到

$$A_1 = 1$$

$$A_n = 0, \quad n \geqslant 2$$

因此，根据式 (10.58)，更新函数为

$$W(t) = \frac{(-1)^0 A_1 \lambda t}{\Gamma(2)} = \lambda t$$

图 10.10 示出了 $\lambda = 1$ 时三个不同 α 值的更新函数 $W(t)$。

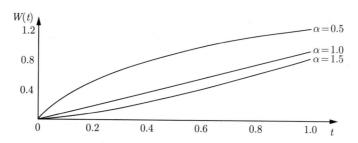

图 10.10　参数为 $\lambda = 1$ 并且 $\alpha = 0.5$，$\alpha = 1$ 和 $\alpha = 1.5$ 的威布尔分布更新函数（该图选自文献 [272]）

10.3.6　工龄和剩余寿命

元件在时刻 t 运行时的工龄 $Z(t)$ 定义为

$$Z(t) = \begin{cases} t, & N(t) = 0 \\ t - S_{N(t)}, & N(t) > 0 \end{cases} \tag{10.60}$$

元件在时刻 t 运行时的剩余寿命 $Y(t)$ 由下式给定：

$$Y(t) = S_{N(t)+1} - t \tag{10.61}$$

图 10.11 示出了元件的工龄 $Z(t)$ 和剩余寿命 $Y(t)$。剩余寿命还可以称为残余寿命或者前向复发时间[255]。可以看出，$Y(t) > y$ 意味着在区间 $(t, t+y]$ 内没有更新。

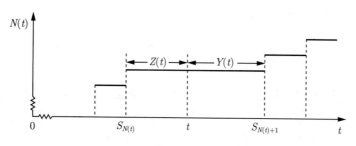

图 10.11　工龄 $Z(t)$ 和剩余寿命 $Y(t)$

考虑一个更新过程，其中更新都是元件失效，并令 T 表示从启动到第一次失效的时间。元件在时刻 t 的剩余寿命 $Y(t)$ 的分布为

$$\Pr(Y(t) > y) = \Pr(T > y + t \mid T > t) = \frac{\Pr(T > y + t)}{\Pr(T > t)}$$

在时刻 t 的平均剩余寿命为

$$E[Y(t)] = \frac{1}{\Pr(T > t)} \int_t^\infty \Pr(T > u)\, \mathrm{d}u$$

还可以查阅本书 5.3.6 节，其中 $E[Y(t)]$ 称为元件在时刻 t 的平均剩余寿命（MRL）。当 T 服从失效率为 λ 的指数分布时，在时刻 t 的平均剩余寿命显然就是 $1/\lambda$，因为指数分布具有无记忆的特性。

极限分布

考虑一个基础分布 $F_T(t)$ 是非晶格分布的更新过程。我们在时刻 t 观察这个过程，那么过程到下一次失效的时间就是剩余寿命 $Y(t)$。当 $t \to \infty$ 时，$Y(t)$ 的极限分布为（见文献 [255] 第 116 页）

$$\lim_{s \to \infty} \Pr[Y(s) \leqslant t] = F_e(t) = \frac{1}{\mu} \int_0^t [1 - F_T(u)]\, \mathrm{d}u \tag{10.62}$$

这与式 (10.52) 中使用的分布一致。剩余寿命极限分布 $F_e(t)$ 的均值为

$$E(Y) = \int_0^\infty \Pr(Y > y)\, \mathrm{d}y = \int_0^\infty [1 - F_e(y)]\, \mathrm{d}y$$

$$= \frac{1}{\mu} \int_0^\infty \int_y^\infty \Pr(T > t)\, \mathrm{d}t\, \mathrm{d}y = \frac{1}{\mu} \int_0^\infty \int_0^t \Pr(T > t)\, \mathrm{d}y\, \mathrm{d}t$$

$$= \frac{1}{\mu} \int_0^\infty t \Pr(T > t)\, \mathrm{d}t = \frac{1}{2\mu} \int_0^\infty \Pr(T > \sqrt{x})\, \mathrm{d}x$$

$$= \frac{1}{2\mu} \int_0^\infty \Pr(T^2 > x)\, \mathrm{d}x = \frac{E(T^2)}{2\mu} = \frac{\sigma^2 + \mu^2}{2\mu}$$

其中 $E(T) = \mu$，$\mathrm{var}(T) = \sigma^2$，我们假设 $E(T^2) = \sigma^2 + \mu^2 < \infty$。

因此可以证明极限剩余寿命的均值为

$$\lim_{t \to \infty} E[Y(t)] = \frac{\sigma^2 + \mu^2}{2\mu} \tag{10.63}$$

案例 10.9（案例 10.7（续）） 我们重新考虑案例 10.7 中的更新过程，其中基础分布服从参数为 $(2, \lambda)$ 的伽马分布，平均更新间隔为 $E(T_i) = \mu = 2/\lambda$，方差为 $\mathrm{var}(T_i) = 2/\lambda^2$。根据式 (10.62)，一个在遥远未来的某一时刻 t 运行的元件的平均剩余寿命为

$$E[Y(t)] \approx \frac{\sigma^2 + \mu^2}{2\mu} = \frac{3}{2\lambda}, \qquad \text{当 } t \text{ 很大时}$$

因此在时刻 t 运行的元件的工龄 $Z(t)$ 可以采取以下推导过程，首先

$$Z(t) > z \iff \text{在 } (t-z, t) \text{ 区间没有更新}$$

$$\iff Y(t - z) > z$$

因此有

$$\Pr[Z(t) > z] = \Pr[Y(t - z) > z]$$

如果基础分布 $F_T(t)$ 是非晶格分布，则可以证明在 $t \to \infty$ 时，工龄 $Z(t)$ 的极限分布为

$$\lim_{s \to \infty} \Pr\left[Z(s) \leqslant t\right] = F_e(t) = \frac{1}{\mu} \int_0^t \left[1 - F_T(u)\right] \mathrm{d}u \tag{10.64}$$

这与式 (10.62) 中的分布一致。当 $s \to \infty$ 时，元件在时刻 t 的剩余寿命 $Y(t)$ 和工龄 $Z(t)$ 分布相同。如果 t 很大，那么有

$$E[Y(t)] \approx E[Z(t)] \approx \frac{\sigma^2 + \mu^2}{2\mu} \tag{10.65}$$

假设一个基础分布为非晶格分布的更新过程已经"运行"了很久，我们可以在任意时间观察这个过程，并将观察点记作 $t = 0$。在时刻 $t = 0$ 之后到第一次更新的时间 T_1，等于该元件在时刻 $t = 0$ 运行时的剩余寿命。T_1 的分布等于式 (10.62)，而到第一次更新的平均时间由式 (10.63) 给定。类似地，元件在时刻 $t = 0$ 的工龄，与过程到达第一次更新的时间具有相同的分布和相同的均值。文献 [255] 对此有正式的证明。

注释 10.3　这个结果看起来有点奇怪。当我们在任意时刻 t 观察一个已经"运行"了很久的更新过程时，如图 10.11 所示，相应的间隔时间长度为 $S_{N(t)+1} - S_{N(t)}$，而间隔时间的平均长度为 μ。很明显有 $S_{N(t)+1} - S_{N(t)} = Z(t) + Y(t)$，但是 $E[Z(t) + E(Y(t))] = (\sigma^2 + \mu^2)/\mu$ 要大于 μ。这是一个相当令人震惊的结果，被称作观测悖论，这个问题在文献 [255] 中有更详细的讨论。

如果基础分布函数 $F_T(t)$ 是 NBU 或者 NWU（见 5.6.3 节），那么我们就可以推导在时刻 t 运行的元件剩余寿命 $Y(t)$ 分布的边界。文献 [24] 证明了下列关系：

$$\text{如果 } F_T(t) \text{ 是 NBU，那么 } \Pr[Y(t) > y] \leqslant \Pr(T > y) \tag{10.66}$$

$$\text{如果 } F_T(t) \text{ 是 NWU，那么 } \Pr[Y(t) > y] \geqslant \Pr(T > y) \tag{10.67}$$

直观上，这些结果都显而易见。如果元件服从 NBU 寿命分布，那么新元件在区间 $(0, y]$ 内的存续概率就比旧元件高。而如果元件服从 NWU 寿命分布，结论则相反。

一旦 $Z(t)$ 和 $Y(t)$ 的分布确定，那么下面的引理就很有用了：

引理 10.1　如果

$$g(t) = h(t) + \int_0^t g(t - x) \, \mathrm{d}F(x) \tag{10.68}$$

其中函数 h 和 F 已知，而 g 未知，那么有

$$g(t) = h(t) + \int_0^t h(t - x) \, \mathrm{d}W_F(x) \tag{10.69}$$

其中

$$W_F(x) = \sum_{r=1}^{\infty} F^{(r)}(x)$$

可以看到，式 (10.69) 是式 (10.45) 所示基础更新方程的一般形式。

案例 10.10　考虑一个基础分布为 $F_T(t)$ 的更新过程，在时刻 t 运行的元件的剩余寿命 $Y(t)$ 的分布由下式给定（见文献 [40] 第 129 页）：

$$\Pr[Y(t) > y] = \Pr(T > y + t) + \int_0^t \Pr(T > y + t - u)\,dW_F(u) \tag{10.70}$$

引入存续度函数 $R(t) = 1 - F_T(t)$，并假设更新密度 $w_F(t) = dW_F(t)/dt$ 存在，则式 (10.69) 可以写作

$$\Pr[Y(t) > y] = R(y + t) + \int_0^t R(y + t - u)w_F(u)\,du \tag{10.71}$$

如果概率密度函数 $f(t) = dF_T(t)/dt = -dR(t)/dt$ 存在，根据 $f(t)$ 的定义就可以得到

$$R(t) - R(t + y) \approx f(t)y, \qquad \text{当 } y \text{ 很小时}$$

在本例中式 (10.70) 可以写作

$$
\begin{aligned}
\Pr[Y(t) > y] &\approx R(t) - f(t)y + \int_0^t [R(t - u) - f(t - u)y]\,w_F(u)\,du \\
&= R(t) + \int_0^t R(t - u)\,w_F(u)\,du - \\
&\quad\ y\left(f(t) + \int_0^t f(t - u)\,w_F(u)\,du\right) \\
&= \Pr[Y(t) > 0] - w_F(t)y
\end{aligned}
\tag{10.72}
$$

式 (10.72) 的最后一行来自引理 10.1。因为 $\Pr[Y(t) > 0] = 1$，则可采用下面的近似计算：

$$\Pr[Y(t) > y] \approx 1 - w_F(t)y, \qquad \text{当 } y \text{ 很小时} \tag{10.73}$$

如果我们在任意时刻 t 观察一个更新过程，则根据式 (10.73)，在时刻 t 之后一个长度为 y 的较短区间内发生一次失效（更新）的概率，近似为 $w_F(t)y$，它与 $w_F(t)$ 也就是失效发生速率（ROCOF）高度相关。

10.3.7　更新函数的边界

我们现在需要构建更新函数 $W(t)$ 的边界。考虑一个间隔时间为 $T_1, T_2, \cdots$ 的更新过程，我们在时刻 t 之后第一次更新时停止观察这个过程。这就是说，我们在第 $N(t) + 1$ 次更新时停止观察。因为事件 $N(t) + 1 = n$ 只取决于 $T_1, T_2, \cdots, T_n$，可以利用瓦尔德等式得到

$$E\left(S_{N(t)+1}\right) = E\left(\sum_{i=1}^{N(t)+1} T_i\right) = E(T)\,E[N(t) + 1] = \mu\,[W(t) + 1] \tag{10.74}$$

因为 $S_{N(t)+1}$ 是时刻 t 之后的第一次更新，它可以表示为

$$S_{N(t)+1} = t + Y(t)$$

根据式 (10.74) 得其均值为

$$\mu\left[W(t) + 1\right] = t + E[Y(t)]$$

因此

$$W(t) = \frac{t}{\mu} + \frac{E[Y(t)]}{\mu} - 1 \tag{10.75}$$

当 t 很大且基础分布是非晶格分布时，可以由式 (10.63) 得到

$$W(t) - \frac{t}{\mu} \to \frac{1}{2}\left(\frac{\sigma^2}{\mu^2} - 1\right), \qquad t \to \infty \tag{10.76}$$

这跟我们在式 (10.52) 中得到的结果一致。

文献 [188] 证明，$W(t)$ 的更新函数是一个一般更新过程，边界是

$$\frac{t}{\mu} - 1 \leqslant W(t) \leqslant \frac{t}{\mu} + \frac{\sigma^2}{\mu^2} \tag{10.77}$$

文献 [59] 中给出了证明过程。

我们在 5.4 节曾经介绍多种类型的寿命分布，如果旧元件的平均剩余寿命比新元件的平均寿命更短或者二者相等，我们就称这种分布是"期望中新优于旧"（NBUE）的分布。按照同样的方式，如果旧元件的平均剩余寿命比新元件的平均寿命更长或者二者相等，我们就称这种分布是"期望中新不如旧"（NWUE）的分布。

对于 NBUE 分布，$E[Y(t)] \leqslant \mu$，并且

$$W(t) = \frac{t + E[Y(t)]}{\mu} - 1 \leqslant \frac{t}{\mu}, \qquad t \geqslant 0$$

以及

$$\frac{t}{\mu} - 1 \leqslant W(t) \leqslant \frac{t}{\mu} \tag{10.78}$$

而对于 NWUE 分布，$E[Y(t)] \geqslant \mu$，并且

$$W(t) = \frac{t + E[Y(t)]}{\mu} - 1 \geqslant \frac{t}{\mu}, \qquad t \geqslant 0 \tag{10.79}$$

有兴趣的读者还可以在文献 [84] 中找到更新函数的更多边界分析。

案例 10.11（案例 10.5（续）） 重新考虑基础分布服从参数为 $(2, \lambda)$ 的伽马分布的更新过程。这个分布的失效率递增，因此属于 NBUE 分布。我们可以使用式 (10.78) 中的边界。图 10.12 示出了式 (10.57) 中的更新函数

$$W(t) = \frac{\lambda t}{2} - \frac{1}{4}\left(1 - e^{-2\lambda t}\right)$$

以及其在式 (10.78) 中计算的边界

$$\frac{\lambda t}{2} - 1 \leqslant W(t) \leqslant \frac{\lambda t}{2}$$

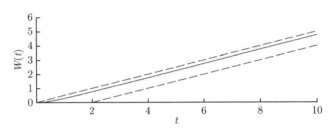

图 10.12　$\lambda = 1$ 时，基础分布服从参数为 $(2, \lambda)$ 的伽马分布的更新函数 $W(t)$，以及 $W(t)$ 的边界

10.3.8　叠加更新过程

考虑一个由 n 个独立元件组成的串联结构，这些元件在时刻 $t = 0$ 投入运行。我们假设所有 n 个元件在 $t = 0$ 时都处于全新状态。如果有一个元件失效，那么它就会被一个同类型的新元件替换，或者被恢复到全新状态。因此，每个元件实际上都有一个更新过程。因为这 n 个元件不尽相同，所以它们的更新过程也有不同的基础分布。

由所有失效共同形成的过程称为叠加更新过程（SRP）。n 个独立更新过程和 SRP 的关系如图 10.13 所示。

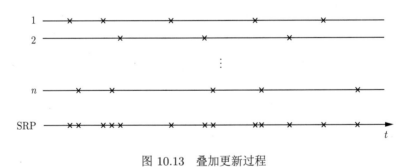

图 10.13　叠加更新过程

一般来说，SRP 并不是一个更新过程，但是正如 Drenick 在文献 [87] 中所证明的，作为无限个独立平稳更新过程的叠加，SRP 实际上是一个齐次泊松过程。因为很多元件可能都是包含多组件的串联结构，Drenick 的结论一般用来证明元件失效间隔服从指数分布这个假设。

案例 10.12（串联结构）　考虑一个由两个元件组成的串联结构。如果一个元件失效，它会被更换或者恢复到完好如初的状态。因此每一个元件都会产生一个正常的更新过程。更换或者修理元件所需的时间可以忽略不计，元件的失效和修理也假设相互独立。两个元件都在 $t = 0$ 时投入运行并且可运行。对于串联结构而言，一旦有一个元件失效，结构就会失效。这个结构失效就是一个叠加更新过程。我们在计算机上对这个两元件失效率递增的串联结构的失效时间分布进行了模拟，如图 10.14 所示。图中还给出了条件 ROCOF（当给定故障时间时）。图 10.14 进一步表明，在每次结构失效后，结构并未恢复到与新状态一样好。该结构受不完美修理的影响（参见 10.5 节），并且因为结构失效间隔并不存在共同的分布，结构失效的过程并不是一个更新过程。

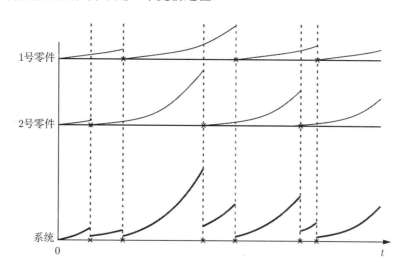

图 10.14　叠加更新过程：在失效时会更新的两元件组成的串联系统的条件失效发生速率 $w_C(t)$

文献 [15, 66] 对叠加更新过程有更加深入的讨论，有兴趣的读者可以关注。

10.3.9　更新回报过程

考虑一个更新过程 $\{N(t), t \geqslant 0\}$，令 $(S_{i-1}, S_i]$ 表示第 i 个更新周期的长度，间隔时间 $T_i = S_i - S_{i-1}$。令 V_i 表示与更新间隔 T_i 相关的回报，$i = 1, 2, \cdots$。假设回报 $V_1, V_2, \cdots$ 是独立的任意变量，但是具有共同的分布函数 $F_V(v)$，并且 $E(T_i) < \infty$。这个模型与 10.2.6 节中描述的复合泊松过程相近，那么在区间 $(0, t]$ 内的累计回报就是

$$V(t) = \sum_{i=1}^{N(t)} V_i \tag{10.80}$$

令 $E(T_i) = \mu_T$，$E(V_i) = \mu_V$。根据式 (10.22) 所示的瓦尔德方程，平均累计回报为

$$E[V(t)] = \mu_V E[N(t)] \tag{10.81}$$

根据式 (10.48) 所示的基本更新方程，当 $t \to \infty$ 时，有

$$\frac{W(t)}{t} = \frac{E[N(t)]}{t} \to \frac{1}{\mu_T}$$

因此

$$\frac{E[V(t)]}{t} = \frac{\mu_V E[N(t)]}{t} \to \frac{\mu_V}{\mu_T} \tag{10.82}$$

即便是回报值 V_i 依赖于相应的间隔时间 T_i（$i = 1, 2, \cdots$），这个结果也成立。我们假设 (T_i, V_i)（$i = 1, 2, \cdots$）独立同分布（证明过程可参阅文献 [255]），那么在第 i 个回报周期内的回报值 V_i 就是间隔时间 T_i 的函数，$i = 1, 2, \cdots$。当 t 很大时，有

$$V(t) \approx \mu_V \frac{t}{\mu_T}$$

这是一个显然的结果。

10.3.10　延迟更新过程

有时候，第一个间隔时间 T_1 的分布函数 $F_{T_1}(t)$ 与后续间隔时间的分布函数 $F_T(t)$ 不同。比如，如果在时刻 $t = 0$ 投入运行的元件不是全新元件，就会出现这种情况。这类更新过程称为延迟更新过程，或者修正更新过程。为了表明某个过程没有延迟，我们有时使用常规更新过程这样的术语以示区别。

本节之前的几个结果都可以轻易扩展到延迟更新过程。

1. $N(t)$ 的分布

类比式 (10.40)，可以得到

$$\Pr[N(t) = n]^* = F_{T_1}^* * F_T^{*(n-1)} - F_{T_1}^* * F_T^{*(n)} \tag{10.83}$$

2. S_n 的分布

根据式 (10.34)，密度 S_n 的拉普拉斯变换为

$$f^{*(n)}(s) = f_{T_1}^*(s) \left[f_T^*(s) \right]^{n-1} \tag{10.84}$$

3. 更新函数

针对更新函数 $W(t)$ 的积分方程 (10.45) 转化为

$$W(t) = F_{T_1}(t) + \int_0^t W(t - x) \, \mathrm{d}F_T(x) \tag{10.85}$$

拉普拉斯变换为

$$W^*(s) = \frac{f_{T_1}^*(s)}{s(1 - f_T^*(s))} \tag{10.86}$$

4. 更新密度

类比式 (10.54)，可以得到

$$w(t) = f_{T_1}(t) + \int_0^t w(t-x) f_T(x)\,\mathrm{d}x \tag{10.87}$$

拉普拉斯变换为

$$w^*(s) = \frac{f_{T_1}^*(s)}{1 - f_T^*(s)} \tag{10.88}$$

当 $t \to \infty$ 时，所有常规更新过程的限制属性很明显都适用于延迟更新过程。

读者如果想要了解更多的相关信息，可以参阅文献 [59]。下面讨论一类特殊的延迟更新过程：平稳更新过程。

定义 10.6（平稳更新过程）　当一个延迟更新过程的第一个更新周期具有以下分布函数的时候，我们称其为平稳更新过程（stationary renewal process）：

$$F_{T_1}(t) = F_{\mathrm{e}}(t) = \frac{1}{\mu} \int_0^t [1 - F_T(x)]\,\mathrm{d}x \tag{10.89}$$

而其他更新周期的基础分布是 $F_T(t)$。

注释 10.4　（1）注意，$F_{\mathrm{e}}(t)$ 与式 (10.63) 中的分布函数一致

（2）如果 $F_T(t)$ 的概率密度函数 $f_T(t)$ 存在，那么 $F_{\mathrm{e}}(t)$ 的密度为

$$f_{\mathrm{e}}(t) = \frac{\mathrm{d}F_{\mathrm{e}}(t)}{\mathrm{d}t} = \frac{1 - F_T(t)}{\mu} = \frac{R_T(t)}{\mu}$$

（3）文献 [65] 显示，平稳更新过程有一个简单的物理解释：假设更新过程从时刻 $t = -\infty$ 开始，但是这个过程直到 $t = 0$ 才被观测到。那么我们观测到的第一个更新周期 T_1，就是在 $t = 0$ 时运行的元件的剩余寿命。根据式 (10.63)，T_1 的分布函数为 $F_{\mathrm{e}}(t)$。平稳更新过程被 Cox [65] 称为均衡更新过程（equilibrium renewal process）。这也是我们在 $F_{\mathrm{e}}(t)$ 中使用下角标 e 的原因。文献 [15] 则将平稳更新过程称为使用异步抽样的更新过程，而常规更新过程称为使用同步抽样的更新过程。

令 $\{N_{\mathrm{S}}(t), t \geqslant 0\}$ 表示一个平稳更新过程，$Y_{\mathrm{S}}(t)$ 表示元件在时刻 t 的剩余寿命。那么平稳更新过程就有以下性质 [255]：

$$W_{\mathrm{S}}(t) = t/\mu \tag{10.90}$$

$$\Pr[Y_{\mathrm{S}}(t) \leqslant y] = F_{\mathrm{e}}(y), \qquad t \geqslant 0 \tag{10.91}$$

$$\{N_{\mathrm{S}}(t), t \geqslant 0\}, \qquad \text{有平稳增量} \tag{10.92}$$

其中 $F_{\mathrm{e}}(y)$ 由式 (10.89) 定义。

注释 10.5 因为齐次泊松过程具有指数分布的无记忆属性，所以它是一个平稳更新过程。齐次泊松过程具有式 (10.90)～ 式 (10.92) 列出的全部三条性质。

案例 10.13 重新考虑案例 10.5中的更新过程，其间隔时间服从参数为 $(2, \lambda)$ 的伽马分布，则它的基础分布函数为

$$F_T(t) = 1 - e^{-\lambda t} - \lambda t e^{-\lambda t}$$

平均间隔时间为 $E(T_i) = 2/\lambda$。我们现在可以假设该过程已经"运行"了很久，当我们在 $t = 0$ 时开始观察这个过程的时候，它可以被当作一个平稳更新过程。

根据式 (10.90) 可知，平稳更新过程的更新函数为 $W_S(t) = \lambda t/2$，而剩余寿命 $Y_S(t)$ 的分布为（见式 (10.91)）

$$\Pr[Y_S(t) \leqslant y] = \frac{\lambda}{2} \int_0^y (e^{-\lambda u} + \lambda u e^{-\lambda u}) \, du$$

$$= 1 - \left(1 + \frac{\lambda y}{2}\right) e^{-\lambda y}$$

元件在时刻 t 的平均剩余寿命为

$$E[Y_S(t)] = \int_0^\infty \Pr[Y_S(t) > y] \, dy = \int_0^\infty \left(1 + \frac{\lambda y}{2}\right) e^{-\lambda y} \, dy = \frac{3}{2\lambda}$$

我们将在下一节利用延迟更新过程分析交替更新过程。

10.3.11 交替更新过程

考虑一个在 $t = 0$ 时激活并且可运行的元件。一旦元件失效，它就会得到修理。令 $U_1, U_2, \cdots$ 表示该元件逐次运行到失效的时间（即工作时间）。我们假设工作时间独立同分布，分布函数为 $F_U(t) = \Pr(U_i \leqslant t)$，均值为 $E(U) = \text{MTTF}$。类似地，我们假设相应的故障时间 $D_1, D_2, \cdots$ 也是独立同分布，分布函数为 $F_D(d) = \Pr(D_i \leqslant d)$，均值为 $E(D) = \text{MDT}$。MDT 是失效之后的总体平均故障时间，它除了主动修理时间之外还包括很多时间。[①]

如果定义修理完成为一次更新，我们就会得到一个更新周期（间隔时间）为 $T_i = U_i + D_i$ 的常规更新过程，$i = 1, 2, \cdots$。平均更新间隔为 $\mu_T = \text{MTTF} + \text{MDT}$，这个过程就称为交替更新过程（alternating renewal process），如图 10.15 所示。基础分布函数 $F_T(t)$ 是分布函数 $F_U(t)$ 和 $F_D(t)$ 的卷积：

$$F_T(t) = \Pr(T_i \leqslant t) = \Pr(U_i + D_i \leqslant t) = \int_0^t F_U(t - x) \, dF_D(x) \tag{10.93}$$

---

① 在本书的其他部分，我们都使用 T 表示运行至失效的时间。然而本章已经使用 T 表示间隔时间（更新周期），所以这里使用 U 来表示运行到失效的时间（工作时间），希望不会使读者感到困惑。

如果令更新表示"失效"发生这一事件，并在更新的时候开始观察元件，那么我们就会得到一个延迟更新过程，其中第一次更新周期 T_1 等于 U_1，而 $T_i = D_{i-1} + U_i$，$i = 2, 3, \cdots$。

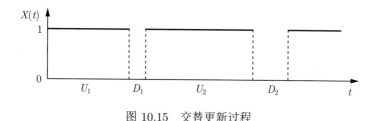

图 10.15 交替更新过程

在本例中，第一个更新周期的分布函数 $F_{T_1}(t)$ 由下式求得：

$$F_{T_1}(t) = \Pr(T_1 \leqslant t) = \Pr(U_1 \leqslant t) = F_U(t) \tag{10.94}$$

其他更新周期的分布函数 $F_T(t)$ 则需要根据式 (10.83) 计算。

案例 10.14 考虑上述的交替更新过程，并假定更新就是修理完成，这样我们就有了一个常规更新过程。令回报 V_i 与第 i 个间隔时间相关，并假设回报的定义是，自上次失效以来，该元件可运行的每个单位时间都意味着一个单位的回报。如果回报用时间单位衡量，就有 $E(V_i) = \mu_V = \mathrm{MTTF}$。该元件在区间 $(0, t)$ 的平均可用性 $A_{\mathrm{av}}(0, t)$ 的定义是元件在此区间内能够运行的时间比例。因此，根据式 (10.82) 可得

$$A_{\mathrm{av}}(0, t) \to \frac{\mu_V}{\mu_T} = \frac{\mathrm{MTTF}}{\mathrm{MTTF} + \mathrm{MDT}}, \qquad t \to \infty \tag{10.95}$$

这个结果与 6.5.1 节中使用启发式推理得到的结果一致。

1. 可用性

元件可用性 $A(t)$ 的定义，是该元件在时刻 t 可运行的概率，即 $A(t) = \Pr[X(t) = 1]$，其中 $X(t)$ 是元件的状态变量。

如果我们考虑一个更新都是修理完成的交替更新过程，并令 $T = U_1 + D_1$，那么该元件的可用性为

$$A(t) = \Pr[X(t) = 1] = \int_0^\infty \Pr[X(t) = 1 \mid T = x] \, \mathrm{d}F_T(x)$$

因为我们假设在时刻 $T = U_1 + D_1$ 元件完好如初，该过程会在此时刻自我重复，并有

$$\Pr[X(t) = 1 \mid T = x] = \begin{cases} A(t - x), & t > x \\ \Pr(U_1 > t \mid T = x), & t \leqslant x \end{cases}$$

因此

$$A(t) = \int_0^t A(t - x) \, \mathrm{d}F_T(x) + \int_t^\infty \Pr(U_1 > t \mid T = x) \, \mathrm{d}F_T(x)$$

但是因为 $D_1 > 0$，所以

$$\int_t^\infty \Pr(U_1 > t \mid U_1 + D_1 = x)\, \mathrm{d}F_T(x) = \int_0^\infty \Pr(U_1 > t \mid T = x)\, \mathrm{d}F_T(x)$$
$$= \Pr(U_1 > t) = 1 - F_U(t)$$

因此，有

$$A(t) = 1 - F_U(t) + \int_0^t A(t-x)\, \mathrm{d}F_T(x) \tag{10.96}$$

利用引理 10.1 得

$$A(t) = 1 - F_T(t) + \int_0^t [1 - F_T(t-x)]\, \mathrm{d}W_{F_T}(x) \tag{10.97}$$

其中

$$W_{F_T}(t) = \sum_{n=1}^\infty F_T^{(n)}(t)$$

这是基础分布为 $F_T(t)$ 的更新过程的更新函数。

如果 $F_U(t)$ 是非晶格分布，那么由关键更新方程 (10.50) 得 $Q(t) = 1 - F_U(t)$，于是得

$$\int_0^t [1 - F_U(t-x)]\, \mathrm{d}W_{F_T}(x) \xrightarrow[t\to\infty]{} \frac{1}{E(T)} \int_0^\infty [1 - F_U(t)]\, \mathrm{d}t = \frac{E(U)}{E(U) + E(D)}$$

因为在 $t \to \infty$ 有 $F_T(t) \to 1$，由此可以证明

$$A = \lim_{t\to\infty} A(t) = \frac{E(U)}{E(U) + E(D)} = \frac{\mathrm{MTTF}}{\mathrm{MTTF} + \mathrm{MDT}} \tag{10.98}$$

这和我们在式 (10.95) 中使用更新回报过程得到的结果一致。

案例 10.15（并联结构） 考虑一个由 n 个元件组成的并联结构，元件的失效和修理相互独立。元件 i 的运行至失效时间（工作时间）U_i 服从失效率为 λ_i 的指数分布，其故障时间 D_i 也服从（修理）速率为 μ_i 的指数分布，$i = 1, 2, \cdots$。如果所有 n 个元件同时处于已失效状态，则该并联结构失效。因为我们假设元件独立，所以并联结构失效必然按照下面的方式发生：正好在最后一个元件失效之前，其他 $n-1$ 个元件必须处于已失效状态，然后能够运行的那个元件必须失效。

我们现在假设这个并联结构已经运行了很久，这样就可以使用极限（平均）可用性。那么，元件 i 处于已失效状态的概率可以近似为

$$\overline{A}_i \approx \frac{\mathrm{MDT}}{\mathrm{MTTF} + \mathrm{MDT}} = \frac{1/\mu_i}{1/\lambda_i + 1/\mu_i} = \frac{\lambda_i}{\lambda_i + \mu_i}$$

类似地，元件 i 可运行的概率可以近似为

$$A_i \approx \frac{\mu_i}{\lambda_i + \mu_i}$$

可运行的元件 i 在长度为 Δt 的很短区间内失效的概率近似为

$$\Pr(\Delta t) \approx \lambda_i \Delta t$$

当 t 很大时，并联结构在区间 $(t, t+\Delta t)$ 内失效的概率为

$$\Pr\left[\text{结构在}(t, t+\Delta t)\text{内失效}\right] = \sum_{i=1}^{n} \left(\frac{\mu_i}{\lambda_i + \mu_i} \prod_{j \neq i} \frac{\lambda_j}{\lambda_j + \mu_j} \right) \lambda_i \Delta t + o(\Delta t)$$

$$= \sum_{i=1}^{n} \left(\frac{\lambda_i}{\lambda_i + \mu_i} \prod_{j \neq i} \frac{\lambda_j}{\lambda_j + \mu_j} \right) \mu_i \Delta t + o(\Delta t)$$

$$= \prod_{j=1}^{n} \frac{\lambda_j}{\lambda_j + \mu_j} \sum_{i=1}^{n} \mu_i \Delta t + o(\Delta t)$$

因为我们假设 Δt 很小，在此期间结构失效发生的次数不会超过一次，因此可以使用式 (10.49) 即布莱克韦定理，得到结论：上述表达式只是 Δt 乘以平均结构失效间隔 $\mathrm{MTBF_S}$ 的倒数，即

$$\mathrm{MTBF_S} = \left(\prod_{j=1}^{n} \frac{\lambda_j}{\lambda_j + \mu_j} \sum_{i=1}^{n} \mu_i \right)^{-1} \tag{10.99}$$

当并联结构处于已失效状态时，它所有的 n 个元件都处于已失效状态。因为我们假设故障时间独立，并且修复速率为 μ_i $(i = 1, 2, \cdots, n)$，并联结构的故障时间也就服从速率为 $\sum_{i=1}^{n} \mu_i$ 的指数分布，它的平均故障时间为

$$\mathrm{MDT_S} = \frac{1}{\sum\limits_{i=1}^{n} \mu_i}$$

并联结构的平均工作时间，或者平均到达失效的时间 $\mathrm{MTTF_S}$，等于 $\mathrm{MTBF_S} - \mathrm{MDT_S}$，即

$$\mathrm{MTTF_S} = \left(\prod_{j=1}^{n} \frac{\lambda_j}{\lambda_j + \mu_j} \sum_{i=1}^{n} \mu_i \right)^{-1} - \frac{1}{\sum\limits_{i=1}^{n} \mu_i}$$

$$= \frac{1 - \prod\limits_{j=1}^{n} \lambda_j / (\lambda_j + \mu_j)}{\prod\limits_{j=1}^{n} \lambda_j / (\lambda_j + \mu_j) \sum\limits_{i=1}^{n} \mu_i} \tag{10.100}$$

为了检查上述计算是否正确，我们可以计算平均不可用性

$$\overline{A}_\mathrm{S} = \frac{\mathrm{MDT_S}}{\mathrm{MTTF_S} + \mathrm{MDT_S}} = \prod_{j=1}^{n} \frac{\lambda_j}{\lambda_j + \mu_j}$$

（案例 10.15 摘自文献 [255] 中的案例 3.5（B）。）

2. 平均失效/修理数量

首先，我们假定更新就是修理完成这个事件。接下来，可以得到更新周期为 $T_1, T_2, \cdots$ 的常规更新过程，更新周期独立同分布，并且分布函数为式 (10.93)。

假定 U_i 和 D_i 为密度为 $f_U(t)$ 和 $f_D(t)$ 的连续分布，那么 T_i 的概率密度函数为

$$f_T(t) = \int_0^t f_U(t-x) f_D(x) \, \mathrm{d}x \tag{10.101}$$

根据附录 B，式 (10.101) 的拉普拉斯变换为

$$f_T^*(s) = f_U^*(s) f_D^*(s)$$

令 $W_1(t)$ 表示更新函数，即在区间 $(0, t]$ 内修理完成的平均数量。根据式 (10.86)，得

$$W_1^*(s) = \frac{f_U^*(s) f_D^*(s)}{s[1 - f_U^*(s) f_D^*(s)]} \tag{10.102}$$

在本例中，我们假设 U_i 和 D_i 均为连续分布，但是事实证明这个假设没有必要。式 (10.102) 也适用于离散分布，或者是连续和离散的混合分布形式。这里我们可以使用

$$f_U^*(s) = E(\mathrm{e}^{-sU_i})$$
$$f_D^*(s) = E(\mathrm{e}^{-sD_i})$$

现在，至少在原则上，无论对于任何寿命以及修理时间分布，区间 $(0, t]$ 内修理完成的平均数量都可以确定。

接下来，我们假定更新就是发生失效这类事件。这样就得到了一个延迟更新过程，更新周期 $T_1, T_2, \cdots$ 相互独立，$F_{T_1}(t)$ 由式 (10.94) 给定，而 $T_2, T_3, \cdots$ 的分布则由式 (10.93) 给定。

令 $W_2(t)$ 表示更新函数，即在区间 $(0, t]$ 内满足上述条件的平均失效次数。根据式 (10.86)，其拉普拉斯变换为

$$W_2^*(s) = \frac{f_U^*(s)}{s(1 - f_U^*(s) f_D^*(s))} \tag{10.103}$$

至少在原则上，我们可以由反拉普拉斯变换得到 $W_2(t)$。

3. 给定时刻的可用性

对式 (10.97) 进行拉普拉斯变换，可得

$$A^*(s) = \frac{1}{s} - F_U^*(s) + \left(\frac{1}{s} - F_U^*(s) \right) w_{F_T}^*(s)$$

因为

$$F^*(s) = \frac{1}{s} f^*(s)$$

于是有

$$A^*(s) = \frac{1}{s} \left[1 - f_U^*(s)\right] \left[1 + w_{F_T}^*(s)\right]$$

对于常规更新过程（即更新是修理完成这个事件）有

$$w_{F_T}^*(s) = s W_1^*(s)$$

因此

$$A^*(s) = \frac{1}{s} \left[1 - f_U^*(s)\right] \left(1 + \frac{f_U^*(s) f_D^*(s)}{1 - f_U^*(s) f_D^*(s)}\right)$$

即

$$A^*(s) = \frac{1 - f_U^*(s)}{s \left(1 - f_U^*(s) f_D^*(s)\right)} \tag{10.104}$$

原则上，对于任何寿命和停机分布，可用性 $A(t)$ 都可以利用式 (10.104) 确定。

案例 10.16（指数工作时间和指数故障时间）　考虑一个交替更新过程，其中元件的工作时间 $U_1, U_2, \cdots$ 独立且服从失效率为 λ 的指数分布。我们假设相对应的故障时间也相互独立，服从速率为 $\mu = 1/\text{MDT}$ 的指数分布。

那么有

$$f_U(t) = \lambda e^{-\lambda t}, t > 0$$

$$f_U^*(s) = \frac{\lambda}{\lambda + s}$$

以及

$$f_D(t) = \mu e^{-\mu t}, t > 0$$

$$f_D^*(s) = \frac{\mu}{\mu + s}$$

可以根据式 (10.104) 得到可用性 $A(t)$：

$$\begin{aligned}
A^*(s) &= \frac{1 - \lambda/(\lambda + s)}{s[1 - (\lambda/(\lambda + s))(\mu/(\mu + s))]} \\
&= \frac{\mu}{\lambda + \mu} \frac{1}{s} + \frac{\lambda}{\lambda + \mu} \frac{1}{s + (\lambda + \mu)}
\end{aligned} \tag{10.105}$$

对式 (10.105) 进行反拉普拉斯变换（见附录 B），得

$$A(t) = \frac{\mu}{\lambda + \mu} + \frac{\lambda}{\lambda + \mu} e^{-(\lambda + \mu)t} \tag{10.106}$$

可用性 $A(t)$ 如图 10.16 所示。极限可用性为

$$A = \lim_{t \to \infty} A(t) = \frac{\mu}{\lambda + \mu} = \frac{1/\lambda}{1/\lambda + 1/\mu} = \frac{\text{MTTF}}{\text{MTTF} + \text{MDT}}$$

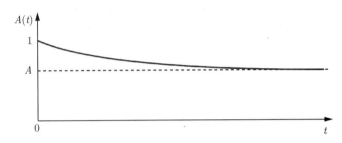

图 10.16　工作和故障时间都服从指数分布的元件可用性

将 $f_U^*(s)$ 和 $f_D^*(s)$ 代入式 (10.103)，可以得到平均更新数量 $W(t)$ 的拉普拉斯变换：

$$W^*(s) = \frac{[\lambda/(\lambda + s)]\,[\mu/(\mu + s)]}{s(1 - [\lambda/(\lambda + s)]\,[\mu/(\mu + s)])}$$

$$= \frac{\lambda\mu}{\lambda + \mu}\frac{1}{s^2} - \frac{\lambda\mu}{(\lambda + \mu)^2}\frac{1}{s} + \frac{\lambda\mu}{(\lambda + \mu)^2}\frac{1}{s + (\lambda + \mu)}$$

再对上述表达式进行反拉普拉斯变换，就得到在区间 $(0, t]$ 内修理完成的平均数量

$$W(t) = \frac{\lambda\mu}{\lambda + \mu}t - \frac{\lambda\mu}{(\lambda + \mu)^2} + \frac{\lambda\mu}{(\lambda + \mu)^2}\,\mathrm{e}^{-(\lambda + \mu)t} \tag{10.107}$$

案例 10.17（指数工作时间和固定故障时间）　考虑一个交替更新过程，其中元件的工作时间 $U_1, U_2, \cdots$ 相互独立，且服从失效率为 λ 的指数分布。我们假定故障时间固定，以概率 1 等于 τ：$\Pr(D_i = \tau) = 1, i = 1, 2, \cdots$，相对应的拉普拉斯变换为

$$f_U^*(s) = \frac{\lambda}{\lambda + s}$$

$$f_D^*(s) = E(\mathrm{e}^{-sD}) = \mathrm{e}^{-s\tau}\Pr(D = \tau) = \mathrm{e}^{-s\tau}$$

因此，式 (10.104) 中可用性的拉普拉斯变换变为

$$A^*(s) = \frac{1 - \dfrac{\lambda}{\lambda + s}}{s\left(1 - \dfrac{\lambda}{\lambda + s}\,\mathrm{e}^{-s\tau}\right)} = \frac{1}{s + \lambda - \lambda\mathrm{e}^{-s\tau}}$$

$$= \frac{1}{\lambda + s}\frac{1}{1 - \dfrac{\lambda}{\lambda + s}\,\mathrm{e}^{-s\tau}} = \frac{1}{\lambda + s}\sum_{\nu=0}^{\infty}\left(\frac{\lambda}{\lambda + s}\right)^{\nu}\mathrm{e}^{-s\nu\tau}$$

$$= \frac{1}{\lambda} \sum_{\nu=0}^{\infty} \left(\frac{\lambda}{\lambda+s} \right)^{\nu+1} \mathrm{e}^{-s\nu\tau} \tag{10.108}$$

则可用性为

$$A(t) = \mathcal{L}^{-1}(A^*(s)) = \sum_{\nu=0}^{\infty} \frac{1}{\lambda} \mathcal{L}^{-1} \left[\left(\frac{\lambda}{\lambda+s} \right)^{\nu+1} \mathrm{e}^{-s\nu\tau} \right]$$

根据附录 B 中的拉普拉斯变换，有

$$\mathcal{L}^{-1} \left[\left(\frac{\lambda}{\lambda+s} \right)^{\nu+1} \right] = \frac{\lambda^{\nu+1}}{\nu!} t^{\nu} \mathrm{e}^{-\lambda t} = f(t)$$

$$\mathcal{L}^{-1}(\mathrm{e}^{-s\nu\tau}) = \delta(t - \nu\tau)$$

式中 $\delta(t)$ 称为狄拉克德尔塔函数，因此有

$$\mathcal{L}^{-1} \left[\left(\frac{\lambda}{\lambda+s} \right)^{\nu+1} \mathrm{e}^{-s\nu\tau} \right] = \mathcal{L}^{-1} \left[\left(\frac{\lambda}{\lambda+s} \right)^{\nu+1} \right] * \mathcal{L}^{-1} \left(\mathrm{e}^{-s\nu\tau} \right)$$

$$= \int_0^{\infty} \delta(t - \nu\tau - x) f(x)\, \mathrm{d}x = f(t - \nu\tau) u(t - \nu\tau)$$

其中

$$u(t - \nu\tau) = \begin{cases} 1, & t \geqslant \nu\tau \\ 0, & t < \nu\tau \end{cases}$$

因此，可用性为

$$A(t) = \sum_{\nu=0}^{\infty} \frac{\lambda^{\nu}}{\nu!} (t - \nu\tau)^{\nu} \mathrm{e}^{-\lambda(t-\nu\tau)} u(t - \nu\tau) \tag{10.109}$$

可用性 $A(t)$ 如图 10.17 所示。

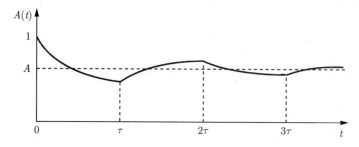

图 10.17　工作时间为指数分布，故障时间为固定值 (τ) 的元件的可用性

根据式 (10.98)，可得极限可用性为

$$A = \lim_{t \to \infty} A(t) = \frac{\text{MTTF}}{\text{MTTF} + \text{MDT}} = \frac{1/\lambda}{1/\lambda + \tau} = \frac{1}{1 + \lambda\tau} \tag{10.110}$$

更新密度的拉普拉斯变换为

$$w^*(s) = \frac{f_T^*(s)f_D^*(s)}{1 - f_T^*(s)f_D^*(s)} = \frac{\lambda \mathrm{e}^{-s\tau}/(\lambda + s)}{1 - \lambda \mathrm{e}^{-s\tau}/(\lambda + s)}$$

$$= \frac{1}{\lambda + s - \lambda \mathrm{e}^{-s\tau}} \lambda \mathrm{e}^{-s\tau} = \lambda A^*(s)\,\mathrm{e}^{-s\tau}$$

其中 $A^*(s)$ 由式 (10.108) 确定。

那么，更新密度变为

$$w(t) = \lambda \mathcal{L}^{-1}(A^*(s)\mathrm{e}^{-s\tau}) = \lambda \int_0^\infty \delta(t - \tau - x)A(x)\,\mathrm{d}x$$

即

$$w(t) = \begin{cases} \lambda A(t - \tau), & t \geqslant \tau \\ 0, & t < \tau \end{cases} \tag{10.111}$$

因此，当 $t > \tau$ 时，在区间 $(0, t]$ 内修理完成的平均数量为

$$W(t) = \int_0^t w(u)\,\mathrm{d}u = \lambda \int_\tau^t A(u - \tau)\,\mathrm{d}u = \lambda \int_0^{t-\tau} A(u)\,\mathrm{d}u \tag{10.112}$$

 # 10.4　非齐次泊松过程

在本节中，我们将对 HPP 进行一般化处理，使过程的速率成为时间的函数，这样的计数过程就称为非齐次泊松过程（NHPP）。

10.4.1　简介和概念

非齐次泊松过程的定义为：

定义 10.7（非齐次泊松过程）　对于一个计数过程 $\{N(t), t \geqslant 0\}$，如果有

（1）$N(0) = 0$；

（2）$\{N(t), t \geqslant 0\}$ 有独立增量；

（3）$\Pr[N(t + \Delta t) - N(t) \geqslant 2] = o(\Delta t)$，这意味着元件不会在同时经历超过一次失效；

（4）$\Pr[N(t + \Delta t) - N(t) = 1] = w(t)\Delta t + o(\Delta t)$；

那么这个过程就是一个在 $t \geqslant 0$ 时速率函数为 $w(t)$ 的非齐次（或非平稳）泊松过程。NHPP 的基本"参数"是 ROCOF 函数 $w(t)$。这个函数也称为 NHPP 的危险率（peril rate）。该过程的累计速率为

$$W(t) = \int_0^t w(u)\,\mathrm{d}u \tag{10.113}$$

这个定义还涵盖了速率是某个观察到的解释变量的函数的情况，该变量是时间 t 的函数。我们可以看到，NHPP 模型不需要固定增量，这意味着在某些时间比其他时间更可能发生故障，因此间隔时间通常既不是独立的也不是同分布的。因此，基于独立同分布变量假设的统计技术不能应用于 NHPP。

NHPP 一般可以用来对间隔时间的变化趋势建模，比如改善（快乐元件）或者恶化 (悲伤元件)。很明显，快乐元件的 ROCOF 函数递减，而悲伤元件的 ROCOF 函数递增。多项对于实际元件失效数据的研究都表明 NHPP 对这些情况都是合适的模型，而研究中的元件也基本上满足定义 10.7 中所列出的 NHPP 属性。

根据独立增量假设，特定区间 $(t_1, t_2]$ 内的失效数量与 t_1 之前的失效和间隔时间无关。一旦有失效在时刻 t_1 发生，其在下一区间的条件 ROCOF 函数 $w_C(t \mid \mathcal{H}_t)$ 将是 $w(t)$，与时刻 t_1 之前的历史 $\mathcal{H}_{t_1}$ 无关。本例中，在 t_1 之前没有失效发生，$w(t) = z(t)$（即 $t < t_1$ 时的失效率函数）。这个假设的一个实际意义是条件 ROCOF 函数 $w_C(t)$ 在失效前和相应的修理完成的瞬时是相同的。我们称这个假设为最低限度修理。如果用新元件更换已经运行了很久的失效部件，则 NHPP 并不是合理的模型。如果 NHPP 符合实际，那么投入运行的新元件应该与旧元件一致，也就是在相同的条件下、在相同的时间内元件老化的程度相同。

考虑一个包含很多零件的元件，假定其中一个关键性零件失效会引发元件失效，而这个零件会随即被相同类型的零件替换，因此故障时间可以忽略不计。因为元件只有一小部分进行了更换，我们可以很自然地假设元件的可靠性在修理之后与失效发生之前几乎一致。换句话说，最低限度修理的假设非常接近现实。如果我们使用 NHPP 对一个可维修元件建模，则这个元件可以看作一个黑箱，我们并不需要关心 "箱子里" 发生了什么。

汽车就是典型的可维修元件。一般我们可以使用仪表盘上显示的里程数代表汽车的运行时间。因为修理一般不会增加额外的里程，所以在这里修理 "时间" 就可以忽略不计。很多修理都是对单个零件进行调整或者更换，因此最低限度修理假设在汽车的例子中就非常适用，NHPP 也被认为是一个实际的模型，至少可以进行比较精准的近似计算。

设一个 NHPP 的 ROCOF 函数为 $w(t)$，假设失效发生在时刻 $S_1, S_2, \cdots$，我们可以在图 10.18 中表示出 $w(t)$ 的情况。

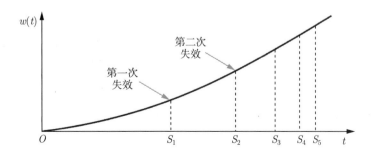

图 10.18 非齐次泊松过程的 ROCOF 函数 $w(t)$ 以及任意失效时间

10.4.2　一些结果

根据 NHPP 的定义（见文献 [255]），在区间 $(0, t]$ 内的失效数量服从泊松分布

$$\Pr[N(t) = n] = \frac{[W(t)]^n}{n!} \, e^{-W(t)}, \qquad n = 0, 1, 2, \cdots \tag{10.114}$$

因此，在区间 $(0, t]$ 内的平均失效数量为

$$E[N(t)] = W(t)$$

方差为 $\mathrm{var}[N(t)] = W(t)$。因此，过程的累计速率 $W(t)$ 是区间 $(0, t]$ 的平均失效数量，有时也称为过程的均值函数。如果 n 值很大，则 $\Pr[N(t) \leqslant n]$ 可以由正态分布确定：

$$\Pr[N(t) \leqslant n] = \Pr\left[\frac{N(t) - W(t)}{\sqrt{W(t)}} \leqslant \frac{n - W(t)}{\sqrt{W(t)}}\right]$$

$$= \Phi\left(\frac{n - W(t)}{\sqrt{W(t)}}\right) \tag{10.115}$$

根据式 (10.114)，可知区间 $(v, t + v]$ 内的失效数量服从泊松分布

$$\Pr[N(t + v) - N(v) = n] = \frac{[W(t + v) - W(v)]^n}{n!} \, e^{-[W(t+v) - W(v)]}, \quad n = 0, 1, 2, \cdots$$

而区间 $(v, t + v]$ 内的平均失效数量为

$$E[N(t + v) - N(v)] = W(t + v) - W(v) = \int_v^{t+v} w(u) \, \mathrm{d}u \tag{10.116}$$

在区间 (t_1, t_2) 内没有失效的概率为

$$\Pr[N(t_2) - N(t_1) = 0] = e^{-\int_{t_1}^{t_2} w(t) \, \mathrm{d}t}$$

令 S_n 表示直到有 n 个失效发生时已经流逝的时间，$n = 0, 1, 2, \cdots$，其中 $S_0 = 0$。S_n 的分布为

$$\Pr(S_n > t) = \Pr[N(t) \leqslant n - 1] = \sum_{k=0}^{n-1} \frac{W(t)^k}{k!} \, e^{-W(t)} \tag{10.117}$$

如果 $W(t)$ 很小，这个概率就可以使用泊松分布的标准表格确定。如果 $W(t)$ 较大，这个概率就需要使用正态近似计算得到，详见式 (10.115)：

$$\Pr(S_n > t) = \Pr[N(t) \leqslant n - 1]$$

$$\approx \Phi\left(\frac{n - 1 - W(t)}{\sqrt{W(t)}}\right) \tag{10.118}$$

1. 首次失效发生前的时间

令 T_1 表示从 $t = 0$ 直到首次失效发生的时间，则 T_1 的存续度函数为

$$R_1(t) = \Pr(T_1 > t) = \Pr[N(t) = 0] = \mathrm{e}^{-W(t)} = \mathrm{e}^{-\int_0^t w(t)\,\mathrm{d}t} \tag{10.119}$$

因此，第一个失效间隔 T_1 的失效率（FOM）函数 $z_{T_1}(t)$ 等于过程的 ROCOF 函数 $w(t)$。应注意，这两种表达的含义不尽相同。$z_{T_1}(t)\Delta t$ 近似等于首次失效在区间 $(t, t + \Delta t]$ 内发生的（条件）概率，而 $w(t)\Delta t$ 近似等于失效在 $(t, t + \Delta t]$ 内发生的（无条件）概率，无论该失效是不是首次失效。

式 (10.119) 的结果是第一个失效间隔的分布，也就是从 $t = 0$ 直到首次失效发生的时间，它确定了整个过程的 ROCOF。文献 [278] 认为，这并不是直观的现实，因此质疑 NHPP 是否为可维修元件的合理模型。使用 NHPP 模型意味着，如果我们能够预测首次失效发生前时间的失效率（FOM）函数，比如预测某种型号汽车的相关参数，那么同时就预测出了该款汽车整个生命周期的 ROCOF。

2. 失效间隔

假设我们在时刻 t_0 观察一个过程，并令 $Y(t_0)$ 表示到达下一次失效的时间。在 10.3.5 节中，$Y(t_0)$ 被称作剩余寿命，或者前向复发时间。利用式 (10.114)，$Y(t_0)$ 的分布可以表示为

$$\Pr[Y(t_0) > t] = \Pr[N(t + t_0) - N(t_0) = 0] = \mathrm{e}^{-[W(t+t_0) - W(t_0)]}$$
$$= \mathrm{e}^{-\int_{t_0}^{t+t_0} w(u)\,\mathrm{d}u} = \mathrm{e}^{-\int_0^t w(u+t_0)\,\mathrm{d}u} \tag{10.120}$$

注意，这个结果与 t_0 是不是一个失效时间点或者只是一个任意时间点无关。假设 t_0 是第 $n-1$ 个失效的发生时间 S_{n-1}，那么本例中的 $Y(t_0)$ 就是第 $n-1$ 次失效和第 n 次失效之间的间隔（即第 n 个间隔时间 $T_n = S_n - S_{n-1}$）。第 n 个间隔时间 T_n 的失效率（FOM）函数可以根据式 (10.120) 得到：

$$z_{t_0}(t) = w(t + t_0), \quad t \geqslant 0 \tag{10.121}$$

注意，若给定 $S_{n-1} = t_0$，则上式是一个条件失效率。第 $n-1$ 次失效（在时刻 t_0 发生）和第 n 次失效之间的平均间隔时间 MTBF_n 为

$$\mathrm{MTBF}_n = E(T_n) = \int_0^\infty \Pr(Y_{t_0} > t)\,\mathrm{d}t = \int_0^\infty \mathrm{e}^{-\int_0^t w(u+t_0)\,\mathrm{d}u}\,\mathrm{d}t \tag{10.122}$$

案例 10.18 考虑一个非齐次泊松过程，它的 ROCOF 函数为 $w(t) = 2\lambda^2 t$，其中 $\lambda > 0, t \geqslant 0$。在区间 $(0, t)$ 的平均失效数量为 $W(t) = E[N(t)] = \int_0^t w(u)\,\mathrm{d}u = (\lambda t)^2$。首

次失效前时间 T_1 的分布，可以由存续度函数求得：

$$R_1(t) = \mathrm{e}^{-W(t)} = \mathrm{e}^{-(\lambda t)^2}, \qquad t \geqslant 0$$

这是一个尺度参数为 λ、形状参数 $\alpha = 2$ 的威布尔分布。如果我们在时刻 t_0 观察这个过程，则到达下一次失效的时间 $Y(t_0)$ 的分布可以由式 (10.120) 得到：

$$\Pr[Y(t_0) > t] = \mathrm{e}^{-\int_0^t w(u+t_0)\,\mathrm{d}u} = \mathrm{e}^{-\lambda^2(t^2+2t_0 t)}$$

如果 t_0 是第 $n-1$ 次失效的发生时间，那么到下一次失效的时间 $Y(t_0)$ 就是第 n 个间隔时间 T_n。T_n 的失效率（FOM）函数为

$$z_{t_0}(t) = 2\lambda^2(t + t_0)$$

它随着第 $n-1$ 个失效的发生时间 t_0 增加而线性增加。我们需要再次注意，这是一个条件速率，条件是第 $n-1$ 个失效在时刻 $S_{n-1} = t_0$ 发生。在第 $n-1$ 次失效和第 n 次失效之间的平均间隔时间为

$$\mathrm{MTBF}_n = \int_0^\infty \mathrm{e}^{-\lambda^2(t^2+2t_0 t)}\,\mathrm{d}t$$

3. 非齐次泊松过程与齐次泊松过程的关系

令 $\{N(t), t \geqslant 0\}$ 表示一个 ROCOF 函数 $w(t) > 0$ 的非齐次泊松过程，那么累计速率 $W(t)$ 的反函数 $W^{-1}(t)$ 存在，再令 $S_1, S_2, \cdots$ 表示失效的发生时间。

考虑时间转换的发生次数 $W(S_1), W(S_2), \cdots$，并令 $\{N^*(t), t \geqslant 0\}$ 表示相应的计数过程。首次失效发生的（转换）时间 $W(S_1)$ 的分布可由式 (10.121) 得到：

$$\Pr\left[W(S_1) > t\right] = \Pr\left[S_1 > W^{-1}(t)\right] = \mathrm{e}^{-W\left[W^{-1}(t)\right]} = \mathrm{e}^{-t}$$

这是一个参数为 1 的指数分布。

新的计数过程定义为

$$N(t) = N^*\left[W(t)\right], \qquad t \geqslant t$$

因此，有

$$N^*(t) = N\left[W^{-1}(t)\right], \qquad t \geqslant 0$$

根据式 (10.116) 得

$$\Pr\left[N^*(t) = n\right] = \Pr\left(N\left[W^{-1}(t)\right] = n\right)$$

$$= \frac{\left(W\left[W^{-1}(t)\right]\right)^n}{n!}\mathrm{e}^{-W\left[W^{-1}(t)\right]} = \frac{1^n}{n!}\mathrm{e}^{-t}$$

这是一个速率为 1 的泊松过程。由此证明了可以通过将失效发生时间 $S_1, S_2, \cdots$ 从时域转化为 $W(S_1), W(S_2), \cdots$，进而将具有累计、可逆速率 $W(t)$ 的非齐次泊松过程转化为速率为 1 的齐次泊松过程。

10.4.3 参数化 NHPP 模型

现在有多种参数化模型用于描述非齐次泊松过程的 ROCOF，其中包括：

（1）幂律模型；

（2）线性模型；

（3）对数-线性模型。

上述三种模型都可以写成通用形式[17]：

$$w(t) = \lambda_0 \, g(t; \vartheta) \tag{10.123}$$

其中 λ_0 是一个通用乘数，$g(t; \vartheta)$ 决定了 ROCOF 函数 $w(t)$ 的形状。这三个模型可以采用不同的方式参数化。本节将介绍文献 [71] 提出的参数化方法，当然文献 [17] 中的方法可能逻辑性更强。

1. 幂律模型

幂律模型的 ROCOF 为

$$w(t) = \lambda \beta t^{\beta-1}, \ \lambda > 0, \ \beta > 0, \ t \geqslant 0 \tag{10.124}$$

这个非齐次泊松过程有时可以看作威布尔过程，因为 ROCOF 的函数形式与威布尔分布的失效率（FOM）函数一致。我们还需要注意，过程的第一次到达时间 T_1 实际上就是一个形状参数为 β、尺度参数为 λ 的威布尔分布。根据文献 [15] 所述，我们需要避免在这种情况下使用威布尔过程这个说法，因为这样会造成误导，好像威布尔分布可以用来对可维修元件的失效间隔时间建模。

对于使用幂律模型建模的可维修元件，如果 $0 < \beta < 1$，那么说明它正在得到改进（快乐元件），而如果 $\beta > 1$，它正在退化（悲伤元件）。如果 $\beta = 1$，那么模型就变为齐次泊松过程。当 $\beta = 2$ 时，ROCOF 呈线性增长。我们在案例 10.18 中讨论过这个模型。

假设我们已经在区间 $(0, t_0]$ 内观测到了一个非齐次泊松过程，失效发生在时刻 s_1, $s_2, \cdots, s_n$。那么，参数 β 和 λ 的极大似然估计值 $\widehat{\beta}$ 和 $\widehat{\lambda}$ 分别为

$$\widehat{\beta} = \frac{n}{n \ln t_0 - \sum\limits_{i=1}^{n} \ln s_i} \tag{10.125}$$

和

$$\widehat{\lambda} = \frac{n}{t_0^{\widehat{\beta}}} \tag{10.126}$$

文献 [59,71] 对该模型的参数估计问题有更深入的讨论。根据文献 [59]，可以得到 β 估值的 $1 - \varepsilon$ 置信区间

$$\left(\frac{\widehat{\beta}}{2n} z_{(1-\varepsilon/2), 2n}, \frac{\widehat{\beta}}{2n} z_{(1+\varepsilon/2), 2n} \right) \tag{10.127}$$

其中 $z_{\varepsilon, \nu}$ 是自由度为 ν 的卡方（χ^2）分布的上 ε 百分位数。

2. 线性模型

线性模型的 ROCOF 为

$$w(t) = \lambda(1 + \alpha t), \ \ \lambda > 0, \ t \geqslant 0 \tag{10.128}$$

文献 [17, 286] 讨论了线性模型。对于使用线性模型建模的可维修元件，如果 $\alpha > 0$，那么说明它正在退化，而如果 $\alpha < 0$，则它正在得到改进。当 $\alpha < 0$ 时，$w(t)$ 迟早会小于 0，而这个模型主要用于 $w(t) > 0$ 的区间。

3. 对数-线性模型

对数-线性模型，也称为 Cox–Lewis 模型，它的 ROCOF 为

$$w(t) = \mathrm{e}^{\alpha + \beta t}, \ \ -\infty < \alpha, \beta < \infty, \ t \geqslant 0 \tag{10.129}$$

对于使用对数-线性模型建模的可维修元件，如果 $\beta < 0$，那么说明它正在得到改进（快乐元件），而如果 $\beta > 0$，则它正在退化（悲伤元件）。如果 $\beta = 0$，那么这个对数-线性模型就变为齐次泊松过程。

对数-线性模型由 Cox 和 Lewis 提出 [67]，二位作者使用该模型研究飞机上空调设备失效间隔时间的趋势。到达第一次失效的时间 T_1 具有失效率（FOM）函数 $z(t) = \mathrm{e}^{\alpha + \beta t}$，因此服从最小极值的截断甘贝尔分布。

假设我们已经在区间 $(0, t_0]$ 内观测到了一个非齐次泊松过程，失效发生在时刻 s_1，$s_2, \cdots, s_n$。那么，参数 α 和 β 的极大似然估计值 $\widehat{\alpha}$ 和 $\widehat{\beta}$ 需要求解下式得到：

$$\sum_{i=1}^{n} s_i + \frac{n}{\beta} - \frac{n t_0}{1 - \mathrm{e}^{-\beta t_0}} = 0 \tag{10.130}$$

求得 $\widehat{\beta}$ 后，可以计算得

$$\widehat{\alpha} = \ln \frac{n \widehat{\beta}}{\mathrm{e}^{\beta t_0} - 1} \tag{10.131}$$

文献 [71] 对这类模型的参数估计有详细的讨论。

10.4.4 趋势的统计检验

图 10.3 中的简单示例清晰地表示出了失效率递增，即退化或者悲伤元件的情况。接下来的数据分析可以用来进行统计检验，探讨观察到的趋势在统计上显著还是只是偶然发生。现在有很多检验方法，它们的目的都是用来检验零假设。

H_0："没有趋势"（或者更准确地说，是间隔时间独立并且同分布，即构成齐次泊松过程）以及备选假设。

H_1："单调趋势"（即过程是一个或悲伤或快乐的非齐次泊松过程）。

下面讨论两种非参数检验方法：

（1）拉普拉斯检验

（2）军用手册（MIL HDBK）检验

文献 [15,71] 详细介绍了这两类检验。 可以发现，如果真实的失效机理遵循对数-线性 NHPP 模型，那么拉普拉斯检验是最佳方法[67]；而如果真实的失效机理遵循幂律 NHPP 模型，那么军用手册检验就是最佳方法[18]。

1. 拉普拉斯检验

如果观察元件直到有 n 次失效发生，这时采用的检验统计量为

$$U = \frac{\frac{1}{n-1}\sum_{j=1}^{n-1} S_j - \frac{S_n}{2}}{S_n/\sqrt{12(n-1)}} \tag{10.132}$$

其中 $S_1, S_2, \cdots$ 为失效时间。如果观察元件直到时刻 t_0，那么应该采用的检验统计量为

$$U = \frac{\frac{1}{n}\sum_{j=1}^{n} S_j - \frac{t_0}{2}}{t_0/\sqrt{12n}} \tag{10.133}$$

无论对于哪种情况，如果零假设 H_0 为真，检验统计量 U 都近似为标准正态分布 $\mathcal{N}(0,1)$。U 值显示了趋势的方向，当 $U < 0$ 时元件快乐（表示元件失效率较低），而当 $U > 0$ 时元件悲伤（表示元件失效率升高）。文献 [111] 对拉普拉斯检验的最优属性进行了研究。

2. 军用手册检验

在军用手册检验（即 MIL-HDBK189C 提供的方法）中，如果观察元件直到有 n 次失效发生，检验统计量为

$$Z = 2\sum_{i=1}^{n-1} \ln \frac{S_n}{S_i} \tag{10.134}$$

如果观察元件直到时刻 t_0，那么检验统计量为

$$Z = 2\sum_{i=1}^{n} \ln \frac{t_0}{S_i} \tag{10.135}$$

对于上述两种情况，Z 的渐近分布分别是自由度为 $2(n-1)$ 和 $2n$ 的卡方分布。

如果 Z 值较小或者较大，那么就要拒绝零假设 (H_0)（没有趋势）。Z 值较小对应退化元件，而 Z 较大对应正在改进的元件。

10.5 不完美修理过程

我们在之前的章节中讨论过两类用于描述可维修元件失效发生的模型：更新过程和非齐次泊松过程（NHPP），齐次泊松过程可以看作这两类模型的特殊情况。在使用更新过程

时，我们假设修理工作是完美的，意味着在修理完成后元件会达到完好如初的状态。在使用非齐次泊松过程时，修理工作是最低限度的，意味着修理完成后的元件可靠性与其在失效发生前的可靠性一致。在这种情况下，我们称元件在修理后回到千疮百孔的状态。因此，更新过程和 NHPP 可以看作两类极端的情况，得到正常修理的元件一般介于两者之间。现在有多种模型用于研究正常或者不完美的修理工作，也就是修理效果处于最低限度和完美更新之间。

本节假设一个元件在时刻 t 投入运行，其初始失效率（FOM）函数为 $z(t)$，条件 ROCOF 函数为 $w_C(t)$。我们可以采用式 (10.7) 定义条件 ROCOF。

如果元件失效，就会启动修理工作。修理工作会将元件恢复到能够工作的状态，它可能包括对导致元件失效的零件的修理或者更换。修理工作也可能包括对元件其他部分的维修和升级，甚至更换整个元件。进行修理工作的时间在这里忽略不计，另外我们也不考虑预防性维修，除非预防性维修是在修理期间进行的。

学者们研究了很多模型用来再现不完美的修理过程。绝大多数模型可以被归为两类：① 修理工作会降低失效发生速率（ROCOF）的模型；② 修理工作会减少元件（虚拟）已使用时间的模型。文献 [5, 126, 246] 对上述模型进行了说明，感兴趣的读者可以阅读。

10.5.1 布朗-普罗尚模型

最为常见的不完美修理模型是在文献 [45] 中分析的 Brown-Proschan 模型，该模型基于这样的维修策略：元件在 $t = 0$ 时投入运行，每一次元件失效都会进行修理。修理工作有 p 的概率是完美修理，也就是将元件重置到完好如初的状态。同时修理工作是最低限度修理的概率为 $1 - p$，也就是让元件恢复到老样子。更新过程和 NHPP 是 Brown-Proschan 模型中的特殊情况，分别对应 $p = 1$ 和 $p = 0$。因此，我们可以将 Brown-Proschan 模型看作更新过程和 NHPP 的混合。注意，完美修理的概率 p 与从上一次失效到现在的时间无关，也与元件的已使用时间无关。比如，如果假设 $p = 0.02$，这就意味着对于绝大多数失效只能进行最低限度修理，平均每 50 次失效才会更新（或者更换）这个元件。Brown-Proschan 模型可能是一个切近实际情况的模型，但是问题是更新是随机发生的，也就是说我们更新一个全新元件和更新一个旧元件的概率是相等的。图 10.19 示出了该模型条件 ROCOF 的可能形状。

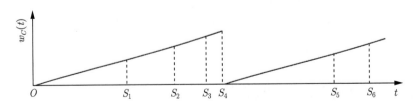

图 10.19　Brown-Proschan 不完美修理模型条件 ROCOF 的可能形状示意图

关于可维修元件的数据集一般记录的都是失效间隔数据，即 $T_1, T_2, \cdots$，但是并不会记录每一个失效具体的修理模式。针对这种数据集"不完整"的问题，文献 [179] 提出了一个估计 Brown-Proschan 模型中 p 值和其他参数的方法。

Block 等人[38] 将 Brown-Proschan 模型推广到基于年龄的修理工作当中，也就是当元件在时刻 t 失效时，以 $p(t)$ 的概率进行完美修理，而最低限度修理的概率为 $1 - p(t)$。令 Y_1 表示由 $t = 0$ 开始到第一次完美修理的时间。如果进行完美修理，那么过程重启，我们就会得到一个完美修理序列 $Y_1, Y_2, \cdots$，这是一个更新过程。再令 $F(t)$ 表示到达第一次失效 T_1 的时间分布，令 $f(t)$ 和 $R(t) = 1 - F(t)$ 分别表示概率密度函数和存续度函数。那么 T_1 的失效率（FOM）函数就是 $z(t) = f(t)/R(t)$，由第 5 章的知识可知，分布函数可以写作

$$F(t) = 1 - \mathrm{e}^{-\int_0^t z(x)\,\mathrm{d}x} = 1 - \mathrm{e}^{-\int_0^t [f(x)/R(x)]\,\mathrm{d}x}$$

文献 [38] 给出了 Y_i 的分布

$$F_p(t) = \Pr(Y_i \leqslant t) = 1 - \mathrm{e}^{-\int_0^t [p(x)f(x)/R(x)]\,\mathrm{d}x} = 1 - \mathrm{e}^{-\int_0^t z_p(x)\,\mathrm{d}x} \tag{10.136}$$

因此，更新间隔 Y 的失效率（FOM）函数

$$z_p(t) = \frac{p(t)f(t)}{R(t)} = p(t)z(t) \tag{10.137}$$

文献 [38] 中给出了更新过程的公式，并讨论了 $F_p(t)$ 的性质。

10.5.2 失效率降低模型

人们提出了多种模型来表示每项修理工作降低的条件 ROCOF 数量。降低可以表示成一个固定降低量，也可能是失效率实际值的某个百分比或者过程历史的函数。文献 [51] 提出的模型包括了前两种方法。令 $z(t)$ 表示到达第一次失效的时间的失效率（FOM）函数。如果所有的修理都是最低限度修理，那么过程的 ROCOF 就是 $w_1(t) = z(t)$。考虑一个发生在时刻 S_i 的失效，并令 S_{i-} 表示在时刻 S_i 之前的瞬时，令 S_{i+} 表示在时刻 S_i 之后的瞬时。那么文献 [51] 中的模型就可以用条件 ROCOF 表示：

$$\begin{cases} w_C(S_{i+}) = w_C(S_{i-}) - \Delta, & \Delta \text{ 为固定降低量} \\ w_C(S_{i+}) = w_C(S_{i-})(1 - \rho), & 0 \leqslant \rho \leqslant 1 \end{cases} \tag{10.138}$$

在两次失效之间，假定条件 ROCOF 与初始 ROCOF（即 $w_1(t)$）在竖直方向上平行。式 (10.138) 中的参数 ρ 是表示修理工作效率的指标，如果 $\rho = 0$，则我们采用的就是最低限度修理，因此 NHPP 就是文献 [51] 提出的 Chan-Shaw 比例降低模型的一种特殊情况。如果 $\rho = 1$，修理工作就会将条件 ROCOF 降低到 0，但是因为间隔时间不是同分布，除非在 $w_1(t)$ 是线性函数的特殊情况下，修理工作并不会是更新过程。图 10.20 示出了在 $\rho = 0.30$ 时，文献 [51] 的 Chan-Shaw 比例降低模型对于一些可能失效的条件 ROCOF。

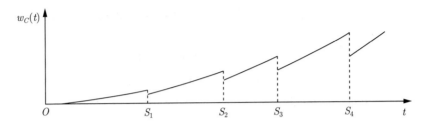

图 10.20　Chan-Shaw 比例降低模型对于一些可能失效的条件 ROCOF（$\rho = 0.30$）

式 (10.138) 中的 Chan-Shaw 模型在文献 [85,86] 中得到了进一步扩展，目的是提出一系列比例因子 ρ 取决于过程历史的模型。在这些模型中，条件 ROCOF 可以表示为

$$w_C(S_{i+}) = w_C(S_{i-}) - \varphi(i, S_1, S_2, \cdots, S_i) \tag{10.139}$$

其中 $\varphi(i, S_1, S_2, \cdots, S_i)$ 为修理活动导致的条件 ROCOF 的降低值。在两次失效之间，假设条件 ROCOF 在竖直方向上平行于初始 ROCOF（即 $w_1(t)$）。这些假设使得条件 ROCOF 为

$$w_C(t) = w_1(t) - \sum_{i=1}^{N(t)} \varphi(i, S_1, S_2, \cdots, S_i) \tag{10.140}$$

如果我们按照式 (10.138) 所示的 Chan-Shaw 模型，假设在每次修理工作之后条件 ROCOF 按比例降低，那么在区间 $(0, S_1)$ 内的条件 ROCOF 就变成 $w_C(t) = w_1(t)$。在区间 $[S_1, S_2)$ 内，条件 ROCOF 为 $w_C(t) = w_1(t) - \rho\, w_1(S_1)$。而在第三个区间 $[S_2, S_3)$ 内，条件 ROCOF 为

$$w_C(t) = w_1(t) - \rho\, w_1(S_1) - \rho\, [w_1(S_2) - \rho\, w_1(S_1)]$$
$$= w_1(t) - \rho\, \left[(1-\rho)^0 w_1(S_2) + (1-\rho)^1 w_1(S_1)\right]$$

继续推导，可以证明式 (10.138) 所示的 Chan-Shaw 比例降低模型可以写作

$$w_C(t) = w_1(t) - \rho \sum_{i=0}^{N(t)} (1-\rho)^i\, w_1(S_{N(t)-i}) \tag{10.141}$$

这个模型在文献 [85] 中被称为具有无限记忆（ARI_∞）密度算数减少量。

式 (10.138) 中，减少量是在时刻 t 之前条件 ROCOF 的一个比例。另一种方法假设一次修理只能减少一定比例的（由上一次修理到现在累积的）磨损，可以表示为

$$w_C(S_{i+}) = w_C(S_{i-}) - \rho\, [w_C(S_{i-}) - w_C(S_{i-1+})] \tag{10.142}$$

这个模型的条件 ROCOF 为

$$w_C(t) = w_1(t) - \rho\, w_1(S_{N(t)}) \tag{10.143}$$

这个模型在文献 [85] 中被称为记忆为 1（ARI_1）的密度算数减少量。如果 $\rho = 0$，修理工作就会将条件 ROCOF 降为 0，但是因为间隔时间不是同分布，这个过程并不是更新过程。对于 ARI_1 模型，存在确定函数 $w_{\min}(t)$ 比条件 ROCOF 的值更小，这样就有 ROCOF 可能非常接近 $w_{\min}(t)$。$w_{\min}(t)$ 的表达式为

$$w_{\min}(t) = (1 - \rho)\, w_1(t)$$

这个密度是最低磨损密度，也就是条件 ROCOF 的最大下限。图 10.21 所示为对于一些可能失效时间的 ARI_1 模型。

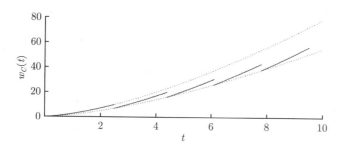

图 10.21　对于一些可能失效时间的 ARI_1 模型。"基础"ROCOF$w_1(t)$ 是一个形状参数 $\beta = 2.5$，$\rho = 0.30$ 的幂律模型。上方的虚线表示 $w_1(t)$，下方的虚线则表示最低磨损密度 $(1 - \rho)w_1(t)$

可以说 ARI_∞ 和 ARI_1 这两个模型代表两个极端的情况。为了显示它们的区别，我们可以将条件 ROCOF 作为元件磨损的指标。使用 ARI_∞ 模型，每一次修理都会将元件自安装以来的总磨损降低一个特定比例 ρ。而使用 ARI_1 模型，每一次修理都只会将元件从上一次修理到现在的累计磨损降低一个比例 ρ。这就是文献 [86] 认为 ARI_∞ 有无限记忆，而 ARI_1 只有一次（一个周期）记忆的原因。

文献 [85] 还介绍了一大类模型，考虑了式 (10.143) 求和计算中的前 m 项。作者称这种模型为记忆容量为 m（ARI_m）的密度算数减少量模型，其相应的条件 ROCOF 为

$$w_C(t) = w_1(t) - \rho \sum_{i=0}^{\min\{m-1, N(t)\}} (1 - \rho)^i \, w_C(S_{N(t)-i}) \tag{10.144}$$

ARI_m 有一个最小磨损密度：

$$w_{\min}(t) = (1 - \beta)^m w_1(t)$$

在所有这些模型中，参数 ρ 可以作为修理工作效率的指标。

（1）$0 < \rho < 1$：修理工作高效。

（2）$\rho = 1$：优化修理。条件 ROCOF 被重置为 0（但是修理的效果不同于完好如初）。

（3）$\rho = 0$：修理工作对于元件的模式没有影响。修理完成后元件的状态回到老样子。

（4）$\rho < 0$：修理工作对元件造成损坏，会引入新的问题。

10.5.3 减龄模型

Malik 在文献 [192] 中提出了一种模型，即每一次修理工作都会减少元件的年龄（工龄）。因此这里的年龄实际上是一个虚拟的概念。

要建立一个减龄模型，我们需要假设元件在 $t = 0$ 时投入运行，其初始 ROCOF $w_1(t)$ 在第一次失效发生前等于该区间的失效率（FOM）函数 $z(t)$，那么 $w_1(t)$ 就是所有的修理都是最低限度修理时该元件的 ROCOF。第一次失效发生在时刻 S_1，那么在修理完成之后的瞬间，元件的条件 ROCOF 为

$$w_C(S_{1+}) = w_1(S_1 - \vartheta)$$

其中 $S_1 - \vartheta$ 为元件新的虚拟年龄。在下一次失效后，条件 ROCOF 变为 $w_C(S_{2+}) = w_1(S_2 - 2\vartheta)$，以此类推。在时刻 t 的 ROCOF 为

$$w_C(t) = w_1(t - N(t)\vartheta)$$

接下来，令 ϑ 表示历史的函数，则有

$$w_C(t) = w_1\left[t - \sum_{i=1}^{N(t)} \vartheta(i, S_1, S_2, \cdots S_i)\right] \tag{10.145}$$

在连续两次失效之间，我们假设条件 ROCOF 在水平方向上平行于初始 ROCOF $w_1(t)$。

文献 [86] 提出了一种减龄模型，其中修理工作会按照元件在修理前年龄的一定比例减少其虚拟工龄。令 ρ 表示虚拟工龄减少的比例。在区间 $(0, S_1)$ 内，条件 ROCOF 为 $w_C(t) = w_1(t)$。在第一次失效在虚拟工龄 $S_1 - \rho S_1$ 发生之后（修理完成之后），在区间 (S_1, S_2) 内的条件 ROCOF 为 $w_C(t) = w_1(t - \rho S_1)$。在第二次失效在时刻 S_2 发生前的瞬间，元件的虚拟工龄为 $S_2 - \rho S_1$，而当第二次失效发生之后的瞬间，虚拟工龄变为 $S_2 - \rho S_1 - \rho(S_2 - \rho S_1)$。在区间 (S_2, S_3) 内，条件 ROCOF 为 $w_C(t) = w_1[t - \rho S_1 - \rho(S_2 - \rho S_1)]$，它可以写为 $w_C(t) = w_1[t - \rho(1 - \rho)^0 S_2 - \rho(1 - \rho)^1 S_1]$。继续按照这种方式推理，就会发现，这个减龄模型的条件 ROCOF 为

$$w_C(t) = w_1\left[t - \rho \sum_{i=0}^{N(t)} (1 - \rho)^i S_{N(t)-i}\right] \tag{10.146}$$

文献 [86] 称这个模型是拥有无限记忆（ARA$_\infty$）的工龄算数减少量。注意，当 $\rho = 0$ 时，得 $w_C(t) = w_1(t)$，这是一个非齐次泊松过程（NHPP）。而当 $\rho = 1$ 时，得 $w_C(t) = w_1(t - S_{N(t)})$，它表示修理工作会将元件恢复到完好如初的状态。因此，NHPP 和更新过程都可以看作 ARA$_\infty$ 模型的特殊情况。

在文献 [192] 的模型中，在时刻 S_i 的修理工作会将运行时间从 $S_i - S_{i-1}$ 减少到 $\rho(S_i - S_{i-1})$，和之前一样，有 $0 \leqslant \rho \leqslant 1$。根据这个模型，文献 [266] 开发了一种优化维修策略，

并推导出各种参数的估计值。相应的条件 ROCOF 为

$$w_C(t) = w_1(t - \rho S_{N(t)})$$

其最小磨损密度等于 $w_1[(1-\rho)t]$。这个由文献 [86] 提出的模型称为具有一次记忆（ARA$_1$）的工龄算数减少量。

通过类比失效率降低模型，我们可以定义记忆为 m 的工龄算数减少量

$$w(t) = w_1 \left[t - \rho \sum_{i=0}^{\min\{m-1, N(t)\}} (1-\rho)^i S_{N(t)-i} \right]$$

最小磨损密度为

$$w_{\min}(t) = w_1[(1-\beta)^m t]$$

10.5.4　趋势更新过程

令 $S_1, S_2, \cdots$ 表示一个 ROCOF 为 $w(t)$ 的非齐次泊松过程的失效时间，并令 $W(t)$ 表示在区间 $(0, t]$ 内的平均失效数量。我们在 10.4.2 节中已经证明，发生次数 $W(S_1)$，$W(S_2), \cdots$ 的时间转换过程是一个速率为 1 的齐次泊松过程。在转换过程中，平均失效（更新）间隔也是 1。文献 [182] 扩展了这个模型，用均值为 1 的基础分布为 $F(\cdot)$ 的更新过程取代了速率为 1 的齐次泊松过程。作者称由此产生的过程为趋势更新过程 $\text{TRP}(F, w)$。为了界定这个过程，我们需要界定初始 NHPP 的速率 $w(t)$ 以及分布 $F(t)$。

设存在一个失效时间为 $S_1, S_2, \cdots$ 的 $\text{TRP}(F, w)$，事件发生次数 $W(S_1), W(S_2), \cdots$ 的时间转换过程是一个基础分布为 $F(t)$ 的更新过程。图 10.22 示出了这个转换情况。出于方便的考虑，我们令 $F(t)$ 的均值为 1，那么分布的尺度由速率 $w(t)$ 决定。

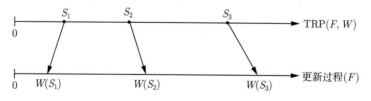

图 10.22　$\text{TRP}(F, w)$ 转换为更新过程

文献 [182] 证明，$\text{TRP}(F, w)$ 的条件 ROCOF 为

$$w_C^{\text{TRP}}(t) = z \left[W(t) - W(S_{N(t-)}) \right] w(t) \tag{10.147}$$

其中 $z(t)$ 为分布 $F(t)$ 的失效率（FOM）函数，因此 $\text{TRP}(F, w)$ 的条件 ROCOF 是依赖于元件年龄 t 的因子 $w(t)$ 与依赖于上一次失效发生后到现在的（转换）时间的因子的乘积。

如果失效率（FOM）函数 $z(t)$ 和初始 ROCOF 函数 $w(t)$ 都是增函数，那么在时刻 s_0 发生失效之后，在时刻 t 的条件 ROCOF 函数 (10.147) 可以写为

$$w(t) = z[W(t+s_0) - W(s_0)]\, w(t+s_0)$$

要了解趋势更新过程（TRP）的性质，需考虑一些特殊情况：

（1）如果 $z(t) = \lambda$ 和 $w(t) = \beta$ 都是常数，那么条件 ROCOF 也是常数，$w_C(t) = \lambda\beta$。因此，齐次泊松过程是 TRP 的一个特殊情况。

（2）如果 $z(t) = \lambda$ 是常数，则条件 ROCOF 函数为 $w_C(t) = \lambda w(t)$，因此非齐次泊松过程是 TRP 的一个特殊情况。

（3）如果 $z(0) = 0$，则条件 ROCOF 在每次失效刚刚发生之后就等于 0，即 $w_C(S_{N(t_+)}) = 0$。

（4）如果 $w(t) = \beta$ 是常数，就得到一个常规更新过程 $w_C(t) = z(t - S_{N(t_-)})$。

（5）如果 $z(0) > 0$，在一次失效刚刚发生后的条件 ROCOF 就是 $z(0)\, w(S_{N(t_+)})$，如果 $w(t)$ 是一个增函数，那么前者也随着时间 t 增加。

（6）如果 $z(t)$ 是形状参数为 α 的威布尔分布的失效率（FOM）函数，并且 $w(t)$ 是一个形状参数为 β 的幂律（韦伯）过程，那么条件 ROCOF 就有一个形状参数为 $\alpha\beta - 1$ 的威布尔分布形式。

案例 10.19　考虑一个初始 ROCOF 函数为 $w(t) = 2\theta^2 t$ 的趋势更新过程，也就是说该过程的初始 ROCOF 线性增加，它的分布 $F(t)$ 有失效率（FOM）函数 $z(t) = 2.5\,\lambda^{2.5}\,t^{1.5}$，即为形状参数 $\alpha = 2.5$、尺度参数为 λ 的威布尔分布。假设 $F(t)$ 的均值等于 1，尺度参数必须满足 $\lambda \approx 0.88725$。根据式 (10.147)，在首次失效发生前的区间内，条件 ROCOF 函数为

$$w_C(t) = 5\,\lambda^{2.5}\,\theta^5 t^4, \qquad 0 \leqslant t < S_1$$

在首次失效刚刚发生后，$w_C(S_{1+}) = 0$。基本上，我们可以根据式 (10.147) 得到 $w_C(t)$。在第 n 次失效和第 $n+1$ 次失效之间，条件 ROCOF 函数为

$$w_C(t) = 5\,\lambda^{2.5}\,\theta^5 (t^2 - S_n^2)^{1.5} t, \qquad S_n \leqslant t < S_{n+1}$$

对于一些可能失效时间 $S_1, S_2, \cdots$，条件 ROCOF 函数 $w_C(t)$ 如图 10.23 所示。

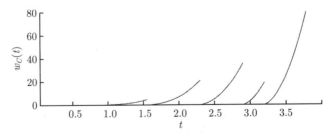

图 10.23　案例 10.19 中对于一些可能失效时间的条件 ROCOF 函数 $w_C(t)$

有兴趣的读者可以阅读文献 [182] 和 [91] ，继续学习趋势更新过程，比如如何估计模型的参数。

10.6　模型选择

图 10.24 示出了一个对于可维修元件模型进行选择的简单框架。该图受到了文献 [15] 的启发，也加入了一些新的内容。

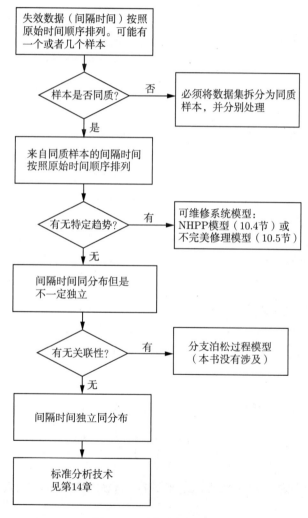

图 10.24　模型选择框架

我们使用一个简单的案例来介绍模型选择过程。在 OREDA 手册中，失效数据包括来自 61 家不同工厂的 449 个泵，手册总共记录了 524 次关键性失效，也就是平均每个泵 1.17 次。为了得到足够的结果，需要合并来自多个阀门的故障数据。需要注意的是，合并的数据必须是同质的，这意味着阀门的类型相同并且操作环境类似。因为每个阀门的数据很少，所以这种分析必须是定性的。整个数据集会被分成同质的子集，我们需要对每个子集单独进行分析。

现在分析假定为同质的数据子集。下一步的工作是查看 ROCOF 是否存在趋势，这时我们需要建立 Nelson-Aalen 图（见第 14 章）。如果图中的描点近似为直线，就可以认为 ROCOF 接近常数。如果描点是一个凸曲线（或者凹曲线），则说明 ROCOF 递增（或者递减）。对于设备而言，它的 ROCOF 也可能在其生命周期的一个阶段增加，而在另一阶段减少。

如果我们发现 ROCOF 递增（或者递减），就可以使用 NHPP 或者 10.5 节中介绍的不完美修理模型。具体使用哪个模型，需要首先对修理工作进行定性分析，判断其是否最低限度修理、减龄修理或失效率降低修理。有时，我们可能会采用接近于最低限度修理的方式，然后进行大修。在挪威离岸工业领域，大修都在每年的特定时间进行。如果我们决定使用某种模型，就需要使用相应章节中介绍的方法分析数据。读者还可以阅读文献 [71] 了解更多的分析方法。

如果没有发现 ROCOF 存在某种趋势，则可以认为失效间隔是同分布但是不一定相互独立。接下来，我们需要检查数据是否独立。现在可以使用若干种描点技术和正式测试手段，但是本书并没有涉及这部分内容。有兴趣的读者可以阅读文献 [71] 了解这些方法。

如果发现失效间隔独立且同分布，这就是一个更新过程，那么就可以使用第 14 章中介绍的方法分析这些数据。

如果间隔之间存在关联，就不能使用本书中介绍的方法。有兴趣的读者可以继续阅读文献 [71] 了解更多相关方法。

10.7 课后习题

10.1 假设一个齐次泊松过程为 $\{N(t), t \geqslant 0\}$，其中 $s \geqslant 0$。计算

$$E[N(t)N(t+s)]$$

10.2 假设一个齐次泊松过程为 $\{N(t), t \geqslant 0\}$，速率 $\lambda > 0$。证明

$$\Pr[N(t) = k \mid N(s) = n] = \binom{n}{k}\left(\frac{t}{s}\right)^k \left(1 - \frac{t}{s}\right)^{n-k}, \quad 0 < t < s,\ 0 \leqslant k \leqslant n$$

10.3 令 T_1 表示一个速率为 λ 的齐次泊松过程 $\{N(t), t \geqslant 0\}$ 出现首次失效的时间。

   （1）证明

$$\Pr[T_1 \leqslant s \mid N(t) = 1] = \frac{s}{t}, \qquad s \leqslant t$$

   （2）确定 $E(T_1)$ 和 $\mathrm{SD}(T_1)$。

10.4 假设 $\{N_1(t), t \geqslant 0\}$ 和 $\{N_2(t), t \geqslant 0\}$ 分别表示两个速率为 λ_1 和 λ_2 的齐次泊松过程。令 $N(t) = N_1(t) + N_2(t)$，证明 $\{N(t), t \geqslant 0\}$ 是速率为 $\lambda_1 + \lambda_2$ 的齐次泊松过程。

10.5 设 $\{N(t), t \geq 0\}$ 表示一个计数过程，它的可能取值为 $0, 1, 2, 3, \cdots$。证明 $N(t)$ 的平均值可以写作

$$E[N(t)] = \sum_{n=1}^{\infty} \Pr[N(t) \geq n] = \sum_{n=0}^{\infty} \Pr[N(t) > n]$$

10.6 设 $S_1, S_2, \cdots$ 表示一个速率为 λ 的齐次泊松过程中事件的发生时间。假设 $N(t) = n$，证明对于任意变量 $S_1, S_2, \cdots, S_n$，有联合概率密度函数

$$f_{S_1, \cdots, S_n | N(t)=n}(S_1, S_2, \cdots, S_n) = \frac{n!}{t^n}, \qquad 0 < S_1 < \cdots < S_n \leq t$$

10.7 考虑一个更新过程 $\{N(t), t \geq 0\}$，以下陈述是否正确？

（1）　当且仅当 $S_r > t$ 时，$N(t) < r$。

（2）　当且仅当 $S_r \geq t$ 时，$N(t) \leq r$。

（3）　当且仅当 $S_r < t$ 时，$N(t) > r$。

10.8 考虑一个非齐次泊松过程，其速率为

$$w(t) = \lambda \left(\frac{t+1}{t} \right), \qquad t \geq 0$$

（1）　绘制 $w(t)$（作为时间 t 的函数）的草图。

（2）　绘制累计 ROCOF 函数 $W(t)$（作为时间 t 的函数）的草图。

10.9 考虑一个非齐次泊松过程 $\{N(t), t \geq 0\}$，其速率为

$$w(t) = \begin{cases} 6 - 2t, & 0 \leq t \leq 2 \\ 2, & 2 < t \leq 20 \\ -18 + t, & t > 20 \end{cases}$$

（1）　绘制 $w(t)$（作为时间 t 的函数）的草图。

（2）　绘制累计 ROCOF 函数 $W(t)$（作为时间 t 的函数）的草图。

（3）　估计在区间 $(0, 12)$ 内失效/事件的数量。

10.10 本书 10.3.8 节指出，独立更新过程的叠加一般不会形成一个更新过程。解释为什么独立 HPP 的叠加会构成一个更新过程。这个叠加过程的更新密度是多少（如何表示）？

10.11 Atwood 在文献 [17] 中对幂律模型、线性模型和对数-线性模型进行了参数化：

$$w(t) = \lambda_0 \, (t/t_0)^\beta \qquad \text{（幂律模型）}$$
$$w(t) = \lambda_0 [1 + \beta(t - t_0)] \qquad \text{（线性模型）}$$
$$w(t) = \lambda_0 \, e^{\beta(t - t_0)} \qquad \text{（对数-线性模型）}$$

（1）　说明这些模型中 t_0 的含义。

　　（2）　证明 Atwood 的参数化与本书 10.4.4 节中的参数化兼容。

　　（3）　证明对于所有三个模型，当 $t = t_0$ 时，都有 $w(t) = \lambda_0$。

　　（4）　证明对于所有三个模型，如果 $\beta > 0$，$w(t)$ 是增函数；如果 $\beta = 0$，$w(t)$ 是常数；如果 $\beta < 0$，$w(t)$ 是减函数。

10.12 使用 10.4.4 节介绍的军用手册测试方法，检查案例 10.1 中数据的"增加趋势"是否显著（置信水平为 5% ）。

10.13 本题的目标是研究不同的计数过程，在修理时间相对元件寿命可以忽略不计的前提下，确定评估维修后系统性能的过程。

　　（1）　假设元件在每次修理之后都恢复到完好如初的状态，它的失效率在两次失效之间是常数 $(\lambda = 5 \times 10^{-4}/\text{h})$

　　　　①　这属于哪一种计数过程？元件的 MTTF 和 MTBF 分别是多少？

　　　　②　考虑表 10.2 中的数据集，读者也可以从图书配套网站上下载。表中每一列都是一个元件的失效时间序列（以小时计）。所有的元件相同并且在相同的条件下运行。S_1 是元件第一次失效的时间，S_2 是元件第二次失效的时间，以此类推。在同一幅图上绘制时间 t 的函数 $N_1(t), \cdots, N_5(t)$，其中 y 轴表示失效数量（从 0~10），x 轴表示时间（失效时间）。

　　　　③　使用表 10.2 中的所有失效时间，以及 10.2.1 节中的精确公式，绘制 $E[N(t)]$ 图形，将两个结果放在同一幅图中，并说明失效的数量是否足以提供 $E[N(t)]$ 的准确估值。

　　　　④　确定元件在区间 $(0,t)$ 内经历 k 次失效的概率 $P_t^k = \Pr[N(t) = k], k = 1, 2, \cdots, 5$。在同一幅图中为每一个 k 描点，给出概率 P_t^k 相互交叉的次数，并解释这种"交叉"时间。

　　　　⑤　令 $t = \text{MTBF}$。对于不同的 k 值，确定在与 MTBF 等长的时间内出现 k 个失效的概率 $P_{\text{MTBF}}^k = \Pr[N(\text{MTBF}) = k]$。选择合适的 k，这样能够得到直观的期望结果。

表 10.2　习题 10.13 中使用的数据集

	元件 1	元件 2	元件 3	元件 4	元件 5
S_1	2099	2504	4081	1015	382
S_2	5352	3060	5210	3686	1621
S_3	8116	3626	6722	4535	1629
S_4	9085	5559	15 584	5279	6726
S_5	10 581	6691	17 759	5860	8356
S_6	12 672	11 848	21 397	7454	12 832
S_7	13 042	17 688	21 858	12 412	12 910
S_8	14 114	18 955	24 192	15 361	23 659
S_9	15 310	19 454	25 468	15 542	24 169
S_{10}	15 483	19 590	29 063	19 305	24 572

（2）　假定一个元件在每次失效之后都会被修理成完好如初的状态，但是它的失效率在两次失效之间并不是固定值。并且，假设它的失效时间服从形状参数为 4、尺度参数为 500 的威布尔分布。

　　① 这属于哪一种计数过程？

　　② 要得到 $E[N(t)]$ 的实际表达式，需要哪些步骤？

　　③ 当 t 很大时，计算 $E[N(t)]$ 的近似值。

10.14　假定一个元件在每次失效之后都会被修理成完好如初的状态，它在两次失效之间的失效率固定 $(\lambda = 5 \times 10^{-4}/\text{h})$。元件的平均停工时间（MDT）为 6h。使用理论公式，确定元件的平均可用性，以及元件平均每年不能工作的时间。在使用这些公式的时候，是否还需要作更多假设？如果"是"的话，还需要哪些假设？

第 **11** 章

马尔可夫分析

 ## 11.1　概述

　　本书前面章节中介绍的模型都假设系统处于两种可能状态之一，即可运行状态或者已失效的状态。我们还可以看到，之前使用的模型都是静态的，并不太适合分析可维修系统。

　　第 10 章介绍了随机过程，本章将介绍一种特殊类型的随机过程，称为马尔可夫链（Markov chain）[①]。我们可以用马尔可夫链对多状态的系统以及不同状态之间的转移进行建模。马尔可夫链是一个具有马尔可夫性质的随机过程 $\{X(t), t \geqslant 0\}$（我们将在本节中定义马尔可夫性质），令变量 $X(t)$ 表示过程在时刻 t 的状态，而所有可能状态组成的集合称为状态空间，用 $\mathcal{X}$ 表示。状态空间 $\mathcal{X}$ 可能是有限的，也可能是无限的。在绝大多数情况下，状态空间都是有限的，其状态对应的就是系统真实的状态（见案例 11.1）。除非特别说明，否则在本章中 $\mathcal{X}$ 都取 $\{0, 1, 2, \cdots, r\}$，也就是说 $\mathcal{X}$ 包含 $r+1$ 个不同的状态。过程的时间可能是离散的，取值为 $\{0, 1, 2, \cdots\}$，也可能是连续的。如果时间是离散的，我们就说这是一个离散时间马尔可夫链；而如果时间是连续的，我们就称其为连续时间马尔可夫链。很多学者使用马尔可夫过程来表示连续时间马尔可夫链，本书也是如此。如果时间是离散的，我们用 n 来表示时间，那么离散时间马尔可夫链就表示为 $\{X_n, n = 0, 1, 2, \cdots\}$。

　　本书将简要介绍马尔可夫链的理论基础，同时推荐读者阅读随机过程方面的数据以了解更多细节。比如，文献 [255]对马尔可夫链的介绍就非常精彩。还有一些书籍，比如文献 [59, 248, 279]介绍了连续时间马尔可夫链及其在可靠性工程中的应用。

　　本书的重点是连续时间马尔可夫链，以及如何使用这种方法对系统可靠性建模。本章的开始将定义马尔可夫性质以及连续时间马尔可夫链。我们还会建立一系列称为柯尔莫哥洛夫方程（Kolmogorov equations）的线性一阶微分方程，来确定过程在时刻 t 的概率分布 $\boldsymbol{P}(t) = [P_0(t), P_1(t), \cdots, P_r(t)]$，其中 $P_i(t)$ 是马尔可夫链（系统）在时刻 t 位于状态 i

---

① 以俄国数学家安德烈·马尔可夫（Andrei A. Markov, 1856—1922）的名字命名。

的概率。接下来，我们将证明，在特定情况下，当 $t \to \infty$ 时，$\boldsymbol{P}(t)$ 会趋近于一个极限 $\boldsymbol{P}$。这个极限称为马尔可夫链（系统）的分布稳态。我们将引入多个系统性能量度，比如状态访问频率、系统可用性以及到第一次系统失效的平均时间，然后对一些简单系统（比如串并联系统、包含关联零件的系统以及各种类型的备用系统）确定它们的稳态分布和系统性能量度。此外，还将简要讨论柯尔莫哥洛夫方程的时间相关解。最后，简要介绍半马尔可夫、多阶段和分段确定性马尔可夫过程，这些方法是对连续时间马尔可夫链的扩展，可以用来对很多受维修系统（maintained systems）建模。

案例 11.1（并联结构的状态） 考虑一个包含两个零件的并联结构，假定每个零件都有两个状态：可运行和已失效。因为每个零件都有两个可能的状态，那么该并联结构就有 $2^2 = 4$ 个可能状态，如表 11.1 所示。因此，状态空间 $\mathcal{X} = \{0, 1, 2, 3\}$。在状态 3，结构完全正常，而状态 0，结构失效。在状态 1 和状态 2，系统只有一个零件可运行。

表 11.1 双零件结构的可能状态		
状态	1 号零件	2 号零件
3	可运行	可运行
2	可运行	已失效
1	已失效	可运行
0	已失效	已失效

如果一个结构有 n 个零件，而每个零件都有两个状态（可运行和已失效），那么该结构最多可以有 2^n 个不同的状态。在一些应用中，我们可能会为每个零件设定更多的状态。比如，一台水泵可能有三个状态：可运行、备用、已失效。再比如，生产元件可能按照 100% 负荷运行，按照 80% 负荷运行，等等。还有些情况，我们需要区分同一元件的不同失效模式，这时可以把不同的失效模式看作不同的状态。对于一个复杂的结构来说，状态的数量可能很多，这时就需要简化系统模型，将结构分为若干个模块。

马尔可夫性质

考虑一个从时刻 0 开始的链（过程），该过程在时刻 s 处于状态 i，那么它在时刻 $t+s$ 处于状态 j 的概率为

$$\Pr[X(t+s) = j \mid X(s) = i, X(u) = x(u), \quad 0 \leqslant u < s]$$

定义 11.1（马尔可夫性质） 若连续时间马尔可夫链 $\{X(t), t \geqslant 0\}$ 满足以下条件，我们就称其具有马尔可夫性质：

$$\Pr[X(t+s) = j \mid X(t) = i, X(u) = x(u), \quad 0 \leqslant u < s]$$

$$= \Pr[X(t+s) = j \mid X(s) = i], \quad \text{对所有可能的 } x(u), \quad 0 \leqslant u < s \quad (11.1)$$

换句话说，如果马尔可夫链当前的状态已知，那么它未来的发展与过去已经发生的任何事情都无关。满足马尔可夫性质 (11.1) 的链条就是连续时间马尔可夫链，本章后续部分称其为马尔可夫过程。

接下来，假设对于 $\mathcal{X}$ 中的所有 i、j，马尔可夫过程都满足

$$\Pr[X(t+s)=j \mid X(s)=i] = \Pr[X(t)=j \mid X(0)=i], \quad s,t \geqslant 0$$

这说明从状态 i 转移到状态 j 的概率不依赖于全局时间，而只和转移可用的时间区间有关。我们称具有这种性质的过程为具备平稳转移概率的过程，或者时间齐次（time-homogeneous）过程。

此后，我们只考虑具有平稳转移概率的马尔可夫过程（即满足马尔可夫性质的链条）。这个假设的结果，就是马尔可夫过程不能用于对那些转移概率受到长期趋势或者季节性波动影响的系统进行建模。为了使用马尔可夫模型，须假设系统的环境和运行条件作为时间的函数相对稳定。

 ## 11.2 马尔可夫过程

考虑一个状态空间为 $\mathcal{X} = \{0, 1, 2, \cdots, r\}$，具有平稳转移概率的马尔可夫过程 $\{X(t), t \geqslant 0\}$。马尔可夫过程的转移概率为

$$P_{ij}(t) = \Pr[X(t)=j \mid X(0)=i], \quad i,j \in \mathcal{X}$$

它可以排列成矩阵的形式：

$$\boldsymbol{P}(t) = \begin{pmatrix} P_{00}(t) & P_{01}(t) & \cdots & P_{0r}(t) \\ P_{10}(t) & P_{11}(t) & \cdots & P_{1r}(t) \\ \vdots & \vdots & & \vdots \\ P_{r0}(t) & P_{r1}(t) & \cdots & P_{rr}(t) \end{pmatrix} \tag{11.2}$$

因为 $\boldsymbol{P}(t)$ 的所有输入都是概率，所以有

$$0 \leqslant P_{ij}(t) \leqslant 1, \quad t \geqslant 0, \quad i,j \in \mathcal{X}$$

当过程在时刻 0 处于状态 i 时，它在时刻 t 必须处于状态 i 或者已经转移到了一个不同的状态。这意味着

$$\sum_{j=0}^{r} P_{ij}(t) = 1, \quad i \in \mathcal{X} \tag{11.3}$$

因此，矩阵 $\boldsymbol{P}$ 中每一行的和都等于 1。注意，在第 i 行的输入表示从状态 i（$j \neq i$）转出的概率，而第 j 列的输入表示转入状态 j（$i \neq j$）的概率。

令 $0 = S_0 \leqslant S_1 \leqslant S_2 \leqslant \cdots$ 表示转移发生的时间，$T_i = S_{i+1} - S_i$ 为第 i 个间隔时间，或者称停留时间（sojourn time），$i = 1, 2, \cdots$。因此，在状态 i 的停留时间就是访问状态 i 的时长。假设转移正好发生在 S_i 时刻之前，那么过程的轨迹就是从左侧开始并保持连续的，如图 11.1 所示。

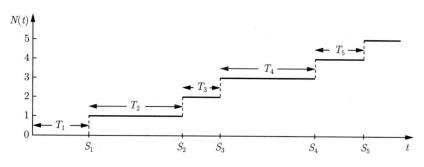

图 11.1　马尔可夫过程的轨迹

考虑一个马尔可夫过程在时刻 0 进入状态 i，因此有 $X(0) = i$。令 $\widetilde{T}_i$ 表示过程在状态 i 的一般停留时间，注意 T_i 表示的是第 i 次停留时间，而 $\widetilde{T}_i$ 是在访问状态 i 时花费的时间。我们希望找到概率 $\Pr(\widetilde{T}_i > t)$。现在假设这个过程在时刻 s 仍然停留在状态 i，即 $\widetilde{T}_i > s$，我们希望确定过程还会在状态 i 停留 t 个时间单位的概率，也就是 $\Pr(\widetilde{T}_i > t + s \mid \widetilde{T}_i > s)$。因为该过程具有马尔可夫性质，它会在此继续停留 t 个时间单位的概率只由当前状态 i 确定，与过程已经停留在这个状态的时长 s 无关，因此

$$\Pr(\widetilde{T}_i > t + s \mid \widetilde{T}_i > s) = \Pr(\widetilde{T}_i > t), \quad s, t \geqslant 0$$

变量 $\widetilde{T}_i$ 没有记忆，必须服从指数分布。

因此，停留时间 $T_1, T_2, \cdots$ 也必须是独立且服从指数分布的。这个独立性也可以由马尔可夫性质推导出来，读者可以阅读文献 [255] 查看更多的相关讨论。

令 $X_n = X(S_n)$，过程 $\{X_n, n = 1, 2, \cdots\}$ 称为（连续时间）马尔可夫过程的骨架。骨架的转移以离散时间发生，$n = 1, 2, \cdots$。我们可以将骨架想象为所有的停留时间都是确定并且等长的。很显然，（连续时间）马尔可夫过程的骨架就是一个离散时间马尔可夫过程[255]。这个骨架也称为嵌入式马尔可夫链。

现在，马尔可夫过程可以看作这样一个随机过程，它在每次进入状态 i 时具有以下性质[255]：

（1）在转移到不同状态之前过程在状态 i 停留的时间量服从指数分布，速率为 α_i。

（2）当过程离开状态 i 时，它会以一定概率 P_{ij} 进入下一个状态 j，其中 $\sum\limits_{\substack{j=0 \\ j \neq i}}^{r} P_{ij} = 1$。

因此，过程在状态 i 的平均停留时间为

$$E(\widetilde{T}_i) = \frac{1}{\alpha_i}$$

如果 $\alpha_i = \infty$，状态 i 就被称为瞬时状态，因为过程在此状态的平均停留时间为 0。一旦马尔可夫过程进入这样一个状态，它就会立即离开。在本书中，我们假设马尔可夫过程不存在瞬时状态，即对于所有 i，都有 $0 \leqslant \alpha_i < \infty$。而如果 $\alpha_i = 0$，状态 i 就被称为吸收状态，因为过程一旦进入就永远无法离开。我们在 11.2 节和 11.3 节假设马尔可夫过程没有吸收状态，11.4 节将详细讨论吸收状态。

因此，马尔可夫过程可以看作根据一个离散时间马尔可夫链从不同状态间移动的随机过程。过程在每个状态的停留时间，即跳转到下一状态之前的时间服从指数分布。过程在状态 i 的停留时间，以及接下来会访问哪一个状态，都是独立的随机变量。

a_{ij} 可以定义为

$$a_{ij} = \alpha_i P_{ij}, \quad i \neq j \tag{11.4}$$

因为 α_i 是过程离开状态 i 的速率，P_{ij} 是过程由此进入状态 j 的概率，那么 a_{ij} 就是过程在状态 i 发生转移进入状态 j 的速率。我们称 a_{ij} 为由 $i \sim j$ 的转移速率。

因为 $\sum_{j \neq i} P_{ij} = 1$，根据式 (11.4) 得

$$\alpha_i = \sum_{\substack{j=0 \\ j \neq i}}^{r} a_{ij} \tag{11.5}$$

因为停留时间是指数分布：

$$\Pr(\widetilde{T}_i > t) = \mathrm{e}^{-\alpha_i t}$$

$$\Pr(T_{ij} \leqslant t) = 1 - \mathrm{e}^{-a_{ij} t}, \quad i \neq j$$

其中 T_{ij} 是马尔可夫链进入状态 j 之前在状态 i 停留的时间，因此有（注意 $\mathrm{e}^x = \sum_{k=0}^{\infty} x^k / k!$）

$$\lim_{\Delta t \to 0} \frac{1 - P_{ii}(\Delta t)}{\Delta t} = \lim_{\Delta t \to 0} \frac{\Pr(\widetilde{T}_i < \Delta t)}{\Delta t} = \alpha_i \tag{11.6}$$

$$\lim_{\Delta t \to 0} \frac{P_{ij}(\Delta t)}{\Delta t} = \lim_{\Delta t \to 0} \frac{\Pr(T_{ij} < \Delta t)}{\Delta t} = a_{ij}, \quad i \neq j \tag{11.7}$$

读者可以参考文献 [255] 了解证明过程。

如果（对于所有在 $\mathcal{X}$ 中的 i、j）已知 a_{ij}，根据式 (11.4) 和式 (11.5) 可以推导出 α_i 和 P_{ij} 的值，那么我们就可以利用如下参数定义一个连续时间马尔可夫过程：① 状态空间 $\mathcal{X}$；② 对于空间 $\mathcal{X}$ 所有 $i \neq j$ 的转移速率 a_{ij}。这第二个定义更加自然，也是我们主要使用的方法。

转移速率 a_{ij} 可以排列为一个矩阵：

$$\boldsymbol{A} = \begin{pmatrix} a_{00} & a_{01} & \cdots & a_{0r} \\ a_{10} & a_{11} & \cdots & a_{1r} \\ \vdots & \vdots & & \vdots \\ a_{r0} & a_{r1} & \cdots & a_{rr} \end{pmatrix} \tag{11.8}$$

其中对角线元素使用下列标注:

$$a_{ii} = -\alpha_i = -\sum_{\substack{j=0 \\ j\neq i}}^{r} a_{ij} \tag{11.9}$$

我们称 A 为马尔可夫链的转移速率矩阵（transition rate matrix）。有些学者也将其称为马尔可夫链的无穷小发生器。

注意，矩阵中第 i 行的输入是由状态 i 转出的速率（$j \neq i$），我们称其为状态 i 的离开速率。根据式 (11.5) 可知，$-a_{ii} = \alpha_i$ 是状态 i 离开速率的和，因此称作状态 i 的总离开速率。对于所有 $i \in \mathcal{X}$，第 i 行输入的和都等于 0。而矩阵中第 i 列的输入则是状态 i 的转入概率（$j \neq i$）。

11.2.1 构建转移速率矩阵的步骤

要建立转移速率矩阵 A，必须遵循以下步骤:

（1）列举并描述所有的系统状态。我们需要移除所有的无关状态，合并相同的状态（比如参见案例 11.3）。剩余的每一个状态都必须有唯一的标识。本书使用从 0 到 r 的整数做标识，其中 r 标识系统功能最佳的状态，而 0 标识最差的状态。因此，系统的状态空间为 $\mathcal{X} = \{0, 1, \cdots, r\}$，但也可以使用其他的数字或者字符。

（2）对于所有 $i \neq j$（$i, j \in \mathcal{X}$），指定转移速率 a_{ij}。一般每一个转移都是失效或者修理，因此转移速率也就是失效率和修复率，或者是二者的组合。

（3）将所有的转移速率 a_{ij}（$i \neq j$）排成一个矩阵，与式 (11.8) 中的矩阵类似（对角线元素 a_{ii} 留空）。

（4）填入对角线元素 a_{ii}，使得每行输入值的和都等于 0，或者使用式 (11.9)。

马尔可夫链在图形上可以用状态转移图表示，它可以描绘出马尔可夫链中所有转移的速率 a_{ij}。状态转移图也称为马尔可夫图。在一些状态转移图中，我们使用圆圈表示状态，有向弧表示状态之间的转移。图 11.2所示为一个状态转移图的例子。

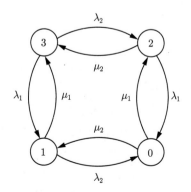

图 11.2 案例 11.2中并联结构的状态转移图

案例 11.2（并联结构（续）） 再次考虑案例 11.1中由两个独立零件组成的并联结构。假设我们采用这样的维修策略：如果一个零件失效，就会启动修理工作将其恢复到初始的可运行状态。在修理完成之后，假定零件完好如初。另外，假设每一个零件都由专门的人员修理。

假设零件的固定失效率为 λ_i，固定修复率为 μ_i（$i = 1, 2$）。表 11.1 中四个系统状态之间的转移如图 11.2中的状态转移图所示。

假定系统在 0 时刻处于状态 3，那么第一次转移可能是到状态 2（2 号零件失效），也可能是到状态 1（1 号零件失效）。从状态 3 到状态 2 的转移速率为 $a_{32} = \lambda_2$，到状态 1 的转移速率为 $a_{31} = \lambda_1$，因此系统在状态 3 的停留时间为 $\widetilde{T}_3 = \min\{T_{31}, T_{32}\}$，其中 T_{ij} 为从状态 i 到状态 j 发生第一次转移的时间。$\widetilde{T}_3$ 服从速率为 $a_{31} + a_{32} = \lambda_1 + \lambda_2$ 的指数分布，系统在状态 3 的平均停留时间为 $1/(\lambda_1 + \lambda_2)$。

当系统处于状态 2 时，下一次转移可能是回到状态 3（速率为 $a_{23} = \mu_2$），也可能是到状态 0（速率为 $a_{20} = \lambda_1$）。转移到状态 3 的概率为 $\mu_2/(\mu_2 + \lambda_1)$，而转移到状态 0 的概率为 $\lambda_1/(\mu_2 + \lambda_1)$。指数分布的无记忆特性可以保证 1 号零件在系统进入状态 2 的时候仍然完好如初。在本例中，我们假设 1 号零件在状态 3（两个零件均可运行）和状态 2（只有 1 号零件可运行）的失效率相同，都是 λ_1。然而，在一些情况下，1 号零件在状态 2 的失效率 a_{20} 可能会变为 λ_1'，而不同于 λ_1（比如更高）。

当系统处于状态 0 时，两个零件都处于已失效状态，这时我们可以派遣两组独立的修理人员将两个零件分别恢复到可运行的状态。修理时间 T_{01} 和 T_{02} 相互独立，分别服从修复率为 μ_1 和 μ_2 的指数分布。系统在状态 0 的停留时间 $\widetilde{T}_0$ 为 $\min\{T_{01}, T_{02}\}$，服从速率为 $(\mu_1 + \mu_2)$ 的指数分布，因此系统的平均故障时间（MDT）就是 $1/(\mu_1 + \mu_2)$。当系统进入状态 0，其中的一个零件处于已失效状态，并在另一个零件失效时已经在修理过程中。然而，指数分布的无记忆特性，使得到修理完成的时间与该零件已经进行了多长时间的修理无关。

因此，系统的转移速率矩阵为

$$\boldsymbol{A} = \begin{pmatrix} -(\mu_1 + \mu_2) & \mu_2 & \mu_1 & 0 \\ \lambda_2 & -(\lambda_2 + \mu_1) & 0 & \mu_1 \\ \lambda_1 & 0 & -(\lambda_1 + \mu_2) & \mu_2 \\ 0 & \lambda_1 & \lambda_2 & -(\lambda_1 + \lambda_2) \end{pmatrix} \qquad (11.10)$$

这个模型排除了共因失效（CCF）的可能性，因此我们假设在长度为 Δt 的区间内不可能出现状态 3 和状态 0 之间的转移。

注意，在绘制状态转移图时，我们考虑的是一个非常短的时间间隔，这样转移图就只会记录单次转移事件。类比泊松过程，在短期 (Δt) 内出现两次或者更多次事件的概率为 $o(\Delta t)$，状态转移图中不包括那些存在多重转移的事件。因此，在图 11.2中不可能存在状态 1 到状态 2 的转移，因为它包括 2 号零件失效以及同时 1 号零件完成修理两个事件。在图 11.2中，CCF 对应的是从状态 3 到状态 0 的转移，这样的转移包括两个零件的失效，但是我们将其视为一个单独的事件。

案例 11.3（并联结构（续）） 重新考虑案例 11.1 的并联结构，此处假设两个零件独立且相同，失效率均为 λ。在本例中，不需要区分表 11.1 中的状态 1 和状态 2，因此我们也可以把状态空间减少到三个状态：

$$2：\quad 两个零件可运行$$
$$1：\quad 一个零件可运行, 一个零件已失效$$
$$0：\quad 两个零件都处于已失效状态$$

假设只有一组修理人员负责系统维修，他们采用先坏先修的策略。假设零件的修理时间服从修复率为 μ 的指数分布，那么平均修理时间为 $1/\mu$。三个系统状态之间的转移如图 11.3 所示。

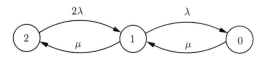

图 11.3　案例 11.3 中并联结构的状态转移图

一旦两个独立零件中的一个失效，就会发生从状态 2 到状态 1 的转移，转移速率为 $a_{21} = 2\lambda$。在系统处于状态 1 时，它可能会进入状态 2（概率为 $\mu/(\mu+\lambda)$）或者进入状态 0（概率为 $\lambda/(\mu+\lambda)$）。

系统的转移速率矩阵为

$$\boldsymbol{A} = \begin{pmatrix} -\mu & \mu & 0 \\ \lambda & -(\mu+\lambda) & \mu \\ 0 & 2\lambda & -2\lambda \end{pmatrix}$$

系统在三个状态的平均停留时间为

$$E(\widetilde{T}_0) = \frac{1}{\mu}, \quad E(\widetilde{T}_1) = \frac{1}{\mu+\lambda}, \quad E(\widetilde{T}_2) = \frac{1}{2\lambda}$$

它们为 $\boldsymbol{A}$ 中对角线元素绝对值的倒数。

另外一种维修策略是同时修理两个零件，在两个零件都再次可运行的时候才启动系统。如果共同修理工作的修复率为 μ_C，我们就必须对图 11.2 中的状态转移图进行修正，引入 $a_{01} = 0$ 和 $a_{02} = \mu_C$（a_{12} 仍然是 μ）。

案例 11.4（齐次泊松过程） 考虑一个速率为 λ 的齐次泊松过程 $\{X(t), t \geq 0\}$，这个齐次泊松过程是状态空间为可数无穷的马尔可夫过程，$\mathcal{X} = \{0, 1, 2, \cdots\}$。在本例中，有 $\alpha_i = \lambda$（$i = 0, 1, 2, \cdots$）。当 $j = i+1$ 时，$a_{ij} = \lambda$；当 $j \neq i+1$ 时，$a_{ij} = 0$。因此，这个齐次泊松过程的转移矩阵为

$$\boldsymbol{A} = \begin{pmatrix} -\lambda & \lambda & 0 & \cdots \\ 0 & -\lambda & \lambda & \cdots \\ 0 & 0 & -\lambda & \cdots \\ \vdots & \vdots & & \ddots \end{pmatrix}$$

齐次泊松过程的状态转移图如图 11.4所示。

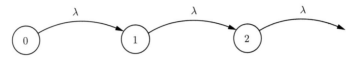

图 11.4　齐次泊松过程的状态转移图

11.2.2　查普曼-柯尔莫哥洛夫等式

利用马尔可夫性质和全概率法则，可得

$$P_{ij}(t+s) = \sum_{k=0}^{r} P_{ik}(t)P_{kj}(s), \quad i, j \in \mathcal{X}; t, s > 0 \tag{11.11}$$

式 (11.11) 称为查普曼-柯尔莫哥洛夫等式（Chapman-Kolmogorov equations）。[1]根据式 (11.2)，这个等式也可以写成矩阵的形式：

$$\boldsymbol{P}(t+s) = \boldsymbol{P}(t) \cdot \boldsymbol{P}(s)$$

11.2.3　柯尔莫哥洛夫微分方程

本节将建立一系列微分方程，以得到 $P_{ij}(t)$。一开始，我们需要考虑查普曼-柯尔莫哥洛夫等式

$$P_{ij}(t+\Delta t) = \sum_{k=0}^{r} P_{ik}(\Delta t)P_{kj}(t)$$

注意，这里将区间 $(0, t+\Delta t)$ 分成了两个部分。首先，我们考虑在小区间 $(0, \Delta t)$ 内状态 i 到状态 k 的转移，然后是剩余区间内状态 k 到状态 j 的转移。现在考虑

$$P_{ij}(t+\Delta t) - P_{ij}(t) = \sum_{\substack{k=0 \\ k \neq i}}^{r} P_{ik}(\Delta t)P_{kj}(t) - [1 - P_{ii}(\Delta t)]P_{ij}(t)$$

将上式除以 Δt，并取极限 $\Delta t \to 0$，可得

$$\lim_{\Delta t \to 0} \frac{P_{ij}(t+\Delta t) - P_{ij}(t)}{\Delta t} = \lim_{\Delta t \to 0} \sum_{\substack{k=0 \\ k \neq i}}^{r} \frac{P_{ik}(\Delta t)}{\Delta t}P_{kj}(t) - \alpha_i P_{ij}(t) \tag{11.12}$$

因为求和项有限，因此可以将极限与式 (11.12) 右侧的和互换，利用式 (11.7) 得

$$\dot{P}_{ij}(t) = \sum_{\substack{k=0 \\ k \neq i}}^{r} a_{ik}P_{kj}(t) - \alpha_i P_{ij}(t) = \sum_{k=0}^{r} a_{ik}P_{kj}(t) \tag{11.13}$$

---

[1] 以英国数学家 Sydney Chapman(1888—1970) 和俄国数学家 Andrey N. Kolmogorov (1903—1987) 的名字命名。

其中 $a_{ii} = -\alpha_i$，接下来引入以下时间导数的表达法：

$$\dot{P}_{ij}(t) = \frac{\mathrm{d}}{\mathrm{d}t} P_{ij}(t)$$

式 (11.13) 所示微分方程就是柯尔莫哥洛夫方程，因为我们在区间开始的时候向后转移，所以这个方程也被称作后向方程。柯尔莫哥洛夫后向方程也可以表示为矩阵的形式：

$$\dot{\boldsymbol{P}}(t) = \boldsymbol{A} \cdot \boldsymbol{P}(t) \tag{11.14}$$

还可以从下列等式开始：

$$P_{ij}(t + \Delta t) = \sum_{k=0}^{r} P_{ik}(t) P_{kj}(\Delta t)$$

这里，我们将区间 $(0, t + \Delta t)$ 分为两个部分，考虑区间 $(0, t)$ 内由 $i \sim k$ 的转移，以及在小区间 $(t, t + \Delta t)$ 内由 $k \sim j$ 的转移。我们考虑

$$P_{ij}(t + \Delta t) - P_{ij}(t) = \sum_{\substack{k=0 \\ k \neq j}}^{r} P_{ik}(t) P_{kj}(\Delta t) - [1 - P_{jj}(\Delta t)] P_{ij}(t)$$

将上式除以 Δt，然后取极限 $\Delta t \to 0$，可得

$$\lim_{\Delta t \to 0} \frac{P_{ij}(t + \Delta t) - P_{ij}(t)}{\Delta t} = \lim_{\Delta t \to 0} \left[\sum_{\substack{k=0 \\ k \neq j}}^{r} P_{ik}(t) \frac{P_{kj}(\Delta t)}{\Delta t} - \frac{1 - P_{jj}(\Delta t)}{\Delta t} P_{ij}(t) \right]$$

因为求和项有限，因此可以将极限与求和计算互换，得到

$$\dot{P}_{ij}(t) = \sum_{\substack{k=0 \\ k \neq j}}^{r} a_{kj} P_{ik}(t) - \alpha_j P_{ij}(t) = \sum_{k=0}^{r} a_{kj} P_{ik}(t) \tag{11.15}$$

如前所述，其中 $a_{jj} = -\alpha_j$。式 (11.15) 所示微分方程被称作柯尔莫哥洛夫前向方程。上面极限与求和的互换并不适用于所有情况，只在状态空间有限时才成立。

柯尔莫哥洛夫前向方程也可以写成矩阵的形式：

$$\dot{\boldsymbol{P}}(t) = \boldsymbol{P}(t) \cdot \boldsymbol{A} \tag{11.16}$$

对于本书所研究的马尔可夫过程，其前向和后向方程都有相同的唯一解 $\boldsymbol{P}(t)$，其中对于所有 $\mathcal{X}$ 中的 i，$\sum_{j=0}^{r} P_{ij}(t) = 1$。下文中，我们主要使用前向方程。

11.2.4 状态方程

我们假设已知马尔可夫过程在时刻 0 处于状态 i，即 $X(0) = i$。这可以表示为

$$P_i(0) = \Pr[X(0) = i] = 1$$

$$P_k(0) = \Pr[X(0) = k] = 0, \quad k \neq i$$

因为我们知道过程在时刻 0 的状态，因此可以简化表达，将 $P_{ij}(t)$ 写作 $P_j(t)$。那么，向量 $\boldsymbol{P}(t) = [P_0(t), P_1(t), \cdots, P_r(t)]$ 就表示马尔可夫过程在时刻 t 的分布。当我们知道在过程开始时时刻 0 处于状态 i，根据式 (11.3)，可得 $\sum\limits_{j=1}^{r} P_j(t) = 1$。

可以根据式 (11.15) 所示的柯尔莫哥洛夫前向方程确定 $\boldsymbol{P}(t)$ 的分布：

$$\dot{P}_j(t) = \sum_{k=0}^{r} a_{kj} P_k(t) \tag{11.17}$$

其中 $a_{jj} = -\alpha_j$。这个等式可以写成矩阵的形式：

$$[P_0(t), \cdots, P_r(t)] \cdot \begin{pmatrix} a_{00} & a_{01} & \cdots & a_{0r} \\ a_{10} & a_{11} & \cdots & a_{1r} \\ \vdots & \vdots & & \vdots \\ a_{r0} & a_{r1} & \cdots & a_{rr} \end{pmatrix} = \begin{bmatrix} \dot{P}_0(t), \dot{P}_1(t), \cdots, \dot{P}_r(t) \end{bmatrix} \tag{11.18}$$

或者更紧凑的形式：

$$\boldsymbol{P}(t) \cdot \boldsymbol{A} = \dot{\boldsymbol{P}}(t) \tag{11.19}$$

式 (11.19) 被称作马尔可夫过程的状态方程（state equation）。

注释 11.1（状态方程的另一种表达方法） 一些学者将状态方程表示为式 (11.19) 的转置，即 $\boldsymbol{A}^{\mathrm{T}} \cdot \boldsymbol{P}(t)^{\mathrm{T}} = \dot{\boldsymbol{P}}(t)^{\mathrm{T}}$。在本例中，向量都是列向量，那么式 (11.18) 所示的方程可以写成稍微紧凑的形式：

$$\begin{pmatrix} a_{00} & a_{10} & \cdots & a_{r0} \\ a_{01} & a_{11} & \cdots & a_{r1} \\ \vdots & \vdots & & \vdots \\ a_{0r} & a_{1r} & \cdots & a_{rr} \end{pmatrix} \cdot \begin{bmatrix} P_0(t) \\ P_1(t) \\ \vdots \\ P_r(t) \end{bmatrix} = \begin{bmatrix} \dot{P}_0(t) \\ \dot{P}_1(t) \\ \vdots \\ \dot{P}_r(t) \end{bmatrix}$$

这个形式并没有遵循标准的矩阵表达法。第 i 列的输入表示从状态 i 离开的速率，而每列所有输入的和为 0。读者也可以采用这种方法表达状态方程。这两种方法会得到相同的结果，本书中使用式 (11.18) 和式 (11.19) 所示的状态方程表达法。

因为 $\boldsymbol{A}$ 中每行所有输入的和等于 0，$\boldsymbol{A}$ 的行列式就是 0，该矩阵是一个奇异矩阵。因此，方程 (11.19) 并没有唯一解，但是利用

$$\sum_{j=0}^{r} P_j(t) = 1$$

以及已知初始状态 $(P_i(0) = 1)$，我们一般会计算出所有的概率 $P_j(t)$（$j = 0, 1, 2, \cdots, r$）。文献 [68]对解的存在条件和唯一性有深入的讨论。

案例 11.5（单一零件） 考虑单一零件，该零件有两个可能的状态：

状态1： 零件可运行
状态0： 零件已失效

从状态 1 到状态 0 的转移意味着零件失效，而从状态 0 到状态 1 的转移意味着零件被修好。因此转移速率 a_{10} 就是零件的失效率，而转移速率 a_{01} 则是零件的修复率。在本例中，我们采用如下符号：

a_{10} 为 λ， 零件的失效率
a_{01} 为 μ， 零件的修复率

图 11.5示出了这个单一零件的状态转移图。这个简单系统的状态方程为

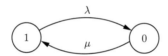

图 11.5 单独零件的状态转移图（功能-修复循环）

$$[P_0(t), P_1(t)] \cdot \begin{pmatrix} -\mu & \mu \\ \lambda & -\lambda \end{pmatrix} = \left[\dot{P}_0(t), \dot{P}_1(t) \right] \tag{11.20}$$

假定该零件在 $t = 0$ 时能够运行，则有

$$P_1(0) = 1, \quad P_0(0) = 0$$

因为由式 (11.20) 得到的两个等式是相关的，我们只能使用其中的一个，比如

$$-\mu P_0(t) + \lambda P_1(t) = \dot{P}_0(t)$$

结合等式 $P_0(t) + P_1(t) = 1$，可以得到解为

$$P_1(t) = \frac{\mu}{\mu + \lambda} + \frac{\lambda}{\mu + \lambda} \, \mathrm{e}^{-(\lambda + \mu)t} \tag{11.21}$$

$$P_0(t) = \frac{\lambda}{\mu + \lambda} - \frac{\lambda}{\mu + \lambda} \, \mathrm{e}^{-(\lambda + \mu)t} \tag{11.22}$$

读者如果想要了解微分方程细节的求解过程，可以参考文献 [255]。$P_1(t)$ 表示零件在时刻 t 可运行的概率，即该零件的可用性（availability）。根据式 (11.21)，可得零件的极限可用

性 $P_1 = \lim\limits_{t\to\infty} P_1(t)$，为

$$P_1 = \lim_{t\to\infty} P_1(t) = \frac{\mu}{\lambda + \mu} \tag{11.23}$$

平均失效时间 MTTF 等于 $1/\lambda$，而平均修理时间 MTTR 等于 $1/\mu$。因此，极限可用性就可以写成下面这个著名的公式：

$$P_1 = \frac{\text{MTTF}}{\text{MTTF+MTTR}} \tag{11.24}$$

如果没有修理 $(\mu = 0)$，可用性就是 $P_1(t) = \mathrm{e}^{-\lambda t}$，与零件的存续度函数吻合。图 11.6所示为可用性和存续度函数 $P_1(t)$。

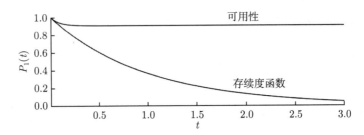

图 11.6   单一元件的可用性和存续度函数（$\lambda = 1$，$\mu = 10$）

 ## 11.3   渐近解

很多情况下，我们感兴趣的参数只有长期（稳态）概率，也就是当 $t \to \infty$ 时的 $P_j(t)$ 值。在案例 11.5中，状态概率 $P_j(t)$ $(j = 0,1)$ 在 $t \to \infty$ 时会接近一个稳定状态 P_j。无论系统在启动的时候是处于可运行状态还是已失效状态，其稳态概率的值都是相同的。

在本章中，我们假设马尔可夫过程会收敛于稳态概率，如果每个状态对于其他状态都可达（见文献 [255]），我们就称这个过程为不可约（irreducible）。对于一个不可约马尔可夫过程，可以证明其极限

$$\lim_{t\to\infty} P_j(t) = P_j, \quad j = 0, 1, 2, \cdots, r$$

总是存在，并且独立于过程的初始状态（当 $t = 0$ 时的状态）。证明过程可参阅文献 [255]。因此，当一个过程已经运行了很久时，它就不再依赖于初始状态 $X(0)$。这个过程会收敛，过程在状态 j 的概率为

$$P_j = P_j(\infty) = \lim_{t\to\infty} P_j(t), \quad j = 0, 1, \cdots, r$$

这些渐近概率一般被称作马尔可夫过程的稳态概率（steady state probabilities）。

当 $t \to \infty$ 时，$P_j(t)$ 趋于一个常数，则有

$$\lim_{t\to\infty} \dot{P}_j(t) = 0, \quad j = 0, 1, \cdots, r$$

因此，稳态概率 $\boldsymbol{P} = [P_0, P_1, \cdots, P_r]$ 必须满足下列矩阵等式：

$$[P_0, P_1, \cdots, P_r] \cdot \begin{pmatrix} a_{00} & a_{01} & \cdots & a_{0r} \\ a_{10} & a_{11} & \cdots & a_{1r} \\ \vdots & \vdots & & \vdots \\ a_{r0} & a_{r1} & \cdots & a_{rr} \end{pmatrix} = [0, 0, \cdots, 0] \qquad (11.25)$$

上式可以简写为

$$\boldsymbol{P} \cdot \boldsymbol{A} = \boldsymbol{0} \qquad (11.26)$$

和前面的公式一样，有

$$\sum_{j=0}^{r} P_j = 1$$

为了计算这样一个过程的稳态概率 $P_0, P_1, \cdots, P_r$，我们使用矩阵方程 (11.25) 中 $r+1$ 个线性式中的 r 个，以及所有概率和都等于 1 的性质。过程的初始状态对于稳态概率没有影响。注意，P_j 也可以解释为系统在状态 j 停留的平均、长期时间比例。

注释 11.2（使用 R 语言求数值解） 方程 (11.25) 可以看作一系列线性方程的矩阵形式。如果读者已经掌握了转移速率的数值，就可以在 R 语言中使用基本命令 `solve` 或者 `matlib` 程序包求解方程 (11.25)，确定 $[P_0, P_1, \cdots, P_r]$。[①][②]

案例 11.6（拥有两台发电机的发电站） 设一座发电站有 1 号和 2 号两台发电机。每台发电机都有两个状态：可运行状态 (1) 和已失效状态 (0)。发电机在修理期间也被视为处于已失效状态 (0)。1 号发电机在可运行的时候可以提供 100 MW 的功率，在发生失效之后功率为 0 MW。2 号发电机在可运行的时候提供 50 MW 的功率，不工作时功率为 0 MW。

该系统的可能状态包括：

系统 状态	1 号发电机 状态	2 号发电机 状态	系统 输出功率/MW
3	1	1	150
2	1	0	100
1	0	1	50
0	0	0	0

假设两台发电机的失效相互独立，而且它们都连续工作。两台发电机的失效率分别为

λ_1： 1 号发电机的失效率

λ_2： 2 号发电机的失效率

---

① `matlib` 程序包可以在 `https://cran.r-project.org/web/packages/matlib/index.html` 网页中获得，在网页抬头 "Vignettes" 下方，可以找到程序包的简要用户手册。

② 还可以使用其他计算机程序实现相同的功能，比如使用 Python、Octave 和 MATLAB®。注意，R 程序可以使用 `R.matlab` 程序包读写 MATLAB（或者 Octave）的 m-files。

如果一台发电机失效，发电站就会启动修理工作将发电机恢复运行。假设两台发电机的修理也是相互独立的，由两组维修人员完成。则两台发电机的修复率分别为

μ_1： 1 号发电机的修复率

μ_2： 2 号发电机的修复率

图 11.7所示为与之相应的状态转移图。转移矩阵为

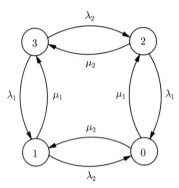

图 11.7 案例 11.6中发电机的状态转移图

$$A = \begin{pmatrix} -(\mu_1 + \mu_2) & \mu_2 & \mu_1 & 0 \\ \lambda_2 & -(\lambda_2 + \mu_1) & 0 & \mu_1 \\ \lambda_1 & 0 & -(\lambda_1 + \mu_2) & \mu_2 \\ 0 & \lambda_1 & \lambda_2 & -(\lambda_1 + \lambda_2) \end{pmatrix}$$

我们利用式 (11.26) 确定稳态概率 P_j（$j = 0, 1, 2, 3$），并得到下列等式

$$-(\mu_1 + \mu_2)P_0 + \lambda_2 P_1 + \lambda_1 P_2 = 0$$

$$\mu_2 P_0 - (\lambda_2 + \mu_1)P_1 + \lambda_1 P_3 = 0$$

$$\mu_1 P_0 - (\lambda_1 + \mu_2)P_2 + \lambda_2 P_3 = 0$$

$$P_0 + P_1 + P_2 + P_3 = 1$$

应注意的是，上面的式子使用式 (11.26) 中的三个稳态方程，以及确定关系 $P_0 + P_1 + P_2 + P_3 = 1$。我们可以使用四个稳态方程中的任意三个，并且都会得到相同的解。

解为

$$\begin{cases} P_0 = \dfrac{\lambda_1 \lambda_2}{(\lambda_1 + \mu_1)(\lambda_2 + \mu_2)} \\[2mm] P_1 = \dfrac{\lambda_1 \mu_2}{(\lambda_1 + \mu_1)(\lambda_2 + \mu_2)} \\[2mm] P_2 = \dfrac{\mu_1 \lambda_2}{(\lambda_1 + \mu_1)(\lambda_2 + \mu_2)} \\[2mm] P_3 = \dfrac{\mu_1 \mu_2}{(\lambda_1 + \mu_1)(\lambda_2 + \mu_2)} \end{cases} \quad (11.27)$$

现在对于 $i = 1, 2$，令

$$q_i = \frac{\lambda_i}{\lambda_i + \mu_i} = \frac{\text{MTTR}_i}{\text{MTTF}_i + \text{MTTR}_i}$$

$$p_i = \frac{\mu_i}{\lambda_i + \mu_i} = \frac{\text{MTTF}_i}{\text{MTTF}_i + \text{MTTR}_i}$$

其中 $\text{MTTR}_i = 1/\mu_i$ 为零件 i 的平均修理时间，$\text{MTTF}_i = 1/\lambda_i$ 为零件 i 的平均失效时间（$i = 1, 2$）。因此，q_i 表示的是零件 i 的平均，或者极限不可用性，而 p_i 则表示的是零件 i 的平均（极限）可用性，$i = 1, 2$。所以，稳态概率可以写作

$$\begin{cases} P_0 = q_1 q_2 \\ P_1 = q_1 p_2 \\ P_2 = p_1 q_2 \\ P_3 = p_1 p_2 \end{cases} \tag{11.28}$$

在本例中，因为零件的失效和修理都相互独立，因此可以直接推理得到式 (11.28) 的结果：

$$P_0 = \Pr(1 \text{ 号零件已经失效}) \Pr(2 \text{ 号零件已经失效}) = q_1 q_2$$
$$P_1 = \Pr(1 \text{ 号零件已经失效}) \Pr(2 \text{ 号零件能够运行}) = q_1 p_2$$
$$P_2 = \Pr(1 \text{ 号零件能够运行}) \Pr(2 \text{ 号零件已经失效}) = p_1 q_2$$
$$P_3 = \Pr(1 \text{ 号零件能够运行}) \Pr(2 \text{ 号零件能够运行}) = p_1 p_2$$

因为所有的失效和修理都是独立事件，所以不需要使用马尔可夫方法寻找稳态概率。使用独立事件的标准概率法则，我们就能轻松得到稳态概率。应注意，这仅适用于零件失效和修理都相互独立的系统。

现在，我们假设有以下数据：

项目	1 号发电机	2 号发电机
MTTF_i	6 个月 $\approx 4380\text{h}$	8 个月 $\approx 5840\text{h}$
失效率，λ_i/h	2.3×10^{-4}	1.7×10^{-4}
MTTR_i/h	12	24
修复率，μ_i/h	8.3×10^{-2}	4.2×10^{-2}

注意，稳态概率可以解释为系统停留在特定状态的平均时间比例。比如，状态 1 的稳态概率就等于

$$P_1 = \frac{\lambda_1 \mu_2}{(\lambda_1 + \mu_1)(\lambda_2 + \mu_2)} = q_1 p_2 \approx 2.72 \times 10^{-3}$$

因此

$$P_1 = 0.00272 \, [\text{a/a}] = 0.00272 \times 8760 \, [\text{h/a}] \approx 23.8 \, [\text{h/a}]$$

从长期看，系统每年大约有 23.8h 保持在状态 1，这并不意味着状态 1 平均每年发生 1 次，每次持续 23.8h。

根据给定数据，可以得到：

系统 状态	系统 输出/MW	稳态 概率	每年状态停留 平均小时数/(h/a)
3	150	0.9932	8700.3
2	100	4.08×10^{-3}	35.8
1	50	2.72×10^{-3}	23.8
0	0	1.12×10^{-5}	0.1

稳态情况的系统性能量度

本节介绍多个面向稳态情况的系统性能量度，11.4~11.6 节将给出一些案例。

1. 访问频率

式 (11.15) 所示的柯尔莫哥洛夫前向方程为

$$\dot{P}_{ij}(t) = \sum_{\substack{k=0 \\ k \neq j}}^{r} a_{kj} P_{ik}(t) - \alpha_j P_{ij}(t)$$

如果令 $t \to \infty$，则有 $P_{ij}(t) \to P_j$，$\dot{P}_{ij}(t) \to 0$。因为式 (11.15) 中的求和项有限，因此当 $t \to \infty$ 时，我们可以将极限与和互换，得

$$0 = \sum_{\substack{k=0 \\ k \neq j}}^{r} a_{kj} P_k - \alpha_j P_j$$

这也可以写成

$$P_j \, \alpha_j = \sum_{\substack{k=0 \\ k \neq j}}^{r} P_k a_{kj} \tag{11.29}$$

在区间 $(t, t + \Delta t]$ 内，由状态 j 离开的（无条件）概率为

$$\sum_{\substack{k=0 \\ k \neq j}}^{r} \Pr\left[(X(t + \Delta t) = k) \cap (X(t) = j)\right]$$

$$= \sum_{\substack{k=0 \\ k \neq j}}^{r} \Pr[X(t + \Delta t) = k \mid X(t) = j] \Pr[X(t) = j]$$

$$= \sum_{\substack{k=0 \\ k \neq j}}^{r} P_{jk}(\Delta t) P_j(t)$$

当 $t \to \infty$ 时，这个概率趋近于 $\sum\limits_{\substack{k=0 \\ k \neq j}}^{r} P_{jk}(\Delta t) P_j$。利用推导式 (11.5) 的方法，可以得到由状

态 j 离开的稳态频率

$$\nu_j^{\mathrm{dep}} = \lim_{\Delta t \to 0} \frac{\sum\limits_{\substack{k=0 \\ k \neq j}}^{r} P_{jk}(\Delta t) P_j}{\Delta t} = P_j \, \alpha_j$$

因此，式 (11.29) 的左侧就是由状态 j 离开的稳态频率。由状态 j 离开的频率可以看作过程在状态 j 停留的时间比例乘以离开状态 j 的转移速率 α_j。

类似地，由状态 k 进入状态 j 的转移频率为 $P_k \, a_{kj}$。那么进入状态 j 的总频率就是

$$\nu_j^{\mathrm{arr}} = \sum_{\substack{k=0 \\ k \neq j}}^{r} P_k a_{kj}$$

式 (11.29) 表明，离开状态 j 的频率等于进入状态 j 的频率，$j = 0, 1, \cdots, r$，所以这个公式有时也被称作平衡方程。在稳态状况下，我们将进入状态 j 的访问频率定义为

$$\nu_j = P_j \, \alpha_j = \sum_{\substack{k=0 \\ k \neq j}}^{r} P_k a_{kj} \tag{11.30}$$

那么对状态 j 的平均访问间隔就是 $1/\nu_j$。

2. 访问的平均时长

在过程进入状态 j 的时候，系统会在此状态停留一段时间 $\widetilde{T}_j$，$j = 0, 1, \cdots, r$，直到过程从这个状态离开。我们称 $\widetilde{T}_j$ 为过程在状态 j 的停留时间，且已证明 $\widetilde{T}_j$ 服从速率为 α_j 的指数分布，那么平均停留时间，或者说访问的平均时长为

$$\theta_j = E(\widetilde{T}_j) = \frac{1}{\alpha_j}, \quad j = 0, 1, \cdots, r \tag{11.31}$$

合并式 (11.30) 和式 (11.31)，可得

$$\nu_j = P_j \, \alpha_j = \frac{P_j}{\theta_j}$$

$$P_j = \nu_j \theta_j \tag{11.32}$$

因此，系统在状态 j 停留的平均时间比例 P_j，就等于其访问状态 j 的频率乘以访问状态 j 的平均时长，$j = 0, 1, \cdots, r$。

3. 系统可用性

令 $\mathcal{X} = \{0, 1, \cdots, r\}$ 表示系统所有可能状态的集合，根据特定规则，其中一些状态可以表示系统能够运行。令 B 表示系统可运行状态的子集，令 $F = \mathcal{X} - B$ 表示系统已失效状态的子集。

系统的平均或者长期可用性，是系统处于可运行状态的平均时间比例，即系统状态属于 B。因此，系统平均可用性 A_S 可以定义为

$$A_\mathrm{S} = \sum_{j \in B} P_j \tag{11.33}$$

下面我们省略掉平均这个词汇，简称 A_S 为系统可用性。那么系统不可用性 $(1 - A_\mathrm{S})$ 就是

$$1 - A_\mathrm{S} = \sum_{j \in F} P_j \tag{11.34}$$

系统的不可用性 $(1 - A_\mathrm{S})$ 是该系统处于已失效状态的平均时间比例。

4. 系统失效的频率

系统失效的频率 ω_F，是从可运行状态（属于 B）到已失效状态（属于 F）的转移的稳态频率：

$$\omega_\mathrm{F} = \sum_{j \in B} \sum_{k \in F} P_j a_{jk} \tag{11.35}$$

5. 系统故障平均持续时间

我们将系统故障的平均持续时间 θ_F 定义为从系统进入失效状态（F）直到它被修理/重置回到可运行状态（B）的平均时间。

与式 (11.32) 类似，很明显系统不可用性 $(1 - A_\mathrm{S})$ 等于系统失效的频率乘以系统故障的平均持续时间。因此有

$$1 - A_\mathrm{S} = \omega_\mathrm{F} \theta_\mathrm{F} \tag{11.36}$$

6. 系统失效的平均间隔

系统失效的平均间隔 $\mathrm{MTBF_S}$，是连续两次从可运行状态（B）转移到已失效状态（F）之间的平均时间。$\mathrm{MTBF_S}$ 可以根据系统失效频率计算得到：

$$\mathrm{MTBF_S} = \frac{1}{\omega_\mathrm{F}} \tag{11.37}$$

7. 直至系统失效的平均可运行时间

直至系统失效的平均可运行时间（"工作时间"）$E(U)_\mathrm{S}$，是从一次由已失效状态（F）到可运行状态（B）的转移，到下一次转移回已失效状态（F）之间的平均时间。很明显有

$$\mathrm{MTBF_S} = E(U)_\mathrm{S} + \theta_\mathrm{F} \tag{11.38}$$

需要注意平均可运行时间（"工作时间"）和系统失效平均时间 $\mathrm{MTTF_S}$ 之间的区别。$\mathrm{MTTF_S}$ 一般是在系统初始处于特定可运行状态的前提下，计算的到达系统失效的平均时间。

11.4　并联和串联结构

本节将研究包含独立零件的并联结构和串联结构的一些稳态性质。

11.4.1　包含独立零件的并联结构

重新考虑案例 11.6 中包含两个独立零件的并联结构。对于这个结构，可以得到以下结果：

1. 访问的平均时长

根据式 (11.31)，得

$$
\begin{cases}
\theta_0 = 1/(\mu_1 + \mu_2) \\
\theta_1 = 1/(\lambda_1 + \mu_2) \\
\theta_2 = 1/(\lambda_2 + \mu_1) \\
\theta_3 = 1/(\lambda_1 + \lambda_2)
\end{cases}
\tag{11.39}
$$

2. 访问频率

根据式 (11.31) 和式 (11.39)，得

$$
\begin{cases}
\nu_0 = P_0(\mu_1 + \mu_2) \\
\nu_1 = P_1(\lambda_1 + \mu_2) \\
\nu_2 = P_2(\lambda_2 + \mu_1) \\
\nu_3 = P_3(\lambda_1 + \lambda_2)
\end{cases}
\tag{11.40}
$$

如果两个零件中至少有一个能够运行，则这个并联结构能够运行。当系统处于状态 1、2 或者 3 的时候，系统能够运行；如果处于状态 0，则系统发生故障。

平均系统不可用性为

$$
1 - A_S = P_0 = q_1 q_2
\tag{11.41}
$$

平均系统可用性为

$$
A_S = P_1 + P_2 + P_3 = 1 - q_1 q_2
$$

系统失效频率 ω_F 等于到状态 0 的访问频率，即

$$
\omega_F = \nu_0 = P_0(\mu_1 + \mu_2) = (1 - A_S)(\mu_1 + \mu_2)
\tag{11.42}
$$

在本例中，系统故障的平均持续时间 θ_F，等于过程在状态 0 停留的平均时间。因此有

$$
\theta_F = \theta_0 = \frac{1}{\mu_1 + \mu_2} = \frac{1 - A_S}{\omega_F}
\tag{11.43}
$$

对于包含 n 个独立零件的并联结构，可以对上述结果进行泛化。则系统不可用性为

$$1 - A_{\mathrm{S}} = \prod_{i=1}^{n} q_i = \prod_{i=1}^{n} \frac{\lambda_i}{\lambda_i + \mu_i} \tag{11.44}$$

系统失效频率为

$$\omega_{\mathrm{F}} = (1 - A_{\mathrm{S}}) \sum_{i=1}^{n} \mu_i \tag{11.45}$$

系统失效平均持续时间为

$$\theta_{\mathrm{F}} = \frac{1}{\sum\limits_{i=1}^{n} \mu_i} \tag{11.46}$$

并联结构的平均可运行时间（工作时间）$E(U)_{\mathrm{P}}$ 可以根据下式计算：

$$1 - A_{\mathrm{S}} = \frac{\theta_{\mathrm{F}}}{\theta_{\mathrm{F}} + E(U)_{\mathrm{P}}}$$

因此

$$E(U)_{\mathrm{P}} = \frac{\theta_{\mathrm{F}} A_{\mathrm{S}}}{1 - A_{\mathrm{S}}} = \frac{1 - \prod\limits_{i=1}^{n} \lambda_i / (\lambda_i + \mu_i)}{\prod\limits_{i=1}^{n} \lambda_i / (\lambda_i + \mu_i) \sum\limits_{j=1}^{n} \mu_j} \tag{11.47}$$

如果零件的可用性很高（即当 $i = 1, 2, \cdots, n$ 时，都有 $\lambda_i \ll \mu_i$），那么有

$$\frac{\lambda_i}{\lambda_i + \mu_i} = \frac{\lambda_i \, \mathrm{MTTR}_i}{1 + \lambda_i \, \mathrm{MTTR}_i} \approx \lambda_i \, \mathrm{MTTR}_i$$

则系统失效的频率 ω_{F} 可以近似为

$$\omega_{\mathrm{F}} = (1 - A_{\mathrm{S}}) \sum_{i=1}^{n} \mu_i = \prod_{i=1}^{n} \frac{\lambda_i}{\lambda_i + \mu_i} \sum_{j=1}^{n} \mu_j$$

$$\approx \prod_{i=1}^{n} \lambda_i \, \mathrm{MTTR}_i \sum_{j=1}^{n} \frac{1}{\mathrm{MTTR}_j} \tag{11.48}$$

对于两个零件的情况，式 (11.48) 可以缩减为

$$\omega_{\mathrm{F}} \approx \lambda_1 \lambda_2 (\mathrm{MTTR}_1 + \mathrm{MTTR}_2) \tag{11.49}$$

对于三个零件的情况，式 (11.48) 转化为

$$\omega_{\mathrm{F}} \approx \lambda_1 \lambda_2 \lambda_3 (\mathrm{MTTR}_1 \mathrm{MTTR}_2 + \mathrm{MTTR}_1 \mathrm{MTTR}_3 + \mathrm{MTTR}_2 \mathrm{MTTR}_3)$$

11.4.2　包含独立零件的串联结构

考虑一个包含两个独立零件的串联结构，仍然采用案例 11.6 中设定的系统状态和转移速率。这个串联结构的状态转移图如图 11.8 所示。相应的稳态方程与案例 11.6 中并联结构的方程一致。

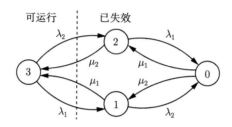

图 11.8　包含两个独立零件串联结构的状态转移图划分

这个结构的平均可用性 A_S 等于式 (11.28) 确定的 P_3 值：

$$A_S = P_3 = \frac{\mu_1 \mu_2}{(\lambda_1 + \mu_1)(\lambda_2 + \mu_2)} = p_1 p_2 \tag{11.50}$$

其中

$$p_i = \frac{\mu_i}{\lambda_i + \mu_i}, \quad i = 1, 2$$

系统失效频率 ω_F 与过程离开状态 3 的频率相同，因此

$$\omega_F = \nu_3 = P_3(\lambda_1 + \lambda_2) = A_S(\lambda_1 + \lambda_2) \tag{11.51}$$

系统故障的平均持续时间 θ_F 为

$$\theta_F = \frac{1 - A_S}{\omega_F} \tag{11.52}$$

对于包含 n 个独立零件的串联系统，上述结构可以泛化为：系统可用性为

$$A_S = \prod_{i=1}^{n} p_i = \prod_{i=1}^{n} \frac{\mu_i}{\lambda_i + \mu_i} \tag{11.53}$$

系统失效频率为

$$\omega_F = A_S \sum_{i=1}^{n} \lambda_i \tag{11.54}$$

系统失效平均持续时间为

$$\theta_F = \frac{1 - A_S}{\omega_F}$$

$$= \frac{1}{\displaystyle\sum_{i=1}^{n} \lambda_i} \frac{1 - A_S}{A_S}$$

$$= \frac{1 - \prod\limits_{i=1}^{n} \mu_i/(\lambda_i + \mu_i)}{\prod\limits_{i=1}^{n} \mu_i/(\lambda_i + \mu_i) \sum\limits_{j=1}^{n} \lambda_j} \tag{11.55}$$

如果所有零件的可用性都很高，即对于所有 i，有 $\lambda_i \ll \mu_i$，那么系统失效的频率近似为

$$\omega_{\mathrm{F}} \approx \sum_{i=1}^{n} \lambda_i \tag{11.56}$$

这与包含 n 个独立零件的不可维修串联结构的失效率是相同的。

系统故障的平均持续时间 θ_{F} 可以近似为

$$\theta_{\mathrm{F}} = \frac{1}{\sum\limits_{i=1}^{n} \lambda_i} \frac{1 - A_{\mathrm{S}}}{A_{\mathrm{S}}} = \frac{1}{\sum\limits_{i=1}^{n} \lambda_i} \left(\frac{1}{A_{\mathrm{S}}} - 1 \right) = \frac{1}{\sum\limits_{i=1}^{n} \lambda_i} \left[\prod_{i=1}^{n} \frac{1}{p_i} - 1 \right]$$

$$= \frac{1}{\sum\limits_{i=1}^{n} \lambda_i} \left[\prod_{i=1}^{n} \left(1 + \frac{\lambda_i}{\mu_i} \right) - 1 \right] \approx \frac{1}{\sum\limits_{i=1}^{n} \lambda_i} \left(1 + \sum_{i=1}^{n} \frac{\lambda_i}{\mu_i} - 1 \right)$$

$$= \frac{\sum\limits_{i=1}^{n} \lambda_i/\mu_i}{\sum\limits_{i=1}^{n} \lambda_i} = \frac{\sum\limits_{i=1}^{n} \lambda_i \mathrm{MTTR}_i}{\sum\limits_{i=1}^{n} \lambda_i} \tag{11.57}$$

其中 $\mathrm{MTTR}_i = 1/\mu_i$ 为零件 i 的平均修理时间，$i = 1, 2, \cdots, n$。对于可靠性较高的串联结构，可以使用式 (11.57) 近似计算故障的平均持续时间。

11.4.3 串联结构中一个零件失效会防止另一个零件失效

考虑一个包含两个零件的串联结构。当一个零件失效时，另一个零件会停止正常运行，直到失效零件被修好再重新放回到结构当中[①]。在零件被移除之后，它不会暴露在任何压力之中，因此我们可以假设它不会失效。这种失效之间的关联关系使得案例 11.6 中的直接推理不再适用。在这种情况下，这个系统有三个可能的状态，如表 11.2 所示。

表 11.2　一个串联结构的可能状态，其中一个零件失效会防止另一个零件失效		
状态	1 号零件	2 号零件
2	可运行	可运行
1	已失效	可运行
0	可运行	已失效

我们假设转移速率如下：

---

① 文献 [24]（第 194-201 页）用更一般化的方式讨论了相同的模型，作者没有假设固定失效率和修复率。

$$a_{21} = \lambda_1, \quad 1 \text{ 号零件的失效率}$$
$$a_{20} = \lambda_2, \quad 2 \text{ 号零件的失效率}$$
$$a_{12} = \mu_1, \quad 1 \text{ 号零件的修复率}$$
$$a_{02} = \mu_2, \quad 2 \text{ 号零件的修复率}$$

图 11.9所示为这个串联结构的状态转移图。

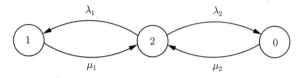

图 11.9 一个串联结构的状态转移图，其中一个零件失效会防止另一个零件失效

这个系统的稳态方程为

$$[P_0, P_1, P_2] \cdot \begin{pmatrix} -\mu_2 & 0 & \mu_2 \\ 0 & -\mu_1 & \mu_1 \\ \lambda_2 & \lambda_1 & -(\lambda_1 + \lambda_2) \end{pmatrix} = [0, 0, 0] \tag{11.58}$$

根据稳态方程得到稳态概率

$$-\mu_2 P_0 + \lambda_2 P_2 = 0$$
$$-\mu_1 P_1 + \lambda_1 P_2 = 0$$
$$P_0 + P_1 + P_2 = 1$$

解得

$$P_2 = \frac{\mu_1 \mu_2}{\lambda_1 \mu_2 + \lambda_2 \mu_1 + \mu_1 \mu_2} = \frac{1}{1 + (\lambda_1/\mu_1) + (\lambda_2/\mu_2)} \tag{11.59}$$

$$P_1 = \frac{\lambda_1}{\mu_1} P_2 \tag{11.60}$$

$$P_0 = \frac{\lambda_2}{\mu_2} P_2 \tag{11.61}$$

因为这个串联结构只在两个零件都可运行的时候（状态 2）才能运行，因此它的系统平均可用性为

$$A_S = P_2 = \frac{\mu_1 \mu_2}{\lambda_1 \mu_2 + \lambda_2 \mu_1 + \mu_1 \mu_2} = \frac{1}{1 + (\lambda_1/\mu_1) + (\lambda_2/\mu_2)}$$

注意，在本例中，串联结构的可用性并不等于零件可用性的乘积。

过程在每个状态停留的平均时长为

$$\theta_2 = \frac{1}{\lambda_1 + \lambda_2}$$

$$\theta_1 = \frac{1}{\mu_1}$$

$$\theta_0 = \frac{1}{\mu_2}$$

系统失效频率 ω_F 与过程离开状态 2 的频率相同，即

$$\omega_F = \nu_2 = P_2(\lambda_1 + \lambda_2) = A_S(\lambda_1 + \lambda_2) \tag{11.62}$$

系统故障的平均持续时间 θ_F 为

$$\theta_F = \frac{1 - A_S}{\omega_F} = \frac{1}{\lambda_1 + \lambda_2} \frac{1 - A_S}{A_S}$$

$$= \frac{1}{\mu_1} \frac{\lambda_1}{\lambda_1 + \lambda_2} + \frac{1}{\mu_2} \frac{\lambda_2}{\lambda_1 + \lambda_2} \tag{11.63}$$

式 (11.63) 也可以写作

$$\theta_F = \mathrm{MTTR}_1 \Pr(1 \text{ 号零件失效 } | \text{ 系统失效})$$

$$+ \mathrm{MTTR}_2 \Pr(2 \text{ 号零件失效 } | \text{ 系统失效})$$

因为系统故障持续时间与在 1 号零件失效时 1 号零件的修理时间相同，也与在 2 号零件失效时 2 号零件的修理时间相同，所以这个公式很显然成立。

系统失效的平均间隔 MTBF_S 为

$$\mathrm{MTBF}_S = \mathrm{MTTF}_S + \theta_F = \frac{1}{\lambda_1 + \lambda_2} + \frac{1}{\mu_1} \frac{\lambda_1}{\lambda_1 + \lambda_2} + \frac{1}{\mu_2} \frac{\lambda_2}{\lambda_1 + \lambda_2}$$

$$= \frac{1 + \dfrac{\lambda_1}{\mu_1} + \dfrac{\lambda_2}{\mu_2}}{\lambda_1 + \lambda_2} \tag{11.64}$$

系统失效的频率还可以表示为

$$\omega_F = \frac{1}{\mathrm{MTBF}_S} = (\lambda_1 + \lambda_2) \frac{1}{1 + \dfrac{\lambda_1}{\mu_1} + \dfrac{\lambda_2}{\mu_2}} = A_S(\lambda_1 + \lambda_2)$$

对于包含 n 个零件的串联结构，上述结构可以泛化为：系统可用性为

$$A_S = \frac{1}{1 + \sum\limits_{i=1}^{n} \dfrac{\lambda_i}{\mu_i}} \tag{11.65}$$

系统失效的平均时间为

$$\mathrm{MTTF} = \frac{1}{\sum\limits_{i=1}^{n} \lambda_i} \tag{11.66}$$

系统平均故障持续时间为

$$\theta_{\mathrm{F}} = \sum_{i=1}^{n} \frac{1}{\mu_i} \frac{\lambda_i}{\sum\limits_{j=1}^{n} \lambda_j} = \frac{1}{\sum\limits_{j=1}^{n} \lambda_j} \sum_{i=1}^{n} \frac{\lambda_i}{\mu_i} \tag{11.67}$$

系统失效的频率为

$$\omega_{\mathrm{F}} = A_{\mathrm{S}} \sum_{i=1}^{n} \lambda_i = \frac{\sum\limits_{i=1}^{n} \lambda_i}{1 + \sum\limits_{i=1}^{n} \frac{\lambda_i}{\mu_i}} \tag{11.68}$$

11.5　到第一次系统失效的平均时间

在推导系统失效平均时间的公式之前，先引入吸收状态的概念。

11.5.1　吸收状态

目前为止我们研究的所有过程都是不可约的，也就是说每一个状态都可以由其他每一个状态抵达。

现在，我们引入包含吸收状态（absorbing states）的马尔可夫过程。过程一旦进入吸收状态就不能离开，直到系统启动一个全新任务。通常的说法是，系统会被束缚在吸收状态。

案例 11.7（包含两个独立零件的并联结构）　重新考虑案例 11.3 中包括两个独立同质零件（失效率为 λ）的并联系统。若其中的一个零件失效，该零件会被修复，假设修理时间服从修复率为 μ 的指数分布。如果两个零件都已经失效，那么我们就认为系统已经失效，且没有可能再复原。我们用能够运行的零件的数量表示系统的状态，因此状态空间为 $\mathcal{X} = \{0,1,2\}$，其中状态 0 是一个吸收状态。系统的状态转移图如图 11.10 所示。

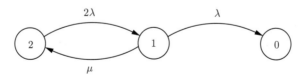

图 11.10　包含两个同质零件的并联结构的状态转移图

假设在时刻 0 两个零件都处于可运行状态（状态 2），即 $P_2(0) = 1$，那么这个结构的转移速率矩阵为

$$\boldsymbol{A} = \begin{pmatrix} 0 & 0 & 0 \\ \lambda & -(\lambda + \mu) & \mu \\ 0 & 2\lambda & -2\lambda \end{pmatrix} \tag{11.69}$$

因为状态 0 是吸收状态，所有的离开这个状态的转移速率都等于 0，因此，与吸收状态相对应的行中所有的输入都是 0。

因为矩阵 A 并没有满秩，我们可以移除三个等式中的其中一个，而并不损失任何有关 $P_0(t)$、$P_1(t)$ 和 $P_2(t)$ 的信息。在本例中，我们移除第一个等式，也就是移除矩阵中的第一列，则得到状态方程

$$[P_0(t), P_1(t), P_2(t)] \cdot \begin{pmatrix} 0 & 0 \\ -(\lambda+\mu) & \mu \\ 2\lambda & -2\lambda \end{pmatrix} = [\dot{P}_1(t), \dot{P}_2(t)]$$

因为矩阵第一行的所有元素都等于 0，则 $P_0(t)$ 就在等式的解中 "消失" 了。因此，矩阵方程可以缩减为

$$[P_1(t), P_2(t)] \cdot \begin{pmatrix} -(\lambda+\mu) & \mu \\ 2\lambda & -2\lambda \end{pmatrix} = [\dot{P}_1(t), \dot{P}_2(t)] \tag{11.70}$$

如果 $\lambda > 0$，则下列矩阵满秩：

$$\begin{pmatrix} -(\lambda+\mu) & \mu \\ 2\lambda & -2\lambda \end{pmatrix}$$

因此，式 (11.70) 可以决定 $P_1(t)$ 和 $P_2(t)$ 的值，而 $P_0(t)$ 的值可以根据 $P_0(t) = 1 - P_1(t) - P_2(t)$ 求得。这个缩减矩阵方程 (11.70) 的解与初始矩阵方程的解一致。我们可以认为，缩减矩阵是删除了与吸收状态对应的行和列得到的。

因为状态 0 是吸收状态，并且由其他状态可达，因此很显然有

$$\lim_{t \to \infty} P_0(t) = 1$$

缩减矩阵方程 (11.70) 的拉普拉斯变换为

$$(P_1^*(s), P_2^*(s)) \cdot \begin{bmatrix} -(\lambda+\mu) & \mu \\ 2\lambda & -2\lambda \end{bmatrix} = (sP_1^*(s), sP_2^*(s) - 1)$$

这时，我们假设系统在 $t = 0$ 时处于状态 2，因此有

$$-(\lambda+\mu)P_1^*(s) + 2\lambda P_2^*(s) = sP_1^*(s)$$

$$\mu P_1^*(s) - 2\lambda P_2^*(s) = sP_2^*(s) - 1$$

求解 $P_1^*(s)$ 和 $P_2^*(s)$，得到（见附录 B）

$$P_1^*(s) = \frac{2\lambda}{s^2 + (3\lambda+\mu)s + 2\lambda^2}$$

$$P_2^*(s) = \frac{\lambda+\mu+s}{s^2 + (3\lambda+\mu)s + 2\lambda^2}$$

令 $R(t)$ 表示系统的存续度函数。因为系统在状态 2 或者状态 1 都可运行，所以存续度函数等于

$$R(t) = P_1(t) + P_2(t) = 1 - P_0(t)$$

$R(t)$ 的拉普拉斯变换为

$$R^*(s) = P_1^*(s) + P_2^*(s) = \frac{3\lambda + \mu + s}{s^2 + (3\lambda + \mu)s + 2\lambda^2} \tag{11.71}$$

现在可以通过反拉普拉斯变换确定存续度函数 $R(t)$，或者考虑用 $P_0(t) = 1 - R(t)$ 表示系统失效时间 T_S 的分布函数。$P_0(t)$ 的拉普拉斯变换为

$$P_0^*(s) = \frac{1}{s} - P_1^*(s) - P_2^*(s) = \frac{2\lambda^2}{s[s^2 + (3\lambda + \mu)s + 2\lambda^2]}$$

令 $f_S(t)$ 表示系统失效时间 T_S 的概率密度函数，即 $f_S(t) = \mathrm{d}P_0(t)/\mathrm{d}t$。因此，$f_S(t)$ 的拉普拉斯变换为

$$f_S^*(s) = sP_0^*(s) - P_0(0) = \frac{2\lambda^2}{s^2 + (3\lambda + \mu)s + 2\lambda^2} \tag{11.72}$$

式 (11.71) 中的分母可以写作

$$s^2 + (3\lambda + \mu)s + 2\lambda^2 = (s - k_1)(s - k_2)$$

其中

$$k_1 = \frac{-(3\lambda + \mu) + \sqrt{\lambda^2 + 6\lambda\mu + \mu^2}}{2}$$

$$k_2 = \frac{-(3\lambda + \mu) - \sqrt{\lambda^2 + 6\lambda\mu + \mu^2}}{2}$$

可以将 $f_S^*(s)$ 的表达式重新排列，得到

$$f_S^*(s) = \frac{2\lambda^2}{k_1 - k_2}\left(\frac{1}{s + k_2} - \frac{1}{s + k_1}\right)$$

进行反拉普拉斯变换，得

$$f_S(t) = \frac{2\lambda^2}{k_1 - k_2}\left(\mathrm{e}^{-k_2 t} - \mathrm{e}^{-k_1 t}\right)$$

这样，可以求得系统平均失效时间为（积分过程留给读者作为练习）

$$\mathrm{MTTF}_S = \int_0^\infty t f_S(t)\,\mathrm{d}t = \frac{3}{2\lambda} + \frac{\mu}{2\lambda^2} \tag{11.73}$$

注意，双零件并联系统的 MTTF_S 在没有修理的时候（即 $\mu = 0$）等于 $3/2\lambda$。所以，修理工作完成后，设施的 MTTF_S 值会增加。

11.5.2 存续度函数

正如我们在 11.4.2 节中所讨论的，系统的状态集合 $\mathcal{X}$ 可以分为可运行状态子集 B 和已失效状态子集 F，即 $F = \mathcal{X} - B$。本节我们假设已失效状态即为吸收状态。

假设一个系统在 $t = 0$ 时处于特定的可运行状态，存续度函数 $R(t)$ 描述的是系统在区间 $(0, t]$ 内没有离开可运行状态集合 B 的概率。因此，存续度函数可以表示为

$$R(t) = \sum_{j \in B} P_j(t) \tag{11.74}$$

存续度函数的拉普拉斯变换为

$$R^*(s) = \sum_{j \in B} P_j^*(s)$$

11.5.3　到第一次失效的平均时间

系统失效的平均时间 $\mathrm{MTTF_S}$ 由下式确定：

$$\mathrm{MTTF_S} = \int_0^\infty R(t)\, \mathrm{d}t \tag{11.75}$$

$R(t)$ 的拉普拉斯变换为

$$R^*(s) = \int_0^\infty R(t)\, \mathrm{e}^{-st}\, \mathrm{d}t \tag{11.76}$$

系统的 $\mathrm{MTTF_S}$ 可以在式 (11.76) 中令 $s = 0$ 确定，因此有

$$R^*(0) = \int_0^\infty R(t)\, \mathrm{d}t = \mathrm{MTTF_S} \tag{11.77}$$

案例 11.8（案例 11.7（续））　双零件并联系统存续度函数的拉普拉斯变换如式 (11.71) 所示，可知

$$R^*(s) = \frac{3\lambda + \mu + s}{s^2 + (3\lambda + \mu)s + 2\lambda^2}$$

当 $s = 0$ 时，得

$$\mathrm{MTTF_S} = R^*(0) = \frac{3\lambda + \mu}{2\lambda^2} = \frac{3}{2\lambda} + \frac{\mu}{2\lambda^2}$$

这与式 (11.73) 的结果一致。

确定 MTTF 的步骤

正如案例 11.7所示，我们需要根据以下步骤确定状态空间为 $\mathcal{X} = \{0, 1, \cdots, r\}$ 的系统到第一次失效的平均时间 MTTF。有兴趣的读者可以参阅文献 [31, 242] 了解更多的细节和论证过程。

（1）建立转移速率矩阵 $\boldsymbol{A}$，并令 $\boldsymbol{P}(t) = [P_0(t), P_1(t), \cdots, P_r(t)]$ 表示过程在时刻 t 的分布。注意，$\boldsymbol{A}$ 是一个 $(r+1) \times (r+1)$ 矩阵。

（2）定义过程的初始分布 $\boldsymbol{P}(0) = [P_0(0), P_1(0), \cdots, P_r(0)]$，并证明 $\boldsymbol{P}(0)$ 意味着系统处于可运行状态。

（3）识别系统的故障状态，并将这些状态定义为吸收状态。假定过程有 k 个吸收状态。

（4）删除 $\boldsymbol{A}$ 中与吸收状态对应的行和列，即如果 j 是吸收状态，对于所有的 i 值，从 $\boldsymbol{A}$ 中删除输入 a_{ji} 和 a_{ij}。令 $\boldsymbol{A}_{\mathrm{R}}$ 表示缩减之后的转移速率矩阵。$\boldsymbol{A}_{\mathrm{R}}$ 为 $(r+1-k) \times (r+1-k)$ 矩阵。

（5）令 $\boldsymbol{P}^*(s) = [P_0^*(s), P_1^*(s), \cdots, P_r^*(s)]$ 表示 $\boldsymbol{P}(t)$ 的拉普拉斯变换，并移除 $\boldsymbol{P}^*(s)$ 中与吸收状态对应的输入。令 $\boldsymbol{P}_{\mathrm{R}}^*(s)$ 表示缩减向量。注意，$\boldsymbol{P}_{\mathrm{R}}^*(s)$ 的维度是 $r+1-k$。

（6）移除 $s\boldsymbol{P}^*(s) - \boldsymbol{P}(0)$ 中与吸收状态对应的输入，令 $[s\boldsymbol{P}^*(s) - \boldsymbol{P}(0)]_{\mathrm{R}}$ 表示缩减向量。

（7）构建方程

$$\boldsymbol{P}_{\mathrm{R}}^*(s) \cdot \boldsymbol{A}_{\mathrm{R}} = [s\boldsymbol{P}^*(s) - \boldsymbol{P}(0)]_{\mathrm{R}}$$

设定 $s = 0$ 并确定 $\boldsymbol{P}_{\mathrm{R}}^*(0)$。

（8）平均失效时间 MTTF 由下式确定：

$$\mathrm{MTTF} = \sum P_j^*(0)$$

其中，求和计算包括所有 $(r+1-k)$ 个表示非吸收的状态 j。

案例 11.9（包含两个独立零件的并联结构） 重新考虑案例 11.2 中包含两个独立零件的并联结构，其中的零件失效率分别为 λ_1 和 λ_2，修复率分别为 μ_1 和 μ_2。系统的状态在表 11.1 中给定。假设系统在时刻 0 投入使用并处于状态 3，即两个零件均可运行。如果至少有一个零件可运行，这个系统就可运行，因此可运行状态集合 B 就是 $\{1, 2, 3\}$。如果两个零件均处于已失效状态，那么系统失效，进入状态 0。

在本例中，我们感兴趣的主要是系统平均失效时间 $\mathrm{MTTF_S}$。因此，将状态 0 定义为吸收状态，所有由状态 0 离开的速率都等于 0。那么该系统的转移速率矩阵为

$$\begin{pmatrix} 0 & 0 & 0 & 0 \\ \lambda_2 & -(\lambda_2 + \mu_1) & 0 & \mu_1 \\ \lambda_1 & 0 & -(\lambda_1 + \mu_2) & \mu_2 \\ 0 & \lambda_1 & \lambda_2 & -(\lambda_1 + \lambda_2) \end{pmatrix}$$

存续度函数为

$$R(t) = P_1(t) + P_2(t) + P_3(t)$$

现在移除与吸收状态（状态 0）相对应的行和列，进而缩减矩阵，然后进行拉普拉斯变换得

$$[P_1^*(0), P_2^*(0), P_3^*(0)] \cdot \begin{pmatrix} -(\lambda_2 + \mu_1) & 0 & \mu_1 \\ 0 & -(\lambda_1 + \mu_2) & \mu_2 \\ \lambda_1 & \lambda_2 & -(\lambda_1 + \lambda_2) \end{pmatrix} = [0, 0, -1]$$

这意味着

$$P_1^*(0) = \frac{\lambda_1}{\lambda_2 + \mu_1} P_3^*(0) \tag{11.78}$$

$$P_2^*(0) = \frac{\lambda_2}{\lambda_1 + \mu_2} P_3^*(0) \tag{11.79}$$

$$\left[\frac{\lambda_1 \mu_1}{\lambda_2 + \mu_1} + \frac{\lambda_2 \mu_2}{\lambda_1 + \mu_2} - (\lambda_1 + \lambda_2) \right] P_3^*(0) = -1 \tag{11.80}$$

将式 (11.80) 进行整理得

$$P_3^*(0) = \frac{1}{\lambda_1 \lambda_2 [1/(\lambda_1 + \mu_2) + 1/(\lambda_2 + \mu_1)]} \tag{11.81}$$

最后得

$$
\begin{aligned}
\mathrm{MTTF_S} = R^*(0) &= P_1^*(0) + P_2^*(0) + P_3^*(0) \\
&= \frac{\lambda_1/(\lambda_2 + \mu_1) + \lambda_2/(\lambda_1 + \mu_2) + 1}{\lambda_1 \lambda_2 [1/(\lambda_1 + \mu_2) + 1/(\lambda_2 + \mu_1)]}
\end{aligned} \tag{11.82}
$$

其中 $P_1^*(0)$ 和 $P_2^*(0)$ 是通过将式 (11.80) 分别代入式 (11.78) 和式 (11.79) 得到的。

一些特殊情况　（1）不可维修系统（$\mu_1 = \mu_2 = 0$），有

$$\mathrm{MTTF_S} = \frac{\dfrac{\lambda_2}{\lambda_1} + \dfrac{\lambda_1}{\lambda_2} + 1}{\lambda_1 + \lambda_2}$$

当两个零件具有相同的失效率，即 $\lambda_1 = \lambda_2 = \lambda$ 时，这个表达式可以简化为

$$\mathrm{MTTF_S} = \frac{3}{2} \frac{1}{\lambda} \tag{11.83}$$

（2）两个零件具有相同的失效率和相同的修复率（$\lambda_1 = \lambda_2 = \lambda$，$\mu_1 = \mu_2 = \mu$），则有

$$\mathrm{MTTF_S} = \frac{3}{2\lambda} + \frac{\mu}{2\lambda^2}$$

 # 11.6　零件间存在依赖性的系统

本节将介绍使用马尔可夫模型对依赖性失效建模的方法。我们将分析两种简单的情况：暴露在共因失效中的系统；分担载荷的系统，即暴露在级联失效中的系统。第 8 章已经讨论过依赖性失效的问题。

11.6.1　共因失效

考虑一个包含两个同质零件的并联结构，零件可能会因为老化或者其他内部缺陷失效。这些失效与其他零件的失效相互独立，失效率为 λ_I。零件的修理工作也相互独立，修复率为 μ。

一些外部事件的发生，会导致所有可运行的零件在同时失效。由外部事件引起的失效就是共因失效（CCF）。外部事件的发生速率为 λ_C，它也称为共因失效率。

我们根据可运行零件的数量命名系统状态，因此状态空间就是 $\{0, 1, 2\}$。可能发生共因失效的并联系统的状态转移情况如图 11.11 所示。

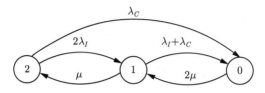

图 11.11　暴露在共因失效中的双零件并联结构的状态转移图

相应的转移速率矩阵为

$$\boldsymbol{A} = \begin{pmatrix} -2\mu & 2\mu & 0 \\ \lambda_C + \lambda_I & -(\lambda_I + \lambda_C + \mu) & \mu \\ \lambda_F & 2\lambda_I & -(2\lambda_I + \lambda_C) \end{pmatrix}$$

假设我们希望确定系统失效的平均时间 $\mathrm{MTTF_S}$。因为一旦系统进入状态 0 就会失效，因此我们将状态 0 定义为吸收状态，并将转移速率矩阵中与状态 0 对应的行和列移除。

和之前一样，我们假设系统在 $t = 0$ 时处于状态 2（两个零件均可运行）。利用拉普拉斯变换，可以得到以下矩阵方程：

$$[P_1^*(0), P_2^*(0)] \cdot \begin{pmatrix} -(\lambda_I + \lambda_C + \mu) & \mu \\ 2\lambda_I & -(2\lambda_I + \lambda_C) \end{pmatrix} = [0, -1]$$

解为

$$P_1^*(0) = \frac{2\lambda_I}{(2\lambda_I + \lambda_C)(\lambda_I + \lambda_C) + \lambda_C\mu}$$

$$P_2^*(0) = \frac{\lambda_I + \lambda_C + \mu}{(2\lambda_I + \lambda_C)(\lambda_I + \lambda_C) + \lambda_C\mu}$$

系统失效的平均时间为

$$\mathrm{MTTF_S} = P_2^*(0) + P_1^*(0) = \frac{3\lambda_I + \lambda_C + \mu}{(2\lambda_I + \lambda_C)(\lambda_I + \lambda_C) + \lambda_C\mu} \tag{11.84}$$

使用第 8 章中介绍的 β 因子模型，将共因因子 β 定义为

$$\beta = \frac{\lambda_C}{\lambda_C + \lambda_I} = \frac{\lambda_C}{\lambda}$$

其中 $\lambda = \lambda_C + \lambda_I$，为零件的总体失效率；因子 β 表示 CCF 在零件所有失效中的占比。为了研究 β 因子如何影响 $\mathrm{MTTF_S}$，我们在式 (11.84) 中用 β 和 λ 替换掉 λ_C 和 λ_I，从而得到

$$
\begin{aligned}
\mathrm{MTTF_S} &= \frac{3(1-\beta)\lambda + \beta\lambda + \mu}{[2(1-\beta)\lambda + \beta\lambda]\lambda + \beta\lambda\mu} \\
&= \frac{3\lambda - 2\beta\lambda + \mu}{(2-\beta)\lambda^2 + \beta\lambda\mu} = \frac{1}{\lambda}\frac{\lambda(3-2\beta)+\mu}{[(2-\beta)\lambda + \beta\mu]}
\end{aligned}
\tag{11.85}
$$

图 11.12示出了并联系统的 $\mathrm{MTTF_S}$ 随共因因子 β 的变化情况。

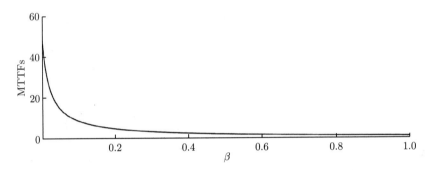

图 11.12　并联结构的 $\mathrm{MTTF_S}$ 作为共因因子 β 的函数（其中 $\lambda = 1$，$\mu = 100$）

考虑两个简单的情况：

（1）$\beta = 0$ (即只存在独立失效，$\lambda = \lambda_I$)：

$$
\mathrm{MTTF_S} = \frac{3}{2\lambda_I} + \frac{\mu}{2\lambda_I^2}
$$

这与我们在案例 11.8中得到的结果一致。

（2）$\beta = 1$ (即所有的失效都是共因失效，$\lambda = \lambda_C$)：

$$
\mathrm{MTTF_S} = \frac{1}{\lambda_C}\frac{\lambda_C + \mu}{\lambda_C + \mu} = \frac{1}{\lambda_C}
$$

后一个结果很明显，只发生共因失效的时候，它会以失效率 λ_C 同时影响两个零件。欲了解 β 因子的更多细节，请阅读本书第 8 章。

11.6.2　载荷分担系统

考虑一个包含两个同质零件的并联结构，零件分担共同的载荷。如果一个零件失效，那么另一个零件就会承担全部载荷，我们可以假设其失效率在载荷增加后也立即增加。因此，两个零件的失效是有依赖关系的。在第 8 章中，我们称这种类型的依赖关系为级联失效。比如，对于泵、压缩机或者发电机来说，都可能存在级联失效。我们可以假设以下失效率：

λ_h 为正常载荷的失效率 (即两个零件都可运行)

λ_f 为满载失效率 (即有一个零件已经失效)

令 μ_h 表示只有一个零件已经失效时这个零件的修复率，令 μ_f 表示两个零件都已经失效时一个零件的修复率。我们同样使用可运行零件的数量表示系统的状态，所以状态空间就是 $\{0,1,2\}$。如果系统已经失效（状态 0），则所有可用的维修资源都放在其中一个零件上（通常是先失效的那个零件）。一旦这个零件被修复，系统就会立即重启（进入状态 1）。系统的状态转移情况如图 11.13 所示。

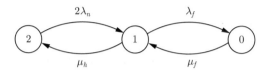

图 11.13 分担共同载荷的双零件并联结构马尔可夫状态转移图

其转移速率矩阵为

$$\begin{pmatrix} -\mu_f & \mu_f & 0 \\ \lambda_f & -(\mu_h + \lambda_f) & \mu_h \\ 0 & 2\lambda_h & -2\lambda_h \end{pmatrix}$$

系统在两个零件都失效的时候失效（即进入状态 0）。为了确定系统的平均失效时间 $\mathrm{MTTF_S}$，我们将状态 0 定义为吸收状态，并移除转移速率矩阵中与之对应的行和列。如果我们假设系统在 $t = 0$ 时投入工作并且两个零件都可运行（状态 2），那么进行拉普拉斯变换，当 $s = 0$ 时得到

$$[P_1^*(0), P_2^*(0)] \cdot \begin{pmatrix} -(\mu_h + \lambda_f) & \mu_h \\ 2\lambda_h & -2\lambda_h \end{pmatrix} = [0, -1]$$

解为

$$P_1^*(0) = \frac{1}{\lambda_f}$$

$$P_2^*(0) = \frac{\lambda_f + \mu_h}{2\lambda_h \lambda_f}$$

存续度函数为 $R(t) = P_1(t) + P_2(t)$，则系统平均失效时间为

$$\mathrm{MTTF_S} = R^*(0) = P_1^*(0) + P_2^*(0) = \frac{1}{\lambda_f} + \frac{1}{2\lambda_h} + \frac{\mu_h}{2\lambda_h \lambda_f} \tag{11.86}$$

注意，如果没有进行修理（$\mu_h = 0$），则

$$\mathrm{MTTF_S} = \frac{1}{\lambda_f} + \frac{1}{2\lambda_h} \tag{11.87}$$

如果在剩余零件上的载荷没有增加，则有 $\lambda_f = \lambda_h$，根据式 (11.83) 就会得到 $\mathrm{MTTF_S} = \dfrac{3}{2\lambda_h}$。

案例 11.10（两台发电机组成的系统） 设一座发电站中有两个相同类型的发电机。在正常运行期间，发电机分担载荷，两台发电机的失效率都是 $\lambda_h = 1.6 \times 10^{-4}/\mathrm{h}$。如果其中一台发电机失效，那么另一台发电机的负载就会增加，从而导致其失效率增加到 $\lambda_f = 8.0 \times 10^{-4}/\mathrm{h}$（为正常失效率的 5 倍）。除此之外，系统还可能发生共因失效，两台运行中的发电机会在同一时刻因为共同的原因失效。CCF 的速率为 $\lambda_C = 2.0 \times 10^{-5}/\mathrm{h}$。如果一台发电机失效，修理工作就会随即展开。平均修理时间 $\mathrm{MTTR_h}$ 为 12h，因此修复率为 $\mu_h \approx 8.3 \times 10^{-2}/\mathrm{h}$。当系统失效的时候，一台发电机的平均修理时间为 $\mathrm{MTTR_f} = 8\mathrm{h}$，修复率为 $\mu_f = 1.25 \times 10^{-1}/\mathrm{h}$。这个分担载荷并存在共因失效的发电机系统的状态转移情况如图 11.14所示。

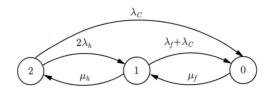

图 11.14 分担载荷且存在共因失效的发电机系统的状态转移图

按照已经使用过多次的方法（比如案例 11.6），我们可以求得稳态概率：

$$P_2 = \frac{\mu_h \mu_f}{(\lambda_f + \lambda_C + \mu_f)(\lambda_C + 2\lambda_h) + \lambda_C \mu_h + \mu_h \mu_f} \approx 0.995\,75$$

$$P_1 = \frac{(\lambda_C + 2\lambda_h)\mu_f}{(\lambda_f + \lambda_C + \mu_f)(\lambda_C + 2\lambda_h) + \lambda_C \mu_h + \mu_h \mu_f} \approx 0.004\,06$$

$$P_0 = \frac{(\lambda_f + \lambda_C)(\lambda_C + 2\lambda_h) + \lambda_C \mu_h}{(\lambda_f + \lambda_C + \mu_f)(\lambda_C + 2\lambda_h) + \lambda_C \mu_h + \mu_h \mu_f} \approx 0.000\,19$$

利用拉普拉斯变换，可求得系统平均失效时间：

$$[P_1^*(0), P_2^*(0)] \cdot \begin{pmatrix} -(\lambda_f + \lambda_C + \mu_h) & \mu_h \\ 2\lambda_h & -(\lambda_C + 2\lambda_h) \end{pmatrix} = [0, -1]$$

得

$$\mathrm{MTTF_S} = P_1^* + P_2^* = \frac{2\lambda_h + \lambda_f + \lambda_C + \mu_h}{(\lambda_C + 2\lambda_h)(\lambda_f + \lambda_C + \mu_h) - 2\lambda_n \mu_h}$$

$$\approx 43\,421\mathrm{h} \approx 4.96\mathrm{a}$$

11.7 备用系统

6.4 节中介绍过备用系统，并讨论了一些简单不可修备用系统的存续度函数 $R(t)$ 和平均失效时间 MTTF_S。本节将介绍使用马尔可夫方法分析一些简单的双元件（双机）可维修备用系统的方法。图 11.15 所示为这样的系统，其中元件 A 在开始的时候（即时刻 $t = 0$）是运行元件，S 则是传感和切换装置。

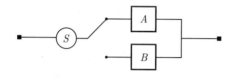

图 11.15 双机备用系统

备用系统的运行和维修方式有很多种：

- 备用元件冷备份或者部分加载；
- 切换装置可能会有多种失效模式，比如"无法切换""错误切换"和"失联"；
- 备用元件的失效可能是隐藏的（检测不到），也可能可以检测到。

在本节中，我们将介绍一些备用系统的运行和维修模式。将这些模式推广到更加复杂的系统和运行状况，至少在理论上一般也比较直接，但是需要计算机来求解。

11.7.1 冷备份完美切换并联系统

如果备用元件是被动的（不活跃的，passive），我们可以假设它在备用状态中不会失效。再假设切换是完美的，活跃（active）元件的失效可以立刻检测到，备用元件会以 1 的概率被激活。我们用 λ_i 表示元件 i 在运行状态下的失效率，$i = A, B$。一旦活跃元件失效，修理工作随机展开。修理时间服从修复率为 μ_i 的指数分布，$i = A, B$。在修理工作完成后，这个元件会被设置在备用状态。

系统的可能状态如表 11.3 所示，其中 O 表示运行状态，S 表示备用状态，F 表示已失效状态。一旦运行中的元件在另一个元件修理完成之前失效，系统就会失效。在表 11.3 中，系统已失效的状态就是状态 0。如果两个元件都已经失效，它们会同时被修理，因此系统会被重置到状态 4。我们用 μ 表示失效率。这个备用系统的状态转移情况如图 11.16 所示。其转移速率矩阵为

$$\boldsymbol{A} = \begin{pmatrix} -\mu & 0 & 0 & 0 & \mu \\ \lambda_A & -(\lambda_A + \mu_B) & 0 & 0 & \mu_B \\ 0 & \lambda_B & -\lambda_B & 0 & 0 \\ \lambda_B & 0 & \mu_A & -(\lambda_B + \mu_A) & 0 \\ 0 & 0 & 0 & \lambda_A & -\lambda_A \end{pmatrix} \tag{11.88}$$

表 11.3　双机冷备份完美切换并联系统可能的状态		
系统状态	元件 A 的状态	元件 B 的状态
4	O	S
3	F	O
2	S	O
1	O	F
0	F	F

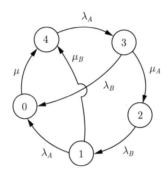

图 11.16　双机冷备份完美切换并联结构的状态转移图

根据 11.3 节中介绍的求解步骤，我们可以确定系统的稳态概率。考虑系统的已失效状态（状态 0）是一个吸收状态，那么就可以确定系统的存续度函数 $R(t)$ 和平均失效时间 $\mathrm{MTTF_S}$。假定系统在 $t = 0$ 时的初始状态是状态 4，移除转移速率矩阵中与吸收状态 0 对应的行和列，就可以得到缩减矩阵 $\boldsymbol{A}_\mathrm{R}$：

$$\boldsymbol{A}_\mathrm{R} = \begin{pmatrix} -(\lambda_A + \mu_B) & 0 & 0 & \mu_B \\ \lambda_B & -\lambda_B & 0 & 0 \\ 0 & \mu_A & -(\lambda_B + \mu_A) & 0 \\ 0 & 0 & \lambda_A & -\lambda_A \end{pmatrix}$$

进行拉普拉斯变换（$s = 0$），得

$$[P_1^*(0), P_2^*(0), P_3^*(0), P_4^*(0)] \cdot \boldsymbol{A}_\mathrm{R} = [0, 0, 0, -1]$$

解为

$$P_2^*(0) = \frac{\lambda_A + \mu_B}{\lambda_B} P_1^*(0)$$

$$P_3^*(0) = \frac{\lambda_A + \mu_B}{\mu_A} P_1^*(0)$$

$$P_4^*(0) = \frac{\lambda_B + \mu_A}{\lambda_A} P_3^*(0)$$

$$= \frac{(\lambda_A + \mu_B)(\lambda_B + \mu_A)}{\lambda_A \mu_A} P_1^*(0)$$

$$= \frac{1 + \mu_B P_1^*(0)}{\lambda_A}$$

因此有

$$P_1^*(0) = \frac{\mu_A}{\lambda_A \lambda_B + \lambda_A \mu_A + \lambda_B \mu_B}$$

利用式 (11.77)，可得系统的平均失效时间

$$\mathrm{MTTF_S} = R^*(0) = P_1^*(0) + P_2^*(0) + P_3^*(0) + P_4^*(0)$$

$$= \frac{1}{\lambda_A} + \frac{1}{\lambda_B} + \frac{\mu_A}{\lambda_B} \left(\frac{1}{\lambda_B} - \frac{1}{\lambda_B + \mu_A + \frac{\lambda_B}{\lambda_A}\mu_B} \right) \tag{11.89}$$

对于不可维修系统，$\mu_A = \mu_B = 0$，则有

$$\mathrm{MTTF_S} = \frac{1}{\lambda_A} + \frac{1}{\lambda_B}$$

这是一个很明显的结果。

11.7.2 冷备份完美切换并联系统（元件 A 为主运行元件）

重新考虑图 11.15中的备用系统。假设元件 A 为主运行元件，这意味着元件 B 只有在 A 失效后进行修理时才使用，也就是说元件 A 在修理完成之后立刻就会重新投入运行。如果运行元件 B 在元件 A 修复之前发生失效，则系统失效，进入表 11.3 中的状态 0。如果两个元件都已经失效，它们会被同时修理，系统会重置到状态 4。在本例中，我们用 μ 表示修复率，表 11.3 中的状态 1 和状态 2 与这个系统无关。系统的状态转移情况如图 11.17 所示。

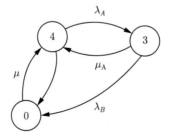

图 11.17 双机冷备份完美切换并联结构的状态转移图（元件 A 为主运行元件）

其转移速率矩阵为

$$\begin{pmatrix} -\mu & 0 & \mu \\ \lambda_B & -(\lambda_B + \mu_A) & \mu_A \\ 0 & \lambda_A & -\lambda_A \end{pmatrix} \tag{11.90}$$

稳态概率可以由下面两式确定：

$$[P_0, P_3, P_4] \cdot \begin{pmatrix} -\mu & 0 & \mu \\ \lambda_B & -(\lambda_B + \mu_A) & \mu_A \\ 0 & \lambda_A & -\lambda_A \end{pmatrix} = [0, 0, 0]$$

$$P_0 + P_3 + P_4 = 1$$

解为

$$P_0 = \frac{\lambda_A \lambda_B}{\lambda_A \lambda_B + \lambda_A \mu + \lambda_B \mu + \mu \mu_A}$$

$$P_3 = \frac{\lambda_A \mu}{\lambda_A \lambda_B + \lambda_A \mu + \lambda_B \mu + \mu \mu_A}$$

$$P_4 = \frac{\lambda_B \mu + \mu \mu_A}{\lambda_A \lambda_B + \lambda_A \mu + \lambda_B \mu + \mu \mu_A}$$

其中 P_j 为系统在状态 j 停留的平均时间比例，$j = 0, 3, 4$。

在本例中，系统失效的频率 ω_F 等于访问状态 0 的频率，即

$$\omega_F = \nu_0 = \frac{P_0}{\mu}$$

系统 MTTF$_S$ 的计算方法与 11.5.3 节中一样，移除式 (11.90) 所示转移速率矩阵中与吸收状态对应的行和列，进行拉普拉斯变换（$s = 0$），得到

$$[P_3^*(0), P_4^*(0)] \cdot \begin{pmatrix} -(\lambda_B + \mu_A) & \mu_A \\ \lambda_A & -\lambda_A \end{pmatrix} = [0, -1]$$

解为

$$P_3^*(0) = \frac{1}{\lambda_B}$$

$$P_4^*(0) = \frac{1}{\lambda_A} + \frac{\mu_A}{\lambda_A \lambda_B}$$

因此，系统的平均失效时间为

$$\text{MTTF}_S = R^*(0) = P_3^*(0) + P_4^*(0) = \frac{1}{\lambda_A} + \frac{1}{\lambda_B} + \frac{\mu_A}{\lambda_A \lambda_B} \tag{11.91}$$

系统的平均修理时间为

$$\text{MTTR}_S = \frac{1}{\mu}$$

因此，系统的平均可用性为

$$A = \frac{\text{MTTF}_S}{\text{MTTF}_S + \text{MTTR}_S} = \frac{1/\lambda_A + 1/\lambda_B + \mu_A/(\lambda_A \lambda_B)}{1/\lambda_A + 1/\lambda_B + \mu_A/(\lambda_A \lambda_B) + 1/\mu}$$

11.7.3 冷备份不完美切换并联系统（元件 A 为主运行元件）

重新考虑图 11.15所示的备用系统（仍假设元件 A 为主运行的 1 号元件，B 为 2 号元件）。现在假设切换并不是完美的，当活跃元件 A 失效时，备用元件 B 成功激活的概率为 $1-p$。概率 p 表示备用元件出现"无法启动"这一失效的可能性。系统的状态转移情况如图 11.18所示，系统从状态 4 转移到状态 3 的速率为 $(1-p)\lambda_A$，转移到状态 0 的速率为 $p\lambda_A$。

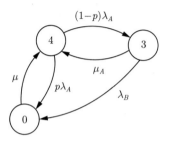

图 11.18 双机冷备份不完美切换并联结构的状态转移图（元件 A 为主运行元件）

系统的稳态概率由下面两式确定：

$$[P_0, P_3, P_4] \cdot \begin{pmatrix} -\mu & 0 & \mu \\ \lambda_B & -(\lambda_B + \mu_A) & \mu_A \\ p\lambda_A & (1-p)\lambda_A & -\lambda_A \end{pmatrix} = [0, 0, 0] \tag{11.92}$$

$$P_0 + P_3 + P_4 = 1$$

解为

$$\begin{cases} P_0 = \dfrac{\lambda_A\lambda_B + p\lambda_A\mu_A}{\lambda_A\lambda_B + p\lambda_A\mu_A + (1-p)\lambda_A\mu + \lambda_B\mu + \mu\mu_A} \\[3mm] P_3 = \dfrac{\lambda_A\mu(1-p)}{\lambda_A\lambda_B + p\lambda_A\mu_A + (1-p)\lambda_A\mu + \lambda_B\mu + \mu\mu_A} \\[3mm] P_4 = \dfrac{\lambda_B\mu + \mu\mu_A}{\lambda_A\lambda_B + p\lambda_A\mu_A + (1-p)\lambda_A\mu + \lambda_B\mu + \mu\mu_A} \end{cases}$$

$\mathrm{MTTF_S}$ 可由下式求得：

$$[P_3^*(0), P_4^*(0)] \cdot \begin{pmatrix} -(\lambda_B + \mu_A) & \mu_A \\ (1-p)\lambda_A & -\lambda_A \end{pmatrix} = [0, -1]$$

结果为

$$\begin{cases} P_3^*(0) = \dfrac{1-p}{\lambda_B + p\mu_A} \\[3mm] P_4^*(0) = \dfrac{\lambda_B + \mu_A}{\lambda_A(\lambda_B + p\mu_A)} \end{cases}$$

因此

$$\mathrm{MTTF_S} = R^*(0) = P_3^*(0) + P_4^*(0) = \frac{(1-p)\lambda_A + \lambda_B + \mu_A}{\lambda_A(\lambda_B + p\mu_A)} \tag{11.93}$$

11.7.4　部分加载完美切换并联系统（元件 A 为主运行元件）

重新考虑图 11.15所示的备用系统，但是假设备用元件 B（即图中的 2 号元件）可能会在备用模式下失效，并在激活时出现隐藏失效。元件 B 在备用模式下的失效率用 λ_B^s 表示，它低于正常运行的失效率。除了图 11.17所示的转移之外，这个系统还有两种转移方式：从状态 4 到状态 1（见表 11.3），从状态 1 到状态 0。这个系统的状态转移情况如图 11.19 所示。

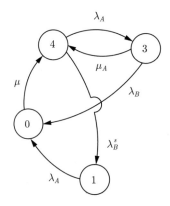

图 11.19　双机部分加载完美切换并联结构的状态转移图（元件 A 为主运行元件）

系统的稳态概率由下面两式确定：

$$[P_0, P_1, P_3, P_4] \cdot \begin{pmatrix} -\mu & 0 & 0 & \mu \\ \lambda_A & -\lambda_A & 0 & 0 \\ \lambda_B & 0 & -(\lambda_B + \mu_A) & \mu_A \\ 0 & \lambda_B^s & \lambda_A & -(\lambda_A + \lambda_B^s) \end{pmatrix} = [0, 0, 0, 0]$$

$$P_0 + P_1 + P_3 + P_4 = 1$$

$\mathrm{MTTF_S}$ 可由下式求得：

$$[P_1^*(0), P_3^*(0), P_4^*(0)] \cdot \begin{pmatrix} -\lambda_A & 0 & 0 \\ 0 & -(\lambda_B + \mu_A) & \mu_A \\ \lambda_B^s & \lambda_A & -(\lambda_A + \lambda_B^s) \end{pmatrix} = [0, 0, -1]$$

$$\begin{cases} P_1^*(0) = \dfrac{\dfrac{\lambda_B^s}{\lambda_A}(\lambda_B + \mu_A)}{\lambda_A \lambda_B + \lambda_B \lambda_B^s + \lambda_B^s \mu_A} \\[2ex] P_3^*(0) = \dfrac{\lambda_A}{\lambda_A \lambda_B + \lambda_B \lambda_B^s + \lambda_B^s \mu_A} \\[2ex] P_4^*(0) = \dfrac{\lambda_B + \mu_A}{\lambda_A \lambda_B + \lambda_B \lambda_B^s + \lambda_B^s \mu_A} \end{cases}$$

因此

$$\mathrm{MTTF_S} = R^*(0) = P_1^*(0) + P_3^*(0) + P_4^*(0)$$

$$= \frac{\left(\dfrac{\lambda_B^s}{\lambda_A} + 1\right)(\lambda_B + \mu_A) + \lambda_A}{\lambda_A \lambda_B + \lambda_B \lambda_B^s + \lambda_B^s \mu_A} \tag{11.94}$$

我们现在假设这两个元件属于相同类型，并且没有修理活动。令 $\lambda_a = \lambda_B = \lambda$，$\lambda_A^s = \lambda_B^s = \lambda^s$。在本例中，平均失效时间为

$$\mathrm{MTTF_S} = \frac{1}{\lambda + \lambda^s}\left(2 + \frac{\lambda^s}{\lambda}\right) \tag{11.95}$$

注意，当 $\lambda = \lambda^s$ 时，式 (11.95) 就简化为活跃并联系统的平均失效时间。

11.8　故障树中的马尔可夫分析

现在说明如何在故障树分析中使用马尔可夫分析的结果。假定我们已经针对系统中的某一顶事件（系统失效或者事故）构建了故障树，故障树有 n 个基本事件（零件）和 k 个最小割集 $K_1, K_2, \cdots, K_k$。

故障树顶事件概率可以使用式 (6.94) 中上限近似方法得到：

$$Q_0(t) \approx 1 - \prod_{j=1}^{k}\left[1 - \check{Q}_j(t)\right] \tag{11.96}$$

我们假设顶事件是一个系统失效，这样 $Q_0(t)$ 就是系统不可用性。因此，系统平均（极限）不可用性可以近似为

$$Q_0 \approx 1 - \prod_{j=1}^{k}(1 - \check{Q}_j) \tag{11.97}$$

其中 $\check{Q}_j$ 表示与最小割集 $K_j(j = 1, 2, \cdots, k)$ 相对应的最小割集并联结构的平均不可用性。

在本节后续部分，我们假设零件 i 有固定失效率 λ_i，平均修理时间 MTTR_i 和固定修复率 $\mu_i = 1/\mathrm{MTTR}_i$，$i = 1, 2, \cdots, n$。并且，我们还假设 $\lambda_i \ll \mu_i, i = 1, 2, \cdots, n$。

零件 i 的平均不可用性 q_i 为 $\mu_i/(\mu_i + \lambda_i)$，它可以利用 $\lambda_i \text{MTTR}_i$ 进行近似计算，因此有

$$\check{Q}_j = \prod_{i \in K_j} \frac{\mu_i}{\mu_i + \lambda_i} \approx \prod_{i \in K_j} \lambda_i \text{MTTR}_i \tag{11.98}$$

所以，顶事件概率（系统不可用性）近似为

$$Q_0 \approx 1 - \prod_{j=1}^{k} \left(1 - \prod_{i \in K_j} \lambda_i \text{MTTR}_i \right) \tag{11.99}$$

或者

$$Q_0 \approx \sum_{j=1}^{k} \prod_{i \in K_j} \lambda_i \text{MTTR}_i \tag{11.100}$$

11.8.1　割集信息

考虑一个特殊的最小割集平行结构 K_j，$j = 1, 2, \cdots, k$。和之前一样，我们假设零件的失效和修复都独立于其他零件。

如果割集 K_j 中的所有零件都处于已失效状态，则这个割集失效。现在可以根据式 (11.47) 计算割集 K_j 故障的平均持续时间：

$$\text{MTTR}_j = \frac{1}{\sum_{i \in K_j} \mu_i} \tag{11.101}$$

根据式 (11.48)，计算割集失效的期望频率 ω_j 为

$$\omega_j \approx \prod_{i \in K_j} \frac{\lambda_i}{\mu_i} \cdot \sum_{i \in K_j} \mu_i \tag{11.102}$$

割集 K_j 的平均失效间隔（MTBF）为

$$\text{MTBF}_j = \frac{1}{\omega_K}$$

注意，MTBF_j 同样包括割集并联结构的平均故障时间，尽管故障时间相对工作时间来说通常是可以忽略不计的。

11.8.2　系统信息

系统可以看作由其 k 个最小割集并联结构组成的串联结构。如果并联结构相互独立并且故障时间可以忽略，那么系统失效的频率 ω_S 为

$$\omega_\text{S} = \sum_{j=1}^{k} \omega_j \tag{11.103}$$

通常来说，这个公式并不正确，这是因为：① 最小割集并联结构并不是独立的；② 最小割集并联结构的故障时间一般无法忽略不计。

然而对于可用性很高的系统来说，式 (11.102) 对于系统失效期望频率 ω_S 的近似度也已经足够了。

系统在稳态情况下的失效平均间隔近似为

$$\text{MTBF}_S \approx \frac{1}{\omega_S}$$

根据式 (11.57)，每次系统失效的平均系统故障时间近似为

$$\text{MTTR}_S \approx \frac{\sum_{j=1}^{k} \omega_j \text{MTTR}_j}{\sum_{j=1}^{k} \omega_j}$$

现在，平均系统可用性近似为

$$A_S = \frac{\text{MTBF}_S}{\text{MTBF}_S + \text{MTTR}_S}$$

实际上，一些故障树分析的计算机程序使用的就是本节中的公式。

 ## 11.9 时间相关解

重新考虑式 (11.19) 所示的柯尔莫哥洛夫前向方程

$$\boldsymbol{P}(t) \cdot \boldsymbol{A} = \dot{\boldsymbol{P}}(t)$$

其中 $\boldsymbol{P}(t) = [P_0(t), P_1(t), \cdots, P_r(t)]$ 是过程在时刻 t 的分布。假设已知在时刻 0 的系统状态 $\boldsymbol{P}(0)$。一般来说，我们都会知道系统在时刻 0 处于某个状态 i，但有时候我们知道的只是一个特定分布。

从理论上来说，我们可以求解柯尔莫哥洛夫方程，并通过下式确定 $\boldsymbol{P}(t)$：

$$\boldsymbol{P}(t) = \boldsymbol{P}(0) \cdot \mathrm{e}^{t\boldsymbol{A}} = \boldsymbol{P}(0) \cdot \sum_{k=0}^{\infty} \frac{t^k \boldsymbol{A}^k}{k!} \tag{11.104}$$

其中 $\boldsymbol{A}^0$ 是一个单位矩阵 $\boldsymbol{I}$。利用式 (11.104) 计算 $\boldsymbol{P}(t)$ 可能非常低效，会耗费大量时间。读者可以在图书配套网站的 Python 代码中找到使用时间离散化方法求上述公式数值解的方法。

如果我们研究的系统具有吸收状态，比如案例 11.7中的并联系统，就可以定义一个输入为 1 和 0 的列向量 $\boldsymbol{C}$，其中 1 对应可运行状态，0 对应已失效状态。在案例 11.7中，状

态 1 和状态 2 可运行，而状态 0 已失效。因此，该（列）向量为 $\boldsymbol{C} = [0, 1, 1]^{\mathrm{T}}$。那么系统的存续概率为

$$R(t) = \boldsymbol{P}(0) \cdot \sum_{k=0}^{\infty} \frac{t^k \boldsymbol{A}^k}{k!} \cdot \boldsymbol{C} \tag{11.105}$$

如果 n 值"足够"大，我们还可以使用式

$$e^{t\boldsymbol{A}} = \lim_{k \to \infty} (\boldsymbol{I} + t\boldsymbol{A}/k)^k$$

对 $\boldsymbol{P}(t)$ 进行以下近似：

$$\boldsymbol{P}(t) \approx \boldsymbol{P}(0)(\boldsymbol{I} + t\boldsymbol{A}/n)^n \tag{11.106}$$

文献 [40]（第 176-182 页）对上述近似计算有更详细的讨论。

状态方程的拉普拉斯变换

另外一种方法是使用拉普拉斯变换，本书的附录 B 中对拉普拉斯变换有简要的介绍。

仍假设已知马尔可夫过程在时刻 0 的分布是 $\boldsymbol{P}(0)$，那么该马尔可夫过程的状态方程 (11.19) 就是一系列线性一阶微分方程。求解这些方程最简单且使用最广泛的方法就是进行拉普拉斯变换。

我们将状态概率 $P_j(t)$ 的拉普拉斯变换表示为 $P_j^*(s)$，根据附录 B 所述，$P_j(t)$ 对时间求导之后的拉普拉斯变换为

$$\mathcal{L}[\dot{P}_j(t)] = sP_j^*(s) - P_j(0), \quad j = 0, 1, 2, \cdots, r$$

因此，状态方程 (11.19) 的拉普拉斯变换也可以写成矩阵的形式：

$$\boldsymbol{P}^*(s) \cdot \boldsymbol{A} = s\boldsymbol{P}^*(s) - \boldsymbol{P}(0) \tag{11.107}$$

通过拉普拉斯变换，微分方程被转换为一系列线性方程。可以根据式 (11.107) 计算拉普拉斯变换 $P_j^*(s)$。再利用反拉普拉斯变换，就可以确定状态概率 $P_j(t)$。

案例 11.11 重新考虑案例 11.5中的单独零件，其转移速率矩阵为

$$\boldsymbol{A} = \begin{pmatrix} -\mu & \mu \\ \lambda & -\lambda \end{pmatrix}$$

假设该零件在 $t = 0$ 时可运行，则有 $\boldsymbol{P}(0) = (P_0(0), P_1(0)) = (0, 1)$。根据式 (11.107)，其状态方程的拉普拉斯变换为

$$(P_0^*(s), P_1^*(s)) \cdot \begin{bmatrix} -\mu & \mu \\ \lambda & -\lambda \end{bmatrix} = (sP_0^*(s) - 0, sP_1^*(s) - 1)$$

因此

$$\begin{cases} -\mu P_0^*(s) + \lambda P_1^*(s) = s P_0^*(s) \\ \mu P_0^*(s) - \lambda P_1^*(s) = s P_1^*(s) - 1 \end{cases} \tag{11.108}$$

将式 (11.108) 中两式相加得

$$s P_0^*(s) + s P_1^*(s) = 1$$

因此

$$P_0^*(s) = \frac{1}{s} - P_1^*(s)$$

将上式代入式 (11.108) 的第二式，得

$$\frac{\mu}{s} - \mu P_1^*(s) - \lambda P_1^*(s) = s P_1^*(s) - 1$$

$$P_1^*(s) = \frac{1}{\lambda + \mu + s} + \frac{\mu}{s} \frac{1}{\lambda + \mu + s}$$

要进行反拉普拉斯变换，我们需要重写表达式

$$P_1^*(s) = \frac{\lambda}{\lambda + \mu} \frac{1}{\lambda + \mu + s} + \frac{\mu}{\lambda + \mu} \frac{1}{s} \tag{11.109}$$

根据附录 B，式 (11.109) 的反拉普拉斯变换为

$$P_1(t) = \frac{\mu}{\mu + \lambda} + \frac{\lambda}{\mu + \lambda} e^{-(\lambda + \mu)t}$$

与案例 11.5 得到的结果相同。

计算复杂系统依赖于时间的状态概率是一项非常困难的工作，本书对此不再进行讨论。在很多实际情况中，我们主要感兴趣的都是稳态概率，不需要求解时间相关的概率。

 # 11.10 半马尔可夫过程

根据 11.2 节的定义可知，连续时间马尔可夫过程是一个随机过程，并且每次进入状态 i 时有以下性质：

（1）过程转移到不同状态之前在状态 i 的停留时长服从速率为 α_i 的指数分布；

（2）在过程离开状态 i 的时候，它会以一定概率 P_{ij} 进入状态 j，并且有 $\sum\limits_{\substack{j=0 \\ j \neq i}}^{r} P_{ij} = 1$。

很显然，这个定义可以扩展为：过程在状态 i 度过的时间（在状态 i 的停留时间）可以有一般"寿命"分布，这个分布还可以依赖于过程将会进入哪一个状态。Ross 在文献 [255] 中将半马尔可夫过程（semi-Markov process）定义为：

定义 11.2（半马尔可夫过程） 状态空间为 $\mathcal{X} = \{0, 1, 2, \cdots, r\}$ 的随机过程 $\{X(t), t \geqslant 0\}$，无论何时，如果过程进入状态 i，就会有：

（1）过程进入的下一个状态是状态 j 的概率为 P_{ij}，$i, j \in \mathcal{X}$；

（2）给定过程下一个进入的状态是 j，那么从 i 到 j 的转移发生时间服从分布 F_{ij}。

半马尔可夫过程框架的定义与连续时间马尔可夫过程一样（见 11.2 节），它也是一个离散时间马尔可夫链。如果框架不可约，那么相应的半马尔可夫过程也不可约。

过程在状态 i 的停留时间 $\widetilde{T}_i$ 的分布为

$$F_i(t) = \sum_{\substack{j=0 \\ j \neq i}}^{r} P_{ij} \, F_{ij}(t)$$

在状态 i 的平均停留时间为

$$\mu_i = E(\widetilde{T}_i) = \int_0^\infty t \mathrm{d}F_i(t)$$

注意，如果 $F_{ij}(t) = 1 - e^{\alpha_i t}$，那么这个半马尔可夫过程就变成了一个（连续时间）马尔可夫过程。

令 T_{ii} 表示连续两次转移进状态 i 的时间间隔，并令 $\mu_{ii} = E(T_{ii})$，那么对状态 i 的访问现在就变成了一个更新过程，我们可以使用第 10 章中介绍的更新过程理论进行分析。

如果令 $N_i(t)$ 表示过程在区间 $[0, t]$ 内进入状态 i 的次数，那么向量族

$$[N_0(t), N_1(t), \cdots, N_r(t)], \quad t \geqslant 0$$

就称为马尔可夫更新过程。

如果半马尔可夫过程不可约，并且 T_{ii} 是具有有限均值的非晶格分布，那么有

$$\lim_{t \to \infty} \Pr[X(t) = i \mid X(0) = j] = P_i$$

这个概率与过程的初始状态无关。并且

$$P_i = \frac{\mu_i}{\mu_{ii}}$$

读者可以查阅文献 [255] 了解证明过程。P_i 为转移进状态 i 的比例，它也等于过程在状态 i 的长期时间占比。

如果框架（嵌入过程）不可约且正向递归，我们就可以确定框架的平稳分布 $\boldsymbol{\pi} = [\pi_0, \pi_1, \cdots, \pi_r]$ 为下式的唯一解：

$$\pi_j = \sum_{i=0}^{r} \pi_i P_{ij}$$

其中 $\sum_i \pi_i = 1$，$\pi_j = \lim_{n \to \infty} \Pr(X_n = j)$（因为我们假设马尔可夫过程是非周期性的）。由于 π_j 是过程中进入状态 j 的转移的比例，μ_j 是每次转移前在状态 j 停留的时间，显然极

限概率就是 $\pi_j\mu_j$ 的一个比例：

$$P_j = \frac{\pi_j\mu_j}{\sum\limits_i pi_i\mu_i}$$

读者可以查阅文献 [255] 了解证明过程。

本书不再对半马尔可夫过程进行更多讨论。读者想要了解更多内容，可以阅读文献 [59, 116, 180, 255]。半马尔可夫过程在可靠性中的应用其实不是很多，比如包含两个冗余同质元件并且转移速率依赖于时间的系统并不是一个半马尔可夫过程：如果一个元件失效，我们对于当前状态以及系统在当前状态停留的时间没有掌握足够的信息，也就无法了解下一次转移的时间。我们还需要知道存续元件已经运行了多久。半马尔可夫过程在可靠性中的一个合理应用场合是：一个元件处于退化状态，并且有时间依赖转移速率。如果系统到达新的状态，那么下一次转移的速率就只能根据现有状态的信息计算。

11.11 多状态马尔可夫过程

多状态马尔可夫过程定义为：

定义 11.3（多状态马尔可夫过程） 系统参数和状态可以在预设时间点改变的马尔可夫过程，预防性维修就是这样的预设时间点。阶段指的是改变之间的时间间隔。

我们考虑以下两种情况：

（1）预防性维修改变马尔可夫过程的转移矩阵，包括两个方面：

① 预防性维修降低了一些失效率；

② 预防性维修期间的压力提高了某些转移速率。

（2）预防性维修改变系统重启时的状态。

11.11.1 改变转移速率

令 $t_1, t_2, \cdots, t_n$ 表示预防性维修工作的预设日期，其中 $t_0 = 0$。在 t_{i-1} 和 t_i 之间，过程的发展是一个转移矩阵为 $\boldsymbol{A}_i$ 的齐次泊松过程。根据预防性维修的效果，矩阵 $\boldsymbol{A}_i$ 中转移速率在时刻 t_i 后发生改变。假设预防性维修工作花费的时间极短，我们将建立过程在任意时刻 t 的概率分布，并假设在时刻 0 的状态概率向量是 $\boldsymbol{P}(t_0) = \boldsymbol{P}(0)$。在实际中，这个向量会揭示出马尔可夫过程在时刻 0 进入每个状态以及处于每个状态的概率。我们一般会指定系统进入一个“新”状态（设定新状态的概率为 1，其他状态概率为 0）。

我们可以计算过程在任意时刻 $t(0 \leqslant t \leqslant t_1)$ 的概率分布：

$$\boldsymbol{P}(t) = \boldsymbol{P}(0) \cdot \mathrm{e}^{\boldsymbol{A}_1 t}$$

直到时刻 t_1，过程的进展都遵循转移概率 $\boldsymbol{A}_1$，则有

$$\boldsymbol{P}(t_1) = \boldsymbol{P}(0) \cdot \mathrm{e}^{\boldsymbol{A}_1 t_1}$$

在 t_1 和 t_2 之间，过程的进展遵循转移矩阵 $\boldsymbol{A}_2$ 和初始分布 $\boldsymbol{P}(t_1)$。有

$$\boldsymbol{P}(t) = \boldsymbol{P}(t_1) \cdot \mathrm{e}^{\boldsymbol{A}_2(t-t_1)} = \boldsymbol{P}(0) \cdot \mathrm{e}^{\boldsymbol{A}_1 t_1} \cdot \mathrm{e}^{\boldsymbol{A}_2(t-t_1)}, \quad t_1 < t \leqslant t_2$$

以此类推，对于任意 t_i $(i \geqslant 1)$，有

$$\boldsymbol{P}(t_i) = \boldsymbol{P}(0) \cdot \prod_{k=1}^{i} \mathrm{e}^{\boldsymbol{A}_k(t_k - t_{k-1})}$$

当 $t_i < t \leqslant t_{i+1}$ 时，过程的概率分布为

$$\boldsymbol{P}(t) = \boldsymbol{P}(0) \cdot \mathrm{e}^{\boldsymbol{A}_1 t}, \quad i = 0$$

$$\boldsymbol{P}(t) = \boldsymbol{P}(0) \cdot \left(\prod_{k=1}^{i} \mathrm{e}^{\boldsymbol{A}_k(t_k - t_{k-1})} \right) \cdot \mathrm{e}^{\boldsymbol{A}_{i+1}(t-t_i)}, \quad i \geqslant 1$$

在图书配套网站上，我们提供了使用时间离散化方法求解上述公式数值解的 Python 代码。

11.11.2 改变初始状态

在时刻 t_i 进行的维修工作不仅可以改变矩阵 $\boldsymbol{A}_i$ 中的转移速率，还可以改变在维修或者检测完成后过程重启时的状态。这个改变可以通过概率为 $\boldsymbol{P}(t_i)$ 的线性转换建模：在时刻 t_i 维修结束后的概率向量是 $\boldsymbol{P}(t_i)\boldsymbol{B}_i$，其中 $\boldsymbol{B}_i$ 是一个 $N \times N$ 矩阵，每一行的和都等于 1。矩阵 $\boldsymbol{B}_i$ 的元素 b_{lj} 是给定元件在维修完成前恰好处于状态 l，而在维修之后处于状态 j 的概率。如果维修工作的持续时间可以忽略不计，则当 $t_i < t \leqslant t_{i+1}$ 时，有

$$\boldsymbol{P}(t) = \boldsymbol{P}(0) \cdot \mathrm{e}^{\boldsymbol{A}_1 t}, \quad i = 0$$

$$\boldsymbol{P}(t) = \boldsymbol{P}(0) \cdot \left(\prod_{k=1}^{i} \mathrm{e}^{\boldsymbol{A}_k(t_k - t_{k-1})} \cdot \boldsymbol{B}_k \right) \cdot \mathrm{e}^{\boldsymbol{A}_{i+1}(t-t_i)}, \quad i \geqslant 1$$

如果该元件在维修/检测过程中需要停机运行，而且上述任务的时长无法忽略（当作常数），还可以使用相同的公式，但是应考虑时滞。我们将维修工作的时长表示为 m_a，元件在工作期间停止运行。这意味着，在从时刻 t_i 开始的维修工作完成后，系统在时刻 $t_i + m_a$ 重启，分布为 $\boldsymbol{P}(t_i) \cdot \boldsymbol{B}_i$。对于这个情况，有

$$\boldsymbol{P}(t_1) = \boldsymbol{P}(0) \, \mathrm{e}^{\boldsymbol{A}_1 t_1}$$

$$\boldsymbol{P}(t_1 + m_a) = \boldsymbol{P}(t_1) \cdot \boldsymbol{B}_1 = \boldsymbol{P}(0) \cdot \mathrm{e}^{\boldsymbol{A}_1 t_1} \cdot \boldsymbol{B}_1$$

当 $t_1 + m_a < t \leqslant t_2$ 时，有

$$\boldsymbol{P}(t) = \boldsymbol{P}(t_1 + m_a) \cdot \mathrm{e}^{\boldsymbol{A}_2(t - t_1 - m_a)}$$

$$= \boldsymbol{P}(0) \cdot \mathrm{e}^{\boldsymbol{A}_1 t_1} \cdot \boldsymbol{B}_1 \cdot \mathrm{e}^{\boldsymbol{A}_2 (t-t_1-m_a)}$$

同样可得

$$\boldsymbol{P}(t_2 + m_a) = \boldsymbol{P}(0) \cdot \mathrm{e}^{\boldsymbol{A}_1 t_1} \cdot \boldsymbol{B}_1 \cdot \mathrm{e}^{\boldsymbol{A}_2 (t_2-t_1-m_a)} \cdot \boldsymbol{B}_2$$

当 $t_2 + m_a < t \leqslant t_3$ 时，有

$$\boldsymbol{P}(t) = \boldsymbol{P}(0) \cdot \mathrm{e}^{\boldsymbol{A}_1 t_1} \cdot \boldsymbol{B}_1 \cdot \mathrm{e}^{\boldsymbol{A}_2 (t_2-t_1-m_a)} \cdot \boldsymbol{B}_2 \cdot \mathrm{e}^{\boldsymbol{A}_3 (t-t_2-m_a)}$$

对公式进行扩展，当 $i \geqslant 2$ 时，如果有 $t_i + m_a \leqslant t \leqslant t_{i+1}$，则

$$\boldsymbol{P}(t) = \boldsymbol{P}(0) \cdot \mathrm{e}^{\boldsymbol{A}_1 t_1} \cdot \boldsymbol{B}_1 \cdot \prod_{k=2}^{i} \mathrm{e}^{\boldsymbol{A}_k (t_k-t_{k-1}-m_a)} \cdot \boldsymbol{B}_k \cdot \mathrm{e}^{\boldsymbol{A}_{i+1} (t-t_i-m_a)}$$

在图书配套网站上，我们提供了使用时间离散化方法求解上述公式数值解的 Python 代码。

 ## 11.12　分段确定性马尔可夫过程

在很多简单的应用中，我们可能无法使用前面几节介绍的马尔可夫过程以及它的扩展模型，获取系统存续度函数或者可用性的分析公式。比如下面这个例子：两个元件属于一个并联结构，它们的失效时间并不服从指数分布，并且分别进行预防性维护和修理。对于这个简单的例子，我们就无法使用马尔可夫过程（因为失效时间不服从指数分布）或者半马尔可夫过程（因为在当前状态停留时间的信息不够，无法计算下一次转移的转移速率），抑或是多阶段马尔可夫过程（因为系统在固定时间点变化，变化之间并不是马尔可夫过程）计算存续度函数。

这时就需要借助于基于分段确定性马尔可夫过程（piecewise deterministic Markov processes，PDMP）这样一个更加通用的建模框架。PDMP 在动态可靠性分析中广泛使用，可以分析这样的情况：大多数时候都是确定性的并且属于连续状态空间（比如容器中的液位变化），但是会不时受到属于离散状态空间的随机事件（比如液位控制回路中的失效）的影响。通常，PDMP 包括一系列微分方程（用于连续部分），它们的解会出现随机"跳转"（离散随机事件的影响）。读者想要更多的细节，请阅读文献 [72]。

本书将介绍一种 PDMP，也就是分段线性过程：离散和随机事件反映退化增量和失效次数，而连续变量用来反映确定的修理时间或者延迟、检测间隔、在不同状态的停留时间、元件使用时间等。大致来说，PDMP 的连续部分并不关联任何物理现象，但是它引入了连续变量来计算时间，并可以弥补离散部分中马尔可夫性质的不足。

11.12.1　PDMP 的定义

PDMP 可以定义为：

定义 11.4（分段确定性马尔可夫过程）　一个混合马尔可夫过程 $(X(t),\overline{m}(t),t \geqslant 0)$，其中 $X(t)$ 是一个离散随机变量，或者在有限状态空间 $\mathcal{X}$ 内取值的向量，而 $\overline{m}(t)$ 是连续空间 $\mathcal{M}$ 中的向量。

在 PDMP 过程中，$X(t)$ 与 $\overline{m}(t)$ 可以相互影响。$X(t)$ 的作用是对离散系统状态建模；而 $\overline{m}(t)$ 的作用是对时间依赖连续变量建模，比如元件的使用时间、修理时长等。PDMP 过程会有"跳转"，表示由 $X(t)$ 在 $\mathcal{X}$ 内的离散系统状态之间跳跃描述过程路径。我们需要区分"由离散事件导致的跳转"和"由连续变量导致的跳转"，前者发生在系统自身状态改变的时候（比如元件失效），而后者是因为连续变量 $\overline{m}(t)$ 达到了 $\mathcal{M}$ 中的某一个边界（比如在维修开始前出现的一段延迟）。11.12.3节给出了离散和连续跳转的例子。

11.12.2　状态概率

时间相关的状态概率是柯尔莫哥洛夫方程的解，但是通常无法由此求得解的闭合形式。因此，它们一般只是柯尔莫哥洛夫方程离散化的近似结果。假设时间可以用步长 Δ 离散化，因为 $\overline{m}(t)$ 是一个时间向量，它的零件也可以采用同样的步长 Δ 离散化。根据全概率公式，在时刻 $(n+1)\Delta$，过程处于状态 (x',m') 的概率可以使用下列递归方程推导得到：

$$P_{n+1}(x',m') = \sum_x \sum_m P_n(x,m) G_n\left[(x,m)(x',m')\right] \tag{11.110}$$

其中 $P_{n+1}(x',m')$ 为过程在时刻 $(n+1)\Delta$ 处于状态 (x',m') 的概率，$P_n(x,m)$ 为过程在时刻 $n\Delta$ 处于状态 (x,m) 的概率，$G_n\left[(x,m)(x',m')\right]$ 为给定过程在时刻 $n\Delta$ 处于状态 (x,m) 然后在时刻 $(n+1)\Delta$ 移动到状态 (x',m') 的概率。注意，m 和 m' 是采用相同的步长 Δ 进行的离散化处理。接下来，可以使用式 (11.110) 一步一步计算 $G_n\left[(x,m)(x',m')\right]$。如果 G_n 和初始状态已知，那么所有参数都已知。

11.12.3　一个特殊情况

我们通过一个特殊情况来说明这种方法。读者也可以阅读文献 [14,60,61,171,181] 了解更多细节和更多案例。考虑一个由两个同质元件（1 和 2）构成的冗余系统，一旦有一个元件失效就启动修复工作，相应的故障时间为 d_c。此外，每个零件都会在其工龄（运行时间）达到预设值 a 的时候进行预防性维修。出于简化考虑，我们假设预防性维修的时长可以忽略不计，元件的失效时间服从失效率为 $\lambda(t)$ 的威布尔分布。无论是修复性维修还是预防性维修，都会把元件重置到完好如初的状态。

1. 离散状态

包含离散状态的过程有状态空间 $\mathcal{X} = (0,1,2,3)$，其中 0 表示没有可运行元件，1（或者 2）表示 1 号元件（或者 2 号元件）可运行，3 则表示两个元件都可运行。我们没有合并状态 1 和 2，因为需要根据每一个元件的使用时间进行预防性维修。在任意时刻 t，都有 $X(t) = i$，$i = 0,1,2,3$。每当出现一个元件失效的情况，PDMP 都会经历一次（离散）跳转。

2. 连续状态

包含离散状态的过程有状态空间 $\mathcal{M} = ([0, d_c], [0, d_c], [0, a], [0, a])$，其中 a 为元件进行预防性维修的使用时间。a 是一个参数，可以进行优化。在任意时刻 t，都有 $\overline{m}(t) = (m_1(t), m_2(t), m_3(t), m_4(t))$，其中 $m_1(t)$ 和 $m_2(t)$ 分别表示在时刻 t 用于修理 1 号元件和 2 号元件已经花费的时间，而 $m_3(t)$ 和 $m_4(t)$ 则分别表示 1 号元件和 2 号元件在时刻 t 的使用时间。出于简化考虑，我们在后续部分采用下列表示方法：$m_1(t) = r_1(t)$，$m_2(t) = r_2(t)$ 以及 $m_3(t) = a_1(t)$，$m_4(t) = a_2(t)$。假设如果 $r_i(t) = 0$，该元件就不在修理过程中。

注意，对于给定的系统和给定维修策略，并没有什么独特的方式定义 PDMP。但是根据使用的离散和连续变量数量不同，有些方法可能会更加精巧，或者在计算上更加高效。我们在这里给出的并不是最简洁的方法，但是最简单和直观。

3. 状态概率

我们希望了解冗余系统的存续度函数，并计算其状态概率。系统状态概率需要根据 PDMP 的状态概率推导。PDMP 的状态由在任意时刻 t 的离散和连续变量组成的混合向量确定：$(X(t), \overline{m}(t)) = (i, r_1(t), r_2(t), a_1(t), a_2(t))$，其中 $i = 0, 1, 2, 3$。PDMP 的状态概率可以使用式 (11.110) 并对 $\mathcal{M}$ 进行离散化近似得到。出于这个目的，须用数值方法计算函数 G_n。

4. 数值方法

系统从一个全新状态启动，因此有 $\overline{m}(0) = (0, 0, 0, 0)$，以及 $X(0) = 3$。函数 G_n 是在任意步长 $n\Delta$ 的情况下，通过为每个离散状态计算下一个可能的离散状态的非空转移概率来构建的。这里只考虑几个从状态 3 开始的情况，来说明这种方法。读者可以在图书配套网站上找到完整的数值方法及其 Python 代码。

对于每一个 $n\Delta$：

（1）如果有 $a_1(n\Delta) + \Delta < a$ 并且 $a_2(n\Delta) + \Delta < a$（即在区间 $[n\Delta, (n+1)\Delta]$ 上如果没有元件达到更换年限 a），那么过程就只在有离散事件发生和元件失效的时候发生跳转，元件的使用时间一直保持在时刻 $n\Delta$ 的值：

- $G_n \left[(3, 0, 0, a_1(n\Delta), a_2(n\Delta)) (3, 0, 0, a_1(n\Delta) + \Delta, a_2(n\Delta) + \Delta) \right]$
  $\approx [1 - \lambda(a_1(n\Delta)) \Delta] [1 - \lambda(a_2(n\Delta)) \Delta]$

- $G_n \left[(3, 0, 0, a_1(n\Delta), a_2(n\Delta)) (2, 0, 0, a_1(n\Delta), a_2(n\Delta) + \Delta) \right]$
  $\approx \lambda(a_1(n\Delta)) \Delta [1 - \lambda(a_2(n\Delta)) \Delta]$

- $G_n \left[(3, 0, 0, a_1(n\Delta), a_2(n\Delta)) (1, 0, 0, a_1(n\Delta) + \Delta, a_2(n\Delta)) \right]$
  $\approx [1 - \lambda(a_1(n\Delta)) \Delta] \lambda(a_2(n\Delta)) \Delta$

（2）如果 $a_1(n\Delta) + \Delta \geqslant a$ 并且 $a_2(n\Delta) + \Delta < a$（即只有 1 号元件在区间 $[n\Delta, (n+1)\Delta]$ 上达到了更换年限 a），那么跳转可能是因为连续变量 a_1，也可能是因为离散时间发生。

- 如果在 1 号元件的预防性维修日期之前没有失效发生，那么 $a_1(n\Delta)$ 就重置到 0，没有系统状态跳转：

$$G_n \left[(3,0,0,a_1(n\Delta),a_2(n\Delta))(3,0,0,0,a_2(n\Delta)+\Delta)\right]$$
$$\approx \left[1-\lambda(a_1(n\Delta))\Delta\right]\left[1-\lambda(a_2(n\Delta))\Delta\right]$$

- 如果 1 号零件的失效在其预防性维修日期之前发生，那么 $a_1(n\Delta)$ 就保持当前值，系统状态由状态 3 跳转到状态 2：

$$G_n \left[(3,0,0,a_1(n\Delta),a_2(n\Delta))(2,0,0,a_1(n\Delta),a_2(n\Delta)+\Delta)\right]$$
$$\approx \lambda(a_1(n\Delta))\Delta\left[1-\lambda(a_2(n\Delta))\Delta\right]$$

- 如果 2 号零件的失效在 1 号零件的预防性维修日期之前发生，那么 $a_1(n\Delta)$ 就重置到 0，同时系统状态由状态 3 跳转到状态 1：

$$G_n \left[(3,0,0,a_1(n\Delta),a_2(n\Delta))(1,0,0,0,a_2(n\Delta))\right]$$
$$\approx \left[1-\lambda(a_1(n\Delta))\Delta\right]\lambda(a_2(n\Delta))\Delta$$

以此类推。

对于很多情况和很多离散状态，我们都可以采用同样的计算方式。这里的一个主要观点，是查看由当前状态到其他状态可能的转移方式。注意，在计算存续度函数时，需要假设由已失效状态转出的所有速率都是 0。

对于这个案例，可以采用蒙特卡罗仿真算法轻松求解，读者可以在图书配套网站上找到相关的程序与完整数值方法的 Python 代码。读者可以利用这些代码比较蒙特卡罗仿真与上述方法在计算结果和计算时间上的差异。

11.13　马尔可夫过程仿真

马尔可夫链包括一系列系统可能的状态以及一系列状态之间的转移。随机事件的发生会触发转移，因此，仿真算法的输出，也就是系统的"历史"，包括系统停留的状态序列，以及导致这些不同状态之间转移的相应事件序列。

对马尔可夫链进行仿真，意味着考虑系统的当前状态，并且各个输出转移之间也是互斥的。由一个事件触发的（第一次）转移会将系统引入一个新的状态，这个新状态就称为当前状态，然后过程继续。

使用更为规范的语言，我们考虑包含离散状态空间 $\mathcal{X}$ 的系统，令状态 i 为其当前状态。由状态 i 出发的每一个转移（对所有 $j \in \mathcal{X}$）都有固定转移速率 $a_{i,j}$。这意味着，直到转移至状态 j 被触发之前的时长 T_{ij} 服从分布 $\exp(a_{i,j})$（如果 j 是唯一可能的转出状态）。不同转出之间的"竞争"，意味着过程在状态 i 的停留时间为 $\widetilde{T}_i = \min_{j \in \mathcal{X}}(T_{ij})$。如果"获胜"的转移指向状态 k，那么状态 k 就成为新的当前状态。

系统历史的仿真会一直持续，直至达到一个预设的条件。这个条件取决于需求，比如：

（1）过程进入某一特定状态或者一组状态的时刻。在这种情况下，系统"历史"会得到补充，比如在不同已访问状态的停留时间（即在该状态只被访问一次的前提下，转出动作发生之前的在此的持续时间；如果不能满足这个前提的话，与这些不同访问相关的持续时间必须求和），或者总的历史时间（即在所有已访问状态的停留时间之和）。

（2）给定仿真时间（即总时长），它是与所有已触发转移相关持续时间的总和。在这种情况下，在已访问状态的停留会被用来补充系统"历史"。

最终，蒙特卡罗仿真可以多次探索系统历史，也就是说仿真算法会运行多次。得到的历史集合可以用来计算实证均值、估算在每个状态的平均停留时间、系统处于特定状态的概率、到达指定状态前的平均时间，等等。

这种方法的一个优势是可以很容易地改变转移率（例如，从指数分布到威布尔分布），而无须改变底层代码的一般结构，当然前提是分布保持独立。然而另一方面，当存在大量状态和/或与转换相关的复杂和关联分布时，仿真方法可能需要复杂的代码。案例 11.12 就介绍了对马尔可夫过程进行仿真的方法。

注释 11.3（准确性） 仿真方法需要大量重复才能得到准确的输出结果。仿真的次数越多，才越能保证结果足够准确。在实际工作中，需要检查基于蒙特卡罗仿真计算的经验均值是否在超过一定仿真次数 N 之后就不再变化。读者可以阅读文献 [102] 了解更多细节和相应的理论框架。

案例 11.12（马尔可夫过程仿真） 考虑一个系统，其中零件 A 与由两个零件 B_1 和 B_2 组成的冗余结构相串联。B_1 处于活跃状态，而 B_2 处于备用模式。该结构如图 11.20(a) 所示。一旦检测到零件 B_1 失效，就会激活备用零件 B_2，假设这个过程是瞬时的。我们希望估计系统的 MTTF 以及系统由于下列两种原因的失效概率：① 零件 A 失效；② 零件 B_1 和 B_2 失效。

因为系统中存在三个零件，而每一个又有两个状态，所以系统的状态空间中有 $2^3 = 8$ 个状态。在实际工作中，根据系统的结构、假设以及我们感兴趣的量值，可能在系统建模的时候只需要考虑其中的一些状态。在本例中，我们只需要四个状态：

（1）状态 $3(A, B_1, B_2)$：所有的零件都可运行，这是初始状态，系统完好如初。

（2）状态 $2(A, \overline{B}_1, B_2)$：零件 B_1 故障，其他零件可运行。这个状态是系统的一个退化状态。

（3）状态 $1(A, \overline{B}_1, \overline{B}_2)$：零件 B_1 和 B_2 都已经失效，因此系统失效。这是本例中必须研究的两个失效状态的其中之一。

（4）状态 0：包括系统状态 $(\overline{A}, B_1, B_2)$ 和 $(\overline{A}, \overline{B}_1, B_2)$。这两个状态可以合并，因为它们都表示系统的故障是由零件 A 失效引起的。

其他的系统状态，比如 $(A, B_1, \overline{B}_2)$、$(\overline{A}, \overline{B}_1, \overline{B}_2)$ 在本例中没有考虑，因为它们对应的是不可达的系统状态。

假设所有的三个零件都有固定失效率：零件 A 的为 λ_A，零件 B_1 和 B_2 的为 $\lambda_{B_1} = \lambda_{B_2} = \lambda_B$。相应的状态转移情况如图 11.20(b) 所示。对于指数分布来说，有 $\Pr(T_{ij} > t + s \mid T_{ij} > s) = \Pr(T_{ij} > t), t, s \geqslant 0$，因此，与状态 2 到状态 0 的转移对应的持续时间 T_{20} 并不依赖于转移 T_{32} 的持续时间（后者是触发了到状态 2 的转入）。根据到达状态 2 的日期的指数分布参数 λ_A 得到 T_{20}。马尔可夫过程的无记忆特性简化了与并行转移有关的持续时间分析。

因此，由状态 3 到状态 0，以及由状态 2 到状态 0 的转移，都有固定速率 λ_A；而由状态 3 到状态 2，以及由状态 2 到状态 1 的转移，都有固定速率 λ_B。

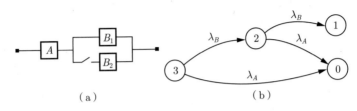

图 11.20　部分加载完美切换双机并联结构的 (a) 可靠性框图和 (b) 状态转移图

以下的第一段伪代码（图 11.21中的 GetOneHistory）[1]模拟了系统的一次历史过程，并对失效时间和最终系统状态分别进行了一次观察。这段伪代码可以作为蒙特卡罗仿真的基础，用来估计系统 MTTF 和状态概率。而图 11.22给出的则是进行 N 模拟的蒙特卡罗仿真基本伪代码。

```
procedure GETONEHISTORY(λA, λB)
    ttf ← 0                              ▷ 失效时间初始化
    state ← 3                            ▷ 初始状态
    λ30 ← λA                             ▷ 符号变化
    λ32 ← λB
    λ20 ← λA
    λ21 ← λB
    while state ≠ 1 and state ≠ 0 do     ▷ 在达到任意最终状态时循环
        if state = 3 then                    ▷ 如果当前状态为 3
            t30 ← draw.exp(λ30)              ▷ 计算直至零件 A 失效的时长
            t32 ← draw.exp(λ32)              ▷ 计算直至零件 B1 失效的时长
            if t30 ⩽ t32 then                ▷ 如果下一个事件是零件 A 失效
                state ← 0                        ▷ 更新系统状态
                ttf ← ttf + t30                  ▷ 更新失效时间
            else                             ▷ 如果下一个事件是零件 B1 失效
                state ← 2                        ▷ 更新系统状态
                ttf ← ttf + t32                  ▷ 更新失效时间
            end if
        else                                 ▷ 如果当前状态是状态 2
            t20 ← draw.exp(λ20)              ▷ 计算直至零件 A 失效的时长指数法则
            t21 ← draw.exp(λ21)              ▷ 计算直至零件 B2 失效的时长
            if t20 ⩽ t21 then                ▷ 如果下一个事件是零件 A 失效
                state ← 0                        ▷ 更新系统状态
                ttf ← ttf + t20                  ▷ 更新失效时间
            else                             ▷ 如果下一个事件是零件 B2 失效
                state ← 1                        ▷ 更新系统状态
                ttf ← ttf + t21                  ▷ 更新失效时间
            end if
        end if
    end while
    return ttf, state                    ▷ 返回失效时间 ttf 和最终状态 state
end procedure
```

图 11.21　马尔可夫链仿真示例——单次仿真

---

[1] 伪代码是指对计算机程序运行原理的非正式概述。

```
procedure SYSTEMMONTECARLO(N, λ_A, λ_B)
    mttf ← 0                                          ▷ 初始变量
    state0 ← 0
    for i ← 1, N do                                   ▷ 进行 N 次重复
        (ttf, state) ← GetOneHistory(λ_A, λ_B)        ▷ 获取单次仿真结果
        mttf ← mttf + ttf                             ▷ 总计失效时间
        if state = 0 then
            state0 ← state0 + 1                        ▷ 结束于状态 0 的历史求和
        end if
    end for
    mttf ← mttf/N                                     ▷ 估计系统 MTTF
    state0 ← state0/N                     ▷ 估计系统结束于状态 0 的概率
    state1 ← 1 − state0                   ▷ 估计系统结束于状态 1 的概率
    return mttf, state0, state1                ▷ 返回 MTTF 和概率估值
end procedure
```

图 11.22 马尔可夫链仿真示例 ——MTTF 和状态概率估值

图书配套网站将这段伪代码在 Python 中实现。如果系统不是特别大或者特别复杂，我们就可以很直接地将伪代码扩展到其他指数失效时间分布的场景中。重新考虑案例 11.12 中的系统，如果零件 A 的失效时间服从威布尔分布而不是指数分布，那么伪代码就需要进行如下调整：在抵达状态 0 的时候，时长 t_{03} 必须根据修正分布求得。在选择由状态 1 转出到下一事件时，也需要使用相同的值。这个假设的改变，使得仿真要比分析方法更容易掌控。

注释 11.4（使用 R 语言进行马尔可夫分析） 在 R 语言中也可以进行马尔可夫分析和蒙特卡罗仿真。可以使用多个 R 程序包，其中包括：

- markovchain 是离散马尔可夫分析的基本程序包，它也包括（连续）马尔可夫过程的模块。
- mcmc 和 mcmcr 可以用来进行蒙特卡洛仿真。
- mstate 适用于基于马尔可夫链的多状态系统，可以进行存续度分析。
- simmer 是离散事件仿真程序包，也是马尔可夫过程仿真的重要工具。simmer 对应仿真工具包 simPy，二者都面向 Python 语言。

读者可以访问网址 https://cran.r-project.org，了解更多关于程序包的信息。

11.14 课后习题

11.1 设一个元件需要两种类型的修理。最初，元件有固定失效率 λ_1。在该元件第一次失效的时候，我们采用部分修理的方法将其重置到可运行状态。部分修理并不是完美的，也就是说在部分修理之后的失效率 λ_2 要高于 λ_1。在元件出现了第二次失效之后，需要全面修理让其恢复到完好如初的状态。而第三次修理又会是部分修理，以此类推。令 μ_1 表示部分修理的固定修复率，μ_2 表示全面修理的固定修复率，并且有 $\mu_1 > \mu_2$。假设该元件在 $t = 0$ 时投入运行并且处于完好如初的状况。

（1）针对这个过程绘制状态转移图并构建状态方程。

（2）确定不同状态的稳态概率。

11.2 考虑由三个零件组成的并联结构，这些零件同质，失效率为 λ，修复率为 μ，并且零件的修理相互独立。假设这三个零件在 $t=0$ 时都可运行。

（1）为这个并联结构绘制转移图并构建状态方程。

（2）证明到达第一次系统失效的平均时间为

$$\mathrm{MTTF} = \frac{11}{6\lambda} + \frac{7\mu}{6\lambda^2} + \frac{\mu^2}{3\lambda^3}$$

11.3 考虑由四个零件组成的并联结构，这些零件同质，失效率为 λ，修复率为 μ，并且零件的修理相互独立。假设这三个零件在 $t=0$ 时都可运行。

（1）为这个并联结构绘制转移图并构建状态方程。

（2）确定到达第一次系统失效的平均时间 MTTF。

（3）是否可以为包含 n 个零件的并联结构找到通用公式？

11.4 设一个风机上使用变桨系统，其简化的可靠性框图如图 11.23所示。系统中的蓄能器同质并联。在系统启动的时候，变桨系统使用它的主线路，如果主线路失效，那么应急线路开始工作。切换开关完好（没有切换失效，当主线路出现问题时，一定能够切换到应急线路）。所有元件的失效率固定，我们用 λ_1 表示液压缸的失效率，λ_2 表示两个变桨系统的失效率（主线路与应急线路失效率相同），λ_3 表示蓄能器的失效率（两台蓄能器的失效率相同），λ_4 表示泵的失效率，λ_5 表示过滤器的失效率。假定这个系统会嵌入到离岸风力发电机上，因为需要准备时间和维修航行时间，设所有元件的修复速率是一样的。假定每个元件的修复率为固定值 μ，并且每个元件在任何时刻都有可用的维修团队。

（1）定义可能的系统状态，绘制系统的状态转移图。假设系统在失效时立刻停机（没有元件会在系统失效之后再失效）。

（2）构建变桨系统的转移速率矩阵 $\boldsymbol{A}$。

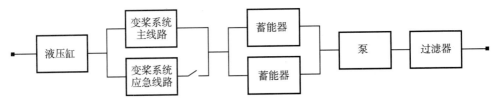

图 11.23   习题 11.4中变桨系统的可靠性框图

11.5 考虑图 11.24中可靠性框图所代表的系统。元件 A 和元件 B 冗余，并且有相同的固定失效率 λ_1。元件 C 和元件 D 冗余，并且有相同的固定失效率 λ_2。元件 E 有固定失效率 λ_3。如果元件 A（或者元件 B）失效，会立刻进行修理，修复率为 μ_1。在元件 A（或者元件 B）进行修理的过程中，冗余结构的另一个元件 B（或者元件 A）就需要承受更大的载荷，因此它的失效率会增加到固定值 $\bar{\lambda}_1$。元件 C 和元件 D 也是同样。存续元件的失效率为 $\bar{\lambda}_2$，已失效元件的修复率为 μ_2。在整个系统失效时，会进行更新将系统重置到完好如初的状态，修复率为 μ。我们令 S_p 表示参数的集合：$S_p = \{\lambda_1, \lambda_3, \bar{\lambda}_1, \mu_1, \mu\}$。

（1）考虑包含元件 A、B、C、D 和 E 的系统。

① 说明这个系统可以采用马尔可夫过程建模的原因。

② 列出系统的可能状态，并构建状态转移图（包含尽可能少的状态）。

（2）现在，将元件 C 和 D 移出系统。

① 列出系统的可能状态，并构建状态转移图（包含尽可能少的状态）。

② 构建转移矩阵和状态方程。

③ 说明稳态的含义并推导稳态概率。

④ 计算并用 S_p 中的参数描述系统的稳态可用性。

⑤ 计算并用 S_p 中的参数描述系统平均每小时失效的数量。

⑥ 计算并用 S_p 中的参数描述每年中的平均修理次数（包括任何修理）。

⑦ 计算并用 S_p 中的参数描述一年中的平均更新次数。

⑧ 说明计算系统存续度函数的步骤（不需要进行计算）。

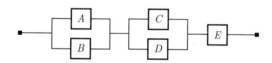

图 11.24　习题 11.5中系统的可靠性框图

11.6 一个失效-安全阀有两种主要的失效模式：过早/错误闭合（PC）和无法闭合（FTC），二者都有固定失效率

$$\lambda_{\mathrm{PC}} = 10^{-3}\mathrm{PC} \text{ 失效}/\mathrm{h}$$

$$\lambda_{\mathrm{FTC}} = 2 \times 10^{-4}\mathrm{FTC} \text{ 失效}/\mathrm{h}$$

假定 PC 失效的平均修理时间为 1h，而 FTC 失效的平均修理时间为 24h。两个修理时间都服从指数分布。

（1）说明为什么这个阀门的运行可以采用包含 3 个状态的马尔可夫过程进行建模。描绘这个过程的状态转移图并构建状态方程。

（2）计算阀门的平均可用性以及平均失效间隔。

11.7 一个生产系统有两条相同生产线，24h 全天候运行。每条生产线都有 3 个不同的状态，分别是 100% 产能、50% 产能和 0 产能。生产线在以 100% 产能生产时的失效率为固定值 $\lambda_{100} = 2.4 \times 10^{-4}/\mathrm{h}$。一旦失效发生，就会有 60% 的概率产能降低到 50%，并有 40% 的概率产能降低到 0。在生产线以 50% 产能运行的时候，它也可能会失效（即产能降低到 0），固定失效率为 $\lambda_{100} = 1.8 \times 10^{-3}/\mathrm{h}$。此外，系统也暴露在外部冲击当中，当冲击来临时，无论系统处于何种状态，它都会停产。这些冲击的速率为 $\lambda_{\mathrm{S}} = 5 \times 10^{-6}/\mathrm{h}$。

现在假设有两条生产线进行生产，并且它们的失效相互独立。如果两台生产线的产能都不高于 50%，那么整个系统就会关闭，并且直到两台生产线都重置到完好如初的状态之前不会启动。如果有一台生产线的产能是 50%，那么就会"计划"并展开修理工作。计划时间包括采购备件和组织维修团队的时间。无论哪条生产线以 50% 的产能运行，计划时间都是 30h。现场修理时间很短，可以忽略不计。一旦有生产线产能变为 0（另一条生产线的产能为 100%），那么计划时间就要压缩到 20h，现场修理时间仍然可以忽略不计。在系统停产后，恢复系统运行所需要的平均时间为 48h，无论其在停产前处于何种状态都是如此。

在解答下列问题的时候，记录下你还进行了哪些假设。

（1）定义相关的系统状态，尽可能使用较少的状态。

（2）绘制相应的状态转移图。

（3）为这个生产系统构建转移速率矩阵 A。

（4）用矩阵的形式建立马尔可夫稳态方程。

（5）（简要）解释在本例中稳态概率的含义。

（6）确定该生产系统的稳态概率。

（7）在 100% 产能时，一条生产线的净收入是每小时 500 欧元；而在 50% 产能时，一条生产线的净收入是每小时 200 欧元。50% → 100% 的修理成本是 5500 欧元，而 0 → 100% 的修理成本是 10 500 欧元。系统从闲置到恢复运行的成本（包括因为没有生产的惩罚）是每小时 2800 欧元。

① 计算该系统每年的平均收入。

② 计算从系统启动到第一次失效的平均时间。

11.8 一个泵送系统包含三台同一类型的泵，每台泵可以提供系统需要产能的 50%。在正常运行情况下，两台泵工作，一台泵备用。在一台泵工作时，它的（总）失效率固定，因此有 MTTF= 550h。如果一台处于活跃状态的泵失效，备用泵就会被激活，同时开始对故障泵进行修理。我们假设切换工作没有任何问题，并且假设泵在备用状态下不会失效。公司只有一个维修团队，因此同一时间只能修理一台泵，而泵的平均修理时间是 10h。假设处于活跃状态的两台泵会发生共因失效，但是这种失效并不会影响到备用泵。并且，我们还假设可以使用 β 因子模型对共因失效建模，$\beta = 0.12$。在本例中，共因失效可能是会影响所有运行中泵的外部事件，它的影响与运行中泵的数量无关。

在解答下列问题的时候，记录下你还进行了哪些假设。

（1）定义相关的系统状态，尽可能使用较少的状态。

（2）绘制相应的状态转移图。

（3）为这个泵送系统构建转移速率矩阵 A。

（4）用矩阵的形式建立马尔可夫稳态方程。

（5）（简要）解释在本例中稳态概率的含义。

（6）确定该泵送系统的稳态概率。

（7）如果没有泵可以运行，那么这个泵送系统就会出现系统失效。泵送系统在 $t = 0$ 时刻启动时，两台泵运行、一台泵备用，计算到这个系统出现第一次失效的平均时间 MTTF。

11.9 蒸汽生产车间内的加热系统包括三台相同的燃烧炉。在同一时刻，只有两台燃烧炉工作，而另一台处于备用状态。每台燃烧炉都有固定失效率 $\lambda = 2.5 \times 10^{-3}/\text{h}$。如果一台活跃状态的燃烧炉失效，就会激活备用炉，同时开始对故障炉进行修理。假设成功激活备用炉的概率是 98%。公司只有一个维修团队，也就是说每次只能修理一台燃烧炉。故障炉的平均修理时间是 2h，而对于备用炉 "无法启动" 这个故障，平均修理时间也是 2h。在本例中共因失效的可能性忽略不计。

在解答下列问题的时候，记录下你还进行了哪些假设。

（1）定义相关的系统状态，尽可能使用较少的状态。

（2）绘制相应的状态转移图。

（3）为这个加热系统构建转移速率矩阵 $\boldsymbol{A}$。

（4）用矩阵的形式建立马尔可夫稳态方程。

（5）（简要）解释在本例中稳态概率的含义。

（6）确定该加热系统的稳态概率。

（7）如果没有燃烧炉处于活跃状态，或者只有一台燃烧炉工作但是其他燃烧炉都无法在 30min 之内启动的话，该蒸汽生产车间就会停产（失效）。加热系统在 $t = 0$ 时刻启动时，两台燃烧炉运行、一台燃烧炉备用，计算到这个系统出现第一次失效的平均时间 MTTF。

11.10 假设可以将元件的退化程度离散化，分为四个等级（第 1 级全新，第 4 级故障），并且我们只在进行周期性检测时才会了解退化程度（周期为 τ）。在检测的日期我们可以对元件进行维修，维修的时长可以忽略不计。四个退化等级之间的转矩速率全部为常数，等于 $10^{-4}/\text{h}$。无论是修复性维修还是预防性维修都会将元件重置到完好如初的状态，而只有在检测时发现元件处于第 2 级或者第 3 级退化程度才会进行预防性维修。

（1）定义两次检测之间相关的系统状态，尽可能使用较少的状态。

（2）绘制两次检测之间相应的状态转移图。

（3）为这个元件构建在两次检测之间的转移速率矩阵 $\boldsymbol{A}$。

（4）使用多阶段马尔可夫过程，计算在没有预防性维修的情况下任意时刻元件的不可用性（即处于状态 4）。绘制不可用性与时间的关系图。

（5）现在假设在检测时的查验并不是完美的：当元件处于状态 2 或者状态 3 时，有 0.9 的概率查验结果显示它处于状态 2 或者状态 3，有 0.1 的概率查验结果显示其处于状态 1（全新状态）。现在修改你之前使用的模型，计算在两次包含预防性维修的检测之间元件的可用性。

11.11 假设一个冗余系统包含两个同质元件（1 和 2）。一旦有元件失效就会开始修理工作，相应的元件故障时间为 $d_c = 1000$h。此外，在元件的使用时间（运行时长）达到预定值 $a = 7500$h 时会对其进行预防性维修。因为预防性维修导致的故障时间为 $d_p = 500$h。假定元件的失效时间服从参数为 $\alpha = 2.25$，$\theta = 1 \times 10^4$h 的威布尔分布，无论是修复性维修还是预防性维修都会将元件重置到完好如初的状态。

（1）定义相关的系统状态，尽可能使用较少的状态。

（2）绘制相应的状态转移图。

（3）构建转移速率矩阵 $\boldsymbol{A}$。

（4）使用本书 11.12.3 节中提出的 PDMP 模型，考虑预防性维修的时长以修正模型。

（5）计算系统在任意时刻的存续度函数和可用性。

11.12 考虑案例 11.12 中的系统，假设在失效后元件会被修复，元件 A 的固定修复率为 μ_A，元件 B_1 和 B_2 的固定修复率为 μ_B。在任意时间都有两个维修团队可以工作。本题中使用以下参数：$\lambda_A = 10^{-4}$/h，$\lambda_B = 5 \times 10^{-3}$/h，$\mu_A = \mu_B = 10^{-1}$/h。如果整个系统失效，仍然存续的元件也会停止运行，因此不会再失效。

（1）定义相关的系统状态，尽可能使用较少的状态。

（2）绘制相应的状态转移图。

（3）构建转移速率矩阵 $\boldsymbol{A}$。

（4）使用图 11.21 及图 11.22 中的伪代码，给出修复性维修的伪代码。

（5）（使用 Python 或者 R 语言）编写代码实现上述功能。

（6）计算系统的 MTTF 和 MTBF。

（7）设修理时长为固定的 100h，修改代码。计算系统的 MTTF 和 MTBF，并与之前的结果进行比较。

## 第 12 章

预防性维修

 ## 12.1　概述

我们在第 9 章中简要介绍了预防性维修（preventive maintenance，PM）的概念，本章则会涉及更多细节。预防性维修工作可以将元件的使用时间、日历时间或者可运行元件的状态作为触发条件。这种策略的主要挑战在于决定应该做什么、如何去做以及何时去做，才能以最低的长期成本去防止元件或者系统失效。成本这个词在这里含义相当广泛，可能包括生产损失、人员风险以及环境污染等。与预防性维修相关的成本有时会被作为这项工作的目标函数。本书 9.3 节将预防性维修定义为"用来延缓退化或者降低失效概率"（IEV 192-06-05），但是这个概念在 ISO 14224中的定义又有些许不同：

定义 12.1（预防性维修）　在预设的周期或者根据预定的原则进行的维修工作，旨在降低元件的失效概率或者减轻其功能退化程度。

如果元件的失效率在增加，并且预防性维修相关的成本低于元件失效发生后修理的成本，那么就有必要进行预防性维修。一旦维修的类型和彻底程度（完成度）确定之后，就需要根据日期或者元件情况选择进行维修的时间。一般会存在一个保证长期成本最低的最优时间。如果维修太早或者太晚，长期成本都会高于这个最低成本。同样，对于维修的彻底程度也需要类似的考量。过于简单或者过于细致的维修，都会不可避免地增加长期成本。我们在第 9 章已经讨论过有关维修工作细致程度的问题，并进行了分类。

为了选择最佳的维修方式和执行这项工作的最佳时间，我们需要使用各种类型的维修模型。本章将会介绍和讨论一些相关的模型和方法。第一类常用的预防性维修策略称为基于时间的预防性维修策略，因为时间是该策略唯一的决策变量。时间可以是日历时间（模块替换策略）或者是运行时间（基于年限的策略）。我们会推导单位时间的渐近成本，并基于几个数值和实际案例讨论不同策略的价值。

接下来，我们会介绍退化模型以及剩余有效寿命（remaining useful lifetime，RUL）的概念。 这些模型和概念是介绍视情维修（condition-based maintenance，CBM）策略的准备，也可为预断（prognostics）提供直接的输入信息。我们将简要回顾最常用的退化模型，并介绍计算 RUL 概率分布的一些方法。在图书配套网站上，读者可以找到算例、退化路径仿真以及 RUL 的概率密度函数，我们强烈建议读者学习这些线上的内容，这样才能更好地理解本章中的各种模型。

我们将回顾最常见的 CBM 策略，并根据状态监测信息的性质（连续监测或检测）以及元件退化模型的性质（离散状态空间或连续状态空间），对维修策略进行分类。对于每一个类别的视情维修，我们都会提出一个合适的建模框架，来评估一些简单但实际并且具有代表性的案例中的成本函数。当然，本章的回顾工作远非详尽无遗，我们只是希望能够提供一些相关且重要的输入信息，以在各种情况下开始建模工作。

在 12.6 节中，我们不再把任何系统作为单个元件或者黑箱，而是把它们看作多个元件在一起实现主要功能的集合。我们将简要回顾多元件系统建模方面的挑战，并介绍一些方法，然后详细讨论一个通用但是相当复杂的案例。

本章使用很多案例来讲解概念、分析过程和建模工作。我们会大量使用下列知识：① 更新和技术过程（第 10 章）；② 马尔可夫过程及扩展模型（第 11 章）。对于每一个案例，读者都可以在图书配套网站上找到相应的 Python 代码，它们可以用来模拟受维修元件或者系统，并且用蒙特卡罗仿真来评估维修策略。

12.2 术语和成本函数

本章的模型和分析都基于我们在决策理论框架中定义的一系列术语。

（1）维修任务：由"做什么、在哪里、怎么做以及何时做"这些问题界定的用来维修一个元件的指定任务 a。一些学者倾向于将这些任务称为维修行动，但是我们还是使用任务这个词。所有可能并且现实的任务（或者行动）组成的集合称为任务空间 $\mathcal{A}$。如果任务空间是离散的，就将其写作 $\mathcal{A} = \{a_1, a_2, a_3, \cdots\}$。

（2）维修决策：根据实际运行条件、成本、知识以及可用数据 $\mathcal{D}$，选择指定维修任务 $a_i \in \mathcal{A}$ 的过程 δ。这个过程可以表示为一个函数 $\delta : \mathcal{D} \to a_i$。

（3）维修策略：描述维修决策问题如何破解、在 $\mathcal{D}$ 中的实际输入信息/数据可用时如何制定具体决策的总体框架。注意，决策是根据给定数据集 $\mathcal{D}$ 制定的，然而策略说明是如何针对任意数据集 $\mathcal{D}$ 破解决策问题。这个策略必须包含一个目标函数、一个效用函数或者一个损失函数。这个函数 $C(\cdot, t)$ 可能是一维的，也可能是多维的，可以定义为区间 $[0, t]$ 上的累计函数。当 $C(\cdot, t)$ 是多维的时候，它就是一个多目标决策问题。本书只考虑单目标，并且为了简化表达将这个目标称为成本。因此，函数 $C(\cdot, t)$ 就称为成本函数，定义如下：

（4）成本函数：一个维修策略的成本函数至少是下列这些变量的函数：

① 特定维修任务集合 $\mathcal{A}$。

② 特定决策过程 δ。

③ 实际运行情况 $\mathcal{D}_{\mathrm{oc}}$，它可以描述系统状态，包括哪些零件失效、实际的生产/运行要求等。

④ 日历时间 t_{cal}，这是因为成本可能取决于任务是否在正常工作时间之外完成的，或者是在一年中的什么时候完成的，等等。还可能包括其他项目。

如果我们假设 $\mathcal{D}_{\mathrm{oc}}$ 和 t_{cal} 是决策问题的一部分，就可以简化表达，将成本函数写作 $C(\mathcal{A},\delta,t)$。那么最终的目标就是选择一系列相关的维修任务 $\mathcal{A}$ 和决策过程 δ，以最小化成本 $C(\mathcal{A},\delta,t)$。本书的重点是在建模阶段，而不是在优化阶段。我们会讲解如何使用可靠性模型针对特定的 $\mathcal{A}$ 和 δ 获取 $C(\mathcal{A},\delta,t)$，这样读者就可以使用不同的 $\mathcal{A}$ 和 δ 根据同样的原则选择最佳维修任务。出于简化的考虑，我们接下来经常会把成本函数表示为 $C(t)$，意味着 $\mathcal{A}$ 和 δ 都已经固定且已知。

在实际当中，真实的成本函数 $C(t)$ 可能是一个随机并且依赖于时间的变量。出于优化考虑，我们可以用均值或者每个时间单位的渐近成本 C_{∞} 来替换 $C(t)$。C_{∞} 的定义式为

$$C_{\infty} = \lim_{t \to \infty} \frac{C(t)}{t}$$

如果在较长的时间尺度下研究元件行为和维修任务，使用 C_{∞} 就有意义。

如果受维修元件在任意或者确定时刻得到更新（重置到初始状态），那么受维修元件的模型就是一个更新过程，可以使用与更新过程相关的分析工具，尤其是更新理论推导成本函数（见第 10 章）：

$$C_{\infty} = \lim_{t \to \infty} \frac{C(t)}{t} = \frac{E[C(T_{\mathrm{R}})]}{E(T_{\mathrm{R}})} \tag{12.1}$$

其中，$C(t)$ 为维修策略由 0 到 t 的累计维修成本；T_{R} 为更新周期，也就是两次更新之间的间隔；$C(T_{\mathrm{R}})$ 为一个更新周期内的维修成本。下文中，我们将 T_{R} 称为更换周期。

这意味着可以利用单一更新周期计算 C_{∞}。大多数情况下，很难得到 C_{∞} 的闭合形式，因此必须使用近似或者数值计算工具。当然也可以使用蒙特卡罗仿真（见第 6 章），将每个时间单位的平均成本近似为

$$C_{\infty} = \frac{E[C(T_{\mathrm{R}})]}{E(T_{\mathrm{R}})} = \lim_{n \to \infty} \frac{\frac{1}{n}\sum_{k=1}^{n} C\left(t_{\mathrm{R}}^{k}\right)}{\frac{1}{n}\sum_{k=1}^{n} t_{\mathrm{R}}^{k}} \approx \frac{\sum_{k=1}^{n_s} C\left(t_{\mathrm{R}}^{k}\right)}{\sum_{k=1}^{n_s} t_{\mathrm{R}}^{k}} \tag{12.2}$$

其中，t_{R}^{k} 为第 k 个模拟更新周期 k^{th} 的长度，$C(t_{\mathrm{R}}^{k})$ 为在第 k 个更新周期内的维修成本，n_s 为模拟更新周期的数量（这个数量须足够大才能保证高近似度）。

有时，$\mathcal{A}$ 和 δ 可以简化为一组参数，其中成本函数 C_{∞} 可以写作参数优化函数 $C_{\infty}(\cdot)$。

12.3　基于时间的预防性维修

在本节中，我们假设所有的预防性维修任务都是更换，这样在结束维修之后元件就恢复到完好如初的状态。我们进一步假设预防性维修中唯一的决策变量是何时进行维修，并

采用运行时间或者日历时间来衡量时间。现在考虑两种不同的情况：[1]

（1）元件会按照计划在运行到特定时间（即特定运行期限）时进行预防性更换。如果先发生了失效，那么就在失效期进行更换，取消预防性更换，并且重新规划更换日期。这种策略称为按龄更换，它的优点是可以避免更换那些最近刚刚（经过修理）更换的元件；缺点则是下一次维修的时间取决于是否出现失效，因此无法预知。

（2）元件会在固定日期进行预防性更换，即便是更换间隔内有失效发生也是如此，这种策略称为批量更换。它的优点是预防性维修的时间已知，一般都是周期性的。比如，如果使用维修团队的费用很高，就适合使用这种策略。它的缺点是可能会更换最近刚刚更换过的元件。

12.3.1　按龄更换

使用按龄更换（按照工龄）策略，可能会在失效时或者特定运行时间 t_0 更换元件，取决于哪个事件先到来。如果在失效时的更换成本高于计划更换的成本，或者元件失效上升时，这种策略就有意义。

考虑一个过程，元件在使用时间达到 t_0 时进行按龄更换。令 T 表示元件的（潜在）失效时间，并假设 T 连续，有分布函数 $F(t)$、密度函数 $f(t)$ 以及平均失效时间 MTTF。替换故障元件所需时间可以忽略不计，在替换之后，元件完好如初。连续两次替换之间的间隔称为替换周期或者更新周期 T_R。替换周期可以表示为 $T_R = \min(t_0, T)$，其平均长度为

$$E(T_R) = \int_0^{t_0} t\, f(t)\, \mathrm{d}t + t_0 \Pr(T \geqslant t_0) = \int_0^{t_0} [1 - F(t)]\, \mathrm{d}t \tag{12.3}$$

一些学者不使用 $E(T_R)$，而是使用平均更换间隔（MTBR）表达同样的意思。注意，$E(T_R)$ 一般都会小于 t_0，并且 $\lim\limits_{t_0 \to \infty} E(T_R) = \text{MTTF}$。因此，在一个长度为 t 的区间内平均替换数量可以近似为

$$E[N(t)] \approx \frac{t}{E(T_R)} = \frac{t}{\int_0^{t_0} [1 - F(t)]\, \mathrm{d}t} \tag{12.4}$$

如果要考虑修复工作需要的时间，就要在 $E(T_R)$ 的基础上加上平均修复时长。

令 c 表示在元件到达工龄 t_0 时进行预防性更换的成本，$c + k$ 表示更换故障元件（在 t_0 之前）需要的成本。成本 c 既包括硬件成本，也包括人工成本，而 k 是因为更换在计划之外时出现的额外成本，比如生产损失或者维修团队额外的旅行支出。图 12.1示出了与按龄更换相关的成本。

使用按龄更换策略，更换时间无法完全事先计划，因此如果要管理大量元件的话，这种策略会变得很复杂：需要监控每一个零件的工龄，并且需要及时开展更换工作。

---

[1] 法国昂热大学的 Bruno Castanier 教授为本节做出了重要贡献。

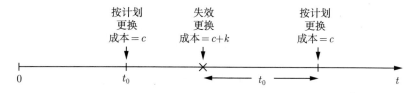

图 12.1　按龄更换策略与成本

如果更换的工龄为 t_0，那么每个更换周期的总成本就等于更换成本 c 加上出现失效时的额外成本 k。则每个更换周期的平均总成本为

$$E[C(T_{\mathrm{R}})] = c + k \Pr(\text{"失效"}) = c + k \Pr(T < t_0) = c + kF(t_0) \tag{12.5}$$

更换工龄为 t_0 时，每个时间单位的渐近成本 C_∞ 可以表示为 $C_\infty(t_0)$，这是因为该成本依赖于更换工龄 t_0，它的计算式为

$$C_\infty(t_0) = \frac{E[C(T_{\mathrm{R}})]}{E(T_{\mathrm{R}})} = \frac{c + kF(t_0)}{\displaystyle\int_0^{t_0} [1 - F(t)]\,\mathrm{d}t} \tag{12.6}$$

现在，我们的目标是确定更换工龄 t_0 以使得 $C_\infty(t_0)$ 最小。案例 12.1 给出了一种寻找 t_0 最优值的方法。

当 $t_0 \to \infty$ 时，式 (12.6) 变为

$$C_\infty(\infty) = \lim_{t_0 \to \infty} C_\infty(t_0) = \frac{c + k}{\displaystyle\int_0^\infty [1 - F(t)]\,\mathrm{d}t} = \frac{c + k}{\mathrm{MTTF}} \tag{12.7}$$

注意，$t_0 \to \infty$ 意味着没有进行按龄更换。所有的更换都是修复性更换，每次更换的成本都是 $c + k$。平均更换间隔就是 MTTF，而式 (12.7) 是一个显然的结果。$C_\infty(t_0)$ 和 $C_\infty(\infty)$ 的比例为

$$\frac{C_\infty(t_0)}{C_\infty(\infty)} = \frac{c + kF(t_0)}{\displaystyle\int_0^{t_0} [1 - F(t)]\mathrm{d}t} \frac{\mathrm{MTTF}}{c + k} = \frac{1 + rF(t_0)}{\displaystyle\int_0^{t_0} [1 - F(t)]\mathrm{d}t} \frac{\mathrm{MTTF}}{1 + r} \tag{12.8}$$

其中 $r = k/c$，它可以用来衡量更换周期为 t_0 的按龄更换的性价比，$C_\infty(t_0)/C_\infty(\infty)$ 的值越低，意味着性价比越高。

案例 12.1（按龄更换——威布尔分布）　设有一个元件，它的失效时间服从尺度参数为 θ、形状参数为 α 的威布尔分布，失效时间分布函数为 $F(t)$。要寻找最优更换工龄 t_0，须使得 t_0 能够保证式 (12.7) 或式 (12.8) 的计算结果最小。如果使用式 (12.8)，有

$$\frac{C_\infty(t_0)}{C_\infty(\infty)} = \frac{1 + r\left(1 - \mathrm{e}^{-(t_0/\theta)^\alpha}\right)}{\displaystyle\int_0^{t_0} \mathrm{e}^{-(t/\theta)^\alpha}\,\mathrm{d}t} \frac{\theta\,\Gamma(1/\alpha + 1)}{1 + r} \tag{12.9}$$

引入 $x_0 = t_0/\theta$，式 (12.9) 可以写作

$$\frac{C_\infty^*(x_0)}{C_\infty(\infty)} = \frac{1 + r(1 - \mathrm{e}^{-x_0^\alpha})}{\int_0^{x_0} \mathrm{e}^{-x^\alpha}\,\mathrm{d}x} \frac{\Gamma(1/\alpha + 1)}{1 + r} \tag{12.10}$$

其中 $C^*(\cdot)$ 是当 $x_0 = t_0/\theta$ 时得到的成本函数。要确定使得式 (12.10) 达到最小值的 x_0，使用分析方法可能并不直观。如果绘制 $C_\infty^*(x_0)/C_\infty(\infty)$ 作为 x_0 的函数曲线，我们就可以从图形上观察得到 x_0 的最优值。图 12.2 就给出了这样的例子，图中设定 $\alpha = 3$，并绘制了 $C_\infty^*(x_0)/C_\infty(\infty)$ 在 $r = k/c$ 取不同值时的函数曲线。

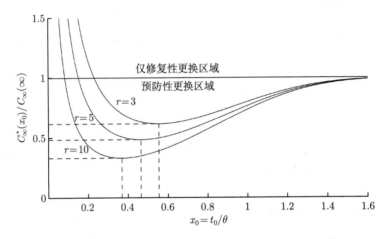

图 12.2　比例 $C_\infty^*(x_0)/C_\infty(\infty)$ 作为 x_0 的函数，威布尔分布的形状参数 $\alpha = 3$, $r = 3,5$ 和 10

在图 12.2 中，我们可以找到最优解 x_0，也就是最优更换时间 $t_0 = \theta x_0$，能够将比例 $C_\infty^*(x_0)/C_\infty(\infty)$ 最小化。注意，$C_\infty^*(x_0)/C_\infty(\infty) > 1$ 意味着没有进行任何按龄更新。可以看到，当 t_0 的值增加时，按龄更新的性价比就会下降。

1. 失效间隔

令 $T_{\mathrm{F},1}, T_{\mathrm{F},2}, \cdots$ 表示连续实际失效之间的时间间隔，这可以表达一个更新过程，其中更新都是实际失效。元件 i 以时长 t_0 为间隔进行更换，它的更换次数是一个随机数 N_i（对应没有失效的替换），而元件最后一个失效的工龄 Z_i 小于 t_0，因此有

$$T_{\mathrm{F},i} = N_i t_0 + Z_i, \quad i = 1, 2, \cdots$$

可以用几何分布来表示随机变量 N_i 的分布（见 5.8.3 节）：

$$\Pr(N_i = n) = [1 - F(t_0)]^n F(t_0), \quad n = 0, 1, \cdots$$

到工龄 t_0 为止，没有出现失效的情况下平均更换次数为

$$E(N_i) = \sum_{n=0}^\infty n \Pr(N_i = n) = \frac{1 - F(t_0)}{F(t_0)} \tag{12.11}$$

Z_i 的分布为

$$\mathrm{Pr}(Z_i \leqslant t) = \mathrm{Pr}(T \leqslant t \mid T \leqslant t_0) = \frac{F(t)}{F(t_0)}, \quad 0 < t \leqslant t_0$$

因此

$$E(Z_i) = \int_0^{t_0} \left(1 - \frac{F(t)}{F(t_0)}\right) \mathrm{d}t = \frac{1}{F(t_0)} \int_0^{t_0} [F(t_0) - F(t)] \mathrm{d}t \tag{12.12}$$

在工龄达到 t_0 时，实际失效的平均间隔变为

$$
\begin{aligned}
E(T_{\mathrm{F},i}) &= t_0 E(N_i) + E(Z_i) \\
&= \frac{1}{F(t_0)} \left(t_0[1 - F(t_0)] + \int_0^{t_0} [F(t_0) - F(t)] \mathrm{d}t \right) \\
&= \frac{1}{F(t_0)} \int_0^{t_0} [1 - F(t)] \mathrm{d}t
\end{aligned}
\tag{12.13}
$$

2. 按龄更换——可用性原则

有时，元件的不可用性比更换/修理的成本更加重要，我们可能需要确定更换工龄 t_0，以最小化元件的平均不可用性。令 $\mathrm{MDT_P}$ 表示按计划更换的平均故障时间，$\mathrm{MDT_F}$ 表示在失效后恢复功能所需的平均故障时间。那么到更换工龄 t_0 的总平均故障时间为

$$
\begin{aligned}
\mathrm{MDT}(t_0) &= \mathrm{MDT_F} F(t_0) + \mathrm{MDT_P}[1 - F(t_0)] \\
&= (\mathrm{MDT_F} - \mathrm{MDT_P}) F(t_0) + \mathrm{MDT_P}
\end{aligned}
$$

平均更换间隔 $\mathrm{MTBR}(t_0) = E(T_{\mathrm{R}})$，并且有

$$
\begin{aligned}
E(T_{\mathrm{R}}) &= \int_0^{t_0} [1 - F(t)] \mathrm{d}t + \mathrm{MDT_F} F(t_0) + \mathrm{MFD_P}[1 - F(t_0)] \\
&= \int_0^{t_0} [1 - F(t)] \mathrm{d}t + \mathrm{MDT_P} + [\mathrm{MDT_F} - \mathrm{MDT_P}] F(t_0)
\end{aligned}
$$

因此，在更换工龄 t_0 的平均不可用性为

$$
\begin{aligned}
\overline{A}_{\mathrm{av}}(t_0) &= \frac{\mathrm{MDT}(t_0)}{\mathrm{MTBR}(t_0)} \\
&= \frac{(\mathrm{MDT_F} - \mathrm{MDT_P}) F(t_0) + \mathrm{MDT_P}}{\displaystyle\int_0^{t_0} [1 - F(t)] \mathrm{d}t + \mathrm{MDT_P} + (\mathrm{MDT_F} - \mathrm{MDT_P}) F(t_0)}
\end{aligned}
\tag{12.14}
$$

最优更换工龄 t_0 能够使式 (12.14) 中的 $\overline{A}_{\mathrm{av}}(t_0)$ 达到最小。我们也可以使用与成本原则相同的方法求解。

12.3.2　批量更换

采用批量更换策略的元件，不考虑元件的工龄，只是在定期 $(t_0, 2t_0, \cdots)$ 进行预防性更换，或者在失效时进行修复性更换。批量更换策略比按龄更换策略更加容易管理，因为我们只需要关注从上一次更换以来经过的（日历）时间，而不需要考虑运行时间。因此，批量更换策略在使用大量相似元件的场合较为常见。批量更换策略的主要缺点是相当浪费，因为经常会有新元件在计划时间被更换。

设一个元件在 $t = 0$ 时投入运行，元件的失效时间 T 的分布函数 $F(t) = \Pr(T \leqslant t)$。采用批量更换策略，在 $t_0, 2t_0, \cdots$ 这些时刻预防性更换元件，预防性更换的成本为 c。如果元件在区间内失效，就会立刻进行修理或者更换，计划外修理的成本为 k。令 $N(t_0)$ 表示在长度为 t_0 的区间内失效/更换的数量，并令 $W(t_0) = E[N(t_0)]$ 表示在此区间内失效/修理的平均数量。

更新周期为 $T_{\mathrm{R}} = t_0$，并且因为 t_0 是确定的，$E(T_{\mathrm{R}}) = t_0$。在一个更新周期内的平均成本为 $E[C(T_{\mathrm{R}})] = c + kW(t_0)$，而使用更换周期长度为 t_0 的批量更换策略时，每个时间单位的平均成本 $E[C(T_{\mathrm{R}})]/E(T_{\mathrm{R}})$ 只依赖于一个参数 t_0，因此表示为 $C_\infty(t_0)$，有

$$C_\infty(t_0) = \frac{c + kW(t_0)}{t_0} \tag{12.15}$$

假定批量更换模型中的更换周期 t_0 非常短，因此在一个批量更换周期内发生超过一次失效的概率可以忽略不计。在本例中，我们可以使用下列近似计算式：

$$W(t_0) = E[N(t_0)] = \sum_{n=0}^{\infty} n \Pr[N(t_0) = n]$$

$$\approx \Pr[N(t_0) = 1] = \Pr(T \leqslant t_0) = F(t_0)$$

则每个时间单位的平均成本 $C(t_0)$ 为

$$C_\infty(t_0) \approx \frac{c + kF(t_0)}{t_0} \tag{12.16}$$

求解 $\mathrm{d}C_\infty(t_0)/\mathrm{d}t_0 = 0$ 可以得到 $C_\infty(t_0)$ 的最小值

$$\frac{c}{k} + F(t_0) = t_0 \, F'(t_0) \tag{12.17}$$

案例 12.2（批量更换）　假设 $F(t)$ 服从形状参数为 $\alpha > 1$、尺度参数为 θ 的威布尔分布。求解下式，可以得到最优更换周期：

$$\frac{c}{k} + 1 - \mathrm{e}^{-(t_0/\theta)^\alpha} = t_0 \frac{\alpha}{\theta^\alpha} t_0^{\alpha-1} \mathrm{e}^{-(t_0/\theta)^\alpha} = \frac{\alpha}{\theta^\alpha} t_0^\alpha \mathrm{e}^{-(t_0/\theta)^\alpha}$$

上式还可以写为

$$\frac{c}{k} + 1 = \left[1 + \alpha(t_0/\theta)^\alpha\right] \mathrm{e}^{-(t_0/\theta)^\alpha} \tag{12.18}$$

在实际情况中，预防性更换的成本 c 低于修复性更换的成本 k。令 $x = (t_0/\theta)^\alpha$，并使用近似计算 $e^x \approx 1 + x + x^2/2$，可以求解式 (12.18)，得到近似解（注意 t_0 较小）

$$x \approx \frac{\alpha}{1 + c/k} - 1 - \sqrt{\left(\frac{\alpha}{1 + c/k} - 1\right)^2 - 2\left(1 - \frac{1}{1 + c/k}\right)} \qquad (12.19)$$

如果假设 $c/k = 0.1$，$\alpha = 2$，就能得到最优值 $t_0 = \frac{1}{\lambda} x^{1/\alpha} \approx 0.35\theta \approx 0.39\,\mathrm{MTTF}$。对于同样的 c/k 值，如果取 $\alpha = 3$，则得到的最优值为 $t_0 \approx 0.391/\lambda \approx 0.44\,\mathrm{MTTF}$。图 12.3 示出了最优更换周期 t_0 作为 α 的函数的情况。t_0 的最优值等于 $h\mathrm{MTTF}$，其中 MTTF 是参数为 α 和 θ 的威布尔分布的均值。

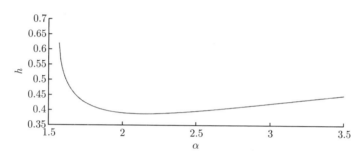

图 12.3　最优更换周期 t_0 为威布尔分布参数 α 的函数

1. 使用最低限度修理的批量更换

我们可以对批量更换策略做一些改变，当元件在更换周期内失效时只进行最低限度修理。这个假设一般比较接近实际情况，因为我们可以等到下一次计划的时间进行更换。这时，在长度为 t_0 的更换周期内就有了一个非齐次泊松过程（NHPP），我们可以使用 10.4.1 节中的公式确定 $W(t_0)$。这个修正批量更换模型是在文献 [20] 中提出的。

另外一种方法是假设在批量更换周期内进行正常（不完美）修理，那么我们就可以使用 10.4.1 节中介绍的理论确定 $W(t_0)$。

2. 备件有限情况下的批量更换

假定一个元件使用批量更换策略，现在还假设在更换周期内可以使用的备件数量 m 是有限的。在这种情况下，我们可能会用光所有的备件，那么在更换周期内的一部分时间里可能就无法使用元件相关的功能。假设元件的失效时间 $T_1, T_2, \cdots$ 相互独立同分布，分布函数为 $F(t)$。

令 k_u 表示在元件功能不可用时每时间单位的成本，并令 $\widetilde{T}_u(t_0)$ 表示在长度为 t_0 的更换周期内元件处于不可用状态的时间。因此，如果初始元件和 m 个备件在更换周期内失效，就有 $\widetilde{T}_u(t_0; m) = t_0 - \sum_{i=1}^{m+1} T_i$，如果失效的数量小于 $m+1$，就有 $\widetilde{T}_u(t_0; m) = 0$。

假设在每个更换周期内我们都准备数量为 m 的备件，所有的间隔因此有相同的随机属性，我们就可以假设在研究第一个区间 $(0, t_0)$。

更换周期内的平均成本为 $c + kE[N(t_0)] + k_u E[\widetilde{T}_u(t_0; m)]$，如果使用长度为 t_0 的批量更换周期，成本 $C_\infty(t_0; m)$ 为

$$C_\infty(t_0; m) = \frac{c + kE[N(t_0)] + k_u E[\widetilde{T}_u(t_0; m)]}{t_0} \tag{12.20}$$

其中 $N(t_0)$ 为在区间 $(0, t_0)$ 内的更换次数。

案例 12.3（没有备件的批量更换） 假定一个元件使用批量更换策略，在每个更换周期内都没有任何备件库存（$m = 0$），因此式 (12.20) 可以写为

$$C_\infty(t_0; 0) = \frac{c + kF(t_0) + k_u \int_0^{t_0} F(t)\,\mathrm{d}t}{t_0} \tag{12.21}$$

令 $F(t)$ 表示形状参数 $\alpha = 3$、尺度参数 $\lambda = 0.1$ 的威布尔分布。如图 12.4所示，$C_\infty(t_0; 0)$ 可以绘制成 t_0 的函数，对于特定的成本值 c、k、k_u，函数会呈现三个不同的形状。

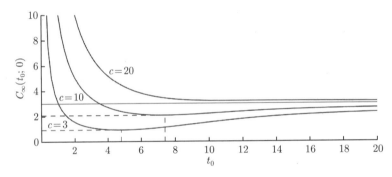

图 12.4 当失效时间分布服从参数为 $\alpha = 3$ 和 $\lambda = 0.1$ 的威布尔分布时，批量更换策略在没有备件情况下的每单位时间的平均成本。取 $k = 10$，$k_u = 3$，$c = 3$, 10, 20

当更换周期 t_0 趋近于无穷时，批量更换策略就等同于顺其自然，即便元件失效也不更换。那么，每单位时间的平均成本就趋近于 k_u。当 $c = 3$ 时，曲线的形状与经典按龄更换策略的最优更换周期曲线非常相似。当 $c = 10$ 时，最优批量更换成本 $C_\infty(t_0; 0)$ 接近 k_u。随着 t_0 增加，$C_\infty(t_0; 0)$ 就会一直接近于更换成本，直到 $\widetilde{T}_u(t_0)$ 的影响足够大为止。当 $c = 20$ 时，曲线就不再有很明显的最小值，我们不妨选择一个很长的更换周期。

案例 12.4（备件有限情况下的批量更换） 假定一个元件使用批量更换策略，在每个更换周期内可以使用的备件的数量为 m。我们假设失效时间 T 服从参数为 λ 和 α 的伽马分布，那么 T 的密度为

$$f_T(t) = \frac{\lambda}{\Gamma(\alpha)}(\lambda t)^{\alpha-1}\mathrm{e}^{-\lambda t} \tag{12.22}$$

当初始元件和 m 个备件失效之后，元件功能不可用，因此系统失效时间为 $T_{\mathrm{S}} = \sum_{i=1}^{m+1} T_i$，其中我们假设个体失效时间 $T_1, T_2, \cdots, T_{m+1}$ 独立同分布，概率密度为 $f_T(t)$。令 $F^{(m+1)}(t)$

表示 T_S 的分布函数，则可以对 $F(t)$ 进行 $m+1$ 次折叠的卷积运算得到分布 $F^{(m+1)}(t)$（见 10.3.2 节）。因为伽马分布"在加法原则下闭合"，因此 T_S 是参数为 λ 和 $(m+1)\alpha$ 的伽马分布。在本例中，式 (12.22) 可以写作

$$C_\infty(t_0; m) = \frac{c + kF^{(m+1)}(t_0) + k_u \int_0^{t_0} F^{(m+1)}(t)\,\mathrm{d}t}{t_0} \tag{12.23}$$

如图 12.5所示，$C_\infty(t_0; m)$ 是参数 α 以及成本值 c、k 和 k_u 取特定值时 t_0 的函数。

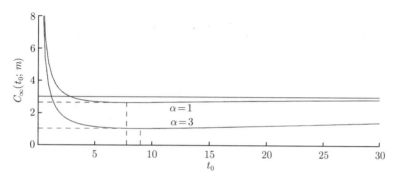

图 12.5　当失效时间分布服从参数为 α 和 $\lambda = 1$ 的威布尔分布，批量更换策略在有 $m = 5$ 个备件情况下的每单位时间的平均成本。取 $\alpha = 1$ 和 3, $k = 10$, $k_u = 3$, $c = 3$

批量更换周期中的修理/更换成本 k 可以扩展为时间依赖函数，以包括其他类型的成本，比如如果元件在此期间内退化，那么运行成本就会增加。

12.3.3　P-F 间隔

我们现在讨论被称作 P-F 间隔法的检测和更换策略。在大多数有关以可靠性为中心的维修（RCM）的文献中，都讨论过 P-F 间隔法。

假定一个元件暴露在随机冲击（事件）当中，并假设冲击的发生服从速率为 λ 的齐次泊松过程（HPP）。那么根据 10.2 节的介绍，连续两次冲击之间的间隔服从速率为 λ 的指数分布，均值为 $1/\lambda$。当冲击发生的时候，它会造成元件出现薄弱环节（或者潜在失效），在一定时间之后，发展/退化为关键性失效。我们无法观测到冲击，但是可以在冲击发生一段时间之后发现潜在失效的迹象。令 P 表示第一次检测到潜在失效迹象的时间点（在冲击之后），那么从 P 到 F 的间隔就称为 P-F 间隔，这是一个随机变量。如图 12.6所示，如果在 P 和 F 之间检测到潜在失效，在此期间就有可能开展工作来预防失效的发生并且避免产生严重后果。预防性更换（或者修理）的成本为 c_P，在关键性失效发生之后的修复性更换成本则为 c_C。

元件会定期得到检测（周期长度为 τ），每次检测的成本为 c_I。检测可能是人员观察（用视觉、嗅觉和听觉），也可能使用一些监控设备。在最简单的场景中，我们假设检测过

程是完美的，也就是所有的潜在失效都可以检测出来。很多时候这并不是一个实际的假设，成功检测的概率可能只是时间 P 的函数。本节的主要目标是确定最优检测周期 τ，即能够带来最低平均成本的 τ 值。

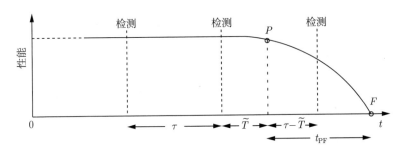

图 12.6　P-F 间隔模型中使用概念的平均行为

P-F 间隔的长度一般依赖于元件的材料和特性、失效模式、失效机理，以及环境和运行条件。在可靠性数据源中不包含关于 P-F 间隔的估值，因此我们需要采用专家判断的方法，让操作人员、退化机制专家和设备设计人员合作。P-F 间隔的长度可以看作具有主观分布函数的随机数 T_{PF}（见第 15 章）。

案例 12.5（铁轨中的裂纹）　文献 [284] 研究了（铁路）铁轨中的裂纹和裂纹检测的问题。在该文献使用的模型中，裂纹的出现是随机的，而出现裂纹的频率 λ 可以由每单位长度铁轨在每单位时间出现裂纹的数量决定。频率一般与铁路的载荷、铁轨的材料和几何属性以及各种环境因素有关，但是也可能是由铁轨中的颗粒物导致或者是列车的非圆形轮毂"冲击"所致。在第一阶段，裂纹非常小，很难检测到。铁路公司会采用装备超声波检测设备的特殊轨道车检测铁轨。如果裂纹增长到一定尺寸，超声波检测就可以发现裂纹。这个裂纹的尺度对应的就是上面提到的潜在失效 P。而 P-F 间隔就是从可检测裂纹 P 出现到关键性失效 F 发生之间的时间。其中，关键性失效 F 可能是铁轨断裂或者列车出轨。铁路公司会按照固定周期进行超声波检测，因为检测成本极高，所以需要寻找一个优化的检测周期，以平衡检测成本和与更换以及潜在事故相关的成本。

我们的目标是确定检测周期 τ，以实现平均总成本最小化。一般来说，这是一项困难的工作，因此我们需要从最简单的情况，也就是已知（确定性的）P-F 间隔和修理时间的情况开始解决问题。然后，我们会给出一些如何解决实际问题的想法。

1. 确定性 P-F 间隔和修理时间、完美检测

为了简化问题，我们假设 P-F 间隔的长度 t_{PF} 已知（确定性的）。即对于从潜在失效 P 被检出直到失效被修复的时间 t_{Rep}（第一次检测在 P 之后），我们假设它是已知的（确定性的），并进一步假设检测完美，也就是所有的潜在失效都会检出。图 12.6 表示，在 $\tau - t + t_{Rep} < t_{PF}$ 时进行预防性更换，如果 $\tau - t + t_{Rep} > t_{PF}$ 就进行修复性更换。如果 $\tau + t_{Rep} < t_{PF}$，所有的更换都是预防性的，也就没有优化的问题，因此我们假设 $\tau + t_{Rep} > t_{PF}$（见注释 12.1）。

假设我们在 $t = 0$ 时开始观察元件，那么潜在失效 P 会在冲击发生不久以后就被观察到。从启动到 P 的时间服从失效率为 λ 的指数分布。令 $N(\tau)$ 表示在冲击发生之间的检测周期数量，因此事件 $N(\tau) = n$ 就表示我们在 n 个检测周期内没有经历过任何冲击，而冲击发生在第 $n+1$ 个检测周期内。随机变量 $N(\tau)$ 服从几何分布，点概率为

$$\Pr[N(\tau) = n] = \left(\mathrm{e}^{-\lambda\tau}\right)^n \left(1 - \mathrm{e}^{-\lambda\tau}\right), \quad n = 0, 1, \cdots$$

均值为

$$E[N(\tau)] = \frac{\mathrm{e}^{-\lambda\tau}}{1 - \mathrm{e}^{-\lambda\tau}}$$

假设冲击和可观察的潜在失效 P 都发生在第 $n+1$ 个检测周期，令 $\widetilde{T}$ 表示从第 n 次检测到 P 的时间，则 $\widetilde{T}$ 的概率分布为

$$\Pr(\widetilde{T} \leqslant t) = \Pr(T \leqslant t \mid T \leqslant \tau) = \frac{1 - \mathrm{e}^{-\lambda t}}{1 - \mathrm{e}^{-\lambda\tau}}, \quad 0 < t \leqslant \tau$$

因此进行预防性更换的概率为

$$P_{\mathrm{P}}(\tau) = \Pr(\widetilde{T} > \tau + t_{\mathrm{Rep}} - t_{\mathrm{PF}}) = 1 - \frac{1 - \mathrm{e}^{-\lambda(\tau + t_{\mathrm{Rep}} - t_{\mathrm{PF}})}}{1 - \mathrm{e}^{-\lambda\tau}}$$

进行修复性更换的概率为

$$P_{\mathrm{C}}(\tau) = \Pr(\widetilde{T} < \tau + t_{\mathrm{Rep}} - t_{\mathrm{PF}}) = \frac{1 - \mathrm{e}^{-\lambda(\tau + t_{\mathrm{Rep}} - t_{\mathrm{PF}})}}{1 - \mathrm{e}^{-\lambda\tau}}$$

如果我们知道潜在失效会导致关键性失效（修复性维修，CM），那么到达这个失效的平均时间为 $1/\lambda + t_{\mathrm{PF}}$。另一方面，如果我们知道潜在失效会导致一次预防性更换，那么到这次更换的平均时间为 $E[N(\tau) + 1]\tau + t_{\mathrm{Rep}}$。因此，平均更换间隔为

$$\begin{aligned}
\mathrm{MTBR}(\tau) &= \left(\frac{1}{\lambda} + t_{\mathrm{PF}}\right) P_{\mathrm{C}}(\tau) + \left(E[N(\tau) + 1]\tau + t_{\mathrm{Rep}}\right) P_{\mathrm{P}}(\tau) \\
&= \left(\frac{1}{\lambda} + t_{\mathrm{PF}}\right) P_{\mathrm{C}}(\tau) + \left(\frac{\tau}{1 - \mathrm{e}^{-\lambda\tau}} + t_{\mathrm{Rep}}\right) P_{\mathrm{P}}(\tau)
\end{aligned} \tag{12.24}$$

在一个更换间隔（更新周期）内的平均总成本 $E[C(T_{\mathrm{R}})]$ 为

$$E[C(T_{\mathrm{R}})] = c_{\mathrm{P}} P_{\mathrm{P}}(\tau) + c_{\mathrm{C}} P_{\mathrm{C}}(\tau) + c_{\mathrm{I}} \left[E[N(\tau)] + \Pr(\widetilde{T} > \tau - t_{\mathrm{PF}})\right]$$

其中 $\Pr(\widetilde{T} > \tau - t_{\mathrm{PF}})$ 是在潜在失效已经发生的情况下，在检测周期内元件没有失效的概率，因此我们会进行下一次检测。当 $\tau - t_{\mathrm{PF}} > 0$，这个概率为

$$\Pr(\widetilde{T} > \tau - t_{\mathrm{PF}}) = \Pr(T > \tau - t_{\mathrm{PF}} \mid T \leqslant \tau) = \frac{\mathrm{e}^{-\lambda(\tau - t_{\mathrm{PF}})} - \mathrm{e}^{-\lambda\tau}}{1 - \mathrm{e}^{-\lambda\tau}}$$

因此有

$$
\Pr(\widetilde{T} > \tau - t_{\mathrm{PF}}) = \begin{cases} \dfrac{e^{-\lambda(\tau - t_{\mathrm{PF}})} - e^{-\lambda\tau}}{1 - e^{-\lambda\tau}}, & \tau - t_{\mathrm{PF}} > 0 \\[2mm] 1, & \tau - t_{\mathrm{PF}} < 0 \end{cases}
$$

因此，在一个更换周期内的平均总成本为

$$
E[C(T_{\mathrm{R}})] = \begin{cases} c_{\mathrm{P}} P_{\mathrm{P}}(\tau) + c_{\mathrm{C}} P_{\mathrm{C}}(\tau) + c_{\mathrm{I}} \dfrac{e^{-\lambda(\tau - t_{\mathrm{PF}})}}{1 - e^{-\lambda\tau}}, & \tau - t_{\mathrm{PF}} > 0 \\[3mm] c_{\mathrm{P}} P_{\mathrm{P}}(\tau) + c_{\mathrm{C}} P_{\mathrm{C}}(\tau) + c_{\mathrm{I}} \left(\dfrac{e^{-\lambda\tau}}{1 - e^{-\lambda\tau}} + 1 \right), & \tau - t_{\mathrm{PF}} < 0 \end{cases}
$$

检测周期为 τ 时每单位时间的平均总成本可以表示为 $C_\infty(\tau)$，它依赖于参数 τ，表示为

$$
C_\infty(\tau) = \frac{E[C(T_{\mathrm{R}})]}{E(T_{\mathrm{R}})} = \frac{E[C(T_{\mathrm{R}})]}{\mathrm{MTBR}(\tau)} \tag{12.25}
$$

要确定能够最小化式 (12.25) 的 τ 值并不容易。我们可以将 $C_\infty(\tau)$ 表示为 τ 的函数，如图 12.7所示，并在图形中找到 τ 的最优值。

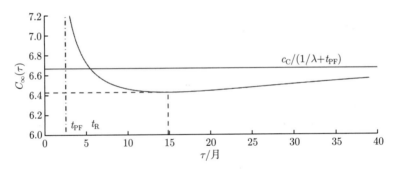

图 12.7　当 $\lambda = \dfrac{1}{12}$/月，$t_{\mathrm{PF}} = 3$ 个月，$t_{\mathrm{R}} = 0.5$ 个月，$c_{\mathrm{C}} = 100$，$c_{\mathrm{P}} = 20$，$c_{\mathrm{I}} = 15$ 时，每单位时间的渐近成本 $C_\infty(\tau)$（为 τ 的函数）

注释 12.1　在本例中，如果 $\tau + t_{\mathrm{Rep}} < t_{\mathrm{PF}}$，则所有的更换都是预防性的，而平均更换间隔为 $\mathrm{MTBR}(\tau) = (E[N(\tau)] + 1)\tau + t_{\mathrm{Rep}}$。在一个更换周期内的总成本为 $C_{\mathrm{T}}(\tau) = c_{\mathrm{P}} + c_{\mathrm{I}} (E[N(\tau)] + 1)$。因此，最优更换周期（注意有限制条件 $\tau + t_{\mathrm{Rep}} < t_{\mathrm{PF}}$）可以通过下式最小化得到：

$$
C_\infty(\tau) = \frac{E[C(T_{\mathrm{R}})]}{\mathrm{MTBR}(\tau)} = \frac{c_{\mathrm{I}}/(1 - e^{-\lambda\tau}) + c_{\mathrm{P}}}{\tau/(1 - e^{-\lambda\tau}) + t_{\mathrm{Rep}}}
$$

2. 随机 P-F 间隔、确定修理时间、不完美检测

重新考虑上面提到的情况，但是假设检测是不完美的。基本上，检测到潜在失效的概率取决于潜在失效变得开始可以被观测到的时间。在案例 12.5中，当铁轨中的裂纹开始出现之后，它会随着时间增长。我们可以假设随着裂纹尺寸变大，检测到裂纹的概率也更高。将成功检测的概率模型构建为裂纹尺寸的函数，可能相当复杂。我们因此做一些简化，引

入 $\theta_i(\tau)$ 作为在可观测潜在失效 P 已经发生后进行的检测 i 中没有发现潜在失效的概率，$i = 1, 2, \cdots$。假设这个概率是检测周期 τ 的函数，并假设有 $1 > \theta_1(\tau) \geqslant \theta_2(\tau) \geqslant \cdots$。

我们假设 P-F 间隔 T_{PF} 是一个分布函数为 $F_{\text{PF}}(t)$ 的随机变量，修复时间 t_{R} 是已知（确定）的。令 $T_{\text{F}} = \tilde{T} + T_{\text{PF}}$，因此变量 T_{F} 就是在 P 之前的上一次检测直到（可能的）关键性失效之间的时间间隔。通过对 $\tilde{T}$ 的分布和 $T_{\text{PF}}(t)$ 进行卷积计算，就可以得到 T_{F} 的分布：

$$F_{\text{F}}(t) = \Pr(T_{\text{F}} \leqslant t) = \int_0^\tau F_{\text{PF}}(t - u) \, \mathrm{d}F_{\tilde{T}}(u)$$

$$= \frac{\lambda}{1 - \mathrm{e}^{-\lambda\tau}} \int_0^\tau F_{\text{PF}}(t - u) \, \mathrm{e}^{-\lambda u} \, \mathrm{d}u \tag{12.26}$$

令 $R_{\text{F}}(t) = 1 - F_{\text{F}}(t)$，并用 $Z(\tau)$ 表示在潜在失效 P 发生后进行的检测的数量。我们希望对 $k = 0, 1, \cdots$ 的不同情况计算概率 $\Pr(Z(\tau) \geqslant k)$。很明显有 $\Pr[Z(\tau) \geqslant 0] = 1$。如果 $T_{\text{F}} = \tilde{T} + T_{\text{PF}} > \tau$，至少会进行一次检测，有

$$\Pr[Z(\tau) \geqslant 1] = \Pr(T_{\text{F}} > \tau) = R_{\text{F}}(\tau)$$

如果 $T_{\text{F}} > \tau$，那么至少会进行两次检测。而如果 $T_{\text{F}} > 2\tau$，那么在第一次检测中没有发现失效。因为 $\Pr[(T_{\text{F}} > \tau) \cap (T_{\text{F}} > 2\tau)] = \Pr(T_{\text{F}} > 2\tau)$，因此得

$$\Pr[Z(\tau) \geqslant 2] = \theta_1(\tau) R_{\text{F}}(2\tau)$$

继续推导，就可以得到通用的公式（定义 $\theta_0(\tau) = 1$）：

$$\Pr[Z(\tau) \geqslant k] = \left(\prod_{j=0}^{k-1} \theta_j(\tau) \right) R_{\text{F}}(k\tau), \quad k = 1, 2, \cdots \tag{12.27}$$

因此平均检测数量为

$$E[Z(\tau)] = \sum_{k=1}^\infty \Pr[Z(\tau) \geqslant k] = \sum_{k=1}^\infty \left(\prod_{j=0}^{k-1} \theta_j(\tau) \right) R_{\text{F}}(k\tau)$$

进行预防性更换的概率为

$$P_{\text{P}}(\tau) = [1 - \theta_1(\tau)] \Pr(T_{\text{F}} > \tau + t_{\text{Rep}})$$

$$+ \theta_1(\tau)[1 - \theta_2(\tau)] \Pr(T_{\text{F}} > 2\tau + t_{\text{Rep}}) + \cdots$$

还可以写作

$$P_{\text{P}}(\tau) = \sum_{k=1}^\infty [1 - \theta_k(\tau)] \prod_{j=0}^{k-1} \theta_j(\tau) \Pr(T_{\text{F}} > k\tau + t_{\text{Rep}})$$

$$= \sum_{k=1}^{\infty} [1 - \theta_k(\tau)] \prod_{j=0}^{k-1} \theta_j(\tau) \, R_{\mathrm{F}}(k\tau + t_{\mathrm{Rep}}) \tag{12.28}$$

修复性更换发生的概率为 $P_{\mathrm{C}}(\tau) = 1 - P_{\mathrm{P}}(\tau)$。令 $Z_{\mathrm{P}}(\tau)$ 表示在我们知道元件会被预防性更换的情况下，在潜在失效 P 已经发生之后的检测数量。使用与推导式 (12.27) 类似的方法，可以得到

$$\Pr[Z_{\mathrm{P}}(\tau) \geqslant k] = \prod_{j=1}^{k-1} \theta_j(\tau)$$

均值为

$$E[Z_{\mathrm{P}}(\tau)] = \sum_{k=1}^{\infty} \prod_{j=1}^{k-1} \theta_j(\tau)$$

因此，平均更换间隔为

$$\begin{aligned}
E(T_{\mathrm{R}}) = \mathrm{MTBR}(\tau) &= \left(\frac{1}{\lambda} + E(T_{\mathrm{PF}}) \right) P_{\mathrm{C}}(\tau) \\
&\quad + [(E[N(\tau)] + E[Z_{\mathrm{P}}(\tau)])\tau + t_{\mathrm{Rep}}] \, P_{\mathrm{P}}(\tau)
\end{aligned} \tag{12.29}$$

在一个更换周期（更新周期）内的平均总成本 $E[C(T_{\mathrm{R}})]$ 为

$$E[C(T_{\mathrm{R}})] = c_{\mathrm{P}} P_{\mathrm{P}}(\tau) + c_{\mathrm{C}} P_{\mathrm{C}}(\tau) + c_{\mathrm{I}} \left(E[N(\tau)] + E[Z(\tau)] \right) \tag{12.30}$$

在本例中，最优检测周期 τ 就是能够使 $C_{\infty}(\tau) = E[C(T_{\mathrm{R}})]/\mathrm{MTBR}(\tau)$ 最小化的 τ 值。

本节中描述的模型可以扩展成不同的形式，其中一种典型的方式就是令修复时间为随机变量 T_{Rep}，也可以令潜在失效时间 P 有一个失效率递增函数。

3. 延迟时间模型

有些文献讨论了与 P-F 间隔方法有关的定量评估问题，还有一些学者[57]在维修应用中提出了延迟时间的概念。延迟时间模型是指失效源自缺陷（初期或者潜在失效），而元件的失效时间 T 可以分为两个部分：① 从元件启动直到缺陷出现的时间 T_{P}；② 从缺陷出现直到元件失效的延迟时间 T_{PF}。

根据延迟时间原则，人们已经建立了多个检测模型，来分析不完美检测、非固定缺陷率、不稳定检测规则等方面的问题[291]。一些模型已经在工业领域中使用[73]。

12.4 退化模型

之前几节中介绍的基于时间的维修策略，很自然地需要使用元件的失效时间模型。另一方面，如果元件正在经历可以观察的退化，而维修策略根据元件的观测情况制定，那么失效时间模型可能就不再适用，须要使用退化模型。在退化模型中，元件的状态空间不再

只有可运行和已失效状态，运行和失效可能会被分割为多个子状态，来描述不同程度的退化。这些子状态可以属于有限离散状态空间、无限离散状态空间，也可以属于连续状态空间。假如一个元件在其使用过程中逐渐退化，比如对于机械元件，退化可能会导致裂纹数量（可能属于无限离散状态空间）、裂纹长度、腐蚀深度、震动幅度（属于连续状态空间）和其他很多物理量数值上的增加。

我们可以使用退化指标监控上述的物理量，测量可能是连续的也可能是周期性的。在本章中，我们假设使用退化指标获得的数值是（单变量）标量，比如退化指标衡量的是某一位置的裂纹深度。在时刻 t，这个裂纹的真实深度是 $x(t)$，而通过退化指标获取的测量值是 $y(t)$，后者可能因为策略误差或者"噪声"的干扰与 $x(t)$ 之间存在些许差异。无论是退化量还是测量值都是随机变量，可以分别使用随机过程 $\{X(t), t \geqslant 0\}$ 和 $\{Y(t), t \geqslant 0\}$ 建模。在时刻 t，$x(t)$ 和 $y(t)$ 是上述两个随机过程的（数值）输出。接下来，我们用 $X(t)$ 表示元件的（随机）状态，用 $Y(t)$ 表示可观测的（随机）情况。有时，我们可能会假设 $X(t)$ 可用，噪声或者测量误差可以忽略。

退化模型是一个随机过程 $\{X(t), t \geqslant 0\}$，以及一系列关于概率分布 $X(t)$ 和 $Y(t)$ 作为时间函数的假设。本节简要介绍三种退化模型：趋势模型、增量模型和冲击模型。这三种模型都使用连续状态空间。我们也会在相应的部分提及离散状态空间模型（马尔可夫过程），关于后者更详细的内容参见第 9 章和第 10 章。

如果存在退化，维修决策就可以根据退化指标[58]，或者根据 RUL 分布[131] 进行。RUL 除了在维修决策中使用，现在也越来越多地用于优化系统[173,177]。所收集数据的质量非常重要，它会决定退化指标或者 RUL 分布的准确度，文献 [224] 对此问题在预断性维修中的影响有着深入的讨论，但是这已经超出了本书的范围。RUL（存活度）分布是存续度函数的自然延伸，表示以当前退化状态作为条件得到的存续度函数。在讨论退化模型之前，下面再次给出剩余寿命（RUL）的概念。

12.4.1　剩余寿命

第 5 章中已经简单介绍过元件在时刻 t_j 的剩余寿命（RUL）的概念。$\mathrm{RUL}(t_j)$ 是一个随机变量，它衡量的是从 t_j 直到元件不再"有用"的时间。其中不再"有用"必须小心界定。RUL 的分布是一个可靠性量度，可以在退化模型中使用。RUL 分布可以写为

$$\Pr[\mathrm{RUL}(t_j) \leqslant t] = F_{\mathrm{RUL}(t_j)}(t) \tag{12.31}$$

注释 12.2（RUL 的另一种解释）　在一些实际应用中，$\mathrm{RUL}(t_j)$ 是一个固定值，表示在指定运行条件下，根据之前的情况，在给定时刻 t_j 之后元件还能够正常使用的平均时间的估计值。在本书中，我们一般认为 $\mathrm{RUL}(t_j)$ 是一个随机事件变量。

在可靠性理论中，预断（prognostics）是指估计 $\mathrm{RUL}(t_j)$ 的概率分布或者均值。可以采用不同的方法从不同的角度进行预断，一般包括基于模型和数据驱动两种方法。基于模型的方法需要配合使用特定的物理模型，这些模型不在本书讨论范围之内。对于数据驱动

的预断，我们将其分为两类：

（1）不含概率模型的数据驱动型预断。这些方法（比如内核、机器学习和人工智能）依赖于观察数据，但是不会预先选择运行状态和故障状态之间的独特退化模型。我们在这里不讨论这些方法，但是会在稍后简单提及，并指出哪些方法相关，并且可以在什么时候使用。使用这些方法的时候，我们不推导 $\mathrm{RUL}(t_j)$ 分布，但是会使用包含置信区间的 $\mathrm{RUL}(t_j)$ 均值估计值。

（2）包含概率模型的数据驱动型预断。这些方法依赖于历史数据，去拟合预先选择的退化模型 $\{X(t), t \geq 0\}$ 中的参数。我们在第 14 章中介绍的统计方法可以加入一些物理上的考虑去选择退化模型。

接下来几节将介绍最常见的退化模型。根据这些方法，我们可以分析得出 $\mathrm{RUL}(t_j)$ 分布，或者对退化模型进行仿真来估计 $\mathrm{RUL}(t_j)$ 分布。有兴趣的读者还可以阅读文献 [176]（给出了一些实证）和文献 [268]（列出了一些关于包含概率模型的数据驱动预断的文献）。

1. 不含概率模型的数据驱动型预断

在本节中，$X(t)$ 不是在先验基础上建立的，我们也没有意图去解释退化现象应该是趋势模型、增量模型还是冲击模型。相反，我们只是努力建立状态监控数据与 RUL 数值之间的关联。在任意时刻 t_i 的 RUL 可以定义为一个通用函数 f，因此有

$$\widehat{\mathrm{RUL}}(t_i) = f(t_i, y_i, u_i) \tag{12.32}$$

其中 t_i 为当前时刻，y_i 为与元件当前状态相关的测量值（或者值的向量），u_i 为描述运行条件的测量值向量。通过分析函数 f 的结构（它是否线性函数、多项式或者指数形式等）以及它的参数来估计 RUL。我们可以使用线性回归、神经网络、贝叶斯网络（尤其是存在专家判断或者定性数据时）等方法。注意，维修决策会根据 RUL 的估值，而不是退化模型 $X(t)$ 来制定。所有这些方法都依赖于数据集 S，它一般具有如下结构：

$$S = \left\{ (t_k^j, y_k^j, u_k^j), \mathrm{RUL}_k^j \right\}_{j=1,2,\cdots,N; \, k=1,2,\cdots,\kappa} \tag{12.33}$$

其中 $t_k^j \, (k=1,2,\cdots,\kappa)$ 为元件 j 的抽样时间，RUL_k^j 为元件 j 在时刻 t_k^j 对于量度 (y_k^j, u_k^j) 的 RUL 记录值。数据集分为两部分，一部分用于估计 f 的函数（学习数据集），另一部分用来测试 f 的估计质量（测试数据集）。数据集的拆分方式也可能会影响估计的结果，因此需要采用交叉验证的方法仔细检查。

2. 包含概率模型的数据驱动型预断

令 T 表示元件的失效时间，$X(t_j + h)$ 表示元件的未来状态（即在时刻 t_j 的状态），$\mathcal{X}_l$ 表示元件故障（或者不可接受）状态的集合，$\mathcal{T}_{t_j}$ 表示在区间 $[0, t_j]$ 内观察元件情况的时间点集合，$Y(t)$ 表示这些时刻的元件情况。那么，给定 $T > t_j$ 时，$\mathrm{RUL}(t_j)$ 可以正式定义为

$$\mathrm{RUL}(t_j) = \min \{h; X(t_j + h) \in \mathcal{X}_l\} \tag{12.34}$$

它的分布定义为

$$\Pr\left[\mathrm{RUL}(t_j) \leqslant t\right] = \Pr\left[\min\{h; X(t_j + h) > l\} \leqslant t \mid T \geqslant t_j, Y(t)_{t \in \mathcal{T}_{t_j}}\right]$$

为了定义 RUL 并确定其概率分布，需要利用以下参数和条件：

（1）描述元件在时刻 t 状态的变量 $X(t)$。

（2）不可接受的状态集合 $\mathcal{X}_l$。

（3）观察时刻的集合 $\mathcal{T}_{t_j}$ 以及在这些时刻的元件情况观察值 $Y(t)$。

（4）如果必要的话，在时刻 t 过滤观察值 $Y(t)$ 以估计 $X(t)$，其中 $t \in \mathcal{T}_{t_j}$。

（5）必须能够预测时刻 t_j 之后任意时刻的状态变量 $X(t_j + h)$。

如果 $X(t)$ 是一个时间依赖标量函数，我们就可以将退化程度 l 定义为能够看作失效的退化的最低程度。

12.4.2　趋势模型：基于回归的模型

令 $Y(t)$ 表示状态空间连续的时间依赖函数。这个模型的典型应用场景，就是能够通过连续趋势监测的退化现象。这里的连续趋势是指量变的情况，比如温度、流量、速度和压力作为时间函数的时候就是连续变化的。该模型的通用形式为

$$Y(t_k) = X(t_k) + \varepsilon(t_k) \tag{12.35}$$

其中 $Y(t_k)$ 为在时刻 t_k 的观测值，$X(t_k)$ 为实际退化情况（其中 $X(t)$ 为单调递增函数），$\varepsilon(t_k)$ 为随机误差（一般认为是来自监控设备的噪声）。大多数情况下，都假设 $\varepsilon(t_k) \sim \mathcal{N}(0, \sigma^2)$。

下面的例子考虑了 $k = 1, 2, \cdots$ 的情况：

$$
\begin{aligned}
Y(t_k) &= c + at_k + \varepsilon(t_k) && \text{（线性）}\\
Y(t_k) &= c + at_k + bt_k^2 + \varepsilon(t_k) && \text{（多项式）}\\
\log[aY(t_k) + b] &= c + at_k + \cdots + \varepsilon(t_k) && \text{（对数）}\\
ae^{bY(t_k)} &= c + at_k + \cdots + \varepsilon(t_k) && \text{（指数）}
\end{aligned}
$$

其中，模型参数 $\{a, b, c, \cdots\}$ 可以是确定的，也可以是随机的。

因为 $X(t)$ 和 $Y(t)$ 都是时间的标量函数，退化程度 l 定义为能够看作失效的退化的最低程度，因此可得 $\mathrm{RUL}(t_j)$ 的定义为

$$\mathrm{RUL}(t_j) = \min\{h; X(t_j + h) \geqslant l\} \tag{12.36}$$

其中 $T > t_j$。因为 $X(t_k)$ 和 $Y(t_k)$ 的当前值并不会受到元件过去状态观察值的影响，因此除了在时刻 t_j 的元件状况观测值 $Y(t_j)$ 之外，所有包含在 $\mathcal{T}_{t_j}$ 当中的信息都是无用的。于是有

$$\Pr\left[\mathrm{RUL}(t_j) \leqslant t\right] = \Pr\left[\min\{h; X(t_j + h) > l\} \leqslant t \mid T \geqslant t_j, Y(t_j) = y(t_j)\right]$$

如果 $X(t)$ 单调递增，而噪声又不显著，就可以使用下面的近似计算：

$$\Pr\left[\text{RUL}(t_j) \leqslant t\right] \approx \Pr\left[X(t_j + t) > l \mid T \geqslant t_j, Y(t_j) = y(t_j)\right]$$

$$\approx \Pr\left[Y(t_j + t) > l \mid T \geqslant t_j, Y(t_j) = y(t_j)\right]$$

$$\approx \Pr\left[Y(t_j + t) - Y(t_j) > l - y(t_j)\right], \quad y(t_j) \leqslant l \tag{12.37}$$

1. 具有线性漂移的维纳过程

维纳过程[①]（或者具有线性漂移的布朗运动）是一种特殊的趋势模型，它可以定义为

$$Y(t_k) = at_k + \varepsilon(t_k)$$

其中常数 a 称为漂移参数，而噪声则是概率分布为 $\mathcal{N}(0, \sigma^2)$ 的随机变量 $\varepsilon(t_k)$。因为正态分布既可以取正值，也可以取负值，因此维纳过程并不是单调的。可能的解释是，观察到的退化充满了噪声，而真实的退化平均来说是单调递增的。另一种解释是，$Y(t) = X(t)$，而真实的退化可以在这种波动中直接观察到。比如，如果裂缝是随机地堵塞了，则反映出的就是这种情况。为了简化表达，我们用 $Y(t)$ 替换 $X(t)$。在图书配套网站上，给出了模拟维纳过程路径的 Python 代码。

因为 a 是确定的，所以有

$$E\left[Y(t_k)\right] = at_k$$

$$E\left[Y(t_{k+1} - Y(t_k)\right] = a(t_{k+1} - t_k)$$

并且

$$\text{var}\left[Y(t_k)\right] = \sigma^2 t_k$$

$$\text{var}\left[Y(t_{k+1} - Y(t_k)\right] = \sigma^2(t_{k+1} - t_k)$$

这意味着：① 平均来说，维纳过程以速度 a 线性增长，是时间的函数；② 过程的方差随着时间间隔 $t_{k+1} - t_k$ 和噪声方差的增大而增大。

2. RUL(t_j) 的分布

因为具有非单调性，所以 RUL 的分布与退化情况 $Y(t)$ 低于失效程度 l 的概率之间没有直接关系。计算本身并不直接明了，有兴趣的读者可以阅读文献 [161] 了解更多细节。当 $y(t_j) \leqslant l$ 时，RUL 的分布为

$$F_{\text{RUL}(t_j)}(t) = \Pr\left[\text{RUL}(t_j) \leqslant t\right]$$

$$= \int_0^t \frac{l - y(t_j)}{\sqrt{2\pi\sigma^2(u - t_j)^3}} e^{-\frac{[l - y(t_j) - a(u - t_j)]^2}{2\sigma^2(u - t_j)}} \, du \tag{12.38}$$

---

① 以美国数学家和哲学家 Norbert Wiener (1894—1964) 的名字命名。

本书配套网站上提供了关于维纳过程、过程仿真以及根据退化数据进行参数估计的更多细节信息。读者还可以在文献 [76, 176] 中找到更多高级趋势模型的例子，我们在习题 12.7 中将研究一个多项式趋势模型。

12.4.3　增量模型

考虑一个退化过程，我们没有给出 $Y(t)$ 的明确表达式，相反却使用了一个退化增量模型，其中退化程度 $Y(t)$ 在区间 (t_k, t_j) 内连续增加。我们一般假设退化增量 $I_{(t_j, t_k)} = Y(t_k) - Y(t_j)$ 是一个具有给定概率分布的随机变量。这类模型的典型应用包括腐蚀和锈蚀，其中的退化现象能够通过退化的增量监控。读者也可以阅读文献 [114, 283]，了解增量模型的研究进展和应用案例。

案例 12.6（指数分布增量）　考虑一个正在发生退化的元件，它的退化增量在时刻 t_j 与 t_k 之间服从速率为 $\lambda/(t_j - t_k)$ 的指数分布。假设我们在两个区间 (t_1, t_2) 和 (t_2, t_3) 研究这个元件，这些区间内元件退化增量的概率密度函数为

$$f_{(t_1, t_2)}(x) = \frac{\lambda}{t_2 - t_1} e^{-\frac{\lambda}{t_2 - t_1} x}$$

$$f_{(t_2, t_3)}(x) = \frac{\lambda}{t_3 - t_2} e^{-\frac{\lambda}{t_3 - t_2} x}$$

在本例中，我们需要注意，平均退化增量 $E[I_{(t_1, t_2)}] = (t_2 - t_1)/\lambda$ 和方差 $\mathrm{var}\,[I_{(t_1, t_2)}] = (t_2 - t_1)^2/\lambda^2$ 都会随区间长度的增加而增加。我们在图书配套网站上给出了对这个过程路径进行仿真的 Python 代码。

我们需要选择增量的概率分布，从而使退化模型能够拟合可用数据集，因此：① 分布参数可以采用经典统计方法估计；② RUL 分布可得。出于这样的目的，我们一般可以使用列维过程。接下来，我们利用一种特殊情况——齐次伽马过程，简要介绍列维过程的主要特征。

1. 列维过程

列维过程[①]是一个连续时间随机过程 $\{X(t), t \geqslant 0\}$，其中不相交时间间隔内的增量是独立随机变量。列维过程满足马尔可夫性质，也就是说下一次退化增量和过去的增量无关，因此它是一个马尔可夫过程。除此之外，如果增量的分布只依赖于 $t_j - t_k$，与 t_j 和 t_k 无关的话，这个过程就是平稳或者时间齐次的。在本例中，对于任意长度相同的间隔 $t_j - t_k$，增量都是同分布的，因此这个过程是一个齐次马尔可夫过程。

2. 齐次伽马过程

齐次伽马过程是列维过程的一种特殊情况，它是一个连续时间随机过程 $\{Y(t), t \geqslant 0\}$，其中不相交时间间隔内的增量是独立随机变量。对于任何 $t_2 > t_1 \geqslant 0$ 的情况，增量 $Y(t_2) - Y(t_1)$ 都有伽马密度：

---

① 以法国数学家 Paul Pierre Lévy (1886—1971) 的名字命名。

$$f_{\alpha(t_2-t_1),\beta}(y) = \frac{\lambda}{\Gamma\left[\alpha\left(t_2-t_1\right)\right]}\left(\beta y\right)^{\alpha(t_2-t_1)-1}e^{-\beta y}, \quad y \geqslant 0$$

因为伽马密度仅对正值有意义，那么增量也总为正，即退化模型永远是增函数。这意味着伽马过程对于 $X(t)$ 也适用，这表明我们直接接触到退化量度，没有任何其他的噪声。那么退化增量 $X(t_2) - X(t_1)$ 就有伽马密度 $f_{\alpha(t_2-t_1),\beta}(x)$，在区间 (t_1, t_2) 内的平均退化程度为

$$E\left[X(t_2) - X(t_1)\right] = \frac{\alpha(t_2 - t_1)}{\beta}$$

方差为

$$\operatorname{var}\left[X(t_2) - X(t_1)\right] = \frac{\alpha(t_2 - t_1)}{\beta^2}$$

这意味着，在长度为 t_0 的区间内的平均退化程度为 $\frac{\alpha}{\beta}t_0$，它与该区间的开始时间无关。参数 α 称为过程的速率，而过程的方差在 t_1 和 t_2 之间随着时间增加，并且与均值无关。

我们在图书配套网站上给出了齐次伽马过程路径仿真的 Python 代码。如果读者想要了解有关伽马过程、仿真和对退化数据进行参数估计的内容，请阅读文献 [161]。

3. $\mathrm{RUL}(t_j)$ 的分布

因为 $X(t)$ 是时间的标量函数，退化程度 l 可以定义为失效的最低程度，而 $\mathrm{RUL}(t_j)$ 则定义了到达失效的时间，那么 RUL 的分布函数可以推导并进行数值求解：

$$
\begin{aligned}
F_{\mathrm{RUL}(t_j)}(t) &= \Pr\left[\mathrm{RUL}(t_j) \leqslant t\right] \\
&= \Pr\left[X(t_j + t) \leqslant l \mid X(t_j) > l,\ X(s)_{s \in \mathcal{T}_{t_j}}\right] \quad \text{因为存在} \atop \text{单调性} \\
&= \Pr\left[X(t_j + t) - X(t_j) > l - x(t_j)\right] \quad \text{因为缺乏} \atop \text{记忆} \\
&= \int_{l - x(t_j)}^{\infty} f_{\alpha t, \beta}(u)\,\mathrm{d}u, \quad x(t_j) \leqslant l
\end{aligned}
\tag{12.39}
$$

注意，伽马过程是一个跳跃过程。跳跃的长度取决于区间 $[x, x + \mathrm{d}x)$。跳跃的发生是一个密度与 x 相关的泊松过程。在实际中，这意味着退化可能会出现"跳跃"的情况。学者们也研究了这样的过程，并且预测达到失效退化程度 l 的时间。有兴趣的读者可以阅读文献 [161] 和图书配套网站了解更多内容。习题 12.8 将继续研究齐次泊松过程。

12.4.4　冲击模型

假设 $Y(t)$ 是表示冲击的函数，在这里冲击指的是能够引起退化或者元件立刻失效的事件。元件经历的冲击例子，可能是一些被动元件（例如开关和阀门）在出现需求的时候执行任务。需求对于元件状况的影响可以看作一次冲击。连续两次冲击之间的间隔、每次

冲击带来的破坏以及元件失效的判断条件（比如损坏阈值、特定程度冲击的次数、冲击间隔），是冲击模型的主要元素。根据冲击带来的破坏（可能是连续变量，也可能是离散变量）来分析，冲击模型可能具有连续或者离散的状态空间。冲击模型可以分为极限冲击模型和累计冲击模型，读者可以阅读冲击模型的综述文献 [214]。

对于第一种类型，单次冲击会导致元件失效；而在第二种类型中，每一次冲击都会给元件增加一些破坏，而失效在累计破坏超过给定阈值时出现。极限冲击模型和累计冲击模型也可以混合使用，并且还可以考虑冲击之间间隔的关联关系以及冲击的程度。本书中关注累计冲击模型，因为这种模型对于视情维修策略更有意义。我们假设噪声可以忽略，并且可以直接得到 $X(t)$。

描述累计冲击模型的常见方式就是使用标记点过程（marked point process），将冲击的发生时间记为 T_k（一般为随机变量，$k = 1, 2, 3, \cdots$）。我们用变量 D_k 表示由第 k 次冲击带来的瞬时破坏，并称其为标记，它可以是一个随机变量，但是依赖于（随机）时刻 T_k。那么过程 $\{T_k, D_k; k \geqslant 1\}$ 就是一个标记点过程（参阅文献 [161] 了解更多细节）。

令 $N(t)$ 表示一个描述区间 $(0, t]$ 内冲击数量的计数过程（见第 10 章）。在时刻 t 的累计损坏 $X(t)$ 为

$$X(t) = \sum_{k=1}^{N(t)} D_k \tag{12.40}$$

$X(t)$ 在 $x > 0$ 时的分布函数定义为

$$\Pr[X(t) \leqslant x] = \sum_{k=1}^{\infty} \Pr[D_1 + D_2 + \cdots + D_k \leqslant x \mid N(t) = k] \Pr[N(t) = k]$$

当 $x = 0$ 时，有

$$\Pr[X(t) \leqslant 0] = \Pr[N(t) = 0]$$

如果增量同分布，并且给定概率密度函数 f 相互独立，并且与过程 (T_k) 无关，那么有

$$\Pr[X(t) \leqslant x] = \Pr[N(t) = 0] \, I_{(x \leqslant 0)}$$

$$+ \sum_{k=1}^{\infty} \int_0^x (f)^{*(k)}(u) \, \mathrm{d}u \, \Pr[N(t) = k] \, I_{(x>0)}$$

其中 $(f)^{*(k)}$ 为概率密度函数 f 的第 k 次卷积，遵循 k 个具有相同密度 f 的独立同分布随机变量的加法原则（见第 10 章）。

$\mathrm{RUL}(t_j)$ 的分布

假设我们在时刻 t_j 观察到的由于冲击造成的累计损坏为 m，如果出现失效的退化程度为 l，那么 RUL 在时刻 t_j 的分布为

$$\Pr[\mathrm{RUL}(t_j) \leqslant t] = \Pr\left(\sum_{k=1}^{N(t_j+t)} D_k > l \mid \sum_{k=1}^{N(t_j)} D_k = m \right) \tag{12.41}$$

如果 $l - m > 0$，则

$$\Pr[\mathrm{RUL}(t_j) \leqslant t] = \Pr\left(\sum_{k=N(t_j)+1}^{N(t_j+t)} D_k > l - m\right)$$

$$= \sum_{k=1}^{\infty} \int_{l-m}^{\infty} (f)^{*(k)}(x)\,\mathrm{d}x\,\Pr[N(t_j+t) - N(t_j) = k] \qquad (12.42)$$

在文献 [249, 302] 中，作者讨论了如何使用冲击模型进行预防性维修的优化。

12.4.5　具有离散状态的随机过程

如果状态空间是离散的或者可以进行离散化，那么就可以使用离散状态空间退化模型，最常见的就是第 11 章中介绍的连续时间马尔可夫链（马尔可夫过程）。有很多物理退化现象具有天然的离散状态空间，比如油气行业压缩系统中使用的高压电机，我们可以监控它的局部放电量。局部放电量决定了 $X(t)$ 的值，而行业指南建议对 $X(t)$ 设定阈值来标注四个退化状态。连续退化的情况非常普遍，但是对于指南来说，将 $X(t)$ 离散化更容易处理。在土木工程中，我们使用检测报告和相应的量度来定义结构（比如桥梁）的状况，决策人员一般也会根据四个退化等级对桥梁进行排序。

假设一个元件有 n 个状态，n 表示全新，0 表示故障，那么从 $n-1$ 到 1 的这些中间状态就是退化状态。对于时间齐次的退化来说，计算 $\mathrm{RUL}(t_j)$ 的分布需要计算元件在非故障状态停留时间 $\widetilde{T}_n, \widetilde{T}_{n-1}, \cdots, \widetilde{T}_0$ 的概率密度函数 $\widetilde{f}_n(x), \widetilde{f}_{n-1}(x), \cdots, \widetilde{f}_1(x)$。如果监控是连续的，我们就知道元件在时刻 t_j 进入退化状态 m，则有

$$\Pr[\mathrm{RUL}(t_j) \leqslant t] = \Pr\left[\sum_{k=1}^{m} \widetilde{T}_k \leqslant t \mid X(t_j) = m\right]$$

$$= \int_0^t \widetilde{f}_m * \widetilde{f}_{m-1} * \cdots * \widetilde{f}_1(x)\,\mathrm{d}x \qquad (12.43)$$

如果监控不是连续的，t_j 可能不会恰巧是元件进入某一退化状态的时间。如果模型是马尔可夫过程，则这个问题无关紧要，因为只有元件在时刻 t_j 处于哪个状态是有用信息，因此式 (12.43) 仍然有效。而如果这不是一个马尔可夫过程，RUL 分布的计算就会更加复杂，因为在时刻 t_j，元件在当前状态已经停留的时间会影响结果。

12.4.6　失效率模型

本节简要介绍一种基于时间依赖失效率的模型。这种模型用于不完美维修策略，主要可以优化失效率的降低程度、条件失效以及失效修复后的虚拟使用时间。我们在第 10 章中讨论过这类模型，但是当时的重点在修理工作的优化（即失效后的任务）。

12.5 视情维修

对于采用视情维修（condition-based maintenance，CBM）的原因，我们由一个例子开始介绍。考虑一个元件，采用四种不同的维修策略对其进行维修：① 只有修复性更换；② 功能更换；③ 批量更换；④ 理想更换。所谓理想更换是指在元件失效之前进行预防性更换。显然，除了一些特殊情况之外，理想更换很难实现。

使用 12.3 节中给出的术语和符号，只有修复性更换时，每单位时间的渐近成本为

$$C_\infty = \frac{c+k}{\mathrm{MTTF}} \tag{12.44}$$

而理想维修的每单位时间渐近成本为

$$C_\infty = \frac{c}{\mathrm{MTTF}} \tag{12.45}$$

为了得到数值结果，我们假设 $c = k = 50$ 个成本单位，元件失效时间服从 MTTF= 375 个时间单位、标准差为 50 个时间单位的伽马分布。针对按龄更换和批量更换的每单位时间渐近成本可以分别根据式 (12.6) 和式 (12.16) 求得，图 12.8 示出了二者作为 t_0 的函数的函数曲线。对于按龄更换策略，元件在投入运行 t_0 时间单位后被预防性更换；而对于批量更换策略，则是在日历时间 t_0 后更换。两种策略的最优 t_0 值（即能够使每单位时间成本最小的 t_0 值）都可以确定。修复性策略和理想策略的平均成本为常数，而按龄更换和批量更换的渐近成本一般会低于修复成本。在图 12.8 中，批量更换的渐近成本在 t_0 取值较大时看起来比修复的成本高，这是因为在 t_0 取值较大时计算成本的近似误差造成的。这个误差在 12.3.2 节中进行了解释，它与在预防性更换之前只有一个失效的假设有关。

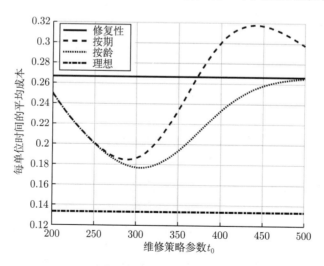

图 12.8　四种不同（非 CBM）维修策略的比较

图 12.8 中基于工龄的策略与理想策略两者最小成本之间的差别，表示能够从 CBM 策略中获得的最大收益。CBM 策略的目标是，通过监控、建模和预测退化现象，计划预防性更

换使之尽可能贴近理想策略。然而问题是，我们的监控、建模和退化预测都不是完美的，它们需要成本并且会引入不确定性。因此，我们需要精确地量化视情维修的附加值。文献 [303] 中给出了一个更加详细的案例，而文献 [262] 则讨论了数学模型在维修中的应用情况。

12.5.1　视情维修策略

视情维修策略的主要元素包括：

（1）计划进行预防性维修的一个退化状态或者状态集合；

（2）在预防性维修之后将元件恢复到的状态或者状态集合；

（3）确定元件状态的监控方法（连续、基于检测或者伺机进行）。

本节介绍的方法仅限于一个单独元件（或者一维退化模型），我们假设实际的退化状态 $X(t)$ 是可以直接测量的。

我们将对各种不同的 CBM 模型进行概述，并区分持续监控和基于检测的监控方法。对于持续监控，假设随时可以知道当时的退化状态 $X(t)$，那么制定测量时可以优化的参数可能包括：

（1）计划开始进行维修工作的元件状态；

（2）维修工作后将元件恢复到的状态；

（3）维修时长（如果维修成本和效率与时长有关）。

对于基于检测的监控方法，我们假设只有在检测时才能知道当时的退化状态 $X(t)$，而与维修相关的决策也都在这些时候进行。优化的参数可以包括之前所列出的几个，以及检测日期/间隔。

无论在哪种情况下，我们都假设同样的退化模型具有或离散或连续的状态空间。对所有模型的通用假设包括：

（1）监控完美意味着，无论是持续监控还是在检测日期监控，都能够准确无误地了解元件的真实状态。

（2）每一项预防性维修任务都会将元件从退化状态恢复到完好如初的状态，或者至少退化程度更低的状态（即不完美维修）。

（3）修复性维修总会将元件恢复到完好如初的状态，但是它的每单位时间成本比预防性维修高。

（4）预防性维修任务的成本随着修理程度的加深而增加。

（5）如果预防性维修任务开始时元件的退化程度更深，那么相应维修的成本也更高。

（6）因为失效或者在退化状态的停留时间会产生惩罚成本，比如生产损失。

12.5.2　持续监控和有限离散状态空间

假设一个离散退化模型 $X(t)$ 在任意时间已知，它的取值是在一个离散并且有限的状态空间中。根据下列假设，我们可以采用多种视情维修策略：

（1）退化 $X(t)$ 的取值是在有 n 个状态的离散有限状态空间当中。比如，$n=4$。

（2）空间中的一个状态是完好如初，另一个状态是故障。其他状态可以视为退化。

（3）退化是逐渐发生的，意味着元件从一个状态转移到下一个退化程度更深的状态，直到故障状态。

1. 维修策略

考虑图 12.9 中的状态转移图，其中状态 3 是完好如初的状态，状态 0 是故障状态，状态 2 和状态 1 是中间状态，即退化状态。由状态 k 到状态 $k-1$ 的转移（$k=1,2,3$）就与退化现象有关。从状态 k 到状态 $k-1$ 的转移速率记为 λ_k。而由一个状态向数字更大的状态的转移与维修任务有关。从状态 0 开始的所有转移都是修复性维修，从状态 0 到状态 3 的转移是完美修复（更新），从状态 0 到状态 2 的转移是不完美修理，而从状态 0 到状态 1 的转移则是最小限度修理。修复性维修中的修理程度可以是一个优化参数。可以将由状态 k 到状态 $k+1$ 的修理速率记为 $\mu_{k\,k+1}$，如图 12.10 所示。

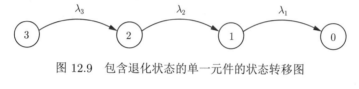

图 12.9　包含退化状态的单一元件的状态转移图

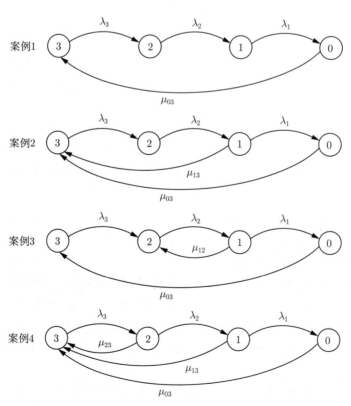

图 12.10　包含退化状态和视情维修的单一元件的状态转移图

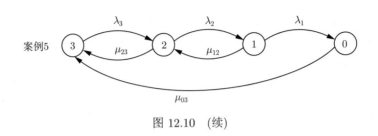

图 12.10 （续）

维修成本决定了应该优先考虑图 12.10 中的哪种预防性维修策略。比如，我们可能会在元件进入状态 2 或者状态 1 时决定是否开展预防性维修，或者决定是否要把元件修复到完好如初的状态。

需要首先指出在使用状态图进行预防性维修计划的时候一些暗含的假设。图 12.10 中的案例 1 可以认为是一个只有修复性维修的参考案例，其中元件始终被恢复到完好如初的状态（即状态 3）。预防性维修任务可以是从状态 k 到状态 $k+1$ 的转移（$k = 1, 2$），对应的转移速率为 $\mu_{k\,k+1}$。下面分析案例 2 到案例 5 中的预防性维修策略。

（1）在状态 1 或者状态 2，元件可以退化/失效，也可以被维修恢复到更换/完好如初的状态。实际上这意味着：

① 在维修时元件没有停止运行。

② 元件在状态 1 或者状态 2 的停留时间对应延迟（即计划进行维修但是没有开始），以及延迟的结束，即元件被立即置入（相比延迟，维修时长可忽略不计）更好的状态（或者完好如初的状态）。

（2）在案例 4 和案例 5 中假设固定转移速率为 μ_{13} 或者 μ_{12}，这意味着因为指数分布具有无记忆特性，如果在状态 2 计划或者开始预防性维修，然而元件在维修完成之前或者延迟结束之前退化到状态 1，那么元件在状态 1 的停留时间与它在状态 2 中已经花费在预防性维修上的时间无关。这在实际工作中可能是一个能够被接受的假设，但是并不适用于所有情况，另外将延迟设定为固定转移速率也可能有问题。

（3）假设固定转移速率为 λ_1、λ_2、λ_3，这意味着因为指数分布的无记忆特性，在时刻 t_k 的剩余寿命与元件已经停留在该时刻所处状态的时间无关。

案例 12.7（多零件系统的退化和维修）　假设一个元件由三个相同的零件组成，并且三个零件中的一个运行就足以保证元件按要求运行。这意味着这个元件可以建模为 1oo3:G 并行结构。在状态 3 中，没有零件发生失效；在状态 2 中，有一个零件已经失效；在状态 1 中，有两个零件已经失效。一旦有一个零件发生失效（状态 2），我们就会开始进行修复。同时，有可能第二个零件出现失效，因此在元件返回状态 3 之前可能会先进入状态 1。在这种情况下，图 12.10 中的模型是有意义的，但是最后两种策略都使用固定修复率不太现实：在状态 1 中花费的时间可能取决于在元件状态 2 中已经停留的时间，因为这时对于第一个失效零件的维修工作已经完成了。

案例 12.8（桥梁的退化和维修）　越来越多的现代桥梁都受到持续监控，其中传感器数据会持续给出桥梁结构健康状况的整体评估。这些数据与其他信息源一起使用，以支持与维修任务相关的决策。桥梁的状态通常会被标注成有限数量的退化状态，从全新到状态不可接受。挪威道路管理局目前正在使用一个包含四个状态的量表。如果诊断出桥梁处于状态 2 或 1，则安排预防性维修工作以保证桥梁运行。这种维修策略对应图 12.10 中的案例 4。在维修工作期间，桥梁可能会继续退化，但是退化速率非常低（维修的完成率远高于退化率），但如果发生了退化到较低状态的情况，那么更新桥梁的维修任务则会有很大不同，甚至在先前退化状态下所做的工作可能会前功尽弃。在这种情况下，固定修复率的假设可能是合理的。

2. 维修成本

令 c_{ij} 表示将元件从状态 i 转移到状态 j 时每单位时间的维修成本。根据对维修成本的假设，有 $c_{03} \geqslant c_{13} \geqslant c_{23}$，$c_{13} \geqslant c_{12}$，$c_{12} \geqslant c_{23}$。令 γ_j 表示因为停留在退化或者故障状态 j 的每单位时间惩罚成本（由于生产损失），则有 $\gamma_0 \geqslant \gamma_1 \geqslant \gamma_2$。

如果所有的转移速率都是固定的，那么描述维修策略的模型就是一个齐次马尔可夫过程。每单位时间的渐近成本 C_∞ 取决于每个状态的稳态概率。这些概率可以通过第 11 章中的方法求解齐次马尔可夫过程的数值解得到，它们表示元件每单位时间在每个状态的平均停留时间（平均时间比例）。图 12.10 中每个案例 j 的相应成本 C_∞^j 可以因此确定：

$$C_\infty^1 = c_{03}\mu_{03}P_0 + \sum_{i=0}^{2} \gamma_i P_i$$

$$C_\infty^2 = c_{13}\mu_{13}P_1 + C_\infty^1$$

$$C_\infty^3 = c_{12}\mu_{12}P_1 + C_\infty^1$$

$$C_\infty^4 = c_{23}\mu_{23}P_2 + c_{13}\mu_{13}P_1 + C_\infty^1$$

$$C_\infty^5 = c_{23}\mu_{23}P_2 + c_{12}\mu_{12}P_1 + C_\infty^1$$

其中 P_i 为元件在状态 i 的稳态概率，$\gamma_i P_i$ 为每单位时间的平均生产损失，$\mu_{ij}P_j$ 为从状态 i 到状态 j 每单位时间维修任务的平均数量。在图书配套网站中，我们提供了每个案例的稳态概率 P_i 的数值计算以及相应的 Python 仿真算法的例子。注意，只有所有的转移速率都是固定值时，数值计算才可行。

如果至少有一个转移速率不是固定速率，就需要使用蒙特卡罗仿真。这时，稳态概率可能并不存在，还应使用其他成本函数，比如在给定时间长度 t 内每单位时间的累计平均成本。这个成本函数依赖于元件在 $[0, t]$ 区间内在每个状态的平均停留时间。我们在图书配套网站上为案例 4 给出了一个仿真算法示例，其中转移速率 μ_{13} 取决于元件在状态 2 的停留时间。仿真算法的输出会体现元件在每个状态的平均停留时间、平均失效数量、在特定区间内使用维修（修复性和预防性）的平均次数。读者可以利用习题 12.10 继续研究数值算例。

我们也可以修改图 12.10 所示的状态转移图，这样在维修期间可以使元件停止运行。与

图 12.10 中案例 4 对应的状态转移图如图 12.11 所示，其中 2^R、1^R 和 0^R 分别表示元件的修理状态，d_0、d_1、d_2 为在一些延迟情况下的等待速率，r_0、r_1、r_2 则是修复率。如果不存在延迟，那么我们可以认为从状态 2 和 1 到状态 2^R 和 1^R 的转移是即时的。而如果存在延迟，就需要判定转移应该是确定性的还是一个随机分布。如果考虑固定转移速率，则可以使用马尔可夫过程。如果不是的话，那么我们推荐使用 PDMP。图书配套网站上提供了 Python 仿真算法的示例。

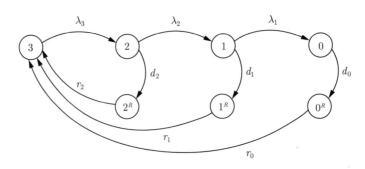

图 12.11　包含退化状态的单一元件在维修时停止运行的状态转移图

12.5.3　持续监控和连续状态空间

假设一个连续退化模型 $X(t)$ 的状态在任何时间都可知，并在连续状态空间中取值。进一步假设：

（1）在达到退化程度 l 时，认为元件失效。

（2）修理时长可以忽略不计。

（3）在维修任务开始前会有一定延迟，设延迟时间为 τ。

（4）元件持续退化，并且可能在维修延迟时间内失效。

（5）无论是修复性还是预防性的维修任务都是完美的，可以将元件重置到完好如初的状态（即更新）。

如果修复时长与延迟相比较短，并且由于延迟导致的故障时间可能很长，那么上述假设就是合理的。这适用于那些可靠性很高但难以接触到的系统，例如海上石油和天然气行业使用的海底生产系统、海上平台、海上风电场、水电大坝等。对于这样的系统，假设完美的修复和预防性维修任务也是合理的，因为与延迟成本（包括准备和物流）相比，相关元件的材料成本可能非常低。

1. 维修策略

如果存在持续监控和持续退化，那么下列预防性维修策略就是可行的：当退化程度达到预设值 m 时尽快计划进行预防性更新，并在一段延迟（长度 τ）之后开始实际的更新工作。同时，元件的退化可能会达到 l，然后在维修工作开始前处于故障状态。如果是这样的话，就需要用修复性更新替换预防性更新。我们的目标是优化计划预防性更新时的退化程度 m。文献 [27, 117] 对这类策略进行了深入研究。

2. 维修成本

根据既有假设，在一个更新周期中的场景数量非常有限：要么在延迟过程中元件没有失效，要么元件失效。在第一种情况下，更新成本为 c_m；在第二种情况下，更新成本为 c_l 加上每单位时间故障成本 γ 乘以故障时间。每单位时间的平均渐近成本为

$$
\begin{aligned}
C_\infty =& \frac{c_m \Pr(T_l^{(\mathrm{h})} > T_m^{(\mathrm{h})} + \tau) + c_l \Pr(T_l^{(\mathrm{h})} \leqslant T_m^{(\mathrm{h})} + \tau)}{E(T_m^{(\mathrm{h})}) + \tau} \\
&+ \frac{\gamma E[(T_m^{(\mathrm{h})} + \tau - T_l^{(\mathrm{h})}) I_{(T_l^{(\mathrm{h})} \leqslant T_m^{(\mathrm{h})} + \tau)}]}{E(T_m^{(\mathrm{h})}) + \tau} \\
=& \frac{c_m \Pr(T_l^{(\mathrm{h})} > T_m^{(\mathrm{h})} + \tau) + c_l \Pr(T_l^{(\mathrm{h})} \leqslant T_m^{(\mathrm{h})} + \tau)}{E(T_m^{(\mathrm{h})}) + \tau} \\
&+ \frac{\gamma \left(\tau - E\left[\min\left(\tau, T_l^{(\mathrm{h})} - T_m^{(\mathrm{h})}\right)\right]\right)}{E(T_m^{(\mathrm{h})}) + \tau}
\end{aligned}
\tag{12.46}
$$

式中，$T_m^{(\mathrm{h})}$ 和 $T_l^{(\mathrm{h})}$ 分别为退化到 m 和 l 的次数。$T_{\mathrm{R}} = T_m^{(\mathrm{h})} + \tau$ 为两次更新的间隔，而 $E(T_{\mathrm{R}}) = E(T_m^{(\mathrm{h})} + \tau) = E(T_m^{(\mathrm{h})}) + \tau$ 为其均值。$E[(T_m^{(\mathrm{h})} + \tau - T_l^{(\mathrm{h})}) I_{(T_l^{(\mathrm{h})} \leqslant T_m^{(\mathrm{h})} + \tau)}]$ 是在延迟过程中（也就是 $T_l^{(\mathrm{h})} \leqslant T_m^{(\mathrm{h})} + \tau$ 时）发生失效的平均故障时间。如果 $T_l^{(\mathrm{h})} \geqslant T_m^{(\mathrm{h})} + \tau$，$I_{(T_l^{(\mathrm{h})} \leqslant T_m^{(\mathrm{h})} + \tau)}$ 等于 0，否则等于 1（指标函数）。这意味着，平均故障时间 $T_m^{(\mathrm{h})} + \tau - T_l^{(\mathrm{h})}$ 只有在失效发生在预防性维修之前的情况下才非零。

接下来需要确定 $\Pr(T_l^{(\mathrm{h})} > T_m^{(\mathrm{h})} + \tau)$，$E(T_m^{(\mathrm{h})})$ 和 $E\left[\min\left(\tau, T_l^{(\mathrm{h})} - T_m^{(\mathrm{h})}\right)\right]$ 的数值。如果退化过程单调递增并且为齐次，那么有

$$
\begin{aligned}
\Pr(T_l^{(\mathrm{h})} > T_m^{(\mathrm{h})} + \tau) &= \Pr(T_l^{(\mathrm{h})} - T_m^{(\mathrm{h})} > \tau) \\
&= \Pr[X(\tau) \leqslant l - m]
\end{aligned}
$$

并且

$$
\begin{aligned}
E(T_m^{(\mathrm{h})}) &= \int_0^\infty \Pr(T_m^{(\mathrm{h})} > u) \, \mathrm{d}u \\
&= \int_0^\infty \Pr[X(u) \leqslant m] \, \mathrm{d}u
\end{aligned}
$$

如果退化是维纳过程或者趋势模型这样的非单调过程，则上述计算不成立。然而忽略非单调性是比较合理的近似方法。如果退化是一个单调递增的伽马过程，则有

$$
\Pr(T_l^{(\mathrm{h})} > T_m^{(\mathrm{h})} + \tau) = \int_0^{l-m} f_{\alpha\tau, \beta}(x) \, \mathrm{d}x
$$

$$E(T_m^{(\text{h})}) = \int_0^\infty \int_0^m f_{\alpha u, \beta}(x) \, dx \, du$$

对于 $E\left[\min\left(\tau, T_l^{(\text{h})} - T_m^{(\text{h})}\right)\right]$，我们需要 $\left(T_m^{(\text{h})}, T_l^{(\text{h})}\right)$ 的联合密度函数。如果退化是单调过程，有

$$f_{T_m^{(\text{h})}, T_l^{(\text{h})}} = \frac{\partial^2}{\partial u \partial v} \Pr(T_m^{(\text{h})} > u, T_l^{(\text{h})} > v)$$

$$= \frac{\partial^2}{\partial u \partial v} \Pr[X(u) \leqslant m, X(v) \leqslant l]$$

那么 $T_l^{(\text{h})} - T_m^{(\text{h})}$ 的存续度函数为

$$\overline{G}(s) = \int_0^\infty \int_{v+s}^\infty f_{T_m^{(\text{h})}, T_l^{(\text{h})}}(u, v) \, du \, dv$$

最终得

$$E\left[\min\left(\tau, T_l^{(\text{h})} - T_m^{(\text{h})}\right)\right] = \int_0^\tau \overline{G}(s) \, ds$$

如果是一个伽马过程，则有

$$f_{T_m^{(\text{h})}, T_l^{(\text{h})}} = \frac{\partial^2}{\partial u \partial v} \Pr\left(T_m^{(\text{h})} > u, T_l^{(\text{h})} > v\right)$$

$$= \frac{\partial^2}{\partial u \partial v} \Pr[X(u) \leqslant m, X(v) \leqslant l]$$

$$= \frac{\partial^2}{\partial u \partial v} \int_0^m \int_0^{l-x} f_{\alpha, \beta}(x) \, f_{\alpha(v-u), \beta}(y) \, dy \, dx$$

$$= \int_0^m \int_0^{l-x} \frac{\partial^2}{\partial u \partial v} f_{\alpha, \beta}(x) \, f_{\alpha(v-u), \beta}(y) \, dy \, dx$$

这是因为增量是独立的。读者可以在习题 12.9 中继续学习数值案例。

12.5.4　基于检测的监控和有限离散状态空间

使用检测方法进行监控，我们就会在检测日期知道元件状态，并在这些日期启动维修任务。很多被动式元件，比如阀门、管道、容器、各种备用安全系统（如火焰和烟雾检测器）以及土木工程中的很多结构，都需要使用这类监控手段。所有这些元件自身都不能提供信号作为持续监控的退化指标。它们需要被激活或者在特定状态下进行检测以进行故障诊断。

设一个退化模型 $X(t)$ 在有限离散状态空间内取值。接下来，我们假设：

（1）退化模型与 12.5.1 节中使用的一样。

（2）元件在确定日期 $\tau_1, \tau_2, \tau_3, \cdots$ 进行检测。在检测的时候，元件停止运行并进行预防性维修，没有任何延迟。

（3）维修任务的时长（与元件寿命比较）可以忽略，介入维修没有延迟（元件容易接近）。

（4）无论是修复性还是预防性维修都会将元件恢复到完好如初的状态。

当修理时长与元件寿命相比非常短并且在检测日期进行干预之前的延迟可以忽略时，这些假设是合理的。对于非常可靠且在启动检测后接入也很容易的系统而言，情况确实如此。此外，对于许多生产系统而言，如果对生产的影响非常低或可以通过冗余系统补偿损失，通常会通过停止或减少生产过程来执行检测计划并进行相关的维修。我们必须考虑的生产损失主要是由两次检测之间的意外失效造成的，而不是由于在检测日期停产造成的。

1. 按期检测与视情检测

检测可以采用视情的方式，意味着下一次检测的日期根据在当前检测日期元件的退化状态决定。相关的公式不在本书的讨论范围之内。

另一种检测方式是严格按照日期进行的（通常是周期性的），我们称其为按期检测。这对建模来说最为简单，如果有些时间适合降低生产率，或者适合停止一些元件的运行以进行检测或者预防性维修的话，那么这种方法在实践当中也合理。

2. 维修策略

如果从状态 k 到退化程度更深的状态 $k-1$ 的转移速率是固定的，那么两次检测之间的元件退化模型就是一个马尔可夫过程。我们可以用 11.11 节中介绍的转移矩阵 $\boldsymbol{B}$ 对维修任务建模，包括检测和维修的完整模型是一个多阶马尔可夫过程，示例如下。使用图 12.9 中的符号，两次检测之间的马尔可夫过程的转移速率矩阵为

$$\boldsymbol{A} = \begin{pmatrix} 0 & 0 & 0 & 0 \\ \lambda_1 & -\lambda_1 & 0 & 0 \\ 0 & \lambda_2 & -\lambda_2 & 0 \\ 0 & 0 & \lambda_3 & -\lambda_3 \end{pmatrix}$$

令 $\boldsymbol{P}(t) = [P_0(t), P_1(t), P_2(t), P_3(t)]$ 表示时间依赖状态概率向量，其中 $P_j(t)$ 为马尔可夫过程（退化模型）在时刻 t 处于状态 j 的概率（$P_j(t) = P[X(t) = j]$）。在时刻 τ_i 维修任务结束后的状态概率向量是 $\boldsymbol{P}(\tau_i)\boldsymbol{B}$，其中 $\boldsymbol{B}$ 是一个 4×4 矩阵，因此其中每一行的输入之和是 1。矩阵 $\boldsymbol{B}$ 中的输入 m_{ij} 是给定元件在维修任务结束之前处于状态 i，在维修任务结束之后处于状态 j 的概率。

矩阵 $\boldsymbol{B}$ 依赖于在检测之后使用的维修策略。比如，如果元件处于状态 1 就进行预防性维修。如果所有的维修都会将元件恢复到完好如初的状态，则有

$$\boldsymbol{B} = \begin{pmatrix} 0 & 0 & 0 & 1 \\ 0 & 0 & 0 & 1 \\ 0 & 0 & 1 & 0 \\ 0 & 0 & 0 & 1 \end{pmatrix}$$

当 $\tau_i \leqslant t < \tau_{i+1}$ 时，时间依赖状态概率向量的分析表达式为

$$\boldsymbol{P}(t) = \boldsymbol{P}(0) \left(\prod_{k=1}^{i} \mathrm{e}^{(\tau_k - \tau_{k-1})\boldsymbol{A}} \boldsymbol{B} \right) \mathrm{e}^{(t-\tau_i)\boldsymbol{A}} \tag{12.47}$$

图书配套网站上提供了多阶段马尔可夫过程数值计算和蒙特卡洛仿真的 Python 代码。如果有一个转移速率与时间相关，就应使用 11.12 节中介绍的 PDMP 方法。

3. 维修成本

如果过程 $X(t)$ 没有稳定状态，就需要使用时间依赖状态概率 $\boldsymbol{P}(t)$ 计算在一定时间段内每单位时间的维修成本。比如，我们可以计算在区间 $(\tau_i, \tau_{i+1}]$ 的两次检测之间的累计维修成本，它包括在时刻 τ_{i+1} 的维修成本，也就是如果元件处于状态 1，那么成本为 c_{13}，如果元件处于状态 0，那么成本为 c_{03}。因为只能在特定检测日期进行修复性和预防性维修，因此失效可能会发生在两次检测之间。在区间 $(\tau_i, \tau_{i+1}]$ 内的累计成本为

$$\begin{aligned} C((\tau_i, \tau_{i+1}]) &= \frac{c_{03} \Pr[X(\tau_{i+1}) = 0] + c_{13} \Pr[X(\tau_{i+1}) = 1]}{\tau_{i+1} - \tau_i} \\ &= \frac{c_{03} P_0(\tau_{i+1}) + c_{13} P_1(\tau_{i+1})}{\tau_{i+1} - \tau_i} \end{aligned}$$

因为元件会在退化或者故障状态停留，所以我们也可以考虑惩罚成本，记为 γ_j，$j = 1, 2, 0$。在本例中，失效和退化状态可能会导致生产损失，但是修复性和预防性维修工作只能在检测日期进行。因此有

$$\begin{aligned} C((\tau_i, \tau_{i+1}]) &= \frac{c_{03} P_0(\tau_{i+1}) + c_{13} P_1(\tau_{i+1})}{\tau_{i+1} - \tau_i} \\ &+ \frac{\sum_{j=0}^{2} \gamma_j \int_{\tau_i}^{\tau_{i+1}} s\lambda_j \mathrm{e}^{-\lambda_j s}\,\mathrm{d}s}{\tau_{i+1} - \tau_i} \end{aligned} \tag{12.48}$$

如果考虑检测或者维修时长，那么它们是确定性的，元件在维修的时候会停止运行。我们可以使用相同的模型，但是在检测日期加上一个时滞，如 11.11 节所述。如果检测或者维修时长为服从指数分布的随机变量，那么仍然可以使用多阶马尔可夫过程，但是需要加入额外的状态和额外的阶段。读者在习题 12.10 中可以看到后两个情况。

12.5.5 按期检测和连续状态空间

考虑一个连续退化模型 $X(t)$，元件的状态只在检测日期可以知晓，而取值范围是一个连续状态空间。对维修/检测任务使用与 12.5.4 节相同的假设，并考虑更为通用的框架，即检测日期也可能是视情决定的，也就是说下一次检测日期会根据元件在当前检测日期观察到的情况进行更新。

1. 维修/检测策略

考虑下面的预防性维修策略，它适用于基于检测的监控和连续退化状态空间：在第一个检测日期启动预防性更新，彼时我们发现退化程度达到了某一个水平 m，而 $m < l$。更新的成本表示为 c_m。此外，如果在第一个检测日期我们发现退化程度已经达到了特定水平 l，就进行修复性更新，成本为 c_l。如果元件在两次检测之间失效，那么每单位时间故障成本可以表示为 γ。在每一次检测之后，我们都可以根据当前的退化程度（周期性检测策略或者按照日历时间的检测策略都是这种方法的特殊情况）重新安排下一次检测的时间。用规范的说法，下一次检测的时间 T_{n+1} 是随机变量，定义为 $T_{n+1} = T_n + g(X_{T_n})$，其中 $g(\cdot)$ 从 $[0, m)$ 到 R_+ 是一个减函数。设 $g(X_{T_n}) = \tau$，可以对周期性检测建模，其中 τ 是一个常数，它的数值与元件状态和时间无关。那么我们就可以优化 m 以及下一次检测的日期。

2. 维修成本

要计算维修成本，我们需要研究过程 $\{X(t), t \geqslant 0\}$，以及在检测日期的维修的效果。维修成本无法直接进行分析，需要利用一些超出本书范围的知识。因此，我们仅给出成本函数的简要公式，并用蒙特卡罗仿真生成方案进行评价。图书配套网站上有相关的 Python 代码，更多关于维修成本计算的详细内容还可以从文献 [118, 211] 中找到。

令 $C(t)$ 表示考虑了每种任务类型成本以及系统在 $0 \sim t$ 期间停机成本的成本函数，表示为

$$C(t) = c_m N_m(t) + c_l N_l(t) + \gamma d(t)$$

其中 $N_l(t)$ 为修复性维修的数量，c_l 为修复性维修的成本，$N_m(t)$ 为在 $0 \sim t$ 之间预防性维修的数量，c_m 为预防性维修的成本，$d(t)$ 为系统在 $0 \sim t$ 之间的停机时间，γ 为每单位时间的故障成本。因此有

$$C_\infty = \frac{E[C(T_R)]}{E(T_R)} = \frac{E\left[c_m N_m(T_R) + c_l N_l(T_R)\right] + \gamma\, E[d(T_R)]}{E(T_R)}$$

其中 T_R 为更新周期。如果在第一次检测时发现元件的退化程度超过了 l，就会进行更新。优化需要考虑的变量包括预防性维修阈值 m 以及检测函数 $g(\cdot)$，优化的目标是使 C_∞ 达到最小。举例来说，如果我们选择了线性维修函数 $g(x) = m_{\max} - x\dfrac{m_{\max} - m_{\min}}{m}$，就需要优化三个变量 m、$m_{\max}$ 和 $m_{\min}$，以使得 C_∞ 最小。

12.6 多元件系统的维修

如果要在系统层面研究维修优化的问题，我们首先需要对系统的行为建模，然后将维修的效果集成在系统模型当中。本节将分别介绍这两个步骤。

12.6.1　系统模型

根据第 4~6 章的描述可知，一个系统模型必须包括：

- 系统结构
- 每个元件的随机行为
- 元件之间的交互

对于所有元件，我们主要参考本书之前的章节，利用可靠性理论讨论维修建模的问题。

1. 系统结构模型

根据第 2 章和第 4 章的定义，系统结构表示的是元件如何搭配在一起在系统层面实现其主要功能的。

2. 单一元件的随机模型

一个单独元件的模型可以有一个状态空间，以及描述元件在每一个状态停留时间的概率分布。元件的模型主要包括两类：

（1）失效时间模型。元件的状态空间被简化为两个状态（可运行和已失效）。我们在第 3 章和第 5 章中介绍了这些模型，它们在实际中广泛使用，并经常依赖于适量的数据（失效日期）。指数分布非常独特，它可以用来描述那些不经历任何磨损的元件，也就是失效率固定。对于退化元件，我们可以使用其他分布，比如失效率递增的威布尔分布。

根据每个元件的失效时间模型，我们可以将系统层面的退化解释为失效元件的数量或者是一些元件存在故障，但是系统仍然可以运行的状态的数量。

（2）退化模型。每个元件都可以用一个退化模型描述，它的状态空间可能是离散的、连续的，也可能是混合的。系统层面的退化可以定义为多维度退化过程，或者个体元件退化的标量函数。

3. 元件之间的交互

我们一般会分析元件之间三种类型的交互关系。

（1）经济依赖性。经济依赖性是指一组元件的维修成本与个体元件维修成本之和不等。其中包括两个子类别：

① 正向经济依赖性：几个元件同时进行维修的成本低于各个维修成本的和。比如，我们在对串联结构进行维修的时候，就会通过分担维修准备成本，减少维修中的系统故障时间，降低总体维修成本。

② 负向经济依赖性：几个元件同时进行维修的成本高于各个维修成本的和。比如，如果我们对并联结构中的元件进行成组维修，系统的故障时间就会增加。

我们需要在维修策略中对这些依赖关系建模，并将其作为维修模型的一部分。

（2）统计依赖性（也称随机依赖性）。统计依赖性发生在一些元件的随机行为有关联的情况下，这表示元件的失效日期存在概率上的依赖关系。我们在第 8 章中研究了这种依赖性。在实际中，这种依赖性对应的情况包括：元件暴露在相同的严苛环境或者冲击中（比如共因失效），元件分担相同的载荷，一个元件的失效会导致载荷重新分配，或者一个元件的失效会触发其他元件的失效（即级联失效）。对这些依赖性建模需要考虑每个元件的随机行为。

（3）结构依赖性。结构依赖性的体现，是某一元件在不影响其他元件的情况下无法进行维修。这是一个很严重的问题，比如在海底生产、航天工业或者核电行业当中，那些很难抵达进行维修的系统就应该设计得非常紧凑。在设计这类系统时，需要将它们分为合适的模块，并设计一种堆式的结构，将最不可靠的模块置于顶部。这个过程叫作堆叠，是系统开发项目中最具挑战的工作。还需要注意，模块越小，就需要越多的连接器，失效率也会越高。堆叠方式的设计对于系统维修具有重大影响，因为一个模块的维修可能会需要抽放其他模块。这种依赖性也是维修模型的重要组成部分。

12.6.2 维修模型

在系统层面的预防性维修意味着在整体系统失效之前进行维修。我们可以用已失效元件的数量、它们的重要性、元件自身的退化情况（如果相关的话）定义系统的状态，并决定预防性维修任务。

1. 伺机维修和成组

伺机维修（opportunistic maintenance）只适用于预防性维修工作需要关闭系统或者一些子系统的情况。伺机维修也称为机会维修。如果系统因为生产或者管理的原因关闭，就出现了维修的时机。此外，如果因为失效导致系统关闭或者需要系统在修复的时候停机，我们也可以将其看作伺机维修。

定义 12.2（伺机维修） 维修工作在时间上延迟或者提前，并在计划外的机会出现时进行。

多元件维修模型发展最深入的领域，就是针对经济依赖性使用成组策略对伺机维修进行优化，主要研究的问题就是如何确定同时进行预防性维修或者修复性维修的元件群组大小，以节约成本。在大多数情况下，这都是一个包括每个元件失效时间模型的离散优化问题。例如我们在一些元件的失效日期对另外一些元件进行预防性维修，就是伺机维修策略。这对于串联结构很有意义，因为已失效元件的修理会使整个系统的生产停顿。这时就值得对其他元件（称为成组）进行预防性维修以降低相关成本。

对于串联结构，理论结果表明最优成组策略是一组有限的可能策略中的一个。考虑到所有元件都是随机独立的，首先针对每个元件单独优化它的预防性维修日期。然后，在给定的可能进行维修时间，预防性维修任务的最佳成组方案，就是那些分别获得最接近最佳维修日期的组。我们需要优化的是每组当中的元件数量。但是，如果系统结构中存在冗余，上述结果可能就不再成立，因为成组进行预防性维修会降低整个系统的可靠性或可用性，从而产生不良作用。在这种情况下，我们需要列出所有可能的维修任务成组方式。如果存在大量元件，可能很难在合理的时间内精确求解的解决方案，就需要使用启发式方法。文献 [56,74,225] 讨论了固定成组计划的成组维修优化问题，文献 [80,289] 讨论了动态成组计划。读者要想了解更多伺机维修的内容，也可以阅读文献 [43, 265]。

2. 视情维修

如果元件相互独立，那么可以根据元件状态决定视情维修的工作，这时可以使用第 6 章中介绍的工具搭配元件模型。比如，每个元件都可以用单独的伽马过程或者马尔可夫过程表示它的独立退化过程和单独维修策略。接着，按照第 6 章介绍的方法，根据元件可用性通过结构函数计算系统可用性。然而，如果元件是关联的，那么使用上述方法在系统层面确定维修任务可能就不够（这意味着根据系统确定的任务并不能保证每个元件可用性最高）。文献 [240] 列出了由多个关联零件组成的系统的视情维修策略。另外，一些学者也对多元件系统的预断和视情维修进行了大量研究，比如文献 [46, 75, 300]。

当前的文献将在系统层面进行视情维修的建模框架分为三类：

（1）基于场景的方法。这种方法需要描绘在系统的两次更新之间所有可能的场景。如果场景的数量非常有限（一般为两个），并且有随机依赖性，就可以使用这种方法。如果元件数量很多，但是元件相互独立，可以使用结构方程描述所有场景，此时也可以使用这种方法。我们需要识别出关注的场景究竟是有一个更新过程，半再生更新过程，还是马尔可夫更新过程。场景需要根据具体情况构建，而构建场景的理论基础不在本书范围之内。然而我们在 12.6.3 节中将介绍当元件相互独立时如果通过简单工具使用这种方法。

（2）状态转移方法。正如第 6 章所描述的，这种方法一般与蒙特卡罗仿真或者马尔可夫过程以及第 11 章中介绍的衍生模型（比如分步确定马尔可夫过程）一起使用。这类方法需要系统状态信息以及状态之间可能的转移信息。如果元件数量有限（一般可以"人工"列出所有需要计算成本函数的系统状态），就可以使用这类方法，它能够分析随机或者结构依赖关系。当场景数量太多而无法在基于场景的方法中详细列出时，也可以使用该方法。在使用马尔可夫过程或使用蒙特卡罗模拟构建离散事件模拟算法时，此类模型可以作为柯尔莫哥洛夫方程数值计算的基础。

（3）专用建模语言。这种方法不需要分析人员人工描述出所有的系统状态。它的理念是将建模工作结构化，以处理比前两种方法能够处理的多得多的系统状态。真正的系统状态可以从系统的更高级别描述或至少从子系统的结构化描述中自动计算出来。状态概率通常用蒙特卡罗仿真来估计。许多建模语言和相关的软件程序都可以使用这种方法。我们在图书配套网站上给出了一个大概列表。

12.6.3 示例

考虑一个结构如图 12.12所示的安全仪表系统（SIS）。我们将在第 13 章全面介绍这一类系统。说明如下：

（1）冗余结构对应系统的机械部分（执行机构），其中的每一个分支都对应一条包含多个元件的通道。现在系统有 n 条通道，每条通道 i（$1 \leqslant i \leqslant n$）都可能有两种类型的失效模式，我们可以用两元件的串联结构建模（编号分别是 a 和 b）。

（2）编号为 c 的元件，是与冗余执行机构串联的逻辑运算器。

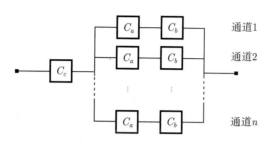

图 12.12　安全仪表系统（SIS）的可靠性框图（RBD）

我们需要进行下列假设：

（1）每隔长度为 Δ 的时间，在时刻 $\tau_1, \tau_2, \cdots, \tau_{m-1}$ 进行部分检测（部分测试），这样 $\tau_k = k\Delta$。整个系统在长度为 $\tau = m\Delta$ 的验证性测试周期的末尾进行更新。

（2）在部分测试期间，编号 a 所对应的失效模式会得到检测，并计划相应的维修任务。维修会在元件失效的情况下对其进行更新，或者进行不完美维修（预防性或修复性）。编号 b 对应的失效模式在部分测试中检测不到。

（3）编号 c 对应的元件受到持续监控，因为系统具备自我诊断功能，该元件的失效会被立即发现。

（4）编号 c 对应的元件并不会出现退化，它的失效时间模型具有固定失效率 λ_c。

（5）编号 a 和 b 对应的元件会出现退化，失效模式 a 可以采用离散状态退化模型，失效模式 b 可以采用失效率函数时间依赖失效时间模型。

（6）元件 c 的修复时间可以认为是一个常数 m_c。

（7）失效模式 a 对应的修复时间可以忽略或者为常数 m_a。

（8）考虑到结构或者随机依赖性，所有的元件都相互独立。

1. 元件 a 类失效的退化模型

假定元件的 a 类失效是由退化引起的，我们采用包含 $\kappa+1$ 个状态的离散状态马尔可夫过程对退化过程建模。状态 κ 是在 $t = 0$ 时的全新状态，状态 $\kappa - 1, \cdots, 1$ 是可运行状态，但是退化程度随着数字变小逐渐加深，而状态 0 则是已失效状态。在两次更新之间，元件 a 类失效相关的退化可以用离散状态马尔可夫过程建模，从状态 0 转移到其他状态的速率为 $\lambda_{a,0} = 0$，而从状态 k 到状态 $k-1$ 的转移速率为 $\lambda_{a,k}$，$k = 1, 2, \cdots, \kappa$。则转移矩阵为

$$\boldsymbol{A} = \begin{pmatrix} 0 & 0 & 0 & \cdots & 0 & 0 \\ \lambda_{a,1} & -\lambda_{a,1} & 0 & \cdots & 0 & 0 \\ 0 & \lambda_{a,2} & -\lambda_{a,2} & \cdots & 0 & 0 \\ \vdots & \vdots & \vdots & \vdots & \vdots & \vdots \\ 0 & 0 & \cdots & \lambda_{a,\kappa-1} & -\lambda_{a,\kappa-1} & 0 \\ 0 & 0 & 0 & \cdots & \lambda_{a,\kappa} & -\lambda_{a,\kappa} \end{pmatrix} \tag{12.49}$$

2. 视情维修策略

在部分检测过程中，a 类失效对应的元件会被系统性更新，在失效的时候更新，或者得到不完美维修（预防性或者修复性的）。要对这些策略建模，我们需要定义输入为 $B_{k,j}$ 的矩阵 B，其中 $B_{k,j}$ 为元件恰好在维修之前处于状态 k、维修之后处于状态 j 的概率。注意，$\sum_{j=1}^{K} B_{k,j} = 1$。

如果 a 对应的元件在每次检测之后更新，那么对于任何 k，都有 $B_{k,\kappa} = 1$ 以及 $B_{k,j} = 0$，其中 $j \neq k$。对于不完美预防性维修来说，可以考虑所有的情况，比如对于任何 $k \geqslant m$ 以及 $j < k$，都有 $B_{k,j} = 1$。将 m 设为预防性维修的阈值，如果退化程度高于 m，就必须进行维修，并且在维修之后将元件状态恢复到 j。

3. 维修成本

考虑在更新时间间隔 $[0, \tau)$ 内的系统性能，令 $\mathcal{F}$ 表示系统可运行状态的集合。系统状态表示为 $\eta = \{\eta_1, \cdots, \eta_n\}$，如果通道 i 可运行则 $\eta_i = 1$，否则如果该通道失效，则 $\eta_i = 0$。

如果 a 类失效对应元件（简称元件 a）的修复时间可忽略，我们可以在区间 $[0, \tau)$ 计算系统可用性 $A_{\mathrm{S}}(t)$。令 $A_c(t)$ 表示元件 c 在时刻 t 的可用性，$A_i(t)$ 表示通道 i 的可用性。则整个系统的可用性 $A_{\mathrm{S}}(t)$ 为

$$A_{\mathrm{S}}(t) = A_c(t) \sum_{\eta \in \mathcal{F}} \prod_{i=1}^{n} [A_i(t)]^{\eta_i} [1 - A_i(t)]^{1 - \eta_i} \tag{12.50}$$

如果元件 c 在时刻 t 不可用，就表明在区间 $[t - m_c, t)$ 发生了一个可以自我诊断的失效。因为这些失效遵循速率为 λ_c 的齐次泊松过程，这个事件的概率就是 $1 - \mathrm{e}^{-\lambda_c m_c}$，因此有

$$A_c(t) = \mathrm{e}^{-\lambda_c m_c} \tag{12.51}$$

通道 i 的可用性 $A_i(t)$ 为

$$A_i(t) = R_b(t) A_a(t) \tag{12.52}$$

其中 $A_a(t)$ 为元件 a 在时刻 t 的可用性，$R_b(t)$ 为元件 b 的存续度函数（已经设定元件 b 的失效检测不到）。

要计算 $A_a(t)$，需要描述元件 a 的退化。如果 $t \in [\tau_k, \tau_{k+1})$，元件的状态概率向量 $\boldsymbol{P}(t) = [P_0(t), \cdots, P_\kappa(t)]$ 就等于

$$\boldsymbol{P}(t) = \boldsymbol{P}(0) \left(\mathrm{e}^{\Delta \boldsymbol{A}} \boldsymbol{B} \right)^k \mathrm{e}^{(t - \tau_k) \boldsymbol{A}}$$

其中 $P_j(t)$ 为元件 a 处于状态 j 的概率，那么 $A_a(t)$ 就是与可运行状态对应的概率 $P_i(t)$ 的和。

我们现在可以计算可用性。令 $N(\eta)$ 表示在配置 η 中处于可运行状态的元件数量，则系统可用性为

$$A_{\mathrm{S}}(t) = A_c(t) \sum_{\eta \in \mathcal{F}} [R_b(t) A_a(t)]^{N(\eta)} [1 - R_b(t) A_a(t)]^{n - N(\eta)}$$

$$= A_c(t) \sum_{\eta \in \mathcal{F}} \sum_{j=N(\eta)}^{n} (-1)^{j-N(\eta)} \, \mathrm{C}_{n-N(\eta)}^{j-N(\eta)} \, [R_b(t) A_a(t)]^j$$

在区间 $(0, \tau)$ 内的平均可用性为

$$A_{\mathrm{av}}(0, \tau) = \frac{1}{\tau} \int_0^\tau A_{\mathrm{S}}(s) \, \mathrm{d}s$$

$$= \frac{\mathrm{e}^{-\lambda_c m_c}}{\tau} \sum_{i=1}^{m} \sum_{\eta \in \mathcal{F}} \sum_{j=N(\eta)}^{n} (-1)^{j-N(\eta)} \, \mathrm{C}_{n-N(\eta)}^{j-N(\eta)} \int_{t_{i-1}}^{t_i} [R_b(s) A_a(s)]^j \, \mathrm{d}s$$

上述公式可以容易推广到包括时滞的场景，比如元件 a 的修复时间为常数 m_a。这意味着，在检测和维修任务之后，系统可以在时刻 $\tau_k + m_a$ 重新启动。

使用 $A_{\mathrm{S}}(t)$ 可以计算不同维修成本。比如，对于给定矩阵 $\boldsymbol{B}$ 以及与维修/检测任务相应的成本，可以评估可用性的价值。对于安全仪表系统，最重要的就是系统在需要的时候可用。在这种情况下，我们基本上不考虑成本函数，但是需要使用最少的维修成本，来保证在给定时间周期 $A_{\mathrm{av}}(0, \tau)$ 内的平均可用性高于指定的安全限制。

12.7　课后习题

12.1 假设元件会按照长度为 τ 的周期由相同类型的全新元件替换。如果元件在更换周期内失效，它就会被修复到完好如初的状态。证明该元件的极限可用性 A 不存在。

12.2 某元件有固定失效率 $\lambda = 5 \times 10^{-4}/\mathrm{h}$。一旦元件失效，它就会被修复到完好如初的状态，相应的平均故障时间为 6h。我们假设该元件连续运行。

（1）确定元件的平均可用性 A_{av}。

（2）该元件平均每年有多少小时不在运行状态？

12.3 一台机器的固定失效率为 $\lambda = 2 \times 10^{-3}/\mathrm{h}$，它每天运行 8h，每年运行 230 天。修复机器将其恢复到运行状态的平均故障时间 $\mathrm{MDT} = 5\mathrm{h}$。机器只有在活跃的运行状态才会失效。如果修复工作在正常工作时间没有完成，那么维修人员就会加班完成修理，以保证机器在第二天早晨可用。

（1）确定机器（在计划工作时间）的平均可用性。

（2）如果不允许加班，那么机器的平均可用性是多少？

12.4 某元件可能会出现磨损，它的失效率函数为 $z_1(t) = \beta t$。确定元件在 $t = 2\,000\mathrm{h}$ 的存续概率 $R(t)$，假定 $\beta = 5 \times 10^{-8}/\mathrm{h}^2$。在长度为 τ 的定期间隔之后，元件会进行大修。假设大修会降低失效率，我们可以使用下列模型：

$$z(t) = \beta t - \alpha k \tau, \quad k\tau < t \leqslant (k+1)\tau$$

其中 k 为时刻 $t = 0$ 之后大修的次数。

（1）绘制 $z(t)$ 的草图，解释 $\alpha k\tau$ 的含义。你认为这个模型现实吗？

（2）确定元件在时刻 $t = k\tau$（正好进行第 k 次大修之前）的存活度函数 $R(t)$。绘制 $R(t)$ 作为时间函数的草图。

（3）如果已知元件在第 k 次大修之前可运行，计算它在第 $k+1$ 次大修之前可运行的条件概率。

12.5 采用按龄更换策略，计算当元件的失效时间 T 服从下列分布时元件实际失效的平均间隔 $E(Y_i)$；

（1）失效率为 λ 的指数分布。并对得到的结果给出"物理上的"解释。

（2）参数为 $(2, \lambda)$ 的伽马分布。

12.6 使用 12.3.2 节中介绍的批量更换策略，假定每个备件每单位时间的备件成本为 c_s，计算最优备件数量。

（1）将平均备件成本作为批量更换周期 t_0 和备件数量 m 的函数，计算最优平均维修成本。

（2）绘制最优维修成本作为 m 的函数的函数曲线。假设失效时间 T 服从参数为 (α, β) 的伽马分布，为输入参数选择实际数值绘图。

12.7 假定每 15 个月（$p = 15$）检测一次元件，总的检测次数为 35（$n = 35$），实际上第一次检测其实"并不存在"，是因为系统在投入运行的时候确实处于全新状态。假设系统正在经历退化，这种退化现象取决于时间，并且是确定性和单调增加的。随机性仅仅源自检查固有的测量噪声。我们首先模拟退化情况（即生成一个"玩具"数据集），然后根据这个数据集估计退化模型的参数。我们假定处于理想情况，用于模拟的模型与我们用于估计的模型相同。退化 X 根据以下等式与时间相关：

$$X(t) = 0.001\,t + 0.001\,t^2$$

$X(t)$ 的观察值 $Y(t)$ 定义为 $Y(t) = X(t) + \epsilon(t)$，其中 $\epsilon(t)$ 是一个高斯噪声（即服从正态分布的噪声，均值为 0，标准差为 100）。

（1）创建脚本生成一次退化的仿真（即从 $t = 0$ 到 $t = pn$）抽样。这项工作又包括以下任务：

① 定义检测的时间（时刻）向量；

② 计算每个时刻对应的实际退化程度；

③ 使用蒙特卡罗仿真，模拟与退化测量相关的噪声。

（2）使用这个数据集估计退化参数。这项工作包括以下任务：

① 使用最小二乘法，估计根据退化模型生成的多项式的参数。

② 通过绘制理论模型的多条路径和上次检查之后的估计模型的路径，直观地评估预测质量，直到能够出现失效的退化程度 $l = 5000$。

③ 使用这些预测路径，比较理论模型和估计得到的退化程度达到 l 的时间的实证概率函数（仿真结果）。它们对应的是上次检查时剩余寿命的经验概率函数。绘制这两个实证累积分布。

（3）修改参数，研究检测次数以及检测周期对于估计质量的影响。

12.8 设一个元件每 $p = 15$ 个月进行一次检测，总检测次数为 $n = 6$ 次。假设元件在两次检测之间会出现退化，而退化过程在本质上是随机并且单调增加的：两次间隔之间的退化增量具有一些随机性，但是总为正值。

我们首先模拟退化过程（即生成一个"玩具"数据集），然后根据这个数据集估计退化模型中的参数。假定是在理想情况下，用于模拟的模型和用来估计的模型相同。我们希望编码实现增量的伽马分布或者指数分布。

（1）创建脚本，生成退化过程的 $m = 50$ 个样本（也称为历史或者路径）。退化过程遵循指数密度或两次检查之间的伽马概率密度函数。这项工作包括以下任务：

① 使用蒙特卡罗仿真模拟出增量：每条路径有 $n - 1$ 个增量，这样我们就能得到 $(n - 1) x(m)$ 个增量。将这些增量存储在 $(n - 1) \times m$ 的矩阵中，绘制数据集。

② 通过对与每个路径相关的增量求和来构建路径。

（2）估计这个仿真数据集所需的参数。这项工作包括以下任务：

① 设在检测日期观察到 n 条模拟路径，将这些路径转化为增量。

② 使用极大似然函数估计增量概率密度函数的参数。

③ 为了评价估计质量，在同一幅图上根据估计参数、真实参数（用来模拟数据的参数）以及数据集对应的仿真（即退化增量仿真）绘制概率密度函数。

（3）修改参数值，研究路径数量、检测数量和检测周期对于估计质量的影响。

（4）对于真实数据集（非模拟），如何确定退化增量是否服从指数分布或者伽马分布？

12.9 元件的退化可以离散化为四个等级（第 1 级为全新，第 4 级为故障），并且退化程度连续可知。假定维修工作不需要任何延迟就可以开始。

（1）列出所有可能的维修策略，既包括预防性维修也包括修复性维修。

（2）如果要使用马尔可夫过程对元件维修建模，需要作出哪些假设？

（3）假定我们选择的维修策略是，无论是预防性维修还是修复性维修都会将元件恢复到完好如初的状态，而只有元件退化到第 3 级才会进行预防性维修。设所有退化现象的转移速率都等于 $10^{-4}/\text{h}$，预防性维修速率等于 $2 \times 10^{-2}/\text{h}$，修复性维修速率等于 $10^{-2}/\text{h}$，绘制状态转移图并确定相应的转移速率矩阵。

（4）计算作为 t 的函数的元件可用性，并绘制可用性曲线。

（5）计算 MDT（只有退化程度达到第 4 级才认为元件失效）。

（6）讨论（在不借助计算的情况下）如何在所有方案中选择最佳维修策略，决策的原则是优化每单位时间的渐近成本。列出所有的假设和需要的参数。

12.10 设元件的退化过程可以采用参数为 α 和 β 的伽马过程建模，这样退化就可以看作一个标量指标，并且持续增加。我们采用持续监控，并设定 l 为失效时的退化程度。我们希望采用一个预防性维修策略，在退化程度达到 m 时（$m < l$）计划维修。那么优化问题就是："设从计划维修到开始实际进行维修之间的延迟为 τ，m 的最优值是多少？这些延迟包括准备时间、组织维修团队时间以及前往维修地点的旅途时

间等。" 假设包括：

① 元件更换（无论是预防性还是修复性）成本为 c；

② 每单位时间故障成本为 γ；

③ 一旦维修启动，那么维修所需的时长可以忽略不计；

④ 修复（无论是预防性还是修复性）都会将元件重置到完好如初的状态。

（1）回顾伽马过程的定义。

（2）推导计算每单位时间平均渐近成本的公式，识别更新周期以及需要评估的定量参数。

（3）编写代码，模拟伽马过程和维修策略。

（4）使用相应的脚本，运行足够多次蒙特卡罗仿真，近似计算你感兴趣的参数。

（5）使用脚本"测试"不同参数。对于每一个问题，可以使用下列初始值：$\alpha = 9$，$\beta = 0.5$，$l = 500$，$m = 400$，$\tau = 2.5\text{h}$，$c = 1000$，$\gamma = 10\,000$。

① 制造 α 的偏差，讨论其对于 $T_m^{(\text{h})}$（达到退化程度 m 的时间）以及 $T_l^{(\text{h})}$（达到退化程度 l 的时间）仿真的影响。

② 围绕 400 的取值，人为制造一些变量 m 的偏差，讨论成本、故障时间的值。你能够识别出 m 取值的最优"区域"吗？

③ 围绕 2.5 的取值，人为制造一些变量 τ 的偏差，讨论成本和故障时间的数值。

④ 围绕 10 000 的取值，人为制造一些变量 γ 的偏差，讨论 m 取值的最优"区域"。

（6）用指数分布替换伽马分布模拟退化增量，检测在这种特殊情况下的分析结果。

12.11 假设一个元件处于退化过程（状态 2 为完好如初，状态 1 为退化，状态 0 为故障）。退化是逐渐发生的，这说明元件从状态 2 转移到状态 1（转移速率为 λ_{21}），然后从状态 1 转移到状态 0（转移速率为 λ_{10}）。在本例中，$\lambda_{21} = 10^{-4}/\text{h}$，$\lambda_{10} = 10^{-3}/\text{h}$。

（1）假设对元件持续监控：

① 列出所有可能采用的维修策略。

② 选择一种维修策略，并说明你会采用哪个模型计算元件在任意时间处于每一个状态的概率。取 $\mu_{01} = 1/\text{h}$，$\mu_{12} = 1/\text{h}$，$\mu_{02} = 0.1/\text{h}$。

③ 提供一些根据任意时间处于每一个状态的概率所推导的性能指标。

④ 假设使用两个这样的独立元件组成一个并联结构，根据你所采用的维修策略，计算系统在 1000h、1 万 h 和 5 万 h 这几个时刻的可用性。

（2）假设采用基于检测的监控方式，检测频率是每个月一次：

① 解释你用来计算在两次检测之间的任意时刻元件处于某一状态的概率的模型。将这个模型用于以下维修策略：如果在检测日期发现元件处于状态 2，就进行预防性维修，立即将其恢复到完好如初的状态；如果在检测日期发现元件处于状态 3，就立即进行修复性维修，将元件重置到完好如初的状态。假设所有的维修时长都可以忽略不计，给出在 1000h、1 万 h 和 5 万 h 这几个时刻元件的可用性。

② 使用蒙特卡罗仿真计算元件的稳态可用性。

③ 修改上面的模型，考虑在检测日的维修时长，假设时长是随机的但是具有固定的修复速率：$\mu_{01} = 1/\text{h}$，$\mu_{12} = 1/\text{h}$，$\mu_{02} = 0.1/\text{h}$。

④ 修改上面的模型，考虑在检测日的维修时长，并假设时长是固定的：$r_{01} = 1\text{h}$，$r_{12} = 1\text{h}$，$r_{02} = 10\text{h}$。

12.12 假设在一个冗余结构中有两个元件，每个元件都在持续退化，但是退化过程可以离散为四个层级（第 1 级为全新，第 4 级为故障）。假定两个元件同时进行周期性检测，它们的退化程度只有在检测的时候才能知道，在我们采取行动之前没有任何延迟，我们希望实施视情预防性维修。

（1）我们可以考虑哪些维修策略？请列举至少两种策略。

（2）针对其中一种策略，描述建模过程以及说明如何进行优化。

## 第 13 章

安全系统的可靠性

 ## 13.1 概述

本章介绍安全系统可靠性方面的问题，这类系统的设计要求是在出现危险的系统或者流程偏差（系统或者流程需求）时激活，保护人员、环境和物料资产。在案例 4.2 中，我们曾经讨论过油/气分离装置中的安全系统，这个安全系统包括三道保护层：

（1）包括压力传感器、逻辑运算器和闭合阀的入口关闭系统；

（2）包括两台压力释放阀的压力释放系统；

（3）爆破片。

在案例 4.2 中，所谓的流程需求是出气口堵塞。如果安全系统不可用，那么这个流程需求就会导致分离器中的压力快速增加，从而使分离器破裂。安装了保护层对其进行保护的系统，称为受控设备（equipment under control，EUC）。在这个例子中，分离器就是受控设备。受控设备可能会遭遇多次危险的流程需求，需要它们的安全系统发挥作用。在流程行业，人们经常使用危险与可操作性分析（hazards and operability，HOZOP）方法识别潜在的流程需求[142]。

我们可以根据流程需求的出现频率对其进行划分。有些流程需求发生频率很高，因此安全系统几乎是持续工作，比如汽车的刹车就可以看作这样的安全系统。每当我们开车的时候，对于刹车的"流程"需求都会有很多次，因此刹车的失效和问题也几乎会被立刻发现。像刹车这类安全系统，我们称之在高频需求模式下运行。

还有一些流程需求的频率很低，因此安全系统长期处于"休眠"状态，比如汽车上的安全气囊就属于这类系统。气囊系统一直处于备用状态，直到"流程"需求出现。我们称这类系统在低频需求模式下运行。这类安全系统可能会在备用状态下失效，而失效会一直处于隐藏状态，直到真正发生流程需求或者进行系统测试的时候才会被发现。为了发现隐藏失效，我们需要对低频模式运行的安全系统定期进行验证性测试。

包含传感器、逻辑运算器和最终执行机构的安全系统称为安全仪表系统（SIS），13.2节将简要介绍这类系统。现在有多项国际标准为 SIS 设定了各种要求，其中最重要的标准就是 IEC 61508《电气/电子/可编程电子安全相关系统的功能安全》。13.7 节将简要介绍这个标准，如果读者想要全面了解 SIS 可靠性评估，请阅读本书作者的另一本专著[250]。

13.3节将介绍安全系统元件的主要可靠性模型，并讨论此类系统中的一些问题。我们的讨论主要面向低频需求运行模式，或者说是进行周期性测试的系统。我们还会讨论共因失效（CCF）和系统错误启动（spurious activation）的问题，并在 13.9 节中用马尔可夫方法分析安全系统。

13.2　安全仪表系统

安全仪表系统，是用来降低与特定危险系统（即 EUC）运行相关风险的独立保护层。EUC 可以是制造、流程、交通、医疗等行业中各种类型的设备、机器、工具甚至工厂。安全仪表系统包括传感器 、逻辑运算器和最终元件[①]。比如闭合阀或者刹车，都可以是最终元件。图 13.1示出了一个简单安全仪表系统的草图。安全仪表系统在很多领域都有应用，比如危险化工厂中的紧急关闭系统、火焰和烟雾检测及报警系统、压力保护系统、船舶和离岸石油平台使用的动态定位系统、列车中的自动停车系统（ATS）、飞机飞行控制面的电传操纵、防抱死刹车、汽车中的气囊以及医用放射治疗机照射剂量连锁控制系统等。最近随着基于网络的安全相关系统的发展，互联网技术的使用也越来越普遍。

安全仪表功能（safety-instrumented function, SIF）是安全仪表系统执行的功能，旨在针对特定的流程需求，实现或者维护受控设备的安全状态。一套安全仪表系统可能会执行多个安全仪表功能。

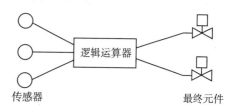

除了图 13.1 所示的元素（传感器、逻辑运算器和最终元件）外，安全仪表系统一般还包括电源、用户界面、气压/液压系统、电气连接和各种流程连接装置。

图 13.1　简单安全仪表系统草图

国际标准 IEC 61508将安全仪表系统称为"电气/电子/可编程电子安全相关系统"。

13.2.1　安全仪表系统的主要功能

安全仪表系统主要有两类系统功能：

（1）在 EUC 中发生预设流程需求（偏差）的时候，SIS 传感器应该能够检测到偏差，需要的最终元件应该能够启动并执行其指定功能。

（2）在 EUC 中没有预设流程需求（偏差）时，SIS 不应该错误启动。

---

① 译者注：也称为执行机构。

如果 SIS 不能执行第一类系统功能，我们称之为发生功能失效（fail to function，FTF），而第二类功能的失效称为错误动作（spurious trip，ST）。

案例 13.1（离岸油气平台上的安全系统）　离岸油气平台上的安全系统一般可以分为以下三类：

（1）流程控制（PC）系统

（2）流程关闭（PSD）系统

（3）火焰及烟雾检测（FGD）和紧急切断（ESD）系统

流程控制系统的目标是将 EUC（流程）保持在预设范围内。各种流程控制阀和调节器根据来自温度、压力、液位和其他类型变送器的信号来控制流程。当流程偏离正常值时，流程关闭系统就被激活并关闭 EUC。每种类型的偏差/需求所需的操作都被编译到逻辑求解器中。流程关闭系统可能采取的动作有启动警报、闭合切断阀和打开压力释放阀。流程控制和流程关闭系统是与特定 EUC 相关的局部系统。如果出现有可能发生重大事故的流程需求，比如火灾、气体泄漏和主电源中断这些情况，紧急切断（ESD）系统就会被激活。紧急切断操作通常分为几个等级，具体取决于检测到的偏差/需求类型以及位置。最高等级的紧急切断通常是关闭整个平台并疏散人员。

13.2.2　SIS 功能的测试

很多安全仪表系统都是不活跃系统，只有在 EUC 中发生特定流程需求时才会被激活。比如，火焰检测和消防系统只在出现火灾时才会被激活。然而这类系统在其不活跃状态时也可能会失效，而且失效会一直潜伏（隐藏）直到需要激活或者测试系统时才会被发现。

1. 诊断性自测试

很多现代安全仪表系统都装备有逻辑运算器，可以在在线运行时进行诊断性自测试。逻辑运算器经常向传感器和最终元件发送信号，并将二者的反馈结果与预设值进行比较。诊断性测试可以发现输入和输出设备中的失效，也正在越来越多地发现传感器和最终元件中的问题。很多情况中，逻辑运算器包含两台甚至更多冗余使用的计算机，每一台都可以进行诊断性自测试。我们将诊断性自测试中能够发现的失效的比例称为诊断覆盖率（diagnostic coverage）。自测试的频率很高，因此可以在失效出现后立刻探测到失效。

2. 验证性测试

诊断性自测试无法发现所有的失效模式和失效原因，因此 SIS 的不同部分还需要定期进行验证性测试（proof test）。验证性测试的目的是发现隐藏失效/故障，并证实系统确实（仍然）能够在出现流程需求的时候执行其所需功能。有时候，进行完全契合实际情况的测试并不太现实，这可能是因为技术上难以实现，或者需要的时间太长。另一个原因是测试本身可能会带来无法接受的危险，比如我们不能将一个房间充满毒气去测试气体探测器。实际上，气体探测器是通过用测试管将无毒的测试气体直接输入仪器进行测试的。

考虑安装在管道上的一个安全阀。在正常运行期间，阀门保持开启状态。如果有特定流程需求发生，阀门会关闭，停止管道的气/液流动。现实中的安全阀测试，需要关闭阀门并加大阀门上游管道中的压力，该压力等于在出现流程需求时最大的预期关闭压力。这样做可能会很难，所以我们可能只需要检查阀门是否能够按需关闭，并且在正常关闭压力下检查阀门是否泄漏就足够了。在某些情况下，我们可以从下游对阀门进行压力测试。这时就能够测试阀门的最大关闭压力，但测试的是密封件的错误一侧。在某些情况下，关闭气/液流可能很危险，因此应避免完全关闭阀门。对于某些阀门功能，我们可以通过部分关闭的方式进行测试（比如闸阀的闸门移动几毫米，球阀旋转一些角度）。这种测试称为部分冲程测试，在文献 [189] 中有深入讨论。

还有时候，验证性测试会对执行安全功能的最终元件造成伤害。比如，汽车上的烟火式安全带预紧装置就属于这种情况。读者可以阅读文献 [44, 273, 294] 了解更多关于部分冲程测试的必要性、局限性和案例研究。

13.2.3 失效分类

我们在第 3 章中曾经介绍过失效和基本的失效分类方法。对于 SIS 和 SIS 的子系统，则需要采用以下失效模式分类（见 IEC 61508）：

（1）危险失效（D）。指 SIS 没有在出现需求的时候执行需要的安全相关功能。这类失效可以进一步划分为：

① 未检测到的危险失效（dangerous undetected，DU）。这类失效指会阻碍 SIS 按需求激活的危险失效，并且这种失效只有在进行测试或者出现真实需求的时候才能发现。DU 失效有时也称为潜伏失效。

② 检测到的危险失效（dangerous detected，DD）。指在发生时就会通过自动嵌入式诊断装置立刻检测到的危险失效。DD 失效导致的系统不可用的平均时间都是平均故障时间 MDT，也就是从检测出失效到功能恢复的平均消耗时间。

（2）安全失效（S）。SIS 还会发生不那么危险的失效，这类失效可以进一步划分为：

① 未检测到的安全失效（safe undetected，SU）。指通过自动自诊断装置无法发现的不危险的失效。

② 检测到的安全失效（safe detected，SD）。指通过自动自诊断装置发现的不危险的失效。在一些系统中，对失效进行早期诊断，可以避免错误动作出现。

图 13.2 示出了以上的失效模式分类。

案例 13.2（安全切断阀） 安全切断阀安装在向生产系统供气的输气管道中。如果生产系统发生紧急情况，就应该关闭阀门，停止供气。该阀门是一种液压操作的闸阀。实际的打开/关闭功能是通过一个矩形闸门的滑动来实现的，闸门的孔径等于管道的孔径。闸门由通过阀杆连接至闸门的液压活塞驱动。闸阀是一种失效-安全执行器。当阀门打开后，活塞上的液压控制压力会使其保持打开状态。失效-安全功能通过液压压缩的钢制弹簧实现。如果移除液压，阀门就会由弹簧力自动关闭。

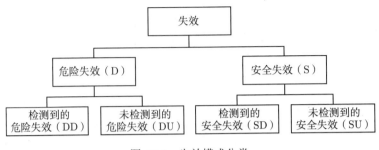

图 13.2　失效模式分类

阀门连接紧急切断（ESD）系统。如果在生产系统中检测到紧急状态，就会有电信号发送到阀门控制系统撤销液压。现在，我们只说明阀门部分，将在 13.4 节和 13.5节研究 ESD 系统的其他元件。

阀门的主要失效模式包括：

（1）无法按指令关闭（FTC）。这个失效模式可能是由以下原因引起的：弹簧损坏、液压油的回流管路堵塞，阀杆和阀杆密封之间的摩擦力太大，闸阀和阀座之间的摩擦力太大，或者阀腔内有沙子、碎屑或水合物。

（2）在闭合位置（通过阀门）泄漏（LCP）。这种失效模式主要是由闸阀或阀座上的腐蚀和/或侵蚀引起的，也可能是由于闸阀和阀座之间未对准造成的。

（3）错误跳闸（ST）。这种失效模式是指在 ESD 系统没有发送信号的情况下阀门闭合。它是由液压系统失效或者从控制系统到阀门的供应管线泄漏引起的。

（4）无法按指令开启（FTO）。在阀门闭合后，它可能无法重新打开。可能的原因是：控制管路泄漏，阀杆密封件和阀杆之间的摩擦力太大，闸阀和阀座之间的摩擦力太大，以及阀腔内有沙子、碎屑或水合物。

安装阀门是为了在出现需求的时候使气体流动停止（并保持闭合严密）。失效模式 FTC 和 LCP 阻止了上述功能的实现，因此对于生产系统安全来说，它们属于危险失效模式。ST 和 FTO 一般情况下对安全没有威胁，但是可能会造成生产停顿和收入损失。

因为阀门一般处于开放状态，我们无法检测危险失效模式 FTC 和 LCP，除非将其关闭，因此这些危险失效模式在日常运行中是隐藏的，称为未检测到的危险（DU）失效模式。为了发现并修复 DU 失效，我们需要定期测试阀门，测试周期为 τ，即阀门在 $0, \tau, 2\tau, \cdots$ 时刻接受测试。典型的测试间隔可能是 3~12 个月。在标准化测试过程中，阀门将关闭并测试是否存在泄漏。然而 DU 失效可能发生在测试间隔期间的任意时刻，但是直到测试或者因为运行要求关闭时才会（发现）处理。显然，如果测试间隔较短，阀门的不可用性会较低。在测试期间会停止气体流动，通常会造成生产损失。有时，关闭和启动过程也会带来一些安全问题，所以测试间隔的最终长度 τ 应同时考虑安全和经济因素。

有时，关闭阀门并不现实甚至可能会有危险，需要采用部分冲程（partial stroke）测试方法。在这种测试中，我们只是略微移动闸阀，观察阀杆的移动。部分冲程方法会发现一部分 DU 失效，但不会是全部，比如它就无法检测到 LCP 失效。

错误跳闸（ST）失效会切断液流，一般都会被立刻发现。因此，ST 失效被称为明显（evident）失效。在一些系统中，ST 失效可能会带来严重的安全问题。

FTO 失效可能发生在测试之后，也属于明显失效。FTO 失效需要进行维修，但是不会带来安全问题，因为在失效发生的时候气流已经被切断了。因此，FTO 失效被称为非关键性或者安全失效。

13.3　出现需求时的失效概率

考虑一个安全元件（零件或系统），它接受定期测试，方式与案例 13.2 中的安全阀一样。我们假设没有诊断性自测试，所有的隐藏失效都是在验证性测试中发现的。案例 13.2 已经介绍了本节中使用的一些概念，因此读者可以在继续阅读之前再详细回顾一下这个案例。

假定安全元件在 $t = 0$ 时投入运行，这个元件可以是安全阀（比如切断阀或者释放阀），也可以是传感器（比如火焰/气体探测器、压力传感器或者液位传感器）或者是逻辑运算器。按照既定的测试间隔长度 τ，元件接受测试，如果需要的话，还会被修理或者更换。测试和修理元件的时长都可以忽略不计。在接受测试（修理）之后，元件处于完好如初的状态。如果没有 DU 失效模式存在，我们就称这个元件正在作为一道安全屏障（barrier）发挥它的作用（可运行）。

对于 DU 失效而言，元件的状态变量 $X(t)$ 为

$$X(t) = \begin{cases} 1, & \text{元件能够发挥安全屏障功能(即没有 DU 失效存在)} \\ 0, & \text{元件不能发挥安全屏障功能(即存在 DU 失效)} \end{cases}$$

图 13.3 所示为状态变量 $X(t)$。

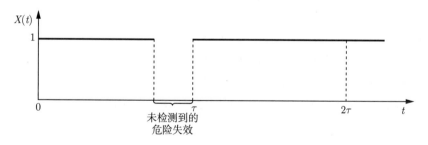

图 13.3　进行定期测试的元件对于 DU 失效的状态变量 $X(t)$

13.3.1　出现需求时的失效概率计算

令 T 表示元件的 DU 失效时间，它的分布函数为 $F(t)$。该元件在区间 $(0, \tau]$ 内的安全不可用性 $A^*(t)$ 为

$$A^*(t) = \Pr(\text{DU 失效在时刻 } t \text{ 或者之前发生})$$

$$= \Pr(T \leqslant t) = F(t) \tag{13.1}$$

因为我们假设每次测试后元件都完好如初，因此从随机分析的角度看测试间隔 $(0, \tau]$，$(\tau, 2\tau], \cdots$ 都是相同的。元件的安全不可用性 $A^*(t)$ 如图 13.4 所示。注意，$A^*(t)$ 对于 $t = n\tau$ 是不连续的，其中 $n = 1, 2, \cdots$。

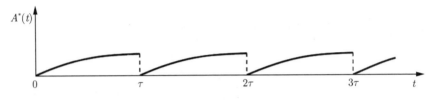

图 13.4   定期测试元件的安全不可用性 $A^*(t)$

如果对安全元件的需求发生在时刻 t，安全不可用性 $A^*(t)$ 就是该元件无法对需求做出回应的概率。因此，安全不可用性 $A^*(t)$ 经常被称为出现需求时的失效概率（probability of failure on demand，PFD）。

在绝大多数情况下，我们其实对 PFD 作为时间的函数并不感兴趣，而更希望了解的是 PFD 的长期平均值。如果没有加上时间标注 t，那么本书后续部分出现的 PFD 都是指它的平均值。因为 $A^*(t)$ 具有周期性，PFD 的长期均值也就等于 $A^*(t)$ 在第一个测试周期 $(0, \tau]$ 内的平均值：

$$\mathrm{PFD} = \frac{1}{\tau} \int_0^\tau A^*(t) \, \mathrm{d}t = \frac{1}{\tau} \int_0^\tau F(t) \, \mathrm{d}t \tag{13.2}$$

令 $R(t)$ 表示元件对于 DU 失效的存续度函数，因为 $R(t) = 1 - F(t)$，因此式 (13.2) 可以改写为

$$\mathrm{PFD} = 1 - \frac{1}{\tau} \int_0^\tau R(t) \, \mathrm{d}t \tag{13.3}$$

考虑一个测试周期，令 T_1 表示在此期间内元件能够起到安全屏障作用的时间，D_1 表示元件处于故障状态的时间（即存在还没有被检测到的 DU 失效），因此有 $T_1 + D_1 = \tau$。

式 (13.2) 中的 PFD 是在一个测试周期内的平均安全不可用性。因为平均安全不可用性是该元件无法起到安全屏障作用的平均时间比例，所以 PFD 可以写作

$$\mathrm{PFD} = \frac{E(D_1)}{\tau} \tag{13.4}$$

因此，在一个测试周期内的平均故障时间为

$$E(D_1) = \int_0^\tau F(t) \, \mathrm{d}t \tag{13.5}$$

在一个测试周期内的平均可用时间为

$$E(T_1) = \tau - \int_0^\tau F(t) \, \mathrm{d}t = \int_0^\tau R(t) \, \mathrm{d}t \tag{13.6}$$

式 (13.4) 给出的 PFD 可以解释为:元件在出现需求时无法启动安全屏障作用的平均时间比例。因此,PFD 也称为该元件的平均死机时间比 (mean fractional deadtime, MFDT)。

案例 13.3(单一元件) 假设一台传感器的测试周期长度为 τ,对于 DU 失效有固定失效率 λ_{DU}。该传感器的存续度函数为 $R(t) = \mathrm{e}^{-\lambda_{DU}t}$,根据式 (13.3) 可知它的 PFD 为

$$\mathrm{PFD} = 1 - \frac{1}{\tau}\int_0^\tau R(t)\,\mathrm{d}t = 1 - \frac{1}{\tau}\int_0^\tau \mathrm{e}^{-\lambda_{DU}t}\,\mathrm{d}t$$
$$= 1 - \frac{1}{\lambda_{DU}\tau}\left(1 - \mathrm{e}^{-\lambda_{DU}\tau}\right) \tag{13.7}$$

式 (13.7) 中的 $\mathrm{e}^{-\lambda_{DU}\tau}$ 可以用它的麦克劳林展开式替换,得到

$$\mathrm{PFD} = 1 - \frac{1}{\lambda_{DU}\tau}\left[\lambda_{DU}\tau - \frac{(\lambda_{DU}\tau)^2}{2} + \frac{(\lambda_{DU}\tau)^3}{3!} - \frac{(\lambda_{DU}\tau)^4}{4!} + \cdots\right]$$
$$= 1 - \left[1 - \frac{\lambda_{DU}\tau}{2} + \frac{(\lambda_{DU}\tau)^2}{3!} - \frac{(\lambda_{DU}\tau)^3}{4!} + \cdots\right]$$

如果 $\lambda_{DU}\tau$ 很小,那么有

$$\mathrm{PFD} \approx \frac{\lambda_{DU}\tau}{2} \tag{13.8}$$

在实际计算中我们经常会使用这个近似公式。这个近似计算一般比较保守,意味着式 (13.8) 中的近似值比使用式 (13.7) 得到的精确值稍大。

根据 OREDA 数据库 [241] 提供的数据,某一种类型的火焰探测器的失效率为 $\lambda_{DU} = 0.21 \times 10^{-6}/\mathrm{h}$。如果我们使用的测试周期为 $\tau = 3$ 个月 $\approx 2190\mathrm{h}$,那么该设备的 PFD 为

$$\mathrm{PFD} \approx \frac{\lambda_{DU}\tau}{2} = \frac{0.21 \times 10^{-6} \times 2190}{2} \approx 0.000\,23 = 2.30 \times 10^{-4}$$

如果有使用火焰探测器的需求出现,探测器无法检测到火焰的(平均)概率为 $\mathrm{PFD} \approx 0.000\,23$。这意味着,大概每 4350 次火灾中有一次是探测器没有检测到的。

探测器无法检测到火焰的平均时间比例为 $\mathrm{PFD} \approx 0.000\,23$,这意味着该探测器有 0.023% 的时间无法检测到火焰。如果我们假设探测器连续运行,每年有 8760h 的话,那么探测器每年大约有 2h 不能工作。我们也可以说在这 0.023% 的时间里我们没有受到火焰探测器的保护。

案例 13.4(并联结构) 假设我们使用两台独立同类型的火焰探测器,它们的 DU 失效率都是 λ_{DU},并且按照相同的测试周期 τ 在同一时间进行验证性测试。火焰探测器采用 1oo2:G 结构运行,如果有一台探测器功能正常,那么结构功能正常。该结构的存续度函数为

$$R(t) = 2\mathrm{e}^{-\lambda_{DU}t} - \mathrm{e}^{-2\lambda_{DU}t}$$

根据式 (13.3),可知该结构的 PFD 为

$$\mathrm{PFD} = 1 - \frac{1}{\tau}\int_0^\tau \left(2\mathrm{e}^{-\lambda_{DU}t} - \mathrm{e}^{-2\lambda_{DU}t}\right)\mathrm{d}t$$

$$= 1 - \frac{2}{\lambda_{\mathrm{DU}}\tau}\left(1 - \mathrm{e}^{-\lambda_{\mathrm{DU}}\tau}\right) + \frac{1}{2\lambda_{\mathrm{DU}}\tau}\left(1 - \mathrm{e}^{-2\lambda_{\mathrm{DU}}\tau}\right) \tag{13.9}$$

如果将 $\mathrm{e}^{-\lambda_{\mathrm{DU}}\tau}$ 替换为它的麦克劳林级数，则可以使用下列近似

$$\mathrm{PFD} \approx \frac{1}{3}\left(\lambda_{\mathrm{DU}}\tau\right)^2 \tag{13.10}$$

前提是 $\lambda_{\mathrm{DU}}\tau$ 很小。

现在我们使用与案例 13.3中单独火焰探测器相同的数据：$\lambda_{\mathrm{DU}} = 0.21 \times 10^{-6}/\mathrm{h}$，$\tau = 3$ 个月，可得该并联结构的平均不可用性为

$$A_{\mathrm{avg}}^* \approx \frac{1}{3}\left(\lambda_{\mathrm{DU}}\tau\right)^2 = \frac{1}{3}(0.21 \times 10^{-6} \times 2190)^2 \approx 7.1 \times 10^{-8}$$

如果有使用火焰探测器的需求出现，探测器无法检测到火焰的（平均）概率为 $\mathrm{PFD} \approx 7.1 \times 10^{-8}$，可靠性非常高。

注释 13.1（乘积的均值不等于均值的乘积） 因为只有当两个零件都失效的时候，并联结构才会失效，所以结构在时刻 t 处于已失效状态的概率 $Q_{\mathrm{S}}(t)$ 就等于 $q_1(t)\,q_2(t)$，其中 $q_i(t)$ 为零件 i 在时刻 t 处于已失效状态的概率，$i = 1, 2$。因为零件 i 在时刻 t 处于已失效状态的（平均）概率为 $\mathrm{PFD}_i \approx \lambda_{\mathrm{DU}}\tau/2$，我们可以设想系统的平均不可用性（PFD）近似为 $(\lambda_{\mathrm{DU}}\tau/2)^2 = (\lambda_{\mathrm{DU}}\tau)^2/4$，而不是由式 (13.10) 得到的 $(\lambda_{\mathrm{DU}}\tau)^2/3$。然而式 (13.10) 的结果是正确的，这是因为乘积的均值并不等于均值的乘积。一些故障树分析的计算机程序实际上都犯了这个错误，其负面影响就是这种错误方法导致了不够保守的结果。

案例 13.5（2oo3 结构） 假设我们使用三台相同类型的火焰探测器，DU 失效率都是 λ_{DU}，它们在同一时间接受验证性测试，测试周期为 τ。火焰探测器采用 2oo3:G 结构，即两台探测器功能正常才能保证结构功能正常。该结构的存续度函数为

$$R(t) = 3\,\mathrm{e}^{-2\lambda_{\mathrm{DU}}t} - 2\,\mathrm{e}^{-3\lambda_{\mathrm{DU}}t}$$

根据式 (13.3)，得该结构的 PFD 为

$$\mathrm{PFD} = 1 - \frac{1}{\tau}\int_0^\tau \left(3\,\mathrm{e}^{-2\lambda_{\mathrm{DU}}t} - 2\,\mathrm{e}^{-3\lambda_{\mathrm{DU}}t}\right)\,\mathrm{d}t$$

$$= 1 - \frac{3}{2\lambda_{\mathrm{DU}}\tau}\left(1 - \mathrm{e}^{-2\lambda_{\mathrm{DU}}\tau}\right) + \frac{2}{3\lambda_{\mathrm{DU}}\tau}\left(1 - \mathrm{e}^{-3\lambda_{\mathrm{DU}}\tau}\right) \tag{13.11}$$

将 $\mathrm{e}^{-\lambda_{\mathrm{DU}}\tau}$ 替换为它的麦克劳林级数，可以得到下列近似：

$$\mathrm{PFD} \approx \left(\lambda_{\mathrm{DU}}\tau\right)^2 \tag{13.12}$$

前提同样是 $\lambda_{\mathrm{DU}}\tau$ 很小。

现在我们使用与案例 13.3中单独火焰探测器相同的数据：$\lambda_{\mathrm{DU}} = 0.21 \times 10^{-6}/\mathrm{h}$，$\tau = 3$ 个月，可得该 2oo3:G 结构的平均不可用性为

$$\mathrm{PFD} \approx \left(\lambda_{\mathrm{DU}}\tau\right)^2 = (0.21 \times 10^{-6} \times 2190)^2 \approx 2.1 \times 10^{-7}$$

如果有使用火焰探测器的需求出现，探测器无法检测到火焰的（平均）概率为 PFD $\approx 2.1 \times 10^{-7}$。

2oo3:G 结构的 PFD 近似为并联结构 PFD 的 3 倍。在第 6 章中我们曾经指出，2oo3:G 结构可以看作 3 个 1oo2:G 并联子结构组成的串联结构。其中每个并联子结构都有平均不可用性 $(\lambda_{DU}\tau)^2/3$。当 $\lambda_{DU}\tau$ 非常小时，两个并联子结构在同一时刻都处于已失效状态的概率可以忽略不计，那么这个 2oo3:G 结构的平均不可用性就近似等于 3 个并联子结构平均不可用性的和。因此有上述结果。

案例 13.6（串联结构）　假设有两个独立元件，其 DU 失效率分别为 $\lambda_{DU,1}$ 和 $\lambda_{DU,2}$。两个元件在同一时间接受验证性测试，测试周期为 τ。元件采用 2oo2:G 结构，也就是说只有两个元件都功能正常的时候，结构才会功能正常。这个结构的存续度函数为

$$R(t) = e^{-(\lambda_{DU,1}+\lambda_{DU,2})t}$$

根据式 (13.3)，得该结构的 PFD 为

$$\mathrm{PFD} = 1 - \frac{1}{\tau}\int_0^\tau e^{-(\lambda_{DU,1}+\lambda_{DU,2})t}\,\mathrm{d}t$$

$$\approx \frac{(\lambda_{DU,1}+\lambda_{DU,2})\tau}{2} = \frac{\lambda_{DU,1}\tau}{2} + \frac{\lambda_{DU,2}\tau}{2} \tag{13.13}$$

如果 $\lambda_{DU,i}\tau$ 很小（$i = 1,2$），我们可以将该结构理解成一个串联结构，而该结构的 PFD 就近似为两个个体元件 PFD 的和。

13.3.2　近似公式

假设有一个包含 n 个独立零件的系统，零件有固定 DU 失效率 $\lambda_{DU,i}$，$i = 1,2,\cdots,n$。零件 i 的失效分布函数 $F_{T_i}(t)$ 可以近似为

$$F_{T_i}(t) = 1 - e^{-\lambda_{DU,i}t} \approx \lambda_{DU,i}t$$

使用故障树分析，可以得到零件 i 在第一个测试周期内的不可用性为

$$q_i(t) = \Pr(\text{零件 } i \text{ 在时刻 } t \text{ 处于已失效状态})$$

$$= F_{T_i}(t) \approx \lambda_{DU_i}t$$

令 $K_1, K_2, \cdots, K_k$ 表示系统的 k 个最小割集。最小割集并联结构对应的最小割集 K_j 在时刻 t 已失效的概率为

$$\check{Q}_j(t) = \prod_{i\in K_j} q_i(t) \approx \prod_{i\in K_j}\lambda_{DU,i}t, \quad j = 1, 2, \cdots, k$$

系统在时刻 t 已经失效（隐藏失效）的概率为

$$Q_0(t) = F_S(t) \approx \sum_{j=1}^k \check{Q}_j(t) \approx \sum_{j=1}^k\prod_{i\in K_j}\lambda_{DU,i}t$$

$$= \sum_{j=1}^{k} \prod_{i \in K_j} \lambda_{\mathrm{DU},i} \cdot t^{|K_j|} \tag{13.14}$$

其中 $|K_j|$ 表示最小割集 K_j 的阶，$j = 1, 2, \cdots, k$。

系统按照长度为 τ 的周期定期测试，结合式 (13.2) 和式 (13.14)，可以近似计算它的 PFD：

$$\mathrm{PFD} = \frac{1}{\tau} \int_0^\tau F_{\mathrm{S}}(t) \, \mathrm{d}t \approx \sum_{j=1}^{k} \prod_{i \in K_j} \lambda_{\mathrm{DU},i} \frac{1}{\tau} \int_0^\tau t^{|K_j|} \, \mathrm{d}t \tag{13.15}$$

因此有

$$\mathrm{PFD} \approx \sum_{j=1}^{k} \frac{1}{|K_j|+1} \prod_{i \in K_j} \lambda_{\mathrm{DU},i} \tau \tag{13.16}$$

假定有一个 $koon:G$ 结构，包含 n 个同质独立且失效率均为 λ_{DU} 的零件。这个 $koon:G$ 结构有 $\binom{n}{n-k+1}$ 个阶数为 $n-k+1$ 的最小割集，该结构的 PFD 为

$$\mathrm{PFD} \approx \int_0^\tau \binom{n}{n-k+1} (\lambda_{\mathrm{DU}} t)^{n-k+1} \, \mathrm{d}t$$

$$= \binom{n}{n-k+1} \frac{(\lambda_{\mathrm{DU}} \tau)^{n-k+1}}{n-k+2} \tag{13.17}$$

表 13.1 中列出了一些简单 $koon:G$ 结构的 PFD 近似值。

表 13.1　一些 $koon:G$ 结构的 PFD（这些结构都包含同质独立且失效率均为 λ_{DU}、测试周期均为 τ 的零件）

k	n			
	1	2	3	4
1	$\dfrac{\lambda_{\mathrm{DU}}\tau}{2}$	$\dfrac{(\lambda_{\mathrm{DU}}\tau)^2}{3}$	$\dfrac{(\lambda_{\mathrm{DU}}\tau)^3}{4}$	$\dfrac{(\lambda_{\mathrm{DU}}\tau)^4}{5}$
2	—	$\lambda_{\mathrm{DU}}\tau$	$(\lambda_{\mathrm{DU}}\tau)^2$	$(\lambda_{\mathrm{DU}}\tau)^3$
3	—	—	$\dfrac{3\lambda_{\mathrm{DU}}\tau}{2}$	$2(\lambda_{\mathrm{DU}}\tau)^2$
4	—	—	—	$2\lambda_{\mathrm{DU}}\tau$

13.3.3　一个测试周期内的平均故障时间

根据式 (13.4) 可得在一个测试周期内的平均故障时间 $E(D_1)$ 为

$$E(D_1) = \int_0^\tau F(t) \, \mathrm{d}t$$

假定我们在时刻 τ 测试元件并发现元件已经处于失效状态（即 $X(\tau) = 0$），那么在这种情况下，元件在区间 $(0, \tau]$ 内的（条件）平均故障时间是多少呢？

使用双重期望，平均故障时间 $E(D_1)$ 可以写作

$$
\begin{aligned}
E(D_1) =& E\left(E\left[D_1 \mid X(\tau)\right]\right) \\
=& E[D_1 \mid X(\tau) = 0] \Pr[X(\tau) = 0] + \\
& E[D_1 \mid X(\tau) = 1] \Pr[X(\tau) = 1]
\end{aligned}
$$

如果该元件在时刻 τ 仍然可用，那么故障时间 D_1 就等于 0。因此，$E[D_1 \mid X(\tau) = 1] = 0$，并且

$$
\Pr[X(\tau) = 0] = \Pr(T \leqslant \tau) = F(\tau)
$$

因此

$$
E(D_1) = E[D_1 \mid X(\tau) = 0] F(\tau)
$$

由式 (13.6) 和式 (13.3) 得

$$
\begin{aligned}
E[D_1 \mid X(\tau) = 0] &= \frac{E(D_1)}{F(\tau)} = \frac{1}{F(\tau)} \int_0^\tau F(t)\,\mathrm{d}t \\
&= \frac{\tau}{F(\tau)} \frac{1}{\tau} \int_0^\tau F(t)\,\mathrm{d}t = \frac{\tau}{F(\tau)} \mathrm{PFD}
\end{aligned} \tag{13.18}
$$

案例 13.7（案例 13.3（续）） 对于单一元件，根据式 (13.18) 得其条件平均故障时间近似为

$$
E[D_1 \mid X(\tau) = 0] = \frac{\tau}{F(\tau)} \mathrm{PFD} \approx \frac{\tau}{1 - \mathrm{e}^{-\lambda_{\mathrm{DU}} \tau}} \frac{\lambda_{\mathrm{DU}} \tau}{2} \approx \frac{\tau}{2}
$$

这是一个显而易见的结果。

案例 13.8（案例 13.4（续）） 对于由两个独立同质零件组成的并联结构，根据式 (13.18) 得其条件平均故障时间为

$$
E[D_1 \mid X(\tau) = 0] = \frac{\tau}{F(\tau)} \mathrm{PFD} \approx \frac{\tau}{1 - 2\mathrm{e}^{-\lambda_{\mathrm{DU}} \tau} + \mathrm{e}^{-2\lambda_{\mathrm{DU}} \tau}} \frac{(\lambda_{\mathrm{DU}} \tau)^2}{3} \approx \frac{\tau}{3}
$$

后一个约等于，是因为并联结构分布函数 $1 - 2\mathrm{e}^{-\lambda_{\mathrm{DU}} \tau} + \mathrm{e}^{-2\lambda_{\mathrm{DU}} \tau}$ 可以用麦克劳林级数展开近似为 $(\lambda_{\mathrm{DU}} \tau)^2$。

13.3.4 第一次失效前的测试周期平均数量

接下来，我们确定在第一次失效发生前的测试周期的平均数量。令 C_i 表示如下事件：元件在第 i 个测试周期内没有失效，$i = 1, 2, \cdots$，那么有

$$
\Pr(C_i) = \Pr(T > \tau) = R(\tau)
$$

因为事件 $C_1, C_2, \cdots$ 相互独立，并且具有相同的概率 $p = R(\tau)$，在第一次元件失效发生前的测试周期的数量 Z 就服从一个几何分布，并有点概率

$$\Pr(Z = z) = \Pr(C_1 \cap C_2 \cap \cdots \cap C_z \cap C_{z+1}^c) = p^z(1-p), \quad z = 0, 1, \cdots$$

那么直到元件失效前的测试周期的平均数量为

$$E(Z) = \sum_{z=0}^{\infty} z \Pr(Z = z) = \frac{p}{1-p} = \frac{R(\tau)}{F(\tau)} \tag{13.19}$$

令 T' 表示从元件投入运行一直到发生第一次失效经历的时间，则有

$$
\begin{aligned}
E(T') &= \tau E(Z) + \tau - E[D_1 \mid X(\tau) = 0] \\
&= \tau \frac{R(\tau)}{F(\tau)} + \tau - \frac{1}{F(\tau)} \left(\tau - \int_0^\tau R(t)\, \mathrm{d}t \right) \\
&= \frac{1}{F(\tau)} \int_0^\tau R(t)\, \mathrm{d}t
\end{aligned}
\tag{13.20}
$$

案例 13.9　如果某一元件有固定失效率 λ_{DU}，则

$$E(T') = \frac{1}{F(\tau)} \int_0^\tau R(t)\, \mathrm{d}t = \frac{1}{1 - \mathrm{e}^{-\lambda_{\mathrm{DU}}\tau}} \int_0^\tau \mathrm{e}^{-\lambda_{\mathrm{DU}}t}\, \mathrm{d}t = \frac{1}{\lambda_{\mathrm{DU}}}$$

这个结果可以由指数分布的性质直接得到。

13.3.5　交错测试

如果两个元件并联，我们可以利用相同的测试周期但是不同的测试时间来降低系统 PFD。假定两个独立元件对于 DU 失效的固定失效率分别为 $\lambda_{\mathrm{DU},1}$ 和 $\lambda_{\mathrm{DU},2}$。1 号元件在时刻 $0, \tau, 2\tau, \cdots$ 接受测试，2 号元件则在时刻 $t_0, \tau + t_0, 2\tau + t_0, \cdots$ 接受测试。这种测试称为周期为 t_0 的交错测试（staggered test）。假设用于测试和修理的时长都很短，可以忽略不计。另外，还需要假设过程已经运行了一段时间，因此在时刻 0 实际上就是 1 号元件接受了测试。

两个元件的 PFD 作为时间的函数如图 13.5 所示。在第一个测试周期 $(0, \tau]$ 内，元件的不可用性分别为

$$
\begin{aligned}
q_1(t) &= 1 - \mathrm{e}^{-\lambda_{\mathrm{DU},1}t}, & 0 < t \leqslant \tau \\
q_2(t) &= 1 - \mathrm{e}^{-\lambda_{\mathrm{DU},2}(t+\tau-t_0)}, & 0 \leqslant t \leqslant t_0 \\
&= 1 - \mathrm{e}^{-\lambda_{\mathrm{DU},2}(t-t_0)}, & t_0 < t \leqslant \tau
\end{aligned}
$$

1 号元件的不可用性 $q_1(t)$ 如图 13.5 中的短虚线所示，2 号元件的不可用性 $q_2(t)$ 如图中长虚线所示。系统不可用性 $q_{\mathrm{S}}(t) = q_1(t)\, q_2(t)$ 如图 13.5 中的实线所示，有

$$q_{\mathrm{S}}(t) = \begin{cases} \left(1 - e^{-\lambda_{\mathrm{DU},1}t}\right)\left(1 - e^{-\lambda_{\mathrm{DU},2}(t+\tau-t_0)}\right), & 0 < t \leqslant t_0 \\[2mm] \left(1 - e^{-\lambda_{\mathrm{DU},1}t}\right)\left(1 - e^{-\lambda_{\mathrm{DU},2}(t-t_0)}\right), & t_0 < t \leqslant \tau \end{cases}$$

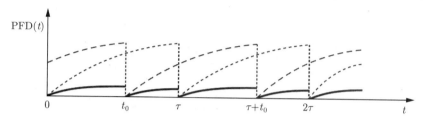

图 13.5 进行交错测试的双元件并联结构的 $\mathrm{PFD}(t)$

在区间 $(0, \tau]$ 内的平均不可用性等于 PFD，并且是 t_0 的函数：

$$\mathrm{PFD}(t_0) = \frac{1}{\tau} \int_0^\tau q_{\mathrm{S}}(t)\,\mathrm{d}t$$

积分过程很清楚，但是需要几个步骤，我们在习题 13.7 中将这个工作留给读者。要了解更多细节和深入分析，请阅读文献 [185]。

13.3.6 不可忽略的修理时间

在有些情况下，失效之后的修理时间可能很漫长，无法忽略。比如下面这个例子。

案例 13.10（井下安全阀） 井下安全阀（DHSV）安装在海底生产井的石油/天然气生产管道中，一般在海底约 100m 处。该阀门有一个弹簧加载的液压故障安全执行器，并通过液压保持打开状态。DHSV 的操作类似于我们在案例 13.2 中描述的闸阀，并且 DHSV 具有与闸阀相同的失效模式。DHSV 定期进行测试，测试间隔为 6~12 个月。修理已经失效的阀门是一项耗时长、危险且成本极高的工作。一般我们需要将半潜式介入钻机从某个固定位置运送到海上油田。在干预期间还必须拉出油管柱并且控制井压。修理工作可能会持续数周，具体取决于系统和天气条件。此外，我们可能需要等待数月才能使用修理设备。在这种情况下，修理时间就是无法忽略的。

案例 13.10 表明，元件作为安全屏障的功能在修理时间或者等待修理期间就消失了。这种不可用性与测试周期内的不可用性不太一样，因为此时我们知道元件已经失效，并且会采取措施降低风险。从检测到失效到恢复功能这段时间也可以称作恢复时间（restoration time）。与恢复时间相关的风险取决于以下因素：

（1）失效模式。元件的不同失效模式可能需要不同的修理工作，在等待修理期间的风险也不同。

（2）恢复期间不同的阶段会有不同的风险等级。比如，在等待修理时的风险与在实际修理过程中的风险是不一样的。

因此，我们有必要了解每一种失效模式以及恢复期间各个阶段的不可用情况。

13.4   安全不可用性

安全系统的安全不可用性是该系统不能根据需求执行其功能的概率。如图 13.6 所示，安全不可用性可以分为四类。文献 [125] 对安全不可用性的分类有更加详细的描述。

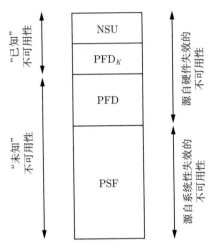

图 13.6   安全不可用性的来源

NSU（noncritical safety unavailability，非关键安全不可用性）：主要是由功能性测试引起的。在这种情况下，元件不可用是已知的，可能会采取其他的预防措施。

PFD：在无法了解元件功能是否可用的测试周期内，因为未检测到的危险（DU）失效引起的（未知）安全不可用性。

PFD_K：在发现失效后，因为恢复工作引起的元件的安全不可用性。在这种情况下，我们知道元件不可用。恢复工作的不同阶段会造成不同级别的风险。

PSF（probability of systematic failure，系统失效概率）：可以阻止元件执行其所需功能的系统性失效概率。定期测试无法发现系统性失效，而 PSF 近似等于元件刚刚接受验证性测试之后在出现需求时失效的概率。因为不完美测试（比如部分冲程测试）导致的不可用性也可以归为 PSF。

13.4.1   危急状况概率

设一个安全系统作为防止某种危险事件发生的屏障。比如，我们可以假设这个安全系统是火焰探测系统，而危险事件则是起火（在早期阶段是出现火苗）。假设出现火苗的事件服从密度为 β 的齐次泊松过程（HPP），参数 β 表示每单位时间起火的次数，有时也称为过程需求速率。

如果发生起火但是火焰探测系统处于已失效状态，我们就说危急状况已出现，如图 13.7 所示。

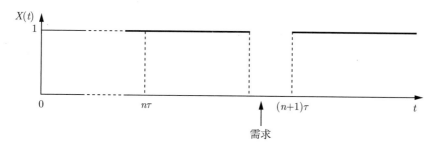

图 13.7　危急状况 ——火焰探测系统。$X(t)$ 为该安全系统的状态

每次有火苗出现，火焰探测系统都会有一定的概率（SU）无法检测到火苗。在 10.2 节中，我们已经讲解过如何将齐次泊松过程与伯努利试验结合，这样就可以认为危急状况的出现服从密度为 $\beta \, \mathrm{SU}$ 的齐次泊松过程。

令 $N_C(t)$ 表示在区间 $(0,t)$ 内危急状况出现的次数，则在此区间内出现 n 次危急状况的概率为

$$\mathrm{Pr}[N_C(t) = n] = \frac{(\beta \, \mathrm{SU} \, t)^n}{n!} \, \mathrm{e}^{-\beta \, \mathrm{SU} \, t}, \quad n = 0, 1, \cdots \tag{13.21}$$

在区间 $(0,t)$ 内危急状况的平均出现次数为

$$E[N_C(t)] = \beta \, \mathrm{SU} \, t \tag{13.22}$$

13.4.2　错误跳闸

对于很多安全系统来说，错误跳闸（ST）的速率可能比 DU 失效还要高。一般说，错误跳闸都会造成巨额的成本损失，也会降低人们对安全系统的信任度。

设一个安全系统包含 m 个独立子系统，例如火焰探测子系统、热探测子系统、烟雾探测子系统、逻辑运算子系统以及安全切断阀等。每个子系统又包含若干个元件。对于错误跳闸失效，这个安全系统可以看作由子系统组成的串联结构，也就是任意一个子系统发生错误跳闸失效，都会导致系统错误跳闸。令 $\lambda_{\mathrm{ST}}^{(j)}$ 表示安全子系统 j 的错误跳闸速率，$\mathrm{MDT}_{\mathrm{ST}}^{(j)}$ 表示系统由错误跳闸引起的平均故障时间，$j = 1, 2, \cdots, m$，则新系统由错误跳闸引起的安全不可用性可以近似为

$$A_{\mathrm{ST}}^* \approx \sum_{j=1}^{m} \lambda_{\mathrm{ST}}^{(j)} \mathrm{MDT}_{\mathrm{ST}}^{(j)} \tag{13.23}$$

案例 13.11（并联结构）　考虑一个传感器子系统包含 n 台独立的传感器。对于错误跳闸这类失效来说，传感器 i 有固定失效率 $\lambda_{\mathrm{ST},i}$，$i = 1, 2, \cdots, n$。从安全的角度来看，该子系统是一个并联结构，意味着只要有一台传感器被激活，子系统就能够发出报警，所以这是一个有安全功能的 1oon:G 结构。然而同样的配置，从任何一个传感器发出的错误信号都会发生报警，所以从错误跳闸的角度看，这个子系统是一个串联（noon:G）的结构。该子系统的错误跳闸速率为

$$\lambda_{\mathrm{ST}}^{1oon} = \sum_{i=1}^{n} \lambda_{\mathrm{ST},i} \tag{13.24}$$

因此，我们可以发现，高冗余度可能会导致很多错误跳闸情况的发生。

案例 13.12（2oo3:G 结构） 考虑一个包含三个同类型独立传感器的子系统，令 λ_{ST} 表示每台传感器错误跳闸失效的固定速率。这些传感器采用 2oo3:G 表决机制与一台逻辑运算器连接，系统如图 13.8 所示。至少有两台传感器向逻辑运算器发送信号，才会生成报警。我们假设逻辑运算器非常可靠，它的失效可以忽略不计。因为传感器相互独立，所以错误跳闸（错误报警）属于个体失效。如果有一台传感器发送了错误报警信号，系统只有在第一个错误报警信号被检测到、相关传感器被修复之前接收到了第二台传感器的错误报警信号，才会发送错误的警报。我们假设在逻辑运算器接收到一个传感器信号时会生成一个局部报警，因此操作人员可以检查发出报警的传感器并进行修理。假设恢复时间为 t_r，如果在系统修复之前没有接收到第二个报警信号，那么整个系统就不会发出错误报警。因此，这样的 2oo3:G 子系统的错误跳闸（错误报警）速率为

$$\lambda_{ST}^{2oo3} = 3\lambda_{ST} \int_0^{t_r} \left(1 - e^{-2\lambda_{ST}t}\right) \mathrm{d}t$$
$$= 3\lambda_{ST} \left[t_r - \frac{1}{2\lambda_{ST}}\left(1 - e^{-2\lambda_{ST}t_r}\right)\right] \tag{13.25}$$

令 $\lambda_{ST} = 5 \times 10^{-5}$ 次错误跳闸/h，$t_r = 2\mathrm{h}$，可得到 $\lambda_{ST}^{2oo3} \approx 3 \times 10^{-8}$/h，这个错误跳闸率非常低。

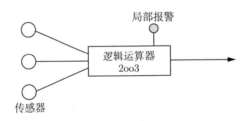

图 13.8   一个 2oo3:G 传感器系统示例

表 13.2 对三个简单的结构进行了比较。这三个结构都基于同类型独立的元件，元件对于 DU 失效都有固定失效率 λ_{DU}，对于 ST 失效都有固定失效率 λ_{ST}，测试周期为 τ。对于传感器系统来说，2oo3:G 经常被看作最佳配置方案，因为它的 PFD 与并联结构处于同一量级，而对于错误跳闸失效来说，它比并联结构更可靠。

	表 13.2 三个简单结构的 PFD 和错误跳闸率			
系统	PFD	PFD 排名	错误跳闸率	错误跳闸率排名
单一元件（1oo1）	$\dfrac{\lambda_{DU}\tau}{2}$	3	λ_{ST}	2
并联结构（1oo2）	$\dfrac{(\lambda_{ST}\tau)^2}{3}$	1	$2\lambda_{ST}$	3
2oo3 结构（2oo3:G）	$(\lambda_{ST}\tau)^2$	2	≈ 0	1

13.4.3 由诊断性自测试检测到的失效

现代安全仪表系统的很多失效都可以通过诊断性自测试发现，无论是危险失效还是安全失效都是如此。一般我们可以认为诊断性测试的频率很高，这样失效会在发生后立刻被发现。对于包含冗余元件的子系统，有的时候可以在保持子系统功能并能够执行其安全功能的情况下进行修理，而另一些时候，则需要对子系统进行离线修理。令 $\lambda_{\mathrm{DT},i}^{(j)}$ 表示子系统 j 中的元件 i 在诊断性自测试中能够发现的失效的速率，那么子系统 j 在诊断性自测试中发生的失效率的速率是

$$\lambda_{\mathrm{DT}}^{(j)} = \sum_{i=1}^{n_j} \lambda_{\mathrm{DT},i}^{(j)}$$

令 $\mathrm{MDT}_{\mathrm{DT}}^{(j)}$ 表示在子系统 j 中一个元件由诊断性自测试发现失效后的平均故障时间（有些配置的平均故障时间为零），那么由诊断性自测试可以检测到的失效引起的系统不可用性为

$$A_{\mathrm{DT}}^* \approx \sum_{j=1}^{m} \lambda_{\mathrm{DT}}^{(j)} \mathrm{MDT}_{\mathrm{DT}}^{(j)} \tag{13.26}$$

式 (13.26) 中的平均故障时间由每个子系统给定。对于包含不同类型元件的子系统，可能需要给定与每一种元件的修理相关的平均故障时间。

元件 i 诊断性自测试的诊断覆盖率定义为

$$c_{\mathrm{DT},i} = \frac{\lambda_{\mathrm{DT},i}}{\lambda_i}$$

其中 λ_i 为元件（某一种类型失效）的总体失效率，$i = 1, 2, \cdots, n$。诊断性自测试的诊断覆盖率为 70%，这意味着元件总体失效的 70% 可以通过这种方法发现。诊断覆盖率这个词主要用于危险失效，也就是危险失效中能够被诊断出的百分比。当然，对于安全失效有时也可以使用诊断覆盖率。

案例 13.13（流程切断阀） 考虑一个流程切断阀，其草图如图 13.9 所示。该阀门有一个失效-安全执行机构，用液压保持开启状态。如果出现流程需求，逻辑运算器会发出一个电信号开启电磁阀，从而释放液压。

可以通过向电磁阀发送开/关电信号进行诊断性自测试。电磁阀打开会释放液压，切断阀随即开始关闭。阀门执行元件的移动可由逻辑求解器监控。当阀门执行元件移动了几毫米时，再次向执行元件施加全液压，阀门会再次完全打开。通过这项测试，我们可以发现电缆、电磁阀和过程关闭阀中的故障。电缆的诊断覆盖率为 100%。电磁阀和液压流量的诊断覆盖率取决于系统的设计，可能接近 100%。这种类型的切断阀测试称为部分冲程测试，它只能发现阀门的一部分故障模式。部分冲程测试可以检查与 FCT 类失效（无法按照指令关闭）相关的主要原因，但是无法发现 LCP 类失效（在闭合位置的泄漏）。

在大多数情况下，我们只对电缆进行非常频繁的诊断性测试。为了避免阀门底座磨损，电磁阀和切断阀的诊断性测试频率较低。

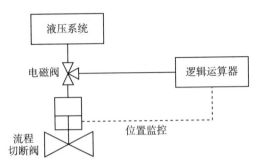

图 13.9　装备失效——安全液压执行元件的流程切断阀

 ## 13.5　共因失效

到目前为止，本章中我们都假设所有的元件相互独立，然而这个假设在实际中并不总是成立。安全系统通常会使用大量冗余元件，因此系统可靠性会受到可能的共因失效的巨大影响。所以，对于安全系统分析来说，一项重要的工作就是识别潜在的共因失效并采取必要措施阻止这类失效。

我们可以使用检查表[274]识别安全仪表系统在其生命周期中的共因失效问题。

如果我们能够识别共因失效的原因，一般就可以采用显式建模方法，如案例 13.14 所示。但是在多数情况下，我们无法获得共因失效显式建模所需的高质量数据。当然，即便是数据质量不高，或者靠猜测的时候，就像我们在第 8 章中讨论的那样，显式建模的结果一般也会比通用依赖性失效模型（隐式建模）的结果准确。

案例 13.14（压力传感器的共因失效）　一个包含两台压力传感器的安全系统并联结构安装在一个压力容器中。通过对共因失效可能原因的搜索，我们发现了两个可能原因：①传感器的共用通道被固体堵塞；②传感器校准错误。因为没有识别出其他的具体原因，因此就采用图 13.10 中的故障树对这两个共因失效原因进行显式建模。

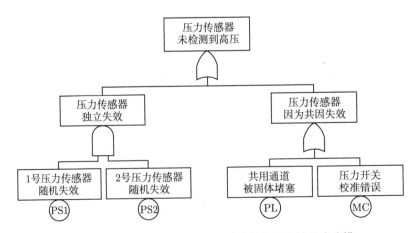

图 13.10　包含两台压力传感器系统的共因失效显式建模

在故障树中，传感器其他的失效都被认为是独立的。我们相信，除了上述两个显性的原因之外，还有一些隐含的依赖性原因。第 8 章中曾经讨论过对依赖性建模的问题，比如可以使用贝塔模型。

β 因子模型是进行安全系统共因失效分析时最常用的（隐式）模型。在 β 因子模型中，我们假设所有失效的一定比例为可以在同时（或者短期内）引起全部元件失效的共因失效。那么对于未检测到的危险（DU）失效来说，它的失效率 λ_{DU} 可以写作

$$\lambda_{DU} = \lambda_{DU}^{(i)} + \lambda_{DU}^{(c)}$$

其中 $\lambda_{DU}^{(i)}$ 为只影响一个零件的独立 DU 失效的速率，$\lambda_{DU}^{(c)}$ 为会在同时引起全部系统零件失效的共因失效率。共因失效因子

$$\beta_{DU} = \frac{\lambda_{DU}^{(c)}}{\lambda_{DU}}$$

为共因 DU 失效在零件所有 DU 失效中所占的百分比。

类似地，错误跳闸率 λ_{ST} 也可以写为

$$\lambda_{ST} = \lambda_{ST}^{(i)} + \lambda_{ST}^{(c)}$$

其中 $\lambda_{ST}^{(i)}$ 为一个零件独立 ST 失效的速率，$\lambda_{ST}^{(c)}$ 为导致所有系统零件在同时发生共因错误跳闸的速率。共因失效因子

$$\beta_{ST} = \frac{\lambda_{ST}^{(c)}}{\lambda_{ST}}$$

为共因 ST 失效在零件所有 ST 失效中所占的百分比。因为是不同的失效机理导致的 DU 和 ST 失效，因此 β_{DU} 和 β_{ST} 不一定相同。

安全系统的诊断性自测试与共因失效

共因失效主要可以分为两类：
（1）因为共同原因在同时发生的多个失效；
（2）因为共同原因，但是不一定在同时发生的多个失效。

第二类共因失效的例子，比如一个电子零件冗余结构暴露在共因——温度升高当中。因为这个共同的原因，零件会失效，但是失效时间不尽相同。如果 SIS 的自我诊断可以覆盖到这一类失效，我们可能会检测到第一个共因失效，然后迅速采取措施，从而避免由共同的原因引起的系统失效。

注释 13.2 如果上述的共同原因温度升高是由冷却风扇失效引起的，我们就可以按照案例 13.14 中使用的方法构建显式模型。在这个例子中，对冷却风扇状态进行监控就能够比电子元件诊断性测试更早给出警报，那么在系统共因失效发生前成功停机的可能性就更大。IEC 61508-6 讨论了一个类似的案例，但是没有提及任何有关冷却风险显式建模的问题。

如果已经识别出潜在共因失效的原因（比如使用检查表），我们就应该将这些失效仔细区分为两类（如上面提到的第 1 类和第 2 类）。对于每一个能够导致第 2 类共因失效的原因，我们都应该评价诊断自测试的能力是否能够发现这个失效（或者失效原因）、采取行动需要的时间，以及行动能够阻止系统失效的概率。

诊断覆盖率较高的 SIS 的共因因子 β，显然要低于诊断覆盖率低、诊断能力不佳的系统的相应值。因此，我们要特别小心，在分析具有强大诊断能力的现代安全仪表系统时，不能使用老旧系统的 β 估值。

案例 13.15（并联结构） 重新考虑案例 13.4中包含两个传感器的并联结构，并假设 DU 失效的共因因子为 β_{DU}。根据式 (13.10) 和式 (13.13)，该并联结构的 PFD 可以近似为

$$\mathrm{PFD}(\beta_{\mathrm{DU}}) \approx \frac{[(1 - \beta_{\mathrm{DU}})\lambda_{\mathrm{DU}}\tau]^2}{3} + \frac{\beta_{\mathrm{DU}}\lambda_{\mathrm{DU}}\tau}{2} \tag{13.27}$$

对于错误跳闸失效而言，这个系统是一个串联结构，它的跳闸率为

$$\lambda_{\mathrm{ST}}^{1\mathrm{oo}2}(\beta_{\mathrm{ST}}) = (2 - \beta_{\mathrm{ST}})\lambda_{\mathrm{ST}} \tag{13.28}$$

因此，当 β_{ST} 增加时，错误跳闸率是在下降的。

使用与案例 13.4相同的数据，即 $\lambda_{\mathrm{DU}} = 0.21 \times 10^{-6}/\mathrm{h}$，$\tau = 2190\mathrm{h}$，$\beta_{\mathrm{DU}} = \beta_{\mathrm{ST}} = 0.10$，根据式 (13.27) 可得

$$\mathrm{PFD}(\beta_{\mathrm{DU}}) \approx 5.71 \times 10^{-8} + 2.30 \times 10^{-5} \approx 2.31 \times 10^{-5}$$

注意，当 λ_{DU} 和 τ 采用真实估值的时候，$\mathrm{PFD}_{\mathrm{DU}}$ 的值主要来自式 (13.27) 中的共因项。因此，当 $\lambda_{\mathrm{DU}}\tau$ 很小时可以进行近似计算：

$$\mathrm{PFD}(\beta_{\mathrm{DU}}) \approx \frac{\beta_{\mathrm{DU}}\lambda_{\mathrm{DU}}\tau}{2}$$

案例 13.16（2oo3 结构） 根据式 (13.11) 和式 (13.12)，2oo3:G 结构的 PFD 为

$$\mathrm{PFD}(\beta_{\mathrm{DU}}) \approx [(1 - \beta_{\mathrm{DU}})\lambda_{\mathrm{DU}}\tau]^2 + \frac{\beta_{\mathrm{DU}}\lambda_{\mathrm{DU}}\tau}{2} \tag{13.29}$$

通过在逻辑运算器上的局部警报，我们也许可以避免所有的独立错误跳闸。而所有的共因失效都会导致系统的错误跳闸，因此有

$$\lambda_{\mathrm{ST}}^{2\mathrm{oo}3}(\beta_{\mathrm{ST}}) = \beta_{\mathrm{ST}}\lambda_{\mathrm{ST}} \tag{13.30}$$

使用与案例 13.15相同的数据，根据式 (13.29) 可得

$$\mathrm{PFD}(\beta_{\mathrm{DU}}) \approx 1.71 \times 10^{-7} + 2.30 \times 10^{-5} \approx 2.32 \times 10^{-5}$$

和案例 13.15一样，我们发现，当 λ_{DU} 和 τ 采用真实估值的时候，$\mathrm{PFD}_{\mathrm{DU}}$ 的值主要来自式 (13.29) 中的共因项。因此，当 $\lambda_{\mathrm{DU}}\tau$ 很小时可以进行近似计算：

$$\mathrm{PFD}(\beta_{\mathrm{DU}}) \approx \frac{\beta_{\mathrm{DU}}\lambda_{\mathrm{DU}}\tau}{2}$$

在案例 13.15和 13.16中，当 $\lambda_{DU}\tau$ 很小时，$\text{PFD}_{DU}(\beta_{DU})$ 主要是由式 (13.27) 和式 (13.29) 中的共因项造成的。显而易见，这个结论可以推广到所有 $n \geqslant 2$，并且 $k \leqslant n$ 的 koon:G 结构。因此，当 $\lambda_{DU}\tau$ 很小时有

$$\text{PFD}^{koon}(\beta_{DU}) \approx \frac{\beta_{DU}\lambda_{DU}\tau}{2} \tag{13.31}$$

当 $\beta_{DU} > 0$ 时，我们可以为所有类型的 koon:G 配置近似得到相同的结果，当 $n \geqslant 2$ 时，上述的结果与零件的数量 n 无关。这可能就是 β 因子模型不符合实际情况的一面，在 13.8节中，我们将介绍一种模型（它是 PDS 方法的一部分），它比 β 因子模型更贴近实际情况。

IEC 61508建议使用 β 因子模型，并且对所有的表决结构都要使用检查表确定"指定工厂"的单一 β 值（见 IEC 61508-6，附录 D）。这就使得不同表决逻辑之间没有了任何区别，因此一些学者[127] 对 β 因子模型进行了批评，并且提出了多 β 因子（MBF）模型，它可以看作是 β 因子模型的泛化形式。

注释 13.3　（1）一些可靠性数据源（见第 16 章）给出了元件的总体失效率，另一些数据源则给出了独立失效率。OREDA 数据库中 [241]的数据来自维修报告，因此既包含了独立失效，也包含了共因失效。而 MIL-HDBK-217中的数据主要来自单独零件的实验室测试，所以只有独立失效率。在共因失效模型中使用可靠性数据时，我们应该注意到这种区别。

（2）一些共因失效的原因，比如传感器校准错误，对于单独零件和包含几个零件的系统来说发生概率都是一样的。如果我们把错误校准看作 n 个冗余传感器共因失效的原因，它也应该在单独传感器的失效分析中有所考虑。文献 [274] 对这个问题有更加深入的讨论。

13.6　组和子系统之间的共因失效

一个表决组意味着一个同质（或者类似）零件的集合，比如压力变送器的 2oo3:G 表决组和液位变送器的 1oo2:G 表决组。本章介绍的方法主要是单一表决组内的共因失效。

13.6.1　表决组之间的共因失效

安全回路（或者 SIS）的子系统有时会包括一个以上的表决组，比如压力容器上的切断功能就由压力变送器子系统（第 1 组）和液位变送器子系统（第 2 组）实现。这两个子系统都可以采用 1oo2:G 表决或者 2oo2:G 表决配置。

直观的做法就是对每一个表决组都使用 β 因子模型（或者 PDS 模型，见 13.8 节），并且分别为第 1 组和第 2 组确定因子 β_1 和 β_2，这样就可以确定描述两个表决组之间共因失效的 β 因子 β_{12}。这时，两类 β 因子可以分为"内部"（即表决组内）和"外部"（即表决组间） β 因子。

但是这种方法的一个问题是，即便所有的零件都有固定失效率，表决组一般也不会有固定失效率。这意味着，β 因子的主要假设并不满足。

13.6.2   子系统之间的共因失效

一个安全回路（或者 SIS）的三个子系统可能都会暴露在共因失效当中，这三个子系统一般采用串联结构。

考虑一个包含两个同质零件的串联结构，零件都有固定失效率 λ。零件暴露在共因失效中，我们可以采用因子为 β 的 β 因子模型建模。因为串联结构的失效率等于零件失效率的和，因此该串联结构的失效率为

$$\lambda_S = 2(1 - \beta)\lambda + \beta\lambda = 2\lambda - \beta\lambda$$

这意味着，在使用 β 因子模型时，它隐含着串联结构暴露在一个失效率更低的共因失效中，或者说该结构的可靠性比两个独立零件组成的串联结构更高。这也说明，独立性假设使得串联结构的分析结果更保守。

这个结论并不能推广到一般的串联系统，因为 β 因子模型无法用于非同质子系统、非固定失效或者失效率不同的情形。

13.7   IEC 61508

国际标准 IEC 61508《电气/电子/可编程电子（E/E/PE）安全相关系统的功能安全》是关于安全仪表系统的主要标准。IEC 61508 是通用的、以性能为基础的标准，涵盖了 SIS 的绝大多数安全方面的内容。因此，IEC 61508 中的很多主题并不在本书的讨论范围之内。本节对 IEC 61508 中与本书介绍的理论和方法相关的一些主要方面做一个简要回顾。

IEC 61508 包括七个部分：

第一部分：基本要求

第二部分：对于 E/E/PE 安全相关系统的要求

第三部分：软件要求

第四部分：定义和缩写

第五部分：确定安全完善度等级的方法举例

第六部分：IEC 61508-2 和 IEC 61508-3 的使用指南

第七部分：技术和措施总览

IEC 61508 提出了对 SIS 的安全要求，并且给出了验证及验收这类系统的指南。标准前三个部分为规范部分，涉及工业过程风险评估和 SIS 软硬件可靠性评估，后面的四部分涉及定义并提供标准的说明附件。

标准的第一部分定义了工业过程基于整体性能的准则，它要求使用整体安全生命周期模型（见图 13.11）。第二部分针对 SIS 的制造商和集成商，介绍了可用于 SIS 硬件可靠性设计、评估和认证的方法和技术，目的是降低过程风险。

IEC 61508 是一项通用标准，适用于多个行业。因此，人们也制定了针对具体行业的标准和指南，并给出了更加具体的要求，其中包括：

IEC 61511　《功能安全——流程行业的安全仪表系统》

IEC 62061　《机器安全——电气、电子和可编程电子系统的功能安全》

IEC 61513　《核电站——安全关键性仪表和控制——系统基本要求》

NOG [226]　《在挪威大陆架石油产业中使用 IEC 61508 和 IEC 61511 的指南》

13.7.1　安全生命周期

IEC 61508 的要求涵盖整个安全生命周期, 并指出了生命周期中的主要步骤, 这与图 1.8 中的可靠性工程过程类似, 可能更加详细。安全生命周期的主要步骤包括:

（1）概念定义;

（2）总体范围定义;

（3）危险与风险分析;

（4）安全要求规范;

（5）安全要求分配;

（6）SIS 设计和开发（包括若干子步骤）;

（7）安装和调试;

（8）安全验证;

（9）运行和维修;

（10）报废和处理。

IEC 61508 第一部分对上述的每一个步骤都有详细说明。

13.7.2　安全完善度等级

安全完善度（safety integrity）是 IEC 61508 中的核心概念, 它的定义如下:

定义 13.1（安全完善度）　安全相关系统在所有给定条件和运行环境下, 在特定的时间内实现其所需安全功能的能力（IEV 821-12-54）。

安全完善度可以分为四个离散的等级, 即安全完善度等级（safety integrity levels, SIL）。SIL 可以由 PFD 定义, 二者之间的关系如表 13.3 所示。

（1）低频需求模式: 意味着 SIS 的运行需求频率不高于每年一次, 并且不高于验证性测试频率的二倍。

（2）高频或者连续模式: 意味着 SIS 的运行需求频率高于每年一次, 或者高于验证性测试频率的二倍。

ANSI/ISA-84.01 使用与表 13.3 相同的安全完善度等级, 但是明确指出 SIL 4 不适用于流程行业。

我们需要为每一个安全仪表功能分配 SIL。注意, SIL 的分配目标是 SIL, 而不是 SIS, 这是因为同一套安全仪表系统可能会执行多项安全仪表功能。

安全完善度等级（SIL）	安全系统运行的低频需求模式（在出现需求时无法执行设计功能的平均概率）	安全系统运行的高频或连续模式（每小时出现危险失效的概率）
4	$\geqslant 10^{-5}, < 10^{-4}$	$\geqslant 10^{-9}, < 10^{-8}$
3	$\geqslant 10^{-4}, < 10^{-3}$	$\geqslant 10^{-8}, < 10^{-7}$
2	$\geqslant 10^{-3}, < 10^{-2}$	$\geqslant 10^{-7}, < 10^{-6}$
1	$\geqslant 10^{-2}, < 10^{-1}$	$\geqslant 10^{-6}, < 10^{-5}$

表 13.3　安全功能的安全完善度等级

假设对于一个 SIF 的过程需求属于低频模式，并遵循速率为 β 次/h 的齐次泊松过程。对于每一次需求，SIF 不能执行所需功能的概率为 PFD。如果出现流程需求，而相应的 SIF 失效，那么就出现了危急状况。令 $N_c(t)$ 表示在区间 $(0, t)$ 内危急状况出现的次数，那么过程 $\{N_c(t), t > 0\}$ 就是一个速率为 $\nu_c = \nu\,\text{PFD}$ 的齐次泊松过程。在区间 $(0, t)$ 内出现 n 次危急状况的概率为

$$\Pr[N_c(t) = n] = \frac{(\nu\,\text{PFD}\,t)^n}{n!} \exp\left(-\nu\,\text{PFD}\,t\right), \quad n = 0, 1, 2, \cdots \tag{13.32}$$

危急状况平均间隔时间为

$$\text{MTBF} = \frac{1}{\nu\,\text{PFD}} \tag{13.33}$$

当需求的平均间隔时间为 10^4h（≈ 1.15 a）时，我们发现对于低频需求模式 SIF 与高频需求模式 SIF，它们的危急状况平均间隔时间对应相同的安全完善等级。需求速率 ν 一般定义为对该某一 SIF 的净需求率，不包括那些可以由非 SIS 保护层和其他风险降低措施有效处理的需求。

与低频需求模式运行的 SIF 的特定危急事件相关的风险，是危急事件潜在后果以及危急事件发生频率的函数。要选择合适的安全完善度等级，我们就需要评估：

（1）SIS 需求频率 ν；

（2）危急事件发生后的可能后果。

13.7.3　IEC 61508 合规

IEC 61508的总体目标是识别保护 EUC 所需要的 SIF，为每一个 SIF 建立相关的安全完善度等级，并实施 SIS 中的安全功能，保证流程达到理想的安全等级。IEC 61508 以风险为基础，并根据风险降低程度和风险容忍度制定决策。

IEC 61508 第一部分的第 7 节详细介绍了与每个生命周期阶段相关的目标和要求。必须执行的操作以及这些操作的范围，随系统（过程）在类型和复杂性上的差异而有所不同。我们在这里会列出一系列任务，这些任务可以视为对标准中详细要求的补充。我们提出的

任务不会取代标准中的要求,但期望可以为读者提供更多的视角。在界定这些任务时,我们考虑的是海洋石油/天然气平台中的加工单元。对于其他流程/应用,可能可以减少或省略掉一些任务。

(1)系统定义。首先对系统进行概念设计。假定概念设计属于基本设计,没有加入任何安全仪表功能。在这里,概念设计实际上就是(或者接近)包含了过程和仪表图(P&IDs)、其他流程图以及计算结果的最终设计方案。

(2)定义 EUC。系统(过程)必须拆分为合适的子系统,这些子系统包括 EUC(受控设备)。文献 [226] 中有关于如何定义 EUC 的指南,例如 EUC 可以是压力容器、泵站或者压缩机。

(3)风险接受准则。必须为每台 EUC 定义风险接受准则或者可容忍的风险。在一些行业中,比如挪威的油气行业,必须在开发项目的初始阶段就在工厂级(即在钻井平台这个级别)定义风险接受准则。风险接受准则是与人类、环境风险相关的定性或定量标准,有时也与物料资产和生产规律程度有关。例如,风险接受准则可以表述为"致死事故(FAR)[①]应小于 9 ",或 "一年内向大气排放有毒气体的概率不超过 10^{-4}"。

工厂级风险接受准则必须分解并且分配给各个受控设备。分配需要考虑合理性、公平性和成本,并不是一项简单直接的工作。

(4)危险分析。还须进行危险分析,以识别所有潜在危害和过程需求 [②]。我们可以使用以下方法进行危险分析:

- 初步危险分析;
- 危险与可操作性分析(HAZOP)(可参见文献 [142]);
- FMECA;
- 检查表。

危险分析可以提供:

①可能在受控设备中出现的所有潜在过程需求的列表;

②每个流程需求的直接原因;

③每个流程需求频率的初步估值;

④每个流程需求潜在后果的初步评估;

⑤识别出每个流程需求的非 SIS 保护层。

危险分析应该考虑所有合理可预见的情况,包括故障条件、误操作和极端环境条件。危险和风险分析还应该考虑可能的人为错误以及 EUC 的异常和罕见运行模式。

(5)定量风险评估。 应进行定量风险评估,量化由受控设备和系统(过程)不同过程需求引起的风险。风险评估使用的方法包括:

- 故障树分析;
- 事件树分析;

[①] FAR 指每 10^8 暴露小时的预期死亡人数。

[②] 过程需求是正常操作的重大偏离,可能对人类、环境、物料资产或者生产的规律性造成负面影响。

- 后果分析（比如火焰和爆炸载荷）；
- 仿真（比如事故升级情况）。

定量风险评估可以提供：

① 步骤（4）中识别的过程需求的频率估值；

② 识别出每个过程需求的潜在后果以及对这些后果的评估；

③ 与每个过程需求或者 EUC 相关的风险估值；

④ 降低风险以满足 EUC 可容忍风险准则的要求。

备注 1：挪威海洋油气行业使用传统的定量风险分析（即根据 NORSOK Z-013），但是这不一定会满足 IEC 61508 对于风险评估的全部要求。

备注 2：定量风险分析在一定程度上可以被保护层分析（LOPA）所取代[49]。

（6）非 SIS 保护层。有时，还可以采用非 SIS 保护层按照要求降低风险。在这一步中，需要识别并且评价与 EUC 风险降低有关的非 SIS 保护层（比如机械设备和防火墙）。根据这一步的工作，可以确定是否使用特定的 SIF 才能满足风险接受准则。

（7）确定 SIL。需要确定每一个 SIF 所需要的安全完善度等级，这样才能确定是否需要降低相关 EUC 的风险。可以使用 IEC 61508-5 提供的确定 SIL 的定性和定量方法。

备注 3：挪威海洋油气行业提出了一种替代方法，以对通用系统进行风险评估并确定安全完善度等级。根据这些分析，可以为每一类 EUC 指定最低的安全完善度等级[226]。

（8）规范和可靠性要求。必须定义 SIF 的规范和可靠性要求。

（9）SIS 设计。需要根据规范设计安全仪表系统。国际标准 IEC 61511中给出了指定 SIF 要实现理想的安全完善度等级所需的相应 SIS 设计指南。

（10）PFD 计算。需要构建可靠性模型，针对 SIS 设计提案计算 PFD。

（11）错误跳闸评估。还需要估计 SIS 设计提案的错误跳闸（ST）失效频率，同时也要评价该方案其他潜在的负面影响（IEC 61508 并没有给出这个步骤）。

（12）重复。须检查所提 SIS 设计方案是否满足步骤（9）中的准则，它的错误跳闸失效频率是否可以接受。如果答案是否定的话，就需要修改设计。有时，需要重复上述工作若干次。

（13）系统风险评价。现在可以评估根据 SIS 设计提案，系统（过程）风险降低的情况。

（14）验证。进行必要的修改和分析，以确定 SIS 设计提案满足风险降低（SIL）要求。

如果读者希望了解更多相关信息，可以阅读文献 [250] 和文献 [30]。

13.8   PDS 方法

可以采用 13.2节和 13.3节中介绍的方法评估低频需求模式下 SIS 的安全不可用性。此外，挪威工业研究院（SINTEF）还在其 PDS 项目①中开发了一种更加全面的方法。PDS

---

① PDS 是挪威语 " 以计算机为基础的安全系统的可靠性" 的缩写。

方法[125]可以用来量化安全仪表系统的可靠性（安全不可用性和错误跳闸率）和成本，该方法与国际标准 IEC 61508 的要求兼容，可以验证系统是否达到某一特定的安全完善度等级。

13.9 马尔可夫方法

考虑一个定期测试并且测试周期为 τ 的安全系统，如果在测试期间发现失效，那么系统就会得到修理。测试和修理所用的时间可以忽略不计。

令 $X(t)$ 表示安全系统在时刻 t 的状态，并令 $\mathcal{X} = \{0, 1, \cdots, r\}$ 表示所有可能状态的（有限）集合。假设我们能够将状态空间 $\mathcal{X}$ 分为可运行状态集合 B 和已失效状态集合 F 两个部分，那么就有 $F = \mathcal{X} - B$。系统在第 n 个测试周期的平均 PFD(n) 为

$$\mathrm{PFD}(n) = \frac{1}{\tau} \int_{(n-1)\tau}^{n\tau} \Pr[X(t) \in F]\, \mathrm{d}t, n = 1, 2, \cdots \tag{13.34}$$

如果在第 n 个周期内，有对安全系统的需求发生，那么安全系统无法工作导致 EUC 停机的（平均）概率为 PFD(n)。下文中，我们使用的方法主要基于文献 [183]。

假设 $\{X(t)\}$ 的特征类似一个齐次连续时间马尔可夫链（见第 11 章），在一个测试周期内它的转移率矩阵为 $\boldsymbol{A}$，这里所谓的周期就是区间 $(n-1)\tau \leqslant t < n\tau,\ n = 1, 2, \cdots$。令 $P_{jk}(t) = \Pr[X(t) = k \mid X(0) = j]$ 表示对于 $j, k \in \mathcal{X}$ 的转移概率，并令 $\boldsymbol{P}(t)$ 表示相应的转移矩阵。在测试周期内，也可能发生诊断性自测试能够检测到（D）的失效以及错误跳闸（ST）失效。

令 $Y_n = X(n\tau-)$ 表示系统恰好在时刻 $n\tau$ 之前的状态，也就是第 n 次测试前的状态。如果在测试中检测到功能异常，就会进行修复，系统状态随即从 Y_n 转移至 Z_n，后者是系统在第 n 次测试（可能包括修复）刚刚完成后的状态。如果 Y_n 给定，我们假设 Z_n 与时刻 $n\tau$ 之前系统的所有转移都无关，令

$$\Pr(Z_n = j \mid Y_n = i) = R_{ij}, \quad i, j \in \mathcal{X} \tag{13.35}$$

表示转移概率，并令 $\boldsymbol{R}$ 表示相应的转移矩阵。如果在第 n 次测试之前系统状态为 $Y_n = i$，则由矩阵 $\boldsymbol{R}$ 我们就会得到系统在第 n 次测试/修理刚刚完成之后处于状态 $Z_n = j$ 的概率。矩阵 $\boldsymbol{R}$ 依赖于维修策略，以及维修工作的质量。由维修引发的失效以及不完美修复的概率也包含在 $\boldsymbol{R}$ 中，所以 $\boldsymbol{R}$ 称为系统的修复矩阵。

案例 13.17（安全阀） 考虑一个安装在石油/天然气生产井生产油管中的安全阀。可以定期关闭阀门并测试泄漏情况。在阀门关闭的时候，它可能无法重新打开，即发生无法打开（FTO）这种失效模式。经验表明，特定类型的阀门大约每 200 次测试就会有一次无法重新打开。利用修复矩阵 $\boldsymbol{R}$，我们可以很容易地计算 FTO 失效的概率。

令安全系统在时刻 $t = 0$ 的状态分布 $Z_0 \equiv X(0)$ 为 $\boldsymbol{\rho} = [\rho_0, \rho_1, \cdots, \rho_r]$，其中 $\rho_i = \Pr(Z_0 = i)$，$\sum_{i=0}^{r} \rho_i = 1$。在第一次测试时刻 τ 之前，系统的状态分布为

$$\Pr(Y_1 = k) = \Pr[X(\tau-) = k]$$

$$= \sum_{j=0}^{r} \Pr[X(\tau-) = k \mid X(0) = j] \Pr[X(0) = j]$$

$$= \sum_{j=0}^{r} \rho_j P_{jk}(\tau) = [\rho \boldsymbol{P}(\tau)]_k, k \in \mathcal{X} \tag{13.36}$$

其中 $[\boldsymbol{B}]_k$ 表示向量 $\boldsymbol{B}$ 的第 k 个输入。

现在我们考虑第 $n \ (\geqslant 1)$ 个测试周期。在第 n 个测试周期刚刚结束时，系统的状态为 Z_n，假设给定初始状态 Z_n，在区间 $n\tau \leqslant t < (n+1)\tau$ 内的连续时间马尔可夫链与时刻 $n\tau$ 之前发生的所有转移都无关。有

$$\Pr(Y_{n+1} = k \mid Y_n = j)$$

$$= \sum_{i=0}^{r} \Pr(Y_{n+1} = k \mid Z_n = i, Y_n = j) \Pr(Z_n = i \mid Y_n = j)$$

$$= \sum_{i=0}^{r} P_{ik}(\tau) R_{ji} = [\boldsymbol{R}\boldsymbol{P}(\tau)]_{jk} \tag{13.37}$$

其中 $[\boldsymbol{B}]_{jk}$ 表示矩阵 $\boldsymbol{B}$ 的第 jk 个输入。$\{Y_n, n = 0, 1, \cdots\}$ 是一个离散时间马尔可夫链，其转移矩阵为

$$\boldsymbol{Q} = \boldsymbol{R}\boldsymbol{P}(\tau) \tag{13.38}$$

同理，有

$$\Pr(Z_{n+1} = k \mid Z_n = j)$$

$$= \sum_{i=0}^{r} \Pr(Z_{n+1} = k \mid Y_{n+1} = i, Z_n = j) \Pr(Y_{n+1} = i \mid Z_n = j)$$

$$= \sum_{i=0}^{r} P_{ji}(\tau) R_{ik} = [\boldsymbol{P}(\tau) \boldsymbol{R}]_{jk} \tag{13.39}$$

$\{Z_n, n = 0, 1, \cdots\}$ 也是一个离散时间马尔可夫链，其转移矩阵为

$$\boldsymbol{T} = \boldsymbol{P}(\tau) \boldsymbol{R} \tag{13.40}$$

令 $\boldsymbol{\pi} = [\pi_0, \pi_1, \cdots, \pi_r]$ 表示马尔可夫链 $\{Y_n, n = 0, 1, \cdots\}$ 的平稳分布，那么 $\boldsymbol{\pi}$ 就是满足以下等式的唯一概率向量：

$$\boldsymbol{\pi} \boldsymbol{Q} \equiv \boldsymbol{\pi} \boldsymbol{R}\boldsymbol{P}(\tau) = \boldsymbol{\pi} \tag{13.41}$$

其中 π_i 是恰好在测试之前系统处于状态 i 的长期时间比例。

同理，令 $\boldsymbol{\gamma} = [\gamma_0, \gamma_1, \cdots, \gamma_r]$ 表示马尔可夫链 $\{Z_n, n = 0, 1, \cdots\}$ 的平稳分布，那么 $\boldsymbol{\gamma}$ 就是满足以下等式的唯一概率向量：

$$\boldsymbol{\gamma} \boldsymbol{T} \equiv \boldsymbol{\gamma} \boldsymbol{P}(\tau) \boldsymbol{R} = \boldsymbol{\gamma} \tag{13.42}$$

其中 γ_i 是在一次测试/修复刚刚完成时系统处于状态 i 的长期时间比例。

令 F 表示在 $\mathcal{X}$ 中所有表示 DU 失效的状态集合，定义 $\pi_F = \sum_{i \in F} \pi_i$。接下来，令 π_F 表示恰好在测试之前系统处于危险失效状态的长期时间比例。比如，如果 $\pi_F = 5 \times 10^{-3}$，那么平均来说就是 200 次测试会有一次发现系统有危急失效。从长期来说，$1/\pi_F$ 是访问集合 F 的平均时间间隔（时间单位为 τ）。因此，DU 失效的平均时间间隔为

$$\mathrm{MTBF_{DU}} = \frac{\tau}{\pi_F} \tag{13.43}$$

DU 失效的平均速率为

$$\lambda_{\mathrm{DU}} = \frac{1}{\mathrm{MTBF_{DU}}} = \frac{\pi_F}{\tau} \tag{13.44}$$

在第 n 个测试周期的平均值 $\mathrm{PFD}(n)$ 可以表示为

$$\mathrm{PFD}(n) = \frac{1}{\tau} \int_{(n-1)\tau}^{n\tau} \Pr[X(t) \in F] \, \mathrm{d}t$$
$$= \frac{1}{\tau} \int_0^\tau \sum_{j=0}^r \sum_{k \in F} P_{jk}(t) \Pr(Z_n = j) \, \mathrm{d}t \tag{13.45}$$

因为当 $n \to \infty$ 时，有 $\Pr(Z_n = j) \to \gamma_j$，则可以得到长期平均 PFD：

$$\mathrm{PFD} = \lim_{n \to \infty} \mathrm{PFD}(n) = \frac{1}{\tau} \int_0^\tau \sum_{j=0}^r \sum_{k \in F} P_{jk}(t) \gamma_j \, \mathrm{d}t = \sum_{j=0}^r \gamma_j Q_j \tag{13.46}$$

其中

$$Q_j = \frac{1}{\tau} \int_0^\tau \sum_{k \in F} P_{jk}(t) \, \mathrm{d}t$$

为给定系统在测试周期开始时处于状态 j 情况下的 PFD。

案例 13.18 文献 [128] 分析了一个有不同类型失效机理的单一零件。在其中的一个例子中，作者研究了具有以下状态的零件：

状态	描述
3	零件完好如初
2	退化性（非危急）失效
1	由突然冲击引起的危急失效
0	由退化引起的危急失效

当这个零件处于状态 3 或者状态 2 时，它能够执行其预期的功能，而如果处于状态 1 或者状态 0 则存在危急失效。状态 1 是由随机冲击造成的，而状态 0 则是源自退化。在状态 2，零件能够执行功能，但是实际上它已经存在一定程度的退化。

现在假设图 13.11中的零件状态转移图是一个连续时间马尔可夫链，其转移矩阵为

$$\boldsymbol{A} = \begin{pmatrix} 0 & 0 & 0 & 0 \\ 0 & 0 & 0 & 0 \\ \lambda_{dc} & \lambda_s & -(\lambda_{dc} + \lambda_s) & 0 \\ 0 & \lambda_s & \lambda_d & -(\lambda_s + \lambda_d) \end{pmatrix}$$

其中 λ_s 为由随机冲击引起的失效率，λ_d 为退化失效率，λ_{dc} 为退化转变为危急失效的速率。

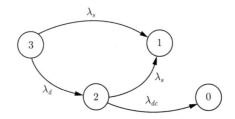

图 13.11　文献 [128] 中给出的失效过程的状态转移图

因为在测试周期内没有修理工作，因此已失效状态 0 和状态 1 属于吸收状态。假设我们已知系统在时刻 0 处于状态 3，则有 $\boldsymbol{\rho} = [1, 0, 0, 0]$。现在使用 11.9 节中介绍的方法求解前向柯尔莫哥洛夫方程 $\boldsymbol{P}(t)\boldsymbol{A} = \dot{\boldsymbol{P}}(t)$，确定 $\boldsymbol{P}(t)$ 的分布。$\boldsymbol{P}(t)$ 可以写为

$$\boldsymbol{P}(t) = \begin{pmatrix} 1 & 0 & 0 & 0 \\ 0 & 1 & 0 & 0 \\ P_{20}(t) & P_{21}(t) & P_{22}(t) & 0 \\ P_{30}(t) & P_{31}(t) & P_{32}(t) & P_{33}(t) \end{pmatrix}$$

$\boldsymbol{P}(t)$ 的前两行很明显是因为状态 0 和状态 1 属于吸收状态。因为不存在从状态 2 到状态 3 的转移，所以输入 $P_{23}(t) = 0$。根据状态转移图，矩阵的对角线输入为

$$P_{22}(t) = \mathrm{e}^{-(\lambda_s + \lambda_{dc})t}$$
$$P_{33}(t) = \mathrm{e}^{-(\lambda_s + \lambda_d)t}$$

其他的输入由文献 [183]给定：

$$P_{20}(t) = \frac{\lambda_{dc}}{\lambda_s + \lambda_{dc}} \left(1 - \mathrm{e}^{-(\lambda_s + \lambda_{dc})t} \right)$$

$$P_{21}(t) = \frac{\lambda_s}{\lambda_s + \lambda_{dc}} \left(1 - \mathrm{e}^{-(\lambda_s + \lambda_{dc})t} \right)$$

$$P_{30}(t) = \frac{\lambda_d \lambda_{dc}}{(\lambda_d + \lambda_s)(\lambda_s + \lambda_{dc})} + \frac{\lambda_d \lambda_{dc}}{(\lambda_d - \lambda_{dc})(\lambda_d + \lambda_s)} \mathrm{e}^{-(\lambda_s + \lambda_d)t}$$
$$+ \frac{\lambda_d \lambda_{dc}}{(\lambda_{dc} - \lambda_d)(\lambda_s + \lambda_{dc})} \mathrm{e}^{-(\lambda_s + \lambda_{dc})t}$$

$$P_{31}(t) = \frac{\lambda_s(\lambda_d + \lambda_s + \lambda_{dc})}{(\lambda_d + \lambda_s)(\lambda_s + \lambda_{dc})} + \frac{\lambda_s \lambda_{dc}}{(\lambda_d - \lambda_{dc})(\lambda_d + \lambda_s)} \mathrm{e}^{-(\lambda_s + \lambda_d)t}$$

$$+ \frac{\lambda_s \lambda_d}{(\lambda_{dc} - \lambda_d)(\lambda_s + \lambda_{dc})} \mathrm{e}^{-(\lambda_s + \lambda_{dc})t}$$

$$P_{32}(t) = \frac{\lambda_d}{\lambda_d - \lambda_{dc}} \left(\mathrm{e}^{-(\lambda_s + \lambda_{dc})t} - \mathrm{e}^{-(\lambda_s + \lambda_d)t} \right)$$

这里可以采用多种修复策略:

(1) 在每次测试之后修复所有的失效,这样测试之后系统总是从状态 3 启动。

(2) 在每次测试后修复所有危急失效。在这种情况下,在测试之后系统启动时可能会有退化。

(3) 修复工作可能是不完美的,意味着存在失效没有被修复的可能。

13.9.1 在每次测试之后所有的失效都被修复

在这种情况下,所有的失效都被修复,假设修复是完美的,这样系统在测试后会处于状态 3。因此,与之相应的修复矩阵 $\boldsymbol{R}_1$ 为

$$\boldsymbol{R}_1 = \begin{pmatrix} 0 & 0 & 0 & 1 \\ 0 & 0 & 0 & 1 \\ 0 & 0 & 0 & 1 \\ 0 & 0 & 0 & 1 \end{pmatrix}$$

根据这个策略,所有的测试区间都有相同的随机属性。那么平均 PFD 为

$$\mathrm{PFD} = \frac{1}{\tau} \int_0^\tau (P_{31}(t) + P_{30}(t)) \, \mathrm{d}t$$

13.9.2 在每次测试之后所有的危急失效都被修复

在这种情况下,$\boldsymbol{R}$ 矩阵为

$$\boldsymbol{R}_2 = \begin{pmatrix} 0 & 0 & 0 & 1 \\ 0 & 0 & 0 & 1 \\ 0 & 0 & 1 & 0 \\ 0 & 0 & 0 & 1 \end{pmatrix}$$

13.9.3 每次测试之后的维修不完美

在这种情况下,$\boldsymbol{R}$ 矩阵为

$$\boldsymbol{R}_3 = \begin{pmatrix} r_0 & 0 & 0 & 1 - r_0 \\ 0 & r_1 & 0 & 1 - r_1 \\ 0 & 0 & r_2 & 1 - r_2 \\ 0 & 0 & 0 & 1 \end{pmatrix}$$

根据式 (13.46) 可以找到 PFD。计算过程比较简单，但是表达式相当烦琐，这里就不再列出了。有兴趣的读者可以阅读文献 [183] 查看更详细的结果。

13.10　课后习题

13.1 图 13.12 所示为烟雾探测系统的一部分。该系统包括两台光学烟雾探测器（带独立电池）和一台启动继电器。系统中所有的零件都相互独立，且有固定失效率：

$$1 \text{ 号和 } 2 \text{ 号烟雾探测器：} \quad \lambda_{SD} = 2 \times 10^{-4} \text{ 次/h}$$
$$\text{启动继电器：} \quad \lambda_{SR} = 5 \times 10^{-5} \text{ 次/h}$$

系统采用 $\tau = 1$ 个月的定期测试，如果需要的话会在测试后进行修理。每次测试（修理）之后，系统都处于完好如初的状态。假设修理时间可以忽略不计。在测试中，我们只检测 DU 失效。

　（1）　计算系统的 PFD。

　（2）　计算系统从 $t = 0$ 到第一次 DU 失效发生时经历过测试周期的平均数量。

　（3）　假设你正在进行测试，发现系统存在一个 DU 失效。确定系统已经处于已失效状态的平均时间。

　（4）　假设火灾的发生是服从速率为 $\lambda = 1$ 次/10a 的齐次泊松过程。确定在 50 年的时间里，发生火灾同时烟雾探测系统存在 DU 失效的概率。

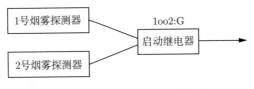

图 13.12　（简化）烟雾探测系统

13.2 重新考虑案例 13.4中包含独立火焰探测器的 1oo2:G 结构，但是假设这两台探测器不同，DU 失效的速率分别为 $\lambda_{DU,1}$ 和 $\lambda_{DU,2}$。两台探测器在同一时间进行测试，测试周期为 τ。

　（1）　确定该火焰探测系统的 PFD。

　（2）　当 $\lambda_{DU,i} \tau$（$i = 1, 2$）很小时，计算 PFD 的近似值。

13.3 因为 β 因子模型简单，因此它通常是分析共因失效的优先方案。然而这个模型存在一些可疑的性质：

　（1）　说明在采取措施降低 β 数值时对独立失效有什么样的影响。为什么这个影响是存疑的？

　（2）　假设采用同质元件和相同的 β，那么 1oo4:G 表决结构和 2oo4:G 结构可能会得到近似相同的 PFD。为什么会出现这种情况，对 PFD 产生这种影响的现实意义是什么？在什么时候这种影响接近现实情况，什么时候不太接近？

13.4 重新考虑案例 13.5 中包含独立火焰探测器的 2oo3:G 结构，但是假设这三台探测器不同，它们的 DU 失效速率分别为 $\lambda_{DU,1}$、$\lambda_{DU,2}$ 和 $\lambda_{DU,3}$。三台探测器在同一时间进行测试，测试周期为 τ。

   （1） 确定该火焰探测系统的 PFD。

   （2） 当 $\lambda_{DU,i}\tau$（$i = 1, 2, 3$）很小时，计算 PFD 的近似值。

13.5 包含同质独立元件的 2oo4:G 结构是否会比包含同类元件的 2oo3:G 结构出现错误跳闸的次数少？证明你的答案。

13.6 假设你正计划在压力容器上安装压力传感器。根据过去的经验，你知道计划使用的压力传感器对于实际失效模式有以下固定失效率：

在压力超标的时候没有信号：$\lambda_{FTF} = 3.10 \times 10^{-6}$ 次/h

错误发送高压信号：$\lambda_{FA} = 3.60 \times 10^{-6}$ 次/h

压力传感器与逻辑单元（LU）连接，逻辑单元会将输入信号传送给紧急切断（ESD）系统。逻辑单元的失效率估计为：

没有发送正确信号：$\lambda_A = 0.10 \times 10^{-6}$ 次/h

发送错误高压信号：$\lambda_B = 0.05 \times 10^{-6}$ 次/h

我们考虑四种不同的系统配置：

- 单一压力传感器（带逻辑单元）
- 两台压力传感器并联
- 三台压力传感器组成 2oo3:G 结构
- 四台压力传感器组成 2oo4:G 结构

压力传感器和逻辑单元会每个月接受一次测试，如果必要的话会同时进行修复。测试中只检测 DU 失效。在测试（修复）后，假设所有的元件都完好如初，并且测试和修复所花费的时间可以忽略不计。

   （1） 假设所有的元件相互独立，类似线缆之类配件的失效率可以忽略不计，计算上述四种系统配置各自对于 DU 失效的 PFD。

   （2） 分别计算四种系统配置在一年期间至少发生一次错误警报（FA）的概率。

   （3） 你希望采用哪一种系统配置？

13.7 考虑 13.3.5 节中对于并联结构的交错测试，结构中的两个元件 DU 失效率分别为 $\lambda_{DU,1}$ 和 $\lambda_{DU,2}$。测试周期为 τ，交错测试的延迟为 $t_0 < \tau$。

   （1） 推导计算 $\mathrm{PFD}(t_0)$ 的公式，并列出推导的所有步骤。

   （2） 推导最优交错延迟时间 t_0 作为 DU 失效率和测试周期的函数的公式。

   （3） 证明如果两个元件的失效率相同，那么最优交错延迟时间就是 $t_0 = \tau/2$，并对这个结果作出直观解释。

13.8 考虑包含 n 个同质零件的并联结构，零件都有固定失效率 λ。该系统在时刻 $t = 0$ 投入运行，定期（间隔为 τ）接受测试，如果需要的话还会在测试后进行修理。在测试（修理）之后系统完好如初。系统暴露在共因失效之中，我们采用 β 因子模型建模。令 PFD_n 表示 n 阶并联结构的 PFD。

（1） 确定作为 λ、τ 和 β 的函数的 PFD_n。

（2） 设 $\lambda = 5 \times 10^{-5}$ 次失效/h，$\tau = 3$ 个月，绘制在 $n = 2$ 和 $n = 3$ 时，PFD_n 作为 β 函数的草图。

（3） 使用与问题 (2) 相同的数据，分别确定在 $\beta = 0$ 和 $\beta = 0.20$ 时 PFD_2 和 PFD_3 之间的差异。

13.9 列举使用马尔可夫模型分析安全仪表系统可靠性的优点和缺点。

13.10 图 13.13 所示为流程工厂中切断系统的部分组成，它包括两个流程单元 A 和 B。如果其中一个单元有火灾发生，紧急切断（ESD）系统就会关闭紧急切断阀（ESDV）。紧急切断系统有一个失效-安全液压执行机构，阀门平时使用液压保持开启状态，如果液压释放，阀门就会闭合。

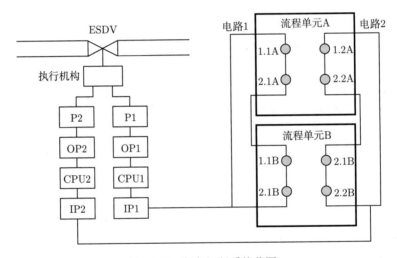

图 13.13　紧急切断系统草图

每个流程单元都有两个冗余检测器电路（电路 1 和电路 2）。每个检测器电路都通过一个先导阀连接到 ESDV 执行机构，先导阀根据来自探测器的信号打开并释放 ESDV 执行结构中的液压，从而关闭紧急切断阀。此外，每个电路包括一个输入卡、一个中央处理单元（CPU）、一个输出卡，而每个流程单元还包括两个火灾探测器。在发生火灾时，检测器被激活，然后切断相应电路中的电流。如果输入卡的电流中断，它就会通过输出卡向 CPU 发送"消息"以打开先导阀。假设一个流程单元中的火焰探测器无法发现另一个流程单元中的微小火苗。

如果假设所有的零件都相互独立且有固定失效率，每一个零件都有两个不同的失效模式：

（1） 无法执行功能（FTF，即在接收到信号时没有反应）；

（2） 发生错误警报。

系统的零件、零件符号和 FTF 失效率如表 13.4 所示。

表 13.4 "无法执行功能" 模式的失效率		
零件	零件符号	FTF 失效率 $\lambda/$（失效次数/h）
紧急切断阀	ESDV	3.0×10^{-6}
执行机构	—	5.0×10^{-6}
先导阀	P1，P2	2.0×10^{-6}
输出卡	OP1，OP2	0.1×10^{-7}
输入卡	IP1，IP2	0.1×10^{-7}
CPU	CPU1，CPU2	0.1×10^{-7}
火焰探测器	1.1A，1.2A，2.1A，2.2A 1.1B，1.2B，2.1B，2.2B	4.0×10^{-6}

（1） 为顶事件 "紧急切断阀在流程单元 A 中出现火苗的时候没有关闭" 构建故障树。

记录在构建故障树时使用的额外假设。如表 13.4 所示，相比于其他零件的失效率，输入卡、CPU 和输出卡的失效率可以忽略不计。为了简化故障树表达，可以忽略掉这三组零件。

证明故障树有以下最小割集：

$$\{\text{执行机构}\}$$
$$\{\text{ESDV}\}$$
$$\{P1, P2\}$$
$$\{P2, 1.1A, 2.1A\}$$
$$\{P1, 1.2A, 2.2A\}$$
$$\{1.1A, 1.2A, 2.1A, 2.2A\}$$

所有的元件都每月接受一次测试。一般来说，FTF 失效都在测试当中才能发现。测试以及后续修理（如果需要）的时长相比测试周期可以忽略不计。在问题（2）中，我们假设不同零件的测试是在不同并且未知的时刻进行的。

（2） ① 为每个相关零件确定 PFD。

② 通过 "上限近似" 确定顶事件概率，假设故障树中的所有基本事件都相互独立。

③ 讨论本例中 "上限近似" 方法的准确性。

④ 说明其他计算顶事件概率的更加精确的方法。讨论这些方法的优缺点。

（3） 假设每年平均有两次在流程单元 A 中会出现小火苗，且服从齐次泊松过程。如果在火苗出现的同时，紧急切断系统存在 FTF 失效（即顶事件存在），那么就会出现危急状况。确定在十年的时间里至少会出现一次这类危急状况的概率。

（4） 接下来考虑包含两个火焰探测器 1.1A 和 2.1A 的子系统。当探测器按照下列方式进行测试时，计算该子系统相应的 PFD：

① 每三个月一次，并且两个元件分别在不同的未知时刻接受测试。

② 每三个月同时接受测试。

③ 使用交错测试，两台探测器都是每三个月测试一次，但是 2.1A 的测试时间晚于 1.1A。

你倾向于哪一种测试方式（给出优缺点），解释为什么方式①中与方式②中的 PFD 不同。

（5） 你认为哪一种系统结构在避免"错误报警"失效方面是最优的？提出一种改进结构，并讨论这种结构的优点和缺点。

13.11 井下安全阀（DHSV）安装在海上生产平台上的石油/天然气生产管道中，距离海底 50~100m。阀门通过来自平台的 1/16in① 液压管道的液压保持打开状态。当液压被释放时，阀门通过弹簧力关闭。因此，这个阀门的运行属于失效-安全闭合模式。在平台出现紧急情况时，阀门是防止井喷的最后一道屏障。因为阀门起到安全屏障的作用非常重要，所以运营企业会定期对阀门进行测试。

DHSV 有两种主要类型：电缆可回收（WR）阀和油管可回收（TR）阀。WR 阀安装在油管的着陆接头当中，并且可以通过在平台上的电缆收放进行安装和取回。TR 阀则是管道的组成部分。要取回 TR 阀，必须要拉动管道。这里，我们将考虑 WR 阀。当 WR 阀出现失效时，通过电缆将其取回，并将相同类型的新阀门安装在同一接头中。

DHSV 的测试周期是一个月，测试的要求时长大约为 1.5h，这时生产需要停止。如果发现失效，平均修复时间估计为 9h。

DHSV 有四种主要的失效模式：

FTC: 无法按照指令关闭

LCP: 在闭合位置出现泄漏

FTO: 无法按照指令打开

PC: 过早关闭

FTC 和 LCP 这两种失效模式对于安全来说是关键性的，而 FTO 和 PC 在安全方面则没有那么重要，但是它们会导致停产。FTC、LCP 和 FTO 这三种失效模式都只能在测试中发现，而 PC 失效则会立刻检测到，因为它会导致油井关闭。

失效模式的分布如下：

FTC: 15%

LCP: 20%

FTO: 15%

PC: 50%

假设上述的失效模式都有固定失效率，阀门失效的平均间隔（对于全部失效模式）预估为 44 个月。

---

① 1in=2.54cm。

如果在测试中检测到关键性失效，那么在修复过程中大约有三分之一的时间油井都是不安全的。如果检测到非关键性失效，那么修复过程中油井安全。

(1) 确定阀门 FTC 失效的平均间隔。

(2) 确定阀门在一个测试周期内没有出现任何失效的概率。

(3) 通过进行测试和修理的时间计算 PFD，讨论 PC 失效为本题计算带来的复杂性。

(4) 确定由于 DHSV 测试和失效导致的平均停产时间比例。

(5) 假设平台上紧急情况的发生频率为 50 年一次，此时必须关闭 DHSV。如果 DHSV 在紧急状态时无法执行其安全屏障功能，就会出现危急状况。计算这类危急状况的平均时间间隔。

(6) 假设一座钻井平台有 20 个油井，每个油井都装有一套 DHSV。在紧急状况下，所有的油井都必须关闭。根据上面的假设，计算平台危急状况的平均时间间隔。

13.12 气体探测器对于关键性 DU 失效模式"在气体存在时探测器没有发送警报"的固定失效率为 $\lambda_{DU} = 1.8 \times 10^{-6}/h$。请记录你在回答以下问题时所作的额外假设。

(1) 求该气体探测器（对于 DU 失效）的平均失效时间（MTTF）。

(2) 这里,关键性失效模式就是所谓的隐藏失效,气体探测器因此需要按照 $\tau = 6$ 个月（1 个月 =730h）的间隔进行定期验证性测试。假设进行测试和失效探测器修理的时间都很短，可以忽略不计。在测试/修理之后，假设气体探测器"完好如初"。

① 解释"隐藏失效"的含义。

② 确定气体探测器的 PFD（出现需求时的失效概率）。

(3) 现在假设有三台同一类型的气体探测器，它们连接一台逻辑运算器，组成 2oo3 表决逻辑。气体探测器的验证性测试在同时进行，周期为 6 个月。此外，我们可以继续使用问题（2）中的假设，并假设逻辑运算器非常可靠，失效率设为 0。这里我们假设三台探测器相互独立。

① 确定这个 2oo3:G 结构运行 12 个月没有关键性系统失效的概率。

② 确定这个 2oo3:G 结构的 PFD。

③ 如果我们假设系统持续运行，那么平均来说每年会有多少小时没有受到气体探测系统的保护？

(4) 假设气体探测器暴露在共因失效中，我们可以采用 $\beta = 0.08$ 的 β 因子模型建模。

① 确定本例中 2oo3:G 结构的 PFD，并分别给出 PFD 中独立失效和共因失效的贡献比例。

② 如果在验证性测试中检测到了气体探测系统的关键性失效，那么该系统已经处于失效状态的期望时间是多少？

第 **14** 章

可靠性数据分析

 ## 14.1 概述

本章介绍可靠性数据分析，它也称为存续度分析和寿命分析。分析的数据集包括从我们关注的开始时间到最终的元件寿命。一般来说，开始时间是指元件首次投入运行的时间，也可以是我们开始观察元件的时间。而关注的重点一般是失效时间，有时也可以是某种特定的失效模式。

对于很多数据库来说，数据收集工作都会在所有元件失效之前停止。这就意味着，在数据收集停止时，还有一些元件处于可运行状态，而对于这些元件，记录的时间就不是失效时间，而是从起点到数据收集工作结束的时间。我们称这种时间为审核或者截尾（censored）时间，包含一个或者多个截尾时间的数据集就称为截尾数据集。

有些数据集可以会包含不止一个解释性变量，比如压力、温度、流速和震动频率等。这些变量称为协变量（covariates），可以解释为什么同一类型的元件失效时间会存在差异。

可靠性数据分析并不是一个严格定义的术语，它可以包括各种统计方法分析正值数据库。本章介绍的方法也大量用于生物统计和医学研究。

关于这个主题的书籍有很多，但是我们很难推荐其中的某一本用于扩展阅读，因为不同的应用需要不同的参考文献。

为了分析可靠性数据，我们需要采用合适的计算机程序。现在也有很多程序，我们很难说哪一个更好。但是在本书中选择 R 程序，因为它涵盖了本章介绍的大多数技术方法，在很多大学使用，它是免费的并且可以在所有主流的计算机平台运行。

在互联网上搜索"存续度分析""存续度模型"或者类似词汇，你会找到数不胜数的演讲稿、讲义和幻灯片，其中很多都来自医疗领域，但是在大多数情况下，这些讲义和本章的内容也相关。

本章的目的

本章的目的是介绍可靠性数据分析,这部分知识可以理解为以前面各章内容为基础。我们的重点在于解释基本概念以及如何使用各种方法,并不会深入探讨理论问题。当然,我们会给出参考文献,为有兴趣的读者提供更丰富的信息。我们假设读者已经在计算机上安装了 R 程序,并对这种语言的使用方法有一定了解。我们会展示如何用 R 进行分析,也会给出简单的 R 程序脚本,这样读者就可以针对其他数据集重复进行分析。读者还可以在图书配套网站上找到更详细的 R 程序脚本。

14.2　一些基本概念

在介绍各种分析方法之前,首先介绍使用的主要术语。

(1)总体(population):指与某个问题或者实验相关的类似元件或者事件的集合。比如,总体可以是:

① 一座工厂内同一类型的全部阀门。

② 某一品牌的所有手机。

③ 一个国家铁路机车车辆上使用的所有同类型制动器等。

(2)模型(model): 要研究总体的某一方面,我们需要定义一个随机变量 X 来提供这方面的信息。若要在研究中使用统计方法,我们需要构建与随机变量 X 相关的概率模型 M。这个模型可以是参数化的、非参数化的或者是半参数化的。在一开始,我们假设模型 M 是参数化的,并且有参数 θ。这个参数固定但是未知,如果我们研究的是总体,那么它就可以称为总体参数。

如果 X 是一个离散变量,模型就可以由一个条件概率质量函数 $\Pr(X = x \mid \theta)$ 界定,其中 θ 固定但未知。如果 X 是一个连续变量,则这个模型可以由一个概率密度函数 $f(x \mid \theta)$ 界定。

(3)样本(sample): 研究总体可能时间非常漫长并且代价不菲,因此一般研究总体的一个样本就可以了。样本是总体的一个子集,根据规定好的抽样程序收集或者选取。如果抽样是随机的,那么样本就称为随机样本(random sample)。在可靠性研究中,样本并不总是随机的,我们必须要满足于能够获得的样本。

(4)实验(experiment):要了解有关随机变量 X 的信息,我们需要对样本中的 n 个元件进行独立且相同的实验。当 n 次实验完成后,就得到了数据集 $x_1, x_2, \cdots, x_n$。因为下面的连续变量具有独立性,因此我们可以得到数据集的联合分布:

$$f(x_1, x_2, \cdots, x_n \mid \theta) = \prod_{i=1}^{n} f(x_i \mid \theta) \tag{14.1}$$

读者可以自行推导离散变量的表达式。

（5）推理（inference）：推理是使用从样本中收集的信息对抽取样本的总体进行描述。图 14.1 描述了统计推理的一些主要概念。

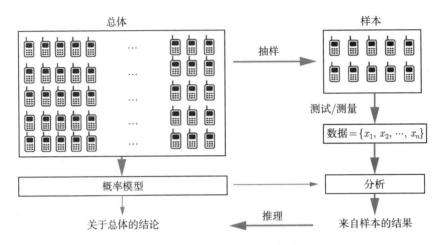

图 14.1　统计推理的主要概念

14.2.1　数据集

本章首先需要介绍的，是包含来自独立元件构成的总体中一个随机样本的数据集（dataset）。在本章中，我们假设元件的失效时间是一个非负随机变量 T。在大多数情况下，我们都假设观察到 n 个同质元件的随机失效时间 $T_i, T_2, \cdots, T_n$，这些时间独立同分布，分布函数为 $F_T(t)$，概率密度函数为 $f_T(t)$。相应观测到的样本存续时间表示为 $t_1, t_2, \cdots, t_n$。

在很多数据集中，对元件的观测实际上是在元件失效之前结束的，我们就说失效时间被截尾（censored）。截尾的原因有很多，比如测试设备损坏、因为运行原因停止元件服务、或者既定的测试和观测时间结束等。对于每一个元件，我们假设截尾发生在时刻 C，它可以是确定性的也可以是随机的。

14.2.2　存续时间

如果存在截尾，我们就不会每次都观测到真正的失效时间 T。我们观测到的实际上只是存续时间（survival time），这取决于失效和截尾哪个先发生，如图 14.2 所示。

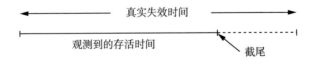

图 14.2　失效时间和观测到的存续时间

可以想象失效和截尾这两个独立过程在竞争，看谁先终结元件 i。如果没有截尾，那么我们总会观察到失效时间 T_i，而如果没有失效，也总会观察到截尾时间 C_i。这两个过程都是活跃的，我们观察的是 T_i 和 C_i 中较小的那个，即 $\min\{T_i, C_i\}$，$i = 1, 2, \cdots, n$。

我们仍然使用数据集 $t_1, t_2, \cdots, t_n$，但是对于每一个观测值 t_i 都会给一个相应的标识 δ_i，它的定义为

$$\delta_i = \begin{cases} 1, & t_i \text{ 结束于失效（即 } T_i < C_i\text{）} \\ 0, & t_i \text{ 结束于截尾（即 } T_i > C_i\text{）} \end{cases}, \quad i = 1, 2, \cdots, n$$

我们称 δ_i 为存续时间 t_i 状态。因此，数据集就包括 n 对 (t_i, δ_i)，其中 $i = 1, 2, \cdots, n$，它们可以传达的信息包括元件存续了多久，以及观测到的停止是因为失效（F）还是截尾（C）。

在本章中，我们假设存续时间 t_i 是从元件 i 的全新状态开始测量的。在很多实际应用中，当观测开始时元件 i 一定运行了一段时间 $t_i^{(0)}$。在这里，我们假设对所有的元件 $i = 1, 2, \cdots, n$，都有 $t_i^{(0)} = 0$，并且所有的存续时间都可以切换成共同的起点，而不会损失任何信息，如图 14.3 所示。

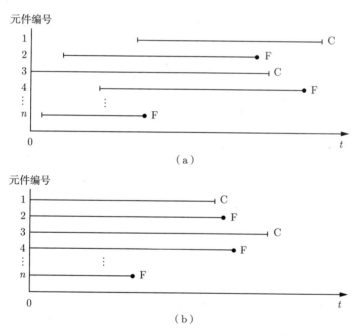

图 14.3　已观测的数据集（a）和切换到从时刻 0 开始的相同数据集（b）

(F 表示失效，C 表示截尾)

1. 在 R 程序中输入存续时间

将数据集输入 R 的方法有很多种，其中最常见的包括：电子表格文件、逗号分隔值（CSV）文件、手动输入一个或者多个向量。对于最后一种方法，我们将按照存续时间顺序输入，比如

$t_i =$	17.88	28.92	33.00	41.52	42.12	45.60
$\delta_i =$	1	0	1	1	1	0

使用生存时间向量 survtime 和状态向量 status，并在 R 脚本中输入以下内容：

```
survtime <- c(17.88,28.92,33.00,41.52,42.12,45.60)
status <- c(1,0,1,1,1,0)
```

如果数据集中包含很多存续时间，那么就应该使用电子表格，将文件存储为 CSV 或者 Excel® 格式。①

2. R 程序包 survival

R 程序包 survival 中存储了很多本章使用的存续分析函数。按照以下 R 脚本的指示，可以将上面案例中的数据加载到你的 R 相关程序包中。在加载脚本之前，要确定你已经安装了程序包 survival，安装指令为 install.packages('survival')。新的数据集称作 my.surv，将用函数 Surv 进行进一步分析。

```
library(survival)  # Activate the package survival
survtime <- c(17.88,28.92,33.00,41.52,42.12,45.60)
status <- c(1,0,1,1,1,0)
# Arrange and give the dataset a name
my.surv <- Surv(survtime,status)
# Display the dataset my.surv
print(my.surv)
```

在 R 程序中运行这个脚本可以得到

```
> print(my.surv)
[1] 17.88  28.92+ 33.00  41.52  42.12  45.60+
```

注意在输出结果中，截尾存续时间后面标注有"+"，表示如果存续时间没有被截尾的话，到失效的时间还可以更长。

14.2.3 截尾数据集的类别

本节介绍四种主要的截尾类型以及两种子类型。

1. I 型截尾

对 n 个同质元件编号并进行寿命测试，以获取有关元件失效时间 T 的概率分布信息。我们可以为测试指定一个时间段 $[0,\tau]$。在测试之后，我们只能了解那些在 τ 之前失效的元件的失效次数。

这种截尾方式称为 I 型截尾，我们将观测到的数据集中的信息 $s(s \leqslant n)$ 按照存续时间排序：

$$t_{(1)} \leqslant t_{(2)} \leqslant \cdots \leqslant t_{(s)}$$

---

① 可以在互联网上搜索"在 R 中输入数据"寻找将数据文件导入 R 的指令。

此外, 我们还知道有 $n-s$ 个元件存续到了时刻 τ, 这也是一条有用信息。

因为在时刻 τ 之前失效的元件数量显然是随机的, 那么这个数量就有可能为 0 或者很少。这可能是此类设计的一个缺陷。

2. Ⅱ 型截尾

考虑和 Ⅰ 型截尾相同的寿命测试, 但是假设测试持续直到正好发生 $r\ (r < n)$ 个失效后结束。因此, 测试就是在第 r 个失效发生时结束的, 这种截尾方式称为 Ⅱ 型截尾。测试得到的数据集为

$$t_{(1)} \leqslant t_{(2)} \leqslant \cdots \leqslant t_{(r)}$$

这也表明, 有 $n-r$ 个元件在时刻 $t_{(r)}$ 仍然存续。

这时, 记录到的失效数量 r 并不是随机的。实现这一点的前提是完成测试的时间 $t_{(r)}$ 是随机的。因此, 这种设计的弱点是, 我们不能预先知道测试的持续时间。

3. Ⅲ 型截尾

Ⅲ 型截尾是上述两种类型的结合。测试的截止时间为时刻 τ 和第 r 个失效的发生时刻之中较早发生的那个 (在测试开始前, 必须确定 τ 和 r)。

4. Ⅳ 型截尾

我们对 n 个同质元件编号并进行寿命测试。每个元件都可能失效, 或者在任意时刻 C 被截尾。和之前一样, 我们假设失效时间 T 有分布函数 $F_T(t)$ 以及概率密度函数 $f_T(t)$, 而截尾时间 C 则有分布函数 $F_C(c)$ 和概率密度函数 $f_C(c)$。假设两个随机变量 T 和 C 相互独立, 因此我们观测到的存续时间就是 T 和 C 中的较小值。

这种截尾方式称为 Ⅳ 型截尾, 有时也称作随机截尾。很多与可靠性研究有关的数据集都采用随机截尾的方法, 尤其是数据集来自实际运行系统时。

5. 右侧截尾

右侧截尾意味着将元件在发生失效前移出测试, 或者在元件失效前结束对它的研究。本章的所有截尾案例都采用右侧截尾。

案例 14.1 (由其他失效引起的截尾)　假设某工厂中有两个独立元件, 它们的位置接近但是都难以接触。如果一个元件失效, 两个元件都会被更换或者彻底翻新。在这种情况下, 一个元件的失效会导致另一个元件被截尾。因为失效时间是随机的, 所以这属于随机截尾 (即 Ⅳ 型截尾)。

同样的截尾方式还适用于在数据收集中只对特殊失效模式 A 感兴趣的情况。如果其他某一种失效模式发生并在失效模式 A 发生前整个元件被修复, 那么 A 的失效时间实际上被截尾了。在这种情况下, 我们经常说存在竞争失效模式。

6. 提供信息型截尾

本章讨论的所有案例都假设截尾不会提供信息, 这意味着失效时间 T 与截尾机制无关。然而有时候截尾可以提供一些信息, 比如停止元件服务是因为它的性能已经不够, 但

是还没有失效。

14.2.4 现场数据收集实践

在诸如 OREDA 项目这类现场数据收集工作中，存续数据一般是在特定时间窗口期 (t_1, t_2) 收集到的。比如，我们收集的是从 2015 年 1 月 1 日到 2019 年 12 月 31 日的失效事件数据。在这个窗口期的开始，即 t_1，元件可能已经运行了不同的时间 $t_i^{(0)}$，然而还有一些元件是在窗口期内安装到系统中的，一般都用来替换故障元件。在很多现场数据收集工作中，我们假设故障元件的修理会将其重置到完好如初的状态。

这样做的结果就是数据集有时候可能非常烦琐，最好将其输入到一个电子表格当中，并包含以下内容：

> 编号：元件编码（i）
> 工龄：元件在开始收集数据时已运行的时间（$t_i^{(0)}$）
> 起点：开始进行观测的时间（t_i^{start}）
> 终点：观测结束的时间（t_i^{stop}）
> 状态：在观测停止时的状态（$1 =$ 失效，$0 =$ 截尾）

图 14.4 给出了这样的一个数据集示例。

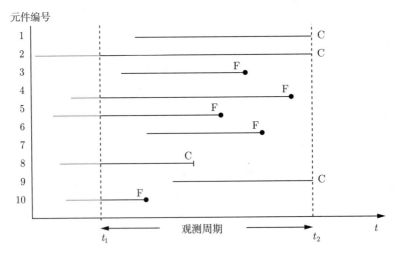

图 14.4 现场数据的典型数据集

14.2.5 风险集

在时刻 t 的风险集是指在该时刻前还没有失效或者已经接受截尾的元件集合，也就是说这些元件在时刻 t 暴露于失效的风险之中。如果有（单独）失效或者截尾发生，我们就会从风险集中移出一个元件，并对一个新元件进行研究，也就是再在风险集中加入一个元件。在时刻 t 风险集中元件的数量是本章介绍的多种存续分析方法中的重要变量。

14.3 探索性数据分析

探索性数据分析（EDA）是进行任何数据分析工作的第一步，是在建模工作开始前给出"数据的初印象"。EDA 包括两部分内容：①计算选择样本的统计数据，比如均值、中位数和标准差；②用直方图、经验分布函数、Q-Q 图等方法实现数据可视化。

EDA 可以帮助分析人员了解数据的基础结构，识别数据集中的异常情况和异常值，以及评估有关数据的假设等。数据检查可以帮助我们审视数据能够提供哪些信息。在 John W. Tukey 的开创性著作[280] 出版之后，EDA 的重要性更是日益凸显。

14.3.1 完整数据集

探索性数据分析的起点是一个特定的数据集。本节假设这是一个完整数据集 $t_1, t_2, \cdots, t_n$，其中所有的存续时间都是失效时间。这意味着对于所有元件 $i = 1, 2, \cdots, n$，其状态都是 $\delta_i = 1$，我们不需要将此状态输入 R。假设数据集中所有的 n 条输入都是同一变量的正确观测值。很多分析方法都需要数据集按照升幂排序，排序之后的数据集也称为有序数据集，可以写作 $t_{(1)}, t_{(2)}, \cdots, t_{(n)}$，其中 $t_{(1)} \leqslant t_{(2)} \leqslant \cdots \leqslant t_{(n)}$。

作为示例，我们在表 14.1 中给出了一个包含 22 个观测值的完整有序数据集。我们将该数据集命名为 survtime。表 14.1 显示了使用终端将数据集输入到 R 中最直接的方式[①]。在终端中输入命令 print(x)，可以看到数据是如何记录在 R 程序当中的。其结果如下：

```
[1]    17.88  28.92  33.00  41.52  42.12  45.60  48.40  51.84
[9]    51.96  54.12  55.56  67.80  68.64  68.64  68.88  84.12
[17]   93.12  98.64  105.12  105.84  127.92  138.04
```

表 14.1 存续时间的完整有序数据集	
survtime <-	c(17.88,28.92,33,41.52,42.12,45.6,48.4,
	51.84,51.96,54.12,55.56,67.8,68.64,68.64,
	68.88,84.12,93.12,98.64,105.12,105.84,127.92,138.04)

如果在 R 中输入的数据集 survtime 是一个无序集，则可以使用函数 sort(survtime) 进行排序。

注释 14.1（建议） 我们将会使用这个 survtime 数据集讲解多种方法。如果你想测试我们的案例或者学习 R 程序的使用方法，可以建立一个文本文件存储这些数据。最简单的方式就是每行写一个数据点（以"."作为小数点，并将文件另存为 dataset.txt，并保

[①] 在 R Studio 程序中，终端（terminal）被称为控制台（console）。

存在 R 的工作目录中）。① 你可以将文本文件输入 R，并通过命令 `survtime<-read.table` `("dataset.txt",header=F,dec=".")` 激活数据集 `survtime`。

除了文本文件之外，你也可以创建一个 Excel® 文件，或者逗号分隔变量（csv）文件（但是需要另一个命令激活数据）。

等值

有时候，记录到的两个甚至更多连续分布的存续时间可能会相同，这种现象我们称之为等值，它可能是由共因失效或者四舍五入引起的。比如，在表 14.1 的数据集中就有 68.64 这样一组等值，这是因为记录到的两个存续时间刚好一样。在时刻 $t_{(i)}$ 出现的失效的数量称为等值的重数，表示为 d_i。因此，数据集可以用两种方式记录：

（1）有序数据集可以记录为所有元件的存续时间：$t_{(1)} \leqslant t_{(2)} \leqslant \cdots \leqslant t_{(n)}$，一些存续时间可能相等。

（2）有序数据集可以记录为 $n_t \leqslant n$ 个不同存续时间：$t_{(1)} < t_{(2)} < \cdots < t_{(n_t)}$，与向量相对应的失效重数为 $d_1, d_2, \cdots, d_{n_t}$。

在本书后续部分，我们主要采用第一种记录方式。

14.3.2 样本量度

我们可以使用各种样本量度获取数据集有价值的信息，本节将定义若干量度并介绍如何计算这些量度。

1. 均值

样本均值（mean）测量的是数据值的中心位置，计算方法是用数据值的和除以数据的数量 n：

$$\bar{t} = \frac{1}{n} \sum_{i=1}^{n} t_i \tag{14.2}$$

在 R 程序中，计算数据集均值的命令是 `mean(survtime)`。对于表 14.1 中的数据，可以得到 $\bar{t} = 68.08$。

2. 中位数

数据集中位数（median）t_{m} 是有序数据中间的值。对于奇数个数据（即 $n = 2k + 1$）来说，中位数就是有序数据第 $k + 1$ 个最小的数 $t_{(k+1)}$。对于偶数个数据（即 $n = 2k$）来说，中位数则是有序数据中间两个数 $t_{(k)}$ 和 $t_{(k+1)}$ 的平均值。比如，由两个数值 2, 4, 5, 7, 8, 10 组成的有序数据集，其中位数就是 $(5 + 7)/2 = 6$。更为正式的定义如式 (14.3) 所示：

$$t_{\mathrm{m}} = \begin{cases} t_{(k+1)}, & n = 2k + 1 \\ \dfrac{t_{(k)} + t_{(k+1)}}{2}, & n = 2k \end{cases} \tag{14.3}$$

---

① 在创建工作目录后，可以通过命令 `getwd()` 检查路径。

表 14.1 中的有序数据集有 $n = 22$ 个值，那么它的中位数就是 $t_{(11)}$ 和 $t_{(12)}$ 的平均值：

$$\text{median} = \frac{t_{(11)} + t_{(12)}}{2} = 61.68$$

使用 R 函数 median(survtime) 可以得到相同的结果。注意，在这种数据集中，均值要大于中位数。

使用命令 summary(survtime)，可以同时得到数据集 survtime 的均值和中位数。如果你已经按照注释 14.1 的推荐创建了文本文件 dataset.txt，那么就可以使用以下脚本

```
survtime <-read.table("dataset.txt",header=F,dec=".")
summary(survtime)
```

得到

```
Min.    : 17.88
1st Qu.: 46.30
Median : 61.68
Mean   : 68.08
3rd Qu.: 90.87
Max.   :138.04
```

我们接下来将介绍以上结果中 Qu.（quartiles，四分位数）的概念。

3. 方差和标准差

方差（variance）是衡量数据值如何分散在均值附近的量度，它的计算方法为

$$s^2 = \frac{1}{n-1} \sum_{i=1}^{n} (t_i - \bar{t})^2 \tag{14.4}$$

标准差（standard deviation）则是方差的平方根：

$$s = \sqrt{\frac{1}{n-1} \sum_{i=1}^{n} (t_i - \bar{t})^2} \tag{14.5}$$

在 R 程序中，我们可以分别使用命令 var(survtime) 和 sd(survtime) 计算方差和标准差。注意，标准差与数值的单位相同，但是方差测试则要采用"单位的平方"。对于表 14.1 中的数据，使用命令 sd(survtime) 得到的（样本）标准差为 32.01。

4. 分位数

对于 $p \in (0,1)$，分布 $F_T(t)$ 的 p 阶分位数（quantile of order p）是 t_p，因此有

$$F_T(t_p) = p, \quad \text{表示} \quad \Pr(T \leqslant t_p) = p$$

对于现实寿命分布来说，t_p 是唯一的。

现在，考虑一个有序数据集 $t_{(1)} \leqslant t_{(2)} \leqslant \cdots \leqslant t_{(n)}$，其（样本）$p$ 阶分位数近似为 $t_{([np]+1)}$，其中 $[np]$ 是 $< np$ 的最大整数。表 14.1 中的数据集有 $n = 22$ 个数值，为了确定（样本）$p = 0.15$ 阶分位数，我们首先计算 $np = 22 \times 0.15 = 3.3$。那么小于 np 整数即为 3，所以 0.15 阶分位数就是 $t_{(4)} = 41.52$。

在 R 程序中，可以使用命令 quantile(survtime,p) 计算（样本）p 阶分位数，结果是 41.61。这与我们手算的结果不完全相同，因为 R 程序使用了基于有序存续时间差值的公式，结果更加精准和"正确"。有兴趣的读者可以阅读 R 的帮助文件 help(quantile)。

5. 四分位数

阶数为 0.25 和 0.75 的分位数分别称为下四分位数（quartile）和上四分位数。下四分位数（或者说第 1 个四分位数）是分离出有序数据集前 25% 的值，而上四分位数（或者第 3 个四分位数）则是分离出有序数据集前 75% 的值。二者都可以使用命令 summary(survtime) 得到。

6. 四分位数间距

上四分位数和下四分位数之间的距离 $t_{0.75} - t_{0.25}$ 称为四分位数间距（interquartile range），这是衡量数据集围绕其均值或者中位数离散程度的常用量度。可以使用命令 quantile(survtime,0.75)-quantile(survtime,0.25) 计算表 14.1 中数据集的四分位数间距，结果为 44.57。

7. 样本矩和中心矩

数据集 $t_1, t_2, \cdots, t_n$ 的第 k 非（非中心）样本矩（sample moment）定义为

$$m_{k,nc} = \frac{1}{n} \sum_{i=1}^{n} t_i^k \tag{14.6}$$

可以发现第一个样本矩 $\bar{t} = \frac{1}{n} \sum_{i=1}^{n} t_i$ 就是数据集的均值。

第 k 个（$k \geqslant 2$）中心样本矩（central sample moment）以数据集的平均值为中心，它定义为

$$m_{k,c} = \frac{1}{n} \sum_{i=1}^{n} \left(t_i - \bar{t} \right)^k \tag{14.7}$$

需要在 R 中安装程序包 moments 计算矩。

```
library(moments)
survtime <-read.table("dataset.txt",header=F,dec=".")
k <-3 # Choose the order of the noncentral moment
moment(survtime,order = k,central=F)
moment(survtime,order=k,central=T)
```

表 14.1 中数据集的计算结果为

阶 (k)	非中心矩	中心矩
2	5612.752	978.3606
3	534 022.7	18 720.53

8. 偏度

偏度（skewness）是关于数据集不对称性的量度。偏度值可正可负，而如果数据集的数值分布是对称的，那么偏度就为 0。如果较大数据较多（大多数位于均值右侧），偏度为负；而如果较小数据较多（大多数位于均值左侧），偏度为正。

偏度 γ_1 定义为

$$\gamma_1 = \frac{m_{3,c}}{m_{2,c}^{3/2}} \tag{14.8}$$

其中 $m_{k,c}$ 是数据集的第 k 个中心样本矩。在 R 程序中，可以使用命令 `skewness(survtime)` 计算偏度 γ_1，对于表 14.1 中数据集的计算结果为 0.611 744 2，说明数据集稍向左偏。

9. 峰度

峰度（kurtosis）描述的是数据集中数值分布的尾部形状。正态分布的峰度为 0。峰度为负意味着尾部较尖，峰度为正则意味着尾部较粗。

峰度 γ_2 定义为

$$\gamma_2 = \frac{m_{4,c}}{m_{3,c}^2} - 3 \tag{14.9}$$

其中 $m_{k,c}$ 是数据集的第 k 个中心样本矩。在 R 程序中，可以使用命令 `kurtosis(survtime)` 计算峰度，对于表 14.1 中数据集的计算结果为 2.555 003。

14.3.3　直方图

直方图（histogram）由若干平行的柱形组成，用图形化的方法描述变量的频率分布。所有的柱形默认等宽，我们可以选择显示柱形的数量，还可以选择：①是否显示数据集中落入与柱形宽度对应的区间的数值的数量；②显示数值落入相应区间的相对数量（或者百分比）。如果采用方案②，直方图显示的就是相对频率分布或者在数据集中数值的分布密度。

从直方图中获取的信息量取决于图的解析度，也就是我们选择了多少区间。图 14.5 给出了根据表 14.1 中数据绘制的三个直方图，每一张图的列数量都不同。但是，高解析度可能会意味着数据分布更难以理解。

以下 R 脚本可以用来绘制直方图：

```
survtime <-read.table("dataset.txt",header=F, dec=".")
hist(survtime$V1,breaks=3,freq=F)  # Plots the histogram
```

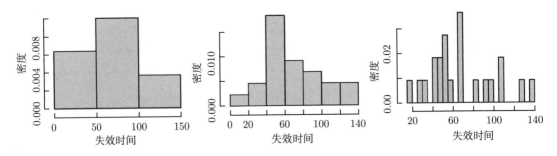

图 14.5　根据表 14.1 中数据集描绘的不同列数的直方图

这个脚本根据上述第①个方案绘制直方图，如果用freq=T替换脚本中的freq=F，就会得到相对频率的直方图（方案②），其中 F 是 false（伪）的缩写，而 T 则是 true（真）的缩写。

希望读者对变量 breaks 取不同的值运行脚本查看结果。

14.3.4　密度图

也可以使用以下 R 脚本绘制数据集分布的密度图：

```
survtime <-read.table("dataset.txt",header=F, dec=".")
d <- density(survtime)  # Returns the density data
plot(d)  # Plots the results
```

结果如图 14.6 所示。密度图使用平均技术绘制，并基于表中一组输入参数。我们使用density 命令的默认参数作图，当然也可以选择其他参数和其他平均技术。有兴趣的读者可以通过 R 终端（控制台）中的命令 help(density) 查阅帮助文件。

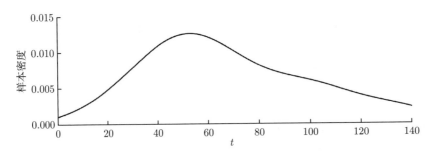

图 14.6　根据表 14.1 中数据集制作的样本密度

14.3.5　经验存续度函数

经验存续度函数 $R(t) = \Pr(T > t)$ 表示来自总体的元件在时刻 t 仍然可运行的概率。如果有完整的数据集，那么就可以根据经验存续度函数 $R_n(t)$ 估计存续度函数：

$$R_n(t) = \frac{\text{存续时间} > t \text{ 的元件数量}}{n} \tag{14.10}$$

$R_n(t)$ 可以看作元件在时刻 t 存续的相对频率，因此显然是对 $R(t)$ 的估计值。

对于截尾数据集来说，估值 $R_n(t)$ 只在失效时刻 $t_{(i)}$ 才发生变化。在失效间隔期内，比如在区间 $t_{(i)} \leqslant t < t_{(i+1)}$ 内，失效的数量没有变化，所以 $R_n(t)$ 也保持恒定。注意，每次失效发生 $R_n(t)$ 的值都会减少 $1/n$。如果在同一时刻 t 有不止一个失效发生，而是有 d 个失效发生，那么 $R_n(t)$ 就减少 d/n。

考虑来自总体的 n 个元件组成的样本，令 $N(t)$ 表示这些元件在时刻 t 存续的数量。我们可以认为这是包括 n 个独立试验的二项式实验，存续的概率为 $R(t)$，这样就可以将 $R(t)$ 的估计值写为[①]

$$\widehat{R}(t) = \frac{N(t)}{n} \tag{14.11}$$

随机变量 $N(t)$ 服从二项分布，其概率质量函数为

$$\Pr[N(t) = m] = \binom{n}{m} R(t)^m [1 - R(t)]^{n-m}, \quad m = 0, 1, \cdots, n$$

均值和方差分别为

$$E[N(t)] = nR(t)$$

$$\mathrm{var}[N(t)] = nR(t)[1 - R(t)]$$

均值的估值为 $E[\widehat{R}(t)] = nR(t)/n = R(t)$，因此这是一个无偏估计。估值的方差为

$$\mathrm{var}[\widehat{R}(t)] = \frac{\mathrm{var}[N(t)]}{n^2} = \frac{R(t)[1 - R(t)]}{n} \xrightarrow{n \to \infty} 0$$

图 14.7 所示为根据表 14.1 中的数据集绘制的 $R_n(t)$ 曲线，该曲线也称为存续曲线，可以使用多个 R 程序包生成。这里使用的是 `survival` 程序包和以下脚本：

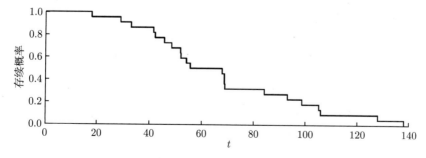

图 14.7　根据表 14.1 中数据集生成的经验存续度函数（存续曲线）

---

① 14.4 节将讨论估值算子的问题。

```
library(survival)
survtime <-read.table("dataset.txt",header=F,dec=".")
# Prepare the data and calculate required values
data<- Surv(survtime)
survfunct<- survfit(Surv(survtime)~1,conf.type="none")
plot(survfunct, xlab="Time t", ylab="Survival probability")
```

如果将上面脚本中的 `conf.type='none'` 替换为 `conf.type='plain'`，就可以获得 95% 逐点置信区间，如图 14.8所示。

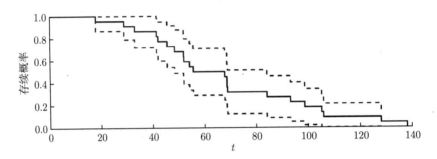

图 14.8　根据表 14.1 中数据集生成的 95% 置信区间经验存续度函数（存续曲线）

14.3.6　Q-Q 图

Q-Q 图用于比较数据集的分位数与特定概率分布 $F(t)$ 的分位数。我们可以绘制 n 个观测值中第 k 个值，并与来自 $F(t)$ 的随机样本的 n 个观测值中的第 k 个值进行比较，从而生成图形曲线。人工计算绘制这样的曲线需要大量的时间，因此我们使用计算机程序。比如，在 R 程序中，可以使用函数 `qqnorm` 生成正态分布 $\mathcal{N}(0,1)$ 的 Q-Q 图。

如果观测值近似于正态分布，那么观测结果的正态 Q-Q 图就近似为一条直线。根据表 14.1 中数据集 `survtime` 生成 Q-Q 图的 R 程序脚本如下：

```
survtime<-read.table("dataset.txt",header=F,dec=".")
x<-survtime$V1
qqnorm(x)
qqline(x)
```

根据表 14.1 中数据集生成的图形如图 14.9所示。Q-Q 图显示，该数据集对于正态分布的拟合度非常好。如果这种拟合度是可以接受的，我们就可以根据直线的斜率和截距估计正态分布的参数。这里不再赘述。[①]

在 R 程序中使用函数 `qqplot` 可以生成一般分布的 Q-Q 图。要使用这个函数，需要将我们的数据集与想要比较数据的分布中的模拟数据集进行比较。假设我们希望比较表 14.1

---

① 有兴趣的读者可以查阅维基百科。

中的数据与速率为 $\lambda = 1$ 的指数分布，可以使用函数 rexp(300,rate=1) 生成服从指数分布的 300 个随机样本，然后使用以下脚本生成表 14.1 中数据与指数分布比较的 Q-Q 图：

```
survtime <-read.table("dataset.txt",header=F,dec=".")
y<- survtime$V1
qqplot(rexp(300,rate=1),y)
```

图 14.10 所示为根据这个脚本生成的 Q-Q 图。因为指数分布数据是模拟出来的，在重新运行脚本时并不会得到完全一样的图形。可以看到，图 14.9中的指数 Q-Q 图形与直线相去甚远，因此我们可以得到结论：这个数据集并不服从指数分布。

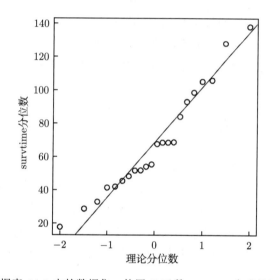

图 14.9　根据表 14.1 中的数据集，使用 R 函数 qqnorm 生成的正态 Q-Q 图

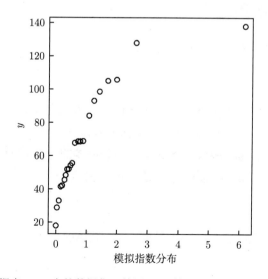

图 14.10　根据表 14.1 中的数据集，使用 R 函数 qqplot 生成的指数 Q-Q 图

14.4 参数估计

概率分布一般都会包含一个或者多个称为参数（parameters）的量，比如指数分布 $\exp(\lambda)$ 中的 λ，正态分布 $\mathcal{N}(\mu, \sigma^2)$ 中的均值 μ 以及标准差 σ。一般来说，参数至少在一定程度上是未知并且不能直接测量的。

本章分析的是相似元件的总体，我们建立的是总体中典型元件的概率模型，所以模型的参数就称为总体参数。要获取整体参数的信息，需要从整体中随机抽取一定数量（n）的元素，测量每个元素的相关特性。然后，可以得到一个数据集 $\{t_1, t_2, \cdots, t_n\}$，其中每一次测量都可能是标量或者是值向量。这个过程如图 14.1所示。

参数估计就是根据数据集获取参数信息的过程。我们在此过程中需要回答的问题包括：①应该测量样本元素的哪些可测量属性？②应该如何将这些策略组合起来以提供有关总体参数的信息？③这些信息的准确性如何？本节将要阐述的就是参数估计的过程，下面首先定义一些术语。

14.4.1 估计与估值

参数 θ 的估计（或估计量，estimator）是一个统计量（即随机变量），可以表示为 $\hat{\theta}$。估计 $\hat{\theta}$ 可以看作是一种量度方法，用观测数据作为输入计算 θ 的一个估值（estimate）（即一个数值）。这种算子有时称作点估计，对应的估值就称为 θ 的点估值。

我们还会提到区间估计和 θ 的区间估值。对于概率的区间估计一般称作置信度（confidence level），含义是该区间包含参数"真"值的概率。这个区间也称为 θ 的置信区间（confidence interval）。

14.4.2 估计的属性

估计量 $\hat{\theta}$ 的属性可以通过以下特征来判断：

1. 无偏性

如果估计量 $\hat{\theta}$ 的期望值等于参数，即 $E(\hat{\theta}) = \theta$，我们就称这个估计量是无偏（点）估计。无偏估计不会对参数"真值"系统性的高估或者低估。

如果估计量不是无偏的，那么它就是有偏的。偏差的计算式为 $b_n(\hat{\theta}) = E(\hat{\theta}) - \theta$。

如果 $\lim_{n \to \infty} b_n(\hat{\theta}) = 0$，则估计量 $\hat{\theta}$ 是渐近无偏估计。

2. 小方差

估计量 $\hat{\theta}$ 的散布情况或者变异越小越好，也就是所谓的小方差和小标准差。

3. 均方误差

估计量 $\hat{\theta}$ 对于参数 θ 的均方误差（mean squared error，MSE）定义为

$$\text{MSE}(\widehat{\theta}) = E(\widehat{\theta} - \theta)^2 = \left[b_n(\widehat{\theta}) \right]^2 + \text{var}(\widehat{\theta}) \tag{14.12}$$

如果 $\widehat{\theta}$ 在所有估计量中具有最小的 MSE 值，那么这个估计量就是有效估计。

4. 一致性

对于估计量 $\widehat{\theta}$ 来说，如果在样本容量 n 增加时有 $\widehat{\theta} \to \theta$，那么这个估计量就是 θ 的一致（点）估计。更规范的说法是，如果对于所有 $\varepsilon > 0$，都有

$$\Pr(|\widehat{\theta} - \theta| > \varepsilon) \to 0, \quad n \to \infty \tag{14.13}$$

估计量 $\widehat{\theta}$ 就是一致估计。这意味着 $\widehat{\theta}$ 的分布随着样本容量增加，越来越聚合在 θ 的"真"值附近。

5. 切比雪夫不等式

切比雪夫[①]证明，对于所有 $\varepsilon > 0$，有

$$\Pr(|\widehat{\theta} - \theta| \geqslant \varepsilon) \leqslant \frac{E(\widehat{\theta} - \theta)^2}{\varepsilon^2} = \frac{\text{MSE}(\widehat{\theta})}{\varepsilon^2} \tag{14.14}$$

如果我们可以证明当 $n \to \infty$ 时，$\widehat{\theta}$ 的均方差趋近于 0，那么这个估计量就是一致估计。

下面的例子可以用来说明估计量的性质。

案例 14.2（二项式模型） 考虑 n 次独立同分布的一系列伯努利试验，每次试验出现特定输出 A 的概率为 p。令 X 表示试验输出为 A 的次数，那么随机变量 X 就服从二项分布 $\text{bin}(n,p)$，则有

$$\Pr(X = x \mid p) = \binom{n}{x} p^x (1-p)^{n-x}, \quad x = 0, 1, \cdots, n$$

X 的均值和方差分别为

$$E(X) = np$$

$$\text{var}(X) = np(1-p)$$

很自然的，我们可以用结果为 A 的试验的相对频率估计 p，那么自然估计量为

$$\widehat{p} = \frac{X}{n} \tag{14.15}$$

这个估计量是无偏的，因为

$$E(\widehat{p}) = \frac{E(X)}{n} = p$$

---

① 不等式以俄罗斯数学家 Pafnuty Lvovich Chebychev (1821—1894) 的名字命名。

估计量 $\widehat{p}$ 是一致的，因为它是无偏估计并且有

$$\mathrm{var}\,(\widehat{p}) = \frac{\mathrm{var}(X)}{n^2} = \frac{np(1-p)}{n^2} \to 0, \quad n \to \infty$$

比如，如果我们进行 $n = 50$ 次独立伯努利试验，有 $x = 3$ 次得到结果 A。我们可以在估计中使用这个数据集，得到点估值 $\widehat{p} = 3/50 = 0.06$。需要再次强调，估计量 $\widehat{p}$ 是一个随机变量，而估计值则是一个具体的数值。

注释 14.2（容易混淆的符号） 注意，如果估计量和估计值使用相同的符号（在本书中为 $\widehat{p}$）就很容易造成混淆。实际上几乎所有相关的教科书和论文中都存在这样的混淆。

我们可以使用一般通用的手段或者方法找到足够的参数估计量。在本书中，我们使用三种最普遍的方法进行点估计：

（1）矩量估计（method of moments estimation，MME）；

（2）极大似然估计（maximum likelihood estimation，MLE）；

（3）贝叶斯估计，将在第 15 章中介绍。

14.4.3 矩量估计法

设有一个随机变量 T，T 的第一个总体矩量与均值 $E(T)$ 相同，并且第 k 个（非中心）总体矩量为 $E(T^k)$（如果均值存在的话）。

矩量估计（MME）的基本假设，在于样本矩量是相应总体矩量的良好估计值。假设样本 $T_1, T_2, \cdots, T_n$ 服从分布 $F(t \mid \boldsymbol{\theta})$，其中参数向量为 $\boldsymbol{\theta} = (\theta_1, \theta_2, \cdots, \theta_k)$。确定 MME 中的参数需要三个步骤：

（1）寻找前 k 个非中心总体矩量 $\mu_{1,nc}, \mu_{2,nc}, \cdots, \mu_{k,nc}$，每一个矩量都包含一个或者多个参数 $\theta_1, \theta_2, \cdots, \theta_k$。

（2）寻找前 k 个非中心样本矩量 $m_{1,nc}, m_{2,nc}, \cdots, m_{k,nc}$。

（3）根据方程组 $\mu_{i,nc} = m_{i,nc}$，$i = 1, 2, \cdots, k$，求解参数 $\boldsymbol{\theta} = (\theta_1, \theta_2, \cdots, \theta_k)$，解即为 MME：$\widehat{\boldsymbol{\theta}} = (\widehat{\theta}_1, \widehat{\theta}_2, \cdots, \widehat{\theta}_k)$。

根据大数定律，第一个样本矩量会收敛到第一个总体矩量（即总体均值）。

$$m_{1,nc} \to \mu_{1,nc}, \text{即} \frac{1}{n}\sum_{i=1}^{n} T_i \to E(T), n \to \infty \tag{14.16}$$

但是我们对高阶矩量（即 $k \geqslant 2$ 的情况）了解的还不多。

下面通过两个例子介绍 MME 的步骤。

案例 14.3（指数分布） 我们分析 n 个相似元件的失效时间 $T_1, T_2, \cdots, T_n$，并假设这些失效时间独立同分布，并有固定失效率 λ，即 $T_i \sim \exp(\lambda), i = 1, 2, \cdots, n$。这时，我们只有一个未知参数需要估计，所以可以只考虑第一个（总体）矩量 $E(T) = 1/\lambda$。第一个样

本矩量由式 $\bar{T} = \dfrac{1}{n} \sum\limits_{i=1}^{n} T_i$ 给定。那么使用矩量方法对参数 λ 的估计量就由 $E(T) = \bar{T}$ 确定：

$$\frac{1}{\lambda} = \frac{1}{n} \sum_{i=1}^{n} T_i$$

求解 λ，得到 MME 估值

$$\widehat{\lambda} = \frac{n}{\sum\limits_{i=1}^{n} T_i}$$

假设有 $n = 8$ 个元件的完整数据集，元件都已经运行至失效，总体运行时间为 $\sum\limits_{i=1}^{8} t_i = 25\,800\text{h}$。那么该数据库失效率 λ 的 MME（估值）为

$$\widehat{\lambda} = \frac{8}{25\,800}/\text{h} \approx 3.10 \times 10^{-4}/\text{h}$$

案例 14.4（伽马分布）　令 $T_1, T_2, \cdots, T_n$ 表示伽马分布随机变量的 n 个随机样本，即 $T_i \sim \text{gamma}(\alpha, \lambda), i = 1, 2, \cdots, n$。根据第 5 章的知识可知，第一个总体矩量（即均值）为 $\mu_1 = E(T_i) = \alpha/\lambda$。$T_i$ 的方差为

$$\text{var}(T_i) = E(T_i^2) - [E(T_i)]^2 = \frac{\alpha}{\lambda^2}$$

那么第二个总体矩量为

$$\mu_2 = E(T_i^2) = \text{var}(T_i) + [E(T_i)]^2 = \frac{\alpha}{\lambda^2} + \left(\frac{\alpha}{\lambda}\right)^2 = \frac{\alpha(\alpha+1)}{\lambda^2}$$

设前两个总体矩量等于前两个样本矩量，则有

$$\frac{\alpha}{\lambda} = \frac{1}{n} \sum_{i=1}^{n} T_i$$

$$\frac{\alpha(\alpha+1)}{\lambda^2} = \frac{1}{n} \sum_{i=1}^{n} T_i^2$$

解这两个方程，得

$$\widehat{\lambda} = \frac{\dfrac{1}{n} \sum\limits_{i=1}^{n} T_i}{\dfrac{1}{n} \sum\limits_{i=1}^{n} T_i^2 - \left(\dfrac{1}{n} \sum\limits_{i=1}^{n} T_i\right)^2}$$

$$\widehat{\alpha} = \widehat{\lambda} \frac{1}{n} \sum_{i=1}^{n} T_i = \frac{\left(\dfrac{1}{n} \sum\limits_{i=1}^{n} T_i\right)^2}{\dfrac{1}{n} \sum\limits_{i=1}^{n} T_i^2 - \left(\dfrac{1}{n} \sum\limits_{i=1}^{n} T_i\right)^2}$$

对于表 14.1 中的数据集，可以使用以下 R 程序脚本计算 α 和 λ 估值。

```
survtime <-read.table("dataset.txt",header=F,dec=".")
a<-mean(survtime)
b<-mean(survtime^2)
lambda<- a/(b-a^2)
print(lambda)
alpha<- lambda*a
print(alpha)
```

估值分别为 $\hat{\alpha} \approx 4.737$，$\hat{\lambda} \approx 0.069\ 6$。

MME 的基本性质

MME 有很多优缺点，下面只列出其中的一些性质，并未给出证明：

（1）MME 很容易计算并且总可以求解。可以在其他方法无效时，或者难以得到估计量时用这种方法进行估计。

（2）MME 估计是一致估计。

（3）MME 估计量可能不是唯一的。

（4）MME 估计通常都不是"最佳估计"（即不是最有效的）。

（5）矩量最小值等于未知参数的数量。

（6）有时，MME 估计量可能毫无意义。

14.4.4　极大似然估计

极大似然估计是由英国统计学家和遗传学家 Ronald Aylmer Fischer（1890—1962）于 1922 年首先提出的，现在已经成为参数估计中最常用的方法。根据这种方法，我们用能够使似然函数最大的数值来估计参数。下面首先对似然函数进行概述。

1. 似然函数

我们首先为离散二项式模型构建似然函数。这个模型基于随机变量 X，其概率密度函数为

$$\Pr(X = x \mid p) = C_n^x p^x (1-p)^{n-x}, x = 0, 1, 2, \cdots, n \tag{14.17}$$

在经典设置中，参数 p 确定但未知。在式 (14.17) 中，未知参数 p 在概率质量函数 $\Pr(X = x \mid p)$ 中，说明概率也是 p 的函数。二项式模型中试验次数 n 被认为是一个已知数，而不是一个参数。

假设我们已经进行了实验并记录了数据，例如数据可以是 $n = 10$ 和 $x = 3$。现在我们想知道产生这个特定结果的 p 的数值。为了阐明这个问题，应计算在 p 取不同值时得到 $X = 3$ 的概率。可以使用 R 函数 dbinom(3, size=10, prob=p) 来计算这些概率。

$p=$	0.1	0.2	0.3	0.4	0.5	0.6	0.7
$\Pr(X=3\mid p)=$	0.057 4	0.201	0.267	0.215	0.117	0.042 5	0.009

当 $p=0.8$ 和 $p=0.9$ 时，得到 $X=3$ 的概率太小，因此没有列出。我们观察这些 p 值，当 $p=0.3$ 时概率 $\Pr(X=x\mid p)$ 最大，这意味着 $p=0.3$ 是最可能产生 $X=3$ 这个结果的概率[①]。

下面，我们将概率 $\Pr(X=3\mid p)$ 视作 p 的函数：

$$L(p\mid 3)=\mathrm{C}_{10}^3 p^3(1-p)^7,0\leqslant p\leqslant 1 \tag{14.18}$$

我们使用符号 $L(p\mid 3)$，是因为这个方程被称为基于观测数据的 p 的似然函数（likelihood function）。它表示 p 的特定值有多大可能性产生现在这样的观测结果。

图 14.11 给出了 $n=10$ 和 $x=3$ 时 p 的似然函数，可以发现能够产生 $x=3$ 这个结果最可能的 p 值就是 $p=0.3$。

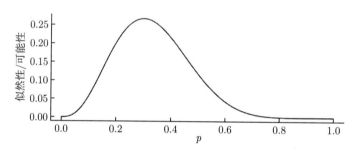

图 14.11 二项分布的似然函数（$n=10$，$x=3$）

注释 14.3（似然函数不是概率分布） 我们应该注意，$L(p\mid 3)$ 不是 p 的概率分布，因为

$$\int_0^1 L(p\mid 3)\,\mathrm{d}p=\mathrm{C}_{10}^3\int_0^1 p^3(1-p)^7\,\mathrm{d}p=\mathrm{C}_{10}^3 B(11,4)=0.03\neq 1$$

其中 $B(a,b)$ 是一个 β 函数，可以写作

$$B(a,b)=\frac{\Gamma(a)\Gamma(b)}{\Gamma(a+b)}$$

在 R 程序中，可以使用函数 beta(a,b) 计算 β 函数 $B(a,b)$，而阶乘运算，比如 7!，可以使用函数 factorial(7) 计算。

2. 极大似然估计值

如上所述，对于一定的观测数据 d，能够使似然函数最大的参数值应该是参数的良好估值，这个值就称为参数的极大似然估计值。

---

① 译者注：即极大似然。

要对极大似然估计做一般性定义，我们需要从观测数据的模型 $f(数据 \mid \theta)$ 开始。根据是离散还是连续的情况，上述模型可能是一个概率密度函数，也可能是一个概率质量函数。参数 θ 可以是一维的，也可以是一个参数向量。在此种情况下，极大似然估计值可以定义为：

定义 14.1（极大似然估计值，MLE） 极大似然估计值 $\widehat{\theta}$ 是参数 θ 的值，它使关于 θ 的似然函数最大化。这就是说

$$L(\widehat{\theta} \mid 数据) = \max_\theta L(\theta \mid 数据)$$

其中最大值取自参数 θ 的所有可能值。

极大似然估计值 $\widehat{\theta}$ 还可以更加规范地写作

$$\widehat{\theta} = \arg\max_\theta L(\theta \mid 数据) \tag{14.19}$$

这表明 $\widehat{\theta}$ 是使得 $L(\theta \mid 数据)$ 最大化的 θ 值（参数）。因此，MLE 给出的是这样一个问题的答案：什么样的 θ 值让这个数据最可能出现？

在很多应用中，使用似然函数的自然对数都更加方面。因为对数 $\log(\cdot)$ 是一个单调递增函数，$L(\theta \mid 数据)$ 的对数与 $L(\theta \mid 数据)$ 会在同一点达到最大值，所以对数-似然函数可以用来取代似然函数计算 MLE。

对数-似然函数可以写作

$$\ell(\theta \mid 数据) = \log L(\theta \mid 数据) \tag{14.20}$$

在绘制对数-似然函数 $\ell(\theta \mid 数据)$ 曲线时，通常的做法是绘制负对数-似然函数 $-\ell(\theta \mid 数据)$，这样就可以根据这个函数的最小值确定 MLE $\widehat{\theta}$。图 14.12 中示出了式 (14.19) 中二项分布的负对数-似然函数。现在可以通过一些简单的例子说明极大似然估计的规则。

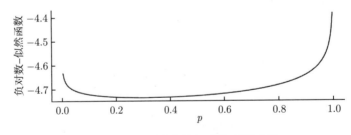

图 14.12　二项分布的负对数-似然函数

案例 14.5（二项分布） 令 $X \sim \text{bin}(n,p)$，其概率质量函数由式 (14.18) 给定，那么似然函数为

$$L(p \mid x, n) = \binom{n}{x} p^x (1-p)^{n-x}$$

对数-似然函数为

$$\ell(p \mid x, n) = \log \binom{n}{x} + x \log n + (n-x) \log(1-p)$$

对 $\ell(p \mid x, n)$ 取导数, 并令导数等于 0, 就可以确定 MLE:

$$\frac{\mathrm{d}}{\mathrm{d}p}\ell(p \mid x, n) = \frac{x}{p} - \frac{n-x}{1-p} = 0$$

在 $p = x/n$ 处可以找到极值点, 接下来可以验证这个极值点是否真的对应最大值。那么, 参数 p 的极大似然估计值就是

$$\widehat{p} = \frac{x}{n}$$

上述计算可以在不借助任何实验的情况下进行, 并且适用于所有 X 和 n 的取值。因此, 可以构造计算极大似然估计值的量度方法:

$$\widehat{p} = \frac{X}{n}$$

需要注意估计量和估计值之间的差异。估计值是由观测数据决定的一个数, 即针对指定数据的估计数值; 而估计量则是一个随机变量, 在数据可得的情况下, 可以给出确定估计值的量度方法。这个随机变量称作极大似然估计, 但是它与 MLE 的简写相同, 所以我们只能用同一个符号表示估计量和估计值。

假设我们进行实验, 并在总共 $n = 40$ 次独立伯努利试验中观测到 $x = 5$。根据这个数据, p 的极大似然估计值为

$$\widehat{p} = \frac{x}{n} = \frac{5}{40} = 0.125$$

案例 14.6（齐次泊松过程） 假设我们在区间 $(0, \tau)$ 观测到了速率 λ 未知的齐次泊松过程（HPP）。令 $N(\tau)$ 表示观测到事件的数量, 那么它的概率质量函数为

$$\Pr[N(\tau) = n] = \frac{(\lambda\tau)^n}{n!}\mathrm{e}^{-\lambda\tau}, n = 0, 1, 2, \cdots$$

假设我们在长度为 $\tau = 10\,560\mathrm{h}$ 的区间内观测到 $n = 8$ 个事件, 那么似然函数为

$$L(\lambda \mid n, \tau) = \frac{(\lambda\tau)^n}{n!}\mathrm{e}^{-\lambda\tau}, \lambda > 0$$

对数-似然函数为

$$\ell(\lambda \mid n, \tau) = n\log(\lambda\tau) - \log n! - \lambda\tau$$

对 $\ell(\lambda \mid n, \tau)$ 取导数, 并令导数等于 0, 可以求得 MLE:

$$\frac{\mathrm{d}}{\mathrm{d}\lambda}\ell(\lambda \mid n, \tau) = \frac{n\tau}{\lambda\tau} - \tau = 0$$

极值点（即最大值点）位于 $\lambda = n/\tau$ 处。通常, 我们应该根据给定数据检查这是否真的最大值, λ 的极大似然（估计值）为

$$\widehat{\lambda} = \frac{n}{\tau} = \frac{8}{10\,560}/\mathrm{h} \approx 7.58 \times 10^{-4}/\mathrm{h}$$

案例 14.7（指数分布）　令 $T_1, T_2, \cdots, T_n$ 表示 n 个独立随机变量，服从同一分布 $\exp(\lambda)$。因为这些变量独立同分布，则它们的联合概率密度为

$$f(t_1, t_2, \cdots, t_n \mid \lambda) = \prod_{i=1}^{n} f_i(t_i \mid \lambda) = \prod_{i=1}^{n} \lambda \mathrm{e}^{-\lambda t_i} = \lambda^n \mathrm{e}^{-\lambda \sum\limits_{i=1}^{n} t_i}, t \geqslant 0$$

假设我们在累计区间 $\tau = \sum\limits_{i=1}^{5} t_i = 15\,600\mathrm{h}$ 内观测到了 $n = 5$ 个事件，那么似然函数为

$$L(\lambda \mid n, \tau) = \lambda^n \mathrm{e}^{-\lambda \tau}, \lambda > 0$$

对数-似然函数为

$$\ell(\lambda \mid n, \tau) = n \log \lambda - \lambda \tau$$

对 $\ell(\lambda \mid n, \tau)$ 取导数并令导数等于 0，可以求得 MLE：

$$\frac{\mathrm{d}}{\mathrm{d}\lambda} \ell(\lambda \mid n, \tau) = \frac{n}{\lambda} - \tau = 0$$

极值点（即最大值点）位于 $\lambda = n/\tau$ 处。我们仍应该根据给定数据检查这是否真的最大值，λ 的极大似然（估计值）为

$$\widehat{\lambda} = \frac{n}{\tau} = \frac{5}{15\,600}/\mathrm{h} \approx 3.2 \times 10^{-4}\,/\mathrm{h}$$

注释 14.4（可以删除不依赖于参数的因子）　根据上面的案例，我们可以发现似然函数一般会写作两个函数的乘积，比如 $L(\theta \mid x) = h(x)g(\theta, x)$，那么对数-似然函数就是 $\ell(\theta \mid x) = \log h(x) + \log g(\theta, x)$。在 $\ell(\theta, x)$ 对参数 θ 取导数时，可得 $\mathrm{d}\log h(x)/\mathrm{d}\theta = 0$。因此，我们可以从对数-似然函数中移除那些不包含未知参数的加法项。对于案例 14.5 中的二项分布，似然函数为 $h(x) = \binom{n}{x}$ 和 $g(p, x) = p^x(1-p)^{n-x}$，它们可以进一步简化为 $L(p, x, n) \propto p^x(1-p)^{n-x}$。

3. MLE 的一般性质

MLE 有很多优点，这里只列出其中的一些性质，但是不进行证明：

（1）假设我们已经确定了参数 θ 的 MLE $\widehat{\theta}$，那么 $g(\theta)$ 就是一对一函数，$g(\theta)$ 的极大似然估计值就是 $g(\widehat{\theta})$。

（2）极大似然估计是渐近无偏估计。当样本容量 n 增加时，$E(\widehat{\theta}_n) \to \theta$。

（3）在相对温和的条件下，MLE 是一致估计。

（4）在一定的正则性条件下，极大似然估计具有渐近正态分布。

有兴趣的读者可以阅读任何有关估计理论的经典教材，从中都能找到证明过程和更多的属性介绍。

4. 使用 R 程序进行极大似然估计

大多数时候，极大似然估计都会有明确的表达式，因此并不需要利用 R 程序计算 MLE。当然，如果认为需要用计算机，则可以使用下列 R 程序包进行极大似然估计：`stats4`、`bbmle` 或者 `maxLik`。如果读者使用其中某个程序包，请一定要仔细阅读互联网上的相关程序包手册（比如搜索 "CRAN package bbmle"）。

为了介绍分析过程，我们给出了使用程序包 `bbmle` 的一个简单 R 脚本，计算二项分布中 p 的极大似然估计值。`bbmle` 程序包会使用到函数 `mle2`，它基于负对数-似然函数。

二项式模型的极大似然估计如案例 14.5 所示。在 R 程序中输入数据集 `size= 40`，`mydata= 5`，可得以下 R 脚本：

```
library(bbmle) # Activate the package bbmle
options(digits=3) # Set the precision of the output
size<-40
mydata<-c(5)
myfunc<-function(size,prob){-sum(dbinom(mydata,size,prob,
log=T))}
mle2(myfunc,start=list(prob=0.5),data=list(size=40))
```

和案例 14.5 一样，上述脚本的输出是 `prob=0.125`。

5. 截尾数据集的似然函数

考虑一个包含 n 个独立同质元件的样本。如果样本 i 在时刻 t_i 失效，它对似然函数的贡献就是

$$L_i(\theta \mid t_i) = f(t_i \mid \theta) = z(t_i \mid \theta)R(t_i \mid \theta)$$

因为该元件在时刻 t_i 失效，因此它需要在此时刻之前一直可运行（概率为 $R(t_i \mid \theta)$）并在时刻 t_i 的一个非常短的区间内必须失效。由失效率函数的定义可知，这里 $f(\cdot)$ 和 $R(\cdot)$ 是参数 θ 的函数，而 t_i 是一个特定并且已知的时刻。

另一方面，如果元件 i 在时刻 t_i 仍然可运行，我们能知道的就是它的失效时间超过了 t_i，那么它对似然函数的贡献为

$$L_i(\theta \mid t_i) = R(t_i \mid \theta)$$

和之前一样，我们令 δ_i 表示元件 i 的失效指标，这样如果元件 i 失效就有 $\delta_i = 1$，而如果元件 i 被（右侧）截尾则 $\delta_i = 0$，$i = 1, 2, \cdots, n$。这样，似然函数可以写作

$$L(\theta \mid t_1, t_2, \cdots, t_n) = \prod_{i=1}^{n} L_i(\theta \mid t_i) = \prod_{i=1}^{n} [z(t_i)]^{\delta_i} R(t_i) \tag{14.21}$$

如果失效率为常数 λ，那么似然函数为

$$L(\lambda \mid t_1, t_2, \cdots, t_n) = \prod_{j=1}^{n} \lambda^{\delta_i} \mathrm{e}^{-\lambda t_i}$$

14.4.5 指数分布寿命

指数分布在系统可靠性分析中具有重要作用，因此我们单独处理指数分布估计的问题。令 T 表示元件的失效时间，并假设 T 服从失效率为 λ 的指数分布，即 $T \sim \exp(\lambda)$。并且，我们假设观测到了 n 个同质独立元件的存续时间 $T_1, T_2, \cdots, T_n$，它们也独立且服从同分布 $\exp(\lambda)$。观测存续时间的数据集为 $t = \{t_1, t_2, \cdots, t_n\}$，这个数据集可能是完整数据集，也可能是截尾数据集。

1. 指数分布：完整样本

$T_1, T_2, \cdots, T_n$ 的联合概率密度函数为

$$f(t_1, t_2, \cdots, t_n \mid \lambda) = \prod_{i=1}^{n} \lambda \exp\left(-\lambda t_i\right) = \lambda^n \exp\left(-\lambda \sum_{i=1}^{n} t_i\right)$$

相对应的似然函数为

$$L(\lambda \mid t) = \lambda^n \exp\left(-\lambda \sum_{i=1}^{n} t_i\right)$$

对数-似然函数变为

$$\ell(\lambda \mid t) = n \log \lambda - \lambda \sum_{i=1}^{n} t_i \tag{14.22}$$

对对数自然函数求导，并令导数等于 0，计算 MLE：

$$\frac{\mathrm{d}}{\mathrm{d}\lambda} \ell(\lambda \mid t) = \frac{n}{\lambda} - \sum_{i=1}^{n} t_i = 0$$

求 λ，得到极大似然估计值

$$\widehat{\lambda} = \frac{n}{\sum\limits_{i=1}^{n} t_i}$$

相应的极大似然估计量为

$$\widehat{\lambda} = \frac{n}{\sum\limits_{i=1}^{n} T_i} \tag{14.23}$$

因此，极大似然估计值可以表示为样本平均值 $\bar{t} = \dfrac{1}{n} \sum\limits_{i=1}^{n} t_i$，并有

$$\widehat{\lambda} = \frac{1}{\bar{t}}$$

当完整数据集 $D = \{t_1, t_2, \cdots, t_n\}$ 可得时，我们可以在 R 程序中用函数 `1/mean(D)` 计算极大似然估计值，这并不需要特殊的 R 程序包。

案例 14.8（指数分布：完整样本） 假设我们观测到了 $n = 10$ 个数值，累计观测时间为 $\sum_{i=1}^{10} t_i = 68\,450\text{h}$。根据这些数据，得似然函数作为 λ 的函数如图 14.13 所示。本例中的极大似然估计值为

$$\widehat{\lambda} = \frac{n}{\sum_{i=1}^{10} t_i} = \frac{10}{68\,450}/\text{h} \approx 1.461 \times 10^{-4}\,/\text{h}$$

这个值对应图 14.13 中似然曲线的最大值。

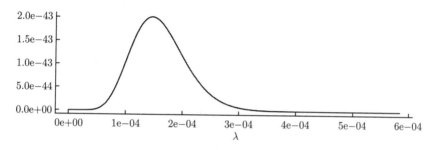

图 14.13 案例 14.8 中指数分布的似然函数

现在分析极大似然估计的性质，首先看它是否具有无偏性。

因为 $T_i \sim \exp(\lambda)$，$2\lambda T_i$ 是自由度为 2 的 χ^2（卡方）分布，$i = 1, 2, \cdots, n$[254]，并且 T_i 相互独立，那么 $2\lambda \sum_{i=1}^{n} T_i$ 是自由度为 $2n$ 的 χ^2 分布。

极大似然估计可以写作

$$\widehat{\lambda} = \frac{n}{\sum_{i=1}^{n} T_i} = \frac{2n\lambda}{2\lambda \sum_{i=1}^{n} T_i}$$

这与 $2n\lambda/Z$ 的分布相同，其中 Z 服从自由度为 $2n$ 的 χ^2 分布。因此有

$$E(\widehat{\lambda}) = 2n\lambda\, E\left(\frac{1}{Z}\right)$$

其中

$$\begin{aligned}
E\left(\frac{1}{Z}\right) &= \int_0^\infty \frac{1}{z} \frac{1}{2^n} \frac{1}{\Gamma(n)} z^{n-1} \mathrm{e}^{-z/2}\,\mathrm{d}z \\
&= \frac{1}{2(n-1)} \int_0^\infty \frac{1}{2^{n-1} \Gamma(n-1)} z^{n-2} \mathrm{e}^{-z/2}\,\mathrm{d}z \\
&= \frac{1}{2(n-1)}
\end{aligned}$$

因此

$$E(\widehat{\lambda}) = 2n\lambda \frac{1}{2(n-1)} = \frac{n}{n-1}\lambda$$

所以估计量 $\widehat{\lambda}$ 并不是无偏的，但是给定

$$\lambda^* = \frac{n-1}{n}\widehat{\lambda} = \frac{n-1}{\sum\limits_{i=1}^{n} T_i}$$

估计量 λ^* 就可以看作无偏的。现在我们确定 $\text{var}(\lambda^*)$：

$$\text{var}\,(\lambda^*) = \left(\frac{n-1}{n}\right)^2 \text{var}\,(\lambda^*) = 4(n-1)^2\lambda^2\text{var}\left(\frac{1}{Z}\right)$$

其中 Z 的含义与上面相同，则有

$$\text{var}\left(\frac{1}{Z}\right) = E\left(\frac{1}{Z^2}\right) - \left[E\left(\frac{1}{Z}\right)\right]^2$$

并且

$$E\left(\frac{1}{Z^2}\right) = \int_0^\infty \frac{1}{z^2}\frac{1}{2^n}\frac{1}{\Gamma(n)}z^{n-1}\mathrm{e}^{-z/2}\mathrm{d}z = \frac{1}{4(n-1)(n-2)}$$

因此

$$\text{var}\,(\lambda^*) = 4(n-1)^2\lambda^2\left[\frac{1}{4(n-1)(n-2)} - \frac{1}{4(n-1)^2}\right]$$

$$= (n-1)\lambda^2\left(\frac{1}{n-2} - \frac{1}{n-1}\right) = \frac{\lambda^2}{n-2}$$

估计量

$$\lambda^* = \frac{n-1}{\sum\limits_{i=1}^{n} T_i} \tag{14.24}$$

因此，这个估计量是无偏的，它的方差为

$$\text{var}\,(\lambda^*) = \frac{\lambda^2}{n-2} \tag{14.25}$$

要建立参数 λ 的 $1-\varepsilon$ 置信区间，我们可以利用 $2\lambda\sum\limits_{i=1}^{n} T_i$ 服从自由度为 $2n$ 的 χ^2 分布这个事实，因此有

$$\Pr\left(z_{1-\varepsilon/2,2n} \leqslant 2\lambda\sum_{i=1}^{n} T_i \leqslant z_{\varepsilon/2,2n}\right) = 1-\varepsilon$$

并且

$$\Pr\left(\frac{z_{1-\varepsilon/2,2n}}{2\sum\limits_{i=1}^{n} T_i} \leqslant \lambda \leqslant \frac{z_{\varepsilon/2,2n}}{2\sum\limits_{j=1}^{n} T_j}\right) = 1-\varepsilon$$

因此 λ 的 $1-\varepsilon$ 置信区间为

$$\left(\frac{z_{1-\varepsilon/2,2n}}{2\sum\limits_{i=1}^{n} T_i}\,,\,\frac{z_{\varepsilon/2,2n}}{2\sum\limits_{j=1}^{n} T_j}\right) \tag{14.26}$$

2. 总体测试时间法

令 $T_{(1)}, T_{(2)}, \cdots, T_{(n)}(T_{(1)} \leqslant T_{(2)} \leqslant \cdots \leqslant T_{(n)})$ 表示变量 $T_1, T_2, \cdots, T_n$ 的有序统计量。类似地，令 $t_{(1)}, t_{(2)}, \cdots, t_{(n)}(t_{(1)} \leqslant t_{(2)} \leqslant \cdots \leqslant t_{(n)})$ 表示在实验中获取的有序数据集。假设所有的 n 个元件都在同一时刻 $t = 0$ 投入测试。

令 $\mathcal{T}(t)$ 表示在区间 $(0, t)$ 内的累计运行时间，并将 $\mathcal{T}(t)$ 称作在时刻 t 的总体测试时间（total-time-on-test，TTT）。在时刻 $t_{(1)}$，n 个元件累计运行时间为 $\mathcal{T}(t_{(1)}) = nt_{(1)}$。在时刻 $t_{(1)}$ 之后，还有 $n-1$ 个元件在运行。那么在时刻 $t_{(2)}$ 的累计运行时间就是 $\mathcal{T}(t_{(2)}) = nt_{(1)} + (n-1)(t_{(2)} - t_{(1)})$。

令 $d_i = t_{(i)} - t_{(i-1)}$ 表示在第 $i-1$ 个元件终止运行和第 i 个元件终止运行之间的间隔，则有

$$t_{(1)} = d_1$$

$$t_{(2)} = d_1 + d_2$$

$$\vdots$$

$$t_{(r)} = d_1 + d_2 + \cdots + d_r$$

在时刻 $t_{(r)}$ 的总体测试时间分为两个部分：

（1）在区间 $(0, t_{(r)}]$ 内已经失效的元件上所用的测试时间，$\sum_{i=1}^{r} t_{(i)} = rd_1 + (r-1)d_2 + \cdots + d_r$。

（2）在时刻 $t_{(r)}$ 仍然还在运行的 $n-r$ 个元件上所用的测试时间，$(n-r)t_{(r)} = (n-r)\sum_{i=1}^{r} d_i$。

因此，在时刻 $t_{(r)}$ 的总体测试时间为

$$\mathcal{T}(t_{(r)}) = \sum_{i=1}^{r} t_{(i)} + (n-r)t_{(r)}$$

$$= rd_1 + (r-1)d_2 + \cdots + d_r + (n-r)\sum_{i=1}^{r} d_i$$

将上式进行整理，得

$$\mathcal{T}(t_{(r)}) = \sum_{i=1}^{r} \left[n - (i-1)\right] d_i \tag{14.27}$$

引入相应的随机变量，可得

$$\mathcal{T}(T_{(r)}) = \sum_{i=1}^{r} \left[n - (i-1)\right] D_i \tag{14.28}$$

3. 指数分布：截尾数据

假设有 n 个独立同分布固定失效率为 λ 的元件，我们已经观测到它们的失效或者对其进行了截尾。假设在数据集 $\{t_1, t_2, \cdots, t_n\}$ 中没有等值。和之前一样，当存续时间 t_j 是失

效时间时，$\delta_i = 1$；当 t_j 是截尾时间时，$\delta_j = 0$，$j = 1, 2, \cdots, n$。根据式 (14.21)，似然函数可以写为

$$L(\lambda \mid t_1, t_2, \cdots, t_n) = \prod_{j=1}^{n} \lambda^{\delta_i} \mathrm{e}^{-\lambda t_i} \tag{14.29}$$

4. II 型截尾

如果使用 II 型截尾，寿命测试会在观测到 r 个失效时终止。有序数据集可以写为 $t_{(1)} < t_{(2)} < \cdots < t_{(r)} < t_{(r+1)} < \cdots < t_{(n)}$，其中 $r < n$。数据集包含 r 个失效时间和 $n - r$ 个截尾时间。这意味着 t_r 是最长的失效时间。在这种情况下，似然函数为（见注释 14.4）

$$L(\lambda \mid t_{(1)}, \cdots, t_{(r)}) \propto \lambda^r \exp\left(-\lambda \left[\sum_{j=1}^{r} t_{(j)} + (n-r)t_{(r)}\right]\right)$$

$$= \lambda^r \exp\left[-\lambda \mathcal{T}(t_{(r)})\right], 0 < t_{(1)} < \cdots < t_{(r)}$$

对数-似然函数为

$$\ell(\lambda \mid t) \propto r \log \lambda - \lambda \mathcal{T}(t_{(r)})$$

其中 $t = \{t_{(1)}, t_{(2)}, \cdots, t_{(r)}\}$。对对数-似然函数求导，并令导数等于 0，可以求得 MLE：

$$\frac{\mathrm{d}}{\mathrm{d}\lambda} \ell(\lambda \mid t) = \frac{r}{\lambda} - \mathcal{T}(t_{(r)}) = 0$$

因此，λ 的极大似然估计值 λ_{II}^* 为

$$\lambda_{\mathrm{II}}^* = \frac{r}{\mathcal{T}(t_{(r)})}$$

相应的极大似然估计量为

$$\lambda_{\mathrm{II}}^* = \frac{r}{\mathcal{T}(T_{(r)})} \tag{14.30}$$

在时刻 $T_{(r)}$ 的总体测试时间为

$$\mathcal{T}(T_{(r)}) = nD_1 + (n-1)D_2 + \cdots + [n - (r-1)]D_r$$

$$= \sum_{j=1}^{r} [n - (j-1)] D_j$$

引入

$$D_j^* = [n - (j-1)] D_j, j = 1, 2, \cdots, r$$

我们知道 $2\lambda D_1^*, 2\lambda D_2^*, \cdots, 2\lambda D_r^*$ 相互独立，并都服从自由度为 2 的 χ^2 分布，因此，$2\lambda \mathcal{T}(T_{(r)})$ 是自由度为 $2r$ 的 χ^2 分布，我们利用这一点确定 $E(\lambda_{\mathrm{II}}^*)$：

$$E\left(\lambda_{\mathrm{II}}^*\right) = E\left[\frac{r}{\mathcal{T}(T_{(r)})}\right] = 2\lambda r E\left[\frac{1}{2\lambda \mathcal{T}(T_{(r)})}\right] = 2\lambda r E\left(\frac{1}{Z}\right)$$

其中 Z 是自由度为 $2r$ 的 χ^2 分布。这表明

$$E\left(\frac{1}{Z}\right) = \frac{1}{2(r-1)}$$

因此有

$$E\left(\lambda_{\mathrm{II}}^*\right) = 2\lambda r \frac{1}{2(r-1)} = \frac{\lambda r}{r-1}$$

所以估计量 λ_{II}^* 并不是无偏估计，但是

$$\lambda_{\mathrm{II}}^* = \frac{r-1}{\mathcal{T}(T_{(r)})} \tag{14.31}$$

这个估计量是无偏的。利用在完整数据集中使用的方法，可得

$$\mathrm{var}\left(\widehat{\lambda}_{\mathrm{II}}\right) = \frac{\lambda^2}{r-2}$$

与 λ 的标准假设检验一样，我们可以根据 $2\lambda\mathcal{T}(T_{(r)})$ 服从自由度为 $2r$ 的 χ^2 分布这个事实，推导置信区间。

5. I 型截尾

在时刻 t_0 前失效元件的数量（S）是随机的，因此要从概率的角度处理这种情况难度更大。因此，我们在这里仅仅给出 λ 的一个直观的估计量。

首先，应知道 λ 的估计量是在完整数据集和 II 型截尾数据的情况下得到的，两者都可以写成分数形式，分子为"记录到失效 -1 的次数"，分母为"测试终止时的总体测试时间"。当我们进行 I 型截尾时，使用相同的分数形式在直观上似乎是合理的。

这里，失效次数为 S，而总体测试时间为

$$\mathcal{T}(t_0) = \sum_{j=1}^{S} T_{(j)} + (n-S)t_0 \tag{14.32}$$

因此

$$\widehat{\lambda}_{\mathrm{I}} = \frac{S-1}{\mathcal{T}(t_0)}$$

这看起来是 λ 的一个合理估计量。

我们还可以证明这个估计量对于小样本是有偏但是渐近的，它与 $\widehat{\lambda}_{\mathrm{II}}$ 的属性相同（见文献 [193] 第 173 页）。

14.4.6 威布尔分布寿命

系统可靠性分析中的另一个重要分布是威布尔分布。计算威布尔分布中多个参数的 MLE 比处理指数分布更加复杂，我们在这里只考虑完整数据集的情况。

1. 完整样本

令 $T_1, T_2, \cdots, T_n$ 表示相互独立同属威布尔分布的完整寿命样本，其概率密度为

$$f_T(t) = \frac{\alpha}{\theta} \left(\frac{t}{\theta} \right)^{\alpha-1} \exp\left[-\left(\frac{t}{\theta} \right)^{\alpha} \right], \ t > 0, \alpha > 0, \theta > 0$$

似然函数为

$$L(\alpha, \theta \mid t_1, t_2, \cdots, t_n) = \prod_{j=1}^{n} \frac{\alpha}{\theta} \left(\frac{t_j}{\theta} \right)^{\alpha-1} \exp\left[-\left(\frac{t_j}{\theta} \right)^{\alpha} \right] \tag{14.33}$$

对数-似然函数为

$$\ell(\alpha, \theta \mid t_1, t_2, \cdots, t_n) = \sum_{j=1}^{n} \left[\log\alpha - \alpha\log\theta + (\alpha-1)\log t_j - \left(\frac{t_j}{\theta} \right)^{\alpha} \right]$$

$$= n\log\alpha - n\alpha\log\theta + \sum_{j=1}^{n}(\alpha-1)\log t_j - \sum_{j=1}^{n}\left(\frac{t_j}{\theta} \right)^{\alpha}$$

则似然方程可以变为

$$\frac{\partial\ell}{\partial\theta} = -\frac{n\alpha}{\theta} + \frac{\alpha}{\theta^{\alpha+1}}\sum_{j=1}^{n}t_j^{\alpha} = \frac{\alpha n}{\theta^{\alpha}}\left(\frac{1}{n}\sum_{j=1}^{n}t_j^{\alpha} - \theta^{\alpha} \right) = 0$$

求解方程，得

$$\theta = \left(\frac{1}{n}\sum_{j=1}^{n}t_j^{\alpha} \right)^{1/\alpha} \tag{14.34}$$

对 α 求导得

$$\frac{\partial\ell}{\partial\alpha} = \frac{n}{\alpha} - n\log\theta + \sum_{j=1}^{n}\log t_j + \sum_{j=1}^{n}\left(\frac{t_j}{\theta} \right)^{\alpha}\log\left(\frac{t_j}{\theta} \right)$$

$$= \frac{n}{\alpha} - n\log\theta + \sum_{j=1}^{n}\log t_j + \frac{1}{\theta^{\alpha}}\sum_{j=1}^{n}t_j^{\alpha}(\log t_j - \log\theta)$$

将式 (14.34) 代入上式得到 MLE 方程

$$\frac{1}{n}\sum_{j=1}^{n}\log t_j + \frac{1}{\alpha} - \frac{\sum\limits_{j=1}^{n}t_j^{\alpha}\log t_j}{\sum\limits_{j=1}^{n}t_j^{\alpha}} = 0$$

这个方程只包含一个未知参数 α，所以可以求解 α，得到 MLE$\hat\alpha$。我们还可以证明以 α 为变量的方程有唯一解。

2. 使用 R 语言进行威布尔分析

我们可以使用多个 R 程序包确定威布尔分布的极大似然估计值，比如 `bbmle`、`stat4`
和 `survival`。如果读者使用其中的任一程序包，都需要仔细阅读帮助文献，并且在互联网
上寻找示例脚本。

R 语言还有一个专门的威布尔分析程序包 `WeibullR`，但是这个程序包还在开发中。该
程序包可以用来计算双参数和三参数威布尔分布的极大似然估计值。在该程序包文档中，也
有 R 程序脚本的示例。该程序包适用于完整和截尾数据集，并提供了多种方法估计双参数
威布尔分布的参数 α 和 θ 的值。这里，我们给出一个最简单的方法。我们将失效时间和截
尾时间分别作为向量输入，如以下 R 程序脚本所示：

```
library(WeibullR)
failtime<-c(31.7,39.2,57.5,65.8,70.0,101.7,109.2,130.0)
censored<-c(65.0,75.0,75.2,87.5,88.3,94.2,105.8,110.0)
# Prepare the data for analysis
data<-wblr.conf(wblr.fit(wblr(failtime,censored)),lwd=1)
plot(data)
```

函数 `wblr` 可以用来准备在程序包 `WeibullR` 中使用的数据集，图 14.14 给出了分析
结果。需要注意的是，图 14.14 只是基于 `WeibullR` 程序包的默认设置通过简化步骤得到
的。参数的默认名称与本书有所区别，分别是："beta" 表示 α，"eta" 表示 θ。我们得到的
估计值为 $\alpha = 2.35$，$\theta = 115.2$。程序包还给出了置信边界。如果读者希望使用更加高级的
估计步骤调整设定值，可以认真阅读 `WeibullR` 的帮助文档。

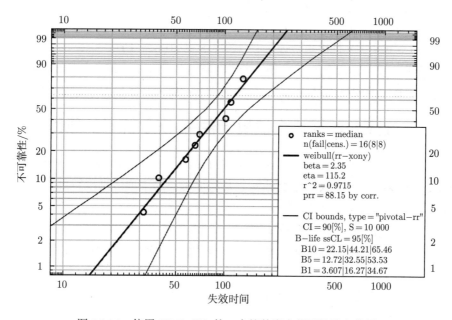

图 14.14　使用 WeibullR 的一个简单脚本得到的输出结果

3. II 型截尾

使用 II 型截尾，数据集包含 r 个失效时间和 $n-r$ 个截尾时间，而截尾发生在时刻 $t_{(r)}$。与式 (14.33) 类似，似然函数为

$$L(\alpha, \theta \mid t) \propto \prod_{j=1}^{r} \frac{\alpha}{\theta} \left(\frac{t_{(j)}}{\theta} \right)^{\alpha-1} \exp\left(-\frac{t_{(j)}}{\theta} \right)^{\alpha} \exp\left[-\left(\frac{t_{(r)}}{\theta} \right)^{\alpha} \right]^{n-r}$$

$$= \alpha^r \theta^{-\alpha r} \prod_{j=1}^{r} t_{(j)}^{\alpha-1} \exp\left[-(n-r) \left(\frac{t_{(r)}}{\theta} \right)^{\alpha} \right]$$

其中 t 是一个有序数据集，即包含 r 个失效时间，以及 $n-r$ 个等于 $t_{(r)}$ 的截尾时间。对数-似然函数为

$$\ell(\alpha, \lambda \mid t) = r \log \alpha - r\alpha \log \theta + (\alpha-1) \sum_{j=1}^{r} \log t_{(j)} - \sum_{j=1}^{r} \left(\frac{t_{(j)}}{\theta} \right)^{\alpha} - (n-r) \left(\frac{t_{(r)}}{\theta} \right)^{\alpha}$$

与完整数据的情况类似，我们可以根据下式确定 MLE 估计值 α^* 和 λ^*：

$$\lambda^* = \left(\frac{r}{\sum\limits_{j=1}^{r} t_{(j)}^{\alpha^*} + (n-r) t_{(r)}^{\alpha^*}} \right)^{1/\alpha^*} \tag{14.35}$$

$$\frac{r}{\alpha^*} + \sum_{j=1}^{r} \log t_{(j)} - \frac{r \sum\limits_{j=1}^{r} t_{(j)}^{\alpha^*} \log t_{(j)} + (n-r) t_{(r)}^{\alpha^*} \log t_{(r)}}{\sum\limits_{j=1}^{r} t_{(j)}^{\alpha^*} + (n-r) t_{(r)}^{\alpha^*}} = 0 \tag{14.36}$$

如果读者想要了解威布尔分布极大似然估计的更多信息，可以阅读文献 [196,197]。

14.5　卡普兰-梅尔算子

Kaplan 和 Meier[163] 提出了一种关于存续度函数 $R(t) = \Pr(T > t)$ 的非参数估计方法，估计的结果就称为 Kaplan-Meier（卡普兰-梅尔）算子①。Kaplan-Meier 算子的价值在于为可靠性提供了一个直观的图形化表达方法。下面首先介绍如何在完整数据集中使用这种方法。

14.5.1　在完整数据集中使用卡普兰-梅尔算子的原因

考虑一个不存在等值的完整数据集，根据 14.3.5节的介绍，显然对 $R(t)$ 的估计值就是经验存续度函数，这个函数是基于对每个失效时间 t 的二项式推理得到的。要使用卡普兰-梅尔算子，我们需要基于有序（完整）数据集 $0 = t_{(0)} < t_{(1)} < t_{(2)} < \cdots < t_{(n)}$，使用一种不同的方法得到经验存续度函数。

考虑数据集中特定的存续时间，比如 $t_{(i)}$。如果元件能够存续到 $t_{(i)}$，它就必须在第一个区间 $(0, t_{(1)})$ 内存续。在此期间存续的基础上，元件还必须在下一个区间 $(t_{(1)}, t_{(2)})$ 存续，以此类推，一直存续到区间 $(t_{(i-1)}, t_{(i)})$。令 $t_{(0)} = 0$，则元件在第一个区间内存续的概率为

---

① 以作者 Edward Lynn Kaplan (1920—2006) 和 Paul Meier (1924—2011) 的名字命名。

$$R(t_{(1)}) = \Pr(T > t_{(1)}) = \Pr(T > t_{(1)} \mid T > t_{(0)}) = R(t_{(1)} \mid t_{(0)})$$

在下一个区间内存续（已知已经存续过了第一个区间）的概率为

$$R(t_{(2)} \mid t_{(1)}) = \Pr(T > t_{(2)} \mid T > t_{(1)})$$

以此类推。这意味着，元件在时刻 $t_{(i)}$ 的存续度函数可以使用条件概率的乘法原则表达：

$$R(t_{(i)}) = \prod_{j=1}^{i} R(t_{(j)} \mid t_{(j-1)}) \tag{14.37}$$

其中 $R(t_{(0)}) = R(0) = 1$。

　　式 (14.37) 中的每一个因素都可以采用与获得经验存续度函数相同的二项式方式估计。恰好在时刻 $t_{(1)}$ 之前，有 $n_1 = n$ 个元件处于风险之中可能会失效；而恰好在时刻 $t_{(2)}$ 之前，有 $n_2 = n - 1$ 个元件处于风险之中可能会失效；以此类推。因为我们有完整数据集，没有截尾和等值，那么在时刻 $t_{(j)}$ 已经失效的元件数量就是 $d_j = 1$。因此，在 $t_{(j)}$ 存续的元件数量就是 $n_j - d_j = n - j - 1$。

　　根据二项式模型，我们可以估计式 (14.37) 中的因子：

$$\widehat{R}(t_{(1)} \mid t_{(0)}) = \frac{n_1 - d_1}{n_1} = 1 - \frac{d_1}{n_1} = 1 - \frac{1}{n}$$

$$\widehat{R}(t_{(2)} \mid t_{(1)}) = \frac{n_2 - d_2}{n_2} = 1 - \frac{d_2}{n_2} = 1 - \frac{1}{n-1}$$

$$\vdots$$

将以上因子代入式 (14.37)，就可以重新整理经验存续度函数的估计值

$$\widehat{R}(t) = \prod_{j; t_{(j)} < t} \widehat{R}(t_{(j)} \mid t_{(j-1)}) = \prod_{j; t_{(j)} < t} \left(1 - \frac{d_j}{n_j}\right)$$

$$= \prod_{j; t_{(j)} < t} \left(1 - \frac{1}{n-j+1}\right) \tag{14.38}$$

当 $t > t_{(n)}$ 时，所有的 n 个元件都已经失效，$\widehat{R}(t) = 0$。我们之所以用如此复杂的方式表达经验存续度函数，就是为了说明引入卡普兰-梅尔算子的意义。

14.5.2　截尾数据集的卡普兰-梅尔算子

　　Kaplan 和 Meier[163] 将经验存续度函数推广到包括等值的随机截尾数据集，方法与我们在经验存续度函数中的推导十分类似，估计值为

$$\widehat{R}(t) = \prod_{j; t_{(j)} < t} \left(1 - \frac{d_j}{n_j}\right)$$

上式与式 (14.38) 的唯一区别在于 d_j 和 n_j 的值。如果 $t_{(j)}$ 是截尾时间，$d_j = 0$，因子 $1 - d_j/n_j = 1$ 并且不能直接影响估计值 $\widehat{R}(t)$，但是截尾会在下一次事件（失效或者截尾）前影响处于风险的元件集合。

我们可以重新给出卡普兰-梅尔算子的定义，通过状态 δ_j 标注存续时间是失效还是截尾时间的信息，于是有

$$\widehat{R}(t) = \prod_{j;t_{(j)}<t,\delta_j=1} \left(1 - \frac{d_j}{n_j}\right) \tag{14.39}$$

其中，乘积计算包括了所有被观测到失效（即 $\delta_j = 1$）的元件 j，即 $t_{(j)} < t$。这个公式清晰地说明，这些因子只考虑那些存续时间由失效确定的元件。由截尾确定的存续时间（$\delta = 0$）不在乘积计算之中，因此不会直接影响估计。

因为 $\widehat{p}_j = 1 - d_j/n_j = (n_j - d_j)/n_j$，因此可以将式 (14.39) 写作

$$\widehat{R}(t) = \prod_{j;t_{(j)}<t,\delta_j=1} \widehat{p}_j \tag{14.40}$$

式 (14.39) 和式 (14.40) 中的估计值 $\widehat{R}(t)$ 就是卡普兰-梅尔算子，也称为乘积限制（PL）估计值。案例 14.9 中将给出计算卡普兰-梅尔算子的步骤。

案例 14.9（卡普兰-梅尔算子）　考虑表 14.2 中的有序数据集，它包含 16 个存续时间，其中 9 个为截尾时间（状态 $\delta = 0$），7 个为失效时间（状态 $\delta = 1$）。数据集中没有等值，因此恰好在存续时间 $t_{(j)}$ 之前处于风险中的元件数量就是 $n_j = n - j + 1$，如表 14.2 的第二列所示。

表 14.2　卡普兰-梅尔算子的计算（在"状态"一列中，截尾时间被标注为 0）				
顺序 j	暴露在风险中的数量 $n-j+1$	有序存续时间 $t_{(j)}$	状态 δ_j	$\widehat{p}_j$	$\widehat{R}(t_{(j)})$
0	–	–	–	1	1.000
1	16	31.7	1	15/16	0.938
2	15	39.2	1	14/15	0.875
3	14	57.5	1	13/14	0.813
4	13	65.0	0	1	0.813
5	12	65.8	1	11/12	0.745
6	11	70.0	1	10/11	0.677
7	10	75.0	0	1	0.677
8	9	75.2	0	1	0.677
9	8	87.5	0	1	0.677
10	7	88.3	0	1	0.677
11	6	94.2	0	1	0.677
12	5	101.7	1	4/5	0.542
13	4	105.8	0	1	0.542
14	3	109.2	1	2/3	0.361
15	2	110.0	0	1	0.361
16	1	130.0	1	0	0.000

恰好在 $t_{(1)}$ 时刻之前，$n = 16$ 个元件暴露在风险之中。在时刻 $t_{(1)}$ 的失效之后，有 $n - 2 + 1$ 个元件在时刻 $t_{(2)}$ 之前暴露在风险之中，其他失效时间类似。卡普兰-梅尔算子 $\widehat{R}(t)$ 是（对所有存续时间 $\leqslant t$ 的情况）用式 (14.40) 乘以 $\widehat{p}_j$ 得到的。

在表 14.3 中，卡普兰-梅尔算子表示为时间的函数。在直到第一次失效发生前的区间 $(0, 31.7)$ 内，可以设 $\widehat{R}(t) = 1$。然后，根据这个算子可以绘制卡普兰-梅尔图。

表 14.3　卡普兰-梅尔算子作为时间的函数		
t		$\widehat{R}(t)$
$0 \leqslant t < 31.7$		1.000
$31.7 \leqslant t < 39.2$	$\dfrac{15}{16}$	0.938
$39.2 \leqslant t < 57.5$	$\dfrac{15}{16} \cdot \dfrac{14}{15}$	0.875
$57.5 \leqslant t < 65.8$	$\dfrac{15}{16} \cdot \dfrac{14}{15} \cdot \dfrac{13}{14}$	0.813
$65.8 \leqslant t < 70.0$	$\dfrac{15}{16} \cdot \dfrac{14}{15} \cdot \dfrac{13}{14} \cdot \dfrac{11}{12}$	0.745
$70.0 \leqslant t < 101.7$	$\dfrac{15}{16} \cdot \dfrac{14}{15} \cdot \dfrac{13}{14} \cdot \dfrac{11}{12} \cdot \dfrac{10}{11}$	0.677
$101.7 \leqslant t < 109.2$	$\dfrac{15}{16} \cdot \dfrac{14}{15} \cdot \dfrac{13}{14} \cdot \dfrac{11}{12} \cdot \dfrac{10}{11} \cdot \dfrac{4}{5}$	0.542
$109.2 \leqslant t < 130.0$	$\dfrac{15}{16} \cdot \dfrac{14}{15} \cdot \dfrac{13}{14} \cdot \dfrac{11}{12} \cdot \dfrac{10}{11} \cdot \dfrac{4}{5} \cdot \dfrac{2}{3}$	0.361
$130.0 \leqslant t$	$\dfrac{15}{16} \cdot \dfrac{14}{15} \cdot \dfrac{13}{14} \cdot \dfrac{11}{12} \cdot \dfrac{10}{11} \cdot \dfrac{4}{5} \cdot \dfrac{2}{3} \cdot \dfrac{0}{1}$	0.000

1. 用 R 语言求解卡普兰-梅尔算子

我们可以用 R 程序包 survival 求解卡普兰-梅尔算子，并用以下脚本生成卡普兰-梅尔图：

```
library(survival)
survtime <- c(31.7,39.2,57.5,65.0,65.8,70,0,75.0,75.2,
87.5,88.3,94.2,101.7,105.8,109.2,110.0,130.0)
status <- c(1,1,1,0,1,1,0,0,0,0,0,0,1,0,1,0,1)
data<- Surv(survtime,status==1)
km <- survfit(Surv(survtime, status==1)~1,conf.type="none")
plot(km,xlab="Time t",ylab="Survival probability")
```

使用命令 print(summary(km)) 可以总结出结果：

```
time n.risk n.event survival std.err
31.7    16       1     0.938   0.0605
```

39.2	15	1	0.875	0.0827
57.5	14	1	0.812	0.0976
65.8	12	1	0.745	0.1105
70.0	11	1	0.677	0.1194
101.7	5	1	0.542	0.1542
109.2	3	1	0.361	0.1797
130.0	1	1	0.000	NaN

应注意的是，这些结果与我们在表 14.2 中手算的结果一样，但是 R 程序只显示失效时间。

由式 (14.39) 可知 $\widehat{R}(t)$ 是一个阶跃函数，当 $t = 0$ 时其值等于 1。在每个失效时刻 $t_{(j)}$，$\widehat{R}(t)$ 都会降低 $(n_j - 1)/n_j$。估计值 $\widehat{R}(t)$ 在截尾时刻不发生变化，但是截尾时间会影响 n_j 的值（即暴露在风险中的元件数量），以及 $\widehat{R}(t)$ 的步长。

这里存在的一个小问题是，如果记录到的最长存续时间 $t_{(n)}$ 是一个截尾时间，$\widehat{R}(t)$ 就永远不会下降到 0。出于这个原因，$\widehat{R}(t)$ 的定义都不适用于 $t > t_{(n)}$ 的情况。文献 [162] 对这个问题有更加深入的讨论。

2. 卡普兰-梅尔算子的一些性质

读者可以在文献 [3,69,162,175] 中找到对卡普兰-梅尔算子 $\widehat{R}(t)$ 各种性质的全面讨论。下面介绍它的一小部分性质，但不做证明：

（1）卡普兰-梅尔算子 $\widehat{R}(t)$ 可以由非参数极大似然估计（MLE）推导。最早的推导过程由文献 [163] 给出。

（2）在具有估计渐近方差的一般条件下，$\widehat{R}(t)$ 是 $R(t)$ 的一致估计量（见文献 [162] 第 14 页）：

$$\widehat{\text{var}}(\widehat{R}(t)) = \left[\widehat{R}(t)\right]^2 \sum_{j \in J_t} \frac{d_j}{n_j(n_j - d_j)} \tag{14.41}$$

表达式 (14.41) 称作 Greenwood 公式。

在 R 语言中，如果在案例 14.9 的 R 程序脚本里选择 conf.type='plain'，就可以使用 Greenwood 公式计算置信限度。图 14.15 中的卡普兰-梅尔图具有 90% 置信限度的情况如图 14.16 所示。因为图形只基于 8 个失效时间，因此置信区间相当宽。

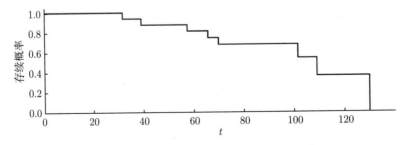

图 14.15   案例 14.9 中数据的卡普兰-梅尔图（利用 R 程序制作）

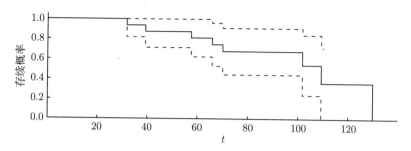

图 14.16　案例 14.9 中数据集具有 90% 置信限度的卡普兰-梅尔图（利用 R 程序制作）

（3）因为卡普兰-梅尔算子是一个极大似然估计，它具有渐近正态分布，因此 $R(t)$ 的置信限度可以由正态近似确定。如果读者想了解更多信息，请阅读文献 [69]。

14.6　累计失效率图

令 $R(t)$ 表示一定类型元件的存续度函数，并假设分布是连续的，概率密度为 $f(t) = R'(t)$，其中在 $t > 0$ 时 $f(t) > 0$。我们对此分布不再做更多的假设（即这个分布为非参数模型）。

根据 5.3.2 节中对失效率函数的定义，可得

$$z(t) = \frac{f(t)}{R(t)} = -\frac{\mathrm{d}}{\mathrm{d}t} \log R(t)$$

累计失效率函数为

$$Z(t) = \int_0^t z(u)\,\mathrm{d}u = -\log R(t) \tag{14.42}$$

则存续度函数可以写作

$$R(t) = \mathrm{e}^{-Z(t)}$$

绘制函数 $Z(t)$，可以得到累计失效率图。如果图形在线性刻度上显示为凸函数，就说明失效率函数是递增的；而如果图形显示为凹函数，则说明失效率函数是递减的。

案例 14.10（指数分布）　指数分布 $\exp(\lambda)$ 的累计失效率函数为

$$Z(t) = \lambda t,\ t \geqslant 0,\ \lambda > 0$$

在线性坐标轴上绘制函数 $Z(t)$ 的图形，它是一条斜率为 λ 的直线。如果我们能够确定估计值的 $\widehat{Z}(t)$，那么描点值应遵循合理的直线。

案例 14.11（威布尔分布）　形状参数为 α、尺度参数为 θ 的威布尔分布的累计失效率函数为

$$Z(t) = \left(\frac{t}{\theta}\right)^{\alpha},\ t \geqslant 0,\ \alpha > 0,\ \theta > 0$$

取对数得

$$\log Z(t) = \alpha \log t - \alpha \log \theta$$

如果在对数-对数坐标轴上绘制 $Z(t)$ 与 t 的关系曲线，可得一条斜率为 α 的直线。如果我们能够确定估计值 $\widehat{Z}(t)$，描点值也应该在对数-对数坐标轴上基本上拟合为一条直线。

本节接下来将讨论一种特殊类型的累计失效率图：Nelson-Aalen 图。

累计失效率的尼尔森-奥伦（Nelson-Aalen）估计

显然可以基于卡普兰-梅尔算子 $\widehat{R}(t)$ 得到累计失效率 $Z(t)$ 的估计值

$$\widehat{Z}(t) = -\log \widehat{R}(t) \tag{14.43}$$

Wayne B. Nelson[223]提出了另一种 $Z(t)$ 的估计方法，Odd O.Aalen[2]随后对其进行了详细分析。这种方法现在被称为尼尔森-奥伦算子。假定有一个随机截尾（IV 型）数据集，和之前一样，令

$$0 = t_{(0)} < t_{(1)} < t_{(2)} < \cdots < t_{(n)}$$

我们依次记录每一个存续时间，它可能源于失效或者截尾，令 δ_j 表示存续时间 $t_{(j)}$ 的情况，$j = 1, 2, \cdots, n$。

可得累计失效率的尼尔森-奥伦算子为

$$\widehat{Z}(t) = \sum_{j; t_{(j)} < t, \delta_j = 1} \frac{d_j}{n_j} \tag{14.44}$$

其中 d_j 为在时刻 $t_{(j)}$ 的元件失效数量，n_j 为在时刻 $t_{(j)}$ 之前暴露在风险中的元件数量。则在时刻 t，尼尔森-奥伦算子为

$$R^*(t) = \exp\left[-\widehat{Z}(t)\right] \tag{14.45}$$

验证这些算子之前，在案例 14.12 中说明它们是如何计算的。

案例 14.12（截尾数据集的尼尔森-奥伦算子） 重新考虑表 14.2 中的截尾（IV 型）数据集。我们可以根据式 (14.44) 对 8 个失效时间 $t_{(1)}$、$t_{(2)}$、$t_{(3)}$、$t_{(5)}$、$t_{(6)}$、$t_{(12)}$、$t_{(14)}$、$t_{(16)}$ 计算尼尔森-奥伦算子 $\widehat{Z}(t)$。然后根据式 (14.45) 确定 $R^*(t)$，结果如表 14.4 所示。表 14.4 的最后一列，显示了卡普兰-梅尔算子 $\widehat{R}(t)$。

可以看到，对于这个数据集的存续度函数，卡普兰-梅尔算子与尼尔森-奥伦算子之间存在着相当程度的"默契"。但是对于最长的失效时间，两个算子的结果差别很大。

使用表 14.4 中的数据，可以在 x 轴上绘制存续时间，在 y 轴上绘制相应的尼尔森-奥伦算子，得到尼尔森-奥伦图。

表 14.4 对于案例 14.12中的截尾数据集，尼尔森-奥伦算子与卡普兰-梅尔算子的比较

j	存续时间	状况 δ_j	尼尔森-奥伦算子	$\widehat{Z}(t_j)$	尼尔森-奥伦 $R^*(t_{(j)})$	卡普兰-梅尔 $\widehat{R}(t_{(j)})$
				0.000 0	1.000	1.000
1	31.7	1	$\dfrac{1}{16}$	0.062 5	0.939	0.938
2	39.2	1	$\dfrac{1}{16}+\dfrac{1}{15}$	0.129 2	0.879	0.875
3	57.5	1	$\dfrac{1}{16}+\dfrac{1}{15}+\dfrac{1}{14}$	0.200 6	0.818	0.813
4	65.0	0				
5	65.8	1	$\dfrac{1}{16}+\dfrac{1}{15}+\dfrac{1}{14}+\dfrac{1}{12}$	0.283 9	0.753	0.745
6	70.0	1	$\dfrac{1}{16}+\dfrac{1}{15}+\cdots+\dfrac{1}{11}$	0.374 8	0.687	0.677
7	75.0	0				
8	75.2	0				
9	87.5	0				
10	88.3	0				
11	94.2	0				
12	101.7	1	$\dfrac{1}{16}+\cdots+\dfrac{1}{11}+\dfrac{1}{5}$	0.574 8	0.563	0.542
13	105.8	0				
14	109.2	1	$\dfrac{1}{16}+\cdots+\dfrac{1}{5}+\dfrac{1}{3}$	0.908 2	0.403	0.361
15	110.0	0				
16	130.0	1	$\dfrac{1}{16}+\cdots+\dfrac{1}{3}+\dfrac{1}{1}$	1.908 2	0.148	0.000

　　案例 14.12 中给出的人工绘制尼尔森-奥伦图的步骤仍有些冗长，幸运的是，我们可以使用 R 语言的 survival 程序包绘制。

1. 使用 R 语言绘制尼尔森-奥伦图

　　在 R 语言中并没有专门用来绘制尼尔森-奥伦图的程序包，但是我们可以根据以下 R 程序脚本的步骤，使用案例 14.12中的同一数据集绘图。

```
library(survival)
# Data to be analyzed
survtime<-c(31.7,39.2,57.5,65.0,65.8,70.0,75.0 75.2,
87.5,88.3,94.2,101.7,105.8,109.2,110.0,130.0)
status<-c(1,1,1,0,1,1,0,0,0,0,0,1,0,1,0,1)
# Prepare hazard data
```

```
revrank<-order(survtime,decreasing=T)
haz<- status/revrank
cumhaz<- cumsum(haz)
# Select only failures for plotting.
df<- data.frame(survtime status,cumhaz)
z<- subset(df,status==1)
# Generate cumulative failure rate plot for exp. distr.
plot(z$survtime, z$cumhaz,type="o",pch=19,xlab="Time",
     ylab="Cumulative failure rate")
```

由上述脚本生成的图在两个坐标轴上使用的都是线性刻度，这意味着，如果数据来自指数分布，这个图形应该近似为直线（见案例 14.10）。图 14.17 中示出了这个图形，它根本不是一条直线，因此可以说其对应的分布可能不是指数形式。为了检查使用的数据，可以使用命令 print(df) 和 print(z)。

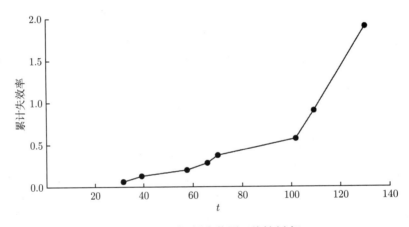

图 14.17　尼尔森-奥伦图（线性刻度）

我们还可以在两个坐标轴都使用 log10 刻度的情况下绘制尼尔森-奥伦图。如案例 14.11 所示，在这个刻度下近似直线意味着相应基础分布可能是威布尔分布。在上面的 R 程序脚本中，可以在 plot( ) 中添加选项 log="xy"，绘制 log10 刻度的尼尔森-奥伦图，结果如图 14.18 所示。图中的曲线远远不能近似为直线，所以威布尔分布并不是合适的模型。

2. 尼尔森-奥伦算子验证

接下来的验证步骤根本算不上严谨，但是我们希望读者可以理解尼尔森-奥伦算子到底是如何产生的。要了解严谨的计算步骤，请阅读文献 [3]。

要验证尼尔森-奥伦算子，我们首先从一些在引入卡普兰-梅尔算子时使用的论证开始。我们设定有序数据集 $0 = t_{(0)} < t_{(1)} < t_2 < \cdots < t_{(n)}$，该数据集可以有截尾和等值。和之前一样，令 n_j 表示在存续时间 $t_{(j)}$ 前暴露在风险中的元件数量，并令 d_j 表示在时刻 $t_{(j)}$

失效的元件数量。重写出式 (14.37)：

$$R(t_{(i)}) = \prod_{j=1}^{i} R(t_{(j)} \mid t_{(j-1)})$$

假设区间 $(t_{(j-1)}, t_{(j)})$ 内的失效率函数可以近似为固定失效率 λ_j，$j = 1, 2, \cdots$。

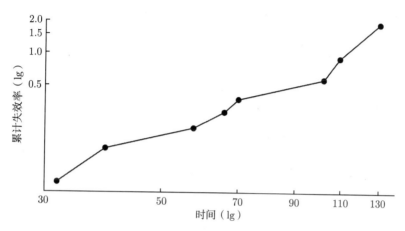

图 14.18 尼尔森-奥伦图（lg 刻度）

对于时间 t，有 $t_{(m)} < t < t_{(m+1)}$，可以得到

$$R(t) = \Pr(T > t_{(1)} \mid T > t_{(0)}) \cdots \Pr(T > t \mid T > t_{(m)}) \tag{14.46}$$

关于卡普兰-梅尔算子的估计，是估计式 (14.46) 右侧的每一单个因子，并将这些估计值的乘积当作 $R(t)$ 的估计值。那么，现在对 $p_j = \Pr(T > t_{(j+1)} \mid T > t_{(j)})$ 的合理估值是多少？我们可以使用与验证卡普兰-梅尔算子时相同的方法，估计 p_j 时所用的存续时间很自然地只是出现失效的情况的存续时间 $t_{(j)}$。因为我们只考虑有事件发生（失效或者截尾）的时间，在整个区间 $(t_{(j-1)}, t_{(j)})$ 内有 n_j 个元件暴露在风险当中。

在区间 $(t_{(j-1)}, t_{(j)})$ 内总共可运行的时间为 $n_j(t_{(j)} - t_{(j-1)})$。因为在区间 $(t_{(j-1)}, t_{(j)})$ 假设固定失效率为 λ_j，它的自然估计值为

$$\widehat{\lambda}_j = \frac{\text{失效次数}}{\text{总共可运行时间}} = \frac{d_j}{n_j(t_{(j+1)} - t_{(j)})} \tag{14.47}$$

如果有 d_j 个失效发生在时刻 $t_{(j)}$，那么 p_j 的自然估计就是

$$\widehat{p}_j = \exp\left[-\widehat{\lambda}_j(t_{(j)} - t_{(j-1)})\right] = \exp\left(-\frac{d_j}{n_j}\right) \tag{14.48}$$

将这些估计值代入式 (14.46) 中得

$$\widehat{R}(t) = \prod_{t_{(j)} < t, \delta_j = 1} \exp\left(-\frac{d_j}{n_j}\right) = \exp\left[-\sum_{t_{(j)} < t, \delta_j = 1} \frac{d_j}{n_j}\right] \tag{14.49}$$

因为 $R(t) = \exp[-Z(t)]$，则累计失效率函数的自然估计

$$\widehat{Z}(t) = \sum_{t_{(j)} < t, \delta_j = 1} \frac{d_j}{n_j} \tag{14.50}$$

这就是尼尔森-奥伦算子。

3. 尼尔森-奥伦算子的不确定性

文献 [3]估计了尼尔森-奥伦算子的方差：

$$\text{var}\left[\widehat{Z}(t)\right] = \widehat{\sigma}^2(t) = \sum_{t_{(j)} < t, \delta_j = 1} \frac{(n_j - d_j)\, d_j}{(n_j - 1)\, n_j^2} \tag{14.51}$$

可以看出，无论是尼尔森-奥伦算子还是其方差估计量都是接近无偏的。对于大样本来说，可以进一步证明在时刻 t，尼尔森-奥伦算子近似服从正态分布。因此，我们可以得到 $\widehat{Z}(t)$ 的 $1 - \epsilon$ 置信区间

$$\widehat{Z}(t) \pm u_{(1-\epsilon)/2}\widehat{\sigma}(t) \tag{14.52}$$

其中 $u_{(1-\epsilon)/2}$ 是标准正态分布的 $(1 - \epsilon)/2$ 分位数。读者想要了解尼尔森-奥伦算子的更多信息，请阅读文献 [3]。

14.7 总测试时间图

总测试时间（TTT）图，可以作为卡普兰-梅尔图和尼尔森-奥伦图的替代和补充。

14.7.1 完整数据集的总体测试时间图

假设有包含独立元件寿命 $t_{(1)} < t_{(2)} < \cdots < t_{(n)}$ 的完整有序数据集，其中元件寿命有连续分布函数 $F(t)$，该函数在 $F^{-1}(0) = 0 < t < F^{-1}(1)$ 的条件下严格递增。接下来，我们进一步假设分布存在有限均值 μ。

前文已经定义了在时刻 t 的总体测试时间 $\mathcal{T}(t)$：

$$\mathcal{T}(t) = \sum_{j=1}^{i} t_{(j)} + (n-i)t, \ i = 0, 1, \cdots, n, \ t_{(i)} \leqslant t < t_{(i+1)} \tag{14.53}$$

其中，$t_{(0)}$ 定义为 0，$t_{(n+1)} = \infty$。

总体测试时间 $\mathcal{T}(t)$ 是在 t 时刻 n 个元件总共观测到的寿命时间。我们假设所有的 n 个元件都在 $t = 0$ 时投入使用，观测截止到时刻 t。那么在区间 $(0, t]$ 内，有 i 个元件已经失效，这 i 个元件的总运行时间为 $\sum_{j=0}^{i} t_{(j)}$。剩余的 $n - i$ 个元件在区间 $(0, t]$ 存续下来，因此这些元件的总运行时间就是 $(n-i)t$。

在出现第 i 个失效的时候，总测试时间为

$$\mathcal{T}(t_{(i)}) = \sum_{j=1}^{i} t_{(j)} + (n-i)t_{(i)}, i = 1, 2, \cdots, n \tag{14.54}$$

特别是

$$\mathcal{T}(t_{(n)}) = \sum_{j=1}^{n} t_{(j)} = \sum_{j=1}^{n} t_j$$

在出现第 i 个失效时的总体测试时间 $\mathcal{T}(t_{(i)})$，可以除以 $\mathcal{T}(t_{(n)})$ 进行缩放。那么在时刻 t 的缩放总体测试时间就可以定义为 $\mathcal{T}(t)/\mathcal{T}(t_{(n)})$。

如果按照下式描点：

$$\left(\frac{i}{n}, \frac{\mathcal{T}(t_{(i)})}{\mathcal{T}(t_{(n)})} \right), \quad i = 1, 2, \cdots, n \tag{14.55}$$

就可以得到数据集的 TTT 图。

案例 14.13　假设我们激活了 10 个同质元件并观测到它们的寿命时间（h）：

6.3	11.0	21.5	48.4	90.1
120.2	163.0	182.5	198.0	219.0

表 14.5 中列出了绘制这个（完整）数据集的 TTT 图需要的计算量，图 14.19 所示为 TTT 图。

			表 14.5　案例 14.13中数据集的 TTT 估计值				
i	$t_{(i)}$	$\sum\limits_{j=1}^{i} t_{(j)}$	$\sum\limits_{j=1}^{i} t_{(j)} + (n-i)t_{(i)}$	$=$	$\mathcal{T}(t_{(i)})$	$\dfrac{i}{n}$	$\dfrac{\mathcal{T}(t_{(i)})}{\mathcal{T}(t_{(n)})}$
1	6.3	6.3	$6.3 + 9 \times 6.3$	$=$	63.0	0.1	0.06
2	11.0	17.3	$17.3 + 8 \times 11.0$	$=$	105.3	0.2	0.10
3	21.5	38.8	$38.8 + 7 \times 21.5$	$=$	189.3	0.3	0.18
4	48.4	87.2	$87.2 + 6 \times 48.4$	$=$	377.6	0.4	0.36
5	90.1	177.3	$177.3 + 5 \times 90.1$	$=$	627.8	0.5	0.59
6	120.2	297.5	$297.5 + 4 \times 120.2$	$=$	778.3	0.6	0.73
7	163.0	460.5	$460.5 + 3 \times 163.0$	$=$	949.5	0.7	0.90
8	182.5	643.0	$643.0 + 2 \times 182.5$	$=$	1008.0	0.8	0.95
9	198.0	841.0	$841.0 + 1 \times 198.0$	$=$	1039.0	0.9	0.98
10	219.0	1060.0	$1060.0 + 0$	$=$	1060.0	1.0	1.00

为了解释 TTT 图的形状，我们需要下列结果，但是这里只给出了结论，没有进行证明。

（1）令 $U_1, U_2, \cdots, U_{n-1}$ 表示在 $(0, 1]$ 内服从均匀分布（即 $U_i \sim \mathrm{unif}(0,1)$）的独立随机变量。如果基础寿命分布是指数分布，那么随机变量

$$\frac{\mathcal{T}(T_{(1)})}{\mathcal{T}(T_{(n)})}, \ \frac{\mathcal{T}(T_{(2)})}{\mathcal{T}(T_{(n)})}, \ \cdots, \ \frac{\mathcal{T}(T_{(n-1)})}{\mathcal{T}(T_{(n)})} \tag{14.56}$$

就与 $n-1$ 个有序变量 $U_{(1)}, U_{(2)}, \cdots, U_{(n-1)}$ 具有相同的联合分布。如果读者想要了解证明过程，请阅读文献 [19]。

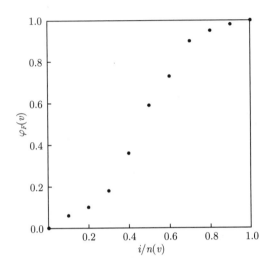

图 14.19　案例 14.13中数据的 TTT 图

（2）如果数据对应的分布 $F(t)$ 是指数分布，那么有：

① $\mathrm{var}[\mathcal{T}(T_i)/\mathcal{T}(T_n)]$ 有限；

② $E\left[\mathcal{T}(T_i)/\mathcal{T}(T_n)\right] = 1/n,\ i = 1, 2, \cdots, n$。

如果数据对应的分布是指数分布，则根据式 (14.56)，在 n 值较大时，可以近似得到

$$\frac{\mathcal{T}(T_{(i)})}{\mathcal{T}(T_{(n)})} \approx \frac{i}{n}, \quad i = 1, 2, \cdots, n-1$$

当然，这并不符合图 14.19中的情况，因此我们可以得到结论：案例 14.13中数据对应的分布可能不是指数分布。

要根据 TTT 图确定对应的寿命分布是 IFR 还是 DFR，我们还需要一些理论知识。这里只进行启发式论证。[①]

可以得到

$$\mathcal{T}(t_{(i)}) = n \int_0^{t_{(i)}} [1 - F_n(u)]\, \mathrm{d}u \tag{14.57}$$

其中 $F_n(t)$ 为经验分布函数。式 (14.57) 可以采用以下方法证明（应注意 $t_{(0)} = 0$）：

$$n \int_0^{t_{(i)}} [1 - F_n(u)]\, \mathrm{d}u$$

$$= n \left[\sum_{j=1}^i \int_{t_{(j-1)}}^{t_{(j)}} \left(1 - \frac{j-1}{n}\right) \mathrm{d}u \right]$$

---

① 读者可以阅读文献 [19] 了解严格的论证过程。

$$= \sum_{j=1}^{i} (n-j+1)(t_{(j)} - t_{(j-1)})$$

$$= n t_{(1)} + (n-1)(t_{(2)} - t_{(1)}) + \cdots + (n-i+1)(t_{(i)} - t_{(i-1)})$$

$$= \sum_{j=1}^{i} t_{(j)} + (n-i) t_{(i)} = \mathcal{T}(t_{(i)})$$

下面进行启发式论证。首先令 n 等于 $2m+1$，其中 m 为整数，那么 $t_{(m+1)}$ 就是数据集的中位数。进行积分运算：

$$\int_0^{t_{(m+1)}} [1 - F_n(u)] \, \mathrm{d}u, \ m \to \infty$$

我们可以期望

$$F_n(u) \to F(u)$$

以及

$$t_{(m+1)} \to \{F \text{ 的中位数}\} = F^{-1}(1/2)$$

因此有

$$\frac{1}{n} \mathcal{T}(t_{(m+1)}) \to \int_0^{F^{-1}(1/2)} [1 - F(u)] \, \mathrm{d}u \tag{14.58}$$

然后，令 $n = 4m+3$。在本例中，$t_{(2m+2)}$ 为数据的中位数，而 $t_{(m+1)}$ 和 $t_{(3m+3)}$ 分别为低四分位数和高四分位数。

当 $m \to \infty$ 时，根据上面的论证，预计有

$$\begin{cases} \dfrac{1}{n} \mathcal{T}(t_{(m+1)}) \to \displaystyle\int_0^{F^{-1}(1/4)} [1 - F(u)] \, \mathrm{d}u \\[3mm] \dfrac{1}{n} \mathcal{T}(t_{(2m+2)}) \to \displaystyle\int_0^{F^{-1}(1/2)} [1 - F(u)] \, \mathrm{d}u \\[3mm] \dfrac{1}{n} \mathcal{T}(t_{(3m+3)}) \to \displaystyle\int_0^{F^{-1}(3/4)} [1 - F(u)] \, \mathrm{d}u \end{cases} \tag{14.59}$$

此外，还有

$$E(T) = \mu = \int_0^{\infty} [1 - F(u)] \, \mathrm{d}u = \int_0^{F^{-1}(1)} [1 - F(u)] \, \mathrm{d}u \tag{14.60}$$

当 $n \to \infty$ 时，预计有

$$\frac{1}{n} \sum_{i=1}^{n} t_i = \frac{1}{n} \mathcal{T}(t_{(n)}) \to \int_0^{F^{-1}(1)} [1 - F(u)] \, \mathrm{d}u \tag{14.61}$$

通过这种方法获得的作为极限的积分值得深入研究。对于各种估计类型，都有

$$\int_0^{F^{-1}(v)} [1 - F(u)]\, \mathrm{d}u, \ 0 \leqslant v \leqslant 1$$

1. 总体测试时间变换

下面介绍分布 $F(t)$ 的总体测试时间（TTT）变换：

$$H_F^{-1}(v) = \int_0^{F^{-1}(v)} [1 - F(u)]\, \mathrm{d}u, \ 0 \leqslant v \leqslant 1 \tag{14.62}$$

分布 $F(t)$ 的 TTT 变换如图 14.20所示。注意，$H_F^{-1}(v)$ 是在 $t = 0$ 和 $t = F^{-1}(v)$ 之间，存续度函数 $R(t)$ 曲线以下的"面积"。

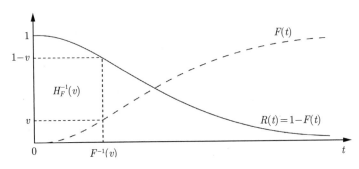

图 14.20　分布 $F(t)$ 的 TTT 变换

在一般假设下，可以证明在分布 $F(t)$ 和 TTT 变换 $H_F^{-1}(v)$ 之间存在一一对应关系[19]。根据式 (14.62)，可以得

$$H_F^{-1}(1) = \int_0^{F^{-1}(1)} [1 - F(u)]\, \mathrm{d}u = \mu \tag{14.63}$$

$F(t)$ 的缩放 TTT 变换定义为

$$\varphi_F(v) = \frac{H_F^{-1}(v)}{H_F^{-1}(1)} = \frac{1}{\mu}\, H_F^{-1}(v), \ 0 \leqslant v \leqslant 1 \tag{14.64}$$

案例 14.14（指数分布）　指数分布的分布函数为

$$F(t) = 1 - \mathrm{e}^{-\lambda t}, \ t \geqslant 0, \ \lambda > 0$$

因此有

$$F^{-1}(v) = -\frac{1}{\lambda} \log(1 - v), \ 0 \leqslant v \leqslant 1$$

那么指数分布的 TTT 变换为

$$H_F^{-1}(v) = \int_0^{[-\log(1-v)]/\lambda} \mathrm{e}^{-\lambda u}\, \mathrm{d}u = -\frac{1}{\lambda}\, \mathrm{e}^{-\lambda u} \,\Big|_0^{-\frac{1}{\lambda} \log(1-v)}$$

$$= \frac{1}{\lambda} - \frac{1}{\lambda} e^{\lambda \log(1-v)/\lambda}$$

$$= \frac{1}{\lambda} - \frac{1}{\lambda}(1-v) = \frac{v}{\lambda}, \quad 0 \leqslant v \leqslant 1$$

并且

$$H_F^{-1}(1) = \frac{1}{\lambda}$$

因此指数分布的缩放 TTT 变换为

$$\frac{v/\lambda}{1/\lambda} = v, \ 0 \leqslant v \leqslant 1 \tag{14.65}$$

指数分布的缩放 TTT 变换是连接点 $(0,0)$ 和 $(1,1)$ 的一条直线，如图 14.21所示。

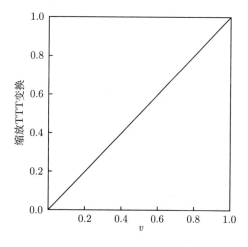

图 14.21 指数分布的缩放 TTT 变换（案例 14.14）

案例 14.15（威布尔分布） 确定寿命分布的 TTT 变换通常并不简单，下面通过确定威布尔分布的 TTT 变换来说明这一点。已知

$$F(t) = 1 - \exp\left[-\left(\frac{t}{\theta}\right)^{\alpha}\right], \ t \geqslant 0, \ \theta > 0, \ \alpha > 0$$

F 的反函数为

$$F^{-1}(v) = \theta \left[-\log(1-v)\right]^{1/\alpha}, \ 0 \leqslant v \leqslant 1$$

威布尔分布的 TTT 变换为

$$H_F^{-1}(v) = \int_0^{F^{-1}(v)} [1 - F(u)] \, du = \int_0^{\theta[-\log(1-v)]^{1/\alpha}} e^{-(u/\theta)^{\alpha}} \, du$$

令 $x = (u/\theta)^{\alpha}$，代入上式得

$$H_F^{-1}(v) = \frac{\theta}{\alpha} \int_0^{-\log(1-v)} x^{1/\alpha+1} e^{-x} \, dx \tag{14.66}$$

上式表明，威布尔分布的 TTT 变换可以采用不完整伽马函数表达。当然，我们也可以使用几个近似公式。

在 $H_F^{-1}(v)$ 中令 $v = 1$，我们可以得到平均失效时间

$$H_F^{-1}(1) = \frac{\theta}{\alpha} \int_0^\infty x^{1/\alpha + 1} \, \mathrm{e}^{-x} \, \mathrm{d}x = \frac{\theta}{\alpha} \Gamma\left(\frac{1}{\alpha}\right) = \theta \, \Gamma\left(\frac{1}{\alpha} + 1\right)$$

这与我们在式 (5.67) 中得到的结果吻合。注意，威布尔分布的缩放 TTT 变换只依赖于形状参数 α，与尺度参数 θ 无关。图 14.22 所示为形状参数 α 取一些特定值时的威布尔分布缩放 TTT 变换。

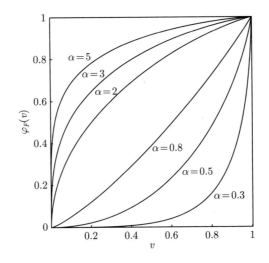

图 14.22   对于一些特定 α 值，威布尔分布的缩放 TTT 变换

2. 三个有用的结论

我们现在列出三个有用的结论，并给出证明。

（1）如果 $F(t)$ 是连续寿命分布，并在 $F^{-1}(0) = 0 < t < F^{-1}(1)$ 区间内严格递增，那么有

$$\frac{\mathrm{d}}{\mathrm{d}v} H_F^{-1}(v)\big|_{v = F(t)} = \frac{1}{z(t)} \tag{14.67}$$

其中 $z(t)$ 是分布 $F(t)$ 的失效率函数。

证明：因为

$$\frac{\mathrm{d}}{\mathrm{d}v} H_F^{-1}(v) = \frac{\mathrm{d}}{\mathrm{d}v} \int_0^{F^{-1}(v)} [1 - F(u)] \, \mathrm{d}u$$

$$= \left(1 - F[F^{-1}(v)]\right) \frac{\mathrm{d}}{\mathrm{d}v} F^{-1}(v) = (1 - v) \frac{1}{f[F^{-1}(v)]}$$

所以

$$\frac{\mathrm{d}}{\mathrm{d}v}H_F^{-1}(v)|_{v=F(t)} = [1 - F(t)]\frac{1}{f(t)} = \frac{1}{z(t)}$$

根据式 (14.67)，可以得到以下结论：

（2）如果 $F(t)$ 是连续寿命分布，并在 $F^{-1}(0) = 0 < t < F^{-1}(1)$ 区间内严格递增，那么有

① $F \sim \mathrm{IFR}$ $\iff$ $H_F^{-1}(v)$ 为凹函数，$0 \leqslant v \leqslant 1$；

② $F \sim \mathrm{DFR}$ $\iff$ $H_F^{-1}(v)$ 为凸函数，$0 \leqslant v \leqslant 1$。

性质①和性质②的证明完全类似。这里只证明性质①。

证明： $F \sim \mathrm{IFR} \iff z(t)$ 在时间 t 非减

$$\iff \frac{1}{z(t)} \text{ 在时间 } t \text{ 非增}$$

$$\iff \frac{\mathrm{d}}{\mathrm{d}v}H_F^{-1}(v)|_{v=F(t)} \text{ 在时间 } t \text{ 非增}$$

$$\iff \frac{\mathrm{d}}{\mathrm{d}v}H_F^{-1}(v) \text{ 在 } v \text{ 非增}$$

因为 $F(t)$ 严格递增

$$\iff H_F^{-1}(v) \text{ 为凹函数，} 0 \leqslant v \leqslant 1$$

要根据观测到的寿命时间估计对于不同 v 值 $F(t)$ 的缩放 TTT 变换，很自然地会使用以下估计量：

$$\frac{\displaystyle\int_0^{F_n^{-1}(v)} [1 - F_n(u)]\,\mathrm{d}u}{\displaystyle\int_0^{F_n^{-1}(1)} [1 - F_n(u)]\,\mathrm{d}u}, \quad v = \frac{i}{n}, \quad i = 1, 2, \cdots, n \tag{14.68}$$

引入符号

$$H_n^{-1}(v) = \int_0^{F_n^{-1}(v)} [1 - F_n(u)]\,\mathrm{d}u, \quad v = \frac{i}{n}, \ i = 1, 2, \cdots, n \tag{14.69}$$

这个估计量可以写作

$$\frac{H_n^{-1}(v)}{H_n^{-1}(1)}, \quad v = \frac{i}{n}, \ i = 1, 2, \cdots, n \tag{14.70}$$

将式 (14.70) 和式 (14.64) 进行比较，我们可以将 $H_n^{-1}(v)/H_n^{-1}(1)$ 称为分布 $F(t)$ 的经验缩放 TTT 变换。

当我们希望利用 TTT 图得到有关寿命分布 $F(t)$ 的信息时，以下结果很有用：

（3）如果 $F(t)$ 是一个连续寿命分布函数，并且对于 $F^{-1}(0) = 0 < t < F^{-1}(1)$ 严格递增，那么有

$$\frac{H_n^{-1}\left(\dfrac{i}{n}\right)}{H_n^{-1}(1)} = \frac{\mathcal{T}(t_{(i)})}{\mathcal{T}(t_{(n)})}, \quad i = 1, 2, \cdots, n \tag{14.71}$$

如前所述，其中的 $\mathcal{T}(t_{(i)})$ 是在时刻 $t_{(i)}$ 的总体测试时间。

证明： 根据式 (14.69)，当 $i = 1, 2, \cdots, n$ 时，有

$$H_n^{-1}\left(\frac{i}{n}\right) = \int_0^{F_n^{-1}\left(\frac{i}{n}\right)} [1 - F_n(u)]\, \mathrm{d}u$$

$$= \int_0^{T_{(i)}} [1 - F_n(u)]\, \mathrm{d}u = \frac{1}{n}\mathcal{T}(T_{(i)})$$

然而

$$H_n^{-1}(1) = \int_0^{F_n^{-1}(1)} [1 - F_n(u)]\, \mathrm{d}u$$

$$= \int_0^\infty [1 - F_n(u)]\, \mathrm{d}u = \frac{1}{n}\mathcal{T}(t_{(n)}) = \frac{1}{n}\sum_{i=1}^n t_i$$

将这一结果代入式 (14.70)，可以得到式 (14.71)。

因此，在时刻 $t_{(i)}$ 的缩放总体测试时间，可以是 $F(t)$ 对于 $v = i/n$（$i = 1, 2, \cdots, n$）的缩放 TTT 变换的自然估计值。对于 $(i-1)/n < v < i/n$，获取缩放 TTT 变换估计值的一种方法，就是在 $v = (i-1)/n$ 和 $v = i/n$ 的估计值之间进行线性插值。下面进行说明。

现在我们使用存续数据集。和案例 14.13 相同，我们首先确定 $\mathcal{T}(t_{(i)})/\mathcal{T}(t_{(n)})$，$i = 1, 2, \cdots, n$，根据 $[i/n, \mathcal{T}(t_{(i)})/\mathcal{T}(t_{(n)})]$ 描点，并用直线连接成对的相邻点。这样得到的曲线就是 $H_F^{-1}(v)/H_F^{-1}(1) = \dfrac{1}{\mu}H_F^{-1}(v)$ 的估计值，其中 $0 \leqslant v \leqslant 1$。

现在可以根据式 (14.67) 中的结果及其证明来评估曲线的形状（对 $H_F^{-1}(v)$ 的估计），并且通过这种方法获得有关基础分布 $F(t)$ 的信息。

例如，如图 14.23(a) 所示，$H_F^{-1}(v)$ 是一个凹函数。因此与曲线对应的寿命分布 $F(t)$ 是 IFR。

使用同样的论证方法，图 14.23(b) 显示 $H_F^{-1}(v)$ 是一个凸函数，因此与之对应的寿命分布 $F(t)$ 就是 DFR。类似地，图 14.23(c) 则显示 $H_F^{-1}(v)$ "先凸后凹"，换句话说，这条曲线对应的寿命分布的失效率是一条浴盘曲线。因此，案例 14.13 中的 TTT 图也说明来自相应寿命分布的数据有浴盘型的失效率曲线。

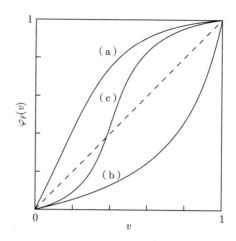

图 14.23 TTT 图表明：(a) 失效率递增（IFR），(b) 失效率递减（DFR），(c) 失效率为浴缸曲线

案例 14.16（滚珠轴承失效） 文献 [178]给出了 23 个滚珠轴承出现失效的转数（以百万计）信息。在下表中，我们将原始数据按照从小到大的顺序排序。

17.88	28.92	33.00	41.52	42.12	45.60	48.40
51.84	51.96	54.12	55.56	67.80	68.64	68.64
68.88	84.12	93.12	98.64	105.12	105.84	127.92
128.04	173.40					

图 14.24所示为根据这些滚珠轴承数据绘制的 TTT 图，并显示出递增的失效率。我们可以试着用威布尔分布去拟合这些数据，并估计威布尔分布参数 α 和 λ 的值分别为 $\hat{\alpha} = 2.10$ 以及 $\hat{\lambda} = 1.22 \times 10^{-2}$。基于这些参数的威布尔分布 TTT 变换，在图 14.24中为 TTT 图的叠加曲线。

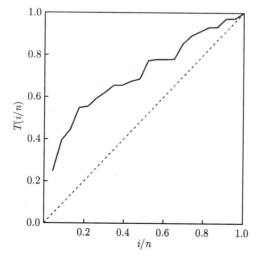

图 14.24 根据案例 14.16 中滚珠轴承数据绘制的 TTT 图，以及其威布尔分布 TTT 变换的叠加曲线（形状参数 $\alpha = 2.10$）

3. 使用 R 程序绘制 TTT 图

程序包 AdequacyModel 可以用来绘制缩放 TTT 图。我们使用来自案例 14.16 的数据，以下的简单脚本用来绘制图 14.24：

```
library(AdequacyModel)
# Enter the dataset
data <- c(17.88,28.92,33.00,41.52,42.12,45.60,48.40,
          51.84,51.96,54.12,55.56,67.80,68.64,68.64,
          68.88,84.12,93.12,98.64,105.12,105.85,127.92,
          128.04,173.40)
# Make the TTT plot
TTT(data,lwd=1.5,grid=F,lty=3)
```

如果希望对特定分布进行缩放 TTT 变换，比如考虑二参数威布尔分布，其中形状参数 $\alpha = 3$，那么就可以用类似的脚本，其中使用的数据是服从相应分布的随机样本。要得到平滑的曲线，我们需要进行大量仿真。进行 TTT 变换的脚本如下：

```
library(AdequacyModel)
# Generate a random sample from a Weibull distribution
data <- rweibull(8000,3,scale=1)
# Make the TTT transform
TTT(data, lwd=1.5,grid=F,lty=3)
```

案例 14.17（工龄更换）   TTT 变换和 TTT 图的一个重要应用，就是我们在 12.3.1 节中讨论过的工龄更换问题。当元件达到一定工龄 t_0 时，在其失效时更换的成本为 $c + k$，而按计划更换的成本则为 c。

按照这种策略，每单位时间的平均更换成本为

$$C(t_0) = \frac{c + kF(t_0)}{\displaystyle\int_0^{t_0} [1 - F(t)]\, \mathrm{d}t} \tag{14.72}$$

现在的目标是确定能够最小化 $C(t_0)$ 的 t_0 值。如果分布函数 $F(t)$ 及其全部参数都已知，就可以直接确定 t_0 的最优值。解决这个问题的一种方法就是进行 TTT 变换。

利用 TTT 变换式 (14.62)，得

$$C(t_0) = \frac{c + kF(t_0)}{H_F^{-1}[F(t_0)]} = \frac{1}{H_F^{-1}(1)} \frac{c + kF(t_0)}{\varphi_F[F(t_0)]}$$

其中 $H_F^{-1}(1)$ 为元件的 MTTF，而 $\varphi_F(v) = H_F^{-1}(v)/H_F^{-1}(1)$ 为分布函数 $F(t)$ 的缩放 TTT 变换。

在首次发现 $v_0 = F(t_0)$ 的时候就可以确定 t_0 的最优值，它可以将下式最小化：

$$C_1(v_0) = \frac{c + kv_0}{\varphi_F(v_0)}$$

然后确定 t_0，使得 $v_0 = F(t_0)$。v_0 的最小值可以通过设 $C_1(v_0)$ 相对于 v_0 的导数为零来求出，对于 v_0 求解方程

$$\frac{\mathrm{d}}{\mathrm{d}v_0} C_1(v_0) = \frac{\varphi_F(v_0)\, k - \varphi'_F(v_0)(c + kv_0)}{\varphi_F(v_0)^2} = 0$$

这意味着

$$\varphi'_F(v_0) = \frac{\varphi_F(v_0)}{c/k + v_0} \tag{14.73}$$

现在可以用简单的图形法确定最优值 v_0，从而确定 t_0。

（1）在 1×1 坐标轴上绘制缩放 TTT 变换。

（2）识别横坐标轴上的点 $(-c/k, 0)$。

（3）画出 $(-c/k, 0)$ 到 TTT 变换的切线。

可以作出 TTT 变换的切线与横坐标轴的交点，从而确定 v_0 的最优值。如果 $v_0 = 1$，那么 $t_0 = \infty$，没有任何预防性的更换。这个步骤如图 14.25所示。

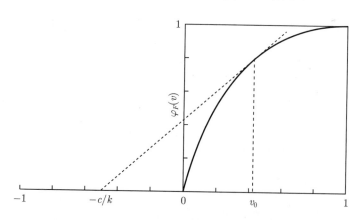

图 14.25　根据缩放 TTT 变换确定最优更换工龄

如果记录一组实际元件的失效时间，我们可以使用这个数据集获取基础分布函数 $F(t)$ 的经验缩放 TTT 变换。可以按照与上面相同的步骤确定最优更换工龄 t_0，如图 14.26所示。还可以进一步探讨这个步骤，如果读者有兴趣的话，可以阅读文献 [28, 29]。

14.7.2　截尾数据集的总测试时间图

如果数据集不完整，利用随机截尾（IV 型），我们可以采用下列方法绘制 TTT 图：根据式 (14.62) 的定义，TTT 变换适用于很多分布函数 $F(t)$，也适用于阶跃函数。和式 (14.69)

中引入经验分布函数 $F_n(t)$ 估计 TTT 变换 $H_F^{-1}(t)$ 的方式不同，我们可以用 $[1 - \widehat{R}(t)]$ 估计 $F(t)$，其中 $\widehat{R}(t)$ 是 $R(t)$ 的卡普兰-梅尔算子。

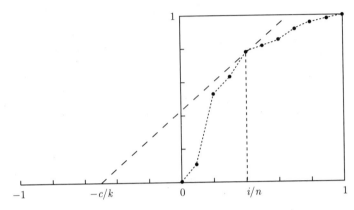

图 14.26　根据 TTT 图确定最优更换工龄

绘图的步骤如下：令 $t_{(1)}, t_{(2)}, \cdots, t_{(k)}$ 表示在 $t_1, t_2, \cdots, t_n$ 中的 k 个有序失效时间，并令

$$v_{(i)} = 1 - \widehat{R}\left(t_{(i)}\right), \ \ i = 1, 2, \cdots, k$$

定义

$$\widehat{H}^{-1}\left(v_{(i)}\right) = \int_0^{t_{(i)}} \widehat{R}(u)\, \mathrm{d}u = \sum_{j=1}^{i-1} \left(t_{(j+1)} - t_{(j)}\right) \widehat{R}\left(t_{(j)}\right)$$

其中 $t(0) = 0$。

我们可以描点得到 TTT 图：

$$\left(\frac{v_{(i)}}{v_{(k)}}, \frac{\widehat{H}^{-1}\left(v_{(i)}\right)}{\widehat{H}^{-1}\left(v_{(k)}\right)}\right), \ \ i = 1, 2, \cdots, k$$

注意，当 $k = n$，也就是说数据集完整时，有

$$v_{(i)} = \frac{i}{n}$$

$$\widehat{H}^{-1}\left(v_{(i)}\right) = \mathcal{T}\left(t_{(i)}\right)$$

这样就得到了与完整数据集相同的 TTT 图。

14.7.3　简单比较

14.5 ~14.7 节介绍了三种非参数估计量以及相应的为完整数据和截尾数据描点的方法（如果用完整数据集，经验存续度函数就与卡普兰-梅尔算子相同，因此它可以看作卡普兰-梅尔方法的一种特殊情况）。使用卡普兰-梅尔算子与尼尔森-奥伦算子得到的估计值相当接近，所以使用哪一种都可以。基于 TTT 变换的估计的性质与另外两个不同，它可以提供一些补充信息。

基于上述方法的描点图可以用作选择适当参数分布 $F(t)$ 的基础，而三种图分别会提供一些不同的信息。卡普兰-梅尔图对元件生命周期的早期和中期阶段的变化非常敏感，但在分布的右尾不是很敏感。尼尔森-奥伦图在寿命分布的早期完全不敏感，因为这种图是 "被迫" 从点 $(0,0)$ 开始的。TTT 图在寿命分布的中间阶段非常敏感，但在早期阶段和右尾不太敏感，因为该图是 "被迫" 从点 $(0,0)$ 开始并在点 $(1,1)$ 结束。为了获得关于整个分布的足够信息，我们应该尽量在分析中使用这三种图。

14.8　带有协变量的存续度分析

元件可靠性经常会受到一种或者多种协变量的影响。我们已经在 5.5 节中介绍过协变量和各种使用协变量的模型。本节主要介绍如何分析协变量水平不同的数据。这是一个非常庞大而复杂的领域，所以我们只是简要介绍一些基础知识。

我们假设所有的协变量都可以测量，尺度可能是连续的或者是离散的，甚至有可能只是简单的 "是" 或者 "否"。进一步假设在数据收集过程中所有的协变量保持固定。

14.8.1　比例危险模型

根据比例危险（proportional hazards，PH）模型，我们可以用因子 $g(s)$ 修改失效率函数 $z(t)$，其中 s 为协变向量。危险这个词在这里与失效率含义相同，因此我们也可以称之为比例失效率模型，但是比例危险在很多行业，比如生物统计和医学研究中，是一个标准词汇。

PH 模型假设失效率函数与特定的协变向量 s 有关，它可以写作

$$z(t \mid \boldsymbol{s}) = z_0(t)\, g(\boldsymbol{s}) \tag{14.74}$$

失效率函数 $z(t \mid \boldsymbol{s})$ 可以看作两个因素的乘积：

（1）时间依赖因子 $z_0(t)$，它称作基准失效率（baseline failure rate），不依赖于 $\boldsymbol{s}$。PH 模型一般不会指定基准失效率。

（2）比例因子 $g(\boldsymbol{s})$，它是协变向量 $\boldsymbol{s}$ 的函数，与时间无关。

1. 危险比例

我们可以通过比例比较两种协变向量 $\boldsymbol{s}_1$ 和 $\boldsymbol{s}_0$ 的影响：

$$\mathrm{HR}(\boldsymbol{s}_1, \boldsymbol{s}_0) = \frac{z(t \mid \boldsymbol{s}_1)}{z(t \mid \boldsymbol{s}_0)} = \frac{g(\boldsymbol{s}_1)}{g(\boldsymbol{s}_0)} \tag{14.75}$$

这个表达式称为协变向量 $\boldsymbol{s}_1$ 和 $\boldsymbol{s}_0$ 的危险比例。协变向量 $\boldsymbol{s}_0$ 一般指元件基本和已知的应用，称为基准应用，而协变向量 $\boldsymbol{s}_1$ 则是类似元件在新环境中的应用。对于任意 t 值，危险

比例都会显示出两个失效率函数的比例。因此，我们称这个模型为比例危险模型。我们感兴趣的部分，是 $g(\boldsymbol{s}_1)$ 对于 $g(\boldsymbol{s}_0)$ 的相对大小，而不是二者的绝对值。因此，我们经常设 $g(\boldsymbol{s}_0) = 1$，这样就有 $g(\boldsymbol{s}_1) = \mathrm{HR}(\boldsymbol{s}_1, \boldsymbol{s}_0)$。

对于 $g(\boldsymbol{s}_0) = 1$ 的情况，我们可以研究一个单独协变向量替代，这个向量通常称为 $\boldsymbol{s}$（即没有编号），这时危险比例为 $\mathrm{HR}(\boldsymbol{s}) = g(\boldsymbol{s})$。

因此，协变向量 $\boldsymbol{s}$ 的影响是由 $g(\boldsymbol{s})$ 决定的，后者可以缩放基准失效率函数 $z_0(t)$。图 14.27 给出了一个形状参数为 $\alpha = 1.65$ 的威布尔分布的基准失效率函数 $z_0(t)$（实线）以及基于 PH 模型协变向量为 $\boldsymbol{s}$、危险比例为 $g(\boldsymbol{s}) = 2$ 的元件的失效率函数（虚线）。在每个时刻 t，$\boldsymbol{s}$ 的失效率函数都由 $z_0(t)$ 乘以 $\mathrm{HR}(\mathrm{HR} = 2)$ 得到。

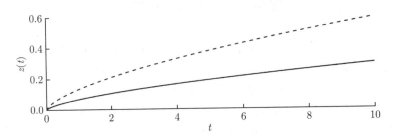

图 14.27　PH 模型的失效率函数。基准失效率函数（实线）以及危险比例为 $\mathrm{HR} = 2$ 的曲线（虚线）。基准为形状参数为 $\alpha = 1.65$ 的威布尔分布

2. 累计失效率

在 PH 模型中，累计失效速率 $Z(t) = \displaystyle\int_0^t z(u)\,\mathrm{d}u$ 为

$$Z(t \mid \boldsymbol{s}) = Z_0(t)g(\boldsymbol{s}) \tag{14.76}$$

3. 存续度函数

令 $R_0(t)$ 表示基准应用的存续度函数，则根据式 (14.74)，在带有协变向量 $\boldsymbol{s}$ 的新应用中，存续度函数为

$$R(t \mid \boldsymbol{s}) = \exp\left[-Z(t \mid \boldsymbol{s})\right] = \exp\left[-Z_0(t)g(\boldsymbol{s})\right] = [R_0(t)]^{g(\boldsymbol{s})} \tag{14.77}$$

这表明，如果我们已知基准应用的存续度函数，并且能够确定危险比例 $g(\boldsymbol{s})$，就可以很容易地得到在新环境 $\boldsymbol{s}$ 中的存续度函数，以及其他相关的可靠性量度。

案例 14.18（指数分布）　设一个元件具有固定失效率。在基准环境正常应用下，失效率为 λ_0。对于另一个协变向量为 $\boldsymbol{s}$ 的环境，假设固定失效率同样是合理的。那么描述这个环境失效率的简单模型为

$$\lambda(\boldsymbol{s}) = \left(\sum_{i=1}^m k_i s_i\right) \lambda_0$$

其中 k_i 是一个常数，它决定了 s_i 对失效率的影响，$i = 1, 2, \cdots, m$。为了使我们对各种影响的分析保持一致，模型中使用的协变量可能是物理变量的转换值。例如，电压的平方就可以用作协变量。

案例 14.19（MIL-HDBK-217F 预测方法）　长期以来，人们都利用美国军用手册 MIL-HDBK-217F[201] 中的方法，预测在非基准条件下电子元件的固定失效率。令 λ_0 表示元件在基准条件下使用的固定失效率。在这些条件下，可以根据实验室测试或者现场数据估计 λ_0。MIL-HDBK-217F 建议在非参考条件的失效率 λ 应该按照以下公式确定：

$$\lambda = \lambda_0 \pi_S \pi_T \pi_E \pi_Q \pi_A \tag{14.78}$$

其中，π_S 为压力因子，π_T 为温度因子，π_E 为环境因子，π_Q 为质量因子，π_A 为调整因子。

如果知道元件的使用条件，我们就可以在手册中找到这些因子的值。因此，MIL-HDBK-217F 就是一个简单的 PH 方法。第 16 章将继续讨论 MIL-HDBK-217F。

14.8.2　考克斯模型

考克斯模型是由英国统计学家 David Roxbee Cox 爵士在其著名的论文《回归模型与寿命表格》[64] 中提出的。考克斯模型是 PH 模型的一种特例，它的失效率函数写为

$$z(t \mid \boldsymbol{s}) = z_0(t)\, \mathrm{e}^{\boldsymbol{\beta s}} \tag{14.79}$$

模型的危险比例 $g(\boldsymbol{s})$ 为

$$g(\boldsymbol{s}) = \mathrm{e}^{\boldsymbol{\beta s}} = \exp\left(\sum_{i=1}^{k} \beta_i s_i\right)$$

其中 $\boldsymbol{\beta} = (\beta_1, \beta_2, \cdots, \beta_k)$ 是关于未知参数的向量，需要根据观测数据进行估计。

考虑两个压力水平：基准应用 $\boldsymbol{s}_0$ 和新应用 $\boldsymbol{s}$。通常的做法是为基准应用设定 $\boldsymbol{s}_0 = \boldsymbol{0}$，以测量不同于基准应用的协变量 $\boldsymbol{s}$。还可以缩放 $g(\cdot)$，这样就有 $g(\boldsymbol{s}_0) = 1$。考克斯模型的危险比例为

$$\frac{z(t \mid \boldsymbol{s})}{z(t \mid \boldsymbol{0})} = \exp\left(\boldsymbol{\beta s}\right) = \exp\left(\sum_{j=1}^{k} \beta_j s_j\right)$$

对于考克斯模型来说，对数-失效率函数为线性函数：

$$\log z(t \mid \boldsymbol{s}) = \log z_0(t) + \beta_1 s_1 + \beta_2 s_2 + \cdots + \beta_k s_k \tag{14.80}$$

这说明，式 (14.80) 适用于某种类型的回归分析。

考克斯模型被称为半参数（semiparametric）模型。因为失效率 $z_0(t)$ 未指定，所以该模型并不是完全参数化的；而因为已经假设失效率随着协变量的值如何变化，所以这个模型也不是完全非参数化的。如果我们对于失效率函数 $z_0(t)$ 做一些特定假设，考克斯模型就称为参数模型。比如，我们可以假设基准分布是指数分布或者威布尔分布。当然，考克

斯模型可以不用做这些假设。即便未指定 $z_0(t)$，我们的目标也是估计参数 $\boldsymbol{\beta}$。考克斯模型的一个最大的优点在于，我们可以估计那些反映协变量影响的参数 $\boldsymbol{\beta}$，而不需要对 $z_0(t)$ 的形式做任何假设。

14.8.3　估计考克斯模型的参数

如果要全面介绍考克斯模型中估计参数 ($\boldsymbol{\beta}$) 时使用的理论，我们就需要引用若干全新的概念，这已经超出本书的范畴。有多本著作对考克斯[64]提出的理论进行了详细说明，包括文献 [11,69,71,162,175]。读者还可以在互联网中找到很多关于考克斯模型介绍和研究的报告和讲义。

这里，我们只是简单介绍一些主要的概念。首先我们需要使用来自不同环境的 n 个独立同质元件的存续时间右侧截尾数据集 $t = \{t_1, t_2, \cdots, t_n\}$。和之前一样，我们使用指标 δ_i 来说明存续时间是结束于失效（$\delta_i = 1$）抑或是截尾（$\delta_i = 0$），$i = 1, 2, \cdots, n$。

根据式 (14.21)，似然函数可以写作

$$L(\boldsymbol{\beta} \mid \text{data}) = \prod_{i=1}^{n} [z(t_i \mid \boldsymbol{\beta}, \boldsymbol{s}_i)]^{\delta_i} R(t_i \mid \boldsymbol{\beta}, \boldsymbol{s}_i)$$

其中 $z(\cdot)$ 和 $R(\cdot)$ 都可以看作 $\boldsymbol{\beta}$ 的函数，公式中的"数据"则是值数据集中可用的全部数据，包括所有元件的 t_i、δ_i 和 $\boldsymbol{s}_i$。对于考克斯模型来说，似然函数可以写作

$$L(\boldsymbol{\beta} \mid \text{data}) = \prod_{i=1}^{n} z_0(t_i) \left[\exp(\boldsymbol{\beta s}_i)\right]^{\delta_i} \left[R_0(t_i)\right]^{\exp(\boldsymbol{\beta s}_i)}$$

相应的指数-似然函数为

$$\ell(\boldsymbol{\beta} \mid \text{data}) = \sum_{i=1}^{n} \log z_0(t_i) + \delta_i \boldsymbol{\beta s}_i + \exp(\boldsymbol{\beta s}_i) \log R_0(t_i)$$

除非我们指定基准失效率函数 $z_0(t)$，否则无法找到能够使指数-似然函数最大化的 $\boldsymbol{\beta}$。读者可以在文献 [69] 第 7 章中看到对这个问题的详细讨论。而文献 [64] 则给出了一个不依赖于 $z_0(t)$ 的部分似然函数，该函数使用在时刻 t 的风险暴露集合 RS(t)，即恰好在时刻 t 之前所有可运行并且暴露在失效风险中的元件组成的集合。已经失效或者在该时刻 t 前被截尾的数据，不属于集合 RS(t)。在本节的简要介绍中，我们假设数据集中不存在等值。

考虑有 n 个不同存续时间 $t_1, t_2, \cdots, t_n$ 的数据集。对于每个存续时间 t_i，它都会关联指数 δ_i 和协变量向量 $\boldsymbol{s}_i$，$i = 1, 2, \cdots, n$。每一个协变量向量都可以认为是通用协变量向量 $\boldsymbol{s}$ 的观测值，这说明每个存续时间衡量的都是相同的协变量。

接着对存续时间排序，以使得 $t_1 < t_2 < \cdots < t_n$。要建立部分似然函数，文献 [64]的做法是首先考虑（比如 i [$\in$ RS(t_i)]）在给定风险暴露集合 RS(t_i) 中的一个元件在时刻 t_i

失效时，指定元件在时刻 t_i 失效的条件概率。[①]如果数据是完整的，则这个概率为

$$L^p(\boldsymbol{\beta} \mid t_i, \boldsymbol{s}_i) = \frac{z(t_i \mid \boldsymbol{\beta}\boldsymbol{s}_i)}{\sum\limits_{j \in \mathrm{RS}(t_i)} z(t_i \mid \boldsymbol{\beta}\boldsymbol{s}_j)}$$

上式就是存续时间 t_i 对部分似然 $L^p(\cdot)$ 的贡献。用于得出上述结果的论证可以总结如下：

$$\Pr(\text{元件 } i \text{ 在时刻 } t_i \text{ 失效} \mid \mathrm{RS}(t_i) \text{ 中的一个元件在时刻 } t_i \text{ 失效})$$

$$= \frac{\Pr(\text{元件 } i \text{ 在 } t_i \text{ 失效})}{\Pr(\mathrm{RS}(t_i) \text{ 中的一个元件在 } t_i \text{ 失效})}$$

$$= \frac{\Pr(\text{元件 } i \text{ 在 } t_i \text{ 失效})}{\Pr\left(\sum\limits_{j \in \mathrm{RS}(t_i)} \text{元件 } j \in \mathrm{RS}(t_i) \text{ 在 } (t_i, t_i + \Delta t) \text{ 内失效}\right)}$$

$$\approx \frac{\Pr(\text{元件 } i \text{ 在 } (t_i, t_i + \Delta t) \text{ 内失效})/\Delta t}{\Pr\left(\sum\limits_{j \in \mathrm{RS}(t_i)} \text{元件 } j \in \mathrm{RS}(t_i) \text{ 在 } (t_i, t_i + \Delta t) \text{ 内失效}\right)/\Delta t}$$

$$\approx \frac{\lim\limits_{\Delta t \to 0} \Pr(\text{元件 } i \text{ 在 } (t_i, t_i + \Delta t) \text{ 内失效})/\Delta t}{\lim\limits_{\Delta t \to 0} \Pr\left(\sum\limits_{j \in \mathrm{RS}(t_i)} \text{元件 } j \in \mathrm{RS}(t_i) \text{ 在 } (t_i, t_i + \Delta t) \text{ 内失效}\right)/\Delta t}$$

$$= \frac{z(t_i \mid \boldsymbol{\beta}\boldsymbol{s}_i)}{\sum\limits_{j \in \mathrm{RS}(t_i)} z(t_i \mid \boldsymbol{\beta}\boldsymbol{s}_j)}$$

出于简化表达的目的，引入

$$\psi_i = \exp(\boldsymbol{\beta}\boldsymbol{s}_i), \ \ i = 1, 2, \cdots, n$$

我们需要将这个因子与基准失效率 $z_0(t)$ 相乘，得到存在协变向量 $\boldsymbol{s}_i$ 时的失效率，即 $z(t_i \mid \boldsymbol{\beta}, \boldsymbol{s}_i) = \psi_i z_0(t)$。因此，失效时间 t_i 对总体部分似然函数的贡献可以写作

$$L^p(\boldsymbol{\beta} \mid t_i, \boldsymbol{s}_i) = \frac{\psi_i}{\sum\limits_{j \in \mathrm{RS}(t_i)} \psi_j} \tag{14.81}$$

那么，对于完整数据集的总体，部分似然为

$$L^p(\boldsymbol{\beta} \mid \mathrm{data}) = \prod_{i=1}^{n} \frac{\psi_i}{\sum\limits_{j \in \mathrm{RS}(t_i)} \psi_j}$$

对于右侧截尾数据集，部分似然可以表示为

$$L^p(\boldsymbol{\beta} \mid \mathrm{data}) = \prod_{i=1}^{n} \left[\frac{\psi_i}{\sum\limits_{j \in \mathrm{RS}(t_i)} \psi_j} \right]^{\delta_i} \tag{14.82}$$

[①] $\mathrm{RS}(t_i)$ 中的任意元件都可以。假设元件 i 对应有序存续时间 t_i，显然它属于集合 $\mathrm{RS}(t_i)$。这里使用元件 i，只是为了简化表达。

其中我们用 $\delta_i = 0$ 排除了截尾时间（注意 $x^0 = 1$），对实际失效时间的贡献值（根据式 (14.80)）求乘积得到部分似然函数。但是截尾时间仍然很重要，因为它们会输入到风险暴露集合 $RS(t)$ 中。

$L^p(\beta \,|\, \text{data})$ 被称为部分似然的原因至少有以下两个：

（1）这并不是对密度函数中所有参数的完整似然函数（因为没有涵盖基准失效率函数）。

（2）并没有用到数据集中的全部数据，因为实际存续时间在式 (14.81) 中没有任何作用，它们只是用来排序，也就是进入风险暴露集合的时序。

文献 $[69, 162, 175]$ 对这些问题有更加全面的介绍。

如果数据集中存在很多等值，那么最大部分似然估计的计算也是可能的，但是需要花费大量时间。由于这个原因，部分似然函数一般都要进行近似计算，Norman E. Breslow 和 Bradley Efron 各自提出了一种常见的近似方法，这两种方法都可以在 R 语言 survival 程序包中找到。

为不同参数寻找估计值的步骤技术难度较高，在本书中没有介绍。读者如果打算在实际数据集中使用考克斯模型，建议参考更加专业的书籍，并且仔细阅读相关 R 程序包的帮助文档。

使用 R 程序分析考克斯模型

R 语言 survival 程序包中的 coxph 函数可以用来分析考克斯模型。此外，还有若干个 R 程序包也可以实现相应的功能，包括 simPH、coxme、coxnet、coxphw 等。

我们建议读者首先学习 survival 程序包中的 coxph 函数。这个程序包有很多选项，所以要认真阅读程序包的帮助文档。

读者还可以在文献 $[109, 210]$ 中找到使用 R 程序分析考克斯模型的更多理论和案例。

 # 14.9 课后习题

14.1 假设我们已经确定了 12 个同质元件的寿命，并得到以下结果（单位：h）：

$$10.2, \; 89.6, \; 54.0, \; 96.0, \; 23.3, \; 30.4, \; 41.2, \; 0.8, \; 73.2, \; 3.6, \; 28.0, \; 31.6$$

该数据集可以从图书配套网站上下载。

（1）确定数据集的样本均值和样本标准差。能否通过比较样本均值和样本标准差得到有关基础分布 $F(t)$ 的一些结论？

（2）构建数据集的经验存续度函数。

（3）在威布尔表格上为数据描点①。根据描点图你可以得到哪些结论？

（4）绘制数据集的 TTT 图。通过 TTT 图能够得到相关寿命分布的哪些信息？

14.2 我们在案例 10.2 中讨论过压缩机的失效时间数据。在某家流程工厂中，从 1968 年到 1989 年间所有的压缩机失效都被记录了下来。在此期间，总计有 90 次关键性失

---

① 威布尔表格可以从 https://www.weibull.com/GPaper/ 上下载，也可以使用 R 程序包 WeibullR 生成。

效。这里，我们将关键性失效定义为能够引起压缩机故障的失效。压缩机对于流程
工厂的运行非常重要，我们应该尽力让已经失效的压缩机迅速重启。表 14.6 中按时
间列出了 90 次修理时间（以小时计），即第一次失效的修理时间为 1.25h，第二次
失效的修理时间为 135.00h，等等。该数据集可以从图书配套网站上下载。

表 14.6 习题 14.2使用的数据集

1.25	135.00	0.08	5.33	154.00	0.50	1.25	2.50	15.00
6.00	4.50	32.50	9.50	0.25	81.00	12.00	0.25	1.66
5.00	7.00	39.00	106.00	6.00	5.00	17.00	5.00	2.00
2.00	0.33	0.17	0.50	18.00	2.50	0.33	0.50	2.00
0.33	4.00	20.00	6.00	6.30	15.00	23.00	4.00	5.00
28.00	16.00	11.50	0.42	38.33	10.50	9.50	8.50	17.00
34.00	0.17	0.83	0.75	1.00	0.25	0.25	2.25	13.50
0.50	0.25	0.17	1.75	0.50	1.00	2.00	2.00	38.00
0.33	2.00	40.50	4.28	1.62	1.33	3.00	5.00	120.00
0.50	3.00	3.00	11.58	8.50	13.50	29.50	29.50	112.00

（1） 按时间顺序绘制修理时间的图形，检查修理时间是否存在某种趋势。是否有
理由说明修理时间会随着压缩机的使用时间增加而增加？

（2） 假设修理时间独立同分布。构建修理时间的经验分布函数。

（3） 在指数正态描点纸上描绘修理时间。是否有理由相信修理时间服从指数正
态分布？

14.3 如表 14.7 所示为文献 [71]（第 46 页）给出的材料强度数据集合。作者进行了一项
实验以获取有关某种类型织物强度的信息。实验研究了 48 根绳索，在实验过程中
损坏了 7 根，这意味着强度值采用右侧截尾。该数据集可以从图书配套网站上下载。

表 14.7 习题 14.3使用的数据集

26.8*	29.6*	33.4*	35.0*	36.3	40.0*	41.7	41.9*	42.5*
43.9	49.9	50.1	50.8	51.9	52.1	52.3	52.3	52.4
52.6	52.7	53.1	53.6	53.6	53.9	53.9	54.1	54.6
54.8	54.8	55.1	55.4	55.9	56.0	56.1	56.5	56.9
57.1	57.1	57.3	57.7	57.8	58.1	58.9	59.0	59.1
59.6	60.4	60.7						

（1） 绘制材料强度数据的卡普兰-梅尔图。

（2） 绘制材料强度数据的 TTT 图。

（3） 讨论截尾类型的影响。

（4） 描述相应失效率函数的形式。

14.4 使用特定图纸，绘制威布尔寿命分布数据的尼尔森-奥伦估计值，使其接近一条直线。说明如何使用这份图纸估计威布尔分布的参数 α 和 λ。

14.5 帕累托分布有累计分布函数 $F(x) = \Pr(X \leqslant x) = 1 - x^{-\theta}$，其中 $x > 1$。令 $x_1, x_2, \cdots, x_n$ 表示变量 X 的 n 个独立观测值。

    （1）　使用矩量方法（MME）估计 θ 的值。

    （2）　计算这个估计量的均值和标准差。

14.6 令 $X_1, X_2, \cdots, X_n$ 表示独立同分布变量，服从均匀分布 unif$(0, \theta)$。假设观测到 $\boldsymbol{x} = (x_1, x_2, \cdots, x_n)$。

    （1）　确定似然函数 $L(\theta \mid \boldsymbol{x})$。

    （2）　使用极大似然法估计 θ，并推导其均值。

    （3）　寻找 θ 的无偏估计量。

14.7 令 $X_1, X_2, \cdots, X_n$ 表示独立同分布参数为 λ 的泊松过程，其中 λ 未知。

    （1）　求 $\mathrm{e}^{-\lambda}$ 的极大似然估计。

    （2）　求 $\mathrm{e}^{-\lambda}$ 的无偏估计量。

14.8 考虑一个速率为 λ 的齐次泊松过程，令 $N(t)$ 表示在长度为 t 的区间内失效（事件）的数量，因此 $N(t)$ 是一个参数为 λt 的泊松过程。假设我们在 $t = 2$ 年的时间里观察这个过程，并在此期间发现了总计 7 次失效。

    （1）　求 λ 的估计量。

    （2）　确定 λ 的 90% 置信区间。

14.9 令 $X \sim \mathrm{Po}(\lambda)$ （参数为 λ 的泊松过程）。

    （1）　当 X 的观测值等于 6 时，确定 λ 的精确 90% 置信区间。为了比较，还要使用泊松过程 $\mathcal{N}(\lambda, \lambda)$ 的近似方法，确定 λ 的近似 90% 置信区间。

    （2）　当 X 的观测值等于 14 时，解决同样的问题。

14.10 用 $\mathcal{P}_o(x; \lambda)$ 表示参数为 λ 的泊松过程的分布函数，用 $\Gamma_\nu(z)$ 表示自由度为 ν 的 χ^2 分布的分布函数。

    （1）　证明 $\mathcal{P}_o(x \mid \lambda) = 1 - \Gamma_{2(x+1)}(2\lambda)$。（提示：首先证明 $1 - \Gamma_{2(x+1)}(2\lambda) = \int_{2\lambda}^\infty \frac{u^x}{x!} \mathrm{e}^{-u} \, \mathrm{d}u$，然后重复部分积分。）

    （2）　$\lambda_1(X)$ 和 $\lambda_2(X)$ 定义如下：

$$\mathcal{P}_o[x \mid \lambda_1(x)] = \frac{\alpha}{2}$$

$$\mathcal{P}_o[x - 1 \mid \lambda_2(x)] = 1 - \frac{\alpha}{2}$$

    使用（1）中的结果证明：

$$\lambda_1(x) = \frac{1}{2} z_{\alpha/2, 2x}$$

$$\lambda_2(x) = \frac{1}{2} z_{1-\alpha/2, 2(x+1)}$$

其中 $z_{\varepsilon,\nu}$ 是自由度为 ν 的 χ^2 分布的上 ε 百分位数。

14.11 表 14.8 给出了包含一类压力变送器 20 个失效时间（以小时计）的历史数据。数据集可以从图书配套网站上下载。

  (1) 说明为什么假设压力变送器具有固定失效率是合理的。

  (2) 确定该数据集对应的经验累计分布并绘图。

  (3) 估计压力变送器的失效率。

  (4) 根据失效率估计值确定存续度函数，并与根据经验分布得到的函数进行比较。说明并解释应该如何改进结果。

表 14.8 习题 14.11的数据集						
12 373	107 318	9739	13 000	12 207	63 589	31 893
98 474	5784	9662	61 731	15 269	4730	11 269
26 947	27 838	90 682	8086	7905	48 162	

14.12 重新考虑案例 14.16，但是假设没有标记星号的数据为失效时间，如表 14.9 所示。这个数据集可以从图书配套网站上下载。

表 14.9 习题 14.12的数据集							
31.7	39.2*	57.5	65.5	65.8*	70.0	75.0*	75.2*
87.5*	88.3*	94.2	101.7*	105.8*	109.2	110.0	130.0*

  (1) 确定卡普兰-梅尔算子 $\widehat{R}(t)$，并用图形表示。

  (2) 确定存续度函数的尼尔森-奥伦算子 $R^*(t)$，并用图形表示。

14.13 表 14.10 所示为波音 720 飞机中空调设备连续两次失效之间的运行时间（单位：h）。第一个失效间隔是 413，第二个是 14，以此类推。数据来自文献 [247]，并可以从图书配套网站上下载。

表 14.10 习题 14.13 的数据集（来自文献 [247]）							
413	14	58	37	100	65	9	169
447	184	36	201	118	34	31	18
18	67	57	62	7	22	34	

绘制数据集的尼尔森-奥伦图 ($N(t)$ 描点)，（用语言）描述对应的 ROCOF 的形状。

14.14 假设习题 14.11中的数据集是同时激活 20 个同质零件得到的，但是测试终止于第 12 个失效。

  (1) 这属于哪种截尾方式？

  (2) 在此情况下估计 λ。

  (3) 计算 λ 的 95% 置信区间。

（4）　与习题 14.11 中的推导结果进行比较。

14.15　绘制遵循正态分布（$\mathcal{N}(\mu, \sigma^2)$）的寿命数据的尼尔森-奥伦描点图，使其接近一条直线。说明根据这幅图如何估计参数 μ 和 σ。

14.16　表 14.11 所示为作为大型数据系统一部分的软件系统的连续失效之间的间隔天数。第一个间隔为 9 天，第二次为 12 天，以此类推。数据来自文献 [158]，并可以从图书配套网站上下载。

表 14.11　习题 14.16 的数据集（来自文献 [158]）

9	12	11	4	7	2	5	8	5	7
1	6	1	9	4	1	3	3	6	1
11	33	7	91	2	1	87	47	12	9
135	258	16	35						

（1）　绘制数据集的尼尔森-奥伦图（$N(t)$ 描点），对应的 ROCOF 是在递增还是递减？

（2）　假设 ROCOF 遵循对数-线性模型，使用极大似然法估计模型的参数。

（3）　在尼尔森-奥伦图中绘制累计 ROCOF 估计值，拟合度是否可以接受？

（4）　利用拉普拉斯测试检验 ROCOF 是否在递减（使用 5% 的显著水平）。

14.17　假设我们观测到没有截尾的独立寿命（见表 14.12，以月计）。数据集可以从图书配套网站上下载。

（1）　给出经验分布的分析表达式，并进行解释。

（2）　给出得到这个函数的脚本。

（3）　绘制函数。

（4）　假设概率密度函数服从参数为 λ 的指数分布，给出指定数据集的 λ 最佳拟合值。

（5）　假设这样的元件具有指数密度函数是否合理？为什么？

表 14.12　习题 14.17 的数据集

31.7	39.2	57.5	65.0	65.8	70.0	75.0	75.2
87.7	88.3	94.2	101.7	105.8	109.2	110.0	130.0

14.18　表 14.13 所示为一类传感器失效时间（以小时计）的历史数据集。数据集可以从图书配套网站上下载。

表 14.13　习题 14.18 的数据集

1.2×10^4	9.3×10^4	0.5×10^4	0.2×10^4	1.1×10^4
2.6×10^4	9.4×10^4	1.2×10^4	4.9×10^4	9.6×10^4
0.9×10^4	8.6×10^4	6.5×10^4	0.5×10^4	1.0×10^4
0.1×10^4	0.8×10^4	3.6×10^4	3.2×10^4	

（1） 证明假设该传感器具有固定失效率是合理的。

（2） 确定与数据集对应的经验累计分布，并绘图。

（3） 使用两种方法估计失效率。

（4） 确定参数为估计失效率的存续度函数，并与使用经验分布得到的函数进行比较。说明并解释应该如何改进结果。

（5） 对于所有元件，计算它们的 MTTF 以及在 MTTF 时的存续概率，并进行说明。

（6） 绘制存续度函数图，识别其中有 k 个元件（$k = 0, 1, 2, \cdots$）的存续概率都高于 0.9 的时间区间 t_k。

第 **15** 章

贝叶斯可靠性分析

 ## 15.1 概述

本章简要介绍贝叶斯建模和贝叶斯数据分析。我们将通过一些只包括单一参数 θ 以及主要是单个随机变量 X 的简单示例来呈现和说明。对于这些示例，可以直接通过手工计算得到结果。而对于有两个或更多参数的模型，手工计算求解方程不可行，需要借助计算机。本章末尾给出了计算机贝叶斯分析的简要介绍，更多细节可以在引用的参考文献中找到。

贝叶斯方法近年来越来越流行，这主要有两个原因：

（1）现在市面上已经有一些用户友好的计算机程序可以求解那些手工计算无法解决的问题。

（2）贝叶斯方法日益成为一些新技术开发的核心元素，比如人工智能（AI）和机器学习（ML）。

在可靠性分析的贝叶斯方法中，概率衡量的是分析人员对于某一特定情况或者特定结果的信心。贝叶斯的视角与概率论中的经典方法和频率学派都有所不同。本书前 14 章中使用的方法基本上都是基于频率学派的观点。

15.1.1 概率的三种解释

对于概率（probability）这个词的定义和解释，长期以来就一直存在争议。当我们说事件 A 的发生概率是 0.90 时，这到底意味着什么？概率是客观的描述还是主观的想象？目前，对概率的解释主要有三种主流的观点：经典方法、频率学方法和主观视角。接下来分别简要介绍这三种方法。

1. 经典概率

基于经典视角，我们考虑一个实验有 n 个发生可能性相同的单独结果 $e_1, e_2, \cdots, e_n$。所有单独结果组成的集合称为样本空间 $S = \{e_1, e_2, \cdots, e_n\}$。那么具体事件 $A \in S$ 的概率

$\Pr(A)$，就等于满足 A 的单独结果的数量除以可能结果的总量 n。比如，如果实验是掷骰子，$n = 6$，样本空间是 $\{1, 2, 3, 4, 5, 6\}$。假定 $A =$ 在掷骰子时"结果为奇数"，那么满足 A 的单独输出就是 1、3、5，A 的概率就是 $\Pr(A) = 3/6 = 1/2$。经典视角只适用于等可能单独输出的情况。

2. 频率学概率

根据频率学派的观点，我们可以想象进行一系列 n 个独立相同的实验。每次实验可能会也可能不会导致事件 A，而导致 A 的实验数量 n_A 会被记录下来。假设在实验次数 n 增加的时候，频率 n_A/n 会趋近于一个极限值，那么这个极限就称为 A 的概率，记作 $\Pr(A)$。从这个视角看，概率 $\Pr(A)$ 是未知的但是一个存在的数量，我们的工作就是确定这个量值。为了确定这个量值，一般须使用概率模型。令 T 表示元件的失效时间，令事件 A 为对于特定 t_0 有 $T > t_0$。第 5 章中介绍了很多可以帮助我们确定 $\Pr(A)$ 的模型，比如指数模型、威布尔模型、对数正态模型等。模型的选择，是在我们可以访问的数据量有限的情况下现实和可行之间的折中。频率学视角一般被认为是客观的，但是选择模型时会有很多主观元素，因此也会影响到概率。

根据频率学的观点，估计模型参数（比如指数模型中的 λ）只根据数据，而不会用到任何有关参数的现有知识。具体分析见第 14 章。

无论是主观还是频率学观点，都要求随机变量 X 是一个有实值、可测量的量，在实验中可以观测和记录。更规范的说法是，随机变量是样本空间到实数域的映射函数 $f : \mathcal{S} \to \boldsymbol{R}$。无法观测和测量的量不是随机变量。

3. 主观概率

从主观视角出发，事件 A 的概率 $\Pr(A)$ 衡量的是分析人员对于某一个数量或者结果的信心（或者置信度）。这个信心基于分析人员对与 A 有关的知识和经验。当然，分析人员也可以召集相关领域的专家，根据物理和对称理论，塑造自己的信心。对于遵循经典视角的实验，因为存在对称性，主观视角会给出相同的概率值。

根据主观视角，很多量值和问题都可以看作随机变量，其中很多可能在经典或者频率学视角中毫无意义。在本书中，主观视角最重要的特征，是我们将概率分布的参数 θ 看作一个（概率）密度为 $\pi(\theta)$ 的随机变量 Θ。密度 $\pi(\theta)$ 体现的是分析人员对参数值的信心。主观概率也称为贝叶斯概率。

4. 与可靠性的关系

可靠性分析需要在新系统的早期设计阶段确定最高的性能。新系统通常包括基于新设计、新材料和/或新技术的新零件，没有或具有有限的现场经验。为了获得足够的参数估计，我们需要在相关运行环境中测试零件。对于高可靠性零件，这项工作既费时又费钱，而且通常会在做出设计决定之后才能估计参数值。然而在许多情况下，新零件只是对我们有一些经验的现有零件的微小修改。我们利用经验能够为新零件提供参数估计。因此，主观概率可以为相关的工作提供一个极好的框架。

15.1.2　贝叶斯公式

贝叶斯推理是一种统计推理方法，使用贝叶斯公式[①]，可以在有更多证据或者数据可用时，更新我们对于某一事件的置信度。本书之前已经数次提到过贝叶斯公式，这里首先根据离散输出实验解释这个公式。令 S 表示一个实验所有可能输出的样本空间，并令 $E_1, E_2, \cdots, E_m$ 表示互斥事件，因此有 $\bigcup\limits_{i=1}^{m} E_i = S$。这表明，在进行实验的时候，恰好有一个事件 E_i 发生。考虑空间 S 的另一个事件 A，该事件可以写作

$$A = A \cap S = A \cap \bigcup_{i=1}^{m} E_i = \bigcup_{i=1}^{m} (A \cap E_i)$$

因为事件 $A \cap E_i$ 在 $i = 1, 2, \cdots, m$ 不同取值时彼此互斥，则 A 的概率为

$$\Pr(A) = \sum_{i=1}^{m} \Pr(A \cap E_i) = \sum_{i=1}^{m} \Pr(A \mid E_i) \Pr(E_i) \tag{15.1}$$

式 (15.1) 称作全概率公式（见 6.2.4 节）。假设我们知道事件 A 已经发生，并提出问题："事件 E_j 也发生的概率是多少？"根据条件概率的定义，这个概率为

$$\Pr(E_j \mid A) = \frac{\Pr(E_j \cap A)}{\Pr(A)} = \frac{\Pr(E_j \cap A)}{\sum\limits_{i=1}^{m} \Pr(A \mid E_i) \Pr(E_i)} \tag{15.2}$$

这就是事件的贝叶斯公式。如果离散随机变量 Y 的样本空间为 $\mathcal{S}_Y = \{y_1, y_2, \cdots, y_m\}$，我们可能会令 E_i 表示事件 $Y = y_i$（$i = 1, 2, \cdots, m$）。假设有另一个随机变量 X，样本空间为 $\mathcal{S}_X = \{x_1, x_2, \cdots, x_n\}$。根据贝叶斯公式 (15.2)，当 $X = x_\ell$ 时，Y 的条件概率质量函数为

$$\Pr(Y = y_j \mid X = x_\ell) = \frac{\Pr(X = x_\ell \mid Y = y_j) \Pr(Y = y_j)}{\sum\limits_{i=1}^{m} \Pr(X = x_\ell \mid Y = y_i) \Pr(Y = y_i)} \tag{15.3}$$

这是离散变量的贝叶斯公式。

可以类比式 (15.3)，推导连续变量的公式。考虑连续分布变量 X，可以在 $\mathcal{S}_X$ 内取值作为我们的观测变量。令 Θ 为一个连续变量，它的密度为 $\pi(\theta)$，样本空间为 $\mathcal{S}_\Theta$ 的参数。X 的（概率）密度可以写作 $f(x \mid \theta)$。假设我们已经进行了实验并得到结果 $X = x_\ell$，那么当我们知道 $X = x_\ell$ 时，Θ 的密度为

$$\pi(\theta \mid x_\ell) = \frac{f(x_\ell \mid \theta) \pi(\theta)}{\displaystyle\int_{\theta' \in \mathcal{S}_\Theta} f(x_\ell \mid \theta') \pi(\theta') \, d\theta'} \tag{15.4}$$

这是连续变量的贝叶斯公式。此外，显然有一个离散变量和一个连续变量是相关的，本章稍后将对此进行说明。

---

① 也称为贝叶斯理论。

15.2 贝叶斯数据分析

为了指出频率学派与贝叶斯方法之间在数据分析中的相似和不同之处，我们首先简要回顾一下频率数据分析的主要元素。

15.2.1 频率学数据分析

第 14 章中的数据分析方法，就是基于频率学概率解释，并从数据模型开始。对于参数模型来说，模型固定，但是参数未知，可以由概率密度或者概率质量函数表示。在我们开始分析数据之前，就应该根据元件和运行环境的知识建立好模型。

密度为 $f(x, \theta)$ 或者概率质量函数为 $\Pr(X = x \mid \theta)$ 的随机变量 X，它的数据通常是 n 个独立结果的集合 $x = (x_1, x_2, \cdots, x_n)$。在数据分析中需要结合这个数据和模型，给出参数 θ 的信息，通常是以估计值 $\hat{\theta}$ 的形式。分析过程如图 15.1所示。在频率学数据分析中，没有包含参数 θ 数值的初始信息。

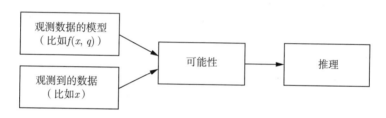

图 15.1 频率学数据分析过程

15.2.2 贝叶斯方法

使用贝叶斯方法进行数据分析的主要元素有：

（1）先验分布 $\pi(\theta)$，用于表示没有观测任何数据之前对 θ 的置信度。

（2）似然函数 $L(\theta \mid d)$，用于表示参数 θ 的特定值"生成"收集到的数据 d 的"可能性"。

（3）后验概率 $\pi(\theta \mid d)$，表示观测到数据 d 之后对 θ 的置信度。

（4）贝叶斯推理，是根据后验概率，比如点估计值、区间估计值和假设概率，推导出合理表述的过程。

频率学方法和贝叶斯方法的主要区别在于，后者还会使用参数值的初始知识。这个初始知识在贝叶斯方法中称为先验知识，用来更新这部分知识的数据 x 称为后验知识。

贝叶斯方法可以概括为以下几个步骤：

（1）研究数据用随机变量 X 表示。在观测到的数据集中，可用数据就是一个数的集合 $x = \{x_1, x_2, \cdots, x_n\}$。

（2）根据对物理状况的理解，分析人员为随机变量 X 选择模型。对于连续随机变量，就需要选择密度 $f(x \mid \theta)$，其中 θ 为模型的未知参数。对于离散随机变量，则需要选择概率密度函数 $\Pr(X = x \mid \theta)$。

（3）在模型中引入参数 θ 实际值的先验信息（比如在相同或相似元件上以前的经验、专家判断等），作为密度 $\pi(\theta)$，称之为先验密度。这个密度显示了在查看数据 x 之前，分析人员对 θ 的置信度。

（4）在观测数据 x 之后，分析人员使用贝叶斯公式更新自己的置信度，计算后验分布 $\pi(\theta \mid x)$。

（5）有时还需评价模型的拟合度以及结果对于建模假设的敏感度。后验分布可以揭示模型对数据的拟合度，这对于得到合理的结论十分重要。根据评价结果，可能需要修正或者扩展模型，重复第（2）～（4）步[112]。

贝叶斯数据分析过程如图 15.2 所示。本节后面部分将简要说明贝叶斯方法的主要元素。

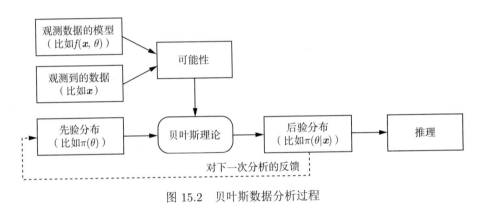

图 15.2 贝叶斯数据分析过程

15.2.3 观测数据的模型

在本书前面的章节中，我们曾经研究过观测数据的很多不同模型，其中就包括二项模型

$$\Pr(X = x \mid \theta) = C_n^x \theta^x (1-\theta)^{n-x}, \ x = 0, 1, 2, \cdots, n,; \ 0 \leqslant \theta \leqslant 1$$

和指数模型

$$f_T(t \mid \lambda) = \lambda e^{-\lambda t}, \ t \geqslant 0, \quad \lambda > 0$$

我们称二项模型为离散模型，因为 X 的样本空间是离散的 $\{0, 1, 2, \cdots, n\}$。而指数模型是连续模型，因为 T 可以取任意正值。注意，在给定参数值时，模型写作条件模型。

15.2.4 先验分布

为了简化表达，我们假设观测数据的模型只有一个参数 θ。在贝叶斯设置中，该参数被视为随机变量 Θ。实验产生的数据来自随机变量 X 的 n 次独立观测。为了简化表达，我们假设 X 是一个密度为 $f(x \mid \theta)$ 的连续随机变量。

n 次独立观测 $X_1, X_2, \cdots, X_n$ 的联合密度为

$$f(x_1, x_2, \cdots, x_n \mid \theta) = \prod_{i=1}^{n} f(x_i \mid \theta)$$

为了简洁起见，通常写作 $\{x_1, x_2, \cdots, x_n\} = x$。

在分析数据之前，我们可以将这个参数值的不确定性表述为先验分布，定义如下：

定义 15.1（先验分布） 一个不确定量的概率分布，表示分析人员在没有考虑任何证据（即观测数据）之前对于这个量的置信度。

通常对于可能值 $\theta \in \mathcal{S}_\Omega$，会为先验分布给定先验密度 $\pi(\theta)$，其中 $\mathcal{S}_\Omega$ 是 θ 可能取值的集合（或者样本空间）。先验密度表示我们在实验开始前对于参数取值的置信度和不确定性。先验密度根据我们对于该参数值的先验知识和信心确定，因此也称为主观分布。

先验分布可以分为三类：

（1）信息先验：提供对于模型推理至关重要的信息。

（2）弱信息先验：不提供任何有争议的信息，但足以将数据从与可能性相同的错误推理中抽取出。

（3）无信息先验：不为推理提供任何额外信息。非信息先验是一致的，或者几乎一致。

有时我们会使用术语扩散先验（diffuse prior）表示无信息或弱信息先验。这些先验有时是根据我们应该"让数据说话"的论点来选择的。

注释 15.1（贝叶斯的类别） 贝叶斯统计分为以下几类：

（1）主观贝叶斯：严格根据人的信心解释概率。

（2）客观贝叶斯：从非信息先验分布开始，认为后验结果是客观的。

（3）实证贝叶斯：根据可用数据估计先验密度。

15.2.5 观测到的数据

观察到的数据是随机变量的具体值，因此是已知的单个数字或数字序列，比如 $\{x_1, x_2, \cdots, x_n\}$。如果没有使用特定的模型，一般将观测到的数据简称为"数据"。观测到的数据可能包括协变量，但是在简化表达中可以忽略。

15.2.6 似然函数

我们在 14.4.4 节中引入了似然函数，并将其写作 $L(\theta \mid d)$。一旦在实验中观测到数据，比如"数据 $= x$"，那么似然函数就可以采用与联合密度相同的数学表达式 $f($数据 $\mid \theta)$，但是两个表达式的解释大相径庭。如果只观测到一个变量，数据是一维的，两个表达式可以解释为：

（1）概率密度，$f(d \mid \theta)$：在一个较小区间 $(d, d + \Delta d]$ 内，随机变量 D 生成数据 d 的概率为

$$\Pr(d < D \leqslant d + \Delta d) \approx f(d \mid \theta)\Delta d$$

已知 θ 值，由概率密度可以得到实验的期望输出 d。

（2）似然函数，$L(\theta \mid d)$：在本例中，数据 d 已经被观测到并且已知。很显然，参数 θ 的取值会极大影响实验的输出结果 d。较高 θ 取值的结果 d 通常与较低 θ 取值的结果大不相同。似然函数 $L(\theta \mid d)$ 表示 θ 的特定值产生结果 d 的可能性。

对于多维数据 d 和离散模型分布，论证的过程也是相似的。注意，似然函数并不是 Θ 在给定数据 d 时的概率密度函数。要了解更多关于似然函数的信息，请阅读 14.4.4 节。

案例 15.1（二项模型的似然函数） 考虑一个实验，我们观测到变量 X 服从二项分布 $X \sim \text{bin}(n, \theta)$。那么实验得到结果 x 的概率为

$$\Pr(X = x) = \mathrm{C}_n^x \theta^x (1-\theta)^{n-x}, \ x = 0, 1, 2, \cdots, n \tag{15.5}$$

其中实验次数 n 是给定的已知数。假设实验得到结果 $X = x$，其中 $x \in \{0, 1, 2, \cdots, n\}$，并且这个结果已知。那么这个结果的似然函数为

$$L(\theta \mid x) = \mathrm{C}_n^x \theta^x (1-\theta)^{n-x}, \ 0 \leqslant \theta \leqslant 1 \tag{15.6}$$

当 $n = 10$，$x = 3$ 时，似然函数如图 14.11 所示。可以看到，当 $\theta = 0.3$ 时，$L(\theta \mid x)$ 达到最大，这就是数据对于 θ 的极大似然估计。

15.2.7 后验分布

当先验分布已知并且观测数据可用时，就可以利用贝叶斯公式更新置信度，产生后验分布，它的定义如下：

定义 15.2（后验分布） 在补充了证据或者考虑了背景之后不确定量的概率分布。

后验分布也称为事后分布或者简称为后验。后验分布涵盖了所有有关位置参数 θ 的当前信息，它结合了先验信息 $\pi(\theta)$ 以及我们在观测数据中得到的有关 θ 的信息。

对于可能值 $\theta \in \Omega$，后验分布通常以后验密度 $\pi(\theta \mid \text{数据})$ 的形式给出。为了明确我们指的是后验密度而不是先验密度，有时将后验密度写为 $\pi_{\Theta \mid}(\theta \mid \text{数据})$。

下面两个例子将分别说明如何使用贝叶斯公式确定离散和连续模型的后验分布。

案例 15.2（离散分布） 假设随机变量 X 的概率质量函数只有一个参数 θ，当 $i = 1, 2, 3, \cdots$ 并且 $\theta \in \Omega$ 时，有 $\Pr(X = x_i \mid \theta)$。

令 $\pi(\theta)$ 表示在没有任何数据之前对 θ 取值置信度的先验密度。本例中有一个离散的可观测变量 X 和一个连续分布参数 Θ，这意味着，我们需要结合使用式 (15.3) 和式 (15.4) 这两个贝叶斯公式。新公式是通过类比其他两个版本的贝叶斯公式构建的。

假设我们进行一次实验，对于特定值 i 得到结果 $X = x_i$，它属于 $\{x_1, x_2, \cdots, x_n\}$。我们在实验的时候进行观测，$x_i$ 的数值已知。

用贝叶斯公式推导后验密度：

$$\pi(\theta \mid x_i) = \frac{\Pr(X = x_i \mid \theta) \, \pi(\theta)}{\displaystyle\int_{\Omega} \Pr(X = x_i \mid \theta') \, \pi(\theta') \, \mathrm{d}\theta'}, \ \theta \in \Omega$$

因为观测值 x_i 已知，$\pi(\theta \mid x_i)$ 中的唯一变量就是 θ。可以用似然函数 $L(\theta \mid x_i)$ 替换概率 $\Pr(X = x_i \mid \theta)$，那么后验密度就可以写作

$$\pi(\theta \mid x_i) = \frac{L(\theta \mid x_i)\pi(\theta)}{\displaystyle\int_{\Omega} L(\theta' \mid x_i)\,\pi(\theta')\,\mathrm{d}\theta'}, \ \theta \in \Omega \tag{15.7}$$

后验概率 $\pi(\theta \mid x_i)$ 是一个合理的概率分布，它满足 $\displaystyle\int_{\Omega}\pi(\theta \mid x_i)\,\mathrm{d}\theta = 1$。在 14.4.4 节中曾说明可以删除那些没有包括参数的似然函数因子。这里也是同样，所以式 (15.7) 可以写作

$$\pi(\theta \mid x_i) \propto L(\theta \mid x_i)\pi(\theta) \tag{15.8}$$

其中符号 $\propto$ 表示成比例。因此，后验密度与似然函数和先验密度的乘积成正比。因为后验密度是一个适当的密度，比例常数可以在之后进行拟合（如果需要的话）。

　　案例 15.3（连续分布）　随机变量 X 有连续密度 $f(x \mid \theta)$，其中 θ 的实际取值就是先验密度为 $\pi(\theta)$ 的随机变量 $\Theta\ (\theta \in \Omega)$ 的具象，它描述了分析人员对 θ 取值的置信度。

　　假设实验得到结果 x，其中 x 是一个数或者是一个向量。由贝叶斯公式 (15.4) 可以得到后验密度

$$\pi(\theta \mid x) = \frac{f(x \mid \theta)\,\pi(\theta)}{\displaystyle\int_{0}^{\infty} f(x \mid \theta')\,\pi(\theta')\,\mathrm{d}\theta'}, \ \theta \in \Omega$$

因为 x 值已知，$f(x \mid \theta)$ 就是似然函数 $L(\theta \mid d)$。又因为分母是常数，因此类似案例 15.2，后验密度可以写作

$$\pi(\theta \mid x) \propto L(\theta \mid x)\,\pi(\theta) \tag{15.9}$$

15.3　选择先验分布

　　要手工计算确定后验分布，就一定要选择"适合"观测数据模型分布的先验分布，这样先验分布有足够的灵活度来表示我们对于 θ 的置信度，可能可以采用手算确定后验概率。下面讨论一些典型的单参数情况。

15.3.1　二项模型

　　考虑二项分布的随机变量 $X \sim \mathrm{bin}(n, \theta)$，其中 n 是特定已知的实验次数。有

$$\Pr(X = x \mid \theta) = \mathrm{C}_n^x \theta^x (1-\theta)^{n-x}, \ x = 0, 1, \cdots, n; \quad 0 \leqslant \theta \leqslant 1 \tag{15.10}$$

未知参数 θ 的可能取值在 $[0,1]$ 区间上，所以我们需要一个取值范围相同的连续先验分布。通常，可以采用贝塔分布。

1. 贝塔先验分布

对于要表达概率的参数，我们一般选择贝塔分布描述先验信息。令 Θ 在区间 $[0,1]$ 内服从贝塔分布，即 $\Theta \sim \text{beta}(r,s)$，它的密度为

$$\pi(\theta) = \frac{\Gamma(r+s)}{\Gamma(r)\Gamma(s)}\theta^{r-1}(1-\theta)^{s-1}, \ 0 \leqslant \theta \leqslant 1 \tag{15.11}$$

5.7.2 节中曾经介绍过贝塔分布。在本章中，我们使用的符号与 5.7.2 节不同（$\alpha = r$, $\beta = s$）。

贝塔分布的均值和标准差分别为

$$E(\Theta) = \frac{r}{r+s} \tag{15.12}$$

$$\text{SD}(\Theta) = \sqrt{\frac{rs}{(r+s)^2(r+s+1)}} \tag{15.13}$$

在 R 程序中可以分析贝塔分布，比如可以使用函数 `dbeta(x,r,s,log=F)` 根据 $x(=\theta)$、r 和 s 的值求解贝塔密度函数。贝塔分布相当灵活，它的参数可以进行调整，以适应我们对 θ 的任何置信度。注意，如果选择 $r = s = 1$，密度就变为 $\pi(\theta) = 1$, $0 \leqslant \theta \leqslant 1$。这是一个在区间 $[0,1]$ 上的均匀分布，表明我们认为在此区间上所有概率的可能性都相同（见 5.7.1 节）。这意味着，先验概率没有为 θ 取值提供任何信息，所以它属于无信息先验。

如果我们认为概率 θ 大约为 0.2，可以令 $E(\Theta) = 0.2$，当 $s = 4r$ 时，标准差可以表示为

$$\text{SD}(\Theta) = \sqrt{\frac{4}{5(5r+1)}}$$

我们对于 θ 取值的不确定性可以表示为 $\text{SD}(\Theta) = 0.25$，据此可以得到 $r = 2.36$, $s = 9.44$。我们可以使用以下的 R 脚本生成图 15.3 中的贝塔分布。

```
# Set the range (i.e., [0,1]) and the number of values to calculate
x<-seq(0,1,length=100)
# Specify the parameters r and s
r<-2.36
s<-9.44
# Calculate the beta density for each x
y<-dbeta(x,r,s,log=F)
plot(x,y,type="l",xlab=expression(theta),
ylab=expression(pi(theta)))
```

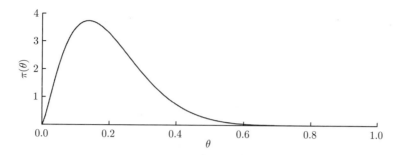

图 15.3 参数 $r = 2.36$，$s = 4r$ 时的先验贝塔密度

2. 后验分布

假设已经观测到 $X = x$，根据式 (15.8) 得后验密度为

$$\pi(\theta \mid x) \propto L(\theta \mid x)\,\pi(\theta)$$

$$\propto \theta^x (1-\theta)^{n-x} \theta^{r-1} (1-\theta)^{s-1}$$

$$\propto \theta^{x+r-1} (1-\theta)^{n-x+s-1}$$

它（除了常数）可以看作参数为 $x+r$ 和 $n-x+s$ 的贝塔分布，说明先验分布和后验分布属于同一种分布。具有这种属性的两个分布（在这里是二项分布和贝塔分布）称为共轭分布（conjugate distribution）。

先验均值为 $E(\Theta) = r/(r+s)$，而后验均值为

$$E(\Theta \mid x) = \frac{r+x}{x+r+n-x+s} = \frac{x+r}{n+s+r} \tag{15.14}$$

注释 15.2（共轭分布） 如果参数的先验分布与模型分布共轭，贝叶斯分析会比较简单，因此在使用手工计算时识别共轭分布很重要。当前用于贝叶斯分析的计算机程序主要基于蒙特卡罗仿真，在后验采样中不使用共轭分布。在使用计算机程序进行贝叶斯分析时，用户可以选择任何分布作为先验分布，甚至是先验直方图。

15.3.2 指数模型 ——单一观测值

假设元件的失效时间 T 服从参数（失效率）为 λ 的指数分布。

$$f(t \mid \lambda) = \lambda e^{-\lambda t}, \ \ t \geqslant 0, \ \ \lambda > 0$$

假设已经观测到 t_1 的值，似然函数为

$$L(\lambda \mid t_1) = \lambda e^{-\lambda t_1}, \ \ \lambda > 0 \tag{15.15}$$

分析人员对于 λ 的先验信心，可以表示为具有先验分布的随机变量 Λ，在此模型中（指指数模型）常用作先验分布的是伽马分布。

1. 伽马先验分布

伽马分布（见 5.4.2 节）常为参数可以取任意正值时的优选先验分布。随机变量 Λ 服从伽马分布，$\Lambda \sim \mathrm{gamma}(\alpha, \beta)$，其密度为

$$\pi(\lambda) = \frac{\beta^\alpha}{\Gamma(\alpha)} \lambda^{\alpha-1} \mathrm{e}^{-\beta\lambda}, \ \ \lambda > 0 \tag{15.16}$$

根据 5.4.2 节所述，伽马分布的均值和标准差分别为

$$E(\Lambda) = \frac{\alpha}{\beta} \tag{15.17}$$

$$\mathrm{SD}(\Lambda) = \frac{\sqrt{\alpha}}{\beta} \tag{15.18}$$

伽马分布非常灵活，可以调整参数 α 和 β 适应我们关于参数（失效率）λ 取值的不同先验置信度。比如，根据类似元件的历史数据，可知所研究元件的失效率大约为 $1.2 \times 10^{-3}/\mathrm{h}$，标准差大约为 $6 \times 10^{-4}\mathrm{h}$。如果我们用这些值作为均值和标准差，可以求解得到 $\alpha = 4.5$，$\beta = 3\,700$。使用与生成图 15.3类似的 R 脚本，可以得到图 15.4 中的相应密度。

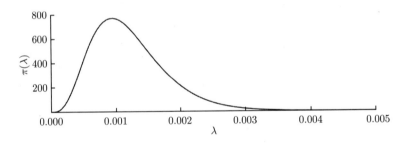

图 15.4　参数 $\alpha = 4.5$，$\beta = 3\,700$ 的伽马分布

2. 后验分布

如果已经观测到 $T = t_1$，根据式 (15.4) 得后验密度为

$$\pi(\lambda \mid t_1) \propto L(\lambda \mid t_1)\,\pi(\lambda)$$

$$\propto \lambda \mathrm{e}^{-\lambda t_1} \lambda^{\alpha-1} \mathrm{e}^{-\beta\lambda} = \lambda^{\alpha+1-1} \mathrm{e}^{-(\beta+t_1)\lambda} \tag{15.19}$$

它（除了常数）可以看作参数为 $\alpha+1$ 和 $\beta+t_1$ 的伽马分布，说明先验分布和后验分布属于同一种分布。具有这种属性的两个分布（在这里是指数分布和伽马分布）属于共轭分布。

先验均值为 $E(\Lambda) = \alpha/\beta$，而后验均值为

$$E(\Lambda \mid t_1) = \frac{\alpha+1}{\beta+t_1} \tag{15.20}$$

15.3.3 指数模型 —— 多次观测

令 $T = \{T_1, T_2, \cdots, T_n\}$ 表示失效率为 λ 的 n 个指数分布失效时间, 因为存在独立性, 则 T 的联合分布为

$$f_T(t_1, t_2, \cdots, t_n) = \prod_{i=1}^{n} f_{T_i}(t_i) = \prod_{i=1}^{n} \lambda e^{-\lambda t_i} = \lambda^n e^{-\lambda \sum\limits_{i=1}^{n} t_i}$$

假设已经观测到 $t = \{t_1, t_2, \cdots, t_n\}$, 我们选择伽马分布 $\mathrm{gamma}(\alpha, \beta)$ 作为 (随机) 参数 Λ 的先验分布。根据式 (15.4) 得后验密度为

$$\pi(\lambda \mid t) \propto L(\lambda \mid t)\, \pi(\lambda)$$

$$\propto \lambda^n e^{-\lambda \sum\limits_{i=1}^{n} t_i} \lambda^{\alpha-1} e^{-\beta\lambda} = \lambda^{\alpha+n-1} e^{-\lambda\left(\beta + \sum\limits_{i=1}^{n} t_i\right)} \tag{15.21}$$

这可以看作一个参数为 $\alpha + n$ 和 $\beta + \sum\limits_{i=1}^{n} t_i$ 的伽马分布, 后验均值为

$$E(\Lambda \mid t) = \frac{\alpha + n}{\beta + \sum\limits_{i=1}^{n} t_i} \tag{15.22}$$

其中 n 为观测到的失效次数, $\sum\limits_{i=1}^{n} t_i$ 为总运行时间。

案例 15.4（顺序更新） 考虑一个失效率恒为 λ 的不可维修阀门。根据经验和分析可知它的失效率是一个随机变量 $\Lambda \sim \mathrm{gamma}(\alpha, \beta)$。因此, Λ 的先验密度为

$$\pi(\lambda) = \frac{\beta^\alpha}{\Gamma(\alpha)}\, \lambda^{\alpha-1}\, e^{-\beta\lambda}, \qquad \lambda > 0$$

Λ 的先验均值为

$$E(\Lambda) = \frac{\alpha}{\beta}$$

当失效率 λ 已知时, 阀门失效时间 T 的密度为

$$f_{T\mid\Lambda}(t \mid \lambda) = \lambda e^{-\lambda t}, \qquad t > 0, \ \lambda > 0$$

假设依次测试 n 个相同类型的阀门。在第一次测试前, 假设失效率 Λ 的先验分布是参数为 $\alpha_1 = 2$, $\beta_1 = 1$ 的伽马分布, 并且有

$$\pi(\lambda) = \lambda e^{-\lambda}, \qquad \lambda > 0$$

令 T_1 表示第一个被测试阀门的失效时间, T_1 和 Λ 的联合密度为

$$f_{T_1,\Lambda}(t_1, \lambda) = f_{T_1\mid\Lambda}(t_1 \mid \lambda)\, \pi(\lambda) = \lambda e^{-\lambda t_1}\, \lambda e^{-\lambda}$$

$$= \lambda^2 e^{-\lambda(t_1+1)}, \qquad t_1 > 0, \ \lambda > 0$$

T_1 的边际密度为

$$f_{T_1}(t_1) = \int_0^\infty \lambda^2 e^{-\lambda(t_1+1)} d\lambda = \frac{\Gamma(3)}{(t_1+1)^3} = \frac{2}{(t_1+1)^3}, \quad t > 0$$

令 $T_1 = t_1$，Λ 的条件密度就是一个后验密度：

$$\pi(\lambda \mid t_1) = \frac{\lambda^2 e^{-\lambda(t_1+1)}}{2}(t_1+1)^3$$

$$= \frac{(t_1+1)^3}{\Gamma(3)} \lambda^{3-1} e^{-\lambda(t_1+1)}, \quad \lambda > 0$$

这可以看作伽马密度，它的参数为 α_2 和 β_2，其中

$$\alpha_2 = \quad 3 \quad = \alpha_1 + 1 \ （因为 \ \alpha_1 = 2）$$
$$\beta_2 = t_1 + 1 = \beta_1 + t_1 \ （因为 \ \beta_1 = 1）$$

这个过程现在可以用 $\pi(\lambda \mid t_1)$ 作为新的先验分布来重复。然后，我们观测到类似阀门的寿命 $T_2 = t_2$ 并生成新的后验分布，它同样为伽马分布，参数为

$$\alpha_3 = \alpha_2 + 1 = \alpha_1 + 2$$

$$\beta_3 = \beta_2 + t_2 = \beta_1 + (t_1 + t_2)$$

以此类推。

因为有

$$\pi(\lambda \mid t_1) \propto f_{T_1 \mid \Lambda}(t_1 \mid \lambda)\,\pi(\lambda)$$

$$\propto \lambda e^{-\lambda t_1}\,\lambda e^{-\lambda}$$

$$\propto \lambda^2 e^{-\lambda(t_1+1)}$$

我们可以直接推导后验密度，因此得

$$\pi(\lambda \mid t_1) = k(t_1)\,\lambda^2 e^{-\lambda(t_1+1)}, \ t_1 > 0$$

因为 $\pi(\lambda \mid t_1)$ 是一个密度，因此可以很容易地确定 $k(t_1)$ 就是 $(1+t_1)^3/2$。由此可以得到和我们之前推导的相同的后验密度。

逐步推导，可得

$$E(\Lambda) \qquad\qquad = \frac{2}{1}$$

$$E(\Lambda \mid T_1 = t_1) \qquad = \frac{2+1}{1+t_1}$$

$$E(\Lambda \mid T_1 = t_1, T_2 = t_2) \quad = \frac{2+1+1}{1+t_1+t_2}$$

$$\vdots$$

注意，我们关于 Λ 均值的置信度会根据观测到的 T 值而更新。

15.3.4　齐次泊松过程

考虑一个速率为 λ 的齐次泊松过程，令 $N(t)$ 表示区间 $(0,t)$ 内的事件数量。$(0,t)$ 的概率质量函数为

$$\Pr[N(t) = n \mid \lambda] = \frac{(\lambda t)^n}{n!} \mathrm{e}^{-\lambda t}, \quad n = 0, 1, 2, \cdots$$

假设我们在区间 $(0,t)$ 内观测到了 n_1 次失效，即 n_1 和 t 是已知量，仍选择 $\mathrm{gamma}(\alpha, \beta)$ 作为（随机）参数 Λ 的先验分布，先验均值为

$$E(\Lambda) = \frac{\alpha}{\beta}$$

似然函数为

$$L(\lambda \mid n_1, t) = \frac{(\lambda t)^{n_1}}{n_1!} \mathrm{e}^{-\lambda t}, \quad \lambda > 0 \tag{15.23}$$

根据式 (15.4) 得后验密度为

$$\pi(\lambda \mid n_1, t) \propto L(\lambda \mid n_1, t)\, \pi(\lambda)$$

$$\propto \lambda^{n_1} \mathrm{e}^{-\lambda t} \lambda^{\alpha-1} \mathrm{e}^{-\beta\lambda} = \lambda^{\alpha+n_1-1} \mathrm{e}^{-\lambda(\beta+t)} \tag{15.24}$$

除了常数之外，它可以看作参数为 $\alpha + n_1$ 和 $\beta + t$ 的伽马分布。因此，后验均值为

$$E(\Lambda \mid n_1, t) = \frac{\alpha + n_1}{\beta + t} \tag{15.25}$$

案例 15.5（$N(t)$ 的边际分布）　假设一家工厂装备有特定数量相同且独立的阀门，阀门都有固定失效率 λ，λ 是随机变量 $\Lambda \sim \mathrm{gamma}(\alpha, \beta)$ 的一个具体值。

一般来说，我们都是根据在相同阀门上之前的经验，结合不同可靠性数据源（见第 16 章）提供的信息，"估计"先验分布的参数 α 和 β。

如果有阀门失效，它就会被相同类型的阀门替换。相应的故障时间可以忽略不计。我们假设阀门失效服从速率为 λ 的齐次泊松过程，阀门失效次数 $N(t) \sim \mathrm{Po}(\lambda t)$。

$N(t)$ 的边际分布为

$$\Pr[N(t) = n] = \int_0^\infty \Pr[N(t) = n \mid \lambda]\, \pi(\lambda)\, \mathrm{d}\lambda$$

$$= \int_0^\infty \frac{(\lambda t)^n}{n!} \mathrm{e}^{-\lambda t} \frac{\beta^\alpha}{\Gamma(\alpha)} \lambda^{\alpha-1} \mathrm{e}^{-\beta\lambda}\, \mathrm{d}\lambda$$

$$= \frac{\beta^\alpha t^n}{\Gamma(\alpha)n!} \int_0^\infty \lambda^{\alpha+n-1} \mathrm{e}^{-(\beta+t)\lambda}\, \mathrm{d}\lambda$$

$$= \frac{\beta^\alpha t^n}{\Gamma(\alpha)n!} \frac{\Gamma(n+\alpha)}{(\beta+t)^{n+\alpha}}$$

$$= \frac{\Gamma(n+\alpha)}{\Gamma(\alpha)\Gamma(n+1)} \left(\frac{t}{t+\beta}\right)^n \left(1 - \frac{t}{t+\beta}\right)^{\alpha}$$

如果 α 为整数，并且 $p = \dfrac{\beta}{t+\beta}$，则 $N(t)$ 的边际分布可以写作

$$\Pr[N(t) = n] = C_{n+\alpha-1}^n p^{\alpha}(1-p)^n \tag{15.26}$$

这可以看作一个标准负二项分布 $N(t) \sim \mathrm{negbin}(\alpha, p)$（见 5.8.4 节）。当 α 不是整数时，就可以定义负二项分布。那么 $N(t)$ 的（先验）边际均值为

$$E[N(t)] = \frac{\alpha(1-p)}{p} = \frac{\alpha}{\beta}t = E(\Lambda)t \tag{15.27}$$

15.3.5 无信息先验分布

无信息先验，是使参数 θ 的所有可能取值都有相同可能性的先验分布。如果 θ 是一个概率，那么无信息先验就是 $[0,1]$ 区间内的均匀分布（见 15.3.1节）。当 θ 可以取任意正值时，没有什么分布完全不提供信息。在这种情况下，我们一般对所有 θ 使用扁平先验，即 $\pi(\theta) = k$。这种先验实际上并不是一种合适的先验，因为它的积分不等于 1，即 $\int_0^\infty \pi(\theta)\,\mathrm{d}\theta \neq 1$。即便如此，我们仍可以使用这样的"分布"，因为即便先验不可以，后验的积分结果也可以为 1。

因此，后验分布可以表示为

$$\pi(\theta \mid d) \propto L(\theta \mid d)\,\pi(\theta) \propto L(\theta \mid d) \tag{15.28}$$

这说明后验分布只是由似然函数决定的。

案例 15.6（二项模型） 令模型分布为二项分布 $\mathrm{bin}(n,\theta)$，则有

$$\Pr(X = x \mid \theta) = C_n^x \theta^x (1-\theta)^{n-x} \tag{15.29}$$

当 $0 \leqslant \theta \leqslant 1$ 时，无信息先验是均匀分布 $\pi(\theta) = 1$。当 $X = d$ 时（其中 $d \in \{0, 1, 2, \cdots, n\}$），可以给定后验：

$$\pi(\theta \mid d) \propto \theta^d (1-\theta)^{n-d} \tag{15.30}$$

这意味着，我们在二项式模型 $X \sim \mathrm{bin}(n,\theta)$ 中从 θ 的无信息先验开始，可以得到参数为 $d+1$ 和 $n-d+1$ 的贝塔分布后验。这与式 (15.30) 一致，因为当 $r = s = 1$ 时，贝塔分布就会缩减为一个（无信息）均匀分布。

案例 15.7（指数模型） 模型分布为

$$f(t \mid \lambda) = \lambda \mathrm{e}^{-\lambda t}, \qquad t > 0$$

令 $\pi(\lambda) = 1/k$ 表示 Λ 的一个不合适的先验分布，那么对于 $T = t_1$ 的后验为

$$\pi(\lambda \mid t_1) \propto \lambda \mathrm{e}^{-\lambda t_1} \tag{15.31}$$

它（除了常数）可以看作参数为 2 和 t_1 的伽马分布。因此，后验均值为

$$E(\Lambda \mid t_1) = \frac{2}{t_1}$$

15.4 贝叶斯估计

如果后验分布已经确定，用点估计或区间估计来概括结果通常就会很有用。下面简要介绍贝叶斯点估计和贝叶斯区间估计。

15.4.1 贝叶斯点估计

在第 14 章中曾讨论过，如果 θ 的一个估计量 $\hat{\theta}$ 是无偏的，即 $E\left(\hat{\theta}\right) = \theta$，并且方差 $\text{var}\left(\hat{\theta}\right)$ 较小，我们就认为这是一个好估计量。在贝叶斯方法中，则使用损失函数 $\ell\left(\hat{\theta}, \theta\right)$ 评价真值 θ 的估计量。最佳贝叶斯估计量就是能够使期望损失 $E\left[\ell\left(\hat{\theta}, \theta\right)\right]$ 最小的估计量。

我们可以使用很多不同的损失函数，其中最常见的有：
（1）平方损失：$\ell(\hat{\theta}, \theta) = \left(\hat{\theta} - \theta\right)^2$；
（2）绝对值损失：$\ell(\hat{\theta}, \theta) = |\hat{\theta} - \theta|$。

还可以定义非对称损失函数。比如，如果用参数 θ 表示元件上的最大载荷，用 $\hat{\theta}$ 表示元件需要的强度，那么就可以采用图 15.5 所示的损失函数。如果 $\hat{\theta} < \theta$，元件失效，就会有一定损失出现；如果 $\hat{\theta} > \theta$，就可能会出现采购成本过高的问题。

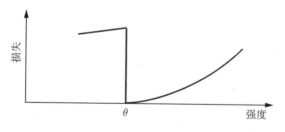

图 15.5 损失函数

接下来，使用平方损失函数讲解这种方法。我们根据关于参数 θ 的现有知识确定贝叶斯估计量，因此既可以使用先验也可以使用后验分布。这里采用后验分布讲解。

考虑一个通用元件，θ 是先验密度为 $\pi(\theta)$ 的随机变量 $\Theta \in \Omega$ 的一个具体值，其中 X 是连续密度的随机变量，并给定 $\Theta = \theta$，$f_{X|\Theta}(x \mid \theta)$。现在的任务是估计 X 的观察值 x 的参数 Θ 的值 θ。用 $\hat{\theta}(X)$ 表示这个估计量。

和之前一样，我们使用能够使平方损失均值最小的估计量：

$$E\left[\left(\hat{\theta}(X) - \Theta\right)^2\right]$$

主要的估计量称为（θ 的）(具有最小预期平方损失的) 贝叶斯估计。注意在贝叶斯框架中，X 和 Θ 都是随机变量。那么应该如何选择 $\hat{\theta}(X)$ 呢？

对以上估计量进行计算得

$$E\left[(\hat{\theta}(X) - \Theta)^2\right] = \int_{-\infty}^{\infty} \int_{\Omega} \left[\hat{\theta}(X) - \theta\right]^2 f_{X,\Theta}(x, \theta)\, \mathrm{d}x\, \mathrm{d}\theta$$

因为 $f_{X,\Theta}(x, \theta) = f_{\Theta|X}(\theta \mid x) f_X(x) = \pi(\theta \mid x) f_X(x)$，因此得

$$E\left[(\hat{\theta}(X) - \Theta)^2\right] = \int_{-\infty}^{\infty} f_X(x) \left(\int_{\Omega} \left[\theta - \hat{\theta}(X)\right]^2 \pi(\theta \mid x)\, \mathrm{d}\theta\right) \mathrm{d}x$$

很显然，如果对于每个 x，$\hat{\theta}(x)$ 的取值都可以使下式最小化：

$$\int_{\Omega} \left[\theta - \hat{\theta}(x)\right]^2 \pi(\theta \mid x)\, \mathrm{d}\theta$$

$E[(\hat{\theta}(X) - \Theta)^2]$ 就会最小。

在概率论中，以下结果广为人知。

令 Y 表示密度为 $f_Y(y)$ 的随机变量，存在有限方差 τ^2。那么当 η 被选为 $E(Y)$ 时，下式最小：

$$h(\eta) = \int_{-\infty}^{\infty} (y - \eta)^2 f_Y(y)\, \mathrm{d}y \tag{15.32}$$

将这个结果应用于以上问题中，就可以知道，当

$$\hat{\theta}(X) = E(\Theta \mid X) \tag{15.33}$$

时，$E[\hat{\theta}(X) - \Theta]^2$ 最小。因此，我们可以得到结论：在使用平方损失函数时，θ 的贝叶斯估计就是 Θ 后验分布的均值。

重新考虑贝叶斯模型，其中 θ 表示具有先验密度 $\pi_{\Theta}(\theta)$ 的随机变量 $\Theta \in \Omega$ 的一个具体值。现在考虑这样的情况，数据 $x_1, x_2, \cdots, x_n$ 是 n 个随机变量 $X_1, X_2, \cdots, X_n$ 的观测值，假设这些值独立同分布，以 θ 为条件，并且密度为 $f_{X|\Theta}(x \mid \theta)$。那么有

$$f_{X_1, X_2, \cdots, X_n|\Theta}(x_1, x_2, \cdots, x_n \mid \theta) = \prod_{j=1}^{n} f_{X|\Theta}(x_j \mid \theta) \tag{15.34}$$

给定 $X_1, X_2, \cdots, X_n$，采用与处理单一 X 相同的步骤求解 Θ 的后验分布，得

$$f_{\Theta|X_1, X_2, \cdots, X_n}(\theta \mid x_1, x_2, \cdots, x_n) \propto \left[\prod_{j=1}^{n} f_{X|\Theta}(x_j \mid \theta)\right] f_{\Theta}(\theta) \tag{15.35}$$

式 (15.35) 的右侧是 θ 的函数，给定 $x_1, x_2, \cdots, x_n$，这部分可以写作

$$f_{\Theta|X_1, X_2, \cdots, X_n}(\theta \mid x_1, x_2, \cdots, x_n) \propto L(\theta \mid x_1, x_2, \cdots, x_n)\pi(\theta) \tag{15.36}$$

其中 $L(\theta \mid x_1, x_2, \cdots, x_n)$ 就是通常意义的似然函数。

15.4.2 可信区间

为了简化表达，我们令 $D = d$ 表示在实验中（或者在数据收集过程中）获取的数据。可信区间（credible interval）是置信区间在贝叶斯理论中的叫法。Θ 的可信度为 $1 - \varepsilon$ 的可信区间是一个区间 $(a(d), b(d))$，在给定数据 d 时，条件概率满足

$$\Pr\left[a(d) \leqslant \Theta \leqslant b(d) \mid d\right] = \int_{a(d)}^{b(d)} \pi(\theta \mid d)\,\mathrm{d}\theta = 1 - \varepsilon \tag{15.37}$$

其中区间 $(a(d), b(d))$ 是 θ 的区间估计，可知在给定数据的情况下，属于该区间的 Θ 的条件概率为 $1 - \varepsilon$。

和置信区间一样，可信区间一般也是对称的，因为我们选择了边界 $a(d)$ 和 $b(d)$，因此有

$$\Pr[\Theta < a(d) \mid d] = \frac{\varepsilon}{2}, \quad \Pr[\Theta > b(d) \mid d] = \frac{\varepsilon}{2}$$

另一种可能性是将 $1 - \varepsilon$ 可信区间确定为满足以下条件的 Θ 值的区域 A：

（1）该区域的后验概率为 $1 - \varepsilon$，即 $\Pr(\Theta \in A) = 1 - \varepsilon$。

（2）在区域 A 中任意点的最小后验密度，等于或者大于区域 A 以外任意点的后验密度。

满足这两个要求的区域被称作最高后验密度（highest posterior density，HPD）区间。HPD 是大部分分布所在的区间，一些分析人员比较喜欢这个区间，因为它最短。

 ## 15.5 预测分布

考虑密度为 $f_X(x \mid \theta)$ 的随机变量 X，其中 θ 是先验密度为 $\pi(\theta)$ 的随机变量 Θ 的一个具体值。X 的边际密度为

$$f_X(x) = \int_\Omega f_{X,\Theta}(x, \theta)\,\mathrm{d}\theta = \int_\Omega f_X(x \mid \theta)\,\pi(\theta)\,\mathrm{d}\theta \tag{15.38}$$

一些学者（比如 Gelman 等人[112]）将 X 的边际分布称为 X 的先验预测分布。

假设第一次实验已经得到 $X = x_0$，我们希望预测下一次实验中 X 的结果。这需要在给定 x_0 的情况下计算 X 的条件密度，有

$$
\begin{aligned}
f_X(x \mid x_0) &= \int_\Omega f(x, \theta \mid x_0)\,\mathrm{d}\theta = \int_\Omega f(x \mid x_0, \theta)\,\pi(\theta)\,\mathrm{d}\theta \\
&= \int_\Omega f(x \mid \theta)\,\pi(\theta \mid x_0)\,\mathrm{d}\theta
\end{aligned} \tag{15.39}
$$

要使这个公式成立，就需要在给定 θ 的情况下假设实验是条件独立的。在已经观测到 x_0 的前提下，我们称这个表达式为 X 的预测密度。

现在，令 $x_1, x_2, \cdots, x_n$ 表示在给定 θ 的情况下 X 的 n 次条件独立观测值，$X_1, X_2, \cdots, X_n$ 与 Θ 的联合密度为

$$f_{X,\Theta}(x_1, x_2, \cdots, x_n, \theta) = \left[\prod_{i=1}^{n} f_X(x_i \mid \theta) \right] \pi(\theta) \tag{15.40}$$

用 d 表示数据集 $\{x_1, x_2, \cdots, x_n\}$。在观测到数据 d 之后，我们应该如何预测 X 的下一个值呢？

按照上面处理单一数值 x_0 的方法，可以得到预测密度为

$$f_X(x \mid d) = \int_\Omega f(x \mid \theta)\, \pi(\theta \mid d)\, \mathrm{d}\theta \tag{15.41}$$

案例 15.8（指数分布） 我们总计测试了 n 个同质元件，并观测到失效时间为 $T_1,$ $T_2, \cdots, T_n$，假设元件服从指数分布，有固定失效率 λ。令 $\Lambda = \lambda$，设失效时间条件独立。和案例 15.4 一样，我们假设 Λ 有服从参数为 $\alpha = 2$，$\beta = 1$ 的伽马先验密度，因此

$$\pi(\lambda) = \lambda \mathrm{e}^{-\lambda}, \ \ \lambda > 0$$

假设对于这 n 个元件，我们已经观测到了寿命 $\{t_1, t_2, \cdots, t_n\}$。根据案例 15.4 的论述，给定 $D = d = \{t_1, t_2, \cdots, t_n\}$，$\Lambda$ 的后验密度为

$$\pi(\lambda \mid d) = \frac{\left(1 + \sum\limits_{i=1}^{n} t_i\right)^{n+2}}{\Gamma(n+2)} \lambda^{n+1} \mathrm{e}^{-\lambda\left(1 + \sum\limits_{i=1}^{n} t_i\right)}, \ \ \lambda > 0 \tag{15.42}$$

因此，根据 d，可以预测下一次观测值 T 的（预测）密度为

$$\begin{aligned}
f_{T \mid D}(t \mid d) &= \int_0^\infty \lambda \mathrm{e}^{-\lambda t} \frac{\left(1 + \sum\limits_{i=1}^{n} t_i\right)^{n+2}}{\Gamma(n+2)} \lambda^{n+1} \mathrm{e}^{-\lambda\left(1 + \sum\limits_{i=1}^{n} t_i\right)} \mathrm{d}\lambda \\
&= \frac{\left(1 + \sum\limits_{i=1}^{n} t_i\right)^{n+2}}{\Gamma(n+2)} \int_0^\infty \lambda^{n+2} \mathrm{e}^{-\lambda\left[\left(1 + \sum\limits_{i=1}^{n} t_i\right) + t\right]} \mathrm{d}\lambda \\
&= \frac{(n+2)\left(1 + \sum\limits_{i=1}^{n} t_i\right)^{n+2}}{\left(1 + \sum\limits_{i=1}^{n} t_i + t\right)^{n+3}}, \ \ t > 0
\end{aligned} \tag{15.43}$$

因此可以预测相同类型新元件的存续度函数为

$$\Pr(T > t \mid d) = R(t \mid d) = \int_t^\infty \frac{(n+2)\left(1 + \sum\limits_{i=1}^{n} t_i\right)^{n+2}}{\left(1 + \sum\limits_{i=1}^{n} t_i + t\right)^{n+3}} \mathrm{d}u$$

$$= \left(\frac{1 + \sum\limits_{i=1}^{n} t_i}{1 + \sum\limits_{i=1}^{n} t_i + t} \right)^{n+2}$$

$$= \left(1 + \frac{t}{1 + \sum\limits_{i=1}^{n} t_i} \right)^{-(n+2)} , \quad t > 0 \tag{15.44}$$

15.6　多参数模型

对于存在两个或者更多未知参数的模型，必须使用多维先验分布，但是难以求得解析解，需借助计算机程序进行分析。

15.7　使用 R 程序进行贝叶斯分析

在贝叶斯框架中，所有关于未知参数 θ 的信息都包含在后验分布之中。可以采用两种方法确定后验分布：

（1）直接推导，主要使用共轭分布（见之前的介绍）。

（2）后验仿真，步骤如下：

① 从后验分布中抽样；

② 使用 Gibbs 采样器和 Metropolis-Hastings 算法的马尔可夫链蒙特卡罗 (MCMC) 方法。

使用 MCMC 进行贝叶斯分析超出了本书的讨论范围，有兴趣的读者可以从其他书籍中找到足够的信息，比如文献 [7, 112, 122]。这里只是简要介绍一下主要的方法。

编程语言 BUGS（BUGS 是使用 Gibbs 抽样的贝叶斯推理的缩写）是主流的贝叶斯分析仿真方法。BUGS 的主要特征是将"知识库"从用来得出结论的"推理机"中分离出来。BUGS 可以使用非常有限的语法描述相当复杂的模型。BUGS 中还包括一个"专家系统"，用来确定合理的 MCMC 机制分析特定模型。《BUGS 手册》[190]对这种语言有全面的介绍。作为一种语言，BUGS 需要在计算机程序中实现。

有三种计算机程序可以运行 BUGS：

（1）WinBUGS（用于微软 Windows® 计算机）；

（2）OpenBUGS（原生于 Windows®，但是也可以使用模拟器（比如 Wine）在其他平台上运行）；

（3）JAGS，是"只是另一种 Gibbs 抽样"的缩写（应用于所有主流计算机平台）。

其中，JAGS 使用的较多。无论使用哪个程序，我们都需要编写模型和问题在 BUGS 语言中解决。上述的任意一种仿真都可以通过 R 程序控制，比如，控制 JAGS 的程序包为 `rjags` 和 `R2jags`。R 脚本可以作为 JAGS/BUGS 脚本的前端，主要的编程步骤包括：

（1）编写 BUGS 模型并保存为文本文件；

（2）打开 R 程序；

（3）进行 R2jags 脚本的输入并运行；

（4）模型在 JAGS 中运行，我们可以在 R 程序的终端/控制台看到进度和输出结果。

读者可以在互联网上找到很多教程和案例，比如文献 [216] 就给出了许多 WinBUGS 示例。

也可以采用 Stan 进行分析，这是一种基于 C++ 的编程语言。R 程序包 RStan 是 R 与 Stan 之间的接口程序。有兴趣的读者可以在互联网上找到很多教程和案例。

 ## 15.8　课后习题

15.1　一名患者进行了实验室测试，得到结果 A（阳性）。阳性（A）意味着他患上了某种类型的癌症（B）。已知测试得到真阳性结果的概率为 $\Pr(A \mid B) = 0.97$，真阴性结果的概率为 $\Pr(\overline{A} \mid \overline{B}) = 0.95$。并且，证据显示，在患者的年龄段，有 3% 的人会患这种类型的癌症，也就是说先验置信度为 $\Pr(B) = 0.03$。

（1）计算随机选择的人员测试结果为 A（阳性）的概率。

（2）计算检测为阳性的患者确实患有这种类型癌症的概率。

15.2　证明能够使得绝对误差损失均值 $E(|\hat{\theta}(X) - \Theta|)$ 最小的 θ 的贝叶斯估计量，与 θ 的（给定 $X = x$ 时）后验分布的中位数相等。

15.3　假设 X 服从二项分布 (n, p)，其中 p 表示随机变量 P 的一个具体值。P 的先验分布为 $f_P(p) = 1$，$0 \leqslant p \leqslant 1$。确定在观测到 $X = x$ 时 P 的后验分布，并确定 p 的贝叶斯估计值。

15.4　根据文献 [165]（第 402 页），某项汽车可靠性测试一共测试了七辆汽车，每辆车都在测试中行驶了 36 000km。测试一共发现了 19 次失效。假设失效服从指数分布，并有参数为 $\alpha = 30\,000$，$\beta = 3$ 的伽马先验分布，回答以下问题：

（1）MTTF 的贝叶斯点估计值是多少？

（2）汽车 10 000km 可靠性的 90% 置信（可信）下限是多少？

15.5　令 $X_1, X_2, \cdots, X_n$ 表示独立变量并服从相同分布 $\mathcal{N}(\theta, \sigma_0^2)$，其中 σ_0^2 已知，θ 表示服从正态分布 $\mathcal{N}(\mu_0, \tau_0^2)$ 的随机变量 Θ 的具体值，并且 μ_0 和 τ_0^2 已知。

证明 Θ 的贝叶斯估计值（平方损失均值最小）是 θ 的先验均值和极大似然估计值的加权平均数，即

$$\hat{\theta}(X_1, X_2, \cdots, X_n) = \frac{n/\sigma_0^2}{n/\sigma_0^2 + 1/\tau_0^2}\overline{X} + \frac{1/\tau_0^2}{n/\sigma_0^2 + 1/\tau_0^2}\mu_0$$

注意，在以下情况中，Θ 的贝叶斯估计值是 Θ 假设估计量的加权平均数：

（1）只有数据（即标准估计量 $\overline{X}$）；

(2)　Θ 的先验信息为 μ_0，但是没有数据（即在没有进行任何观测之前的 μ 的贝叶斯估计量）。

还需要注意，当 $n \to \infty$ 时，先验均值 μ_0 的影响趋近于 0。

15.6 令 $X_1, X_2, \cdots, X_n$ 表示独立变量，且都服从相同分布 $\mathcal{N}(0, \sigma^2)$。

（1）　证明 $X_1, X_2, \cdots, X_n$ 的联合密度可以写作

$$C\tau^r \mathrm{e}^{-\tau \sum\limits_{i=1}^{n} x_i^2}, \quad r = n/2, \quad \tau = 1/(2\sigma^2)$$

（2）　选择密度为

$$\frac{\lambda}{\Gamma(k)}(\lambda\tau)^{k-1}\mathrm{e}^{-\lambda\tau}, \quad \tau > 0$$

的伽马分布 (k, λ) 作为 τ 的先验密度。证明在给定 $X_1, X_2, \cdots, X_n$ 的情况下，τ 的后验密度会成为一个伽马分布 $(k + r, \lambda + \sum\limits_{i=1}^{n} x_i^2)$，密度为

$$C(x_1, x_2, \cdots, x_n)\tau^{r+k-1}\mathrm{e}^{-\tau(\lambda + \sum\limits_{i=1}^{n} x_i^2)}, \quad \tau > 0$$

（3）　使用（2）中的结果证明 σ^2（期望平方损失最小）的贝叶斯估计量为

$$\frac{\lambda + \sum\limits_{i=1}^{n} X_i^2}{n + 2k - 2}$$

（提示：因为 $2\sigma^2 = 1/\tau$，$2\sigma^2$ 的贝叶斯估计量是 $1/\tau$ 的后验期望）这个问题基于 Lehmann 的著作（第 246 页）中使用的一个例子。

15.7 证明平均数的后验方差小于先验方差。

15.8 用尽可能简单的方式说明置信区间与可信区间之间的区别。

15.9 假定 X 服从二项分布 (n, θ)，其中 θ 是服从贝塔分布 (r, s) 的随机变量 Θ 的具体值。用 θ_0 表示 Θ 的先验均值。

证明 Θ 的贝叶斯估计量（平方损失均值最小）是 θ 的先验均值与极大似然估计量的加权平均数：

$$\hat{\theta}(X) = \frac{n}{r + s + n}\frac{X}{n} + \frac{r + s}{r + s + n}\theta_0$$

注意，在以下情况中，Θ 的贝叶斯估计值是 Θ 假设估计量的加权平均数：

（1）　只有数据 D（即 θ，X/n 的标准估计）；

（2）　Θ 的先验信息为 θ_0，但是没有数据（即在没有进行任何观测之前的 μ 的贝叶斯估计量）。

还需要注意，当 $n \to \infty$ 时，先验均值 θ_0 的影响趋近于 0。

15.10 一些学者将概率的贝叶斯方法称作贝叶斯范式。

（1）　说明将这种方法称为范式（paradigm）的含义。

（2）　列举使用贝叶斯方法（范式）的优点。

（3）　列举使用贝叶斯方法（范式）的缺点。

（4）　列举贝叶斯方法在可靠性分析中深受欢迎的原因。

第 **16** 章

可靠性数据：来源和质量

 ## 16.1　概述

所谓可靠性数据，是指系统可靠性模型中参数的估计值，例如故障率、MTTF、MTTR和验证测试间隔等。为了对系统可靠性进行量化，有必要为所有这些参数找到相关的和现实的估计值。幸运的是，一些数据库和预测方法可以提供其中一些估计值。在本章中，"数据库"指的是任何类型的数据源，包括单个数据表到综合的计算机化数据库。

本章将简要介绍一些可靠性数据库，其中重点介绍免费或可用的商业数据库。同时，还将简要讨论与可靠性数据库相关的质量问题。

16.1.1　输入数据的类别

定量系统可靠性分析主要依赖四类输入数据。

（1）技术数据：用于理解功能和功能需求，从而建立系统模型。技术数据一般由系统供应商提供。

（2）运行与环境数据：用于界定系统的实际运行条件。

（3）维护数据：它的形式包括步骤、资源、质量和时长，用于建立系统模型，并确定系统可靠性。

（4）失效数据：是有关失效模式和失效原因、失效时间分布以及各种参数的信息。

运行、环境和维护数据取决于具体的系统，因此在数据库中不包含这些数据。

可靠性数据的来源

可靠性数据一般可以从以下来源获得：

（1）来自使用研究对象的企业的现场（即运行）失效事件数据。一般可以在工厂的计算机化维护管理系统中找到失效事件数据。为了进行参数估计，需要采用第 14 章中介绍的方法分析这些数据。

（2）通用可靠性数据库，其中元件会被归为大类，没有关于制造商、品牌和元件规格的信息。比如，OREDA 数据库 [241] 会按照"离心泵；石油加工""燃气轮机；航改型（3000～10 000 kW）"之类的分类给出元件的参数估计值。

（3）提供有关失效模式和失效模式分布信息的数据源，比如 FMD。

（4）专家判断有时是获取输入参数的唯一选择。使用专家判断的步骤现在已经或多或少地实现了结构化（比如可参阅文献 [199]）。

（5）来自制造商的数据。这些数据基于：①制造商得到的元件实际使用反馈信息；②元件的工程分析，有时混合一些测试结果；③产品质保数据。当然还包括以上三种的综合数据。

（6）可靠性预测模型，一般与基准元件可靠性数据库搭配使用，比如 MIL-HDBK-217F。

（7）研究报告和论文有时也会提到特定元件的可靠性信息，包括输入可靠性数据。

（8）来自可靠性测试的数据。这些数据可能是通过元件验证过程获取的，也可能是来自于类似元件的测试数据。

16.1.2 参数估计

我们在第 14 章和第 15 章讨论过参数估计的问题，这里只对主要可靠性参数的估计值进行简要说明。

1. 失效率

几乎所有的数据库都只给出固定失效率的估计值，有些数据库给出的是特定失效模式的失效率，而另一些则会给出涵盖所有失效模式的总体失效率。还有少部分数据库给出的是进行估计的失效数量和运行时间，并提供了置信区间估计值。

2. CCF 估计值

CCF 一般都采用 β 因子模型。β 因子完全取决于系统的具体情况。在核能行业的少部分数据库提供了 β 因子，但是在其他行业，β 因子一般必须通过专家判断或者检查表方法（比如 IEC 61508）才能确定。

3. 平均故障时间

平均故障时间（MDT）和 MTTR 参数的估计值，对于每个系统都是不同的，但是估计都基于 IEEE Std.352 给出的参数列表：

- 运行和维护系统人员的能力
- 可用于维护工作的工具和设备
- 识别和定位失效所需要的时间
- 隔离已失效部件所需要的时间
- 拆卸时间

- 备件可用性
- 更换时间
- 重新组装的时间
- 校准时间
- 检查时间

常见的情况是通过专家判断给出这些参数。

4. 验证性测试周期和覆盖率

安全元件的验证性测试一般根据总体安全要求确定，并且会整合在运行过程之中。在实际当中，验证性测试通常都会针对运行条件进行调整，因此测试的周期和覆盖率可能都会有变化。一般来说，测试覆盖率取决于元件自身的技术性质以及元件所处系统的性质。

 # 16.2 通用可靠性数据库

有多个通用可靠性数据库采用商业化的手册或者计算机数据库的模式。本章将简要介绍其中一些数据库。大多数数据库都有相关的网站，上面列出有关如何访问数据库的详细说明和信息。

我们首先介绍提供离岸和在岸油气设备元件可靠性数据的 OREDA 数据库。

16.2.1 OREDA

OREDA 项目始于 1981 年，由挪威石油管理委员会[①]推动，旨在收集和提供挪威油气行业中使用安全设备的可靠性信息。稍后，OREDA 成为了一个包含国际合作的联合工业项目。参与项目的石油公司共同收集失效事件数据，并由一个承包商进行分析。到目前为止，OREDA 已经在 1984 年、1992 年、1997 年、2002 年、2009 年和 2015 年分别出版了六本综合数据手册。

OREDA 的内容包括：

（1）元件及其范围的描述。OREDA 中的元件范围如图 16.1所示，系统层级结构的最底层就是进行预防性维护的层级，称为可维护元件。OREDA 给出了各个系统可维护元件的列表，如表 16.1 所示。

（2）收集数据的元件数量以及提供数据的设施/工厂的数量是指定的。

（3）对元件的运行环境进行简要的描述。

（4）对元件的每种失效模式给出可靠性估值，以及 90% 置信区间。估值表示为"均值"，而置信区间会给出"上限"和"下限"。

（5）每种失效模式的失效次数、累计运行时间以及累计日历时间都是给定的。

（6）对于出现需求时的失效，给定了需求频率，这样就可以计算出现需求时的失效概率（PFD）。

（7）为每种失效模式给出了活跃修理时间（即 MDT）的估计值，并考虑了修理工作中的人工小时数。

读者可以在网站 http://www.oreda.com 上找到 OREDA 的数据示例。该数据库的失效数据主要来自收集的维护记录，既包含特定失效也包含共因失效。OREDA 中没有包括

---

① 现在称为挪威石油安全局。

像错误跳闸这类失效的全部细节，因为它们一般并不需要生成修理工单。在可能的情况下，OREDA 要求记录修理时间。对于一些元件类型，OREDA 中只有人工小时的数据。

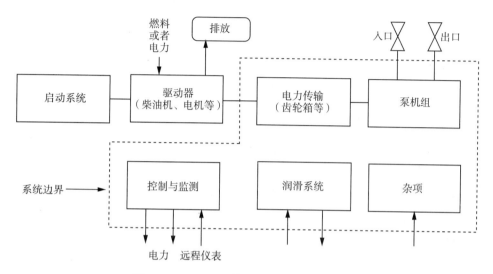

图 16.1　OREDA 数据库中的泵系统及范围

表 16.1　OREDA 数据库中泵系统各部分的可维护元件

泵系统				
电力传输	泵	控制/监测	润滑	其他
齿轮箱/各种驱动	框架	仪表	仪表	吹扫空气系统
轴承	泵体	线缆和接线盒	带加热系统的水箱	制冷/制热系统
密封	叶轮	控制单元	带/不带电机的泵	过滤器、旋风分离器
润滑	轴	执行装置	滤网	脉动阻尼器
驱动器耦合件	径向轴承	监测装置	冷却器	
驱动元件耦合件	推力轴承	内部电源	阀门/管线	
仪表	密封装置	阀门	润滑油	
	缸套		密封	
	活塞			
	隔膜			
	仪表			

OREDA 将失效模式分为三类：

（1）关键失效：立刻引起系统输出能力全部丧失的失效。

（2）退化失效：这种失效不是关键性的，但是会使系统无法按照规定输出。这种失效一般都是（但不一定）渐进的或者出现在局部，会随着时间发展成关键失效。

（3）初始失效：失效不会立刻引起系统输出能力丧失，但是如果不关注的话，会在不久以后发展为关键失效或者退化失效。

OREDA 手册的数据是不同时间提供的，有些也来自不同的元件。这意味着，有些元件的数据可能只能在其中一本手册中找到。

OREDA 项目仍然在运行，以组织油气行业可靠性数据的收集和分析。在项目中收集的细节信息保存在计算机数据库中，只对项目参与方开放。数据库中的信息比手册中的数据更加详细，OREDA 手册的最新版本是 2015 版 [241]。

OREDA 经常被认为是最高质量的可靠性数据库，并且是其他类似数据库的样本。国际标准 ISO 14224 可以看作 OREDA 项目的衍生产品。

要了解 OREDA 的更多信息，请查阅网站 http://www.oreda.com。

16.2.2　PDS 数据手册

PDS 手册中给出的是 SIS 元件的可靠性数据（见第 13 章）。PDS 手册基于多个数据源，比如 OREDA 和供应商数据，并引入专家进行认真评审。该手册用来支持安全仪表系统可靠性评估的 PDS 方法，但是作为独立数据库，它也是宝贵的可靠性数据来源。要了解更多信息，读者可以登录网站 https://www.sintef.no/projectweb/pds-main-page/pds-handbooks/pds-data-handbook。

16.2.3　PERD

流程设备可靠性数据库（PERD）是由美国化学工程师协会（AIChE）化学流程安全中心（CCPS）运行的一个基于会员的可靠性数据收集项目。PERD 的参与方根据与国际标准 ISO 14224一致的术语和格式报告失效信息。

16.2.4　SERH

安全设备可靠性手册（SERH）是安全仪表系统中元件的可靠性（Exida）数据手册，手册有三卷，分别针对传感器、逻辑运算器和接口模型、最终元件 [98]。

16.2.5　NPRD、EPRD 和 FMD

数据源 NPRD、EPRD 和 FMD 由 Quanterion 公司通过 RMQSI 知识中心（www.rmqsi.org）提供。这三个数据源早先都是由可靠性信息和分析中心（RIAC）开发的。

1. NPRD

非电子部件可靠性数据（NPRD）提供各种电气、机械和机电元件的数据。这些数据来自军工、民用和工业应用的现场经验。NPRD 手册的内容包括部件描述、质量等级、应用环境、失效率点估计值、数据来源、失效数量、总运行小时数（或者是距离和周期）以及更多部件特性。第一版 NPRD 出版于 1978 年，最新的版本是 2016 版 [228]。

2. EPRD

电子部件可靠性数据（EPRD）为电子元件提供可靠性估值，比如集成电路、半导体元件（二极管、晶体管、光电器件）、电阻、电容、电感器/变压器等。这些估计值基于在民用和军用电子应用中的失效事件。最新版的 EPRD[93] 超过 2700 页，并采用与 NPRD 一样的格式。手册包括部件描述、质量等级、应用环境、失效率点估计值、数据来源、失效数量、总运行小时数（或者是距离和周期）以及更多部件特性。现在 EPRD 也提供电子版。

3. FMD

失效模式机制分布（FMD）数据库提供不同电气、机械和机电部件及装配体的现场失效模式和机制分布数据。FMD 的最新版 [107] 涵盖了超过 99.9 万条记录，现在也提供电子版。

4. 自动化数据手册

有三种数据手册包含交互式软件工具，称为 Quanterion 自动化数据手册。

16.2.6　GADS

发电可用性数据系统（GADS）由北美电气可靠性公司（NERC）运行。GADS 始于 1982 年，涵盖美国和加拿大各地发电站的失效和扰动数据，是针对特定容量的常规发电机组的强制性行业计划。GADS 数据包括三种类型：

（1）设计数据：详细的设备描述。

（2）性能数据：如发电量、启动次数等。

（3）事件数据：与设备失效、时间、停电类型（强制、维护、计划）等有关的数据。

GADS 遵循 IEEE Std 762，提供总体发电机组和主要设备组的可靠性数据。电力行业的分析人员广泛使用 GADS。

16.2.7　GIDEP

政府工业数据交流项目（GIDEP）是美国政府、加拿大政府与工业伙伴之间的合作信息共享项目。GIDEP 的成员会交换技术系统元件重大问题以及不合规方面的信息。项目的初衷包括三个方面：

（1）提升技术系统的安全性、可靠性和可用性，与此同时降低开发、生产和持有成本。

（2）确保所有政府项目中都使用可靠合规的零部件、材料和软件。

（3）避免使用假冒、存在问题或停产的零件和材料。

要了解更多信息，读者可以浏览相关网站。

16.2.8　FMEDA 方法

Exida 公司①提出了一种综合可靠性数据库和分析以适应数据的方法，这种方法与下一节中将要介绍的可靠性预测类似。Exida 公司提出的方法一开始根据现有数据库（比如文献 [98,241]）估计失效率 λ_0；然后采用 FMEDA 将新元件和数据库中的元件进行比较，找

---

① 译者注：该公司为总部位于美国宾州的全球性功能安全服务商。

出相似和不同之处；接着采用专利化程序针对新元件和新运行环境调整 λ_0 的值，为客户提供估计值。Exida 专注于安全相关的设备，比如第 13 章中讨论的传感器和执行元件。

16.2.9　失效事件数据库

许多公司都会维护自己的元件失效事件数据库，作为其计算机化维护管理系统的一部分。数据库中记录与各种元件相关的失效和维护工作，这些数据用于维护计划并作为系统变更的基础。在某些领域，一些公司会分享其失效事件数据库中记录的信息。

一些行业使用失效记录、分析和修正工作系统（FRACAS）或者缺陷记录、分析和修正工作系统（DRACAS）。使用 FRACAS 或者 DRACAS，企业可以在报告储存在失效报告数据库之前正式分析失效并进行分类。现在有若干计算机程序支持 FRACAS 或者 DRACAS。

 ## 16.3　可靠性预测

可靠性预测是在给定的未来运行环境中预测零件可靠性的过程。本节中介绍的预测程序主要用于电子元件，电气和机械元件的相关程序与此类似。

对于大多数可靠性预测，我们都假设故障率固定。可靠性预测与可靠性估计不同，后者（参见第 14 章）针对的是基于现有数据集的量化可靠性参数，而预测关注的则是如何得到未来操作环境中的参数值。很多时候，我们遇到的挑战是预测使用的新零件的可靠性。图 16.2所示为一个典型的预测过程，说明如下：

- 在时刻 t_0 预测适用于（未来）运行阶段的零件失效率 λ。
- 在 t_0 前的某一时刻，根据现有资源、专家判断或者在受控环境下的实验室测试（或者三者结合），估计相似零件的基准失效率 λ_0。
- 失效率 λ 可以在系统开发和构建项目中使用，该项目可能在时刻 t_0 之后很久才结束。主要在项目的早期设计阶段使用 λ。
- 要根据假设的零件在运行阶段的使用环境以及制造零件所使用的技术预测 λ 的数值。

分析人员可以采用特定的步骤修改 λ_0，这样就可以反映出特定未来运行环境的压力水平。常见的做法是，将 λ_0 乘以一个作为相关压力水平函数的因子 $C(\cdot)$，因此有 $\lambda = \lambda_0 C(相关压力水平)$。因子 $C(\cdot)$ 的函数形式在各个方法中都有所不同。

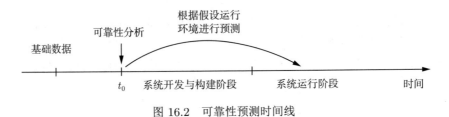

图 16.2　可靠性预测时间线

16.3.1　MIL-HDBK 217F 方法

电子零件可靠性预测最为常用的方法在军用手册 MIL-HDBK-217F 中给出。这份手册为电子系统中使用的各种零部件提供了固定失效率的基准估计值 λ_0，它涵盖的零部件包括集成电路、晶体管、二极管、电阻器、电容器、继电器、开关和连接器等。估计值主要根据受控基准环境的实验室测试得到，因此 MIL-HDBK-217F 中的失效率只与零件的特定（主要）失效有关，而没有考虑因为外部压力导致的失效和共因失效。手册还给出了针对特定环境调整零件失效率的公式和数据。

1. 部件压力

MIL-HDBK-217F 使用的预测未来特定运行环境失效率 λ 的方法称为部件压力分析预测技术。这项技术需要详细分析压力信息，以及环境、质量、最大额定值、复杂性、温度、结构和许多其他与应用相关的因素。失效率估计值的形式为

$$\lambda_P = \lambda_B \pi_Q \pi_E \pi_A \cdots$$

其中 λ_B 为基准失效率，根据在特定和受控环境条件下对零件进行可靠性测试估计得到。于是 λ_B 是在标准压力（比如电压和湿度）和温度条件下得到的。$\pi_Q, \pi_E, \pi_A, \cdots$ 一般称作影响或者协变量因子，它们反映部件质量、设备环境、应用压力等方面的影响。通过分析零件和系统的失效数据，手册会持续更新基准失效率和各种因素的数值。需要注意的是，这种方法不区分失效模式。

2. 部件数量

MIL-HDBK-217F 还介绍了一种预测系统可靠性的特殊方法，称作部件数量可靠性预测法。该方法假设只有在全部系统零件都运行时，系统才能运行，即系统具有串联结构。将 n 个系统零件的失效率相加，就可以得到系统失效率 λ_S：

$$\lambda_S = \sum_{i=1}^{n} \lambda_i$$

如果系统不是串联结构，λ_S 就给出了一个失效率上限。然而，文献 [220]（附录 D）对此方法进行了严厉的批评。

MIL-HDBK-217F 的最后一个版本发布于 1995 年，之后就没有再进行维护或者更新。现在它还是美国国防部的官方手册，但是 1995 年版本的通知 2 中指出"本手册仅供参考——请勿将其作为一项要求加以引用"。尽管如此，许多生产商仍然在使用这份手册，因为它提供了一种方便且标准的可靠性估算方法。

16.3.2　类似方法

另外，还有一些与 MIL-HDBK-217F 模型类似的方法，其中包括：

（1）西门子 SN 29500《电子可靠性预测》：由西门子公司开发并用于本公司产品。与 MIL-HDBK-217F 类似，SN 29500 也是根据在特定基准条件下的失效率制定的。这些失效率从应用和测试过程中得到，并参考了一些外部数据，比如 MIL-HDBK-217F。西门子将零件分为不同的组别，而每一组的可靠性模型都略有区别。国际标准 IEC 61709中的压力模型是该方法中将参考条件下失效率数据转换为真实运行条件失效率的基础。

（2）Telcordia SR-322《电子设备可靠性预测步骤》：是商用电信零件的可靠性预测方法。最初，因为对 MIL-HDBK-217F 方法用于商用产品不满，贝尔实验室开发了 SR-322。SR-322 使用了三种可靠性预测方法：

① 方法 I：基于 MIL-HDBK-217F 部件数量程序的预测。

② 方法 II：基于部件数量与实验室数据组合的预测。

③ 方法 III：基于部件数量与现场数据组合的预测。

（3）FIDES《电子系统可靠性方法论》：是 MIL-HDBK-217F 的法国版本，由法国多家大型公司协同开发。

（4）NSWC《机械设备可靠性预测手册》[229]：由美国国防部的海军水面作战中心开发。

现在有若干计算机程序支持 MIL-HDBK 217、Telcordia 和其他类似数据库。

16.4　共因失效数据

在很多可靠性研究中，共因失效（CCF）的可能性比元件失效率更需要估计。然而关于 CCF 的数据源很少，并且所有数据都基于 β 因子模型，也就是说我们能查到的只是 β 的数值。目前，主要有两类数据源：

（1）基于现场实际事件的数据源，比如国际共因数据交流项目（ICDE）。

（2）根据系统和运行环境的信息预测 β 数值的步骤，比如 IEC 61508 和 IEC 62061。

16.4.1　ICDE

ICDE 是经合组织核能署（NEA）代表若干国家核能管理机构运营的项目。ICDE 主要关注共因失效事件，以及如何从这些事件中获得经验教训。

ICDE 项目的目标是：

（1）收集和分析共因失效事件，以更好地了解这些事件的产生原因和预防措施。

（2）对共因失效事件的原因进行定性解释，可用于推导出预防或减轻其后果的方法或机制。

（3）建立有效反馈共因失效现象经验的机制，制订防止措施以防止事件发生，比如制定基于风险的检查指标。

ICDE 发布了一系列关于共因失效事件分析定性结果的公开报告，但是它的数据库只对项目参与方开放。

NRC 共因失效观察

美国核标准委员会（NRC）也在运营一个和 ICDE 类似的项目，系统化收集和分析共因失效事件数据，并将其保存在一个 CCF 数据库中[236]。项目已经发表了若干份名为《观察摘要》（Insight Summary）的报告。

16.4.2 IEC 61508 方法

β 因子一般介于 1% 和 10% 之间，表示在系统中实施用于防止 CCF 事件的措施会影响到 CCF 事件的比例，因此，根据一般数据对 β 估值意义有限。

IEC 61508-6 附录 D 中推荐了一种估计 β 的方法，我们称其为 IEC 61508 方法，它始于安全仪表系统硬件失效的研究。该方法要求分析人员回答 37 个预设问题，并将问题分为以下几组：

（1）物理设计（20 个问题）

- 分离/隔离（5）
- 多样化/冗余（9）
- 复杂性/设计/应用/成熟度/经验（6）

（2）分析（3 个问题）

评估/分析与数据反馈

（3）人员/操作员问题（10 个问题）

- 流程/人机接口（8）
- 竞争力/培训/安全文化（2）

（4）环境问题（4 个问题）

- 环境控制（3）
- 环境测试（1）

IEC 61508 会根据公司对于这些问题的答案给出 β 的估值。安全仪表系统专著[250]和 IEC 61508 对此方法有更详细的解释。

16.5 数据分析与数据质量

最近四十年来，业界工作人员已经投入了相当大的精力来收集和处理可靠性数据，尽管如此，可用数据的质量仍然不尽如人意。数据库中数据的质量显然取决于数据收集和分析的方式，以及对数据归类和整理的人员的素质。

相关机构制定了多个标准和指南，旨在提高数据收集和分析的质量，其中包括：

（1）IEC 60300-3-2《依赖性管理，第 3-2 部分：应用指南——从现场收集依赖性数据》；

（2）ISO 14224《石油和天然气行业——设备可靠性和维护数据收集与交流》。这个标准可以看作是 OREDA 项目的衍生品；

（3）《通过数据收集和分析提升工厂可靠性指南》[48]；

（4）《可靠性数据质量手册》[96]。

下面简要介绍一些与数据分析和可靠性数据库相关的主要问题。

16.5.1 过时的技术

图 16.3示出了可靠性数据收集和使用的一个典型案例，说明如下：

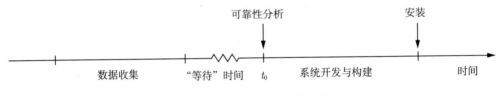

图 16.3 根据现场数据源进行估计

（1）我们研究的元件通常非常可靠，因此需要长时间观察它们才能给出足够多的失效来提供有意义的估计。即使我们观察到相当数量的相同元件，数据收集也须历经相当长的时间——通常是几年。

（2）数据收集一般都会采用项目管理制度，有明确的开始和停止时间。这意味着，在观察周期开始时很多观测的元件并不是全新的。

（3）在数据收集项目结束后，通常还会有一段"等待时间"来对数据分类并检查数据的质量和一致性。接下来才进行数据分析和可靠性估计。

（4）在将估计值用于新系统开发时，估计值回用于项目最初的设计阶段。然而系统开发项目有时会持续很长的时间，在元件安装和就位准备使用之前可能需要几年。

图 16.3 表明，当购买或（基于当前技术）建造并安装系统元件时，它们的可靠性评估可能是对之前使用完全不同技术的元件的估计值。OREDA 项目已经证实，其中一些用于进行可靠性估计的元件是在 20~30 年前安装的。那么我们有必要提出问题：这些旧元件使用的技术与要安装的新元件的技术是否足够相似？

16.5.2 库存数据

一般可以根据维护记录收集现场数据。需要进行维修的失效通常都会被记录下来，但误报和暂时失效可能不会出现在维护文件中。现场数据收集的另一个挑战是如何涵盖全部库存，我们需要找到以下问题的答案：

（1）某种特殊类型的元件我们工厂中有多少？

（2）每个元件承载并且在运行中的时间比例是多大？

（3）每个元件的运行环境是什么？

16.5.3　固定失效率

几乎所有商用可靠性数据库都只提供固定失效率，即使对于可能由于侵蚀、腐蚀和疲劳等机制而退化的机械设备也是如此。根据对退化机制的分析可知，机械设备的失效率应随着时间增加。然而用于分析的数据通常只是在服务总时间 t 内的失效数量 n。因此，根据 n/t 得到的失效率估值是"平均失效率"。通常能够收集失效数据的时间很有限，我们将其称为观测窗口（见 16.5.1 节）。

假设已经失效的元件会被更换或者恢复到完好如初的状态，我们称这样的过程为更新过程。在指定的观测窗口我们会观测多个元件，比如从 2000 年 1 月 1 日到 2003 年 1 月 1 日，我们只记录失效数量（n）和累计运行时间（t），计算 $\widehat{\lambda} = n/t$，估计平均失效率 λ。如果（真实的）寿命分布是失效率 $z(t)$ 递增的威布尔分布，我们使用平均失效率估计值，就会在元件寿命的早期高估失效率，而在其寿命的晚期低估失效率，如图 16.4 所示。如果将估计的平均失效率延展到我们收集数据的时间窗口之外，结果将更加偏离真实值。

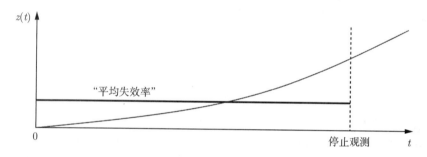

图 16.4　真实失效率与错误估计的平均失效率

分析寿命数据的人员并不是每次都会注意到我们在第 5 章讨论的失效率函数（FOM）与第 10 章讨论的失效发生速率（ROCOF）之间概念上的区别。假设系统的 ROCOF $w(t)$ 在递增，如果在系统寿命的早期阶段设置观测窗口收集失效数据，那么得到的"平均失效率"就会与在之后观测窗口得到的完全不同，如图 16.5 所示。这种影响在几个离岸数据收集项目中都可以看到，比如井下安全阀，当阀门出现失效之后，它已被替换为相同类型的新阀门，我们（错误地）认为存在一个更新过程。然而，井中的环境条件随着时间的推移而变化，变得更加恶劣。

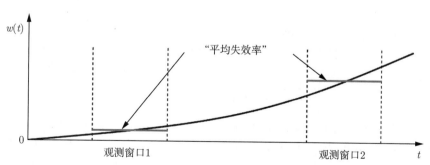

图 16.5　两个不同观测窗口期内估计的平均失效率

16.5.4　多个样本

通用数据库可以提供通用元件的失效率估计值。然而，划为同一类的各个元件不一定完全相同，也不一定暴露在完全相同的运行环境之中。因此，我们很难说收集到的数据是同质的样本。

假设有 m 个失效数据样本，且每个样本都是同质的。然而，即便是这样，我们也不能确定所有的 m 个样本都是同质的。设样本 i 在总运行时间 t_i 内有 n_i 个记录到的失效，那么在此样本中的元件都有固定失效率 λ_i, $i = 1, 2, \cdots, m$。而失效率 λ_i 的估计式为

$$\widehat{\lambda}_i = \frac{n_i}{t_i}$$

90% 置信区间由式 (10.16) 给定：

$$\left(\frac{1}{2t_i} z_{0.95, 2n_i}, \ \frac{1}{2t_i} z_{0.05, 2(n_i+1)} \right)$$

这 m 个样本的估计值和置信区间如图 16.6所示。如果我们（错误地）假设所有的样本都具有相同的失效率 λ，那么估计值就会是

$$\widehat{\lambda} = \frac{\sum\limits_{i=1}^{m} n_i}{\sum\limits_{i=1}^{m} t_i} \tag{16.1}$$

因为失效的总数相对较大，则运行的总时间相对较长，而置信区间非常短，如图 16.6中的"总体"一行。可以看出，这个"总体"置信区间并不能反映失效率的不确定情况。

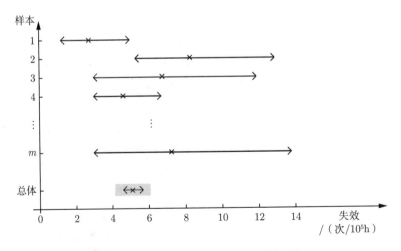

图 16.6　非同质样本的估计值和置信区间

因此，我们需要在合并样本之前详细检查它们是否同质。在很多数据库中，合并样本时都没有进行检查。OREDA[241] 还给出另一种方法，其中假定失效率 λ 是一个随机变量，可以在不同的样本中取不同的值。λ 分布标准差 (SD) 的估计值与每种失效模式的失效率

估计值一起呈现。标准差值高表示样品不均匀，就需要遵循半贝叶斯方法，将（平均）失效率估计为每个样本失效率估计值的加权平均值。在文献 [191] 和 OREDA 文档中，有关于这种方法更加详细的介绍。

文献 [209] 则给出了另一种处理非同质样本的方法，并分析了来自油井安全阀的失效数据。这些安装在油井中的阀门有不同的属性，或者说是压力，比如流量、气/油比、CO_2 含量、H_2S 含量和含砂量。一些主要的阀门属性，如直径和均衡比，也可以被称作压力。失效率被看作压力的函数，与我们在第 14 章中介绍的比例危险模型和 Cox 回归类似。在这个例子中，我们基于样本之间差异的物理模型获取估计值。

16.5.5　来自制造商的数据

一些制造商为其设备提供可靠性数据，这些数据主要源于客户报告的失效和保修索赔，有时也辅以实验室测试。保修期过后，制造商很少从用户那里得到任何信息。因此，一些制造商会提供服务方案来获取此类数据。此类数据存在的一个普遍问题是，永远无法确定是否所有失效都已报告，从中也无法获得有关这些元件到底已运行多长时间的完整信息。制造商的数据可以提供一些信息，但分析人员应注意不要过于相信这些失效率估计值。

16.5.6　质疑数据质量

在使用来自可靠性数据库的数据预测特定元件的可靠性时，分析人员至少应该考虑以下问题：

（1）数据是否来自同类元件？

（2）这种类型的元件近期是否进行过技术或者材料方面的重大修改？

（3）运行环境是否相同或者相似？

（4）数据是否来自数量充足的集合以实现让人信服的估计？

 ## 16.6　数据档案

在进行可靠性分析时，应该对计算中使用的所有输入参数建档。因此，我们推荐建立数据档案（data dossier），显示并佐证系统的每个元素或通道的数据。图 16.7 给出了一个数据档案的例子，当然我们也可以使用更加简单的数据档案。

结束语

收集和分析现场数据通常是非常困难的工作，很容易就会出错。读者如果想要了解更多可靠性数据库以及相关的问题信息，请阅读文献 [62] 和 [103]。

数据档案	
元件： 液压闸阀	系统： 向压力容器A1输送的管道

描述：

这是一个带有液压"故障安全"执行机构的5in闸阀。故障安全功能通过一根由液压压缩的铁质弹簧实现。这个阀门通常处于开启的位置，只有在容器中的压力超过150bar（译者注：1bar = 100kPa）的时候才会关闭。阀门每年进行功能测试。在功能测试之后，我们可以认为阀门"完好如初"。该阀门位于保护区域，并不会暴露在严寒或者冰冻的环境下。

失效模式：	失效率/h^{-1}：	来源：
— 需要的时候没有关闭	3.3×10^{-6}	数据源A
	1.2×10^{-6}	数据源B
— 在关闭位置阀门出现泄漏	2.7×10^{-6}	数据源A
— 阀门外部泄漏	4.2×10^{-6}	数据源A
— 不需要的时候关闭	3.8×10^{-6}	数据源A
	7.8×10^{-6}	数据源B
— 关闭之后无法开启	$1/300$	专家判断

评估：

失效率来自数据源A和B，而对于失效模式"关闭之后无法开启"的失效率，则是根据三名具有使用相同类型阀门丰富经验的人员进行的判断得到的，他们预计每300次关闭之后的开启会有1次出现失效。数据源B比数据源A的相关度更高，但是数据源B只提供了两种失效模式的数据。因此，数据源B用于失效模式"需要的时候没有关闭"和"不需要的时候关闭"，而数据源A则用于其他的失效模式。

测试和维护：

阀门会在安装之后进行功能测试，之后每年进行一次。假设功能测试就是一次真实的测试，所有在测试当中发现的可能失效都会及时得到修复，这样阀门在测试之后可以被认为是"完好如初"的。不会对阀门进行诊断性测试。

评价：

该阀门是一款标准闸阀，已经在类似的系统中使用了很长时间。因此，使用的数据非常合理，与实际情况非常相关。

图 16.7　可靠性数据档案示例

附录 **A**

缩　写

　　该附录涵盖了本书使用的主要缩写和简写。有的缩写因为只出现过一次，我们只在相应的位置进行了标注，没有将它们放在附录里。

AIChE	美国化学工程师协会
AFT	加速失效时间
AMSAA	美国陆军物料系统分析项目
ARA	算数寿命减少
ARI	算数密度降低
ARINC	航空无线电公司可靠性项目
ARMA	自回归移动均值
BDD	二项决策图
BN	贝叶斯网络
BPM	基本参数模型
CCF	共因失效
CCPS	（隶属于化学工程师协会的）化学流程安全中心
CDF	堆芯损坏频率
CBM	视情维修
CM	修复性维修
CMMS	计算机维修管理系统
CONOPS	运营概念
CPT	条件概率表
CVS	逗号分隔值
DAG	有向无环图
DFR	失效率递减
DFRA	平均失效率递减

DFT	动态故障树
DIM	差分重要性量度
DoD	（美国）国防部
DRACAS	缺陷记录、分析和修复系统
EDA	探索性数据分析
E/E/PE	电气/电子/可编程电子
EN	欧洲标准
EPRD	电子零部件可靠性数据
ESD	紧急切断
ESDV	紧急切断阀
ESReDa	欧洲安全可靠性与数据协会
ETA	事件树分析
EUC	受控设备
FAR	致死事故率
FAST	功能风险系统技术
FFA	功能失效分析
FMD	失效模式机制分布
FMEA	失效模式与效用分析
FMECA	失效模式、效用与临界状态分析
FMEDA	失效模式、效用与诊断分析
FOM	致死力
FRACAS	失效报告分析与修正系统
FSI	重要功能元件
FTA	故障树分析
FTF	功能失效
GADS	可用性数据生成系统
GIDEP	政府工业数据交换项目
HAZOP	危险与可操作性（分析）
HPD	最大后验密度
HPP	齐次泊松过程
ICDE	国际共因数据交流（系统）
IDEF	集成描述语言
IEC	国际电工技术委员会
IEEE	电气电子工程师协会
IEV	国际电工词汇
IFR	失效率递增

IFRA	平均失效率递增
i.i.d.	独立同分布
IP	提升潜力
ISO	国际标准化组织
KTT	动力树理论
LCC	生命周期成本
LOPA	保护层分析
MBF	多 β 因子（模型）
MCPS	最小并联结构
MCMC	马尔可夫蒙特卡罗（仿真）
MDT	平均停机时间
MFDT	平均死亡时间比
MFSC	由相同原因导致的多个失效
MGL	多希腊字母（模型）
MLE	极大似然估计
MME	矩量估计
MRL	平均剩余寿命
MSG	维修指导小组
MTBF	平均失效间隔时间
MTBR	平均替换/更新间隔时间
MTTF	平均失效时间
MTTFF	到第一次失效的平均时间
MTTR	平均修理时间
MUT	平均运行时间
NBU	新优于旧
NBUE	期望新优于旧
NEA	经合组织核能署
NERC	北美电气可靠性公司
NHPP	非齐次泊松过程
NPRD	非电子零部件可靠性数据
NRC	（美国）核标准委员会
NTNU	挪威科技大学
NUREG	美国核标准委员会报告
NWU	新不如旧
OEE	总体设备效率
OREDA	离岸及在岸可靠性数据

PDMP	分段确定性马尔科夫过程
PERD	流程设备可靠性数据库
PFD	出现需求时的失效概率
PH	成比例的危害
PHM	预断与健康管理系统
PM	预防性维修
PRA	概率风险评估
PSA	概率安全评估
PSV	压力安全阀
QRA	定量风险分析
RAM	可靠性、可用性与可维修性
RAMS	可靠性、可用性、可维修性与安全性
RAW	风险增加值
RRW	风险降低值
RBD	可靠性框图
RCM	以可靠性为中心的维修
RIAC	可靠性信息分析中心
ROCOF	失效发生率
RUL	剩余寿命
SADT	结构分析与设计技术
SAE	陆海空天先进交通工程协会
SERH	安全设备可靠性手册
SIF	安全仪表功能
SIL	安全完善等级
SIS	安全仪表系统
SRP	叠加更新过程
SRS	系统可靠性服务
TPM	全面生产性维修
TRL	技术成熟度
TRP	趋势更新过程
TQM	全面质量管理
UKAEA	英国核能局

拉普拉斯变换

令 $f(t)$ 表示在区间 $(0, \infty)$ 内定义的函数,那么它的拉普拉斯变换[①]$f^*(s)$ 定义为

$$f^*(s) = \int_0^\infty e^{-st} f(t)\, dt \tag{B.1}$$

其中,如果积分成立的话,s 是一个实数。在一些拉普拉斯变换更高级的分析中,也可以允许 s 是一个复数。所有函数都没有拉普拉斯变换。例如,如果 $f(t) = \exp(t^2)$,则积分对于 s 的所有值都会发散。

$f(t)$ 的拉普拉斯变换也可以写作 $\mathcal{L}[f(t)]$:

$$\mathcal{L}[f(t)] = f^*(s) = \int_0^\infty e^{-st} f(t)\, dt \tag{B.2}$$

上式说明了函数 f 与 f^* 之间的关系。当 $f(t)$ 是非负随机变量 T 的概率密度函数时,那么 $f(t)$ 的拉普拉斯变换就可以看作与随机变量 e^{-sT} 的期望值相等。

$$E(e^{-sT}) = \int_0^\infty e^{-st} f(t)\, dt = f^*(s)$$

函数 $f(t)$ 被称作 $f^*(s)$ 的反拉普拉斯变换,可以写作

$$f(t) = \mathcal{L}^{-1}[f^*(s)] \tag{B.3}$$

定理 B.1　令 $f(t)$ 表示一个在 $t \geqslant 0$ 的每个有限区间内分段连续的函数,并对一些常数 α 和 M 满足

$$|f(t)| \leqslant M e^{\alpha t}, \quad \text{对所有 } t \geqslant 0$$

那么对于所有 $s > \alpha$,$f(t)$ 的拉普拉斯变换都存在。

案例 B.1　考虑函数 $f(t) = e^{\alpha t}$,其中 α 是一个常数。有

$$f^*(s) = \int_0^\infty e^{-st} e^{\alpha t}\, dt = \int_0^\infty e^{-t(s-\alpha)}\, dt$$

[①] 以法国数学家 Pierre-Simon Laplace (1749—1827) 命名。

$$= \lim_{\tau \to \infty} \left[\frac{-1}{s - \alpha} \mathrm{e}^{-t(s-\alpha)} \right]_0^\tau$$

$$= \frac{1}{s - \alpha}, \text{其中 } s > \alpha$$

因此

$$\mathcal{L}\left[\mathrm{e}^{\alpha t} \right] = \frac{1}{s - \alpha}, \quad s > \alpha$$

拉普拉斯变换的重要性质

表 B.1 列出了拉普拉斯变换的一些重要性质。读者可以在很多有关数学分析的标准教科书中找到证明过程。

表 B.1　拉普拉斯变换的重要性
（1） $\mathcal{L}[f_1(t) + f_2(t)] = \mathcal{L}[f_1(t)] + \mathcal{L}[f_2(t)]$
（2） $\mathcal{L}[\alpha f(t)] = \alpha \mathcal{L}[f(t)]$
（3） $\mathcal{L}[f(t - \alpha)] = \mathrm{e}^{-\alpha s} \mathcal{L}[f(t)]$
（4） $\mathcal{L}[\mathrm{e}^{\alpha t} f(t)] = f^*(s - \alpha)$
（5） $\mathcal{L}[f'(t)] = s\mathcal{L}[f(t)] - f(0)$
（6） $\mathcal{L}\left[\int_0^t f(u)\,\mathrm{d}u \right] = \frac{1}{s}\mathcal{L}[f(t)]$
（7） $\mathcal{L}\left[\int_0^t f_1(t-u)f_2(u)\,\mathrm{d}u \right] = \mathcal{L}[f_1(t)] \cdot \mathcal{L}[f_2(t)]$
（8） $\lim_{s \to \infty} sf^*(s) = \lim_{t \to 0} f(t)$
（9） $\lim_{s \to 0} sf^*(s) = \lim_{t \to \infty} f(t)$

一些选定函数的拉普拉斯变换

表 B.2 列出了一些选定函数的拉普拉斯变换。

表 B.2　一些拉普拉斯变换	
$f(t),\ t \geqslant 0$	$f^*(s) = \mathcal{L}[f(t)]$
1	$\dfrac{1}{s}$
t	$\dfrac{1}{s^2}$
t^2	$\dfrac{2!}{s^3}$
t^n	$\dfrac{n!}{s^{n+1}}, \quad \alpha > -1, \ n = 0, 1, 2, \cdots$
t^α	$\dfrac{\Gamma(\alpha+1)}{s^{\alpha+1}}, \quad \alpha > -1$

续表

$f(t),\ t \geqslant 0$	$f^*(s) = \mathcal{L}[f(t)]$
$e^{\alpha t}$	$\dfrac{1}{s - \alpha}$
$e^{\alpha t} t^n$	$\dfrac{n!}{(s - \alpha)^{n+1}}$
$\cos \omega t$	$\dfrac{s}{s^2 + \omega^2}$
$\sin \omega t$	$\dfrac{\omega}{s^2 + \omega^2}$
$\cosh \alpha t$	$\dfrac{s}{s^2 - \alpha^2}$
$\sinh \alpha t$	$\dfrac{\alpha}{s^2 - \alpha^2}$

读者可以在互联网上搜索拉普拉斯变换了解更多信息。

参 考 文 献

[1] EU-2006/42/EC. *Council Directive 2006/42/EC of 17 May 2006 on machinery.* Brussels: Official Journal of the European Union, L 157/24 (2006), 2006.

[2] Odd O. Aalen. "Nonparametric inference for a family of counting processes". In: *Annals of Statistics* 6 (1978), pp. 701–726.

[3] Odd O. Aalen, Ørnulf Borgan, and Håkon K. Gjessing. *Survival and Event History Analysis; A Process Point of View.* New York: Springer, 2008.

[4] AGREE. *Reliability of Military Electronic Equipment.* Tech. rep. Washington, DC: Advisory Group on Reliability of Electronic Equipment, U.S. Department of Defense, 1957.

[5] Per Anders Akersten. "Imperfect repair models". In: *Proceedings of the European Conference on Safety and Reliability - ESREL'98.* Ed. by Stian Lydersen, G. K. Hansen, and H. A. Sandtorv. Balkema, 1998, pp. 369–372.

[6] Per Anders Akersten. "Repairable systems reliability. Studied by TTT-plotting techniques". PhD thesis. Linköping, Sweden: Linköping University, 1991.

[7] Jim Albert. *Bayesian Computation with R.* 2nd. Springer, 2009.

[8] Per Kragh Andersen et al. *Statistical Models Based on Counting Processes.* New York: Springer, 1993.

[9] John D. Andrews and Sarah J. Dunnett. "Event-tree analysis using binary decision diagrams". In: *IEEE Transactions on Reliability* 49.2 (2000), pp. 230–238.

[10] John D. Andrews and Rasa Remenyte. "Fault tree conversion to binary decision diagrams". In: *Proceedings of the 23rd International System Safety Conference.* San Diego, CA, Aug. 2005.

[11] Jonathan I. Ansell and Michael J. Phillips. *Practical Methods for Reliability Data Analysis.* Oxford: Oxford University Press, 1994.

[12] ANSI/ISA-84.01. *Application of Safety Instrumented Systems for the Process Industries.* American National Standard 84.01. Research Triangle Park, NC 27709: ANSI/ISA, 1996.

[13] ARINC. *Reliability Engineering.* Englewood Cliffs, NJ: Prentice-Hall, 1964.

[14] Renny Arismendi et al. "Prognostics and Maintenance Optimization in Bridge Management". In: *Proceedings of the 29th European Safety and Reliability Conference(ESREL).* Hannover, Germany, 2019, pp. 653–661.

[15] Harold Ascher and Harry Feingold. *Repairable Systems Reliability; Modeling, Inference, Misconceptions, and Their Causes.* New York: Marcel Dekker, 1984.

[16] Erik W. Aslaksen. *The System Concept and Its Application to Engineering.* Heidelberg, Germany: Springer, 2013.

[17] Corwin L. Atwood. "Parametric estimation of time-dependent failure rates for probabilistic risk assessment". In: *Reliability Engineering and System Safety* 37.3 (1992), pp. 181–194.

[18] Lee J. Bain, Max Engelhardt, and F. T. Wright. "Test for an increasing trend in the intensity of a Poisson process". In: *Journal of the American Statistical Association* 80 (1985), pp. 419–422.

[19] Richard E. Barlow and R. Campo. "Total time on test processes and applications to failure analysis". In: *Reliability and Fault Tree Analysis*. Ed. by Richard E. Barlow, Jerry B. Fussell, and Nozer D. Singpurwalla. Philadelphia: SIAM, 1975.

[20] Richard E. Barlow and Larry Hunter. "Optimal preventive maintenance policies". In: *Operations Research* 8.1 (1960), pp. 90–100.

[21] Richard E. Barlow and Howard E. Lambert. "Introduction to fault tree analysis". In: *Reliability and Fault Tree Analysis*. Ed. by Richard E. Barlow, Jerry B. Fussell, and Nozer D. Singpurwalla. Philadelphia: SIAM, 1975.

[22] Richard E. Barlow and Frank Proschan. "Importance of system components and fault tree events". In: *Stochastic Processes and their Applications* 3 (1975), pp. 153–173.

[23] Richard E. Barlow and Frank Proschan. *Mathematical Theory of Reliability*. New York: Wiley, 1965.

[24] Richard E. Barlow and Frank Proschan. *Statistical Theory of Reliability and Life Testing, Probability Models*. New York: Holt, Rinehart, and Winston, 1975.

[25] Igor Bazovsky. *Reliability Theory and Practice*. Mineola, NY: Prentice-Hall, Oct. 26, 2004. 304 pp. isbn: 978-0-486-43867-2.

[26] Anthony Bendell and Lesley A. Walls. "Exploring reliability data". In: *Quality and Reliability Engineering* 1 (1985), pp. 37–51.

[27] Christophe Bérenguer et al. "Maintenance Policy for a Continuously Monitored Deteriorating System". In: *Probability in the Engineering and Informational Sciences* 17.2 (2003), pp. 235–250.

[28] Bo Bergman and Bengt Klefsjö. "A graphical method applicable to age-replacement problems". In: *IEEE Transactions on Reliability* R-31.5 (1982), pp. 478–481.

[29] Bo Bergman and Bengt Klefsjö. "The total time on test concept and its use in reliability theory". In: *Operations Research* 32.3 (1984), pp. 596–606.

[30] Iwan van Beurden and William M. Goble. *Safety Instrumented System Design: Techniques and Design Verification*. Research Triangle Park, NC: International Society of Automation (ISA), 2018.

[31] Roy Billington and Ronald N. Allen. *Reliability Evaluation of Engineering systems: Concepts and Techniques*. 2nd. New York: Springer, 1992.

[32] Zygmunt Wilhelm Birnbaum. "On the importance of different components in a multicomponent system". In: *Multivariate Analysis* II. Ed. by P. R. Krishnaiah. New York: Academic Press, 1969, pp. 581–592.

[33] Zygmunt Wilhelm Birnbaum and James D. Esary. "Modules of coherent binary systems". In: *Journal of the Society for Industrial and Applied Mathematics* 13.2 (1965), pp. 444–462.

[34] Zygmunt Wilhelm Birnbaum and Sam C. Saunders. "A new family of life distributions". In: *Journal of Applied Probability* 6.2 (1969), pp. 319–327.

[35] Alessandro Birolini. *Reliability Engineering: Theory and Practice*. 7th. Heidelberg, Germany: Springer, 2014.

[36] K. M. Blache and A. B. Shrivastava. "Defining failure of manufacturing machinery and equipment". In: *Proceedings Annual Reliability and Maintainability Symposium*. 1994, pp. 69–75.

[37] Benjamin S. Blanchard and Wolter J Fabrycky. *Systems Engineering and Analysis*. 5th. Boston: Pearson, 2011.

[38] Henry W. Block, Wagner S. Borges, and Thomas H. Savits. "Age-dependent minimal repair". In: *Journal of Applied Probability* 22.2 (1985), pp. 370–385.

[39] Andrea Bobbio et al. "Improving the analysis of dependable systems by mapping fault trees into Bayesian networks". In: *Reliability Engineering and System Safety* 71 (2001), pp. 249–260.

[40] Jean-Louis Bon. *Fiabilité des Systèmes, Méthodes Mathématiques*. Paris: Masson, 1995.

[41] Emanuele Borgonovo and George E. Apostolakis. "A new importance measure for risk-informed decision making". In: *Reliability Engineering and System Safety* 72.193–212 (2001).

[42] Mario van der Borst and Herman A. Schoonakker. "An overview of PSA importance measures". In: *Reliability Engineering and System Safety* 72.241–245 (2001).

[43] Keomany Bouvard et al. "Condition-based dynamic maintenance operations planning & grouping. Application to commercial heavy vehicles". In: *Reliability Engineering and System Safety* 96.6 (2011), pp. 601–610. doi: DOI:10.1016/j.ress.2010.11.009.

[44] Florent Brissaud, Anne Barros, and Christophe Berenguer. "Probability of failure on demand of safety systems: impact of partial test distribution". In: *Proceedings of the Institution of Mechanical Engineers, Part O: Journal of Risk and Reliability* 226.4 (2012), pp. 426–436.

[45] Mark Brown and Frank Proschan. "Imperfect repair". In: *Journal of Applied Probability* 20.4 (1983), pp. 851–859.

[46] Bruno Castanier, Antoine Grall, and Christophe Bérenguer. "A condition-based maintenance policy with non-periodic inspections for a two-unit series system". In: *Reliability Engineering and System Safety* 87.1 (2005), pp. 109–120.

[47] CCPS. *Guidelines for Hazard Evaluation Procedures*. 3rd. Hoboken, NJ: Wiley, 2008.

[48] CCPS. *Guidelines for Improving Plant Reliability through Data Collection and Analysis*. New York: Center for Chemical Process Safety of the Americal Institute of Chemical Engineers, 1998.

[49] CCPS. *Layer of Protection Analysis: Simplified Process Risk Assessment*. New York: American Institute of Chemical Engineers, Center for Chemical Process Safety, 2001.

[50] Ji Hwan Cha and Maxim Finkelstein. *Point Processes for Reliability Analysis: Shocks and Repairable Systems*. Springer, 2018.

[51] J.-K. Chan and Leonard Shaw. "Modeling repairable systems with failure rates that depend on age and maintenance". In: *IEEE Transactions on Reliability* 42.4 (1993), pp. 566–571.

[52] P. Chatterjee. "Modularization of fault trees; A method to reduce the cost of analysis". In: *Reliability and Fault Tree Analysis*. Ed. by Richard E. Barlow, Jerry B. Fussell, and Nozer D. Singpurwalla. Philadelphia: SIAM, 1975.

[53] Michael C. Cheok, Gareth W. Parry, and Richard R. Sherry. "Use of importance measures in risk-informed regulatory applications". In: *Reliability Engineering and System Safety* 60 (1998), pp. 213–226.

[54] Raj S. Chhikara and J. Leroy Folks. *The Inverse Gaussian Distribution: Theory, Methodology, and Applications*. New York: Marcel Dekker, 1989.

[55] J. A. Childs and Ali Mosleh. "A modified FMEA tool for use in identifying and assessing common cause failure risk in industry". In: *Proceedings Annual Reliability and Maintainability Symposium*. 1999.

[56] Danny I. Cho and Mahmut Parlar. "A survey of maintenance models for multi-unit systems". In: *European Journal of Operational Research* 51.1 (1991), pp. 1–23.

[57] Anthony H. Christer and W. M. Waller. "Delay-time models of industrial inspection maintenance problems". In: *Journal of Operational Research* 35.5 (1984), pp. 401–406.

[58] Anthony H. Christer and Wenbin Wang. "Model of condition monitoring of a production plant". In: *International Journal of Production Research* 30 (1992), pp. 2199–2211.

[59] Christiane Cocozza-Thivent. *Processus Stochastiques et Fiabilité des Systèmes (in French)*. Paris: Springer, 1997.

[60] Christiane Cocozza-Thivent, Robert Eymard, and Sophie Mercier. "A finite-volume scheme for dynamic reliability models". In: *IMA Journal of Numerical Analysis* 26.3 (2006), pp. 446–471.

[61] Christiane Cocozza-Thivent et al. "Characterization of the marginal distributions of Markov processes used in dynamic reliability". In: *International Journal of Stochastic Analysis* 26.3 (2006), pp. 1–18.

[62] Roger M. Cooke and Tim Bedford. "Reliability databases in perspective". In: *IEEE Transactions on Reliability* 51.3 (2002), pp. 294–310.

[63] Anthony Coppola. "Reliability engineering of electronic equipment: A historic perspective". In: *IEEE Transactions on Reliability* 33 (1984), pp. 29–35.

[64] David Roxbee Cox. "Regression models and life tables (with discussion)". In: *Journal of the Royal Statistical Society* B 21 (1972), pp. 411–421.

[65] David Roxbee Cox. *Renewal Theory*. London: Methuen, 1962.

[66] David Roxbee Cox and Valerie Isham. *Point Processes*. London: Chapman and Hall, 1980.

[67] David Roxbee Cox and P. A. Lewis. *The Statistical Analysis of Series of Events*. London: Methuen, 1966.

[68] David Roxbee Cox and H. D. Miller. *The Theory of Stochastic Processes*. London: Methuen, 1965.

[69] David Roxbee Cox and David Oakes. *Analysis of Survival Data*. London: Chapman and Hall, 1984.

[70] Carl Harald Cramér. *Mathematical Methods of Statistics*. Princeton, NJ: Princeton University Press, 1946.

[71] Martin J. Crowder et al. *Statistical Analysis of Reliability Data*. Boca Raton, FL: CRC Press / Chapman and Hall, 1991.

[72] Mark Herbert Ainsworth Davis. "Piecewise-deterministic markov processes: A general class of non-diffusion stochastic models". In: *Journal of the Royal Statistical Society. Series B (Methodological)* 46.3 (1984), pp. 353–388.

[73] Rommert Dekker. "Application of maintenance optimization models: A review and analysis". In: *Reliability Engineering and System Safety* 51 (1996), pp. 229–240.

[74] Rommert Dekker and Philip A. Scarf. "On the Impact of Optimisation Models in Maintenance Decision Making: The State of the Art". In: *Reliability Engineering and System Safety* 60.2 (1997), pp. 111–119.

[75] Estelle Deloux, Mitra Fouladirad, and Christophe Bérenguer. "Health and usage based maintenance policies for a partially observable deteriorating system". In: *Proceedings of the Institution of Mechanical Engineers, Part O: Journal of Risk and Reliability* 230.1 (2016), pp. 120–129.

[76] Yingjun Deng, Anne Barros, and Antoine Grall. "Degradation Modeling Based on a Time-Dependent Ornstein-Uhlenbeck Process and Residual Useful Lifetime Estimation". In: *IEEE Transactions on Reliability* 65.1 (2016), pp. 126–140.

[77] William Denson. "The history of reliability prediction". In: *IEEE Transactions on Reliability* 47.3 (1998), pp. 321–328.

[78] DIN 31051. *Fundamentals of maintenance*. German standard. Berlin: German Institute for Standardization, 2012.

[79] DNV-RP-A203. *Qualification procedures for new technology*. Recommended Practice. Høvik, Norway: DNV GL, 2011.

[80] Phuc Do and Anne Barros. "Maintenance grouping models for multicomponent systems". In: *Mathematics Applied to Engineering*. Ed. by Mangey Ram and J. Paulo Davim. Academic Press, 2017, pp. 147–170. ISBN: 978-0-12-810998-4. doi: DOI:10.1016/B978-0-12-810998-4.00008-9.

[81] Phuc Do, Anne Barros, and Christophe Bérenguer. "A new result on the differential importance measures of Markov systems". In: *Ninth International Probabilistic Safety Assessment and Management Conference - Proc. PSAM 9*. 2008, pp. 18–23.

[82] Phuc Do, Anne Barros, and Christophe Bérenguer. "From differential to difference importance measures for Markov reliability models". In: *European Journal of Operational Research* 204.3 (2010), pp. 513–521. DOI: DOI:10.1016/j.ejor.2009.11.025.

[83] DOE-STD-1195. *Design of Safety Significant Safety Instrumented Systems Used at DOE Non-reactor Nuclear Facilities*. Washington, DC: U.S. Department of Energy, 2011.

[84] Tadashi Dohi, Naoto Kaio, and Shunji Osaki. "Renewal processes and their computational aspects". In: *Stochastic Models in Reliability and Maintenance*. Ed. by Tadashi Dohi. Berlin: Springer, 2002, pp. 1–30.

[85] Laurent Doyen and Olivier Gaudoin. "Modeling and Assessment of Aging and Efficiency of Corrective and Planned Preventive Maintenance". In: *IEEE Transactions on Reliability* 60.4 (2011), pp. 759–769.

[86] Laurent Doyen and Olivier Gaudoin. "Models for assessing maintenance efficiency". In: *Proceedings from ESREL conference*. Trondheim, Norway, June 2002.

[87] R. F. Drenick. "The failure law of complex equipment". In: *Journal of the Society of Industrial Applied Mathematics* 8.4 (1960), pp. 680–690.

[88] Joanne Bechta Dugan. "Galileo: A Tool for Dynamic Fault Tree Analysis". In: *Computer Performance Evaluation. Modelling Techniques and Tools*. Ed. by Boudewijn R. Haverkort, Henrik C. Bohnenkamp, and Connie U. Smith. Berlin: Springer, 2000, pp. 328–331.

[89] Charles E. Ebeling. *An Introduction to Reliability and Maintainability Engineering*. 2nd. Waveland Press, 2009. ISBN: 1-57766-625-9.

[90] Albert Einstein and Leopold Infeld. *The Evolution of Physics*. Cambridge University Press, 1938.

[91] Georg Elvebakk. "Analysis of repairable systems data: Statistical inference for a class of models involving renewals, heterogenity, and time trends". PhD thesis. Trondheim, Norway: Norwegian University of Science and Technology, 1999.

[92] EN 13306. *Maintenance - Maintenance terminology*. European standard. European Committee for Standardization (CEN), 2017.

[93] EPRD. *Electronic parts reliability data.* Handbook EPRD 2014. Utica, NY: Quanterion Solutions Inc., 2014.

[94] Benjamin Epstein and Milton Sobel. "Life testing". In: *Journal of the American Statistical Association* 48.263 (1953), pp. 486–502.

[95] Serkan Eryilmaz. "Computing Barlow-Proschan's importance in combined systems". In: *IEEE Transactions on Reliability* 65.1 (2016), pp. 159–163.

[96] ESReDA. *Handbook on quality of reliability data.* Working group report. DNV-GL, Høvik, Norway: European Reliability Data Association, 1999.

[97] M. G. K. Evans, Gareth W. Parry, and John Wreathall. "On the treatment of common-cause failures in system analysis". In: *Reliability Engineering* 9 (1984), pp. 107–115.

[98] exida.com. *Safety Equipment Reliability Handbook.* 4th. Sellersville, PA: exida.com, 2005.

[99] Lorenzo Fedele. *Methodologies and Techniques for Advanced Maintenance.* London: Springer, 2011.

[100] William Feller. *An Introduction to Probability Theory and Its Applications.* Vol. 1. New York: Wiley, 1968.

[101] Ronald A. Fisher and Leonard Henry Caleb Tippett. "Limiting forms of the frequency distributions of the largest or smallest of a sample". In: *Proceedings of the Cambridge Philosophical Society* 24 (1928), pp. 180–190.

[102] George Fishman. *Monte Carlo; Concepts, Algorithms, and Applications.* New York: Springer, 1996.

[103] J. Flamm and T. Luisi, eds. *Reliability Data Collection and Analysis.* Deventer, The Netherlands: Kluwer Academic Publishers, 1992.

[104] K. N. Fleming. *A Reliability Model for Common Mode Failures in Redundant Safety Systems.* Tech. rep. GA-A13284. San Diego, CA: General Atomic Company, 1975.

[105] K. N. Fleming and A. M. Kalinowski. *An extension of the beta factor method to systems with high levels of redundancy.* Technical report Report PLG-0289. Pickard, Lowe, and Garrick Inc., 1983.

[106] Karl N. Fleming, Ali Mosleh, and A. P. Kelley. "Analysis of dependent failures in risk assessment and reliability evaluation". In: *Nuclear Safety* 24.5 (1983).

[107] FMD. *Failure Mode and Mechanism Distributions.* Handbook FMD 2016. Utica, NY: Quanterion Solutions Inc., 2016.

[108] Ford. *Failure mode and effects analysis handbook.* Handbook Version 4.1. Dearborn, MI: Ford Design Institute, 2004.

[109] John Fox and Sanford Weisberg. *An R Companion to Applied Regression.* Los Angeles: Sage, 2019.

[110] Jerry B. Fussell. "How to hand-calculate system reliability and safety characteristics". In: *IEEE Transactions on Reliability* R-24.3 (1975), pp. 169–174.

[111] Olivier Gaudoin. "Optimal properties of the Laplace trend test for software-reliability models". In: *IEEE Transactions on Reliability* 41.4 (1992), pp. 525–532.

[112] Andrew Gelman et al. *Bayesian Data Analysis.* 3rd. Boca Raton, FL: CRC Press, Taylor & Francis Group, 2013.

[113] Ilya Gertsbakh. *Statistical Reliability Theory*. New York: Marcel Dekker, 1989.

[114] Houda Ghamlouch, Mitra Fouladirad, and Antoine Grall. "Prognostics for non-monotonous health indicator data with jump diffusion process". In: *Computers & Industrial Engineering* 126 (2018), pp. 1–15.

[115] William M. Goble and Aarnout C. Brombacher. "Using a failure modes, effects and diagnostic analysis (FMEDA) to measure diagnostic coverage in programmable electronic systems". In: *Reliability Engineering and System Safety* 66.2 (1999), pp. 145–148.

[116] Franciszek Grabski. *Semi-Markov Processes: Applications in System Reliability and Maintenance*. Amsterdam: Elsevier, 2015.

[117] Antoine Grall et al. "Asymptotic Failure Rate of a Continuously Monitored System". In: *Reliability Engineering and System Safety* 91.2 (2006), pp. 126–130.

[118] Antoine Grall et al. "Continuous-Time Predictive-Maintenance Scheduling for a Deteriorating System". In: *IEEE Transactions on Reliability* 51.2 (2002), pp. 141–150.

[119] Albert Edward Green and Alfred John Bourne. *Reliability Technology*. Chichester, UK: Wiley, 1972.

[120] Emil Julius Gumbel. *Statistics of Extremes*. New York: Columbia University Press, 1958.

[121] Pentti Haapanen and Atte Helminen. *Failure mode and effects analysis of software-based automation systems*. Technical report STUK-YTO-TR 190. Helsinki, Finland: Radiation and Nuclear Safety Authority, 2002.

[122] Michael S. Hamada et al. *Bayesian Reliability*. New York: Springer, 2008.

[123] S. Hauge et al. *Independence of Safety Systems on Offshore Oil and Gas Installations – Status and Challenges (in Norwegian)*. STF50 A06011. Trondheim, Norway: SINTEF, 2006.

[124] Stein Hauge et al. *Common Cause Failures in Safety Instrumented Systems*. Report A26922. Trondheim, Norway: SINTEF, 2015.

[125] Stein Hauge et al. *Reliability prediction methods for safety instrumented systems, PDS method handbook*. Handbook. Trondheim, Norway: SINTEF, 2013.

[126] Per R. Hokstad. "The failure intensity process and the formulation of reliability and maintenance models". In: *Reliability Engineering and System Safety* 58 (1997), pp. 69–82.

[127] Per R. Hokstad and Kjell Corneliussen. "Loss of safey assessment and the IEC 61508 standard". In: *Reliability Engineering and System Safety* 83 (2004), pp. 111–120.

[128] Per R. Hokstad and Anders T. Frøvig. "The modelling of degraded and critical failures for components with dormant failures". In: *Reliability Engineering and System Safety* 51 (1996), pp. 189–199.

[129] Per R. Hokstad and Marvin Rausand. "Common cause failure modeling: Status and trends". In: *Handbook of Performability Engineering*. Ed. by Krishna B. Misra. London: Springer, 2008. Chap. 39, pp. 621–640.

[130] Arnljot Høyland and Marvin Rausand. *System Reliability Theory; Models and Statistical Methods*. Hoboken, NJ: Wiley, 1994.

[131] Khac Tuan Huynh et al. "On the Use of Mean Residual Life as a Condition Index for Condition-Based Maintenance Decision-Making". In: *IEEE Transactions on Systems, Man, and Cybernetics: Systems* 44.7 (2014), pp. 877–893.

[132] IEC 60300-3-11. *Dependability management – Application guide – Part 3-11: Reliability-centred maintenance.* International standard. Geneva: International Electrotechnical Commission, 2009.

[133] IEC 60300-3-14. *Dependability management – Application guide – Part 3-14: Maintenance and maintenance support.* International standard. Geneva: International Electrotechnical Commission, 2004.

[134] IEC 60300-3-2. *Dependability management. Part 3-2: Application guide – Collection of dependability data from the field.* International standard. Geneva: International Electrotechnical Commission, 2004.

[135] IEC 60706. *Maintainability of equipment.* International standard [Series of several standards]. Geneva: International Electrotechnical Commission, 2006.

[136] IEC 60812. *Procedure for failure mode and effects analysis (FMEA and FMECA).* International standard. Geneva: International Electrotechnical Commission, 2018.

[137] IEC 61025. *Fault tree analysis (FTA).* International standard. Geneva: International Electrotechnical Commission, 2006.

[138] IEC 61508. *Functional Safety of Electrical/Electronic/Programmable Electronic Safety-Related Systems. Parts 1-7.* International standard. Geneva: International Electrotechnical Commission, 2010.

[139] IEC 61511. *Functional Safety – Safety Instrumented Systems for the Process Industry.* International standard. Geneva: International Electrotechnical Commission, 2003.

[140] IEC 61513. *Nuclear power plants – Instrumentation and control important to safety – General requirements for systems.* International standard. Geneva: International Electrotechnical Commission, 2011.

[141] IEC 61709. *Electric components – Reliability – Reference conditions for failure rates and stress models for conversion.* International standard. Geneva: International Electrotechnical Commission, 2017.

[142] IEC 61882. *Hazard and operability studies (HAZOP studies) – Application guide.* International standard. Geneva: International Electrotechnical Commission, 2016.

[143] IEC 62061. *Safety of Machinery – Functional Safety of Safety-related Electrical, Electronic and Programmable Electronic Control Systems.* International standard. Geneva: International Electrotechnical Commission, 2005.

[144] IEC 62278. *Railway applications - Specification and demonstration of reliability, availability, maintainability and safety (RAMS).* International standard. Geneva: International Electrotechnical Commission, 2002.

[145] IEC TR 62278-3. *Railway applications – Specification and demonstration of reliability, availability, maintainability and safety (RAMS) – Part 3: Guide to the application of IEC 62278 for rolling stock RAM.* International standard. Geneva: International Electrotechnical Commission, 2010.

[146] IEEE Std. 1366. *IEEE Guide for Electric Power Distribution Reliability Indices.* Standard. New York: Institute of Electrical and Electronics Engineers, 2012.

[147] IEEE Std. 352. *IEEE Guide for General Principles of Reliability Analysis of Nuclear Power Generating Station Protection Station Systems and Other Nuclear Facilities.* Standard. New York: Institute of Electrical and Electronics Engineers, 2016.

[148] IEEE Std. 500. *IEEE Guide for the Collection and Presentation of Electrical, Electronic, Sensing Component, and Mechanical Equipment Reliability Data for Nuclear Power Generating Stations.* Standard. New York: Institute of Electrical and Electronics Engineers, 1984.

[149] IEEE Std 762. *Standard definitions for use in reporting electric generating unit reliability, availability, and productivity.* Standard. New York: Institute of Electrical and Electronics Engineers, 2006.

[150] W. Grant Ireson, ed. *Reliability Handbook.* New York: McGraw-Hill, 1966.

[151] Kaoru Ishikawa. *Guide to Quality Control.* White Plains, NY: Asian Productivity Organization-Quality Resources, 1986.

[152] ISO 14224. *Petroleum, Petrochemical, and Natural Gas Industries: Collection and Exchange of Reliability and Maintenance Data for Equipment.* International standard. Geneva: International Organization for Standardization, 2016.

[153] ISO 17359. *Condition monitoring and diagnosis of machines – General guidelines.* International standard. Geneva: International Organization for Standardization, 2018.

[154] ISO 20815. *Petroleum, petrochemical, and natural gas Industries: Production assurance and reliability management.* International standard. Geneva: International Organization for Standardization, 2018.

[155] ISO 25010. *Systems and software engineering – Systems and software Quality Requirements and Evaluation (SQuaRE) – System and software quality models.* International standard. Geneva: International Organization for Standardization, 2011.

[156] ISO 55000. *Asset management – Overview, principles and terminology.* International standard. Geneva: International Organization for Standardization, 2014.

[157] ISO 9000. *Quality management systems – Fundamentals and vocabulary.* Standard ISO 9000. Geneva: International Organization for Standardization, 2015.

[158] Z. Jelinski and P. B. Moranda. "Software Reliability Research". In: *Statistical Computer Performance Evaluation.* Ed. by W. Freiberger. New York: Academic Press, 1972, pp. 465–484.

[159] Finn V. Jensen and Thomas D. Nielsen. *Bayesian Networks and Decision Graphs.* 2nd. Berlin: Springer, 2007.

[160] Norman L. Johnson and Samuel Kotz. *Distributions in Statistics. Continuous Univariate Distributions.* Vol. 1-2. Boston: Hougton Mifflin, 1970.

[161] Waltraud Kahle, Sophie Mercier, and Christian Paroissin. *Degradation Processes in Reliability.* Hoboken, NJ: Wiley, 2016.

[162] John D. Kalbfleisch and Ross L. Prentice. *The Statistical Analysis of Failure Time Data.* Hoboken, NJ: Wiley, 1980.

[163] Edward L. Kaplan and Paul Meier. "Nonparametric estimation from incomplete observations". In: *Journal of the American Statistical Association* 53.282 (1958), pp. 457–481.

[164] Stanley Kaplan and B. John Garrick. "On the quantitative definition of risk". In: *Risk Analysis* 1 (1981), pp. 11–27.

[165] Kailash Chander Kapur and L. R. Lamberson. *Reliability in Engineering Design.* Hoboken, NJ: Wiley, 1977.

[166] Yoshio Kawauchi and Marvin Rausand. "A new approach to production regularity assessment in the oil and chemical industries". In: *Reliability Engineering and System Safety* 75 (2002), pp. 379–388.

[167] Uffe B. Kjærulff and Anders L. Madsen. *Bayesian Networks and Influence Diagrams: A Guide to Construction and Analysis*. Berlin: Springer, 2008.

[168] C. Raymond Knight. "Four decades of reliability progress". In: *Annual Reliability and Maintainability Symposium*. IEEE. 1991, pp. 156–160.

[169] Way Kuo and Xiaoyan Zhu. *Importance Measures in Reliability, Risk, and Optimization: Principles and Optimization*. Hoboken, NJ: Wiley, 2012.

[170] Stefano La Rovere et al. "Differential Importance Measure for Components Subjected to Aging Phenomena". In: *Journal of Quality and Reliability Engineering* 2013 (2013), pp. 1–11.

[171] William Lair et al. "Piecewise deterministic markov processes and maintenance modeling: application to maintenance of a train air-conditioning system". In: *Proceedings of the Institution of Mechanical Engineers, Part O: Journal of Risk and Reliability* 225.2 (2011), pp. 199–209.

[172] Manuel Lambert, Bernard Riera, and Grégory Martel. "Application of functional analysis techniques to supervisory systems". In: *Reliability Engineering and System Safety* 64.2 (1999), pp. 209–224.

[173] Yves Langeron, Antoine Grall, and Anne Barros. "A modeling framework for deteriorating control system and predictive maintenance of actuators". In: *Reliability Engineering and System Safety* 140 (2015), pp. 22–36.

[174] Jean-Claude Laprie. *Dependability : Basic Concepts and Terminology*. Berlin: Springer, 1992.

[175] Jerald F. Lawless. *Statistical Models and Methods for Lifetime Data*. Hoboken, NJ: Wiley, 1982.

[176] Khanh Le Son et al. "Remaining useful life estimation based on stochastic deterioration models: A comparative study". In: *Reliability Engineering and System Safety* 112 (2013), pp. 165–175.

[177] Jay Lee, Masoud Ghaffari, and Sherin Elmeligy. "Self-maintenance and engineering immune systems: Towards smarter machines and manufacturing systems". In: *Annual Reviews in Control* 35.1 (2011), pp. 111–122.

[178] J. Lieblein and M. Zelen. "Statistical investigation of the fatigue life of deep-groove ball bearings". In: *Journal of Research, National Bureau of Standards* 57 (1956), pp. 273–316.

[179] T. J. Lim. "Estimating system reliability with fully masked data under Brown-Proschan imperfect repair model". In: *Reliability Engineering and System Safety* 59 (1998), pp. 277–289.

[180] Nikolaos Limnios and Gheorghe Oprisan. *Semi-Markov Processes and Reliability*. Basel, Switzerland: Birkhäuser, 2001.

[181] Yan-Hui Lin, Yan-Fu Li, and Enrico Zio. "A comparison between Monte-Carlo simulation and finite-volume scheme for reliability assessment of multi-state physics systems". In: *Reliability Engineering and System Safety* 174 (2018), pp. 1–11.

[182] Bo Henry Lindqvist. "Statistical and Probabilistic Models in Reliability". In: *Statistical modeling and analysis of repairable systems*. Ed. by D. C.. Ionesco and N. Limnios. Boston: Birkhauser, 1998, pp. 3–25.

[183] Bo Henry Lindqvist and H. Amundrustad. "Markov model for periodically tested components". In: *Proceedings of the European Conference on Safety and Reliability - ESREL'98*. Ed. by S. Lydersen, G. K. Hansen, and H. A. Sandtorv. Boston: Balkema, 1998.

[184] Richard G. Little. *Managing the risk of aging infrastructure*. Project report. https://irgc.org: International Risk Governance Council (IRGC), 2012.

[185] Yiliu Liu. "Optimal staggered testing strategies for heterogeneously redundant safety systems". In: *Reliability Engineering and System Safety* 126 (2014), pp. 65–71.

[186] David. K. Lloyd and Myron Lipow. *Reliability: Management, Methods, and Mathematics*. Englewood Cliffs, NJ: Prentice-Hall, 1962.

[187] M. V. Lomonosov and V. P. Polesskii. "A Lower Bound for Network Reliability". In: *Problems of Information Transmission* 7.4 (1971), pp. 118–123.

[188] Gary Lorden. "On excess over the boundary". In: *Annals of Mathematical Statistics* 41 (1970), pp. 520–527.

[189] Mary Ann Lundteigen and Marvin Rausand. "Partial stroke testing of process shutdown valves: how to determine the test coverage". In: *Journal of Loss Prevention in the Process Industries* 21 (2008), pp. 579–588.

[190] David Lunn et al. *The BUGS Book: A Practical Introduction to Bayesian Analysis*. Boca Raton, FL: CRC Press / Chapman and Hall, 2013.

[191] Stian Lydersen and Marvin Rausand. "Failure rate estimation based on data from different environments and with varying quality". In: *Reliability Data Collection and Use in Risk and Availability Assessment*. Ed. by Viviana Colombari. Springer, 1989.

[192] M. A. K. Malik. "Reliable preventive maintenance policy". In: *AIII Transactions* 11 (1979), pp. 221–228.

[193] Nancy R. Mann, Ray E. Schafer, and Nozer D. Singpurwalla. *Methods for Statistical Analysis of Reliability and Lifetime Data*. Hoboken, NJ: Wiley, 1974.

[194] David A. Marca and Clement L. McGowan. *IDEFO and SADT: A Modeler's Guide*. Auburndale, MA: OpenProcess, 2006.

[195] Harry F. Martz and Ray A. Waller. *Bayesian Reliability Analysis*. New York: Wiley, 1982.

[196] John I. McCool. *Using the Weibull Distribution; Reliability, Modeling, and Inference*. Hoboken, NJ: Wiley, 2012.

[197] William Q. Meeker and Luis A. Escobar. *Statistical Methods for Reliability Data*. Hoboken, NJ: Wiley, 1998.

[198] Robert E. Melchers. *Structural Reliability Analysis and Prediction*. 2nd ed. Hoboken, NJ: Wiley, 1999.

[199] Mary A. Meyer and Jane M. Booker. *Eliciting and Analyzing Expert Judgment*. Philadelphia: SIAM, 2001.

[200] MIL-HDBK-189C. *Reliability Growth Management*. Military handbook. Washington, DC: U. S. Department of Defense, 2011.

[201] MIL-HDBK-217F. *Reliability Prediction of Electronic Equipment*. Military handbook. Washington, DC: U. S. Department of Defense, 1995.

[202] MIL-HDBK-338B. *Electronic Reliability Design Handbook*. Military handbook. Washington, DC: U. S. Department of Defense, 1998.

[203] MIL-HDBK-470A. *Designing and developing maintainable products and systems*. Military handbook. Washington, DC: U.S. Department of Defense, 1997.

[204] MIL-P-1629. *Procedures for performing a failure modes, effects, and criticality analysis.* Military procedure. Washington, DC: U.S. Department of Defense, 1949.

[205] MIL-STD-1629A. *Procedures for Performing a Failure Mode, Effects, and Criticality Analysis.* Military standard. Washington, DC: U.S. Department of Defense, 1980.

[206] MIL-STD-785A. *Reliability Program for Systems and Equipment Development and Production.* Military standard. Washington, DC: U.S. Department of Defense, 1969.

[207] A. G. Miller, B. Kaufer, and L. Carlson. "Activities on component reliability under the OECD Nuclear Energy Agency". In: *Nuclear Engineering and Design* 198 (2000), pp. 325–334.

[208] M. A. Miner. "Cumulative damage in fatigue". In: *Journal of Applied mechanics* 12 (1945), A159–A164.

[209] Einar Molnes, Marvin Rausand, and Bo Henry Lindqvist. *Reliability of Surface Controlled Subsurface Safety Valves.* Technical report STF75 A86024. Trondheim, Norway: SINTEF, 1986.

[210] Dirk F. Moore. *Applied Survival Analysis Using R.* Springer, 2016.

[211] E. Mosayebi Omshi, Antoine Grall, and Soudabeh Shemehsavar. "A dynamic auto-adaptive predictive maintenance policy for degradation with unknown parameters". In: *European Journal of Operational Research* (2019).

[212] Ali Mosleh and Nathan O. Siu. "A Multi-Parameter, Event-Based Common Cause Failure Model." In: *Trans. 9th Int. Conf. Structural Mechanics in Reactor Technology.* Lausanne, Switzerland, 1987.

[213] D. N. Prabhakar Murthy, Min Xie, and Renyan Jiang. *Weibull Models.* Hoboken, NJ: Wiley, 2003.

[214] Toshio Nakagawa. *Shock and Damage Models in Reliability Theory.* London: Springer, 2007.

[215] Seiichi Nakajima. *Introduction to TPM: Total Productivity Maintenance.* 11th. Cambridge, MA: Productivity Press, 1988.

[216] NASA. *Bayesian Inference for NASA Probabilistic Risk and Reliability Analysis.* Guide NASA/SP-2009-569. Washington, DC: U.S. National Aeronautics and Space Administration, 2009.

[217] NASA. *Fault Tree Handbook with Aerospace Applications.* Handbook. Washington, DC: U.S. National Aeronautics and Space Administration, 2002.

[218] NASA. *Probabilistic Risk Assessment Procedures: Guide for NASA Managers and Practitioners.* Guide NASA/SP-2011-3421. Washington, DC: U.S. National Aeronautics and Space Administration, 2011.

[219] NASA. RCM *guide: Reliability-centered maintenance guide for facilities and collateral equipment.* Guideline. Washington, DC: U.S. National Aeronautics and Space Administration, 2008.

[220] National Research Council. *Reliability Growth: Enhancing Defense System Reliability.* Washington, DC: The National Academies Press, 2015.

[221] NEA. *International Common-Cause Failure Data Exchange. ICDE General Coding Guidelines.* Technical report R(2004)4. Paris: Nuclear Energy Agency, 2004.

[222] Wayne Nelson. *Applied Life Data Analysis.* New York: Wiley, 1982.

[223] Wayne Nelson. "Theory and applications of hazard plotting for censored failure data". In: *Technometrics* 14 (1972), pp. 945–965.

[224] Khanh T. P. Nguyen et al. "Joint optimization of monitoring quality and replacement decisions in condition-based maintenance". In: *Reliability Engineering and System Safety* 189 (2019), pp. 177–195.

[225] Robin P. Nicolai and Rommert Dekker. "Optimal Maintenance of Multi-component Systems: A Review". In: *Complex System Maintenance Handbook*. Ed. by Khairy A. H. Kobbachy and D. N. Prabhakar Murthy. London: Springer, 2008. Chap. 11, pp. 263–286.

[226] NOG. *Application of IEC 61508 and IEC 61511 in the Norwegian petroleum industry*. Guideline 070. Stavanger, Norway: Norwegian Oil and Gas, 2018.

[227] F. Stanley Nowlan and Howard F. Heap. *Reliability-Centered Maintenance*. Tech. rep. A066-579. San Francisco: United Airlines, 1978.

[228] NPRD. *Nonelectronic parts reliability data*. Handbook NPRD 2016. Utica, NY: Quanterion Solutions Inc., 2016.

[229] NSWC. *Handbook of Reliability Prediction Procedures for Mechanical Equipment*. Handbook NSWC-11. West Bethesda, ML: Naval Surface Warfare Center, Carderock Division, 2011.

[230] NUREG-0492. *Fault Tree Handbook*. Handbook NUREG-0492. Washington, DC: U.S. Nuclear Regulatory Commission, 1981.

[231] NUREG-75/014. *Reactor Safety: An Assessment of Accident Risk in U.S. Commercial Nuclear Power Plants*. Report NUREG-75/014. Washington, DC: U.S. Nuclear Regulatory Commission, 1975.

[232] NUREG/CR-1278. *Handbook of Human Reliability Analysis in Nuclear Power Plant Applications*. Handbook NUREG/CR-1278. Washington, DC: U.S. Nuclear Regulatory Commission, 1983.

[233] NUREG/CR-3385. *Measures of Risk Importance and Their Applications*. Report NUREG/CR-3385. Washington, DC: U.S. Nuclear Regulatory Commission, 1986.

[234] NUREG/CR-4780. *Procedures for Treating Common-Cause Failures in Safety and Reliability Studies, volume 2, Analytical Background and Techniques*. Report NUREG/CR-4780. Washington, DC: U.S. Nuclear Regulatory Commission, 1989.

[235] NUREG/CR-5485. *Guidelines on Modeling Common-Cause Failures in Probabilistic Risk Assessment*. Guideline NUREG/CR-5485. Washington, DC: U.S. Nuclear Regulatory Commission, 1998.

[236] NUREG/CR-6268. *Common-Cause Failure Database and Analysis System: Event Data Collection, Classification, and Coding*. Report NUREG/CR-6268. Washington, DC: U.S. Nuclear Regulatory Commission, 2007.

[237] Andrew N. O'Connor. "A general cause based methodology for analysis of dependent failures in system risk and reliability assessments". PhD thesis. College Park, ML: University of Maryland, 2013.

[238] Andrew N. O'Connor, Mohammad Modarres, and Ali Mosleh. *Probability Distributions Used in Reliability Engineering*. University of Maryland, College Park, Maryland: Center for Risk and Reliability, 2016.

[239] Stian Ødegaard. "Reliability assessment of a subsea production tree". Project thesis. Trondheim, Norway: Norwegian University of Science and Technology, 2002.

[240] Minou C. A. Olde Keizer, Simme Douwe P. Flapper, and Ruud H. Teunter. "Condition-based maintenance policies for systems with multiple dependent components: A review". In: *European Journal of Operational Research* 261.2 (2017), pp. 405–420.

[241] OREDA. *Offshore and Onshore Reliability Data.* 6th. DNV GL, 1322 Høvik, Norway: OREDA Participants, 2015.

[242] Alain Pagès and Michel Gondran. *Fiabilité des Systèmes.* Paris: Eyrolles, 1980.

[243] A. Paglia, D. Barnard, and D. A. Sonnett. "A case study of the RCM project at V.C. Summer nuclear generating station". In: *4th International Power Generation Exhibition and Conference.* Vol. 5. Tampa, FL, 1991, pp. 1003–1013.

[244] Judea Pearl. *Causality: Models, Reasoning, and Inference.* 2nd. Cambridge, UK: Cambridge University Press, 2009.

[245] Charles Perrow. *Normal Accidents: Living With High-Risk Technologies.* New York: Basic Books, Inc., 1984.

[246] Hoang Pham and Hongzhou Wang. "Imperfect maintenanece". In: *European Journal of Operational Research* 94.3 (1996), pp. 425–438.

[247] Frank Proschan. "Theoretical explanation of observed decreasing failure rate". In: *Technometrics* 5 (1963), pp. 375–383.

[248] Jan Pukite and Paul Pukite. *Modeling for Reliability Analysis; Markov Modeling for Reliability, Maintainability, Safety, and Supportability Analyses of Complex Computer Systems.* New York: IEEE Press, 1998.

[249] Koosha Rafiee, Qianmei Feng, and David W. Coit. "Condition-Based Maintenance for Repairable Deteriorating Systems Subject to a Generalized Mixed Shock Model". In: *IEEE Transactions on Reliability* 64.4 (2015), pp. 1164–1174.

[250] Marvin Rausand. *Reliability of Safety-Critical Systems: Theory and Applications.* Hoboken, NJ: Wiley, 2014.

[251] Marvin Rausand and Stein Haugen. *Risk Assessment; Theory, Methods, and Applications.* 2nd. Hoboken, NJ: Wiley, 2020.

[252] Marvin Rausand and Arnljot Høyland. *System Reliability Theory: Models, Statistical Methods, and Applications.* 2nd. Hoboken, NJ: Wiley, 2004.

[253] Horst Rinne. *The Hazard Rate: Theory and Inference.* Monograph. Giessen, Germany: Justus-Liebig-Universität Giessen, 2014.

[254] Sheldon M. Ross. *Introduction to Probability Models.* 11th. Academic Press / Elsevier, 2014.

[255] Sheldon M. Ross. *Stochastic Processes.* New York: Wiley, 1996.

[256] Reuven Y. Rubinstein and Dirk P. Kroese. *Simulation and the Monte Carlo Method.* Hoboken, NJ: Wiley, 2017.

[257] SAE ARP 5580. *Recommended Failure Modes and Effects Analysis (FMEA) Practices for Non-automobile Applications.* Recommended Practice ARP 5580. Warrendale, PA: SAE International, 2012.

[258] SAE J1739. *Potential Failure Mode and Effects Analysis in Design (Design FMEA) and Potential Failure Mode and Effects Analysis in Manufacturing and Assembly Processes (Process FMEA).* Standard. Warrendale, PA: SAE International, 2009.

[259] SAE JA1010. *Maintainability program standard*. Standard. Warrendale, PA: SAE International, 2011.

[260] SAE JA1012. *Guide to the reliability-centered maintenance RCM standard*. Guideline. Warrendale, PA: SAE International, 2011.

[261] A. Satyanarayana and A. Prabhakar. "New topological formula and rapid algorithm for reliability analysis". In: *IEEE Transactions on Reliability* R-27 (1978), pp. 82–100.

[262] Philip A. Scarf. "On the application of mathematical models in maintenance". In: *European Journal of Operational Research* 99.3 (1997), pp. 493–506.

[263] Christoph Schmittner et al. "Security application of failure mode and effect analysis (FMEA)". In: *Computer Safety, Reliability, and Security. SAFECOMP 2014*. Ed. by Andrea Bondavalli and Felicita Di Giandomenico. Vol. LNCS 8666. Springer, 2014, pp. 310–325.

[264] Marco Scutari and Jean-Baptiste Denis. *Bayesian Networks: With Examples in R*. Boca Raton, FL: CRC Press, Taylor & Francis Group, 2015.

[265] Mahmood Shafiee, Maxim Finkelstein, and Christophe Bérenguer. "An opportunistic condition-based maintenance policy for offshore wind turbine blades subject to degradation and shocks". In: *Reliability Engineering and System Safety* 142 (2015), pp. 463–471.

[266] I. Shin, T. J. Lim, and C. H. Lie. "Estimating parameters of intensity function and maintenance effect for repairable unit". In: *Reliability Engineering and System Safety* 54 (1996), pp. 1–10.

[267] Martin L. Shooman. *Probabilistic Reliability: An Engineering Approach*. New York: McGraw-Hill, 1968.

[268] Xiao-Sheng Si et al. "Remaining useful life estimation -A review on the statistical data driven approaches". In: *European Journal of Operational Research* 213.1 (2011), pp. 1–14.

[269] David J. Smith. *Reliability, Maintainability and Risk: Practical Methods for Engineers*. 8th. Oxford: Butterworth Heinemann, 2013.

[270] Richard L. Smith. "Introduction to Gnedenko (1943) On the limiting distribution of the maximum term in a random series". In: *Breakthroughs in Statistics*. Ed. by Samuel Kotz and N. L. Johnson. New York: Springer, 1992.

[271] Walter L. Smith. "Renewal theory and its ramifications". In: *Journal of the Royal Statistical Society* 20 (1958), pp. 243–302.

[272] Walter L. Smith and M. R. Leadbetter. "On the renewal function of the Weibull distribution". In: *Technometrics* 5 (1963), pp. 393–396.

[273] Himanshu Srivastav et al. "Optimization of periodic inspection time of SIS subject to a regular proof testing". In: *Proceedings of ESREL 2018*. Trondheim, Norway, 2018, pp. 1125–1131.

[274] Angela E. Summers and Glenn Raney. "Common cause and common sense, designing failure out of your safety instrumented system (SIS)". In: *ISA Transactions* 38 (1999), pp. 291–299.

[275] Kai Sun et al. *Power System Control Under Cascading Failures*. Hoboken, NJ: Wiley and IEEE Press, 2019.

[276] A. L. Sweet. "On the hazard rate of the lognormal distribution". In: *IEEE Transactions on Reliability* 39 (1990), pp. 325–328.

[277] L. Takács. "On a probability problem arising in the theory of counters". In: *Proceedings of the Cambridge Philosophical Society* 32.3 (1956), pp. 488–498.

[278] W. A. Jr. Thompson. "On the foundations of reliability". In: *Technometrics* 23 (1981), pp. 1–13.

[279] Kishor S. Trivedi and Andrea Bobbio. *Reliability and Availability Engineering: Modeling, Analysis, and Applications*. Cambridge, UK: Cambridge University Press, 2017.

[280] John Wilder Tukey. *Exploratory Data Analysis*. Reading, Mass: Addison-Wesley, 1977.

[281] U.S. Air Force. *Integrated computer aided manufacturing (ICAM) architecture. Part II. Volume IV, Functional modeling manual (IDEFO)*. Technical report AFB AFWAL-TR-81-4023. Wright Patterson Air Force Base, Ohio: Air Force Materials Laboratory, 1981.

[282] U.S. DoD. *Systems Engineering Fundamentals*. Fort Belvoir, Virginia: Defense Acquisition University Press, 2001.

[283] Jan M. Van Noortwijk. "A survey of the application of gamma processes in maintenance". In: *Reliability Engineering and System Safety* 94.1 (2009), pp. 2–21.

[284] Jørn Vatn and Hans Svee. "A risk-based approach to determine ultrasonic inspection frequencies in railway applications". In: *Proceedings of the 22nd ESReDA Seminar*. Madrid, Spain, May 2002.

[285] W. E. Vesely. "Estimating common cause failure probabilities in reliability and risk analyses: Marshall-Olkin specializations". In: *Nuclear Systems Reliability Engineering and Risk Assessment*. Ed. by J. B. Fussell and G. R. Burdick. Philadelphia: SIAM, 1977, pp. 314–341.

[286] W. E. Vesely. "Incorporating aging effects into probabilistic risk analysis using a Taylor expansion approach". In: *Reliability Engineering and System Safety* 32.3 (1991), pp. 315–337.

[287] W. E. Vesely. "Supplemental viewpoints on the use of importance measures in risk-informed regulatory applications". In: *Reliability Engineering and System Safety* 60.257–259 (1998).

[288] William E. Vesely. "A time-dependent methodology for fault tree evaluation". In: *Nuclear Engineering and Design* 13 (1970), pp. 337–360.

[289] Hai Cahn Vu, Phuc Do, and Anne Barros. "A study on the impacts of maintenance duration on dynamic grouping modeling and optimization of multicomponent systems". In: *IEEE Transactions on Reliability* 67.3 (2018), pp. 1377–1392.

[290] Hai Canh Vu, Phuc Do, and Anne Barros. "A Stationary Grouping Maintenance Strategy Using Mean Residual Life and the Birnbaum Importance Measure for Complex Structures". In: *IEEE Transactions on Reliability* 65.1 (2016), pp. 217–234.

[291] Wenbin Wang. "Delay Time Modelling". In: *Complex System maintenance Handbook*. Ed. by Khairy Ahmed Helmy Kobbacy and D. N. Prabhakar Murthy. London: Springer, 2008. Chap. 14, pp. 345–370.

[292] Waloddi Weibull. "A statistical distribution function of wide applicability". In: *Journal of Applied mechanics* 18 (1951), pp. 293–297.

[293] Waloddi Weibull. *A statistical theory of the strength of materials*. Report 151. Stockholm, Sweden: Royal Swedish Institute for Engineering Research, 1939.

[294] Shengnan Wu et al. "Performance analysis for subsea blind shear ram preventers subject to testing strategies". In: *Reliability Engineering and System Safety* 169 (2018), pp. 281–298.

[295] Liudong Xing and Suprasad V. Amari. *Binary Decision Diagrams and Extensions for System Reliability Analysis*. Hoboken, NJ: Wiley and Scrivener Publ., 2015.

[296] Hong Xu, Joanne Bechta Dugan, and Leila Meshkat. "A dynamic fault tree model of a propulsion system". In: *Proceedings of the Eighth International Conference on Probabilistic Safety Assessment & Management (PSAM)*. Ed. by Michael G. Stamatelatos and Harold S. Blackman. ASME Press, 2006.

[297] Nan Zhang, Mitra Fouladirad, and Anne Barros. "Evaluation of the warranty cost of a product with type III stochastic dependence between components". In: *Applied Mathematical Modelling* 59 (2018), pp. 39–53.

[298] Nan Zhang, Mitra Fouladirad, and Anne Barros. "Maintenance analysis of a two-component load-sharing system". In: *Reliability Engineering and System Safety* 167 (2017), pp. 67–74.

[299] Nan Zhang, Mitra Fouladirad, and Anne Barros. "Optimal imperfect maintenance cost analysis of a two-component system with failure interactions". In: *Reliability Engineering and System Safety* 177 (2018), pp. 24–34.

[300] Nan Zhang, Mitra Fouladirad, and Anne Barros. "Reliability-based measures and prognostic analysis of a K-out-of-N system in a random environment". In: *European Journal of Operational Research* 272.3 (2019), pp. 1120–1131.

[301] Nan Zhang, Mitra Fouladirad, and Anne Barros. "Warranty analysis of a two-component system with type I stochastic dependence". In: *Proceedings of the Institution of Mechanical Engineers, Part O: Journal of risk and reliability* 232.3 (2018), pp. 274–283.

[302] Wenjin Zhu, Mitra Fouladirad, and Christophe Bérenguer. "Condition-based maintenance policies for a combined wear and shock deterioration model with covariates". In: *Computers & Industrial Engineering* 85 (04 2015).

[303] Enrico Zio and Michele Compare. "Evaluating maintenance policies by quantitative modeling and analysis". In: *Reliability Engineering and System Safety* 109 (2013), pp. 53–65.